Karl Gripp: Erdgeschichte von Schleswig-Holstein

HERAUSGEGEBEN

VON DER SCHLESWIG-HOLSTEINISCHEN UNIVERSITÄTS-GESELLSCHAFT

KARL GRIPP

ERDGESCHICHTE VON SCHLESWIG-HOLSTEIN

1964

KARL WACHHOLTZ VERLAG NEUMÜNSTER

Gedruckt mit Unterstützung der Deutschen Forschungsgemeinschaft

Karl Wachholtz Verlag Neumünster
1964

Einband und Schutzumschlag:
Entwurf: Graphiker J.=E. Seidel, Malente · Photographische Aufnahme: Gerhard Böttcher, Kiel
Die Prägung auf dem Einband zeigt eine 6 cm lange Helmschnecke
in einer Mehlsand=Kalkkonkretion, ein Absatz tiefen und stillen Wassers
Der Schutzumschlag gibt in flachem Wasser zusammengeschwemmten Schalenbruch wieder
Beide Abbildungen nach Unter=Miozän=Geschieben von Kreuzfeld bei Malente
Herstellung: Libri Books on Demand

VORWORT

Auch die naturwissenschaftliche Forschung ist vom Geist der jeweiligen Zeit abhängig. Die Geologie oder Erdgeschichte, eine Tochter von Mineralogie und Petrographie, entstand in den Gebirgen und erschien während langer Zeit nur auf diese anwendbar. Daher galt in unserem Lande das Interesse der Geologen, von den Pionieren FORCHHAMMER und MEYN abgesehen, den Vorkommen älterer Schichten, wie Helgoland, Lägerdorf und Segeberg. Die damaligen Forscher bedienten sich fast ausschließlich des unbewaffneten Auges oder benutzten Lupen. Beobachten beziehungsweise Sammeln, Zusammenhänge erkennen, aus mehreren Möglichkeiten diejenige herauszudiagnostizieren, welche die wahrscheinlichste Deutung für das Erblickte abgab, das war ihre Arbeitsweise.

Während der letzten drei Jahrzehnte hat die Geologie sich weiterentwickelt in zwei Richtungen. Mikroskopische Größen spielen in der Geologie und Paläontologie eine zunehmend bedeutendere Rolle. Mit Recht; denn in mancher Gesteinsprobe, zum Beispiel einem Bohrkern, sind nur wenige oder keine großen Stücke, die Aufschluß gewähren, enthalten, aber bisweilen zahlreiche kleine Bestandteile organischer oder anorganischer Natur, die bedeutend mehr und feiner zu lesen gestatten als die wenigen makroskopischen Bestandteile. Das andere heute viel angewandte Hilfsmittel heißt Statistik beziehungsweise Kurve. Selbst die Arten der Fossilien werden heute weitgehend variationsstatistisch festgelegt.

Mit anderen Worten, die Arbeitszeit im Felde ist häufig kürzer geworden, die Arbeit im Labor nimmt ungleich mehr Zeit und Hilfe in Anspruch als früher. Geochemische Analyse, Sedimentpetrologie, Mikropaläozoologie, Pollenanalyse, C=14=Datierungen, geophysikalische Untersuchungen des Untergrundes und anderes sind Forschungszweige, die heute helfen, das erdgeschichtliche Bild auszugestalten.

Ein Wechsel ist deutlich. Was in der Zeit, da der einzelne auf sich gestellt arbeitete, erreicht werden konnte an erdgeschichtlichem Einblick über das Land Schleswig=Holstein, das zur Hauptsache soll im folgenden niedergelegt werden. Allerdings sind die Ergebnisse jener zunehmend angewandten neueren Methoden mit angeführt. Die bis Ende 1960 erreichten Kenntnisse werden dargeboten. Jedoch wurden im Literaturverzeichnis und teilweise im Text auch noch jüngere Arbeiten berücksichtigt. Vollständigkeit – auch für weiter zurückliegende Zeiten – wurde darin nicht erstrebt. Entsprechend der Arbeitsweise der älteren Geologen werden Ergebnisse eigener Untersuchungen sowohl aus dem Bereich der Paläontologie, der Erdgeschichte sowie der Aktuologie gebracht. Sie betreffen Paläontologie und Stratigraphie des Alt=Tertiärs (Hemmoor, Johannistal), neue Krebsarten aus dem Miozän; vom eiszeitlichen Geschehen wird der Ablauf der Einzelvorgänge, insbesondere die Verzögerung der Eisschmelze, eingehender als bisher behandelt. Die dabei entstandenen Formen werden zur Erleichterung glazialmorphologischer Studien in einem Katalog zusammengestellt. Aus dem Gebiet der Aktuogeologie schließlich werden das Geschehen im Binnenmeer der Ostsee mit dem in der ozeanischen Schelfbucht der Nordsee verglichen. In dem Abschnitt über Bodenschätze wird der Versuch gemacht, Entstehen und Verhalten des Grundwassers weiteren Kreisen verständlich zu machen, um so altem Irrglauben an Wasseradern oder an eine norwegische Herkunft des hiesigen Grundwassers entgegenzutreten.

Nicht ein leicht lesbares Buch war das Ziel, sondern ein Bericht und ein Archiv. Vieles von dem, was der Verfasser im Lande gesehen hat, draußen in der Natur wie in den Sammlungen, ist vergangen und zerstört. Dieser Verlust soll so weit wie möglich gemildert werden.

Beim Verfassen des Textes und dessen Bebilderung war ich auf mannigfache Hilfe angewiesen. Nicht nur engere Mitarbeiter und frühere Schüler, auch fachlich und räumlich benachbarte wissenschaftliche Institute halfen bereitwillig. Allen sei hiermit gedankt.

Der letzte Krieg mit seinem unsinnigen Vernichten von Menschen und Kulturgut hat gelehrt, daß nur eine Möglichkeit besteht, Wissen zu bewahren: in gedruckter Form und weit verteilt. Haltbares Papier und gute Abbildungen sind die Voraussetzung, um dieses Ziel zu erreichen.

Die Schleswig-Holsteinische Universitäts-Gesellschaft als Herausgeber und besonders der Karl Wachholtz Verlag sind diesbezüglichen Wünschen weitgehend entgegengekommen. Dafür sei auch an dieser Stelle gedankt. Zu den Unkosten, die das Erscheinen dieses Buches verursachten, trugen durch Spenden an die Schleswig-Holsteinische Universitäts-Gesellschaft bei die Firmen Dachziegelwerke Bunte Kuh, Lübeck; Deutsche Gasolin Nitag, Hamburg; Max Giese, Stahlbetonbau, GmbH, Kiel; Mobil Oil AG, Hamburg; H. Stade, Bohrunternehmer und Rohrleitungsbau, Heide in Holstein; Wayß und Freitag, Stahlbetonbau, Zweigstelle Kiel. Ihnen sei für diese wertvolle Hilfe bestens gedankt. Der Druck des Buches wäre nicht möglich gewesen ohne die geldliche Unterstützung der Deutschen Forschungsgemeinschaft. Auch ihr sei aufrichtig gedankt.

INHALT

Die Sonderstellung der Flachlandsgeologie

Seit 1780 etwa hat der Mensch gelernt, in den Gesteinen der Gebirge etwas anderes zu sehen als die Umhüllungen der Erzlagerstätten. Erst damals erkannte man, daß es in den Gesteinen oben und unten, alt und jung gab. Von der bis dahin allein betriebenen mineralischen Bestandsaufnahme ging der Mensch mehr und mehr zur geschichtlichen Betrachtung über. Damit gesellte sich zu der Kunde der Mineralien (Mineralogie) und Gesteine (Petrographie) die Wissenschaft der Erdgeschichte (Geologie).

Die geologische Forschung aber blieb zunächst an die Gebirge geknüpft. Die lockeren Gesteine, wie sie im Flachland vorherrschen, blieben unbeachtet. Erst 1823 Joh. Georg Forchhammer (1794–1865) und ab 1848 Ludewig Meyn (1820–1878) begannen, in unserem Land zu beobachten, zu gliedern und auch aus den hiesigen lockeren Gesteinen Geschichte zu lesen. Sie waren die Pioniere.

Ungefähr von der Jahrhundertwende an wurde durch C. Gottsche in Hamburg und dadurch, daß die Preußische Geologische Landesanstalt begann, von Lübeck bis Lauenburg geologische Spezialkarten anzufertigen, auch bei uns eine erdgeschichtliche Betrachtung des Landes zunehmend verbreitet. Die Gründe für ein so verspätetes geologisches Erkennen im Flachland waren

1. das Fehlen von Bodenschätzen,
2. die mangelnde Einsicht, daß die hiesigen Gesteine weitgehend auf andere Art entstanden waren als im Gebirgsland. Es ließen sich daher die dort gewonnenen Anschauungen hier nur beschränkt und mit unbefriedigendem Erfolg anwenden, fehlen doch durchgehende Schichten in den häufig gestörten Eisabsätzen.

Erst nachdem die für die Entstehung der Flachlandsabsätze gültigen Gesetzmäßigkeiten mehr und mehr erkannt waren, ergab sich die Möglichkeit, auch die zumeist lockeren Gesteine unseres Landes erdgeschichtlich auszuwerten.

Um zu zeigen, wie dies geschieht, sollen zunächst aus unserem Land vier Beispiele erdgeschichtlicher Betrachtungsweise gezeigt und daran anschließend die verschiedenen Unterabteilungen der Flachlandsgeologie erörtert werden.

1. Schmelzwassersand von Grebin

Die Frage „Was ist Sand?" hat vor einigen Jahren denkgewohnte Männer, die nicht Geologen waren, sehr verblüfft. Aber sie führte jene dazu, Sand anzusehen und anschließend nachzudenken, welches Schicksal die einzelnen Bestandteile dieses Lockergesteins gehabt haben mögen. Einen eiszeitlichen Schmelzwassersand von Grebin (M.-Bl. Eutin 4403 740; 6 007 620) hat Dipl.-Geologe Otto zur Beantwortung obiger Fragen näher untersucht. Siehe umstehende Tabelle.

Die Zahlen bedeuten: ein feinkiesiger Sand, reich an aufgearbeitetem Kalk, besonders Kreide, liegt vor. Es beträgt der Gehalt an $CaCO_3$ in der Korngröße 10–1 mm 35 %, 1–0,06 mm 24 %.

Korngrößen=, Schwermineral= und Kalkgehalt eines an Bryozoen reichen Schmelzwassersandes von Grebin, Kreis Plön (Gewicht 1000 g)
analysiert von Diplom=Geologen Otto

Fraktion	Frakt.=Anteil an 1 kg Sand		Gesteinsarten: magmatisch		metamorph		magmatisch + metamorph		Sand= und Ton=Gestein		Feuerstein		Kalkstein		Kalk=gehalt mit HCl bestimmt	Fossilien	
> 15 mm	33 g	3 %	6,6 g	20 %	4,6 g	14 %	11,2 g	34 %	0,7 g	2 %	8,9 g	27 %	12,2 g	37 %	–	–	
15–10 mm	52 g	5 %	20,8 g	40 %	6,8 g	13 %	27,6 g	43 %	6,2 g	12 %	5,2 g	10 %	13,0 g	25 %	–	–	
10– 5 mm	115 g	12 %	33,3 g	29 %	12,8 g	11 %	46,1 g	40 %	9,2 g	8 %	12,6 g	11 %	46,0 g	40 %	44 %	1,1 g	1 %
5– 4 mm	35 g	4 %	10,9 g	31 %	2,1 g	6 %	13,0 g	37 %	3,9 g	11 %	4,9 g	14 %	13,0 g	37 %	33 %	0,2 g	1 %
4– 3 mm	53 g	5 %	18,5 g	35 %	2,6 g	5 %	21,1 g	40 %	11,6 g	22 %	1,6 g	2 %	18,5 g	35 %	31 %	0,2 g	1 %
3– 2 mm	63 g	6 %	32,7 g	52 %	4,4 g	7 %	37,1 g	59 %	2,5 g	4 %	5,0 g	8 %	17,6 g	28 %	32 %	0,8 g	1 %
2– 1 mm	59 g	6 %	35,5 g	60 %	–	–	35,5 g	60 %	8,3 g	14 %	1,2 g	2 %	11,8 g	20 %	33 %	2,2 g	4 %
> 15–1 mm	410 g	41 %	158,3 g	39 %	33,3 g	8 %	191,6 g	47 %	42,4 g	10 %	39,4 g	9 %	132,1 g	33 %	35 %	4,5 g	1 %

Fraktion	Frakt.=Anteil an 1 kg Sand		Schwermineral=Gehalt		gezählt. Körner	davon Erz	Schwermineral=Verteilung in % der SM: Hornblende I	Hornblende II	Hornblende zusammen	Granat I	Granat II	Granat III	Granat zusammen	Epidot	Titanit	M=Augite	Rh=Augite	Rutil	Zirkon	Turmalin	Disthen	Staurolith	Sillimanit	Trübe	Kalk=gehalt mit HCl bestimmt
1 –0,5 mm	184 g	18 %	3,5 g	1,9 %*	–	–	–	–	–	–	–	–	–	–	–	–	–	–	–	–	–	–	–	–	27 %
0,5–0,4 mm	58 g	6 %	0,9 g	1,5 %°	83	12	36	41	77	1	6	1	8	3	–	5	5	–	–	–	1	–	1	165	22 %
0,4–0,3 mm	86 g	9 %	1,3 g	1,5 %°	170	17	40	35	75	9	3	3	15	3	–	4	2	–	–	–	–	–	1	143	19 %
0,3–0,2 mm	98 g	10 %	1,8 g	1,8 %°	200	32	38	32	70	8	6	3	17	6	2	1,5	0,5	0,5	0,5	0,5	0,5	–	0,5	74	17 %
0,2–0,1 mm	97 g	10 %	2,4 g	2,5 %°	200	36	54	6	60	14	5	–	19	11	3	4	0,5	0,5	0,5	0,5	0,5	–	–	36	17 %
0,1–0,06 mm	23 g	2 %	1,1 g	4,7 %°	200	28	39	11	50	12	5	1	18	18	6,5	1	1	–	4	–	0,5	0,5	0,5	20	27 %
< –0,06 mm	44 g	4 %	–	–	–	–	–	–	–	–	–	–	–	–	–	–	–	–	–	–	–	–	–	–	51 %
	590 g	59 %	° 7,5 g = 2,1 % von 362 g		* zumeist Gestein																			Gesamtkalkgehalt:	24 % 28 %

Ein erheblicher Anteil der Kreide ist fein zerrieben, enthält doch Korngröße < 0,06 mm, davon 51 %. Überraschend ist der geringe Anteil an Trümmergesteinen (10 %). Er erklärt sich aus der Vergänglichkeit dieser Gesteine während der Verfrachtung in Eis und Schmelzwasser. Kristalline Gesteine (47 %) sind widerstandsfähiger.

Der kiesige Sand ist sehr ungleichkörnig, daher dreigipflig (Abb. 1); denn die Korngrößen 10–5, 1–0,5 und 0,3–0,1 mm erreichen 10 % und mehr.

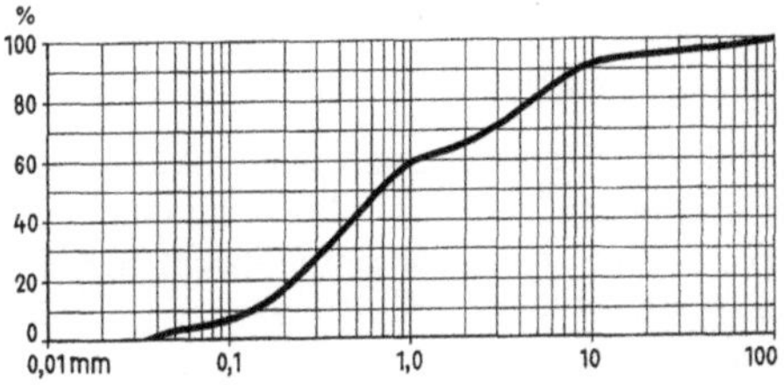

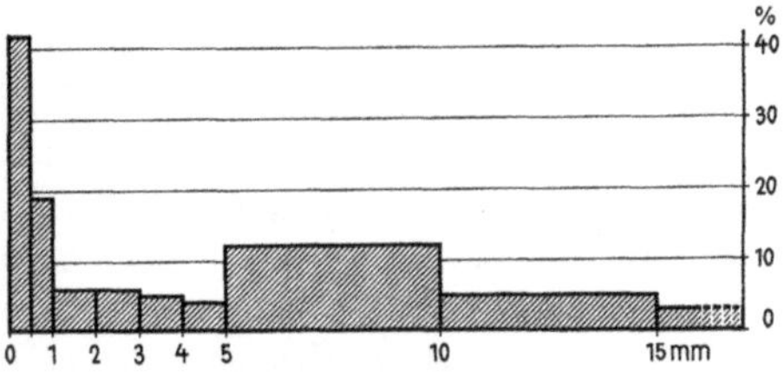

Abb. 1a Nomogramm des Sandes von Grebien
Die 3 Gipfel weisen auf die geringe Größensortierung hin

Abb. 1 b Histogramm des gleichen Sandes

Der Gehalt an Schwermineralen steigt in dem Maße, wie das Korn feiner wird. Der Gehalt an Hornblende übertrifft den an Granat erheblich, was für die würmeiszeitlichen Sande Holsteins bezeichnend ist.

Sandkörner können Bruchteile eines einzelnen Kristalls sein = *Mineral*körner. Die gröberen Sandkörner aber bestehen häufig aus mehreren Teilen gleicher oder verschiedener Minerale. Sie sind somit *Gesteins*körner. Diese Gesteinsbruchstücke sind teils aus Glutfluß hervorgegangen = Erstarrungsgesteine, teils aber gehören sie als Trümmergestein zu den Absatzgesteinen. Ferner sind im vorliegenden Fall, wie häufig in Schmelzwassersanden, in Kalk erhaltene Versteinerungen (aus Silurschichten: Korallen und Brachiopoden, aus kreidezeitlichen Kalken: Brachiopoden, Bryozoen, Seeigelteile) beigemengt.

Jener Sand ist somit eine Anhäufung sehr verschiedener Mineral- und Gesteinsreste. Um diese richtig erkennen und auswerten zu können, muß man zu Hilfe nehmen

die Mineralogie,
die Gesteinskunde = Petrographie,
die Versteinerungskunde = Paläontologie.

Wenn wir aber einen Sand durch seinen Gehalt an Mineralien, deren spezifisches Gewicht höher als 2,8 ist, also durch die sogenannten Schwerminerale (abgekürzt: SM; von ihnen sind einige in der Tabelle auf Seite 14 angeführt), kennzeichnen, so betreiben wir Sedimentpetrographie. Sobald wir aber die Entstehungsgeschichte dieses Sandes erörtern, pflegen wir den als Sedimentpetrologie bezeichneten Teil der erdgeschichtlichen Arbeitsweisen.

Es läßt sich aber in einer Sandgrube auch verfolgen, wie gegen die Erdoberfläche hin die Farbe, der Kalkgehalt, die Korngröße, die Art des Bindemittels usw. sich ändern. Wenn wir solche Folgen der Verwitterung näher betrachten, so untersuchen wir Erscheinungen, die zu dem weiten, die Grundvorgänge umfassenden Abschnitt der Allgemeinen Geologie gezählt werden.

Soweit wie diese Vorgänge sich nahe der Erdoberfläche und in Verbindung mit der Lebewelt (Insekten, Würmer, Wurzeln, Bakterien) abspielen, werden sie von der Bodenkunde (Pedologie) behandelt.

Wir erkennen hiernach einmal, daß es sehr verschiedene Betrachtungsweisen gibt, um zu erdgeschichtlichen Ergebnissen zu kommen, und zum anderen, daß demjenigen, der die Grundkenntnisse, gleichsam das Alphabet zum Buche der Erdgeschichte, kennengelernt hat, schon eine Handvoll Sandes ein langes Kapitel aus der Geschichte der Vorgänge erzählt, die Untergrund und Boden unseres Landes entstehen ließen.

Jedoch betrachten wir noch eine andere Sandgrube, diesmal aber nicht wegen der Zusammensetzung des Sandes, sondern wegen der Lagerungsverhältnisse.

2. *Die Schichtenlagerung in der Sandgrube von Wandelwitz*

Auf den Abbildungen der Tafel 1 wechselt kiesiger Sand mit dünneren Lagen hellen Sandes. Beide werden an den Seiten und oben örtlich von Lehm (= Grundmoräne) und Ackerkrume überlagert. Schon von ferne fallen zwei Falten in den sonst waagerecht lagernden Sanden auf. Aus der Nähe aber erkennt man in der Mitte der Wand, neben und unter dem verlehmten Rest der Grundmoräne, zahlreiche den Sand von oben nach unten durchsetzende Verwerfungslinien. An der kräftigsten Verwerfung, rechts, ergeben zwei Punkte das Ausmaß des Verwurfes.

Diese Verwerfung begrenzt oben die Scholle von Grundmoräne, unten die Falte. Auf der linken Seite des Grundmoränenrestes ziehen Störungslinien durch den Sand mit im einzelnen schwächerem, zusammen aber doch ansehnlichem Verwerfungsbetrag. Die Verwerfungen links und rechts sind aufeinander zu geneigt, und die Schichten dazwischen sind flach schüsselförmig zu den Verwerfungen hin aufgebogen. Die Gesteinsmasse zwischen den Verwerfungen stellt ein keilförmig eingesunkenes Schichtenpaket, auch Graben genannt, dar. Dem Einsinken dieses Teiles ist die Erhaltung des Zwickels von Geschiebelehm im höchsten Teil der Wand zu danken.

Wenn wir den Graben nach unten weiter verfolgen, finden wir dort zu unserem Erstaunen fast ungestörte von links nach rechts schwach einfallende, kiesige Sande. Sie sind ersichtlich anders gelagert als die Schichten im „Graben".

Im großen gesehen haben wir vor uns eine Folge von Schmelzwassersanden, überlagert von heute verlehmter Grundmoräne. Wir erkennen darin zwei Falten und dazwischen einen Grabeneinbruch, der unten von abweichend gelagerten, schräg unter die rechte Falte einfallenden, kiesigen Sanden abgeschnitten wird. Es leuchtet ein, daß die Schmelzwasser jene kiesigen Sande fast horizontal ablagerten. Die ursprüngliche flache Schichtenlagerung ist also nachträglich gestört worden; es ist ein neuer, abweichender Bau entstanden. Die Lehre von den Veränderungen der ursprünglichen Schichtenlagerung nennt man Tektonik.

Da es sich in den Wandelwitzer Höhen um vom Eise aufgepreßte Schichten handelt, spricht man im Gegensatz zur Gebirge bildenden Tektonik von eisentstandener oder Glazialtektonik. Auch hier können wir die Bestandsaufnahme von der Auswertung oder Erdgeschichte unterscheiden. Die Bestandsaufnahme ist oben gegeben worden.

Die Auswertung hat zu klären, welche Vorgänge die rechts noch waagerecht gelagerten Schichten zu zwei Falten mit zwischengeschaltetem Graben werden ließ.

In den Stauchmoränen werden durch Druck vor der pressenden Stirn des Eises keilförmige Schuppen abgeschert, deren tiefere jeweils unter der Last der schon vorher aufgepreßten Gesteinsmassen vom Eise fort ausweicht. Somit kann die tiefere Scholle Teile der oberen mitschleppen. Das ist hier geschehen. Die unteren Sande der oberen Scholle sind zurückgeblieben, als die untere Scholle sich nach links aufwärts bewegte. Diese schleppte die oberen Sande und die Grundmoräne nach links. Da somit links von der Faltenstirn der unteren Sande diese selber fehlten, brachen hier die oberen Sande + Grundmoräne ein, so daß ein

Graben entstand, der unten auf der Grenze der oberen und unteren Scholle endet (Taf. 1 Fig. 1b).

Die Abtragung hat später die Stauchkuppe erheblich erniedrigt, dabei ist die Grundmoräne abgetragen worden; nur im Grabeneinbruch und rechts und links an den Flanken des Hügels ist sie erhalten geblieben.

Wir sehen, daß auch bei uns aus der Lagerung der Schichten erdgeschichtliche Vorgänge erkannt werden können. In den letzten Jahren ist begonnen worden mit verfeinerten Methoden, besonders Sandschüttungsmessungen nach H. ILLIES oder Messung der Fließrichtung des Eises aus der Lage länglicher Körner im Geschiebemergel nach GERH. SEIFERT und durch experimentelle Überprüfung der Wirkung pressenden Eises auf die vorgelagerten Gesteine (R. KÖSTER), auch dies Teilgebiet der Flachlandsgeologie weiter zu erschließen.

3. *Muschelsandstein von Segrahn*

Als drittes Beispiel dafür, wie bei uns Erdgeschichte studiert werden kann, sei ein eiszeitliches Geschiebe, reich an Versteinerungen, betrachtet.

Taf. 21, Figur 1, zeigt ein Stück, das zu Segrahn, Kreis Lauenburg, als Geschiebe gefunden wurde. Wir wollen, um möglichst viel an dem Stück sehen und danach erdgeschichtlich auswerten zu können, einen Fragebogen über das Fundstück ausfüllen. Dies ist eine Art der Betrachtung, die den jungen Geologiestudierenden und jedem Sammler nicht dringend genug angeraten werden kann.

Eiszeitgeschiebe von Segrahn, Kreis Lauenburg

Bestandsaufnahme: Muschelsandstein

Gestein: Gelbbrauner, mürber Sandstein, 25–50 cm messend; Oberfläche rauh, angewittert; Quarzkörner lagenweise gleichkörnig und ungleichkörnig; durch $CaCO_3$ verkittet. Oberfläche der Körner zum Teil glänzend.

Dunkle Glaukonitkörner vereinzelt. Tonähnliches Feinkorn fehlt. Keine Feinschichtung, eher gebankt. Fossilien häufig nur in einer Lage und nicht nach Größe oder Gestalt sortiert. Die fossilfreien Lagen reich an Gangfährten.

Bindemittel: Kalk, örtlich dunkelbrauner Phosphorit.

Fossilinhalt:

Holz, gerollt, 1–10 cm lang.

Wurm: *Ditrupa*, zahlreich.

Dünnschalige Herzigel (*Spatangidae:* Gattung *Maretia* und Verwandte), zahlreich, teils zerbrochen, teils heil, aber etwas flachgedrückt.

Muscheln zahlreich:

dickschalig: *Pectunculus*, zum Teil doppelklappig und klaffend; *Nucula haesendonki;*

dünnschalig: *Modiola sericea; Anomia; Panopaea;* ferner: *Cardium.*

Schnecken: *Natica.*

Flügelschnecken: *Spirialis; Vaginella.*

Krebse: *Balanus* (Seepocken), aufgewachsen außen auf zweiklappigen und innen auf einzelnen Schalen von *Pectunculus; Lepas* („Entenmuschel"), lose Platten.

Panzer winziger Krabben *Corystes, Ebalia, Callappa, Neptunus.*

Alter:

In den zu Segrahn und Zarrentin zahlreich gefundenen gleichartigen Geschieben fand sich die Schnecke *Aquilofusus abruptus*, die Leitfossil des als Dingden-Reinbek bezeichneten Abschnittes des Mittelmiozän ist.

Erdgeschichtliche Aussage:

Der reine Sand und die wirr durcheinander liegenden Fossilien weisen auf stark bewegtes Meerwasser hin. Kräftige Wellen haben die im Sand lebenden Herzigel und die ebendort lebenden Muscheln aus ihrem Lebensort ausgespült und verfrachtet.

Zahlreiche zarte Schälchen der Hochseeflügelschnecken *Spirialis* und *Vaginella* sowie *Lepas* bezeugen, daß westlicher Wind ozeanisches Wasser bis tief in das damalige Nordseerand=meer verdriftete.

Die dünnschaligen Muscheln und die winzigen Krabben bezeugen Tange oder Meeres=laichkräuter in geringer Entfernung, *Balanus* auf *Pectunculus* hingegen flaches Wasser.

So ergibt sich aus dem Segrahner Gestein eine sandige Flachwasserzone und vom West=sturm getriebenes Wasser, das Flügelschnecken und *Lepas* aus der Hochsee, Holzstücke von irgendwo in der Ferne, von dem benachbarten, gut durchlichteten Meeresgrund aber mit zarten Muscheln besetzte Pflanzenreste herbeifrachtete. Diese Zeugen aus der Ferne wurden zusammen mit Herzigeln, Krabben und Muscheln, die vor der Küste im Sandgrund lebten und von den Sturmwellen herausgeschlagen waren, in einer Sturmflutbank eingebettet. Unter und über ihr aber finden sich fossilarme Sande ruhiger Zeiten, in denen die Ver=witterung zahlreiche Wühlfährten bloßlegte.

Betrachten wir das Gestein aber unter der Lupe oder gar im Dünnschliff unter dem Mikroskop, so sehen wir die Hohlräume zwischen den Quarzkörnern mit Kalk gefüllt. Diese Ausscheidung geschah nachträglich und ließ aus losem Sand den Kalksandstein werden. Solche, nach dem ersten Absatz eingetretenen Veränderungen (Sackung, Ausscheidung von im Wasser gelösten Mineralen, in diesem Fall Kalkspat und Phosphorit, Umkristallisation) werden als D i a g e n e s e bezeichnet. In Hohlräumen, wie im Innern der Schneckengehäuse, bis wohin Sand nicht eingedrungen war, finden sich winzige Muschelschalen und besonders die Gehäuse der Flügelschnecke *Spirialis* von dünnen Kalkkrusten überzogen; ein Vorgang, der gleichfalls zur Diagenese gehört.

Die Auswertung des Geschiebes von Segrahn benutzte die Allgemeine Geologie, Petro=graphie, zur Bestimmung der Fossilien die Paläontologie, die Paläoökologie (Lehre von den Lebensgewohnheiten fossiler Tiere) und zog die Kenntnis der heutigen Gegebenheiten im küstennahen Meere (Aktuogeologie) heran, um zu erkennen, unter welchen Bedingungen jenes Gestein entstanden ist.

4. Verlauf der Endmoränen südlich von Selent

In den Eisabsätzen fällt, wie Seite 13 erwähnt, die Schichtenfolge als erdgeschichtliches Hilfsmittel weitgehend fort. Dafür gestatten die Formen die Begrenzung des Eises, die Fließ=richtung und deren Änderung für die verschiedenen Stadien der Ausbreitung des Eises fest=zulegen. Hier ist also die Morphologie geeignet, den Ablauf der Erdgeschichte aufzuzeigen. Als Beispiel sei das Gebiet südlich vom Selenter See gewählt. Im Jahre 1934 schied W. Eggers auf seiner geomorphologischen Karte das Hochgebiet von Martensrade als „Wall= oder Schubmoräne" aus. Weitere Moränen verzeichnete er östlich um den Selenter See herum. Südlich davon, bis über Lebrade hinaus, gibt er nur „junge Grundmoränenlandschaft" an. Nur der Bakersberg ist zusammenhanglos als Endmoräne hervorgehoben.

Das Studium der mit gut unterscheidbaren Farben angelegten Höhenschichtenkarte (vgl. Karte 1–2) ergab zunächst zwei Gletscherzungen, in deren Kerbe das Stauchgebiet von Martensrade liegt. Die östliche dieser Gletscherzungen wird von den Zuflüssen des Tres=dorfer Sees und damit durch die Kossau entwässert. Die westliche, die Wittenberger Eis=zunge, wird durch die Spolsau zur Schwentine entwässert (Abb. 2). Das früher abflußlose

M + Bungsberg-Moränen
Stauchmoränen
Plöner Eiszunge
Eutiner Eiszunge
Lütjenburger und Preetzer Eisrandlagen
Futterkamper Eisrandlagen
Wittenberger Eisrandlagen
Selenter Eisrandlagen
Probsteier Eisrandlagen

Abb. 2 Jüngere Moränen-Züge der Würm-Vereisung

Zunächst bedeckten nur zwei Eiszungen das Gebiet, die von Osten südlich des Bungsberg-Nunatak bis Malente vorgedrungene Eutiner Eiszunge und die von Norden vorgestoßene Plöner Zunge. Nach Rückzug und erneutem Vorstoß des Eises wurde die Plöner Zunge durch drei ersetzt: die Preetzer, Wittenberger und Lütjenburger Zunge. In den zwischen ihnen gelegenen Kerben wurden die Lilienthaler- und Selenter Stauchmoräne aufgepreßt. Später entstand zwischen Selenter und Futterkamper Zunge die Kerbstauchmoräne des Hessensteins. Im Schwentine-Tal nördlich von Preetz, südlich der Selenter und der Hessenstein-Stauchmoräne sowie westlich von Malente finden sich von drei Moränenzügen umschlossene Aussparhohlformen.

Gödfeld stellt eine Aussparhohlform im Dreieck zwischen den zwei Gletscherstirnen und der Stauchmoräne von Martensrade dar. Modellartig sind sandige Randmoränen am Westhang des Martensrader Hochgebietes im Bereiche Speckeln–Fuhlenbrügge–Haferklinten. Der Lohbek quert diese, quer zum Hang liegenden, Rücken beiderseits der Straße Kiel–Selent in einer großen S-Kurve. Im Süden zieht die Stirnmoräne Sophienhof–Lepahn–Lebrader Mühle quer über das Meßtischblatt (Karte 3). Im Norden zweigt von der hohen Stauchmoräne gegen Osten die zum Zungenbecken mit dem Selenter See gehörende Stirnmoräne ab.

Die morphologische Auswertung ergab somit vier gut trennbare Eisvorstöße, also erdgeschichtliche Ereignisse, die mit stratigraphischen Methoden bis dahin nicht zu erfassen waren.

5. Die Teilgebiete der Flachlandsgeologie

Schon diese vier Beispiele zeigen, wie mannigfache Gebiete die Geologie auch im Flachland umfaßt. Die Arbeitsweisen und die dafür erforderlichen Grundkenntnisse gehen so weit auseinander, daß kein noch so erfahrener Geologe auf allen jenen Gebieten grundlegend forschen kann. Die Pflege von Sondergebieten ist auch hier schon unvermeidlich geworden.

Nachstehende Übersicht möge zeigen, welche Teilgebiete für die Flachlandsgeologie in Frage kommen.

	1. Physik
	2. Chemie
	3. Mineralogie
Allgemeine Geologie = Physische Geologie	4. Gesteinskunde, Petrographie 5. Geschehen an der Oberfläche (sedimentologische und petrographische Wirkung von Wind, Wasser und Eis) = Aktuodynamik 6. Endodynamik (Vulkanismus, Erdbeben, Gesteinsumwandlung wie Diagenese und Metamorphose, Tektonik) 7. Allgemeine Dynamik (Lehre von Geosynklinalen, Gebirgsbildung, Gleichgewicht der Erdkruste = Isostasie)
Historische Geologie	8. Petrologie = erdgeschichtliche Auswertung von 4. 9. Schichtenbeschreibung und -gliederung (Stratigraphie) 10. Paläogeographie, Auswertung von 5 und 9 (Verteilung von Land und Meer, Klima)
	11. Versteinerungskunde (Paläontologie)
	12. Vorzeitliche Lebensspuren = Paläoökologie, häufig unrichtig Paläobiologie genannt: Fährten, Fraßspuren, Magensteine, Schmarotzer
	13. Bodenkunde (Pedologie) = Veränderungen des Gesteins von der Erdoberfläche her durch chemische und biologische Einflüsse.

9–10 umfassen das, was auch Formationskunde genannt wird.
5, 6, 9 ergeben die Grundlagen der Grundwasserkunde (Hydrologie).

Von diesen 13 Gebieten kann hier nicht alles, was das Flachland betrifft, behandelt werden. Es muß auf die Lehrbücher, zum Beispiel KAISER-BRINKMANN, GEORG WAGNER, verwiesen werden.

Eine kurze Übersicht über die Mineralien findet sich in W. WETZEL, Mineralien in Schleswig-Holstein, 1958.

Schleswig-holsteinische Geologen

(siehe Tafel 2)

J. G. Forchhammer, 1794–1865, aus Husum, studierte in Kiel Mineralogie und Mathematik; Apotheker, Chemiker, als Geologe Autodidakt, Professor der Mineralogie in Kopenhagen, untersuchte als erster den geologischen Aufbau Schleswig-Holsteins. Er veröffentlichte 1847 die erste geologische Kartenskizze unseres Landes und gebrauchte als erster die Ausdrücke Kaolinsand, Limonitsandstein, Austernbank von Tarbek.

Ludewig Meyn, 1820–1878, aus Pinneberg, wurde 1846 Dozent für Geologie in Kiel und Lehrer am Gymnasium. 1848 ernannte ihn die Provisorische Regierung zum Ober-Salinen-Inspektor und Berg-Controlleur. Nach Rückkehr der Dänen 1852 mußte Meyn auf die akademische Laufbahn verzichten; er errichtete daraufhin die erste Fabrik für chemischen Dünger im Lande. Zahlreiche geologische Veröffentlichungen, unter anderen über Helgoland und Sylt. Nach seinem Tode erschien seine geologische Karte des Landes 1 : 300 000. Meyn war mit Erfolg bemüht, Erdgeschichte weiten Kreisen verständlich zu machen.

Joh. Otto Semper, 1830–1907, ein begüterter Kaufmann in Altona, sammelte in großem Umfang rezente Meeresmollusken und fossile des Tertiärs, besonders des Miozän und Pliozän von Deutschland, Belgien und Italien. Seine reiche Sammlung schenkte er 1894 dem Hamburger Staat. Semper veröffentlichte einige wertvolle Arbeiten, verzichtete aber leider früh auf weitere Veröffentlichungen. Die reiche Sammlung wurde während des letzten Krieges nicht in Sicherheit gebracht und ging daher mit dem Geologischen Staatsinstitut Hamburg zugrunde.

C. Gottsche, 1855–1909, aus Altona, sammelte und bestimmte schon als Schüler Geschiebe und Fossilien unter Beihilfe von J. O. Semper in Altona und dessen Sammlung tertiärer und rezenter Conchylien; 1880 an der Universität Kiel habilitiert, 1881 als Professor nach Tokio, ab 1887 in hamburgischem Dienst, seit 1906 als Direktor des Mineralogisch-Geologischen Staatsinstituts daselbst. Gottsche machte sich verdient um die Gliederung von Tertiär und Diluvium, er schuf das Bohrarchiv in Hamburg. Seine Übersicht der Sedimentärgeschiebe unseres Landes ist noch heute begehrt.

H. Haas, 1855–1913, aus Stuttgart, von 1881–1909 machte er an der Universität Kiel die Laufbahn vom Assistenten bis zum ord. Honorar-Professor mit dem Titel Geheimer Bergrat durch, er baute seit 1893 die Schausammlung im Mineralogisch-Geologischen Institut Kiel, Schwanenweg 20 a, auf. Dies Gebäude fiel am 26./27. August 1944 dem Kriege zum Opfer. Damit ging ein großer Teil der geologischen Schausammlung verloren.

E. Stolley, 1869–1944, aus Kiel, war Privatdozent an der Universität Kiel 1894–1901, danach Professor an der Technischen Hochschule Braunschweig. Er untersuchte die Kreide zunächst unseres Landes und später Nordwestdeutschlands und arbeitete über kambrische, silurische und eozäne Geschiebe unseres Landes.

Ewald Wüst, 1875–1934, aus Halle an der Saale, wurde 1910 als a. o. Professor für Historische Geologie und Paläontologie und Abteilungsvorsteher am Mineralogischen Institut nach Kiel berufen. Seit 1925 ord. Professor und Direktor des damit selbständig gewordenen Geologischen Instituts. Spezialist für Land- und Süßwassermollusken sowie Säugetiere des

Quartärs. Er war ein begabter und beliebter Lehrer, aber sehr behindert, da es an Geldmitteln und Hilfskräften fehlte. Als Erforscher unseres Landes war er, wie sein Vorgänger Haas, weniger nachhaltig.

Die ehemalige Preußische Geologische Landesanstalt, 1870–1945, begann erst ab 1899 in unserem Lande zu kartieren. Die Absicht war, auf einem N–S gerichteten Streifen von Meßtischblättern die Grenze der letzten Vereisung aufzufinden. Dies mißlang, weil mit der 2-m-Peilstange nur in geschichteten Absätzen des Wassers, aber nicht in eisentstandenen unsortierten Ablagerungen die verschiedenen Schichten verfolgt werden können. Jedoch erbrachten die Kartierung und ergänzende Untersuchungen manche neue Einsicht.

C. Gagel, 1865–1927, aus Heiligenbeil (Ostpreußen), kartierte während 13 Jahren von Travemünde bis an die Elbe und gewann neue Erkenntnis über das hiesige Eozän.

W. Wolff, 1872–1951, geboren in Hildesheim, aufgewachsen in Schleswig-Holstein, kartierte ab 1905 die Blätter um Hamburg und lieferte über die Gliederung und Lagerung quartärer Absätze sowie zur Bodenkunde unseres Landes wertvolle Beiträge. Nach dem Untergang Preußens wurde der geologische Landesdienst ab 1946 vom Lande selbst durchgeführt; anfangs als Landesanstalt für Angewandte Geologie (Leiter Dr. H.-L. Heck), später als Geologisches Landesamt (Direktor Dr. A. Dücker).

Um die Geologie von Lübeck mit Umgebung machten sich verdient:

P. Friedrich, 1856–1918, aus Kreipa bei Halle, ein Fachgeologe, der ab 1882 als Lehrer am Katharineum in Lübeck wirkte und 1885–1918 wertvolle Arbeiten über den Untergrund und die Grundwasserverhältnisse der Hansestadt und ihrer Umgebung veröffentlichte.

H. Spethmann, Geograph, 1885–1957, und P. Range, Kolonialgeologe, 1878–1952, verbrachten Jugend und Lebensabend in ihrer Vaterstadt und veröffentlichten erdgeschichtliche Beobachtungen und deren Deutung.

R. Struck, 1861–1935, aus Lübeck, Arzt, war ein erfolgreicher Autodidakt. Neben wertvollen zoologischen und kunsthistorischen Veröffentlichungen brachte er 14 geologische Arbeiten heraus. Er versuchte, die Lücke zwischen den Moränenzügen Mecklenburgs und der Auffassung, die Gottsche von den holsteinischen hatte, zu schließen. Er benutzte hierbei als erster die morphologischen Gegebenheiten. Ferner lieferte er heute wertvolle Berichte über damalige neue Vorkommen und ließ 1909 eine verdienstvolle Übersicht über die geologischen Verhältnisse unseres Landes erscheinen.

Erich Wasmund, 1902–1945, aus Straßburg, jedoch uckermärkisch-süddeutscher Abstammung, 1931–1940 Dozent an der Universität Kiel, 1930–1936 Mitarbeiter der Hydrobiologischen Anstalt Plön, 1. Juli 1936 Leiter der Meeresgeologischen Forschungsstelle als Abteilung des im Aufbau begriffenen Instituts für Meereskunde der Universität Kiel, 1. April 1938 bis zur Zerstörung durch Bomben am 15. September 1944 Leiter des Meeresgeologischen Forschungsinstituts des Reichsamtes für Bodenforschung zu Kitzeberg. Wasmund war lebhaft, wortgewandt, Organisator, besonders auch hinsichtlich des wissenschaftlichen Schrifttums. Er arbeitete bevorzugt auf Grenzgebieten (Luftbild, Unter-Wasser, Wehrgeologie, Pollenanalyse). Seine Beiträge zur Geologie Schleswig-Holsteins (Innerer Küstenzerfall 1936, Formengeschichte Ostholsteins 1934, Drumlinoide Oser 1939) sind weitgehend unzutreffend und heute von geringem Interesse. Verdienste erwarb er als Herausgeber der „Zeitschrift für Geologie der Meere und Binnengewässer", 1–7, 1937–1944.

Mit der NS-Partei als Rückendeckung griff Wasmund ungerechtfertigt Dienststellen und ältere Kollegen an. Als Gutachter des Sicherheitsdienstes der SS ist er bei Begutachtung von Kollegen nicht selten weit von der Wahrheit und gerne zu seinen Gunsten abgewichen. Beim Zusammenbruch verstarb er, kurz bevor sich seine militärische Einheit den Amerikanern ergeben mußte. Diese Angaben werden gebracht, weil ein im Jahre 1948 erschienener Nachruf an manchen Stellen der Wahrheit nicht entspricht.

Emil Koch, 1886–1960, aus Hamburg, studierte Geographie und Geologie und wurde schon von C. Gottsche zu Hilfsarbeiten herangezogen. Ab 1911 baute er, zunächst neben seiner Tätigkeit im höheren Schulunterricht, später als beurlaubter Oberlehrer, das Bohrarchiv des von G. Gürich geleiteten Geologischen Staatsinstituts zu Hamburg aus. Er gewann in reichem Ausmaß das Vertrauen der Brunnenbauer und dadurch Bohrproben. 1924 wurde er ganz vom Geologischen Staatsinstitut übernommen. 1938 wurden das Bohrarchiv und sein Leiter dem Reichsamt für Bodenforschung eingegliedert. 1948 entstand als Nachfolgerin das Geologische Landesamt Hamburg, das Koch leitete, bis er 1953 in den Ruhestand trat.

Da nichts ausgelagert war, gingen 1943 bei einem Bombenangriff das reiche Bohrarchiv und dessen unveröffentlichte Ergebnisse verloren.

Koch sammelte Bohrproben auch in Schleswig-Holstein, in dem es damals, abgesehen seit 1936 in Husum, keine Bohrergebnisse bewahrende Stelle gab. Die Preußische Geologische Landesanstalt in Berlin war zu weit entfernt.

E. Koch veröffentlichte über die Schichtenfolge von Miozän, Pliozän und Quartär, besonders der Hamburger Gegend, sowie über Schichtenlagerung und Grundwasserverhältnisse Arbeiten von bleibendem Wert.

Das Gebiet Nordwestdeutschlands vor der Entstehung des Nordseebeckens

1. Ergebnisse von Tiefbohrungen

Der geologische Einblick in den Boden von Schleswig-Holstein begann in der Mitte des vorigen Jahrhunderts mit der Bestandsaufnahme dessen, was in Gruben und an den Kliffs zugänglich war. Die versteinerungsreichen Geschiebe sowie die Ablagerungen aus Tertiär und Kreide regten bei der damaligen Untersuchungsweise mehr zu eingehender Betrachtung an als die eiszeitlichen oder gar die nacheiszeitlichen.

Eine Erweiterung des Einblicks brachten die Bohrungen, zunächst solche, die Wasser erschließen sollten und bald 300 m Tiefe erreichten.

Nachdem Schleswig-Holstein 1867 zur Enttäuschung zahlreicher Einwohner Preußen einverleibt war, wollte die neue Regierung durch wirtschaftliche Förderung Anhang gewinnen. Der Fiskus ließ daher in Segeberg Schächte abteufen, um Salz zu fördern (siehe Tafel 50). Zu Lieth bei Elmshorn wurde 1877/78 nach Steinkohle gebohrt. Vergebens. Aber das 1340 m tiefe Bohrloch war während langer Jahre das tiefste der Erde.

In der Zeit zwischen 1870 und 1900 kamen vereinzelte salz- oder kalisuchende Bohrungen hinzu. Seit etwa 1910 aber sind es in ständig steigendem Ausmaß Erdölbohrungen, die uns zunächst an einzelnen Punkten, seit 1935 aber weithin im Lande, den Aufbau des Untergrundes kennen lehren.

Bis 3817 m stieß die während der Jahre 1938–1957 tiefste dieser Bohrungen (Holstein 14 bei Heide gelegen) hinab. Im Jahre 1957 erreichte die Bohrung Steinfeld 1 zunächst 3913 m. Diese in Angeln gelegene Bohrung wurde 1958 bis 4345,4 m vertieft.

Die Bohrungen bei Cismar der Erdöl-Gesellschaft Brigitta wurden 1958 bis 3156 m niedergebracht. Die Bohrung Schönberg-Hohenfelde der DEA erreichte 1959 4227 m Tiefe. Oben am Bohrkopf sollen 460 atü gemessen sein. Man rechnet mit bis 1000 atü in der Tiefe. Auch diese Bohrung konnte bislang wegen technischer Schwierigkeiten nicht bis zur erhofften Erdgasförderung durchgeführt werden. Besonders wertvoll durch ihre ständig steigende Anzahl sind die im Anfang zunächst 2000 m, später 3000 m tiefen, auf der Suche nach Erdöl niedergebrachten Bohrungen. Durch sie ist die Fortsetzung der früher nur in dem südhannoverschen Bergland zugänglichen Schichten bis nach Jütland hin bekannt. Die mesozoische Auffüllung des schleswig-holsteinischen Anteils des Nordseebeckens konnte auf Grund dieser Bohrergebnissse und der sehr weitgehenden geophysikalischen Erkundung des Untergrundes von den Erdölgeologen in Karten dargelegt werden (Hecht, Helms, Kehrer, 1956, H. Weber, 1957, und Abb. 3).

Dies Mesozoikum ruht auf Zechstein oder ist diesem und gleichfalls in Lang- oder Rundstrukturen aufgedrungenem Rotliegend und Zechstein angelagert. Während in Dänemark Bohrungen schon bis in das Liegende des dort geringmächtigen Perms eingedrungen sind, kennen wir in Schleswig-Holstein bisher die Unterlage des Perms nicht. Durch Vergleich mit Gebieten, in denen vorpermische Gesteine zugänglich sind, läßt sich an folgende Unterlage des Perm denken:

Kristalline Gesteine wie in Dänemark, dem südlichen Skandinavien, Bornholm, Ostpreußen und als Geröll im Unterkarbon der Lausitz bekannt,
Devon und Karbon wie an Rhein und Ruhr,
Kaledonische Schichten wie im Brabanter Massiv,
Silurische Schichten, wie im mittleren Ostseegebiet durch die Bohrung Leba nachgewiesen.
Welche dieser Möglichkeiten näher in Betracht zu ziehen sind, sei nachstehend erörtert.

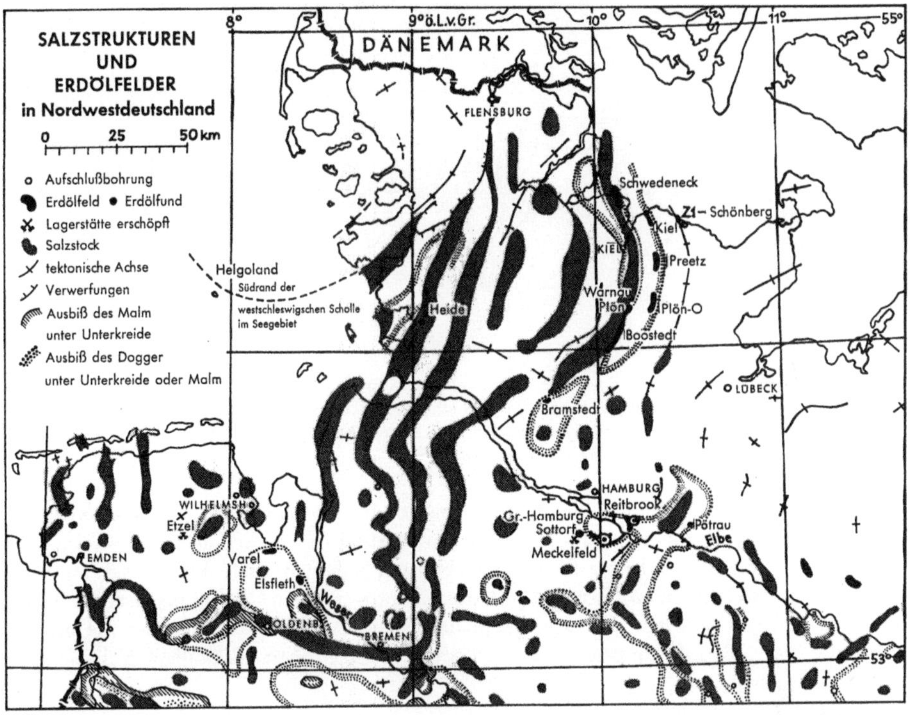

Abb. 3
Westschleswigsche Scholle von Helgoland bis Flensburg. Ostholsteinische Scholle im Bereich der Kreise Eutin, Oldenburg und Stormarn. Dazwischen der mittelholsteinische Rotliegend-Trog mit den Salzstrukturen, nach E. MALZAHN.

2. *Geophysikalische Angaben über den kristallinen Untergrund*

Schon vor 1900 wurde erkannt, daß in gewissen Gebieten unseres Landes die magnetische Vertikal-Intensität (= die senkrecht auf einer im Schwerpunkt aufgehängten Magnetnadel einwirkende magnetische Kraft) höher ist als in anderen Teilen. Sie wird ausgedrückt in γ (Gamma) = 1 : 100 000 cmgs. Abbildung 4 zeigt, daß in Dithmarschen und bei Flensburg bis $-200\,\gamma$, in Ostholstein bis $-160\,\gamma$ gemessen wurde, unter Sylt um $\pm 0\,\gamma$, NO von Husum aber $+40\,\gamma$ = sogenanntes Husumer Massiv. Ferner reicht von Kiel mit $120\,\gamma$ im SSW der Stadt bis Quickborn mit $+80\,\gamma$ ein Gebiet höherer vertikaler magnetischer Anziehung.

Solcher erhöhter Magnetismus kann seinen Sitz nicht in den permischen oder noch jüngeren Absatzgesteinen haben. Diese weisen vielmehr negative Anomalien auf, siehe zum

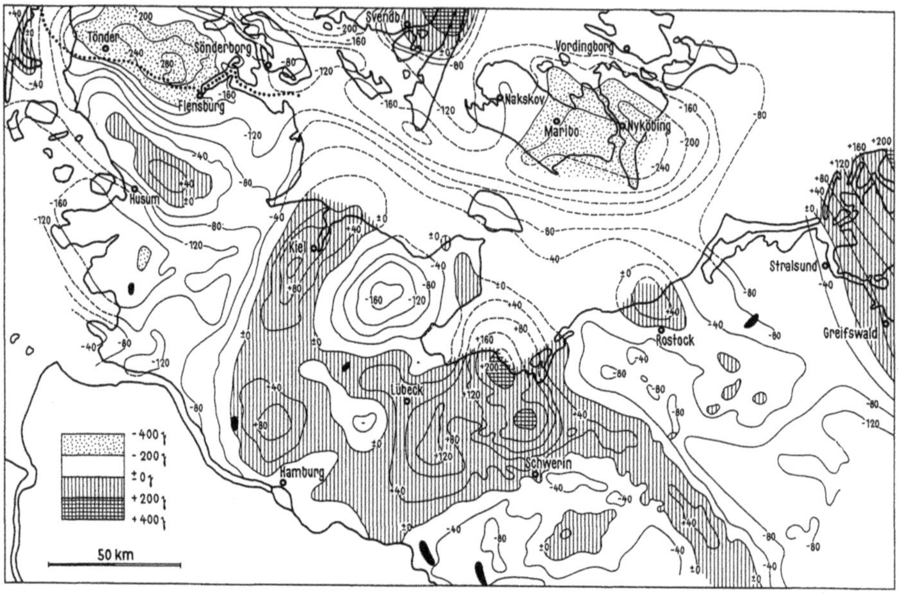

Abb. 4 Karte der magnetischen Vertikal=Intensität nach V. MADSEN 1936
Das Sylter, Husumer und Kiel=Quickborner magnetische Hoch gehen vermutlich auf Eisen=Magnesium=reiche Erstarrungsgesteine im varistisch=kaledonischen Unterbau zurück. Die hohen Werte im Norden hängen mit der Ringköbing=Fünen=Schwelle (siehe Abb. 5) zusammen.

Beispiel C. HEILAND, 1924. Für die positiven Abweichungen vermutete H. REICH schon früh, daß Magnetit enthaltende kristalline Gesteine, etwa Gabbroverwandte, die Ursache wären.

Tatsächlich traf eine Bohrung in einem Gebiet mit hoher magnetischer Abweichung zu Johannisburg in Ostpreußen (REICH, 1948) das Gabbrogestein in der vorausgesagten Tiefe bei 1200–1365 m an. Dies gibt das Recht, das Ergebnis der Sprengung von Helgoland (18. April 1947) (Beobachtungen auf 24 deutschen und mehreren ausländischen Stationen) wie folgt zu deuten:

Art der Wellen	Geschwindigkeit in km/s	Tiefe	vermutete Gesteinsgruppe
P	2,94–3,6	bis 6 km	Sediment
$\overline{P}$	5,34	9,3 km	Granit
P*	6,2 –6,6	10,7 km	Gabbro (Basalt)
Pn	8,19	27,4 km	Peridotit.

Die bei Helgoland in 9 km Tiefe angetroffene Grenze Granit gegen Gabbroschicht liegt nach den Ergebnissen der seismischen Messungen bei Husum höher, bei nur 6–7 km Tiefe, denn die P*=Wellen trafen hier bis zu einer Sekunde früher ein als außerhalb des Husumer Massivs (H. REICH, 1950). Auf diese Weise findet die dortige magnetische Abweichung eine Erklärung. Sie lautet: Um Husum ragt die Schale aus basischem Kristallin 2000–3000 m höher hinauf als in der weiteren Umgebung. Die Granitschale scheint entsprechend verdünnt zu sein. Entsprechendes darf man für die übrigen Gebiete mit höherer magnetischer Intensität annehmen.

Absätze, die zu dem Ur- und Alt-Europa, also auch Skandinavien und Schottland bedeckenden, Alten Roten Festland gehören, treffen wir noch in Gestalt roter Schichten des tiefsten Devons (Bunte Schiefer, bis 800 m) bis zum Südrand des Rheinischen Schiefergebirges an.

Andererseits finden sich in Schonen die Öved-Ramsåsa-Schichten; sandige, teilweise rotgefärbte Absätze, die vom Obersten Silur zum Devon hinüberführen. Auch wird vermutet, daß kontinentales Devon vor Estland am Grunde der Ostsee anstehe. Bei Oslo und weiter nördlich sind Absätze dieses Alten Roten Landes ebenfalls bekannt. Da somit im Norden und Süden Schleswig-Holsteins Absätze des nordeuropäischen devonischen Kontinentes nachgewiesen sind, dürfen wir schließen, daß auch Nordwestdeutschland zeitweise ein Teil des damaligen Festlandes war.

Während der nachfolgenden Steinkohlenzeit hielt dieser Zustand an. Aus dem Steinkohle führenden Oberkarbon des nördlichen Ruhrgebietes wird als vermutlich von N herangefrachtet erwähnt Augit und Hornblende (Brinkmann, 1938) sowie Graptolithen enthaltender Kieselschiefer (Silur); zudem ist für gewisse Schichten des Ruhrgebietes und für das Oberkarbon von Ibbenbüren eine Schüttung von Norden her nachgewiesen (Pilger, 1950). Dieser Verfasser (S. 579) vermutet unter Friesland und Nordhannover Festland, das allerdings zeitweise von N her bis in das Ruhrgebiet vom Meere überflutet wurde. Wir bekommen somit für die Karbonzeit in dem Bereich der späteren südlichen Nordsee und damit in unserem Lande wiederum das Bild eines weitgehend eingeebneten Gebietes, das teilweise aus kristallinen Gesteinen aufgebaut war.

Auf diesem Wege kann zwar nicht entschieden werden, ob diese kristallinen Gesteine durch die kaledonische Gebirgsbildung metamorphosiert und von gabbroartigen Gesteinen durchdrungen wurden oder ob sie Teile der älteren Fennosarmatia darstellen. Hinreichend eindeutig aber zeigt sich, daß zu der Zeit, da vom Ruhrkohlengebiet an gegen Süden die varistische Gebirgsbildung stattfand, unter Schleswig-Holstein eine in kristalline Gesteine eingeschnittene Einebnungsfläche bestand. Diese ist, wie schon erwähnt, noch nicht durch Bohrungen erreicht worden. Aber in Dänemark ist das in den letzten Jahren mehrfach gelungen.

In der Bohrung Frederikshavn By 1 (Geländehöhe + 11 m) ist angetroffen:

969 – 1003 m Keuper
– 1275 m Arkose-Serie
– 1303 m Gneis.

Auf NO-Fünen in der Bohrung Ringe 1 (Geländehöhe + 72 m):

830 – 1196 m Trias
– 1306 m Arkose-Serie (Sandstein, Arkose, Quarzite)
– (1365 m) präkambrische Arkosen, Quarzite, metamorphe Schiefer.

Bei Arnum in Jütland, 28 km nördlich der Grenze bei Tondern, wurde 1952 in 2121 m Tiefe das Kristallin erbohrt.

Sowohl die Sedimentzufuhr von N her während des Karbon in Westfalen wie in Dänemark das Auftreten des Kristallin unter Trias oder Zechstein machen es wahrscheinlich, daß unter Schleswig-Holstein Ablagerungen des Devon und Karbon fehlen (Anm. 1). Es wird erwartet, daß permische Absätze dem Kristallin verbreitet unmittelbar auflagern.

Die Nordsee-Geosynklinale

Nach unserem heutigen Wissen war Nordwestdeutschland also während des Devons und der varistischen Gebirgsbildung ein flaches Land, auf dem kaum Gesteine abgesetzt wurden.

Dies änderte sich während der Permzeit. Sowohl aus der Zeit des Rotliegenden wie aus der des Zechsteins kennen wir aus dem Untergrund Nordwestdeutschlands Absätze von großer Mächtigkeit.

Gesteine des Rotliegenden sind von Lieth bei Elmshorn in Gestalt roter Tonmergel seit 1844 bekannt, jedoch ihr wahres Alter wurde erst 1936 sowohl von Fr. Lotze wie von W. Haack nachgewiesen.

Dies war erleichtert, weil 1931 W. Ernst von Lieth ein Profil durch mittleren und unteren Zechstein in der aus Mitteldeutschland bekannten Ausbildung und darunter sandige Schichten des obersten Rotliegenden nachgewiesen hatte. Gagel hatte auf Grund unrichtiger Deutung sandführender Mergel als vulkanische Tuffe zu Unrecht Rotliegendalter angenommen. Lotze erkannte durch eine tektonische Auswertung neuer Aufschlüsse bei Lieth und Haack aus Tiefbohrungen bei Stade, daß die bis dahin teils für Devon, zumeist aber für Oberzechstein angesprochenen roten Tonmergel von Lieth, Stade, Heide usw. Teile einer salzführenden Schichtenserie vom Alter des Rotliegenden seien.

Dieses Gemisch von Salz und rotem Tonmergel ist ebenso wie die später zu besprechenden Salzmassen des Zechsteins manchenorts in mauer- oder domartigen Gebilden aus mehreren tausend Meter Tiefe aufgestiegen. In solche Aufragungen hat man Tiefbohrungen abgeteuft.

Lieth bei Elmshorn gebohrt 1872–1878, damals das tiefste Bohrloch der Erde	77,4 – 171 m 171 – 1340 m	rote Tonmergel mit Gips rote Tonmergel, gelegentlich reich an Steinsalz.
Bohrung Holstein 14 bei Heide (zeitweise die tiefste Bohrung Europas)	400 – 3817,8 m	rote salzführende tonige Gesteine, Tonmergel und tonarmes Salz, selten Anhydrit.

Mit einem aus den Alpen entlehnten Ausdruck werden die roten Ton-Salz-Gesteine kurz Haselgebirge genannt. Sicherlich beruht ein Teil der auffallenden Mächtigkeit dieser roten Gesteinsserie darauf, daß weitgehend in senkrecht stehenden Schichten gebohrt wurde. Andererseits weisen die nach oben gedrungenen Massen des Haselgebirges einen Durchmesser von 6–10 km auf, so daß sogar mit 1000–2000 m Mächtigkeit für diese Schichten gerechnet wird.

Eine solche Schichtenfolge kann nur in einem Becken entstanden sein. Vorher aber war eingeebnetes Festland, wo sich zur Rotliegendzeit in einem Becken die von benachbarten Ländern abgeschwemmten und abgewehten feinsten Teilchen in einer gewaltigen Senke sammelten. Wie Steinsalz und Anhydrit beweisen, wurde diese Senke entweder vom Meere her flach überflutet oder sie beherbergte seichte Salzwannen wie manche heutige Wüste. Der tiefste bekannte Teil dieses Beckens lag innerhalb der Linie Husum – Kiel – Hamburg – Bremerhaven.

Die so erstmalig aufgezeigte Großsenke werden wir im weiteren Verlauf unserer erdgeschichtlichen Betrachtung immer wieder antreffen, bis heute hin, wo die Nordsee einen wesentlichen Teil jener Senke erfüllt. Im Zeitraum Rotliegend bis heute sind Schichtenpakete von rund 5–6 km Mächtigkeit in diesem, fast nur von flacher See bedeckten Senkungstrog entstanden. Das Gebiet der Nordsee und des anschließenden Tieflandes weist somit die Eigenschaften einer Geosynklinale auf. Da aber während der Zeit der alpidischen Gebirgsbildung in ihr keine solche eintrat, vielmehr die Senkung anhielt, handelt es sich nicht um eine der Gebirge liefernden, sondern um eine unechte = Parageosynklinale. Sie ist in einem schon zur kaledonischen Zeit versteiften Teil Europas neu abgesunken. Vermutlich ist in der Tiefe Material gegen Norden hin ausgewichen.

Holstein liegt im vollgeosynklinalen Gebiet. Nördlich von Schleswig aber nähern wir uns dem Rand der Geosynklinale. Die Bohrung Arnum (siehe S. 27) traf über Urgebirge Rotliegendes und Zechstein nicht mehr an. Auch die Ausbildung der Zechsteinablagerungen in den Cismarer Bohrungen läßt die Nähe einer Landmasse vermuten. Hier erkennen wir also den Nordrand der Parageosynklinale. Nach Osten und Südosten fehlt eine klare Begrenzung, hier verflacht sich die Senke allmählich.

Auch gegen Süden vermindert sich das Ausmaß der Absenkung allmählich. Gegen Westen hat die Parageosynklinale bis über die Küsten Britanniens ausgegriffen. Die gleichartige Ausbildung von Zechstein, Buntsandstein, Kreide und Tertiär beiderseits der Nordsee belegt dies. Es ist somit die heutige Nordsee der Nachfolger zahlreicher ähnlicher Meere, die zeitweise tiefer, manchmal ähnlich flach, seit der Permzeit an gleicher Stelle gestanden haben.

Die Zeiten der Wasserbedeckung waren von Landzeiten unterbrochen.

Diese ± umfangreichen Landmassen erhielten eigene Namen, wie Pompeckische Schwelle, Cimbria usw. Jedoch ist der Inhalt solcher Begriffe bei den einzelnen Autoren nach Zeit und Umfang sehr verschieden und gerade heute, im Zeitalter zahlreicher Erdölbohrungen, durch neue Befunde schnellem Wechsel unterworfen.

Die Schichtenfolge in dem schleswig-holsteinischen Anteil des Nordseetroges

I. DAS PALÄOZOIKUM

1. Das Perm

Das Rotliegende

Roter Ton mit Gips wurde 1844 beim Bau der Altona–Kieler Eisenbahn zu Lieth, südlich von Elmshorn, zum ersten Male gefunden, 1851 von L. Meyn als Zechstein angesprochen und 1936, wie erwähnt, als vom Alter des Rotliegenden erkannt. Das Gestein ist jetzt durch Bohrungen von über 25 Orten bekannt.

Bisher ließ sich bei diesen Rotliegendschichten nicht trennen, was vom Winde und was vom Wasser in der weiten, von Wüste gefüllten Senke zusammengetragen worden ist. Im „Haselgebirge" findet sich der rote Tonmergel häufig eingeengt in den Winkeln zwischen wohlausgebildeten Steinsalzkristallen, die zum Teil mehrere Zentimeter an Größe erreichen. Diese überraschende Verteilung geht darauf zurück, daß das Steinsalz leicht wasserlöslich und erstaunlich plastisch ist, sobald Druck und Temperatur erhöht sind. In der Tiefe hat daher das Steinsalz schon eine Metamorphose durchlaufen, insbesondere sind ringsum aus=gebildete Kristalle (Porphyroblasten) aus NaCl entstanden, während der Tonmergel nur die als Diagenese bezeichneten Veränderungen erfahren hat.

Das Vorkommen der Rotliegendschichten ist nach bisherigem Wissen beschränkt auf Schleswig=Holstein (mit Ausnahme der Teile östlich des Meridians von Segeberg) sowie auf den an die Niederelbe anschließenden Teil Niedersachsens, also im wesentlichen das Gebiet zwischen Harburg und Cuxhaven. Die größte Mächtigkeit dürften jene Schichten im Gebiet der schleswig=holsteinischen Langhorste erreichen. Jedoch ist noch nirgends die wahre Mächtigkeit erkannt. In der Bohrung Böxlund 1 (Anm. 2) ist das Rotliegend fast ungestört angetroffen. 170 m, davon 100 m Haselgebirge mit bis zu 90 % NaCl, wurden durchsunken, ohne das Liegende zu erreichen. Nach Hecht, v. Helms, Kehrer, 1955, beträgt die Mächtig=keit sicher über 400 m. Rüddiger, 1957, dem wir auf Grund seiner eingehenden petro=graphischen Auswertung der roten Gesteine weitgehend folgen, vermutete im Bereich der Langhorste einen schnell sinkenden Trog, der teils durch Salz, teils durch von N her ein=gewehten Wüstenstaub ebenso schnell aufgefüllt wurde, wie er einsank. Das nach unten ständig wachsende Sediment bot an der Oberfläche gleichbleibend das Bild einer breiten, flachen Senke in einer Staubwüste. Steinsalz blühte aus, sobald das Wasser seltener Regen=fälle verdunstete. Das Meer fand trotz der erheblichen Senkung während der Rotliegendzeit keinen Zugang. Die rotviolette Farbe der Eisenminerale, also die höchstmögliche Oxydation, und ebenso der hohe Grad von Anätzung der Granat= und Titanitkörner und schließlich das Fehlen von Hornblende und Apatit unter den Schwermineralen bezeugen nach Rüddiger eine im feuchten Klima des Karbons begonnene, über ein semiarides zu vollaridem Klima weiter=geführte besonders kräftige Verwitterung.

Das Land, von dem der Wüstenstaub stammte, lag im Norden. Der Übergang vom Rotliegendtrog zu diesem Land oder einer Vorstufe, der jütländischen Querschwelle, ist zu erkennen:

1. durch reflektions-seismische Messungen, die
   a) im Bereich der mittleren Flensburger Förde einen Anstieg um 1500 m des Rhät und der unterlagernden Schichten auf 3 km Entfernung vermuten lassen (Hecht, v. Helms Kehrer, S. 726);
   b) im östlichen Angeln und Schwansen einmal einen Anstieg permischer und triadischer seismischer Horizonte gegen NO aufzeigen und zum anderen für die gleichen Schichten eine Minderung der Mächtigkeit um 2000 m erkennen lassen (Rüddiger nach Kehrer und Andres). J. Andres, 1954, S. 10, gibt an, daß der reflektierende Horizont G (vermutlich dem tieferen Zechstein zugehörend) von S nach N beziehungsweise NO um ca. 2500 m ansteigt;
2. aus dem Aussetzen größerer Salzstrukturen gegen N. Nur kleinere Rundhorste treten auf. Hieraus schließt Rüddiger auf eine gegen N geringere Mächtigkeit der Salzlager;
3. in dem höheren Anteil an göberem Korn im Rotliegend der Bohrung Böxlund 1.
   Es treten bis 26 % > 0,06 mm
   bis 8,4 % > 0,3 mm auf.
   Auch sind gelegentlich Quarzgerölle und größere Tonschiefergerölle angetroffen;
4. im Unterschied der Höhenlage
   a) der Oberkante des Lias. Diese liegt im Juratrog unter und östlich der Kieler Förde bei 3000–1000 m Tiefe, bei Rödby auf Lolland, 25 km von Marienleuchte Fehmarn entfernt bei 472 m;
   b) der Oberkante des Rhät: auf Fehmarn 1700–2000 m, unter Rödby 560 m (s. Anm. 3).
5. in der terrestrischen Ausbildung der Gesteine des Muschelkalks in der Bohrung Maasbüll 1. Während in Bohrung Rödby der Muschelkalk noch durch grauen Kalkstein vertreten ist, sind in Bohrung Maasbüll an Stelle des Muschelkalks nur denen des Keupers ähnliche Gesteine angetroffen. Ähnlich in Bohrung Böxlund 1.

Schon auf Seite 27 wurde berichtet, daß in Arnum, 28 km nördlich der deutschen Grenze, in 2121 m Tiefe das Kristallin und in Bohrung Ringe auf Fünen, 60 km von Angelns Küste entfernt, in 1306 m Tiefe präkambrische, zum Teil metamorphe Gesteine erreicht wurden.

Als erster hat Th. Sorgenfrei 1949 vermutet, daß diese Aufwölbung der Schichten sich über Fünen, Lolland, Falster nach Rügen und weiter in die Tempelburger Achse Brockamp's, 1941, fortsetzte (siehe auch S. 161). Hohe Schwerewerte und das Auftreten von Senon und Dan gleich unter dem Quartär waren ihm Hinweise darauf. Ferner hatte die Zunahme terrestrischer Absätze in mesozoischen Schichten 1952 K. Hoffmann veranlaßt, von einer südjütländischen Schwelle zu sprechen. Auch F. Hecht 1955, v. Helms, Kehrer möchten diese als Fortsetzung der Tempelburger Achse ansehen. E. Voigt, 1954, Seite 28, brachte eine schematische Skizze, in der die beiden Abschnitte verbunden sind. Rüddiger, 1955, möchte unter Verwertung geophysikalischer Ergebnisse diese Zone von der Nordseeküste westlich von Ripen über Spandet unweit der Bohrung Arnum (siehe S. 27) zwischen Hadersleben und Apenrade hindurch nach Ringe auf Fünen verlaufen lassen. Dänische Forscher, zum Beispiel A. Nörvang, 1957, lassen die hochgelegene Zone schon bei Ringköbing, also 80 km weiter nördlich als andere Geologen einsetzen, aber gleichfalls nach Falster weiterziehen. Die südjütländische Schwelle erreicht danach im Westen eine größere Breite als ihre Fortsetzung im Osten. Dies kommt auch in der neueren Darstellung der dänischen Geologen zur Geltung (Abb. 5).

Erwiesen ist jedenfalls, daß der schleswig=holsteinische Anteil des südlichen Senkungsbeckens von einem nordjütländischen durch ein Hebungsgebiet getrennt wird. In diesem nördlichen, zwischen der Fünen=Falster=Hebungszone und dem skandinavischen Schild gelegenen Randbecken wurde wie im Süden Zechsteinsalz abgelagert. Darin sind 22 Salzstrukturen nachgewiesen. Über das Auftreten von Rotliegendsalzen scheint nichts bekannt zu sein. Es ist daher noch ungewiß, ob weiter nördlich die Senkungströge schon zur Rotliegendzeit vorhanden waren. Rüddiger hält dies für wahrscheinlich.

Die Bohrung bei Slagelse (West=Seeland) traf ab 2626 m als Vertreter des Rotliegenden 11 m rote Tonsteine an.

Die Frage ist von Bedeutung für das Problem der Herkunft der von Rüddiger im Rotliegenden Schleswig=Holsteins aufgefundenen winzigen Tonschieferbrocken vermutlich silurischen Alters. In den grobkörnigen Lagen des Rotliegenden der Bohrung Böxlund 1 beobachtete Rüddiger dunkle Gerölle von 0,1–3 mm Durchmesser. Sie müssen nach dem mikroskopischen Bild als Tonschiefer angesprochen werden. Ihr Entdecker fand sie auch in den Bohrungen Meldorf, Hennstedt (Dithmarschen), Friedrichskoog und in den roten Schichten von Lieth bei Elmshorn. Die Tonschiefertrümmer nehmen von Böxlund gegen S ersichtlich an Menge und Korngröße ab. So erreichen diese bei Lieth nur selten 1 mm an Durchmesser.

Das Auftreten dieser Tonschiefergerölle machte es für Rüddiger wahrscheinlich, daß am nordöstlichen Randgebiet des schleswig=holsteinischen Anteils der norddeutschen Rotliegendwüste die unter geringmächtigen Landabsätzen des Karbon, Devon und Obersilur lagernden dunklen marinen silurischen Schiefer abgetragen wurden. Ob die jütländische Querschwelle oder weiter nordöstlich gelegene Gebiete die Heimat dieser Gerölle sind, war zunächst nicht zu erkennen.

Die aus diesen Beobachtungen Rüddigers 1955 gezogenen Schlüsse rechtfertigte die Bohrung Slagelse (G. Larsen & A. Buch 1960). Sie liegt rund 150 km nordöstlich von Böxlund und jenseits der Ringköbing=Fünen=Falster=Schwelle. Diese Bohrung durchteufte

1760–2254 m	rote, braune, grüne Tonsteine und Feinsandsteine	Buntsandstein
–2626 m	Dolomit, Anhydrit und Steinsalz zweier Ausscheidungsfolgen	Zechstein
–2637 m	roter Tonstein	Rotliegendes
–2917 m	dunkelgrauer Tonschiefer und toniger Feinsandstein. Um 2810 m ist *Monograptus priscus* Lapw. gefunden, eine Form der Ob. Rastritesschiefer des Gotlandiums. Die darüberliegenden Absätze entsprechen den Colonusschiefern, die von Schonen und aus der Bohrung Leba in Pommern bekannt sind.	Silur
–2946 m	Alaunschiefer	
–2966 m	dunkelgrauer Tonschiefer	
ab 2966 m	weißgrauer quarzitischer Sandstein, dem oberen Nexösandstein entsprechend	Cambrium.

Die silurisch=kambrischen Ablagerungen fallen mit 20 Grad ein, die jüngeren liegen waagerecht. Somit sind tektonische Bewegungen an der Grenze Silur=Devon, also kaledonischen Alters, gesichert. Diese Bewegungen legten die dunklen schiefrigen Absätze des

Abb. 5 Die tektonischen Großformen zwischen Nord= und Ostsee

Die Ringköbing=Fünen=Schwelle verläuft annähernd parallel zur Begrenzung Fennoskandias und setzt sich vermutlich über Rügen in die bis weit nach Polen hineinreichende Tempelburger Achse fort.

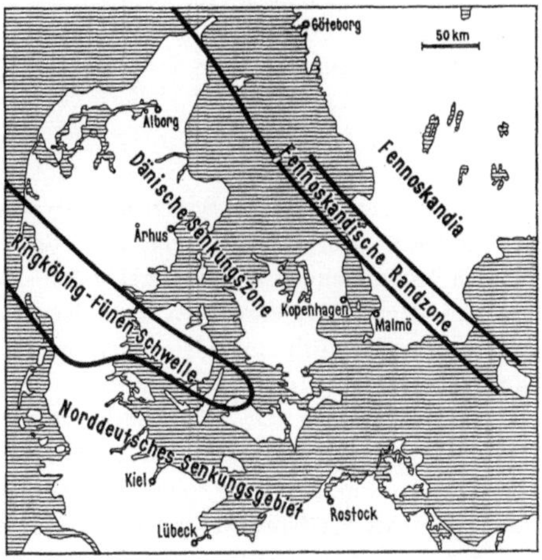

Silurs bloß, so daß deren Trümmer während der Rotliegendzeit bis weit nach Schleswig=Holstein hinein verfrachtet werden konnten.

Der Nachweis vermutlich silurischer Tonschiefertrümmer im Untergrunde unseres Landes war ein überraschender Fund.

Ebenso unerwartet war die Entdeckung zahlreicher Fossilien in einigen Bänken der roten Permmergel von Lieth bei Elmshorn im Jahre 1954. Es war zwar bekannt, daß die Rot=liegendschichten die ältesten Versteinerungen aus dem anstehenden Untergrund Schleswig=Holsteins enthalten. W. Wetzel hatte 1939 in Rotliegendsalzen von Heide verdrückte Sporen von 0,08 und 0,04 mm Durchmesser gefunden.

W. Ernst (1931) gelang es, zu Lieth in den Bänderschiefern des oberen Rotliegenden, also in tonig=kalkigen Sandsteinschiefern bzw. in sandigen glimmerigen Mergelschiefern, Reste von sechs kleinen, bis 5 cm langen Fischen (unbeschuppte Palaeoniscide) zu finden. Dies waren bis 1954 die ältesten anstehend in Schleswig=Holstein gefundenen Ver=steinerungen.

In jenem Jahr fand Fr. Reiche (1955) in der Tongrube zu Lieth hart östlich der Eisenbahn in roten Tonmergeln eingelagert 3 m lilarote Mergel und darin acht fossilführende Horizonte. Besonders eine 1–4 cm mächtige Kalksandsteinbank war reich an Fossilien. Sie lieferte

3 Arten von Coniferen	über	200	Fundstücke,
2 Arten von Muscheln	über	300	Fundstücke,
3 Arten von Schnecken	über	500	Fundstücke,
3 Arten von Ostracoden	über	1000	Fundstücke,
4 Arten von *Estheria*	über	500	Fundstücke,
2 Arten von Insekten		2	Fundstücke,
3 Arten von Fischen	über	60	Fundstücke,
2 Arten von Stegocephalen		6	Fundstücke.

Reiche deutet diesen überraschenden Fund als eine vorübergehende Ansammlung von Süßwasser in einer Salzseesenke. Er hebt hervor, daß die gefundenen Coniferen nicht den für das Rotliegend bezeichnenden *Walchien* zugehören, sondern den Formen des Zechsteins *Voltzia* und *Ullmannia* ähnlich sind. Reiche erwägt, trotz erheblicher Einwände aus der

Schichtenlagerung, daß die fossilführenden Tonmergel dem jüngsten = vierten Zyklus der Salzfolge des Zechsteins angehören können. Über den Schwermineralgehalt siehe S. 40.

Die Lagerungsverhältnisse des Haselgebirges sollen zusammen mit denen des Zechsteins erörtert werden (siehe S. 145).

Der Zechstein

Im Oberperm sank der Boden des Nordseebeckens unter den damaligen Meeresspiegel. Das Zechsteinmeer drang bis an die Weichsel vor. Da in England und Ostgrönland die gleichen bezeichnenden Fossilien gefunden sind wie in deutschen Zechsteinkalken, ist ersichtlich, daß damit zum erstenmal eine der heutigen entsprechende geographische Lage eingetreten war, nämlich eine Meeresverbindung aus dem Trog der Parageosynklinale über die Nordsee zu dem als Skandik bezeichneten Europäischen Nordmeer (Abb. 6). Diese Verteilung von Land und Meer hat später nicht immer in gleicher Weise bestanden, sie ist aber zu jurassischer, Kreide-, Tertiär- und Diluvialzeit erneut aufgetreten. Auch in Zeiten, in denen die Meeresverbindung zum Skandik durch Land mehr oder weniger abgeschnitten war, hat sich im Bereich der Nordsee und seiner Umgebung das Meer bei Meeresverbindungen nach Süden oder Osten gehalten, zum Beispiel Muschelkalkzeit. Wir dürfen daher in der Erdgeschichte von dem Nordseebecken oder der Nordseeparageosynklinale sprechen. Andere Forscher bezeichnen jene Senke als Germanisches Becken. Da Germanen aber weit über den Bereich jenes Troges hinaus verbreitet sind, erscheint es zutreffender, die Bezeichnung vom augenscheinlichsten heutigen Merkmal, eben der Nordsee, zu entlehnen.

Während des Zechsteins also drang das Meer von Nordwesten her in die Parageosynklinale ein; aber die Verbindung war bald offener, bald eingeengt. Dazu war das Klima, wie zur Unterpermzeit, sehr warm, allerdings zur Zeit des tieferen Oberperms vorübergehend humid. Es wechselten somit Zeiten echter Meeresbedeckung mit solchen, in denen zwar Salzwasser den Boden des Troges bedeckte, hier aber so stark verdampfte, daß an Salzen reiche Laugen entstanden. Dies war nach Borchert (1959) möglich, wenn beim Durchfluß durch enge, flache Becken das Meerwasser an Salzen erheblich angereichert worden war. Aus den Laugen wurde am Grunde des innersten Beckens bei Temperaturen zwischen 30 und 50 Grad C und in Tiefen von 80 bis 1000 m Salzgestein ausgefällt. Zunächst entstanden Karbonate (Kalke, Dolomite), bei zunehmender Konzentration Sulfate (Gips) und schließlich sogar Chloride (Stein- und Kalisalz). Der Hauptregulator des Geschehens in den Verdampfungswannen war der Verbindungsweg, durch den Salzwasser vom Ozean her nachfloß. Drang durch ihn so viel Wasser ein, wie in der Endpfanne verdunstete, so wurden in ihr nahe der Eintrittsstelle des Wassers die am schwersten löslichen und daher am leichtesten ausfallende Salze, und zwar lang andauernd niedergeschlagen. Dort aber, wo das letzte Wasser verdampfte, wurden sogar Kali- und andere hygroskopische Salze ausgeschieden. Diese hatten allerdings noch nicht die heutige Zusammensetzung. Sie sind im Laufe der Jahrmillionen in zunehmend größere Tiefen abgesunken, entsprechend dem Verhalten der Parageosynklinale. Dadurch gerieten sie unter höheren Druck und vor allem in höhere Temperaturen. Besonders die höheren Wärmegrade bedingten einen Umbau der Minerale. Diese geothermische Metamorphose ließ nach Borchert aus einem Lager von 100 m Gips eine nur 62 m mächtige Schicht von Anhydrit entstehen. Hierbei wurden je 1 qm Grundfläche 48,6 cbm Kristallwasser frei. Dies seinerseits kann bei 30 Grad C 8 cbm Steinsalz lösen. Es wurden somit die ursprünglichen Salzgesteine mit dem Ansteigen der Temperatur zunehmend unter Abpressen von Laugen und Neukristallisation metamorphosiert.

Aber es fand nicht nur ein Absinken statt. In den Salzstrukturen stieg das Salz später wieder in höhere Lagen hinauf. Die Temperaturen sanken entsprechend, und die metamorphen Neubildungen wurden weitgehend rückgebildet. Den Endzustand einer solchen rückläufigen Metamorphose haben wir in dem Gipsberg von Segeberg vor uns.

Da die Schichtenfolge des Zechsteins durch die Aufschlüsse über Tage und in Bergwerken sowie im norddeutschen Flachland durch zahlreiche Erdölbohrungen gut bekannt geworden ist, konnte klar erkannt werden, daß in der norddeutschen Salzfolge der Inhalt von vier Verdampfungswannen übereinanderliegt oder, geologisch ausgedrückt, vier Sedimentationszyklen, auch Salzfolgen genannt, einander ablösten. Die Salzausscheidung wurde jeweils unterbrochen, weil das Meer freien Zutritt erlangte.

Unter Schleswig-Holstein fehlt die vierte Salzfolge und in der ersten Salzfolge kam es außer bei Reitbrook nicht zum Niederschlag der Steinsalzserie. Im Gegensatz zur Rotliegendzeit lag Schleswig-Holstein damals nicht im tiefsten Teil des Beckens, weswegen einzelne Schichten nicht zum Absatz kamen.

Zu der Schichtenfolge, Tabelle 2, ist zu bemerken:

Zechsteinkonglomerat: Da Sand das gröbste Material war, welches das eindringende Meer vorfand, konnte nicht, wie in Mitteldeutschland, ein geröllführendes Transgressionskonglomerat entstehen, sondern nur Sand zusammengespült werden. Er wurde örtlich durch Kalk verfestigt.

Kupferschiefer: Die Barre, die später während des mittleren und oberen Zechsteins die Verdampfungswanne vom Meere trennte, bedingte zunächst bei höherem Wasserstand die Entstehung eines Meeres nach Art des heutigen Schwarzen Meeres. Dies heißt, im damaligen Meer war oben eine lebhaft durchbewegte und daher gut durchlüftete Lage von Wasser, darunter aber stand bis zur Höhe der Schwelle zum offenen Meere ein durch Salzgehalt oder niedrigere Temperatur schwereres Wasser. In ihm war der Sauerstoff verbraucht, so daß höhere und niedere Lebewesen, einschließlich aerober Bakterien, nicht darin leben konnten. Dadurch waren die bis in jene Wasser abgesunkenen organischen Reste vor schneller Verwesung bewahrt. Sie sanken auf den Boden – mögen es nun Zweige der Coniferen oder Leiber von Fischen, wie der Schmelzschupper *Palaeoniscus*, gewesen sein – und wurden vom nachsinkenden, feinen, an Resten von Plankton reichen Schlamm eingebettet und so zu den berühmten Versteinerungen des Kupferschiefers. Dieser schwarze, kohlige, heute noch 10 % organische Stoffe und 60 % Ton enthaltende Kupferschiefer Mitteldeutschlands führt bis

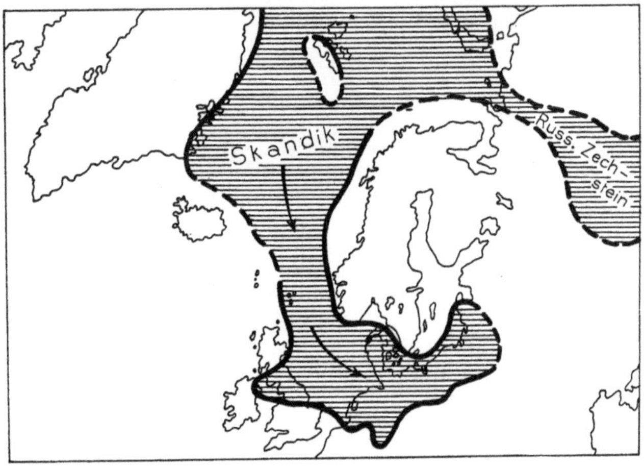

Abb. 6 Das Zechstein-Meer, das erste Meer in der Nordsee-Parageosynklinale

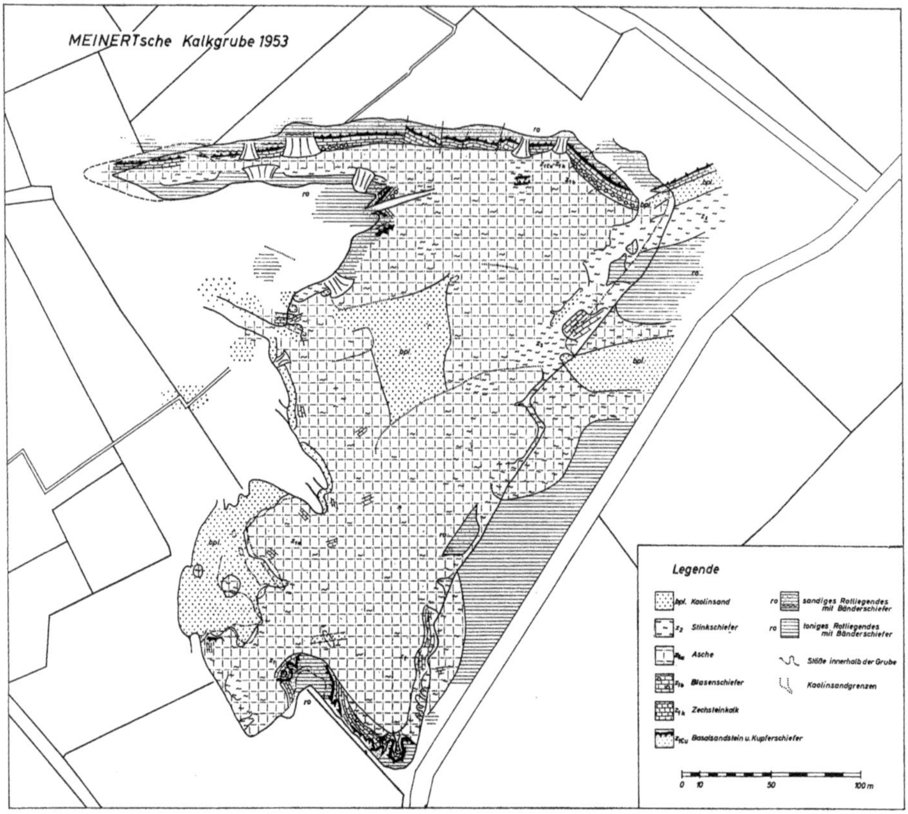

Abb. 7 a Karte des Perm von Lieth bei Elmshorn nach F. GRUBE

Die Oberkante, nach links verlängert, weist nach N. Kaolinsand ist an Verwerfungen und in Dolinen in die Zechsteinkalke eingesunken. Der Zechstein sitzt als vielfach zerstückelte Mulde in den Tonmergeln des Rotliegenden (Abb. 7 b). Das Riß=Eis hat den Top dieser Struktur abgehobelt. Nur eine dünne Lage blieb von den Eisabsätzen erhalten. Siehe ferner Taf. 47 Fig. 2.

Abb. 7 b Profil durch den Bremsberg=Sattel am Ostrand der Grube Meinert nach F. LOTZE 1936

Beim Salzaufstieg in das Rotliegend ein=gesunkene Zwickel von Zechstein veran=schaulichen die Lage des Zechsteins oben auf der Rotliegend=Struktur

- ro Oberrotliegend
- zu1 Basalsandstein des Zechstein
- zu2 Kupferschiefer
- zu3 Zechsteinkalk
- zm Mittlerer Zechstein
- zd Asche

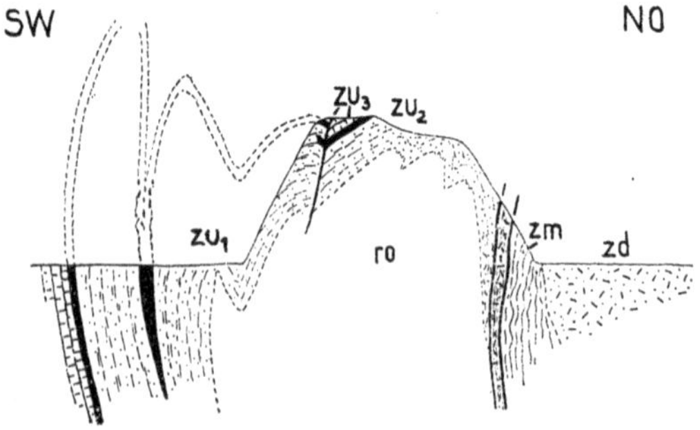

5 % Schwefelverbindungen von Cu, Fe, Zn, Pb und etwas Silber. Der Metallgehalt ist durch Flüsse aus Lagerstätten der benachbarten Länder in das Meer geschafft und hier mit dem Schwefel des reichlich vorhandenen Schwefelwasserstoffs als Sulfid niedergeschlagen worden.

Da am Nordufer jenes Meeres, also in der Umgebung unseres Landes, keine Erzlagerstätten verwitterten, stand in diesem Teil des oberpermischen Schwarzen Meeres nur Eisen zur Verfügung.

Dies und Schwefel aus der ursprünglich reichlich vorhandenen organischen Substanz ließen allein Pyrit (FeS_2) als Erz in dem schwärzlichen, feingeschichteten Mergel entstehen. Trotzdem trägt das Gestein auch bei uns den Namen Kupferschiefer. Sein ursprünglich erheblicher Gehalt an Eiweiß legt nahe, in ihm das Mutterlager der im Zechstein enthaltenen Kohlenwasserstoffe zu suchen, siehe Bohrung Hohenfelde im Abschnitt über Erdgas. Bei Lieth und Stade ist die Schicht wohl ausgebildet, bei Heide und Oldensworth wurde sie nicht abgesetzt, da diese Orte dem Rande des Beckens zu nahe liegen. Zu Lieth sind darin gefunden die Schmelzschuppenfische *Palaeoniscus* und *Acrolepis*, abgebildet in W. Ernst 1931.

Zechsteinkalk: Das Schwarze Meer der Zechsteinzeit endete dadurch, daß eine unbehinderte Verbindung mit dem im NW anzunehmenden offenen Meer eintrat. Infolgedessen wurde Kalk abgesetzt. Versteinerungen wie die Koralle *Polycoelia profunda* Germ, die Brachiopoden *Camarophoria schlotheimi* v. B., *Spirifer (Martinia) clannyanus* King, *Strophalosia* sp., die Schnecken *Euomphalus planorbites* Gein., *Pleurotomaria* cf. *antrina* Schloth. und der Kopffüßler *Nautilus* sp. zeugen von der Anwesenheit des offenen Meeres. W. Ernst 1931 hat die verschiedenen Abarten des Liether Zechsteinkalkes eingehend beschrieben. In manchen der 5–50 cm mächtigen Lagen sind etwas Glimmer und Feinsand enthalten. Neben dichtem Kalkstein sind zwei Lagen aus Oolithen (0,5–5 mm Durchmesser) bezeichnend. In den im oberen Teil des Zechsteinkalkes eingelagerten Oolithlagen treten ferner sogenannte Stromatolithe auf; dies sind knollig bis stockförmige, geschichtete, oben kleinwulstige Kalkgebilde von 2–7 cm Höhe und ähnlichem Durchmesser. Es bleibt umstritten, ob es sich bei ihnen um Algen oder anorganische Gebilde handelt.

Der Zechsteinkalk enthält zu Lieth auf Hohlräumen Flußspat und Kupfererze W. Wetzel 1958 S. 16. Die Farbe des Zechsteinkalkes bei Lieth ist grau. In Bohrungen bei Heide aber ist er von unten nach oben abnehmend lagenweise rötlich gefärbt, da er hier auf einer Schwelle – unter Ausfall von Zechsteinkonglomerat und Kupferschiefer – unmittelbar auf Rotliegendem abgesetzt wurde. Auch dort sind die Oolithe und Stromatolithe nachgewiesen.

Anhydritknotenschiefer und Anhydrit: In den Bohrkernen tritt neben Kalk erstmalig Anhydrit, und zwar schichtweise in Linsen auf. Von 3 cm Durchmesser in den tiefsten Kalklagen nehmen die blaugrauen Anhydritlinsen nach oben an Größe zu und ersetzen den Kalk zunehmend, so daß gegen oben erst kalkhaltige Linienanhydrite und dann Anhydrit mit in roter und grüner Farbe wechselnden Anhydritlagen auftreten. Diese so gleichmäßig geschichtete Serie geht nach oben in karbonatfreien, zumeist ungeschichteten Anhydrit über. Hiermit schließt die erste Salzfolge.

Erheblich anders sehen die ursprünglich gleichen Gesteine zu Lieth aus. Da hier der Anhydrit fortgelöst ist, wurde der Kalk mit ursprünglich bis 3 cm großen Anhydritlinsen zum grauen großlöcherigen Blasenkalk, die Anhydritknotenschiefer zu dünnbankigen, porigen Blasenschiefern, der Anhydrit zur sogenannten „Asche", einem grauen Pulver aus $CaCO_3$, ohne oder mit nur schwachem Dolomitgehalt. Der Anhydrit entspricht dem Höhepunkt des Verdunstens in dem ersten Zyklus. Zur Ausscheidung von Steinsalz kam es in Schleswig-Holstein damals noch nicht.

Hauptdolomit: Diese aus der mitteldeutschen Entwicklung des Zechsteins übertragene Bezeichnung trifft auf unsere Verhältnisse nicht zu, sie wird aber von den Ölgeologen (SCHOTT, DEECKE) angewandt. Dem Hauptdolomit entspricht bei Heide ein dem Anhydritknotenschiefer ähnliches Gestein, bei dem jedoch infolge des inzwischen eingetretenen, neuen Meereswassereinbruchs das früh ausfallende $CaCO_3$ (nur selten Dolomit) den Anhydrit zunehmend verdrängt. Der neue Ausscheidungszyklus wird auch Staßfurter Serie genannt.

In der erwähnten „Asche" von Lieth dürfte auch der Lösungsrückstand dieser Schicht enthalten sein.

Stinkschiefer: Feingeschichtete, schwarzgraue, fossilfreie Kalke, die angeschlagen bituminös riechen. Ihre Mächtigkeit beträgt bei Heide 5 m; bei Lieth anscheinend 25 und 30 m, jedoch ist hier eine tektonische Wiederholung der gleichen Schichtfolge nicht ausgeschlossen. Als große Seltenheit wurden zweimal Fische *(Palaeoniscus)* in diesen sonst fossilfreien Schichten gefunden.

Basalanhydrit: Bei zunehmender Verdunstung fiel wieder $CaSO_4$ als Anhydrit aus. Darüber folgt, den Höhepunkt der Verdampfung in der zweiten Salzfolge anzeigend, reines

Steinsalz: Diese „ältere" Steinsalzfolge dürfte mehrere 100 m mächtig sein, jedoch sind genaue Angaben nicht möglich, da diese Absätze in den holsteinischen Salzdurchbrüchen nicht nur stark durchfaltet, sondern auch abgeschert und weitgehend ausgequetscht angetroffen werden.

Grauer Salzton: Versteinerungen (Muscheln, Schnecken, Brachiopoden), die anderenorts hierin gefunden worden sind, lassen auf Absatz aus einem fast normalen Meerwasser schließen. Der Salzton entspricht einem erneuten Meereseinbruch, somit dem Beginn der dritten Ausscheidungsfolge, Niedersachsenserie genannt. Diese lieferte naturgemäß annähernd die gleichen Gesteine wie die vorigen, auf das *Karbonat:* Plattendolomit (Heide, Osterby) folgte das *Sulfat:* Hauptanhydrit (Segeberger Gipsberg) und darüber das jüngere Steinsalz.

Der Plattendolomit gilt ab Absatz ganz flachen Wassers (HEIDORN 1949); er ist nahe der Küste abgesetzt, er fehlt im Innern des Zechsteinbeckens. Hier wird er durch den Hauptanhydrit vertreten. Im Norden unseres Landes ist der Hauptanhydrit reich an grau färbenden karbonatischen Beimengungen des flachen Wassers, während er unter Helgoland frei von Kalk angetroffen wurde. Bei Heide und Osterby liegen nach SCHOTT jeweils auf 5 und 7 m Plattendolomit, 25 und 13 m Hauptanhydrit. Den Anhydrit von Segeberg (Taf. 3 Fig. 2) sieht TEICHMÜLLER (1948) als Hauptanhydrit an, der allerdings mit 75 m ungewöhnlich mächtig wäre. Am Segeberger Gipsberg folgen an der Nordseite außen gut geschichtete karbonatreiche Gipse und in der Höhle (Ostwand) senkrecht stehende bituminöse plattige Kalke, die den Übergang zur jüngeren Steinsalzserie darstellen. Unweit von Meldorf, zu Segeberg und am Klüthsee (Segeberg), sind hierin Kalisalze erbohrt worden. Auch wenn diese Lager mächtiger wären, als es der Fall ist, würden sie nicht abgebaut werden, da die vorhandenen Bergwerke den Bedarf decken können.

Obere Zechsteinletten: Rote Tone, nur örtlich noch Steinsalz und Anhydrit führend. Die vierte Salzfolge – Allertalserie – ist unter Schleswig-Holstein nicht zum Absatz gekommen. Offenbar lag unser Gebiet zu hoch. Hierher gehören nach FR. REICHE möglicherweise die fossilreichen Tonmergel von Lieth (siehe S. 33). Diese Folge von Tonen dichtete die Salzlager nach oben ab und verhinderte weitgehend deren Auflösung durch später aufgetretenes Grundwasser. Mit diesen Tonen schließt die Schichtenfolge aus dem Altertum der Lebenszeit (Paläozoikum) im Untergrunde Schleswig-Holsteins.

Die Salze blieben aber nicht, wie schon oben angedeutet wird, so erhalten, wie sie abgesetzt worden waren. Einmal wurde das Salzgestein als Folge des Druckes von 4 km und mehr darüber abgelagerter jüngerer Gesteine und hoher Temperatur metamorphosiert.

Es bildeten sich neue Salsgesteinarten, Körner vergrößerten sich usw. Daher darf man aus den physikalisch-chemischen Bedingungen, denen die heute in Salzbergwerken angetroffenen Salzmineralien angepaßt sind, nicht ableiten, daß die gleichen Bedingungen zur Zeit des ersten Absatzes dieser Salze bestanden hatten.

Zum anderen stieg, was ursprünglich in ebenen Schichten übereinanderlag, später in schmalen Zonen um mehrere 1000 m nach oben und geriet dabei teils weitgehend in senkrechte Schichtenstellung (Taf. 3 Fig. 3), teils wurde es verfaltet.

Näheres über diese Lagerung der Salzgesteine = Salztektonik siehe S. 149.

II. DAS MESOZOIKUM

1. Die Trias

Der Buntsandstein

Die geographischen Verhältnisse wie weites Becken, warmes wüstenartiges Klima blieben zunächst unverändert, nur lag der Boden des Troges so hoch, daß das Meer nur noch ausnahmsweise Zutritt fand. Es konnten also während der Zeit des Buntsandsteines die Flüsse Sand bis in dessen Randzone verfrachten, wohingegen der Wind und stehende Flachwässer feinen Sand und Staub („Ton") bis in die Mitte des Troges weiterschleppten. Unsere Kenntnis des nordwestdeutschen Buntsandsteins verdanken wir weitgehend dem Felsen von Helgoland und einer auf jener Insel niedergebrachten Bohrung (siehe Anm. 5). Die auf dem Oberland angesetzte Bohrung ergab

0–416 m Mittlerer Buntsandstein mit zahlreichen sandigen Lagen
–718 m Unterer Buntsandstein

Zwischen 355 und 434 m wurden in Schiefertonsteinen Bänke von Rogenstein angetroffen.

Bei der Feinkörnigkeit des tiefsten Buntsandsteins sind dessen unter Helgoland zuunterst angetroffene Schichten denen des Zechsteins sehr ähnlich. Es fehlt aber das Steinsalz. Anhydrit jedoch tritt in kleinen Knauern noch auf. Hinzu kommen dünne Feinsandlagen. Die Bohrung wird nach oben ergänzt durch die im Felsen von Helgoland höher als der Bohrlochkopf anstehenden Schichten des Mittleren Buntsandsteins, wodurch sich als dessen Gesamtmächtigkeit 450 m ergibt. Der Obere Buntsandstein = Röt ist im Nordhafen als roter Mergel mit knolligem Gips und Steinsalzpseudomorphosen in 250 m Mächtigkeit angetroffen worden.

Die Mächtigkeit des Buntsandsteins beträgt zu Rüdersdorf bei Berlin und bei Walsrode 600–700 m, bei Helgoland rund 1000 m. Dies zeigt, daß auch während der Buntsandsteinzeit der seit dem Rotliegenden nachweisbare Trog noch im Absinken begriffen war. Hierbei hatte kurzfristig das Meer von NW her Zutritt bis weit in das Beckeninnere, denn die Muschel *Avicula murchisoni* H. B. Geinitz (früher als *Gervilleia* bezeichnet), die von Helgoland bis Südhannover bankweise auftritt, setzt zumindest Brackwasser voraus. Der Fund dieses Leitfossils klärte die lange Zeit umstrittene Frage nach dem Alter des Helgoländer Gesteins.

An der Grenze von Unterem zu Mittlerem Buntsandstein tritt unter Helgoland eine Lage sehr feiner Kalkoolithe auf. Es handelt sich hierbei um die fernen Ausläufer der mächtigen Rogensteine, die in Mitteldeutschland weit verbreitet sind. Diese wurden nahe von Bernburg in großem Umfang gebrochen, elbabwärts verfrachtet und finden sich daher in den Buhnen und Leitdämmen der Elbe wie in Schlutup und anderen Orten als Baustein.

Der in der Steilküste von Helgoland anstehende Mittlere Buntsandstein läßt sich unterteilen:

o b e r e , ziegel- bis weinrote Serie aus Mergelkalken und Tonmergel, 116 m,

u n t e r e braunrote Serie aus glimmerhaltigen Tongesteinen und fein- bis mittelkörnigen Sandsteinen, 334 m.

In dem u n t e r e n T e i l des Mittleren Buntsandsteins werden manche Sandsteinlagen aus Mangel an Bindemitteln recht locker = Katersand. Unter der Lupe erkennt man auch hierin kleine Kalkooide. Im oberen Teil derselben Serie wurde 1924 die erwähnte *Avicula murchisoni* (Taf. 5 Fig. 2) gefunden. Ferner liegt in der Sammlung der Universität Kiel eine Platte mit Fährten von ? Insekten aus diesen Schichten (Taf. 5 Fig. 4). Auf den Schichtflächen sind Trockenrisse und Wellenfurchen (Taf. 4 Fig. 3) häufig, auch Regentropfen- und Flugsandpusteln (Taf. 4 Fig. 2 u. 4) wurden angetroffen. Die Gesteinsserie ist so widerstandsfähig und standfest, daß sie als Sockel der bekannten, durch Klüfte begrenzten, Türme und Tore an der SW-Küste der Insel der Brandung erstaunlich lange trotzt.

Die o b e r e S e r i e ist weicher, da Tonmergel und Mergelkalk den Hauptteil der Absätze ausmachen und Sandsteine zurücktreten; Trockenrisse (Taf. 5 Fig. 5), Wellenfurchen, Tongallen als Reste wieder zerstörter toniger Lagen sind auch hierin häufig.

In dieser Schichtenfolge wurde 1854 von L. MEYN eine Rippe eines Labyrinthodonten, 1910 von W. WOLFF ein sehr gut erhaltener Schädel von *Parotosaurus* (H. SCHRÖDER 1913), 1931 rund 180 m höher Schädelstücke vom *Mastodonsaurus* (STAESCHE und WOLFF 1933) und 1956 im großen Sprengtrichter von stud. HENNINGSEN das Bruchstück des Schlüsselbeins von einem Stegocephalen gefunden (Taf. 5 Fig. 3). Der von W. WOLFF 2 m höher als die Untergrenze der oberen Serie gefundene Schädel war von H. SCHRÖDER (1913) als *Capitosaurus helgolandiae* n. sp. beschrieben worden (Taf. 5 Fig. 1). In dem nordamerikanischen und französischen Schrifttum wird er als eines der besterhaltenen Stücke hervorgehoben. A. ROMER stellte den Schädel zur Gattung *Parotosaurus*, die zu den Capitosauroiden gerechnet wird. Dies sind neorachitome, also stereospondyle Labyrinthodonte, das heißt Amphibien, bei denen noch Reste der ursprünglichen Vielzahl der Teile des Wirbelkörpers vorhanden sind. Es treten noch rückgebildete knorpelige Pleurocentra (Interventralia) auf, und der Hauptteil des Wirbelkörpers stellt noch einen unvollkommenen Ring aus Intercentra (Basiventralia) gebildet dar. Dessen volle Entwicklung wird erst bei den obertriadischen Formen kurz vor dem Aussterben der Stegocephalen erreicht.

Parotosaurus hat einen vorn breiten Kopf und kleine Augen. Sein Name weist auf die noch offenen, hinten am Schädel gelegenen Ohrenkerben hin. *Mastodonsaurus* besitzt auch Ohrenkerben, hat aber große Augen. Beide Gattungen besitzen noch, wie hochentwickelte Fische, zum Beispiel die Quastenflosser, in die Knochen der Schädeldecke eingesenkte Rinnen zur Aufnahme von Schleimkanälen (Taf. 5 Fig. 1 b). Dies kennzeichnet sie als Wasserbewohner.

Die roten Gesteine des Buntsandsteins stimmen in Farbe sowie Größe und Zusammensetzung der Körner weitgehend mit den permischen überein. Die Bedingungen bei ihrer Entstehung glichen sich ersichtlich. Der Gedanke, was im Großen gleich aussieht, kann im Kleinen recht verschieden sein, und die damals neu aufgekommene sedimentpetrographische Untersuchungsweise veranlaßten KLEINSORGE (1936), zu versuchen, mit dieser Methode permische und triadische Rotsedimente des Nordseebeckens zu trennen. Er glaubte im Granatgehalt (Lieth und Heide 0 %, Helgoland 13–88 %) ein Unterscheidungsmerkmal gefunden zu haben. RÜDDIGER 1957, dem umfangreicheres Material zur Verfügung stand, fand hingegen: (Bö = Bohrung Böxlund, H = Helgoland, SH = gesamtes Schleswig-Holstein).

Abb. 8 Helgoland

a) Nach der Ablagerung der Oberkreide-Schichten schwoll die Salzbeule an. In den das Salz überdeckenden Schichten entstanden als Folge der Dehnung radiale und konzentrische Klüfte und Abschiebungen sowie eine NW-SO streichende Hauptverwerfung (hv). Auf ihr wurde das Salz als Diapir (di) bis zur Oberfläche emporgepreßt. z Zechstein; s Bundsandstein; m Muschelkalk; kr Kreide; qa Querabschiebung; la Längsabschiebung.

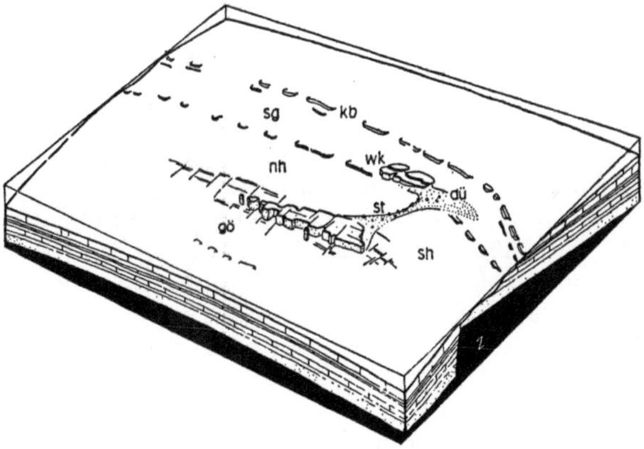

b) Nachdem tertiäre Meere und zuletzt das Riß-Eis die Aufwölbung weitgehend abgetragen hatten, wurde das während jener Vereisung aufgedrungene Salz vom Grundwasser der nachfolgenden Eemzeit fortgelöst. Es entstand eine Senke. Während der Würm-Vereisung stieg im trocken liegenden gefrorenem Nordseegrund der Salztop erneut empor. Als in der frühen Nacheiszeit das Salz abermals von Grundwasser fortgelöst wurde, sank die Görtel (gö) genannte, bis 20 m tiefe Zone vor der Südwestküste der Insel ein. Die danach wiederkehrende Nordsee trug die mesozoischen Tone und Mergel zu breiten Tälern ab; die festeren Schichten aber blieben als Klippen erhalten. Sie verraten bei Niedrigwasser den Verlauf der Schichten im Dach der Aufwölbung. Im Schutze der Hauptinsel und des aus Muschelkalk bestehenden Wittekliffs (wk) reicherte sich das vom Meere verfrachtete Material teilweise zur „Düne" (dü) an. Sie war bis Neujahr 1720 durch den „Steinwall" (st) mit der Hauptinsel verbunden. nh Nord-Hafen; sh Süd-Hafen; sg Skit-Gatt; kb Krid-Brunn. Nach P. WURSTER 1962 Text ergänzt.

	Rotliegendes		Buntsandstein	
Titanit	Bö:	8 %	Bö:	–
Apatit	Bö:	–	Bö:	0–30 %
			H:	0–20 %
Granat in SH				
Fraktion 0,06–0,1 mm	Beckeninneres:	0–50 %		40–90 %
	Randgebiet:	28–38 %		35–70 %
Fraktion 0,1–0,2 mm	Beckeninneres:	–		90 %
	Randgebiet:	60–80 %		90 %

Bei hinreichend umfangreichem Untersuchungsmaterial läßt somit der Schwermineral=gehalt Unterschiede der beiden verschieden alten Absätze erkennen. Rüddiger führt diese auf abweichende klimatische Verhältnisse zurück. Das Klima der Permzeit brachte die weiter reichende Verwitterung.

Neue, ins einzelne gehende stratigraphische Untersuchungen, insbesondere die Gliederung in Zyklen (beginnend mit mittelkörnigem Sand, der über Feinsand in Schluff und Ton=mergel übergeht), ergaben, daß die Helgoländer Buntsandsteinfolge mit der im südlichen Niedersachsen weitgehend übereinstimmt. Die dunklere untere Schichtenfolge entspricht nach den Untersuchungen von H. Boigk 1961 der Volpriehausen=Folge, das obere, weinrote System der Detfurther Folge und zwei weiteren Zyklen. Aus dieser Übereinstimmung ergibt sich, daß das Gebiet um Helgoland ein Teil der von Süden nach Norden zunehmend aufgefüllten Buntsandsteinsenke war. Entsprechend nimmt die Korngröße gegen Norden ab. Messungen der Schrägschichtung ergaben auch hier noch ein nordwestliches Gefälle.

Kupferverbindungen wie Malachit Cu $[(OH)_2\ CO_3]$, Rotkupfererz Cu_2O, gediegen Kupfer und selten gediegen Silber kommen in beiden Abteilungen des mittleren Buntsandsteins vor (W. Wetzel 1925, 1958). Sie bezeugen, daß im Gegensatz zur Zeit des Kupferschiefers da=mals irgendwo in der Ferne mit Magmen aufgedrungene Erze verwitterten und feinstkörnig oder in Lösung bis nach Helgoland verfrachtet und nach ihrem Absatz diagenetisch an=gereichert wurden. Dies geschah weitgehend in Konkretionen. Nach W. Wetzel 1958, S. 55, ist auch Vanadium, wie anderenorts in permischen Gesteinen, darin vertreten. Um diese dunklen Erznester finden sich zumeist hellgrüne Entfärbungszonen, die im roten Gestein besonders auffallen (Taf. 5 Fig. 2). Eichhof und Reineck (1953) haben nachgewiesen, daß in solchen Fällen nicht, wie häufig angenommen, das rotfärbende Ferrieisen zu grünem Ferro=eisen reduziert ist, sondern daß der rotfärbende Hämatit fortgelöst ist. Die Bleichungshöfe sind nicht auf eine Strahlungsaktivität der Erze zurückzuführen, wie zeitweise vertreten wurde, sondern jene Erze haben auf den Hämatit reduzierend eingewirkt und dessen Ent=fernung in saurem Medium gefördert.

Als Zusammenfassung ergibt sich:

Dem Buntsandstein von Helgoland fehlt Grobsand oder gar Kies, Schräg= oder Bogen=schichtung. Schnell fließendes Wasser kommt danach für das Heranfrachten der Gesteins=teilchen nicht in Frage. Belege für das Auftreten von Frost sind nicht gefunden.

Hingegen sind beobachtet:

1. Bei der Körnung alle Übergänge von feinem Mittelsand bis zu „Ton". Diese Gesteine treten weithinreichend gut geschichtet auf.
2. Lagen gerundeter Tongallen. Nur massive rundliche Tongallen dürften vom Wasser ver=frachtet sein. Dünne ± gerundete Tonblättchen, die auf Helgoland lagenweise an=getroffen werden, dürften vom Winde losgerissene Teilchen von getrockneten Tonhäuten sein.

3. Rippelsysteme. Bei ihnen ist noch unklar, wieweit sie von Wasserwellen oder unmittelbar vom Winde erzeugt sind.
4. Trockenrisse in tonigen Absätzen, zum Teil scharfkantig erhalten und mit reinem, vermutlich windgetriebenem Sand ausgefüllt.
5. Lagen mit Flugsandpusteln (an feuchtem Sand in Pusteln oder Pustelreihen kleben gebliebener Flugsand) (Taf. 4 Fig. 4).
6. Regentropfenabdrücke (Taf. 4 Fig. 2).
7. Sandige Lagen mit *Avicula murchisoni* in Einzelklappen und mit Wurmfährten.

Die Ausdeutung dieser Beobachtungen ergibt:

Wenige Zentimeter tiefes Wasser war vorhanden. Wellen erzeugten an dessen Grund Rippeln. Dies Wasser trat nach Regenfällen auf. Von diesen weiten Flächen stehenden Wassers wurde Flugsand und Wüstenstaub aufgefangen und darin als Feinsand- und „Ton"-Lagen sedimentiert. Sank der Wasserspiegel, so entstanden einmal Trockenrisse, zum anderen trockneten dünne Tonlagen aus und zerrissen. Die Ränder der Tonfetzen bogen sich auf, und schließlich trug der Wind Tonfetzen fort. Er ließ diese in Lee einer schwachen Erhöhung oder wohl häufiger an feuchten Stellen liegen. Flugsand deckte diese Tongallen zu. Das Material des Helgoländer Buntsandsteins ist somit weitgehend vom Winde herangetragen und von stehendem Wasser oder feuchtem Grunde aufgefangen worden. Gruppen von Gipskristallen – heute häufig nur noch an ihren Hohlräumen nachweisbar – bezeugen zusammen mit der Rotfärbung den Wüstencharakter des damaligen Tieflandes.

Der Muschelkalk

An Stelle der roten Farbe der Wüsten überwiegt im Muschelkalk die graue Farbe feuchten Klimas. Ton und Kalk wurden abgesetzt in einem flachen Meer, das zunächst nur über Schlesien Zugang zum Südmeer hatte. Die nach NW führende Wasserstraße war gesperrt. Der Wasserstand schwankte, so daß der tonige Kalkschlamm gelegentlich trocken lag oder im flachen Wasser von der Brandung wieder aufgearbeitet wurde. Nur wenige Arten von Muscheln und Brachiopoden kamen, zumeist in großen Mengen, vor. Gezeiten werden, wie heute in der Ostsee, nahezu gefehlt haben. Aber der Wind wird auch damals in diesem Binnenmeer ansehnliche Änderungen in der Höhe des Wasserspiegels erzeugt haben (westliche Ostsee über 5 m!). Die grauen Tone, die vom feuchten Lande in dies Binnenmeer verfrachtet und dort zusammen mit Kalk niedergeschlagen wurden, entsprechen nicht dem, was sich in den Randbuchten eines Gezeitenmeeres als Watt absetzt.

Wegen der feinen Riefelung auf den Schichtflächen, die auf die Verdichtung durch Wasserabgabe des ursprünglichen Schlammes zurückzuführen ist, nennt man den unteren Muschelkalk Wellenkalk.

Bei Mildstedt ist der Muschelkalk von 1220 bis (1373)* und bei Westerhever von 1242 bis (1337) m unter Gelände angetroffen.

Danach ist der Untere Muschelkalk auch hier eine Wechsellagerung von grauen Kalkstein- und Mergelsteinlagen, also dem mitteldeutschen Wellenkalk ähnlich. Die bezeichnende Muschel *Myophoria orbicularis* Bronn ist auch in den Bohrungen angetroffen worden.

Unterer Muschelkalk steht auch auf den Klippen von Helgoland an. Er soll hier fast 100 m mächtig sein. Terebratel- und Orbicularisbänke sind beobachtet, desgleichen sandige Lagen. Zähne von Fischen und dem Muscheln fressenden Saurier *Placodus* (Gripp leg. 1962) sowie Wirbel von *Nothosaurus* wurden nicht selten auf der Düne in Geröllen aus diesen Schichten gefunden (Taf. 6 Fig. 1 u. 2).

* Tiefenangaben in Klammern besagen, daß die betreffende Schicht nicht durchstoßen wurde.

Der Mittlere Muschelkalk weist eine erheblich abweichende, aber von Basel bis Husum gleiche Ausbildung auf. Durch die sogenannte Burgundische Pforte bestand jetzt eine Verbindung mit dem Südmeer. Aber die Verhältnisse der Zechsteinzeit kehrten wieder. Infolge starker Verdunstung wurden wieder Gips, Salz, Dolomite und auch rötliche Gesteine ausgeschieden. 90 m mächtig ist diese Folge unter Mildstedt; 20 m oberhalb der Unterkante liegt ein 29 m mächtiges Salzlager. Im übrigen setzen grauer und bräunlicher Anhydrit und Dolomit sowie mit jenen Mineralien untermengte Tonsteine diese Serie zusammen. Anm. 6.

Mittlerer Muschelkalk baute teilweise das frühere Wittekliff der Insel Helgoland auf, siehe die Abbildungen in A. W. LANG 1952 und G. JACOBY 1954. In dem rund 65 m mächtigen Mittleren Muschelkalk treten auch hier rotgefärbte Mergel, blaugraue Tone und, da das Salz fortgelaugt ist, nur noch rötliche, gelbliche bis weiße Gipse zum Teil in Platten auf (Taf. 6 Fig. 3). Seit der Bronzezeit ist hier Gips und auch Kalk gewonnen worden. Gips wurde, um als Mörtel verwandt zu werden, von Segeberg, später auch von Lüneburg und durch hamburgische Kaufleute von Helgoland nach Nordeuropa verhandelt. Die weißen Klippen, die noch 1639 die gleiche Höhe wie die Insel hatten, und „etwas Weide" sowie Platz zum Scheibenschießen boten, waren 1697 von Mensch und Meer bis auf zwei höhere Reste abgebaut. Diese wurden 1711 bei einer Sturmflut ganz fortgespült. Also schon damals rücksichtsloser Raubbau, einmal weil der Mensch aus seinem kurzen Leben heraus die Summe der Veränderungen nicht übersieht, zum anderen des augenblicklichen Vorteils wegen nicht an die Zukunft denken will.

Der Obere Muschelkalk ist in Mittel- und Süddeutschland weitgehend Stillwasserabsatz. An seinem Grunde standen zeitweise Felder der Seelilie *Encrinus liliiformis*. Deren Stielglieder liegen angehäuft im Trochitenkalk. Gegen oben folgen Mergel und tonige Kalkbänke in Wechsellagerung. Hierin die Ammonitengattung *Ceratites*.

Die Seelilien- oder Crinoidenfacies reicht nicht über die nördliche Lüneburger Heide nach Norden hinaus. Statt dessen finden sich bei Mildstedt in der 50 m mächtigen Serie neben grünlichgrauen Tonmergeln Feinsand in dünnen Lagen und glaukonitische Kalksandsteine. *Myophoria* und lagenweise zusammengespülte Fischreste treten auf.

Auf Helgoland sind gleichfalls Mergel und glaukonitische Kalke mit Fischresten und sogar *Ceratites dorsoplanus* PHIL. darin gefunden worden.

Die Bohrung Segeberg 1 bei Klein-Rönnau erfaßte in 891–893 m unter Gelände die obersten Schichten des oberen Muschelkalks in Gestalt von feingeschichteten Tonsteinen und Kalksteinen und darin einen *Ceratites*.

Zu Lüneburg konnten früher auf der Schafweide Kalke des Oberen Muschelkalks gesammelt werden. Sie enthielten den Brachiopoden *Terebratula (Coenothyris) vulgaris* SCHLOTH. und die Muscheln *Gervilleia socialis* SCHLOTH., *Myophoria simplex* SCHLOTH. und *pes anseris* BR.

Durch die Beimengungen von Glaukonit und besonders Sand und Glimmer unterscheidet sich der Obere Muschelkalk Schleswig-Holsteins von dem aus Mittel- und Süddeutschland. Diese Anzeichen festländischen Einflusses werden stärker, je mehr man sich der dänischen Grenze nähert und damit der jütländischen Querschwelle.

So ersetzen in der Bohrung Maasbüll 1 Gesteine nach Art der sonst erst aus dem Keuper bekannten den bei 1638–1877 m Tiefe angetroffenen Muschelkalk. Ebenso ist in Bohrung Böxlund 1 der Muschelkalk (1347–1530 m Tiefe) überwiegend terrestrisch ausgebildet: graugrüne bis rotbraune Tonsteine und Tonmergel, teils feingeschichtete, teils splittrige Kalksandsteine, dolomitisierte Tonsteine, Anhydrit in schwankender Menge; bei 1530 m in braune, rote und violette fasergipsführende Tonsteine übergehend (? = Röt). Fossilien sind dort im Muschelkalk nicht beobachtet worden.

Der Keuper

Durch die Erdölbohrungen ist auch die Obertrias aus Schleswig=Holstein weithin nach=gewiesen. Die schon erwähnten Bohrungen von Westerhever und Mildstedt, dazu diejenigen von Bliestorf südlich von Lübeck, Segeberg, Marne, Krempe usw. lehren, daß auch während des Keupers unter Schleswig=Holstein die gleichen Bedingungen herrschten wie weiter im Süden.

Im *Unter= oder Lettenkohlenkeuper* treten bunte festländische bzw. in Ästuaren abgesetzte Gesteine auf: Tonsteine, die teilweise dolomitisch sind, teilweise Anhydritknollen enthalten, graue Dolomit= und Feinsandlagen, letztere mit Pflanzenresten. Gesamtmächtigkeit: 75 m.

Der *Mittlere oder Gipskeuper* ist auch in unserem Gebiet die Zeit, während der in einem wüstenähnlichen Klima, teils von Flüssen herbeigeschaffte Trümmergesteine, teils in flachen Meeresbuchten physico=chemische Absatzgesteine entstanden. Über dem unteren Gipskeuper mit bunten dolomitischen, auch Anhydrit führenden Tonsteinen folgt der bei Westerhever und Segeberg nur wenige Meter mächtige sogenannte *Schilfsandstein*. Unter Mildstedt aber erreicht dieser, hier feinkörnige, dunkelgraue bis rötliche Salzsandstein jedoch 55 m. Darüber liegen noch 10–15 m bunte Tonsteine mit Feinsandlagen.

Die „Rote Wand" ist eine mächtige Folge von rötlichen, selten grüngrauen Tonmergeln mit Anhydritknollen. Während bei Mildstedt 10 m oberhalb der Untergrenze der „Roten Wand" nur Steinsalzkristalle in braunroten Tonsteinen auftreten, ergaben Bohrungen bei Krempe und Marne eine über 300 m mächtige Salzfolge, das heißt hellgraues Steinsalz gemischt mit teilweise dolomitischen Tonmergelsteinen. Bei Steinfeld (Angeln) wurden über 300 m Steinsalz in einer über 1000 m mächtigen Folge von Keupergesteinen angetroffen. Auch südlich der Elbe, bei Krummendeich unweit Freiburg, ist dies Salzlager mit 200 m Mächtigkeit nachgewiesen. Diese Salzfolge (die fünfte seit dem Rotliegenden, sobald das im Röt erwartete Steinsalz erbohrt sein wird) hat in der Art der Ausbildung teilweise große Ähnlichkeit mit dem Haselgebirge des Rotliegenden. Die große Mächtigkeit des Keuper=salzes im Bereich der Niederelbe und das Auftreten gleichaltrigen Salzes in England lassen das weitere Absinken der Nordseegeosynklinale deutlich erkennen.

Der obere salzfreie Teil der „Roten=Wand"=Serie ist 30 m mächtig. Darüber lagert als oberster Teil des Gipskeupers die Steinmergelserie. Sie enthält in Hannover harte, mit HCl nicht brausende Mergel. Ähnliche Gesteine kommen noch bei Lüneburg vor. In Schleswig=Holstein jedoch handelt es sich um eine bis 80 m mächtige Folge zumeist grüngefärbter, zum Teil dolomitischer Tonmergelsteine, denen Feinsandlagen, teilweise mit Fischresten darin, ein=geschaltet sind. Auch Anhydritlagen treten auf.

Das Rät

Rät war anfangs nur von Bliestorf südlich von Lübeck mit 46 m und von Reitbrook mit 47 m Mächtigkeit bekannt geworden. Bei Harburg ist die Serie gleichfalls angetroffen. Da=nach ergibt sich folgende Gliederung:

Oberrät: dünne graue Tone und Tonsteine, graugrünliche kreuz=geschichtete Sandsteinlagen 20–25 m.

Mittelrät: c) obere schwarze marine Schiefer
b) Haupträtsandstein rund 14 m, in Glückstadt 1 110 m mächtig, feinkörnig { 8 m Feinsandstein, 2 m Tonstein, 4 m Sandstein }
a) untere schwarze marine Schiefer

Unterrät: bunte tonige Letten mit Sandsteinbänken.

Für das Gebiet von Heide gab HECHT 1952 eine Mächtigkeit von über 350 m für das Rät an. Auch in Lauenburg (Juliusburg 2) ist die Folge von Lias bis Unterrät wie bei Glückstadt angetroffen. Die Bohrungen Maasbüll und Böxlund erschlossen gleichfalls Mittel= bzw. Unterrät. Rät ist demnach im ganzen Lande und in der im übrigen Norddeutschland an= getroffenen Ausbildung vorhanden bzw. ausgebildet gewesen.

Die bunte Farbe im Unterrät dürfte von aufgearbeitetem Gipskeuper abzuleiten sein. Weiter oben überwiegen die dunklen Farben feuchten Klimas.

Ein geographisch wichtiges Ereignis bezeugen die dunklen Schiefer im Mittelrät, sie sind echte Meeresabsätze. Wie ihre Verbreitung aufzeigt, handelt es sich um einen von NW vor= gedrungenen Meereseinbruch. Diese Rättransgression leitet die Verteilung von Land und Meer der Jurazeit ein. Deswegen nennen die Geologen romanischer Völker das Rät gern Infralias. Im Rätmeer Norddeutschlands fehlen aber noch die Ammoniten, zwar finden sich in den Hochseeabsätzen der Triaszeit zahlreiche Ammoniten, sie alle sterben aber aus, nur eine Gattung überlebt: *Phylloceras*. Von ihr stammen vermutlich alle jüngeren Ammoniten ab.

2. *Der Jura*

Jura war in Schleswig=Holstein seit 1867 aus Geschieben bekannt. Erst ab 1945 trafen Erdölbohrungen zunächst Lias und später Dogger tief unten an den Flanken der Salzhorste an. Dem Eis der Quartärzeit waren diese Schichten nicht zugänglich. Die Jurageschiebe sind aus diesem und aus faciellem Grunde nur als Gäste aus dem Osten anzusehen. Wegen ihrer prächtig erhaltenen und mannigfachen Versteinerungen und weil für gewisse Eiszungen bezeichnend, sollen sie hier kurz erwähnt werden.

Die Ahrensburger Liasgeschiebe

Schon im Jahre 1867 beschrieb L. MEYN Geschiebe reich an gut und unverdrückt erhaltenen Liasammoniten aus der Gegend Ahrensburg–Sandesneben–Zarpen. Es handelt sich teilweise um Mergelkonkretionen, aber auch um reine, offenbar in Küstennähe entstandene Kalk= sandsteine (siehe Tabelle 4).

Da jurassische Gesteine anstehend aus Schleswig=Holstein nicht bekannt waren, blieb zunächst umstritten, ob diese Ahrensburger Geschiebesippe dem Untergrund selber ent= stammte oder vom Eise aus weiter östlich gelegenen Gebieten herangefrachtet war.

Ein überraschender Fund wurde 1921 zu Lüneburg gemacht. Hier baute der Hamburger Geologe W. ERNST ein Konglomerat ab, das zur Zeit des Alb, also in der obersten Unter= kreidezeit von einem die Lüneburger Insel überflutenden Meere hinterlassen wurde. In diesem, Keuperschichten auflagernden Konglomerat fanden sich unter anderem als Geröll= Phosphorite:

4 *Aegoceras capricornu* SCHLOTH. Lias
5 *Amaltheus margaritatus* MONTF. Lias
1 *Dumortieria* Gruppe *levesquei* Lias
1 *Harpoceras* Gruppe *aalensis* Lias

Da diese Gerölle aus in der Nähe ursprünglich vorhandenen und vom Meere zerspülten Schichten stammen mußten, konnte man sicher sein, daß Lias als Meeresabsatz im Unter= grunde NW=Deutschlands vorhanden war. Dieser Lias wurde erstmalig zu Leversen neben dem Salzstock von Sottorf, S von Harburg, in über 2000 m Tiefe erbohrt. Der Lias wurde mit 520 m Mächtigkeit in der aus Hannover bekannten, überwiegend tonigen Ausbildung an= getroffen. Bald danach wurde Lias auch in Schleswig=Holstein nachgewiesen; zunächst zu Reit=

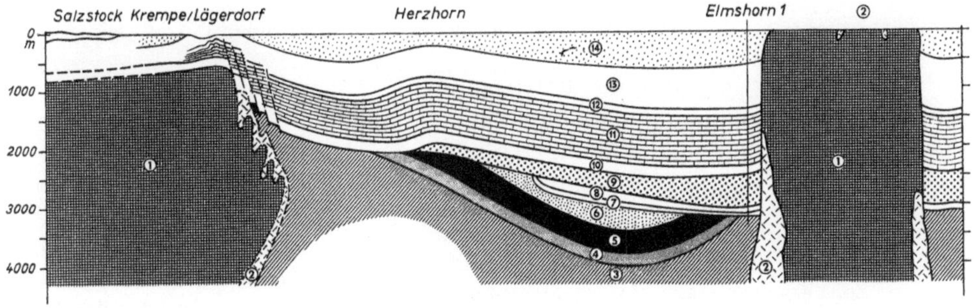

Abb. 9

Profilskizze durch die Strukturen Krempe–Lägerdorf und Elmshorn in Richtung NW–SO, entworfen von F. Grube 1961 nach geophysikalischen Unterlagen und Bohrergebnissen der DEA und der PREUSSAG

1 Rotliegendes	8 Malm Alpha
2 Zechstein	9 Wealden – Unterkreide
3 Gipskeuper	10 höhere Unterkreide
4 Oberer Keuper	11 Ober=Kreide
5 Lias	12 Paleozän
6 Dogger Alpha – Epsilon	13 Eozän
7 Dogger Zeta	14 Oligozän und Miozän

Länge zu Höhe = 2:1

brook, dann bei Heide. Die Bohrungen in Dithmarschen ergaben allein für den Lias eine Mächtigkeit von 1250 m (Weber 1953). Dies ist die größte bisher für norddeutschen Lias angetroffene Mächtigkeit. Da die Schichten in küstenferner Ausbildung vorliegen, sehen wir, daß die geographischen Verhältnisse damals andere waren als sie den Ahrensburger Liasgeschieben entsprechen. Diese sind somit östlicher Herkunft. Weiteres über diese Jura=geschiebe und die nur mit ihnen vergesellschaftet vorkommenden Gesteine aus Unter= und Oberkreide siehe Tabelle 4.

Anstehender Lias in Schleswig=Holstein

Schleswig=holsteinisches Gebiet war zur Zeit des Lias und weitgehend auch des Dogger Meer (siehe Tabelle 3 und 5). In den Bohrungen sind ferner die Übergangsschichten vom Rät zum tiefsten Lias aufgeschlossen.

Im einzelnen ergibt sich aus den Veröffentlichungen von W. Haack 1939, W. Schott 1945, W. Deecke, 1949, K. Hoffmann, 1949, H. Weber, 1953, sowie Hecht, von Helms, Kehrer 1955, daß in der Mittelzone unseres Landes zwischen den salinaren Langstrukturen Tröge vorhanden sind (Abb. 3), in denen die mächtigste aus Deutschland bekannte Liasserie zum Absatz kam. Von Norderney über Cuxhaven bis Meldorf und westlich von Heide ver=läuft ein solcher Trog. In ihm erreicht der Lias bei Meldorf 1200 m und der Posidonien=schiefer des oberen Lias über 300 m an Mächtigkeit. Dieser Heider Liastrog setzt sich bis fast an die Stadt Schleswig nach N fort. Weiter gegen O, von Hamburg bis Kappeln folgt der Bramstedt–Kieler Juratrog, wieder eine Zone, in der Juraschichten in großer Mächtigkeit zum Absatz gekommen sind. Von der Eider bei Hamdorf über Osterby verläuft ein flacherer Liastrog. Ein weiterer ist in Angeln von Süderbrarup bis Holnis vorhanden. Er umschließt die Salzstruktur Sterup. Im Osten des Landes folgt ein Hochgebiet, die Ostholsteinische Triasplatte. Auf ihr läßt die Bohrung Bliestorf (bei Kastorf) zwischen Oberrät und eigent=lichem Lias den Übergang zu jener Ausbildung erkennen, die im Osten im tieferen Lias überwog, nämlich der von Fluß= und Landabsätzen.

Die Bohrungen bei Bliestorf, südlich von Lübeck, sowie Reitbrook ergaben:

		Bliestorf	Reitbrook
Lias α_2	*Angulatus*-Schichten	bunte Tonsteine dünne Feinsandlagen	35 m Tonstein, grau bis rotbraun, darin 4 m Sandstein, unten dolomitisiert. Reste von Echinodermen
Lias α_1	Zone des *Psiloceras johnstoni* Sow.	0,7 m Tonsteine mit Feinsandschicht	85 m Tonstein, feinsandig, mit Sandflasern bis 1 cm, Kohleflitter, Toneisensteinknollen
	Zone des *Psiloceras planorbis* Sow.	14 m limnische Tonsteine	
Oberrät			25 m Tonstein, sandarm

Abweichend ist die Ausbildung bei Heide und Sterup. Dort treten unterhalb von Lias α 1 fossilführende marine Ablagerungen auf, wie sie aus dem übrigen Deutschland unbekannt sind, wohl aber in England angetroffen werden, die sogenannten Präplanorbis-beds. Diese umfassen bei Heide 20 m dunkle, zum Teil bituminöse Tonsteine. Sie enthalten Schilllagen, die unter anderem den Ammoniten *Neophyllites* führen. Er ist ein Vertreter jener Gattung, die allein bei dem großen Aussterben der Ammoniten am Ende der Trias überlebte. Sie fand gewissermaßen Zuflucht in der Meeresbucht, die sich als erste nach der Flachsee zur Rätzeit im Raume England – Dithmarschen – Schleswig eintiefte. Bei Sterup sind die Präplanorbisschichten reinsandig ausgebildet. Das übrige Deutschland war damals noch Land. Anschließend sank auch dieses in die Tiefe. Daher gleichen Ausbildung und Gliederung des Lias α 1 bis ε in Schleswig-Holstein denen des übrigen Norddeutschland (Tabelle 3). Ein erwähnenswerter Unterschied ist, außer der auffallenden Mächtigkeit in den Juratrögen, die Sandführung der Ablagerungen. Der tiefere Lias unter Schleswig-Holstein ist im O sandiger als im W. Die Schüttung kam von O und reichte während

Lias α 1 vorübergehend bis Glückstadt,
Lias α 2 vorübergehend noch weiter nach W, aber nicht bis Heide.

Bunte Tonsteine in den oberen Angulatenschichten, die von Bliestorf und Reitbrook bis Glückstadt hin auftreten, werden als aufgearbeiteter Keuper gedeutet. Kalklagen sind selten eingeschaltet. Die Ölschieferfacies, im übrigen Deutschland als Posidonienschiefer nur aus Lias ε bekannt, ist in den Trögen Schleswig-Holsteins auch als Lias α, β, γ und δ angetroffen. Das Absinken beschränkter Gebiete, insbesondere der Tröge von Heide und Bramstedt–Kiel, fand schon während der Sedimentation statt. Dies wird ersichtlich durch die Abnahme der Schichtenmächtigkeit zum Rande des 18 km breiten Heider Troges hin. Bohrung Helmsand 1, die 5 km sw. von Bohrung Meldorf 92 angesetzt ist, ergab nach H. Weber 1953 eine Verringerung der Mächtigkeit der einzelnen Schichten um 30 %. Die geophysikalischen Messungen bestätigen hier, wie anderenorts, die Verdünnung der Schichten zu den Trogrändern hin. Die Senken stellen somit nicht später eingesunkene Gräben oder Mulden dar, in denen Reste von Sedimentdecken vor späterer Abtragung geschützt blieben, sondern waren schon während der Sedimentation absinkende und dadurch Sediment fangende Tröge. Auf diese Weise entstand im Heider Juratrog, wie erwähnt, Deutschlands mächtigste Liasfolge, siehe Tabelle 3.

Die Liasserie mit der verbreiteten Ölschieferfacies = Posidonienschiefer gilt als das Mutterlager der auf und neben den Salzstrukturen angetroffenen Erdölvorkommen.

Hierfür spricht, daß an sich geeignete, aber ältere Sande, wie die des Rät, kein Erdöl enthalten. Das Öl konnte nicht nach unten wandern! Jedoch führen poröse Sande des Dogger, die den Ölschiefern auflagern, von Kiel-West über Schwedeneck bis Steinfeld überraschenderweise fast kein Erdöl. Offenbar liegen in jener Gegend die Ölschiefer nicht tief genug versenkt. Erst 2000–3000 m und bei Heide 3000–4000 m jüngeren Gesteins dürften durch Druck und Temperatur das unter Mitwirkung von Bakterien aus Rohbitumen sich bildende Erdöl zum Abwandern nach oben gezwungen haben.

Erwähnt sei ferner, daß bei Meldorf im Lias β eine auch von Salzgitter bekannte Toneisensteinbank auftritt, entstanden aus den harten Anteilen aufgearbeiteter älterer Schichten. Bei Sterup wurden Toneisensteine und Eisenooide im Lias γ angetroffen. Zu beachten ist, daß ein Äquivalent der Eisenoolithe der Pseudoradiosa-Zone des Lias ξ der Ahrensburger Geschiebesippe in Schleswig-Holsteins Untergrund fehlt.

Außer in den beiden großen Trögen ist Lias angetroffen in Bohrung Glückstadt (Lias β 106 m mächtig), Glinde 1 und Juliusburg (Lbg) α–δ = 950 m, Reitbrook α–δ = 335 m (siehe R. Behrmann 1949, der Schichtenausbildung und Fossilinhalt in dankenswert eingehender Weise beschrieben hat).

Das Liasmeer erreichte zur Zeit des Lias γ seine größte Ausdehnung; überflutete es damals doch Bornholm und Schonen. Aber vermutlich trennte die jütische Querschwelle auch zu jener Zeit ein nordjütisch-seeländisches Becken von dem deutschen.

Der Dogger

Ein erster Hinweis auf das Vorkommen von Dogger im Untergrunde von NW-Deutschland waren die Funde von Doggerfossilien als Geröll im Albkonglomerat von Lüneburg (W. Ernst 1921) und von vermutlichen Doggersandsteinen bei Heide (Deecke 1949 S. 177). 1949 wurde bei Hohenhorn (Lbg) erstmalig in Schleswig-Holstein selber Dogger erbohrt. 1951 wurde in der Bohrung Hohenwöhrden 2 westlich von Heide Dogger in sandiger Ausbildung in großer Mächtigkeit nachgewiesen. Dessen Ölführung war der Anlaß, am Ostrand der Langstruktur Bramstedt–Kiel zu Willingrade nach Dogger zu suchen. So wurde 1952 das Ölfeld Boostedt entdeckt und wenig später dessen nördliche Fortsetzung bei Wankendorf, genannt Ölfeld Plön, aufgefunden.

Daraufhin wurden in Doggersanden weitere Ölfelder gefunden: Bramstedt 1954 (Abb. 10), Kiel 1955 (in der Probstei gelegen), Schwedeneck 1956 im Dänischen Wohld (Abb. 11 a, Taf. 7 Fig. 3), Warnau 1957, Plön-Ost 1959 (Abb. 11 b, Taf. 7 Fig. 1), Hohenhorn-Gülzow 1959, Preetz 1962.

In den östlichen Feldern enthält Dogger β den Ölspeicher, einen Sand limnisch-brackiger Entstehung von 15 m Mächtigkeit (Anm. 7). Auf den Ölfeldern Bramstedt und Heide jedoch ist die gleichaltrige Schicht überwiegend tonig ausgebildet. Das Erdöl wird dort aus einem höheren Horizont in Dogger β und aus Dogger γ gefördert. Zu Hohenhorn sind Dogger γ und δ angetroffen, bislang leider mit unzureichender Erdölführung.

Der Dogger in Schleswig-Holstein (Tab. 5) ist zum Teil anders ausgebildet als im übrigen Norddeutschland. Limnisch-ästuarin sind die Schichten vom Oberen Aalen bis Ende Bath. Marin sind demnach nur das Untere Aalen und das Callov. Eine solche Ausbildung stimmt weitgehend mit der aus Schottland und England bekannten überein. So wie in Norddeutschland von N her Sand geschüttet wurde – zeitweise bis über Stadt Hannover und Bielefeld hinaus –, so wurden in England gleichzeitig sandige Absätze von Hull bis an den Kanal hin aufgebaut. Auch bei uns wird diese Sandfacies des Dogger seit langem mit der englischen Bezeichnung Cornbrash (körniges Trümmergestein) bezeichnet.

Abb. 10

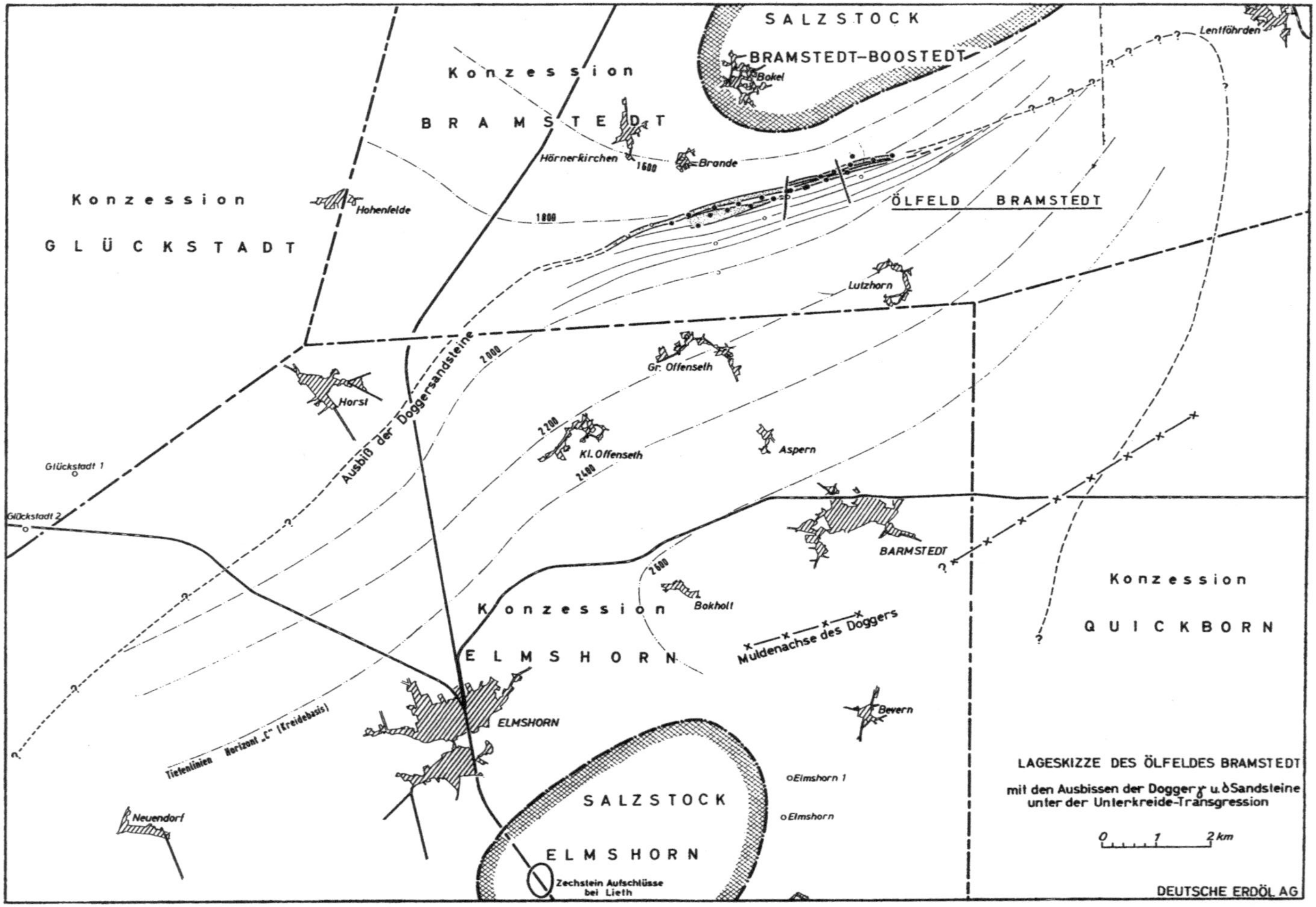

Die lang gestrichelten Tiefenlinien der Unterkreide=Transgressionsfläche zeigen einen Trog von fast 1000 m Tiefe auf. Kurz gestrichelt der Ausbiß der ölführen=den Doggersande gegen die Unterkreide. Im Erdölfeld Punkt = **fündige und Kreis** = nichtfündige Bohrung. Die Karte zeigt ferner wie die staatlich verliehenen Konzessionen zur Gewinnung von Erdöl begrenzt sind. Eine Karte, auf der die Grenzen und Inhaber der Konzessionen für ganz Schleswig=Holstein angegeben

Für den Kiel=Bramstedter Juratrog zeigte Rüddiger 1957 zweifach auf, daß die Sande von Norden her geschüttet sind. Für den oberen Sinonsand des Dogger β ergab sich

bei Kiel	Grobsand mit Gallen aus Keuperton
bei Warnau	Korngröße 0,3 –0,06 mm
im Feld Boostedt, Südteil	0,12–0,06 mm
bei Bramstedt	Sandflasern mit 70 % < 0,06 mm.

Die Mächtigkeit des gleichen Horizonts nimmt von N nach S erheblich ab (siehe die Schichtentabelle 5).

Besonders deutlich zeigen auch der mittlere und obere Sand in Dogger γ die nördliche Herkunft ihres Materials. Rüddiger 1957 gibt folgende Mächtigkeiten:

Schwedeneck 5	200 m
Kiel 1	150 m
Warnau 1	85 m
Boostedt	65 m
Bramstedt	15 m

Die Angaben über die Korngröße lauten: um Kiel grob= bis mittelkörnig, Warnau bis Boostedt feinkörnig mit gröberen Lagen.

Auffallend sind die Konglomeratlagen im Dogger. Gerölle mit Ammoniten aus Lias β und δ (H. Weber 1953, S. 767) entstammen in der Nähe aufgearbeiteten Schichten. Grobe, zum Teil schwach gerollte Quarze könnten aus zweiter Lagerstätte (Rotliegendes, Buntsand=stein, Keuper) freigelegt sein oder sind von der Jütischen Querschwelle herzuleiten, ebenso die großen frischen Feldspatgerölle von kristallinen Durchbrüchen auf jener Querschwelle. Fennoskandia selber kann deswegen kaum als Herkunftsgebiet angesehen werden, weil wir bislang aus dem nordjütischen Gebiet den Dogger nur als tonschiefrige, sandige, Braunkohle führende Absätze kennen (Th. Sorgenfrei 1951). Dieses limnisch=ästuarine Gebiet sank vom Untermalm an wieder ein, so daß marine Schichten folgten. Über ein so flaches Gebiet mit Sümpfen (Kohle) können jene frischen Feldspäte nicht verfrachtet sein. Somit bleibt als wahrscheinliche Heimat Jütland=Falster=Querschwelle.

Der Reichtum an eisenhaltigen Absätzen, sowohl Eisenoolithen wie limonitischen Geröll=erzen, wird zum großen Teil mit jener damals als Land aufragenden Schwelle in Zusammen=hang zu bringen sein. Ein anderer Teil, besonders der Geröllerze, wurde am Rande auf=drängender Salzstrukturen freigespült. So schon im Unteren Aalen zu Heide und Bramstedt, im Bath von Heide. Hier wurde auch schon Keuper umgelagert. Keupergesteine fanden sich auch im Bajoc und Bath in der Umgebung Kiels. Hier sind bis 80 m Eisenerz in Dogger γ und δ angetroffen (siehe die Schichtentabelle 5).

Keuper und Lias wurden somit schon zur Doggerzeit wieder aufgearbeitet. Nach K. Hoff=mann 1955, 1956 ergab sich die Möglichkeit hierfür sowohl durch salinäre Bewegungen wie durch echtes tektonisches Aufsteigen der Schollen im N und O. K. Hoffmann 1956 S. 565 hebt hervor, daß die Doggersenken nicht mit den Liaströgen zusammenfallen. Daher ist dort, wo der Lias große Mächtigkeit erreicht, der Dogger im allgemeinen geringmächtiger. Es zeichnet sich also die gleiche Trogwanderung ab, wie wir sie S. 48 oben von Keuper und Lias kennenlernten. Wir werden S. 152 erfahren, daß dies auf dem zunehmend weiter aus=greifenden Abwandern der unterlagernden Salzgesteine beruht.

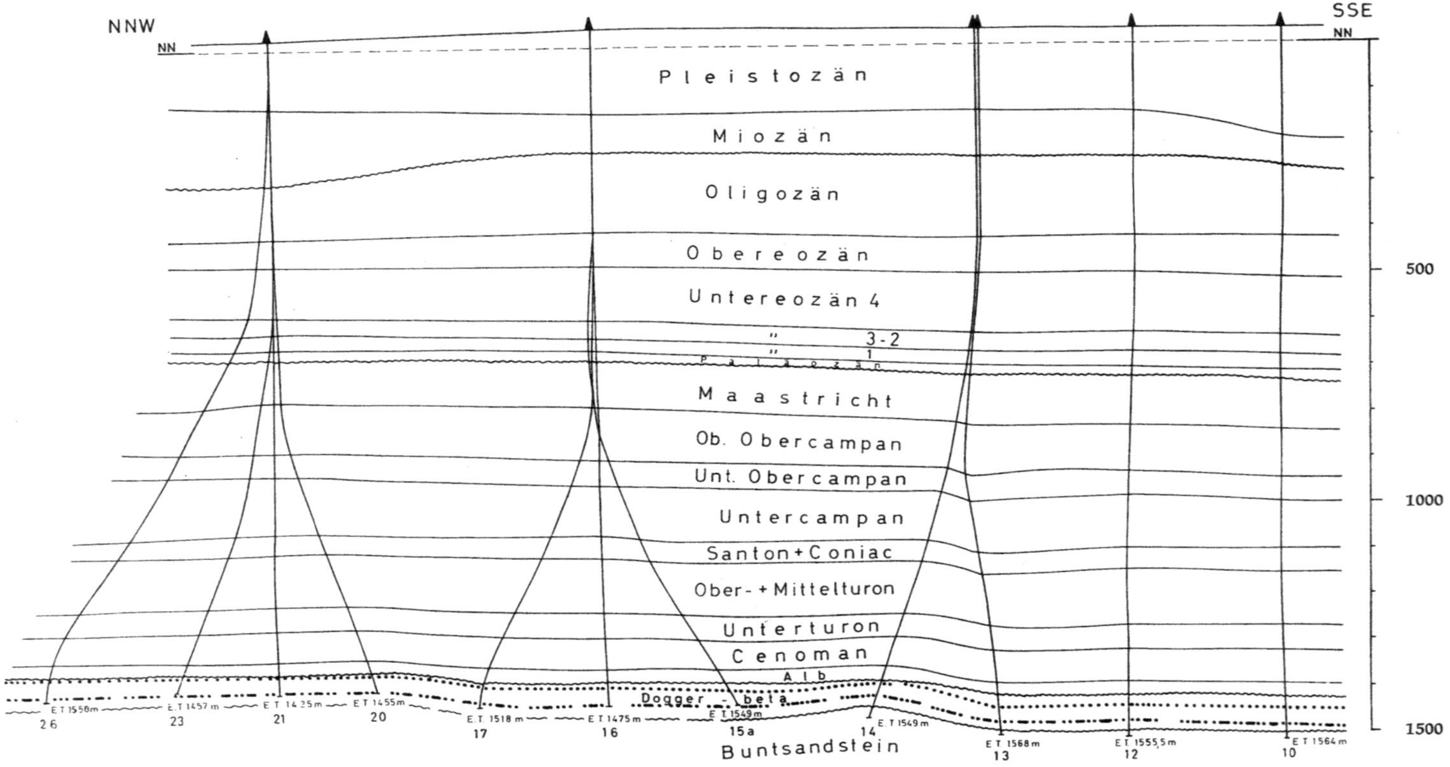

Abb. 11 a Längsschnitt durch einen Teil des Erdölfeldes Schwedeneck

Die Bohrungen links sind mehrfach abgelenkt worden, um das Erdöl-Lager im Dogger Beta (Linien aus Punkten und Strichpunkten) von einem Bohrpunkt auf größere Entfernung zu erschließen. Die 4 Landzeiten mit nachfolgenden Transgressionen des Meeres sind durch geschlängelte Linien hervorgehoben.
E. T. = Endteufe.

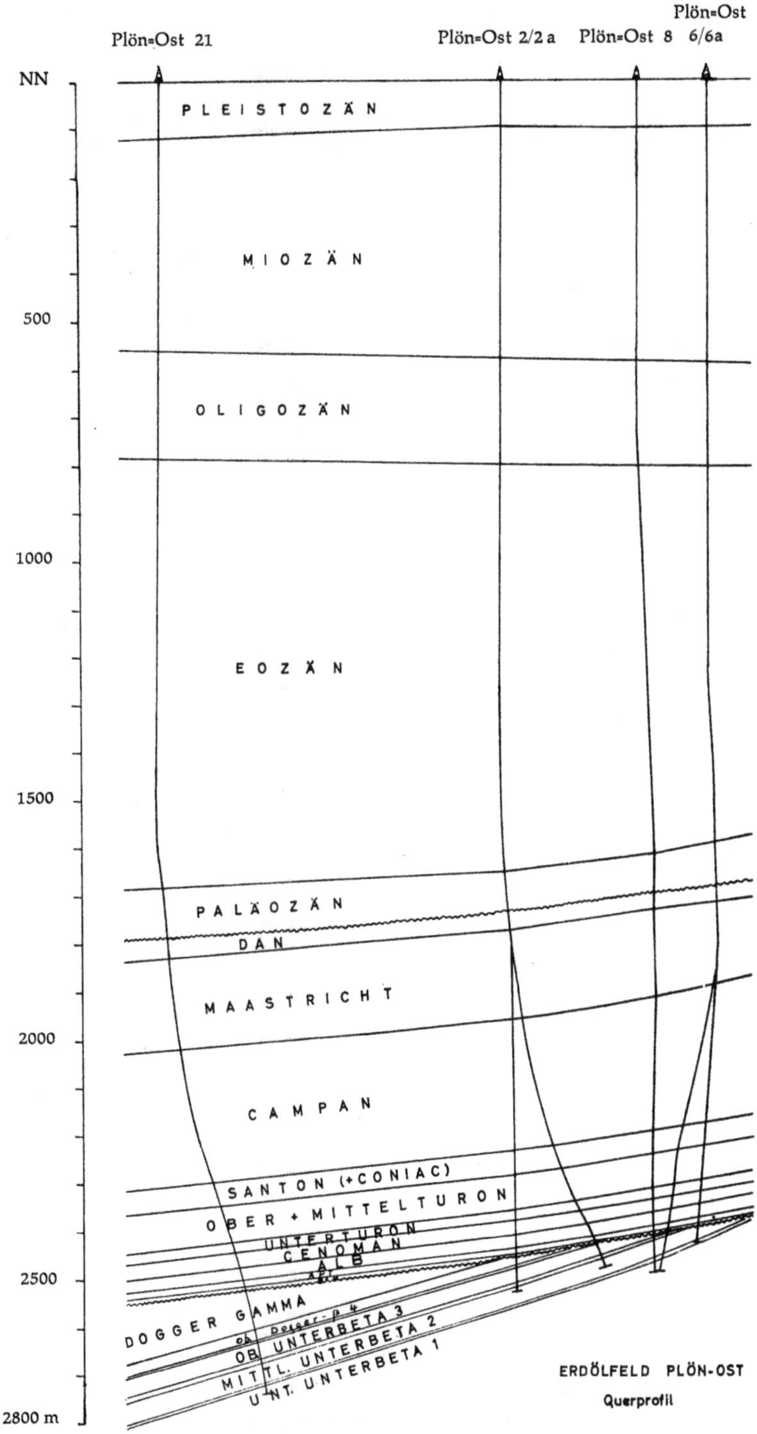

Abb. 11 b

Die Erdölfelder Plön=Ost, Preetz und Kiel beuten den Dogger im strukturfernen Hang des Schwedeneck=Boostedter Juratroges aus. In den durch das Einsinken des Troges hier nach Westen einfallenden Schichten ist Erdöl aufgestiegen, bis es durch die tonigen Schichten der transgredierenden Unterkreide (untere geschlängelte Linie) zurückgehalten wurde (Vorlage von der DEA zur Verfügung gestellt).

Der Malm

Aus der Zeit des Weißen Jura oder Malm kannten wir aus Schleswig-Holsteins Untergrund zunächst keine Ablagerungen, es sei denn, daß man die Schichten in Wealdenfacies, die bei Hohenwöhrden über Dogger angetroffen sind, als teilweise während des oberen Weißjura abgesetzt ansah.

Bohrung Elmshorn 1 jedoch traf über Keuper bis Dogger ε diskordant Dogger ξ und Malm α an, siehe Abb. 9. Eingehender bekannt wurden Malm-Ablagerungen aus dem Erdölfeld Plön-Ost. Herrn Dr. Bracke von der Deutschen Erdöl-A.G. verdanke ich nachstehende Angaben. Die Bohrung Plön-Ost 102 erschloß unterhalb des transgredierenden Hauterive von 2668,5 bis 2680,3 m tonig-schluffige Feinsandsteine und Glimmer enthaltende Tonsteine, die kohlige Pflanzenreste enthalten. Die Untersuchung der Pollen und Sporen durch Herrn Dr. Mädler vom Niedersächsischen Geologischen Landesamt ergab, daß die Sedimente dem Malm α 1 bis β (γ) angehören. Im tieferen Teil der Schichtenfolge gefundene 40 Arten weisen auf brackische Gewässer hin. Die nur noch 24 Arten der oberen Schichten belegen Süßwasser-Absätze.

Die nächstjüngeren Meeresabsätze, und zwar des Valendis, treffen wir im Westen unseres Landes. Somit war während des Malm unser Gebiet eindeutig Land. Dessen an sich schon geringmächtigen jüngeren Absätze (Malm γ bis ξ) dürften den Transgressionen der Unter-Kreide-Zeit zum Opfer gefallen sein.

In Südhannover bestand bis in das Portland noch eine Meeresbucht, die aber zuletzt abgeschnürt wurde, so daß es in den Münder Mergeln abermals zur Ausscheidung von Steinsalz kam. Während der Zeit des Oberen Dogger und des Malm bildete sich von der Odermündung bis über Skagen hinaus eine Meeresstraße. Somit ist es wahrscheinlich, daß ganz Schleswig-Holstein Teil der durch allgemeine Hebung zu einem Land verbreiterten vormaligen Jütländischen Querschwelle geworden war. Dieses Inselland wird gern als Cimbria bezeichnet. Alle Erhebungen dieses Landes waren eingeebnet, mehr durch Zuschüttung als durch Abtrag.

3. Die Unterkreide

Die Landzeit des Oberen Jura, die sich für unser Gebiet sowohl durch die sandig-kohligen Absätze wie durch das weitreichende Fehlen von Absätzen ergibt, hielt bis in den Beginn zur Kreidezeit an. Die Ablagerungen dieser Übergangszeit, des Wealden, sind teils limnisch, das heißt Feinsande und Tone mit Kohle, teils konglomeratisch und selten marin. Ihre Mächtigkeit beträgt bei Heide 60–150 m. Näheres siehe H. Weber 1953, S. 766. Marine Ausbildung kommt im Westen vor, denn von dort griff das Meer zunehmend in das bisherige Land ein.

Bei Helgoland ist ein Brauneisensteinkonglomerat mit *Platylenticeras* als Geröll darin gefunden. Da diese Ammonitengattung Leitform des tiefsten Valendis ist, muß zu jener Zeit schon – mindestens vorübergehend – Meer bei Helgoland gestanden haben. Ähnliches ist bei Heide beobachtet worden. Hier wird die Oberfläche des Rotliegend- und Zechsteinsalzes örtlich von Schuttbildungen bedeckt, die bis 150 m mächtig werden. Der Schutt enthält die roten Tone des Rotliegenden, die Kalkgesteine des Zechstein, dolomitische Tonsteine des Keuper, Sandsteine, die dem Rät angehören dürften, fossilführende Tonmergel und Kalksteine des Lias, Sande mit groben Quarzkörnern und gerollten Toneisensteinen, vermutlich umgelagerte Reste von Dogger. Dazwischen aber finden sich Tonsteine mit Pflanzenresten abgesetzt. Da in diesen Tonsteinen aber auch Foraminiferen, Muschelkrebse und die Jugendform eines Ammoniten *(Polyptychites)*, die für das Valendis bezeichnend sind, gefunden wurden, gehört diese als Ölspeicher wichtige Schuttanhäufung in die Landzeit an der Wende Jura–Kreide. In sie griff, wie bei Helgoland, schon im Valendis das Meer für kurze Zeit über (DEECKE 1949 S. 177).

Im Doggertrog des Ölfeldes Plön-Ost ist im tiefsten Teil die Valendisstufe in erheblicher Mächtigkeit angetroffen. Im nächsten Zeitabschnitt, der Stufe von Hauterive, ist von Helgoland über Heide bis zur Linie Husum–Osterby–Kiel–Bramstedt–Reitbrook eine Überflutung nachgewiesen, d. h. der Westen unseres Landes geriet damals unter den Meeresspiegel.

Bei Reitbrook setzen sich nach R. B. BEHRMANN die 20–35 m mächtigen Schichten des Hauterive zusammen aus:

oben:	5–10 m	grauer Tonstein mit Fischschiefereinlagerungen; häufig Feinsand. Phosphoritknollen, *Thracia phillipsi*, und zahlreich Foraminiferen = Ober- bis Mittel-Hauterive.
	15 m	Tonstein mit winzigen Brauneisenooiden und kleinen Stücken von liasischem Toneisenstein. Zuunterst 0,3 m Eisenerz aus bis kirschkerngroßen Toneisensteinstücken und Eisenooiden.
	0–10 m	Quarzsandstein, fein- bis mittelkörnig, selten gröber und konglomeratisch; Feinsand und Tonsteinkonglomerat mit dem Ammoniten *Lyticoceras* sp. Ferner Schuttgestein aus Quarzkörnern, bis apfelgroßen Toneisensteinbrocken des Lias, kleinen Geröllen von Rogenstein der Trias, Dolomit und winzigen Resten von bunten Letten = Transgressionsschicht.
Wealden	0–8 m	Tonstein mit Feinsand, Kohleflitter, ?limnisch.
Lias		

Die Ausbildung der Schichten spiegelt deutlich wider, daß die um einen Salzhorst emporgehobenen Schichten von Trias, Lias und Dogger (grobe Sande) zunächst von einem noch flachen Hauterive-Meer aufgearbeitet wurden, daß in Mittel- und Ober-Hauterive aber ein ruhiges, das heißt tieferes Wasser an gleicher Stelle stand. So blieb es weithin im neu überfluteten Gebiet, vom Mittel-Hauterive an (Taf. 7 Fig. 1), über die Zeit des Barrême und häufig auch während der des Apt. Diese Schichten sind uns, als einzigem Ort im Lande, auf der Düne von Helgoland in zum Teil großen Geröllen zugänglich. Aus den grauen, grünlichen Mergeln des Hauterive und Barrême, die auf den nahen „Klippen" anstehen, stammen Belemniten, so *Hibolites jaculum*, und die sogenannten Katzenpfoten (Taf. 8 Fig. 3). Dies sind die von Phosphorit erfüllten Gaskammern von Ammoniten der Gruppe *Crioceras* (Taf. 8 Fig. 6).

Von den wenigen Bodenbewohnern waren der Wurm *Serpula phillipsi* (Taf. 8 Fig. 2) häufig auf sich selbst und die Auster *Exogyra couloni* auf Schalen des großen *Pecten crassitesta* ROEM. und auf die der Ammoniten als feste Unterlage angewiesen (Taf. 9 Fig. 1; Anm. 8). In den bituminösen, mergeligen Tonschiefern des Unter-Apt, von den Helgoländern wegen der Farbe Tök genannt, verwandt mit dem dänischen taage = Nebel, fanden sich neben Fischskeletten flachgedrückte Ammoniten und die Schulpe von großen Tintenfischen mit erhaltenem Sepiabeutel (siehe Tab. 6 und Taf. 9 Fig. 4 und 6; Anm. 9).

Trümmererze, das heißt die besonders aus jurassischen Tonen ausgespülten und in Flachwasserabsätzen angereicherten Toneisensteine, treten, so wie bei Salzgitter, auch unter Schleswig-Holstein im Hauterive verbreitet auf. Außerdem kommen Eisenoolithe vor. Offenbar wurden, wie zur Zeit des Dogger, Eisenverbindungen, die durch Verwitterung auf dem im N und O zunächst vorhandenen Lande entstanden waren, sobald sie in das Meer gelangten, im bewegten Flachwasser chemisch als Limonit niedergeschlagen. Auch diese Erze liegen in Schleswig-Holstein so tief, daß ihr Abbau vorerst nicht in Frage kommt.

Das Ober=Apt, das heißt die Gesteine der Zone des Belemniten *Neohibolites ewaldi* (Stromb.) ist in den Bohrungen als grauer Mergelstein (Reitbrook) oder auch als braune und grünliche Mergelsteine neben grauen (Heide) ausgebildet. Von beiden Orten werden die unteren 3 m als stark kalkig bis Kalkstein angegeben. Auf den Klippen vor Helgoland ist das obere Apt sehr kalkig. Zwar ist den gelben und roten, teilweise splitterigen Kalken noch Ton beigemengt, jedoch weichen die Gesteine so sehr von den bisher aus der Unter=Kreide erwähnten tonigen Niederschlägen ab, daß sie von jeher als „Kreide" bezeichnet wurden. Es ist das erste Auftreten einer Facies, die in der zweiten Hälfte dieser Formation im Nordseebecken die weitaus vorherrschende war und ihr den Namen Kreidezeit verschaffte.

Die Tone der Unterkreide setzen sich, wie die Mehrzahl mariner Tone, zusammen aus von älteren, umgelagerten Absätzen stammenden, aus durch Verwitterung auf benachbarten Ländern neugebildeten und danach abgeschwemmten Ton= oder richtiger Glimmermineralen.

Wie aber die Kreide entstand, zeigt schon deutlich die oberste Abteilung der Ewaldi=Kreide von Helgoland. Sie ist im Bruch rauh. Entfernt man den beigemengten Ton durch Schlämmen, so bleibt ein roter, aus Globigerinen bestehender Sand. Globigerinen aber sind Hochsee=Foraminiferen. Wir erkennen also, daß in der Gesteinbildung der Einfluß des Landes geringer, der der freien See stärker wurde. Dies ist verständlich, da das Land an Umfang ständig abnahm. Das Meer griff allmählich weit über das östliche Land vor. Außer der schon erwähnten Transgression des Hauterive wird von gewissen Salzstöcken auch eine Transgression aus der Zeit der Apt=Stufe gemeldet. Zum Beispiel Husum, Mildstedt, Glückstadt 1, wo während der Unterkreide drei Transgressionen eintraten, nämlich im Hauterive, Apt und Alb.

Die Transgression des Apt ist noch zweifach belegt. In dem schon S. 46 erwähnten Transgressionskonglomerat im Mittel=Alb vom Zeltberg bei Lüneburg fanden sich in sandigen Phosphoritgeröllen an Leitfossilien der Apt=Stufe die Ammoniten *Douvilléiceras* Gruppe des *martini* und *Aconeceras (Adolphia)* cf. *nisoides* Sar. sp. Am Salzstock von Lüneburg war also zur Aptzeit ein Meer. Dies aber wich vorübergehend, so daß das zur Zeit des Ober=Alb wiederkehrende Meer die Meeresabsätze der Aptzeit zerspülen und die inzwischen in jenen Ablagerungen entstandenen Konkretionen in die eigenen Absätze aufnehmen konnte.

Von erheblicher Wichtigkeit ist die im Mittel= und Ober=Alb aufgetretene Überflutung. Damals geriet auch die ostholsteinische Hochscholle unter den Meeresspiegel. Daher treffen wir in den Bohrungen der Ölfelder Boostedt und Plön (Bohrung Wankendorf) mittleres Alb diskordant auf Absätzen des Dogger. Bei Struvenhütten und Glinde liegt Alb auf Lias β, bei Juliusburg in Lauenburg auf Lias δ, zu Nahe, Sülfeld, Nusse und Plön 1 (6 km nordnordöstlich Plön) auf Keuper.

Die gleiche Transgression ist aber auch an zahlreichen Salzstöcken im Westen unseres Landes nachgewiesen gewesen. Zum Beispiel:

Westerhever		
Heide	Hamdorf	Osterby
	Oldenbüttel	Sülfeld
	Nortorf	Segeberg, siehe auch Abb. 9.

Zu Lüneburg konnte W. Ernst 1921 in der Transgressionsschicht des Alb durch Abbauen größere Mengen außer den schon erwähnten Jura= und Aptfossilien neben Keupergesteinen, auf denen die Schicht ruht, paläozoische Quarzite, Sandsteine, Hornsteine, Tonschiefer, Quarze und sogar Gneise und Granite auffinden. Die Herkunft der paläozoischen und besonders der kristallinen Gesteine inmitten der Parageosynklinale ist häufig erörtert. W. SCHOTT 1943 dachte an umgelagertes Rotliegendes, obschon solches dort noch un=bekannt ist.

Die Stufe von Aube = Albien wurde früher nach englischem Brauch als Mittel= und Ober=Gault bezeichnet. Während bei Reitbrook das bis 60 m mächtige Alb aus überwiegend grauem Mergelstein besteht, der von glaukonitreichen Schlieren durchsetzt ist und nur in der Mitte auf 30 m Länge rötliche Farbe aufweist, wird für Heide durchgehend rotbrauner, zäher Mergelstein angegeben.

In Aufschlüssen an der Erdoberfläche zu Lüneburg folgen über der erwähnten Trans=gressionsschicht bunte Mergel des Mittel=Alb mit dem Belemniten *Neohibolites minimus* LIST. Die Farbe des Gesteins schwankt von dunkelblaugrün, oben schokoladebraun bis tiefdunkel=rot, ganz oben dann ziegelrot. Somit besteht in der Färbung ein großer Unterschied zwischen dem Mittel=Alb von Lüneburg und dem von Reitbrook. Im Ober=Alb jedoch stimmen die Gesteinsserien überein: in der Mitte rote, im Liegenden und Hangenden graue Mergel. So=weit wie diese Farben sich über weite Räume verfolgen lassen, werden sie ursprünglich sein. Es ist aber schwer, zu entscheiden, wie weit durch örtlich aufgearbeitete ältere lebhaft ge=färbte Gesteine (Keuper, Röt) oder durch nachträgliche Veränderung der Eisenverbindungen die lebhaften Farbtöne entstanden sind. Unter Schleswig=Holstein zeigen sich im Alb an den Salzstrukturen Transgressionsbildungen (Segeberg und Sülfeld auf Trias). Im allgemeinen aber gehen Tonmergel des Alb ohne Unterbrechung in die Pläner des Cenoman und damit in die Ober=Kreide über.

Die Geschiebe der Unter=Kreide sollen hier nur kurz erwähnt werden, da es sich um Fern=geschiebe handelt. Zu der Ahrensburger Geschiebesippe (S. 46) gehören, wie Tab. 4 auf=zeigt, Kalksandsteine des Hauterive mit dem nordischen Ammoniten *Simbirskites*, ferner pflanzenführende Dünensandsteine des Barrême sowie Grünsande, die Holz und gerollte sandige Phosphorite mit Ammoniten des Apt enthalten (W. ERNST 1921). Die genannten Gesteine sind in Küstennähe abgesetzt. Aus dem Untergrunde unseres Landes kennen wir aus jenen Zeiten nur sandfreie küstenferne Sedimente. Aus diesen konnte das Eis so gut wie keine Geschiebe aufnehmen, selbst wenn diese neben einer Salzstruktur an der Erdober=fläche anstanden.

4. Die Ober=Kreide

Das Gebiet des heutigen Schleswig=Holstein war während der Zeit der Ober=Kreide küstenferne Hochsee. Daher treffen wir in den Absätzen dieser Zeit, trotzdem sie bei zum Beispiel Heide rund 800 m mächtig sind, kein Sandkorn. Die Hauptmasse des Gesteins be=steht aus im freien Meer unter Mitwirkung von winzigen Lebewesen mannigfacher Art niedergeschlagenem kohlensauren Kalk. Die als splittiger Kalkstein, fester Kreidekalk oder weiche Schreibkreide ausgebildeten Gesteine enthalten daher bis über 98 % $CaCO_3$. Vor allem im älteren Teil ist mehr oder weniger Ton beigemengt, so daß mergelige Absätze in Gestalt von Mergelkalk und bei etwas höherem Tongehalt Kalkmergel zum Niederschlag kamen. Dieser durch Strömung von weither angefrachtete Ton und eingeschwemmtes Holz sind die einzige Beimengung vom Lande her. Gelegentlich finden sich dunkelgraugrüne feingeschichtete Tonmergellagen, die reich an Fischresten und zersetzter organischer Substanz sind. Es handelt sich um Faulschlamm (Sapropel), entstanden am Boden des Meeres in Senken mit stehendem Wasser. Da in diesen Sauerstoff fehlte, konnte der Abbau organischer Substanz nur beschränkt geschehen, so daß Kohlenstoff angereichert blieb. Sowohl im Emscher von Heide wie weit verbreitet im Turon treten solche Sapropele auf. Bei Lüneburg war diese Lage im Unterturon zeitweise in Kalkbrüchen zugänglich. Die Grenze der dunklen Lage gestattet häufig, oben wie unten, zu erkennen, wie stark der Absatz am Meeresboden von schlammbewohnenden Tieren durchwühlt wurde. An der Unterseite der Faulschlammlage greift die dunkle Farbe in Grabgängen in das helle Gestein ein, an der Oberseite sind die gleichen Tunnelfährten weiß inmitten des dunklen Gesteins.

Cenoman und Turon

Nur durch Bohrungen sind Cenoman und Turon in Schleswig=Holstein nachgewiesen. Es handelt sich um Plänerkalke (tonig=kieselige Kalke, die leicht in rechteckige Platten, in Sachsen Pläner genannt, zerfallen), von denen R. B. Behrmann 1949 eine Beschreibung des Reitbrooker Befundes gab. Neben „weißem, porzellanartigem Plänerkalk mit stylolithischen Verwachsungen und Sapropelhäutchen treten Kalkmergel und Zwischenlagen von Schreib=kreide" in der dort 115 m mächtigen Serie auf.

Über das Vorkommen von Heide gab W. Deecke 1949 an:

	Ober=	weiße Kreidekalke	
Turon	Mittel=	Bänke von weißem bis grünlichem festen Kreidekalk mit Einlagerungen von grünem Mergelstein, selten rötlichbraun (Rotpläner)	*Inoceramus lamarcki*
	Unter=	grüner Mergelstein, selten Mergelkalk unten dunkelgrauer, feingeschichteter Tonmergel=stein (Sapropellagen)	*Inoceramus labiatus*
Cenoman	Ober=	weißer, nicht sehr fester Kreidekalk	*Inoceramus crippsi*
	Unter=	grünlichgraue feste Kreidekalke, durch Inoceramus=schill zum Teil rauh; teilweise Rotpläner	

Das Senon

In Schleswig=Holstein ist das Vorkommen von Schreibkreide der Senon genannten Stufe am längsten und besten von L ä g e r d o r f (Abb. 12) bekannt. Forchhammer 1842 war der erste Geologe, der darüber berichtete. Volger wies 1846 durch *Belemnitella mucronata* das obersenone Alter der Schichten nach. L. Meyn gab 1848 eine erste Fossilliste. C. Gottsche konnte 1876 durch den Belemniten *„Actinocamax"*, zutreffender *Gonioteuthis, quadratus* Bl. belegen, daß der Abbau inzwischen auch Absätze untersenonen Alters erfaßt hatte. Mucro=naten= und Quadratensenon wurden und werden in der alten und neuen Grube der Portland=Zement=Fabrik Alsen abgebaut. Erst durch den weiter nach S vorgreifenden Abbau in der Grube der Breitenburger Portland=Zement=Werke konnten E. Voigt und seine Schüler 1947 noch tieferes Senon, die Schichten mit *Gonioteuthis granulata,* nachweisen. Dr. Birkner, Chemiker jener Fabrik, gelang es erstmalig, Kelchplatten der ungestielten Seelilie *Marsupites* aufzufinden. 1953 glückte es, ein weiteres Leitfossil, die ebenfalls erdweit auftretende un=gestielte Seelilie *Uintacrinus* in einem noch tieferen Horizont nachzuweisen (E. Voigt 1954). Demselben Forscher gelang es, nach freundlicher Mitteilung, 1957 das Vorkommen von

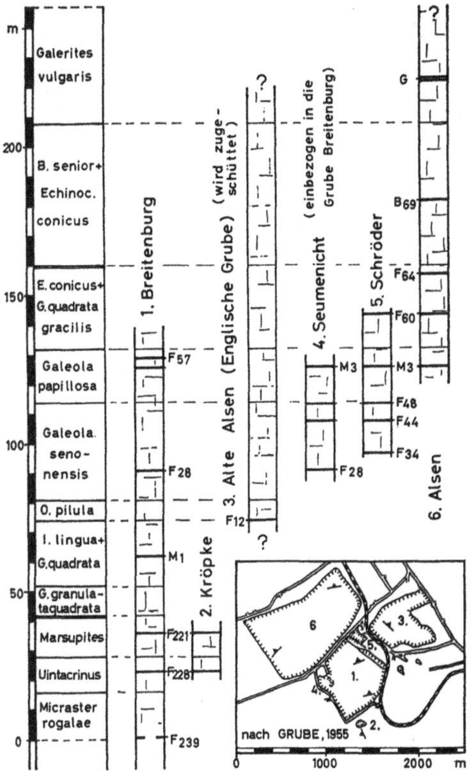

Abb. 12 Lageplan sowie Folge und Mächtigkeit der Schichten in den Kreide=Gruben zu Lägerdorf nach G. Ernst 1961

In den Profilen: F = Flintlage; M = Mergellage; B = Besteg auf schichtparalleler Kluft; G = grauer Streifen

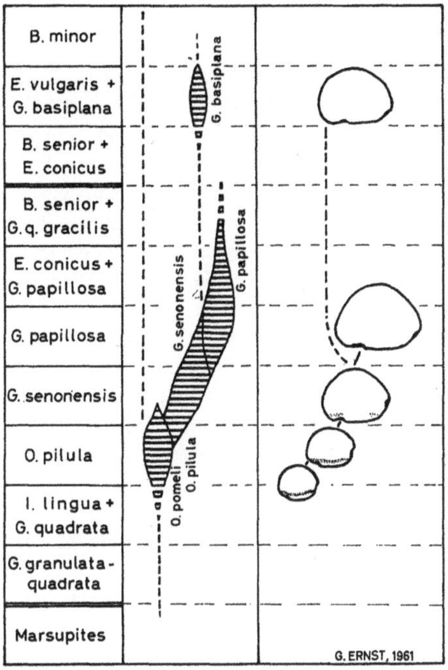

Abb. 13 Die Entwicklungsreihe der Seeigel Offaster + Galeola als Mittel zur Gliederung der Kreide von Lägerdorf

In den Schichtenfolgen der Abb. 12 und 13 bedeutet
G vor quadrata *Gonioteuthis*
I *Inoceramus*
E *Echinoconus*
G mit Abbildung des Seeigels *Galeola*
O *Offaster* 2 Abb.; punktierte Bänder = Fasciole
B *Belemnitella*
Die gestrichelten Linien geben das Auftreten der Gattung an

Gonioteuthis westfalica=granulata, dem Leitfossil der ältesten Granulatenschichten, in jener Grube zu belegen.

Angaben über die erste Kunde von der Lägerdorfer Kreide und über ihre technische Aus=wertung finden sich im Heimatbuch Kreis Steinburg 2, 1925, S. 366–380, Verfasser F. Hansen und A. Fröbe, ferner bei F. Grube 1955. Danach war die Witteer = weiße Erde mindestens 1737 bekannt. Sie wurde, um Maler=, Schlämm= und Düngekreide zu gewinnen, ausgebeutet, soweit sie in offenen Gruben oberhalb des Grundwassers gewonnen werden konnte.

Durch den britischen Maurer Aspdin war 1824 entdeckt, daß 75 Anteile Kreide und 25 Teile Ton bei Erhitzen auf 1450–1600° C ein hartes, heute Klinker genanntes Kalksilikat ergeben. Dieses wird zu Pulver gemahlen und bindet, mit Wasser angerührt, zu hartem Kalk=hydrosilikat und =aluminat ab. Der Sohn des Erfinders dieses Portland=Zements und der Ire Edw. Fewer gründeten 1862 die erste Zementfabrik in Lägerdorf. Dadurch entstand die sogenannte Englische Grube. Sie wurde später der östlichste Teil der „Alten Alsenschen

Grube". Die Alsensche Portland=Zement=Fabrik wurde 1863 in Itzehoe gegründet. Sie erhielt die Kreide zunächst mit Pferd und Wagen, seit 1869 durch eine Schmalspurbahn. Ton lieferte der Ochsenkamp bei Itzehoe. Nach Abbau dieser Scholle mitteloligozänen Tones wird die Alsensche Fabrik durch eine 17 km lange Schwebebahn mit altinterglazialem Stör=Meer=Ton von Wacken her versorgt.

Die 1884 gegründete Breitenburger Portland=Zement=Fabrik ist durch einen 1877 vom Grafen Rantzau auf Breitenburg angelegten Kanal mit der Stör verbunden. Auf ihm wurde während langer Jahre altinterglazialer Ton von Rensing nach Lägerdorf geschafft. Auch wurde lange Jahre Kreide von Itzehoe nach Uetersen in eine Zementfabrik verschifft.

Solange wie die Kreide in den Gruben gesprengt, dann mit der Hand zerkleinert und auf gleiche Weise verladen wurde, bargen die Arbeiter die Fossilien, die dann von ihnen für die Wissenschaft erworben werden konnten. So kamen die inhaltsreichen Sammlungen von Dr. med. P. Hansen und Ingenieur Mosbach, beide in Lägerdorf, zustande. Die Mosbachsche Sammlung erwarb Wilh. Wolff für die Preußische Geologische Landesanstalt in Berlin.

Nachdem die Kreide mit Baggern gewonnen und von diesen gleich verladen wird, was in der Alten Alsenschen Grube um 1910 einsetzte, werden nur selten Versteinerungen geborgen.

Die Oberfläche der Kreide zu Lägerdorf ist nicht mehr eine vom Eise glattgeschliffene Fläche. Einmal finden sich von Steinen, Sand und Grundmoräne erfüllte runde Kessel von 0,5–1 m Durchmesser. Sie wurden als Gletscherkessel angesehen.

Häufiger als diese waren auf der 30 ha großen Fläche der Neuen Alsengrube Lösungs=hohlformen zu beobachten. Durch diese ist die Oberfläche der Kreide bucklig geworden (E. Todtmann 1951). In diese Kleindolinen ist die Grundmoräne, die ursprünglich eben auf einer Schliffläche gelegen hatte, eingesunken und daher wellig gelagert. Diese Verkarstung ist überwiegend in der Eemzeit eingetreten, während der auch in den rißzeitlichen Eis= und Schmelzwässerabsätzen eine tiefreichende Entkalkung stattfand.

Heute geht der Vorgang weiter. Neue Hohlräume entstehen und führen zu Erdfällen (E. Todtmann). Dadurch gebildete sanderfüllte Schlotten reichen bis über 25 m tief. Die vom Sickerwasser in die Tiefe entführten Humussäuren sind an der Grenze gegen die Kreide als Kalkhumate niedergeschlagen worden.

Zu Kronsmoor, nordöstlich von Lägerdorf, war bis in den ersten Weltkrieg in einer Grube (700:250:23 m) etwas tonigere Kreide für die Zementfabrik Saturn in Brunsbüttel=koog abgebaut worden. Dies Werk bezog den benötigten Ton (Eozän) aus der Grube am Bahnhof Basbek=Osten in Nordhannover.

Die Kreide von Kronsmoor lieferte an Versteinerungen:

Belemnella lanceolata Schl. det. Jeletzki 1951
Baculites
Pachydiscus
Schlüteria velledaeformis Schlü. 1872
(nach W. Wetzel 1927 = *Phylloceras ramosum* Meek 1864)
große *Pleurotomaria*
Pecten undulatus Nils.
Pecten cf. *nilsoni* Goldf.
Acrosalenia
Echinoconus.

Bei den Belemniten waren nicht selten die Alveolen bis zur sehr dünnen Wand in ver=drücktem Zustand erhalten. Das Vorkommen wurde von Torf und darunter wenigen Metern

Geschiebemergel überdeckt, der reich an silurischen Kalken und fossilreichem Kalksandstein der Hemmoorer Stufe des Miozän war.

Ein weiteres großes Vorkommen von Kreide ist das der Hölle zu Hemmingstedt bei Heide. Die ölführende Kreide wurde dort um 1868 in 34 m Tiefe erbohrt und wegen ihres hohen Gehalts an Erdöl vor dem zweiten Weltkrieg sogar bis 80 m Tiefe bergmännisch ab= gebaut. Da sich kein nutzbringendes Verfahren finden ließ, um das Erdöl aus der porösen Kreide zu extrahieren und da zudem die ölgetränkte Kreide eine so geringe Standfestigkeit besitzt, daß sich Stollen in gefährlicher Weise plötzlich schlossen, wurde das kriegszerstörte Bergwerk 1945 nicht wieder in Betrieb genommen. Die Ölkreide gehört wenigstens zum Teil den Lanceolatenschichten an (JELETZKY 1951, S. 61). W. WETZEL 1927 gab eine Liste der dort gefundenen Versteinerungen.

Durch einen Schacht, der um 1930 niedergebracht wurde, hoffte man auch die Schreib= kreide von Osterby, Kreis Eckernförde, gewinnen und technisch nutzen zu können. Unter 22 m Sand und 13 m Geschiebemergel wurde die Kreide erreicht. A. JESS 1932 berichtete über die dort gesammelten Versteinerungen. Darunter wird angegeben und abgebildet ein Bruchstück des Ammoniten *Scaphites constrictus* Sow. sp. Dies ist eine Leitform des Unter= maastricht = Zone der *Belemnella lanceolata* SCHL. s. str. Auch JELETZKY 1951. S. 61, gibt diese Belemnitenart von dort an.

Dem Vernehmen nach soll in einigen Jahren die Schreibkreide auf der Struktur Peissen (K. PICARD 1960) in großem Umfang abgebaut werden.

Bisher nur aus der Umgebung Hamburgs, besonders aus den Bohrungen des Erdölfeldes Reitbrook bekannt, sind die jüngsten in Norddeutschland angetroffenen senonen Ablage= rungen, die sogenannten Reitbrooker Schichten. Es handelt sich bei Reitbrook um 55 bis 125 m mächtige Absätze. Sie weisen unten noch Schreibkreide mit Kalkstein und Mergel wechselnd auf. In der Mitte und oben führen sie reichlich Glaukonit. Das häufigste Fossil und zugleich Leitfossil ist die Muschel *Pteria (Oxytoma) danica* RAVN, abgebildet in E. VOIGT 1954. Dieser Forscher erkannte als Alter Obermaastricht und sieht in jenen Ablagerungen die an Schreibkreide angrenzende Facies etwas weniger tiefen Wassers.

Die Gliederung der früher als Mucronatenkreide bezeichneten Ablagerungen haben JELETZKY 1951 (Tab. S. 74), E. VOIGT 1954, S. 638, F. SCHMID 1956 und G. ERNST 1960 klar= gelegt. T. BIRKELUND revidierte 1957 teilweise die von JELETZKY angewandte Bezeichnung der Belemnitenarten. Der augenblickliche Stand unserer Kenntnis von der Gliederung der Oberkreide unter Schleswig=Holstein ist in Tab. 7 sowie Abb. 12 und 13 wiedergegeben.

Die *Schichtenlagerung* in der Kreide von Lägerdorf behandelten F. GRUBE 1955 und G. ERNST 1961. Nach dem erheblich schwankenden, im Mittel ONO gerichteten Streichen ist unter Lägerdorf nahezu der Top der Salzstruktur aufgeschlossen. Durch das zeitweise Aufwärtsdrängen der Salzgesteine sind die Schichten stark zerbrochen und von Ver= werfungen mit einem Ausmaß bis zu einigen Metern durchsetzt. Die den Schichtgrenzen parallelen Flintlagen lassen dies örtlich erkennen. Eine durchgehende grünliche Tonlage in Lägerdorf ist von I. VALETON 1959 als echte Tonlage reich an kolloidalem Anteil an= gesprochen, im Gegensatz zu einer dunklen pyrithaltigen Tufflage in der Kreide von Hem= moor, in der VALETON frische Feldspäte mit Zwillingslamellen in glasiger Grundmasse, aber fast keine Quarze nachweisen konnte.

Besondere Lebensspuren, nämlich Wühlgänge im Kreideschlamm wohnender Tiere und deren Anreiz zur Bildung bizarrer Flintausscheidungen beschrieben E. VOIGT und W. HÄNTSCHEL 1956. Ein Geschiebe aus zu Flint gewordenen Wühlfährten zeigt Taf. 10 Fig. 1.

Die Dänische Stufe

Bis vor wenigen Jahren war die jüngste Schichtenfolge der Kreideformation aus Deutschland unbekannt. Diese Dänische Stufe, früher gern als Danien bezeichnet, wird heute kurz Dan genannt. Durch die Erdölsuche sind nunmehr in unserem Lande Dan-Ablagerungen weithin nachgewiesen worden. Zunächst wurden zu Sterup in Angeln 5 m mächtige Kalke erbohrt und durch Fossilien als danzeitlich erkannt. Inzwischen ist das Vorkommen gleichaltriger Schichten bis fast an die Elbe gesichert. Die Deutsche Erdöl-Aktiengesellschaft ließ durch Herrn Dr. BRACKE in Heide dankenswerterweise eine Übersicht über vermutliche Dan-Funde im Untergrunde Schleswig-Holsteins zusammenstellen. Deren Auswertung ergab folgendes: Dan-Ablagerungen wurden durch Bryozoen oder Foraminiferen als danzeitlich gesichert zu Sterup, Plön-Ost 27, Holstein-Hennstedt 14, Preetz 2. Bearbeiter der Fossilien Prof. Dr. E. VOIGT und Dr. HILTERMANN.

Da die elektrischen Kerndiagramme weithin im Lande gleich unter dem tiefsten Paleozän stärkeren Widerstand aufzeigen, der auf verfestigtes Gestein hinweist, ist nach Dr. BRACKE anzunehmen, daß in zahlreichen Bohrungen Schichten des Dan (und im NO des Landes vielleicht auch glaukonitisches kalkiges Paleozän) durchstoßen, aber aus Mangel an geeigneten Proben nicht als Dan erkannt worden sind.

Bei den Dan-Gesteinen handelt es sich um festen bis harten Kalk von schmutzigweißer, blaugrauer und selten auch gelblichbräunlicher Farbe. Besonders im NO werden Glaukonit und Quarzsand als Beimengung angegeben. Flint ist in fast allen als Dan gesicherten oder anzunehmenden Kalken angetroffen worden. Der Flint wird als weißlichgrau, blaugrau und bisweilen als braunstichig und hellbraun beschrieben (Taf. 10 Fig. 2). Die Mächtigkeit reicht von einigen Metern bis 40 m. Herr Dr. BRACKE gab an: An Hand von elektrischen Kerndiagrammvergleichen ist im Erdölfelde Plön-Ost in Richtung auf die Kreidemulde eine Zunahme der Dan-Mächtigkeit von 33 auf 54 m bei einer Entfernung von 4,3 km zu erkennen.

Diese Bohrergebnisse und das später zu erwähnende Vorkommen von danzeitlichem Flint im Untermiozän von Besenhorst weisen darauf hin, daß sehr weite Teile unseres Landes vom Dan-Meere bedeckt waren. Der Reichtum an Bryozoen und die helle Farbe der Flinte lassen die gleichen erdgeschichtlichen Vorgänge wie für das dänische Dan annehmen.

Für die spätere Erdgeschichte unseres Landes wichtig ist die Frage, ob das quartäre Gletschereis Gesteine vom Alter des Dan im Untergrunde Schleswig-Holsteins hat erfassen können und ob somit ein Teil der Dan-Geschiebe, besonders die hellen, häufig $CaCO_3$ enthaltenden Flinte nicht ausschließlich vom Ostseegrund stammen. An Teufen, in denen das Dan erreicht wurde, seien genannt: Plön-Ost 1827 m, Kiel-Schönkirchen 1088 m, Schwedeneck-Steinfeld 2812 m, Sterup 577 m, Wulfsmoor bei Wrist 438 m und Holstein-Hennstedt 211 m. Diese Schichten sind demnach an Salzstrukturen nur selten so hoch aufgestiegen, daß sie von tiefer schürfendem Eis hätten erfaßt werden können. Jedoch läßt die Verbreitung des Dan bis weit nach Holstein hinein darauf schließen, daß das östliche Ausstreichen der Dan-Folge den Ostseetrog bis Norddeutschland hinein querte. Der baltische Eisstrom konnte also in seiner ganzen Breite Kalke und Flinte der Dan-Ablagerungen aufnehmen.

Da die Ablagerungen des Dan im westlichen Baltikum einschließlich Schleswig-Holsteins fast ausschließlich aus Kalk bestehen – der massenhaft auftretende Flint wird sekundärer Bildung sein –, so dürfte das subtropische Klima, das zur Zeit der Schreibkreide herrschte, noch angedauert haben. Aber das Meer war nunmehr flach. In Schonen sind bei 80 m Gesamtmächtigkeit außer den Schichtlücken im Hangenden und Liegenden drei weitere

Unterbrechungen der Sedimentation aufgezeigt worden. Über die Gliederung siehe Anm. 10. Zur Zeit des Dan waren Belemniten und Ammoniten schon ausgestorben. Deswegen möchten manche Forscher das Dan statt zur Kreide zum Tertiär rechnen. Jedoch durch sein Gestein – subtropische Meereskalke – schließt sich das Dan ebenso wie durch manche Fossilien Cidariden, *Echinocorys*, große Terebratulen, *Gryphaea vesicularis* mehr an die Kreidezeit an. Erst nach der auf das Dan folgenden Landzeit wird ein kühleres Klima aus den Ablagerungen erkenntlich.

Kreideschollen in Eisabsätzen

Die hohe Lage der Kreidevorkommen von Lägerdorf, Kronsmoor, Heide, Osterby, Reitbrook und vor der Südküste von Helgoland geht auf die Hebungen an Salzstrukturen zurück, siehe S. 47. Hinzu kommt der Widerstand, den das massige Kreidegestein der abtragenden Tätigkeit des Eises bot. Sande und Tone des Tertiärs konnten als plastische Lockergesteine unschwer vom Eise gefaltet und aufgenommen, somit verfrachtet und verschwemmt werden. Das steifere Massengestein der Schreibkreide aber konnte vom Eise vermutlich nur bei starken Pressungen, zum Beispiel in den Kerben zwischen Eiszungen (Rügen, Möen), zu Schollen abgeschert werden. Weitgehend wurde es flächenhaft abgeraspelt. Aufragungen aus Kreide zwangen das Eis zum Ausweichen nach der Seite und nach oben. Aus diesem Grund ragt die Kreide häufig höher hinauf als benachbarte Tertiärabsätze.

Möglicherweise mit aus diesem Grund gab und gibt es Schollen aus Kreide, die das Eis verfrachtet hat. In der Mitte und dem Westen unseres Landes werden solche Schollen aus der Umrahmung von Salzaufbrüchen stammen. Da nach bisherigem Wissen auf dem ostholsteinischen Block und in den östlich anschließenden Gebieten Salzstrukturen fehlen, die Kreideschichten bis in den Bereich des Eises emporgehoben hätten, müssen wir als Herkunftsgebiet der Kreideschollen im Osten des Landes das Gebiet ansehen, in dem die Kreide, überwiegend Maastricht und Dan, am Boden des Ostseezungenbeckens ausstreicht. Einerseits die Kreidevorkommen in den Stauchmoränen von Möen, Stubbenkammer und Buchheide bei Stettin, andererseits die Karte des vorquartären Untergrundes von Th. Sorgenfrei (1951) zeigen den Meridian von Gedser als Westgrenze der Heimat jener Schollen auf.

An Vorkommen von Kreideschollen aus Schleswig-Holstein seien genannt

Oelixdorf	Bl. Itzehoe	abgebaut 1783 – 1870 (Grube 1955)
Heringsdorf	Bl. Großenbrode	Näheres siehe in G. Petersen 1924
Kalkberg	Bl. Grube	
Groß-Parin	Bl. Schwartau	
Ratzeburg	Bl. Ratzeburg	

Hinzu kommen

Fehmarn-Ost	Wetzel 1955	
Brodtener Ufer	Bl. Travemünde	
Kl.-Gladebrügge	Bl. Segeberg	
Blocksberg	Bl. Westensee	siehe Thiele 1938 S. 35

am Fuße des Steilufers bei Kembs südwestlich von Heiligenhafen.

Naturgemäß sind Zwischenstadien von Großschollen über Kleinschollen zu Lagen von Geschiebemergel reich an ausgewalzter Kreide vorhanden. Hierbei sind Hartteile von Fossilien zumeist erhalten geblieben. Daher liefern sowohl manche Lagen frischen Geschiebemergels wie kalkhaltige Schmelzwasserabsätze dem Sammler bei etwas Ausdauer einen reichen Einblick in die Lebewelt der oberen Kreide. So gelangte in die Sammlung des Geologischen Instituts der Universität durch Landgerichtsdirektor i. R. BEHNKE, Malente, reiches Material von Vierth und durch stud. GLÜSING ebensolches aus der Umgebung Kiels.

Da außerdem der Flint zahlreiche wohlerhaltene Versteinerungen liefert, ist die versteinerte Lebewelt der Oberkreide (Senon + Dan) diejenige, die, abgesehen von der Marsch, überall im Lande zugänglich ist. Weil jeder Sammler von Versteinerungen und jeder angehende Geologe unseres Landes sich zunächst an Kreideversteinerungen begeistern wird, sei zunächst auf diese eingegangen – auch wenn der größte Teil nicht anstehend, sondern als vom Eise verschlepptes Geschiebe gefunden wird.

Die Versteinerungen
(einschließlich der Geschiebe vom Alter des Dan)

Prof. WALTER WETZEL, Kiel, und ihm folgend Dr. OTTO WETZEL in Eutin haben in dünnen Splittern des Feuersteins, die sie in Canadabalsam einbetten und unter dem Mikroskop betrachten, eine Fülle von Resten planktonischer Lebewesen nachgewiesen. Von Protozoa sind neben den Rhizopodenklassen der Radiolarien und Foraminiferen auch Flagellaten wie Peridineen sowie Cysten, Sporen, Stachel und Hüllen heute unbekannter Lebewesen, der *Hystricomorpha* vorhanden. W. WETZEL glaubt aus der Erhaltung so zarter Lebewesen und weil, zum Beispiel um Foraminiferen Verfärbungen auftreten, in denen dieser Forscher Reste von Weichteilen sieht, annehmen zu müssen, daß nur ein gelatineartiger Stoff, also Kieselgallerte, jene Reste bewahrt haben kann. Wir werden sehen, daß andere Lebenspuren zu entgegengesetzten Aussagen berechtigen.

Unter den Foraminiferen finden sich im Feuerstein gelegentlich Formen von 3/4 cm Länge wie die fächerförmige *Neoflabellina* (Taf. 11 Fig. 1). Zur Gliederung der Kreide wird heute der mikropaläontologische Fossilbestand, insbesondere die Foraminiferen, benützt, so *Flabellina, Bolivinoides draco* u. a.

An Schwammresten finden sich in Kreide und Feuerstein ganze Skelette wie auch lose Kieselnadeln. Wo die organische Kieselsäure loser Schwammnadeln nachträglich fortgelöst wurde, blieben deren winzige Hohlräume. Sie tragen zur Porosität der Schreibkreide bei. In der Kreide von Lägerdorf findet sich die Kieselsäure der Schwammskelette häufig durch dunkles, fein verteiltes FeS_2 ersetzt (Taf. 11 Fig. 2), so daß aus der Gattung *Ventriculites* (Hexactinellide) strickmusterartige Gebilde teils in Scheiben, teils in Röhrenform entstanden. Beide Teile dieses Schwammes finden sich auch im Feuerstein (Taf. 11 Fig. 3). Die Reste sternartig gefalteter Schwämme werden irrtümlich für Seesterne gehalten. Im übrigen kommen zahlreiche kugelige, scheibenförmige und stark gefaltete Gattungen vor. Teile, aber auch ganze Skelette, finden sich im Feuerstein. Kleine Schwammskelette, ganz von Flint umhüllt, ergeben die Klappersteine. Zu den Kalkschwämmen (Gruppe der Pharetronen) zählt die häufige *Porosphaera globularia.*

Paläogeographisch wichtig sind die häufig angetroffenen Hexactinellidae, die in 30–40 cm hohen Exemplaren vorkommen. Diese zarten Lebewesen weisen auf ruhiges und kühles Wasser hin. Die im Feuerstein nicht seltene Gattung *Aphrocallistes* lebt noch heute im Atlantischen Ozean.

Von den zu den Coelenteraten zählenden Nesseltieren (Cnidaria) sind zwei Klassen vertreten.

Als große Seltenheit finden sich bei den Hydrozoen verkalkte Arten. Wer aber die losen Kreideversteinerungen unserer Schmelzwassersande sorgfältig durchsucht, findet als Selten=

heit zu den Stylasteriden gehörende Stämmchen mit den Öffnungen der ungekammerten Polypen, zum Beispiel *Conopora* aus den Schichten des Dan.

Von der zweiten Klasse der Nesseltiere, den Korallen (Anthozoa) kommen in Kreide und Feuerstein die ± lang ausgewachsenen Kelche von *Parasmilia* vor.

Im Schmelzwassersand häufiger als im Feuerstein finden sich Stücke der mit der Edel=koralle *(Octocoralla)* verwandten Gattungen *Moltkia* (mit grubig vertieften Ansatzstellen der Seitenäste) und *Isis* (nur in kurzen Stücken, weil der Stamm stets nur abschnittsweise verkalkt war).

Würmer: Kalkröhren, teils aufgewachsen auf Seeigeln, teils lose, aber wohl ursprüng=lich auf Pflanzen, Korallen oder Bryozoenstücken festsitzend (K. Brünnich, Nielsen 1931, Regenhardt 1961). Nicht selten sind ferner Reste von Wohn=röhren, die vom Wurme außen mit Fischschuppen und =gräten, gelegentlich auch mit Schwammnadeln verkleidet waren (Terebellide).

Weichtiere: Schnecken fehlen im Feuerstein; selten sind sie in der Kreide von Lägerdorf als schlecht erhaltene Abdrücke. Zu Kronsmoor wurden große, als Steinkern er=haltene Exemplare der Gattung *Pleurotomaria*, jener altertümlichen, heute nur noch in wenigen Arten in der Tiefsee lebenden Gattung gefunden.

Muscheln: Häufig die dickschalige Blasenauster *Gryphaea vesicularis* Sow. In flachen Hohlräumen innerhalb der Schale und in diese eingelagert ist Kieselsäure, nicht selten in konzentrischen Ringen ausgeschieden, anzutreffen.

In der Schreibkreide gut erhaltene *Pecten*=Arten,
Lima hoperi Mant.
Spondylus (mit Stacheln besetzt)
Pinna (Steckmuschel), in Kreide und Feuerstein, nicht selten verdrückt. Ferner die Gattung *Inoceramus*, für ihre Größe dünnschalig (Anm. 11). Auffallend ist, daß taxodonte und heterodonte Muscheln ganz fehlen. Aber heutige kreideähnliche Kalkabsätze sind unbekannt. So bleibt un=entschieden, ob solche der Facies fernblieben oder ob ihre Schalen nach=träglich fortgelöst sind.

Kopffüßler: Ammoniten: In Lägerdorf selten *Scaphites; Pachydiscus*
In Kronsmoor häufiger *Pachydiscus; Schlüteria; Baculites*

Ammoniten kommen stets nur als Abdruck vor, da die aragonitische Schale fortgelöst ist. Hingegen sind die Verschlußstücke des Wohnraums der Ammo=niten, die Aptychen, in der Lägerdorfer Kreide wohl erhalten, da sie aus Calcit aufgebaut sind.

Belemniten (Abb. 14):

E. Stolley hatte schon 1896 bei *Actinocamax quadratus* von Lägerdorf eine erstaunliche Variationsbreite aufgezeigt. Wieweit es sich um gleichaltrige Variationen und zeitliche Ver=änderungen handelt, ist neuerdings von G. Ernst untersucht. Diese heute als *Gonioteuthis* enger gefaßte Gattung weist eine kurze Pseudoalveole auf, die entsteht als Grenze eines unteren verkalkten gegen einen oberen vergänglichen Teil des Rostrums. Die Gattung *Belem=nitella* hingegen besitzt bis oben hin verkalkte Rostra. Diese sind daher durch eine tiefe, runde Alveole ausgezeichnet. Die Gruppe der *Belemnitella mucronata* ist seit 1913 in Polen nachuntersucht und für Nordeuropa seit 1946 durch den Ukrainer Jeletzky (jetzt in Kanada) in paläontologischer und stratigraphischer Hinsicht neu ausgewertet worden. T. Birkelund 1957, S. 31, stellte zusammen, welche seit Jahrzehnten gebräuchlichen Namen zufolge dieser

Untersuchungen und der internationalen Regeln der Nomenklatur künftig zu verwenden sind:

früher	JELETZKY 1951	BIRKELUND 1957
Belemnitella d'ORB. 1842 pro parte	*Belemnella* NOWAK 1913 als subgenus	*Belemnella* (NOWAK 1913 subgen.)
Belemnitella mucronata SCHLOTH. 1813	*Belemnella* aff. *lanceolata* mut. *sumensis* JELETZKY 1949 pro parte	*Belemnella occidentalis* BIRKELUND 1957
Belemnitella senior senior NOWAK 1913	*Belemnitella mucronata* mut. *senior* NOWAK JELETZKY 1951	*Belemnitella mucronata* LINK 1807

Dies heißt: Die alte Gattung *Belemnitella* ist zweigeteilt, der bisherige breit verwandte Name *Belemnitella mucronata* SCHLOTH. wird auf einen engen von LINK 1807 beschriebenen Artbegriff beschränkt. Die erst vor kurzem geschaffene Unterart *sumensis* wird geteilt und erhält zum Teil den Namen *occidentalis*. Die Oberkreidebelemniten mit tiefer Alveole sind zudem in zahlreiche Arten zerlegt. Es sind in Schleswig-Holstein anstehend oder als Geschiebe zu erwarten:

von *Belemnitella:*

B. *mucronata* LINK 1807 B. *langei* JEL. 1945	Ober-Campan
B. *junior junior* NOWAK 1913 B. *junior nowaki* JEL. 1951	Ober-Maastricht

von der Gattung *Belemnella* sind in der hiesigen Kreide vertreten:

B. *lanceolata lanceolata* SCHLOTH. 1813
B. *lanceolata sumensis* JEL. 1949
B. *occidentalis* BIRKELUND 1957.

Unter den Geschieben wird vermutlich *Belemnella casimirovensis* SKOLOZDROWNA 1932 hinzukommen, da dieser letzte europäische Vertreter der Belemniten in der Kreide von Stevns Klint (Seeland) aufgefunden ist, also vom Eise aus dem Ostseebereich bis in unser Gebiet verschleppt sein wird.

Bei der Trennung der Arten der Gattungen *Belemnitella* und *Belemnella* ist von hohem Wert die Ausbildung des Schlitzes, der außen auf der Bauchseite vom Alveolarrand auf kurze Strecke zur Spitze hin verläuft. Im Innern dieses Schlitzes befindet sich zwischen den Querwänden eine Calcitlage. Sie weist auf der Oberfläche rillenartige Vertiefungen auf, die vermutlich Blutgefäßen entsprechen. Diese „Ostracumlamelle" fällt leicht heraus, so daß die Schlitzwand freiliegt. Lage und Verlauf der Grenze dieser Calcitschicht bzw. Schlitzwand gegen die normalen Calcitprismen des Rostrums, also die hintere Begrenzung des Schlitzes, sind für die Trennung der Arten wertvoll. Daher wird der vordere Teil des Rostrums mit einem Flachmeißel derart aufgespalten, daß der Ventralschlitz aufklafft. Der Abstand zwischen dem Vorderende der Embryonalblase (Protoconch) am Grunde der Alveole und dem Punkt, in dem Schlitzwand oder Ostracumlamelle die Alveole erreichen, wird parallel zur Längsachse gemessen und als „Schatzkyziffer" zur Trennung der Arten benutzt. Es beträgt die Schatzkyziffer (nach BIRKELUND)

Belemnitella langei	5 – 9,5 mm	*Belemnella lanceolata*	0 – 2,5 mm
Belemnitella junior	6,5 – 8,5 mm	*Belemnella casimirovensis*	2 – 4 mm
Belemnella occidentalis	0 – 3 mm		

Über den unterschiedlichen Verlauf der Hintergrenze des Schlitzes siehe Abb. 14.

Abb. 14

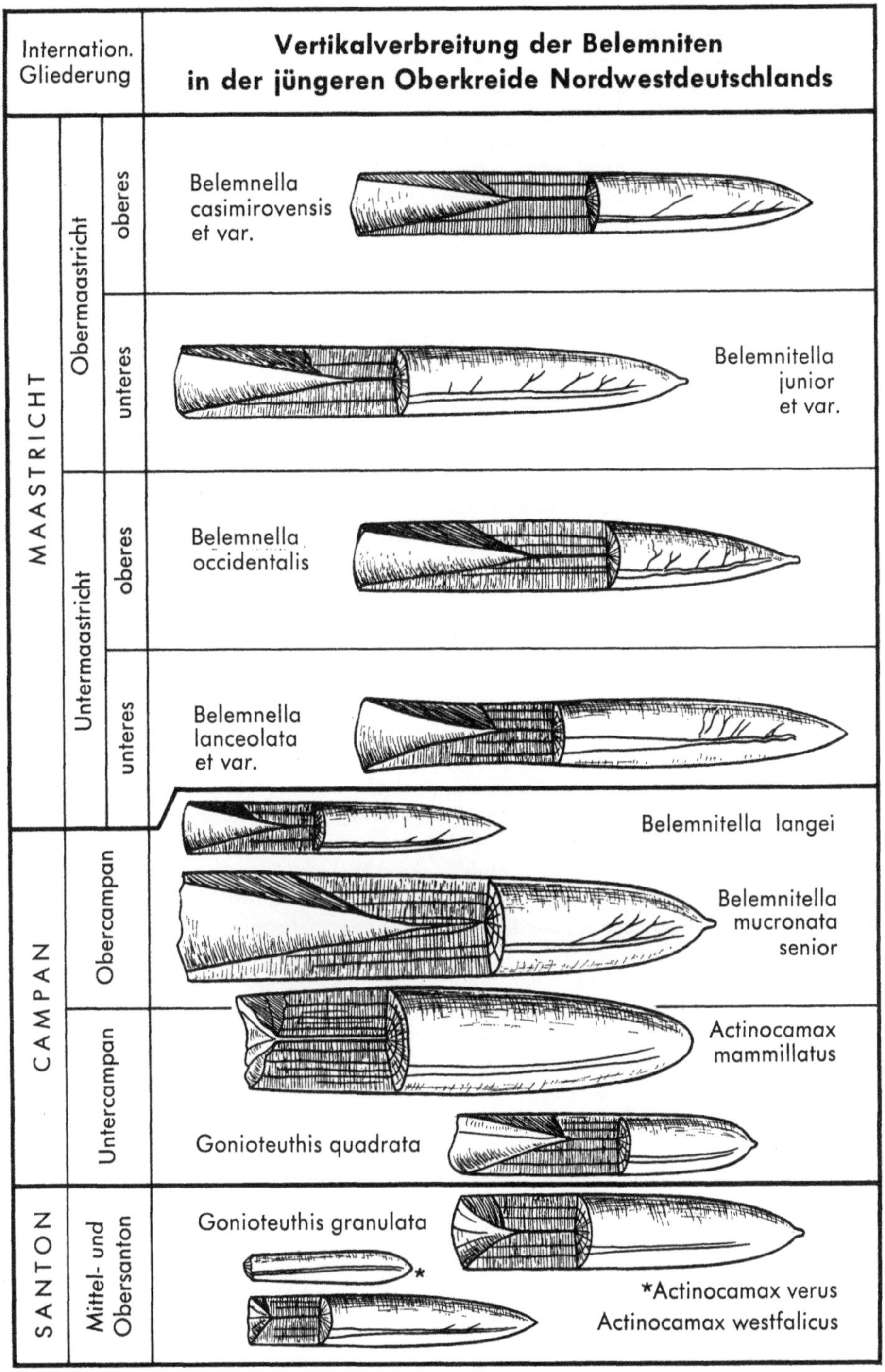

Die im oberen Teil = Alveole aufgespaltenen Belemniten lassen die Gestalt der Alveole und rechts davon die für das Erkennen der Arten gleichfalls wichtige Ausbildung des Schlitzes erkennen. Die Zeichnungen fertigte in dankenswerter Weise Herr Dr. F. Schmid vom Niedersächsischen Geologischen Landesamt an.

In Lägerdorf sind ferner gefunden:

Actinocamax mammillatus Nilss (= *subventricosus* Wahlbg.) an der Grenze Quadraten zu Mucronaten=Senon

Gonioteuthis granulata Bl.

Gonioteuthis westfalica=granulata (G. Ernst 1961).

B r y o z o e n sind winzige, aber hochentwickelte Tiere (Urmundtiere: Tentaculata, Kranzfühler), die jeweils in einer winzigen Kalkzelle leben. Diese treten zu flächenförmigen, ästigen oder selten kugeligen Stöcken vereint auf. So wie sich heute flache Bryozoenstöcke auf Tang oder Muscheln aus= breiten und Stöckchen auf festem Meeresgrund ganze Rasen bilden, war es auch zur Zeit der Oberkreide. Die zahlreichen Bryozoenarten sind durch E. Voigt weitgehend untersucht worden.

Zur gleichen Gruppe der Tentaculata zählen die

B r a c h i o p o d e n, auf deutsch auch Quermuscheln oder Armkiemer genannt. In Kreide und Feuerstein aus dem Senon seien genannt:

Terebratula carnea Sow. die „fleischige"

Terebratula obesa Sow. die „dicke", bis 5 cm lang

Rhynchonella plicatilis gefaltet

Kingena lima Defr. mit punktierter Oberfläche, beide Klappen gewölbt

Magas pumilus Sow. mit punktierter Oberfläche, aber kleiner; Rücken= klappe flach

und an kleineren, die fein längsgerippten *Terebratulina*=Arten.

Aus der jüngsten oder Dänischen Stufe der Kreide (Dan)

Terebratula (Chatwinothyris) lens Nils., die linsenförmige

Terebratula fallax tenuis Br. Nils.

Crania tuberculata Nils. = Totenkopf=Brachiopode.

Weiteres siehe bei Hadding.

K r e b s = Reste sind selten. In der Kreide und als Geschiebe finden sich Platten der Rankenfüßerkrebse *Pollicipes* und *Scalpellum;* im Feuerstein als Selten= heit Scherenfüße von *Calianassa,* eines in Grabgängen lebenden, mit Ausnahme der Scherenfüße weichhäutigen Langschwanzkrebses, sowie Scheren von einem Tiefwasserkrebs (Anm. 12; Taf. 11 Fig. 8).

S t a c h e l h ä u t e r (Echinodermen) sind durch drei Klassen vertreten:

S e e l i l i e n = Crinoiden (Näheres bei Wienberg Rasmussen 1961.)

Austinocrinus Teile von Stielen und einzelne Stielglieder in Kreide, Feuerstein und lose im Sand häufig. Gelenkfläche und bisweilen auch Umriß fünfteilig. Anm. 13.

Bourgetricrinus Stielglieder und Gelenkfläche elliptisch, letztgenannte mit einer Querleiste.

Cyathidium holopus. Einen Kelch dieser festsitzenden stiellosen Seelilie fand stud. Glüsing in Sanden zu Kiel=Russee.

Marsupites ornatus Sow. ohne Stiel, freischwimmend. Die 1–2 cm gro= ßen feingerippten Platten der Kelche in der tieferen Schreibkreide von Lägerdorf.

Uintacrinus gleichfalls ohne Stiel und freischwimmend, Kelch aus klei= nen Platten aufgebaut. 1953 von Prof. Voigt unterhalb der Marsupiten= schichten in Lägerdorf gefunden, nur aus den USA, England und Nord= deutschland bekannt.

Roveacrinus Armglieder dieses ungestielten Nachkommens der jurassischen *Saccocoma* sind von H. Sieverts-Doreck 1943 nachgewiesen.

S e e s t e r n e (Asteroidea)

nur die armlose, fünfeckig-scheibenförmige Gattung *Metopaster* mit dicken, außen feinhöckrigen Randplatten. Selten unversehrte Stücke in Feuerstein, einzelne Platten in der Kreide, häufig in Schmelzwassersand. Weiteres bei Brünnich Nielsen 1943.

S e e i g e l (Echinoidea)

die häufigsten größeren Versteinerungen in Kreide und Feuerstein, begegnen uns zumeist als aus Täfelchen aufgebautes Innenskelett = Corona, unrichtig auch Schale genannt. Von den regulären Seeigeln mit zentral gelegenem Mund (unten) und After (oben) finden wir auch die in Gestalt mannigfach abgewandelten Stachel, siehe K. Gripp 1954, J. Wind 1954, F. Brotzen 1959. Bei den Irregulären ist der After zunehmend nach unten gewandert, teilweise bis auf die Unterfläche, und der Mund an deren Rand verlagert.

Regulares

Cidaris	} Gelenkhöcker für	Stacheln schlank, dornig
Temnocidaris	} die Stacheln durchbohrt	„ „ gekörnelt
Tylocidaris	Gelenkhöcker nicht durchbohrt	Stacheln keulenförmig

Salenia kleine Art, bisweilen lagenweise im Feuerstein, sowie in Lägerdorf, Kronsmoor.

Phymosoma koenigi Lägerdorf, Flintgeschiebe.

Irregulares

Echinoconus mehrere Arten, klein, rund, unten flach; häufig.

Cassidulus faberi Ravn Mund mit fünf Wülsten, selten.

Echinocorys. Der in Lägerdorf und als Geschiebe häufigste Seeigel ist zugleich die größte hiesige Art, nach J. Wind 120:100:90 mm erreichend. Sein lateinischer Name war lange schwankend. Nach den modernen nomenklatorischen Regeln ist, J. Wind zufolge, die Bezeichnung *Echinocorys vulgaris* Breynius 1732 die erste zutreffende, aber weil vor Linné gegeben, hinfällig. 1778 machte Leske auf S. 175 die Art als *Echinocorys scutatus,* ebenda S. 178 als *ouatus* bekannt. Die 1833 von Lamarck eingeführte Benennung *Ananchytes ovatus* ist hinfällig zugunsten der ersten zutreffenden Beschreibung von Leske. Danach ist der Seeigel als *Echinocorys scutatus* zu bezeichnen.

Die Nachfolgerin dieser Art im Dan ist *E. sulcatus* Goldf. Daneben tritt zahlreich der kleinere *E. minor* Leske = *obliquus* (Nilson) Ravn auf.

Offaster nur 1,2–1,5 cm lang, mit Fasciolen Senon Lägerdorf.

Galeola größer und ohne Fasciolen Abb. 15.

Cardiaster tiefe Furche auf der Oberseite = *Stegaster* in E. Stolley 1892.

Infulaster Turon, Senon, zum Beispiel Helgoland; Scheitel nach vorn hochgezogen; tiefe Furche vom Scheitel zur weit vorn gelegenen Mundöffnung.

Holaster flache Furche auf der Oberseite.

Micraster Herzigel siehe E. Stolley 1892.

Brissopneustes danicus Schlüt., *B. suecicus* Schlüt. im Dan.

Bei Seeigeln mit erhaltener Schale möge man auf den Bewuchs von Muscheln, Moostierchen, winzigen Korallen achten. Da nach Fr. Schmid 1949 die Muscheln sich um den höchsten Punkt der toten Schale ansiedelten, läßt sich daraus die Lage der Schale im Sediment ableiten. Diese ist bei den sehr häufigen, verdrückten Flintkernen auch gut zu erkennen. Frühere Hohlräume, ausgefüllt mit Chalcedon oder Quarztapeten von inzwischen vergangenen Calcitkristallen, geben gleichfalls die ursprüngliche Lage im Sediment an (V. Wroost 1936, K. Gripp 1954).

5 % der Ananchyten aus der Schreibkreide von Hemmoor weisen auf der Oberfläche rillenförmige Bißspuren, zum Teil mit nachgewachsenen Stachelwarzen, auf. Die gleichen Bißspuren, vermutlich eines Fisches, zeigte zunächst nur ein einziger bei Kiel gefundener keulenförmiger Seeigelstachel (K. Gripp 1954, Taf. 2 Fig. 2). Es war einer jener Stacheln, die einen, von einem Einwohner erzeugten, ansehnlichen Hohlraum aufweisen. Heute lebt in ähnlichen Hohlräumen in Seeigelstacheln die Schneckengattung *Stilifer*. Stud. Glüsing, Kiel, sammelte neben einer Randplatte des Seesterns *Metopaster* mit solchem Hohlraum 109 lose keulenförmige Seeigelstachel in der Umgegend Kiels, von denen

ohne Hohlraum des Einwohners und ohne Bißspur	54
mit Hohlraum des Einwohners und ohne Bißspur	8
mit Hohlraum des Einwohners und mit Bißspur	19
ohne Hohlraum des Einwohners und mit Bißspur	13
mit Hohlraum des Einwohners, aber schlecht erhalten,	15 waren.

Also die Hälfte der Stacheln hatte entweder einen Einwohner oder ist vom Räuber beschädigt. Anscheinend war nicht der Nährwert der Stacheln mit Einwohner Anlaß zu den Bissen, sondern das Bemühen, die Stachel zu entfernen, um an den eigentlichen Körper des Seeigels zu gelangen (Taf. 11 Fig. 4 und 5).

Von *Echinocorys scutatus* aus Lägerdorf zeigen rund 10 % am Rande der Unterseite Schabespuren, vermutlich von im Untergrund lebenden Krebsen stammend. An wohlerhaltenen Steinkernen von Echinocoryten lassen sich als Seltenheit Moostierchen (also innen in der leeren Schale angesiedelt) und Ansatzstellen der den Darm tragenden Bänder erkennen (siehe Meyniana II, S. 29).

Von Haien kommen Zähne in Kreide, Feuerstein und lose im Sand nicht selten vor (Taf. 11 Fig. 9). Haiwirbel sind zu Lägerdorf und als Geschiebe in Feuerstein gefunden.

Von Knochenfischen findet man Bißspuren auf Seeigeln und Belemniten (Abb. 15a), außerdem Schuppen und Gräten mit allen Feinheiten erhalten in Kreide und Feuerstein häufig, und zwar regellos verteilt, in 2 cm breiten und 10–12 cm langen Bändern. Hierbei handelt es sich um Reste von Röhren, die von Würmern (Terebellide) aus Schleim aufgebaut und mit den erwähnten Fischresten verkleidet wurden.

Zu Lägerdorf wurden früher häufiger Kotballen von *Macropoma* gefunden, jener Fischgattung, die als letzter Vertreter der Quastenflosser galt, bis 1939 und 1952 vor Südostafrika überraschenderweise die Gattungen *Latimeria* und *Malania* von Fischern gefangen wurden.

Von höheren Wirbeltieren sind zu Lägerdorf Rippenplatten von Schildkröten und von den schnittigen Schwimmsauriern *Mosasaurus* Zähne und Reste einer Schwanzwirbelsäule gefunden (Taf. 11 Fig. 10a und b). Diese Raubsaurier stammen von mit Eidechsen verwandten Vorfahren ab. Ihre Gliedmaßen sind zu kurzen Paddeln umgestaltet. Im Unterkiefer besaßen sie ein Gelenk, das ermöglichte, große Fische zu verschlingen. Länge bis 12 m. Sogar im Geschiebefeuerstein wurde ein Mosasauruswirbel gefunden (Sammlung Sonder, Oldesloe).

a

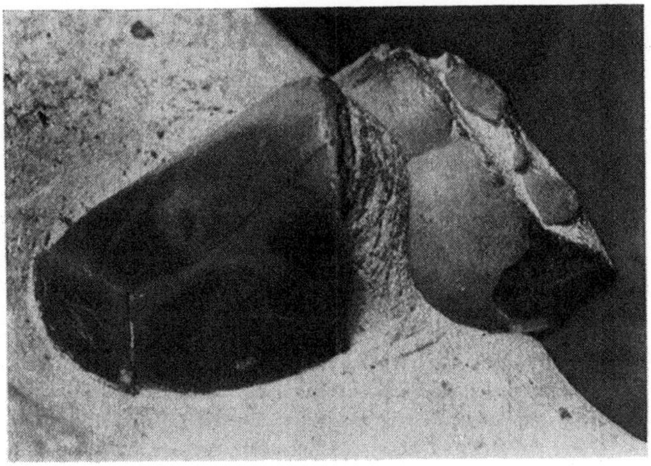

b

Abb. 15

a) *Belemnella lanceolata* mit Biß=Spuren Ober=Kreide Kronsmoor (Breitenberg) etwa 2/1.

b) Aufsicht auf die Alveole eines Oberkreide=Belemniten, die von rechts nach links in drei Folgen durch die zunehmende Last der Kreide=Absätze zunächst ab= und später eingedrückt wurde. Erst danach verkieselte die Kreide zu Feuerstein. K. Gripp 1954. Zeichnung zu Abb. 15a G. Timmann 1924

Die Entstehung des Feuersteins

Ein für die Oberkreide bezeichnendes Gestein ist der Flint oder Feuerstein. Dichter Flint ist härter als Glas, da er aus einem regellosen Haufwerk kleinster SiO_2=Kristalle besteht. Flint verhält sich in allen Richtungen physikalisch gleich und splittert daher muschelig. Ein kräftiger Schlag eines Hammers trennt einen sehr regelmäßigen Schlagkegel von der nicht erschütterten Umgebung. Durch Schläge von der Seite lassen sich diese Schlagkegel freilegen.

Flint ist ebenso wie der häufig in der Kreide angetroffene Pyrit (S. 85) nicht ursprüng=licher Bestandteil des Sediments, sondern erst nachträglich darin ausgeschieden. Der Zeit=punkt dieses Vorganges ist umstritten. Hier sei zunächst berichtet, daß nach Behrmann in Reitbrook nur die oberen 75 m der 325 m mächtigen Serie kreidiger Schichten Flintknollen, und zwar nach unten abnehmend, enthalten. Haack (1939, S. 395) gab an, daß in Hannover und Schleswig=Holstein die Kreide nur in den obersten Teilen eine mehr oder minder starke Feuersteinführung zeige und daß diese nach einigen Zehnern von Metern ganz nachlasse. Ein gleiches ist bei Hemmoor, Kopenhagen und im Pariser Becken der Fall (K. Gripp 1954).

Flint tritt in der Kreide von Hemmoor und Basbeck (Nordhannover) unmittelbar unter der Grenze gegen das Alttertiär in bis 0,5 m mächtigen Lagen aus wulstigen Knauern auf. Diese Flintlagen folgen einander in wenigen Metern Abstand. Senkrecht stehende, innen bisweilen von Kreide erfüllte Flintmassen, bis mehrere Meter hoch und mit einem Durch=messer von 0,5–1 m, verbinden örtlich die einzelnen Flintlagen. Das Kreidegestein ist dort zu rund $^1/_5$ Flint. Mit der Tiefe nimmt der Reichtum an Feuerstein auch in dieser 70 m tiefen Grube schnell ab (E. Voigt 1954, S. 634). In der Lägerdorfer Quadratenkreide treten Schichten aus in Kreide eingebetteten dunklen Flintknollen auf (Taf. 10 Fig. 3). F. Grube 1955 hat diese, den Grenzen der Kreidebänke parallel verlaufenden Flintlagen vermessen.

Einzelne Feuersteine sind auch hier plattig mit nach unten gerichteten Zapfen (A. H. Müller 1951). G. Ernst 1961 zeigte auf, daß dort, wo Flint lagenweise stark angereichert auftritt, die benachbarte Kreide arm an Kieselsäure ist.

In größerem Abstand von der Grenze gegen das Tertiär ist die Kieselsäure nur noch zu einzelnen kugelrunden Knollen angereichert. Solche Kugelflinte sind nicht selten um Reste von Kieselschwämmen ausgeschieden. Diese Minderung der Kieselausscheidung mit der Tiefe tritt ein, obschon die Schreibkreide in gleicher Weise wie in höheren Lagen ausgebildet ist. Andererseits schwindet Flint mit zunehmendem Tongehalt des Absatzgesteins.

Eine nachträgliche Ausscheidung von Flint in den „Graue Bänder" genannten Grabspuren, die u. a. zur Verkieselung zweier Bänder und einer Querbrücke dazwischen führte, haben Voigt und Häntzschel 1956 bekanntgemacht.

Für die Geschiebe ist eine Faustregel: helle Flinte, die häufig Kalk fein verteilt umschließen, so daß sie mit HCl brausen, sind vom Alter des Dan. Gleichaltrig sind wie Kreide aussehende, aber schon weitgehend verkieselte ehemalige Kalke. Dunkle dichte Flinte aber sind überwiegend vom Alter des Senon.

Da die Flintbildung um so reicher aufgetreten ist, desto näher der Grenze Kreide-Tertiär sich die betreffenden Lager befanden, liegt der Gedanke nahe, daß die Kieselsäure der in den Kalken enthaltenen Schwammskelette zu der Landzeit an der Grenze Kreide-Tertiär von Sickerwässern gelöst und an den Ort der Neuausscheidung verfrachtet wurde.

Diese Anschauung wird nicht anerkannt von denen, die die mannigfache Kleinstlebewelt in dünnen Flintspittern aufsuchen. So zarte Gebilde könnten nur erhalten geblieben sein, wenn die Kieselsäure in gallertartigem Zustand war, als jene zarten Formen eingebettet wurden. Daher soll die Kieselgallerte, ihrer Ansicht nach, auf oder dicht unter dem Meeresboden ausgeschieden, jene winzige Lebewelt aufgenommen haben und danach bald erhärtet sein. Wenn dies zuträfe, müßten aber im Flint alle Seeigel ihr volles Stachelkleid tragen und alle Hohlräume erhalten geblieben sein. Die aus Aragonit bestehenden Schalen von Ammoniten, Schnecken und gewissen Muscheln, die in der Kreide fortgelöst sind, so daß nur noch Abdruck und Steinkern vorliegen, müßten mit voller Schale im Flint zu finden sein. Dies ist aber nicht der Fall. Ammoniten im Flint sind in gleicher Weise Steinkern und verdrückt wie in der Kreide!

Die im Flint so gut bewahrte Kleinlebewelt ist in den Kalkgesteinen der Kreide heute weitgehend nicht mehr erhalten. Aber Reste jener Gruppe, die heute in den Kreidekalken fehlen, können zur Zeit der Flintbildung noch vorhanden gewesen und erst während der nachfolgenden rund siebzig Millionen Jahre fortgelöst worden sein. Wichtig zur Beantwortung der Frage nach dem Zeitpunkt der Bildung des Feuersteins sind Beobachtungen, die jeder, der Versteinerungen im Feuerstein sucht, machen kann. Seeigel werden im älteren wie im jüngeren Feuerstein häufig eingedrückt angetroffen, desgleichen dünnschalige Muscheln, Brachiopoden wie *Terebratula, Rhynchonella* und *Terebratulina.* Dies kann nicht anders gedeutet werden, als daß die nicht mit Gestein ausgefüllten, also hohlen Fossilien dem Druck der Hangendschichten nachgaben, bevor sie in Flint eingeschlossen wurden. Danach kann Flint also erst entstanden sein, nachdem sich über der Versteinerung ein Kalkniederschlag abgesetzt hatte, der in der Lage war, ein Seeigelskelett zusammenzudrücken. Da auch die gewölbten, druckfesten Ränder der Alveolen von Belemniten abgequetscht waren (Abb. 15b), bevor die umgebende Kreide zu Flint verkieselte, kann dieser nicht nahe dem Meeresboden, sondern nur tief im Kalkgestein entstanden sein.

Dies geschah, indem Moleküle von $CaCO_3$ durch solche von SiO_2 ersetzt wurden = heller Flint = Verkieselung. Später konnten zunächst verbliebene Poren noch durch weitere Ausscheidung von Kieselsäure ausgefüllt werden = dunkler Flint = Einkieselung (Wroost 1936).

Verkieselung ist der Vorläufer, Einkieselung der nachfolgende Vorgang. Beide brauchen nicht vollkommen eingetreten zu sein. Nur verkieselte, aber nicht mehr eingekieselte und wegen der erhaltenen Poren hellfarbige Knauern werden inmitten von dunklem Flint häufig angetroffen. Die Einkieselung kann auch in rhythmischen Abständen eingetreten sein, so daß Bänderung ähnlich den Liesegangschen Ringen eintrat. Wenn später von außen noch eine Einkieselung hinzukam, welche die Flintknolle nicht mehr durch und durch ein=kieselte, so blieb in der Mitte ein unregelmäßig begrenzter Rest des Flints mit rhythmischer Fällung erhalten. Solche nicht voll eingekieselten Restpartien sind irrtümlich als Grabschächte gedeutet worden. Auch dichter organischer Kalk konnte bisweilen völlig verkieseln. Ver=kieselte Wühlgänge inmitten nicht verkieselter Kreide (Taf. 10 Abb. 1, stereoskopische Auf=nahme) zeigen, von wie geringen Unterschieden es abhing, ob Kreide verkieselte oder nicht.

Für die Geschichte des Kreidefeuersteins ist ferner wichtig:

1. Das Auftreten von in Flint eingeschlossenen Brocken von verkieselter Kreide und eckig zersplittertem Flint (K. Gripp 1933), also von primärem, sekundärem und tertiärem Flint;
2. das Vorkommen von Feuerstein auf Spalten, die die Kreide durchsetzen, somit erst nach Verfestigung der Kreide entstanden sein können;
3. das gelegentliche Auftreten zersplitterter und durch Flint verkitteter Feuersteine. Sie gelten als durch tektonische Vorgänge zersplittert.

Ein Flintgeschiebe von Trittau läßt erkennen:

a) einen hellen, noch kalkhaltigen, also nur teilweise verkieselten Kern mit außen mehreren Grenzen stärker eingekieselter Partien;
b) eine den ganzen Block durchziehende spätere Zersplitterung in kleine scharfkantige Bruchstücke;
c) eine Verheilung der Klüfte:
   1. im äußeren mehrfach eingekieselten Teil durch dunklen Flint. Daher sitzen auf der Außenseite scharfkantige dunkle Flintsplitter dichtem dunklen Flint fest auf.
   2. Weiter drinnen und im Zentrum sind Klüfte nicht eingekieselt, sondern mit hellem Chalcedon ausgefüllt.
   3. Breitere Klüfte sind mit Chalcedon tapeziert, auf dem winzige klare Quarzkristalle ausgeschieden sind.

Das Geschiebe zeigt den Unterschied von Verkieselung und Einkieselung und daß die Einkieselung in Schüben erfolgte und nach der Zersplitterung des Blocks angedauert hat. 1 und 2 jedoch bezeugen, ebenso wie die Erhaltung mancher Fossilien, daß Flint nicht früh am Grunde des Meeres gebildet wurde.

Beobachtungen, die jeder Sammler im hiesigen Flint selber anstellen kann, und das ge=häufte Auftreten des Flints nahe der Tertiärgrenze dürften den langjährigen Kampf der Meinungen über Bildung und Alter des Feuersteins dahin entscheiden: nicht am Grunde des Kreidemeeres, gleichzeitig mit den Kalkgesteinen (syngenetisch) entstand der Flint, sondern während der frühtertiären Landzeit, durch Stoffaustausch und Diagenese.

Danach sind die Reste der Lebewelt im Flint vom Alter der Kreide. Der Stoff, in dem diese liegen, die Kieselsäure des Flints, war zwar ursprünglich als Schwammnadel ein Teil dieser Lebewelt, wurde aber zur frühen Tertiärzeit fortgelöst, angereichert und unter Verdrängung von $CaCO_3$ neu ausgeschieden.

Ohne Rücksicht auf die spätere menschliche Zeiteinteilung durchdringen sich somit im Feuerstein Mittelalter und Neuzeit der Erdgeschichte.

Der Flint war zuerst als schneidender Werkstoff, bald auch zusammen mit Pyrit als Feuer=zeug für die Menschheit von großer Bedeutung. Auch heute wird er wegen seiner Härte = 7 noch technisch benutzt; runde Knollen zur Füllung von Kugelmühlen und in zersplittertem

Zustand zur Herstellung von Sandpapier. Flint besteht aus reiner Kieselsäure, die in feinsten, regellos angeordneten Kristallen ausgeschieden ist. Daher einmal die Härte, zum anderen das in allen Richtungen gleiche Verhalten und der dadurch bedingte muschelige Bruch, die zusammen die Eignung als Werkzeug ergeben. In Hohlräumen finden sich im Flint Chalcedon und Quarzkristalle (S. 70), gelegentlich auch Pyritknollen. Da Flint von der eemzeitlichen Verwitterung wenig angegriffen wurde, blieb er nahezu unverändert erhalten. So kommt es, daß Flint fast überall in NW=Deutschland verbreitet und hier auch in den am stärksten ver=witterten Sanden noch erhalten ist. Flint ist daher das Gestein in unserem Lande, das am leichtesten ermöglicht, Versteinerungen zu sammeln, und das nach A. Rust vom Menschen als Werkzeug benutzt und verschleppt wurde, seitdem die erste Vereisung dies Gestein unter der Hülle tertiärer Gesteine hervorholte und an der Erdoberfläche im Bereich des Nordsee=beckens weithin verstreute.

Die Besonderheiten des Ober=Kreide=Meeres

Die Zeit der Oberkreide unterscheidet sich für den Nordseeraum von den vorauf=gegangenen und nachfolgenden Zeiträumen. Während jener Zeiten bestand in der Nord=see=Parageosynklinale stets eine Flachsee. Zwar sank der Boden jenes Beckens, aber der Senkungsbetrag wurde durch neu aufgehäufte Absätze ausgeglichen. Trotz eines Absinkens um Tausende von Metern blieb das Meer Flachsee. Während der Oberkreide aber ließen Eintiefung des Meeresbodens und vermutlich gleichzeitiger Anstieg des Meeresspiegels im Nordseetrog weithin ein Meer entstehen, so tief, daß Wellen und Kalkschlamm verfrachtende Strömung dessen Grund nie erreichten. Nur was lange schweben konnte, also feinstes Korn (Zwergschweb) und selten Holz, kam hier, außer biogenem Kalk, zum Absatz. In diesem Stillwasser gediehen Kieselschwämme. Deren Skelette wurden von dem feinen Kalkregen langsam überdeckt. Das Meer war in unserem Bereich zudem so tief, daß das aufdringende Steinsalz und die mit ihm emporgeschleppten älteren Gesteine nirgends die oberen bewegten Wassermassen erreichten. Aufgedrungenes Steinsalz wurde zu kleinem Teil fortgelöst, das übrige breitete sich am Meeresboden aus (siehe S. 154). Auch die Begleitgesteine der Salz=strukturen blieben am Meeresgrund. Daher entstand damals nirgends ein Helgoland oder auch nur eine Untiefe, von der, wie vorher oder nachher so häufig, Geröll oder auch nur Feinsand abgespült und dem neu sich bildenden Absatz beigemengt werden konnte.

Das so seltsame Meer der Schreibkreide war ständig tiefer, als daß es von den wahr=scheinlich überwiegend passatartigen und daher schwachen Winden bis auf den Grund auf=gewühlt werden konnte. Vermutlich war es als Folge des Passatwindes aufsteigendes Tiefen=wasser, das den Kieselschwämmen das überraschende Gedeihen ermöglichte.

Solch kühles Tiefenwasser, das lange am Grunde des Kontinentalschelfes gleichsam gestanden hat, ist nährstoffreich. Steigt es langsam empor, so ermöglicht es ein reiches Leben. Es ist daher der Gehalt an Phytoplankton nach F. Bernard 1959 in der Tiefe größer als an der Oberfläche. Die größte Fruchtbarkeit wurde von ihm vor der Senegalküste in 50 m Tiefe angetroffen. Der Anteil der Coccolithophoriden am Phytoplankton betrug an der Oberfläche im allgemeinen 60 %, in Tiefen unter 200 m 85–95 %. Ferner ergab sich, daß vor Senegalien dreimal so viele Coccolithophoriden je m^3 vorhanden waren als vor Algerien. Die Reste dieser Pflanzen aber sind es, die das Kreidegestein aufbauen.

Drei Gründe sprechen somit für die Deutung der Entstehung der Schreibkreide als Absatz eines subtropischen Meeres mit aufquellendem Tiefenwasser:

die überreiche biogene Ausscheidung von Kalk,
das massenhafte Vorkommen von Coccolithophoriden,
das häufige Auftreten von Kieselschwämmen.

III. DIE NEUZEIT DER ERDGESCHICHTE (KÄNOZOIKUM)

Die Zeit, während der an der Wende Kreide–Tertiär weite Teile Frankreichs, Englands, Dänemarks und des norddeutschen Flachlands Land waren, dauerte, je nach der Örtlichkeit, verschieden lange an.

In Holstein war Land in der Zeit jüngeres Dan + tiefstes Alttertiär, in Dänemark und Teilen von Schleswig nur zu Beginn des Alttertiärs.

In der Zeit zwischen Ende Maastricht und dem oberen Teil des Paleozäns machte die Meeres- und Landfauna den gleichen großen Schritt in der Entwicklung, den die Flora schon an der Wende Unter- zu Oberkreide vollzogen hatte. Die Vorherrschaft der Reptilien auf dem Lande und im Wasser ging zu Ende. Die vorher nur kleinen lemurenartigen Säugetiere entwickelten plötzlich neue Stämme, wie die Funde aus dem Paleozän von Reims und Walbeck bezeugen. Schnell nahmen diese Hirntiere an Größe zu. Einzelne Zweige kehrten in das Wasser zurück. Insektenfresser und Nager eroberten sich den Luftraum wie vorher im Mittelalter gewisse Reptilien. Zu diesen gehören nach neuer Auffassung auch die Vögel. Deren Entwicklung setzte während des Jura ein. Sie entfalteten sich aber, wie die Säuger, erst in der Neuzeit.

Im Meere waren die Belemniten und das riesige Reich der Ammoniten verschwunden, nur der altertümliche Stamm *Nautilus* blieb bis heute. Die Brachiopoden nahmen an Zahl sehr ab. Im Reich der Meeresschnecken gewannen diejenigen, die auch den Rüssel mit einem kanalartigen Fortsatz der Schale beschützen, die Siphonostomen, die Oberhand. Bei den Muscheln nahmen die Sinupalliata, deren Mantellinie am Hinterende eine tiefe Bucht aufweist, um Platz für die einziehbaren Siphonen zu geben, an Zahl erheblich zu.

Bei zahlreichen Knochenfischen rückten die Bauchflossen bis auf die Höhe der Brustflossen nach vorn, um vom Boden leichter Nahrung aufnehmen zu können.

Da wir keinen Anhalt über die Dauer der Landzeit an der Wende Kreide–Tertiär haben, erscheinen uns die damaligen Veränderungen in der Lebewelt auffallend schnell und weitreichend zu sein.

Die Unterteilung der Neuzeit

Quartär	Holozän = Alluvium	
	Pleistozän = Diluvium	
Tertiär	Jungtertiär	Pliozän
		Miozän
	Alttertiär	Oligozän
		Eozän
		Paleozän (richtiger wäre Paläozän)

Da in Schleswig-Holstein, mit Ausnahme des Pliozän, alle Abschnitte durch zum Teil sehr mächtige Ablagerungen vertreten sind – Diluvium bis 350 m, Tertiär 500–2000 m, in Trögen bis 3000 m mächtig –, so ist verständlich, daß die tief gelegenen älteren neuzeitlichen Absätze im norddeutschen Flachland nur langsam erkannt und bekannt wurden.

Die Schichtengliederung (Stratigraphie), besonders des Alttertiärs, steht auch heute noch nicht endgültig fest. Es bestehen zwei historisch gewordene Systeme der Schichtengliederung nebeneinander. Die Schichtenfolge wurde einmal erkannt aus der Lage zu bekannten, eindeutig benannten Schichten, zum anderen aus der Entwicklungshöhe des Fossilinhaltes (Biostratigraphie). Wenn Versteinerungen fehlen, kann auf beschränkten Räumen ein Vergleich der Gesteinsausbildung zur Gliederung (Lithostratigraphie) benutzt werden. Das Ziel der Stratigraphie ist, durch Vergleich benachbarter Schichtenfolgen und durch zeitliche Verzahnung von Land- und Meerabsätzen, sowohl örtlich wie weiträumig, die Schichtenfolge und daraus die jeweilige Geographie der betreffenden Gegend und die Geschichte der Lebewelt aufzuzeigen.

Im Alttertiär Nordwestdeutschlands war 1856 der von Antwerpen bis Sachsen verbreitete Rupel- oder Septarienton als Mitteloligozän ausgeschieden worden. Über ihm liegt das durch die fossilreichen Sternberger Kuchen aus Mecklenburg bekannte Oberoligozän. 1898 erkannte C. Gottsche, daß der Ton von Hemmoor bei Stade die gleiche Fauna enthält wie der als Typus des Untereozän geltende Londonton (Anm. 14).

Den Tarras von Fehmarn sowie einen Teil des dänischen plastic ler hielt Gottsche zutreffend für gleichaltrig. 1903 schrieb E. Stolley daraufhin gewissen Geschieben mit *Fusus trilineatus* Sow. gleichfalls das Alter des Londontons zu.

Lehrreich ist die Geschichte der Entdeckung, daß gewisse Gesteine, die in eisgestörten Tonen am Limfjord und in ganz Norddeutschland als Geschiebe auftreten, vulkanische Aschen sind. 1882 erkannte M. Neef Geschiebe dieses Gesteins als vulkanischen Glastuff. 1883 wiesen belgische Diatomeenforscher auf die vulkanische Entstehung der betreffenden jütischen Gesteine hin. Aber erst nachdem 1902 ein weiterer, diesmal dänischer Diatomeenforscher einem Geologen seines Landes die merkwürdige Zusammensetzung dieser Gesteine vorwies, wurde 1903 von Böggild in Kopenhagen bei den jütischen Gesteinen und anschließend von Grönwall in Lund von den Geschieben Norddeutschlands die wahre Beschaffenheit der zuvor meist als Kalkstein angesehenen Gesteine erkannt. Nachdem C. Gottsche bei Hemmoor Tuffschichten in Tonen erkannt hatte, zeigte C. Gagel ab 1905 deren Vorkommen bei Schwarzenbek, Rensing und Fehmarn auf. W. Wetzel führte später für diese im Meere abgesetzten vulkanischen Aschen die Bezeichnung Tuffit ein, da es sich zumeist nicht um reine Tuffe, sondern um ein an Tuff reiches Sediment handelt. Mit den Tuffiten war zwar eine weitverbreitete stratigraphisch wertvolle Leitschicht bekannt geworden, aber erst 1921 wurde eindeutig erkannt, an welcher Stelle in der Schichtenreihe die Tuffschichten liegen, nämlich gleich unterhalb des Londontons. Die Bohrung Cuxhaven 10 zeigte dies auf (Gripp 1921, 1925).

Der Lage nach eindeutig ist gleichfalls die Basisschicht des Alttertiärs. Ihr wahres Alter aber blieb bis heute unsicher, da für die im Westen erbohrten Vorkommen nur die Angabe älter als Londonton, also irgendeine Stelle im tiefsten Eozän oder Paleozän in Frage kommt. Für die auf gleiche Weise entstandenen Geschiebe (Puddingsteine und die losen, sogenannten Wallsteine) bleibt aber unentschieden, ob sie nicht zu einer im Osten gelegenen, erheblich späteren eozänen, vielleicht sogar unteroligozänen Küste gehören.

Noch mannigfacher ist das stratigraphische Schicksal der als Geschiebe weitverbreiteten, an Schwammnadeln reichen, verkieselten glaukonitischen Kieselsandsteine mit *Pecten (Amussium) corneum* Sow. gewesen.

L. Meyn 1863–1882 schrieb von turonem Kieselgestein, Gottsche 1883 führte es unter „obersenoner Grünsand" auf. Stolley 1892 schloß sich dieser Meinung an. C. Gagel 1906 ordnete es in das Paleozän. Die Bohrung Cuxhaven 10 traf aber Tone mit dem Kieselgestein nur oberhalb des Londontons an. Diese Altersstellung haben zahlreiche weitere Bohrungen bestätigt.

Daher galt von 1925–1937 die aus der Bohrung Cuxhaven abgeleitete Schichtenfolge. Ungeklärt blieb der Altersvergleich der über dem Londonton lagernden mächtigen Folge von Tonen, ± verkieselten glaukonitischen Feinsanden und glaukonitischen Kalken.

Aus diesen mehrere 100 m mächtigen Schichten waren durch GAGEL 1906 aus einer Bohrung bei Wöhrden fossilführende Schichten bekannt geworden. Erst 1927 gab STRAUSS eine kurze Liste dieser Fossilien. Diesem Verfasser bezeugten u. a. *Voluta ambigua* SOL. ein Alter der Bartonstufe, also Obereozän bei 595 m Tiefe, während bei 670–699 m Mitteleozän angesetzt wurde auf Grund zweier Muscheln, eines *Pecten squamula* LK. und einer besonderen Abart der *Pteria papyracea* SOW. Da der Altersbestimmung auf der Basis so weniger Arten doch eine gewisse Unsicherheit anhaftet (Anm. 15), zudem ähnliche Faunen in Bohrungen nicht angetroffen wurden, blieb die eozäne Schichtenfolge jünger als Londonton ungegliedert. F. SCHUH schied überwiegend auf Grund der Gesteinbeschaffenheit fünf Horizonte aus. 1933 stellte er seine Stufen A–C in das Paleozän und D dem Londonton gleichaltrig. So auch TH. MÜLLER 1937 S. 121, der eine gute Übersicht über das tiefere Alttertiär unseres Landes zusammenstellte. 1953 jedoch erachtete SCHUH seine Schichten B und C als dem Londonton entsprechend. Warum dieser Wechsel? Weil inzwischen eine weitere tiefere Bohrung (Gülze 5) die Tuffite erreicht hatte und damit ein sicherer Vergleich möglich wurde.

Einen Versuch, das Eozän jünger als Londonton zu gliedern, unternahm ferner D. WIRTZ, 1939. S. 225 legt er von sich aus fest: unterste vulkanische Lage = Beginn des Untereozän. Es fehlt die Abwägung, ob paleozänes Alter in Frage kommt. S. 265 wird das Ergebnis der Untersuchung der Mollusken der Bohrung Wöhrden als dürftig hingestellt, S. 269 aber heißt es über diese Bestimmung „einwandfrei" Bartonfauna bei 590–670 m nachweisbar. Da die Oberkante des Untereozän sich bei 714 m befände, „bilden die zwischen 670–714 m liegenden Schichten das Mitteleozän". Möglich, aber unbewiesen!

Ein Beispiel echter Altersbestimmung boten die Meeresansätze, die den Braunkohleschichten bei Helmstedt eingeschaltet liegen. Nach QUITZOW 1948 liegen im Helmstedter Braunkohlengebiet zwischen der oberen und unteren Flözgruppe 75 m marine Sande und Tone, die die gleichen verkiesten Diatomeen enthalten, die in Nordwestdeutschland aus dem gleich zu erörternden Untereozän 1 und 4 bekannt sind. Das Untereozän 1 ist gleich alt oder älter als tiefster Londonton. Das marine Flözzwischenmittel von Helmstedt aber ist gleichaltrig der Mittelkohle des Geiseltals, die nach Ausweis zahlreicher Wirbeltierfunde dem Mitteleozän (Lutetien) gleichzusetzen ist.

Unter der auf Erfahrung beruhenden Annahme, daß jene Diatomeen in Norddeutschland nur während der genannten Zeiten, aber nicht während Untereozän 2 und 3 aufgetreten sind, darf man aussagen, daß durch die Verbindung Geiseltal–Helmstedt–Untereozän 4 die letztgenannte Schichtenserie als Mitteleozän anzusehen ist.

Die mikropaläontologische Schichtengliederung

Da die Schichten des fraglichen Paleozän und Eozän in Nordwestdeutschland über 1100 m mächtig werden können, genügt eine Aufteilung nach den wenigen sicheren Altersangaben älter oder jünger als Tuffschichten, Londonton oder, falls bestimmbare Fossilien angetroffen sind, Mitteleozän, Obereozän, zumal bei der Auswertung von Bohrungen nicht.

Der Wunsch nach genauer Gliederung der durchbohrten Schichten ist daher Anlaß geworden, die früher kaum beachteten mikroskopischen Fossilien eingehend zu untersuchen und, soweit sie durch Entwicklungsstadien der Gattungen oder durch Wanderungen als Leitfossilien geeignet sind, zur Schichtengliederung heranzuziehen. Diese Mikropaläontologie hat an praktischem Wert die makroskopische Paläontologie inzwischen teilweise überflügelt.

Die Mikropaläontologie des Alttertiärs umfaßt zwei gesonderte Abteilungen. Eine schon etwas ältere, die theoretisch zwar alle Kleinfossilien berücksichtigt, aber sich überwiegend

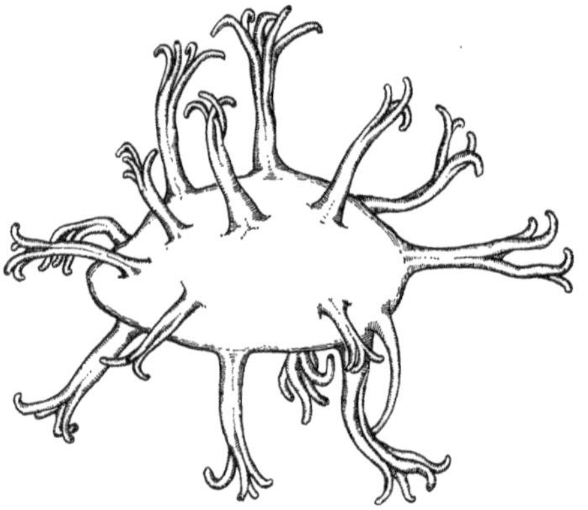

Abb. 16
Hülle einer Hystrichosphäre aus dem London-Ton
500fach vergrößert

der Foraminiferen bedient. Die unterschiedliche Zusammensetzung der Kalkschaler- und Sandschalerfaunen (Staesche und Hiltermann 1940 Taf. 5, Paleozän von Bliestorf 1) sowie der Entwicklungsgang einzelner Arten werden zur Kennzeichnung der stratigraphischen Einheiten benutzt. Die Rolle, die seit Jahrzehnten die Großforaminiferen, wie im Alttertiär die Nummuliten, spielten, ist inzwischen auch von anderen Foraminiferengattungen übernommen worden.

Die von den Mikropaläontologen erarbeitete Gliederung faßte F. Bettenstaedt 1949 folgendermaßen zusammen:

Obereozän	=	Kalksandsteinserie	Untereozän 2		
Untereozän 4	=	Kieselgesteinserie	Untereozän 1	=	Tuffitserie
Untereozän 3	=	Londonton	Paleozän		

In jüngster Zeit kommt die Nannopaläontologie hinzu. Sie beschäftigt sich mit den Fossilresten, deren Größe unter 0,1 mm bleibt. Was W. Wetzel beim Feuerstein (siehe S. 64) und O. Wetzel (1935) beim eozänen Heiligenhafener Gestein begannen, wird zunehmend in tertiären Schichten durchgeführt. Mit den als Lebewesen noch rätselhaften, anscheinend tierischen Hystricosphaeriden (kugelige Stachelhäuter aus Kieselsäure + organischer Substanz) des hiesigen Tertiärs beschäftigten sich B. Klumpp-Schmitz (1953) und D. Maier-Köster (1958/59) (Abb. 16).

Eine zweite Gruppe von Nannofossilien, die Coccolithophoriden (siehe S. 74) aus dem hiesigen Tertiär bearbeiteten besonders B. Klumpp und E. Martini (1958, 1959). Diese winzigen, aus Kalk aufgebauten Gebilde sind in kalkhaltigen Ablagerungen unseres Alttertiärs so gut erhalten, daß sie neuerdings zur Kennzeichnung von Schichten mit Erfolg benutzt werden. Da diese winzigen Lebewesen ozeanweit auftraten, gestatten deren Reste die Absätze des Nordseebeckens mit denen anderer Gebiete zu vergleichen (E. Martini 1961). Auf diesem Wege wird die so mächtige eozäne Schichtenfolge Schleswig-Holsteins zunehmend mit den international gebräuchlichen stratigraphischen Einheiten in Beziehung gebracht werden können (Abb. 17).

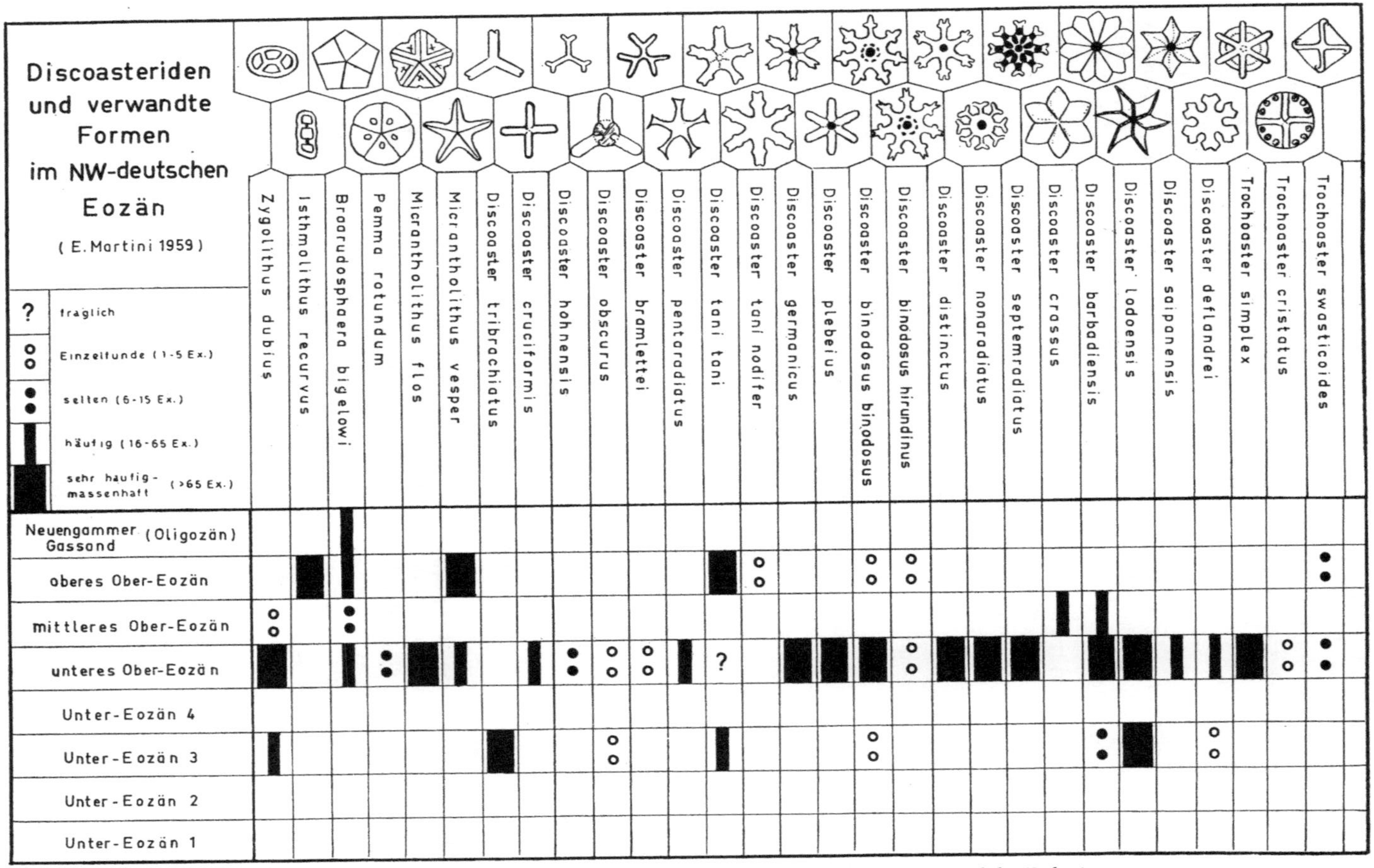

Abb. 17 Kalkplatten eozäner Coccolithophoriden (Durchmesser 10–14 m) und ihre zeitliche Verbreitung

Die bislang erreichte Gliederung der Schichtenfolge gibt Tabelle 8 wieder. Die Mächtigkeit des Tertiärs beträgt (BETTENSTAEDT 1949) im Raume nordöstlich der Linie Kiel–Lübeck unter 500 m, auf den Hochschollen rund 1000 m. In den oben erwähnten Juratrögen von Heide und Bramstedt + Hamburger Tief treten Mächtigkeiten bis 3000 m auf.

1. Das Paleozän

Als „Paläozän" von palaios kainos = altneu oder heute zumeist Paleozän = Alteozän wird die Schichtenreihe von der Basis des Alttertiärs bis an die Basis der zusammenhängenden Tuffitserie bezeichnet.

Die Mächtigkeit schwankt;	Breiholz	16 m
	Quarnbek	34 m
	Reitbrook	36–92 m
	Cuxhaven	35 m
	Gülze 5 (Mecklenburg)	160 m

Für Heide gibt DEECKE an

Paleozän	höheres:	Tone, dunkelgrau bis grün, im unteren Teil Tuffitschichten; Transgressionslage: Konglomerat aus grüngerindetem Flint.
	tieferes:	abseits vom Salzstock, nahe der Mulde: sandiger Glaukonitmergel mit grünberindetem Flint.

Bei Reitbrook war nach R. B. BEHRMANN eine petrographische Einteilung der paleozänen Tonsteine nicht möglich. Die auf der Salzstruktur nur 36 m mächtige Folge erreicht im Hamburger Becken 92 m. Die oberen 12–31 m sind sandfrei, glaukonitarm, teilweise aber glimmrig und enthalten schon die ersten feinen Lagen von Tuffit. Die gleiche frühe Tuffitlage ist angetroffen in Heide, anscheinend auch in Quarnbek und Cuxhaven.

Die unteren Schichten sind feinsandig, reich an Glimmer und verkiesten Schwammnadeln und zuunterst an Pyrit in groben Konkretionen und Kristallen (Anm. 15).

Das Basis-Konglomerat

Auch wenn bei Reitbrook höhere Teile des Paleozän der Kreide auflagern, tritt als Basisschicht eine 10–30 cm mächtige Lage aus grüngerindetem Feuerstein und Kreidegeröllen auf, die in einer pyritreichen, glaukonitischen Grundmasse aus Sand und Ton liegen. Dieser erste Sand nach der langen, sandfreien Zeit der Oberkreide braucht nicht aus dem fernen Skandinavien durch Flüsse herangefrachtet zu sein, sondern kann aus mesozoischen Schichten, die an Salzhorsten aufgerichtet lagern, ausgespült und vom transgredierenden Meer verschwemmt sein. Zu Hemmoor, wo diese Schicht oberhalb der Kreide wiederholt aufgeschlossen war, erreichten die Quarzkörner bis 2,5 mm Durchmesser (Anm. 16).

Der grüngerindete Feuerstein

Über den Grad der Abrollung des grüngerindeten Feuersteins geben die bisher bekannt gewordenen Ergebnisse von Erdölbohrungen keine Auskunft.

Zu Hemmoor war der kleinere Teil gerollt, ein Teil nur an den Kanten gerundet, der größere Anteil des Flints aber wie frisch aus der Kreide entnommen, sogar die helle poröse Kieselrinde war erhalten. Nur wiesen alle Stücke außen grüngefärbte Partien auf, und zwar je stärker gerundet die Flinte waren, desto tiefer war die Grünfärbung eingedrungen. Unter der Grünzone findet sich bei dichten Flinten eine bis 3 mm mächtige dichte ockergelbe Zone. Darunter folgt eine Zone aufgehellten Gesteins und danach unveränderter Flint.

Die Geschichte dieser Verfärbung verdient näher betrachtet zu werden, zumal der grüngerindete Flint als Geschiebe verbreitet im Westteil des norddeutschen Flachlands einschließlich von Helgoland und Amrum auftritt.

Die Grünfärbung dürfte von einer Durchtränkung mit Glaukonit herrühren.

Die ockergelbe Farbe führte E. Voigt 1943 auf eine Verwitterung während der vorhergehenden Landzeit zurück. Fein verteilt im Flint enthaltenes Fe S_2 sei zu Eisenhydroxyd umgewandelt worden. Danach künden grün-braun gerindete Feuersteine von fünf erdgeschichtlichen Ereignissen:

5. Verschleppt durch das diluviale Inlandeis.	
4. Am Grunde des paleozänen Meeres randliche Durchtränkung der Gerölle mit Glaukonit	erstes Meer der Tertiärzeit
3. Auswittern des Flints, Abrollung und Braunfärbung 2. örtliche Verkieselung der Kreide zu Flint	frühtertiäre Landzeit
1. Niederschlag von Kreide am Grunde eines küstenfernen Meeres	

Eine andere Deutung der Entstehung des Pigmentglaukonit auf Geröllen gab J. Bourcart 1955, S. 451 und 511:

1. Zunächst haben sich im Sediment in Foraminiferen und anderen Kleintieren Steinkerne von FeS und FeS_2 gebildet.
2. Diese wurde aus dem Sediment ausgespült und oxydiert zu $Fe_2O_3 \cdot 3\,H_2O$, nachdem die tierische Schale ± vergangen war. Solches geschah besonders während Regressionen.
3. Nach erneuter Überflutung trat in gut durchlüftetem und stark bewegtem Wasser organische Kieselsäure, K_2O und Fe zu dem Eisenhydroxyd hinzu. Dadurch entstand Glaukonit.

Auf gleiche Weise entstandenes Glaukonitsol habe sich in den Haarspalten von Geröllen niedergeschlagen und sei dort über den Gelzustand in den Kryptokristallinen des Pigmentglaukonits übergegangen.

Nach dieser Auffassung wäre für die Entstehung der braunen Rinde keine Landzeit erforderlich, sondern FeS sei im Flint selber am Grunde des Meeres zu $Fe_2O_3 \cdot 3\,H_2O$ oxydiert und danach im äußeren Teil durch die angegebenen Vorgänge zu Pigmentglaukonit geworden. Über die Bildung von Glaukonit siehe auch I. Valeton 1958.

2. Das Untereozän

Die Serie der Tone mit Tuffschichten

In Bohrungen folgt stets unter dem Londonton mit seinen rötlichen Farben und bezeichnenden Fossilien eine bei Heide um 20 m, bei Reitbrook 65 m und in Gülze in Mecklenburg bis 150 m mächtige Folge von kalkfreien grüngrauen bis dunkelgrauen Tonsteinen. Diese an der Erdoberfläche uns als Ton entgegentretenden Gesteine enthalten zahlreiche Lagen von feinkörnigen, sandigen bis verfestigten Tuffiten. Versteinerungen fehlen heute im Ton, jedoch sind in den darin auftretenden Toneisenstein-Konkretionen, besonders von H. Illies (1941, 1942) zu Havighorst unweit Bergedorf ausgebeutet, Vogelfedern, Fischreste, Seesterne, Weichtiere, Reste von Insektenarten, Wurmspuren, winzige Kotballen sowie Pflanzenreste gefunden.

Von den Mikropaläontologen wird diese Serie Untereozän 1 genannt. Unter den Fora= miniferen überwiegen Sandschaler, bezeichnend sind auch schachtelförmige Kieselalgen (*Coscinodiscus*).

Nahe den Salzstrukturen sind dünne Lagen feinen Sandes zwischengestaltet, zum Bei= spiel um Reitbrook.

Die Tuffite

In Schleswig=Holstein wurden die Tuffite in zahlreichen Bohrungen (Quarnbek, Heide, Breiholz, Reitbrook usw.) angetroffen.

In vom Eise verschleppten Schollen aus Ton sind sie bekannt geworden von Schwarzen= bek, Rensing, Fehmarn, Havighorst bei Bergedorf, Goerz Kreis Oldenburg in Holstein. Sie sind aber dort nur vorübergehend zugänglich gewesen. Die besten Tagesaufschlüsse sind in Hemmoor und Basbeck zwischen Stade und Cuxhaven vorhanden. Illies 1949 gab die letzte und beste Beschreibung. In dem fetten kalkfreien Ton fallen die Aschenlagen durch ihre Farbe und ihr festeres Korn auf. In frischem Anbruch sind die Aschenlagen violett, nach Illies durch Eisenphosphorit, der an der Luft durch Oxydation schnell gelbgraue Farbtöne annimmt. Selten sind diese Aschenlagen durch Kalk zu jenem harten schwarzen Gestein verkittet, in dem wir die Tuffite als Geschiebe so zahlreich und weit verbreitet antreffen. Schneidet man eine im Ton erhaltene Tuffitlage mit dem Messer an, so wird die durch das Absinken im Wasser entstandene Korngrößensonderung erkenntlich. Auf dem Ton liegen unten mit scharfer Grenze Körner bis 0,15 und gar 0,25 mm Größe, nach oben werden sie zu= nehmend feinkörniger, so daß ein allmählicher Übergang zu reinem Ton vorhanden ist, Taf. 12.

Der Tuff besteht aus vulkanischem Glas, dem winzige Kriställchen von Feldspat, Augit und Hornblende beigemengt sind. Fertigt man von einem verkalkten, frisch erhaltenen Tuff einen Dünnschliff, so zeigen sich unter dem Mikroskop zahlreiche dunkelbraune bis gelb= liche bogig umgrenzte Splitter, die gelegentlich halbmondförmige oder kreisförmige Hohl= räume umschließen. Es handelt sich um die zerplatzten Glasumhüllungen vulkanischer Gase. Also vom Winde verfrachtete feinste Bimstuffe fielen auf das Meer und wurden beim Niedersinken nach Schwebfähigkeit (Gewicht + Oberfläche) geseigt.

Bevor die Frage nach der Lage der zugehörigen Ausbruchstellen erörtert wird, sei hervor= gehoben, daß eine westliche Ausbildung der Tuffite mit einheitlichen, nach unten scharf be= grenzten und nach Korngröße gesonderten Lagen von einer östlichen mit weitgehend gleich= bleibender Korngröße und unregelmäßigen, von tufffreiem Sediment durchsetzten und teilweise geschichteten Lagen geschieden werden kann.

Bei der östlichen Ausbildung, zu der die Mehrzahl der Geschiebe gehört, birgt das Sediment öfters als bei der westlichen lose Fisch= und Insektenreste und zum Teil prächtig erhaltene Kieselalgen sowie zu den Silicoflagellaten gehörende Dictyochen.

Die Tuffgesteine sind vom Limfjord bis in die östlichen Niederlande und bis zur Oder= mündung (als Geschiebe bis Ostpreußen) verbreitet. Am mächtigsten sind sie auf der Linie Nordjütland–Holstein–mittleres Niedersachsen ausgebildet (S. A. Andersen 1937, Illies 1949): Hieraus wird auf eine aus nördlicher Richtung, aus dem Skagerrak als Ausbruchsort erfolgte Windverdriftung geschlossen.

Der Fossilinhalt der Tuffite selber ist gering. Am häufigsten sind Kieselalgen, die wie runde Schachteln mit gewölbtem Boden und Deckel aussehen *Coscinodiscus*. In den kalkigen Tuffiten sind sie örtlich gehäuft als glänzende, innen weingelbe Körnchen anzutreffen. In den die Tuffe einschließenden mergeligen Lagen sind lose verstreute Fischreste häufig. Gelegent= lich werden auch Insektenreste beobachtet wie Wanzen und Libellen.

Der untereozäne Ton und dessen diagenetische Neubildungen

Die untereozänen Tone galten als weitgehend zu den Montmorilloniten gehörend, also den Tonen, die wechselnde Mengen von Wasser in sich aufnehmen können.

F. VAHL 1956 (Tonindustrie Zeitung 80, S. 398) kam auf Grund des Anfärbeverfahrens nach LEONHARDT und VAHL jedoch zu dem Ergebnis, „daß sich der Tarras von Fehmarn im wesentlichen aus Vertretern der Illitgruppe zusammensetzt. Eine Bestätigung dieser Schluß=folgerung brachte die röntgenographische Untersuchung".

Jedes dieser Tonteilchen war im Meere von einem Haftwasserfilm umgeben. Durch das Niedersinken dieser Tonteilchen und die hohen Anteile abgestorbener Organismen bildete sich am Meeresboden zunächst ein sehr wasserreicher Schlick. Erst allmählich wurde dessen Wasser in dem Maße, wie neue Absätze einen Belastungsdruck ausübten, herausgepreßt. H. ILLIES 1949 hat darauf hingewiesen, daß diesem Wasser als einziger Weg der nach oben zur Verfügung stand. Durch diese Wasserabgabe verlor der tonige Absatz $^{4}/_{5}$ und mehr seines Volumens. In dem dabei aufsteigenden Porenwasserstrom wurden mehrere gelöste Stoffe verfrachtet. Größere Mengen davon wurden auf diesem Wege dem Meerwasser zurückgegeben bzw. später dem nachfolgenden Grundwasser. Aber beträchtliche Mengen gelöster Stoffe wurden in dem werdenden Gestein oder später an einzelnen Punkten oder in Lagen, die entsprechende chemische Reize ausübten, ausgefällt. Auf diese Weise entstanden, wie H. ILLIES 1949 anschaulich nachwies:

verkalkte Tuffite
Faserkalke
Toneisenstein=Konkretionen
Phosphorite
Schwefeleisen=Konkretionen
Baryt=Konkretionen
und sogar Zinkblende=Kriställchen.

Die untereozänen Tone geben uns, dank der Bearbeitung durch H. ILLIES, einen erfreulich tiefen Einblick in das Werden gewisser Absatzgesteine. Erwähnt sei, daß nicht nur im frischen Absatz, sondern auch im Gestein Bakterien an dem Umbau organischer Substanz weiterarbeiten.

Die genannten Neubildungen sind für tonige Absätze bezeichnend. Sie treten daher in ähnlicher Ausbildung auch im mitteloligozänen Septarienton und vereinzelt in miozänen Tonen auf. Da sie zudem als Geröll oder Nahgeschiebe häufig die letzten Zeugen zerstörter toniger Absätze sind, seien sie näher betrachtet.

Die Faserkalke

Diejenigen Tone des Untereozän, die heute kalkfrei, aber pyritreich sind, haben ursprüng=lich auch Reste von winzigen und größeren Kalkschalen oder Kalkskeletten enthalten. Dies beweisen einmal die Muscheln und Schnecken, die sich als Abdruck und Steinkern in den später zu besprechenden Toneisensteinknollen finden, zum anderen die zum Teil mit voller Skulptur als Pyrit erhaltenen Schneckenschalen, wie sie W. WETZEL 1945 erstmalig im Tarras von Fehmarn fand und die dort auch häufigen pyritisierten Stielteile von *Isselicrinus subbasaltiformis*. Das $CaCO_3$ dieser tierischen Reste ist fortgelöst worden und mit dem Porenwasserstrom aufgestiegen. Nur in den Tufflagen selbst ist als Bikarbonat gewandertes $CaCO_3$ wieder ausgeschieden.

Einmal geschah dies als Porenfüllung zwischen den Glassplittern der Tufflagen. Auf diese Weise entstanden die festen basaltartigen, aber mit HCL aufbrausenden Tufflagen. Zum anderen bildeten sich inmitten der Tuffite Faserkalke. Als Geschiebe sind diese fast 100 Jahre bekannt (Taf. 13 Fig. 8 u. 9). Wichtig ist, daß sich in den Bohrungen Breiholz (117 und 118 m), Cuxhaven (353 m) sowie in den großen, vom Eise gestörten Schollen untereozänen Tones zu Hemmoor, Goerz (Gottsche 1883), Rensing (Struck 1909), Schwarzenbek (Gagel), Havighorst (Illies 1949) und anderen Orten Faserkalk nur unmittelbar in Verbindung mit Tuffitlagen fand. Die Abhängigkeit des Faserkalks von Tuffiten zeigt sich auch darin, daß in manchen Geschieben von Faserkalk Tuff eingeschlossen sitzt. H. Illies 1949 hat auch die Entstehung dieses Gesteins geklärt. Danach entspricht jede dieser 0,005–0,12 mm dicken Calcitfasern, die Pakete zwischen 1 mm bis 8 und selten sogar 15 cm Mächtigkeit bilden, einem nach der kristallographischen Hauptachse gestreckten Einzelkristall. Diese stehen stets senkrecht auf der Grenze der Tuffschicht, so daß alle Fasern einander parallel verlaufen, selbst dann, wenn sich die Faserkalklage innerhalb der Tuffschicht zu zwei oder mehreren Lagen aufgespalten hat.

Geschiebe von Faserkalk werden häufig mit verkieseltem Holz verwechselt; außer dem chemischen Verhalten aber unterscheidet sich der Faserkalk durch eine feine, zumeist nahe der Mitte quer durch alle Kristalle verlaufende Grenznaht. Illies fand auf dieser Naht einzelne Aschenkörner, und dazwischen büschelförmige Pakete von Calcitnadeln. Erst in 0,5 bis 1 mm Abstand beiderseits der Mittelnaht nehmen die Calcitkristalle die so auffallende parallele Anordnung an. Jene Grenzfläche ist nach Illies der Keimrasen, in dem sich weithin gleichzeitig winzige Calcitkristalle bildeten. Als diese ständig wuchsen, da an ihnen in einem feinen Haftwasserfilm stets weitere Lösung vorbeifloß, konnten sie nur parallel senkrecht zur Außenfläche wachsen. Dabei wurde das Nebengestein mechanisch fortgepreßt, wobei die obenerwähnte Volumenminderung durch das aufwärts abziehende Porenwasser förderlich war. Näheres über die physikalischen Einzelheiten dieses Vorganges kann bei Illies nachgelesen werden.

Es sei nur erwähnt, daß wir ein gleiches Geschehen bei der Bildung von Fasereislagen in Absätzen von einer Korngröße unter 0,02 mm vor uns haben und daß der Kristallisationsdruck hierbei so hoch werden kann, daß die riesigen 15 cm mächtigen Betonplatten der Lübecker Autobahn bis 25 cm hochgehoben wurden. Es ergibt sich somit, daß die Faserkalkbildung nur eine besondere Form des gleichen Vorgangs ist, der Tuffitschichten durch ungeordnete Ausfüllung der Poren zwischen den Glassplittern zu festen Kalklagen werden ließ, nämlich eine Ausscheidung des Calcium-Bikarbonat gelöst enthaltenden, aufsteigenden Porenwasserstroms.

Die Toneisensteine

Auch diese sind nach Illies vom gleichen Porenwasserstrom ausgeschieden worden wie die Faserkalke. Ihr geologischer Wert ist aber ungleich höher, da sie schon entstanden, als noch zahlreiche Lebensspuren im Absatz erhalten waren, die bei der fortschreitenden Entwässerung des Absatzes völlig verlorengingen. Illies fand ferner Knollen, bei denen die Weichtierschalen innen in voller Form erhalten, außen aber flachgedrückt sind. Das Setzen des Tones neben der Toneisensteinknolle wird häufig ersichtlich an geneigt verlaufenden Harnischen an den Flanken der Knolle.

Illies setzte auseinander, daß der Ton selber in sauerstoffhaltigem Wasser niedergeschlagen wurde. Die winzigen Sideritkristalle (0,01–0,005 mm Größe) konnten aber erst später, nachdem die Untergrenze der sauerstoffhaltigen Zone weiter aufwärts zu liegen gekommen war, ausgeschieden werden. Das Eisen dürfte ursprünglich als Hydroxyd vom Lande in das Meer und dann in dessen Schlick geraten sein. Hier wurde es, wenn CO_2 in hinreichender Menge anwesend war, in wasserlösliches $Eisen^{II}$-Bikarbonat umgesetzt und wanderte mit dem Porenwasser nach oben bis an die Grenze von Reduktions= und Oxydationsbereich. Dort wurde es bei Übersättigung der Oxydationszone an Fe^{III}=Verbindungen als Fe^{II}=Kar=bonat niedergeschlagen. Das Auftreten von Toneisensteinknollen in weithin reichenden Lagen von regelmäßigem Abstand möchte ILLIES darauf zurückführen, daß nach Bildung der Knollenlage der verminderte Eisengehalt des Sediments zunächst für einige Zeit weiteren Niederschlag von Siderit nicht zuließ. Siehe auch H. HARDER 1957.

Der Fossilinhalt der Toneisensteinknollen

Dieser ist, wie schon angedeutet, erstaunlich, besonders weil Reste von Meeres= und Landtieren nebeneinander gefunden werden.

ILLIES hat (1941) den in Havighorst bei Hamburg reichen Fossilinhalt näher kennen=gelehrt. Danach sind gefunden:

Vogelfedern

Insekten rund 60 Arten, und zwar:

Odonata	Libellen
Orthoptera	Schaben, Heuschrecken
Coleoptera	Käfer
Homoptera	Zikaden und Blattläuse
Heteroptera	Wanzenartige
Neuroptera	Ameisenlöwen, Schlammfliegen
Trichoptera	Köcherfliegen
Diptera	Fliegen, Mücken
Hymenoptera	Bienen, Wespen.

Am häufigsten sind Käfer, Zikaden und Baumwanzen, von denen zumeist die feingeäderten Flügel gefunden werden (Taf. 13 Fig. 7). Außerdem fanden sich Fische (darunter ein 52 cm langer Rest mit 26 cm langem Kopf), See= und Schlangensterne, dünnschalige Muscheln, die Schnecken *Natica, Fusus trilineatus* Sow. und eine winzige Flügelschnecke *Valvatina raphis=toma* STOLLEY sowie Kriechspuren und Kotballen, hauptsächlich von Würmern; Hölzer und Blattreste treten häufig auf.

ILLIES gibt an, daß die Insektenreste am besten gewonnen werden, wenn die Knollen einige Jahre der Witterung ausgesetzt gewesen sind.

An diesem Fossilinhalt setzt das Zusammenvorkommen von zarten Landtieren mit solchen des Meeres in Erstaunen. Es wird angenommen, daß die gleichen Nordwinde, die die feine vulkanische Asche nach S verfrachteten, auch vom skandinavischen Land Insekten auf die See hinaustrugen. Aus dem Fehlen der Schmetterlinge, die schlechte Flieger sind, wird geschlossen, daß die Tiere lebend vom Winde verschlagen wurden und nicht Reste gefressener Insekten schwimmend verdriftet wurden. Von diesem so mannigfachen Fossil=inhalt ist im Ton, wo er ursprünglich in gleichem Reichtum vorhanden war, nichts mehr erhalten. Die wühlende Tätigkeit der Bodenbewohner und die Diagenese, insbesondere die zunehmende Verdichtung, und die Lösung durch den Porenwasserstrom haben einen Ton entstehen lassen, in dem nur noch gewisse mikroskopische Tierreste zu finden sind.

In einigen Tonen treten vereinzelt Pyrit=Steinkerne von Muscheln und Schnecken auf.

Die Pyritknollen

Nur ein Teil des in frischem Absatz enthaltenen Eisens wird unter den erwähnten be=sonderen Umständen als Eisenkarbonat niedergeschlagen. Dort, wo bei der Verwesung organischer Weichteile H_2S frei wird, bildet sich – bei günstiger Konzentration – FeS, das bald in das beständigere FeS_2 übergeht. FeS_2 reichert sich in Grabgängen der wühlenden Tiere, in Holz, im Inneren von Muscheln und Schnecken sowie zu Knollen und Trauben an. Bisweilen ersetzt FeS_2 den allmählich fortgelösten Kalk, so daß eine FeS_2-Metarmophose nach Kalk entsteht. Dies gilt besonders von den Stielgliedern des *Isselicrinus subbasaltiformis* aus dem Tarras von Fehmarn und den Tonen von Basbeck und Hemmoor sowie von den Schnecken und Korallen von Fehmarn (siehe S. 88). Selbst Holz und Früchte wurden zu Pyrit (Anm. 19).

Sobald diese Fossilien dem Sauerstoff der Luft ausgesetzt sind, zerfallen sie, es entsteht Schwefelsäure und Eisenvitriol (siehe S. 133).

Die Phosphorite

Teilweise in den gleichen Schichten wie die Toneisensteinknollen, reiner ausgebildet aber in kalkreichen Tonen, treten die außen zumeist beigefarbigen, innen schwarzbraunen Phosphoritknollen auf. Auch sie sind ein Erzeugnis aufwärts weichenden Porenwassers. Aus winzigen Krebs- und Fischresten gelöster Eisen-Kalk-Phosphat wurde örtlich wieder zu überwiegend rundlichen Knollen ausgeschieden. Dies geschah zumeist ohne heute erkennbaren Anlaß. Jedoch sind das Innere von häutigen Wurmröhren, Krebspanzern und bisweilen Fischleichen der bevorzugte Niederschlagsort gewesen.

So entstanden sowohl im Londonton Englands wie in dem von Hemmoor und Basbeck, und neuerdings auf Fehmarn gefunden, ausgezeichnet erhaltene Versteinerungen von kurz- und langschwänzigen Krebsen sowie der berühmte, massiv erhaltene Fisch *(Halecopsis insignis)* von Hemmoor. Das rings erhaltene Schuppenkleid dieses Fundstückes beweist den frühen Beginn der Verfestigung dieser Fischleiche. Auch auf Fehmarn sind seit 1945, wie früher bei Havighorst, Kopfskelette und Teile von Schuppenpanzern von Knochenfischen gefunden, zumeist aber in Siderit eingeschlossen.

Der Londonton

Von den Mikropaläontologen wird Untereozän 2 ausgeschieden, weil in diesen grüngrauen Tonen sandschalige Foraminiferen überwiegen. Im tieferen Teil treten noch geringmächtige Tuffe auf, bisweilen werden auch schon bräunliche Farbtöne angetroffen, wodurch eine Beziehung zu dem Untereozän 3 hergestellt wird (Anm. 17). Der als 3 bezeichnete Schichtenkomplex enthält neben grüngrauen, kalkfreien nicht selten braune bis rötliche zum Teil kalkhaltige Tone. Diese Tone der Londonstufe, auch Ypernstufe genannt, sind auffallend feinkörnig und wasseraufnahmefähig. In den kalkhaltigen bräunlichen Tonen, seltener in den grüngrauen, kommt die aus dem Londonton bekannte und besonders am Strande des Isle of Sheppey reichlicher gesammelte, bezeichnende Fauna vor. Die Mollusken sind dort selten in Phosphorit erhalten, häufiger als Pyritsteinkern mit Resten der Kalkschale. Muscheln sind, weil am Lebensort (Schlick) eingebettet, stets zweiklappig erhalten, nicht durch strömendes Wasser getrennt.

Dieselbe Fauna in einer Erhaltung, die zum Verwechseln derjenigen aus dem Londoner Becken gleicht, fand sich zu Hemmoor (Taf. 14), in der Bohrung Cuxhaven 10 und anscheinend kurze Zeit zu Rensing, von wo ich *Cassis* und *Rostellaria* erhielt mit der Angabe, es wären zeitweise solche Versteinerungen reichlich gewesen.

Auf Fehmarn entdeckte W. Wetzel in völlig pyritisiertem Zustand: *Isselicrinus subbasaltiformis* Mil. sp. (Anm. 18, Taf. 13 Fig. 1) die Schnecke *Tibia* (früher *Rostellaria* genannt) *prolucida* Sow. mit gut erhaltener Skulptur.

Auch winzige Korallen *(Paracyathus)*, Früchte (Anm. 19) und Holz kommen in gleichem Zustand vor. Viele der in Pyrit erhaltenen Gastropoden und *Nautilus* weisen flachgedrückte Gehäuse auf. Demnach ist zunächst die Kalkschale flachgedrückt und dann erst $CaCO_3$ durch FeS_2 ersetzt worden.

Als durch diese Funde ermutigt eine Gruppe von Studierenden angeeifert wurde, auf Fossilien und Phosphoriten zu achten, wurde kurz nacheinander je ein Stück des Taschen= krebses *Xanthopsis leachi* gefunden (Taf. 13 Fig. 2). Bei späteren Exkursionen gesellten sich

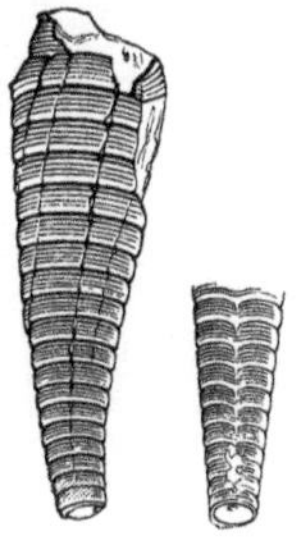

Abb. 18 *Belemnoteuthis* sp.
Pyrit=Steinkern des Phragmokons eines Tintenfisch=Verwandten.
London=Ton, Johannisthal, Kr. Oldenburg.
Länge: 14,1 mm.

weitere Stücke der gleichen Art dazu. Ferner wurden besonders von stud. GLÜSING größere Fischwirbel *(Cybium)*, ein größerer Fischkopf sowie Schuppenkleider und Lamna=Zähne gefunden.

Schon 1898 war von GOTTSCHE *Isselicrinus subbasaltiformis* und 1922 von GAGEL der Taschenkrebs *Laeviranina gottschei* J. BOEHM sp. (siehe Taf. 14 Fig. 1 und 2) als Einzelfund gemeldet worden.

Somit enthält der Tarras eine Fauna, die der des Londontons nahesteht.

Am Strande von Johannisthal, Kreis Oldenburg, fand sich 1959 eine durch Eis ver= frachtete und durch Kliffrutschung sehr gestörte Scholle von fossilführendem Tarras. Das Meer hatte daraus freigespült die Seelilie *Isselicrinus*, den Schiffsbohrwurm *Teredo*, die Schnecken *Volutolithes, Tibia prolucida, Turris* spec. und ein nicht verdrücktes Exemplar von *Nautilus* (Taf. 13 Fig. 4) (enggenabelt 13,2 mm Höhe, 11,1 mm größte Breite); einen Phrag= mokon von *Belemnoteuthis* mit 20 Kammern (14,1 mm lang, 1,7 bis 4,5 mm breit). Die Kam= mern weisen außen 4–7 ungleichmäßige ± breite, ringartige Bänder auf. Die äußerste Kam= mer zeigt eine embryonalwärts gewölbte glatte Oberfläche und ganz nahe dem Rande den Sipho. Die Kammerscheidewände sind neben dem Sipho embryonalwärts gebogen (Abb. 18; Anm. 19).

Die A l t e r s s t e l l u n g d e s T a r r a s ist sehr verschieden beurteilt worden. Der Versuch WASMUNDS, den Tarras im Paleozän unterzubringen, darf auf Grund der Fossilien als hin= fällig angesehen werden. WIRTZ 1939, S. 262, dekretierte: „Die Bezeichnung Tarras ist nun= mehr ausschließlich auf die im Hangenden der roten Tone bzw. des Untereozän 3 liegenden petrographisch eindeutig gekennzeichneten Kolloidtone anzuwenden."

BETTENSTAEDT 1949, S. 163, glaubte WIRTZ folgen zu müssen und stellte den Tarras in das Untereozän 4, also in die Schichtengruppe, in der neben graugrünen Tonen schon die ± verkieselten Glaukonitsandsteine vorkommen.

Vergleichen wir die Ausbildung der gleich alten Schichten in der Umgebung von London, so ergibt sich, daß *Isselicrinus* nur im tiefsten Teil der 150 m mächtigen Londontonserie auftritt.

Arthur Wrigley 1924, S. 251, gab folgende Gliederung des Londontons:

5. Sandige Lagen mit reicher Molluskenfauna.
4. Oberste Tonlagen mit *Fusus edwarsi* Weth.
   Erstes Auftreten von *Amussium corneum* Sow.
   Rostellaria lucida J. Sow.
3. Ton mit *Nautilus centralis* u. a. Mollusken.
2. bis 33 m fester Ton mit Konkretionen.
   Isselicrinus häufig und auf diesen Horizont beschränkt.
1. bis 17 m fester Ton fossilfrei.

Auch Arthur G. Davis 1936, S. 333, betont, daß *Isselicrinus* ein Leitfossil für den tieferen Teil des Londontons ist.

In der Bohrung Cuxhaven 10 wurde unter grünem Ton mit Kieselgestein von

251,4–320 m Londonton,
–338,6 m graugrüner Ton,
–361,9 m Ton mit Tuffiten angetroffen.

Isselicrinus fand sich bei 300 m und bei 327,7 m in Bohrkernen. Also liegt auch hier *Isselicrinus* im tieferen Teil des Londontons.

Gegen die Einstufung des Tarras in das Untereozän 4 spricht ferner das häufige Vorkommen von Toneisensteinknollen. Sowohl Bettenstaedt 1949, S. 144, wie Behrmanns eingehendes Profil von Reitbrook und F. Schuhs Befunde in Mecklenburg zeigen, daß Untereozän 4 frei von Toneisensteinknollen ist.

Der Fossilinhalt und die Toneisensteine machen es zweifelsfrei, daß der Tarras Fehmarns dem tieferen Londonton entspricht und in das Untereozän 2 zu setzen ist.

Werfen wir einen Blick zurück, so ergibt sich als hinsichtlich der Entstehung aufschlußreichstes Sediment des Untereozäns der Tarras und der kalkreichere Anteil des Londontons. Beide sind Langschwebabsätze stillen Wassers. Außer Tonschüppchen und Treibholz gelangte nichts vom Lande bis in diese Meeresabsätze. Die zugehörigen küstennäheren Ablagerungen kennen wir aus Norddeutschland noch nicht. Sie sind entweder bisher nicht als solche erkannt oder lagen auf später gehobenen Gebieten. Dort wurden sie inzwischen abgetragen.

Die Ruhe des Wassers ermöglichte zum letzten Male in der Geschichte der Nordsee das üppige Gedeihen langstieliger Crinoiden. Sie verhinderte aber auch eine hinreichende Durchlüftung. Zwar lebten Muscheln wie *Thyasira* und *Leda* im frischen Schlick. Aber nur wenig tiefer fehlte es an Sauerstoff. Daher wurde organische Substanz verlangsamt abgebaut. Schuppenpanzer und Kopfskelette, auch großer Fische, blieben als Ganzes erhalten. Krebspanzer bewahrten Scheren und Beine. Aus der organischen Substanz entwickelte sich H_2S und damit FeS und FeS_2. Deren Moleküle nahmen jene Plätze ein, die frei wurden, wo H_2SO_4 aus $CaCO_3$ leichtlöslichen Gips bildete, der seinerseits schnell in Lösung ging. Außer dem in phosphorsaurem Kalk (Krebspanzer, Knochen und Zähnen von Fischen) enthaltenen wurde alles $CaCO_3$ durch FeS_2 ersetzt. Mit organischer Kieselsäure geschah ein gleiches. Aber auch in Röhrenfährten, Holz, Früchten schied sich FeS_2 aus.

So lieferte das offenbar tiefste Meer des Alttertiärs einmal durch die Tuffite, zum anderen durch die restlose Umwandlung von Kalk in Pyrit ein besonderes, später nicht wieder entstandenes Sediment.

3. *Das höhere Eozän*

Oberhalb des Londontons treten zunehmend feinsandige Ablagerungen auf wie sandige Tone, glaukonitreiche Feinsande. In diesen angereicherte Radiolarien und Schwammnadeln lieferten Kieselsäure, die glaukonitische Sande zu splittrigen grünlichen Quarziten, sogenanntem Kieselgestein, werden ließ. Im oberen Teil der 300–400 m mächtigen Schichtenfolge kam es – zum letzten Male im Nordseebecken – zum Niederschlag primären Kalkes. Tonmergel, Mergelsande, glaukonitreiche sandige Kalke, die in Bohrungen als feste Kalkbänke angetroffen wurden, treten auf.

Die Mikropaläontologen haben die Serie mittels der Foraminiferen in Untereozän 4 und Obereozän eingeteilt. Für eine makropaläontologische Gliederung wurden bislang nur Nummuliten, jene damals bis in unser Gebiet vorgedrungenen südlichen Großforaminiferen (Anm. 20, Taf. 15 Fig. 3), kaum herangezogen, wohl aber einige in der Bohrung Wöhrden angetroffene Mollusken. Jedoch sind ältere Angaben über die Gleichstellung gewisser Schichten mit dem Mitteleozän unsicher, worauf schon Staesche und Hiltermann 1940, S. 13, hinwiesen (Anm. 21).

In jüngster Zeit ergab die Gliederung mittels der planktonischen Zwergfossilien für das Heiligenhafener Gestein, für ein weiches helles Mergelgestein=Geschiebe von Malente und die Geschiebe von Baumkrug bei Plunkau „unteres Obereozän", richtiger ein mitteleozänes Alter (E. Martini 1960, S. 29). Die darüber liegenden obereozänen Schichten im engeren Sinne = Bartonien und Ludien der international gebräuchlichen Schichtenbezeichnung, bestehen aus Tonmergeln und Kalksandsteinen. Sie sind als Geschiebe bislang nicht angetroffen oder erkannt worden. Aus unserem Land sind auch aus Bohrungen entsprechende Ablagerungen noch ungenügend bekannt. Nur in Spülproben einer um 1904 bei Wöhrden in Dithmarschen zur Kalisuche niedergebrachten Bohrung konnte E. Martini die Leitform des Oberen Obereozän = Ludien nachweisen. Da nach demselben Autor eine Kernprobe aus 550 m Tiefe noch eindeutig dem unteren Ober=Eozän = Mittel=Eozän angehört, müssen erhebliche Anteile der tonigen Schichten 390–550, die C. Gagel zum Mittel=Oligozän gestellt hatte, dem Ober=Eozän angehören. Obschon somit wenig über das Ober=Eozän im engeren Sinne bekannt ist, dürfen wir annehmen, daß in den während des Alttertiärs infolge Salzabwanderung eingesunkenen Trögen auch die jungeozäne Serie voll vertreten ist.

Bettenstaedt 1949 und andere Mikropaläontologen stellten die ± tonige Kieselsandstein=Serie des Untereozän 4 in das Ober=Ypresien und das Unter=Lutetien, das heißt eben unter und über die Untergrenze des Mittel=Eozän. E. Martini 1961, S. 29, hingegen läßt sie

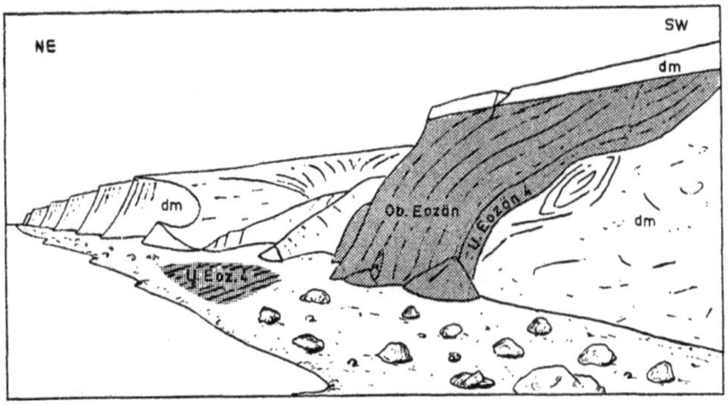

Abb. 19 Die Schuppen eozäner Gesteine im Kliff bei Heiligenhafen nach E. Martini 1959. Die als Unter=Eozän 4 bezeichneten fossilfreien Tone könnten vom Alter des Tarras = Unter=Eozän 2 sein.

im Unter=Eozän. Ob hierbei stratigraphisch zutreffend verfahren ist, bleibt ungewiß, da das Unter=Eozän 4 keine planktonischen Mikrofossilien geliefert hat. Nachstehend wird die Kieselgestein=Serie des Unter=Eozän 4 zusammen mit dem höheren Eozän erörtert werden. Siehe hierzu auch Tabelle 8 und Abb. 18.

Das Kieselgestein kommt, vom Eise aufgeschuppt, vor am Kliff westlich von Heiligenhafen, ferner in einer verlassenen Grube an der Landstraße Fissaubrück–Sielbeck (genau östlich Alte Kalkhütte) sowie in großer Menge verschwemmt um Ivendorf bei Travemünde, Baum=krug bei Plunkau (Sierhagen) und früher nicht selten in der Ziegeleigrube zu Innien. In kleineren Stücken dürfte dies durch den Gehalt an Schwammnadeln leicht kenntliche grün=liche Gestein in keiner Kiesgrube Holsteins fehlen. Die Kieselsäure, die das Gestein häufig zu Quarzit verkittet, dürfte hauptsächlich aus den Schwammnadeln stammen, wie die des Flints. Bezeichnenderweise ist es trotz des Gehaltes an Kieselsäure der Diatomeen, Radio=larien und Schwammnadeln der übrigen eozänen Gesteine nur im porösen Glaukonitsand zur Neuausscheidung von Kieselsäure (Einkieselung) gekommen. Eine Verkieselung von Kalk, wie in der Kreide, blieb aus.

Die Meere des oberen Eozän

Die Ablagerungen oberhalb des Londontons lassen erkennen:

1. eine Verflachung des Meeres, denn Feinsande bezeugen zeitweilig bewegtes Wasser, das bei der Ausdehnung jenes Meeres nur in weniger tiefem Wasser erwartet werden kann;
2. eine Verbindung mit der Hochsee, durch Radiolarien bezeugt;
3. eine Verbindung zu südlichen Meeren, durch Nummuliten dargetan;
4. eine gute Durchlüftung, aufgezeigt durch eine reiche Neubildung von Glaukonit und durch die Erhaltung wenigstens der calcitischen Molluskenschalen. Die aragonitischen sind ± vergangen;
5. subtropisches Klima, denn anders läßt sich der mikrobiogene Niederschlag von Kalk gewisser Schichten nicht erklären. Es handelt sich, wie erwähnt, um die letzte primäre Bildung eines marinen Kalkgesteins im nördlichen Teil des Nordseebeckens. Vorüber=gehend sind also geographische Verhältnisse, die entfernt denen der Oberkreidezeit ähnelten, wiedergekehrt.

Die Lebewelt von Paleozän und Eozän

Da Flachwasserabsätze kaum vorkommen, fehlt deren Reichtum an Weichtierschalen. Es überwiegt die Fauna der Stillwasserablagerungen. Daher finden sich Crinoiden, Häutungs=reste von Krebsen mit wohlerhaltenen Gliedmaßen, die dünnen Schalen der Muschel *Pteria* und von Cephalopoden und unter besonders günstigen Umständen sogar Flügel von Insekten. Von großen Fischen wurden zusammenhängende Schädel und längere Abschnitte der Wirbelsäule angetroffen.

Von Pflanzen sind Blätter sehr selten, Früchte und Holz häufiger. Von niederen Pflanzen sind die Coccolithophoriden in kalkigen Absätzen reichlich vertreten. (B. Klump 1953, E. Martini 1959/61). Diatomeen (P. Schulz 1928/29) sind besonders in kalkigen Teilen der Tuffitserie bestens erhalten. Auch Hystrichosphärideen treten verbreitet auf (D. Maier 1958/59).

R a d i o l a r i e n sind in Mehlsanden und Tonen häufig, besonders die kugelige *Amphi=sphaera holsatica* R. Brandt und die helmförmige *Theocyrtis ampla* R. Brandt. Beide Arten sowie Diatomeen, Silicoflagellaten *(Dictyocha)*, Peridineen und Schwammnadeln werden in O. Wetzel, Brandt, Hustedt 1935 wiedergegeben.

Bei den Foraminiferen wechseln kalkschalige und sandschalige Faunen ab. STAESCHE und HILTERMANN 1940 zeigen auf Tafel 36–49 Einzelformen des Paläozän und Eozän aus Bohrungen zu Reitbrook, in Dithmarschen und Schwedeneck.

Lose Schwammnadeln werden vom Paleozän an bis in das Ober=Eozän angetroffen, angereichert sind sie in den Glaukonitsanden. Die Schwammnadeln dürften von Tetractinel=liden=Schwämmen stammen, bei denen die Kieselelemente nicht wie bei vielen Kreide=schwämmen zu einem festen Skelett verbunden sind, sondern lose in weicher oder horn=artiger Substanz liegen. In obereozänen kalkig=sandigen Geschieben werden Büschel von 4–6 cm langen Nadeln, von den Wurzelteilen der Schwämme herrührend, gefunden. Diese wie überhaupt aus organischer Kieselsäure bestehende Tierreste werden auch hier häufig in FeS_2 erhalten angetroffen.

Die seltenen Kalkgesteine, von denen größere Geschiebe zu Kirchsteinbek bei Hamburg, Vierth bei Malente gefunden wurden, enthalten neben großen Foraminiferen *(Cristellaria, Nodosaria)* die glatte Kammuschel *Amussium corneum* Sow., gelegentlich auch leidlich er=haltene Schnecken der Gattungen *Pleurotoma* und *Voluta.* Zu Vierth fand sich sogar das Unterende des Schulpes von *Belosepia* (Kopffüßler).

Im verbreiteten Kieselgestein wird *Amussium corneum* nicht selten angereichert in prachtvoll erhaltenen Exemplaren gefunden, desgleichen die genannten Foraminiferen, als Seltenheit auch die S. 78 erwähnten Nummuliten: *Camerina germanica* BORN.

In beiden Gesteinen kommen als Seltenheit Reste vom Taschenkrebs *Xanthopsis* vor, häufiger sind die Bruchstücke der Muschel *Avicula (Pteria) papyracea* J. DE SOW., einer vom Londonton an auftretenden auffallend dünnen, nach dem Prinzip des Wellblechs versteiften, perlmutterreichen Muschel. Man darf annehmen, daß dies zartbeschalte Tier mit seinem Byssus an Tang angeheftet lebte. Winzige Reste von Haien und Ganoiden aus vermutlich eozänen Grünsanden von Lütjensee (Stormarn) beschrieb R. WEYL 1935 (Anm. 22a).

Im Londonton und den Tonen mit Tuffiten sind Zähne von Haien häufig (TH. KRUCKOW), seltener die von Chimären (Hemmoor). Große Wirbel von Thunfischen und verknöcherte Schlußplatten der Schwanzwirbel sind auch gefunden worden.

Seinem eozänen Alter nach wäre hier der Bernstein zu erwähnen. Da dies Harzmineral aber in den damaligen Meeresabsätzen unseres Landes fehlt und erst sekundär während der Quartärzeit bis in unser Land von dem Inlandeis verschleppt wurde, wird es unter den Bodenschätzen besprochen werden.

4. Das Oligozän

Die jüngste Stufe des Alttertiärs ist bei uns deutlich dreigegliedert: Basissande, fetter Septarienton = Rupelton des Mittel=Oligozän, Sande bis sandige Tone des Ober=Oligozän = Chatt. Unentschieden ist, wie weit die Basissande zum Unter= oder Mittel=Oligozän zu rechnen sind. Da aber von Bünde in Westfalen bis südlich Magdeburg eine reiche Flach=wasserfauna unteroligozänen Alters bekannt ist, darf angenommen werden, daß gleich=altrige Absätze auch im Innern jenes Meeresbeckens abgesetzt worden sind. Bisher kennen wir das tiefste Oligozän am besten in der auf Salzstrukturen vorhandenen, ver=mutlich unvollständigen Ausbildung. Von Reitbrook berichtet R. B. BEHRMANN von den von ihm als Basalsand des Mittel=Oligozän, von HILTERMANN, BETTENSTAEDT usw. jedoch als Unter=Oligozän bezeichneten, bis 19 m mächtigen Schichten: tonig glaukonitischer feinkörniger Glimmersand, im tieferen Teil bis 5 cm mächtige Lagen von Grobsand mit Quarzkörnern bis 5 mm Durchmesser.

Diese Quarze sind teilweise hochglänzend und teilweise grün, rot, gelb, grau usw. gefärbt, sie werden daher als Bunte Quarze bezeichnet. Aus Größe und Farbe ist der Schluß berechtigt, daß es sich um früher oder später herangefrachtete Trümmer nordischer Gesteine handelt. Während der Bewegung in der Küstenzone erhielten sie ihre Politur.

Diesen letztlich aus dem Norden stammenden Trümmern gesellen sich aus der örtlichen Zerstörung Gerölle aus Kalksandstein, Kieselsandstein, Toneisenstein des Eozän und sogar Flint aus der Kreide hinzu. Im tiefsten Teil kommen bis bohnengroße Quarzgerölle und bis taubeneigroße Gerölle der festen eozänen Gesteine vor.

Nach der Korngröße der Bestandteile ist eindeutig, daß das Meer zur Zeit der Entstehung der Basissande flacher war als zur Zeit des Obereozän.

Der Fossilinhalt dieser Sande ist sehr gering, auch im Bereich der Mikrofossilien. *Camerina germanica* Born tritt noch auf, siehe Staesche und Hiltermann 1940, S. 20, Taf. 18.

Diese Sande werden häufig als Neuengammer Gassande bezeichnet, weil am 3. November 1910 zu Neuengamme bei einer Wasserbohrung überraschend bei 247 m Tiefe aus ihnen Erdgas ausbrach. Es geriet zunächst in Brand. Während vieler Jahre wurde Gas aus dieser und einer benachbarten Bohrung entnommen (siehe Anm. 23). Nach dem Reinigen des einen Bohrlochs erfolgte 1919 eine Gaseruption, durch die zahlreiche runde $CaCO_3$-Konkretionen des groben Basalsandes herausgeschleudert wurden. Eine Knolle maß 35:18 cm und enthielt den Panzer eines Hummers, vermutlich ein Häutungsrest, der einschließlich der Scheren rund 40 cm lang gewesen war (abgebildet: Gripp 1937, Taf. 2, Abb. 2).

Aber sonst sind die so bezeichnenden Neuengammer Gassande mit ihren bunten Quarzen sehr fossilarm und daher schwer weiter auszudeuten denn als Absätze eines stärker durchbewegten Meeres.

Das Mittel-Oligozän

Die erdgeschichtlichen Verhältnisse hatten sich erneut geändert, denn zur Zeit des Mitteloligozän finden wir bis 75 m mächtigen hellgrünlichgrauen, in Bohrungen auch bräunlichen Ton in erstaunlich gleicher Ausbildung weithin in Norddeutschland, der Hessischen Senke und dem Rheintal. Nur in den Randzonen dieses Meeres (Stettin, Magdeburg, rheinische Bucht) und auf den Salzstrukturen sind die Ablagerungen ± sandig. Von diesen großen Tonmengen nahm man lange Zeit an, sie wären von den umliegenden Landmassen abgeschwemmt worden. Untersuchungen der heute im Meerwasser schwebenden Tonkriställchen aber machen es wahrscheinlich, daß im Randmeer der Norddeutschen Bucht damals von weither angefrachtete Tonflitter zum Niederschlag kamen. In diesem tonigen Niederschlag herrschten die gleichen Bedingungen wie in den tonigen Absätzen des Untereozän, besonders der Londontonfacies, sowohl hinsichtlich der Lebewelt wie bei den diagnetischen Um- und Neubildungen (Anm. 24).

Auch hier finden wir:

Fossilien verstreut und einzeln, nie zu Lagen zusammengespült;

Muscheln sind stets zweiklappig;

Phosphorite und in ihnen Krabben *Coeloma* und selten langschwänzige Krebse, Hummer und die Languste *Linuparus* (früher *Podocrates*) (Anm. 25).

Der einen wechselnden Kalkgehalt aufweisende Ton ist örtlich und anscheinend in bestimmten Lagen durch $CaCO_3$ zu Mergelknollen verfestigt. Diese können bis rund 1 m an Durchmesser erreichen, sind außen völlig geschlossen, innen aber mit breiten Rissen durchsetzt. Auf diesen Schwundrissen hat sich stets eine bis 1 cm mächtige Lage weingelber Calcitkristalle ausgeschieden. Durch sie wird das Innere wie durch Schranken (Septa) unterteilt (Taf. 16 Fig. 1). Diese Ausbildung der Mergelsteinknollen wird als Septarie bezeichnet

(Anm. 24). Ebenso erstaunlich weitreichend wie das Vorkommen des Tones ist die Verbreitung der Septarien. Daher der Name Septarienton. Nach dem Flüßchen Rupel bei Antwerpen wird der Ton auch Rupel-Ton benannt.

In Schleswig-Holstein war der Ochsenkamp, früher bei, heute in Itzehoe gelegen, ein fossilreiches, berühmtes Vorkommen dieses Tones, das für die Zementherstellung ausgebeutet wurde (Anm. 27). Auch die Ziegelgrube zu Innien machte septarienreichen Ton zugänglich. Der Ton wird sonst im Lande von Wasserbohrungen nicht erschlossen, da unter ihm nie Süßwasser, sondern nur Salzwasser angetroffen wurde. Er liefert bei Erdölbohrungen einen petrographisch wie durch die Mikrofossilien leicht erkennbaren Horizont. Die Septarien werden als Geschiebe in frischer Grundmoräne nicht selten gefunden, zum Beispiel zwischen Johannisthal und Heiligenhafen.

Am Ochsenkamp wurde aus dieser, nach H. HAAS 1888, S. 2, 22 m mächtigen, vom Eise aufgerichteten Lage in den Jahren 1875–1905 Ton mit dem Spaten gegraben. Daher fand sich in ihm eine reiche, zum Teil sehr gut erhaltene Lebewelt in einer anderenorts kaum erreichten Fülle. Die wichtigsten Züge dieser Fauna seien kurz skizziert.

Die Fauna des Septarientons von Itzehoe

Über die Foraminiferen siehe STAESCHE und HILTERMANN 1940, Taf. 22. Kieselschwämme kamen in pyritisiertem Zustand anscheinend nicht selten vor. Sie sind im Septarienton weit verbreitet; denn K. HUCKE und E. VOIGT (Z. deutsche Geol. G. 81. 1929, S. 159) beschrieben mit Abbildung solche von Freienwalde a. O. und Buckow, Kreis Lebus. Einer der Schwämme von Itzehoe ragte aus einer Phosphorit-Knolle heraus.

Die Muscheln, gering an Zahl der Arten, sind fast stets zweiklappig; die häufigsten waren:

Leda (Nuculana) deshayesiana DUCH. Leitfossil
Nucula chasteli NYST
Thyasira (Axinus = Cryptodon) unicarinata NYST sp.
Astarte kickxi NYST.

Alle Molluskenschalen sind gelblichweiß im Gegensatz zu den stets bräunlichen Schalen aus miozänen Sanden und Tonen. Weiße Schalen treten im Miozän nur in gewissen Kalksandsteinen auf. Sehr häufig sind die Mollusken von Itzehoe mit Pyromarkasit erfüllt. Da sich dieser unter Raumvermehrung umsetzt, platzen die Schalen und rosten. Bisher ist nur ein Mittel bekannt, dies zu verhindern, die Bewahrung in festem oder flüssigem Paraffin.

Bei den siphonostomen Gastropoden wurde der Außenrand der Mündung häufig abgequetscht in der mit Ton erfüllten Mündung angetroffen.

Leitformen unter den Gastropoden sind:

Fusus multisulcatus NYST
Mayeria rotata BEYR. sp.

Mayeria rotata tritt in einer überraschenden Formenfülle auf (siehe Taf. 16 Fig. 2).

An Flügelschnecken (Pteropoden) wurden in Bohrungen mehrere bei Itzehoe nicht beachtete Arten angetroffen. Am häufigsten sind:

Creseis maxima LUD. (spitzkegelig gestreckt, quer geringelt, Abb. Jahrb. Preuß. Geol. LA, 32 I. Taf. 7);
Valvatina umbilicata BORN. (kugelig, links gewunden, oben abgeplattet, von der Größe einer kleinen Blaubeere).

Nirgends im Septarienton so reich wie bei Itzehoe sind Perlboote aus der Gruppe *Aturia* gefunden. Bei dieser Gattung ist der die Kammern miteinander verbindende Sipho aus langen ineinander steckenden Tüten gebildet, und auf jeder Kammerscheidewand sind zudem zwei nach hinten gerichtete spitze Tüten vorhanden (Taf. 16, Abb. 4a). Solche fehlen der heute allein von allen schalentragenden Kopffüßlern übriggebliebenen Gattung *Nautilus* (Anm. 26).

Die Itzehoer Stücke sind *Alsenia alseni* HAAS benannt, es ist aber nicht näher untersucht, wie weit sie sich von *Aturia aturi* BAST. unterscheiden (Taf. 16 Fig. 4).

Von Krebsen sind häufiger gefunden in Phosphorit erhaltene Krabben: *Coeloma rupeliense* STAINIER 1886 = C. *holsaticum* STOLLEY (Mitt. Min. Inst. Kiel 1. 3. S. 151 sowie Taf. 16 Fig. 3) und die Languste *Linuparus stolleyi* HAAS sp. (siehe Anm. 25) (Mitt. Min. Inst. Kiel 1. 1. S. 88–96, Taf. 4, Abb. 1–3, 1888) sowie Reste von Hummern.

An Wirbeltieren sind zu nennen:

Wirbel und Zähne von Haifischen *(Lamna, Oxyrhina)*,
Knochen von Meeresschildkröten *(Chelyopsis* DAMES 1894) Abb. 20.

Das hauptsächlichste Schrifttum über den Septarienton von Itzehoe bringt Anm. 27.

Die Übereinstimmung mit dem Londonton hinsichtlich Gesteinausbildung, Lebewelt und diagenetischer Neubildungen ist überraschend. Allerdings ist nur die organische Kieselsäure, insbesondere der Spongien, ganz durch FeS_2 ersetzt. Die Kalkschalen der Mollusken sind im Gegensatz zum Londonton erhalten geblieben. Nur innerhalb der Hohlräume hat sich FeS_2 angereichert, daher die vorstehend erwähnte Gefährdung.

Nach der weiten Verbreitung des Septarientones bestand damals im Nordseeraum ein größeres Randmeer. Wenn in ihm zeitweise heftige Winde das Wasser aufgewühlt haben, so geschah dies, ohne den Meeresgrund zu erreichen. Der Ton, sicherlich im ruhigen Wasser des Langschwebbereiches abgesetzt, zeugt von Tiefen um 100 m oder mehr.

Das Auftreten von Kieselschwämmen läßt, wie für die Zeit der Ober=Kreide, aufsteigendes Tiefenwasser vermuten. Da während des Oligozän eine Meeresverbindung nach SW nach Art der heutigen Straße von Calais nicht bestand, konnte nur nordatlantisches Tiefenwasser in das Nordsee=Becken gelangen. Dies war damals anscheinend ein Nebenmeer, reich an kühlem Tiefenwasser inmitten von Festländern mit subtropischem Klima.

Die Weichtierfauna des Mitteloligozän geht weitgehend aus der des Unteroligozän her=vor, die wiederum ihre Wurzel in der des Ober= und Mitteleozän hat. Aber im Eozän und Oligozän Europas besteht ein Unterschied zwischen den Faunen des Mittelmeergebietes und denen des Nordseebeckens. Je weiter nach Norden, um so geringer die Zahl der Vertreter der tropisch=subtropischen Fauna *(Nummulites, Crassatella, Velates, Conus,* riesige *Natica)* und um so vorherrschender Arten gemäßigter Meerestemperatur wie *Cyprina, Astarte, Lyonsia, Aquilofusus,* die neben subtropischen *(Cypraea, Cassidaria,* große *Pleurotomiden)* auftraten. Die Nordsee hatte damals nur beschränkte Verbindung mit den Meeren Süd=europas.

Das Ober=Oligozän

Wieder trat ein Wechsel ein, höhere Sandzufuhr ließ graue sandige Tone, tonige Sande und glaukonitführende Kalksandsteine und reine Glaukonitsande in unserem Gebiet ent=stehen. Gut bekannt ist die bis 70 m mächtige Folge aus dem Süden unseres Landes. BEHR=MANN schreibt von Reitbrook von grobschaligen Mollusken, die zu Muschelpflastern zu=sammengeschwemmt sind. Foraminiferen von dort bringen STAESCHE und HILTERMANN 1940, Taf. 27, 39 und 45. Im allgemeinen sind die Ablagerungen jedoch fossilarm und daher schwer von den untermiozänen Meeresabsätzen zu unterscheiden, in die sie in der Ham=burger Gegend ohne erkennbare Trennung übergehen.

Gegen den Rand des damaligen Meeres sind feinsandige fossilreiche Flachmeerabsätze bekannt vom Niederrhein, von der Kasseler Gegend und als Geschiebe aus Südholstein und Mecklenburg (Sternberger Kuchen). Jene Faunen sind schon früh und auch in jüngster Zeit eingehend untersucht (ANDERSON), so daß von einer oberoligozänen Weichtierfauna verhältnismäßig leicht die Arten bestimmt werden können. Unter ihnen finden sich noch Gattungen und Arten, die aus dem Eozän und tieferen Oligozän bekannt sind oder wenigstens deren

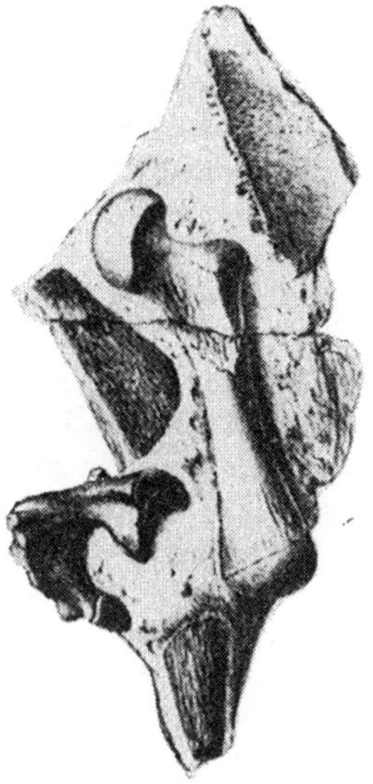

20

21

Abb. 20 Knochen der Meeresschildkröte *Chelyopsis holsaticus* DAMES aus dem Mittel-Oligocän von Itzehoe
oben rechts: ein Rest des Panzers, Mitte: linker Oberschenkel, links davon: Teile des Korakoids, links außen: Teil eines Halswirbels, etwa $^1/_2$ nat. Gr., aus DAMES 1894

Abb. 21 Krabbe *Micromithrax holsaticus* NOETLING Unter-Miozän-Geschiebe Segeberg, aus NOETLING 1881

unmittelbare Nachkommen sind. Aber es treten daneben, in zunächst winzigen Formen, erstmalig Vertreter eines neuen Formenkreises auf; so die Gattung *Nassa,* die als *Nassa reticulata* L. noch heute in Ost- und Nordsee fortlebt, mit der winzigen *Nassa pygmaea* SCHL. und ihrer Varietät *schlotheimi* BEYR.; ferner die Schneckengattung *Erato;* die Flügelschnecke *Vaginella depressa* DAUD. (bzw. *V. lanceolata* BOLL. in GÖRGES 1952) und das Leitfossil *Vaginella tenuistriata* BOLL. (erstmalig abgebildet: K. GRIPP, Geologie von Hamburg. Taf. V Fig. 2). Ein weiteres Leitfossil ist *„Buccinum" bolli* BEYR., später als *Cominella,* von GÖRGES als *Strepsidura,* heute als *Northia* aufgeführt.

Woher dieser neue Formenkreis einwanderte, verrät neben anderen Molluskenarten die Schneckengattung *Rapana (Ecphora),* früher *Stenomphalus* benannt. *Rapana koeneni* GÖRGES ist im Oberoligozän von Mecklenburg, Holstein und dem Rheinland nachgewiesen. Nach reichem Auftreten von ihrem Nachfahren *R. wichmanni* v. K. sp. im Untermiozän Norddeutschlands ist die Gattung in Europa nicht mehr nachzuweisen. Aber eine nahe verwandte Art, *R. quadricostata,* ist im Miozän von Maryland häufig. Wegen ihrer auffälligen Gestalt ist sie sogar das Wappentier der Paleontographical Society der USA. Die Verbreitung dieser und anderer Formen, zum Beispiel der Schneckengattung *Scapha,* auf beiden Seiten des Atlantik erklärte H.-J. ANDERSON (1959, S. 75; 1961, S. 131) damit, daß jene seit dem Oberoligozän von N gegen S vorgedrungen seien. Somit ist der neu einwandernde Formenkreis nicht, wie bis dahin angenommen, ein südlicher, ein mediterraner, sondern

Ausläufer einer bis dahin circumpolaren Tierwelt. Diese drang mit zunehmender Abkühlung des Meerwassers nach Süden vor.

Das Meer der Oberoligozänzeit bezeugt eine Regression gegenüber dem Meer des Septarientons. Wir wissen über dies Meer wenig aus verschiedenen Gründen. D. Wirtz 1939 gibt von Looft 20 m glaukonitreiche Sande und Tone des Oberoligozän an, vermutlich nach Angaben von E. Koch, Hamburg, und dadurch glaubhaft. Die Anschauung von D. Wirtz 1939 über das Fehlen von Oberoligozän im nördlichen Holstein und in Schleswig erscheint uns noch nicht gesichert. A. Schad 1947 schrieb: „Das an sich geringmächtige Oberoligozän ist wahrscheinlich vor Ablagerung des Mittel=Miozän in weiten Bereichen abgetragen worden und nur noch in tektonisch versenkten Schollen vorhanden." Staesche und Hiltermann 1940, S. 23, heben hervor, daß sich die oberoligozänen Ablagerungen „durch Fossilarmut bis völlige Fossilleere auszeichnen". Da die Absätze ferner bei Erdölbohrungen unbeachtet durchbohrt werden, fehlen noch die Unterlagen, um die Ausdehnung jenes Meeres rekonstruieren zu können.

Bislang läßt sich nur sagen: auf Salzhorsten und gegen Nordosten hin fehlt das Ober=Oligozän.

Ober=Oligozän wird häufig, vom Eise verschleppt, als festes Gestein angetroffen, als lockeres Gestein in Schollen hingegen selten. Die festen Gesteine, dem Sternberger Kuchen Mecklenburgs gleichend, liegen überwiegend aus älteren Eiszeitabsätzen, von Lauenburg bis Sylt, vor. Zu den von Gottsche 1883 genannten Fundpunkten sind die ehemalige Ziegelei Kirchsteinbek (um 1910) und die Segrahner Berge hinzuzufügen. Bei beiden Vorkommen handelt es sich nach H.=J. Anderson 1959 um tieferes Oberoligozän (Chatt A) mit der Leitmuschel *Chlamys decussatus.*

Schon C. Gagel 1903 bekannte und mit Geschieben der Reinbeker Stufe des Miozän am Südende des Schaalsees bei Zarrentin in Menge aufgetretene, von dicht gelagerten Turritellen erfüllte Geschiebe fanden sich ab 1945 häufig durch den Kiesabbau in den Segrahner Bergen. Da hier die Schalen der Schnecken gut erhalten sind, konnte H.=J. Anderson 1959 nachweisen, daß es sich um die Schnecke *Turritella (Haustator) geinitzi* (Speyer 1866) handelt. Diese Art und die Begleitfauna, u. a. die Muschel *Pitar (Callista) beyrichi* Semper, lassen Anderson schließen, daß das Turritellengestein vom Alter des Sternberger Gesteins ist. In den meisten dieser Turritellengesteinsblöcke sind die Schneckengehäuse durch Strömung parallel in Feinsand eingebettet. Es treten dort aber auch an den Muscheln *Pectunculus* und *Pitar beyrichi* reichere Gesteine mit wirr gelagerten Turritellen auf, die Quarzkörner bis mehrere Millimeter Durchmesser enthalten. Die feinsandigen „Sternberger Kuchen" dürften in etwas tieferem, jene Turritellengesteine in flacherem Wasser entstanden sein. Das Eis hat diese Gesteine, wie schon Gagel annahm, im Gebiet des Schaalsees und dessen nördlicher Umgebung aufgenommen.

In petrographischer Hinsicht charakteristische, schon von R. Weyl 1948 als oberoligozänen Alters erkannte Glaukonit=Sideritsandstein=Geschiebe konnte H.=J. Anderson 1959 auf Grund des Vorkommens der Muschel *Chlamys hausmanni* dem mittleren Oberoligozän angehörend ausweisen. C. Gottsche hatte einen gleichen Fund von Itzehoe in der Hamburger Sammlung hinterlegt. Da das Gestein in ganz Holstein als Geschiebe auftritt und da so junges Oligozän aus Mecklenburg unbekannt ist, pflichten wir Anderson bei, wenn er dies Gestein als in Schleswig=Holstein anstehend ansieht.

Für jüngstes Oberoligozän = Chatt C hält derselbe Forscher mit gutem Grund einen Teil dessen, was K. Gripp 1914 vom Ochsenkamp bei Itzehoe als Untermiozän beschrieben hatte. Dem kalkhaltigen Glimmerton von dort hat auch Anderson untermiozänes Alter zuerkannt. Die Neubestimmung der Fossilien zwingt aber dazu, den dunklen, glaukonitreichen Fein=

sand dem jüngsten Oberoligozän = Pecten=Zone C zuzurechnen. Wiederum ist es ein Pecten, *Hilberia hofmanni* Goldf., der die eindeutige Altersbestimmung ermöglichte.

Ein Vergleich der Faunenlisten der Glaukonitsande vom Ochsenkamp von 1914 und 1959 bekundet die Verfeinerung, welche die paläontologische Betrachtungsweise während jener fünfundvierzig Jahre erreicht hat. Von sechsundzwanzig Fossilien haben nur neun die 1914 angewandte Bezeichnung behalten. Dabei ist der Gattungsname erheblich häufiger als der Artname abgeändert worden. Nicht selten geschah dies in jenem Zeitraum mehrfach. Mit der Änderung der Namen ging sowohl bei den Gattungen wie bei den Arten eine schärfere Trennung einher. Diese ist erforderlich und daher zu begrüßen, vorausgesetzt, daß nachher Beständigkeit in der Bezeichnung der Fossilien eintreten wird.

Die stratigraphische Umgliederung des Glaukonitsandes von Itzehoe aus dem Unter=miozän in das jüngste Oberoligozän geschah auf Grund von zwei von zweiunddreißig Fossilien. Dies belegt, wie nahe verwandt miteinander die Faunen sind. Andersons Unter=suchungen über die Entwicklung der Pectiniden des Doberges (Westfalen) und des Nieder=rheins (1958, S. 319) zeigen aber, daß trotzdem an dieser Zeitwende für diese Tiergruppe ein großes Verschwinden und, nach bisherigem Wissen, Aussterben eintrat.

5. *Die Pflanzenwelt des Tertiärs*

Im Alttertiär gediehen im Rheintal und im Geiseltal bei Halle sowie im Bernsteinkiefer=wald noch Palmen *(Sabal, Nipa)*, ferner Zimt *(Cinnamomum)* und die Feige.

Im frühen Jungtertiär waren sie verschwunden. *Tsuga, Sequoia, Taxodium, Magnolia, Liquidambar, Carya* und andere, heute ostasiatisch=nordamerikanische Gattungen herrschten dort während des Jungtertiärs vor. Aber im Alttertiär der Arktis wurden neben *Pinus, Picea, Acer, Ulmus, Quercus, Tilia, Corylus, Alnus, Platanus, Betula* auch *Sequoia, Taxo=dium, Magnolia, Liquidambar* usw. aufgefunden. Somit stammt die jungtertiäre Flora aus dem N. Deren Vordringen gegen S bezeugt zunehmende Abkühlung.

Diese nahm während des Pliozän erheblich zu. Entsprechend schwanden auch die ge=nannten ostasiatisch=nordamerikanischen Arten. Von der ersten frühglazialen Kaltzeit an nahm die Flora mehr und mehr den heutigen mitteleuropäischen Charakter an. Seit dem Hochstand des Diluviums ist dieser vorherrschend.

B. DAS JUNG=TERTIÄR

1. *Das Miozän*

Vor 40 bis 100 Jahren waren Schichten vom Alter des miozänen Glimmertons in unserem Lande in Ziegeleien zugänglich. Ziegelei Nitsch und Kallmorgen zu Langenfelde bei Altona, von Bismarcksche Ziegelei zu Wohltorf bei Reinbek, Sandgruben am Gojenberg bei Berge=dorf, Ziegelei Muggesfelde, Ziegelei Schmalfeld, Ziegelei Kremerberg bei Ahrensburg (ohne Fossilien), Ziegelei Brecklum, ferner am Morsum Kliff auf Sylt und in mehreren Gruben in Nordschleswig (Gramm, Tornschau, Spandet und Spandetgaard), dazu einige Gruben in der Nähe von Lüneburg schlossen jenen dunklen fossilführenden Ton auf. Auch in zahlreichen Bohrungen wurden miozäne Absätze angetroffen, erstmalig 1837 zu Glückstadt (Anm. 28).

Von den genannten Vorkommen gewähren uns heute nur noch die Ziegelei Kremerberg, das vom Morsum Kliff auf Sylt und die Hänge am Tonteich zu Wohltorf = alte Ziegelei=

grube Einblick in eine kleine miozäne Schichtenfolge. In einem Aufschluß am Rande des Elbtals zu Besenhorst, unweit von Geesthacht, waren untermiozäne Sande und Tone von 1920 bis 1959 gut zugänglich.

Bei Langenfelde, Wohltorf und Besenhorst handelt es sich um durch Salztektonik (S. 146) bis an die Erdoberfläche gehobene Gesteine. Die anderen Vorkommen waren vom Eise verschleppte Schollen.

Solche Schollen, aber untermiozänen Alters, werden gelegentlich auch in den Steilufern an der Ostsee bloßgelegt (Voßbrook, Heiligenhafen, Johannisthal).

Außerdem aber finden sich verbreitet, wenn auch nicht überall, Geschiebe miozänen Alters. An manchen Orten kommen sie angereichert vor, so heute noch bei Segrahn, Schmilau, Brodten, zwischen Malente und Bösdorf, Schilksee, SW-Ecke der Hüttener Berge, Flensburger Förde von Bockholm bis westlich von Flensburg. In früheren Jahren zu Stolpe bei Bornhöved, Tesperhude, Rissen und Halstenbek, um Segeberg, Kronsmoor bei Itzehoe, Burg i. D. und St. Michaelisdonn. Miozäne Geschiebe fehlen auf Fehmarn und in Oldenburg sowie nahezu der Eckernförder und Schlei-Gletscher-Zunge. Bei diesen Geschieben handelt es sich um Nahgeschiebe, das heißt vom Eise dem hiesigen Untergrund entnommene und deshalb für unser Gebiet aufschlußreiche Gesteine (Anm. 29).

Weitere wertvolle Angaben über das Miozän lieferten die zahlreichen Wasserbohrungen. In dichtbevölkerten Gegenden des Flachlandes ist man heute bemüht, der Bevölkerung keimfreies Grundwasser zu liefern. Groß-Hamburg stellte nach der Cholera-Epidemie von 1892 seine Wasserversorgung zunehmend auf Grundwasser um. 1901 gab C. Gottsche erstmalig eine Übersicht über die dortigen Grundwasserspeicher. Da die miozänen Braunkohlensande als einer der ergiebigsten angeführt werden, nimmt nicht wunder, daß weithin im Lande seither von privater und staatlicher Seite zahlreiche Bohrungen bis in das Miozän niedergebracht wurden. Sie brachten, soweit wie Proben sorgfältig entnommen und untersucht wurden, wertvollen Einblick in die Schichtengliederung. Dies gilt besonders für die von E. Dittmer ab 1956 im W Schleswigs angesetzten Wasserbohrungen.

Die Facies der miozänen Absätze

Da Tagebauten, Nahgeschiebe und zahlreiche Bohrungen weitgehenden Aufschluß über die Gesteine des hiesigen Miozäns gewähren, lassen sich die jeweiligen paläogeographischen Besonderheiten besser als bei älteren Absätzen aufzeigen. Daher sei erörtert, was an Unterschieden bei der Bildung jener Absätze zu erwarten ist. Zur Miozänzeit stand im Nordseebecken, wie heute, eine zumeist flache See. Deren Küste verlagerte sich nahezu ständig. Örtliche Unterschiede der sich bildenden Absätze waren bedingt:

1. durch Abnahme der Korngröße mit der Entfernung von der Küste und Zunahme der Tiefe. In Strandnähe fand sich Mittelsand mit gröberem Korn gemischt. Seewärts folgten Feinsand, dann schluffig-toniger Feinsand (Glimmerton), der mit der Tiefe zunehmend den Charakter von Ton (Glimmerton) annahm, je seltener sich dort am Meeresboden Wellen und Strömung bemerkbar machten;
2. durch ungleich schnelles Absinken des parageosynklinalen Untergrundes (siehe S. 28);
3. infolge ungleicher Randtiefenbildungen um damals hoch aufragende Salzstrukturen;
4. durch ungleiche Sandzufuhr vom Lande her;
5. durch Sandwanderung im Tidemeer, die entstehen ließ
   a) Haken und Nehrungen
   b) Sandbänke und Platen als Vorläufer von Watt
   c) Watt selber hinter Nehrungen.

Von der heutigen Nordsee wissen wir weiter, daß im Schutze von Nehrungen durch Aus=süßung vom Lande her Torflager entstehen können.

Wir sehen ferner, daß Dünen unmittelbar neben der offenen See aus zum Teil grobem Sand (zum Beispiel List) aufgehäuft werden, daß aber dicht daneben von den Tide=strömungen sogenannte Gatts bis 40 m tief eingeschnitten werden. Diese führen gröberes stark ausgewaschenes Korn an ihrem Grunde (Anm. 30). Aber diesen Gatts unmittelbar vor=gelagert sind weite, gleichkörnige Sandriffe, während sich landwärts sandige bis tonig=sandige Wattabsätze anschließen. Im Watt ist ferner damit zu rechnen, daß durch ständige Verlage=rung kleiner und großer Priele eine Umbettung der Absätze stattfindet. Ähnlich war es zur Miozän=Zeit.

Diese gleichzeitig auf engem Raume anzunehmende Mannigfaltigkeit der miozänen Ab=sätze ist noch dadurch verwickelter geworden, daß sich im Laufe der Zeit die Faciesbezirke abwechselnd seewärts und landwärts verlagerten. Dabei dürften häufig längere oder kürzere Zeit vorher entstandene Absätze wieder aufgearbeitet worden sein. Nur die am tiefsten ab=gesunkenen oder abgelagerten Teile von Schichtenfolgen werden bewahrt geblieben sein. Je weiter gegen W, um so vollständiger ist die marine Folge, je weiter gegen O, um so mächtiger ist der Anteil landnaher oder braunkohlehaltiger Absätze (Anm. 31).

Die Gesteinsarten

Bei den miozänen Ablagerungen in unserem Lande überwiegen die Absätze eines flachen Meeres wie Feinsand und feinsandig=schluffige Tone. Gegen W, zum damals tieferen Wasser hin, erhöht sich der Gehalt an Ton und Glimmer, gegen O werden – im großen gesehen – die Sande grobkörnig, da hier küstennahe Absätze vorherrschen. Örtlich wurden sogar konglomeratische Grobsande mit Quarzgeröll abgesetzt.

Zweimal wird diese Folge von Meeresabsätzen von Braunkohle führenden Ablagerungen mehr oder weniger weitgehend unterbrochen.

Primär kalkige Absätze fehlen. Nur als nachträgliches Bindemittel ließ $CaCO_3$ Kalksand=steine und Mergelknollen sowie $FeCO_3$ Sideritsandstein entstehen.

Als Geschiebe findet sich manchenorts fossilführendes Holsteiner Gestein mit sideritischem Bindemittel, in dem die Molluskenschalen nicht als Kalkschale, auch nicht als Hohlraum, sondern in Limonit erhalten sind. Bisweilen sind dann die Schalenskulpturen deutlich be=wahrt. In anderen Fällen aber ist der Schalenhohlraum zunächst zusammengedrückt worden und dann durch Siderit ± erfüllt. Die Molluskenreste sind hierbei unkenntlich geworden. Herr Dr. Johannsen (Geologisches Landesamt Kiel) fand derartigen Sideritsandstein der Vierländer Stufe in der Bohrung Pogeez II in 145,5 m Tiefe. Es dürfte der erste Nachweis des Anstehenden dieser Gesteine sein. Nicht zu verwechseln sind hiermit limonitische Sand=steine, bei denen die Mollusken als Hohlform mit allen Feinheiten der Skulptur erhalten sind. Bei ihnen handelt es sich um fossilführende Feinsandsteine, ursprünglich reich an als Kalk erhaltenen Weichtierschalen und einem kalkig bis schwach sideritischen Bindemittel. Diese Geschiebe wurden erst in der heutigen Verwitterungszone entkalkt und limonitisiert. Phosphoritanreicherungen treten nur untergeordnet in sandigen Absätzen auf. Die nur selten beobachteten festen Phosphorite dürften sich auf zweiter Lagerstätte befinden.

Die Fauna

Die Fauna besteht überwiegend aus Meeresmollusken. Diese sind erstmalig durch E. Beyrich 1853/56 und durch A. von Koenen 1872, 1882, allerdings unvollständig, bekannt=gemacht worden. Die Muscheln des Untermiozän haben sogar erst durch H.=J. Anderson 1959 eine erste Untersuchung erfahren. F. Kautsky 1925 behandelte die Molluskenfauna von

Hemmoor monographisch. ANDERSON begann 1959/61 eine Revision der miozänen Schnecken, eine Arbeit, die leider in Gefahr ist, einstweilen nicht fortgesetzt zu werden. Bryozoen, in einigen Schichten auch Einzelkorallen, sind in geringer Zahl beigemengt. Foraminiferen sind in tonigen Absätzen reichlich. Spongien sowie Land= und Süßwasserschnecken sind nie ge= funden. Krebsreste sind nur in wenigen Lagen zahlreicher angetroffen worden. Haizähne und Otolithen sind häufig (siehe KRUCKOW, WEILER), Zähne von Knochenfischen lassen sich aus einigen Kalksandsteinen bergen. Von Reptilien war nur die marine Lederschildkröte nachweisbar. Vogelknochen sind vereinzelt aus dem Glimmerton geborgen. Von Säugetieren finden sich Walreste häufig in überwiegend tonigen Absätzen, seltener in den Sandsteinen. Auch Robbenreste sind gefunden (C. GOTTSCHE 1876, 1885). Von Landsäugern ist nur ein einziger Zahn, dem dreizehigen Pferd *Hipparion gracile* zugehörig, im höchsten Glimmerton von Morsum auf Sylt gefunden.

Die Gliederung

Da die Absätze des hiesigen Miozäns sowohl in der Gesteinausbildung wie in der Zu= sammensetzung der Fossilien auf größere Mächtigkeit einheitlich ausgebildet sind, waren in den Ziegeleigruben nur sehr selten Schichtgrenzen aufgeschlossen. Die Schichtenfolge konnte also nicht aus dem Befund abgeleitet werden, sondern mußte zunächst überwiegend aus der Faunenfolge begründet werden. Später halfen Bohrergebnisse. So ist heute die ört= liche Folge der Schichten gut bekannt. Jedoch über den Vergleich mit gleichaltrigen Hori= zonten des Miozän außerhalb des Nordseebereiches bestand bis 1959 keine einheitliche Auf= fassung. Internationale Symposien zu Kiel und Gent, die 1959 und 1961 die Stratigraphie des Miozän im Nordseebecken behandelten, brachten Fortschritte und legten die damalige Erkenntnis fest (siehe Tab. 10); über den Weg, der allmählich bis zur heutigen Erkenntnis führte, siehe Anm. 32.

Die marinen Stufen waren durch einige Leitfossilien und das Gesamtbild der darin ent= haltenen Fossilien gut zu trennen. Allerdings gelingt dies nur, wenn wirklich bezeichnende Formen gefunden werden. Das ist in Bohrungen nicht immer der Fall. Einmal wurden früher Proben in zu geringer Zahl genommen, zum anderen wurden und werden häufig Mollusken= reste durch das Bohrverfahren in tiefere Schichten verschleppt. Diese Nachteile entfallen, wenn ungestörte oder Kernproben entnommen werden. Das ist heute in tonigen Absätzen billiger als das frühere Plemperverfahren, wobei das Gestein weitgehend zerkleinert wurde.

Das Bemühen, die für die Hamburger Gegend dank zahlreicher Bohrungen und hin= reichend einwandfreier Auswertung der Fossilien erkannte Schichtenfolge auf ganz Schles= wig=Holstein anzuwenden, ist von vornherein Schwierigkeiten ausgesetzt. Dies wird einmal durch Weichtierfaunen bestätigt, die nach ihrer Zusammensetzung zwischen die obigen Stufen einzuordnen sind, zum anderen ergibt sich dies aus einer Betrachtung der jeweiligen geographischen Verhältnisse.

Funde von Faunen, die eine Mittelstellung zwischen den um Hamburg weithin nach= gewiesenen, stratigraphischen Einheiten einnehmen, sind nur vereinzelt gemacht. Eben des= wegen haben sie nicht zur Aufstellung besonderer Zeitstufen geführt. Sie sind aber ein Hin= weis darauf, daß weitere, die Zeit unterteilende Faunen vorhanden waren, als bislang zur Schichteneinteilung benutzt werden. Solche Funde werden später angeführt werden.

Wenn Leitversteinerungen vermißt werden, das heißt nur nichts sagende, durchgehende Arten gefunden sind oder Weichtierreste ganz fehlen, dann kann a u f e n g e m R a u m der Wechsel in der Beschaffenheit der Gesteine eine Gliederung ermöglichen, zum Beispiel Lagen von Ton und Braunkohle inmitten von Sanden. Auf größere Entfernung aber dürfte ein derartiger Schichtenvergleich im Miozän NW=Deutschlands leicht zu Trugschlüssen ver=

führen. In Anmerkung 33 sind Beispiele angeführt, die im Verein mit den vorgebrachten grundsätzlichen Bedenken dazu berechtigen dürfen, zum Beispiel die Ausführungen S. THIELES über eine petrographische Gliederung des Miozän in Schleswig-Holstein weitgehend als unbegründet außer acht zu lassen. Hinzu kommt, daß auch dessen Angaben zur Geschichte der allmählichen Gliederung des hiesigen Miozän die Wahrheit entstellen.

Da die Bedenken gegen S. THIELES Ergebnisse auch von A. SCHAD 1947, S. 62, und R. WEYL 1952, S. 126, geteilt werden, dürfte es sich empfehlen, auch künftig von der faunistischen als der am besten begründeten Gliederung auszugehen.

Bisher kennen wir vier bezeichnende Faunen im Miozän, die

des obermiozänen Glimmertons

durch STAESCHE 1930 und W. HINSCH 1952 dreifach untergliedert,

der mittelmiozänen Reinbeker Stufe,

der untermiozänen Hemmoorer Stufe

durch E. DITTMER 1959 zweifach untergliedert,

der untermiozänen Vierländer Stufe.

Es ist zu erwarten, daß in tieferen Teilen des damaligen Nordseebeckens diese Faunen sich allmählich ablösten, also Absätze mit den Übergängen von der einen zur anderen Fauna vorhanden sind oder waren.

Im Gegensatz hierzu werden verschieden alte küstennahe Absätze durch Wechsel der Arten unterscheidbare Faunen aufweisen, wenn sie von Schichtlücken oder von grobkörnigen, heute nicht selten fossilfreien Absätzen aus Strandnähe unterbrochen werden.

Die von der Facies unabhängigen und daher stratigraphisch wichtigen Unterschiede der Faunen beruhen auf:

1. Abwandlung oder Aussterben schon seit dem Oligozän vorhandener Arten;
2. allmählicher Zuwanderung von Gattungen aus dem Nordatlantik;
3. plötzliche und vorübergehende Zuwanderung südlicher Formen durch die zeitweise offene Straße von Dover.
4. Abwanderung infolge Klimaverschlechterung (Temperaturminderung).

Die Vierländer Stufe

Ohne erkennbare Unterbrechung gehen die Meeresabsätze des Oberoligozän in die des Untermiozän über, wie die alten und neuen Bohrungen auf der Struktur Reitbrook in den Vierlanden bezeugen. Bis 40 m mächtige tonige, an Glaukonit und Glimmer reiche Feinsande mit Einlagerungen von reinen Sanden, teilweise zu fossilführendem Kalksandstein verkittet, wurden hier als tiefstes Miozän angetroffen.

Schon in der Umgebung von Großensee ist nach E. KOCH 1931 die Ausbildung der dort bis 50 m mächtigen Schichten erheblich abweichend. Der untere Teil der Serie ist durch den Reichtum an Grobsanden und Quarzkies ausgezeichnet. Wichtig ist, daß in den kiesigen Lagen Weichtierschalen zum Teil reichlich auftreten. Im oberen Teil sind neben Kalksandsteinen erstmalig in unserem Lande verkalkte und verkieselte Hölzer, zum Teil vom Schiffsbohrwurm angebohrt, in ihrem Mutterlager angetroffen worden. Es ist dies der einzige Hinweis auf die Herkunft zumindest eines Teiles der im Lande als Geschiebe so häufigen verkieselten Hölzer.

Nähere Betrachtung verdient der hier angetroffene Quarzkies. Abgesehen von den wenigen, etwas gröberen Quarzkörnern im tiefsten Paleozän und Unteroligozän treffen wir hier Quarz in einer Größe und Menge wie seit Dogger und Weald, also dem Übergang Jura/Kreide, nicht. Fragen wir zunächst, wie weit in jüngere Schichten hinauf wir derartiges grobes

Quarzgeröll antreffen: In den Oberen Braunkohlensanden, dann an Menge abnehmend in der Reinbeker Stufe. In der Glimmertonserie fehlt bislang grober Quarz mit Ausnahme der allerjüngsten Schicht von Morsum auf Sylt. In den nächstjüngeren, dem pliozänen Limonit-sandstein und Kaolinsand, treten gleichfalls Quarze auf, jedoch zum Teil weniger abgerollt und in anderer Vergesellschaftung als seit Beginn der Vierländer Stufe.

Wir sehen somit, die groben Quarze stellen sich vereinzelt ein in Transgressionsabsätzen und vor Tonfolgen, sie kommen in Massen vor landwärts der marinen Feinsandzone. Bei Besenhorst, unweit von Geesthacht, sind Absätze, die wahrscheinlich der Vierländer Stufe angehören, 12 m mächtig aufgeschlossen. Illies (1949, S. 107) sieht in ihnen mit Recht Bildungen der Riffzone und weist auf das Vorkommen kantengerundeter Scheiben aus Quarz, sogenannter Pfenniggerölle, die für die Riffzone bezeichnend seien, hin.

Dafür, daß es sich bei diesen Grobsanden nur teilweise um Flußkiese, weitgehend aber um strandnahe Bildungen handelt, sprechen die im ganzen Land als Geschiebe vorkommenden fossilführenden verkitteten Feinkiese. Sie sind von Flensburg bis Trittau verbreitet. Bei Stücken, die nur die Muschel *Pectunculus* oder Haizähne enthalten, ist eine Altersangabe nicht möglich (Flensburg, Trittau).

Wenn aber, wie in Geschieben von Itzehoe, Meeresweichtiere wie *Voluta ficulina* Lam. neben *Turritella* sp., *Pleurotoma steinvorthi* vorkommen, so ist untermiozänes Alter sicher, und ein Zahnrest eines zu den Chimaeriden gehörenden Fisches bezeugt, zusammen mit den Mollusken, daß die offene See nahe war.

Von Wacken, nördlich von Itzehoe, liegen kalkhaltige feinkiesige Grobsande mit großem glatten *Pecten, Cyrtodoria* in großen Exemplaren vor (nicht von Hemmoor bekannt, aber als Seltenheit bei Bordeaux im Burdigal), die möglicherweise vom Alter der Hemmoorer Stufe sind.

Auf jeden Fall belegen diese Fein- bis Mittelkies führenden Gesteine mit vollmariner Fauna, daß ein wesentlicher Teil von ihnen echter Meeresabsatz ist. Die Herkunft so grober Sande kann bislang nur vermutet werden. Dem Dogger und Weald der Salzstrukturen entstammende, zum Teil auch oberoligozäne küstennahe Absätze wurden möglicherweise von einer Küstenströmung erfaßt und verfrachtet unter Bedingungen, die den heutigen Nehrungen und, bei Tidegewässern, den heutigen Nehrungsinselreihen entsprochen haben dürften. Die Zeit festländischen Einflusses kann bei diesen Feinkiesen sehr weit zurückliegen. Da die Erhaltung von Fossilien ± Zufall ist, dürfte ein erheblicher Teil der heute fossilleeren kiesigen Grobsande gleichfalls mariner Entstehung sein.

Pectunculusführende oder fossilfreie Grobsandgeschiebe nicht näher bestimmbaren Alters, deren Körner Hochglanz aufweisen, also im Meere bearbeitet sind, liegen von Flensburg, Oldenhütten, Schilksee, Hohwacht, Brodten und Sehmsdorf bei Oldesloe vor.

Innerhalb der Nehrungsinseln wird in Tidegewässern ein Watt zusammengespült. Dieses besteht nur zu sehr geringem Anteil aus Schlick, also aus feinsandigem Ton mit reichem organogenem Anteil. Vielmehr bilden gleichkörnige Feinsande über 90 % der Wattabsätze. Solche sind als Geschiebe auch aus der Vierländer Stufe bekannt geworden. Zunächst zu Tensfeld und Damsdorf (Kreis Segeberg) und danach auch zu Vierth bei Malente fanden sich über zwanzig Geschiebe, deren Gesteinscharakter weitgehend mit denen der Wattabsätze übereinstimmt. Reiner feiner gleichkörniger Sand in feinen Lagen wechselt mit dünnen kalkreichen Lagen, auf deren Oberfläche Kotpillen, dicht an dicht liegend, herausgewittert sind. Der erhebliche Kalkgehalt dieser Lagen scheint mit dem Reichtum an winzigen Kotresten zusammenzuhängen. Der Wechsel von Kotperlenschichten mit dünnen Lagen reiner Sande, dazu mit Schrägschichtung, entspricht vollkommen dem, was wir heute im Watt beobachten (K. Gripp 1956) (Taf. 19 Fig. 1).

Hinzu kommt, daß Röhrenfährten, senkrecht oder unregelmäßig, das Gestein durchsetzen (K. Gripp 1956, Taf. 2 Fig. 4, Taf. 3 Fig. 7). Molluskenreste in Gestalt von Schalenbruch oder kleinen glatten Schalen sind in den meisten Stücken die einzigen Fossilien. Es sind aber einerseits Übergänge zu Lagen reich an den schwach gebogenen Wurmröhrchen *Ditrupa* und Weichtierschalen, andererseits zu den Lagen mit Geröllen aus gleichem Gestein wie darunter und darüber, den sogenannten intraformationalen Konglomeraten, auch Eigenkonglomerate genannt, vorhanden. In diesen liegen zwischen zumeist plattigen, aus ein wenig tonigerem Gestein bestehenden Geröllen Weichtierschalen oder deren Bruch. Solche Gerölle waren zur Zeit ihrer Einbettung nur sehr schwach verkittet, wären also bei längerem Transport schnell zerfallen. Deren Entstehung und Erhaltung an einer Küste mit Brandung ist ausgeschlossen, wohl aber beobachten wir gleiche Gebilde in Wattprielen. Somit sind zwei Anzeichen für echte Wattabsätze vorhanden: Kotperlenschichten mit Reinsandlagen wechselnd und Prielkonglomerate, abgelagert hinter grobsandig-kiesigen Nehrungsinseln. Darüber, daß die Geschiebe mit den Kotpillenlagen untermiozänen Alters sind, kann kein Zweifel bestehen, neben *Aporrhais speciosa* Schl. sp. fand sich das Leitfossil *Aquilofusus pereger* Beyr. sp. zu Damsdorf.

Diese Wattschichten mit Lagen aus Kotperlen sind bisher nur einmal anstehend beobachtet. Die Bohrung Neumünster V, III, Rendsburger Landstraße, ergab ab 168 m miozäne Feinsande bis 200 m, danach überwiegend sandigen Ton und von 215 m Tiefe humosen, glimmerreichen Ton, der bei 270 m nicht durchstoßen war.

Am Übergang von der Feinsand- zur Tonserie bei 200,0–200,6 m wurde ein hellgrauer feinkörniger Kalksandstein angetroffen, der durch Lagen dunkler Kotperlen fein geschichtet ist. Ferner sind Reste eines Wühlganges (Taf. 17 Fig. 2) zu erkennen. Dieser verläuft senkrecht zur Schichtung und besitzt den Durchmesser und die wulstige Außenseite von *Ophiomorpha* Lundgren (Häntzschel 1952). Das Gestein stimmt mit den Geschieben von Damsdorf, Tensfeld usw. überein. Untermiozäne Wattabsätze finden sich also in Nordholstein in etwa 40 km Breite.

Ähnliche Wattablagerungen haben die Gletscherzungen der Flensburger Förde aufgeschürft. Sowohl in der Grube östlich vom Bahnhof Flensburg wie am Strande von Bockholm fanden sich als Geschiebe große Kalksandsteinkonkretionen mit Eigenkonglomeraten in schillführenden Lagen. Senkrecht zur Bankung treten darin glatte Röhrenfährten auf, die sich auf den Schichtflächen trichterartig erweitern. Da in ihnen Muschelbruch liegt, dürfte es sich nicht um Wurmfährten, sondern gleichfalls um Wühlgänge von Krabben handeln, Taf. 17 Fig. 4. Kotperlen wurden nicht beobachtet. Eigenkonglomerate sind ferner gefunden am Sundewitt, zu Stolpe (Gripp 1915, S. 49), Güster und Schulau (Gripp 1919, S. 24) und liegen in der Kieler Sammlung von Schilksee, Damsdorf und Tensfelder Au (Gripp 1956).

Es ist noch unbekannt, in welchem Lagerungsverhältnis die Pectunculus-Anreicherungen der Flensburger Gegend (Taf. 18) zu den dortigen Feinsanden mit Eigenkonglomeraten stehen. Auf flaches Wasser weisen auch sie hin.

Bei den übrigen in Nahgeschieben häufig angetroffenen Gesteinsarten der Vierländer Stufe können wir den Bildungsort noch nicht erkennen, weil entsprechende heutige Vorkommen noch nicht erforscht sind. Es finden sich:

a) Feinsande mit lagenweise kleinen Weichtierschalen nebst Otolithen, gut erhalten, zum Teil reicher an Pteropoden,
b) grobe, gut erhaltene Schalen in mächtigeren Lagen mit Feinsand gemischt,
c) grober zerbrochener Schill in Feinsandlagen von 30 cm und mehr,
d) fossilarmer Feinsand mit Fossilien nesterweise angereichert, wie sie Weyl 1931 beschrieb und abbildete. Wahrscheinlich ist, daß Byssus diese „Nester" zusammengehalten hat.

Über die Absätze in den Gats oder Tiefs machte Herr Dr. E. Dittmer freundlicherweise brieflich nähere Angaben, die in Anm. 30 wiedergegeben sind. Es muß zugegeben werden, daß manche Ablagerungen der Vierländer Stufe, insbesondere solche mit Bruchschill, den aus den Tiefs geschilderten Absätzen gleichen.

In den wahrscheinlich zur Vierländer Stufe gehörenden Absätzen in der Sandgrube von Besenhorst, aber auch in Bohrungen von Eckernförde bis in die Vierlande, sind in den Unteren und Oberen Braunkohlensanden ± gerundete Gerölle aus Flint (E. Koch 1913, S. 59, Nr. 16; 1919, S. 15; 1931, S. 17; S. Thiele 1941, S. 13, 38, 95) angetroffen.

E. Voigt (in Illies 1949) hat für Besenhorst nach deren Bryozoeninhalt sowohl Senon wie Dan als Alter festlegen können.

Da Absätze des Dan nach neuerer Erkenntnis unter Schleswig-Holstein verbreitet vorkommen, dürften jene Flintgerölle von nahe gelegenen Salzaufbrüchen stammen. Wir müssen damit rechnen, daß in den flachen miozänen Meeren nicht selten die Hutbildungen der Salzaufbrüche und die an diesen emporgeschleppten mesozoischen Gesteine der Brandung ausgesetzt waren. Entsprechendes finden wir heute in der 100 m Tiefe nicht überschreitenden Südhälfte des Persischen Golfes. Hier ragen Salzaufbrüche mit steilgestellten Randschichten als Inseln und Untiefen auf.

Die Vierländer Stufe wurde im Schleswiger Landesteil nur als Seltenheit zum Beispiel bei Wanderup unterhalb der Unteren Braunkohlensande in etwas über 40 m Mächtigkeit angetroffen (E. Dittmer 1959).

Der Fossilinhalt

Foraminiferen von Reitbrook bilden Staesche und Hiltermann Tafel 29 ab.

So wie die Schichten des Oberoligozän ohne erkennbare Unterbrechung in die der Vierländer Stufe übergehen, so allmählich wandelt sich gleichzeitig die Zusammensetzung der Weichtierfauna.

Wie erwähnt, traten im Oberoligozän die ersten Vertreter eines neuen Formenkreises auf. Diese Einwanderung setzte sich während der Zeit der Vierländer Stufe fort. Neu treten auf die Schnecken:

Columbella beyrichi v. K.
Columbella (Atilia) attenuata Beyr.
Nassa (? Dorsanum) meyni Beyr.
Nassa (Amycla) facki v. K. (Gruppe der *N. labiosa*)
Voluta ficulina Lam.
Trigonostoma (Ventrilia) acutangula Faujas
Cancellaria (Narona) varicosa Brocc.
Cancellaria (Brocchinia) parvula Beyr.
Genotia (Eubela) trochlearis Hoernes, nur von Klintinghoved bei Sonderburg
Tudicla rusticula Bast. sp. (H. Werner 1952).

Während die zwei letztgenannten ganz große Seltenheit sind, findet sich die auf die damaligen atlantischen Küsten beschränkte Schnecke *Cancellaria acutangula* Faujas häufig, u. a. lose im Schmelzwassersand zu Malente (siehe Taf. 17 Fig. 1).

Andererseits wird die Vierländer Stufe gekennzeichnet durch Arten, die vom Oligozän her bis in die Vierländer Stufe reichen, aber nicht über diese hinausgehen. Solche sind die Schnecken:

Triton (Charonia) flandricum var. *enodis* BEYR.
Ecphora wichmanni v. K.
Terebra (Hastula) beyrichi SEMP.
Murex (Hexaplex) deshayesi NYST.

Aporrhais speciosa SCHL. sp., diese im Oligozän häufige, dem Nordseebecken eigene Art, tritt in den Absätzen der Vierländer Stufe häufig, in den Ablagerungen der Hemmoorstufe nur in der Behrendorfer Unterstufe zu Hemmoor und Kronsmoor auf. Im untersten Glimmerton der Ziegelei Wohltorf, Belgiens und der Niederlande fand sie sich zum letztenmal.

Murex (Hexaplex) deshayesi NYST. fehlt im Mittelmiozän ganz, erscheint aber im tiefen Obermiozän als *M. octonarius* BEYR. erneut.

Ein wertvolles Leitfossil ist ferner *Aquilofusus pereger* BEYR. sp., eine Art, die aus dem oberoligozänen *Aquilofusus waelii* NYST. sp. durch Verlust der Rippen hervorgegangen ist und in den Feinsandgeschieben häufig gefunden wird. Im gleichen Gestein treten neben den auch in anderen miozänen Schichten häufigen Flügelschnecken der Gattung *Spirialis* und *Vaginella* die nur hieraus bekannten zarten *Hyalaea perovalis* v. K. und *Cleodora deflexa* v. K. (Stolpe, Damsdorf, Vierth) auf.

Den allmählichen Übergang von der oligozänen zur miozänen Fauna zeigt besonders deutlich eine Fauna vom Ochsenkamp bei Itzehoe. Neben dem gestauchten Septarienton fanden sich an grobem Glaukonit reicher schwärzlicher Sand, nach H.-J. ANDERSON 1959 oberoligozänen Alters (S. 97) und ein kalkhaltiger graubrauner an Glimmer reicher Ton aus dem tiefsten Teil der Vierländer Stufe. Von dessen Weichtieren steht *Aquilofusus Gürichi* GRIPP sp. einer mitteloligozänen Art nahe, während *Pisanella semplicata* NYST. sp., *Pleurotoma konincki* NYST. mit dem Oberoligozän gemeinsam sind, aber sonst in der Vierländer Stufe fehlen. Miozäne Arten aus jener Fauna sind:

Nassa (? Dorsanum) meyni BEYR. sp. (Taf. 17 Fig. 5)
Cancellaria (Brochinia) parvula BEYR. = *(C. mitraeformis bicarinata* aut.)
Phacoides (Lucinoma) borealis L.

Eine Bohrung, die 1920 bei Neuengamme auf Grund der kurz vorher von Mintrop erfundenen und erstmalig angewandten seismischen Untersuchungen niedergebracht wurde (= Mintropbohrung in BEHRMANN 1949, S. 142), traf bei 117–126 m Schichten mit *Nassa pygmaea schlotheimi* BEYR., *Phacoides borealis* L. und daneben *Aquilofusus gürichi* GRIPP sowie *Pisanella semiplicata* NYST. sp. an.

Eine ähnliche, nahezu noch oberoligozäne Fauna mit den ersten, im Oberoligozän nie angetroffenen miozänen Formen fand W. KOERT 1900 in der Bohrung Schmardau, unweit von Hitzacker. Die Mollusken zweier Zeitabschnitte treten also nebeneinander auf. Sie bezeugen einen ununterbrochenen Übergang.

Krebsreste sind selten. Zwei Funde verdienen erwähnt zu werden:

1. Aus dem Holsteiner Gestein von Segeberg beschrieb NOETLING 1881 eine kleine, zu den *Maiidae* (Seespinnen) gehörige neue Gattung und Art als *Micromithrax holsaticus,* siehe Abb. 21. Weitere Funde liegen nicht vor.

2. In der Sammlung Kiel befindet sich ein zur Gattung *Dorippe* gehörendes Fundstück. Da diese Gattung der Spitzkrabben nur in zwei Arten fossil beobachtet ist und es sich um die älteste bislang bekannte Art dieser Gattung handelt, sei der neue Fund eingehend erörtert.

Diese *Dorippe judicis* n. sp. wurde vor rund einhundert Jahren vom Amtsgerichtsrat MÜLLER in einem Geschiebe zu Stolpe bei Bornhöved gefunden. Länge ohne Abdomen 0,69 cm, Breite 0,80 cm (Taf. 17 Fig. 7).

Beschreibung: Ein Brachyure von fast rechteckigem Umriß, breiter als lang. Frontalrand nur wenig schmaler als der Branchialbereich. Durch tiefliegende Furchen stark skulptiert. Ohne Höckerchen, da solche auch im Gegenstück nicht zu erkennen sind. Gastralfurche geknickt, da die Gastralregion vorn breit ist. Cardiacalbereich durch bogenförmige Leisten, die hinten zu Höckern anschwellen, und durch von den Leisten umschlossene Senken bezeichnend skulptiert.

Die größte Breite liegt nahe dem Hinterrand in der Branchialregion. Der vordere und hintere Seitenrand gehen ohne Absatz ineinander über. Dadurch erhält das vorliegende Stück einen von *Dorippe margaretha* Lör. in Lörenthey-Beurlen 1929, S. 135, Taf. VI Fig. 1, abweichenden Umriß. Vorderteil und Frontalrand sind bei der hiesigen Art erheblich breiter als bei der ungarischen. Dies wird bedingt durch die erhebliche Breite der Mesogastralregion. Die Furche, welche die Gastralregion begrenzt, verläuft im Vorderteil dem vorderen Seitenrand parallel und ist an der Grenze Hepatical-Branchialregion deutlich geknickt. Der Hepaticalbereich ist trapezförmig begrenzt. Die vordere Branchialregion ist wie eine Apfelsinenschnitte umgrenzt und trägt je einen kräftigen Höcker, die mit dem unpaaren Mesogastralhöcker in einer Linie liegen. Zwei metagastrale Höcker finden sich am Hinterrand der breiten, gewölbten vorderen Gastralregion. Diese ist zum Rostrum hin eingesenkt.

Am schwach konkaven Frontalrand ist nur auf der rechten Seite der winzige Orbitaleinschnitt in der Verlängerung der Gastralfurche zu erkennen. Die Cardiacalregion ist besonders gekennzeichnet: Von einem kleinen Höcker in der Furche zwischen Gastral- und Cardiacalregion verläuft eine winzige Leiste in eine Bucht, die von zwei bogenförmigen Leisten auf der Cardiacalregion gebildet wird. Diese Bogenleisten enden hinten in Höckern. Sie umschließen mit einer sich nach hinten spaltenden schwachen Mittelleiste zwei flache Senken. Der gewulstete Hinterrand ist in Richtung auf diese Mittelleiste eingezogen. Vom Abdomen sind vier in der Mitte mit Höcker oder Leiste versehene Segmente sichtbar.

Die von Th. Studer 1892 aus dem Helvet der Schweiz beschriebene *Dorippe fankhauseri* weicht im Umriß erheblich von dem von Stolpe vorliegenden Stück ab. Bei der Schweizer Art ist der Frontalrand bedeutend schmäler, der Umriß daher nach vorn mehr zugespitzt als bei *D. judicis.* Die Ausbildung der Bogenleisten auf der Cardiacalregion scheint bei beiden Arten gleich zu sein, soweit wie sich dies nach der Abbildung bei Studer beurteilen läßt.

Ein Vergleich der untermiozänen mit der *D. lanata* Milne-Edwards des nordöstlichen Atlantik und des Mittelmeeres ergibt:

a) Der Umriß des vorderen und des hinteren Seitenrandes verläuft bei beiden fast gleich; der vordere Seitenrand erscheint in der Aufsicht, außer nahe dem Frontalstachel, gerade.
b) Der Frontalrand ist bei der neuen Art ungleich breiter.
c) Die hintere Branchial-Region ist mit drei vom höchsten Punkt ausgehenden Kanten versehen, nicht abgerundet wie bei *D. lanata.*
d) Die Cardiacal-Region weist eine typische, von der Klein-Höcker-Skulptur der *D. lanata* abweichende Skulptur auf.

Es scheint nicht ausgeschlossen, daß *D. judicis* die Ahnform der *D. fankhauseri* und *lanata* ist. Der Verlauf der Entwicklung hätte dann von einer breiten Form mit breitem Frontalrand zu einer langgestreckten Form mit ungleich schmalerem Frontalrand geführt.

Krebsreste sind somit selten. Nur deren Grabgänge sind verbreitet. In Sanden der Vierländer Stufe zu Besenhorst und häufig in Geschiebe paleozänen oder eozänen Alters werden ästige, außen knotige Gebilde gefunden (Taf. 19 Fig. 2 und 3), in denen die Ausfüllung von Grabgängen Dekapoderkrebse vermutet wird. Diese Gebilde – *Ophiomorpha nodosa* Lundgren – hat W. Häntzschel 1952 eingehend erörtert.

Die Fischfauna ist kürzlich durch Th. Kruckow 1959 gut bekannt geworden.

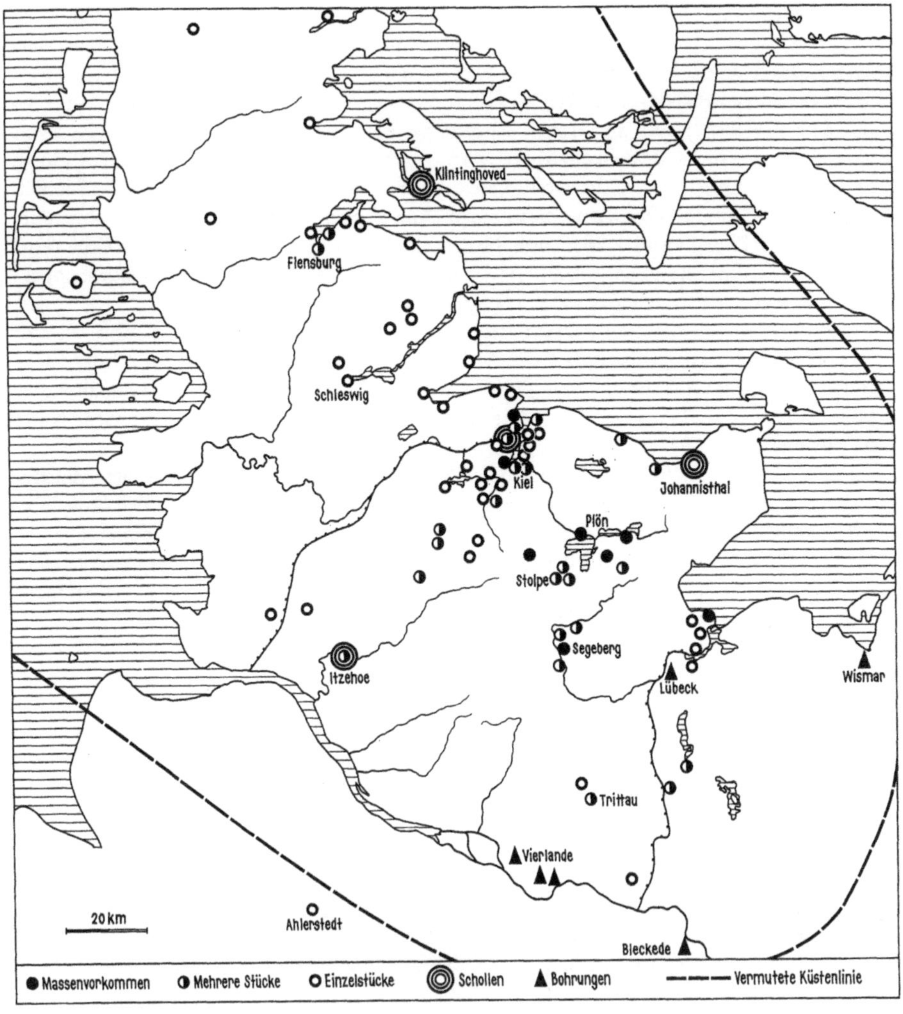

Abb. 22 Vermutete Verbreitung des Meeres der Vierland-Stufe (Unter-Miozän) nach H.-J. ANDERSON 1959 (ergänzt)

Glaziale Schollen vom Alter der Vierländer Stufe

Neben der S. 105 erwähnten Scholle vom Ochsenkamp (Itzehoe) seien zwei ähnliche Vorkommen aus NO-Holstein erwähnt. Von Voßbrook bei Holtenau beschrieb H. O. GRAHLE 1931 bräunliche Tone mit einer kleinen untermiozänen Fauna von Mollusken, Fächerkorallen und Selachierzähnen. Auch zahlreiche bis Hochglanz abgerollte schwarze Phosphorite treten darin auf.

Ein ähnlicher Phosphorit, den Taschenkrebs *Coeloma* erfüllend, fand sich als Geschiebe unweit hiervon zu Schilksee. Es ist somit wahrscheinlich, daß die Phosphorite aufgearbeitetem Septarienton des Mitteloligozän entstammen, zumal Septarien zu Voßbrook als Geschiebe nach GRAHLE häufig auftraten.

Ein ähnliches Vorkommen war 1959 am Strande von Johannisthal, Kreis Oldenburg, zu beobachten. Vom Eise verschleppter und später durch Abrutschen des Kliffs nochmals verkneteter dunkelgrauer sandiger Ton bis toniger Sand war in Fetzen von 0,5 bis 0,75 m größter Breite zwischen den Blöcken des Strandes vom Meere freigespült. Darin war erstmalig eine der bisher nur aus harten Geschieben bekannten Schillagen zugänglich. Zwar waren alle größeren Molluskenschalen *(Cyprina, Isocardia, Aporrhais, Cassis, Murex)* durch die zweimalige Pressung zu Grus zerstückelt. Aber bei dem Reichtum an Fossilien ließen sich die in Anm. 34 aufgezählten Arten bestimmen. Aus älteren Absätzen stammende abgerollte Haizähne und Phosphorite waren auch hier vertreten. Auffallend ist das zahlreiche Vorkommen von Einzelkorallen neben stark abgerollten Resten von Meeressäugerrippen. Zweifellos liegt der Absatz eines stark bewegten strandnahen Meeres vor.

Auch dort bei Johannisthal treten mitteloligozäne Septarien als Geschiebe zahlreich auf. Es ist daher damit zu rechnen, daß von Voßbrook bis Heiligenhafen die Vierländer Stufe unmittelbar auf Mitteloligozän lagert. Der gleiche Ausfall des Oberoligozän und ein ähnliches tiefstes Miozän ist in Bohrungen beobachtet, zum Beispiel im Lübecker Raum (Erl. Geol. Karte Blatt Lübeck).

Fassen wir das Geschehen während der Vierlandzeit zusammen, so ergibt sich: die Regression des oberoligozänen Meeres setzte sich während des Untermiozän fort. Die Ostgrenze der Vierland-Meeresbucht fiel nahezu mit der Westgrenze Mecklenburgs zusammen. Die See bedeckte fast ganz Schleswig-Holstein, Fehmarn vielleicht ausgenommen (Johannsen und Prange 1961). Der von Beyrich 1856 für die Geschiebe vom Alter der späteren Vierländer Stufe gewählte Name Holsteiner Gestein trifft somit auch heute noch zu.

Das Meer war flach und wies vom Sundewitt über Flensburg–Neumünster–Malente bis nordöstlich von Güster Wattabsätze auf. Salzhorste waren so hoch aufgedrungen, daß an ihren Flanken flintführende Kreide und vielleicht auch grobe Sandsteine des oberen Jura aufgearbeitet wurden. Viel Grobsand wird aber auch durch Küstenversatz verfrachtet sein.

Das Vierlandmeer wurde durch weitere Regression verdrängt; denn bei Wanderup sowie von Elmshorn über Hamburg bis Trittau finden sich oberhalb von dessen Absätzen Sande mit Braunkohlenflözen.

Untere Braunkohlensande

C. Gottsche faßte 1901 erstmalig die in Hamburgs Umgegend unterhalb der Sande der Reinbecker Stufe erbohrten grauen, fein- bis grobkörnigen, fossilfreien Sande als Braunkohlensand zusammen, weil darin Braunkohlenflöze und bezeichnende braune Tone vorkommen.

Eine gute Beschreibung der Gesteine der „Braunkohlensande" gab W. Wolff in der Erläuterung zur Geologischen Karte, Blatt Hamburg. Weitere petrographische Beschreibungen lieferten E. Koch 1931 für Großensee und Behrmann 1947 für die Gegend von Reitbrook. Die Ausbildung der Serie der Unteren Braunkohlensande um Reitbrook unterscheidet sich von derjenigen der Hamburger Gegend durch größeren Gehalt an Tonen, falls dieser Unterschied, abgeleitet aus älteren und jüngeren Bohrergebnissen, nicht auf einen Unterschied in der Gewinnung des Bohrgutes zurückzuführen ist.

Bei Reitbrook ergaben die Bohrungen nach Behrmann:

20–45 m Braunkohlenton schwarzbraun, glimmerreich, sandarm bis sandfrei, jedoch mit isolierten häufig polierten Quarzkörnern, mit Einlagerungen erdiger Braunkohle.

10–12 m Braunkohlenton und weiche Mittelsande, oben und unten mit je ein bis zwei harten Linsen oder Bänken von verkieseltem Feinsand und dichtem Eisenkarbonat, das Braunkohlenreste einschließt.

Der Name Braunkohlensande verführte dazu, nicht näher zu prüfen, wie diese Absätze entstanden.

In den Erläuterungen zur Geologischen Spezialkarte Hamburgs wurden sie folgendermaßen gekennzeichnet bzw. gedeutet:

> „offenbar eine Süßwasserablagerung" (SCHLUNCK, Bl. Allermöhe, 1910),
> „untermiozäne Braunkohlenformation" (WOLFF, Bl. Glinde, 1913),

und nachdem das tiefste Miozän in den Vierlanden als Meeresabsatz erkannt war:

> „im ganzen eine Süßwasserablagerung, doch kommen oben und vielleicht in den tieferen Schichten marine Einlagerungen vor" (WOLFF, Bl. Hamburg, 1914).

Da Fossilien sehr selten angetroffen wurden, bemühte man sich, auf anderen Wegen Sicherheit zu erhalten, ob die erheblichen Sandmassen wirklich von Flüssen angefrachtet seien. Einmal versuchte man aus dem Korngrößenverhältnis und der Oberfläche der Körner Fluß-, Meeres- und Dünenabsätze zu unterscheiden, so haben H. RUNGE 1921 und CAILLEUX 1952 auf die hochglänzende Oberfläche der im Meere bewegten Körner und die durch Stoßstellen rauhe und duffe Oberfläche des Dünensandes hingewiesen. Flußsanden hingegen fehlt eine bezeichnende Ausbildung der Kornoberfläche. Die Körner weisen bei teilweiser Rundung ± weitgehend erhaltene Bruchflächen auf. Andererseits benutzten W. G. SIMON

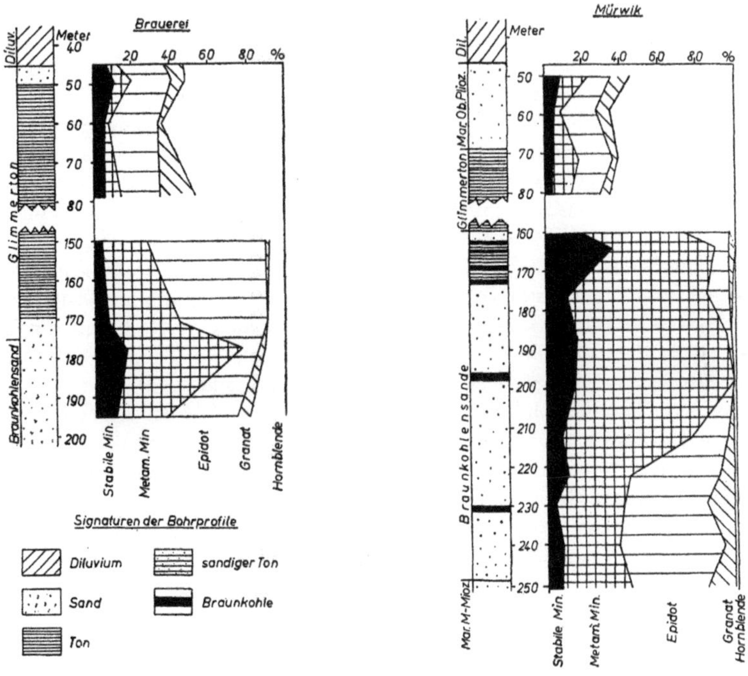

Abb. 23 Der Schwermineral-Gehalt der Korngrößen 0,2–0,1 mm in den Miozän-Ablagerungen zweier Flensburger Bohrungen

Hohe Anteile an metamorphen und stabilen Schwermineralen kennzeichnen Fluß-Absätze. Meeres-Ablagerungen hingegen weisen hohe Anteile an Hornblende und Epidot auf, sofern sie genügende Mengen der untersuchten Korngrößen enthalten. Nach R. WEYL 1952

(1931, 1932, 1935) und R. Weyl (1932, 1949, 1952) den Schwermineralgehalt zu Aussagen über Herkunft und Entstehung tertiärer Sedimente.

Anfangs glaubten die Untersucher mit Hilfe dieser Methoden, marin und fluviatil unterscheiden zu können. Eingehendere Erforschung lehrte, daß

1. die Unterschiede der örtlichen Strömung sich in der Zusammensetzung des Schwermineralanteils eines Sandes schon bei dessen Entstehung auswirken;
2. später
   a) Verwitterung von der Erdoberfläche her eine chemische Auslese unter den Schwermineralen hervorruft. Besonders die Hornblenden und Augite fallen durch sie aus;
   b) strömendes Grundwasser in gleicher Weise wirkt.

Trotzdem konnte R. Weyl 1952 durch Bearbeitung durchgehender Bohrprofile Unterschiede von marinen und Braunkohlensanden nachweisen. Zwar waren es die oberen Braunkohlensande und als Meeresabsatz Glimmerton, Reinbeker Stufe und Teile der Hemmoorer Stufe, die erfaßt wurden. Es ergab sich eindeutig, wie Abb. 23 zeigt, in den Braunkohlensanden treten Hornblende, Granat und Epidot häufig (nicht immer) erheblich zurück, so daß Weyls Gruppe der Metamorphen Minerale (Staurolith, Disthen, Sillimanit, Andalusit) und weniger stark Turmalin, Zirkon, Rutil, Titanit = Stabile Minerale (Weyl S. 106, nicht S. 105!) prozentual zunehmen.

Marine Absätze hingegen sind durch hohe Anteile von Hornblende, Epidot und Granat gekennzeichnet.

Dies gilt auch für Meerestone und Braunkohlentone, wie Weyl eindeutig aufzeigte.

Aber die Frage, was fluviatil-ästuariner Entstehung und was als Meeresabsatz anzusehen ist, entscheidet die sedimentpetrographische Betrachtung bislang nicht. Denn wir können nicht erkennen, wie weit in den Braunkohlensanden die leichter vergänglichen Minerale als Folge chemischer Ausmerzung auf der Wanderung von Fennoskandia bis in den Braunkohlensand verlorengingen oder ob sie erst nachträglich in einem marin abgesetzten Braunkohlensand fortgelöst wurden. Hinsichtlich Hornblende, Epidot und teilweise Granat hat auch W. Wetzel für das hiesige Miozän eine „diagnetische Mineralauslese" aufgezeigt.

Etwas Ähnliches ist aus Bohrungen für Weichtierschalen bekannt. In sonst fossilfreien Braunkohlensanden finden sich gelegentlich Spuren dieser Fossilien in Konkretionen, die durch Karbonat oder FeS_2 verkittet sind. Man darf hieraus auf eine Zerstörung der Fossilreste später als die Bildung jener Bindemittel schließen.

Weyls Schwermineraldiagramme von Bohrprofilen aus Schleswig-Holstein zeigen einen Ausfall der leicht lösbaren Minerale überwiegend im oberen Teil der Braunkohlensande, so Flensburg und Schleswig je zweimal, während zwei Profile von Kiel mit dem tieferen Teil des Profils von Mürwik übereinstimmen, in dem Hornblende fehlt, Granat und Epidot aber, ähnlich wie in sandigen Meeresabsätzen, auftreten.

Diese Untersuchungen gewähren uns wertvollen Einblick, auch wenn sie, weil noch zu gering an Zahl, die Frage nach den Sedimentationsbedingungen im einzelnen noch nicht beantworten.

Die von Runge und Cailleux beschrittenen Wege sind für die Braunkohlensande in den letzten Jahren nicht benutzt worden.

Die Braunkohlen selbst sagen bislang auch nicht viel aus über ihre Umgebung zur Zeit, als sie noch Moore waren. Über ihre Verbreitung machte H. L. Heck 1951 zusammenfassende Angaben. Hiernach und aus Weyls (1952) Profilen läßt sich keine Verbindung von Braunkohle mit toniger Unterlage erkennen. Anscheinend treten Braunkohlen inmitten von Sanden auf. Das weist auf hohen Grundwasserstand hin. Die Braunkohle in den unteren Sanden erreicht nach HECK selten mehr als 2 m an Mächtigkeit. Jedoch gab E. DITTMER 1961 von Tarpfeld 23 m bekannt. Über ihre Zusammensetzung liegen bisher nur die Angaben von THOMSON 1944 vor. Er gab an, daß auffallend wenig Coniferen, inbesondere *Sequoia*=Pollen, in Schleswig=Holsteins miozänen Braunkohlen gefunden werden, statt dessen Juglandaceen (walnußartige) und Myricaceen (Verwandte des Gagelstrauchs), daneben *Rhus* (Sumach), *Nyssa* (eine heute in Europa nicht mehr lebende Cornacee), Eichen, *Ilex;* während in den gleichaltrigen östlicheren Braunkohlen viel *Sequoia* und *Taxodium* nachgewiesen sind.

Eine Beziehung von den ostdeutschen miozänen Braunkohlen zu denen des westlichen norddeutschen Flachlandes suchte QUITZOW 1953 herzustellen. Er verfolgte die ostdeutschen Flözgruppen von der Lausitz aus nach Westen. Dadurch konnte er die unteren Braunkohlen Schleswig=Holsteins dem tiefsten = 3. Lausitzer Flöz und die oberen Braunkohlensande dem mittleren oder Lausitzer Unter= oder Hauptflöz gleichsetzen. Allerdings darf man diese Angabe nicht wie bei Meeresabsätzen auffassen, dahin gehend, daß sich eine zusammenhängende Braunkohlenlage von der Lausitz bis Schleswig=Holstein erstreckt habe. Es handelt sich vielmehr um zahlreiche kleine Vorkommen, die aneinandergereiht eine braunkohleführende Schichtengruppe ergeben.

Die nach QUITZOW durch Norddeutschland verfolgbaren zwei Braunkohlenhorizonte werden im O durch 30 m und mehr mächtige Sande und „Letten" (=verfestigte feinsandig=schluffige Tone) getrennt. Dies bedeutet, daß zu zwei Zeiten Veränderungen eintraten, die in Niederungen ein Anheben des Grundwasserspiegels über das Gelände ermöglichten. Als Ursache hierfür läßt sich die gleiche annehmen, die zur Vermoorung der heute tief gelegenen Landstriche an der Nordseeküste führte: relative Senkung des Landes, das heißt entsprechender Anstieg des Meeresspiegels. Ein solcher hatte zur Folge:

1. In küstennahen Niederungsgebieten durch Rückstau Austritt von Grundwasser und anschließende Vermoorung;
2. mit dem Vordringen des Meeres:
   a) ein topographisches Landwärtswandern der Vermoorung, das um so weiter reichte, je flacher das Gelände war;
   b) ein klimatisches Vordringen der Vermoorung gegen das Land.

Hieraus ergibt sich für das damalige Flachland: Die Zeiten großflächiger Vermoorung sind an Meeresüberflutung gekoppelt. Die Braunkohlenabsätze in Küstennähe zeigen somit den Beginn einer relativen Senkung an, deren zweite Phase eine Meeresüberflutung war.

Für die Schichtengliederung ergibt sich hieraus: In dem Bereich, der abwechselnd Land und Meer war, zeigen weitreichende Braunkohlevorkommen das Eintreten einer relativen Senkung an. Die nachfolgende Meeresüberflutung gehört somit zur gleichen Senkung wie die Braunkohlenbildung im Liegenden.

Daher gehören die Unteren Braunkohlensande stratigraphisch zur nachfolgenden Hemmoorer Stufe.

Dem von W. HINSCH 1955 vorgebrachten Gedanken, Äquivalente der Unteren Braunkohlensande hoch in Absätzen der Hemmoorer Stufe zu sehen, vermag ich nicht beizupflichten. Auch die elektrischen Bohrlochdiagramme geben m. E. hierzu keinen Anlaß. Die von E. KOCH 1927 bekanntgegebenen Bohrprofile von Harburg und Neugraben bezeugen, daß Braunkohle und Lignite unter dem Hamburger Ton auftreten, und in den Vierlanden wurde Braunkohle in Sanden erbohrt, die die marinen Vierländerschichten überlagern. Die unteren Braunkohlen dürften danach oberhalb der Vierländer und unterhalb der Meeresabsätze der Hemmoorer Stufe anzusetzen sein. Dies belegt auch der Befund von Wanderup (E. DITTMER 1959).

Eine offene Frage ist, wie weit die Vorstellung eines klar begrenzten Braunkohlehorizontes zutrifft. Es werden die damaligen Vorgänge verständlicher, wenn wir sie – zugleich um die bisherigen Angaben zusammenzufassen – vom größeren Geschehen zum örtlichen übergehend betrachten. Diese regionalen Vorgänge sind Küstenverlagerung meerwärts und später land=wärts, Sandverfrachtung entlang der Küste, besonders während der Regression, und die flächenhafte Vermoorung vor der Küste des vordringenden Meeres.

Bei einer seewärts gerichteten Verlagerung der Küste werden einmal von den Langschweb=absätzen am Grunde des Meeres die obersten Teile umgelagert, da jene zum Kurzschweb=bereich geworden sind. Anschließend wird dies Gebiet mit zunehmend grobkörnigeren Ab=lagerungen zugedeckt. In den uns hier mehr beschäftigenden Gebieten nahe der Küste aber werden Ästuare durch Flüsse und von See her zugeschüttet. Flüsse, die von Skandinavien kamen, dürften Kies, Grob= und Mittelsand bald nach Erreichen der baltisch=norddeutschen Ebene abgesetzt haben. Höchstens feines Korn wird daher, wie heute, von ihnen bis in die Ästuare verschleppt worden sein und dort tonähnlichen Absatz hinterlassen haben. An der Küste aber, an der Wellen und Strömung überwiegend in gleicher Richtung liefen, wird Sand und Feinkies in großem Ausmaß verfrachtet sein. Diese Sandmassen drangen von See her in die Flußmündungen ein und füllten zudem die Randbuchten der Küste langsam an. Hierbei entstanden in ruhigen Becken der Flußgebiete humose bzw. Gyttjen=Tone und Flachmoore geringer Mächtigkeit. Derartige Moore konnten auch im Schutze von Nehrungen gedeihen.

Bei einem solchen relativen Anstieg des Landes wird dieses zunehmend trocken gefallen sein, zumal im subtropischen Klimabereich. Eine Vertorfung kann also auf diesem Lande außer vielleicht unmittelbar an Flüssen, kaum eingetreten sein. Im großen gesehen waren daher während einer Regression Vertorfung und damit Braunkohlenbildung nur gering.

Anders waren die Verhältnisse, wenn der Meeresspiegel wieder anstieg. Im gleichen Aus=maß wie dies geschah, hob sich der Grundwasserspiegel des angrenzenden Landes. Da dieses flach und aus lockeren Gesteinen aufgebaut war, füllte das Grundwasser jede Senke, und war sie noch so flach und noch so weit. Im warmen Klima vermoorte das Land weithin und schnell. Je höher der Meeresspiegel, desto weiter griff der jeweilige Moorgürtel landwärts vor. Daher sind die Braunkohlen in W und O nicht genau gleichaltrig. Zwar hat das nachdringende Meer erhebliche Anteile der neugebildeten Torfe wieder zerschlagen. Daher werden so häufig allochthone Braunkohlelagen angetroffen. Aber manche Vorkommen blieben bewahrt, so daß unzusammenhängend geringmächtige Braunkohlenflöze in einem bestimmten Schichtenkomplex überwiegend angetroffen werden.

Die Hemmoorer Stufe

Eine örtliche Facies inmitten der Braunkohlensande ist der H a m b u r g e r T o n , ein fester „Ton", teils einfarbig (E. Koch 1931, S. 16), teils grau=gelblich=bräunlich=rötlich ge=schichtet (E. Koch 1927, S. 28). Dieser unter Hamburg und bis in das Herzogtum Lauenburg verbreitete Ton wird bis 58 m mächtig und keilt gegen SO aus. S. Thiele (1941, S. 27) gibt an, daß in der Bohrung M. Glinde 28 im Hamburger Ton zwei gut erhaltene Haizähne ge=funden seien. Damit bestätigt sich die schon früher ausgesprochene Vermutung, daß es sich um Meeresabsatz handelt. Erst wenn eine eingehende mikropaläontologische Analyse vor=liegt, wird sich erkennen lassen, unter welchen Bedingungen dieser, von anderen Tonen ab=weichende Ton entstanden ist. Er ist anscheinend an eine salztektonische Hohlform gebunden. Unwahrscheinlich ist, daß mit ihm die neue Meeresüberflutung einsetzt (S. Thiele 1941). Dieser dürften eher die groben Sande entsprechen, die unter dem Hamburger Ton an=getroffen sind. Bei der Schichtengliederung auf Grund petrographischer Merkmale sind jene

Sande zum Untermiozän gerechnet, der Hamburger Ton aber als Basis des damaligen marinen „Mittelmiozän" angesehen worden, so bei E. Koch 1931 und S. Thiele 1941. Wir aber halten es für erdgeschichtlich zutreffender, im Grobkorn Reste der Transgression zu sehen entsprechend der Auffassung, daß die Braunkohlen den Anstieg des Meeresspiegels bezeugen.

Über dem Hamburger Ton folgt eine zumeist kalkfreie Serie, die zum Beispiel unter dem Mönchsteich bei Trittau 70 m, unter Hamburg-Billwärder 74 m mächtig ist, und aus glimmerhaltigen Quarzsanden, teils feiner, teils gröber, besteht. Darin eingeschaltet sind Lager fetten glimmerhaltigen Tones, der in der Bohrung Billwärder 3 m, unter Mönchsteich aber 47 von 70 m ausmacht. Im oberen Teil findet sich häufig Braunkohle in einer oder mehreren Schichten, die mehrere Meter mächtig sein können. Diese jüngeren Braunkohlen bezeugen, daß die Herrschaft des Meeres, die im Hamburger Ton durch jene Haizähne aufgezeigt war, damals vergangen war. Aber zwischen Hamburger Ton und oberer Braunkohle liegen jene, stets kalkfreien Sande und glimmerreichen Tone. Man hat in den häufig bräunlichen Tonen einen Humusgehalt vermutet und sie daher als Braunkohlentone und die begleitenden grauen Sande als Braunkohlensande bezeichnet.

Jedoch hat die Bohrung Hamburg Grasbrook B II 11 (E. Koch 1919) aus der hier gleichfalls 74 m mächtigen, kalkfreien Schichtenfolge oberhalb des Hamburger Tones und unterhalb von drei Braunkohlenflözen von 0,8 bis 1,6 m Mächtigkeit eine Überraschung geliefert. In feinen Glimmersanden fanden sich neben viel gerollter Braunkohle durch Pyrit verfestigte Partien, in denen einmal ein Haizahn, in einer anderen, neben viel Lignit, fünf Abdrücke von *Cardium (Acanthocardia) hanseatum* Kautsky saßen.

Hierdurch war erstens bewiesen, daß die heute fossilfreien Sande teilweise ursprünglich Molluskenschalen enthalten haben, diese aber durch zirkulierende Wasser fortgelöst sind; zum anderen erhellte, daß von den Schichten oberhalb des Hamburger Tons mindestens 30 m mächtige sandige Absätze zur gleichen Meeresbedeckung gehören wie jener und drittens ergab sich die Altersstellung, als Hemmoorer Stufe, wie in Anm. 32 angegeben. Die im O unseres Landes zwischen den Unteren und Oberen Braunkohlen gelegenen Schichten: Sande und Tone einschließlich Hamburger Ton, stellen also weitgehend Meeresabsätze der Hemmoorer Stufe dar.

E. Koch hatte 1931 für die Gegend westlich von Trittau gleichfalls die 14 bis 30 m mächtigen Schichten oberhalb des Hamburger Tones als mariner Entstehung und vom Alter der Hemmoorer Stufe angesehen. Später fand E. Koch in der Bohrung M. Glinde 28 unterhalb der Oberen Braunkohlenschichten feine Sande, die teils durch Siderit verfestigt waren, aber auch in Pyrit umgewandelte Molluskenschalen, darunter die in der Hemmoorer Fauna auftretende *Corbulomya donaciformis* Nyst. (fide S. Thiele 1941, S. 27) enthielten.

Einen weiteren sehr wertvollen Einblick in die Schichtenfolge der Hemmoorer Zeit gaben die von E. Dittmer (1957, 1959) angesetzten und ausgewerteten Wasserbohrungen in Schleswig und Dithmarschen. Von flözführenden Braunkohlensanden überlagert und von humosem, fossilfreiem Ton und Glimmerfeinsanden der Unteren Braunkohlensande unterlagert, liegt eine rund 75 m mächtige Folge aus graugrünen ± glaukonitischen Feinsanden mit reichen Faunen. Da diese ersichtlich oben und unten verschieden zusammengesetzt sind und diese Unterschiede auch schon an Geschieben bemerkt waren, wurde der tiefere Teil als Behrendorfer Stufe von der jüngeren Oxlunder Stufe getrennt (E. Dittmer 1959, 1960). Die angetroffene Behrendorfer Fauna ist großschalig, hat noch Beziehungen zur Fauna der Vierländer Stufe wie *Turritella geinitzi, Aporrhais speciosa margerini* und lieferte ferner *Aquilofusus beyrichi, A. oppenheimi, Sipho grippi.* Sie ist außerdem gekennzeichnet durch das Fehlen zahlreicher, die Oxlunder Stufe auszeichnender, die höchste Wärme aufzeigender

Arten. Von solchen, nahe Beziehungen zum Burdigal der Aquitaine aufweisenden Arten seien aus jenen Bohrungen genannt

Leda (Lembulus) emarginata LAM
Cardium (Ringicardium) danubium MAYER
Cardium (Acanthocardia) hanseatum KAUTSKY
Dosinia basteroti AGASSIZ
Nassa (Phrontis) poelsensis AUINGER
Dorsanum boreobaccatum KAUTSKY
Turritella eryna D'ORB
Turritella subangulata BROCCHI.

1957 machte E. DITTMER von Winnert, unweit von Husum, aus Bohrungen eine weitere Unterstufe der Hemmoorer Stufe bekannt. Diese Winnert=Unterstufe führt nur noch einen Teil der für die Hemmoorer Ablagerungen bezeichnenden Arten, zum Beispiel *Cardium hanseatum*. Dazu treten aber *Turris helenae* (SEMP) und *T. badensis* (HOERNES), Arten, die im jüngeren Miozän verbreitet sind. Es erscheint zunächst fraglich, ob dieser bisher beschränkt angetroffenen Übergangsfauna ein stratigraphischer Wert zukommt.

Die Zweiteilung in Behrendorfer und Oxlunder Unterstufe ist auch bei den Geschieben nachzuweisen. Die Geschiebefauna von Kronsmoor (Anm. 35) entspricht der Behrendorfer Fauna, hingegen der „gelbe Sand" von Hemmoor und entsprechende Kalksandsteine von Hemmoor und Nindorf bei Lamstedt der Oxlundstufe. Zu dieser sind auch die an *Scutella* reichen Geschiebe von Burg in Dithmarschen zu stellen sowie Geschiebe aus der Ziegelei=grube zu Rensing. In hellen Kalksandsteinen kommt dort neben Arten der Hemmoorer Stufe wie

Cardium hanseatum KTSKY
Cardium danubium MAYER = *hians* aut.
auch *Isocardia (Meiocardia) harpa* GOLDF. vor.

Diese in der jüngeren Reinbeker Stufe häufige Art ist weder bei Hemmoor noch bei Krons=moor in den Ablagerungen der Behrendorfer Stufe gefunden. Sie tritt aber im Rheinland (ANDERSON 1958), am Bolderberg und einem Geschiebe von Maarn in Holland (A. PANNEKOEK, Zeitschr. Geschiebeforschung 12, 1936, S. 57–62) wie bei Rensing zusammen mit Arten der Hemmoorer Stufe auf. Gleichaltrige Geschiebe in verwittertem Zustand sind aus der Um=gegend von Hamburg seit langem bekannt. Beide Arten von Nahgeschieben sind paläo=geographisch wertvoll.

Die Verbreitung der Hemmoorer Schichten

Sicher belegt ist das Vorkommen der Hemmoorer Stufe außer durch Bohrungen in der Umgebung von Hamburg durch Fossilfunde in den Ziegeleien von Langenfelde, durch Öl=bohrungen auf Blatt Hörnerkirchen (HINSCH 1955), ferner im Trog zwischen der Bramstedter und der Lägerdorf=Schinkeler Salzstruktur durch Geschiebe von Rensing und Kronsmoor, im Trog zwischen dieser Struktur und der von Hamdorf=Oldenbüttel in Bohrung M Hohen=westedt 4 (S. THIELE 1941, S. 23), wo in rund 250–275 m Tiefe fossilreiche graugrünliche, glimmerreiche, feine glaukonitreiche Sande erbohrt wurden, ferner aus dem Trog östlich der Salzstruktur von Heide durch die Geschiebe von Burg in Dithmarschen, westlich dieser Struktur durch Bohrungen Hohenwöhrden (HINSCH 1955) und den von E. DITTMER 1959 betreuten Bohrungen in West= und Mittelschleswig.

Das Vorkommen von Geschieben mit der Fauna der Hemmoorer Stufe auf Föhr und auf Sylt wird verständlich durch den Bohrbefund von Jeising=Hostrup unweit Tondern, wo in einer

Bohrung in 142 m Tiefe bezeichnende Weichtierschalen angetroffen wurden in Schichten, die von den dänischen Geologen zu ihrer Arnum=Stufe gerechnet werden. Ablagerungen der Hemmoorer Stufe sind somit im Süden und Westen unseres Landes weithin verbreitet oder zum mindesten vertreten gewesen.

Auf die Frage nach der Ostküste dieses Meeres können wir eine Antwort noch nicht geben (Anm. 36).

Die Facies der Ablagerungen des Hemmoor

Tonige Absätze sind bislang nur in Bohrungen angetroffen worden. Lockere Sande sind, außer in Bohrungen, einmal als schwach toniger, grauer, sehr fossilreicher Sand in Hemmoor, Neue Fabrik, bis zum ersten Weltkrieg zugänglich gewesen. Zum anderen dürfte ein Teil dessen, was C. Gottsche 1901, S. 11, unter miozänen Glimmersand u. a. mit *Corbulomya* sp. und *Flabellum* anführte, hierher gehören; denn aus reinen gelblichen Sanden besaß das Hamburger Geologische Staats=Institut von Langenfelde Bruchstücke des Seeigels *Scutella.*

Häufiger sind die Sande durch $CaCO_3$, bisweilen mit $FeCO_3$ beigemengt, verkittet an=getroffen. Bei Hemmoor sind einzelne oder verwachsene Konkretionen, die bis 1,50 m an Länge erreichen, nicht selten als Geschiebe aufgetreten. Bei länglichen Knollen liegt im Innern häufig ein Teil eines zusammengepreßten Baumstammes, um den sich an Mollusken reicher Sand zu Kalksandstein verfestigt hat. Auch das Schulterblatt eines delphinartigen Wals oder Zweige mit Austern besetzt (Geschiebe von Westerham, Nordhannover) sind Ausgangspunkt für die Bildung solcher Konkretionen gewesen.

Kautsky 1925 trennte bei den zu Hemmoor und Basbek gefundenen Blöcken zwei Grup=pen, deren Unterschiede er mit der Wassertiefe in Zusammenhang brachte. Spätere Funde brachten noch anders ausgebildete Gesteine. Daher werden hier unterschieden:

aus bewegtem Seichtwasser:

a) fossilreiche, graue, mürbe Kalksandsteine; Schichtung schwach angedeutet; gelegentlich reich an kleinen Brocken grünen (vermutlich alttertiären) Tones; auch verwittert von grauer Farbe. Zahlreiche große und dickschalige Arten; Muschelschalen getrennt;

b) brauner Kalksandstein, außen mürbe, innen hart und rotbraun, Fossilien hell gefärbt, sonst wie oben;

aus etwas tieferem, zeitweise stark strömendem Wasser:

reiner Feinsand, hellfarbig, Mollusken in einzelnen dünnen Lagen, die Schale gewölbt oben, ausgebreitet. Um die Fossillagen ist der Sand zu flachen, bis 30 cm langen Konkretionen verkittet. Fossilien sehr gut erhalten; unverkittet als „gelber Sand“ bezeichnet. Enthält den Seeigel *Scutella rotundata.*
Lagenweise *Turritella eryna* d'Orb;

aus noch tieferem Wasser:

Vaginellenkalksandstein, grauer, nur schwach braun verwitternder Kalksandstein, ungeschichtet, fossilarm, große dünnschalige Muscheln wie *Pinna* und *Pholadomya* und zahlreiche kleinwüchsige Arten, häufig zweiklappig.

Zeitweise fanden sich sehr feinkörnige Kalksandsteine, die innen mit gelbem Calcit aus=gefüllte Klüfte aufweisen. Von den in Schleswig=Holstein als Geschiebe gefundenen Ge=steinen gehören die von Rensing und Kronsmoor in den tieferen Teil der ersten Gruppe (a), während die Turritellengesteine von Burg in Dithmarschen der zweiten Gruppe angehören.

Bezeichnende Foraminiferen zählt W. Hinsch 1955, S. 35, auf, ferner K. Köwing 1956, S. 138 und 158.

In manchen Gesteinen sind Einzelkorallen nicht selten, besonders *Flabellum, Stephanophyllia, Sphenotrochus* (siehe Kreyci 1926). Brachiopoden fehlen im Miozän, nur zu Hemmoor und Kronsmoor fand sich eine fast hornschalige *Crania*, ferner *Lingula dumortieri* Nyst (E. Dittmer 1959, S. 8) in der Bohrung Odderade.

Die Weichtierfauna ist sehr reich, Dittmer zählte 294 Arten auf. Die Pteropoden sind weniger artenreich als im Untermiozän. Aber Schnecken und Muscheln sind ungleich üppiger vertreten, weil plötzlich südliche Arten in größerer Zahl auftreten. Die oligozänen Anklänge der untermiozänen Fauna treten noch weiter zurück. An südlichen Formen seien genannt:

Murex delbosianus scalariformis Nyst.
Murex aquitanicus Grat.
Nassa poelsense Auinger, Taf. 20 Fig. 6
Dorsanum boreobaccatum Ktsky
Cyllene ancillariaeformis Grat.
Olivella 2 sp.
Conus clavatus d'Orb. = *austriaconoe* aut.
Pusionella saucatensis var. borealis Ktsky
Pleurotoma vermicularis Grat., Taf. 20 Fig. 11
Cardium (Acanthocardia) hanseatum K. (= *turonicum aut.*) Taf. 20 Fig. 4
Cardium (Ringicardium) danubianum Mayer (= *hians aut.*)
Dosinia basteroti Ag.
Mactra basteroti Mayer.

Hinzu kommt, daß nur in gewissen reinen Sanden (= „gelber Sand") die scheibenförmige Seeigelgattung *Scutella* auftritt. Diese im Miozän Frankreichs häufige Gattung fehlt in den übrigen älteren oder jüngeren miozänen Absätzen des Nordseebeckens. Mollusken und dieser Seeigel bezeugen also einen vorübergehenden Warmwasserzufluß in die Nordsee.

Vielleicht infolge der Änderung von Temperatur und Salzgehalt des damaligen Meeres entwickelte die seit dem Oligozän im Nordseebecken beheimatete Schneckengattung *Aquilofusus* eigenartige neue Formen. Sie verlor, außer auf den Embryonalwindungen, die Rippen und Spiralen auf den Außenseiten der Windungen, so daß *Aquilofusus beyrichi* Nyst. Taf. 20 Fig. 9 mit ebenen und fast glatten Windungen und *Aquilofusus siebsi* Ktsky mit gleichfalls fast glatten, aber gegen unten dachartig vorspringenden Windungen (siehe Taf. 20 Fig. 10) ein von den übrigen Arten der gleichen Gattung abweichendes Bild bieten.

Zu Basbeck fand sich in sandigem dunklem Ton sogar ein Exemplar der Schnecke *Pleurotomaria* (ca. 10 cm hoch). Diese und die aus dem Vaginella-Gestein erwähnte Muschel *Pholadomya*, beide dünnschalig und beide durch eine überwiegend aus Perlmutter aufgebaute Schale ausgezeichnet, sind Vertreter sehr alter, heute nur noch in wenigen Arten lebender Gattungen.

Krebsreste sind, entsprechend der sandigen Natur der Absätze, eine Seltenheit, desgleichen Fischreste, außer Otolithen (W. Weiler 1959, 1961).

Walreste wären vermutlich häufiger, wenn fossilreiche Schichten dieser Stufe in Gruben abgebaut würden. C. Gottsche erhielt von Hemmoor ein Schulterblatt eines kleinen Wals, in Kalksandstein eingeschlossen.

Die schleswig-holsteinischen Weichtierfaunen der Hemmoorer Stufe sind neuerdings durch E. Dittmer und H.-J. Anderson weitgehend neu bearbeitet worden.

Die Geschiebe von Burg in Dithmarschen

Aus den Sandgruben, die vor rund fünfzig Jahren am Geesthang südlich von Burg, besonders östlich von Stubbenberg, betrieben wurden, stammten zahlreiche Geschiebe, die neben kleinen scheibenförmigen Seeigeln der Gattung *Scutella* die Schnecke *Turritella eryna* D'ORB. sowie die Muschel *Cardium hanseatum* führten. Die Stücke waren von flacher Gestalt, das Bindemittel war schwach sideritisch; denn durch die Verwitterung wurde das Gestein stark rostfarben, und die Fossilien witterten bei bester Erhaltung weitgehend frei heraus.

Von dem in der Hamburger Sammlung und in Privatsammlungen vorhandenen Material scheint nach dem letzten Krieg nichts erhalten geblieben zu sein. Die Sammlung der Kieler Universität besitzt kein Stück. Abbildungen siehe Taf. 20 Fig. 1 sowie E. KÖSTER 1955.

Im Eisenbahnschnitt westlich des Bahnhofs von Burg in Dithmarschen fanden sich 1920 zehnmal ± verwitterte Glaukonitgesteine, in der Gesteinsbeschaffenheit denen ähnlich, die oben S. 96 aus dem Oberoligozän beschrieben wurden. Da K. KÖWING 1956 aber nachwies, daß in Nordhannover quarzsandarme Glaukonitsande in der Hemmoorer Stufe weit verbreitet sind und neuerdings von E. DITTMER in Schleswiger Bohrungen aufgefunden wurden, muß mit der Möglichkeit gerechnet werden, daß in ihnen Reste der Hemmoorer Stufe vorliegen.

Die Hemmoorer Stufe gehört, weil sich erkennbare paläogeographische Veränderungen so deutlich in der Fauna widerspiegeln, zu den ansprechendsten Abschnitten der Erdgeschichte unseres Landes.

Es war die Zeit vermehrter Wärmezufuhr, da ein hinreichend offener Meeresarm Nordsee – Ärmelkanal – Biskayasee vorübergehend verband. Daher erschienen im Bereich unseres Landes Weichtiere, deren Nachkommen heute an der Westküste Nordafrikas bis zum Senegal hin leben. Zeitlich dürfte diese Warmzeit, wie S. 114 und in Tabelle 9 ausgeführt, dem Burdigal = Ober-Girund zugehören.

Schwer festzulegen ist häufig die untere Begrenzung der Hemmoorer Stufe. Ein gleiches gilt von der oberen, gegen die jüngeren Braunkohlensande hin.

Obere Braunkohlensande

Feiner bis grober Quarzsand von grauer bis braungrauer Farbe, darin eingelagert Braunkohlenflöze von wenigen Metern Mächtigkeit, die Sande mit Lignitstücken darin, zudem gelegentlich zu Sideritsandstein verkittet, setzt die 30–60 und bis 160 m mächtige Serie der Oberen Braunkohlensande zusammen. Diese liegen unmittelbar unter den Absätzen der Reinbeker Stufe. Die, etwas zahlreicher als in den unteren Braunkohlensanden auftretenden, Flöze bezeugen das zeitweilige Schwinden des Meeres. Sedimentpetrographische Untersuchungen W. G. SIMONS (1935, S. 219) und WEYLS (1952) deuten gleichfalls darauf hin, daß die Grenze Meer gegen Küstenmoore mehrfach geschwankt hat.

Obere Braunkohlensande wurden von E. DITTMER (1956) bei Rantrum unweit von Husum in 150 m Mächtigkeit nachgewiesen. Die Ablagerungen sind dort feinsandig bis kiesig. Eingeschaltet finden sich Tongyttjen. Flöze sind hier nicht angetroffen, wohl aber in der Bohrung Winnert (E. DITTMER 1959, S. 2). Jener Forscher sieht in dieser Serie Deltaabsätze eines Flußsystems, das von O oder SO jenes Material herbeigeschafft und in sinkendem Gebiet abgesetzt hätte. Dies soll zu einer Zeit geschehen sein, als das Meer südlich und nördlich davon gegen O transgredierte. DITTMER hebt zwar hervor, daß die Kiese für jene Flüsse ein erhebliches Gefälle bezeugten, gibt aber nicht an, woher dies an einer Flachmeerküste inmitten einer vormaligen Regressionsebene entstanden sein soll. Somit dürfte auch hier Wanderung an der Küste eine größere Rolle als fluviatiler Transport gespielt haben.

Flinte treten vereinzelt auf. S. THIELE (1941, S. 14 und 95) wies Geröllhorizonte aus Quarz und metamorphen verkieselten Gesteinen nach, die unter Kiel und Eckernförde auch Flinte führen. In der Bohrung Schleswig treten Quarzgerölle in glaukonitreichen, also vermutlich marinen Sanden auf (S. THIELE 1941, S. 36). Ob diese Gerölle auf größere Entfernung horizontbeständig sind, ist noch unbekannt. Die Gerölle aus einer Bohrung Schulensee bei Kiel sind überwiegend rund, nicht abgeplattet. Dies spräche für fluviatile Herkunft, falls zu vermuten ist, daß sie sich auf ihrer ersten Lagerstätte nach ihrer Formung befänden. Anm. 37.

Die Zahl der Flöze schwankt auf engem Raume, so gibt HECK 1951 für die dicht mit Bohrungen besetzten Gebiete um Kiel und Flensburg zwei und vier an. Er hebt hervor, daß bei geringer Entfernung der Bohrlöcher Abstand und Mächtigkeit der Flöze sowie die Art des Zwischenmittels schon sehr verschieden sein können. Von Flensburg meldet HECK sowohl vier Flöze mit 14,7 m Braunkohle wie ein Flöz von 8,5 m. Jener Verfasser gibt von 95 Bohrungen Zahl, Tiefe und Mächtigkeit der Oberen Braunkohlenflöze an. Die geringe Mächtigkeit und die tiefe Lage inmitten wassererfüllter Sande machen verständlich, daß ein Abbau auch der wenigen etwas mächtigeren Lagen, selbst in Notzeiten, nicht in Frage kam. Ohne Zweifel ist die Serie der Oberen Braunkohlen unvollkommen erhalten. Dort nämlich, wo über sorgfältig ausgeführte und dicht beieinander gelegene Bohrungen berichtet wird, liegen die nachfolgenden Meeressande der Reinbeker Stufe sehr unterschiedlichen Schichten auf. So besteht nach E. KOCH 1931 die Unterlage der Reinbeker Meeressande zwischen Trittau und Großensee teils aus Quarzsand, teils aus 0,70–18 m Ton, teils aus Braunkohle (2,30 m) über Ton. Ersichtlich ist hier ein unbekannter Teil der Braunkohlenschichten abgetragen worden. Mit ähnlichen Verhältnissen haben wir überall dort zu rechnen, wo vollmarine Absätze den braunkohleführenden Absätzen auflagern (Anm. 38).

Zusammenfassend darf man über die Oberen Braunkohlensande sagen: Auch hier läßt das Fehlen von Mollusken des Süßwassers ungewiß, wie weit echte Flußabsätze vorliegen. Bleichungshorizonte als Folge einer Bodenbildung sind bei dem damaligen hohen Grundwasserstand nicht zu erwarten. Wurzelböden sind nicht beobachtet. Daher bleibt auch bei den oberen Braunkohlensanden ungeklärt, wie weit sie in Süß-, Brack- oder Salzwasser abgesetzt wurden. Da sie bis weit in den W unseres Landes auftreten, kommt ihnen für die Praxis ein stratigraphischer Wert zu.

Das Reinbek

In Anm. 32 ist über den ersten Fund des anstehenden Kalksandsteins dieser Stufe berichtet worden. Außer in dortigen Bohrungen wurde das Gestein noch mehrfach bloßgelegt, einmal bei Anlage eines Fußweges auf der Wentorfer Seite des Reinbeker Mühlenteiches, zum anderen im Jahre 1910 in der Nähe des ersten Fundpunktes bei Ausschachtungen für die Senkgrube der Villa Felix in Reinbek, Buchtstraße; später wurde nur die braune verwitterte Ausbildung angetroffen (K. GRIPP 1938). Bei so hoher Lage unter der Erdoberfläche wurde das Reinbeker Gestein häufig vom Eis erfaßt, so daß es als Geschiebe zwischen Schulau und den früheren Ziegeleigruben zu Hinschenfelde und Lehmbrook bei Wandsbek, Steinbek, Boberg, Gojenberg bei Bergedorf, Tesperhude, Trittau (leg. DITTMANN) und bis Segrahn an der Landesgrenze und darüber hinaus bis Wittenburg in Mecklenburg in der gleichen Ausbildung wie zu Reinbek zu finden war. Es handelt sich um einen fossilreichen, gelbbraunen Kalksandstein ungleichen Kornes (siehe S. 17). Er ist ungeschichtet und mürber als die Gesteine der Hemmoorer Stufe. Inmitten des kalkigen Bindemittels treten dunkle, durch

Phosphorit ± fest verkittete Partien auf, teils innen in Fossilien, teils deren Kalkschalen umschließend. Derartige dunkle phosphoritische Partien sind in den Geschieben gelegentlich noch fast unverkittet, so daß lose Fossilien daraus geborgen werden können. Die Fossilien sind in diesen Gesteinen graugelblich bis rostfarben durch nachträgliche Infiltration ursprünglich weißlicher Kalkschalen. Perlmutterschalen der Muschel *Anomia* und *Pholadomya* erhalten durch diese Durchtränkung mit Rost einen goldigen Glanz.

Graue gleichkörnige Kalksandsteine mit der Fauna der Reinbeker Stufe sind nur selten als Geschiebe gefunden (Hinschenfelde, Bergedorf).

Weithin fehlen gleichaltrige Absätze in Bohrungen wie als Geschiebe.

Aber die Bohrungen von Hohenwestedt 4, Schleswig-Klosterkrug und Flensburg-Neustadt belegten die Reinbeker Stufe eindeutig durch Fossilien. Bei Hohenwestedt und Flensburg werden jene Ablagerungen vom obermiozänen Glimmerton überlagert. Bei der von S. Thiele 1941, S. 39, auszugsweise wiedergegebenen Bohrung Flensburg-Mürwik jedoch fehlt die Reinbeker Stufe, ebenso wie in der Bohrung Schlachthaus 1954. Da jedoch die Bohrung der Holzfirma P. P. Schmidt in der Neustadt eine recht vollständige Fauna lieferte (Anm. 39), zeigte sich, daß örtlich unterhalb des Glimmertons Schichtenverlust eingetreten ist. Dieser kann nur auf Abrasion zurückgeführt werden.

Die Facies des Reinbek

Vorstehend wurde nur verfestigter Kalksandstein vom Alter der Reinbeker Stufe behandelt. Sideritsandsteine gleichen Alters sind bislang nicht bekannt. Jedoch erwähnt Hinsch 1955 von Bramstedt fossilführenden Sideritkalksandstein. Aber aus den Bohrungen ist weithin der unverfestigte Sand bekannt als:

1. feiner grauer unreiner Quarzsand mit Quarzkies; Glimmer und Glaukonit führend (Großensee III) oder
2. toniger Feinsand mit einzelnen Tonschichten (Hohenwestedt) oder
3. wie in Großensee 8 (= Nr. 10 bei E. Koch 1931), sehr magerer quarzsandiger grauer Ton 4 m; Kalk, Glimmer und Glaukonit führend, darunter 0,70 m fetter quarzsandiger schwärzlicher Ton, kalkfrei mit Glimmer und Meeresmollusken;
4. gelbbrauner sideritisch-kalkiger Feinsand und schwarzgraue glimmerige feinsandige Tone wie in Bramstedt und Hohenwöhrden bei Heide.

Wir sehen also: von Trittau bis Heide und von Hamburg bis Schleswig (toniger Feinsand mit Fossilien) treffen wir Sande wie Tone an. Da die Schichtenserie 0–5 und selten mehr als 30 m mächtig ist (Hinsch 1955 gibt für Heide 40 und Bramstedt 48 m), müssen wir mit häufiger Umlagerung, also örtlichem Schichtwechsel eines flachen Meeres rechnen. Im großen gesehen überwiegen die ungleich-körnigen, Grobsand bis Feinkies führenden Sande im O (Flensburg bis Wittenburg), während sowohl im W unseres Landes wie südlich der Elbe bis nach Dingden in Westfalen und Antwerpen hin dunkle schluffig-feinsandige Tone vorherrschen. Von ihrem altbekannten, an Fossilien ergiebigem Fundpunkt Dingden (unweit Bochholt, Westfalen) hat daher die feinsandig-tonige Facies des tieferen stilleren Wassers die Bezeichnung Dingdener Facies erhalten.

Die Reinbeker Facies dürfte trotz der beigemengten groben und feinkiesigen Quarzkörner keine unmittelbare Strandfacies sein. Es fehlen die abgerollten Schalenbruchstücke. Hingegen finden sich *Pectunculus* zweiklappig mit *Balanus* besetzt, Krebspanzer und zerbrechliche Seeigel häufig wohlerhalten (Segrahn, Zarrentin). Dies spricht für Küstennähe außerhalb der Brandung.

Echte strandnahe Absätze, wie aus dem Untermiozän, kennen wir aus diesem Zeitabschnitt noch nicht. Die S. 102 erwähnten Pectunculus=Sandsteine der Flensburger Gegend können jedoch möglicherweise hier einzuordnen sein.

Echte Strandkonglomerate dieser Zeit kennen wir aber von den Inseln über Salzstöcken, die schon damals, so wie heute Helgoland, aufragten. Auch sie waren von Geröll= bis Block=strand umgeben, und bereits zu jener Zeit gedieh auf dem festen Untergrund eine Mollusken=fauna, die auf und in den lockeren Absätzen am Grunde des umgebenden Meeres keine Lebensmöglichkeiten fand.

Um den Salzhorst von Lüneburg zum Beispiel liegen in 40–45 m u. G. (= 20–25 m unter NN) fossilreiche Geröllagen aus:

Zechstein=Dolomit, bis 12 cm lang und von Muscheln angebohrt
Trias=Kalk mit *Myophoria*
Trias=Kalksandstein mit Fischschuppen
Kreide=Feuerstein mit *Echinoconus*
Kreide=Fossilien wie *Porosphaera, Terebratulina, Inoceramus* und Belemniten der Oberen Kreide
Kreide z. T. phosphorit=durchtränkt, abgerollt und angebohrt
paleozäner grüngerindeter Flint, zerspalten
sowie alttertiäre Phosphorite.

Also die vom Salz hochgeschleppten Gesteine vom Zechstein bis zum Alttertiär lieferten das Material zu einem Geröllstrand. (K. Gripp 1920, abgebildet K. Gripp 1937, Taf. 3 Abb. 3.)

Das gleiche war zu Langenfelde bei Altona der Fall. In beiden früher dort vorhandenen Ziegeleien fanden sich in einem glaukonitreichen Ton Zechsteingerölle aus Kalk und Dolomit. Sie erreichen bis 23 cm Länge und sind angelöst, angebohrt und von Wurmröhren bewachsen. Auch das Verwitterungsprodukt des Zechsteins, der hellgraue, an schwebend gebildeten Quarzkristallen reiche „Kapselton" wurde damals von der Brandung aufgearbeitet. Helle Tongerölle und die Quarzprismen mit aufgesetztem Dihexaeder wurden daher neben den bezeichnenden Fossilien gefunden.

Zu Lüneburg fanden sich diese zum Teil an grobschaligen Muscheln reichen miozänen Strandkonglomerate aus mesozoischen Gesteinen mehrfach im Diluvium von Piepers Kreide=grube. Dies erdgeschichtlich so wichtige Gestein ist also nach seiner Bildung noch wieder vom Salzaufstieg emporgeschleppt worden, so daß es vom Eise erfaßt werden konnte.

Die Fauna

Die Foraminiferen, die diese Stufe gegenüber dem Glimmerton und der Hemmoorer Stufe auszeichnen, zählte Hinsch 1955 auf. Die Folge der Uvigerinen gab Köwing 1955 und 1956 an. An Korallen (Kreyci 1936) fanden sich zu Langenfelde:

Stephanophyllia (2 Arten) Taf. 20 Fig. 2
Caryophyllia crassicosta Kfrt.
Flabellum waelii Nyst.
Discotrochus duncani Reuss Taf. 20 Fig. 3
Bathangia sessilis Schloth. sp.
Oculina sp.

Zu Lüneburg ergab das Strandkonglomerat

Dendrophyllia taurinensis E. H.

Von Würmern ist nur *Ditrupa* häufig, Brachiopoden fehlen, außer um die Inseln.

Die Muschelfauna ist recht verschieden, je nachdem, ob es sich um bewegtes oder ruhigeres Wasser handelte.

Pectunculus, Cyprina, Pitar (Cordiopsis) polytropa nysti (D'ORB.) (früher als *incrassata* SOW. angeführt), *Nucula haesendoncki* NYST. et WEST. kommen in Kalksandstein vor und bezeugen durch die Dicke der Schalenwand eine Abwehr gegen bewegten Grobsand. Feineren, nur selten in größerem Umfang umgelagerten Sand dürften *Isocardia harpa* GOLDF., ferner die zartwandige *Pholadomya alpina* MATH., *Panopaea meynardi* DESH., *Thracia ventricosa* Phil. als Lebensbezirk gehabt haben. Die letzten drei werden auch im Kalksandstein häufig zwei= klappig angetroffen, sie könnten möglicherweise nachträglich in Sand mit umgelagerten Weichtierschalen gediehen sein. *Isocardia (Meiocardia) harpa* GOLDF. jedoch wird im Reinbeker Gestein stets einklappig beobachtet. Sie gehört hier wohl zu den verschwemmten Schalen (Anm. 40). Die Ahnform dieser Muschel ist vermutlich *Isocardia multicostata* NYST. aus dem Unteroligozän von Belgien bis Osteuropa. Warum diese Art in der sandigen Facies des Mittel= und Oberoligozän sowie des Untermiozän fehlt, ist nicht verständlich. Diese auf das Nordsee= becken beschränkte Art scheint gleich nach Beginn des tiefsten obermiozänen Glimmertons endgültig verschwunden zu sein.

Von den Schnecken ist *Streptochetus abruptus* (BEYR.) (Taf. 21 Fig. 4 und Anm. 41) ein Leitfossil, das vorwiegend der sandigen Facies eigen ist, während *Aquilofusus festivus* (BEYR.) (Taf. 21 Fig. 5) besonders in der feinsandigen Tonfacies tieferen Wassers auftritt. Weitere Leitfossilien sind bislang nicht bekannt.

Von dem Artenreichtum der Hemmoorer Stufe ist nur wenig geblieben. In der Hemmoorer Stufe neu erschienene und während der Reinbeker Zeit noch andauernde Mollusken sind in Anm. 42 aufgezählt.

Weichtierarten, die mit Schluß der Reinbeker Stufe verschwinden, zählt Anm. 43 auf. Anm. 44 nennt Gattungen und Arten, die bisher nur an den Salzhorstinseln im Meer der Reinbeker Stufe angetroffen sind.

Zu erwähnen ist ferner, daß die seit dem Oligozän vorhandene und in der Vierländer Stufe so häufig vertretene, zu Hemmoor und Kronsmoor nicht selten gefundene *Aporrhais speciosa* Schl. in den Absätzen der Reinbeker Stufe nie beobachtet wurde. Sie war aber noch nicht ausgestorben, wie wir sehen werden.

In der Dingdener Facies nicht selten, aber auch bei Langenfelde gefunden ist die ent= wicklungsgeschichtlich interessante Schulpspitze des Tintenfisches *Spirulirostra hoernesi* KOEN.

Außer den Mollusken sind, und zwar nur zu Zarrentin und Segrahn, Seeigel und Krebse im Reinbeker Gestein angetroffen. Bei den Seeigeln handelt es sich nicht mehr um die süd= liche, stark abgeflachte Gattung *Scutella,* sondern erstaunlicherweise um, trotz dünnen Kalk= skeletts, wohl erhaltene Exemplare aus der Gruppe der Spatangiden (Taf. 21 Fig. 2). GAGEL 1903 beschrieb als neue Gattung und Art:

Chuniola carolinae GAGEL
Spatangus meyni GAGEL
Maretia zeisei GAGEL

Ferner fanden sich der kleine *Psammechinus* und ein Seestern (abgebildet in GAGEL 1903, S. 543). Aus gleichaltrigen Schichten von Bokup wurde schon früher ein *Psammechinus* und aus einem Geschiebe von Tesperhude ein winziger *Echinocyamus ovatus* MÜNST. erwähnt.

Außer diesen überraschenderweise zahlreich erhaltenen Seeigeln fanden sich nicht selten kleine, zum Teil in Phosphorit, wohl bewahrte Krebspanzer.

Vereinzelt war die heute noch im Mittelmeer lebende Kokosnußkrabbe *Calappa* sowie die heute noch um Helgoland im Muschelbruch lebende winzige *Ebalia* (Taf. 21 Fig. 6 u. 7) nach=

zuweisen. Häufiger wurden die Panzer des ältesten bekannten Vorläufers der heute auch in der Nordsee zu drei Viertel im Sand vergraben lebenden Krabbe *Corystes* angetroffen (siehe Taf. 21 Fig. 8, Abb. 24 sowie Anm. 45).

An diesem, von Hamburg bis nach Mecklenburg hinein ziemlich gleichmäßig ausgebildeten Gestein fällt der Widerspruch zwischen grob und robust sowie zart und empfindlich auf, wie schon S. 18 erörtert wurde.

Die Gesteine sind arm an Muschelbruch, reich an Röhren des Wurmes *Ditrupa*. Starker Wellengang hat offenbar die Seeigel aus dem Sand, in dem sie lebten, herausgespült und verfrachtet. Die abgestorbenen Seeigel wurden mit Sand angefüllt, vielleicht hierdurch vor weiterer Verfrachtung geschützt und dann, teils mit dem Scheitel zur Unterseite, zugleich mit Holz und zarten Schalen verdrifteter Tiere vom Sand zugedeckt. Also vermutlich rascher Niederschlag großer Mengen nach einem Sturm.

Danach blieb das Sediment ungestört, denn angewitterte Blöcke von Segrahn zeigen zahlreiche Fährten von Tieren, die sich durch den neuen Absatz hindurchgewühlt haben.

Die ersichtlich zeitweilig lebhafte Wasserbewegung, für die das Reinbeker Gestein zeugt, darf jedoch nicht dazu führen, in ihm die Transgressionsschicht des überlagernden, ungleich mächtigeren „nordelbingischen" Glimmertones zu sehen. Zwar entspricht dieser tieferem Wasser und folgt auf die Reinbeker Stufe. Indes ist durch die Faunen eindeutig aufgezeigt, daß die Reinbeker Fauna mit derjenigen der Dingdener Facies = toniger Feinsand tieferen Wassers gleichaltrig ist.

Die unmittelbare Lage von Glimmerton auf Sanden der Reinbeker Stufe dürfte häufig eine sekundäre sein, denn zum Beispiel Flensburger Bohrungen zeigen uns, daß vor Niederschlag des Glimmertons bisweilen ein Abtrag eintrat, so daß Glimmerton auf oberen Braunkohlensanden zu liegen kam. Bei der geringen Mächtigkeit der Reinbeker Stufe war dies vor allem im Osten unseres Gebietes möglich.

Neuerdings hat Leif B. Rasmussen (1961) von Maade bei Esbjerg bis Spaabek, südlich von Holstebro, nachgewiesen, daß die tiefsten 4 m des dortigen Glimmertons die Leitformen der Reinbeker Stufe *(Aquilofusus festivus, Streptochetus abruptus)* führen. Erst darüber folgt der durch Fossilien als Äquivalent des nordelbingischen Glimmertons belegte obermiozäne Ton. Dieser Befund ist wichtig, da er uns erstmalig im Norden den Übergang von Mittel- zu Obermiozän in Stillwasserfacies zeigt. Vermutlich werden wir im W unseres Landes später gleiche Verhältnisse belegen können. In der Großgliederung des Miozän dürfte die Reinbeker Stufe dem Helvet entsprechen.

Der Nordelbingische Glimmerton

Über den geringmächtigen und sandreichen Ablagerungen der Reinbeker Stufe folgt im ganzen Land (außer Nordostholstein) der „nordelbingische Glimmerton". Schon sein ursprünglicher Name besagt, daß es sich um eine im Elbtal und nördlich davon bis nach Jütland hinein verbreitete Ablagerung handelt. Dieser Glimmerton ist nicht nur dank seiner Verbreitung für unser Land bezeichnend, er bildet auch weithin die Unterlage der eiszeitlichen Absätze. Er wurde daher vom Eise aufgeschuppt und uns so zugänglich, zum anderen aber in zahlreichen Bohrungen von Niebüll und Flensburg bis Glückstadt und Lauenburg erfaßt. Aus diesen Gründen soll er eingehend betrachtet werden. Der Glimmerton umfaßt eine bis über 200 m mächtige Serie, in der, außer in den obersten Metern (Sylt), Mittel- und Grobsand fehlt. Von fettem Ton über schluffigem Ton zu feinsandigem Ton wechselt der Sandgehalt. Die Farbe ist in feuchtem Zustand schwarz, in trockenem häufig „dunkelrauchgrau" (Gottsche 1876, 1901). Von Flensburg bis Trittau zeichnen sich fette Tone des tiefsten Teiles durch außen schwarze, innen bräunliche Farbe aus. Hier wird ein hoher Gehalt von organischer Substanz vermutet. Manche der fetten Tone enthalten, besonders auch auf und in den Fossilschalen eine dunkle asphaltähnliche Substanz. Solche Tone duften, frisch angehackt, in bezeichnender Weise. Auch fette, hellgraue Tone treten, wenn auch selten, auf; deren Fossilien sind weißlich gefärbt, während die aus dem dunklen Ton durchweg von braunen Humusstoffen gefärbt sind. Erst wenn sie verwittern, werden diese Schalen weißlich. Pyrit ist häufig,

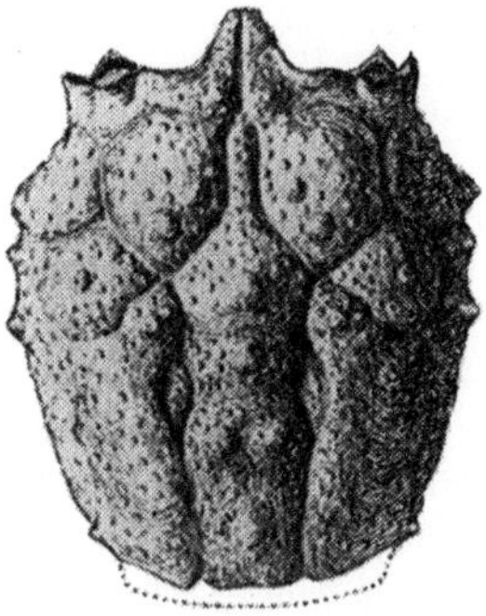

Abb. 24
Krabbe *Corystes bernhardi* n. sp. Reinbeker Stufe
Bohrung Lüneburg 40 m u. G.
Länge 13 mm

zumeist in Form von Stengeln und winzigen Nadeln. Konkretionen, überwiegend mit kalkigem, gelegentlich aber auch mit sideritischem Bindemittel, sind weit verbreitet. W. Wolff erwähnt in den Erläuterungen zu den Blättern Wandsbek und Glinde der geologischen Spezialkarte harte hellgraue Kalk- und Toneisensteinknollen. Sie können auch nach Art der Septarien im Innern gerissen sein. Aber Gestein und Farbe (mausgrau, braunfleckig, wolkig gefärbt) verhindern eine Verwechslung mit den Septarien des mitteloligozänen Tones. Auch als Geschiebe traten diese, gelegentlich die Flügelschnecke *Spirialis* und einige wenige andere Mollusken lose verteilt führenden Konkretionen auf (Anm. 46).

Eine eingehende Beschreibung des Tones lieferte E. Koch 1931 aus den Bohrungen zwischen Großensee und Trittau auf Grund sorgfältig gewonnener Bohrproben. Staesche 1930 veröffentlichte eine von E. Bentz stammende genauere Beschreibung der bei Nösse (Sylt) in einer Grube aufgeschlossenen oberen 50 m des Glimmertons.

Deren Zusammenfassung lautet:

oben etwa 30 m schwarze, bröckelige, zum Teil glaukonitische Tone, nach oben oft sandig werdend; oben fossilarm und fossilleer. An der Basis gelblichbraune, sandige, fossilreiche Lage (Aporrhais-Bank);
etwa 15 m hellgraue fossilarme Tone und Feinsande;
etwa 5 m schwarze und dunkelgraue Tone und feinsandige Tone, fossilreich.

In den drei Abteilungen treten Tonsteinknollen auf, die zum Teil nur wenige Zentimeter messen und nicht selten schlecht erhaltene Panzer von Taschenkrebsen enthalten, zum anderen Teil mehrere Dezimeter durchmessen und sandige Lagen mit vereinzelten Muscheln einschließen.

W. Wetzel behandelte 1931, 1937 und 1939 den im Morsum Kliff (Sylt) in großen glazialen Schuppen zugänglichen Glimmerton. Dessen petrographische Zusammensetzung, der Gehalt an Kotperlen, wurde u. a. erörtert. 1939 betrachtete Wetzel die Schichtenfolge des Glimmertons der östlichen und mittleren Schuppe und verglich diese mit der von STAESCHE aus der benachbarten, beim Bau des Hindenburg=Dammes entstandenen Grube (Anm. 47).

Die sandige Ausbildung, einschließlich des höheren Glaukonitgehalts, ist auf die jüngsten Schichten der Glimmertonserie von Morsum beschränkt. Glaukonitreiche Lagen finden wir auch in den Flachwasserabsätzen um die Inseln über Salzstrukturen (GRIPP 1920, S. 15), so bei Langenfelde, wo sich in fossilführendem tiefstem Glimmerton, wie erwähnt, auch auf=gearbeiteter Kapselton (Verwitterungsrest des Zechsteins) in 1–8 cm messenden Geröllen fand.

Die Facies

Körnchen von den winzigen Tonkristallblättchen an, über Schluff bis Feinsand aus Quarz, und dazu die wegen ihrer großen Oberfläche im Wasser leicht schwebenden Muskowit=blättchen bauen diese so mächtige Schichtenfolge auf. Mittel= und Grobsand oder gar Kies fehlen! Da die großen geographischen Gegebenheiten die gleichen waren wie vorher zur Miozänzeit, kann dies nur heißen: die Facies etwas tieferen, nur noch von schwachen Strö=mungen bewegten Wassers, die wir schon im Dingdener Glimmerton der Reinbeker Stufe kennengelernt hatten, hat nunmehr fast ganz von dem Gebiet Schleswig=Holsteins Besitz genommen. Ein tieferes Meer griff im zirkum=skandinavischen Flachland weiter nach Osten oder Nordosten aus. Dadurch kam einmal die Zone küstennaher Sandverfrachtung des Glimmertonmeeres östlich außerhalb unseres Landes zu liegen, zum anderen wurde Sand, der damals möglicherweise vom skandinavischen Land in das Flachland von Flüssen neu an=gefrachtet wurde, schon östlich unseres Gebiets zurückgehalten.

Der Glimmerton entspricht somit dem tiefsten Meere, das während der Miozänzeit in Schleswig=Holstein stand. Da zudem in solchem Meere der Niederschlag der feinkörnigen Absätze nur langsam vor sich geht, so dürfte die Zeit des Glimmertons einen langen Zeit=abschnitt umfassen. Die zu Eingang dieses Abschnittes beschriebenen, verschiedenen Ab=arten des Glimmertons zeugen also von geringen Unterschieden in Strömung, Sedimentzufuhr und Niederschlagsmöglichkeit in einer Tiefe, in der sich die Unruhe des von Wind und Gezeiten bewegten Wassers der Meeresoberfläche nur selten bemerkbar machte. Inseln oder Untiefen nach Art von Helgoland und sinkende Gebiete neben den Salzstrukturen dürften örtlich Unterschiede in den Sedimentationsmöglichkeiten bedingt haben. Im großen gesehen kam im Glimmertonmeer küstenferner Kurzschweb zum Absatz.

Es müssen somit strand= und küstennahe Absätze fehlen. Das ist der Fall: Schill, lagen=weise zusammengespülte Weichtierschalen sowie Grobkornabsätze sind nicht bekannt, ab=gesehen von den jüngsten Lagen Sylts mit ihren eindeutigen Spuren der Verflachung des Meeres.

Auch die Fauna entspricht der Anschauung vom Absatz in ruhigem Wasser. Wir ver=missen die Bewohner des Sandes: *Pinna, Pectunculus, Cardium, Sinodia, Abra, Tellina, Mactra, Ensis, Solecurtus, Pholadomya, Panopea;* von den Schnecken: *Calyptraea, Bittium, Triton;* während die Gattungen *Murex, Scalaria, Terebra* stark zurücktreten. Bezeichnend für die Facies ruhigen Wassers bzw. toniger Absätze sind die zweiklappig erhaltenen Muscheln. Nach deren Tode fand aus Mangel an strömendem Wasser keine Umlagerung der Klappen statt. Der Ort des Todes wurde zugleich der Ort der Einbettung.

Facies bezeichnende Muscheln sind eine großwüchsige *Nucula georgiana* SEMP., Astarten und die Ochsenherzmuschel *Isocardia olearii* SEMPER = *Isocardia forchhammeri* BECK aut., unter den Schnecken Vertreter der Gattungen *Aquilofusus, Sipho* und die großen Helm=schnecken *Cassis* und *Cassidaria.* Ihr Auftreten bezeugt, daß sauerstoffhaltiges Wasser den Meeresgrund bedeckte.

Wir finden die Ochsenherzmuschel im Glimmerton und rezent mit den gleichen Schnecken vergesellschaftet:

im Glimmerton mit	in der Biskaya mit
Cassis miolaevigata SACCO	*Cassis saburon* BRUG.
Cassidaria echinophora L.	*Cassidaria echinophora* L.
Sipho distinctus BEYR.	*Sipho jeffreysianus* FISCHER.

Herrn LUBET (damals Station de Biologie Marine zu Arcachon) verdanke ich die Angabe, daß die Nachkommen jener drei für den obermiozänen Glimmerton so bezeichnenden Arten im Golfe de Gascogne auf feinsandigem Schlick in 50–80 m Tiefe angetroffen werden. Die im Glimmerton verbreitete Muschel *Limopsis aurita* BROCC. lebt auch noch dort (nach LOCARD ab 160 m Tiefe).

Da manche Meeresmollusken an engbegrenzte Salzgehalte und Temperaturen stärker gebunden sind als an den Wasserdruck = Meerestiefe, so können wir aus heutigen Tiefen der Vorkommen nicht auf miozäne Meerestiefen schließen. Aber eine Bestätigung dafür, daß der Glimmerton nahezu der Stillwassersedimentation entspricht, ergeben die heutigen Lebensbedingungen der unmittelbaren Nachfahren der Glimmertonfauna auf jeden Fall.

Das Glimmertonmeer war ein Randmeer wie heute der Golf de Gascogne, aber es war in seinem inneren östlichen Teil erheblich schmaler als jener. Hiermit dürfte zusammenhängen, daß einige Abarten des „Glimmertons" hohe Anteile von organischer Substanz aufweisen. WETZEL 1937 gibt nach BENADE an, daß im Glimmerton von Nösse (Sylt) 4,6 % organischer Substanz enthalten seien. Etwa die Hälfte davon wären Huminsäuren. Zum Vergleich sei vermerkt, was BOURCART (1955, S. 454, 492, 499) aus dem Mittelmeer über den Humingehalt rezenter Absätze und dessen Herkunft angab. In rezenten Meeresschlicken verarbeiten anaerobe Bakterien pflanzliche Cellulosen und Hemicellulosen, Gelosen der Algen und Hüllen von Bakterien zu Humusstoffen. Diese verwandeln sich im Laufe der Zeit bei Erhöhung von Druck und Temperatur in kohleähnliche, an C reichere unlösliche Humine. BOURCART hebt ferner hervor, daß nicht nur in Küstennähe, sondern auch im Schlick der submarinen Canyons, also in 200–1000 m Tiefe, Blätter, Rhizome und andere Reste von Landpflanzen enthalten sind. Absätze aus 80–90 m Tiefe hatten einen Humusgehalt von 0,195 %. Ob für den höheren Humusgehalt mancher Glimmertone das Massenauftreten von Meereslaichkräutern *(Zostera, Posidonia)* in Betracht zu ziehen ist, muß noch unentschieden bleiben. Es könnte sich nur um deren seewärts in tieferes Wasser verfrachtete Reste gehandelt haben. Auf jeden Fall geht die dunkle Farbe zahlreicher Abarten von Glimmerton auf Humine zurück.

Erhalten wurde diese Farbe noch besonders durch die Tätigkeit der Schlickfresser. Schon beim Untermiozän sahen wir, daß Kotperlen dunkelbrauner Farbe lagenweise in ausgewaschenen hellen Sanden auftraten. Am nährstoffreichen Grunde des Glimmertonmeeres werden große Mengen von Schlickfressern pflanzliche Reste in ihre Kotperlen eingelagert haben. Im Ton selber sind diese Kotperlen bei dessen späterer Setzung unkenntlich geworden. Aber in geschützten Winkeln, in frühverfestigten Gesteinen oder wenn sie phosphoritisiert wurden, sind sie noch wohlgeformt anzutreffen. Die Hauptproduzenten von Kotperlen sind die Würmer gewesen. Zum Vergleich sei auf A. SCHWARZ 1932, W. WETZEL 1937, W. SCHÄFER 1953 hingewiesen.

Von Hystrichosphärideen (siehe S. 78) sind aus dem Miozän nach D. MAIER-KÖSTER 1960 dreißig Arten bekannt, von denen zehn als für das Miozän bezeichnend angesehen werden.

Foraminiferen sind lagenweise reichlich (*Textularia, Uvigerina, Nonion, Bullimina, Cancris*). STAESCHE und HILTERMANN (1940, Taf. 34, 35) bilden Faunen von Morsum (Sylt) und Oldenswort ab. Jedoch als Leitfossil stellt HINSCH 1955 nur die „noch nicht näher beschriebene Art *Psammophax* sp., grobsandig, einzellig, mehrkammerig" heraus. Neuere Arbeiten siehe W. LANGER 1963. Schwammreste sind nicht bekannt geworden.

An Korallen ist nur die Gattung Caryophyllia, und zwar einmal im Ton von Wohltorf sowie zwei kleine und ein größeres Stück aus Kalksandsteingeschieben von Bahrenfeld (siehe S. 128) gefunden. Diese Gattung von Einzelkorallen lebt heute festgeheftet auf Gehäusen von Mollusken von den Shetland an gegen Süden, so in der Bucht der Gascogne und im Mittelmeer. Da beide fossile Vorkommen im tiefsten Teil des Glimmertons liegen, darf man annehmen, daß das damalige Meer bald danach für Korallen zwar nicht zu kühl, aber zu trübe geworden war.

Würmer sind besonders durch die meist bräunlichen, leicht gebogenen freien Röhren von *Ditrupa* und vereinzelt durch *Serpula* vertreten. Brachiopoden fehlen. Von Bryozoen sind die schüsselförmigen Kolonien, die früher *Lunulites*, heute *Cupuladria* genannt werden, häufig; Siehe die ausgezeichnete Untersuchung von R. LAGAY.

Unter den artenarmen Muscheln überwiegen solche mit konzentrischen Rippen: *Venus (Dosina) multilamella* LAM. und die verhältnismäßig großen Astarten. Die Gattung *Astarte* gibt infolge lebhafter Entwicklung brauchbare Leitfossilien für die Unterstufen. Astarten und die auffallend große *Nucula georgiana* SEMP. sind durch Ausbildung eines eingesenkten Feldes vor dem Wirbel als Rückstoßfläche gegen ein Versinken in tonigem Absatz besonders eingerichtet. *Thracia ventricosa* Phil. wird zweiklappig im oberen Glimmerton nicht selten angetroffen, ebenso Holz von *Teredo* angebohrt.

Von den Scaphopoden ist das riesige *Dentalium badense* PARTSCH häufig, das über 10 cm Länge bei 1,6 cm Durchmesser erreichte (Taf. 22 Fig. 7).

Bei den Schnecken nimmt die Gattung *Aquilofusus* ähnlich wie *Astarte* einen lebhaften Aufschwung. Statt eines Vertreters in der Reinbeker Stufe zählt W. HINSCH 1955 deren fünf auf, wozu noch *A. lategradatus* KTSK. aus den tiefsten Tonlagen von Wohltorf, Mecklenburg und Gühlitz in der Priegnitz kommt. HINSCH hat die bis dahin übliche Einteilung in Arten unter Benutzung der Skulptur der Embryonalenden erheblich umgedeutet und zugleich die Leitformen herausgestellt. Ein gleiches gelang ihm bei der im Untermiozän und der Hemmoorer Stufe nur schwach vertretenen, im Glimmerton aber nicht so seltenen Gattung *Liomesus* (= *Buccinopsis* aut.) sowie bei *Sipho (Sipho distinctus* BEYR. sp.), *Uromitra (Mitra borsoni* aut.). *Cancellaria (Narona,* subgen. *Sveltia)* sowie zwei Pleurotomiden-Arten.

Die Großgattung *Nassa* geht mit einigen Arten durch die Abteilungen des Glimmertons hindurch.

Als Folge ihrer schwachen Skulptur noch nicht unterteilt ist die zumeist gut erhaltene *Cassis (Phalium) miolaevigata* SACC. (= *saburon* aut.).

Eine die Zeit des Glimmertons bezeichnende Art ist der Pleurotomide *Drillia* (früher *Spirotropis) modiola* JAN.

Die südliche Gattung *Conus* ist nur durch den häufigen *Conus antediluvianus* BRUG. vertreten. Uns heutige Geologen macht es neidisch, wenn schon 1876 GOTTSCHE über Langenfelde schreibt: „Seit etwa zehn Jahren ist der Glimmerton durch zwei Ziegeleien im großartigsten Maßstabe aufgeschlossen ... 27 von 180 Arten der angeführten Fossilliste sind häufiger, die übrigen fast nur in zwei oder drei Stücken bekannt. Lediglich der Ausdauer, mit welcher J. O. SEMPER und C. GOTTSCHE seit 1869 gesammelt haben, ist die Reichhaltigkeit der Arten zuzuschreiben. Die Erhaltung ist im ganzen ausgezeichnet, doch hat man zum Beispiel unter 5000 Exemplaren von *Conus antediluvianus* nicht eines mit heilem Mundrand beobachtet; das fehlende Stück ist nicht selten in die Mündung hineingequetscht." Dies ist ein lehrreicher Hinweis auf die Verdichtung des Sediments, dem der ausgedünnte Mundrand von *Conus* nicht standhielt. Vor allem erstaunt der Erfolg der damaligen Sammler. Jedoch ist das Ergebnis nicht allein dem Eifer der genannten Forscher zu verdanken, sondern auch der damaligen Weise der Tongewinnung. Der Ton wurde bis zum Untergang der letzten Langenfelder Grube (Ziegelei Kallmorgen) bei Beginn des ersten Weltkrieges mit dem Spaten gestochen. Hierbei sammelten die Arbeiter größere Fossilien heraus und bewahrten sie gegen ein geringes Entgelt. Auf abgeregneten Flächen aber konnte der Geologe kleinere Formen ernten. Bei der heutigen mechanischen Gewinnung von Ton wäre, selbst wenn der gleiche Ton noch gefördert würde, eine ähnlich reiche Ernte nicht mehr möglich.

Seeigel spielen eine untergeordnete Rolle. Nur von Morsum (Sylt) wird aus der östlichsten Scholle eine dünne Bank reich an *Schizaster* gemeldet.

Taschenkrebse kommen in Schleswig-Holstein in Knollen vor. Während die kleinen Knollen von Morsum, jene aus der Ziegelei Brecklum und die aus der Ziegelei Gram, früher Gramm in Nordschleswig, schlecht erhaltene Taschenkrebse enthalten, sind von Ravning in Nordschleswig solche prachtvoll bewahrt bekannt. Die Tiere gehören der Gattung *Geryon* an (Taf. 22 Fig. 8 Anm. 47a).

Zähne von verschiedenen Haiarten sind im Miozän nicht selten, im Glimmerton sind die Zähne von *Carcharodon megalodon* mehrfach gefunden. Zähne dieses Raubhaies von Langenfelde sind 12 cm lang (KRUCKOW 1960). Das Tier, mit dem lebenden *C. rondeleti* verwandt, wird bis 12 m lang geworden sein.

Von Knochenfischen sind die Otolithen häufig.

Von Schildkröten lieferten Langenfelde und Gramm die Hautknochen von *Psephophorus*, nahe verwandt mit der heute dem Aussterben nahen, bis zu 2 m langen Lederschildkröte *Dermochelys* (Anm. 48). Die Insel bei Langenfelde war zum mindesten Rastplatz für Vögel; der dortige Ton lieferte deren Knochen. Nach GOTTSCHE 1885 waren *Uria* (Lumme) und wahrscheinlich *Diomedea* (Albatros) vertreten. Von walartigen sind die Zahn- wie Bartenwale nachzuweisen. Von den Zahnwalen waren Wirbel von Schnabelwal-(*Ziphius*-)Verwandten in Langenfelde, Elbtunnel, Wohltorf, Gramm usw. nicht selten. Langenfelde lieferte *Squalodon*, ein Wal, der noch gezackte mehrwurzelige Backenzähne besaß. Bei Wohltorf wurden zahlreiche einwurzelige Zähne eines Verwandten des Pottwals *Scaldicetus* gefunden. Ob die großen bis 25 cm langen Wirbel, von denen ich um 1910 in der Grube zu Wohltorf noch zwei in natürlicher Stellung hintereinander im Ton liegen sah, von einem Zahn- oder Bartenwal stammen, war nicht zu entscheiden. Bartenwale waren im Glimmertonmeer vertreten. Ihre Unterkiefer, die damaligen wie die heutigen, werden leicht für Walrippen gehalten, da diese ähnlich gebogen sind und einen kugeligen Gelenkkopf aufweisen. Jedoch hintereinander geordnete tiefe Rinnen auf der einen Seite dieser „Rippen" entsprechen den rückgebildeten Zahnanlagen.

Schädelreste sind auch gefunden, häufiger sind die aus den schwimmenden Kadavern früh herausgefallenen Ohrknochen. Sie sind von dichter Struktur und zumeist gut erhalten (Taf. 22 Fig. 10). GOTTSCHE erwähnt ferner Reste von zwei Robbenarten. Diese den Raubtieren nahestehenden Tiere treten im Miozän erstmalig auf.

Am Strande unter dem Morsum=Kliff fand sich der bisher einzige Rest eines Landsäuge=tiers aus dem marinen Jungtertiär des Nordseebeckens, der zweite Backenzahn aus dem rechten Oberkiefer von *Hipparion gracile* Kaup. Dies zebraartige, noch dreizehige Pferd dürfte als Leiche in dem damals im Raume von Sylt schon flachen Meere getrieben sein und dabei der noch nicht abgekaute, also einem jungen Tiere zugehörige Zahn aus dem Kiefer herausgefallen sein. Der Fund ist in doppelter Hinsicht wichtig. Einmal handelt es sich um das nördlichste Vorkommen der weiter südlich in Deutschland und im Mittelmeerraum (Spanien – Persien) häufig gefundenen Art. Zum anderen ist *Hipparion gracile* ein Leitfossil für die jüngste Stufe des Miozän (Taf. 22 Fig. 11 und Anm. 49).

Diese wurde in Deutschland zumeist als tiefste Stufe des Pliozän angesehen. Nach neuer internationaler Vereinbarung (siehe Meyniana 10) ist statt der auf nicht=marine Ablagerungen begründeten Bezeichnung Pont der von marinen Absätzen Italiens hergeleitete Name Messin für diesen Zeitabschnitt zu benutzen. Auch ist vereinbart, in ihr den Endabschnitt des Miozän zu sehen. Somit ist die Obergrenze der Miozänstufe oberhalb der Schichten mit *Hipparion gracile* gezogen (siehe Tabelle 9).

Die mehrfach vorgebrachte Anschauung, daß *Hipparion* schon früher als Messin, also schon im Torton aufträte, ist durch von Königswald 1939 (Zentr. für Min. Bl. – B. S. 236–249 1939) in einem weltumspannenden Überblick über die Grenze Miozän–Pliozän widerlegt worden. Danach ist *Hipparion* in Nordamerika entstanden, durch Sibirien nach Europa eingewandert und wird hier zusammen mit dem Mastodonten *Tetralophodon longi=rostris* und anderen Gattungen, die im tieferen Miozän noch nicht vertreten sind (Giraffiden, Hyaeniden), gefunden. *Tetralophodon* sei ebenso ausschließlich für die messinische Stufe bezeichnend wie *Hipparion* (siehe auch Meyniana 10).

Begrenzung und Gliederung des Glimmertons

Der Fund von *Hipparion gracile* belegt eindeutig, daß der Glimmerton von Sylt und Umgebung mit gleichbleibender Facies aus dem Mittelmiozän bis an das Unterpliozän heranreicht.

Der Glimmerton umfaßt also einen langen erdgeschichtlichen Abschnitt. Dieser ist bisher nur durch den Fossilinhalt, und zwar noch nicht mikroskopisch, sondern bisher nur makro=skopisch mittels der Weichtierreste zu gliedern. Deren zeitliche Verbreitung sei daher ein=gehender erörtert.

Die Untergrenze wird nicht überall so ausgeprägt sein, wie es bei Reinbek und in vielen Bohrungen im Lande der Fall zu sein scheint. Dort erschien die Grenze petrographisch und faunistisch eindeutig, wenn Glimmerton fossilreiche Sande der Reinbeker Stufe überlagert.

Wie Seite 122 erwähnt, hat aber der dänische Geologe Leif B. Rasmussen (1958) gezeigt, daß in Jütland die Grenze zwischen Reinbeker Stufe und Obermiozän im Glimmerton liegt.

Wir kennen aber Geschiebe grauer, feinkörniger Sandsteine, die zu Bahrenfeld, Halsten=bek und Rissen gefunden wurden. Sie enthalten außer Krebsen und Seeigeln *(Spatangus)* die Muscheln *Isocardia harpa* und *Nucula haesendoncki*, also Formen der Reinbeker Stufe, daneben aber solche des tiefsten Glimmertons wie *Cardita laevicosta weingärtneriana* Gripp (= *C. jouanneti* aut.) und *Aquilofusus lüneburgensis* Phil. sp. (= *eximius* aut.). *Sipho distinctus* aut., *Drillia modiola* Jan. und *Pecten (Peplum) clavatus* Poli bezeugen gleich=falls, als Leitformen für den gesamten Glimmerton, die zeitliche Zugehörigkeit zum Obermiozän. Hiervon hat sich *Cardita laevicosta* nie im Reinbeker Gestein, aber im Glimmerton von Hamburg=Heiligengeistfeld, Wohltorf und lose am Elbstrand bei Schulau (1835 von Ch. Lyell gelegentlich seiner Reise nach Skandinavien gesammelt) gefunden.

Die Art ist bislang nur aus dem Helvet der Touraine bekannt. Dieser Altershinweis stimmt mit dem aus der Lagerung unmittelbar über der Reinbeker Stufe und RASMUSSENS Befund von Maade überein. Es darf daher für den tiefsten Glimmerton auch in Südholstein ein dem Helvet nahes Alter angenommen werden (Anm. 50).

Die weitere Unterteilung der mächtigen Folge des Glimmertons beruht auf zwei Gruppen von Tatsachen. Einmal ist dies die ständig zunehmende Verarmung an wärmeres Wasser fordernden Arten, zum anderen die Fortentwicklung zu neuen Arten besonders bei großen Astarten und *Aquilofusus*. W. HINSCH (1952) hat das Verdienst, die früher schon von GRIPP (1922–1933) und STAESCHE (1930) in Betracht gezogene Gliederung erweitert und gefestigt zu haben. Eingehende paläontologische Untersuchungen der Gattungen *Astarte, Sipho, Aquilofusus, Liomesus (Buccinopsis* aut.), *Uromitra* und einiger Gattungen aus der Familie der Turridae (*Pleurotoma* aut.) gaben ihm die Grundlage hierfür. Danach läßt sich der Glimmerton einteilen in:

oben Sylter Abteilung
Grammer Abteilung
Langenfelder Abteilung.

Von der Langenfelder Schichtenfolge möchte HINSCH den untersten Teil als Lüneburger Unterabteilung absondern (Anm. 52).

Leitformen für den gesamten Glimmerton sind:

Chlamys (Peplum) clavatus POLI.
Nucula (Nucula) georgiana SEMP.
Cardita (Cyclocardia) orbicularis forma bella SEMP.
Dentalium badense PARTSCH
Natica koeneni SACCO
Aquilofusus puggaardi BEYR. sp.
Terebra forchhammeri BEYR.
Drillia (Spirotropis) modiola JAN.

Für die Abteilungen des Glimmertons die jeweils bezeichnenden Leitformen sind:

Messin Sylter Abteilung

Carinastarte rollei SEMP.
Astarte (Astarte) syltensis RAVN
Liomesus ventrosus BEYR. sp.
Aquilofusus eximius BEYR. emend. HINSCH
Nassa (Telasco) syltensis BEYR.
Aporrhais pes pelicani L.
Natica (Polinices) hemiclausa SOW.
Hipparion gracile KAUP.

Torton Grammer Abteilung

Carinastarte reimersi SEMP. sp.
Sipho distinctus BEYR. emend. HINSCH
Liomesus fossulatus grippi HINSCH
Aquilofusus semiglaber BEYR. sp.
Uromitra cimbrica OPPENHEIM in KTSKY
Cancellaria (Narona) rothi SEMP. sp.

Torton Langenfelder Abteilung

Carinastarte vetula Phil. sp.
Aquilofusus luneburgensis Phil. emend. Hinsch
Uromitra wirtzi Hinsch
Cancellaria (Narona) lyrata parvicarinata Ktsky

Helvet Lüneburger Unterabteilung

Astarte (Ashtarotha) omalii var. *anus* Phil. emend. Hinsch
Cardita laevicosta weingärtneriana Gripp
Aquilofusus lategradatus Ktsky
Murex (Hexaplex) octonarius Beyr.

Wie erwähnt, wird der oberste Glimmerton auf Sylt oben allmählich sandig. Ähnlich ist es überall dort, wo pliozäne Absätze den Glimmerton überlagern. So wird schon von E. Koch 1919, S. 22, betont, daß dort, wo die Basis des Glimmertons besonders tief liegt, die oberste Stufe desselben, der Glimmersand, 20–49 m, erhalten geblieben ist. So auch in der Haseldorfer Marsch (Hinsch 1952, S. 182). Hinsch gibt an, daß im Glimmersand, aber nicht im Glimmerton vorkommen:

Nucula (Nucula) nucleus nucleus L.
Anadara (Arcopsis) lactea L.
Pectunculus (Glycimeris) pilosus L.
Limopsis (Pectunculina) minuta Phil.
Astarte (Laevastarte) fusca (Poli)
Astarte (Nicania) waeli Glibert
Astarte (Digitaria) beyschlagi Ktsky
Astarte (Goodallia) triangularia Mont
Cardita (Cyclocardia) orbicularis Sow.
Phacoides borealis L.
Cavilucina (Mesomiltha) droueti (Nyst)
Cardium (Parvicardium) kochi Semp.
Pitar cimbrica Ktsky
Tellina (Angulus) fallax (Beyr.)
Circulus hennei Glib.
Bathytoma laevis Hinsch.

Hinsch hebt hervor, daß die Grammer und Sylter Abteilung bei uns im Lande nach oben mit sandigen Ablagerungen enden. Für seine Langenfelder Abteilung weist er auf Sande in Südoldenburg und den Niederlanden mit Belgien hin. Uns interessiert mehr die östliche Küste, auf deren Lage deuten die sandigen Absätze von Gühlitz hin (Anm. 51).

Die Ausdehnung der Stillwasserfacies des Glimmertons bis weit in den Osten unseres Landes legt es nahe, die zugehörige sandige Küstenregion jenes Meeres östlich unseres Landes zu vermuten. Eine Karte der Verbreitung des Glimmertons, wie sie H. L. Heck 1942, S. 5, sowie Johannsen und Prange 1961 gaben, entspricht nicht der damaligen Meeresverbreitung, sondern dem, was die Ereignisse während der Zeit des Oberpliozän und Quartär vom Glimmerton übriggelassen haben. Es verläuft jene Verbreitungsgrenze fast geradlinig von Düppel über Gelting, Selenter See, Scharbeutz und das Südende des Schweriner Sees. Danach fehlt der obermiozäne Glimmerton in Wagrien und auf Fehmarn. Er fehlt vermutlich, weil hier und weiter östlich seine ursprünglich vorhandenen Äquivalente nachträglich zerstört wurden.

Die Verbreitung der Abteilungen des Glimmertons

Die Sylter Abteilung ist auf Sylt beschränkt.

Die Grammer Abteilung ist in Westjütland vom Nissumfjord bis an die Landesgrenze nachgewiesen (RASMUSSEN 1961). W. HINSCH 1955 zeigte sie von Hohenwöhrden (Dithmarschen) und Haseldorf auf. Zwischen Uetersen und Pinneberg ist die Grammer Stufe gleichfalls vertreten. Bohrungen lieferten *Carinastarte reimersi* (W. WOLFF, Bl. Pinneberg, S. THIELE 1941, S. 107, DITTMER 1959 mit reicher Fossilliste). Bei Freesenmoor auf der Wingst in Nordhannover wurde eine Scholle von Glimmerton abgegraben, aus der GOTTSCHE von *Aquilofusus semiglaber, Carinastarte reimersi* und Begleitfauna ein reiches Material erhalten hat, das den Krieg überstand, da W. HINSCH Material von dort zu seinen statistischen Untersuchungen verwandt hat. Durch diesen Fund ist die Grammer Stufe bestens für das Niederelbegebiet belegt.

Die Langenfelder Abteilung wurde nach E. DITTMER 1959 in den Kreisen Husum und Süderdithmarschen erbohrt. Sie umfaßt ferner die Fundpunkte um Hamburg, einschließlich Lieth, jedoch ohne Heiligengeistfeld. Dies Vorkommen hat durch *Cardita laevicosta weingärtneriana* nahe Beziehung zu Wohltorf, das seinerseits durch *Astarte vetula* und *Aquilofusus lategradatus* dem Mecklenburger und Gühlitzer Vorkommen zeitlich nahestehen dürfte.

Zur Zeit des tieferen Teiles der Langenfelder Abteilung, also wohl während der von HINSCH Lüneburger, von K. STAESCHE aber m. E. zutreffender Gühlitz-Mecklenburger genannten Unterabteilung reichte das Glimmertonmeer am weitesten nach O – eben bis in die Altmark.

Im Bahneinschnitt von Müssen und etwas weiter nördlich bei Klein-Pampau (beide in Lauenburg) steht Glimmerton örtlich dicht unter der Oberfläche an. Die angeführten Fossilien genügen nicht, um zu erkennen, welche Abteilung des Glimmertons vorliegt.

Von Treuholz bei Oldesloe ist nach GOTTSCHE in P. FRIEDRICH 1909 in 120–160 m Tiefe im Glimmerton u. a. gefunden:

Murex spinicosta BRONN
Conus antediluvianus BRUG.
Drillia modiola JAN. sp.
Astarte goldfussi Hinsch = *concentrica* GOLDF.

Hier ist also die Langenfelder Abteilung vertreten.

Von Muggesfelde erwähnt GOTTSCHE 1876 *Astarte vetula.* Von Schmalfeld bei Bramstedt (R. STRUCK, Geogr. Ges. Lübeck 23. 1908) ist mir kein die Unterstufe bezeichnendes Fossil bekannt. Die Meere der Oberoligozän- und Miozänzeit waren weniger tief als die vorhergehenden. Daher machen sich die salinaren Erhebungen sowie die westschleswigsche und die ostholsteinische Hochscholle durch unvollkommen ausgebildete Schichtenfolge stärker bemerkbar als vorher im tieferen Wasser. Aber trotz solcher ± örtlichen Untiefen ist das geographische Hauptgeschehen, die Veränderungen in der Ausdehnung von Land und Meer, durch das unterschiedlich starke Absinken der Parageosynklinale bedingt. Neben diese topographischen Veränderungen traten klimatische. Die Abkühlung, welche die Unterschiede zwischen den Faunen der Hemmoorer und Reinbeker Stufen bedingt hatte, setzte sich während der Zeit des Glimmertones fort.

Während dieser Zeit schwanden einige vorher im Miozän des Nordseebeckens reich vertretene Arten oder Gattungen in zunehmendem Maße.

Während der Langenfelder + Lüneburger + Gühlitzer Abteilung sind letztmalig angetroffen, nach W. HINSCH erweitert:

Astarte (Nicania) radiata NYST ET WEST.
Astarte (Nicania) gracilis Mü
Astarte (Astarte) goldfussi HINSCH = *concentrica* aut. nach GOTTSCHE Treuholz
Venus (Dosina) multilamella LK. (Plioz. Italien)
Bittium spina PARTSCH (Nachkommen lusitanisch)
Xenophora testigera BRONN (rez. Sizilien)
Pagodula vaginata = *Trophon semperi* v. K. (rez. in großen Tiefen Mittelmeer)
Trigonostoma aperta BEYR. (Art damit ausgestorben)
Sveltia lyrata parvicarinata KTSKY (Plioz. Italien, danach ausgestorben)
Turricula steinvorthi SEMP. (Gattung rez. subtropisch, Art damit ausgestorben)
Turris zimmermanni PHIL. (Gattung warme Meere).

Während der Grammer Stufe sind ausgeschieden:

Murex (Tubicauda) spinicostata BR. (Gattung rez. im Roten Meer)
Streptochetus sexcostatus BEYR. (damit aussterbend)
die Gattung *Uromitra* (während Pliozän Südeuropas letztmalig)
Sveltia rothi BEYR. wie oben.

Für die Sylter Stufe kann bislang nur das Aussterben der nach HINSCH aus dem Oligozän des Nordseebeckens stammenden und zur Zeit des Glimmertons schnell sich entwickelnden Gattung *Carinastarte* gemeldet werden.

Das nach dem Wärmehöhepunkt während der Hemmoorer Stufe einsetzende Schwinden wärmebedürftiger Arten und Geschlechter dauerte somit während der Glimmertonstufe an. Jedoch hielten heute südlichere Gattungen bis in die Sylter Abteilung und teilweise noch länger im Nordseebecken aus. Genannt seien:

Conus rezent im Mittelmeer und lusitanisch
Pyrula fehlt heute im Mittelmeer, nur in noch wärmeren Meeren.
Cassis saburon als Nachkomme von *C. miolaevigata* Golf von Gascogne bis Senegal
Cassidaria echinophora Golf von Gascogne und Mittelmeer.
Typhis selten im Mittelmeer, Ostafrika, Antillen.
Scaphella nicht im Mittelmeer und vor ostatlantischen Küsten, aber an der Küste von Florida.
Terebra heute nicht im Mittelmeer, nur in noch wärmeren Meeren.
Zahlreiche *Turridae* (= Pleurotomidae aut.) im Mittelmeer und südlicher.

Gegen Schluß der Zeit des Glimmertons lebte im Nordseebecken eine an Warmwasserformen verarmte Fauna, die aber doch neben damals einheimischen nur noch heute mittelmeerisch-lusitanische Arten umfaßte. Die heutige boreale Fauna war noch nicht vertreten. Neu eingewandert sind aber nur *Natica (Polinices) hemiclausa* Sow. und *Aporrhais pes pelicani* L.

Die Fauna des Glimmertons, einschließlich derjenigen aus dessen obersten Lagen, schließt diesen dem Miozän an. Die Facies tut das gleiche. Wichtig ist, daß die im obersten Glimmerton neu auftretenden Arten gleichzeitig mit den ersten Anzeichen einer Faciesänderung (Schill, grobe Quarze) erscheinen. Wie auch sonst hat sich die Fauna des flachen Wassers früher geändert als die des tieferen.

Die Verwitterungsgesteine des Glimmertons

Im tonigen Glimmerton findet sich, wie erwähnt FeS_2 in Form von Stengeln und Nadeln. Leider tritt dies Mineral nicht selten auch im Innern der fossilen Schnecken auf. Mit der Luft hat Feuchtigkeit Zutritt bzw. in die obersten, angewitterten Lagen oberflächennahen Tones dringt Wasser ein – und schon beginnt eine chemische Umsetzung, die über $FeSO_4$ und H_2SO_4 und dem vorhandenen Fe oder K, aus Glaukonit stammend, zur Bildung von:

Eisen=Alaun = $FeAl_2 (SO_4) \cdot 22 H_2O$ oder
Kali=Alaun = $KAL (SO_4)_2 \cdot 12 H_2O$ führt.

Wenige Dezimeter unter der natürlichen Oberfläche sitzt daher Alaun im Ton angereichert, so daß man jene, meist bräunlichen Tone als Alauntone bezeichnet. Früher wurde aus ihnen Alaun durch Lösung gewonnen. An trockenen Tagen blüht der Alaun aus und verbreitet zum Beispiel in Wohltorf und Morsum einen bezeichnenden Nasenreiz. Es empfiehlt sich, den Ton auf der Zunge auf Alaungehalt zu prüfen. In der Ziegelei Grube Wohltorf (heute Tontauben=klub und Bad der Lebensretter=Gesellschaft) sind die Hänge seit Aufgabe der Tongewinnung vor vierzig Jahren infolge des Alaungehalts noch nicht bewachsen. W. Ohle (1936) hat das Wasser des Tonteiches näher untersucht. Danach wird von den Alaunton=Hängen so viel SO_4 in den Teich gespült, daß 30–35 = mg/l freie Schwefelsäure, außerdem $CaSO_4$, $MgSO_4$, aber kein Karbonat im Wasser vorhanden waren. In jenen Jahren war der pH=Gehalt 3,6–3,1. Die Farbe des Wassers war auffallend blaugrau. In diesem stark sauren Wasser gediehen Lebewesen nur in beschränkter Artenzahl, worüber Ohle Näheres ausführt.

Da am Morsumkliff Sylt die Überschiebungsflächen der Schuppen steil gestellt verlaufen, dringt dort, wo Alaunton an Sand grenzt, das durch Zersetzung von FeS_2 über $FeSO_4$ durch dessen Zerfall entstandene $Fe_2O_3H_2O$ in den Sand ein und verkittet diesen zu einem Band von mürbem Limonitsandstein, zum Beispiel am sogenannten Walfischrücken zwischen Schuppe 4 und 5.

2. *Das Pliozän*

Von dem jüngsten Abschnitt des Tertiärs sind marine Absätze nur unter Sylt und dem angrenzenden Festland bekannt. Die darüber folgenden kontinentalen Absätze des Kaolin=sandes haben sich in Senken von Jütland über Schleswig=Holstein bis weit nach O, bis über die Odermündung hinaus, erhalten. Sie stellen die Reste eines Südskandinavien umgeben=den Schuttgürtels dar.

Da die marinen Ablagerungen petrographisch und faunistisch dem jüngsten Glimmerton nahestehen, dürften sie dem Unterpliozän angehören. Die darüber liegende Kaolinsandfolge erwies sich durch die Flora der Braunkohlenflöze als jungpliozänen Alters.

Die Geschichte der Erforschung des Pliozäns von Sylt

Die auf Sylt bei Morsum im Kliff und Bahneinschnitt, bei Keitum, Braderup und am Roten Kliff bald mehr, bald weniger günstig aufgeschlossene Serie von 1. sandiger Moräne, 2. Schmelzwassersanden mit hohem Anteil an gebleichten Feldspäten und weißen Quarz=körnern, 3. echtem Kaolinsand mit seinen silurischen und kristallinen Geröllen, 4. altinter=glazialen Meeresabsätzen und junginterglazialen Torfen (Tuul) und 5. von Braunkohlen=lagen im Kaolinsand (Morsum, Rote Kliff), hat durch die Jahrzehnte einer Deutung getrotzt.

Hinzu kommt die häufig gestörte Lagerung der Schichten. Diese wurde für tektonisch, salz=tektonisch, und als Stirnmoränenstauchung angesehen. L. MEYN, J. O. SEMPER, E. STOLLEY, C. GAGEL, C. GOTTSCHE, W. WOLFF, K. GRIPP, E. KOCH, W. WETZEL, K. STAESCHE, H.=L. HECK, S. THIELE und in jüngster Zeit D. WIRTZ und H. ILLIES (1951) sowie R. WEYL und U. REIN (1955) haben sich um die Deutung der Erdgeschichte Sylts und besonders des Morsum=Kliffs bemüht. Manche Grundfrage mußte erst geklärt werden, bevor ein weiterer Schritt in der richtigen Ausdeutung dieses Brennpunktes der Geologie geschehen konnte. So mußte der Streit um die Frage der mehrfachen Vereisung Norddeutschlands entschieden und die Grenzen der einzelnen Vereisung erkannt sein, bevor man die verschieden alten Torfe und Meeres=absätze zeitlich einordnen konnte.

Der vorher für Miozän gehaltene Limonitsandstein wurde erst durch GRIPP (1916, 1922) als Pliozän abgetrennt. Der Eisenbahneinschnitt und Bodenentnahmestellen, die durch den Bau des Hindenburgdammes (1926) und für die Deichbauten (1938) bei Morsum entstanden, gestatteten, die Störungen im Untergrunde von Morsum eindeutig als eine bogenförmig aufgeschuppte Stirnmoräne (GRIPP und BECKER 1940, S. 78 und 81–82) zu erkennen.

Einen weiteren Fortschritt brachte H. ILLIES (1951 in WIRTZ und ILLIES), der aus den nicht=marinen Sedimenten des Pliozäns die Bedingungen ihrer Entstehung durch Schüttungs=messungen, Schotteranalysen und Ausdeutung unterschiedlicher Verwitterung besonders die Entstehung der Kaolinsande klärte.

D. WIRTZ glaubte, angeregt durch Beschlüsse des Internationalen Geologenkongresses in London 1948, den pliozänen Meeressand vom Glimmerton weiter entfernen, also aus dem Unterpliozän in das oberste Pliozän und den Kaolinsand der Günzvereisung und dem Günz=Mindel Interglazial zeitlich gleichordnen zu können.

Schon eine weite Trennung der Limonitsandsteinfauna vom Glimmerton entsprach nicht der nahen Verwandtschaft der beiden, wie sie zum Beispiel durch das Vorkommen der Gat=tung *Conus* aufgezeigt wird.

1952 wies ferner WEYL darauf hin, daß jene Verwitterung, die für den Kaolinsand so be=zeichnend ist, aus Ablagerungen der Eiszeit sonst nirgends bekannt geworden ist. Andere Forscher betonten, daß bislang vorliegende Pollenauswertungen von Torfen bzw. Gesteinen aus Pflanzenzerreibsel aus den Kaolinsanden von Morsum und Wennigstedt nicht mit der Anschauung von WIRTZ in Einklang zu bringen seien.

Eine erneute und eingehende pollenanalytische Untersuchung von humosen Gesteinen aus dem Kaolinsand von Morsum und Wennigstedt und eine sedimentpetrographische Aus=wertung der Sande, denen jene Torfe eingelagert sind (R. WEYL, U. REIN, M. TEICHMÜLLER 1955), brachte auch hier endgültige Klärung. Es siegte die Auswertung einer Bestandsauf=nahme der Einzeltatsachen über die Ausdeutung nach einer von außen herangetragenen Auffassung.

Untersuchungen an den von winterlichen Hochfluten entblößten Kliffen brachten jüngstens neue Einblicke in die Entstehung jener Schichten.

Nachdem die Schichtenlagerung um Morsum als glaziale Stauchung einwandfrei erkannt ist, empfiehlt sich eine Benennung der verschiedenen Vorkommen der gleichen Schicht nach den einzelnen Schuppen. Da deren östlichste auch die älteste ist, erhält diese Nummer 1. Im Vergleich mit der Benennung von C. GAGEL 1905 ergibt sich von O nach W:

	GAGEL 1905	Neue Bezeichnung	
1. **Schuppe**			
nur noch Glimmerton am Ostende des Kliffs erhalten	Gli 1	Gli S 1	
2. **Schuppe**			
f Kaolinsand	K 1	K S 2	
e weißlicher Feinsand mit lagenweise massenhaften Wühlfährten (siehe unten)	–	Fs S 2	
d Feinsand mit ± konzentrischen Fe_2O_3-Lagen	–	Fs Li S 2	
c Limonitsandstein	Li I	Li S 2	
b sandige Übergangsschichten	–	–	
a Glimmerton	Gli II	Gli S 2	
3. **Schuppe**			
f Kaolinsand mächtiger als in S 2, mit Lagen von runden Quarzkiesen und Ton (Pfeifenton)	K II	K S 3	
e Feinsand mit Wühlfährten oben am Osthang übergehend in	–	Fs S 3	Klein-Afrika
c 2 helle Feinsande mit Lignit, limonitisierten Mollusken und Limonitausscheidung an einer Verwerfung	Li II	Li S 3	Klein-Afrika
c 1 Limonitsandstein fossilarm	Li III	Li S 3	Klein-Afrika
a Glimmerton	Gli III	Gli S 3	
4. **Schuppe**			
Kaolinsand	K III	K S 4	
Glimmertonlücke mit Diluvium	–	Gli S 4	
5. **Schuppe**			
Kaolinsand durch aus Gli S 4 stammende Lösungen zum sogenannten Walfischrücken verkittet.	–	K S 5	

Weiter gegen W, im äußeren Teil der Stauchmoräne, sind nicht mehr große Schuppen, sondern kleinere, besonders im sandgebänderten Glimmerton erkennbare Falten ausgebildet (C. GAGEL 1910, W. WOLFF 1910).

Die unterpliozänen Meeressande

Die in den obersten Lagen des Glimmertons von Morsum (Sylt) erkenntliche Verflachung des Meeres setzte sich weiter fort. Es findet sich nur im NW unseres Landes eine 10–20 m mächtige Folge von Meeressanden. Diese sind ± tonig, ± glaukonitisch und im allgemeinen feinkörnig, jedoch treten teils an der Basis, teils in höheren Lagen Gerölle aus Quarz, und verkieselten Fossilien des Silurs auf. In der Bohrung Bredstedt 1466/14 (HECK 1942) enthielt ein Basiskonglomerat Quarze bis 7 mm Durchmesser. Der durch Verwitterung eines sideritisch-glaukonitischen Sandes entstandene Limonitsandstein von Morsum auf Sylt enthält in einzelnen, zugleich fossilführenden Lagen Quarzkörner bis 1,5 cm Durchmesser (siehe WIRTZ 1949, Taf. 15 Abb. 11), daneben frischen Feldspat. In den nicht verfestigten fossilführenden Sanden von Klein-Afrika (Morsum, Sylt) treten neben Quarzen von 1,5 cm Durchmesser verkieselte *Cyclocrinus* und Crinoidenglieder auf, die silurischen Kalken entstammen. Durch die Reinheit des Sandes und die Gerölle ist der Einfluß flachen Wassers eindeutig belegt. Auch das Auftreten der Fossilien in dünnen, bis 5 cm messenden und seitlich nur wenige Meter anhaltenden Lagen zusammen mit den erwähnten Geröllen, Holzstücken und losen Fisch- und Walknochen weist auf bewegtes Wasser und damit Umlagerung des Sandes hin.

Diese nur geringmächtigen Sande enthalten in Bohrungen zu Toneisenstein oder Sand=eisenstein verfestigte fossilführende Lagen, so zu Saed (Seth) südlich von Tondern bei 77 m –NN (ØDUM 1934, RASMUSSEN 1958), zu Bredstedt (HECK 1942) bei 22,6–31,7 –NN, bzw. +18,75 bis –1,25 m NN, Oldenswort (HECK 1942) 462 bis –470 m, Süderende/Föhr (WETZEL 1937) 5–16 m –NN ohne Fossilien, Achtrup (WETZEL 1937) 2,50 m Sideritsandstein fossilführend.

WETZEL, THIELE und ihnen folgend HECK rechnen feine fossilfreie Sande, die auf den Glimmerton folgen, auf Grund petrographischer Ähnlichkeit zu den pliozänen Meeressanden, so Flensburg=Mürwik, Ladelund und mit Fragezeichen Fiel bei Heide. Das Auftreten von Kotperlen, die zu Morsum (K. GRIPP 1922, S. 174, W. WETZEL 1937) und in einer Bohrung bei List (GRIPP 1940, S. 27, 68 und 69) im Limonitsandstein bzw. seinem noch unverwitterten Ausgangsgestein gefunden wurden, kann auf engem Raum zur Altersbestimmung herangezogen werden. Auf größere Entfernung, zum Beispiel bis Flensburg, auf Grund von petrographischer Ähnlichkeit und dem Vorkommen von Kotperlen auf gleiches Alter zu schließen, erscheint gewagt. Im Osten dürfte die Flachwasserfacies, auch Kotperlen enthaltend, früher eingetreten sein als im Westen. Solange keine das pliozäne Alter eindeutig belegenden Fossilien vorliegen, sollte man die Deutung als pliozäne, das heißt vom Alter des Limonitsandsteins oder Aus=gehenden des Glimmertons, offenlassen. Ich sehe daher Flensburg und Fiel (HECK 1935, S. 311, und S. THIELE 1941, S. 115) nicht als Vorkommen der pliozänen Meeressande an. Damit ist das von HECK (1942, S. 5) auf seiner Karte als Areal der Siderite abgegrenzte Gebiet dasjenige der bisher bekannten Verbreitung der pliozänen Meeressande.

Die Fauna

Die reichste Fauna lieferte Morsum=Kliff (Sylt) (GRIPP 1922, WIRTZ 1949). Im Limonit=sandstein S_2 sowie weiter östlich, im hellen, von einer Steinsohle bedeckten Sand LiS_3 (Klein=Afrika) finden sich in dünnen Lagen Fossilien. An beiden Vorkommen weisen diese statt der Kalkschale solche aus Rost, also Limonitschalen auf; zum Teil sind es aber nur noch Steinkerne aus durch Rost zusammengehaltenem Sand. Diese Umwandlung von $CaCO_3$ in $Fe_2O_3 \cdot 3\,H_2O$ dürfte hier, und ähnlich zur Untermiozänzeit, teils auf dem Umweg über FeS_2 erfolgt sein. Jedoch mag ein Teil erst in $FeCO_3$ und danach in $Fe_2O_3 \cdot 3\,H_2O$ verwandelt sein. Dank dieser Umwandlung der Schalen bei ± weitgehender Erhaltung der Skulptur war eine genaue Bestimmung der Fossilien möglich.

Es ergab sich, daß zwar eine Reihe von Arten aus dem Glimmerton fortlebt, daß aber auch vordem nie beobachtete Formen hinzugekommen sind.

Die offenbar neu eingewanderten Arten sind:

eine große *Nassa (Uzita) reticosa* SOW. in mehreren Abarten:
costata HARMER, *incisa* HARMER (Anm. 53; Taf. 24 Fig. 1)
eine große *Mactra (Spisula) arcuata* SOW. (Taf. 24 Fig. 4).

Beide Arten waren aus den Crag genannten Schichten Englands, denen pliozänes Alter zugesprochen wird, bekannt.

WIRTZ 1949 glaubte *Menestho* cf. *jeffreysi* A. BELL. als weitere Cragform anführen zu können, „obwohl die Sylter Stücke erheblich größer sind". Die zahlreichen Sylter Stücke weichen jedoch so sehr von HARMERS Abbildung ab, daß ich an der Berechtigung der Be=stimmung stark zweifle (Anm. 54).

H. ØDUM (1934) und L. B. RASMUSSEN (1958) führten aus der Bohrung Seth an Crag=formen an:

Nassa reticosa var. *cancellata* HARMER — *Nassa granulata* SOW. var. *gracilis* HARMER
Bela cfr. *harpularia* COUTH. var *rosea* LOV.

H. L. HECK 1942 gibt aus Bohrungen bei Bredstedt neben *Mactra arcuata* und *Nassa reticosa Scrobicularia plana* da Costa an. Es handelt sich hier, falls die Bestimmung zutrifft, um das erste Auftreten der heute noch in der Nordsee lebenden Pfeffermuschel.

Neben diesen Einwanderern finden sich Arten des Glimmertons, die unverändert weiter=gelebt haben. Genannt seien:

Yoldia glaberrima MÜ.
Natica (Polinices) nitida alderi FORBES sp.
Cassidaria echinophora L.
Semicassis rondeleti BAST.
Sipho distinctus BEYR. sp.
Genotia (Pseudotoma) intorta BROCC.
Drillia (Spirotropis) modiola JAN. sp.
Conus (Conolithus) antediluvianus BRUG.

Besonders die Helmschnecken, die Turriden (= Pleurotomiden aut.) und *Conus* beweisen eine nahe Verbindung zwischen Glimmerton= und Meeressandfauna.

Ein gleiches bezeugen jene im Meeressand neuen Arten, die aber aus solchen des Glimmer=tons hervorgegangen sind, wie:

Liomesus dalei
Searlesia aff. *costifer.*

Liomesus (Buccinopsis aut.) ist eine seit dem Oligozän im Nordseebecken nachweisbare Gattung. Ihre Abwandlung während der Zeit des Glimmertons hat W. HINSCH 1952 über=zeugend klargelegt. Danach erscheint die von WIRTZ 1949 verwandte Bezeichnung als *L. dalei* Sow. berechtigt.

HINSCH hat den Begriff *Aquilofusus eximius* BEYR. schärfer gefaßt als frühere Autoren und auf die Art aus der Sylter Stufe beschränkt. Da eine neue Abbildung nicht geboten wird, ist BEYRICH 1856, Taf. 19 Abb. 6 und 7, als die maßgebende Abbildung des Sylter *A. eximius* BEYR. emend. HINSCH anzusehen.

Im Glimmerton tritt eine Abart auf, deren Spiralen auf der Schlußwindung aussetzen und deren kräftige Rippen nicht parallel zur Spindelachse, sondern mit einer zur Mündung ge=richteten Neigung verlaufen. Die gleiche Abart tritt zahlreich im Limonitsandstein auf, sie besitzt eine gedrungenere Gestalt als die Mehrzahl der Vorfahren im Glimmerton. Leider hat HINSCH die von *Aquilofusus eximius* BEYR. emend. HINSCH abweichende var. *stolleyana* GRIPP aus dem jüngsten Glimmerton nicht mit in seine Untersuchung einbezogen. Es bleibt daher unentschieden, ob es sich bei den Funden aus dem Glimmerton um *Aquilofusus eximius stolleyanus* GRIPP oder mit WIRTZ um *Searlesia* aff. *costifera* (WOOD) handelt (Anm. 55). Damit bleibt auch die für die Geschichte des Lebens in der Nordsee wichtige Frage, wie nahe der miozäne *Aquilofusus* (KTSKY 1925) mit der pliozänen *Searlesia* HARMER 1914 verwandt ist, unentschieden. Immerhin stellt WIRTZ 1949 den *Fusus imperspicuus* WOOD zu *Searlesia* HARMER, während HINSCH 1952 diese Art des Crag zu *Micro=Aquilofusus* zählte. *Trophon alveolatus* und *consociale* erinnern HINSCH wegen der Ähnlichkeit der Skulptur und der gestuften Windungen an die Reihe *Aquilofusus festivus=lategradatus.* Es sind also ersichtlich zwischen dem Messin und den pliozänen Meeressanden von Sylt enge Beziehungen zu den pliozänen Cragabsätzen Englands vorhanden. Die Diskussion des Alters kann aber erst später erfolgen.

Hier muß noch eines im Miozän des östlichen Nordseebeckens einmaligen Ereignisses gedacht werden. In den reichen Weichtierfaunen und trotz der dem Miozän eingeschalteten terrestrischen und subterrestrischen Absätze der „Braunkohlensande" hatte sich nie ein Weichtierrest des Landes und, was noch auffallender ist, des Süßwassers gefunden. Der obermiozäne Glimmerton bescherte uns, wie erwähnt, den Zahn des Zebras *Hipparion*. Der pliozäne Meeressand schenkte uns zwei Schalen einer Süßwassermuschel. Im Sande von Klein=Afrika, in den obersten Lagen mit Versteinerungen, wurden sie zwischen Schalen von Meeresmuscheln und =schnecken gefunden. Also nicht nur Quarz= und silurische Gerölle, sondern auch Flußmuscheln gerieten vom Lande her in das flache, sandige Meer. Die An= zeichen der Landfacies mehren sich somit.

Die Feinsandfolge vom Morsum=Kliff

Ein wenig höher als die jüngsten Ablagerungen mit Meeresmollusken treten in den Sanden von Klein=Afrika geringe tonige, Braunkohle führende Einlagerungen auf. Darüber folgt in Schuppe 2 und 3 ein gelblichweißlicher Feinsand. Er erscheint ungeschichtet, enthält aber graubräunlich gefärbte Bänke. In diesen und weitgehend im hellen Sand sind Wühl= fährten in großer Zahl an hellerer Färbung zu erkennen. Sie sind bis 15 cm lang, verlaufen der Schichtung parallel und sind ± gebogen. Bei günstigen Bedingungen sind daneben kleinere Fährten zu erkennen (Taf. 24 Fig. 6).

Gleiche Fährten zeigten uns 1961 belgische Kollegen im Deurnien (Messinien) von Gelrode (südwestlich Aaschot). Der reiche Glaukonitgehalt des dortigen Sediments ist in den Wühl= fährten erheblich verringert und Glaukonit am Rande der Fährten angereichert. Somit dürfte der Sand in der Röhrenfährte vielfach durchschaufelt sein, also wohl von Borstenwürmern oder Flohkrebsen herrühren. Da jene Spuren dort in Meeresabsätzen auftreten, dürften auch die Sande von Sylt mariner und nicht, wie H. Illies 1951 vertrat, fluviatiler Herkunft sein.

Diese Anschauung wurde bestätigt durch den Aufschluß, den die Sturmflut vom 16./ 17. Februar 1962 in Schuppe 2 des Morsum=Kliffs schuf. Es entstand eine mehrere Meter hohe Steilwand vom Ostende der Schuppe bis in die sandigen Lagen an der Basis des Glimmertons Schuppe 2. Die Steilwand gefror, und der Wind präparierte feinste Unter= schiede in der Bindung des Sandes heraus. Dadurch zeigten sich außer den schon erwähnten Lagen mit wohl von Würmern stammenden Wühlfährten Schichten, die teils dicht erfüllt waren von Wohnbauten (Taf. 24 Fig. 5), teils schälchenförmige Verfestigungen aufwiesen, die ersichtlich ehemaligen Muscheln entsprachen.

Diese Feinsandfolge geht nach oben unter Einschaltung von Linsen tonigen Sandes in die zunehmend gröberen „Kaolinsande" des oberen Pliozän über.

Die Limonitisierung

Der tiefere Teil des marinen Unterpliozän ist durch die ± weitgehende Verkittung durch Rost = Limonit = $Fe_2O_3 + 3H_2O$ gekennzeichnet. Durch dies Bindemittel erhielt das Gestein schon von Forchhammer den Namen Limonitsandstein. Der Gehalt an Limonit wird zum Teil auf die Verwitterung des in unteren Lagen reichlichen Glaukonits zurückgehen. W. Wetzel 1931 und H. Werner 1951 machten außerdem wahrscheinlich, daß der Meeressand örtlich durch $FeCO_3$ zu Sideritsandstein verfestigt worden war. Als dieser später verwitterte, indem CO_2 das Eisenkarbonat angriff, entstand Eisenhydroxyd. Dies wurde an Grenzflächen zu calciumphosphat= und $CaCO_3$=haltigen Sideritbänken teilweise in harten Krusten aus= geschieden. Dadurch blieben Teile des Sideritsandsteins mit Fischwirbeln, Walresten und nicht selten Vivianitausscheidungen in rings geschlossenen Kammern erhalten.

Aus beiden Quellen für Limonit wurden die Übergangsschichten zwischen festem Limonit= sandstein und dem marinen Feinsand ± durchtränkt. Dies geschah auf verschiedene Weise in Schuppe 2 und 3. In Schuppe 2 schied sich Limonit in konzentrischen, fächer= und röhrenförmigen Lagen aus Taf. 23 Abb. 3–5. Die braunen dünnen Bänder sind zum Teil ge= färbt, zum Teil aber fest verkittet. Wenn der Wind die Wand östlich von Li S 2 bloßgelegt hat, staunt über die so auffallend angeordneten Rostausscheidungen nicht nur der Laie, sondern auch der erfahrene Geologe.

Für die Entstehung gekammerter Limonitsandsteinröhren, wie sie mit bis etwa 15 cm Durchmesser noch näher dem felsigen Li S 2 angetroffen werden, mag die von A. PILGER und Wo. SCHMIDT 1957 beschriebene Verformung einer Gesteinslage en boudinage = „wie bei der Wurstmacherei", in Betracht kommen.

Der Vorgang dürfte sich folgendermaßen abgespielt haben:

1. Aufrichtung der Sande durch Eisdruck, dabei trennten zwei annähernd parallele Scher=flächen eine schichtähnliche Lage A ab.
2. Bei weiterer Pressung bewegten und verformten sich die Schichtpakete ober= und unter=halb der Sandlage A verschieden. Zum Ausgleich dieser Spannungen rissen Trennflächen quer durch die Lage A auf (Anm. 56). An diesen wich der Sand in Lage A unter Auf=wölbung nach oben und unten aus.
3. Die so entstandenen „Würste" wurden durch weitere Verformung in Abschnitte quer getrennt.
4. Die nacheinander erzeugten, zunächst unsichtbaren Scher= und Trennflächen verschiedenen Alters sind durch später darauf ausgeschiedenen Limonit sichtbar geworden und weit=gehend verfestigt. Dadurch entstanden kofferähnliche Gebilde.
5. Die Limonitrinden umschlossen das ursprüngliche Gestein, teils Glaukonitsand, teils Sideritsandstein, so dicht, daß jene im Innern der Limonitkapseln bisweilen frisch erhalten blieben.
6. Wo solche geschlossenen Limonitschachteln freigelegt wurden und zerfielen, blieben Schälchen aus Eisenrinden, vom Volksmund als Geschirr der Unterirdischen bezeichnet.

In Schuppe 3 finden wir ungefähr an gleicher Stelle neben den limonitisierten Mollusken=schalen von Klein=Afrika nur wenige bis 15 cm lange limonitisierte Sand= oder Kieslagen.

Somit waren es einmal Reize, die von im Sand sonst unkenntlichen Grenzflächen ungleicher Bewegung ausgingen, zum anderen Lösungsgefälle, die teils von derartigen Grenzflächen, teils von Molluskenschalen ausgingen, teils aber durch rhythmische Ausscheidung gesteuert wurden, die den Anlaß zu der Entstehung dieser so verschiedenen Gebilde aus Eisenrinden gaben. Diese Koffer, Röhren und Schalen stellen eine der seltsamsten Folgen der Ver=witterung dar.

Die oberpliozänen Absätze

Von den Schichten oberhalb des Glimmertons bis zur ältesten erkennbaren Grundmoräne oder bis zum flintführenden Sand hin dürfte der Sylter sogenannte Kaolinsand einer zu=treffenden Deutung die größten Schwierigkeiten gemacht haben. Teilweise weißer Ton (nicht ganz zutreffend Kaolin genannt), überwiegend aber kaolinisierte und daher weiße Feldspäte sowie beigemengte silurische Kieselgerölle kennzeichnen dies Gestein. Es tritt außer bei Eggerstedt unweit Pinneberg nur auf Sylt an die Erdoberfläche. Es ist aber durch Bohrungen weithin an der Westküste nachgewiesen, so bei Bredstedt, Eiderstedt, Schülp in Dith=marschen, Büsum, Heide, Linden und ? Fiel. Ein zweites Verbreitungsgebiet findet sich um Elmshorn, ein drittes zwischen Schenefeld und Eidelstedt (E. KOCH 1919) bis Beimoor, Oldesloe und Segeberg (HECK 1935).

Betrachten wir die oberpliozänen Absätze näher, so haben wir zu beginnen mit dem tiefsten Kaolinsand. In den Jahren 1956 und 1960/1961 war in Schuppe 2 der tiefste, unmittelbar über dem Feinsand gelegene Kaolinsand aufgeschlossen. Ihm sind dünne dunkle Lagen aus Schwermineralen (= SM) eingelagert. Diese Schichten sind häufig gestört.

Bisweilen erscheinen sie wie durch Tritte verdrückt, zum anderen sind sie trichterartig eingesenkt, so wie es W. Schäfer 1956, S. 208, vom im Sand aufgestiegenen Wurm *Nereis* abgebildet hat. Schon diese Spuren lassen auf einen strandnahen Meeresabsatz schließen. Ein gleiches bezeugen Feinsandlagen, die dem tiefsten mit SM-Bändern durchsetzten ungleichkörnigen Kaolinsand eingeschaltet sind. Sie enthalten nämlich die gleichen Wühlfährten wie die liegende Schicht (Taf. 24 Fig. 5 unten).

Entgegen der bisherigen Anschauung sind somit Feinsand und tiefster Kaolinsand als Bildungen des Meeres anzusehen. Sie bilden zusammen mit dem Limonitsandstein eine erdgeschichtliche Einheit.

Der höhere Kaolinsand

Der höhere Kaolinsand ist in Schuppe 3 östlich anschließend an Klein-Afrika, bei Braderup (Kliff und Sandgruben) und nach Hochfluten am Roten Kliff sowie vorübergehend in weiteren Sandgruben aufgeschlossen. Er setzt sich aus Lagen von Fein- und Mittelsand und Bänken von gut gerundeten Quarzen mit großen Geröllen darin (bis 30 cm Durchmesser!) zusammen. Auffallend ist, daß manche der Quarzkiesbänke tonig schluffig verkittet sind. Die Absätze weisen Schräg-, Bogen- und Kreuzschichtung auf. Sie sind weitgehend in flachen Rinnen von zeitweise schnellfließenden Wässern abgesetzt worden. SM-Lagen treten allgemein verbreitet darin auf (Taf. 25 Fig. 4).

Tunnelfährten wie im tiefsten Kaolinsand der Schuppe 2 zu Morsum wurden in Kampen nicht angetroffen. Zu Braderup aber wurden solche in feinerem Sand vereinzelt in senkrechter Stellung bis 25 cm Länge beobachtet.

Überraschend an der Kaolinsandserie sind drei Befunde:

1. die Größe mancher Gerölle;
2. Sackungen über tonigen Anreicherungen;
3. eingeschaltete Lignit- bzw. humose Lagen.

Die Beobachtungen zu 1 und 2 wurden erst in jüngster Zeit gemacht.

Durch den Betrieb von Kiesgruben in Braderup und den Umstand, daß der Meister der Zementwarenfabrik, Herr Baggendorf, die silurischen Silifikate eifrig sammelt, sind unsere Kenntnisse der in früheren Jahren von E. Stolley (1903) eingehend bearbeiteten cambrosilurischen Geschiebe des Kaolinsandes erweitert worden (Taf. 25 Fig. 1).

Die silurischen Gerölle, die sich schon in den kiesigen Lagen des pliozänen Meeressandes fanden, nehmen im Kaolinsand an Zahl und Größe zu. Verkieselte Kalkalgen, Schwämme, Korallen, Seelilienteile aus untersilurischen Kalken und völlig verkieselte untersilurische Kalke, zum Teil als lavendelblauer Hornstein Brachiopoden und Trilobiten umschließend, werden häufig gefunden (Stolley 1903). Seltener treten Granite, metamorphe Gesteine und Quarzite auf. Im höchsten Teil des Kaolinsandes kommen auch, vermutlich tertiäre, Wurzelquarzite vor (Anm. 57).

Die cambrischen Quarzite spalten teilweise auffallend rechtwinklig, teilweise zeigen sie Hochglanz. Manche lassen Wellenfurchen erkennen. Sie erreichen Durchmesser bis 25 cm bei 12–15 cm Höhe.

Größer als bisher angenommen sind auch die Stöcke der verkieselten tabulaten Korallen. Ein solcher Stock hat ein Mindestmaß von 25:22:10 cm. Die silurischen Hornsteine sind selten gerollt, häufig hingegen, bei Durchmessern bis über 15 cm, scharfkantig und zackig. Solche Stücke können nicht gerollt sein. Ihre Verfrachtung von Skandinavien her ist daher zunächst rätselhaft.

Eine Deutung erlauben die unter 2. erwähnten Befunde. In dem am Grunde des Roten Kliffs anstehenden Kaolinsand sind, wenn Hochfluten sie weithin freigelegt haben, örtliche

Sackungen zu beobachten, 30 cm und mehr breit und bis 40 und gar 50 cm hoch (Taf. 25 Fig. 3 und 4). An deren Grunde wurden ± unregelmäßige Fladen aus hellem Ton angetroffen, zumeist von der Breite des Sackungsbereiches. Bei diesen Stücken handelt es sich möglicherweise um Reste fortgelösten Gesteins, nämlich von Kalk oder Mergel. Handelt es sich nicht um von der Strömung verfrachtete und später eingeklinkte Braunkohlentone, sondern um Lösungsrückstände – eine Frage, die der Fund von Silifikaten in einem der Tonbatzen entscheiden würde –, so ergäbe sich:

a) der obere Kaolinsand hat ursprünglich Kalkgeschiebe von bis 40 cm Durchmesser enthalten;
b) daß diese Kalkgeschiebe silurischen Alters waren und die erwähnten zackigen Hornsteine bei der Verwitterung des Kalkes im Kaolinsand frei wurden und dann bei der Umlagerung der entkalkten Lage durch die fließenden Wässer in den Kiesschichten angereichert wurden;
c) für den obersten Teil der Kaolinsande (Rotes Kliff), daß eine Umlagerung nach der kalkzerstörenden Verwitterung nicht mehr eingetreten ist.

Die nächste Frage ist die nach der Art der Verfrachtung so großer cambrosilurischer Blöcke aus einem fernen Heimatbereich bis in unser Land. Illies möchte diese Gerölle vom Orte ihres Anstehens bei starkem Gefälle im Einzugsgebiet und geringerem im Unterlauf als Folge heftiger Niederschläge verschleppt werden lassen. „Restschotter auf den skandinavischen Rumpfflächen" seien nach Süden und in die Nordseesenke, diese randlich bis zum Meeresspiegel auffüllend, verfrachtet worden. Wir müssen aber auch damit rechnen, daß ein Teil der Kaolinsandschotter schon seit dem Oligozän bis an das jeweilige Meer vorgeschüttet worden war, aber jetzt erst, nach Zurückweichen der Küste, ähnlich wie zur Zeit der miozänen Braunkohlensande, weiter in den vormals marinen Bereich süd- und westwärts verfrachtet werden konnte.

Eine bis dahin ungelöste Frage war die nach der Kraft, die jene Gerölle transportiert hat. Ohne die Annahme, Skandinavien wäre herausgehoben worden und so ein starkes Gefälle entstanden, glaubt Illies nicht auskommen zu können. Bei Sylt noch 15 cm messende Gerölle müßten anfangs riesig gewesen sein, wenn sie den langen Weg von Ostskandinavien her als Geröll zurückgelegt hätten. Die Verfrachtung so großer Stücke setze zudem schnellfließendes Wasser voraus. Bei Illies heißt es daher: „Es muß mit der Möglichkeit gerechnet werden, daß im skandinavischen Einzugsgebiet ein Teil des Transportweges durch Gletscherschub oder Eisschollendrift überbrückt wurde." Damit nahm Illies Gedanken auf, die schon Stolley (1903) und E. Koch (1927, S. 13), obschon mit Bedenken, geäußert hatten. Ob wirklich Gletschereis mehr oder weniger weitgehend den Transport jener großen Gerölle bewerkstelligt habe, somit in ihnen Belege für eine erste Vereisung zu erblicken seien, läßt Illies (1951, S. 77) im Gegensatz zu K. Richter 1937 ausdrücklich offen.

Wirtz hingegen (ebenda S. 79) setzt zunächst die Fauna des Limonitsandsteins dem englischen Walton Crag gleich (siehe Anm. 58), das heißt, er entfernt sie weit vom Glimmerton und stellt sie in das oberste Oberpliozän. Dadurch hat er erreicht, daß die Grenze zwischen Pliozän und Pleistozän unmittelbar über dem Limonitsandstein liegt. Der darüber folgende Kaolinsand bezeuge wegen seiner großen Gerölle ein Maximum an Niederschlag, eine Pluvialzeit. Die Icenian-Ablagerungen Englands und der Niederlande stellten gleichfalls den Höhepunkt feuchtkühlen Klimas dar, Braunkohlen darin bewiesen dies. Das Icenian Englands und der Niederlande entsprächen aber erwiesenermaßen der Günzvereisung, und so spricht Wirtz (S. 81, Mitte) dann von der „Sylter Abfolge günzeiszeitlicher Sedimente".

Bevor wir diese Beweisführung, der Kaolinsand sei ein Absatz von Schmelzwässern der Günzvereisung, kritisch betrachten, müssen wir uns in die Kaolinisierung, also die Verwitterung des Kaolinsandes, einen Einblick verschaffen.

Es gibt auf Sylt:

1. Kaolinsandreiche Schmelzwasserabsätze mit frischen roten Feldspäten darin, also einwandfrei ein Absatz diluvial *umgelagerten* Kaolinsandes.
2. Kaolinsand oben: verwittert, keine roten, nur weiße Feldspäte, die bis zum Zerfallen zersetzt sind.
3. Kaolinsand unten: schwach verwittert mit unzersetzt erhaltenen Feldspäten, ähnlich wie im Limonitsandstein.

Hinzu kam die Frage, wo die Verwitterung der Feldspäte zu Kaolin stattgefunden habe, ob in Skandinavien oder am zweiten Ort, im Raume Sylts bzw. Norddeutschlands. Es sei davon abgesehen, die Erörterungen im einzelnen anzuführen. Nach Illies (1951) beweisen die unverwitterten Feldspäte im Limonitsandstein und im tiefsten Kaolinsand, daß unverwitterter Gesteinsschutt herangefrachtet wurde. Nachdem dieser seine größte Mächtigkeit (damals 30, heute über 40 m) erreicht hatte, sei die Verwitterung eingetreten. Huminsaure Wässer hätten die Feldspäte zerstört und das Eisen abtransportiert. Diese Vorgänge wiesen auf eine Vermoorung hin, verbreiteter als die im Kaolinsand noch enthaltenen kleinen Flöze. Nach Illies ist somit die Verwitterung dort aufgetreten, wo der Sand zum letzten Male abgelagert wurde.

Nach Wirtz soll dies, wie angegeben, im Günz=Mindel=Interglazial geschehen sein. Gewichtige Gründe gegen eine so junge Einstufung jener Schichten brachten Untersuchungen von Weyl, Rein und M. Teichmüller 1955. Weyl wies darauf hin, daß die zur Mindelvereisung gerechneten Sande vom Roten Kliff nur eine geringe Verwitterung durchgemacht haben. Beim Kaolinsand aber sei die ursprüngliche SM=Zusammensetzung, in den Sanden zum Beispiel Augit, Hornblende und Granat, weitgehend verlorengegangen. Jedoch sei eine solche in tonigen Absätzen und in durch tonige Lagen geschütztem Sande erhalten geblieben. Die Bleichung des Kaolinsandes dürfte danach pliozänen Alters sein.

Die Richtigkeit dieser Vermutung ergab die Pollenanalyse von je einem 1 m mächtigen Braunkohlenflöz von Morsum und vom Roten Kliff. Nach M. Teichmüller (in Weyl, Rein, Teichmüller 1955) handelt es sich beim Flöz vom Roten Kliff um zusammengeschwemmte Pflanzenreste, über denen später ein Röhricht= und Riedmoor aufwuchs (Taf. 24 Fig. 8).

Beide Flöze sind reich an von ferne herangewehten Pollen von Bäumen der Moore *(Taxodium, Sequoia)*. Gerade diese Staubkörner sind wichtig. Die Pollenanalyse der beiden Flöze durch U. Rein (in Weyl, Rein, M. Teichmüller 1955) ergab eindeutig:

Die Pollenzusammensetzung bleibt in beiden Flözen von unten bis oben gleich. Sie weist hohe Anteile an den drei in nachstehender Tabelle erstgenannten Pollen auf, während die übrigen weniger zahlreich vertreten sind.

Zeitliche Verbreitung nach U. Rein 1955

Sequoia	Mammutbaum	nur bis Reuver Stufe des Oberpliozäns einschließlich
Nyssa		
Sciadopitys	japanische Bergkiefer	
Taxodium	Sumpfcypresse	
Ilex	Stechpalmenart	
Tsuga		über das Pliozän hinaus bis in die Tegelenstufe (also bis zu Beginn der Günzvereisung), auftretend
Carya		
Pterocarya	Flügelnuß	
Castanea	kastanienartig	

Die Pollenanalyse bestätigt eindeutig, was die Auswertung der Mollusken und die starke Verwitterung schon kundtaten. Der Kaolinsand entspricht nicht der Günzvereisung (Anm. 59). Nicht in jener Periode kühlen Klimas trat die so starke Verwitterung auf, sondern die Flöze im Kaolinsand und damit dieser selber sind in das Oberpliozän zu stellen. Die Feldspatverwitterung muß vor der Mindelvereisung geschehen sein. Dies erfreulich eindeutige Ergebnis über das Alter des Kaolinsandes macht die Auffassung von D. WIRTZ über die Zeit von dessen Entstehung hinfällig.

Eine Bestätigung und wertvolle Erweiterung dieser Deutungen brachte W. H. ZAGWIJN 1959. Ihm pflichtete G. VON DER BRELIE 1959, S. 375, bei. ZAGWIJN wies pollenanalytisch nach, daß die Kieseloolithschotter im Rurgraben über die erste subarktische Kaltzeit (Prätiglien) hinaus bis in den Anfang der ersten altquartären Warmzeit (Tiglien = Tegelenstufe) hinein entstanden seien.

Da die im Roten Kliff dem Kaolinsand eingelagerte Braunkohle ihrer pollenanalytischen Zusammensetzung nach bis in das jüngste Pliozän hineinreichen könnte (REIN 1955), ergibt sich für den obersten Kaolinsand mit seinen großen Geröllen skandinavischer Herkunft die Möglichkeit, ihn als der ersten quartären Kaltzeit altersgleich anzusehen. Dies aber erleichtert die Annahme, zu Beginn der Vereisungen, also in einer Zeit, aus der uns sonst Belege nicht erhalten sind, wäre schon Eis von Skandinavien nach Süden vorgestoßen. Jenes Eis hat nicht nur älteren Verwitterungsschutt, sondern auch cambrische Quarzite und ordovicische Kalke erfaßt und nach S oder W verfrachtet. Wie weit, ist nicht zu erkennen. Vom Rande dieses ersten Gletschers sind jene Geschiebe dann mit Schmelzwässern, möglicherweise von anhaftendem Eis erleichtert, bis Sylt verfrachtet worden.

Die Frage ist, wo stieß dies Eis vor? Schon E. STOLLEY (1903, S. 26) wies darauf hin, daß der auf Sylt so häufige silurische Schwamm *Astylospongia praemorsa* (Taf. 25 Fig. 1 b) auch bei Oslo in der Etage 5 a vorkäme. Da aber die übrigen Sylter silurischen Schwämme und Gesteine bei Oslo selten oder abweichend ausgebildet sind, um Gotland aber als Geschiebe nach STOLLEY häufig gefunden werden, erscheint ein baltischer Gletscher wahrscheinlicher.

Nicht im Einklang hiermit steht der Befund von H. ILLIES 1951, der nach Schüttungsmessungen die Gewässer des Sylter Kaolinsandes aus nördlichen bis nordwestlichen Richtungen kommen läßt. Wo diese ersten Gletscher der nordischen Vereisung vorstießen, bleibt also bislang noch offen.

Nach heutigem Wissen umfaßt das Entstehungsalter des Sylter Kaolinsandes somit die Zeit anschließend an marines Unterpliozän durch das Oberpliozän bis in die Frühzeit des Quartärs. Ursprünglich war es ein Feldspat und, oben anscheinend, auch Kalk enthaltender Sand, der anfangs in Strandnähe, später von versandeten gefälleschwachen Flüssen abgelagert wurde, die weitgehend ein System von Schmelzwasserabläufen waren. Die Kaolinisierung fand am Orte der letzten Ablagerung statt. Sie erfolgte durch Huminsäuren, welche Mooren entstammen, die sich als Folge hohen Grundwasserstandes über dem werdenden Kaolinsand vorübergehend ausbreiteten. Vorübergehend, da jene Torfe von den sich häufig verlagernden Flüssen zumeist wieder zerstört wurden.

Der Kaolinsand weist auch eine erstaunliche negative Eigenschaft aus. Er besitzt etwas nicht. Ein unerwartetes Fehlen gibt bisweilen wichtige erdgeschichtliche Einblicke. So auch hier. Schon L. MEYN (1876) und E. STOLLEY (1900) wiesen darauf hin, daß dem Kaolinsand Feuerstein aus der Kreide fehle. Dies ist in der Tat im Hinblick auf den Flintreichtum aller nordischen geröllführenden eiszeitlichen Absätze überraschend. Zu einer Zeit, da Gerölle cambrischer und silurischer Gesteine von Südschweden quer über das Gebiet mit feuersteinreichem Dan und Senon verfrachtet wurden, nahmen jene Flüsse keinen Flint auf (Anm. 60)! Dies ist nur bei der Annahme verständlich, daß zur Zeit des Oberpliozän die Kreide noch überdeckt war, und zwar von tertiären Absätzen. In den Zeiten tieferer Meere, also Eozän, Mitteloligozän und Glimmerton wird die Kreide zwischen Seeland und Pommern noch in gleicher Weise vom Tertiär bedeckt gewesen sein wie heute in Ostholstein. Daher konnte noch kein Flint aufgenommen werden. Erst das schürfende Inlandeis legte von Osten her zu=nehmend flintführende Kreide bloß.

Die Flüsse am Rande der tertiären Meere konnten in größerer Tiefe als der Meeresspiegel nur Fein= bis Mittelkorn verfrachten.

Erst das nachfolgende Inlandeis schürfte kraftvoll in die Tiefe, hob Gestein in Menge und zum Teil in großen Schollen über die örtliche Erosionsbasis hinauf und überließ es Gewässern zur Verfrachtung, die durch die aufbauende und aufstauchende Tätigkeit des Inlandeises ein verstärktes Gefälle erhalten hatten.

Der Schluß des Tertiärs bedeutete einen tiefen erdgeschichtlichen Einschnitt: Das Ende einer in klimatischer und zoogeographischer Hinsicht langsam eingetretenen Veränderung (Ab=kühlung) und der Beginn einer jähen morphologischen Wandlung. Dies geschah nicht nur in Schleswig=Holstein oder Nordeuropa, sondern mit Ausnahme einer schmalen tropischen Zone, auf der ganzen Erde.

Die bei Betrachtungen im großen so deutlich erscheinenden Unterschiede zwischen den Hauptabschnitten der Erdgeschichte erweisen sich, wie so häufig, so auch hier, bei näherer Betrachtung als unscharf, als allmählich erfolgt und mit zeitlichen Unterschieden bei den einzelnen Kriterien. Die Grenze Pliozän – Quartär, also die wichtige Grenze tertiäre Warm=zeit – quartäre Kaltzeit, liegt im oberen Teil der petrographisch so einheitlich erscheinenden Kaolinsandserie.

Jedoch bevor wir zur Betrachtung der erdgeschichtlich so abweichenden Quartärzeit über=gehen, sei zunächst die Lagerung der vom Perm bis Ende des Tertiärs abgesetzten Schichten erörtert.

Der Schichtenbau im Untergrunde Schleswig-Holsteins

I. DIE ERKUNDUNG DES UNTERGRUNDES

Unsere Kenntnisse über den tieferen Bau des Untergrundes von Schleswig-Holstein haben mehrere Phasen durchlaufen.

Streichrichtungen des tieferen Untergrundes

Die ersten Versuche, Einblick in den Bau des Untergrundes zu erhalten, beruhten darauf, daß man die Streichrichtungen der das Norddeutsche Tiefland umgebenden Gebirgszüge in diesem wiederzufinden suchte. Gelang dies, so dürfte der Untergrund des Flachlandes gleicher Entstehung wie jene Gebirge sein. Zunächst der berühmte Geologe L. v. Buch und F. Hoffmann, später G. Berendt und H. Haas (siehe S. 21) und andere sahen in der Richtung der Ströme, im Verlauf der Küstenlinien, insbesondere der Förden, des Fehmarnsundes usw., Anzeichen der Lagerungsverhältnisse präquartärer Schichten. Man ging so weit, einzelne Aufragungen älteren Gebirges durch Linien zu verbinden. So maß man der Linie Helgoland–Stade–Lüneburg besondere Bedeutung zu.

Da A. v. Koenen seine Erfahrungen über die Störungen der Schichtenlagerung im nördlichen Mittelgebirge auf die Störungen in der Kreide Rügens (1883–1887) übertrug und für diese sehr junges Alter ansetzte, so glaubte man aus jenen Streichrichtungen das Vorhandensein von Sätteln, Mulden, Horsten und Gräben für den Untergrund des Flachlandes weithin nachweisen zu könen. Salzquellen, Schollen im Diluvium, das Vorkommen der Ahrensburger Jurageschiebe und der Geestrand wurden mit herangezogen, um die vermeintlichen tektonischen Linien nachzuweisen (siehe R. Struck 1909, S. 70–76). Der letzte, der ähnlichen Überlegungen nachging, war E. Becksmann 1934, 1938.

Salzaufstieg nur während der Phasen der Gebirgsbildung

Ganz anders, auf sorgfältiger Beobachtung der Schichtenlagerung (Diskordanzen) und Inhalt von Geröllagen baute H. Stille seit 1910 seine Kenntnis über den Bau und die Entstehungsgeschichte der hannoverschen Mittelgebirge auf. Er erkannte, daß in dem von ihm untersuchten Gebiet gebirgsbildende Vorgänge zu bestimmten Zeiten besonders lebhaft waren. Als eine der wichtigsten erschien ihm die jungkimmerische Phase im Oberjura, während der Bruchfalten das nördliche Vorland des schon durch die varistische Orogenese versteiften Bereiches Mitteldeutschlands zerstückelten. Eine weitere orogene Phase, die subhercynische, trat nach Stille während der Oberkreide (zwischen Emscher und Senon) ein. Jener Forscher setzte auch die Entstehung der Salzstrukturen in diese Phasen. Außerdem deutete er diese schmalen Aufragungen von Salzgesteinen als äußerst gepreßte Bruchfalten.

Ausgehend von seinem Nachweis des phasenhaften Eintretens orogenetischer Bewegungen und von der Vorstellung, daß tangentialer Druck die Ursache jener Bewegungen sei, bestritt H. Stille 1914, 1925, die seit 1910 vorgebrachte Lachmann-Harbortsche Vorstellung vom Aufstieg der Salzgesteine. Ebenso verfuhr die Mehrzahl seiner zahlreichen Schüler.

Die Anschauung vom kontinuierlichen Aufstieg der Salzgesteine

R. LACHMANN 1910–17 und erfolgreicher E. HARBORT 1910–13 erkannten, daß die Störungen des Salzgebirges sich von denen in anderen Gesteinen erheblich unterschieden. LACHMANNS erste Deutungen (atektonische Rekristallisationsvorgänge bildeten „autoplaste Salzekzeme") wurden von HARBORT nur zum Teil übernommen. Es waren sich aber jene beiden Forscher einig darüber, daß die Salzgesteine infolge ihrer hohen Plastizität der Auflast jüngerer Gesteine örtlich auswichen, indem sie an vorbedingten Orten vertikal aufstiegen. Dies geschähe ununterbrochen, solange wie Salzgestein nachflöße.

Prismenförmige Spaltstücke aus Steinsalz, über dem Bunsenbrenner erwärmt, lassen sich biegen oder zu Schrauben drehen. Bei erhöhter Temperatur und unter hohem Druck ist Steinsalz somit plastisch. Steinsalz hat ferner die Dichte 2,2. Hingegen beträgt die Dichte

der lockeren Gesteine (Quartär und Tertiär) 2,1
der mesozoischen Gesteine mit der Tiefe zunehmend 2,2–2,6.

Somit liegt in NW-Deutschland ein plastisches leichteres Gestein, das Salz, unter schwererem und wenigstens teilweise festerem. Diese instabile Lage kann auf die Dauer nicht bestehen bleiben.

Die Anschauung von LACHMANN und HARBORT fand Zustimmung. K. GRIPP wies 1920 nach, daß zu Langenfelde und Lüneburg das Salzgebirge bis nahe an die Oberfläche aufgestiegen war zu Zeiten, die nicht einer orogenen Phase entsprachen. Ferner war ersichtlich, daß die Oberfläche jener Salzhorste mehrfach gerade soviel aufgestiegen war, wie die Mächtigkeit der vorher darüber oder daneben abgelagerten Sedimente betrug. Beides wurde als Anzeichen für kontinuierlichen Salzaufstieg angesehen. Der Salzspiegel sei jeweils so hoch hinauf verlagert worden, bis seine Lage durch lösendes Grundwasser wieder stationär wurde. Annähernd zu gleichen Anschauungen kamen 1922 F. SCHUH und 1927 P. WOLDSTEDT.

Geophysik und Erdölsuche klären den Bau des Untergrundes

Die gegensätzlichen Anschauungen vom kontinuierlichen oder episodischen Aufstieg des Salzes bestanden jahrzehntelang nebeneinander. Ab 1935 aber wurde der Untergrund unseres Landes mit neuen Methoden weiträumig und zuverlässig erforscht. In ihren Interessengebieten die Erdöl suchenden Gesellschaften, vor allem aber die Geophysikalische Reichsaufnahme klärten die Schichtenlagerung mittels erdmagnetischer, gravimetrischer und refraktionsseismischer Messungen.

Nachdem der Bau des Untergrundes in großen Zügen geklärt war, wurde unser Gebiet, in Konzessionen aufgeteilt, den Erdölgesellschaften zur Ausbeutung überlassen. Je mehr Erdölfelder entdeckt wurden, um so größer wurde die Zahl der Bohrungen. Die Ergebnisse der Geophysik, die suchenden Aufschlußbohrungen und die zahlreichen fördernden Ölbohrungen ergaben ein zunehmend eindeutigeres Bild vom Bau des Untergrundes. Hervorgehoben seien die vorbildlichen Berichte von H. DEECKE 1949 über den Rotliegendaufbruch von Heide und von R. B. BEHRMANN 1949 über die Geologie und Lagerstätte des Ölfeldes Reitbrook bei Hamburg. W. KEHRER und J. ANDRES berichteten 1953: Neues aus dem Untergrunde Schleswigs, worüber J. ANDRES 1954 in Meyniana 2 erweiterte Angaben brachte. Den ersten Gesamtüberblick über die Schichtenlagerung gaben 1955 HECHT, VON HELMS und KEHRER anläßlich des 4. Welt-Petroleum-Kongresses. Die eine ihrer Karten zeigt die Lage der Turonbasis, die andere die Lagerung der präkretacischen Schichten. Zwei nicht überhöhte geologische O–W-Schnitte durch unser Land zeigten eindeutig eine mittlere Tiefscholle mit jähem Wechsel von aufragenden Salzstrukturen und den flankierenden Jura-Kreide-Tertiär-Trögen und dem ruhigen Bau der seitlichen Hochschollen.

Danach ist der Untergrund unseres Landes dreigeteilt:

die westschleswigsche (Hoch= oder Trias=) Scholle
die mittelholsteinische (Tief=) Scholle mit Juratrögen und langen Salzstrukturen
die ostholsteinische (Hoch= oder Trias=) Scholle.

Die mittelholsteinische Scholle ist örtlich um 3000 m abgesunken. Auf den randlichen Hochschollen bedingt die geringe Mächtigkeit der Schichten das Fehlen der salztektonischen Vorgänge und damit der Salzstrukturen, der von diesen verursachten Störungen und der Randsenken. Bei flacher Lagerung der Schichten sind hier nur 100–400 m hohe Aufwölbungen von Salzgestein angetroffen.

Sehr zu begrüßen ist die deutsche Zusammenfassung dieser so wichtigen Ergebnisse durch H. Weber, der eine Neubearbeitung 1957 in den Veröffentlichungen des Geologischen Landes=amtes erscheinen ließ. Weber schied das Gebiet um Hamburg südöstlich der Mittelscholle als Hamburger Scholle aus. Sie ist ähnlich tief abgesunken wie Teile der Mittelscholle, aber sie umschließt keine langen Salzstrukturen, sondern nur pfeilerartige Aufbrüche von Salz, auch Diapire genannt; sie treten nahezu gleichmäßig verteilt auf. Solche runden Salzdurchbrüche sind in Texas, Persien, Rußland, Nordafrika usw. verbreitet. Die aus Schleswig=Holstein quer unter dem Elbtal bis nach Nordhannover hinein, 150–200 km weit dahinziehenden Salz=mauern sind bislang nur hier angetroffen (siehe Abb. 3).

Der Schichtenbau ist nach Hecht, v. Helms, Kehrer 1955 und H. Weber 1957

Westschleswigsche Scholle

Tertiär	350 m	Tertiär und Kreide sind nur geringmächtig und liegen nahezu konkordant über ungestörter Trias, über die Unterkreide transgrediert.
Oberkreide	500 m	
Unterkreide	50 m	Salzkissen, keine Salzstöcke
Trias	1300 m	
Zechstein	1100 m	
Rotliegend	?	

Mittelholsteinische Scholle

Tertiär	500–3000 m	In den Trögen Tertiär, Dogger, Lias von großer Mächtig=keit. Hohe lange Salzstrukturen. Unterkreidemeer nach NO vordringend.
Oberkreide	6– 800 m	
Unterkreide	200 m	
Dogger	400 m	
Lias	1000 m	

Ostholsteinische Scholle

Tertiär	400 m	Ähnelt weitgehend der Westschleswig=Scholle. Salzanreicherungen nur am Rande.
Oberkreide	400 m	
Alb	15 m	
Keuper	380 m	

Neue Ergebnisse über die Art des Salzaufstiegs

Es war zu erwarten, daß derart reiche neue Einblicke es ermöglichen würden, die Frage nach der Entstehung der Salzstrukturen zu klären. H. Deecke 1949 erkannte für die Struktur Heide: Nach einem jungkimmerischen Durchbruch des Salzes zur Oberfläche war während Kreide und Tertiär der Top der Struktur eine submarine Schwelle oder Untiefe, auf denen die Schichtmächtigkeiten erheblich geringer blieben als in den begleitenden Randtiefen. Der

Übergang der unterschiedlichen Mächtigkeiten ist nicht sprunghaft wie bei einer Bruchtektonik, sondern fließend. Die eingehende Analyse der unterschiedlichen Mächtigkeiten schließt mit den Worten: „Für kontinuierliche Aufwölbung spricht also eine sehr große Wahrscheinlichkeit." Für den Zeitraum Mukronaten-Senon bis Alttertiär über dem Rotliegendkern urteilte Deecke (S. 185): „Im ganzen Zeitraum erfolgte eine kontinuierliche Relativbewegung." In der Zusammenfassung heißt es: „ ... mittels vergleichender Mächtigkeitsuntersuchungen wurden in gut gegliederten Schichtenfolgen des Deckgebirges kontinuierliche vertikale Relativbewegungen abgeleitet."

Es nimmt nicht wunder, daß im Jahre 1952 auch H. Stille anerkannte, das Salz sei auch während anorogener Zeiten aufgestiegen.

Hecht, v. Helms, Kehrer urteilten 1955, S. 725: Während der Oberkreide ist der kontinuierliche Anstieg der Salzdome die bemerkenswerteste Erscheinung in der Entwicklung der Salzstrukturen, sowohl der von Heide wie der von Bramstedt–Boostedt. Während des Tertiärs und später trat besonders in den Juratrögen tiefes Absinken ein, bis über 3000 m. Gleichzeitig stiegen die Salzdiapire weiter auf, bis in quartäre Schichten hinein oder gar bis an die Erdoberfläche (Segeberg, Elmshorn) Anm. 61.

A. Roll 1956 wies für einen hannoverschen Salzstock „ein nahezu kontinuierliches Aufsteigen gegenüber der Umgebung vom Rhät bis in die Oberkreide nach". H. Weber 1953 und 1957 hob hervor, daß die Juratröge mindestens im Lias erstmalig entstanden. Er sieht aber in den Juratrögen von Heide und Bramstedt Randsenken einer riesigen Salzbeule, die sich schon während der Rhätzeit angereichert habe. Diese soll dann zur Zeit des oberen Jura (jungkimmerische Orogenese) durch tektonische Zerrung sich geöffnet haben, so daß die fünf Langstrukturen darüber entstehen konnten. In O und W anschließend wäre noch je eine weitere Langstruktur emporgestiegen. Wir werden sehen, daß die Langstrukturen noch eine andere Deutung zulassen. Anschließend an die jungkimmerische Gebirgsbildung wäre nach H. Weber das Salz von der Unterkreide bis in das Tertiär kontinuierlich aufgestiegen. Somit wird das Phänomen des Aufdringens der Salzgesteine zunehmend und zwar überall dort, wo nähere Einblicke möglich waren, als kontinuierlich angesehen.

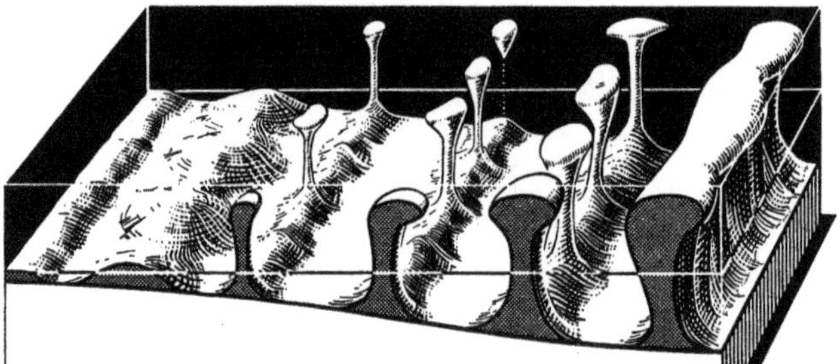

Abb. 25 Schema der Entstehung der verschiedenen Arten von Salzstrukturen

Die Linie in halber Höhe der Strukturen rechts gibt die ursprüngliche Mächtigkeit des Salzlagers an. Bei der geringen Mächtigkeit links entstehen nur Aufwölbungen. Von solchen sind in den drei rechts anschließenden Salzanreicherungen Rundstrukturen (Diapire) aufgestiegen, deren Höhe und Durchmesser nach der Dauer des Salzzuflusses verschieden sind. Ganz rechts reichte die Salzmenge zur Entstehung wallartiger Langstrukturen vom schleswig-holsteinischen Typus aus. Nach F. Trusheim 1957. Zeichnung K. Scheller

II. DIE HEUTIGE DEUTUNG DER LAGERUNG DER SALZGESTEINE

Die Entstehung der Salzaufbrüche

Den Salzaufstieg in größeren Rahmen gestellt und zusammenfassend behandelt hat der Erdölgeologe F. Trusheim 1957. Für ihn ist die Salzbewegung ein selbständiger Vorgang und erfolgte ohne seitliche Druckwirkung. Abb. 25 zeigt links ein geringes Salzlager, rechts eine ungleich mächtigere Salzfolge. Links war der Salzzufluß erschöpft nach Bildung von Salz=kissen, zum Beispiel Nusse (Abb. 26 a). Je mächtiger das Salzlager rechts (in Abb. 25), desto höher konnten vom ursprünglichen Salzkissen aus Salzsäulen oder Salzmauern aufsteigen. Von der zweiten Reihe links an wird veranschaulicht, wie aus ursprünglichen Salzkissen Diapire aufsteigen, zum Teil abgequetscht werden, so daß nur noch tropfenförmige Körper bleiben. Wenn auch diese noch nahe der Erdoberfläche fortgelöst werden, bleibt nur eine Zerrüttungszone, aufgebaut aus den seitlich vom Salz mitgeschleppten oder zutreffender zurückgebliebenen, von zahllosen Scherflächen durchsetzten Gesteinspartien.

Trusheim hat für den Salzaufstieg die Bezeichnung Halokinese vorgeschlagen. Es ist aber das Salz mit seiner geringen Dichte nicht die alleinige Ursache der Ausgleichsbewegung. Die höhere Dichte der hangenden bzw. benachbarten Gesteine und die Entlastung durch das Fortlösen von Steinsalz im Salzspiegel sind gleichfalls Ursachen des Platzwechsels. Ein all=gemeiner, auch für nicht an Salz gebundene derartige Vorgänge zutreffender Ausdruck wäre Metakinese, ein Wort, das nach freundlicher Angabe von Herrn Prof. Dr. Diller, Universität Kiel, dem Begriff Platzwechsel im Griechischen entspricht. Mit Halometakinese könnten die Vorgänge beim Salzaufstieg zusammengefaßt werden.

Die Basis der Salzgesteine

Trusheim hat in seiner Zusammenfassung den Versuch gemacht, die Tiefe der Zechstein=basis festzulegen. Ein Übersichts=Kärtchen zeigt deren Absinken von 2682 m Tiefe unweit der Jütischen Querschwelle bei Rödby auf Laaland zu über 4500 m in Ostholstein und auf über 5500 m im Bereich der Elbe= und Wesermündung. Ähnliche Tiefen erreicht die Ham=burger Scholle. Dies „Hamburger Loch" scheint sich in Richtung Lübecker Bucht verschmälert fortzusetzen.

Ungleich tiefer als die Zechsteinbasis muß die Unterfläche des Rotliegenden im Bereich der Mittelscholle hinabgesunken sein. Auch Trusheim rechnet mit Tiefen von 6000 m.

Aus Schleswig=Holstein bringt Trusheim den Abb. 26 a wiedergegebenen, nicht überhöhten Schnitt durch die von ihm als Salzkissen aufgefaßte Struktur von Nusse. In 2000 m Tiefe geht hier der präsalinare Untergrund nach Angabe der Seismik mit waagerechter Oberfläche störungslos unter der Struktur hindurch. Der Anreiz zur Bildung des Salzkissens liegt also nicht, wie bisher zumeist angenommen, in einer tiefreichenden tektonischen Störung, sondern in einer örtlich geringeren Auflast des Deckgebirges, zu deren Bereich hin die Salzmassen auswichen. Trusheim belegt auch von anderen Strukturen die ungestörte horizontale Aus=bildung der Basis. Auch betont er, daß orogene Störungen nur ausnahmsweise Lage und Aufstieg von Salinaren mitbedingt hätten. Es fragt sich daher, ob auch die holsteinisch=nord=hannoverschen Langstrukturen als rein salinare Gebilde aufgefaßt werden dürfen oder ob, wie häufig vertreten, orogene Zerrung die auffallende Lage dieser gewaltigen Salzmauern bedingt hat.

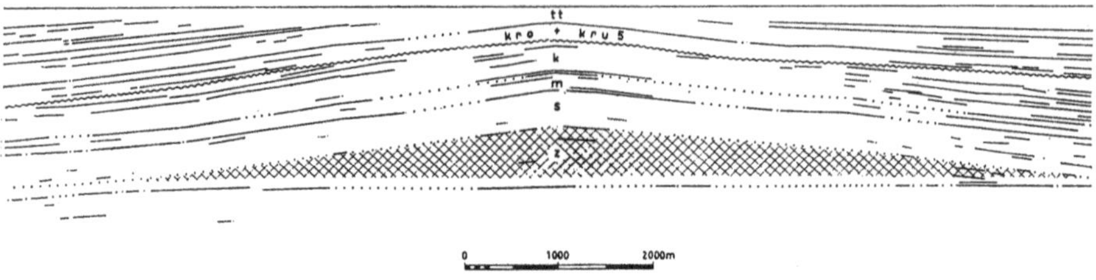

Abb. 26 a Salzkissen von Nusse über waagerechtem Präsalinar
Aus Mangel an Salzzufluß ist das Frühstadium einer Salzstruktur erhalten geblieben.
Seismisches Profil PRAKLA. Deutung D. Sannemann. Nicht überhöht, aus F. Trusheim 1957

z Zechstein	k Keuper
s Buntsandstein	kro + kru 5 Alb und Oberkreide
m Muschelkalk	tt Tertiär

Rotliegend-Senke und Mittelmeer-Mjösen-Zone

Gleich nachdem W. Ernst 1931 erstmalig Rotliegend bei Lieth und Stade unterhalb des Zechsteins nachgewiesen hatte, schrieb H. Stille 1932: „Vielleicht dürfen wir einmal das Rotliegende des Unterelbegebietes, das in die Mittelmeer-Mjösen-Zone entfällt, mit dem Oslo-Senkungsraum in Verbindung bringen, der sich also in rheinischer Richtung bis nach Norddeutschland hinein schon damals angedeutet hätte." Die Mittelmeer-Mjösen-Zone ist eine von H. Stille vermutete Leitlinie in Gestalt eines breiten Grabens, die vom Mjösensee nördlich von Oslo durch den Oslo-Graben, die Hessische Senke, den Rheintal-Graben und die Rhônetalsenke aufgezeigt sei. Die später aufgefundenen rheinisch streichenden Langstrukturen mit einem Kern aus Rotliegendsalz schienen ein weiteres Teilstück dieses „Lineaments" zu sein. Trusheim, S. 141, aber urteilt: „Aus der Anordnung der Strukturen im Untergrund Norddeutschlands lassen sich keine beweisenden Anhaltspunkte gewinnen für die Existenz der Mittelmeer-Mjösen-Zone." Da ein wesentlicher Teil dieses so unterschiedlich gedeuteten Gebietes in unserem Lande liegt, sei dem Problem nachgegangen.

Der Unterschied in der Entstehung von Rund- und Langstrukturen

Es erhebt sich zunächst die Frage, aus welchen Ursachen hier Rund- und anderenorts Langstrukturen entstanden. Hierzu sei darauf hingewiesen, daß der Bereich mit den Langstrukturen beiderseits von Gebieten mit höher gelegenem präsalinarem Untergrund flankiert wird. Im W ist die große Verwerfung Tönning–Husum die Begrenzung, im O eine s-förmig geschwungene Aufragung, die in der Karte der Zechsteinbasis von Trusheim-Sannemann etwa von Lütjenburg, östlich von Segeberg über Sievershütten, Elmshorn, Stade und weiter südlich verläuft. Die Existenz dieser Aufragung wird zwar von Trusheim auf S. 158 angezweifelt. Aber von ihr oder einer entsprechend verlaufenden Flanke der Rotliegendsenke ist ersichtlich die Richtung der Langstruktur Waabs–Schwedeneck–Boostedt–Bramstedt–Krempe abhängig. Westlich von ihr schmiegt sich ihrem Verlauf die Struktur Westensee–Eisendorf–Gnutz–Peissen an. Am Westrand der Mittelscholle andererseits wird die Richtung der Oldenswort-Heider Langstruktur ohne Zweifel von jener, dem Rand der westschleswigschen Hochscholle entsprechenden frühen Störung bestimmt.

Die Basis der Salzmassen in der Tiefe der Rotliegendsenke stieß also im O wie im W gegen salzfreie Gesteine. Salzkissen konnten sich demnach hier nur parallel zur nichtsalinaren Begrenzung ausbilden, dies war im W in gerader SW nach NO streichenden Richtung, im O aber nur in Bogenform, entsprechend der in einigem Abstand verlaufenden Flanke der

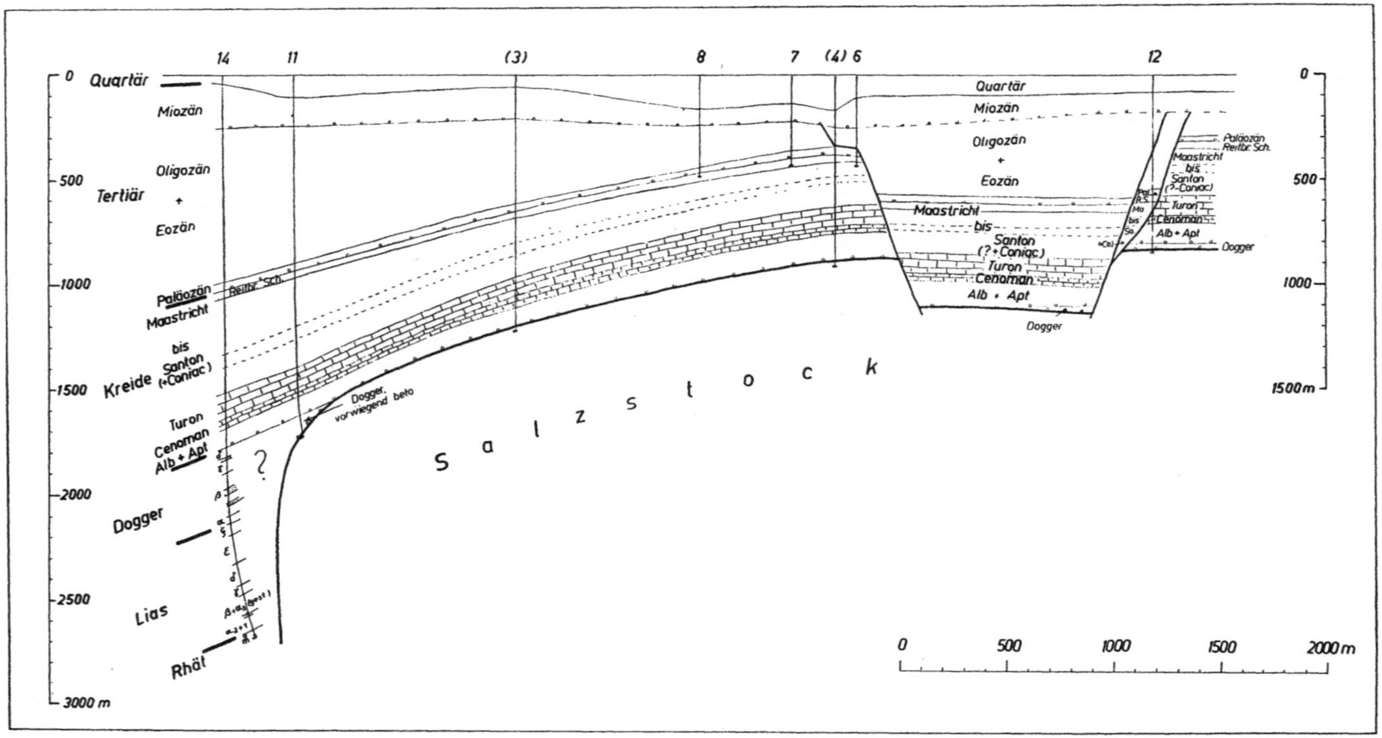

Abb. 26 b Schnitt durch den Salzstock von Hohenhorn mit Scheitelgraben nach A. Roll 1956

Senke. Da das Salz auch vom Innern der Rotliegendsenke zu jenen Salzkissenreihen hin zu=floß, entstand dort zwangsläufig eine zweite lange schmale Senke. Erst weiter innerhalb dieser konnten neue Kissen, wiederum zwangsläufig in einer Reihe, entstehen. Diese Ordnung setzte sich unter Abschwächung gegen die Mitte der Tiefscholle fort. Die Hamdorfer Struk=tur ist in ihrem Verlauf noch schwach vom W her beeinflußt. Den gleichen Vorgang beobachten wir an der bogenförmigen Ostbegrenzung der Rotliegendsenke. Die Peissen=Westensee=Struk=tur schmiegt sich gleichsam an die Bramstedt=Schwedeneck=Struktur an. Das von entgegen=gesetzt gekrümmten Strukturen begrenzte Rendsburg=Hohenwestedter Restfeld ist bezeichnen=derweise der breiteste Zwischenraum zwischen den parallelen Strukturen. Mit anderen Worten: Keilt ein Salzlager nicht seitlich aus (entsprechend Abb. 2 in Dürscher 1957), sondern grenzt mit größerer Mächtigkeit gegen eine salzfreie Wand, so bilden sich Salzkissen reihenförmig in bestimmtem Abstand parallel zu dieser Grenzwand. Die so entstandene Reihe von Salz=kissen bedingt zwangsläufig eine Kissenreihe parallel zur ersten. Der Abstand dürfte durch die Auflast und Salzmächtigkeit bestimmt sein. Vorher schon angelegte punktförmig ver=streute Kissen dürften in die entstehenden Langstrukturen eingeordnet oder von diesen auf=gesogen sein.

Diese Abhängigkeit voneinander bzw. das Abstandhalten, das die Salzstrukturen der holsteinisch=nordhannoverschen Rotliegendsenke so weiträumig zeigen (Anm. 62), findet sich auch im kleinen. Ein Beispiel ist die Struktur Büsum. Ihretwegen biegt die Oldensworter Struktur nach W und die Heider Struktur nach O aus. Ohne tektonische Ursache, nur weil das in die Büsumer Struktur abgewanderte Salz fehlte, konnte sich die Hennstedter Struktur nicht gradlinig fortsetzen. Eine Abhängigkeit der Lage der Salzaufbrüche von der Möglichkeit des Salzzuflusses ist somit unverkennbar.

Langstrukturen bezeugen gelenkten Salzzufluß. Rundstrukturen setzen allseitig gleichen Zufluß zum Ort des Aufstiegs voraus. Wo sie auftreten, bestanden wahrscheinlich ursprüng=lich zahlreiche kleinere Anfänge (Kissen) von Rundstrukturen. Manche von ihnen wurden von den größeren Nachbarn aufgezehrt, bis schließlich das gesamte Salzlager in Diapire und zugehörige Randsenken in gleichmäßiger Verteilung überführt war. Rundhorste sind also bezeichnend für unbeengte Salzlager größerer Mächtigkeit, die unter der Auflast von Sedi=menten höherer Dichte als die des Salzes zum Platzwechsel gezwungen wurden.

Die Abhängigkeit der Langstrukturen von salzfreien Flanken ihres Verbreitungsgebietes ist nicht zu verkennen. Dies aber heißt: Es war eine entsprechende tektonische Senke vor=handen. Nicht unwahrscheinlich ist, daß sie weitgehend während der Salzsedimentation ent=stand. Dieser Niederelbe=Holstein=Rotliegendeinbruch verflachte sich gegen N mit Annähe=rung an die Jütische Querschwelle. Im Süden endet er in der Gegend von Bremen unter Ausbildung einer W–O verlaufenden Langstruktur. Diese zeigt auf, daß auch hier in gewissem Abstand eine hohe Wand die Senke begrenzt. Es ist also eine von Salzmassen erfüllte, in N–S=Richtung gestreckte Senke vorhanden. Ob diese ein Teilstück des Stilleschen Mittelmeer=Mjösen=Lineaments darstellt, muß offenbleiben, solange wie das Verhalten der Jütischen Querschwelle an der entsprechenden Stelle noch nicht bekannt ist.

Die Randsenken

Durch das Abfließen des Salzes in die Kissen und Diapire sanken die Sedimentfolgen an den Flanken der entstehenden Salzstrukturen entsprechend in die Tiefe. In diesen Senken sammelte sich neues Sediment. Daher sind vielenorts die Schichten neben den Strukturen mächtiger ausgebildet als in weiterer Entfernung.

Randsenken sind auch in dem rund 225 Salzaufbrüche umfassenden Golfgebiet Nord=amerikas zahlreich vorhanden. Örtlich sind sie aneinandergereiht.

Für unser Gebiet wurde eine miozäne Randsenke für die Struktur Langenfelde von E. Koch 1953 hervorgehoben. Zur gleichen Zeit wurden aber auch noch gebirgsbildende Vorgänge für deren Entstehung in Anspruch genommen. So faßte H. Weber 1953, S. 769, die Heider Jurasenke auf als „einen zwischen stabileren Schwellen liegenden, von den Salzaufbrüchen unabhängigen Trog".

In Schleswig=Holstein ist die Randsenke der Salzstruktur Sterup modellartig ausgebildet. Durch die Isobathenkarten für die

D=Linie (Rät)	in 1500–2100 m Tiefe	Hecht, v. Helms, Kehrer 1955,
C=Linie (Turon/Cenoman)	1200–1300 m Tiefe	Taf. 1 und 2
B=Linie (Tertiärbasis)	500– 650 m Tiefe	Andres 1954, Abb. 6

wird sie bestens veranschaulicht. Weitere Randsenken sind beiderseits der Langstruktur Oldenbüttel–Hamdorf und Peissen–Eisendorf vorhanden (Hecht, v. Helms, Kehrer, Taf. 2). Als H. Weber 1957 die Anschauung von einer riesigen Salzbeule inmitten der mittelholsteinischen Tiefscholle vertrat, sah er zwar in dem Abwandern des Salzes zu der zentralen Beule die Ursache für das Einsinken des Heider und des Bramstedter Juratroges, aber die 1953 vertretene Anschauung von einer schmalen Juramulde, die den Heider Salzaufbruch spitzwinklig quere und sich bis östlich des Tellingstedt=Grevenhorster Aufbruches verfolgen lasse, blieb in der Kartendarstellung erhalten. Hierzu erscheint die Frage berechtigt, ob nicht der geologische oder geophysikalische Befund die Aufteilung des die zwei Salzstrukturen querenden Juratroges in einzelne Randsenken zuläßt? Auf diese Weise dürften auch die Verhältnisse in der Umgegend Kiels zu deuten sein. Auch hier verläuft der Salzaufbruch nicht spitzwinklig zum Juratrog, sondern die randliche Einmuldung ist bald nur auf der einen, bald auf beiden Seiten eingetreten (siehe Abb. 3).

Wir stimmen jedenfalls Trusheim 1957 zu. Er schreibt auf Seite 125:

Die Salzwanderung in die Kissen und Diapire führte zu einem Massenschwund, der ein Nachsacken der Deckschichten zur Folge hatte, das an der Erdoberfläche durch Sedimentation ausgeglichen wurde. Diese Sedimentationsschüsseln sind in Deutschland schon früh beobachtet und richtig gedeutet worden (Lachmann 1911, Harbort 1913, Schuh 1922, Woldstedt 1924). Diese Anschauung hat jedoch bei dem jahrzehntelangen Vorherrschen der vorwiegend tektonischen Denkweisen kaum Widerhall gefunden. Auch in den Lehrbüchern über Salz und Salzlagerstätten findet sich kaum ein Hinweis auf ihre Existenz. Erst in jüngerer Zeit hat das verdichtete Tatsachennetz langsam den Weg zu den alten Vorstellungen wieder geöffnet (Roll 1949, Beyer 1950, Hark 1955, Martini 1956, Meinshold 1956 u. a.).

Trusheim und sein Mitarbeiter Sannemann unterscheiden bei den Trögen primäre Randsenken, zugehörig zu den Salzkissen und gekennzeichnet durch Abnahme der Mächtigkeit ihrer Schichten zum Salzkissen hin. Auch die Tiefenachse sei kontinuierlich zum Kissen hin gewandert. Sekundäre Randsenken entstanden während des vertikalen Aufstiegs des Salzes. Sie sind gekennzeichnet durch Mächtigkeitszunahme der Schichten zum Salz hin. Trusheim hebt hervor, daß dieser Unterschied bei großer Mächtigkeit des Salzes, wie in Holstein, nicht zu erkennen ist (Abb. 27).

Zu den sekundären Trögen dürften die 3000 m und mehr erreichenden Tröge gehören, die zwischen den Strukturen Oldenswort und Heide, Boostedt und Segeberg nachgewiesen sind. Zwischen Boostedt und Segeberg sowie Oldenswort und Heide hat die tertiäre Senkung die Flanke des früheren jurassischen Troges erfaßt. Daher liegen deren ursprünglich eingesenkte Unterkanten heute flach. Zudem ist dadurch der Teil des Troges, der früher dem Trogtiefsten entsprochen haben wird, heute der höchstgelegene Teil (siehe die Profile in Hecht, v. Helms, Kehrer).

Randsenken werden, je weiter vom Salzaufbruch entfernt, desto jünger sein. Unmittelbar am Salzpfeiler hebt sich ihr Boden im allgemeinen nicht selten bis zur Saigerstellung. So entsteht ein das aufsteigende Salz umgehender Mantel jüngerer, steil gestellter Gesteine. Diese werden für gewöhnlich als hochgeschleppte Randschollen angesehen. Sicherlich aber ist ein Teil von ihnen noch in ursprünglicher Höhenlage aufdringendem Salz auf- oder angelagert. Deren Fortsetzung nach außen aber ist abgesunken.

Für den mittelholsteinischen Senkungsbereich mit Rotliegend- und Zechsteinsalzen ergibt sich folgendes Bild: In riesigem Ausmaß, mit 5000–6000 m hohen Salzmauern und dazwischen nahezu ebenso tiefen Senken (Trögen) hat hier ein Platzwechsel von leichteren und schweren Gesteinen stattgefunden. Dieser Vorgang ist auf die Schichten jünger als Permbasis beschränkt. Orogene Bewegungen jünger als Perm sind bislang nicht nachzuweisen. Mit Ausnahme der großen Randbrüche können alle Diskordanzen, Störungen der Lagerung und Umlagerungen von Gesteinen ohne Schwierigkeit auf den salzbedingten Platzwechsel zurückgeführt werden.

Salzspiegel und Salzhut

Der Salzaufstieg dürfte seine Ursache nicht allein in dem Dichteunterschied zwischen Salz und den überlagernden bzw. flankierenden Gesteinen haben. Seit langem ist der Salzspiegel bekannt, das ist die Gleichgewichtsgrenze zwischen aufdrängendem Salzgestein und dieses lösendem Grundwasser. Drang leichtlösliches Gestein auf, so entstand eine weithin ebene, am Rande gerundete Grenzfläche. Enthielt das aufgedrungene permische Gestein unlösliche oder schwerlösliche Bestandteile, so bildete sich daraus oberhalb des Salzspiegels ein sogenannter Hut. In Segeberg besteht der Hut aus Anhydrit, der durch Wasseraufnahme in Gips übergeht; daneben treten dort Plattendolomit, Rauchwacke u. a. auf. Über Rotliegendsalinaren besteht der Hut aus rotem Ton. So zu Lieth bei Elmshorn, wo gleich daneben der vom Rißeise abgetragene Zechsteinhut aufgeschlossen ist. Wo ein Hut ausgebildet ist, weist der Top der Struktur zwei Obergrenzen auf, einmal die des Salzes, zum anderen die des Hutes. Für die Erdoberfläche über einer solchen Salzstruktur leiten sich aus dem Überwiegen oder dem Gleichgewicht von Zufuhr, Auflösen sowie aus der Volumenzunahme bei der Umwandlung von Anhydrit in Gips örtlich und zeitlich wechselnde Bewegungen her. Die Ergebnisse von Feinnivellements sind daher schwer geologisch auszuwerten.

Im einzelnen sei nach K. Gripp 1920 und 1958 hervorgehoben, daß, solange wie der Salzzufluß nicht erlahmt ist,

1. der Salztop durch darüber entstehende Sedimente hindurch aufsteigen muß, bis zur Erdoberfläche bzw. dem Meeresgrund;
2. beim Aufsteigen reinen leichtlöslichen Salzes dieses in humiden Gebieten vom Grundwasser im Salzspiegel restlos fortgelöst wird, wodurch der Anschein eines Aussetzens des Salzaufstiegs erweckt wird;
3. unter Umständen Salzmassen am Meeresgrund sowie in ariden Gebieten an der Erdoberfläche frei austraten. Hierbei sind sie durch eine von Salzlauge erfüllte dünne Decke frischen Sediments vor stärkerer Auflösung geschützt. Auf solche submarinen Salzausbrüche dürften die sogenannten Salzüberhänge, die besonders in Ablagerungen der Oberkreide angetroffen sind, zurückzuführen sein.

R. Teichmüller 1948 betonte im Vergleich mit sibirischen Vorkommen, daß das Segeberger Salz während der Vereisung aus Mangel an Grundwasser bis zur Oberfläche aufgestiegen und mit zunehmender Erwärmung wieder eingesunken sei.

K. Gripp 1952 wies darauf hin, daß während der Zeit der Vereisung, als infolge der Bodengefrornis Grundwasser nicht mehr zirkulierte, unter Umständen ein Salztop so lange

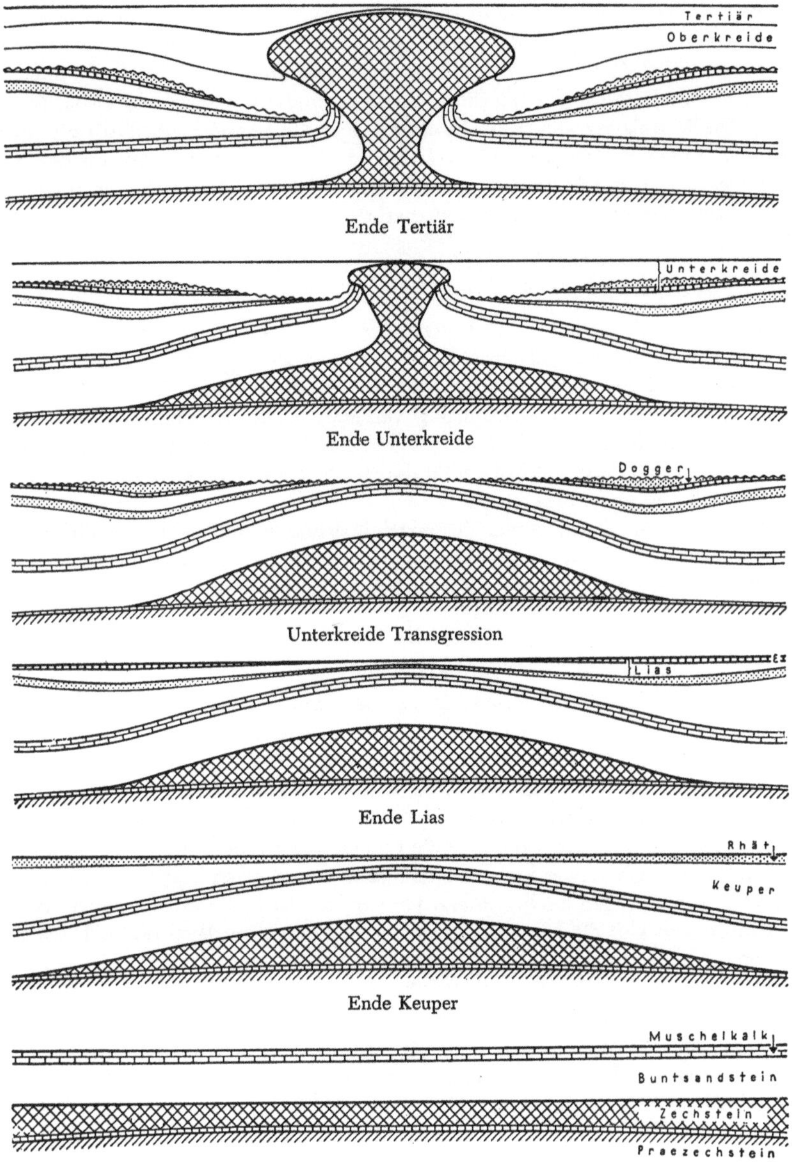

Abb. 27 Schema des Entstehens einer Zechstein=Salzstruktur nach D. SANNEMANN in F. TRUSHEIM 1957
Infolge ungleicher Belastung durch jüngere Ablagerungen wandert das Zechstein=Salz (kreuzschraffiert) in die Räume mit geringer Belastung. Vom Keuper an entstehen dadurch Tröge mit verstärkter Anhäufung von Sediment, z. B. Dogger=Tröge. Je weiter sich die Oberfläche der Ablagerungen, war es Meeresboden oder Land, von der Zechstein=Basis entfernte, desto höher und schmäler wurde die Salzstruktur bis schließ=lich Salzgestein nur noch in der Struktur selber anzutreffen ist.

anstieg, bis Hut= oder sogar Salzgestein vom Gletscher oder dessen Schmelzwässern auf=genommen wurde. Die Rotfärbung mancher Geschiebemergel und von eiszeitlichen Becken=absätzen bezeugt, daß Rotliegend vom Rißeis abgetragen worden ist. Dies heißt, mindestens der Hut war damals durch die pliozänen Absätze hindurch bis an die Eisbasis empor=gedrungen. Die Versalzung von Schmelzwässern aber wird erkenntlich durch die inmitten von warwigen Absätzen des Lauenburger Tons nicht selten anzutreffenden ungeschichteten Lagen. Bei diesen als symmikt bezeichneten Absätzen dürfte es sich um die durch Elektrolyt=wirkung salzigen Wassers ausgeflockte Gletschertrübe handeln.

Der Salzaufstieg in anderen Gebieten und Vergleich mit anderen Platzwechselvorgängen aus umgekehrtem Dichtegefälle

Langstrukturen sind, wie auf S. 152 erörtert wurde, ein Sonderfall. Sie fehlen zum Beispiel in dem über 225 Strukturen aufweisenden Golfbereich im S der USA. Dort, wie in den übrigen europäischen und asiatischen Gebieten mit Salzvorkommen, finden sich die Rund=strukturen fast ausnahmslos so gleichmäßig verteilt wie die Bewegungszentren in einem Strukturboden (siehe S. 261). Trotz des Größenunterschiedes ist beiden gemeinsam das Be=streben, eine flächenhaft verteilte Instabilität durch zahlreiche örtliche Ausgleichsvorgänge in eine dauerhafte Lagerung zu überführen.

Beim Salzgestein sind das Auftreten der Instabilität und ihr Ausgleich einmalig. Hingegen können diese beim Brodeln im wasserübersättigten Auftauboden infolge Verdichtung durch Wasserabgabe an der Oberfläche mehrfach auftreten.

Scheitelgräben

Bei manchen Diapiren, in Nordamerika wie hier im Lande, ist in deren Oberfläche ein Graben eingebrochen. Der Scheitelgraben ist auf der Struktur Heide 1–2 km breit und über 12 km lang. Ähnlich auf dem Top des Salzstockes Schwedeneck (Andres 1954). Deren Ent=stehung hat B. Baxmann 1954 untersucht. Ihm entnehmen wir folgendes: Scheitelgräben auf Salzstrukturen finden sich im Golfgebiet Amerikas, im Emba=Gebiet Rußlands und in Nord=deutschland. Sie sind bei Salzaufbrüchen, die in 2000–3000 m Tiefe steckengeblieben sind, ebenso ausgebildet wie auf Strukturen, die die Erdoberfläche nahezu erreichen. Diese Gräben sind von nach unten aufeinander hin geneigten Randverwerfungen begrenzt. Sie trennen ein dem Top des Salzes auflagerndes Schichtenpaket von dem in die Randsenke der Struktur ab=gleitenden. Baxmann gibt die heutigen Tiefen im Scheitelgraben der Struktur Heide östlich von Lieth wie folgt an:

	Westliche Hochscholle	Graben
Basis Miozän	bis 81 m	bis 175 m
Basis Paläozän	bis 100 m	bis 320 m

Es beträgt somit der Höhenunterschied für die Basis des Miozän 94 m, für die Grenze Tertiär–Kreide aber 220 m.

Für den Grabenrand zwischen Fedderingen und Wiemerstedt beträgt der durch Gleit=zerrung entstandene Höhenunterschied für die Untergrenze des Miozän 51 m. Die Tertiär=basis aber liegt im Graben 454 m tiefer als in der außen benachbarten Scholle. Rechnen wir die auf die Miozänzeit entfallenden Meter ab, so ergibt sich, daß die alttertiären Schichten eine achtmal stärkere Absenkung erfahren haben als die jungtertiären.

Die Schichten sind meistens im Scheitelgraben mächtiger als auf den Flanken. Da der Inhalt des Grabens nicht gepreßt, vielmehr gestreckt wurde, ist die größere Mächtigkeit primär. Baxmann schließt daraus, daß die Gräben kontinuierlich und synsedimentär ent=standen sind (Abb. 26 b).

Die Füllung der Scheitelgräben hat sich, wo das Salz seitlich auswich, erheblich in dieses hineingesenkt (siehe Deecke 1949, Taf. 15, Abb. 12). Nach Baxmann sind Scheitelgräben eine Folge der Aufwärtsbewegung des Salzes und des Einsinkens der benachbarten Sedimente. (Näheres auch in K. Gripp 1958, S. 253.) Mit dem besonderen Verhalten der Salzhorste während der grundwasserfreien Zeit der quartären Kälteperioden sind jene Gräben nicht in Beziehung zu setzen (im Gegensatz zu K. Gripp 1952). Dies bezeugt auch ihr Auftreten in großen Tiefen und an der Golfküste, die periglazialem Bodenfrost nicht ausgesetzt waren.

Das Ende des Salzaufstiegs

Aus der Einmaligkeit des Auf- und Absteigens in und neben der Salzstruktur ergibt sich die Frage nach dem Endzustand der Vorgänge. Ohne Zweifel gibt es in der Tiefe, in nichtlösender Umgebung steckengebliebene Salzaufragungen (Anm. 63). Bei ihnen mag die Gestalt eine etwaige Auflast abfangen. Anders war der Ablauf, wenn bei hoch aufgestiegenen Strukturen die Salzzufuhr ausgeblieben war. Mit schwindendem Zustrom von Salz wurde das Diapir unten schmäler. Dies aber bedingte aufeinander zugeneigte seitliche Grenzflächen. Solche sind in Bohrungen nicht selten angetroffen. Der Seitendruck auf diese geneigten Wände wird helfen, das Salz aufwärtszupressen. Daher dürfte unter Umständen auch ein von der Basis abgetrennter Salzkeil oder Salztropfen weiter aufsteigen. Gelangt er in lösendes Grundwasser, so kann er schließlich fortgelöst werden. Es bleiben dann als Zeugen des früheren Geschehens nur die von vielen Scherflächen durchzogenen, senkrecht stehenden Schuppen aus in der Randzone beiderseits der Salzgesteine mitgeschleppten Sedimenten. Je geringer die Breite des Diapirs, desto früher wird obiger salzfreie Endzustand erreicht sein.

In der Störungszone, die von Flensburg nach S zur Struktur Sieverstedt verläuft, scheint ein solches Schlußstadium vorzuliegen. Ebenso im Liether Zechstein.

Gestalt und innerer Bau der Salzmassen

Die Gestalt des hochgestiegenen Salzkörpers ist ohne wirtschaftliches Interesse und geophysikalisch schwer zu erfassen. Daher ist darüber, zumal in Schleswig-Holstein, wenig bekannt geworden.

In Anm. 64 sind Querprofile angeführt, die von Salzstrukturen im Untergrunde Schleswig-Holsteins veröffentlicht sind. Überwiegend finden wir Schnitte durch Teile der aus den Tiefen der mittelholsteinischen Scholle aufgestiegenen Doppelsalinare, seltener solche durch Salzkissen. Die Salzmauern sind häufig ungleichseitig gebaut, mit einer steilen und einer sanfter ansteigenden Flanke, so die Strukturen Langsee und Albersdorf (Hecht, v. Helms, Kehrer). Einige mögen einen breiten Fuß besitzen (? Waabs–Schwedeneck). Andere sind nur schmale, steil oder geneigt lagernde Salzmassen, wie Sieverstedt (Hecht, v. Helms, Kehrer) und etwas breiter Segeberg (Teichmüller 1948, Hecht, v. Helms, Kehrer).

Zu diesen massigen Strukturen mit ungleich gebauten Flanken gehört auch Helgoland. Dies riesige Salzkissen mit einer steilen südlichen und einer flacher einfallenden nördlichen Flanke besitzt nur eine schmale Verbindung zur Erdoberfläche. Dieser Salzausbiß wird im „Görtel", einer 10 m tiefen Rinne vor der Südseite der Insel, vermutet, siehe Anm. 5.

Das Schichtenstreichen verläuft auf Helgoland in Richtung NW–SO. Es weicht also von dem der Langstrukturen ab. Diese sind bis unter Scharhörn nachgewiesen. In den letzten Jahren sind geophysikalische Untersuchungen von der Deutschen Bucht bis zur Doggerbank ausgeführt worden. Einem Bericht von Bungenstock – Closs – Hintz 1963 läßt sich entnehmen: Die westschleswigsche Scholle mit ihrer ruhigen Lagerung der Schichten und nur mäßigen Salzbeulen setzt sich westlich der Nordfriesischen Inseln bis nahe Helgoland fort. Deren Südgrenze verläuft danach bis Helgoland in NNO–WSW=Richtung. Um Helgoland und in Richtung auf die Ostfriesischen Inseln wurde die Fortsetzung der Zone mit den N–S ver= laufenden Langstrukturen angetroffen. Anscheinend schieben sich westlich der Oldensworter zwei weitere Langstrukturen ein. Entsprechend weit dürfte die Rotliegendsenke ausgreifen. Nordöstlich von Helgoland aber biegt die Grenze der Westschleswigschen Hochscholle spitz= winklig zurück und verläuft bis zur Höhe von Fanö in NW=Richtung. Infolge ihrer Abhängig= keit vom Rande des Salzbeckens weisen die Salzstrukturen beiderseits von Helgoland Fächer= stellung auf. Daher die zuvor unverständliche NW–SO=Richtung des Helgoländer Salzauf= bruches.

100 km westlich von Fanö biegt die Grenze der Salzsenke rechtwinklig ab und verläuft in SW=Richtung zur Austernbank (180 km westlich von Helgoland).

In dem derart begrenzten Gebiet treten im Innern Salzdome und Tröge, am Rande nur Salzanreicherungen auf. Jene verlaufen im Innern des Beckens in N–S=Richtung; diese dem Rand der Senke weitgehend parallel. Auf der Austernbank liegt ersichtlich die Westgrenze der nordgermanischen Salzsenke. Westlich anschließend nämlich, beiderseits der Doggerbank, fehlen Salzgesteine. Alttertiär und Zechstein=Basis sind dort N–S=streichend gefaltet. In der östlich anschließenden Salz=erfüllten Senke aber liegt die Zechstein=Basis nahezu ungestört. Sie fällt von 2300 m Tiefe nahe der Doggerbank über 3600 m unter der Austernbank bis 5000 m nahe der Wesermündung ein. Hierdurch werden die Mächtigkeit der Salzfolge und die Höhe der Salinare – beide nehmen mit der Entfernung vom Rande zu – verständlich.

Im Raume westlich von Fanö liegt die Zechstein=Basis sogar 5300 m tief. Jedoch ließen sich hier, wie oben erwähnt, keine Salinare nachweisen. Vermutlich sind die Salzlager hier nur geringmächtig. Nördlich von Sylt wurde die Zechstein=Basis erheblich höher angetroffen.

Über die Gestalt der Runddiapire liegen aus unserem Land noch keine Nachrichten vor. Aus Niedersachsen ist berichtet, daß sie sich teilweise gegen unten stark verengen (siehe Abb. 25 und 27). Dadurch entsteht der Eindruck, daß der Hangenddruck als Flankendruck auf das Salz wirkte. Für die Westflanke der Struktur Heide ist auch eine Überkippung man darf wohl sagen nachgewiesen (Deecke 1949, S. 182, Abb. 4; Hecht, v. Helms, Kehrer 1955, S. 273).

Über den i n n e r e n B a u sind wir durch den Kalibergbau gut unterrichtet. Die weitgehend steilgestellten Schichten sind in den verschiedensten Richtungen in Falten gelegt. Auch aus dem Zechsteinaufbruch von Reitbrook (R. Behrmann 1949, Abb. 5) und in dem Rotliegenden von Heide (Deecke 1949, Taf. 15, Schnitt 11) sind sie durch Bohrungen nachgewiesen.

Die Salzgebirge zeugen für die tektonische Ruhe im Untergrund unseres Landes – so über= raschend diese Aussage im ersten Augenblick erscheinen mag. Wo Salzablagerungen von einer Orogenese betroffen wurden (Karpaten, Nordafrika), ist das Salz so weit aus dem ursprünglichen Schichtverband abgewandert, daß sein Alter zumeist nicht mehr erkannt werden kann. In Norddeutschland aber ist das Salz weithin in dem ursprünglichen Schichten= verband erhalten. Somit ist hier die Erdkruste seit Ablagerung des Salzgesteins frei von stärkerer Gebirgsbildung geblieben.

III. EPIROGENE UND OROGENE BEWEGUNGEN

Die vorstehend erörterten, an Salzgestein gebundenen Platzwechselvorgänge betreffen nur die Gesteine oberhalb der Basis des Perm. Diese Bewegungsvorgänge sind somit auf ein oberes Stockwerk beschränkt. Eine zweite Gruppe von Verlagerungen der Gesteine hat seine Ursache in Bewegungen des plastischen tiefsten Teils der Erdkruste. Die hiermit zusammenhängenden Senkungen und Hebungen betrafen den vorpermischen Untergrund und, soweit sie später als der Beginn der Permzeit eintraten, auch das von der Halometakinese betroffene obere Bewegungsstockwerk.

Diese Bewegungen sind teils weiträumig und langdauernd; sie werden kurz als epirogen (Festland bildend) bezeichnet. Ihnen stehen engräumige und zeitlich beschränkte Gebirge schaffende = orogene Vorgänge gegenüber. Wir haben somit bei unserem Blick in die Lagerungsverhältnisse der Schichten im Untergrunde unseres Landes zunächst den präpermischen Sockel zu betrachten und anschließend nach epirogenen und orogenen Vorgängen in dem oberen salzreichen Bewegungsstockwerk zu suchen.

Das Verhalten des kristallinen Sockels

Schleswig-Holstein liegt nördlich außerhalb des von lebhafter varistischer Gebirgsbildung betroffenen Gebietes. Die geophysikalischen Untersuchungen machen es unwahrscheinlich, daß erhebliche Einmuldungen, wie wir sie aus dem varistisch gefalteten Mitteldeutschland kennen, unter Schleswig-Holstein vorhanden sind. Um das Verhalten des hiesigen Anteils am kristallinen Sockel kennenzulernen, fällt daher ein Vergleich mit der Gebirgsbildung in jenen südlichen Gebieten fort. Aber in Skandinavien liegt das kristalline Stockwerk weithin unverhüllt an der Erdoberfläche. Die Geologen jener Länder haben erkannt, daß sich die varistische Gebirgsbildung auch dort noch schwach bemerkbar macht (Magnusson, Lundquist, Granlund 1957, S. 209). Zur Permzeit sank der Oslograben ein, und es stiegen dort mannigfache Ergußgesteine auf. Zur gleichen Zeit drang südlich davon, auf N–S gerichteten Spalten von Oslo bis Bohuslän, Rhombenporphyr und Diabas empor. In Schonen füllten damals Diabase und Melaphyre NW–SO verlaufende Spalten. Vor allem aber stiegen damals an Verwerfungen große Schollen auf und ab. Nur hierdurch blieben die cambrosilurischen Vorkommen wie Kinnekulle, das Gebiet um Billingen usw. vor späterer Abtragung geschützt. Der Satz von Magnusson: „Die Permzeit scheint in Skandinavien überhaupt eine Zeit der Blockbewegungen und Verwerfungen gewesen zu sein", dürfen wir auch für unser Land als gültig ansehen, da es die abgesunkene Fortsetzung Südschwedens ist. Zu den varistisch bewegten Teilen der Erdkruste ist bei uns das Senkungsgebiet mit den langen Salzstrukturen zu rechnen. Hecht, v. Helms und Kehrer gaben 1955, S. 724, an, daß hier ein besonders tiefer Einbruch (Closs ebenda, S. 730, nimmt 6000–10 000 m an) und entsprechend große Mächtigkeiten permischer Salzgesteine vorliegen. Allerdings nimmt jene Forschergruppe an, daß der kristalline Grund auch schon präpermisch zerlegt worden sei (S. 271).

Epirogene und orogene Vorgänge im oberen Bewegungsstockwerk

Ob sich die zentrale Tiefscholle mit der Anhäufung von Rotliegendsalzen während der Zechsteinzeit weiter eingetieft hat, ist nicht ersichtlich, aber wahrscheinlich. Vom Zechstein bis in den Keuper senkte sich das gesamte Nordsee-Schollen-Feld. Durch diese epirogene Bewegung gelang es dem Meere häufig, in die Parageosynklinale einzudringen (siehe Tab. 1). Zur Zeit der Trias aber war die Zufuhr von Sediment so stark, daß die Senkung ausgeglichen wurde. Wüsten oder Sümpfe mit trägen Wasserläufen erfüllten zeitweise das Senkungsfeld. Auch während der Zeit des Rät dürfte nach der Ähnlichkeit der Absätze zu urteilen, die

Oberfläche im Bereich von Schleswig-Holstein und Niedersachsen eben und einheitlich gewesen sein.

Mit dem Lias kehrte das Meer infolge epirogener Senkung für längere Zeit und mit großen Tiefen und weiter Ausdehnung zurück. Es überflutete sogar Teile Schonens. An der Wende Jura – Unterkreide aber war im Bereich unseres Landes während langer Zeit verminderten Absinkens wieder Land. Es ist die Zeit, für die man früher die kimmerisch genannte Orogenese ansetzte. Jedoch dürften die damaligen Vorgänge im Nordseesenkungsfeld ganz auf Salztektonik zurückzuführen sein.

Danach trat eine erneute epirogene Senkung ein. Hierbei wurde unser Gebiet schräg gestellt (= Kippscholle E. Voigt 1954, S. 26) (Anm. 65). Die Unterkreide-Überflutung griff daher erst allmählich (Valendi bis Alb) bis an die anschließend zu erörternde Jütländische Schwelle heran vor. Der Unterkreide-Transgression folgte während der Oberkreide mäßige epirogene Senkung des ganzen Gebietes. Dadurch wurde ein weithin annähernd gleichmächtiges Schichtenpaket abgesetzt.

Eine anschließende epirogene Hebung ließ NW-Deutschland für die Zeit der Danstufe und im frühesten Tertiär zu Land werden. Vom späten Paleozän an trat eine erneute epirogene Senkung ein, die während des Alttertiärs andauerte. Im Jungtertiär ist während der Zeiten, da Braunkohlensande und Kaolinsande weit nach W vorgeschüttet wurden, eine Verringerung des Senkungsbetrages anzunehmen. Das Senkungsfeld wurde zudem gegen Ende der Tertiärzeit zunehmend kleiner. Wie die Mächtigkeit der miozänen und das Vorkommen der pliozänen Meeresabsätze aufzeigt, umfaßte es zuletzt vornehmlich das Elbmündungsgebiet und die nördlich anschließenden Küstenbezirke. Für die Quartärzeit dürfte die mehrfache Wiederkehr des Meeres trotz der glazialen Auffüllung weiter Teile des Nordseebeckens den Fortgang der epirogenen Senkung aufzeigen.

Um uns den Schollenbau zu veranschaulichen, wie er vermutlich im Untergrunde unseres Landes vorhanden ist, können wir außer nach Skandinavien auch auf jene Gebiete im S und W blicken, in denen Salzgesteine fehlen.

H. Schaub zeigte, wie gering die postpermische Bewegung in der Kruste gewesen ist, dort, wo die salzbedingten Schichtenstörungen ausblieben. Für das niederrheinische Gebiet zeigt jener Verfasser auf

Pleistozän	– Oligozän	– bruchtektonische Senkung
Eozän	– Cenoman	– kretazische Aufwölbung
Unterkreide	– Zechstein	– bruchtektonische Senkung
Karbon	– Devon	– Wölbung

Wer sich ein Bild davon machen möchte, wie die tektonischen Vorgänge im Untergrunde Schleswig-Holsteins sich in Profilen darbieten, sei auf W. H. Zagwijn 1956, Miozän, S. 66 und Continental Praetiglian, S. 76, verwiesen. Abbrüche, wie sie jene Abbildungen zeigen, sind bei uns im Lande einmal die Begrenzungen des Westschleswig- und Ostholsteinblocks sowie der Rand des Hamburger Troges, aber wahrscheinlich auch die Grenzen des die Oldenburger Halbinsel querenden Grabens mit miozänen Sanden inmitten hochliegenden Alttertiärs. Wenn im präpermischen Untergrund

1. nördlich und südlich von Schleswig-Holstein nur Bruchschollentektonik vorhanden ist,
2. nach Abzug der zahlreichen, auf Abwanderung und Aufstieg des Salzes zurückzuführende Schichtenstörungen nur das Auf und Ab einzelner Schollen zu erkennen ist,

dann darf ausgesagt werden: Schleswig-Holsteins Untergrund ist spätestens seit kaledonischer Zeit nicht mehr von orogener Faltung betroffen worden. Unser Gebiet hat sich als Teil des versteiften Alt-Europa ruhig verhalten. An nichtsalinaren tektonischen Vorgängen sind nur zwei nachweisbar: das Einsinken der Parageosynklinale und Auf- und Absteigen von Großschollen an Verwerfungen.

Die Jütland=Falster=Schwelle

Eine erst neuerdings entdeckte, außerhalb unseres Landes gelegene, tektonische Struktur ist mindestens zeitweise für unser Gebiet von Einfluß gewesen. Daher sei hier darauf hin=gewiesen.

Im Jahre 1941 machte B. Brockamp auf eine 400 km lange Antiklinale aufmerksam, die aus Polen über Leslau (Wloclaweck), Hohensalza (Inowraclaw) über Tempelburg an die Dievenowmündung zu verfolgen ist. Jene Aufwölbung sei (Brockamp, S. 161) tertiären Alters; Kreide und Tertiär, die neben der Tempelburger Achse große Mächtigkeiten er=reichten, fehlten auf der Achse. Diese nähme mindestens teilweise den zentralen Teil des ostdeutschen Anteils des norddeutschen Beckens ein. Sie sei keine Schwellenregion wie der öst=licher gelegene Skytische Wall von Bubnoffs, sondern eine relativ junge Heraushebung. Salz=durchbrüche (Hohensalza usw.) treten längs der Achse auf.

Auf S. 160 vermutete Brockamp, daß eine Fortsetzung der Tempelburger Achse in den Schwerehochs von Rügen, Falster und Fünen sowie in den in den gleichen Gebieten nach=gewiesenen Senon=Aufbrüchen zu erkennen sei (siehe Abb. 5 S. 33).

1949 schloß sich Th. Sorgenfrei dem Gedanken an, die Tempelburger Achse setze sich über Rügen, Teile von Falster, Lolland, Südseeland und Fünen fort. Entsprechende Schwere=hochs und das Auftreten von Kreide und Dan gleich unter dem Quartär wiesen darauf hin. Nach den Erfahrungen in Ostdeutschland könne man Salzaufbrüche im Bereich der dänischen Fortsetzung der Achse vermuten.

1952 wies K. Hoffmann auf Grund der Bohrergebnisse auf eine Faciesänderung der Jura=schichten gegen N hin, zum Beispiel Liasgeröll im Bath, und schloß daraus auf eine „süd=jütländische Schwelle". Diese wurde bestätigt durch eine dem Keuper ähnliche terrestrische Ausbildung des Muschelkalks in den Bohrungen Maasbüll 1 und Böxlund 1. Erdölgeologen, zum Beispiel Hecht 1952, vertraten mit dem weiteren Hinweis, daß die Bohrung Arnum (38 km nördlich der deutschen Grenze bei Tondern) keinen Zechstein mehr angetroffen habe, gleichfalls das Vorhandensein einer südjütländischen Schwelle. Darüber hinaus aber sahen sie diese als Fortsetzung der Tempelburger Achse an.

1954 vertrat auch E. Voigt die gleiche Anschauung unter gewissem Vorbehalt und gab den Verlauf der Tempelburger Achse bis an die Nordsee hin an.

1955 wies Rüddiger auf eine gegen N erkennbare Zunahme der Korngröße in den Rot=liegendabsätzen hin und ließ die südjütländische Schwelle unter Verwertung geophysikalischer Ergebnisse von der Nordsee westlich von Ripen, über Spandet, unweit der Bohrung Arnum, zwischen Hadersleben und Apenrade hindurch nach Ringe auf Fünen verlaufen. Somit ist ohne Zweifel seit permischer Zeit in Jütland eine Querschwelle vorhanden gewesen, die ein deutsches Zechstein=Salz=Becken von einem nordjütischen trennte.

1957 hat andererseits A. Nörvang hervorgehoben, daß eine hochgelegene Zone von Ringköbing in SO=Richtung durch Jütland über Fünen nach Falster verläuft. Jener Verfasser spricht von einer Fünen=Falster=Hebungszone.

Die südjütländische Schwelle der deutschen Geologen liegt demnach bis 80 km südlicher als der westliche Teil der Ringköbing=Falster=Zone dänischer Geologen.

Wenn außerdem die großen Unterschiede im erdgeschichtlichen Werdegang

im Westen: Schwelle(n) seit dem Rotliegenden,
keine Zechsteinsalze,
breite Zone oder ? mehrere Schwellen;

im Osten: Senkungsbecken bis in Kreide und Tertiär,
Salzaufbrüche,
eine einzige Antiklinale

beachtet werden, so erscheint ein Zusammenhang zwischen der Tempelburger Achse im O und der in Jütland nachgewiesenen Schwelle wenig wahrscheinlich. Es dürfte daher zutreffender sein, von einer Jütland querenden Schwelle, kurz Jütländischen Querschwelle, zu sprechen.

Über den für uns bedeutsamen Südrand dieses Schwellengebietes läßt sich bislang aussagen:

1. Anzeichen für die Jütländische Querschwelle schon während Perm,
   a) Bohrung Arnum kein Perm,
   b) Bohrung Cismar 1 Zechstein in landnaher Facies (Hecht, Helms, S. 721),
   c) Böxlund 1 im Rotliegenden gröberes Korn als im S. Quarzgerölle (Rüddiger),
   d) Minderung der Mächtigkeit von Perm und Trias um 2000 m gegen NO (Kehrer und Andres) und gleichzeitig Anstieg der betreffenden reflektierenden Horizonte, insbesondere G, der vermutlich dem tieferen Zechstein angehört (Rüddiger, Andres 1954, S. 10).
2. Anzeichen einer Schwelle während der Trias,
   Bohrungen Maasbüll und Böxlund 1, Muschelkalk in Keuper Facies.
3. Anzeichen einer Schwelle während der Jurazeit,
   im Dogger Keuper- und Liasgeröll (? ob von Salzhorst) und während der Malmzeit terrestrische Facies, während gleichzeitig im nordjütisch-seeländischen Randbecken Skandinaviens das Meer stand.

Eine jütländische, zwei Meere trennende Querschwelle ist somit von der Zechstein- bis zur Malmzeit erkennbar.

Da Muschelkalk in der dänischen Senke fehlt, dürfte der Südrand der Jütländischen Querschwelle damals der Südrand des nördlichen Kontinents gewesen sein. Ebenso während Rhät, Dogger und Wealden.

Während des Lias und der Kreidezeit vom Neokom ab scheint das Meer Dänemark, Schonen und Norddeutschland bedeckt zu haben. Während des Dan erfüllte es die erwähnte dänische Randsenke, griff aber zeitweise bis an die Elbe nach S vor.

Zusammenfassend läßt sich sagen:

Nur zeitweise war das heutige Skandinavien selber das Hochgebiet, das unseren Bereich mit Sediment belieferte. Zu gewissen Zeiten trennte die Jütland-Falster-Schwelle eine skandinavische Randsenke im N von unserem Dreischollenland, das einen Teil der Nordsee-Parageosynklinale im engeren Sinne darstellt. An die Jütland-Falster-Schwelle schließen der westschleswigsche und der ostholsteinische Block als mäßig abgesunkene Schollen an. Wie sich die Jütland-Falster-Schwelle zur Mittelmeer-Mjösen-Zone verhält, ist noch unbekannt. Nach den Angaben der Karte von H. Weber 1957 erscheint es nicht ausgeschlossen, daß diese große Senke an der Querschwelle aussetzt.

Das Quartär

1. Die Unterschiede der Gesteinsbildung gegenüber den älteren Schichtgesteinen

Aus dem Zeitabschnitt zwischen oberem Kaolinsand und den Eis= bzw. Schmelzwasser=absätzen der Elster= oder Mindelvereisung kennen wir aus dem Norddeutschen Flachland bisher keine Absätze. Gerade in jener Zeit aber wanderten zunehmend Arten des heutigen borealen Weichtierkreises in die Nordsee ein. Gleichzeitig verschwanden die letzten lusi=tanisch=mittelmeerischen. Ebenso war es mit den Landpflanzen. U. Rein 1955 zeigte, daß im vorgünzischen Tegelen=Interglazial des deutsch=holländischen Grenzgebiets noch Cupressineen, *Tsuga, Carya* und *Pterocarya* durch Pollen nachzuweisen sind, daß diese aber im Günz/Mindel=Interglazial der Cromer Forestbed von Ostengland und im Ton von Bilshausen (Eichs=feld) fehlen. Der gleiche Vorgang im Meere wie zu Lande läßt erneut den klimatischen Um=schwung erkennen, der mit der Mindel= bzw. Elstervereisung unseres Gebiets seinen ersten Höhepunkt erreichte. Gleichzeitig mit der Klimaverschlechterung wechselte weitgehend der Vorgang der Gesteinsbildung.

Von der Trias bis in das Oberpliozän hatten wir die gleiche Art der Sedimentation, näm=lich Einzelkornabsatz in bewegtem Medium. Dies war überwiegend Meerwasser. Nur selten war das Einzelkorn grob, infolge erhöhter Tragkraft des Wassers in Flüssen oder an der Brandungsküste. Es überwog das Kleinkorn, das Tone, Mergel, Kalke, Feinsand, Glimmerton allmählich aufbaute. Zwar zeigte sich schon eine Klimaänderung durch das fast völlige Aus=bleiben von Kalkniederschlägen im Alttertiär gegenüber der Kreidezeit. Aber die Sedimen=tationsart war bis an das Ende der Tertiärzeit die gleiche geblieben. Mehr oder weniger senkrecht fiel ein Korn nach dem andern nieder. So entstanden weithin gleichbleibende, in der Senkrechten wie in der Horizontalen sich nur allmählich ändernde Sedimente. Die Gleichheit der Schichtausbildung über Dutzende und gar Hunderte von Kilometern ist das Kennzeichen der Ablagerungen vom Perm bis Ende des Tertiärs. Für deren geologische Auswertung sind die Oberflächenformen ohne Bedeutung, denn Erdzeitalter, also Jahrmillionen, liegen bei ihnen zwischen Entstehung jener Gesteine und ihrer heutigen Oberflächengestalt.

Dies wird weitgehend anders im Quartär. Eine wichtige Rolle spielen hier Gesteine, die auf andere Art entstanden sind als die aus dem Mittelalter der Erdgeschichte.

Nicht einzeln, Korn bei Korn, kam der Schutt, den das Eis heranfrachtete, zum Absatz, sondern große Massen wurden seitlich wie ein Teppich herangeschleppt und blieben als Grundmoräne liegen. Eine von deren Eigenschaften ist, daß jegliche Korngrößensonderung unterblieben ist. Ferner veränderte die vorgleitende Eismasse durch Druck und vor allem Schub die unter und besonders die vor ihr liegenden Absätze. Durch mehrfache Wieder=holung dieses, im Vergleich zur Sedimentbildung auf dem mesozoischen Schelf gewalt=tätigen Vorganges, traten zahlreich Störungen, Ausquetschungen, Ausfurchungen und Sedimentation in kleinen Becken ein. Weithin durchgehende Schichten konnten – zum Leid=wesen mancher Geologen – nicht entstehen. Erdgeschichte kann aus diesen Absätzen nicht auf die gleichen Weisen herausgelesen werden wie bei den erwähnten älteren Ablagerungen.

In diesen jungen Absätzen stellen, im Gegensatz zu vorher, die O b e r f l ä c h e n f o r m e n ein für die Deutung der Vorgänge wichtiges Hilfsmittel dar. Nicht nur die ebenen Flachmoore vertorfter Seen, die Dünen und die Schmelzwassersandebenen geben durch ihre Gestalt ihren erdgeschichtlichen Werdegang kund, sondern die Absätze des Eises lassen die Geschichte ihrer Entstehung an ihren Formen erkennen. Dies um so besser, je jünger sie sind. Stirn und Seitenmoränen, Moränengabeln, Oser, Gletschertore, Tunneltäler usw. sind Folgen bestimmter Ereignisse. Aber deren Abfolge wird nicht, wie bei den im Wasser entstandenen Sedimenten, aus den übereinander lagernden Schichten abgeleitet. Vielmehr ergibt das seitliche Nebeneinander den zeitlichen Ablauf, weil der Eisfluß zunehmend erlahmte.

Die erdgeschichtliche Auswertung der Formen wird begünstigt dadurch, daß ein Teil der eisentstandenen Aufschüttungen, wie wir später erfahren werden, über lange Zeiträume vor den abtragenden Kräften bewahrt blieb.

Da im Quartär die sonst in der Geologie üblichen Untersuchungsweisen zum Teil nicht angewandt werden konnten, suchte man nach neuen Untersuchungsverfahren. Außer der erwähnten morphologischen Auswertung sind dies die mikroskopischen Verfahren der Sedimentpetrographie und der Pollenanalyse. Beide haben von jungquartären Absätzen ihren Ausgang genommen, beide haben sich so bewährt, daß sie in zunehmendem Umfang zur Stratigraphie und erdgeschichtlichen Deutung älterer Absätze herangezogen werden.

Bei der Sonderentwicklung, die die geologische Erforschung des Quartärs erfahren mußte, sei ein kurzer historischer Überblick geboten. Zuvor aber seien die Namen dieser eigenartigen Formation erörtert.

2. Bezeichnung und Unterteilung

Durch die biblische Sintflut sollten die nachtertiären lockeren Absätze „auseinandergespült worden sein". Daher gab ihnen der Engländer Buckland 1823 den Namen Diluvium.

Die Franzosen hatten die Schichtenfolge schon früh in Primär und Secundär geteilt, Brongniart und Cuvier trennten 1822 das Tertiär davon ab. Für lockere Gesteine jünger als Tertiär fügte der Franzose Desnoyer 1829 das Quaternaire hinzu. Dessen Umfang wurde vom Belgier Morlot 1854 auf Schichten jünger als Pliozän beschränkt. Gleichzeitig verbesserte er den Namen in Quartär.

Von alluere = anschwemmen leitete 1823 Buckland die Bezeichnung für Schwemmland ab. Dies ist jünger als die Absätze des „Eiszeitalters". Diese Bezeichnung wurde schon seit 1837 durch den Botaniker K. Schimper eingeführt. Er wollte sie jedoch auf das gesamte Quartär anwenden. Später umfaßte das Quartär:

Alluvium = nacheiszeitliche Ablagerungen,
Diluvium = Eiszeitalter.

Aber in England hatte Lyell 1839 die später alluvial genannten Sedimente als Pleistozän (= am weitesten neu) bezeichnet, diesen Namen später auf alle Absätze jünger als Tertiär ausgedehnt, dann aber dies unrichtig gebildete Wort wieder fallengelassen. Es wurde aber später wieder benutzt, teils für Quartär, teils nur für Diluvium.

Der Franzose P. Gervais hatte die jüngsten Absätze als Holozän (= ganz neu) zusammengefaßt. In Europa ist heute gebräuchlich:

Quartär { Alluvium (Holozän),
Diluvium (Pleistozän).

3. Geschichte der geologischen Erkenntnis des norddeutschen Quartärs

Die Geologie ist eine Tochter der Mineralogie. Daher entwickelte sie sich überwiegend in den Gebirgen und älteren Gesteinen. Ein Verständnis für die lockeren Absätze des norddeutschen Flachlandes kam nur langsam und daher mit erstaunlicher Verspätung. So vertrat noch 1846 der mecklenburgische Geologe. E. Boll in Abänderung älterer ähnlicher Vorstellungen, Sand, Lehm und erratische Blöcke seien von Schweden nach Norddeutschland geschleudert worden, als dort der Granit zur Eruption kam. Heute lächeln wir über diese Anschauung, da Granite nie an der Erdoberfläche ausbrechen und kein Vulkan große Blöcke über seine Basis hinausschleudert.

Andere Forscher glaubten, die Absätze Norddeutschlands seien durch eine einzige große Flut von Skandinavien her ausgebreitet worden, so v. ARENSWALD 1775, VON BUCH 1811, SEFSTRÖM 1836 als „Rollsteinflut" (siehe K. HUCKE 1936, 1943).

Jahrzehnte herrschte die Anschauung, Treibeis hätte über das vom Meere bedeckte Norddeutschland den feinen und groben Schutt Skandinaviens ausgebreitet, so zunächst und ohne Erfolg von G. A. VON WINTERFELD vertreten und seit 1835 durch den angesehenen englischen Geologen CH. LYELL (1797–1785) als Drifttheorie für Jahrzehnte in Geltung gebracht.

JOH. GEORG FORCHHAMMER (1794–1865) in Kopenhagen war durch den Wechsel von Kreide- und Kieslagen im Möensklint zur Auffassung gelangt, jene Kiese lägen unter der Kreide und seien somit älter. Dies widersprach den Beobachtungen in England. Um nachzuprüfen, reiste im Mai 1834 LYELL über Hamburg und Lübeck nach Dänemark. Dabei besuchte er auch das hohe Elbufer bei Schulau und fand dort die so seltene *Cardita laevicosta* (siehe S. 128) lose im Sand. Als Ergebnis seiner Untersuchungsfahrt veröffentlichte LYELL ab 1835 seine Drifttheorie. Danach war ganz Skandinavien von einem Inlandeis bedeckt gewesen. Dies lieferte große Eisberge in ein anstoßendes baltisch-norddeutsches Meer. Jene Eisberge verfrachteten Schutt und Blöcke, verstreuten beim Tauen ihren Inhalt und hinterließen, wo sie abschmolzen, größere Schutthaufen. Vierzig Jahre herrschte diese Anschauung über die Entstehung unserer norddeutschen Absätze.

Am 3. November 1875 aber besuchten der in der Arktis erfahrene schwedische Geologe OTTO TORELL und das Mitglied der jungen Preußischen Geologischen Landesanstalt G. BERENDT das von einem Salzstock emporgeschleppte Muschelkalkvorkommen von Rüdersdorf bei Berlin. Sie entnahmen Stücke der Oberfläche, die nur in einer Richtung mit parallelen Schrammen bedeckt waren, und legten diese abends in einer Sitzung der Deutschen Geologischen Gesellschaft vor. TORELL führte aus, daß bei Rüdersdorf ersichtlich die gleichen Gletscherschrammen aufträten, wie sie das Inlandeis in Skandinavien hinterlassen hätte. Somit sei auch Norddeutschland vereist gewesen, und der Geschiebemergel sei die Grundmoräne jenes Inlandeises.

Der Erfolg dieses Vortrages war zunächst gering. Ein Physiker erklärte, physikalisch unvorstellbar sei ein Fließen des Eises vom N bis weit nach Norddeutschland hinein. G. BERENDT verwahrte sich dagegen, als Anhänger der Gletschertheorie angesehen zu werden. Allerdings löse die Drifttheorie auch nicht alle Rätsel. Durch Vereinigung der beiden Anschauungen erhoffte er baldig eine befriedigende Lösung.

Trotz dieser anfänglichen Bedenken setzte sich die neue Auffassung schnell durch. G. BERENDT selber war einer der ersten, der in Norddeutschland das sicherste Anzeichen einer Vergletscherung, nämlich Endmoränen, suchte und fand. Bei der geologischen Spezialkartierung hat er (1879) in der Gegend um Joachimsthal und Templin erstmalig in Norddeutschland Höhenzüge als Endmoränen ausgeschieden. Als Kennzeichen legte er unter anderen fest: wallartige Anhäufung von großen Geschieben, sogenannte Blockpackungen; nach außen konvexer Verlauf der Moränenzüge; deren Auftreten in gewissen Abständen und flaches sandreiches Vorland. Es sind also damals petrographische und morphologische Eigenschaften als für Endmoränen bezeichnend herausgestellt worden.

Die Anhäufung von Geschieben in schmalen, weithin über Höhen und Täler zu verfolgenden Zonen war schon 1846 in Mecklenburg und Pommern aufgefallen. Derartige Blockanhäufungen galten künftig für wichtig, um Eisrandlagen zu erkennen.

In Schleswig-Holstein jedoch begann die Suche nach Endmoränen auf andere Art. Der erste Hinweis auf Endmoränen kam aus Kopenhagen. J. F. JOHNSTRUP (1818–1894) hatte an versteckter Stelle (1875) für Schleswig die erste Endmoräne aufgezeigt und diese auf Grund seiner grönländischen Erfahrungen sehr richtig als Ergebnis von Auswaschen und Pressung bei den ständigen Schwankungen des Eisrandes hingestellt. So entstehe eine breite Endmoränenzone. C. GOTTSCHE (1897, S. 4) hat JOHNSTRUPS Angaben in Übersetzung gebracht.

Die so zutreffenden Anschauungen JOHNSTRUPS über Wesen und Entstehung von Endmoränen fanden, obgleich GOTTSCHE sie erneut vorbrachte, keinen Widerhall bei den beamteten Geologen, die im Norddeutschen Flachland Endmoränen suchten.

Der zweite Hinweis auf Endmoränen in Schleswig-Holstein stammt von dem amerikanischen Geologen R. D. SALISBURY (1888), der in einem Brief vom November 1887 eine Endmoräne von Flensburg über die Höhen westlich von Schleswig, Rendsburg, Neumünster, Segeberg, Oldesloe, Mölln, Zarrentin verlaufen ließ. Auch SALISBURY nannte eine breite Zone Endmoräne. Seine Auffassung wurde mit Recht, als zu großräumig gesehen, abgelehnt. Immerhin hat SALISBURY für eine wichtige, von L. MEYN (1882) durch Kartierung zwar weitgehend aufgezeigte, aber in erdgeschichtlicher Hinsicht noch ganz ungedeutete Grenzlinie unseres Landes die erste und weitgehend zutreffende Deutung geliefert.

Der Schwede G. DE GEER (1885) gab auf einem Kärtchen an, der „obere Geschiebemergel" sei in Schleswig-Holstein auf den O beschränkt.

H. HAAS (1888, S. 28) deutete Hüttener und Duvenstedter Berge erstmalig als durch Stauchung entstandene Endmoränen. 1889 sprach er sogar aus, daß von zwei Vereisungen die jüngere unser Land nur bis zur Grenze der östlichen Hügellandschaft überzogen hätte. Da er diese Deutungen später, zum Beispiel bei der Auswertung der Aufschlüsse beim Bau des Kaiser-Wilhelm-Kanals nicht weiter verfolgte, blieben sie ohne Nachwirkung.

1892–1894 bereiste C. GOTTSCHE unser Land, um den Verlauf der Endmoränen und das Alter der quartären Meeresabsätze zu klären.

Für seine Untersuchung der hiesigen Endmoränen besuchte GOTTSCHE – leider – die Endmoränen der Umgegend von Oslo und unter Führung von F. WAHNSCHAFFE, des Mitarbeiters von BERENDT, die Endmoränen der Uckermark. Dadurch wurde GOTTSCHE für den Grundgedanken der Berliner Glazialgeologen eingenommen. Diese hatten, in dem Bemühen, für die geologische Kartierung brauchbare Eigenschaften herauszustellen, die Anschauung vertreten, die Blockpackung sei das Hauptmerkmal einer Moräne (GOTTSCHE 1897, S. 12). Hinsichtlich der Oberflächenform kam GOTTSCHE auf Grund der Reise mit F. WAHNSCHAFFE zu der Anschauung, „daß die Endmoränen selber keineswegs immer – beinahe möchte ich sagen: nur ausnahmsweise – für die Oberflächenkonfiguration der Gegend bestimmend sind". GOTTSCHE erfuhr bei Oslo, daß die dem Fels auflagernde Endmoräne weithin 4 m Höhe nicht überschritt, und das Studium des Schrifttums ergab ihm, daß in Skandinavien und Norddeutschland Endmoränen zwischen 3 und 40 m hoch und 20–4000 m breit sein könnten. Trotz dieses Hinweises, daß niedrigere und höhere Abschnitte zur gleichen Endmoräne gehören können, kam GOTTSCHE nicht auf den Gedanken, Eisrandlagen unabhängig von dem Betrag der Erhebung zu verfolgen. Er beschränkte sich darauf, Blockpackungen und Blockbestreuung aufzufinden und „ohne Rücksicht auf die jeweilige Höhenlage" daraus auf den Verlauf von Endmoränen zu schließen. Das auf einer Karte niedergelegte Ergebnis dieser Untersuchung ist überaus dürftig. Zwischen Apenrade und Rendsburg ergab sich ihm eine annähernd zusammenhängende Linie, die ungefähr mit der Grenze der jüngsten Vereisung zusammenfällt. Dann verlief die Endmoränenlinie GOTTSCHES über Blumenthal bis Preetz. Ostholstein wies zusammenhanglose Punkte auf, und südlich der Linie Plön–Süsel sind keine Endmoränen mehr verzeichnet! Die rein petrographische Methode, Endmoränen zu suchen, hat sich damit als ungeeignet erwiesen.

Ähnlich in die Irre gingen Versuche, die Folge der Eisabsätze etwa wie Juraschichten zu gliedern.

Auf MEYNS Anschauung von 1848 fußend, hielt GOTTSCHE 1883 und trotz mancher Be=denken noch 1898 nachstehendes Profil für zutreffend:

5. Geschiebedecksand mit Windkantern, Kalkgeschiebe fehlen = Rückzugs=moräne der zweiten Vereisung.
4. Obere Geschiebemergel g e l b = Blocklehm MEYNS = Absatz der zweiten Vereisung.
3. Korallensand = Sand mit Bryozoen. Wegen verschwemmter *Cardium edule* noch 1883, S. 5, für Meeresabsatz gehalten.
2. Unterer Geschiebemergel b l a u g r a u = ältere Vereisung.
1. Cyprinenton, präglazial.

Mit anderen Worten: Folgen der Verwitterung wurden sowohl beim Geschiebemergel (blaugrau und gelb) wie beim Sand (Bryozoen führend oder nicht) für primäre Zeit=merkmale gehalten. Tatsächlich verschieden alte Grundmoränen galten wegen ihrer grauen Farbe für gleichaltrig. Ferner wurde, was heute nur als Absätze der letzten Vereisung gelten kann, für einen Querschnitt durch das ganze Diluvium gehalten.

Langsam nur setzte Kritik ein. STOLLEY 1895 und HAAS 1896 erklärten eine Trennung von oberem und unterem Geschiebemergel für unmöglich. Beseitigt wurden jene irrigen Vor=stellungen aber erst durch R. STRUCK aus Lübeck (1861–1935, siehe S. 22) und C. GAGEL (1865–1927). Beide begannen ab 1900 zwischen Lübeck und der Elbe mit geologischen Arbeiten. C. GAGEL hatte den Auftrag, durch eine geologische Spezialkartierung von Trave=münde gegen S die Grenze der letzten Vereisung herauszufinden. R. STRUCK, ein privatisieren=der Arzt, bezweifelte GOTTSCHES Angabe, südlich der Linie Plön–Süsel fehlten Endmoränen, zumal E. GEINITZ (1894) zwei Endmoränenzüge durch Mecklenburg bis Gudow und nahe an Travemünde heran verfolgt hatte.

Kurz vorher war von den kartierenden Geologen erkannt, daß nicht allein kiesige Absätze mit Geschiebepackungen, sondern auch Geschiebemergel und Tone im gleichen Endmoränen=zug auftreten könnten und zudem bisweilen durch Pressung steilgestellt seien.

So ist verständlich, daß STRUCK GOTTSCHES Anschauung, allein Blockpackungen kenn=zeichneten Endmoränen, nicht mehr beipflichtete. Ohne es zunächst auszusprechen, ließ sich STRUCK weitgehend von den Geländeformen bei Verfolgung seiner Endmoränenzüge leiten. Aufragende kuppige Terrainformen, wallartige Rücken usw. werden fortlaufend schon in seiner ersten Veröffentlichung (1902) erwähnt, und die beigegebenen Abbildungen bezeugen, wie sehr STRUCK als erster in unserem Lande die Oberflächenformen zum Aufsuchen der Eis=randlagen herangezogen hat. Seine „südliche Hauptmoräne" von Mölln über Groß=Hansdorf bis zum Warder See und seine nördliche Hauptendmoräne von Ivendorf bei Travemünde bis Süsel sind weitgehend zutreffend erkannt. Erst 1904, S. 13, erwähnt STRUCK, daß neuer=dings, so bei G. MAAS (1898) und C. GAGEL (1903), die Oberflächengestalt als Kennzeichen für Endmoränen wichtig wäre und daß Endmoränen auch durch im Gelände kaum bemerk=bare Erhöhungen vertreten sein können.

STRUCK (1902, S. 39) und GAGEL (1901, 1903) bemerkten unabhängig voneinander, daß Diluvialsand jeden Alters Bryozoen enthalten könne, wenn er nur vor Verwitterung ver=

schont geblieben sei. Ferner war in den Hamburger Bohrungen und bei der Kartierung erkannt, daß von ein und derselben Vereisung mehrere Lagen von Grundmoräne abgesetzt werden konnten. Auch war inzwischen die braune Farbe der Grundmoräne als eine Verwitterungserscheinung ohne stratigraphischen Wert erkannt worden.

Nachdem die Theorie der Verdriftung durch diejenige der Vergletscherung verdrängt war, begannen auch Erörterungen über eine Gliederung der eiszeitlichen Absätze durch die schon lange bekannten marinen und in zunehmendem Umfang neu aufgefundenen pflanzenführenden interglazialen Absätze.

A. Penck hatte 1879 die Anschauung einer dreifachen Vereisung Norddeutschlands vertreten. Darauf folgten Versuche einer Gliederung in Kalt- und Warmzeiten. Aber der Beweis verschiedenen Alters war bei den sich stets gleichenden Grundmoränen sehr schwach. Weit auseinandergehende Annahmen wie: das, was wir heute als periglazialen Schutt ansehen, stelle eine besondere Ausbildung der Grundmoräne dar (so Schröder und Stoller 1906 für Schulau) oder entspräche postglazialem Sand (so H. Credner, E. Geinitz und F. Wahnschaffe 1889 für Kuhgrund bei Lauenburg), erschwerten eindeutige stratigraphische Erkenntnis. Dadurch wird verständlich, daß von manchen Geologen der Gedanke an mehrfache Vereisungen, die mit Zeiten, deren Klima dem heutigen entsprach, abwechselten, ganz abgelehnt wurde. Der Streit der Monoglazialisten (F. E. Geinitz, F. Frech, G. Gürich) gegen die Polyglazialisten flaute erst nach 1910 ab.

Ähnlich umstritten blieb die Frage nach der äußersten Grenze der letzten Vereisung unseres Landes. Teils wurde sie südlich der Elbe angegeben, andere vermuteten sie in der Westgrenze der schleswig-holsteinischen Hügellandschaft. Wie erwähnt, hatte die Preußische Geologische Landesanstalt ab 1900 begonnen, einen N–S-Streifen von Travemünde bis nach Nordhannover hinein geologisch zu kartieren, um die Grenze der letzten Vereisung festzulegen. Die an dieser Aufgabe mitarbeitenden Geologen (Koert, Gagel, Stoller) kamen zu dem Ergebnis, daß sich junge Grundmoräne von Lübeck bis in die Lüneburger Heide erstrecke. Die Auflagerung von Grundmoräne auf in Bohrungen erfaßten Interglazialabsätzen war für jene, obgleich Grundmoräne im Gebiet zwischen Mölln und Büchen fehlt, so sehr Beweis einer Gleichaltrigkeit, daß die geologischen Spezialkarten von Harburg und Lüneburg, die bei der ersten Auflage die graue Farbe des älteren Diluviums aufwiesen, bei der zweiten Auflage die gelblichen Farbtöne des Jungdiluviums weithin erhielten.

Gagel war sogar der Meinung, das Inlandeis hätte das Elbtal gequert und sei an dessen Steilufer hinabgestiegen. Noch 1911 in der Erläuterung zu Bl. Hamwarde auf S. 7 und 8 schreibt er, zwischen Geesthacht und Besenhorst wiese der Hang des Elbtals „eine typische, kuppige alte Moränenoberfläche – mit ehemals abflußlos gewesenen Vertiefungen" auf. „Hier hätte das letzte Inlandeis seine Moränenablagerungen in schon ursprünglich tief gelegenes Gebiet heruntergeschüttet."

Die Auffassung, daß das Inlandeis am hohen Elbufer hinabgestiegen sei, ohne dies abzuschleifen, zeigt, wie wenig damals das Verhalten von Gletschern oder gar des Inlandeises bekannt war. Von einer ähnlichen, in den Grundanschauungen unrichtigen Einstellung zeugt das Ergebnis der Kartierung Lübeck–Lüneburger Heide. Die jenen Geländestreifen kartierenden Geologen hatten ihre geologischen Kenntnisse und die des Kartierens in älteren, gut geschichteten Absätzen erworben. Dort war der geologischen Aufnahme mit der 2-m-Peilstange großer Erfolg beschieden, dort war die Oberflächenform ohne Belang für die geologische Erkenntnis. Daß in Gebieten mit Eisabsätzen die Wertung gerade umgekehrt sein mußte, wurde teils nicht erkannt und konnte, selbst bei guter Einsicht, sich nur schwer in die Tat umsetzen, da zum Beispiel die Kartierungsanweisung abweichende Deutungen nicht zuließ.

Langsam nur wurden Angaben aus der Oberflächengestalt zur erdgeschichtlichen Auswertung herangezogen. Zwar hatte schon PENCK bei den Moränen des Alpenvorlandes Altmoränen als ausgeglichen und mit einem regelmäßigen Talsystem durchsetzt und Jungmoränen als ein wirres Durcheinander von Hügeln und Vertiefungen unterschieden. STOLLER (1909), GAGEL (1910) und WOLFF (1913) hatten solche Unterschiede auch auf Norddeutschland angewandt. P. WOLDSTEDT hatte im Jahre 1913 in einer geographischen Dissertation Nordschleswig nach den Formen gegliedert in den Bereich eines baltischen Stadiums, das diesem vorgelagerte Sandergebiet und die westlichen präbaltischen Gebiete. Die sanften Formen der letztgenannten Landschaft seien „während, vielleicht auch vor dem baltischen Stadium hervorgebracht worden". Trotz dieser Einsicht heißt es S. 109 unten: „Das letzte Inlandeis scheint die Westküste der Halbinsel nicht überschritten zu haben."

Erst W. WOLFF (1915, S. 228/229) wertet die besprochenen morphologischen Unterschiede erdgeschichtlich aus, indem er deren Grenze als Grenze älterer und jüngerer Eisbedeckung auffaßt. GAGEL und STOLLER jedoch vertraten 1915 und 1918 noch, wie vorher WOLDSTEDT, die Anschauung, die jüngste Eisbedeckung habe die Westküste erreicht bzw. die Elbe überschritten. Die Oberflächenformen als wichtiges erdgeschichtliches Beweismittel benutzte K. GRIPP 1924, als er die Grenze der letzten Vereisung von Flensburg bis südlich von Berlin verfolgte. Dabei wurde zum erstenmal die Rolle des Frostbodens und der Solifluktion im norddeutschen Flachland aufgezeigt und für die Ausgeglichenheit der Formen im W unseres Landes und südlich der Elbe in Rechnung gestellt.

Die ausschlaggebenden Kennzeichen lieferten somit nicht mehr der 2-m-Bohrer, also die Kartierung und die Schichtenfolge, sondern die eisbedingten Formen und die durch kaltes Klima daraus entstandenen Zweitformen. Die Geländeformen wurden weitgehend auf den Meßtischblättern durch grelle Farbgebung der Höhenschichten erkannt und damit dies großartige Kartenwerk erstmalig zur Deutung der Erdgeschichte des Flachlandes herangezogen.

Um heutiges Erdfließen kennenzulernen, besuchte K. GRIPP 1925 Spitzbergen. Dabei fand er vor den Gletscherzungen Stirnmoränen, die weitgehend denen der Hüttener und Duvenstedter Berge glichen (K. GRIPP und E. TODTMANN 1926). Weitere Reisen nach Spitzbergen und Grönland galten diesen Endmoränen (K. GRIPP 1929, 1938). Sie ergaben, daß auf Felsgrund dahingleitende Gletscher, wie in den Alpen, ungleich geringere Vergleichsmöglichkeiten zu den diluvialen Verhältnissen Norddeutschlands bieten als jene spitzbergischen Gletscher, die in zwar gefrorene, aber dennoch relativ lockere Absätze aus Sand, Schottern und tonigen Meeresabsätzen vorgestoßen waren. Ferner zeigte sich eindeutig, daß Stillstandlagen des Eisrandes ohne morphologische Wirkung blieben, daß aber das, was in Norddeutschland bis dahin als Stillstandlagen des Eisrandes hingestellt wurde, die Grenzen zahlreich aufgetretener Vorstoßphasen sind.

Schon früh waren vom fließenden Gletscher durch Absturz über Felskanten oder durch Rückschmelzen des Eisrandes abgetrennte Teile als tote Gletscher bezeichnet worden. Erst sehr zaghaft, zum Beispiel für Sölle (ULE, STEUSLOFF) wurde verschüttetes Eis zur Erklärung der Formen herangezogen. So kommt 1909 in WAHNSCHAFFES Buch: Oberflächengestaltung usw. der Begriff Toteis noch nicht vor. In der nächsten Auflage WAHNSCHAFFE–SCHUCHT vom Jahre 1921 wird nur von toten Eismassen gesprochen (S. 228), die man sich auf den heutigen Hochgebieten liegend vorstellte und deren Schmelzwässer parallel oder radial verlaufende Täler eingeschnitten haben sollten.

Von 1920 an bis in jüngste Zeiten ist Toteis in zunehmendem Maße als ein wichtiger Faktor bei der Entstehung der jungglazialen Gebiete erkannt und zur erdgeschichtlichen Auswertung herangezogen worden.

Noch später als das Studium des Diluviums hat das des Alluviums begonnen. Zwar bemühte man sich, seit C. A. Weber (1891, 1893) beim Bau des Nordostseekanals angetroffene Torfe näher makroskopisch untersucht hatte, um die erdgeschichtliche Auswertung der diluvialen und alluvialen Torfe. Besonders der Lehrer M. Beyle in Hamburg hatte durch Vergleich mit seiner reichen Sammlung rezenter Samen 1912–1940 Samenfunde aus Torfen und Süßwasserablagerungen in zahlreichen Aufsätzen bekanntgemacht. Aber die seit 1916 in Schweden ausgebaute statistische Untersuchung der in Süßwasserabsätzen erhaltenen Pollenkörner ergab weitgehendere Einblicke in die nach- und zwischeneiszeitliche Pflanzenwelt. Im Gegensatz zur Ostsee, deren Geschichte zwischen 1890 und 1910 von schwedischen Geologen grundlegend geklärt wurde, begann die Erforschung der Nordseeabsätze an deutschen Küsten – eingeleitet durch Dr. h. c. H. Schütte in Oldenburg – erst ab 1905.

Je jünger die Absätze, um so später fanden sie das Interesse der Geologen. Heute jedoch ist man sich dessen bewußt, daß hinreichende erdgeschichtliche Kenntnis jener Absätze unerläßlich ist, die dem Menschen als Nutzpflanzen tragender Boden, Baugrund, Wasserspender und Rohstoff von teilweise sehr großer Bedeutung sind. Jüngste und junge Absätze werden außerdem in zunehmendem Umfang erforscht, da sie zeigen, wie entsprechende ältere Absätze und Gesteine ursprünglich beschaffen waren.

4. Die Schichtengliederung des hiesigen Quartärs

Die vorquartären Schichten wurden im großen nach der Gesteinsausbildung gegliedert. Deren Veränderungen waren weitgehend durch die Tiefe des Meeres bzw. die Lage der damaligen Küste bedingt, zum Beispiel Hauterive-Konglomerat, Braunkohlensande. Im Quartär ist die Einteilung darüber hinaus durch die Schwankungen der Höhenlage des Meeresspiegels gegeben. Deren Ursache ist erkannt. Ersichtlich fielen Zeiten weiter Meeresüberflutung mit den Warmzeiten zusammen, während zu den Zeiten der ausgedehnten polaren Vereisungen der Erde der Meeresspiegel erheblich sank.

Der Entdecker dieses Wechselspiels, der Nordamerikaner R. A. Daly, hat seit 1915 und ausführlicher 1934 die unterschiedliche Menge landbedeckenden polaren Eises als Ursache hierfür aufgezeigt. Wenn in den kalten Zeiten die polaren Eismassen über Nordeuropa und Nordamerika weit nach S und in Südamerika gegen N vordrangen und wenn weite Teile des Schelfes, ähnlich wie heute Teile des Südpolarmeeres, von mächtigen Eislagen dauernd überzogen blieben, dann war dem Großkreislauf des Wassers ein so hoher Anteil in Gestalt jener Eismassen entzogen, daß der Spiegel der Weltmeere sank. 90 m während der stärksten = Rißvereisung, 75 m während der letzten oder Würmvereisung war der Meeresspiegel nach Dalys Berechnungen und Belegen abgesunken. Die errechneten Werte sind bei den einzelnen Forschern etwas verschieden. Das ist für unsere Betrachtungen ohne Belang, desgleichen die Frage, welchen Anteil der Volumenunterschied zwischen kühlem und warmem Wasser an diesem Phänomen hat.

Wichtig ist folgendes. Wir leben in einer Warmzeit, der nacheiszeitlichen, also steht der Meeresspiegel hoch. Dies aber heißt, Meeresabsätze der Kaltzeit, während der das Meer sich weit zurückgezogen hatte, liegen uns unzugänglich nördlich der Doggerbank. Nur zu den Zeiten hoher Temperaturen und somit hohen Standes des Meeres konnten dessen Absätze in Teilen des kleinen, uns heute zugänglichen Anteils des Nord- und Ostseebeckens hinterlassen werden.

Soweit nicht nachträgliche Bewegungen ursprünglich tiefer gelegene Krustenteile gehoben haben, wie zum Beispiel in Skandinavien, können wir somit nicht erwarten, Kaltwasserabsätze nahe der Erdoberfläche zu finden (Anm. 66).

Der Wechsel von Meeresbedeckung und Landzeiten der Vereisungen gibt dort, wo Absätze der betreffenden Perioden übereinander erhalten blieben, ausgezeichnete Möglichkeiten der Gliederung. Wenn das Meer ein aus Lockergesteinen aufgebautes Flachland überflutet, läuft eine in gestautem Süßwasser sich bildende Torfzone der Küste voraus. Zieht sich später das Meer wieder zurück, so folgt vom Lande her Süßwasser und abermals Torfbildung. Torfe aber haben Pollen bewahrt, wie S. 164 erwähnt. Das Pollendiagramm solcher Torffolgen unter und über Meeresabsätzen gestattet, die Zeit des Meereseinbruches zeitlich festzulegen und mit der ± ununterbrochenen Pollenfolge der Gebiete, die dauernd Land geblieben waren, zeitlich zu vergleichen.

Der Erdgeschichtler ist beglückt, sobald eine solche Verzahnung von Land- und Meeresabsätzen es ermöglicht, getrennt durchgeführte Schichtgliederungen in Beziehung zu setzen.

Zwar ist die Pollenanalyse der hiesigen älteren zwischeneiszeitlichen Torfe noch nicht restlos durchgeführt, aber im übrigen ist die Schichtenfolge des Quartärs so weit gesichert, daß sich ein erfreulich eindeutiges Bild von einem lebhaften erdgeschichtlichen Geschehen gewinnen läßt.

Die Gliederung baut sich auf drei Vereisungen und drei nachfolgenden Meeres-Teilüberflutungen auf.

Die in Norddeutschland allmählich nachgewiesenen Vereisungen erhielten zunächst die nachstehend in der mittleren Reihe angeführten örtlichen Namen.

Inzwischen ist ein Vergleich mit den vier Vereisungen der Alpen einwandfrei durchgeführt. Daher wendet man seit einigen Jahren auch für Norddeutschland die in der letzten Spalte angegebenen älteren Bezeichnungen des Alpengebietes an.

letzte	=	Weichselvereisung	=	Würmvereisung
mittlere	=	Saalevereisung	=	Rißvereisung
ältere	=	Elstervereisung	=	Mindelvereisung.

Spuren der ersten alpinen, der Günzvereisung, sind aus Norddeutschland unbekannt. Auf S. 142 ist auseinandergesetzt, warum der Kaolinsand, trotz seines Gehalts an Geröllen aus Skandinavien, nicht günzzeitlichen Absätzen entspricht. Für die Zeit der Vereisungen sind somit kurze und eindeutige Bezeichnungen eingeführt.

Die Zeiten zwischen den Vereisungen, für die häufig die unschöne Bezeichnung Zwischeneiszeit (Interglazial) gebraucht wird, möchte man neuerdings richtiger Warmzeiten benennen. Es ergibt sich also Riß-Würm-Warm-Zeit. Um nicht so lange Bezeichnungen wie Riß-Würm-Warm-Zeit-Meer gebrauchen zu müssen, haben zuerst die Niederländer jene Zeit nach einem Flüßchen benannt, das in die ehemalige Zuidersee fließt. Man spricht daher von Eemmeer und Eemzeit.

Für das Meer der vorgehenden Warmzeit (Mindel-Riß) hatte A. Penck im Jahre 1922 die Bezeichnung Holsteinsee vorgeschlagen. Da aber seit 1856 ein miozäner Meeressand allgemein als Holsteiner Gestein bezeichnet wird (siehe S. 204), muß die Penck sche Bezeichnung fallengelassen werden – auch wenn heute die Regeln der Priorität für Schichtenbezeichnungen noch nicht streng durchgeführt werden.

Da im Zuflußgebiet der Stör in Schleswig-Holstein zahlreiche Vorkommen aus jener Zeit bekannt sind, wurde von K. Gripp 1952 die Bezeichnung Störmeer und Störzeit vorgeschlagen.

Da aber auch das nacheiszeitliche Meer nicht ohne weiteres der heutigen Nordsee zu vergleichen ist (Ausdehnung, zeitweise andere Temperatur und anderer Salzgehalt), wurde für das Meer der Nacheiszeit ebendort das Flüßchen Jade, das in die gleichnamige Bucht sich ergießt, als Namengeber in Anspruch genommen, weil dort die erdgeschichtliche Betrachtung alluvialer Meeresabsätze begonnen wurde.

Vereisungen und Meeresbedeckungen ergeben als Hauptgliederung des norddeutschen Quartärs:

Jademeer = nacheiszeitliche Nord= und Ostsee
Würmvereisung
Eemmeer in Nord= und Ostseebecken
Rißvereisung
Störmeer in Nordsee und Kattegat, vielleicht auch in westlicher Ostsee
Mindelvereisung

Es fehlen kurze Bezeichnungen für warmzeitliche Süßwasser= und Landabsätze. Daher wird das Wort Eemzeit weitgehend für das Riß=Würm=Interglazial ohne Beziehung zu Meeresabsätzen gebraucht. Erwünscht ist eine gleiche Erweiterung für den Begriff der Störzeit.

Eine Schichtengliederung der Landablagerungen ist schon mit in Torfen gefundenen Pflanzenresten teilweise gelungen, zum Beispiel fehlen in den nacheiszeitlichen Torfen die in der Eemzeit vorhandenen:

Fichte *Picea excelsa*
Tanne *Abies pectinata*

Außerdem treten während der Eemzeit in hiesigen Torfen auf:

Brassenkraut *Brasenia purpurea* }
Grasart *Dulichium spathaceum* } heute in Nordamerika

Weit vorgeschritten ist aber schon die Unterscheidung auf Grund von Pollen. U. Rein, G. von der Brelie, R. Schütrumpf und H. Schmitz gaben eine Übersicht über den Stand der pollenanalytischen Auswertung (1955). Nach U. Rein und v. d. Brelie fehlen in den Ablage=rungen der Tegelenstufe (vor Günz, aber jünger als Oberpliozän) die im Torf des Kaolin=sandes noch vertretenen *Sciadopitys, Sequoia, Taxodium, Liquidambar, Nyssa.*

Aus dem Pliozän dauern in der Tegelenstufe noch an *Juglans, Tsuga, Carya, Pterocarya,* die dann verschwinden. Von der Günz=Mindel=Warm=Zeit an finden sich durchgehend Kiefer, Tanne, Weide, Erle, Birke, Hasel, Eiche, Linde, Ulme, Hainbuche *(Carpinus).* Aber die Rot=buche *(Fagus)* fehlt vom Störinterglazial an bis in die späte Nacheiszeit in unserem Lande.

Alle genannten Gattungen von Bäumen waren schon im Pliozän vertreten. Wir erkennen deutlich, daß die wärmebedürftigen Arten des Pliozän durch die Günzvereisung vertrieben und nicht wieder zurückgekehrt sind. Was blieb, ist, abgesehen von *Fagus,* der heutige Baum=bestand.

Es entsteht die Frage, wie bei gleichbleibender Zusammensetzung der Flora die verschie=denen Warmzeiten pollenanalytisch unterschieden werden können. Die eingehende Aus=wertung des Pollengehalts nacheiszeitlicher Absätze, wobei auch Nichtbaumpollen eine auf=schlußreiche Rolle spielen, hat es ermöglicht, in der Wiederkehr der Pflanzen nach der Zeit der letzten Eisbedeckung 12–17 Abschnitte auszugliedern. Die Folge, in der die Pflanzen=gesellschaften in den früheren Warmzeiten auftraten, war jedesmal eine andere. Bei hin=reichendem Umfang der Torfprofile ist es daher möglich, zeitlich Verschiedenes zu trennen.

Von den uns hier interessierenden Torfen aus der Zeit des Störmeeres berichtet U. Rein:

Tanne, Fichte, Kiefer, Erle langdauernd reich vertreten, Eichenmischwald nur für kurze Zeit.

Hinzu kommt der Wasserfarn *Azolla filiculoides* Lam., dessen Macrosporen nie in Torf, hauptsächlich in Tonen und Sanden (0,15–0,5 mm) gefunden werden. Dieser zur Familie der *Salviniaceae* gehörende Schwimmfarn kam lebend nur in Kalifornien und Südamerika vor, ist aber seit bald 70 Jahren nach Europa wieder eingeschleppt (F. Florschütz 1938). Seither ist dies winzige Leitfossil von Krefeld bis Berlin in Ablagerungen der Störmeer=Zeit nachgewiesen (H. HILTERMANN 1954). Es dürfte auch bei uns in den entsprechenden Süßwasserabsätzen gefunden werden.

Für die Eem=Warm=Zeit hat v. D. BRELIE (1955) seit langem bestehende, zwiespältige Auffassungen anscheinend einer Lösung nahe gebracht. Er unterscheidet einen älteren Abschnitt von kürzerer Dauer, von ihm Ohe=Interglazial genannt, das nur außerhalb der sogenannten warthezeitlichen Eisrandlage in der Lüneburger Heide auftritt, und ein späteres Eem=Interglazial i. e. S. Für dies Ohe=Interglazial sind Pollendiagramme bezeichnend, die in ihrer Einförmigkeit denen der Störzeit ähneln und bislang nur von Munster und Ohe bekannt sind. In Schleswig=Holstein sind ähnliche Absätze nicht zu erwarten. Es sei daher nur auf die Erörterung verwiesen, die v. D. BRELIE (1955) zu dieser Frage veröffentlicht hat.

Im Eem=Interglazial i. e. S. erschien im warmen Abschnitt des Pollendiagramms nach der Eiche die Ulme. Die Hasel hatte ihre stärkste Verbreitung zusammen mit der Eiche. Die Linde trat verstärkt im letzten Drittel des Eichenmischwaldes, nach dem Haselmaximum auf. Lindenpollen übertreffen zeitweise an Zahl die der Eiche. Auf den Eichenmischwald folgte eine schnelle Ausbreitung der Hainbuche. Die Rotbuche hingegen blieb aus! Es trat vielmehr eine Zone der Fichte auf, während der auch die Tanne reichlich vertreten war.

Diese Differenzierung des wärmsten Abschnittes unterscheidet die Profile der Eemzeit von denjenigen der Störzeit, die, wie erwähnt, bislang einen erheblich einfacheren Verlauf während des Warmanteils bezeugen.

Die postglazialen Pollendiagramme unterscheiden sich von den eemzeitlichen durch ein erstes Haselmaximum schon vor dem Eichenmischwald. Es trat schon im Kiefernmaximum auf. Ulme und Linde erschienen früher als die Eiche bzw. ihr höchster Anteil liegt früher als der der Eiche. Die Fichte war im Postglazial schwach vertreten, und die Tanne fehlte ganz. Statt der Hainbuchenzeit des Eems finden wir eine Rotbuchenzeit im nacheiszeitlichen Pollendiagramm (siehe Abb. 56).

Dank der eingehenden Untersuchung der frühen postglazialen Absätze, besonders in Dänemark, wissen wir, daß der großen Klimaschwankung, der Würmvereisung kleinere Schwankungen folgten, deren Warmzeiten nach den Orten Bölling und Alleröd benannt werden. Ähnlich war es zu Beginn der Würmvereisung. Daher finden sich oberhalb der mächtigeren Süßwasserabsätze der Eemzeit, zumeist durch Sandlagen getrennt, Torf= und Gyttjelagen von wenigen Zentimetern Mächtigkeit. Bei einigen dieser Wärmeeinbrüche ist es bis zur Ausbreitung der Eiche, Hasel und Hainbuche gekommen (Herning=Typus der Dänen). Die den Schmelzwassersanden oder periglazialen Absätzen eingelagerten Absätze mit Pflanzenresten enthalten im allgemeinen nur *Betula, Salix, Pinus* (DITTMER 1954 im Sander Nordfrieslands, HALLIK 1955 in Sanden nördlich von Hamburg, E. KOLUMBE 1955 oberhalb des Interglazials von Loopstedt).

Bei hinreichender Anzahl von Fundpunkten mit Säugetierresten sind auch diese stratigraphisch zu verwerten. Jedoch liegen aus Schleswig=Holstein, außer von Stellmoor und Meiendorf, nur wenige Funde mit genau bekannter Fundschicht vor. Zur Schichtengliederung sind sie wegen ihrer Seltenheit noch nicht verwendbar.

Da die eisentstandenen Absätze so gut wie keine gleichaltrigen organischen Reste enthalten, war man bemüht, anorganische Eigenschaften zur Altersunterscheidung heranzuziehen. Schon früh begann man die Geschiebezusammensetzung hierfür zu verwenden. Verschiedene Methoden wurden versucht. In Profilen und in begrenztem Umfang auch an der Oberfläche kann die Geschiebezählung zur Alterstrennung benutzt werden (siehe S. 202). Für die Großgliederung kommt sie weniger in Betracht, da das Eis in nahezu parallelen Bahnen geflossen ist und somit eine Durchmischung des Geschiebeinhalts nur in geringem

Ausmaß stattfand. Ein mittelschwedischer Stromfaden blieb stets von einem estländischen getrennt, dies besagt, ein einheitlicher Charakter durch Vermischung der Geschiebe konnte über größere Gebiete nur beschränkt entstehen.

Der gleiche Einwand gilt für die Versuche, eisentstandene Absätze durch den Schwermineralgehalt zu unterscheiden. Auf engem Raume und im Profil ist diese Arbeitsweise wertvoll, aber großräumig ist sie nur beschränkt verwendbar.

Somit bleiben die Meereseinbrüche und die pflanzenreichen Absätze der Warmzeiten sowie in der Nacheiszeit der pollenanalytisch gut erkennbare Vegetationswechsel das Maß, mit dem die Gliederung der Quartärs in Schleswig-Holstein weitgehend durchgeführt werden muß.

Nur für die seit Ende der Eemzeit entstandenen Ablagerungen ergibt sich als weitere Möglichkeit:

Die Bestimmung des absoluten Alters mittels C^{14}

Zur Schichtengliederung des jüngsten Teiles des Quartärs wird zunehmend die unmittelbare Altersbestimmung durch den Atomzerfall des radioaktiven C^{14} herangezogen. Dies Kohlenstoffisotop entsteht durch Einwirkung radioaktiver Neutronen auf den Stickstoff der Luft. Der Vorgang spielt sich in 9–12 km Höhe ab. C^{14} wird schon dort zu radioaktivem CO_2 oxydiert. Dieses wird von den atmosphärischen Strömungen verteilt, so daß es bei der Photosynthese der Pflanzenzellen von diesen zusammen mit nichtradioaktivem CO_2 aufgenommen wird. Da alle Tiere und der Mensch letzten Endes von pflanzlicher Substanz leben, enthalten alle Lebewesen etwas C^{14}. Dies gilt auch für die Organismen in Süß- und Salzwasser. Daher können zoogene Kalke, Gyttjen, Knochen und Molluskenschalen ebensogut wie Pflanzenreste auf ihren C^{14}-Gehalt untersucht werden.

Man darf annehmen, daß die Bildung von C^{14} während der jüngsten Abschnitte der Erdgeschichte konstant vor sich gegangen ist und daß während dieser Zeit Neubildung und Zerfall dieses Isotops gleichen Ausmaßes gewesen sind. Da die Geschwindigkeit des Zerfalls dieses Isotops bekannt ist, kann man, nachdem die im Fossil noch vorhandene Radioaktivität gemessen ist, errechnen, vor wie langer Zeit zum letztenmal radioaktiver Kohlenstoff in das betreffende Lebewesen eingebaut worden ist. Dies aber ergibt, wie viele Jahre seit dem Tode des Lebewesens vergangen sind.

Die Untersuchungen sind schwierig, da einmal die winzigen in dem Fossil enthaltenen Mengen von C^{14} zur Untersuchung angereichert werden müssen, zum anderen die ständig einfallende kosmische Strahlung von dem auf das fossile C^{14} reagierenden Zählrohr ferngehalten werden muß und zum dritten die zu untersuchende Probe seit dem letzten Einbau von C^{14} in die lebende Substanz nicht später durch Wurzeln, zerstörende Organismen, Zutritt von Wasser usw. verunreinigt sein darf. Bei vielseitiger Vorsicht ergeben die mühsamen Untersuchungen absolute Zeitangaben für die letzten 50 000 Jahre.

I. DIE VORGÄNGE WÄHREND EINER VEREISUNG UND DIE DABEI ENTSTEHENDEN FORMEN

Das fließende Eis gestaltet in einem Gebiet mit lockerem Untergrund durch Schürfen und Aufschütten die Erdoberfläche erheblich um. Da diese Vorgänge die stratigraphische Auswertung teilweise beeinflussen, soll zunächst das Geschehen während einer Vereisung betrachtet werden.

1. Inlandeis und Gletscher

Massen von Landeis, die größere Landstriche dauernd bedecken, nennen wir Inlandeis. Dieses strömt vom Zentrum der Anhäufung von Schnee = Nährgebiet nach allen Seiten ab in die randliche Zone, in der das Tauen überwiegt = Zehr-Gebiet. Beim Fließen schleift das Eis mittels eingeschlossener Gesteinsbrocken seine Unterlage ab, wobei Druck und Bewegung des Eises sowie Widerstand des Gesteins das Ausmaß des als Exaration bezeichneten Vorgangs bedingen. Wenn am Rande des Inlandeises eine Senke vorhanden ist, fließt das Eis von einer oder mehreren Seiten in sie hinein. Dadurch wird Eis beschleunigt nachgeschoben. Trotz des im tieferen Gelände stärkeren Abschmelzens bildet sich ein Gletscher aus, der weiter als die Inlandeismasse in das Vorland vordringt.

Nach der Größe unterscheiden wir Großgletscher und Gletscherzungen. Großgletscher nennen wir Ströme von Eis, die nicht mehr, wie das Inlandeis, radial aus dem Nährgebiet abfließen, sondern von den Formen des Untergrundes gelenkt werden (Ostsee-, Kattegat-, Norwegische Rinne-Großgletscher).

Der Rand des Inlandeises und jener der Großgletscher löste sich in unserem Gebiet zumeist, durch die Gestalt des Untergrundes bedingt, in kleinere Eiskörper auf. War der Untergrund eben und gar noch in Richtung des Eisflusses geneigt, so bildeten sich am Eisrand breite Zungen, Loben genannt, aus (rißzeitlicher Westschleswiglobus). Lag der Rand des fließenden Eises aber auf ansteigendem Gelände, so daß sich das Eis bei verstärktem Zufluß anstaute, so löste sich der Eisrand in schmale Zungen auf. So geschah es während der Rißzeit zwischen Innien und Albersdorf, während der Würmzeit im Ostseeküstenbereich unseres Landes. Diese Gletscherzungen zersägten bisweilen ihr Widerlager (Ratzeburger See). Häufig schürften sie sich tiefer ein, etwa dort, wo das Eis infolge höheren Umsatzes (Sonnenlage, geringe Schuttbedeckung, günstige Entwässerung) verstärkt abschmolz oder wo es während längerer Zeit dem gleichen Gletschertor zufloß. Das Eisfließen entsteht durch den Schub der aus höheren Lagen drängenden Eismassen und wird verstärkt durch die Minderung des Gegendrucks, die durch das heftige Abtauen am Gletscherende entsteht.

Da auch die unterste Lage des Eises an der Oberfläche abtauen muß – anderenfalls käme der Eisfluß zur Ruhe –, so steigen die tieferen Eislagen am Rande aufwärts. Dies ist als Folge des Schubes möglich. Da das Eis gleichzeitig exariert, entsteht so eine ± breite Wanne mit einer steileren Außenwand und einem schwächer geneigten, aber höher hinaufreichenden Abfall auf der Seite des Zuflusses. Derartige vom Eise erzeugte Wannen nennt man Zungenbecken.

Das beste Beispiel hierfür bieten die Fjorde in den vormals vereisten Gebieten mit Felsuntergrund (Norwegen, Grönland, Patagonien). Hier ermöglicht der steile Abfall ein starkes Fließen und dadurch eine kräftige Exaration trotz der Härte des Gesteins. Je höher die Eislast, um so stärker die Exaration. Dies heißt, die gleiche Durchflußmenge von Eis arbeitet um so mehr in die Tiefe, je stärker sie eingeengt ist. Daher sind zum Beispiel in Norwegen Fjorde bei wenigen Kilometern Breite bis über 1000 m tief eingeschnitten. Alle steigen gegen außen wieder an, wie es Abb. 28 von Drammensfjord zeigt.

2. Gletscherzungenbecken

Wie ausgeführt, haben wir breite flache und schmale, aber tiefe Zungenbecken zu erwarten. Diese sind nicht immer in voller Tiefe und Ausdehnung erhalten geblieben. Die meisten von ihnen wurden von Schmelzwassersanden oder feinkörnigen Beckensanden und Beckentonen ± angefüllt. Die Ausdehnung der Zungenbecken aber wurde häufig verkleinert dadurch, daß ein nachfolgender Eisvorstoß einen Teil des älteren Zungenbeckens anfüllte und darin eine neue Stirnmoräne aufbaute. Dann entstand aus einem ursprünglich zungenförmigen Becken ein rinnenförmiges (Dieksee) oder ein halbmondförmiges (Stocksee).

Wir werden später erörtern, daß Zungenbecken häufig noch während langer Zeit von totem Eis erfüllt blieben. In diesem Falle waren sie während der Vereisung und in der frühen Nacheiszeit bis zur damaligen Oberfläche angefüllt. Erst später, als das tote Eis auch in der Tiefe schmolz, trat das ehemalige Zungenbecken erneut in Erscheinung. Die über dem Toteis abgelagerten Absätze sanken dabei in die Tiefe. Sie wurden nicht nur in ihrer Lagerung gestört, sondern wurden als Schicht der Grundmoräne aufgelagert, von der sie vorher durch eine teilweise mächtige Eisschicht getrennt waren.

Dies sind Verhältnisse, die denen in Auslaugungsgebieten, wie Gipsschichten, weitgehend ähneln und in stratigraphischer Hinsicht ungewohnte Verwicklungen bringen.

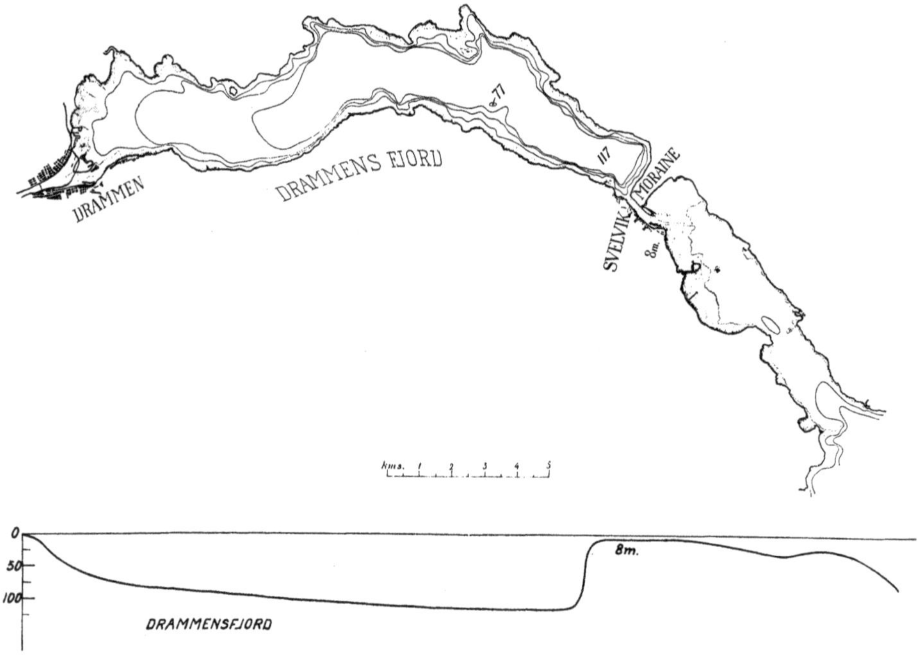

Abb. 28 Der Drammensfjord in Norwegen in Karte und Schnitt

als Beispiel einer schmalen, vom Eise ausgeschürften Rinne (Schmaltrog). Die angegebenen Tiefen unter dem heutigen Meeresspiegel geben nicht die Mächtigkeit des schürfenden Eises an. Das Gelände neben dem Fjord, das als Basis des Inlandeises angesehen werden kann, erreicht 250 m über dem Meere. Am Grunde des Fjordes liegen zudem nacheiszeitliche Meeresablagerungen von erheblicher Mächtigkeit. Die Exaration des Eises dürfte mehr als 400 m betragen haben (nach K. M. Ström).

3. *Der Tiefenschurf*

Je länger Eis über ein Gebiet dahingeglitten ist, um so tiefer hat es ausgeschürft. Dadurch stellt der wahre Boden hintereinandergelegener Zungenbecken eine Stufenfolge dar. Bisweilen ist diese, trotz späterer teilweiser Auffüllung der Becken, auch bei uns noch zu erkennen, zum Beispiel zwischen Fischbek und Klinken bei Oldesloe (innerhalb der Endmoräne A 8) 30–35 +NN, Lübecker Zungenbecken 20–15 m +NN, Lübecker-Bucht-Zungenbecken –20 m. Als Beispiel aus Schleswig sei auf den stufenartigen Abfall der Gegend südlich von Munkbrarup (25 m +NN), südwestlich von Glücksburg (5 m +NN) und die Tiefe der Flensburger Förde (20 m und mehr –NN) hingewiesen. Diese zum Teil erhebliche Eintiefung bedingt den Verlust ganzer Folgen von Ablagerungen. Besonders verwickelt dürften die Verhältnisse unter größeren Moränengabeln sein. Hier sind ± vollständige Treppen aus Absätzen verschieden alter Stadien zu erwarten. Wenn man außerdem in Betracht zieht, daß die Oberflächenformen bei den älteren Vereisungen weitgehend eingeebnet sein können, so zeigt sich, wie schwierig es ist, vereinzelte Bohrprofile hinsichtlich Schichtenfolge und Altersstellung auszuwerten, insbesondere, wenn weithin erkennbare Schichten fehlen.

Die Stratigraphie eisentstandener Ablagerungen ist schon aus obigem Grunde ungleich unsicherer als die der Wasserabsätze. Nur zahlreiche Einblicke auf engem Raum gestatten einigermaßen sichere Auswertung.

4. *Die Schuttanhäufungen vor dem Eisrand*

Weitere Abweichungen von der in geschichteten Absätzen üblichen Lagerung bringt das Freiwerden des vom Eise verfrachteten Schuttes. Dieser wird vom Eise in dessen tiefsten Lagen als sogenannte „Untermoräne" mitgeschleppt. Anderenorts findet sich eisfreie „Grundmoräne" als Lage, über die das Eis dahingleitet. Da sich die beiden Arten fossil bislang nicht unterscheiden lassen, spricht man nur von Grundmoräne. Die Grundmoräne wird zum Teil von Schmelzwässern auseinandergespült, so daß nur gröbstes Korn zurückbleibt, zum Teil aber unverändert den Randschuttbildungen aufgelagert oder in diese hinein- und mit ihnen aufgepreßt.

Die Schuttanhäufungen vor dem Eisrand lassen sich gemäß ihrer Entstehung einteilen:

1. Schutt am Eisrand quer zur Hauptfließrichtung des Eises austauend = Stirnmoränen;
2. Schutt am Eisrand ± parallel zur Hauptfließrichtung des Eises austauend = Seitenmoränen;

   Jene Unterschiede vereinen sich mit folgenden:

   a) Ohne Pressung durch das Eis bei starker Ausspülung durch Schmelzwässer gebildet = Satzmoränen;

   b) mit ± starker Pressung auf das Vorland und nur geringem Auswaschen am Eisrand = Stauchmoränen.

Stirnmoränen

Wo die Unterlage des Eises so hart war, daß das Eis sich nur wenig hat einschürfen können, oder wo das Eis so geringmächtig war, daß es sich im lockeren Untergrund nicht wesentlich hat eintiefen können, taute die Grundmoräne ebenerdig aus. Sie wird dabei von den überall am Eisrande frei werdenden Schmelzwässern und dem von der Oberfläche des Eises ablaufenden Niederschlagswasser stark ausgewaschen. Es bleiben grober Sand + Kies + große Blöcke, denen hier und dort Feinsand und Schluff in kleinen Linsen eingelagert

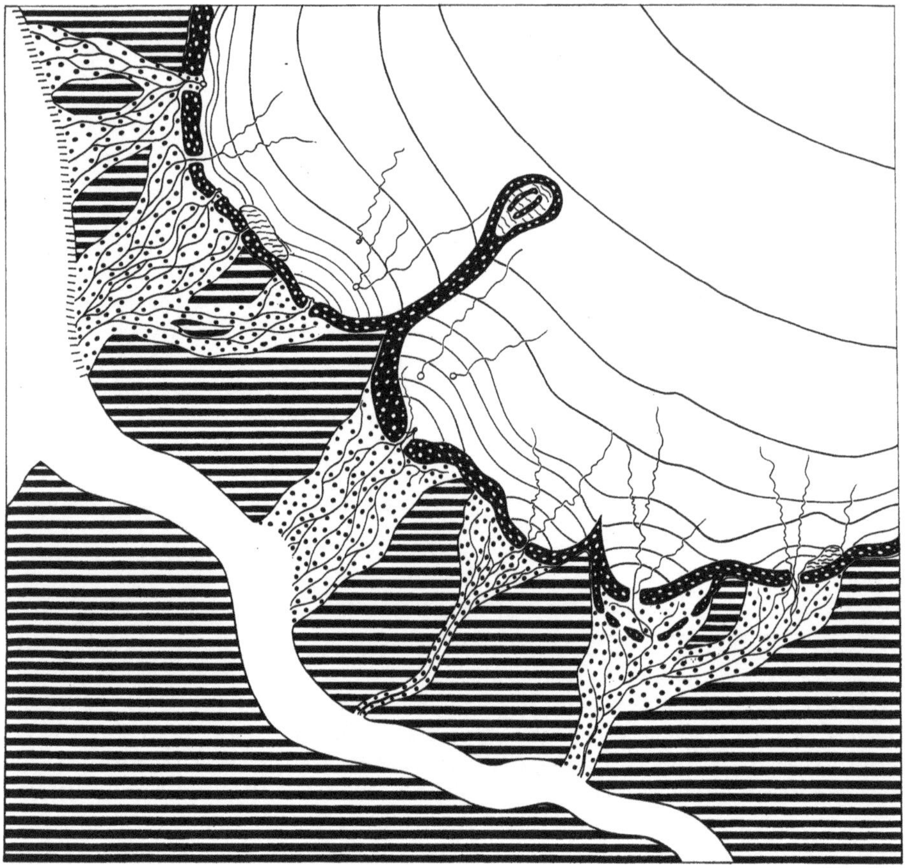

Abb. 29 a Schema der Randzone des Inlandeises im ersten Stadium des Abschmelzens.
Das Eis endet weithin am Fuß der Satz=Stirnmoräne

Weiß mit Höhenlinien: Eis. Weiß: Urstromtal. Schwarz punktiert: Sander mit Wasserläufen. Schwarz gebändert: Ältere, von periglazialen Kräften umgeformte Ablagerungen. Weiß punktiert: Stirnmoräne, Mittelmoräne und Ringmoräne um einen Nunatak. Auf dem Eis Bäche, die teils durch Gletscher=Orgeln unter das Eis gelangen, teils oberflächlich den Rand des Eises erreichen. Kleine Ringe mit nach außen anschließendem Bach: Gletschertore. Kurze Wellenlinien: Stehende Gewässer am Fuß der Innenseite der Stirnmoräne und im Nunatak.

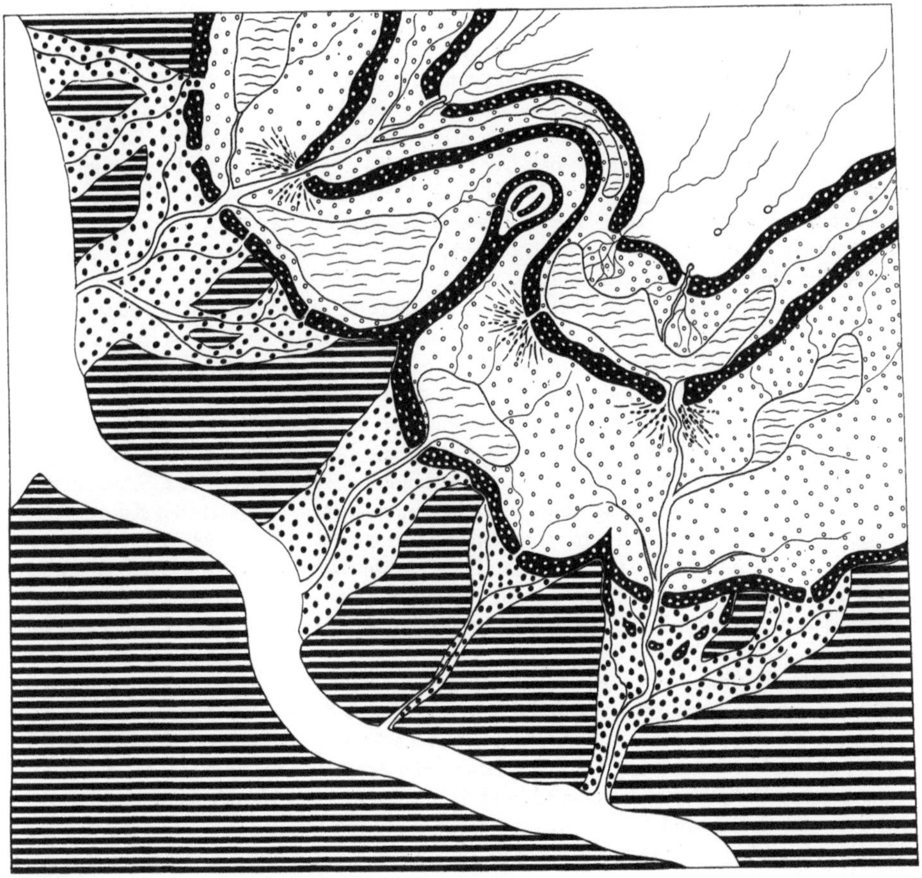

Abb. 29 b Die gleiche Randzone des Inlandeises nach zwei Rückzügen und erneutem Vordringen des Eisrandes

Zwischen der ältesten und der jüngsten Stirnmoräne liegt der Bereich des Toteises mit Niedertau=Ebene und Innensandern. Diese bestehen aus schmalen Schuttkegeln, Sandebenen und stehenden flachen Gewässern, in denen sich feingeschichtete tonig=sandige Beckenabsätze niederschlagen.

sind. Dies Material wird in Rücken und aneinandergereihten steilen Kuppen – 1 a = Satz-moränen – abgesetzt. Es ist jene Ausbildung, die denen, die um 1880 erstmalig Endmoränen suchten (S. 165), als bezeichnende Ausbildung von Stirnmoränen galt.

Die zweite Art von Endmoränen ist die unter 1 b angeführte. Auf S. 175 ist auseinander-gesetzt, daß die tiefsten Lagen am Rande aufwärts gepreßt werden, sobald sich die Eiszunge tiefer in lockere Absätze eingeschürft hat. Der Schutt wird in und unter dem Eise mit empor-geschleppt, taut in hoher Lage aus und wird, weil die auftretenden Wässer infolge der er-höhten Lage bald den Eisrand verlassen, nur wenig ausgespült (Abb. 30). Grundmoräne tritt daher frei aus und überzieht den oder die emporgepreßten Rücken auf der eiswärtigen Seite, sobald der Eisrand zurückschmilzt.

Wenn aber das Gegenteil eintritt, das heißt das Eis, durch den früher zusammen-geschobenen Wall zurückgehalten, höher und höher anschwillt, dann verstärkt sich der Druck auf diesen Wall. Es preßt dann die gesamte Unterfläche der aufsteigenden Eiszunge auf die schon früher durch ähnlichen Druck entstandene Moräne.

Die von Scherflächen begrenzten, sich nach außen und oben keilförmig erweiternden Schuppen weichen dem Druck, steigen höher hinauf und pressen dabei auf das noch nicht bewegte Vorland. Hier außen, am Fuße der Stauchmoräne, wird eine weitere Schuppe ab-geschert und beginnt schräg nach außen und oben aufzusteigen. Die höchsten Kuppen be-nachbarter Wälle stehen häufig in Fünferstellung zueinander. Einzelheiten dieses Vor-ganges hat R. Köster 1958 in gelungenen Experimenten aufgezeigt. Es entstehen durch solchen Druck vor der ganzen Breite der Gletscherstirn zumeist halbmondförmig begrenzte Stauchmoränen. Sie ragen heute 40–60 m über das Vorland, ihre Basis liegt bis über 100 m tiefer als der höchste Teil.

Wie S. 166 erwähnt, waren es die großartigen Stauchmoränen der Duvenstedter und Hüttener Berge, die schon 1875 von Johnstrup als Stirnmoränen aufgeführt wurden. Seine zutreffende Deutung aber blieb in Norddeutschland während Jahrzehnten ohne Wirkung. Erst die abermalige Entdeckung solcher rezenter Stauchmoränen in Spitzbergen (K. Gripp 1929) überzeugte, daß die morphologisch wichtigen Stirnmoränen Norddeutschlands auf die gleiche Art entstanden sind.

Da das Ausmaß der Eispressung örtlich sehr geschwankt hat, wechseln vor einem Eisrand nur wenige, etwa 2–4 m hohe Satzmoränen mit 10–15 m hohen Kiesrücken oder Kuppenreihen und 20 m, 40 m und mehr hochgestauchten Partien ab.

Einzelkuppen, von den Dänen auch Huthügel genannt, sind entstanden, wo ein schmaler Teil der Eisfront vorübergehend einen Druck ausübte, der ausreichte, um eine einzige Scherungsschuppe über die Umgebung hinaus zum Aufstieg zu bringen. Dieser Vorgang dürfte dem der Rutschung an kugelschaligen Flächen entsprechen, nur ist die Wirkungs-richtung der Kraft entgegengesetzt. Während nach einer Rutschung vorher waagerecht gelagerte Schichten bergwärts einfallen, ist das Schichtenfallen in einer aufgepreßten Einzel-scholle eiswärts gerichtet (Taf. 33). Bisweilen stehen die Schichten sogar fast saiger.

Die auf diese Weise emporgehobene, zunächst kantig begrenzte gefrorene Sand-Kies-Masse wird durch die abtragenden Kräfte gerundet. Beispiele: Höhe 65 bei Dannau, Kuppen südlich Raisdorf. Wo eine solche Einzelschuppe auf größere Erstreckung aufgepreßt wurde, entstanden schmale Höhenzüge mit steil einfallenden Schichten, zum Beispiel die Stirnmoräne Logeberg bis Gr.-Schlamin (Kreis Oldenburg) und Eckhof (Dänischer Wohld).

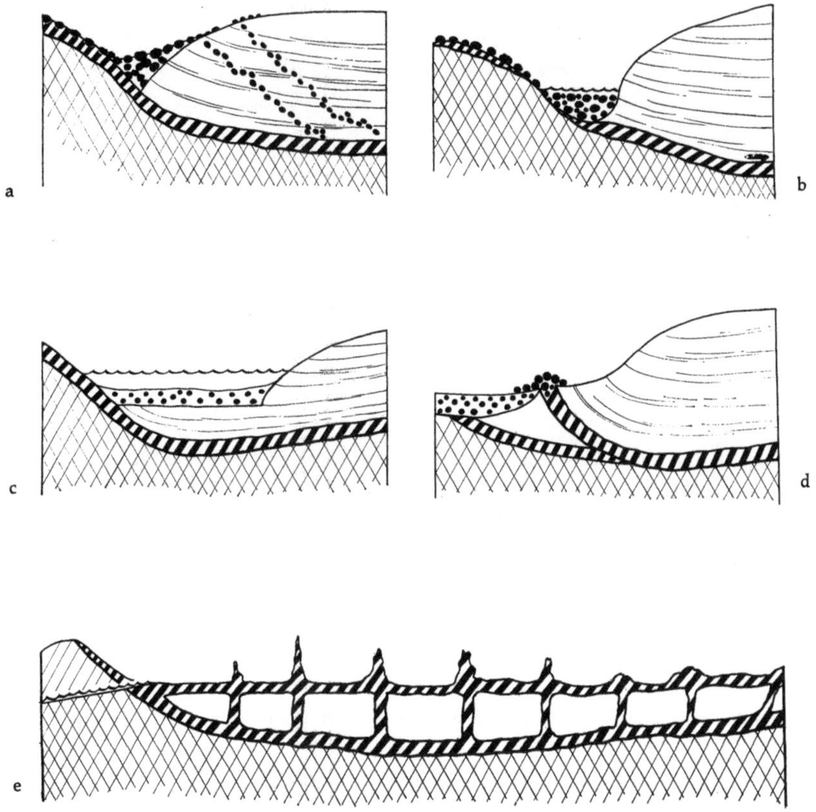

Abb. 30 Freiwerden der Grundmoräne zu Beginn des Eisrückganges
Schräge Balken: Unter= + Grundmoräne

a) Infolge Wechsels der Druckverhältnisse sind vom Grunde des Eises nach vorne oben aufsteigende Gleit=bahnen aufgeschert. Auf ihnen gelangt Moränen=Material auf die Oberfläche des Eises. Von hier wandert es hangabwärts, bis es sich mit der unter dem Eise hervortretenden Grundmoräne vereint oder
b) von einem am Eisrand entlang laufenden Bach aufgenommen wird. In diesem Randbach wird der Gletscherschutt nach Korngrößen gesondert und das grobe Material zur sogenannten Blockpackung an=gereichert.
c) Bisweilen staut sich ein See über dem Rand des Eises an und verdeckt das Band, in dem Grundmoräne frei wird
d) Ein älteres Grundmoräne=Band wird vom Sander überdeckt. Die Grundmoräne des nach einem Rückzug erneut vorgestoßenen Eises tritt als zumeist dunkles Band zwischen Eis und Sander aus
e) Wo eine Eiszunge bis in das Meer oder einen See mit wechselndem Wasserstand vordrang, zerbrach sie in Schollen. Auf den Spalten zwischen diesen wurde Grundmoräne nach oben gepreßt. Diese bildete nach dem Schwund des Eises ein Netzwerk von Mauern, das später langsam zu einer kuppigen Grundmoräne=Land=schaft zerfällt (rechts).

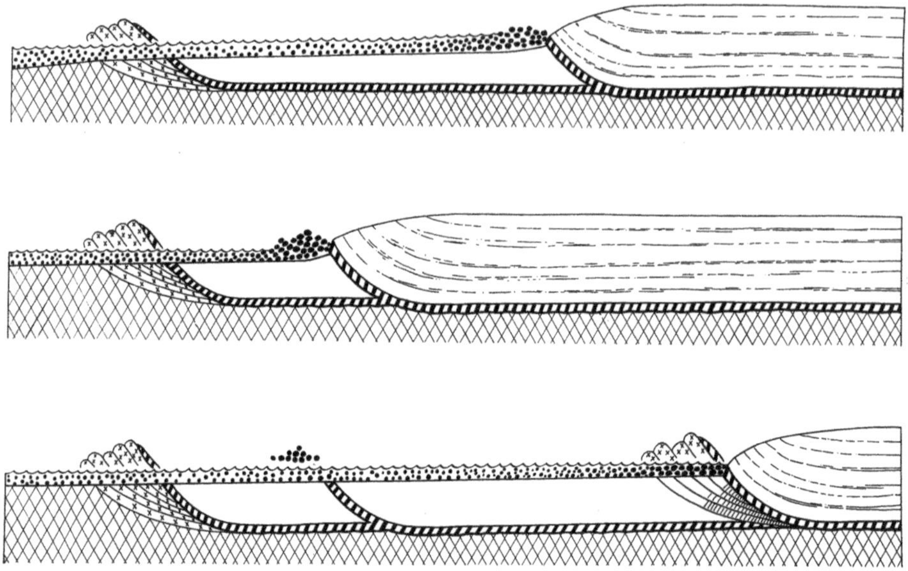

Abb. 31 Morphologische Wirkung von drei Eisvorstößen und Entstehung der Niedertau=Ebene über Toteis

Seitenmoränen

Weit vorgestoßene schmale Gletscherzungen werfen auch an den Seiten Schutt aus. Er tritt in einem bisweilen sehr gleichförmigen Wall auf. Dieser verläuft in gleichem Sinne wie die Richtung der Eiszunge, obschon die Fließrichtung am Rande der Eiszunge auf die Seiten=moräne gerichtet war. Auch hier findet ein isostatischer Aufstieg von Eis aus der Tiefe statt, als Folge der Entlastung durch Tauen des Eises und Ablauf des entstandenen Wassers.

Es gleitet aber das Eis außerdem noch an Scherflächen abwärts, parallel zur Seitenmoräne. dadurch entsteht deren, wie erwähnt, bisweilen so gleichmäßige Ausbildung auf der Innen=seite.

Bevor das Auftreten von Gletscherzungen beim Abschmelzen der späteren Stadien der Würmvereisung in unserem Lande erkannt wurde, waren Seitenmoränen nicht bekannt und beachtet. Seitdem aber die Zerschlitzung des Eisrandes und der ständige Wechsel von Vor=schieben und Zurückweichen der Gletscherstirnen auch in Norddeutschland nachgewiesen ist, kommt Seitenmoränen eine erhebliche morphologische und erdgeschichtliche Bedeutung zu. Als typische Seitenmoränen seien der dammähnliche Höhenzug Gettorf–Bornstein–Sehestedt und der durch unruhige Außen= und gleichmäßige Innenseite ausgezeichnete Höhenzug Gr.=Grönau–Blankensee–Beidendorf genannt.

Moränengabeln

Der Verlauf der Seitenmoränen in dem Winkel zwischen zwei Eiszungen kann sehr ver=schieden sein (K. Gripp 1954, 1955): ringförmige Schleife, ein= oder mehrseitig eingedrückte Schleife, offene Gabel und zusammengepreßte Gabel, die auch Stielmoräne genannt wird. Im Flachland geht eine Mittelmoräne von einem unter dem Eise vorhandenen, die Teilung des

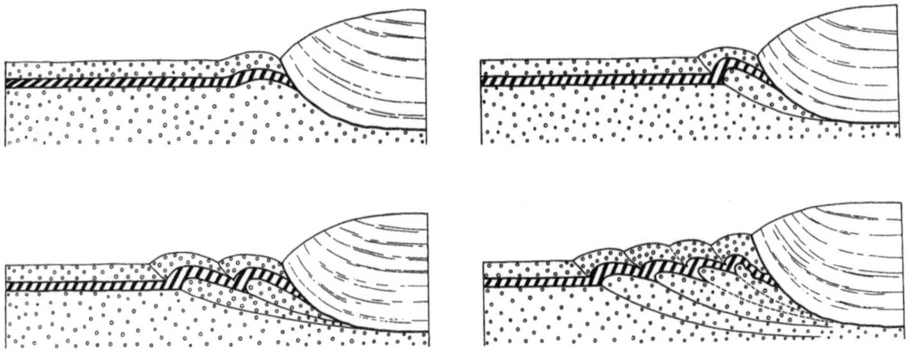

Abb. 32 Phasen der Stirnstauchung

Die jüngste Stauchfalte entsteht jeweils außen an der Stauchmoräne. Die älteste = innerste Falte wird am höchsten herausgehoben
Entwurf Dr. R. Köster 1959

Eises verursachenden Rücken aus; in den Gebirgen setzt sie an einem das Eis überragenden Bergrücken an. Aber in Ursache und Aufbau sind beide gleich. Früher war es gültige Meinung, im norddeutschen Inlandeis könne es Mittelmoränen und eisfreie Inseln = Nunatakker nicht gegeben haben, da keine das Eis überragenden Bergrücken vorhanden waren. Durch besondere Anlage der Moränengabeln als Folge der häufigen Eisrandschwankungen sind in Norddeutschland jedoch beide zur Ausbildung gekommen (Abb. 33).

Wo Moränengabeln eiswärts in Gestalt von nahezu kreisförmigen Schlingen endeten, ist es nach Anschwellen des Eises nicht selten zu Stauchungen gekommen. Derart entstand die Ringmoräne des Bungsberggebietes. Bisweilen wurde eine dreiseitig begrenzte Stauchmoräne emporgepreßt (Selent, Lilienthal), bei größeren Schlingen sind auch zwei Stauchbögen emporgewachsen (Jasmund, Möen). Auch wiederholte Pressung als Folge mehrfachen Anschwellens des Eises ist nachzuweisen. Es stehen somit den Stirnstauchmoränen die Stauchmoränen in Schlingengabeln = Kerbstauchung gegenüber (Abb. 34).

Im Winkel zwischen zwei Gletscherzungen ist, häufig verstärkt, Gletscherschutt abgesetzt und hoch aufgehäuft worden. Dies dürfte damit zusammenhängen, daß bei den wiederholten Vorstößen des Eises der im Rückzugstadium abgelagerte Schutt von der Seite des Gletschers nur auf kurze Entfernung und bergauf verfrachtet wurde, während die Stirn selber ihren Schutt auf bedeutend größere Entfernung und Flächen zu verteilen hatte. Daher ragen die Endmoränengabeln im inneren Winkel am höchsten auf und verlieren eisauswärts erheblich an Höhe.

Eisfreie Inseln oder Nunatakker

Wo im Winkel zwischen zwei Eiszungen Schutt unter dem Eise verstärkt angehäuft und später durch Tauen frei wurde, entstand eine Schuttinsel im Eise, also ein Nunatak. Wenn andererseits in einer Eisrandkerbe eine Ringmoräne entstanden war und das Eis in den beiden Eiszungen später anschwoll, so konnten sich diese eisauswärts der Ringmoräne unter Bildung einer Mittelmoräne vereinigen. Auf diese Weise wurde die Ringmoräne zum Nunatak. Im Gebirge bildet für gewöhnlich eine Berggruppe einen Nunatak, im Flachland erfüllte zumeist ein Stausee das Innere des Ringmoränen-Nunatak (Abb. 29).

Im Abschmelzbereich des Eises, dem Zehrgebiet, ist der Wasseranfall zeitlich sehr ungleich. Regen, Schneeschmelzwasser und durch Tauen des Eises freigewordenes Wasser fließen in schwankenden Mengen ab. Dies geschieht zum Teil auf dem Eis, wo sich Wasser in Bächen und flachen Seen bzw. Schnee=Eis=Sümpfen sammelt. Ein Teil dieses Wassers erreicht ober=flächlich den Rand des Eises. Ein größerer Teil aber hat auf feinen und großen Spalten den Weg in das Innere des Eises gefunden. Es fließt hier in engen und weiten Tunneln. Diese erreichen früher oder später die Unterlage des Eises und schneiden sich in sie, zumal in Lockergesteine, ihr Bett ein. Die Lage dieser Wasserläufe in und unter dem Eise ändert sich häufig. Einmal bewegt sich das Eis, auch sucht es, da plastisch, die Tunnel zu verengen; zum andern wird im tieferen Teil dieses Entwässerungssystems aus dem Eise ausgetauter Gesteins=schutt die Entwässerungsröhren $\pm$ anfüllen (Anm. 67).

Es finden also ständig und überall Gleichgewichtskämpfe statt, wie

vordrängendes Eis	–	abtauendes Wasser
Anreicherung von Schutt	–	Weiterverfrachtung durch die lebendige Kraft gebündelt fließenden Wassers.

Zu Zeiten schwachen Durchflusses im Winter sammelt sich Schutt, verengen sich die Röhren und frieren nahe der Oberfläche zu. Im Frühling oder Frühsommer aber, wenn warmer Regen die Schneedecke zum Schmelzen bringt, wird das verengte Röhrensystem nicht

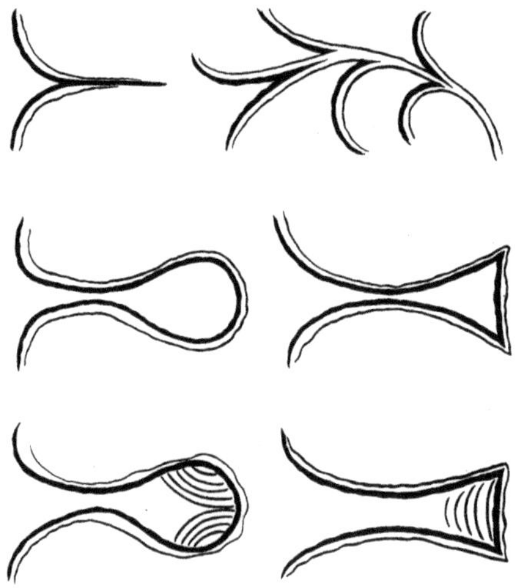

Abb. 33 Eisrand=Kerben

a) Stielmoräne (Schönhagen, Hattlund); b) Schlingenkerbe (Mohrkirch=Osterholz, Rieseby); c) Schlingen=kerbe mit Stauchmoränen (Rügen); d) Moränengabeln zweiseitig (Eichede); e) eingedrückte Schlingenkerbe (Wittkiel); f) eingedrückte Schlingenkerbe mit Stauchmoräne (Selent)

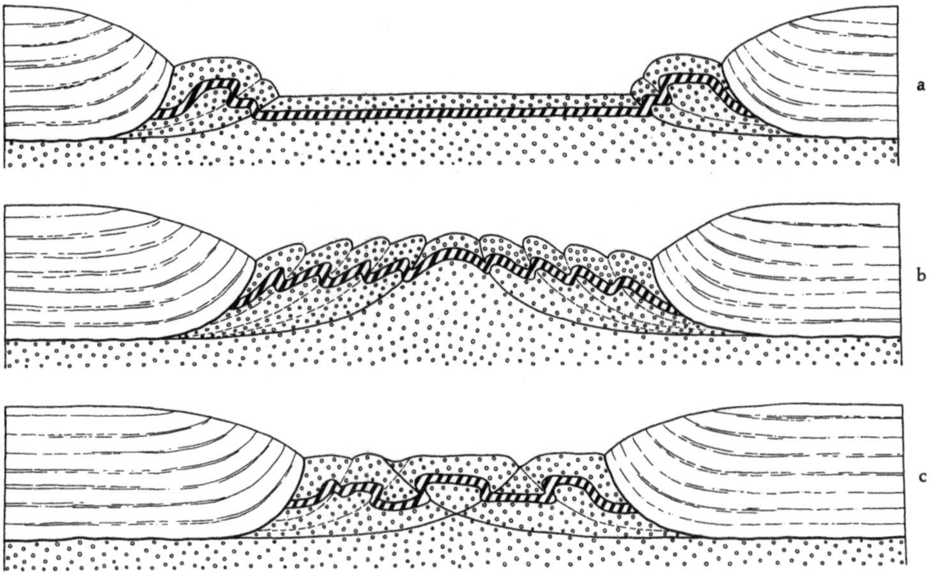

Abb. 34 Kerbstauchung

a) + b) Schnitte durch die eisfreie Kerbe zwischen zwei sich verbreiternden Eiszungen
c) Stauchung in einer Stielmoräne = eiswärtiges Ende zweier Seitenmoränen

Entwurf Dr. R. Köster 1958

selten plötzlich kräftig durchspült. Infolge auftretender Düsenwirkung reißt das Wasser auch größere Gerölle fort und aufwärts, bis vor das Gletschertor. Was hier an der Grenze von Gletschertor und Sander geschieht, bleibt später zu erörtern. Der Fluß unter dem Eis wird nicht ständig die gleiche Lage beibehalten. Häufig wird er nach Einengung durch Eis oder Schutt zur Seite ausweichen. Verlassene Teile seines Bettes werden von Gletschereis ein=genommen. So entsteht, eingesenkt in den Untergrund, ein breiter, eiserfüllter Talzug, in dem in einem Tunnel, bei dem mindestens die eine Flanke aus Eis besteht, ein Schmelz=wasserfluß dahinzieht. Den Verhältnissen an der Erdoberfläche entsprechend ist auch hier häufig das Tal breiter als der Fluß gewesen. Das Eis in diesem untereisischen Sohlental wurde später zu Toteis. Dies bewahrte das Tal vor Ausfüllung durch Sand oder Ton. Es konnte daher nach dem Tauen des Toteises als Hohlform an der Erdoberfläche wieder erscheinen (Abb. 35).

Diese Täler sind für die Eisrandzone bezeichnend. Sie haben von dänischen Forschern den zutreffenden Namen Tunneltäler erhalten. Früher wurde die Anschauung vertreten, Tunnel=täler endeten zwischen zwei Eisloben, sie wären die Ursache für die Einschnitte im Eisrand. Heute wissen wir, daß in den Kerben des Eisrandes hohe Seitenmoränen den Austritt von Schmelzwässern verhindern. Die Wasser sammelnden Tunneltäler enden vielmehr zumeist im mittleren Teil eines Eiszungenrandes.

Wenn das Eis, nachdem es vorher zurückgeschmolzen war, erneut vorstieß, so wurde das Toteis im Tunneltal wieder zu einem Teil des Gletschers. Dieser reichte im Tunneltal häufig weiter auswärts als auf den Höhen daneben. Hierdurch war das Tunneltal zu einem schmalen Gletscherbett mit mehr oder weniger breitem Gletschertor geworden.

So dürften südlich von Bordesholm der Einfelder und der Bordesholmer See ein echtes Tunneltal darstellen; deren nördliche Fortsetzung, das Eidertal von Bordesholm bis Schulensee, ist durch zwei hintereinander gelegene Gletscherzungen umgestaltet worden.

Unverformte Tunneltäler liegen auch in den Rinnensystemen Nortorf–Brahmsee–Pohlsee sowie Fockbek–Audorfer See–Borgstedter Enge–Schirnauer See vor.

Auch die Reihe: Tress-See–Tal der Bondenau–Südensee dürfte ein echtes Tunneltal aufzeigen; ebenso die Hörn von Flensburg und das Niehuuser Tal. Die Schlei östlich von Missunde und besonders um Lindaunis und ebenso die Kieler Förde zwischen Düsternbrook und Dietrichsdorf stellen hingegen vom Eis erweiterte, ehemalige Tunneltäler dar.

An der Grenze von totem zu bewegtem Eis drangen dessen tiefste Lagen aufwärts, den Gesetzen entsprechend, die bei Stauchmoränen erörtert wurden. Dadurch kam die Grundmoräne nach oben, bildete hier Schutthügel, also eine Endmoräne, die zu erheblichem Teil auf Toteis ruhte. Auch die Schmelzwässer des Tunnels dürften häufig hier aufgestiegen sein zu einem Gletschertor, das etwas höher als das vorhergehende, und zwar oben auf dem Toteis an der Grenze zum bewegten Eis inmitten der dort neu entstehenden Endmoräne lag. Trat abermals ein Rückschmelzen und nachfolgend ein schwächerer Eisvorstoß ein, so wiederholte sich der Vorgang. Jedoch kam der Boden des Tunneltals jeweils etwas tiefer und der Überlauf etwas höher zu liegen (Schlei). Dort, wo die Eiszunge zwar zunehmend schmäler wurde, aber dennoch während langer Zeiten bis zum selben Gletschertor vordrang, entstanden erstaunlich tief eingeschnittene Tunneltalenden. Ein Vergleich der Tunneltalenden von Fockbek, Bornhöved und Flensburg zeigt dies deutlich.

Als später das Toteis in einem ehemaligen Tunneltal schmolz, durchlief nicht ein der Talbreite entsprechender Fluß, sondern ein Bach das Tal. Es blieben daher seitliche Vorsprünge und niedergesunkene jüngere Endmoränen als Querriegel erhalten. Die Gestalt der Talwände und des Talbodens ist deswegen erheblich unruhiger als bei den von rinnendem Wasser in toteisfreies Gelände eingeschnittenen sogenannten subaerischen Tälern.

Die Grundmoräne

Das Verhältnis von Inlandeis und Großgletscher zum jeweiligen Untergrund war verschieden bei der ersten und den späteren Vereisungen, ferner dadurch, daß im finnisch-skandinavischen Bereich Felsuntergrund, im Ostseegebiet und südlich davon aber nur lockere Absätze die Unterlage bildeten. Diese Unterschiede waren für die Entstehung des Gletscherschuttes von Bedeutung und verdienen betrachtet zu werden.

Erste Vereisung

a) Felsuntergrund.
Das Eis nahm in sich auf Verwitterungsschutt der kristallinen Gesteine. Dieser war weitgehend sandig, zum Teil auch grobklastisch.

b) Baltischer Bereich und Norddeutschland.
Hier nahm das Eis weiche bzw. lockere Gesteine wie Kreide, Sand und vor allem Ton in großer Menge auf. Wo die Eisstirn sich eintiefte und Stauchmoränen vor sich aufpreßte, nahm das Eis bei weiterem Vordringen ± große Schollen mit sich. Schreibkreide wurde schon bei der Stauchung weitgehend zerbröckelt. Ausgewalzt in der Grundmoräne liegen Reste dieser Bröckel in feinkörniger Kalkmasse. Tone werden sowohl als große Schollen wie ausgewalzt zu dünnen, lang sich hinziehenden Bändern in der Grundmoräne angetroffen (Taf. 29 Fig. 2).

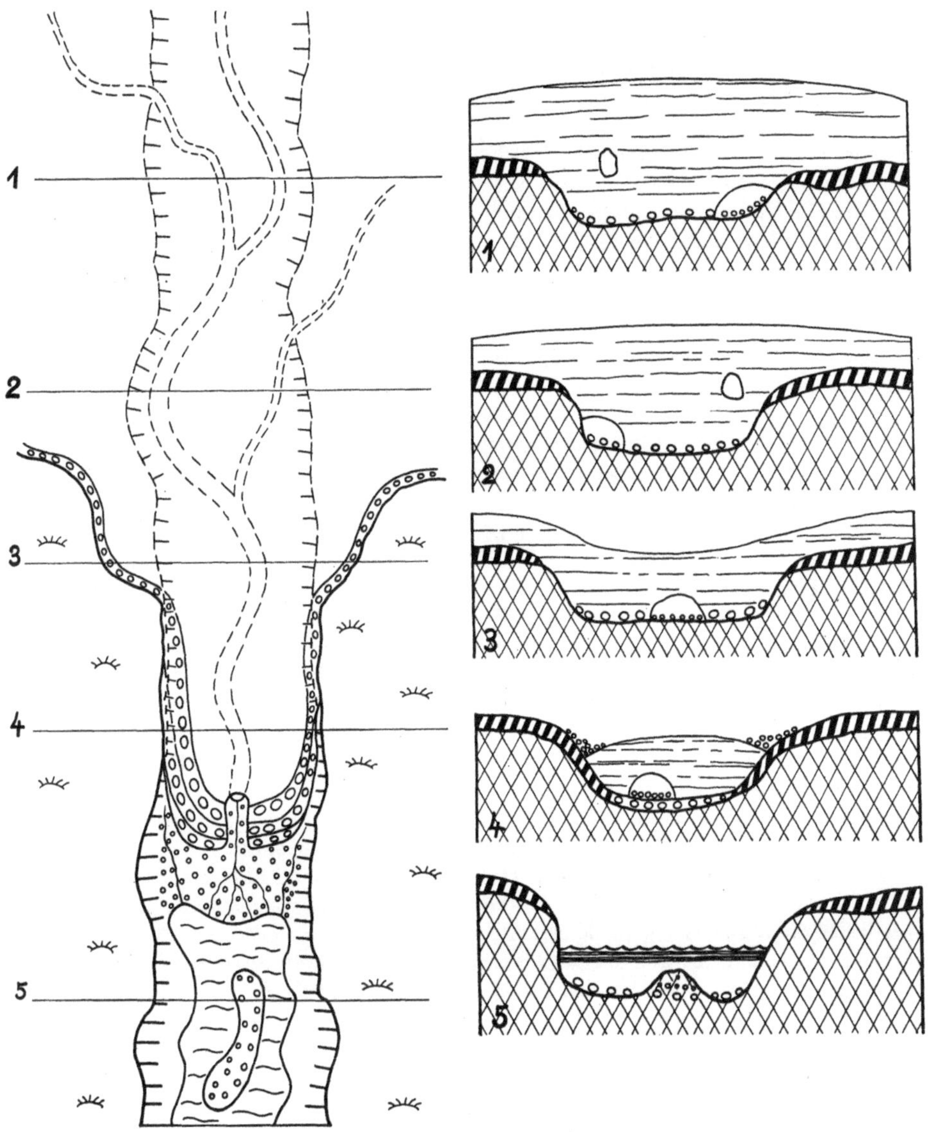

Abb. 35 Tunneltal in Karte und Schnitt

Auf Spalten und Gletscherorgeln gelangt Wasser erst in Eistunnel und in diesen schließlich auf den Grund des Eises (1 und 2). Hier erzeugt der untereisische Fluß unter Mäandrieren des Eistunnels ein Tal (1–4). Dies ermöglicht, wenn später der Eisrand hier verläuft, das Vordringen einer kleinen Eiszunge (4) und das Aufhäufen von Stirnmoränen (zwischen 4 und 5). Die sandigkiesigen Absätze vom Grunde des subglazialen Flusses hinterlassen nicht selten os-artige Rücken (5). Über dem schwindenden Toteis (weiß in Schnitt 5) sammeln sich Seen, an deren Grunde sich Gletschertrübe in tonig-feinsandigen Schichten (feine Linien) ablagert.

Spätere Vereisungen

a) Felsuntergrund.

In dem schon vom Eise überschrittenen Gebiet fehlte nunmehr der Verwitterungsschutt. Fluviatile Absätze dürften in geringerem Umfang als vorher vom Eise aufgenommen worden sein.

b) Periskandinavische Niederung.

Hier wurden die gleichen lockeren Gesteine des Mesozoikums und Tertiärs wie vorher angetroffen. Nur lag deren Ostgrenze infolge der glazialen Exaration ein wenig weiter westlich als vorher. Hinzu kamen aber Grundmoräne, Sande und schluffige Beckenabsätze, die während und nach dem vorhergegangenen Rückzug des Eises von diesem sowie in umgelagerter Form vom zwischeneiszeitlichen Meere in diesem weiten Niederungsgebiet abgesetzt worden waren.

Das Eis einer späteren Vereisung hatte jeweils den glazigenen Schutt der vorhergegangenen fortzuschaffen, bevor es den präglazialen Untergrund weiter aufarbeiten konnte.

Hieraus leiten sich einmal primäre petrographische Unterschiede der Eisablagerungen der gleichen Vereisung her wie distal sandiger als proximal; zum anderen geht hierauf die unterschiedliche petrographische Zusammensetzung verschieden alter Eisabsätze (H. Steinert 1952, E. N. Weiss 1958) zurück.

Bei dem vom Eise verfrachteten Schutt handelt es sich um große bis kleinste Gesteinstrümmer, die in den tiefsten Lagen des Eises als sogenannte Untermoräne verfrachtet werden. Gegen den Rand hin ist das Eis der Untermoräne häufig von unten her fortgetaut, so daß eine eisfreie Grundmoräne das Eis unterlagert (Taf. 28).

Das an Schutt reiche Eis der Untermoräne wird von dünnen Lagen reinen Eises durchzogen. Sie entsprechen den Scherflächen, auf denen die höheren Lagen über den tieferen dahingleiten. Bei diesem Vorgang werden eingeschlossene Schollen weicher Gesteine auseinandergezerrt. Brocken harter Gesteine aber scheuern sich häufig aneinander. Dabei werden auf deren Oberfläche Schrammen eingeritzt, besonders auf Kalkgesteinen. Das dadurch entstehende Schleifmehl, als Gletschertrübe im Gletscherwasser zu erkennen, erhöht den Schluffanteil in der Kornzusammensetzung der Grundmoräne. Dies Feinkorn erzeugt während der Verfrachtung auf Kalkgeschieben häufig eine bezeichnende Halbpolitur.

Wenn das Eis über Fels dahingleitet, erhält dessen Oberfläche den entsprechenden Gletscherschliff. Wo Härtlinge dem Abschleifen widerstehen, werden Rundhöcker herausgearbeitet. Sie weisen eine gerundete Stoßseite und eine mit Strudellöchern (Gletschertöpfen) durchsetzte Leeseite auf. Rundhöcker können in unserem Land nur an den Tops der Salzstrukturen erwartet werden. Sie sind aber noch nicht beobachtet.

Auf Fehmarn und im Kreis Oldenburg werden nicht selten große Geschiebe angetroffen, die, in der Grenze zweier verschieden alter Grundmoränen gelegen, vom jüngeren Eis einseitig abgeschliffen sind (G. Seifert 1954, Taf. 8). Am erstaunlichsten sind große Geschiebe, die im Eise in zwei Teile zersprungen sind und deren Hälften in verschiedener Richtung mit Schrammen bedeckt wurden (Taf. 40 Fig. 2) (G. Seifert 1954, Taf. 9 Abb. 1).

Wenn das Eis aus dem vom Gletscher verfrachteten Schutt geschwunden ist, bleibt die zumeist graue Grundmoräne übrig. Sie wird petrographisch als Geschiebemergel bezeichnet. Dessen auffallendste Eigenschaft ist das Fehlen jeglicher Korngrößensortierung und damit jeder feineren Schichtung (Taf. 29 Fig. 1). Bei Verwitterung entsteht daraus durch Rosten der Eisenverbindungen zunächst brauner Geschiebemergel. Wird dieser völlig entkalkt, bleibt der braune Geschiebelehm.

Die durch Scherbewegungen, sei es im Eis der Untermoräne oder später in der Grundmoräne, entstandenen Trennflächen in der Textur des Geschiebemergels blieben erhalten. Auch solche, die um Geschiebe herum verlaufen, sind bisweilen noch heute zu erkennen. Von der Brandung abgespülte Küstenkliffe zeigen diese Feinheiten im Bau der Grundmoräne am deutlichsten (Taf. 29 Fig. 2). Die starke Scherbeanspruchung hat bis zu gewissem Abstand von der Scherfläche auch die kleineren Körner eingeregelt. Erste Untersuchungen hierüber veröffentlichte G. Seifert 1954.

Der Geschiebeinhalt eines Geschiebemergels wird bestimmt von der Bahn, die das Eis genommen hat. Diese nahm keineswegs ständig den gleichen Weg. Verstärkter Zufluß von einer Seite her drängt das benachbarte Eis zur Seite. Dies gilt im Kleinen wie im Großen. Früh aus dem Skagerrak gekommenes Eis, das die Leitgeschiebe des Rhombenporphyrs bis in unser Land brachte, wurde später von dem im Trog der heutigen Ostsee herabfließenden baltischen Eis im Norden zurückgehalten. Hieraus erhellt zugleich, mit welcher Vermischung der Geschiebe aus älteren und jüngeren Eisabsätzen zu rechnen ist.

Auch ergibt sich hieraus, daß aus dem Heimatort und dem Fundpunkt der sogenannten Leitgeschiebe nicht ohne weiteres auf die Bahn des Eises geschlossen werden darf. Die gerade Verbindungslinie zwischen jenen beiden Orten sagt nichts über den Weg des Eises aus. Die Methode, durch die Verbindungslinien des östlichsten und des westlichsten Fundpunktes eines Leitgeschiebes mit dem Heimatsgebiet den Streukegel aufzuzeigen, gibt ein unzutreffendes Bild. Sind doch darin die so unterschiedlichen Wege des Eises nicht nur einer, sondern zumeist mehrerer Vereisungen zusammengefaßt.

Gletschertore

Es ist ein Unterschied, ob die Randzone des Eises auf schräg abfallendem Gelände wie bei Gebirgsgletschern oder ob sie in flachem Gelände liegt, in dem das Eis sich bis unter den Grundwasserspiegel einschneiden konnte. Ein weiterer Unterschied ist es, ob die Unterlage des Eises Fels- oder Lockerboden ist.

Bei den Gebirgsgletschern liegt der Grundwasserspiegel tiefer als die Gletschersohle. Das sich unter dem Eis sammelnde Wasser fließt daher mit Gefälle ab. In das felsige Gestein vermag es sich im allgemeinen kaum einzuschneiden, außer in randlichen Überlaufkanälen. Das in Bächen vereinte Wasser tritt in Gletschertoren aus. In diese dringt oben ein Strom wärmerer Luft ein, der von dem über dem Wasser auslaufenden Kaltluftstrom hervorgerufen wird. Jener warme Luftstrom erweitert die vom Wasser im Eise geschaffene Röhre nach oben.

Wo das Eis sich aber in flaches Gelände eingeschnitten hat, da steht der Eisrand im Grundwasser. Infolgedessen ist die Mündung des Schmelzwasserbaches bis oben hin mit Wasser gefüllt (K. Gripp 1952, Taf. 2 Abb. 1 u. 2). Ein die Röhre nach oben erweiternder Luftstrom kann nicht auftreten. Bei starkem Überdruck, so am Frederikshaab Isblink in Grönland, sprudelte nach starkem Regen das Wasser, und es spritzte Wasser neben dem Gletschertor aus schmalen Spalten des Eises 1–2 m hoch empor.

Auf Spitzbergen fanden wir die 5–6 km lange Stirn des Holmströmgletschers durch einen einzigen Überlauf entwässert. (K. Gripp 1929, Taf. 15, Abb. 4). In sechs gewaltigen Sprudeln trat so viel Wasser aus, daß ein etwa 75 m breiter Fluß entstand. Schon bei dem geringen Zufluß Ende Juli wallte hier das ersichtlich aus der Tiefe aufsteigende und keineswegs eben ausfließende Wasser um 1 m und mehr auf. Bei der starken Wasserzufuhr zur Zeit der Schneeschmelze wird es mit erheblich größerer Energie aufgestiegen sein. Hierbei sind – zumal bei zeitweiser Einengung durch herantransportierte oder zurückgerutschte Gesteinspartien – Gerölle und gerundete Geschiebe mindestens bis Kopfgröße gelegentlich herausgespült worden. Es ist zwar jüngst die Möglichkeit einer solchen Aufwärtsverfrachtung physikalisch als unmöglich hingestellt worden. K. Gripp 1958 hat auf S. 12 ausgeführt, daß die Grundlagen der angestellten Berechnungen nicht zutreffen, daß die in- und untereisischen

Wasserläufe nicht in Röhren mit festen Wänden fließen, vielmehr Bewegung des Eises, ungleiches Abtauen und Schwankungen der Schuttführung Düsenwirkung erzielen. Diese kann infolge des Überdrucks bisweilen auch die erwähnten Geschiebe aufwärts bis auf die Sander verfrachten. Deren Aufbau in Nähe eines Gletschertors gibt zudem Auskunft über die Frage eines Aufwärtstransports größerer Schutteile.

Die Schmelzwasserabsätze

Am bekanntesten von den Schmelzwasserabsätzen sind die Sander. Dies sind die weithin vor dem Eisrand ausgebreiteten sandig-kiesigen Zonen. Aber zu den Schmelzwasserabsätzen gehört auch die Gletschertrübe, die im stehenden Wasser größerer Seen zum Absatz kommt. Vom Bodensee und dem Genfer See ist diese Rolle als Klärbecken bekannt. Während des Diluviums gab es vermutlich ähnlich wirkende Becken am Grunde der damals trockenliegenden Nordsee bzw. übernahm das Meer selber diese Rolle.

Zu den Schmelzwasserabsätzen gehören ferner Ablagerungen aus jenem Material, das während des Abschmelzens des Inlandeises von den aus den jüngeren Eisrandlagen ablaufenden Schmelzwässern verfrachtet wurde. In den flachen Seen, die in den ehemaligen Zungenbecken über langsam schwindendem Toteis immer wieder auftraten, wurde jene Fracht weitgehend abgefangen. Es bildeten sich dort Flachstwasserabsätze örtlich von erstaunlicher Mächtigkeit. Sie werden als Beckenabsätze zusammengefaßt und gehören zu den in die Tiefe gewachsenen (desidierten) Absätzen (K. Gripp 1958).

Nach dem Ort des Absatzes und der Korngröße ergibt sich die nachstehend in Kolumne I bis III wiedergegebene Einteilung der Schmelzwasserabsätze.

I Gewässer	II Entstehungsort	III Korngröße	IV Schichtung
Absätze rinnender Gewässer	A randlich außerhalb des Vereisungsgebietes = Sander, großflächig	sandig-kiesig in breiter Zone	Schrägschichtung verschiedener Art
	I innerhalb des Vereisungsgebietes, von geringer Ausdehnung	blockreiche sandige Kiese in schmaler Zone*	undeutlich bis grob
Absätze stehender Gewässer	A in eisfernen Becken, häufig im Meer selber	tonig-schluffige Beckenabsätze	im Süßwasser: Jahresfeinschichtung im Meere: ungeschichteter (symmikter) Eismeerton
	I während des Eisrückzuges innerhalb des Vereisungsgebietes verbreitet über langsam schwindendem Toteis	feinsandig-schluffige Beckenabsätze*	weitgehend desidierte Absätze; teils wetterwarwig; nur im großen Ostseebecken jahreswarwig

A = Absätze außerhalb, I = innerhalb des Vereisungsgebietes

* Von K. Gripp 1958 als Innensander bezeichnet.

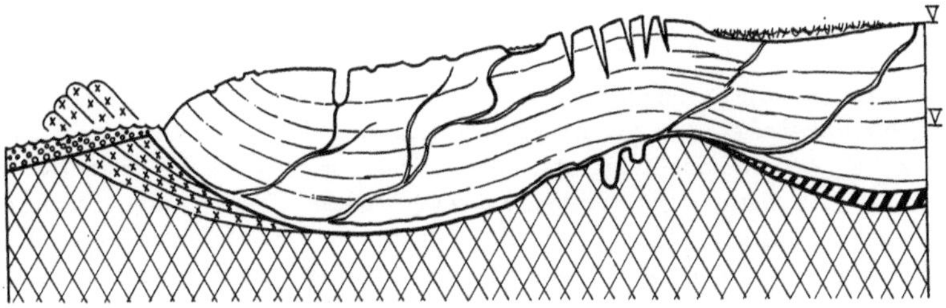

a

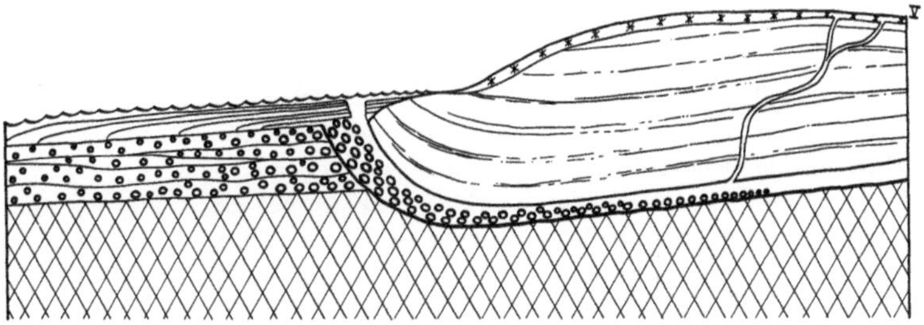

b

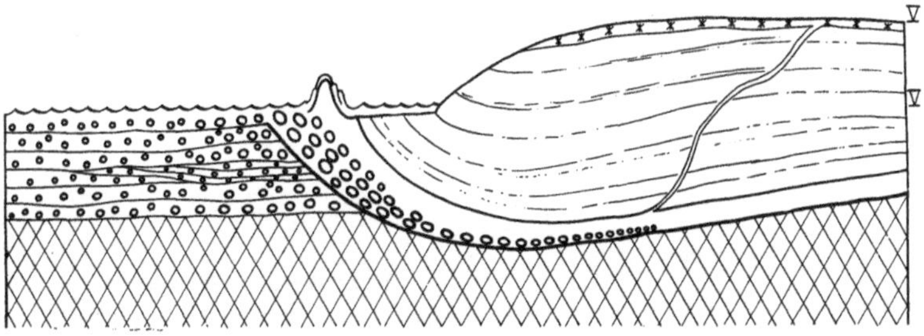

c

Abb. 36 Entwässerung des Eisrandes

a) Schnitt durch eine Eiszunge, die sich über einem Felsbuckel aufwölbt. Über der Aufwölbung als Folge der Längen=Zunahme Gletscherspalten. Bei geringer Eisbedeckung erzeugten in ihnen niederstürzende Wässer Gletschertöpfe, besonders in Lee des Rundhöckers. Oberhalb des Eisbruches ein Eissumpf, unterhalb ein kleiner See als Folge des im Eisbruch verstärkten Abschmelzens. Aus den Seen überlaufendes Wasser kann auf Spalten und Tunneln bis unter das Eis gelangen. Der Wasserdruck im Tunnel=System schwankt je nach der Höhe des Wasserspiegels im Eise. Deren äußerste Lagen sind rechts angegeben. Links durchbricht das am Eisrand von unten aufgestiegene Schmelzwasser die gestauchte Stirn=Moräne und lagert in und vor dieser die Sanderwurzel aus mitgeführtem Sand und Kies ab. Schwarze Balken=Schraffur = Grundmoräne.

b) Schnitt durch eine Eiszunge im Winter. Das Eis ist mit Schnee bedeckt. Die Erdwärme aber läßt Eis im tieferen Teil des Gletschers schmelzen. Daher tritt auch im Winter dauernd Wasser aus dem Gletschertor aus. Aber es gefriert anschließend, so daß Lagen von „Wintereis" den Sander und seine Schmelzwasser=rinnen weithin bedecken. Die höher im Gletscher gelegenen Schmelzwasserwege schneien und frieren zu.

c) Nach einem Wärme=Einbruch im Frühjahr mit durch Regen verstärkter Schnee= und Eisschmelze herrscht am Gletschertor infolge des in den wenigen schon eisfreien Tunneln hoch angestauten Wassers ein solcher Überdruck, daß das Wasser beim Austritt hoch aufspritzt und aus dem noch engen Tor auch gröberen Schutt herausschleudert.

Sander

Wo Eismassen in flachem Gelände enden, breiten sich die nicht mehr eingeengten Schmelzwässer in zahlreiche flache Arme aus. Mitgeführten Sand und Kies spülen sie zu einer scheinbaren Ebene auf, der Schmelzwassersandebene. Diese wird nach einem isländischen Wort kurz als der Sander bezeichnet. Jene Schmelzwässer entstammen bei Eiszungen, die in lockeren Gesteinen enden, ganz überwiegend den Mündungen der untereisischen Flüsse. Der beim Aufstieg der Wasser am Ende des Tunneltales mitgewirbelte Sand, Kies usw. fällt nieder, sobald das nicht mehr eingeengte Wasser seine Tragkraft verloren hat.

Ein Teil der niederfallenden Körner und Gerölle wird in die Mündung vorübergehend zurücksinken oder gleiten. Der andere Teil wird einen flachen, vom Wasser ± überfluteten Wall um die Austrittstelle der Wasser bilden (vgl. K. Gripp 1929, Taf. 30 Abb. 2). Dieser wächst in die Höhe und verlagert dadurch Überlauf und Wasserstand gleichfalls nach oben. Es kommt ein Augenblick, in dem der Wall, besonders bei plötzlich verstärktem Wasseraustritt, nicht standhält. Dann reißt das nunmehr in einem schmalen, sich schnell eintiefenden Überlauf abströmende Wasser ein neues Bett in den Wall. Jetzt setzt hier eine allmähliche Aufhöhung des Walles ein. Gleichzeitig wird hier durch Aufbau eines längeren Schuttkegels der flache Wall verstärkt. Der nächste Durchbruch erfolgt daher an anderer Stelle. Um 180 Grad kann die Richtung schwanken. So wächst langsam an Breite und Höhe ein ganz flacher Kegel auf. Die Schmelzwassersandebene ist somit nur nahezu eine Ebene, man spricht dementsprechend auch vom Kegelsander. Vor jedem Austritt eines untereisischen Flusses liegt ein flacher Kegel. Vor einer längeren Eisfront können sich zahlreiche Kegelsander zu einem langen Sander vereinen (Abb. 29; Taf. 37 Fig. 1 und 2).

Die seitlichen Ausbrüche durch den Wall geschehen plötzlich. In einer halben Stunde kann ein vorher trockener Hang der Sanderwurzel in einen breiten Schmelzwasserfluß verwandelt

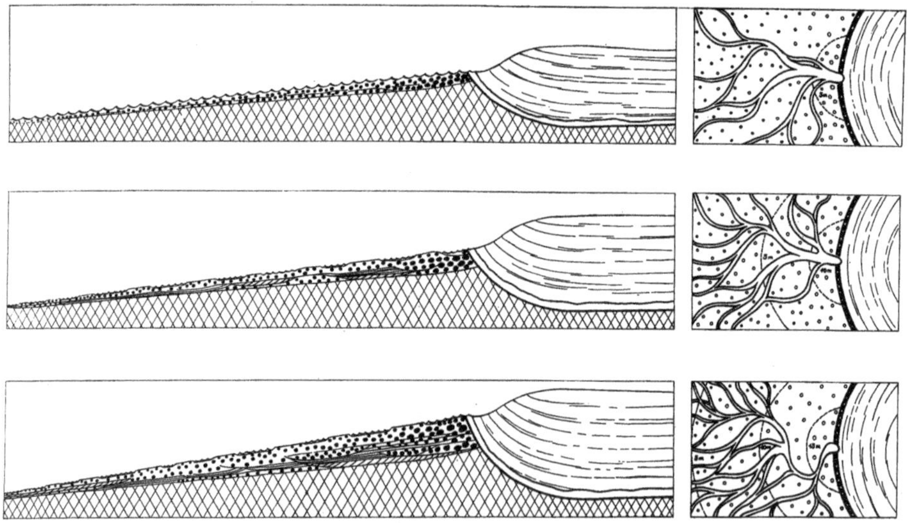

Abb. 37 Eisrand und Sander in Karte und Schnitt

Vom Gletschertor aus fließt das Wasser in bis fast 180 Grad wechselnden Richtungen und häufig mit plötzlichen seitlichen Ausbrüchen ab. Karte und Schnitt zeigen von oben nach unten, wie mit der Zeitdauer der Sander mächtiger wird und der Eisrand und damit die Oberfläche des Eises höher zu liegen kommen.

sein. Die entfernteren Teile des 6 km breiten, also nur schwach einfallenden Sanders vor dem Frederikshaab Isblink in Grönland, die bei gutem Wetter so trockenlagen, daß die Rundhöcker aus kristallinem Gestein vom windgetriebenen Sand geschliffen wurden, verwandelten sich nach Regentagen durch vom Inlandeis vermehrt zuströmendes Wasser zu weiten bis 15 cm tiefen Wasserflächen.

Je nach Gefälle, Schuttführung, Zahl und Schüttung der Wasserzuflüsse sowie Wirkung des Windes wechselt das Bild des Sanders zwischen einem Sandfeld mit Tausenden von

a

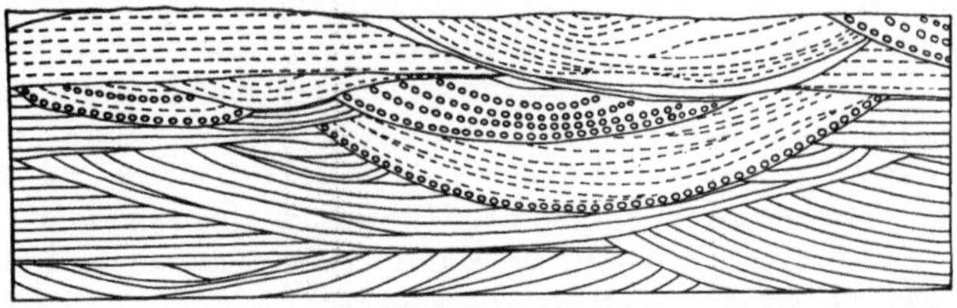

b

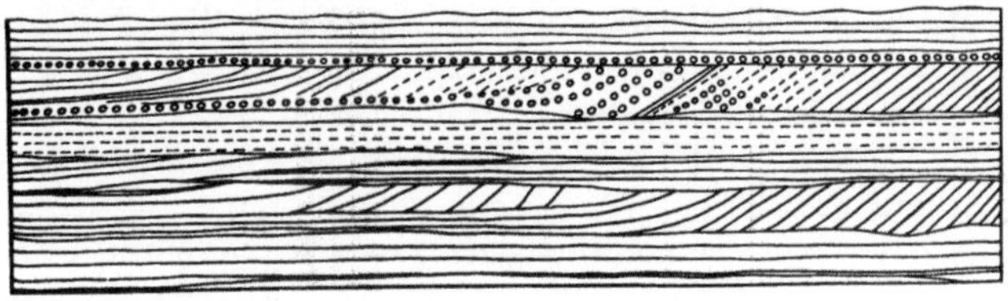

Abb. 38 Fluß- oder Schmelzwasser-Ablagerungen
a) im Querschnitt (Bogenschichtung der Rinnen); b) im Längsschnitt (weitgehend Deltaschichtung) nach D. J. DOEGLAS 1949

flachen Wasserarmen, die ihr Bett ständig verlagern, und zwischen zeitweise eingeebneten Flächen. Auf ihnen steht bald flaches Wasser, bald ist dies aber wieder abgesunken, so daß Sandebenen, zuweilen mit Rippelmarken, nur hier und da von breiteren Flüssen unterbrochen werden.

Aus dem Unterschied zwischen flachen, sich verlagernden Rinnen, Umlagerung durch Sandverwehungen und Ausspülen am Grunde größerer Wasserläufe ergeben sich Unterschiede in der Lagerung und Korngröße. Diagonale und bogige Schrägschichtung (ILLIES 1949) treten häufig auf. Die Absätze dieser flachen Wasserläufe bieten im Längs- und Querschnitt ein sehr unterschiedliches Bild (Abb. 38). In stehendem Wasser kommt Deltaschichtung hinzu (Taf. 34 Fig. 4).

Die Korngröße nimmt gegen die Austrittstellen des Wassers hin zu. Diesen vorgelagert treffen wir viel Kies mit Sand gemischt, der zweifelsohne vom aufsteigenden Wasser herausgestrudelt wurde. In Aufschlüssen diluvialer Sanderwurzeln finden sich Blöcke von 30 und 40 cm Durchmesser. Teils entstammen sie der Grundmoräne, die bis nahe an das Gletschertor reichte, teils können sie, durch anhaftendes Eis schwimmfähig geworden, verfrachtet sein. Manche Stücke dürften auch von aus enger Öffnung aufschießendem Wasser herausgeschleudert sein. Das Ergebnis ist eine an größeren Stücken reiche, ungeschichtete regellose Mischung aus Sand, Kies und Geschieben. Auch gerollte größere Stücke sind örtlich häufig.

Nach Anschwellen des Eises dringt bisweilen vom Gletschertor eine kleine Eiszunge auf den Sander vor. Niedrige, noch Toteis enthaltende Reste von einer solchen Stirnmoräne fanden wir halbkreisförmig angeordnet im Sander vor der Austrittstelle eines untereisischen Flusses am Rande des Isblink in Grönland. Ähnlich dürften südlich von Flensburg die späten

Flensburger Gletscherzungen bis Jarplund, Barderup, vielleicht sogar bis südlich des Sankelmarker Sees übergelaufen sein, wie der Verlauf der Höhenrücken andeutet.

Die würmzeitlichen Sander unseres Gebietes erreichten nicht überall mit ihren neu aufgespülten Sandmassen den eisrandparallelen Abfluß des Elbtals. Wo, wie in Stormarn und Lauenburg, der Abstand Eisrand – Urstromtal gering und damit das Gefälle stark war, schnitten die Schmelzwasser schmale tiefe Rinnen in rißzeitliche Absätze ein (siehe S. 245). Aber auch bei breiten ebenen Rinnen war (in 8–10 km Abstand vom Eise) die abtragende Wirkung des rinnenden Wassers bisweilen größer als die aufhäufende.

Hölting 1958 und Weiss 1958 erkannten an der sedimentpetrographischen Eigenschaft des Sandes am Grunde der breiten Schmelzwassertalungen, daß zumeist der würmzeitliche Anteil gering, aber viel rißzeitlicher Sand aufgenommen und weitergeschleppt worden sei. (Über die sedimentpetrographischen Untersuchungsweisen siehe Anm. 68.) Danach erreicht die Anhäufungszone 6–8 km, selten mehr an Breite. E. N. Weiss fand vor dem Schleswiger Sander sogar in geringer Entfernung vom Eisrand rißzeitliche Sande vorwiegend. Er schließt daraus, „die Form des Schleswiger Sanders ist in großen Teilen rißzeitlich vorgebildet. In diese sind junge subaerische Schmelzwassertäler eingeschnitten".

Anders weiter nördlich in Schleswig. Dittmer 1954 konnte über dem Eem in der nordfriesischen Rinne vor jedem von Osten kommenden Tal einen würmzeitlichen Sanderkegel aufzeigen. Selbst unter der Arlauniederung liegt ein durch das enge Tal herausgespülter „Sekundärsander". Die von den Flensburger Überläufen her ernährten würmzeitlichen Sander der Soholmer Au und der Süderau–Wiedau wurden so mächtig, daß sie die nordfriesische Rinne bis an den Geestrand der nordfriesischen Inseln hin anfüllten. E. N. Weiss 1958, Karte III und S. 19, konnte aufzeigen, daß würmzeitlicher Sand diese Kegel aufbaut. Hier ist junges Material also bis über 40 km weit verfrachtet. Vermutlich ist das durch die hohe Lage der Gletschertore bedingte starke Gefälle im Oberlauf der Sander die Ursache für ein kräftiges Einschneiden ab 10 km vor dem Eisrand und eine Anhäufung in weiter entfernten Becken.

Die Sander enthalten nur von fließendem Wasser abgesetzten Gesteinschutt. Was unterhalb des Wasserspiegels zum Niederschlag kam, wird als Beckenabsätze zusammengefaßt.

Die Becken und ihre Absätze

Sobald ein Schmelzwasserlauf in stehendes Wasser gelangt ist, fällt alles nicht schwebfähige Korn zu Boden. In zahlreichen parallelen schräg einfallenden Lagen, sogenannter Deltaschichtung, wird es niedergeschlagen. Ist das stehende Gewässer tiefer, fällt auch der Feinsand bald aus. Ist das Becken jedoch flach, so wird der Feinsand im Wasser von Windströmungen ausgebreitet und bildet Schichten, die häufig Rippelmarken aufweisen. Die Feinsandlagen werden von schluffigen unterbrochen. Mit der Tiefe der Becken nimmt die Korngröße ab. Feinsand mit Schluff und noch tiefer Ton = feines Gesteinsmehl, mit dünnen Schlufflagen wechselnd, treffen wir dort an. Ein mitteldiluvialer Beckenton ist der sogenannte Lauenburger Ton. Er zeigt häufig Schichtung. Diese kann aber fehlen, so daß ein massiger, auch als symmikt bezeichneter Niederschlag vorliegt. Dies dürfte die Folge eines gewissen Salzgehaltes des Wassers jener Becken sein. Salzhorste waren im gefrorenen Boden aufgestiegen und danach vom Eis abgetragen worden; dabei war Salz oder Lauge in Schmelzwässer geraten (K. Gripp 1952). In salzigem Wasser ballen sich durch Elektrolytwirkung die Tonflocken zusammen und sinken dann zu Boden.

In großen Süßwasserbecken läßt sich an der Korngröße der Niederschlag von Sommer (grobkörnig) und Winter (feinkörniger) unterscheiden. Jede solche Warw genannte Jahresschicht weist eine Abnahme der Korngröße von unten nach oben auf. Die gleichen Unterschiede in der Mächtigkeit der einzelnen Warwen ließen sich weithin nachweisen. Auf dem

Aneinanderreihen der Folgen von Jahreswarwen im späteiszeitlichen Ostsee-Eismeerton und deren zeitlichen Anschluß an Jahresschichten in Seen beruht die berühmte absolute Altersbestimmung des Schweden G. De Geer. Der dänische Geologe Sigurd Hansen 1940 hat aber nachgewiesen, daß in kleineren Becken, in denen alle Absätze gleichsam ufernah abgelagert sind, nach jeder stärkeren Wasserzufuhr eine Doppelschicht aus grobem und feinem Korn zum Absatz kam. Also Regengüsse oder Niederschlagsperioden, aber keineswegs Jahresabsätze sind die Schichten, die wir in den Ziegeleien Malkwitz, Trent, Ausacker und um Lübeck aufgeschlossen sehen.

Gelegentlich in Dänemark beobachtete, besonders mächtige Tonlagen inmitten der vielen Feinschichten werden als Winterwarw angesehen.

Die Entstehung warwiger Absätze setzt voraus, daß entweder Schmelzwasser vom Eise selber zufloß oder Niederschlag frisches unbewachsenes, noch nicht von Pflanzen oder Steinsohlen geschütztes Gelände aus Grundmoränen abspülen konnte. Entsprechend finden sich Fossilien sehr selten in diesen Beckenabsätzen. In Schlesien und Oldenburg sind als Seltenheit Fährten von Insekten(-larven) gefunden. Die Beckentone der Ziegelei Malkwitz lieferten aus einer sandigen Lage Blätter von *Betula nana*. Die von A. Rust bei seinen Grabungen nach Resten von Rentierjägerkulturen im Tunneltal bei Meiendorf angeschnittenen grobwarwigen Sande waren frei von Pflanzenresten und Pollen auf primärer Lagerstätte (R. Schütrumpf in Rust 1937, S. 24). Sie waren trotz starken Einfallens parallel geschichtet, weil sie zunächst über Toteis waagerecht abgelagert waren, nach dem Schmelzen dieses Eises aber unter zum Teil stark gestörter Lagerung ungleich absanken (K. Gripp 1937, 1955). Mit einem derartigen Vorgang ist bei den meisten Becken mit warwigen Absätzen zu rechnen. Jene Schichten sind, nachdem sie auf Toteis in ± flachen Wannen abgesetzt waren, mit dem Schwinden des Toteises langsam anderen Schichten aufgelagert worden, mit denen sie ursprünglich keine Berührung hatten (Taf. 41).

Neben diesen nachträglichen Störungen, die die ganze Schichtenfolge betrafen, beobachtet man gelegentlich in feinsandigen Beckenabsätzen gleichsam interne Verlagerungen. Der am Boden im Wasser sehr locker gelagerte Feinsand ist bisweilen bei sehr geringem Gefälle seitlich abgeglitten. Hierbei sind Überfaltungen und Scherflächen entstanden, und zwar nur in dieser Schicht. Die unter- und überlagernden Schichten laufen ungestört durch. Als Seltenheit ist in einer wasserdurchtränkten feinkörnigen Schicht walzenförmige Neulagerung eingetreten (siehe Taf. 44 Fig. 3). Ursache für diese in der Ziegelei Rothenhausen beobachtete Erscheinung dürfte größere Dichte oben, geringere unten bei hoher Labilität, möglicherweise ein echter Brodelvorgang gewesen sein.

Wichtiger als die Störungen der Lagerung sind zeitliche Unterschiede in dem Auftreten der Sedimente feinster Gletschertrübe.

Bei Beckenabsätzen lassen sich zwei Gruppen unterscheiden. Einmal die kleinen Becken, die *innerhalb* der Vereisungsgrenze in jedem Zungenbeckenrest früher oder später auftraten. In ihnen entstanden desidierte Sande oder wetterwarwige Tone, die in verschiedenen, schon angeführten Ziegeleien verarbeitet werden.

Die andere Gruppe von Becken liegt *außerhalb* des Vereisungsgebietes, und zwar weit jenseits der Sander. Deren Tone sind uns aus der Zeit der Würmvereisung unzugänglich, denn die schleswig-holsteinischen würmzeitlichen Sander endeten am Elbtal, auch der Flensburger Sander. Die groben Kiese am Grunde des Urstromtals der Elbe bezeugen ein kräftiges Strömen; fiel doch deren Oberfläche von rund –10 m NN bei Lauenburg auf –40 m NN bei Cuxhaven ab. Die Gletschertrübe und der Feinsand des Würmeises sind daher – soweit sie auf die Sander gelangten – weit westlich unseres Landes, entweder in flachen Senken am damals trockenem Grunde der südlichen Nordsee oder erst jenseits der Doggerbank, in der damaligen Eismeer=Nordsee, als „Tone" niedergeschlagen worden.

Während der Rißvereisung waren die Verhältnisse ähnlich. Auch hier sind uns die Ab= lagerungen der aus den rißzeitlichen Sandern ausgespülten Gletschertrübe nicht erreichbar. Nur die innerhalb des Vereisungsgebietes abgelagerten, also die kleinen, inneren, sind beobachtet. So schreibt E. Koch 1954, S. 29, daß der rißzeitliche Bändertonmergel vornehmlich in „Tälern", das heißt bis 100 m tiefen, rißzeitlichen Senken angetroffen wird.

Die sedimentierte Gletschertrübe der vorhergehenden Mindelvereisung, der Lauenburger Ton, tritt nur im Süden unseres Landes, und zwar in bis 200 m tiefen, schmalen und breiten Senken auf. E. Koch nannte diese Senke „Becken". Wir werden im nächsten Abschnitt auf die Entstehung dieses Beckens eingehen. Hier sei hervorgehoben, daß Tone, die dem Lauen= burger völlig gleichen, südlich der Elbe von Bispingen über Bremen, bis in die Niederlande hinein auftreten. Da auch dort, wie in Südholstein, die Rißmoräne den Lauenburger Ton überlagert, sind alle diese Tone gleichaltrig. Aber in den Niederlanden fehlt die zugehörige Grundmoräne, die der Mindelvereisung. Diese endete schon erheblich nördlicher. Wir haben es also beim Potklei der Niederländer und dem Lauenburger Ton Ostfrieslands mit außerhalb der zugehörigen Sander niedergeschlagener Gletschertrübe zu tun. Somit ist uns wahr= scheinlich allein aus der Rückzugphase der Mindelvereisung genau bekannt, wo die Haupt= masse der Gletschertrübe zum Absatz gekommen ist.

Die Niederländer haben aufgezeigt (Pannekoek 1953), daß ihr Land während der Zeit der Vereisungen stark gesunken ist. Dies macht verständlich, warum die mindelzeitlichen Schmelz= wasser die Gletschertrübe bis dorthin und nicht hauptsächlich in das nördlichere Nordsee= becken verfrachteten.

Jene tektonischen Vorgänge waren anscheinend mitbestimmend für die Unterschiede in der Richtung des Ablaufs der Schmelzwässer und der Lage von deren Absatzbecken während der *drei* Vereisungen.

Überschüttetes Eis (Toteis)

Auch bei dem Eis, das von Schutt überdeckt war und deshalb während längerer oder kür= zerer Zeit im Boden erhalten blieb, haben wir zu unterscheiden zwischen den Ereignissen innerhalb und außerhalb der betreffenden Vereisung.

Außerhalb, um die Sanderwurzel herum, bildet sich im Winter Eis, einmal, wenn in ver= lassenen Flußbetten stehendes Wasser durch und durch gefriert. Außerdem entsteht in größerem Ausmaß das sogenannte Aufeis. Während des ganzen Winters tritt unter dem Eisrand Wasser hervor. Sobald es sich auf dem Sander ausbreitet, gefriert es. So entstehen weite Eisfelder. Zudem wächst der Rand der Austrittsstelle des Wassers nach oben, so den Wasserstand im Spalten= und Röhrensystem des Eisrandes erhöhend (Abb. 36 Mitte).

Wenn im Frühjahr Regen und Schneeschmelze große Wassermassen liefern, wird das Tunnelsystem von angesammeltem Schutt gereinigt. Es breitet sich eine Schuttdecke über dem Aufeis und gefrorenen Altwässern aus. Wo die Schuttdecke erhalten bleibt, wird auch das Eis darunter bewahrt. Diese verschiedenen Vorkommen von Eis lassen sich als Wintereis (K. Gripp 1929) dem auch im Sommer vorhandenen Gletschereis gegenüberstellen. Wintereis ergibt später nach dem endgültigen Tauen unruhige, in sich sinnlose Hohlformen auf der Sanderoberfläche. Als Beispiel sei genannt:

M. Bl. Kropp südlich von Gr. Danewerk
M. Bl. Schwarzenbek um den Helkenteich nördlich von Grande.

Der innere Aufbau derart entstandener Kuppen und Rücken zeigt Kiese und Sande in der für Sander bezeichnenden Weise abgelagert. Aber die seitliche Fortsetzung dieser Schichten an der Flanke der Höhen fehlt. Sie sank über Toteis bei dessen Tauen in die Tiefe. Auf diese Weise prägen sich eisfreie ältere, später verschüttete Formen bis in die heutige Oberfläche durch, zum Beispiel im sogenannten Waldhusener Os und bei Schlutup, wo ältere Moränenzüge von Sanderabsätzen bedeckt wurden.

Ein Hinweis auf das Auftreten von „Wintereis" in Schmelzwassersanden ergibt sich ferner aus der muldenförmigen Lagerung mancher Schichten. Sind diese am Boden der Mulde von gleicher Mächtigkeit wie an den Flanken, so entsteht der Verdacht auf horizontal abgesetztes Material, das über schwindendem Wintereis in ein früheres Bachbett eingesunken ist.

Für die Formengestaltung unseres Landes ungleich wichtiger sind die verschütteten Eismassen innerhalb des Bereiches der letzten Vereisung. Wir haben hier an Resten von Gletschereis folgende Arten von Toteis zu unterscheiden:

1. Resteis in Zungenbecken
2. gestauchtes Eis
3. Resteis in Tunneltälern
4. isolierte Eisklötze = Sölle

Resteis in Zungenbecken blieb zum Teil in riesigem Ausmaß erhalten, da ein Tauen tiefer als die örtliche Erosionsbasis zunächst ausgeschlossen war, wie schon erörtert worden ist. Die eisseitige Begrenzung der Toteismasse in Zungenbecken war zumeist durch den nächstjüngeren Eisvorstoß gegeben. Dieser machte häufig einen Teil dessen, was als Toteis vor ihm lag, wieder zu fließendem Gletschereis. Eine etwas angestauchte Moräne, die bisweilen auch gestauchtes Eis umschloß, bildete eine neue Innenbegrenzung des Toteises im erstgenannten Zungenbecken. Dessen endgültige Breite war davon abhängig, wie nahe die jüngere Eisrandlage an die ältere heranrückte. Neben Zungenbecken-Toteis von wenigen hundert Metern Breite finden wir solches, das viele Kilometer breit war. Als Beispiel für einen schmalen Zungenbeckenrest seien das von der Eisenbahn benutzte Tal östlich vom Bahnhof Flemhude sowie Dieksee, Stocksee, Wittensee, Plöner und Selenter See angeführt, als breites Zungenbecken sei auf die Große Breite der Schlei verwiesen. In der Randzone einer Vereisung wird das Gletschereis häufig, ohne Toteis zu hinterlassen, fortgeschmolzen sein. Je weiter einwärts, um so tiefer hatten die Gletscherzungen ausgeschürft und um so höher lag daneben die Erdoberflächen-Basis der Niedertaulandschaft. Deren Talweg stieg vom äußersten Gletschertor gegen Ost bzw. Nordost hin an. Zwischen der damaligen Erdoberfläche und dem tief eingeschürften Untergrund der Gletscher lag demnach für lange Zeit eine Toteislage von erheblicher Mächtigkeit. 40, 60 m und noch größere Mächtigkeiten wird das Toteis erreicht haben. Als es schmolz, erhielt die Gegend daher ein völlig neues Antlitz.

Auch hier konnten daher ältere, zuvor verborgene Formen wieder in Erscheinung treten und auf ihnen zum Beispiel Beckenabsätze ohne seitliche Begrenzung erhalten bleiben. Beispiele: Sandgruben bei Wennbek nördlich Borghorst und bei Bossee am Westufer des Westensees. Auch die „Grundlosen" und andere Kolke gehören hierher.

Wie schon angedeutet, dürfte vorstoßendes Eis nicht nur Schutt, sondern auch Eis mit angehoben, gestaucht und seiner Stirnmoräne bisweilen einverleibt haben. Wahrscheinlich ist gefaltetes Eis überwiegend Toteis. Derart gestauchtes Eis wird als Ursache der weiten Niederung zwischen den Stauchwällen am Südrand der Hüttener Berge (westlich Silberbergen) anzusehen sein.

Über das Eis in Tunneltälern ist oben berichtet worden. Nur dem darin geschützt eingelagerten Toteis ist die Erhaltung dieser Täler zu verdanken. Ohne die Eisplombe wären sie von Schmelzwassersanden usw. angefüllt worden (Abb. 35).

Schließlich seien die *Sölle* erwähnt, jene vereinzelt, hier und dort auftretenden, zumeist runden, mit Wasser erfüllten ± großen Kessel. Ihre Entstehung wird häufig auf isolierte

Toteisklötze zurückgeführt. Wie weit diese Annahme zu Recht besteht, ist nur in seltenen Fällen näher untersucht worden. Wassergruben, Ton= und Mergellöcher können, wenn der Landmann bemüht war, sie durch geeignetes Pflügen zu verkleinern, die Gestalt von Natur=formen annehmen. Erdgeschichtlich sind sie ohne Bedeutung, daher wird diesen unsicheren Toteisformen heute weniger Wert beigemessen, als es früher zeitweise geschah.

Abrasionsterrassen

Als letzte in dieser kurzen Übersicht über die Grundformen unserer eisentstandenen Land=schaft müssen Zerstörungsformen, nämlich Abrasionsterrassen erwähnt werden. Die Seen, die über dem Toteis standen, haben hier und dort Strandterrassen hinterlassen (Taf. 46), so der alte Plöner Großsee im 37=m=Niveau (Ebene mit dem Plöner Wasserturm), der alte Warder Großsee, der mit dem 37=m=Plöner= See den gleichen Abfluß, also gleiche Spiegellage aufwies. Dieser See hinterließ zum Beispiel südlich vom Bahnhof Westerade eine breite Abrasionsterrasse. Wichtiger ist jedoch, daß jener alte und ein jüngerer Plöner See im 27=m=Niveau zu einer Zeit, da noch keine Schilfgürtel die Brandung dämpften, aus Sand auf=gebaute Moränen vollkommen eingeebnet haben. Solches geschah im 37=m=Niveau nördlich von Segeberg zwischen Rohlstorf und Strenglin sowie zwischen Schieren–Margarethenhof–Pronstorf. Am Ostufer des 27=m=Plöner=Sees wurde eine Seitenmoräne zwischen Bosau und Ruhleben auf 4,5 km Länge von den Wellen abgetragen (Taf. 46) (K. Gripp 1953, 1954). Westlich von Schmalen= und Bornhöveder See sind beiderseits der Bundesstraße 404 bei 37 m +NN eine Terrassen=Flur und Reste von Steilufern erhalten.

II. ERDGESCHICHTE DER EISZEIT IN SCHLESWIG=HOLSTEIN

Der Wechsel von Eis=, Land= und Meeresabsätzen gibt die Grundlage für die Stratigraphie der Eiszeit unserer Gegend.

Absätze aus der Zeit nach Entstehung des Kaolinsands bis zu denen des Mindeleises sind bislang nicht bekannt geworden. Daher beginnt der stratigraphische und erdgeschichtliche Überblick über die Diluvialzeit mit den Absätzen der Mindelvereisung.

1. Absätze der Mindelvereisung

Den ersten eindeutigen Hinweis auf eine Vereisung älter als die im Süden unseres Landes verbreiteten Spuren der Rißvereisung fand C. Gottsche 1897 in Bohrungen aus der Um=gebung Hamburgs. Danach und nach den Ergebnissen weiterer Bohrungen, die von W. Wolff 1915 und E. Koch 1924 bekanntgemacht wurden, tritt weithin nachstehende Schichten=folge auf:

Grundmoräne der Rißvereisung	bis 30 m
Absätze des Störmeeres	bis 40 m
Tonmergel = Lauenburger Ton übergehend in	bis 170 m
Feinsand	bis 100 m
Geschiebemergel und kiesige Sande der Mindelvereisung	bis 45 m mit Geschieben bis über 30 kg Gewicht, darunter Cambrium, Silur, Kreide, Flint, reichlich Alt= und Jungtertiär, roter Quarzporphyr, Rhombenporphyr.

Das auffallende an dieser Grundmoräne der Mindelzeit ist ihr Vorkommen. Nicht als weithin verfolgbare Lage erstreckt sie sich, sondern sie ist auf Talungen beschränkt, die von 8 bis auf 5,3 und gar 2 km eingeengt sind. Diese von E. Koch 1924 Becken genannten Rinnen sind 250 m tief in miozäne Absätze eingeschnitten (E. Koch 1928, S. 2). Die neuesten Karten (E. Koch 1954) zeigen, daß diese „Becken" die weiten Senken zwischen Salzhorsten ± aus=füllen und teilweise blind in miozänen Absätzen auslaufen.

Das *Alter* dieser Becken ist bei Hamburg glücklicherweise durch die im oberen Teil ihrer Ausfüllung weithin auftretenden Absätze des Störmeeres als mindelzeitlich zu erkennen.

Die *Entstehung* wurde dem allgemeinen Stand geologischer Erkenntnis entsprechend als tektonische Gräben (Gottsche), pliozäne Täler (W. Wolff), Becken von Gletschern (E. Koch 1924, S. 65) gedeutet. 1954, S. 10 wiederholt E. Koch seine Anschauung von 1924 und legt Wert auf die in jenen Becken eindeutig erkennbare Eiserosion.

Es fragt sich, in welcher Form dieses Eis auftrat. Bei der Verbreitung der Becken, die Kochs Karten von 1954 veranschaulichen, ist es nicht mehr möglich, anzunehmen, daß Zun=gen des vordringenden Inlandeises (E. Koch 1924) diese Formen hinterlassen haben. Verläuft doch unter Wilhelmsburg ein Beckenast gegen ONO. Auf 5 km Länge zieht in gleichbleiben=der Richtung von Stellingen bis Lohbrügge ein 20 km langes, besonders tiefes „Becken" in NW–SO=Richtung und biegt dann bei Glinde nach NO ab und behält auf mindestens 10 km Länge diese Richtung bei. Auch das Aufspalten dieser Täler zwischen den Salzstrukturen Schnelsen und Siek sowie die vier vom Niederelbebecken gegen NO ziehenden und blind endenden kurzen Verzweigungen sind als subaerische Gletscherzungen nicht verständlich.

Zur Deutung dieser Befunde müssen wir einmal die Erkenntnisse heranziehen, die uns das Gebiet der Würmvereisung in den letzten Jahren kennen lehrte, zum anderen uns Klarheit verschaffen, welchen Ausschnitt aus der Fülle der Spuren einer Vereisung wir vor uns haben.

Wir wissen, daß Inlandeis und Großgletscher in Norddeutschland kleine Eiszungen aus=sandten, die teils infolge stärkeren Gefälles, teils durch längere Dauer tief exarierten. Dies geschah zu verschiedenen Zeiten. Entsprechend konnten Schurfrinnen neben= und überein=ander entstehen. Scheinbar zusammengehörige Hohlformen können also ohne jeden zeit=lichen Zusammenhang sein. In den „Becken" ist uns also die Projektion zeitlich verschiedener Vorgänge, und zwar nur aus dem tiefsten Einflußbereich der Mindelvereisung erhalten geblieben.

Es war die erste Vereisung in unserem Gebiet. Deren eisbedingte Absätze kamen auf und neben miozänen oder pliozänen Gesteinen zu liegen, Gesteine, die von den eisentstandenen leicht zu unterscheiden sind. Daher läßt sich der tiefere Teil der Unterfläche der Mindel=vereisung gut erkennen; im Gegensatz zu späteren. So ist die Unterfläche der Würmvereisung nur schwer inmitten der riß= und würmzeitlichen Eisabsätze festzulegen.

Bevor wir die Frage erörtern, wo die allgemeine Exarationsebene des Mindeleises gelegen hat und was von ihr erhalten blieb, wollen wir den Inhalt der „Becken" betrachten.

Ihr Boden ist teils mit Grundmoräne, teils mit Schmelzwasserabsätzen angefüllt. Darüber ist Toteis vorhanden gewesen.

Die Obergrenze, bis zu der Toteis einstmals reichte, war der Boden der Niedertauland=schaft. Ihre Höhenlage wurde von der Höhe, in der die Schmelzwässer abliefen, bestimmt. E. Kochs Angaben über die Ausfüllung der „Becken" mit Feinsand und Tonmergel, bis hin=auf an die zwischeneiszeitlichen Torfe, bezeugen, daß die Zeit der grobkörnigen Großsander vorbei war, als die Becken angefüllt wurden.

Der Boden der Niedertaulandschaft muß also höher gelegen haben als die Oberkante der Becken. Ein gleiches gilt für die mindelzeitliche Grundmoräne. Da in den „Becken" nur der tiefere Teil der eisbedingten Hohlformen erhalten ist, muß die Hauptschurfebene gleichfalls oberhalb der die Becken umschließenden Höhen gelegen haben.

Aber alle Spuren der Mindelvereisung auf den von E. Koch 1924 „Sockel" genannten Höhen sind vom Rißeis vernichtet worden. Nur in 1954 Abb. 4 deutet Koch in Bohrung 2 und 3 an, daß mindelzeitliche Absätze bis auf die Sockel hinauf gereicht haben.

Erhalten blieb die Basis des Mindeleises nur in den Hohlformen. In diesen liegen eisferne Reste der Schmelzwasserabsätze, zwischeneiszeitliche Torfe und die Störmeerabsätze nur deshalb, weil jene zunächst mit Toteis angefüllt waren. Toteiserfüllte Hohlformen verschiedenen Alters erhielten, als das Toteis langsam taute, die gleiche Ausfüllung. Als die Zeit der Niedertaulandschaft in die des Tieftauens überging, bildeten sich über dem schwindenden Toteis zunächst Senken, in denen wahrscheinlich die Feinsande, sicherlich der Lauenburger Ton (= Beckentonmergel) zum Absatz kam. Schon die Gleichmäßigkeit der Gesteine und deren große Mächtigkeit sprechen für Sedimentation in einem über örtlich sinkendem Untergrund stetig vorhandenen flachen Gewässer.

Das Vorhandensein von Toteis ergibt sich auch aus der Lagerung der Beckenfüllungen. Für den Lauenburger Ton in Hamburger Umgegend gibt E. Koch 1954 an, daß dessen oberster Teil (bis 35 m) rot gefärbt ist. Auf derselben Seite, Abb. 7, liegt „in vier engbenachbarten Bohrungen" die Unterkante der rötlichen Beckentone zwischen –25 und –110 m NN, schwankt also um 85 m. Auch von den Feinsanden erwähnte E. Koch 1924, S. 67, „die ungleiche Höhenlage der Oberfläche". In beiden Fällen dürfte der Schwund von Toteis die Ursache sein.

Auch die Störmeerabsätze bezeugen, so überraschend dies zunächst erscheinen mag, den Schwund von Toteis. E. Koch 1954 gab von zwanzig Bohrungen, die von Torf überlagerte Störmeerabsätze erschlossen, die Lage und die Höhe des jüngsten Meeresabsatzes zu NN an. Bei den sechzehn innerhalb oder am Rande seiner Becken gelegenen Bohrpunkten fand E. Koch –6 bis –49 m NN als extreme Höhe, während der Hauptanteil zwischen 0 und –30 m NN liegt. Selbst bei Annahme eines allmählichen Anstiegs des Meeresspiegels sind diese Gegensätze in so engem Raum nur durch nachträgliche Störungen zu verstehen. Solche werden eindeutig durch die Lage der Grenzschicht Lauenburger Ton–Störmeer-Absätze. Für sie gibt E. Koch nach 57 Bohrpunkten Höhenunterschiede von –5,60 bis –89,40 m NN an.

Sowohl für den Lauenburger Ton wie für die Störmeer-Absätze erscheint es unmöglich, aus der mittleren Höhenlage der Grenzschicht auf die Höhe von Becken- oder Meeresspiegel schließen zu wollen.

Da wir heute bei jeder der drei norddeutschen Vereisungen mit sehr erheblicher Ausbildung von Toteis rechnen müssen, wird die Ursache der ungleich hohen Lage ursprünglich gleich hoch gelegener Absätze der Schwund von Toteis sein. Dies gilt für Störmeertone, Lauenburger Ton und vielleicht auch für den Feinsand.

Das Auftreten von Toteis unterhalb der Störmeertone wird im ersten Augenblick schwer vorstellbar erscheinen. Aber es muß zum Vergleich daran erinnert werden, daß die westliche Ostsee um 5500 vor Chr. überflutet wurde, das letzte Toteis aber erst zwischen 5000 und 3000 vor Chr. schwand. Am Grunde des Kattegats, wo das Meer früher erschien, wird viel Toteis erst unter Meeresabsätzen abgetaut sein.

Die Vorstellung von Toteismassen in den „Becken" ist somit nicht nur aus den erwähnten Lagerungsstörungen, sondern auch nach Vergleich mit würmzeitlichen Verhältnissen durchaus verständlich. Auch wird erklärlich, warum es bisher nicht gelang, die absolute Höhe des Spiegels des Störmeeres festzulegen.

Bislang sind hier mindelzeitliche Absätze nur aus der Umgebung Hamburgs erörtert worden. Den Becken ähnliche tiefe Hohlformen werden ständig neu aufgefunden. Nur ist ihr

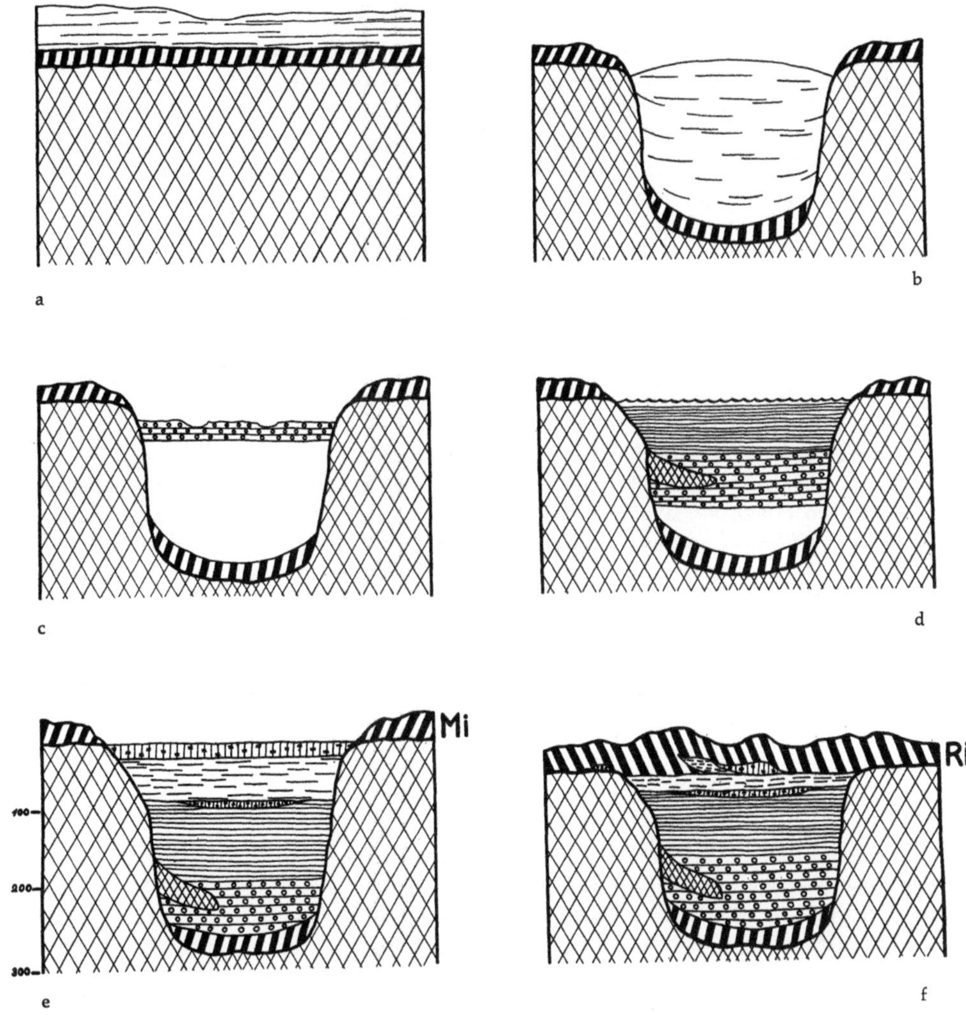

Abb. 39 „Rinnen" oder Schmaltröge der Mindel=Vereisung und deren Ausfüllung

Die von E. Koch „Becken" genannten Rinnen enthalten an ihrer Basis mindelzeitliche Eisabsätze. Die Rinnen dürften daher vom Mindel=Eis (a) in gleicher Weise wie die Drammensfjord=Rinne (Abb. 28) exariert sein. Bei Beginn des Eisrückzuges (b) blieb Toteis in der Rinne (c), das in dem Maße wie es schmolz, von Schmelzwassersanden (c, d) überdeckt wurde. Rutschungen an den Flanken brachten ältere Gesteine (Rauten=schraffur) zwischen die jüngeren. Im Toteis=See wurde als letztes eisabhängiges Gestein Gletschertrübe als ± warwiger Lauenburger Ton abgesetzt (d waagerechte Linien). Während der nachfolgenden Zwischeneis=zeit wurden Torfe (senkrechte Linien mit Querstrich), danach Tone und Sande eines überwiegend kühlen Meeres (waagerechte Striche) und wieder Torfe abgesetzt (e). Das nachfolgende Riß=Eis schleifte die mindel=zeitlichen Eisabsätze oben neben den Rinnen, die jüngeren Torfe und den oberen Teil der interglazialen Meeresabsätze fort (f). Diese werden daher häufig als Schollen in der Riß=Moräne angetroffen.

Alter zumeist nicht einwandfrei zu erkennen, sobald zwischeneiszeitliche Schichten in ihrer Ausfüllung fehlen.

Die „Becken" der Hamburger Gegend dürften sich bis Uetersen hinziehen. Auf ein weiteres bei Heide, mit Störmeerabsätzen darin, wies DITTMER 1939 hin.

Bei Brunsbüttel (WOLFF) und bei Rantrum und Niebüll (DITTMER 1956) sind tiefe Hohlformen durch Bohrungen bekannt, aber es ließ sich nicht entscheiden, ob sie während der Mindel- oder Rißvereisung entstanden sind.

Die Deutung der mindelzeitlichen Hohlformen unter Hamburg als Tiefschurfformen einer vollen Vereisung läßt die bisher gelegentlich geäußerte Anschauung, bei Hamburg hätte die Grenze jener Vereisung gelegen, fortfallen. Auch ist von Verden an der Aller Lauenburger Ton aus einer großen, in das Miozän eingeschnittenen Hohlform bekannt (KÖWING 1954).

Es fragt sich, wo wir weitere Reste dieser Vereisung antreffen. Ohne Verbindung mit Störmeerabsätzen kann man einem Geschiebemergel nicht ansehen, ob er während der Mindel- oder Rißvereisung abgelagert wurde.

Geschiebezählungen

Zwar ist versucht worden, aus der Zusammensetzung der Geschiebe das Alter der Vereisung zu erkennen. In Deutschland wurde solches *Geschiebezählen* hauptsächlich nach der Methode von HESEMANN (1937) durchgeführt. Er teilte die kristallinen Geschiebe in vier Gruppen ein: Finnland – Åland; Ostsee, Mittel- und Nordschweden; Süd- und Westschweden und Bornholm; Norwegen und gibt den Befund an Geschieben aus diesen vier Gruppen in Zehnerprozenten an. Leider bringt er die Reihenfolge wie oben, also nicht in ihrer geographischen Lage (Anm. 69). Von Sylt gibt HESEMANN für die hart südlich von Wenningstedt auf Kaolinsand, aber diskordant unter der Rißmoräne des Roten Kliffs angetroffenen Windschliffe und die ältesten Flintgeschiebe führenden Kiese und Geschiebeton die Verhältniszahl 0127, das heißt

0 % Finnland – Åland
10 % Ostsee – Nordschweden
20 % Süd- und Westschweden
70 % Norwegen.

Auf S. 419 schreibt HESEMANN: Soviel norwegische Geschiebe kehren nirgends im Diluvium Schleswig-Holsteins und Norddeutschlands wieder; es ist also eine einzigartige Geschiebegesellschaft eines selbständigen Gletschers. Die überwiegend norwegische Herkunft jener kristallinen Geschiebe war von J. PETERSEN 1901–1905 erstmalig betont worden (Anm. 70).

Das, wie erwähnt, auffallende und einmalige Vorkommen dieser Geschiebegesellschaft berechtigt an sich nicht, jene Gesteinsgruppe der Mindelzeit zuzurechnen, zumal auch bei späteren Vereisungen norwegisches Eis weit nach S vorgedrungen ist. Erst wenn in Westschleswig am Grunde eines „Beckens" unter Störmeerabsätzen eine derart reiche Geschiebegesellschaft südnorwegischer Herkunft gefunden sein wird, ist der Beweis schlüssig.

Hingegen beruht das angebliche Vorkommen von Resten einer mindelzeitlichen ostskandinavischen Eiszunge in Schleswig-Holstein auf einem Mißverständnis HESEMANNS. Die 1909 von STOLLER für die Grundmoräne im Steilufer von Schulau angewandte Bezeichnung „Untere Moräne" ist nicht, wie HESEMANN 1937 annahm, mindel-, sondern rißzeitlich (siehe Anm. 71). Danach dürften auch die nach HESEMANN wegen ihres Reichtums an ostskandinavischen Geschieben als mindelzeitlich angesehenen Vorkommen von Wobbenbüll, Almdorf und Bohmstedt in Nordfriesland eher rißzeitlich sein. Die unrichtige Zeitangabe ist von WOLFF-HECK 1949, S. 60, aus HESEMANN übernommen. Auch die Angabe von HECK 1944, unter dem störzeitlichen Haffbecken um Bredstedt sei mindelzeitliche Grundmoräne erbohrt, ist nicht überzeugend. Ohne Zweifel liegt dort weitgehend Stauchung vor. Bei der sehr schwankenden Höhenlage des Interglazials und dem mehrfachen Auftreten von Beckentonen unter demselben bleibt der Verdacht, daß der in einzelnen Bohrungen als Liegendes angetroffene Geschiebemergel riß= und nicht mindelzeitlich sei (Anm. 72).

Eindeutig mindelzeitlich sind in Schleswig=Holstein somit nur die in der Hamburger Gegend am Grunde der Tiefschürfe unter Störmeertonen und Lauenburger Ton angetroffenen Eis= und Schmelzwasserabsätze sowie die tiefste Grundmoräne südlich von Wenningstedt.

Der Lauenburger Ton

Der Geschiebemergel am Grunde jener Becken tritt zusammen mit kiesigem Sand auf und wird häufig durch diesen ersetzt. Darüber folgt Feinsand von hellgrauer Farbe. Er führt Glimmer und Braunkohlebrocken und ist arm an roten Feldspäten und Kalk. Diese nach Wolff (1914) 120–180 m mächtige Serie geht über zunehmend tonigere Schichten in den Lauenburger Ton über. Wolff 1914 schildert diesen wohl am besten. Die Farbe ist dunkelgrau, häufig dem miozänen Glimmerton ähnlich. Jedoch fehlen ihm dessen Fossilien und Pyrit. Nach seinem Kalkgehalt ist er als Tonmergel zu bezeichnen. Nordischer Feinsand ist in wechselndem Umfang beigemengt. Schon nach geringem Druck weist das schwarze Gestein glänzende Rutschflächen auf. Dieser Tonmergel ist teils gebändert bzw. warwig (siehe S. 194), teils ungeschichtet = symmikt (siehe S. 194). Ein Ausfallen so feiner Gesteins= und Mineralflitter, wie die des Lauenburger Tons, geschieht ohne Korngrößensonderung nur durch Elektrolytwirkung, also in ± NaCl=haltigem Wasser. Auf Grund der, nach Koch im oberen Teil an Häufigkeit zunehmenden, symmikten Ausbildung schloß K. Gripp 1952, daß von den Salzstrukturen her Schmelzwasser brackig geworden sei. In Gebieten mit Dauerfrostboden zirkuliert kein Grundwasser, und so konnte Salz bis an die Erdoberfläche aufsteigen, was R. Teichmüller schon 1948 für die Struktur Segeberg annahm. Durch diesen Vorgang konnte Salz mit Eis bzw. Schmelzwässern in Berührung kommen.

Der obere Teil des Lauenburger Tons ist in Hamburgs Umgebung rötlich gefärbt, lederbraun bis ziegelrot, in 2–25 m Mächtigkeit (E. Koch 1954). Auch diese Rotfärbung dürfte mit Salzstrukturen zusammenhängen. E. Koch 1954 weist auf die Struktur Langenfelde und Siek hin, da Bohrungen zu Trittau auch den Rotton antrafen. Rotliegendton, wie der von Lieth, dürfte von jenen Strukturen durch Eis abgetragen und daraus entstandene rote Grundmoräne anschließend ausgewaschen worden sein.

Die Verbreitung des Lauenburger Tons hat H. O. Grahle 1936, S. 70, nach älteren Angaben wiedergegeben. Eine eingehende Karte der Verbreitung des roten Lauenburger Tonmergels würde Aufschluß über den Weg der Verfrachtung geben.

Bei Prisdorf fand sich vom Eise verschleppter roter Lauenburger Ton, ferner bei Blankenese und vor allem am Geesthang zu Lohbrügge bei Bergedorf. Hier verarbeiten heute noch Ziegeleien den dunklen Lauenburger Ton.

Die Farbe des Lauenburger Tons ist vom aufgearbeiteten Material abhängig. Rote Permschichten ergaben rötlichen, dunkle miozäne Glimmertone ergaben grauen Lauenburger Ton. Bei Hamburg kommt der obermiozäne, südlich der Elbe der mittelmiozäne Glimmerton als Farbspender in Betracht. Dies heißt aber, wo das Eis nur Kaolin= oder Braunkohlensande aufgearbeitet hat, müssen etwaige Tiefschürfe des Mindel=Eises beim Tauen überwiegend mit hellerem Ton bzw. Feinsand angefüllt worden sein.

Lauenburger Ton ist das Produkt der klärenden Wirkung stehenden Wassers. Handelte es sich bei diesen bis über 100 m mächtigen Ablagerungen um dem Eis unmittelbar entstammende Gletschertrübe, so müßten die Becken frei von Toteis, also tiefe offene Hohl=

formen gewesen sein. Dies ist für die Nähe des Eisrandes unvorstellbar. Andererseits muß von S nach N, in dem Maße, wie das Eis schwand, Becken nach Becken angefüllt worden sein. Die große Mächtigkeit des Lauenburger Tons und die gleichbleibend feinkörnige Auffüllung aller bekannten „Becken" bis an die interglazialen Absätze hinauf machen es wahrscheinlich, daß es sich zum Teil um frische gletschernahe, aber auch um sekundäre, aus den Moränen der Umgebung abgespülte Gletschertrübe handelt. Diese wurde in dem Maße, wie die Becken über schmelzendem Toteis einsanken, als desidiertes Sediment aufgehäuft. Ein derartiger Vorgang setzt voraus, daß dort, wo heute auf den Sockeln zwischen den „Becken" die Unterfläche der Rißgrundmoräne liegt, früher an Glimmerton bzw. rotem Perm reiche Mindelmoräne gelegen hat.

Kochs Schnitt „durch das Becken im Norden Hamburgs" 1954 a, S. 12, spricht für diese Anschauung, denn dort zeigen Bohrung 3 und 2, daß Mindelabsätze und Lauenburger Ton am Rande des „Beckens" unter einer geringen Lage von Störzeitabsätzen zwischen den Becken auftreten. Damit ist die früher aufgeworfene Frage nach der Grundmoräne des Mindeleises außerhalb der Becken beantwortet. Ihre feinsten Abschlämmassen sind in den Becken bewahrt, sie selber ist durch die nachfolgende Rißvereisung abgetragen.

Die Mindelgrundmoräne auf den Höhen muß während langer Zeit nur mit schütterem Pflanzenwuchs bedeckt, also tundraartig gewesen sein, sonst könnten nicht so ansehnliche abgeschlämmte Massen in den Becken niedergeschlagen worden sein. Hiermit kommen wir zur Frage nach dem Beginn der nachfolgenden Warmzeit.

2. *Die Störmeer-Warmzeit*

Die Austernbank von Tarbeck, 60–80 m hoch gelegen, hat seit 1835, wo sie zum erstenmal von Forchhammer bekanntgemacht wurde, zahlreiche Geologen beschäftigt. 1852 stellte Beyrich die Austernbänke von Tarbeck, Blankenese und „einen Brockenmergel mit Conchylien" als Nordseeformation zusammen (Anm. 73). Gottsche 1897 machte zum ersten Male Bohrprofile aus Hamburgs Umgebung bekannt, in denen Meeresabsätze einwandfrei zwischen zwei verschieden alten Eisabsätzen nachgewiesen wurden. 1898 folgte Gottsches umfassende Arbeit über das Marine Diluvium. Diese ist, im Gegensatz zu seinem Endmoränenstudium, bis heute eine grundlegende und noch häufig benutzte Veröffentlichung geblieben. Von den mit dem Erscheinen des Eises zusammenhängenden Grundvorgängen hatte man damals noch zu geringe Kenntnisse. Die Meeresmollusken hingegen waren gut bekannt. Außerdem standen Gottsche die reiche Sammlung des Naturhistorischen Museums und die des verdienten Altonaer Conchyliologen J. O. Semper zur Verfügung. Gottsche führte rund vierzig Vorkommen von altinterglazialen Meeresabsätzen an. H.-O. Grahle zählte 1936 deren hundert auf. Grahle nannte die altinterglazialen Meeresabsätze, A. Penck 1922 folgend, Holsteinsee. Penck hatte zum Unterschied des junginterglazialen Eemmeeres, für das ältere Interglazialmeer jenen Namen nebenbei vorgeschlagen, nicht ahnend, daß die Bezeichnung Holsteiner Gestein schon 1856 von seinem Berliner Kollegen Beyrich eingeführt war. Da es nicht angängig erscheint, zwei verschieden alte Meeresabsätze mit dem Namen Holstein zu bezeichnen, haben wir seit 1952, wie schon S. 171 erwähnt, die Bezeichnungen Störmeer und Störzeit verwandt.

Aus dem Raum um Hamburg mögen uns zwei Bohrprofile den Aufbau der Störzeitabsätze veranschaulichen.

Altona-Othmarschen. Am Zickzackweg. Gelände +16,0 m, nach W. Wolff 1915, S. 312, und H.-O. Grahle 1936

0–21,4	m	Geschiebemergel
–32,0	m	Sand, oben kiesig, unten mergelig; fast Geschiebemergel

–36,45 m	Geschiebemergel, durch dunklen Ton dunkelgrau, mit zahlreichen Trümmern von *Ostrea edulis, Cardium edule, Littorrina littorea, Scrobicularia piperata*
–37,6 m	grauer Mittelsand, kalkhaltig, etwas Flint, Schalentrümmer von *Ostrea, Cardium, Mytilus, Scrobicularia, Littorina:* Strandbildung
–38,9 m	Torf bzw. Gyttje in flachen Geröllen mit Trümmern von Süßwasser=conchylien und Pflanzenresten in Meeressand
–41,3 m	Mittelsand, kalkhaltig, winzige Schaltrümmer
–(47,0 m)	Tonmergel = Lauenburger Ton.

Unter der Rißmoräne, die in ihre tiefsten Lagen fossilführenden Störmeerton aufgenom=men hat, blieben eine geringe Lage Meeressand und darunter eine Sandlage mit Geröllen aus vom Meer aufgearbeiteten Torf und Gyttje erhalten. Nach weiteren 1,4 m Meeressand folgt der Tonmergel des Lauenburger Tons.

Heilanstalt Edmundsthal bei Geesthacht. Gelände +40,0 NN nach E. Koch 1924, S. 76. Trockenbohrung.

	0,0–22,4 m	Schmelzwassersand	Rißzeit
	–25,2 m	sandiger Lehm und gelblicher Geschiebemergel	
	–35,9 m	schwach kiesiger, kalkfreier Sand	
i	–37,5 m	Gyttje	
h	–51,6 m	kalkfreier Feinsand (mit göberem Material)	
g	–52,2 m	Moorerde	
f	–55,0 m	Gyttje, sandig	
e	–62,2 m	kalkfreie Sande mit Lage von Gyttje	
d	–63,2 m	blättriger Torf, unten holzreich	
c	–64,1 m	grauer humoser Ton mit Pflanzenresten	
b	–69,2 m	fetter, sandarmer, grünlicher Ton mit Meeresfauna und Vivianit	
a	–69,5 m	Sapropel (?Gyttje)	
	–110,0 m	Lauenburger Tonmergel, oben sandig, unten sehr fett.	

Da den 33,6 m zwischeneiszeitlichen Absätzen weder eisentstandene Absätze noch Lauen=burger Ton in dünnen Lagen zwischengeschaltet zu sein scheinen, dürfen wir mit Vorbehalt annehmen, daß es sich um eine wahre Schichtenfolge handelt. Deren Deutung (von unten zu lesen) müßte lauten:

h + i	erneuter starker Einbruch, Sand eingeschwemmt, darüber Gyttje, abschlie=ßender Torf vom Eise fortgerissen;
e – g	Einbruch über Toteis, in Hohlform erst Sand eingespült, dann Gyttje niedergeschlagen, Resttümpel vermoort;
c + d	nach Regression des Meeres vermoorte ein flacher Tümpel;
b	Absatz eines Armes des Störmeeres;
a	ungewiß, ob Rest eines Süßwassersediments oder Faulschlamm vom Meeresboden.

Hier ist die Süßwasserserie, jünger als der Meereseinbruch, in größerer Mächtigkeit er=halten, weil dem Anschein nach zweimal ein Toteiseinbruch die aus der Nacheiszeit gut bekannte Folge: Sand – Gyttje – Verlandungstorf entstehen ließ.

Wir sehen aus obigen Profilen, daß sowohl ober= wie unterhalb der Meeresabsätze solche des Süßwassers auftreten können.

Als Beispiel für größere Mächtigkeit des Meerestones sei angeführt:

Nienstedten, Quellentaler Straße. Gelände +21,0 m; nach E. Koch 1924, S. 88.

0–49,0 m	Geschiebemergel
–51,0 m	mergeliger grünlicher Feinsand mit Meeresfauna
–58,5 m	oben grünlicher, unten grauer sandiger Tonmergel mit Meeresfauna
–61,0 m	feiner grauer Mergelsand mit Meeresfauna
–70,0 m	sandiger grauer Tonmergel mit Meeresfauna
–125,4 m	Lauenburger Tonmergel

Aus dem westlichen Holstein sind keine Bohrungen bekannt, aus denen Höhenlagen und Mächtigkeit der dortigen Störmeer=Absätze erkannt werden können. In vom Rißeis ver=schleppter Lagerung sind sie jedoch an auffallend zahlreichen Orten beobachtet (siehe H.=O. Grahle).

Von Grünenthal über Husum bis Pellworm und Bongsiel sind in Bohrungen unter der Rißmoräne hellgraue Feinsande angetroffen, die kleine Meeresmuscheln, Foraminiferen und Spatangiden=Stachel enthalten. E. Dittmer, der diese Sande 1939 bekanntmachte, hat sie bis über 38 m mächtig angetroffen. Er gab ihnen den Namen *Husumer Sand*. Nach der strati=graphischen Lage des Husumer Sandes handelt es sich um eine Sandfacies des Störmeeres. Die Gleichkörnigkeit des Sandes sowie die Zusammensetzung aus einem Wechsel von fein=sandigen mit schwachbindigen Mehlsandlagen, wie sie die ungestört entnommene tiefste Probe von Grünenthal aufwies, legt den Gedanken an Absätze eines Außenwatts nahe. Die Küste hätte demnach östlich gelegen (Abb. 40). Die brackischen Absätze von Bredstedt und Umgebung entstammen einer abgeschnürten Bucht dieser Küste. Westlich der Zone mit Husumer Sand sind bei Borgholz und Heide wieder tonige Störmeer=Absätze angetroffen worden (Anm. 74).

Meerestone und mergelige Sande mit Meeresfauna von Sylt (Grahle 1936, S. 10; Gripp 1940, S. 73, 81, 82) und die Vorkommen bei Esbjerg zeigen die Verbreitung des Störmeeres gegen Norden auf.

Gleichaltrige Meeresabsätze sind von Rögle Klint aus Westfünen östlich von Fredericia bekannt. Mitten zwischen Esbjerg und Fredericia fanden sich, verschleppt in der Rißmoräne, Schalen von Weichtieren, die nur Störmeer=Absätzen entstammen können. Diese Funde weisen darauf hin, daß ein anderer Arm jenes Meeres vom Skagerrak gegen S vorgedrungen war. Auch das Land zwischen diesen beiden Buchten ist eindeutig zu belegen. Bei Tirslund und Vejen, mitten zwischen Esbjerg und Kolding gelegen, sowie 65 km weiter gegen N, SSW von Herning, sind unter der Rißmoräne Torfe und Faulschlamm, also nur Süßwasserabsätze, an=getroffen worden. Somit ist schon zur Störzeit Land zwischen Nordsee und Kattegat vor=handen gewesen. Es ist dies das erste Erscheinen der Cimbrischen Halbinsel und somit des Landes Schleswig=Holstein = Schleswig=Holstein I.

Trotz der Kenntnisse aus zahlreichen Bohrungen und der Verbreitung von hochgescherten Schollen ist noch ungewiß, ob das Störmeer der Nordsee im Bereich von Schleswig=Holstein vollkommen von dem im Ostseegebiet stehenden Meere getrennt war oder ob quer durch Schleswig=Holstein I eine Meeresverbindung bestand. Das Ostsee=Störmeer ist durch die Schuppen von Rögle Klint (Fünen) belegt. In Bohrungen für den Bau des Kanaltunnels bei Rendsburg konnte Dipl.=Geologe Ruck nach freundlicher mündlicher Mitteilung fossil=führenden Störmeerton nachweisen. Ob diese eine Querverbindung belegen, bleibt ungewiß, solange wie mit der Möglichkeit zu rechnen ist, daß Eis jenen Ton von Osten heran=gefrachtet hat.

Abb. 40 Vermutliche Verbreitung des Stör=Meeres Punktiert: Husumer Sand; waagerecht schraffiert: tonige Ablagerungen; senkrecht schraffiert: Haff bei Bredstedt nach H.=L. Heck 1944

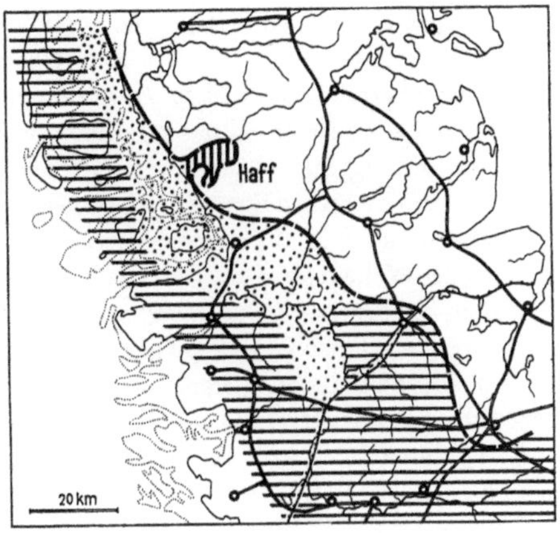

Schon Gottsche 1898 hatte die Weichtierfauna des Störmeeres in

arktisch (Island, Spitzbergen, Grönland),
boreal (norwegische Küste nördlich des Polarkreises),
gemäßigt (Nordsee) getrennt.

H.=O. Grahle 1936 hat die Faunen nach ihrer heutigen Verbreitung weitgehender auf=geschlüsselt.

An der Fauna fällt auf:

1. Alle *Tapes, Venus (Timoclea), Gastrana* fehlen.
   Dies besagt: das Störmeer ist nicht so warm geworden wie später das Eem= und Jademeer. Die beschränkt auftretende Auster dürfte die höchste er=reichte Temperatur anzeigen. Sie kommt heute von 66° N bis in das Mittel=meer vor (H.=O. Grahle).
2. das Vorkommen arktischer Arten, vor allem von:

Yoldia arctica	Weißes Meer südlichstes Vorkommen, fossil: Stade, Rensing und Esbjerg;
Modiolaria corrugata	heute bei Tromsø südlichstes Vorkommen, fossil: Rensing, Itzehoe, Stade;
Pandora glacialis	arktisch, fossil: Rensing.

Es sind Arten, die niemals gleichzeitig mit der gemäßigten Fauna, die weithin in den Stör=meertonen gefunden wird, gelebt haben dürften. H.=O. Grahle wies mit Recht darauf hin, daß die arktische Fauna früher eingebettet wurde als die gemäßigte. Er schloß daraus, daß das Meer in das Gebiet der späteren Niederelbe früh bis zur Linie Stade–Itzehoe–Rensing, später erst weiter nach Osten vorgedrungen sei. Heute müssen wir zu diesen zutreffenden Gedankengängen Grahles den eustatischen Meeresspiegelanstieg mit heranziehen. Die ge=nannten arktischen Arten können nur am Ende der Kaltzeit, also bei rund 80 m tieferem Stand des Meeresspiegels als heute, dort gelebt haben, wo wir sie fossil finden. Dies aber heißt, die westlichen „Becken" waren als Folge tief gelegener Erosionsbasis so früh frei von Toteis und so früh dem tiefstehenden Meere der Kaltzeit geöffnet, daß darin Gletscher=trübe zusammen mit arktischer Fauna zum Absatz kam. Dies geschah vermutlich zur gleichen Zeit, da in den östlich benachbarten „Becken" noch Lauenburger Ton niedergeschlagen wurde.

Der Gegensatz von arktischer Yoldia= und gemäßigter Ostrea=Fauna gestattet somit geogra= phische Rückschlüsse.

Für ein überraschend frühes Auftreten des Meeres spricht auch das Vorkommen von Geschieben bis 40 cm Durchmesser, die, mit Balanen besetzt, mitten in den fetten Störmeer= tonen zu Rensing und Wacken gefunden wurden. Sie können nur durch Gletschereis oder Eisfußeis vom Strand in See verfrachtet sein.

Als Seltenheit enthalten jene Meeresabsätze Reste von Säugetieren. So lieferte die Grube der Ziegelei Wolmersdorf unweit von Meldorf, die erfreulicherweise zur Zeit noch in Betrieb ist, Zähne des Pferdes *Equus caballus abeli* Ant. Einen Unterkiefer des gleichen Pferdes fand Neumann (1933) neben Resten von Rothirsch zu Warringholz. Rothirschgeweihe lieferten die Gruben zu Glinde bei Uetersen und außerdem, nach Gottsche 1898, das Skelett der Hand eines Schwertfisches *(Orca gladiator)*. Aus gleichaltrigen Tonen der Ziegelei Nindorf bei Lam= stedt (Nordhannover) schenkte deren Besitzer, Herr Witt, dem Kieler Geologischen Institut einen zweiten Halswirbel eines Elefanten.

Säugerreste aus Störmeerabsätzen sind von hohem wissenschaftlichen Wert. Es sei daher auch hier gebeten, darauf zu achten und bei Funden sofort das Geologische Institut der Universität Kiel anzurufen.

Eine Gruppe von Laichkrautgewächsen ist bekanntlich Meeresbewohner geworden. Dazu gehören die Seegrasarten *Zostera* und die Salde *(Ruppia maritima* L.). Samen der letzteren (siehe Abb. 41) sind beim Ausschlämmen der Meerestone häufig gefunden.

In die Florenentwicklung unseres Gebiets während der Störzeit haben wir erst 1960 durch R. Hallik Einblick gewonnen. Eine Folge von Süß= und Brackwasserabsätzen zwischen Lauenburger Ton und Störmeerablagerungen, die als wenig gestörte Glazialschuppe in der Zgl. Hummelsbüttel zugänglich war, ergab auf Grund der Pollenanalyse folgende Entwicklung: Oben:

Abies=Carpinus=Phase	Rückgang von *Picea* und *Alnus*, bis 20 % *Abies*, zu Beginn *Corylus*=Phase
Picea=Alnus=Phase	Zeit des Eichenmischwaldes mit *Ulmus, Tilia* und *Corylus* *Alnus* gering, oben schon *Picea*
Betula=Pinus=Phase Subarktische Phase	mit *Betula, Pinus, Hippophae, Artemisia* und hohem Anteil an Nichtbaumpollen.

Fichte und Tanne treten in dieser Folge erheblich früher auf als in der eemzeitlichen. Auch besteht weitgehende Übereinstimmung mit den Pollenanalysen der älteren Kieselgur von Ohe, siehe v. d. Brelie 1955, S. 30 und Tab. 1.

3. Die Rißvereisung

Erste Anzeichen erneuter Abkühlung sind die schon erwähnten Süßwasserabsätze und Torfe über den Störmeertonen. Der Meeresspiegel war wieder gesunken, weil sich die polaren Landeiskalotten vergrößerten. Das Klima über dem sich ständig verbreiternden Schleswig= Holstein I wurde zunehmend kühler. Schließlich folgte die neue Vereisung. Sie wurde in Norddeutschland lange Zeit als Saalevereisung bezeichnet. Da heute gesichert ist, daß die Rißvereisung der Alpen zu gleicher Zeit eintrat, können wir auch die nordische Vereisung mit deren Namen benennen.

Das Rißeis überzog ganz Schleswig=Holstein. Die schönsten Aufschlüsse der Rißgrund= moräne lieferte für über hundert Jahre geologischer Forschung das Elbufer bei Schulau. Gute Einblicke gewährten auch Bodenentnahmen am nördlichen Elbufer bei Boberg und Lohbrügge sowie die Grube der Ziegelei Ohlenburg bei Boberg. Ziegeleigruben zu Wandsbek, Hinschen=

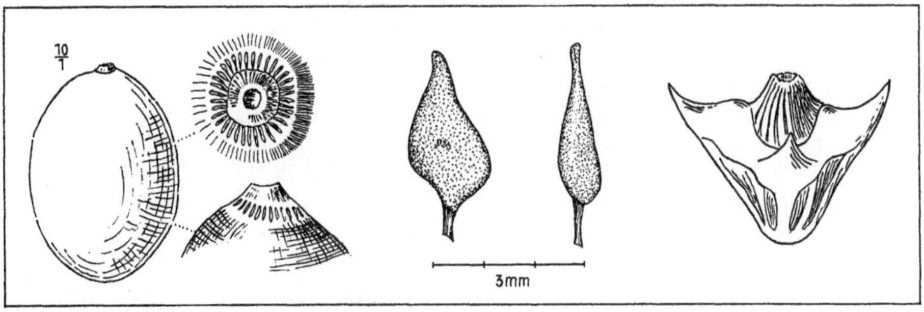

Abb. 41

Früchte von: *Brasenia purpurea* links, daneben Mikropyle in Aufsicht und seitlich, *Ruppia maritima* Mitte, *Trapa natans* Wassernuß nat. Gr. aus Bertsch und Bejerinck

felde, Farmsen, Havighorst bei Bergedorf, Oldenhütten, Trittau und um Lauenburg gestatteten, mannigfache Geschiebe zu sammeln. Devonische Estherienkalke, silurische Pentamerus-borealis-Kalke, Geschiebe des Muschelkalks zu Ohlenburg, Schulau und Christianlust bei Burg i. D. gefunden, zeichnen die rißzeitliche Grundmoräne Südholsteins vor der jüngeren Grundmoräne aus. Die Ziegeleigrube Kirchsteinbek lieferte zahlreiche Geschiebe des oberoligozänen Sternberger Gesteins.

Die Rißmoräne Sylts (Rote Kliff) ist tonarm und weitgehend entkalkt. Eine große Bedeutung hat die Grundmoräne der Rißvereisung von Schulau neuerdings dadurch erhalten, daß A. Rust (1956) in ihr u. a. ähnlich primitive menschliche Werkzeuge nachwies, wie er sie auch in der Fundschicht des Homo heidelbergensis zu Mauer gefunden hatte. Auch die vermutlich rißzeitlichen Schotter auf der Stauchmoräne von Morsum auf Sylt lieferten A. Rust die gleichen quarzitischen Artefakte. Neben diesen, ersichtlich sehr alten, Artefakten birgt die Grundmoräne von Schulau Flintartefakte zweier weiterer Gruppen: Altonaer Stufe mit großen Clactoniangeräten, von G. Steffens entdeckt, und kleinere, die als Wedeler Stufe bezeichnet werden (A. Rust 1954). Diese Funde bezeugen eine zuvor nicht geahnte, frühe und starke Besiedlung Nordeuropas durch den Menschen. So wie Geschiebe, lose Weichtierschalen verschiedenen Alters und Knochen von Säugern sind offenbar auch Artefakte vom jeweiligen Eis aufgenommen und mehr oder weniger weit verfrachtet worden.

Über die Korngrößenanteile der rißzeitlichen Grundmoräne gibt nachstehende Analyse Auskunft:

a) Geschiebemergel von Wittenbergen, 7 m tief (aus Erläuterung zur Geologischen Spezialkarte: Blatt Wedel)

b) Geschiebemergel von Gülzow, 3 m tief (aus Erläuterung zur Geologischen Spezialkarte: Blatt Hamwarde)

	über 2	2–1	1–0,5	0,5–0,2	0,2–0,1	0,1–0,05	0,05–0,01	unter 0,01 mm
a)	6,4	3,2	7,2	22,8	16,0	10,8	10,0	23,6 %
b)	3,6	0,4	0,8	6,0	4,4	5,2	13,2	66,4 %

Im Kornanteil unter 2 mm

	$CaCO_3$	Fe_2O_3	Al_2O_3
a)	9,5	1,08	1,30
b)	17,6	3,53	4,74

Der Aluminiumoxyd-Gehalt entspricht 6,03 % eines wasserhaltigen Tones.

Die Grundmoräne enthält, wie schon bei Betrachtung der Absätze des Störmeeres hervorgehoben wurde, vom Eise aufgeschürfte und verschleppte Schollen älterer Absätze in großer Zahl. Eine Zusammenstellung von 71 Schollen in den riß- und würmzeitlichen Ablagerungen unseres Landes lieferte G. Petersen 1924, S. 231–235.

Aus Bohrungen, aber auch aus zahlreichen Aufschlüssen an der Oberfläche im Süden und Westen unseres Landes, kennen wir die rißzeitlichen *Schmelzwasserabsätze*. Sie sind zum Teil sehr weitgehend entkalkt. Jedoch findet man gelegentlich in rund 15 und mehr Meter Tiefe von der entkalkenden Verwitterung noch unberührte Sande. Sie sind dann ebenso reich an aus Kreidegesteinen ausgewaschenen Resten von Moostierchen wie würmzeitliche Sande. Wo auch nur kleine Decken einer bindigen Grundmoräne den Sand vor senkrecht hindurchsickerndem Niederschlagswasser schützen, ist $CaCO_3$ in Rißsanden erhalten geblieben. Näheren Einblick in das häufig unverständliche Ausmaß der Tiefe der Entkalkung in rißzeitlichen Sanden gewährte ein dichtes Bohrnetz an den Ufern des Nordostseekanals (K. Gripp 1952, S. 70–73).

Über die *Unterfläche* der rißzeitlichen Absätze ist einiges aus der Umgebung Hamburgs bekannt. Es finden sich auch hier verbreitet talartige Tiefenschürfe des Eises. E. Koch 1924 nannte sie „Täler"). Sie erreichen Tiefen zwischen –50 bis –100 m NN. Koch wies (1924, S. 69) darauf hin, daß in den Tälern Störmeer-Absätze fehlen, sie somit jünger als jene seien. Auch erwähnt Koch, daß die rißzeitlichen „Täler" die mindelzeitlichen „Becken" überqueren. Die „Täler" enthalten Geschiebemergel und Kieslagen. Sie sind aber zur Hauptsache mit hellgrauem Bändertonmergel angefüllt. Das Eis schleppte damals also weniger miozäne Tone fort als zur Mindelvereisung. E. Koch stellte es 1928, Abb. 4, in seinem schematischen Profil durch den Untergrund von Hamburg so dar, als seien die „Täler" schon mit Bändertonmergel angefüllt gewesen und dann Rißgrundmoräne in gleicher Höhe wie über den Störmeerabsätzen darüber ausgebreitet worden. So kann der Vorgang nicht gewesen sein, denn dann wären die „Täler", wie die „Becken", älter als rißzeitlich, bzw. die Bändertonmergel der „Täler" mit jenen Meeresabsätzen gleichaltrig. Schon Koch hob hervor, daß die Bändertone jünger seien. Da Land- oder Süßwasserabsätze in den „Tälern" nie gefunden sind, sind diese keine subaerischen Erosionstäler. Die Ausfüllung, neben Grundmoräne und Kies überwiegend Bändertonmergel, dürfte zumeist jene eines toteisgefüllten, durch späteres Tieftauen subaerisch gewordenen Tunneltals sein. Mit anderen Worten, wenn Grundmoräne über einem der Kochschen „Täler" und dessen Umgebung ausgebreitet angetroffen wird, so muß diese einem jüngeren Eisvorstoß angehören als die eisbedingten Absätze, die in dem „Tale" darunter liegen. Ein von rißzeitlicher Grundmoräne überdecktes „Tal" bezeugt also zwei Vereisungsphasen. Die Bändertone im Tal entsprächen dem Interstadial zwischen den zwei Vorstößen der gleichen Vereisung.

Als Beispiel sei das Ergebnis der in einem „Tal" gelegenen Bohrung Eidelstedt Lederfabrik nach E. Koch 1924, S. 95, angeführt. Gelände +19,0 m NN.

0–20,6 m	feiner Sand
–22,8 m	Geschiebemergel II
–23,2 m	Feinsand, kalkfrei
–29,3 m	Geschiebemergel II
–36,7 m	Sand und Kies, unten Geröll, kalkfrei
–43,3 m	Feinsand und Tonmergel
–44,0 m	Sand mit Kies und Geröll
–61,2 m	Feinsand und Tonmergel, zum Teil kalkfrei
–69,0 m	Geschiebemergel I

–80,5 m	kalkfreier kiesiger Sand und Ton bei 80,3 Kies
–(96,5 m)	miozäner Sand

Zusammenfassung

0–36,7 m	jüngere Rißmoräne
–61,2 m	interstadiale Bändertonfolge
–69,0 m	ältere Rißmoräne
–80,5 m	vom Eis oder beim Bohrverfahren durchmischte Absätze
–(96,5 m)	miozäne Sande.

Dies Bohrergebnis mit einer Grundmoräne am Boden des „Tales" und einer jüngeren darüber bezeugt die vorstehend aus E. Kochs Schema abgeleiteten zwei rißzeitlichen Eisvorstöße. Die Bändertonfolge entspricht einer eisfreien Zeit. Erstaunlich bleibt, daß in den zahlreichen und eingehend untersuchten Bohrungen niemals Spuren einer Landoberfläche (humose Absätze) gefunden wurden. Im oberen Teil der Täler sollten sie gelegentlich dem Abtrag des jüngeren Eisvorstoßes entgangen sein.

Ein mehrfacher Wechsel von Grundmoränelagen mit Schmelzwassersanden ist auch bei Anlage und späteren Bohrungen am Nordostseekanal zu Grünenthal nachgewiesen (O. Zeise 1903. K. Gripp 1952, S. 70–75). Hier treten drei Grundmoränelagen, die durch Schmelzwassersande getrennt werden, auf. Aus der Tiefe des benachbarten Zungenbeckens, des heute Eemmeer-Absätze bergenden Eidertales, ist bei Eishochständen das Eis über vorher aufgeschütteten Sander, ohne wesentliche Störungen zu erzeugen, hinweggeglitten. Auch hier treten innerhalb der Grünenthaler Eisrandlage, im Bereich des zugehörigen Zungenbeckens (Niederung um die mittlere Eider), Bändertonmergel weithin sowohl über wie unter der letzten rißzeitlichen Grundmoränenlage auf. Der Tonmergel geht hier bisweilen in schluffigen Mehlsand und schluffigmehlsandigen Feinsand über. Beckenabsätze sind dort zusammenhängend auf 4 km Länge nachgewiesen, der Ausdehnung des weiten Zungenbeckens entsprechend.

Da die nachfolgende, die Würmvereisung, nur noch den Osten unseres Landes überzogen hat, liegen im Süden und Westen die Absätze der Rißvereisung noch heute weithin an der Erdoberfläche. Man möchte daher erwarten, daß dort, entsprechend früheren Ausführungen, die Oberflächenformen zur erdgeschichtlichen Auswertung herangezogen werden können. Dies ist auch in zunehmendem Ausmaß der Fall gewesen. Jedoch bevor wir auf die morphologische Gliederung eingehen, seien die Bemühungen um die Gliederung der saaleeiszeitlichen Ablagerungen historisch betrachtet.

Die Frage einer besonderen Warthevereisung

P. Woldstedt hatte 1927 geglaubt, den Moränenkomplex Norddeutschlands älter als die Würmvereisung in zwei Teile gliedern zu müssen. Die Formen des Flämingzuges seien frischer als die weiter westwärts gelegenen. Außerdem trennten Interglazialablagerungen die beiden Serien eisentstandener Absätze. Schon 1928 gab Woldstedt den Gedanken an eine selbständige „Warthevereisung" wieder auf. Es sollte sich nur um ein Stadium handeln, das er ab 1935 dem sich zurückziehenden Rißeis zuordnete. Aber von anderer Seite, besonders von E. Becksmann in Kiel waren Dissertationen angeregt worden, die, wie er selber, die Auffassung von einer selbständigen Warthevereisung vertraten (H. Neumann 1933, U. Rein 1937). Seither geht das Für und Wider einer selbständigen Warthevereisung mit den verschiedensten Gründen hin und her. W. Carlé 1939 führte an, die Schichtenlagerung der Kieselgurvorkommen in der Lüneburger Heide bezeuge eindeutig von Osten gekommenen

Eisdruck. 1922 waren sich P. Woldstedt und K. Gripp bei mündlicher Besprechung einig, daß jene Störungen eher Verdrückungen der Faulschlammlagen als Folge ungleicher Belastung durch periglazialen Schutt seien.

Wie unsicher diese und andere angeführte Gründe sind, ergibt sich schon aus der Lage der Grenze jener angeblichen Vereisung. Sie verlief bei:

H. Neumann 1933 von Ostsylt über Uetersen, Stade, westlich Hützel und Ohe.

P. Woldstedt 1935 von Nortorf über Wrist nach Blankenese und von Harburg bis in den Fläming.

U. Rein 1935 im Bereich der Lüneburger Heide: Estetal–südlich Walsrode–Hermannsburg–südlich Wittingen.

F. Dewers 1941, S. 242, hielt das Bestehen einer Warthevereisung im Bereich der Lüneburger Heide für nicht gesichert.

H. Illies 1952 ließ jene Grenze dem Estetal folgen und weiter von Wedel nach NO über Ulzburg–Kellinghusen–Hohenwestedt verlaufen.

P. Woldstedt 1954, S. 35, bedeckte ganz Schleswig-Holstein vom Warthestadium. Auch die Altenwalder Moräne wurde warthezeitlich.

G. v. d. Brelie 1955 begrenzte nördlich des Hermannsburger Lobus–südlich Hützel–oberes Seevetal–Estetal; er rechnet aber den Lamstedter Vorstoß von Illies 1952 zur Wartheveréisung im weiteren Sinne.

Von der Brelie (1955) setzte auf Grund pollenanalytischer Ergebnisse die Kieselgur der Ohewarmzeit zwischen die Warthe- und Saalehauptvereisung, auch Drenthevereisung genannt. H. Illies (1952, 1955) schied als Folge morphologischer Untersuchungen im nördlichen Hannover einen Lamstedter Eisvorstoß älter als den Warthevorstoß aus. Die gut übereinstimmenden Ergebnisse der beiden Forscher gibt nachstehende Tabelle wieder.

Auf Grund pollenanalytischer und morphologischer Ergebnisse ergibt sich als jüngste Gliederung:

v. d. Brelie 1955	Illies 1955
Eem-Warmzeit	Eem-Warmzeit
	Warthe-Vorstoß = Jungriß
Warthe-Vereisung im weiten Sinne einschließlich Lamstedter Vorstoß	Interstadial
	Lamstedter Vorstoß = Mittelriß
Ohe-Warmzeit	Warmzeit, Kieselgur abgesetzt
Drenthe-Vereisung = Saale-Vereisung im engeren Sinne	Saale-Vereisung im engeren Sinne = Altriß
Störmeer-Warmzeit	Störmeer-Warmzeit

Nach Anschauung beider Forscher war die Ohe-Warmzeit von kurzer Dauer. Daher sei der Meeresspiegel nicht so weit angestiegen, daß Teile des heutigen Landes überflutet wurden.

Die durch von der Brelie dargebotene neue Gliederung der rißzeitlichen Absätze ist auf den pollenanalytischen Ergebnissen von Funden in Nordhannover aufgebaut. Eine ähnliche Gliederung stellte für schleswig-holsteinisches Gebiet K. Picard seit 1958 in einer Reihe von Aufsätzen auf. Für seine Kartierungsarbeiten gewährten ihm besonders für den Straßenbau zahlreich angelegte Gruben Einblick in die oberen Schichten. Picard konnte daher neben der

Morphologie die Schichtenfolge stärker heranziehen als je zuvor. Ihm war es möglich, von Bodenbildungshorizonten und Humuslagen für die Zeit des Spätriß nachstehende Gliederung aufzustellen.

Eem=Warmzeit	Bleichung infolge Bodenbildung
Hennstedt=Schwankung	Moränenzüge und Sander erkennbar
Mildstedt=Interstadial	Bodenbildung; Holzkohle von Fichte und Kiefer
Winnert=Eisvorstoß	beiderseits des Stapelholm ausgebildet
Treene=Warmzeit	in Niederungen Torf mit Hainbuche, Eiche, Ulme, Linde; auf Höhen Bodenbildung
Lippe=Vereisung	Haupteisvorstoß bis in die Niederlande reichend
Stör=Warmzeit	

Soweit wie die Altersgleichsetzung mit entsprechenden Ablagerungen südlich der Elbe noch nicht gesichert erscheint, gab Picard den von ihm ausgesonderten Abschnitten neue Namen.

Diese Übereinstimmung der Gliederung nördlich und südlich der Elbe wirkte überzeugend, bis 1960 R. Hallik nach Vergleich des Pollen=Inhalts die Kieselgur von Wiechel (altersgleich mit der von Ohe) mit den Süßwasserabsätzen im Liegenden der Störmeer=Ablagerungen von Hummelsbüttel für gleichaltrig ansah und die Berechtigung zur Annahme einer Ohe=Warm=zeit bestritt. Neue Funde müssen somit entscheiden, ob die Unterbrechung der Eisbedeckung zur Treenezeit als kurzes Interstadial oder länger dauernde Warmzeit anzusehen ist. Auch sei noch darauf hingewiesen, daß die zahlreichen Bohrungen der Hamburger Gegend bislang keine Pflanzenreste aus den zwei die Rißvereisung vermutlich unterbrechenden Wärme=perioden geliefert haben.

Um warthezeitliche Ablagerungen von den älterrißzeitlichen trennen zu können, wurden in unserem Lande auch die Zusammensetzung der Geschiebe und der Grad der Verwitterung herangezogen. Hesemann 1937 gab die Geschiebegruppen 3340 für Schleswig=Holstein und 3340, 4240, 4330, 4420 für Nordhannover als warthezeitlich an. Jedoch treten nach W. G. Simon 1938 gleiche Zahlen im Würm Lauenburgs auf. Aus Geschiebezählungen dürfte warthezeitliches Alter daher nicht zu belegen sein.

Ähnlich steht es mit den Angaben über geringmächtige schwach verwitterte Ablagerungen, die stark verwitterte überdecken. So in Wolff=Heck (1949, S. 67/68). Die großen primären Unterschiede im Ton= und Kalkgehalt rißzeitlicher Moränen lassen dies Merkmal so unsicher erscheinen, daß wir auf weitere Erörterung verzichten.

H. Illies 1952 zog die Ausbildung der periglazialen Ablagerungen zur Trennung von warthe= und rißzeitlichen Absätzen heran. Jedoch die zahlreichen neuen Sandgruben in der Dithmarscher Geest und dem westlichen Schleswig haben uns gelehrt, daß die Ausbildung und Erhaltung und damit die Mächtigkeit von Solifluktionsschutt verschieden ist, je nachdem, ob ein Aufschluß auf der Höhe oder am Fuße eines periglazial umgeformten Hügels liegt oder ob gar eine periglazial verfüllte Senke angeschnitten wurde.

Morphologische Ergebnisse über den Ablauf einer Vereisung sind leichter zu gewinnen als stratigraphische. So hatte schon E. Becksmann 1939 von einem Lockstedter Sander berichtet und auf Karten dargestellt. H. Illies (1952 a und b) gelang es, aus Nordhannover bis Süd=holstein hinein ein erfreuliches Bild über die Folge der rißzeitlichen Eisrandlagen zu erarbeiten.

Diese Untersuchungen wurden von H. Freydank 1953 bis auf die Höhe von Husum fortgesetzt. Bedeutend verfeinert hat K. Picard (1958 a–c) unsere Kenntnis, zunächst in dem Gebiet zwischen Hademarschen und Kellinghusen. Dies war ihm möglich aus morphologischen Beobachtungen, Messungen der Schüttungsrichtung und aus Bohrergebnissen. Picard konnte den Verlauf spätrißzeitlicher Eiszungen und die Ablaufwege von deren Schmelzwässern aufzeigen. Das Eis war hier gegen ansteigenden Eigenschutt angelaufen. Zungen hatten sich eingeschürft (Oldenbüttel, Hanerau, Beringstedter Moor, Buckener Au). In den dazwischenliegenden Kerben waren ältere Rißabsätze stark gestaucht worden.

Die Auffassungen von Illies, Freydank und Picard über den Verlauf der rißzeitlichen Eisrandlagen sind auf Karte 3 wiedergegeben. Verlauf und Folge der Moränenzüge in Nordhannover und nördlich der Elbe zeigen, daß der Rand des Rißeises gegen Osten und Nordosten zurückwich. Es sind nach Illies 1952 vermutlich gleichaltrig die Höhenzüge:

Lamstedt–Wingst–Burg i. D.–Meldorfer Geest,
Stade–Itzehoe–Nienbüttel–Beldorf,
Garlstorf–Klecken–Blankenese,
Barendorf östlich von Lüneburg–Geesthacht–Kisdorfer Wohld.

Schon aus dem Umstand, daß das Elbtal die angeführten Eisrandlagen quert, ohne deren Verlauf zu beeinflussen, ergibt sich, daß es sich bei jenen Endmoränen und dem Elbtal um verschieden alte Formen handelt. Im Einklang hiermit steht, daß im Gebiet südlich von Buxtehude und Stade alte Täler in Resten erhalten sind, die von NO nach SW verlaufen. Sie sind ersichtlich unabhängig vom Elbtal, das heißt älter als dieses und haben allem Anschein nach Zufluß aus Südholstein erhalten (Illies 1952, S. 536). Damals war das Wesertal das Urstromtal, in dem sich die vom spätrißzeitlichen Eisrand kommenden Schmelzwässer sammelten.

Auch die Schmelzwässer des rißzeitlichen Westschleswig-Lobus und des vermuteten Eider-Lobus (Gripp 1958) wurden vom Weser-Urstromtal aufgenommen.

Die Ergebnisse über den Ablauf der Rißvereisung in unserem Lande stehen in Einklang mit dem, was der größte hiesige Aufschluß, die Rinne des Nordostseekanals bei ihrem Bau aufzeigte. Das Niederungsgebiet der mittleren Eider von Rendsburg bis Grünenthal entspricht einem warthe- = spätrißzeitlichen Zungenbecken. Das darin gelegene Eis rannte mehrfach gegen Stauchmoränen an, die während mehrerer Phasen entstanden waren. Diese Stirnmoränen sind reich an Schuppen aus Störmeer-Absätzen. Sie wurden mehrfach vom Eise überschritten. Dies bezeugen die drei Grundmoränenlagen, die von Grünenthal weit nach Süden reichen (K. Gripp 1952, S. 70/75). Zu anderen Zeiten breiteten sich dort Schmelzwassersande auf den gegen Süden und Westen führenden flachen Hängen aus Grundmoräne aus (ebd. S. 75). Das Eis ist, wie erwähnt, gegen diese Stauchmoränenschwelle zuletzt in einzelnen Zungen vorgedrungen. Dies geschah in gleicher Weise, wie es später der würmzeitliche Großgletscher tat, wobei die buchtenreiche Ostküste unseres Landes entstand (Anm. 76).

Picard 1957 hat diesen jüngsten rißzeitlichen Eisrand bislang bis in die Gegend von Husum verfolgen können. Die rißzeitlichen Eisrandlagen in Westschleswig, die in Morsum/Sylt, Stolberg bei Bredstedt einerseits und Emmerlefkliff andererseits eine große, einer nach Westen abfallenden Ebene aufgelagerte Eiszunge aufzeigen, dürften gleichfalls einem Jungrißvorstoß angehören. Die Höhen von Wallsbüll, Stotsberg bei Böxlund und von dort nach Westen abbiegend über Bramstedt bis Süderlügum dürften dem letzten rißzeitlichen Vorstoß aus der Eiderniederung zeitlich entsprechen.

Das vorübergehend bis Rotterdam reichende rißzeitliche Inlandeis muß ungleich mächtiger gewesen sein als das würmzeitliche. Das Abschmelzen hat dementsprechend länger gedauert. Klimatische Veränderungen irgendwo im Raume Schleswig–Finnland bedingten für den Eisrand Vor= und Rückverlagerungen, räumlich und zeitlich größeren Ausmaßes. In einigen dieser für unser Gebiet eisfreien Zeiten kehrte sogar Wald hierher zurück, aber nicht das Meer. Es war offenbar nicht genug Eis auf den polaren Landgebieten geschmolzen, als daß das Meer bis in den Gletschertrog der westlichen Ostsee vordringen konnte – falls dieser eisfrei geworden sein sollte.

Es bleibt noch, kurz den Nordrand des Rißmoränengebietes zu betrachten, jene Zone, in der sich die Ablagerungen der letzten Vereisung auf die der vorhergehenden auflagern. K. Gripp 1924 hatte eine scharfe morphologische Grenze angenommen.

H. Illies (1955, Abb. 4, 9) vertrat die Anschauung, daß Höhen der Warthezeit noch im Randgebiet der Würmvereisung auftreten, Abb. 3 zeigt den Klingberg bei Sülfeld als von Würmeis umflossenen Nunatak. Ferner stehen im Verdacht, Reste der älteren Vereisung zu sein: das Hochgebiet zwischen Schmalensee und Damsdorf (Kreis Segeberg, Hölting 1958) und der Rücken Klappholz bis Nordhöhe bei Süderschmedeby. Bei der Fortsetzung dieser Moräne nach Norden, der Höhe von Munkwolstrup, dürfte es sich um einen zweiseitig von Würmmoräne überschütteten älteren Rücken handeln.

Neuerdings erscheint aus dem Umstand, daß periglaziale Bildungen wie Windschliffe und Radialzertalung teils auf stark gebleichten Sanden (Dithmarschen, Husum und anscheinend Grande), teils aber auf Buntsanden auftreten (Nordhöhe, Klappholz, Tarbek, Klingberg, Segrahn), der Verdacht berechtigt, bei den letztgenannten Vorkommen handle es sich um periglazial überformtes Altwürm, bei den Bleichsanden um periglazial bearbeitete Rißabsätze mit eemzeitlicher Bodenbildung.

Um die wahre Grenze zwischen Jungriß= und Altwürmablagerungen festzulegen, sind Untersuchungen aus diesen neuen Blickpunkten heraus erforderlich.

Werfen wir noch einen Blick auf den Inhalt der Rißmoränen, so ergibt sich aus ihrem großen Gehalt an von Eis emporgeschleppten Schollen ein Abbild der darunter gelegenen Schichten. Dort, wo vorher das Störmeer stand, treffen wir in Nordhannover und Schleswig=Holstein die Rißmoränen dicht davon erfüllt. Die Linie Innien–Bunsoh ist die Nordostgrenze der Verbreitung dieser Schollen von Störmeerabsätzen. Diese fällt also mit dem Innenrand der großen Rißmoräne zusammen. Südlich Hamburg fehlen sie ebenso wie im Raume Husum–Bredstedt. Hier im Norden vertritt die sandige Facies des Husumer Sandes jene Meerestone. Aber weiter westlich war im Störmeer Ton niedergeschlagen. Daher finden sich entsprechende Schollen im Goting Kliff (Föhr) und Morsum Kliff (Sylt).

Zu den Gesteinen, die das Rißeis von den Salzstrukturen abschürfte, gehören die per=mischen roten Tone von Schobüll (Rüddiger 1955) sowie Rott und Süderhöft, ferner die Kreideschollen von Oelixdorf, von Gladebrügge und Charlottenhöhe bei Itzehoe (Grube 1955), schließlich die Scholle von mitteloligozänem Septarienton vom Ochsenkamp in Itzehoe. Vom Miozän gehören hierzu die Scholle des Untermiozän vom Ochsenkamp und die An=reicherung von Gesteinen der Hemmoorstufe zu Kronsmoor und Burg i. D. Auch die wenigen Muschelkalkgeschiebe müssen Randzonen von Salzstrukturen entstammen.

Seitdem die Suche nach Erdöl weiten Einblick in den voreiszeitlichen Untergrund gewährt hat und seitdem das Bild des Störmeeres etwas plastischer geworden ist, wird ersichtlich, wie stark der Inhalt der Rißmoräne die Verteilung unterlagernder Schichten widerspiegelt.

4. Die Eem=Warmzeit

Auf die Riß=Vereisung folgte vorübergehend eine Zeit, in der das Klima wärmer wurde als heute. Dies Riß=Würm=Interglazial enthält verbreitet Meeres=Absätze, die die Nieder=länder nach dem kleinen, in die ehemalige Zuyder See mündenden Flüßchen Eem benannt haben. Diese ursprünglich nur für Bildungen des Meeres jener Zeit angewandte Bezeichnung wurde, wie schon angedeutet, später für die gesamte letzte Zwischeneiszeit verwandt (DITTMER 1944). Daher wird heute auch bei Süßwasser-Absätzen von eemzeitlichen Schichten gesprochen.

Während der Eem-Zeit war das Gebiet Schleswig-Holsteins ähnlich wie heute dreigeteilt, Meer im Westen und im Osten und dazwischen Land = Schleswig-Holstein II. Die Absätze des Riß-Eises hatten nicht vermocht, die Senken des Störmeeres für immer auszufüllen. Im Balticum hatte offenbar ein spätrißzeitlicher Groß-Gletscher einen Trog, dem der heutigen Ostsee annähernd entsprechend, ausgefurcht.

Als dann mit zunehmender Erwärmung der Spiegel der Ozeane wieder anstieg, breitete sich, wie früher vor der Zeit des Störmeeres, zunächst ein Gürtel aus Mooren aus. Er wurde aber bald vom ansteigenden Meere mit dessen Absätzen zugedeckt. Damals war die vom Riß-Eise geschaffene Oberfläche noch so unruhig gestaltet wie heute die der Ostsee-Randgebiete. Zungenbecken wie die von Oldenbüttel und Beringstedt, Täler wie die der Nieder-Eider, Arlau und Lecker-Au wurden weit landeinwärts von Meeres-Absätzen angefüllt. Da der Westen unseres Landes nicht mehr von der späteren Würm-Vereisung erreicht wurde, blieben dort die Absätze des Eem-Meeres ungestört liegen. Nur örtlich wurden sie von Schmelzwässern des Würm-Eises erodiert, zumeist aber von deren Sanden zugedeckt. So kommt es, daß wir im Westen unseres Landes Schichten des Eem-Meeres, die bis auf –8 und –5 m NN ansteigen, zwar nirgends an der Erdoberfläche antreffen, wohl aber in geringer Tiefe in Bohrungen oder tieferen Einschnitten.

Das Eem-Meer hat die rißzeitlichen Höhenzüge in NW-Niedersachsen und in Dithmarschen nicht durchstoßen können. Aber die O–W-Niederungen von der Eider an nördlich ermöglichten es der eemzeitlichen Nordsee, in Förden weit in das Land vorzudringen. Siehe Abb. 42.

Im Eidertal sind vollmarine Eemabsätze bis in das Beringstedter Moor, im Tal der Haalerau und bis in das Meckelmoor, aber nicht weiter östlich nachzuweisen. K. GRIPP 1952, S. 103, G. v. D. BRELIE 1951, Anm. 77. Im Treenetal sind sie bislang bis Fresendelf aufgefunden. Südlich von Husum erreichen sie bei Platenhörn ihre Ostgrenze. Auch in das Arlau-Tal griff das Meer nur wenig ein.

Im Tal der Soholmer Au aber konnte Herr Dr. DITTMER, gemäß freundlicher mündlicher Mitteilung, Eem-Absätze über Stadumfeld–Sprakebüll bis Lütjenhornfeld nachweisen. Ihr Vorkommen bis unweit Medelby erscheint ihm wahrscheinlich.

Im Tal der Leckerau endet das Eem-Meer nach E. DITTMER (mündlich) als schmale Rinne bei Karlsmarck.

Da die Fossilien anfangs hohen Salzgehalt bezeugen, kann man von Nordsee-Förden sprechen.

Dies Vordringen des Eem-Meeres in das rißzeitliche Zungenbecken der mittleren Eider ist stratigraphisch von hohem Wert. Seine Absätze trennen eindeutig die Ablagerungen der Riß- und Würm-Vereisung. Sie machen die ursprünglich vertretene Anschauung, die spätrißzeitlichen = warthezeitlichen Moränenzüge bei Hohenwestedt oder Albersdorf könnten periglazial stark veränderte frühwürmzeitliche Eisabsätze sein, unmöglich.

Ganz anders ist es im Osten unseres Landes. Hier sind vom Eise ungestörte Eem-Absätze nur bei Haffkrug und Blankensee bekannt geworden. Bei Haffkrug wurden ab –24 m NN kiesiger Sand mit Eem-Fauna und bei Blankensee ab –14 m NN fossilführende feinsandige Tone angetroffen. Anm. 78 a. Im übrigen aber kennen wir Absätze aus jener Zeit nur als Schollen in den Ablagerungen des Würm-Eises. So Voßbrook bei Holtenau (WETZEL 1921), Stohl (GRAHLE 1936), wo die letzten Reste der Scholle 1955 beobachtet wurden, während zu Habernis, an der Seite zur Geltinger Bucht hin, in den letzten Jahren der sogenannte

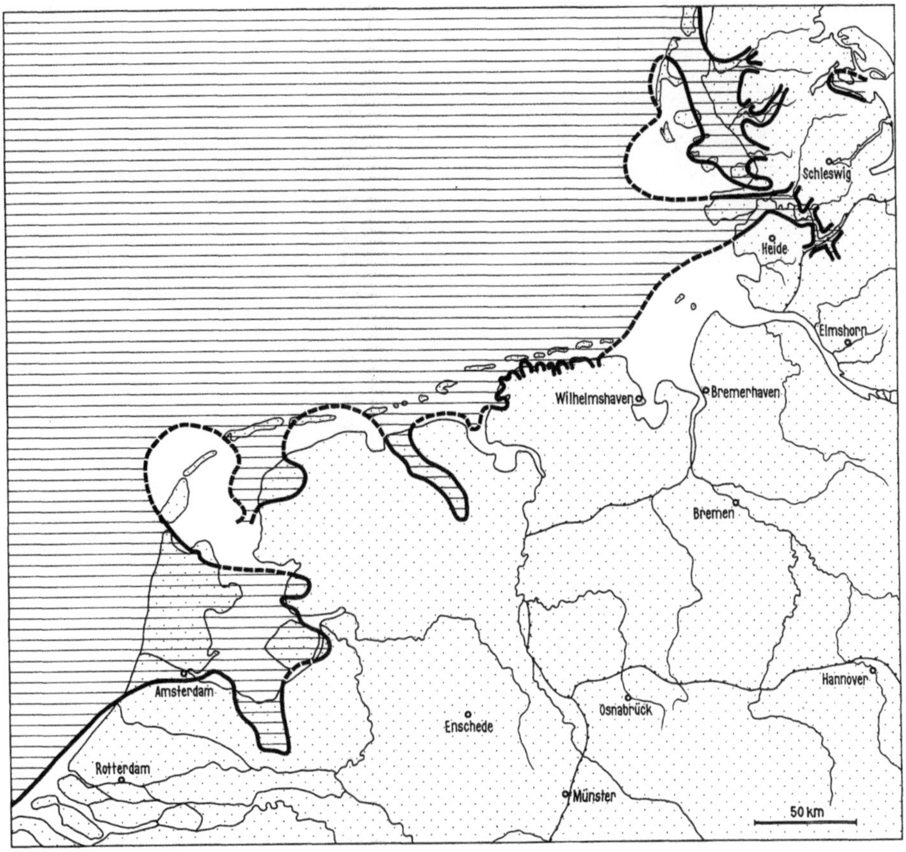

Abb. 42 Verbreitung des Eem=Meeres
nach E. Dittmer, K. H. Sindowski und G. Spaink 1958

Cyprinenton in mehreren Schuppen freigelegt war. 1956 war gestauchter Eem=Ton am Fuße der Kliffe beiderseits Langballingau und von Bockholm weithin zugänglich (R. Köster 1958). Nördlich der Flensburger Förde sind gleichfalls mehrere Schollen beobachtet. Besonders auf=schlußreich war Steensigmoos = Scheldebrück auf Broager (Gottsche 1904), da hier im Liegenden Süßwasser=Mergel mit Eichenblättern und Käferresten und darunter Diatomeen=Ton reich an *Anodonta* und *Pisidium* angetroffen wurden. Ein am Fuße des Kliffs in 2 Hälften zu verschiedenen Zeiten gefundener Elefanten=Zahn ist leider verschollen, bevor er einwand=frei bestimmt war. Aus diesen Funden im Bereich der westlichen Ostsee und solchen aus Mecklenburg, Pommern und dem Unterlauf der Weichsel ergibt sich, daß von den dänischen Inseln bis weit in den Osten zur Eem=Zeit ein Binnenmeer, wie die heutige Ostsee, vorhanden war. Von diesen beiden Meeren ward schon damals eine Halbinsel „umschlungen". Diese berechtigt uns, von einem Schleswig=Holstein II zu sprechen. Von der Elbe bis nach Flensburg und Sylt sowie weiter nördlich in Jütland belegen Torfvorkommen aus jener Zeit dies Land.

Südlich der Linie Rendsburg–Eidermündung sind eemzeitliche Meeresabsätze aus Holstein nicht bekannt. Verschwemmte Eem=Fossilien sind in Schmelzwassersanden Ost=Holsteins häufig, ferner von Helgoland und Langeoog, anstehendes marines Eem von den Mündungen von Weser und Ems, beide Gebiete damals reich an Geestinseln (SINDOWSKI 1958), sowie aus den Niederlanden nachgewiesen.

Die eemzeitlichen Torfe

So wie die Meeres=Absätze des Eems im Westen vom Eise ungestört blieben, im Osten aber vom jüngeren Eise vernichtet oder verschleppt daliegen, so ist es auch mit den Torfen. Allerdings wurde dies erst spät erkannt, da über den Torfen im Westen häufig ungeschichtete, sandig=kiesige Ablagerungen liegen, denen auch Geschiebe bis 15 cm Durchmesser beigemengt sein können. Diese Deckschichten wurden so lange für Reste einer Grundmoräne gehalten, bis ab 1924 sich die Anschauung durchsetzte, daß es sich um periglazialen Wanderschutt handle, der während der Würm=Vereisung über die eemzeitlichen Torfe hinübergewandert sei. Solche periglazial bedeckten Torfe fanden sich bei

Lauenburg=Kuhgrund (SCHÜTRUMPF 1937)
Geesthacht Pumpspeicherwerk (SCHÜTRUMPF, noch ungedruckt)
Hamburg=Stadtpark (HORN 1912)
Hamburg=Billstedt (GRIPP und BEYLE 1937)
Schulau (SCHRÖDER und STOLLER 1906)
Beldorf (C. A. WEBER 1891)
Großen= und Lütjenbornholt (C. A. WEBER 1891, 1893)
Bargstedter Moor (WOLFF=HECK S. 71)
im Tuul von Westerland=Sylt (NORDMANN, JESSEN, MILTHERS 1923).

Im Osten unseres Landes aber sind gleichaltrige Torfe von würmzeitlicher Grundmoräne überdeckt bei:

Fahrenkrug (C. A. WEBER 1893, AVERDIEK 1962)
Loopstedt (W. WOLFF 1922, S. 46, JESSEN und MILTHERS 1928, S. 302, KOLUMBE 1955)
Holtenau (GAGEL 1910)
Schmalenbeck (BEYLE 1919).

Anfangs wurden die fossilen Torfe makroskopisch untersucht (HARTZ, STOLLER, BEYLE). Schon dadurch wurden wichtige Unterschiede zwischen eemzeitlichen und nacheiszeitlichen Torfen aufgezeigt. Vor allem war ein trennendes Merkmal der Umstand, daß die Fichte, *Picea excelsa*, in Schleswig=Holstein niemals in der Nacheiszeit natürlicher Weise vorkam, hingegen häufig in den fossilen Torfen von Kuhgrund, Schulau usw. gefunden wurde.

Weiter war erkannt (HARTZ 1909, BEYLE 1937), daß Samen von in Europa ausgestorbenen Pflanzen zum Teil nicht selten sind, so von zwei Seerosen=Verwandten:

Brachsenkraut	*Brasenia purpurea* MICH. Abb. 41, heute in allen Erdteilen außer Europa
	Euryale limburgensis REID, heute SO=Asien
ebenso vom	
Zyper=Gras	*Dulichium spathaceum* PERS., heute östliches N=Amerika.

Ferner lebt heute nicht mehr im Lande, kam aber vorübergehend örtlich in der Nacheiszeit hier vor:

die Wassernuß *Trapa natans* L., Abb. 41.

Weiterhin erkannte man, daß Hainbuche *(Carpinus betulus)* zeitweise reichlicher als heute vertreten war, während die Rotbuche *(Fagus silvaticus)* ganz ausblieb.

Derartige makroskopische Untersuchungen gaben ein anschauliches Bild der an dem betreffenden Ort, zumeist in kleineren verlandenden Gewässern, vorhandenen Pflanzengesellschaft.

Als Beispiel sei ein bei dem Bau einer Abwässer-Leitung in Bramfeld bei Hamburg aufgeschlossenes kleines Torflager angeführt (Beyle 1933). Es lag 3 m tief unter Gelände, war auf 20 m Länge angeschnitten und keilte an den Enden aus. Es war schwach muldenförmig eingesenkt und in der Mitte 80 cm mächtig. Beyle wies aus Samen, Rhizomen, Knospen, Fruchtzapfen, Holz usw. 52 Arten nach. U. a. waren vertreten Igelkolben, zahlreiche Arten von Laichkräutern, Nixkraut *(Najas)*, Schilf, *Dulichium* (90 Früchte), *Cladium mariscus* (Deutsche Schneide), Simsen, Seggen, Binse, Schwertlilie, Fichte, Zitterpappel, Hasel, Birken, Erle, Eiche, Strandampfer, *Moehringia*, gelbe und weiße Teichrose, *Brasenia* (5000 Samen!), Hornblatt, Hahnenfuß-Arten, *Aldrovanda vesiculosa* (80 Samen!), Fieberklee, Minze, Wolfstrapp, Günsel und Wasserdost.

Nur als Pollen wurden aufgefunden: Kiefer, Heide, Hainbuche, Ulme und Linde.

Fossile Pollen wies erstmalig in unserem Lande und damit für ganz Norddeutschland C. A. Weber im Jahre 1893 nach. Weber, der spätere Botaniker der Moorversuchsstation Bremen, war damals Lehrer an der Landwirtschaftlichen Schule zu Hohenwestedt. Als beim Bau des Nordostseekanals zwischen Lütjen-Bornholt und Steenfeld 7 Vorkommen von Torf unter kiesigen Sanden angetroffen wurden, untersuchte er diese nicht nur mit großem Erfolg makroskopisch, sondern wies auf darin enthaltene Pollen hin (siehe auch K. Gripp 1952, S. 61).

Von 1916 an baute der schwedische Forscher Lennart von Post eine Methode aus, um aus dem Pollen-Inhalt nacheiszeitlicher Moore die Pflanzengeschichte ablesen zu können. Anfangs benutzten er und seine Mitarbeiter die Pollenkörner von 10 Waldbäumen. Später wurden Pollen von Kräutern und bezeichnenden Pflanzen in die Pollenanalyse einbezogen.

Mittels dieser neuen Methode wird nicht mehr die örtliche Pflanzenwelt, wie oben vom Tümpel von Bramfeld, aufgezeigt, sondern der windverfrachtete Pollen gibt das Fehlen oder die Zusammensetzung des ein weiteres Gebiet bedeckenden Waldes an.

Mit Hilfe der Pollenanalyse wurde zunächst für die Nacheiszeit in feineren Einzelheiten erkannt, wie die Pflanzenwelt in das vom Eise verwüstete Gebiet zurückkehrte. Die makroskopische Methode hatte nur die gröberen Züge aufzeigen können.

Der dänische Botaniker Knud Jessen 1928 war der erste, der auch die Torfe der letzten Zwischeneiszeit mittels der Pollenanalyse gliederte. Er teilte die Ablagerungen von den ersten nachrißzeitlichen Absätzen mit *Betula nana* und *Dryas octopetala* über die wärmste Periode mit Eichenmischwald bis zum Wiedererscheinen der Tundra-Flora in die Abschnitte a–i ein (Tabelle A und B). Spätere eingehendere Forschung, besonders von Selle, erforderte weitere Unterteilung, so daß heute nachstehende 13 Pflanzen-Kleider für jene Zwischeneiszeit unterschieden werden:

Die Abschnitte e, f, g = V bis VII in der von Selle eingeführten Schichten-Bezeichnung stellen das Wärme-Optimum dar. In ihm herrschte zunächst ein Eichenmischwald, dem ein Linden-Hasel-Wald folgte. Danach wurde die Hainbuche (VII a) herrschend. Anschließend kennzeichnet die Zunahme der Fichte den Beginn der Abkühlung.

Süßwasser-Schichten im Liegenden der Meeres-Absätze und gelegentlich auch in deren Hangendem ermöglichen es, die Zeit der Eem-Überflutung in die Folge der Land-Absätze einzugliedern (siehe den Abschnitt: Stratigraphische Stellung der Eem-Überflutung).

Selbst von heute geringmächtigen eemzeitlichen Torflagen ist dort, wo sie Sanden oberhalb des damaligen Grundwassers auflagen, eine kräftige Bodenbildung ausgegangen. In den letzten Jahren sind auf der Dithmarscher Geest verbreitet solche Bleichsandlagen von zum Teil ansehnlicher Mächtigkeit aufgefunden (K. Picard 1959, A. Dücker).

Die von K. Picard 1958 bei Husum nachgewiesenen Humuslagen von Waldbäumen und die von A. Dücker bei Ostrohe, südlich von Albersdorf und bei Odderade aufgezeigten Folgen von Humuslagen und Bodenbildung, teils vielleicht vor und weitgehend nach dem Eem=Interglazial entstanden, bezeugen vorübergehende Klimabesserung (Anm. 75). Diese kurzen Schwankungen fanden teils statt, als Skandinavien noch von der rißzeitlichen Eismasse überdeckt blieb, teils als am Ende der Eemzeit das Eis sich im Norden wieder ausbreitete.

Vermutlich gehören Weißsande = gebleichte Riß=Sande von Rothenbeck bei Grande (H. Illies 1955, S. 21) gleichfalls hierher. Diese eemzeitliche Bodenbildung ist neuerdings ein stratigraphisches Hilfsmittel geworden (Anm. 78).

Tabelle A

W. Selle 1941, 1951		Jessen und Milthers 1928
Kiefern=Zeit	X	i
Fichten=Kiefern=Tannen=Zeit	IX	h
Fichten=Zeit	VIII	
Hainbuchen=Fichten=Zeit	VII b	g
Hainbuchen=Zeit	VII a	
Linden=Hasel=Zeit (Linden=Maximum)	VI c	
EMW=Hasel=Zeit (Hasel=Maximum)	VI b	f
Kiefern=EMW=Hasel=Zeit	VI a	
Kiefern=EMW=Zeit	V	e
Kiefern=Birken=Zeit	IV	d
Birken=Zeit	III	c
Subarktische Steppe	II	b
Tundra	I	a

nach U. Rein und G. von der Brelie 1955.

Nicht in allen Torfen sind die Stufen jener Einteilung vollzählig vorhanden gewesen oder erhalten geblieben.

Tabelle B zeigt, welche Abschnitte in den wichtigsten letzt=interglazialen Torfen unseres Landes nachgewiesen sind.

Tabelle B

Pollenanalytische Stufen	Loopstedt J. u. M.	Kuhgrund II J. u. M. Schütrumpf	Ostenfeld Husum Ko. u. Bey. 1940	Norderstapel Ko. u. Bey. 1940	Lieth b. Elmshorn Ko. u. Bey. 1940	Rissen Kolumbe 1952	Billstedt Kolumbe 1952	Stubbenberg Kolumbe 1952
k	+		+					
i	+	+	+		+	+	+	+
h	+	+	+			+	+	+
g	+	+		+		+	+	
f	+	+		+		+	+	
e		+		—				
d				+				
c				+				
b								
a								

Die Absätze des Eem=Meeres

Wie schon erwähnt, treffen wir auf Meeres=Absätze im Osten und Westen des eem=zeitlichen Schleswig=Holstein II.

Die östlichen Eem=Absätze sind fast nur als Schollen in Eis=Absätzen näher bekannt. Zu Voßbrook bei Holtenau und Stohl fanden sich nur graue „Tone". Im Ton von Stohl treten neben regellos verteilten Mollusken Schillagen auf. Der Ton ist dort grau, im Gegensatz zum „Cyprinenton" von Habernis, der von grünlicher Farbe ist. In diesem finden sich Fossilien nur vereinzelt, fast stets zweiklappig und zerdrückt. Dies dürfte wenigstens teilweise auf den Eisdruck zurückzuführen sein; denn der Cyprinenton ist bei Habernis als eine Folge der Eispressung zu erheblichem Anteil in Brockenton umgewandelt. Es darf vermutet werden, daß der Cyprinenton dem sich in der heutigen Ostsee außerhalb der litoralen Sandzonen in ruhigem Wasser (ab 5 bis 17 m Tiefe) niederschlagenden Mudd entspricht. Jener Ton stellt den damaligen küstenfernen Absatz aus der Zeit der höchsten Überflutung dar. Auch hier lief dem Meeres=Anstieg eine Versumpfung des Landes voraus. So lieferte das Gottsche=Kliff von Steensigmoos auf Broager, später auch Scheldebrück und Gammelmarks=Klint genannt, nach C. Gottsche 1904 und V. Madsen 1908, S. 83–87, an Schichten:

oben Tapes=Sand, rein und feinkörnig
toniger Meeressand
Cyprinenton mit *Cyprina*
Cyprinenton mit *Mytilus*
Brackwasser=Schicht
Süßwasser=Ton
Kalk=Gyttje
sehr dünne Torf=Lagen.

Dies Profil ist aus den teilweise ineinandergeschobenen Schichten als die wahrscheinlich ursprünglich vorhandene Folge abgeleitet worden. Wir finden zunächst eine sehr geringe Torfbildung, nach Anstieg des Grundwassers setzten sich in stehendem Süßwasser Gyttje und Ton ab. Nachdem das Meer diese überflutet hatte, gedieh zunächst eine Mytilus-Bank, zum mindesten in der Nähe. Dann folgte tieferes ruhiges Wasser, in dem sich Mudd mit *Cyprina* darin absetzte. Danach wurde das Meer flacher, über tonigen Sand gingen die Absätze in reinen muschelreichen küstenfernen Feinsand über.

Überlagert wird die Serie von eisbedingten Absätzen, wie Sand und Geschiebemergel, die teilweise die Mollusken der unterlagernden Schichten auf zweiter Lagerstätte führen.

Von den bei Blankensee erbohrten Eem-Meer-Absätzen (Anm. 78a) untersuchte Chr. Brockmann 1950 die Diatomeen-Flora. Danach war ein so gut wie gezeitenfreies, flaches, klares, brackisch-marines Gewässer ähnlich der heutigen Ostsee anzunehmen. Anders als bei Steensigmoos sind hier unter der würmzeitlichen Grundmoräne und über den Meeresabsätzen Torfmudde oder humose Feinsande, also nach dem Rückzug des Meeres entstandene Absätze, erhalten geblieben.

Die Eem-Absätze an der West-Küste unseres Landes lagern, wie schon angegeben, ungestört und sind nur von Schmelzwassersanden und periglazialem Schutt überdeckt. Im äußersten Westen kommen nacheiszeitliche Torfe, Wattabsätze und Marschen-Klei als Deck-Schichten hinzu. Örtlich hat die heutige Nordsee in tieferen Rinnen die Absätze ihrer eemzeitlichen Vorgängerin fortgespült (W. G. Simon 1941).

Zahlreiche Bohrungen haben von Listland auf Sylt im Norden bis in das Beringstedter Moor im Süden Ablagerungen des Eem-Meeres nachgewiesen. Die Verbreitung jener Absätze und zugleich die Schichtenfolge haben klargelegt:

Heck 1932	Dittmer 1951
Gripp und Simon 1940	von der Brelie 1951
Dittmer 1941 a u. b	Gripp 1952
Simon 1941	Dittmer 1954.

Dadurch sind drei getrennte Verbreitungs-Gebiete bekannt: Einmal die nordfriesische Bucht nördlich von Sylt bis in die Marsch von Ribe (Ripen) und als „Nordfriesische Rinne" (Dittmer 1951) zwischen Sylt und Föhr im Westen und dem Geestrand Nordfrieslands im Osten. In die heute noch und zur Eem-Zeit schon vorhandenen Täler griff das Meer ein. So im Tal der Wiedau (bis Saed = Seth) an der Straße Tondern–Süderlügum (Nordmann 1928); im Tal der Lecker Au bis 3 km westlich von Leck (Dittmer 1954), im Tal der Arlau anscheinend weniger weit. Unter dem östlichen Nordstrand fehlt Eem nach Dittmer. Um diesen Vorsprung der damaligen Küste griff das Eem-Meer bis über die Eisenbahn Husum–Friedrichstadt (Blockstelle Platenhörn) nach Osten hinaus. Gegen Süden fehlt in Bohrungen im Watt nördlich Eiderstedt und an Land bei Norder-Friedrichskoog marines Eem (Simon 1941).

Von der zweiten Bucht des Eem-Meeres, der Eider-Treene-Bucht, waren zwar Vorkommen seit dem Bau des Nordostseekanals bekannt, aber nicht als solche erkannt. Erst V. Nordmann 1908 rechnete sie den Eem-Schichten der Niederlande zu, allerdings ohne sie endgültig dem letzten Interglazial einzugliedern. Dies geschah zaghaft von W. Wolff ab 1915, endgültig durch V. Nordmann 1928. Da C. Gagel dieser Altersdeutung widersprach, ließ die Preußische Geologische Landesanstalt 1928 bei Oldenbüttel 4 Bohrungen niederbringen. Über deren Ergebnisse berichtete H.-L. Heck 1932.

Eine räumliche Erweiterung unserer Kenntnis dieser Bucht des Eem-Meeres brachten Untersuchungen von E. Dittmer 1951. Er fand im Treene-Tal südlich von Schwabstedt an der Straße Schwabstedt–Seth in Bohrung IV bei 18,6–40,8 m unter Gelände = NN „das bisher mächtigste und tiefste Eem an der gesamten Nordseeküste". Tiefenlage und petrographische

Ausbildung weichen in diesem zweiten Verbreitungsgebiet von denen des nordfriesischen Eems ab. In der Muschelfauna fehlt *Pecten opercularis* L., statt dessen ist die in Nordfriesland seltene *Chlamys varia* L. häufig, *Tapes decussatus* tritt nur hier auf; ferner sind die sonst seltene *Gastrana fragilis* L. und *Mytilus lineatus* GMELIN (Taf. 38 Fig. 2) häufig. Derart weitgehende Unterschiede zusammen mit dem Fehlen des Eems in den Bohrungen im nördlichen Eiderstedt deutete DITTMER 1951 als Anzeichen eines schmalen Landstreifens. Dieser trenne die „Nordfriesische Rinne" von der südlich quer dazu verlaufenden „Nordmann=Rinne". DITTMER vertritt die Anschauung, daß rißzeitliche Schmelzwässer aus dem Gebiet der mittleren Eider zunächst zwischen Festland und nordfriesischen Geestinseln nach N abgelaufen seien, später aber hätten jene Wässer einen kürzeren Weg über Eiderstedt und das Eidermündungs=Gebiet unmittelbar nach W genommen. Die so entstandene „Nordmann=Rinne" sei als Folge des kürzeren Laufes tiefer eingeschnitten gewesen. Daher fand das Eem=Meer, als es später jene alte Schmelzwasser=Rinnen zunehmend anfüllte, im Norden eine flachere Nordfriesische, im Süden dagegen eine tiefe, zum Meere hin weit offene, Nordmann=Rinne vor. K. GRIPP 1958 vermutete in jener trennenden Schwelle die Reste der Moränen=Gabel zwischen dem westschleswigschen und dem südlich anschließenden rißzeitlichen Eislobus.

Von der Nordmann=Rinne drang das Meer einmal ins Treene=Tal vor, bis über Bergenhusen hinaus, wo noch über 30 m tonige, marine Eem=Schichten erbohrt wurden (DITTMER 1951, S. 99); zum anderen ebenso in das Eidertal, wo durch HECK 1932, GRIPP 1938, 1952, und v. D. BRELIE 1951 Meeres=Absätze bis in das Gieselau=Tal, Beringstedter und Meckelmoor nachgewiesen wurden.

Das *dritte* Vorkommen eemzeitlicher Meeres=Absätze liegt auf der Westseite des Landes, das damals von Kampen bis Nord=Eiderstedt reichte. Bei Hörnum ist Eem erbohrt (Anm. 79). Die dortigen Absätze, dunkle sandige Tone, weichen von den sonst aus dem Eem bekannten Absätzen ab. Auch *Chlamys varia* L., im nordfriesischen Bereich kaum gefunden, ist dort häufig (DITTMER 1941). Am Außenstrand bei Hörnum werden Mollusken des Eem auf zweiter Lagerstätte gefunden, besonders *Tapes senescens.*

SIMON 1941, S. 157, sprach die Vermutung aus, das Eem von Hörnum könne durch eine zwischen Föhr und Amrum nachgewiesene Rinne mit dem Eem der Gegend von Langeneß zusammengehangen haben, es sei nur später von Schmelzwässern erodiert, denn heute erfüllen würmzeitliche Schmelzwassersande das über 20 m tiefe Tal. DITTMER 1941, S. 175, aber wies mittels sorgfältig durchgeführter Bohrungen nach, daß der Diluvial=Rücken zur Eemzeit bis Eiderstedt geschlossen war = Westland in GRIPP und DITTMER 1941.

Über den Verlauf der Nordmann=Rinne gegen Westen und den der Küste des Eem=Meeres weiter südlich fehlen Angaben. Die Nordmann=Rinne wird nahe Helgoland in das rißzeitliche Weser=Urstromtal eingemündet sein. Ein Mündungstrichter der Elbe war noch nicht vorhanden, da er erst zur Würm=Zeit von Schmelzwässern eingeschnitten wurde.

Die Schichtenfolge der Eem=Meer=Absätze ist je nach der geographischen Lage mehr oder weniger vollständig. Die marinen Schichten beginnen mit transgredierendem Sand (Senescens=Sand). Wo aber das Wasser später so tief war, daß der wellenbedingte, küstennahe Sand=Transport das Gebiet nicht erreichte, kam ein Ton zum Absatz. Je freier die See, desto reicher an *Turritella,* daher die Bezeichnung Turritellen=Ton. Ton über Sand mit *Tapes senescens* kommt auch am Nordostseekanal vor, aber dort fehlt *Turritella.* Dem Turritellen=Ton hingegen fehlt *Cyprina islandica* L., die dem gleichaltrigen Ton des Ostsee=Eems den Namen gab.

Tapes=Sand und Turritellen=Ton sind die beiden Facies, die während des Anstiegs des Meeresspiegels entstanden. In der nordfriesischen Rinne tritt über den günstigenfalls 2,5–6 m mächtigen vollmarinen Absätzen eine bis 14 m umfassende Serie aus marinen bis brackischen und Verlandungs=Schichten auf. Gegen die Küsten hin sind es dunkle sandige Tone mit Pflanzenresten, im zentralen Teil der Nordfriesischen Rinne aber graugrüne, tonig bis schluffige Feinsande, ± reich an Meeres=Mollusken. Es kann sich nicht um Absätze aus der Zeit sinkenden Meeresspiegels handeln. Die örtlich große Mächtigkeit und vor allem der Umstand, daß diese „Olander Schichten", wie ihr Bearbeiter E. Dittmer 1941 sie benannte, nicht nur Turritellen=Ton und hochliegenden Senescens=Sand, sondern auch rißzeitliche Ab=sätze überlagern, bezeugt steigenden Wasserspiegel.

Einstweilen muß man annehmen, daß es sich um eine Watt=ähnliche Ausfüllung der Nordfriesischen Rinne handelt.

Für das Eidergebiet zerlegte von der Brelie 1951 den „Meereston" von Gripp 1952 in einen unteren marinen und einen oberen „brackischen Ton". Auch hier folgte, wie in der Nordfriesischen Bucht, auf die Zeit vollmariner Sedimentation ein Abschnitt mit Brackwasser=Absätzen. Auch hier transgredierten dessen Absätze über zuvor frei daliegende Ablagerungen der Riß=Vereisung. Da in den Bohrungen im Treene=Tal, bislang wenigstens, beide Tone fehlen, entsteht der Eindruck, daß im Treene=Tal Sand=Bänke und Schlick abgesetzt wurden zu der gleichen Zeit, da im Eider=Tal und seinen Nebenbecken im freien Wasser Meeres= und Brackwasser=Ton niedergeschlagen wurden.

Da bei dem Wechsel von breiteren Becken und engeren Zwischenverbindungen die Eem=Folge im Eidertal stark wechselt, faßte von der Brelie 1951 die dortige Schichtenfolge, wie nachstehend angeführt, zusammen

<table>
<tr><td colspan="3">humoser Sand und Ton sowie Torf und Faulschlamm</td><td>Vegetations=Zonen nach Jessen 1928
k
i</td></tr>
<tr><td rowspan="3">humoser fein=sandiger Ton</td><td>brackischer Ton</td><td></td><td>h</td></tr>
<tr><td>mariner Ton</td><td rowspan="2">mariner Sand</td><td rowspan="2">g
f
e</td></tr>
<tr><td>mariner Töck[1]</td></tr>
<tr><td></td><td colspan="2">Kalkgyttje, Feinsand
Süßwasser= bis brackige Absätze</td><td>d</td></tr>
</table>

Nach unserem bisherigen Wissen ähneln die eemzeitlichen Absätze denen der heutigen Ostsee mehr als denen in der südöstlichen Nordsee. Der Cyprinen=Ton gleicht der Mudde der Ostsee. Ein dem Turritellen=Ton entsprechendes Sediment kennen wir nicht vor unserer Küste, sondern erst aus dem Kattegat. Dies ist ein vollsalziger, aber durch Land gegen ozeani=schen Wellengang geschützter Meeresteil. Auch der Gezeitenhub war, wie heute im Kattegat, gering.

[1] verfestigte plattige Gyttje

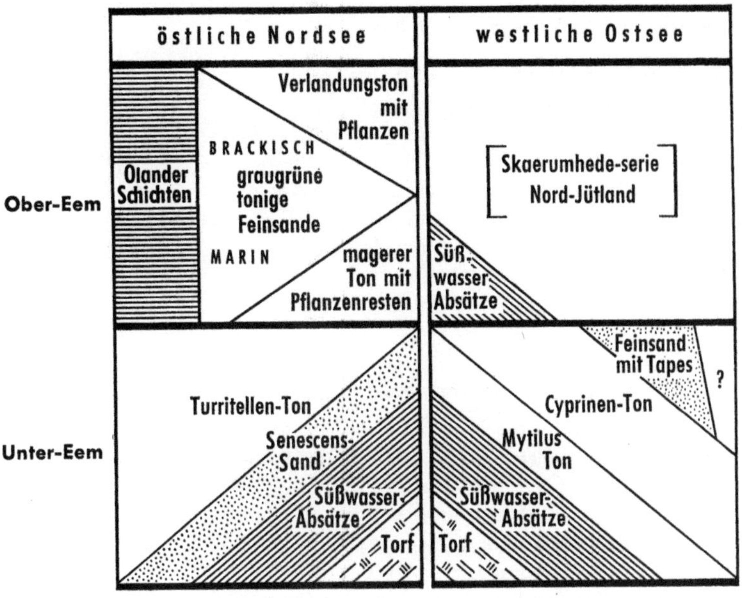

Abb. 43 Vergleich der eemzeitlichen Schichtenfolge in Nord= und Ostsee

Die bisher bekannten Schichtenfolgen seien durch nachstehende Bohrprofile gekennzeichnet.

Nordfriesische Rinne, Bohrung 17, südlich Oland, nach Dittmer 1941

0– 5,6 m	Alluvium		
– 7,0 m	humoser Talsand, würm=zeitlich		
– 7,3 m –20,3 m –21,2 m	fetter Ton mit Pflanzen=Resten schwach toniger Mehl= und Feinsand, marin magerer Ton mit Pflanzen=Resten	Süßwasser=Schichten und Brackwasser=Absätze mit *Abra alba*	Ober=Eem = Olander=Schichten
–24,3 m –25,6 m	fester Ton = Turritellen=Ton Senescens=Sand	Meeres=Absätze	Unter=Eem
–(28,0 m)	Schmelzwassersand; Riß=zeitlich		

Treene=Tal VI = Badeanstalt Norderstapel nach Dittmer 1951

– 7,2 m	Alluvium
–15,1 m	würmzeitlicher Schmelzwassersand
–30,1 m	Feinsand, tonstreifig, in westlicher gelegenen Bohrungen bis halbfetter Ton, arm an Schalen
–33,9 m	Feinsand, reich an Mollusken=Schalen
–(34,1 m)	steiniger Fein= bis Grobsand mit reicher Eem=Fauna riß=zeitlicher Schmelzwassersand

Hörnum. Krahn des Fliegerhorstes, Bohrung 5, gebohrt September 1936 von Karl Schultz, Westerland. Gelände +4,00 m NN

0–12,0 m	Mittel= und Grobsand mit Schalen	Alluvium
–14,8 m	Mittelsand, gleichkörnig	
–15,7 m	Mittel= bis Feinsand mit *Mya truncata, Cardium edule, Bittium, Gibbula;* Flint.	
–20,5 m	hellgrüngrauer toniger Feinsand mit Schalenbruch	?
–22,6 m	Feinsand, Austernbank, reich an *Pecten (Chlamys) varius.*	Eem
–23,9 m	schwach toniger Feinsand mit Mollusken	
–28,2 m	Mittel= und Grobsand, kiesig	Riß
–(30,0 m)	ungleich körniger Mittel= und Grobsand	Pliozän

Die Weichtierfauna der Eem=Zeit

Unter den Weichtieren des *Süßwassers* ist nur eine Art enthalten, die heute nicht mehr in Norddeutschland lebt. Eine winzige glatte Schnecke *Belgrandia marginata* Michaud = *germanica* Clessin, abgebildet in V. Nordmann Eem=Zonerne, Taf. 12 Fig. 17. Deren Nach=kommen leben in Belgien und Frankreich und südlicher. Sie fand sich in ehemaligen Süß=wasserbecken zu Winterhude Stadtpark (Horn 1912), Billstedt (Beyle 1937), Barmbeck Steilshooper Straße (Beyle 1924), Nordostseekanal (Gripp 1952).

Von den eemzeitlichen *Meeres*=Absätzen sind die sandigen zumeist reich an Weichtier=schalen.

Diese Schichtenfolgen wie auch die der tonigen Absätze sind weitgehend verschieden von denen des Störmeeres. Dessen Fauna war boreal bis gemäßigt arktisch. Es traten daher nur Arten auf, die heute in der Nordsee und nördlicher leben. Die Auster war die Art, welche die höchste Temperatur beanspruchte. Bei den eemzeitlichen Absätzen unseres Gebietes ist die Auster schon in den tiefsten Absätzen vorhanden. Außerdem treten Arten auf, die wir heute nicht in der Nordsee, sondern an der Küste Südfrankreichs und der Iberischen Halb=insel antreffen. Es ist also in der Faunen=Zusammensetzung und demzufolge in der Tempe=ratur ein erheblicher Unterschied zwischen dem Stör= und dem Eem=Meer gewesen.

Südliche Arten der Eem=Fauna, die heute nicht in der Nordsee vorkommen, sind:

1. *Mytilus lineatus* Gmel.	heute im Mittelmeer
2. *Tapes senescens* Doed.	diese schon im Pliozän des Mittelmeergebietes vertretene Art ist mit dem Eem ausgestorben
3. *Lucina (Divaricella) divaricata* L	südlich der Straße von Dover
4. *Gastrana fragilis* L.	südlich der Straße von Dover
5. *Abra ovata* Phil.	Brackwasser=Form südlich der Loire=Mündung
6. *Haminea navicula* Da Costa, (= *Atys hydatis* L.)	südlich England und Irland

Diese lusitanischen Arten und die zahlreichen südlich=borealen Arten, die die Faunen=Listen von Nordmann 1908, Heck 1932, Todtmann 1933, W. G. Simon 1941, Dittmer 1941, 1951, 1954 anführen, bezeugen ein Tierleben, wie wir es heute in SW=Europa dort antreffen, wo die Brandung nicht zu heftig ist. Große dickschalige Formen wie *Pectunculus, Venus (Callista) chione* L., *Lutraria*, große *Pecten* usw. fehlen. Die Fauna des Tapes=Sandes ent=

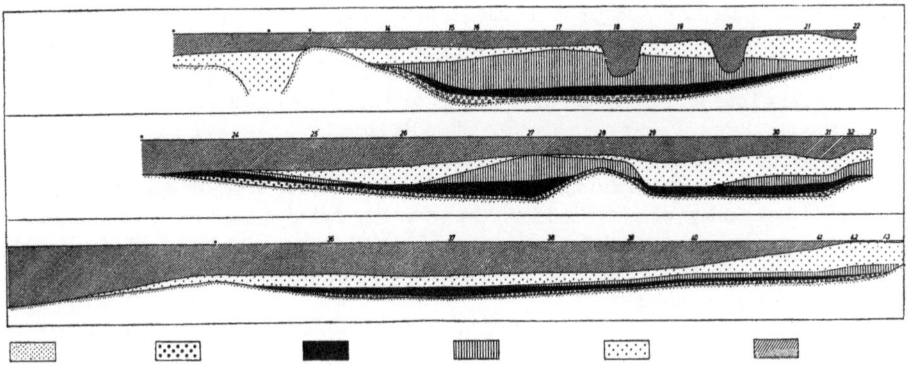

1 2 3 4 5 6

Abb. 44 Schnitte durch die nordfriesische Eem-Bucht nach E. DITTMER 1941

Oberer Schnitt: Langeneß – Bongsiel; Mittlerer Schnitt: Hooge – Bredstedt; Unterer Schnitt: Pellworm – Hattstedt
1 Mittel-Diluvium 3 Eem: Turritellen-Ton 5 Würmzeitlicher Talsand
2 Eem: Senescens-Sand 4 Eem: Olander Schichten 6 Watt und Marsch

spricht demnach derjenigen einer Bucht, die zwar breite Verbindung mit dem Meere hatte, aber doch vor der vollen Brandung geschützt war.

Schon W. G. SIMON 1941 wies darauf hin, daß im höher gelegenen jüngeren Eem-Sand die Zahl der lusitanischen Arten abgenommen hat. DITTMER 1941 gab an, lusitanische Arten seien in der oberen Hälfte des Unter-Eems am stärksten vertreten. Im Ober-Eem (Olander Schichten) nähme die Zahl der lusitanischen Arten schnell ab. Dafür treten boreale Schnecken wie *Buccinum undatum, Rissoa membranacea, Gibbula cineraria, Lora turricula, Natica poliana alderi* neu auf. *Macoma balthica* wird größer. Eine durch sinkende Temperatur bedingte Annäherung an die Zusammensetzung der heutigen Fauna ist somit zu erkennen.

Tiefe und Gezeiten des Eem-Meeres

Bei der guten Kenntnis, die wir dank der zahlreichen Bohrungen besitzen, die im Auftrage der Zentralstelle für die Untersuchungen an der Westküste beim Oberpräsidenten der Provinz Schleswig-Holstein durch die Forschungsstelle Husum in den Jahren 1935 bis 1940 ausgeführt wurden (Anm. 80), geht die Kenntnis so weit, daß DITTMER die Frage nach der Tiefe und den Gezeiten im Nordfriesischen Eem-Meer stellen konnte. Abb. 44 (DITTMER 1941, S. 180) zeigt einen Schnitt von Langeneß nach Langenhorn. Als Tiefenangabe zu jenem Profil sei das Ergebnis von zwei Bohrungen angeführt:

	Bohrung 17 südl. Oland	Bohrung 20 Küste nördl. Ockholm
Alluvium	0– 5,8 m	–15,3 m
Schmelzwassersande	– 7,2 m	–18,1 m
Ober-Eem = Olander-Schichten	–21,4 m	–19,1 m
Turritellen-Ton	–24,5 m	–21,6 m
Senescens-Sand	–25,8 m	–22,6 m

Das Liegende der Eem-Absätze ist in zahlreichen Bohrungen erreicht worden. Daher errechnete Dittmer die Wassertiefe am Ende der Unter-Eem-Zeit aus der heutigen Höhen-Differenz von höchstem Senescens-Sand (= strandnahe Bildung) und jeweiliger Oberfläche des Turritellen-Tons (küstenferner Niederschlag). Er fand Tiefen über 10 m im Westen der Nordfriesischen Rinne. Gegen Süden wurde diese flacher.

Die Frage nach Gezeiten im Eem-Meer wurde zuerst von Brockmann nach Diatomeen-Befund in den Proben der Bohrung Oldenbüttel erörtert (1932, S. 46–49). Danach ist der Eem-Ton Niederschlag eines vollsalzigen Meeres. Ein hoher Gehalt von Chaetoceros-Sporen weist auf mäßigen Schlickfall hin. Die Massen-Entfaltung am Ort lebender Arten und das geringe Ausmaß eingeschwemmter Küstenformen ließen ihn auf einen gezeitenschwachen Meeresarm schließen.

Über dem Eem-Ton lagernder humoser Ton wird nach seiner Diatomeen-Flora als Brackwasser-Absatz bei stärkerer Gezeiten-Bewegung angesehen. v. d. Brelie 1951 schließt sich der Deutung von Brockmann an. Der S. 224 erwähnte brackische Ton wird von v. d. Brelie als Niederschlag in einem Gezeiten-Meer mit steigendem Spiegel aufgefaßt. Diese Änderung sei nur verständlich durch die Annahme, daß sich der Außenteil der Eider-Rinne weiter geöffnet habe. Dittmer glaubt aus dem Fehlen der Schichtung im Turritellen-Ton und aus dem Fehlen von Wattabsätzen in der Nordfriesischen Rinne gleichfalls auf einen geringen Gezeitenhub während des Unter-Eems schließen zu dürfen.

Der höchste Stand des Eem-Meer-Spiegels

Mehrfach erörtert wurde die Lage des höchsten Wasserstandes (Gripp 1952, S. 99, Dittmer 1954, S. 76). Die höchsten bekannten Meeres-Absätze sind:

Tondern (? umgelagerter) Eem-Sand	ab –6,7 m NN	(Nordmann 1928, Taf. 3)
Eem-Ton	ab –8,9 m NN	(Gripp 1952, S. 99, Tabelle durch Satzfehler unverständlich (Dittmer 1954, S. 76)
Leck, Ton mit *Gastrana*	ab –8,0 m NN	(Dittmer 1954)
Nordfriesische Rinne, Niebüll	ab –6,0 m NN	(Dittmer 1954, S. 77)
Treene-Tal, Fresendelf	ab –9,3 m NN	(Dittmer 1954, S. 76)
Nordostseekanal, km 36,003 S. Eem-Ton	ab –4,1 m NN	(Gripp 1952, S. 99)
Beringstedter Moor Eem-Ton	ab –6,95 m NN	(Gripp 1952, S. 105).

Eindeutige Ufer-Bildungen fehlen bisher. Nur v. d. Brelie (1951, S. 105) deutet Sande als Strandwall oder Riff (km 37,0–37,65 S); aber hierbei handelt es sich um unterhalb des Eem-Tones, also schon früh, während des Wasserspiegel-Anstiegs abgesetzte Sande.

Ufer-Bildungen im höchsten Meeres-Niveau fehlen, weil vor den uns heute zugänglichen Eem-Küsten die Hohlformen so weit angefüllt waren, daß Wellen größere Strandwälle und Riffe kaum mehr aufhäufen konnten. v. d. Brelie 1951 sieht den brackischen Ton als den höchsten Stand des Meeresspiegels an. Danach begann dessen Absinken. Dittmer 1954, S. 77, und Gripp 1951, S. 99, stimmen darin überein, –5 m NN als annähernd höchsten nachweisbaren Meeresstand für die mittlere Eider anzusehen. Reste von Strandebenen und Strandsanden sind bislang auch um das Beringstedter Moor nicht gefunden. Ein terrassenartiger Rest unweit von Lütjenwestedt erwies sich als ein würmzeitlicher Schuttkegel.

Die Höhen-Angabe –5 m NN ist bisher die einzige, wenn auch rohe Zahl, von der auszugehen ist bei Erörterung der Fragen:

a) wie hoch stieg der Spiegel des Eem=Meeres?
b) wie weit ist der Boden des Nordseebeckens seit der Eem=Zeit abgesunken?

Es ist nicht anzunehmen, daß die von Felsküsten und Felsgrund begrenzte Straße von Dover zur Eem=Zeit breiter als heute gewesen sei. Aber bei wärmerem Klima auf der Erde als heute muß, da polares Landeis verstärkt schmolz, ein höherer Meeresspiegel als der jetzige auf=getreten sein. Dadurch wäre das Wasser in der Straße von Dover tiefer als heute gewesen, und warmes Wasser hätte reichlicher als heute von S in das Nordseebecken einströmen können. Dieser erhöhte Spiegelstand ist, wie erwähnt, bisher nicht im Gelände nachzuweisen. Gründe hierfür, einzeln oder gemeinsam, sind:

1) durch nachträgliche Entkalkung können die Strandbildungen unkenntlich geworden sein;
2) fluvio= und periglaziale Vorgänge könnten jene zerstört haben;
3) das isostatische Absinken der Nordsee=Parageosynklinale hat den damaligen, höher als der heutige gelegenen Meeresspiegel und dessen Ufer unter diesen absinken lassen.

Der Eem=Zeit werden am Mittelmeer die Strandlinien

Zeuner 1945:	Monasterien II 7–8 m
	Monasterien I 18–20 m
Fairbridge 1959:	+ 3 bis + 18 m zugeteilt.

Danach ergäbe sich für das Nordseebecken ein Senkungsbetrag von 10–25 m seit der Eem=Zeit. Im Hinblick auf das nacheiszeitliche isostatische Absinken, das nach den Anschauungen über den nacheiszeitlichen Aufstieg des skandinavischen Vereisungsgebietes für die um=gebenden Randzonen angenommen wird, ist ein Absinken um 25 m durchaus im Bereich des möglichen. (Siehe auch den Abschnitt über eustatische Schwankungen des Meeres=Spiegels.)

Die stratigraphische Stellung der Eem=Überflutung

Die Absätze des Eem=Meeres werden, wie angeführt, bald unten, bald oben von Süß=wasser=Ablagerungen bzw. Torf begleitet. Ferner ist, wie gleichfalls schon erörtert wurde, die nicht=marine Schichtenfolge der Eem=Interglazial=Zeit mittels der Pollenanalyse in die Ab=schnitte a–i (bzw. l) oder I–X zerlegt worden. Diese beiden Umstände ermöglichen es, fest=zulegen, in welchen Abschnitten des Eem=Interglazials die Überflutung des warmen Eem=Meeres stattfand, also das Meer seinen höchsten, überwiegend eustatisch bedingten Stand erreichte. H.=L. Heck 1932 hat bei den sorgfältig durchgeführten Bohrungen von Oldenbüttel nicht nur in den Süßwasser=Ablagerungen, sondern teilweise auch in den Meeresabsätzen Pollen in ausreichender Zahl angetroffen. Dadurch war es möglich, die Abschnitte der Gliederung Jessens (1928) wiederzufinden. Es ergab sich für die Bohrungen Oldenbüttel II und III:

Beginn der Überflutung in Abschnitt d
Ausbreitung des Eichenmischwaldes in Abschnitt e
höchste Prozentzahl des Eichenmischwaldes und *Corylus* in Abschnitt f
*Pinus=Picea=*Wälder verdrängen den Eichenmischwald während des Abschnittes g und herrschen während h vor.

Der Eem=Ton wurde während der Abschnitte f–h abgesetzt; also während der Zeit des Eichenmischwaldes = Klima=Optimums und der nachfolgenden Fichten=Zeit. Verfeinert wurde die Gliederung durch v. d. Brelie 1951, dessen Ergebnis in der Tabelle S. 224 enthalten ist. Danach setzte die Überflutung am Schluß von Abschnitt d ein. Während des Abschnitts e bis g kamen *Senescens=*Sand und mariner Ton zum Absatz. Der brackische Ton aber ent=spricht der Fichten=Zeit = h. Es ist somit gesichert, daß der höchste Wasserstand des Meeres sowohl mit dem durch den Eichenmischwald aufgezeigten Klima=Optimum auf dem Lande wie mit der durch die lusitanische Weichtier=Fauna für das Meer aufgezeigten Zeit hoher Temperatur zusammenfällt. Die Anschauung Warm=Zeit = Eis=Schmelze = höchster Wasserstand in den Meeren, die an Korallen=Inseln des Pazifiks erstmalig erkannt wurde, wird durch die Absätze der Eem=Zeit also im großen bestätigt.

Aber ebenso wie später in der Nacheiszeit hielt der Anstieg des Meeresspiegels über die Zeit des Klima=Optimums hinaus an. DITTMER 1941 belegte seine Olander=Schichten als transgredierend. Nach v. D. BRELIE 1957 verhielt sich der Brackwasser=Ton in der Eider=Förde in gleicher Weise. Dieser aber entspricht der Pollenzone h = VIII + IX, also einem etwas kühleren Klima. Da ein zweimaliges Eintreten der gleichen Erscheinung vorliegt, kommt eine örtlich begrenzte Ursache nicht in Betracht. Ob beide Male das Klima (zum mindesten in Mittel=Europa) kühler geworden, ohne daß schon eine Vergrößerung der polaren Landeis=Kappen und demzufolge Senkung des Weltmeer=Spiegels eingetreten war oder isostatische Ursachen vorliegen, bleibt unentschieden.

Die Groß=Säuger der Eem=Zeit

In unserem Land sind an großen Säugern aus der Eem=Zeit nur wenige bekannt (E. W. GUENTHER 1954). Beim Bau des Nordostseekanals wurden Knochen und Zähne gefunden von

Alt=Elefant *Hesperoloxodon antiquus* FALC.
Mammut *Mammonteus primigenius* BLUMENB.
Nashorn *Dicerorhinus hemitoechus* FALC. mit Dornen der Hecken=Rose zwischen den Zahnleisten, siehe E. WÜST 1922, S. 686 (Taf. 39 Fig. 4).
Rothirsch
Ur.

Da die Stücke aus dem Baggergut gesammelt wurden, ist ihre Fundschicht nicht näher bekannt.

5. Die Würm=Vereisung

Die Pollenanalyse zeigt auf, daß gegen Schluß der eemzeitlichen Wärme=Schwankung die Temperaturen auf dem Lande sanken. Auf den Eichenmischwald folgte zunächst ein Hainbuchenwald. Ihn löste langsam ein Fichtenwald ab. Dieser ging nach zeitweiligem Auftreten der Tanne *(Abies pectinata)* in einen Kiefernwald über. Bei Loopstedt wies KOLUMBE 1955 den Abschnitt k nach, in dem, im nunmehr schon subarktischen Klima, geringwüchsige Baumbirken und Kiefern einen Wald mit von Zwergbirke bestandenen Lichtungen bildeten. Während dieser so eindeutig belegten Klima=Abkühlung rückte das Eis wiederum von den Höhen Skandinaviens vor. Es überschritt den mit Eem=Meer=Absätzen teilweise angefüllten, rißzeitlich ausgeschürften Trog der Ostsee und flutete auf das südlich und westlich anschließende, während der Eem=Zeit noch aus frischen, eisentstandenen Höhen und Senken aufgebaute Gebiet der Riß=Vereisung hinüber.

Die Verbreitung des Würm=Eises

Während der Zeit, da das Eis vorrückte, wurde seine Fließrichtung von den Formen, die es vorfand, gelenkt. Ein Eisstrom wird im baltischen Riß=Eem=Trog vorgedrungen sein und sich zunächst ganz dessen Form angeschmiegt haben. Ein anderer Eisstrom dürfte aus der Gegend östlich von Oslo und von dem westlichen Abfall Süd=Schwedens, also aus Vermland, Bohuslän, Vestergötland, Halland, in das flache Kattegat und in diesem gegen Westen und Süden vorgedrungen sein. Vermutlich ist das häufige Vorkommen von Rhombenporphyren

(Anm. 81) als Geschiebe in Holstein, eines Gesteines, das von Oslo bis an die Südgrenze von Bohuslän anstehend vorkommt, und ebenso das reichliche Vorkommen von Kinne=Diabas sowie Granatamphibolit (Wennberg 1951 Tabelle) auf einen anfänglich weit nach S reichenden Transport aus nördlicher Richtung zurückzuführen. Später ist dann Eis, nachdem es die skandinavischen Rand=Senken ausgefüllt hatte, für kurze Zeit radial nach Norddeutschland hineingeflossen. Wir werden sehen, daß dieser Eisstrom wieder von einer, dem alten Ostseetrog folgenden Eismasse, also einem Ostsee=Groß=Gletscher, abgelöst wurde. Nach Wennberg 1951 drang dieser spätere Groß=Gletscher im Bereich der westlichen Ostsee und des Kattegats bis zur ostjütischen Eisrand=Linie vor, also bis westlich Aabenraa (Apenrade), Vejle, östlich Skanderborg, westlich Aarhus, Süd=Hälfte der Halbinsel Djursland. Diese Grenze wird von den dänischen Geologen Stadium D genannt. Nach Wennberg 1951 entsprechen die Eisrand=Lagen in Schleswig=Holstein (ohne Lauenburg) der Eisrand=Lage D oder jüngeren der dänischen Zählung. Diese zutreffende Anschauung besagt, der westlich der Darsser=Schwelle von S gegen N vorgedrungene Ostsee=Groß=Gletscher überflutete den Osten Schleswig=Holsteins weiter als alle würmzeitlichen Eisströme, die vorher jenes Gebiet erreichten. Im Grunde genommen war somit das nordische Weichsel= oder Würm=Eis, im Gegensatz zur Riß=Vereisung, kein Inlandeis, sondern eine Vergletscherung Skandinaviens mit einer Vorland=Vergletscherung, deren Fließrichtung von den randlichen Hohlformen und Gefällverhältnissen bestimmt war.

Die Gliederung der Absätze des Würm=Eises

Die Ablagerungen des älteren Würm

Der Streit der Anschauungen, ob das Würm=Eis die Elbe überschritten und die Nordseeküste erreicht habe oder nicht, wurde entschieden dadurch, daß K. Gripp 1925 eine weit durchgehende morphologische Grenze aufzeigte. Sie trennt periglazial geglättete, von Hohlformen fast freie Formen der Riß=Vereisung von den unausgeglichenen, an Hohl= und Kleinformen reichen, periglazial kaum beeinflußten Formen der Würm=Vereisung.

Die damals festgelegte Grenze wurde verfeinert durch die Geschiebezählungen von W. G. Simon 1938 und besonders durch H. Illies 1955, der außerdem in Süd=Stormarn Gripps A1=Moräne wegen des Vorkommens von Windschliffen für älter als Würm erklärte.

Periglaziale Trockentäler und Windschliffe auf unverwitterten, also bunten Sanden und das Vorkommen von Windschliff=Lagen auf bunten Sanden unter jungen Schmelzwassersanden etwas innerhalb der äußersten Grenze sprechen aber dafür, daß nicht nur *eine* würmzeitliche morphologische Einheit den periglazial weitgehend ausgeglichenen Formen gegenübersteht, sondern daß eine kaum verwitterte, aber periglazial verformte Zone zwischen den Riß=Moränen einerseits und den typischen Jung=Moränen andererseits einzuschalten ist. Es sind danach bei den würm=zeitlichen Ablagerungen morphologisch zwei Zonen zu unterscheiden.

In Schleswig=Holstein war die ältere Zone bislang als sehr schmal oder fehlend angesehen, aber weiter nördlich, in Jütland, gehört eine breite Zone, nämlich alles Gelände außerhalb der ostjütischen Eisrandlinie, also außerhalb der Eisrandlage D, ihr an. Schon die morphologische Karte (Taf. II, Abb. 1) in Poul Harders Veröffentlichung (1908) zeigt, daß die Formen, die auswärts der Randlage D liegen, ungleich ruhiger sind.

Nähere Untersuchung des Verfassers 1962 ergab:

Jung=Würm=Absätze: = Eisrandlage D und jünger	Überwiegend Aufschüttungs= und Toteis=Formen; periglaziale Einwirkung sehr selten; Seen zahlreich

Würm=Absätze: zwischen Randlagen C und D	Toteis=Formen örtlich und zumeist tiefliegend vorhanden, daneben aber Trockentäler, Randzertalung und verbreitet Windschliff; Seen vorhanden
Riß=Ablagerungen:	Ohne Toteis=Formen, durch periglaziale Vorgänge geglättete Formen ohne Klein= und Hohlformen; ohne Seen.

Die gleiche morphologische Zweiteilung ist in Polen nachgewiesen. Erst von der Südgrenze der auch dort Pommersche Phase genannten Vereisungsgrenze gegen N fallen die perigla=zialen Anzeichen fort. Diese Grenze läßt sich auch durch Mecklenburg verfolgen. Dort hat H.=L. Heck 1960 die Jung=Würm=Grenze am Nordrand des Schweriner Sees erneut bestätigt. Es ist die Grenze des Pommerschen Eisvorstoßes von P. Woldstedt. Dessen südlich davon gelegene Frankfurter Vereisungsphase scheint sich morphologisch nicht von seiner noch älteren Brandenburger Phase trennen zu lassen. Sie ist nur morphographisch zu begründen.

Für die Eiszeit=Stratigraphie in Schleswig=Holstein wichtig ist die Antwort auf die Frage: Wo verläuft hier die Grenze der Pommerschen Phase? Heck 1961 gab auf einer Bohr=ergebnisse auswertenden Karte die Grenzen der Frankfurter und Pommerschen Vereisungs=Phasen wie folgt an:

Die äußerste Grenze des Frankfurter Stadiums endet östlich der Segrahner Berge (Ost=Lauenburg). Den Südrand der Pommerschen Phase läßt Heck bis in den Rücken des Hohen=schönberg, östlich von Travemünde, verlaufen. Diese Eisrandlage am Nordende des Lübecker Zungenbeckens aber dürfte sich in die I=Moränen (K. Gripp 1934) fortsetzen, jene Eisrand=lagen, die zum Teil unter Sander=Ablagerungen verschüttet waren und erst nach Schwund des Toteises wieder als Rücken in Erscheinung traten. Danach wäre der mit der Bezeichnung M ausgeschiedene Endmoränen=Komplex vom Alter des Frankfurter Stadiums, und zwar gleich=altrig dessen zweiten hohen Moränenzug in Mecklenburg. Während die M= und I=Moränen weiter gegen Norden westlich und östlich des Schwartau=Tales ohne Zwischenstadien ein=ander parallel verlaufen, schaltet sich weiter nördlich der Eutiner Lobus mit rund 9 Rand=lagen ein. Wieweit diese zur Frankfurter oder Pommerschen Phase zu rechnen sind, ist un=entschieden. Den ferneren Verlauf des M=Moränen=Komplexes zeigt Karte 3. Aus dem östlichen Plöner See ist die Schlamersdorfer Eiszunge nach S vorgestoßen, südlich des Born=höveder Zungenbeckens ist der Zug nur noch teilweise erhalten. Nach einer bis südlich von Elmschenhagen bei Kiel reichenden engen Kerbe drang die Bordesholmer Zunge nach S vor. Nach einer weiteren Kerbe hört in der Gegend von Nortorf der zusammenhängende Zug auf, weil hier die Wässer jüngerer Phasen den M=Zug zerspült haben.

Der Verlauf der jüngeren Frankfurter Eisrandlage ist hier an der Stirn des Ostsee=Groß=gletschers also erheblich unruhiger denn als Flanken=Moräne in Pommern und Mecklenburg.

Die weit vorgestoßene Rendsburger Eiszunge (U in K. Gripp 1954) dürfte zu den I=Moränen = Pommersche Phase gehören. Ob die Randlagen T, die vom Westende der Schlei bis zur Moränen=Gabel bei Mohrkirch=Rügge verlaufen, noch zur Frankfurter oder zur Pommerschen Phase gehören, hat bis heute nicht entschieden werden können. Erkennbar ist jedoch, daß die U= und V=Eisrandlagen mindestens bis Twedterholz östlich von Flensburg vorgedrungen sind. Somit dürfte die Pommersche Phase im Flensburger Zungenbecken ähn=lich weit nach W vorgestoßen sein wie im Rendsburger Raum.

Oben war auseinandergesetzt worden, daß in Jütland die Eisrandlage D eine gleiche morphologische Grenze darstellt wie in unserem Lande der Rand der Pommerschen Phase. Dies aber heißt, außerhalb der I=Moränen müßten wir neben Toteis=Formen periglaziale Zeugnisse in erheblichem Ausmaß auffinden. Dies ist in letzter Zeit mit Erfolg geschehen:

a) südlich des M=Moränen=Komplexes
Segrahner Berge: Radialzertalung aus Trockentälern, reiche Windschliffe
Hof Segrahn: reiche Windschliffe (Taf. 36 Fig. 4)
West=Ufer des Delvenau=Tales: Steilhang=Zertalung von Woltersdorf bis Alt=Mölln, ebenso am Ost=Ufer des Mühlenbachtales nördlich von Alt=Mölln
Wensöhlengrund: Steilhangzertalung
Althorst südlich Schmielau: Windschliffe
Kogeler Mühle: Windschliff=Horizont unter Schmelzwassersanden
Hangzertalung zwischen Großensee=Pfefferberg und Lütjensee
Ziegelei Fürstenkathen bei Lütjensee = Randlage A 4: zahlreiche Windschliffe
b) auf dem M=Moränen=Komplex: Trockentäler auf der Höhe zwischen Bosau und Pfingst=berg. Auch anderenorts sind die Oberflächenformen der hohen M=Moränen ruhiger als die an Klein=Formen reicheren I=Moränen (Karte 1)
c) weiter nördlich sind Reste von älteren Würm=Moränen die Höhen südlich Rendsburg und zwischen Jagel und Lottorf (K. Gripp 1942) und westlich Klappholz mit der Nordhöhe. E. N. Weiss (1958) hat für die Endmoränen=Reste bei Jagel auf petrographischem Wege ein würmzeitliches Alter bestätigen können.

Es hat somit in Schleswig=Holstein das Jung=Würm das Alt=Würm weitgehend überdeckt, während deren Randlagen in Nord=Jütland weit auseinanderliegen.

Da erst seit kurzem der Aussagewert periglazialer Formen, die inmitten Toteis=Formen auftreten, erkannt ist, darf angenommen werden, daß sich derartige Funde in den kommenden Jahren erheblich vermehren werden.

Schon heute dürfen wir feststellen
1. In Lauenburg, Stormarn und bis in den Kreis Segeberg hinein haben wir Gebiete, die während des älteren Teils der Frankfurter Phase abgelagert wurden.
2. Windschliffe und andere periglaziale Bildungen sind keine Anzeichen, die warthe=zeitliches Alter belegen. Somit ist unentschieden, ob

die Höhen von Niendorf/Stecknitz Hahnheide Klingberg	} H. Illies 1955
Höhe nördlich Fahrenkrug (reich an Windschliffen) u. a.	

riß=zeitlich oder früh=würm=zeitlich sind.

Verwitterungsböden und die Verbreitung der Hohlformen müssen herangezogen werden, um die Grenze Riß – Würm im einzelnen festzulegen.

Der Verfasser hatte es früher stets vermieden, die Begriffe Frankfurter und Pommersche Phase auf schleswig=holsteinische Eisrandlagen anzuwenden. Die neu erkannten morphologi=schen Unterschiede zwischen Frankfurter und Pommerscher Eisrandlage ermöglichen eine zuverlässigere zeitliche Zuteilung als bisher.

Aus der Zusammensetzung des Geschiebe=Inhalts hatte W. G. Simon (1937, 1938) nach=stehende Gliederung vertreten:

Brandenburger Stadium	A 0
Älteres Frankfurter Stadium	A 1 (Segrahner Berge – Niendorf/Stecknitz bis Basthorst – Trittau) A 6 bei Mölln
Jüngeres Frankfurter Stadium	A 7 – M 3
Pommersches Stadium	I=Randlagen.

Diese Anschauung stimmt weitgehend mit der oben aus morphologischen Gründen abgeleiteten Begrenzung überein. Schließlich sei bemerkt, daß schon A. DÜCKER (1932, S. 525) angab, in sandig-kiesigen Oberflächen-Schichten des Jung-Diluviums ließen sich einzelne Windschliffe bis zum Pommerschen Stadium auffinden.

Die Absätze des Jung-Würm

Es fragt sich, ob Aufschlüsse an Kliffs und in Bohrungen Schichtenfolgen aufzeigen, aus denen auf eine Gliederung während der Würm-Zeit geschlossen werden kann. Leider haben das Eis und seine Schmelzwässer nicht nur abgelagert, sondern auch in erheblichem Umfang Vor-Würm- und Würm-Absätze wieder abgetragen. Daher fehlt eine weitreichende gleichmäßige Schichtenfolge wie bei Meeresablagerungen. Leitfossilien fehlen gleichfalls. Jedoch gibt außer den in Anm. 68 erwähnten Unterschieden in der Zusammensetzung des Schwermineral-Gehalts der Wechsel der Geschiebe-Zusammensetzung die Möglichkeit, örtlich und mit der nötigen Vorsicht auch über größere Gebiete Gleichaltriges zu erkennen und damit Schichtenfolgen zu vergleichen. Unterschiede in der Zusammensetzung des Geschiebe-Inhalts beruhen auf:

1. der Verlagerung des Stromstriches des Eises und dadurch bedingten Wechsel in der Zufuhr von Schutt aus dem Anstehenden;
2. Änderung des aus dem Anstehenden aufgenommenen Schuttes durch zunehmend tieferes Ausschürfen des Eises;
3. Aufnahme von nach 1. und 2. unterschiedlichem Schutt aus älteren Eis-Ablagerungen.

Ergänzend sei ausgeführt:

zu 1. Wie bei Gletschern mit mehreren Zuflüssen bald dieser, bald jener Eisstrom anschwillt und den zeitweilig schwächer ernährten Nachbarn an die Seite drängt (K. GRIPP 1929, S. 214), so ist das Eis von Skandinavien zeitweise mehr radial, zeitweise dem Ostsee-Trog folgend abgeflossen.

zu 2. Im Ostsee-Trog wird anfangs Alt-Tertiär bis weit nach Osten die älteren Schichten überdeckt haben. Nach dessen Abtrag wurden Ober-Silur, Dan und Senon vom Eise aufgenommen. Aufwölbungen, wie die der Tempelburger Achse, werden, ebenso wie weiter im Westen manche der Salzstrukturen, neue Geschiebe-Arten beigesellt haben.

Für die Verteilung des Schuttes ist ferner maßgebend, ob das Geschiebe liefernde Vorkommen auf engen Raum beschränkt ist, wie das des postsilurischen Kinne-Diabases zwischen Wener- und Wetter-See, des Paskallavik-Porphyrs (um Kalmar) oder großflächig (Granatamphibolit West-Schwedens) oder ob ein sich mit fortschreitender Abtragung westwärts verlagernder Ausbiß vorliegt von Schichten, die die Ostsee queren (Orthoceren-Kalk, obersilurische Beyrichien- und Monograptus-Gesteine, Senon, Dan, grüngerindete Flinte, obereozänes Kieselgestein).

Während des Rückschmelzens des Eisrandes auftretende schmale, tiefschürfende Eiszungen haben zudem örtlich bezeichnende Geschiebe aufgenommen. Nur so erklärt sich zum Beispiel das beschränkte Auftreten des untermiozänen Holsteiner Gesteins. Es fehlt im Bereich des Eckernförder Eis-Lobus während es in Absätzen der Kieler Eiszunge reichlich auftritt (Schilksee, Mönkeberg, Flintbek).

Wir haben also *Nah-Geschiebe* zu unterscheiden, die im Zusammenhang mit dem morphologisch erkannten Verlauf der Eisrandlagen Einblick in das Verhalten des Eises in der Rand-Zone gewähren.

Fern-Geschiebe aber können größere Einheiten des Eises räumlich und zeitlich kennzeichnen. Eine Gliederung, die dem wahren Ablauf der Ereignisse nahe zu kommen scheint, lieferte G. WENNBERG 1949 und 1951. Er unterscheidet nach dem Geschiebe=Inhalt baltische Eisströme, gekennzeichnet durch Nexö=Sandstein, grauen und roten Orthoceren=Kalk, Åland=Gesteine und Braunen Ostseequarzporphyr.

In Schonen folgen auf Ablagerungen mit baltischem Geschiebe=Inhalt solche mit vom N stammenden Material wie Dalaporphyr, Basalt Süd=Schwedens, Granatamphibolit West=Schwedens, Diabasporphyrit und Kinne=Diabas. WENNBERG nennt das Eis, das diese Gesell=schaft hinterließ, nach seinem Transportweg *Meridian=Eis. Småland=Eis* nennt WENNBERG in Süd=Schweden einen Eisstrom, der Material ein wenig östlicher als das Meridian=Eis aufnahm. Dieser enthält Granatamphibolit, Basalt, weniger an Kinne=Diabas und Dalaporphyren, dazu småländische Granite und Porphyre sowie Hälleflint. Dies Eis ist seitlich und zeitlich in Eis mit *baltischem* Schutt übergegangen.

Nach dem Geschiebe=Inhalt gliedert WENNBERG die Eis=Absätze im Bereich Schonens und der westlichen Ostsee in

	Schleswig=Holstein	Schonen
H	–	S und O Schonensche Moränen
G	–	Öresund und Vomb=Gletscher
F	Heiligenhafen, Fehmarn, Brodten F	Hochbaltisch
E	Breckendorf, Lürschau, Russee Quarnbek, Brodten C	Småland=Eis übergehend in hochbaltisch
D	Borgdorf, Brodten B	Meridian=Eis
C	Hammer, Nusse, Franzdorf Brodten A, zuunterst im Kliff	Altbaltisch

Die erste Säule gibt die dänische Bezeichnung der Eis=Absätze. In der zweiten Säule sind nach WENNBERG 1951 einige den Schonenschen Eis=Absätzen entsprechende Vorkommen aus Schleswig=Holstein angeführt. Für die Grundmoränen=Bänke von Brodten sind die von MÜNNICH 1936 verwandten Bezeichnungen zugefügt (Anm. 82). WENNBERG betont, daß eine Mischung der Geschiebe nicht nur durch Aufnahme aus dem Anstehenden, sondern nach Absatz als Umlagerung durch Schmelzwässer eingetreten ist. So gibt er für Borgdorf an, daß Geschieben des Meridian=Eises Åland=Gesteine, braune Ostseeporphyre und Nexö=Sandstein sekundär beigemischt seien.

In der Kiesgrube an der Bahn in Flintbek soll Småland=Material überwiegen, das mit auf=genommenem altbaltischem oder eingespültem hochbaltischem Schutt vermengt ist.

Der tiefste, im Brodtener Ufer zeitweilig freigelegte Geschiebemergel (= A bei MÜNNICH 1936) gehört nach G. WENNBERG 1949, S. 195, zur Eisrandlage C. Nach WENNBERG 1959, S. 110, liegt diese den Eem=Absätzen unmittelbar auf. Hiernach und da älter als Randlage D haben wir in der tiefsten Grundmoränenlage von Brodten den jüngsten Absatz des Alt=Würm vor uns. Nach Wennberg war der Fluß dieses Eises durch den Verlauf des baltischen Troges gelenkt, weswegen er es „altbaltisch" benannte. Dies Eis reichte aber wesentlich weiter als die dänischen Inseln. Im Kattegat und Nord=Jütland breitete sich nämlich von Norden ge=kommenes Eis aus, wie die Untersuchungen von K. Milthers 1942 aufzeigten. Dieser For=scher hat das Vorkommen von 6 bezeichnenden Geschieben für jedes der 1:100 000 Blätter von Dänemark ausgezählt. Das Ergebnis wurde, zu 3 Gruppen zusammengefaßt, in Dreiecken dargestellt, deren Spitze jeweils für eine Gruppe 100 %, während die zugehörige Basis=Linie 0 % darstellt. In solchen Dreiecken konnte jede prozentuale Zusammensetzung der 3 Ge=schiebegruppen veranschaulicht werden.

Tafel II jener Veröffentlichung zeigt, daß eine Linie, die von Sylt über Esbjerg und dann in einigem Abstand von der ostjütischen Eisrand=Grenze (D) bis mitten durch Djursland verläuft, einen NW=Bereich mit überwiegender Rhombenporphyr=Gruppe von dem Südost=Bereich mit vorherrschend Dala=Porphyr oder Ostsee=Quarzporphyr trennt. Diese interes=sante Karte zeigt, daß nicht nur alt= oder mittelglaziale Absätze reich an Geschieben aus dem Oslo=Bereich sind, sondern daß auch im würmzeitlichen Vereisungs=Gebiet nördlich und süd=lich des Limfjordes nördliche Geschiebe die der zwei anderen Gruppen überwiegen; zum Beispiel zwischen Viborg und Silkeborg. Es ergibt sich somit, daß dem altbaltischen Eis im westlichen Ostsee=Gebiet ein weitgehend dem Oslo=Gebiet + Bohuslän entstammendes Eis in Jütland entspricht. Die Würm=Vereisung begann also mit einem westlichen Eisstrom, der im Kattegat nach Süden floß (anfangs, wie S. 231 begründet, bis Ost=Holstein), und einem östlichen, der im baltischen Trog nach SW floß, südlich von Schonen aber gegen N abbog. Vermutlich haben die beiden Ströme sich getroffen, angestaut, und dann trat das Meridian= + Småland=Eis auf (Anm. 83). Meridian= + Småland=Eis Wennberg entsprechen dem Hoch=stand des Eiszuflusses.

Damit ergibt die Geschiebeforschung von K. Milthers und G. Wennberg eine Folge von würmzeitlichen Eisströmen und annähernd das gleiche Bild, das eingangs aus morphologischen Gründen angenommen war. Erst als die Tröge von Kattegat und Ostsee von Norden und Osten her durch Gletscher aufgefüllt worden waren, konnte Inlandeis annähernd radial ab=fließen = Meridian=Eis Wennbergs. Nachdem der Höhepunkt der Vereisung überschritten war, entstand mit dem Småland=Eisstrom als Übergang wieder ein Groß=Gletscher, der Hochbaltische Eisstrom.

Die Mächtigkeit der würmzeitlichen Absätze

Das Eis wird je nach seinem örtlichen Verweilen und Verhalten Ablagerungen sehr unter=schiedlicher Mächtigkeit hinterlassen haben. Manche schmale Gletscher=Zunge und subglaziale Rinne dürften in Analogie zu dem, was wir von den „Becken" der Mindel= und den „Tälern" der Riß=Vereisung kennenlernten, tief geschürft haben. In diesen Hohlformen werden mäch=tige würmzeitliche Absätze sitzen, soweit sie nicht durch Toteis plombiert waren.

Auch in jüngeren Stauchmoränen, wie denen um das Lübecker Zungenbecken, finden wir durch mehrfaches Ausschürfen des Zungenbeckens und häufig wiederholte Zufuhr weiterer, in diesem Falle toniger Grundmoräne ansehnliche Mächtigkeiten. So wird angegeben:

Westerau. Beamtenerholungsheim (Friedrich 1917)

67 m Geschiebemergel
4 m Kies
18 m Geschiebemergel

Selbst bei sorgfältig gewonnenen Bohrprofilen bleibt häufig die Grenze von Würm= und Riß=Absätzen unerkannt, wenn das jüngere Eis zwischeneiszeitliche Absätze und die Spuren der verwitterten Landoberfläche abgetragen hat.

Verhältnismäßig selten sind die Fälle, in denen einwandfreie zwischeneiszeitliche Absätze erbohrt wurden.

Über dem marinen Eem von Haffkrug liegt	0–10,2 m	Alluvium
	–26,5 m	Weichsel=Ablagerungen einschl. Grundmoräne
Über dem marinen Eem von Blankensee liegt	0– 5,3 m	Beckensand
	–26,8 m	Grundmoräne.

Weitere Beispiele:

Ziegelei Gr. Weeden	32,0 m	Grundmoräne	
(Gagel 1911 Erl. Bl. Krummesse)	(5,0) m	Sand und Torfstücke	
Bhf. Sirksrade	40,0 m	Grundmoräne und Sand	
(Gagel 1911 ebenda)	2,0 m	Ton und Torf	
	(4,0) m	Sand	
Fahrenkrug	bis 6,0 m	Grundmoräne	
(C. A. Weber 1893)		Torf mit *Brasenia* und *Picea excelsa*	
Holtenau	bis 15,0 m	Grundmoräne	= 27–37 m Würm=Absätze
(Gagel 1910)	bis 18,0 m	Geschiebesand	
	bis 4,0 m	tonig=schluffige Becken=absätze	
	1,5– 5,2 m	Torf und Faulschlamm	

Schmalenbeck bei Ahrensburg. Brücke der Walddörfer Bahn an der Sieker Land=straße (Beyle 1919)

	–1,7 m	Sand
	–5,2 m	Grundmoräne
	–5,6 m	Torf mit *Brasenia* und *Picea excelsa.*

Es ist verständlich, daß die am Rande des Würm=Eises gelegenen eemzeitlichen Torfe (Fahrenkrug, Schmalenbeck) eine ungleich geringere Decke würmzeitlicher Absätze aufweisen als die dem Ostseebecken benachbarten (Haffkrug, Blankensee, Holtenau). Gr. Weeden und Sirksrade liegen auf der als M 2 bezeichneten Stirn=Moräne des Lübecker Beckens und zeigen deswegen höhere Mächtigkeiten.

Die Entwässerung

Tunneltäler

Der schleswig=holsteinische Anteil am Bereich der Würm=Vereisung dürfte in dessen Zehrgebiet gelegen haben. In einem solchen ziehen die Wässer in Kanälen ab, die zunächst im Eise verlaufen. Dabei können – wie wir in Spitzbergen beobachteten – vorübergehend Richtungen quer und auch entgegengesetzt zum Eisstrom eingeschlagen werden. Gegen den Eisrand hin aber erreichen die meisten dieser Kanäle den Untergrund des Eises. Aus ineisischen (inglazialen) sind somit untereisische (subglaziale) Schmelzwasser=Röhren geworden. Über die Tunneltäler, die in den Untergrund von sich verlagernden derartigen Röhren eingeschnitten werden, ist zu Abb. 35 schon berichtet worden. Da sie, wie erwähnt, nachträglich eiswärts in zunehmendem Maße von Gletscherzungen erweitert wurden, sind sie in den früh eisfrei gewordenen Gebieten am besten erhalten.

Ferner hat sich, nachdem der überraschende Verlauf der Stirn= und Seiten=Moränen näher bekannt geworden ist, ergeben, daß manche Hohlform, die seit Woldstedt 1926 als Tunnel=

tal verzeichnet ist, heute als schmaler endmoränen=paralleler Zungenbeckenrest anzusehen ist, zum Beispiel die Täler der Wellspanger und Boholzer Au sowie das anschließende Tal des Oxbek (Anm. 84).

Oser

Ähnlich wie bei den Tunneltälern trägt auch mancher Wallberg oder Os, dies ist die wallartig hinterlassene Ausfüllung in= und untereisischer Kanäle, diese Bezeichnung zu Unrecht. Solange wie der Verlauf der Eisrandlagen, insbesondere bei kleinen Gletscher=Zungen unerkannt geblieben war, wurden wallartige Höhen als Os angesehen, vorwiegend wenn sie den früher angenommenen „Stillstandslagen“ des Eisrandes nicht parallel verliefen.

Von einer Liste von 54 in Schleswig=Holstein gemeldeten würmzeitlichen Osern verdienen nur gut 12 diese Bezeichnung. Es sind dies:

Ahrensburg–Meiendorf	(W. G. Simon 1937)
Dwerkaten	(W. G. Simon 1937)
Eidertal zwischen Schulensee und Flintbek	(Eggers 1934, S. 85/86)
Ohe	(Eggers 1934, S. 41)
Bistensee	(Eggers 1934, S. 70)
Cismar	(Eggers 1929)
Hamfelde i. Lbg.	(Gripp 1933, S. 39)
Dazendorf	(G. Seifert 1954, S. 160)
Engelau Lütjenburg	(Gripp 1952, S. 129)
Langwedel–Pohlsee	(Eggers 1934, S. 42)
westl. Ahrenholzer See	(E. N. Weiss 1958, S. 41).

Die Entstehung der von R. Struck und W. Wolff um Gr.=Kummerfeld als Oser angesehenen Höhen war lange umstritten. Neue Untersuchungen von B. Hölting 1958 bestätigen, daß die Klinkenberge und der Liedberg keine Randmoränen, die später von Sander umgeben wurden, sondern quer zum Eisrand gelegene Oser sind. Hingegen sind die Rücken südlich des Ahrenholzer Sees, abgesehen von dem schon erwähnten Zug und die „drumlinoiden Oser“, die Wasmund von Oppendorf bei Kiel beschrieb, keinesfalls den oben aufgezählten 12 wahren Osern zuzuzählen.

Nachdem der Verlauf der Eisrandlagen näher bekannt ist, haben sich aber 30 der angeblichen Oser als Teilstücke von Randmoränen erwiesen. Darunter fast alle:

der von Heck (1937, 1943) in Schwansen,
die von Wolff (1933) um Barsbek in der Probstei,
manche der von Eggers (1934) und Wasmund (1934) zwischen Plön und Schleswig,
die von Eggers (1929) bei Lensahn,
die von Gagel, Struck, und Ohnesorge (1928) bei Waldhusen=Pöppendorf
ausgeschiedenen angeblichen Oser.

Auch das als klassisch angesehene Os unseres Landes, das von Süderbrarup, ist keineswegs hinsichtlich seiner Entstehung eindeutig. Es liegt parallel zu zwei engbenachbarten Seitenmoränen. Zudem ist sein feinkörniger Inhalt nicht für Oser bezeichnend. Dies gilt auch von dem Zarpener Os, über dessen Entstehung mehrfach gestritten wurde.

Auch das „Os“ am Westufer des Borgdorfer Sees (Eggers 1934, S. 42) liegt derart zum eiserfüllten Tunneltal von Nortorf, daß man eher an eine Seiten=Moräne als an ein Os denkt.

W. G. Simon hat 1937 die gleiche Beobachtung gemacht, wie sie in Finnland A. Hellaakoski (1930) von einem über 45 km langen Abschnitt des Oses von Laitila bekanntgab. Dies

Os quert den Rapakivi=Bereich von Laitila in SW=Finnland. Es zeigte sich, daß Rapakivi=Geschiebe im Gelände neben dem Os schon früher als 1 km nach Überschreiten des Rapakivi=Gebietes auftreten, im Os selber aber erst nach 5 km Entfernung in zunehmendem Ausmaß nachzuweisen sind. Im Neuenkirchener Os (östlich von Zarrentin) fand Simon die für die Eisrandlage A 7 bezeichnende Geschiebe=Gesellschaft gleichfalls um gut 5 km vorverfrachtet.

In Finnland endeten die Oser unter Wasser. Dies war in Schleswig=Holstein nicht der Fall. Es bleibt vorerst unentschieden, ob die im Os=Kanal weiter vorausgespülte Geschiebe=Gesellschaft aus einer einheitlichen Eismasse stammt, die vorn und hinten oder wahrscheinlich proximal oben und distal unten eine unterschiedliche Geschiebeführung hatte oder ob bei uns im Lande 2 Eisvorstöße vorliegen. Schutt des jüngeren wäre dann durch einen Tunnel im Toteis weiter nach außen gelangt.

Der Wallberg von Cismar (W. Eggers 1929) zeigte im Herbst 1952 am Orte r 31650 h 07550 in einem Rücken, der neben einer schmalen Senke verlief, einen Kern aus Grundmoräne. Darauf lagen horizontal geschichtete kiesige Schmelzwassersande, die sich an beiden Flanken abwärts geneigt fortsetzten. Über diesen folgten ein wenig seitwärts Becken=Absätze. Hier liegt also ein Aufpressungs=Os vor. Vermutlich war der Tunnel nicht ganz ausgefüllt, so daß Grundmoräne unter der Eislast nach oben auswich und die Schmelzwasser=sande anhob.

a

b

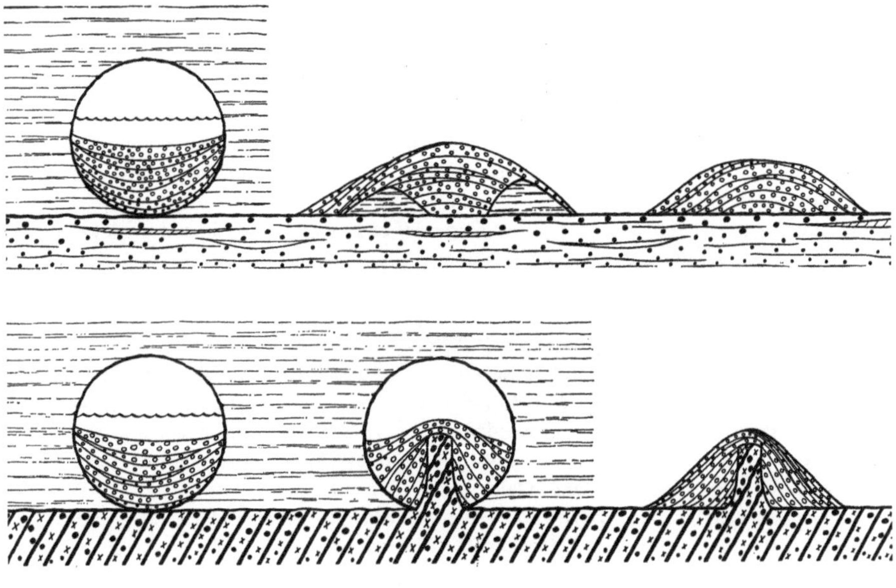

Abb. 45 Entstehung von Osern

a) Ein mit Sand, Kies und Wasser teilweise angefüllter Schmelzwasser=Tunnel erreicht den aus sandig=kiesigen Ablagerungen bestehenden Untergrund des Eises. Später taut die Tunnelfüllung aus, die randlich verdünnten Schichten sinken seitlich ab und umschließen für einige Zeit Reste des Eises (Toteis). Zuletzt bleibt ein sandig=kiesiger Rücken mit dachförmiger Lagerung der Schichten

b) Der gleiche Vorgang spielt sich auf ungefrorener, wasserreicher, lehmiger Grundmoräne ab. Dies plastische Gestein kann unter der Last des Eises in den Tunnel hinein nach oben ausweichen. Die so=genannten Aufpressungs=Oser weisen daher einen Kern aus Grundmoräne auf.

Weiter eiswärts, beim Orte r 31800, h 07300, war an diesem Wallberg damals zu sehen:

Westflanke: 1 m Grundmoräne
stark gerollte Kiese.

Somit wechselt der Aufbau auf kurze Entfernung. Anm. 85.

Gletschertore

Vor dem Rande des Frederikhaab Isblink in Grönland fanden wir dicht beieinander ein Gletschertor (K. Gripp 1952, Taf. 2 Abb. 2 und Taf. 3 Abb. 1) und einen Wallberg (K. Gripp 1933, Taf. 13 Abb. 2). Hier hatte offenbar das Gletschertor seine Lage verändert. Ähnliches scheint während der Würm=Vereisung nicht selten vorgekommen zu sein.

Bei Flensburg schütteten Wässer zweier Mündungen den Sander von Bau nach NW und den von Flensburg nach S auf. Vom Tunneltal des Langsee ging ein Zweig zum Auslauf bei Idstedt, ein anderer in Richtung Rethsee–Ahrenholzer See. Südlich von Schleswig sind noch 3 Wasseraustritte zu erkennen (K. Gripp 1942). Bei Fockbek weist der Sander gleichfalls mehrere Ablauf=Rinnen auf. Auch die 4 so auffallenden Rinnen von Fredesdorf (Bl. Leezen) dürften durch Verlagerung einer Austrittsstelle von Schmelzwässern entstanden sein. Die Randmoräne zwischen Travetal und Neversdorfer See weist 3 Senken auf. Die junge Moräne, die von Vinzier südlich von Nütschau nach Fresenburg hin verläuft, ist beim Gut Nütschau 2–3mal unterbrochen. Auch hier waren es wohl nicht freie Gletschertore, sondern Schmelz=wasser=Kanäle, die jene Senken entstehen ließen. Das (1935 S. 26) von mir östlich von Oldesloe ausgeschiedene Gletschertor=Gebiet vermag ich jedoch heute nicht mehr als solches anzusehen, nachdem erkannt ist, daß hier die letzten Massen von Randschutt einer Eiszunge vorliegen, die anfangs bis weit nördlich vom Wardersee und westlich von Segeberg und bis südlich von Oldesloe reichte, dann aber immer geringer wurde, bis sie nur noch von Rein=feld aus bis Oldesloe vordrang und danach ganz auf das Lübecker Zungenbecken beschränkt blieb (Anm. 86). Das angebliche Gletschertor=Gebiet ist als eine Moränen=Folge kleiner wer=dender Eiszungen anzusehen.

Auf die Frage der Entwässerung der jüngeren Eisrandlagen wird später eingegangen werden. Zunächst sei die Randzone betrachtet.

Die Sander=Zone

Solange wie Geologen unser Land betrachten, anfangs mehr zur Bestandsaufnahme, später mehr erdgeschichtlich, ist der sandige Mittelstreifen von dem fruchtbaren Osten und der mageren Geest im Westen abgetrennt worden. Auf L. Meyns 1881 erschienenen geologischen Karte tritt dies Band deutlich hervor. Aber die Erläuterung zur betreffenden Farbe lautet noch: „Alt=Alluvium, Blachfeldgrand, Haidesand."

Zwar hatte schon Torrell 1872 die Sandebenen Norddeutschlands mit den Schmelzwasser=sandebenen Islands verglichen und Helland 1862 Islands „sandr" eingehend geschildert, aber erst 1884 wurde durch den Berliner Geologen K. Keilhack allgemein bekannt, daß die Sand=ebenen außerhalb der neu entdeckten Endmoränen Absätze der Schmelzwässer seien. Damals führte Keilhack die von den isländischen Verhältnissen entlehnte Bezeichnung Sandr, heute deutsch der Sander ein.

Das Grundsätzliche über die Entstehung von Sander ist zu Abb. 37 ausgesagt worden. In Schleswig=Holstein sind die Sander vor dem Außenrand der Würm=Vereisung ungleich aus=gebildet.

Die äußeren Sander

Die einzelnen Abschnitte der Sander=Zone inmitten unseres Landes sind unterschiedlich durch:

a) die Abfluß=Richtung der Schmelzwässer, ob rechtwinklig oder parallel zum Eisrand;
b) die Höhenlage bzw. Oberflächenformen des Geländes, das vom Sander über=schüttet wurde;
c) die Stärke des Gefälles zwischen Gletschertor und Haupt=Entwässerungslauf = „Urstrom=Tal".

Der etwas mystische Begriff Urstromtal wurde gleichfalls von Keilhack ab 1886 ein=geführt. Er bezeichnet die O–W verlaufenden „Randtäler", in denen die vom Eisrand kom=menden Schmelzwässer gesammelt und zur fernen Nordsee abgeleitet wurden. Das Wort Urstromtal fand derartigen Anklang, daß es allzu häufig und unberechtigt auch für die Sander selber, besonders kleinere und schmalere, benutzt wurde. Für Schleswig=Holstein war würmzeitlich nur ein Urstromtal wirksam, das der Elbe von Lauenburg bis zur Mündung und dessen Fortsetzung am Grunde der heutigen Nordsee. Auch die Wasser, die von Rends=burg bis Flensburg dem Eisrand entströmten, eilten jenem Urstromtal zu.

Zur Frage der Wasserführung der Sander sind Schneeschmelze, Eisschmelze und Regen zu unterscheiden. Jede größere Wassermenge bedeutete Erosion zur Seite und in die Tiefe. Wenn im Frühjahr zunächst nur der Schnee schmolz – das Entwässerungssystem der Gletscher wurde erst Wochen später aus der Winterstarre befreit – war die Schuttführung der Wässer nur gering. Wenn aber die Eisschmelze erneut Schutt auf die Wurzel der Sander brachte, war die Wasserführung im Sander wieder erheblich zurückgegangen. So blieb der Schutt nahe am Eisrand liegen. Hölting 1958 stellte daher in dem gewaltigen Tal=Fächer der mittelholsteinischen weichselzeitlichen Schmelzwässer eine randliche Aufschüttungszone von weniger als 10 km Breite der Erosionszone gegenüber. Im Erosionsbereich wurden rißzeitliche Ablagerungen aufgearbeitet. Deren Feinkorn wurde zusammen mit würmzeitlichen fort=geschwemmt, während rißzeitliches Grobkorn umgelagert wurde. Die Gebiete, in denen das Feinkorn zur Ruhe kam, liegen weit im Westen und sind uns nicht zugänglich (Abb. 48).

Weil in der Erosionszone der würmzeitlichen Schmelzwässer würmzeitliche Sanderabsätze fehlen, trennt Hölting Sander mit neuer Aufschüttung von den Schmelzwasser=Rinnen und =Ebenen, auf denen nur ältere Sande anstehend oder umgelagert angetroffen werden. Die Seitenerosion dürfte während der Frühjahrshochwässer, die Tiefenerosion im Sommer und Herbst am lebhaftesten gewesen sein.

Im schleswig=holsteinischen Sandergürtel haben wir zu trennen:

1. Den Flensburger Sander im Treene=Tal, der weitgehend parallel zum Eisrand verläuft, aber auch gegen Westen, also radial gerichtete Abzweigungen aufweist (E. N. Weiss 1958).
2. Die radial aufgeschütteten Sorge= und Eider=Sander.
3. Den gleichfalls radialen Stör=Bramau=Sander = Mittelholsteinischer Sander (B. Hölting 1958).
4. Die Rinnen=Sander von Alster, Wandse und Bille in Süd=Holstein.
5. Den Möllner Sander in Lauenburg (K. Pieles 1958).

Der Flensburger Sander

Aus den während sehr langer Zeit tätigen und daher bis + 35 m NN aufgehöhten Gletscher=toren bei Flensburg ist Sand nach N, W und S fortgespült worden. Ein wesentlicher Teil floß nach Süden. Diese Aufschüttungen dürften ältere würmzeitliche Schmelzwassersande, die aus dem Treß=See=Bereich, bei Stenderup, aus dem Idstedter und Arenholzer Abfluß gen Westen vorgespült waren, überdecken.

Die Gletschertore südlich von Schleswig dürften zwar auch während langer Zeit Sand=massen geliefert haben. Später aber werden von den weiter ostwärts gelegenen jüngeren Randlagen her nur vorgeklärte Wässer ausgetreten sein; denn in den Becken der westlichen Schlei sank der größte Teil der Sinkstoffe nieder. Die südlich Schleswig ablaufenden Wässer sedimentierten daher nicht mehr, sie erodierten vielmehr die Talung der Rheider Au. West=lich, im Schutze der Hüttener Berge, liegt der Sander wieder höher. Aber im Tal der Sorge und dem der Eider liegen die tiefsten würmzeitlichen Gletschertore unseres Landes.

Eine eingehende Untersuchung der würmzeitlichen Sander im Norden unseres Landes durch E. N. Weiss 1958 hat folgenden Ablauf von deren Entwicklung ergeben:

1. In alten Zungenbecken wurde Gletschertrübe sedimentiert. Abläufe durch rißzeitliche Täler begannen diese zu verbreitern (zum Beispiel Tal der Soholmer Au).
2. Nachdem das Eis seine größte Verbreitung erreichte, entstanden Kegelsander vor den zwei Gletschertoren von Flensburg, bei Oeversee, Lürschau, Jagel und Owschlag.
3. Die Gletschertore von Schleswig und Idstedt begannen erst zu schütten zu einer Zeit, da die von Oeversee und Lürschau schon nachließen. Später lieferten auch das Idstedter und die Schlei=Gletschertore zunehmend geklärtes Wasser von inneren Sandern.

Diese wurden bei Vorstößen der einzelnen Eiszungen nicht selten an alte oder zu neuen Endmoränen gestaucht. Beispiele: Gruben der Ziegeleien Schleswig, Borgwedel, Lindaunis (Heck 1937). Am längsten ernährten der Flensburger und Rendsburger Gletscher ihre Sander. Schließlich traten auch bei ihnen nur noch beim Durchfluß durch Becken der Inneren Sander geklärte Wässer aus.

Weiss hob hervor, daß die würmzeitlichen Schmelzwässer die vorhandenen rißzeitlichen Talungen benutzten und dadurch auf Riß=Sandern oder diese bedeckende Eem=Absätze zu liegen kamen. Auch betont er, je höher die Sander=Aufschüttung, desto breiter und weiter drangen Sander=Absätze in die nordfriesische Rinne ein. Die Mächtigkeit der Würmsander erreicht 20 m, beträgt aber i. A. 10–15 m.

Zunehmende Anhäufung von Schutt vor dem Gletschertor, aber auch vom Eise auf=gestauchter Sander= und Moränen=Schutt bedangen die Erhöhung des Überlaufes eines Gletschertors. Einfluß hierbei dürfte auch das Gefälle der Äußeren Sander gehabt haben. Je kürzer der Weg bis zum Urstromtal, desto steiler das Gefälle, desto niedriger der Überlauf des Gletschertores. Ob dies der Grund ist für das nachstehend angeführte Absinken der Höhen der Gletschertore von Flensburg bis Rendsburg ist noch ungewiß.

Höhenlage der Sanderwurzeln in Schleswig

Flensburg nördlich Bau	36–37 m	Schleswig=Thyraburg	25 m
Flensburg=Pattburg	36 m	Schleswig=Busdorf	21,5 m
Flensburg=Jarplund	36 m	Schleswig=Selk	19 m
Oeversee	32–33 m	Schleswig=Jagel	19 m
Ihlbeck	26–27 m	Owschlag	18 m
Idstedt	25 m	Rendsburg	10–13 m
Rethsee=Ahrenholz	24–19 m	Fockbek	10–13 m

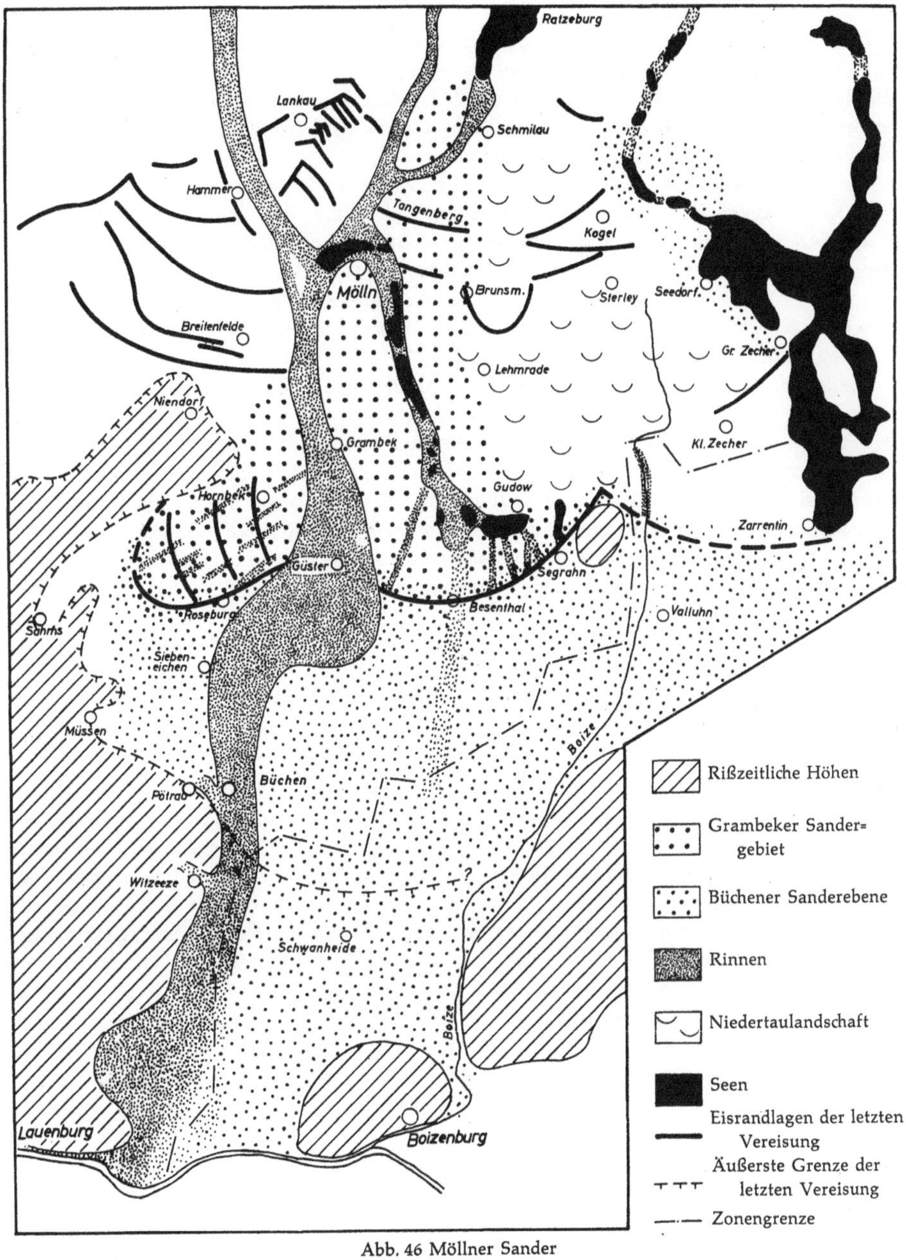

Abb. 46 Möllner Sander

Der Möllner Sander besteht aus einem nördlichen Grambeker und dem südlichen Büchener Sander. Der Grambeker Sander entstammt den an Mölln vorbeiziehenden, aus dem Ratzeburger See kommenden Schmelzwasser-Rinnen. Er ist durch glaziale Aufschüttungs- und Toteis-Formen lebhaft gestaltet. Der Büchener Sander überlagert im Norden ältere Absätze des Würm-Eises, wie schwache Toteis-Formen bezeugen. Im Süden ist er in rißzeitliches Gebiet vorgeschüttet. Zuflüsse erhielt er von Hornbek bis Zarrentin. Die Grundmoräne-Toteislandschaft (in der Zeichenerklärung Niedertaulandschaft genannt) liegt heute tiefer als der westlich benachbarte Grambeker Sander

nach N. Pieles 1958

Sorge= und Eider=Sander

Erheblich schwächer als die Sand=Schüttung des Flensburger und Schleswiger Sanders war die der südlich der Hüttener Berge frei gewordenen Schmelzwässer. Möglicherweise aber lassen wir uns bei diesem Eindruck durch die tiefe Lage der Gegend täuschen. Ist doch im Bereich der Sorge, der Eider und der Wehrau die Oberfläche der Sander heute weithin, bis nahe an die Jung=Moränen heran, vermoort.

Zur Eider entwässerten auch die Gletschertore von Emkendorf und damit die späteren, von dem Kieler=Förden=Gletscher durch die Eider=Senke und den Westensee ablaufenden Wässer. Den gleichen Weg nahmen früher die von N her durch das Tunneltal östlich von Deutsch=Nienhof durch Pohl= und Brahm=See oder zeitweise durch Brahm= und Warder=See zum Bokeler Sander Höltings strebenden Wässer. Die durch das Tunneltal mit dem Borg=dorfer See zum Nortorfer Gletschertor ziehenden Wässer fanden nach Hölting nur zum Teil den Weg nach W.

Die niedrige Lage des Eider=Sanders am Grunde eines würmzeitlichen Zungenbeckens macht sich auch in der Korngröße bemerkbar. Feinsand und Schluff haben hohen Anteil an den Profilen von Bohrungen, die an der Eiderbrücke bei Breiholz (Gripp 1952, S. 85) und in der Beringstedter Eem=Meer=Bucht (Gripp 1952, S. 105) die Schmelzwasser=Serie durch=sunken haben. Durch besonders tiefe Lage und überraschend feines Korn unterscheidet sich der dortige Sander von den übrigen unseres Landes. Vermutlich war gröberes Korn, außer am Eisrand, nahe den Hauptwasserläufen aufgehäuft, so daß in entfernteren Ecken in stehen=dem Wasser sich feines Korn niederschlagen konnte.

Der Stör=Bramau=Sander

Entsprechendes kennen wir vom Stör=Bramau=Sander nicht. Bis zur Linie Wrist–Kelling=husen fehlen feinkörnige Absätze. Sie sind auch weiter abwärts nicht zu erwarten, da die Münsterdorfer Geest=Insel das Schmelzwasser=Tal einengend zweiteilte. Nördlich liegt der von der Stör benutzte engere Ablauf bei Itzehoe. Südlich der Münsterdorfer Insel verläuft der breitere zwischen Lägerdorf und Steinburg bei Hohenfelde. Dadurch wurde die Strömung verstärkt. Wichtige Gletschertore, die diese Sander belieferten, lagen bei Schülp, wo Teile des im übrigen nach W weiterziehenden Wassers aus dem Borgdorfer Tunneltal nach S abliefen und den Timmasper Sander aufschütteten, wie Hölting 1958 darlegte. Dem gleichen Ver=fasser entnehmen wir weitgehend die folgenden Aussagen. Ein weiterer Rand=Sander des großen Stör=Sanders ist von Einfeld und später von Bordesholm aufgehäuft worden. Hölting wies ferner nach, daß die Ebene zwischen Groß=Kummerfeld–Bönebüttel im W und Gönne=bek–Bornhöved im O trotz der äußeren Erscheinung kein Sander, sondern eine Grund=moränen=Ebene des A1=Eises sei. Der gegen S anschließende Trappenkamper=Sander Höltings liegt 12–30 m höher als jene Grundmoränen=Ebene. Die Grenze ist ein Steilhang. Dieser ent=stand dadurch, daß von den Schmelzwässern Sand an die Eiswand angelagert wurde. Als das Toteis schwand, kam der Sander, vorher das morphographisch Tiefste, höher zu liegen als die ausgetaute Grundmoränen=Landschaft. Derartiges Umkehren des Reliefs werden wir im Randgebiet der Vereisung mehrfach antreffen, zum Beispiel Südrand des Dosenmoores und nach Hölting 1958, S. 65, westlich von Einfeld die Aalbek=Niederung mit den Hirtenwiesen.

Der Trappenkamper Sander wurde aus einem bei Bornhöved und einem bei Tensfeld ge=legenen Gletschertor her aufgespült. In diesen bis + 55 m NN aufragenden Sander schnitt sich später der vom Plöner See im 37=m=Niveau beginnende Ablauf von in Toteis=Becken ge=klärten Schmelzwässern ein. Dies Tensfeld=Ricklinger Tal entsandte sein Wasser durch das in rißzeitliche Höhen eingeschnittene Heidmühlener Tal zum Bramau=Tal.

Gegen S folgt der Sander von Negernbötel, der nördlich der rißzeitlichen Sanderhöhe mit dem Forst Segeberg entwässerte. Südlich dieses Hochgebietes schließen an die Randsander von Wittenborn-Bark, vor den 3 Gletschertoren von Fredesdorf sowie die von Groß-Niendorf, Sülfeld-Borstel und der nordöstlich des Kisdorfer Wohldes. Die letzten entsandten ihre Wässer in NW Richtung an Sievershütten vorbei zum Bramau-Tal. Wässer, die das obere Stör-Tal, das Heidmühlener Tal und das Tal der Schmalfelder Au durchflossen, vereinten sich und strebten durch das zwischen Kellinghusen und Krücken auf 6 km eingeengte Tal dem Urstromtal der Elbe zu. Ganz im W werden Schneeschmelzwässer aus dem rißzeitlichen Zungenbecken mit der Buckener Au, außerdem von N, aus dem Bereich des heutigen Bargstedter Moores, durch die Niederung mit der Fuhlenau, aber zeitweise auch Eis-Schmelzwässer aus dem Nortorfer Gletschertor der Neumünsteraner Schmelzwasser-Ebene zugeflossen sein. Dieser Zulauf weicht von dem der Schmalfelder Au in SO fast um 180 ° ab. Schmelzwässer laufen vor einem geradlinigen Eisrand bisweilen um fast 180 ° auseinander. Hier aber vereinigen sie sich ausnahmsweise aus einem Halbkreis-Rund. Dies war möglich, weil der Rand des Eises in der gewaltigen Kerbe zwischen dem Schleswiger und dem Segeberg-Stormarner Eislobus entsprechend zurückgeblieben war.

Zur Zeit der Schneeschmelze müssen Wassermassen uns unvorstellbaren Ausmaßes durch den „Unterarm" des in Form einer gespreizten Hand in die rißzeitlichen Absätze eingeschnittenen Talsystems abgelaufen sein. Vorstehend wurde erörtert, daß die Wirkung dieser Wasser, von der seitlichen Erosion abgesehen, nur gering war. Sicherlich haben die würmzeitlichen Schmelzwässer sich rißzeitlicher Ablauf-Bahnen bedient. Deren Verhältnis zueinander ist im einzelnen nicht zu erkennen. Immerhin liegt der rißzeitliche Sander im Forst Segeberg bei Heidmühlen 20 m höher als der würmzeitliche. Am Geestrand bei Mühlenbarbek südlich des rißzeitlichen Lockstedter Sanders beträgt der gleiche Unterschied 10–15 m.

Die Rinnen-Sander in Süd-Holstein

Der Südrand der Stormarnischen und der Lauenburger Eiszunge näherte sich stark dem Urstromtal der Elbe. Dessen Basis-Schicht aus grobem Geröll liegt „oberhalb Hamburgs bei etwa –20 m NN" (E. Koch, 1928). Die Gletschertore der Alster bei Trillup + 13 m NN, der Wandse bei Rahlstedt + 25 m NN, der Bille bei Grande + 23 m NN sind nur 16–18 km vom Urstromtal entfernt. Somit war ein ungleich stärkeres Gefälle vorhanden als bei den vorher erwähnten Sandern. Da das Würm-Eis ferner weithin hochgelegenen Riß-Absätzen aufoder angelagert endete (siehe Illies 1955), schütteten die Schmelzwasser keine breiten Sander auf. Es entstanden vielmehr Rinnen-Sander. Zum Beispiel die Täler von Alster und Bille. Terrassen in diesen zeugen von Aufschüttung und Einschneiden (siehe Erl. Bl. Glinde; Pfefferle 1935). W. G. Simon (1938) zeigte durch Geschiebezählen auf, daß aus dem Gletschertor bei Grande stammendes Material von der Zusammensetzung der äußersten Würm-Moräne gegen SO bis zur Linie Basthorst–Schwarzenbek oberflächlich nachzuweisen ist. Östlich dieser Linie aber, in dem Raume bei Büchen, um die Segrahner Berge und nach N bis an das Südende des Ratzeburger Küchensees findet sich eine abweichende Geschiebe-Zusammensetzung. Es ist die gleiche wie in der Moräne A8, die südlich des Ratzeburger Sees verläuft. Diese östlichen Schmelzwasser-Absätze sind der Bereich der von Woldstedt *Möllner Sander* genannten Aufschüttung. Richtiger müßte er Ratzeburger oder Delvenau-Sander heißen. Schon aus den Untersuchungen von Simon ging hervor, daß ältere Eisrandlagen vorher das Gebiet dieses Sanders gequert haben. Klarer nachgewiesen wurde dies von Pieles 1958, der die zahlreichen Aufschlüsse der Hanseatischen Kieswerke zu Güster erdgeschichtlich auswerten durfte.

Danach ist die ältere, zum Beispiel von P. Woldstedt (1926 Abb. 8) gebrachte und häufig wiederholte Darstellung unrichtig. Nicht die äußerste Eisrandlage zweier Eisloben hat sich um

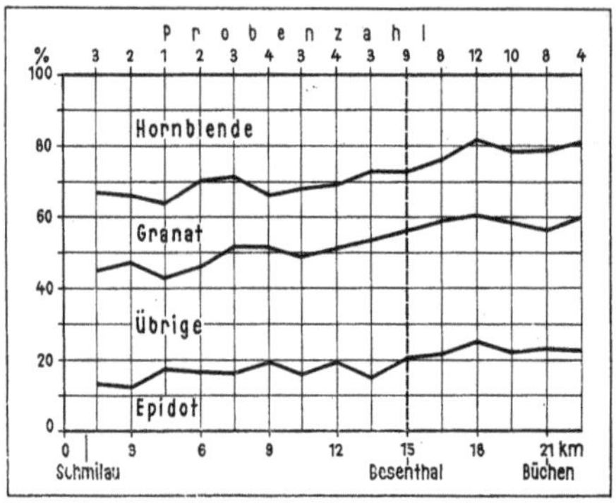

Abb. 47 Schwermineral=Gehalt des Möllner Sanders N=S=Profil

Die senkrechte Strichlinie bei Besenthal trennt Grambeker und Büchener Anteil des Möllner Sanders. Im Grambeker Sander zeugt hoher Hornblende=Gehalt für einen erheblichen Anteil eisverfrachteten nordischen Materials. Der höhere Epidot=Gehalt im Büchener Sander entstammt den vom Eise aus dem Untergrund aufgenommenen tertiären Sanden nach N. Pieles 1958

15 km zurückgebogen, sondern Schmelzwässer einer jüngeren Eisrandlage haben in einem sich trompetenartig erweiternden Gebiet die Absätze der Eisrandlagen A0–A7 zerstört und einen Sander darüber aufgeschüttet. Der älteren Deutung widerspricht auch, daß inglaziale Schmelzwässer nicht oben auf der Schnittlinie zweier Zungenbecken, sondern in deren tiefsten Teil zu verlaufen pflegen (Anm. 87). Dort, wo Endmoränen zerspült wurden, findet sich das grobkörnige, technisch wertvolle Material im Sander angereichert. Teils der Befund der Bohrungen, zum anderen die Oberflächenformen ermöglichten Pieles, die aus Abb. 46 ersichtliche erdgeschichtliche Entwicklung jenes Gebietes abzuleiten. Danach reichte die Würm=Vereisung anfangs bis über Büchen hinaus nach S. Ihre Absätze überdeckten ein rißzeitliches Becken und die Grambecker Terrassensande. Diese Feinsande mit Lagen zusammengeschwemmter Lignite und Bernstein=Stücken ordnet Pieles der 20 m Talsandterrasse des Elbtales zu. Sie wären spät=interglazialen Alters (H. Illies 1954).

Eine zweite Eisrandlage verlief von Roseburg über Güster nach Segrahn. Dieser jüngere Eisvorstoß ist, obwohl die Absätze des jüngeren von Ratzeburg her aufgeschütteten Grambeker Sanders seine Reste überdecken, an den unruhigen Oberflächen=Formen (Toteis=Schwund) gut zu begrenzen. Dieser Grambek=Ratzeburger Sander hatte sich in älteres totes Eis eingeschnitten. Mit scharfer Grenze stieß er im Osten an die Eis=Reste. Damals lag im Raume Schmilau–Gudow–Klein=Zecher–Sterley, heute auf + 30–35 m NN gelegen, das Gelände höher als die Sander=Oberfläche, die heute neben der Möllner Seen=Rinne auf + 40–45 m NN liegt. Also wiederum eine der für die Randzone der Vereisung bezeichnenden Relief=Umkehren! Ferner treffen wir als jüngstes die Rinnen, in denen in flachen Seen vorgeklärtes Schmelzwasser ablief. Vom Südende des Ratzeburger Küchensees kommt die Wensöhlengrund=Rinne. Von 2 Orten an der Westseite des Ratzeburger Sees lief das Wasser durch das Einhäuser Trockental ab. Das große Klärbecken um Lübeck entwässerte durch das als Tunneltal angelegte Stecknitz=Tal. Bei Alt=Mölln vereinten sich die genannten subaerischen Täler. Südlich von Alt=Mölln bei + 19 m NN lag der Paß (heute durch den Kanal zerstört), über den jene Wässer dem Elb=Urstromtal zustrebten. Sie schnitten dabei, unter Bildung von Terrassen, die Rinne des Delvenau=Tales ein.

Der „Möllner" Sander wuchs also aus hintereinander und übereinander gelegenen Teilstücken auf. Sein Material entstammt zum Teil den zerspülten Endmoränen, sowie der Grundmoräne, zum Teil aber miozänen Ablagerungen, die vom Eis und seinen Schmelzwässern aus dem Untergrunde nach oben geschafft worden waren. Miozäne Sande sind durch einen hohen Gehalt an Epidot (nach Weyl 1952 32–65 % und Disthen 5–11 %) ausgezeichnet, während der Hornblende=Gehalt im Mittel nur 20 % beträgt. Es enthalten die Sande vom

Grunde der Delvenau-Rinne an Hornblende 34–46 % und an Epidot nur 10–18 %, entsprechend der Zusammensetzung jungwürmzeitlicher Grundmoräne mit 39–54 % bzw. 7–28 %. Jedoch zeigt ein N–S-Profil des oberen Sanders, also ohne die jüngsten Sande im Delvenau-Tal, Abb. 47, die Abnahme der jungwürmzeitlichen Hornblende gegen S und die Zunahme des aus miozänen Absätzen stammenden Epidots. PIELES vermutet, daß ein Teil des Epidot-reichen Sandes vom Schaalsee bis Bröthen östlich von Büchen verschwemmt wurde.

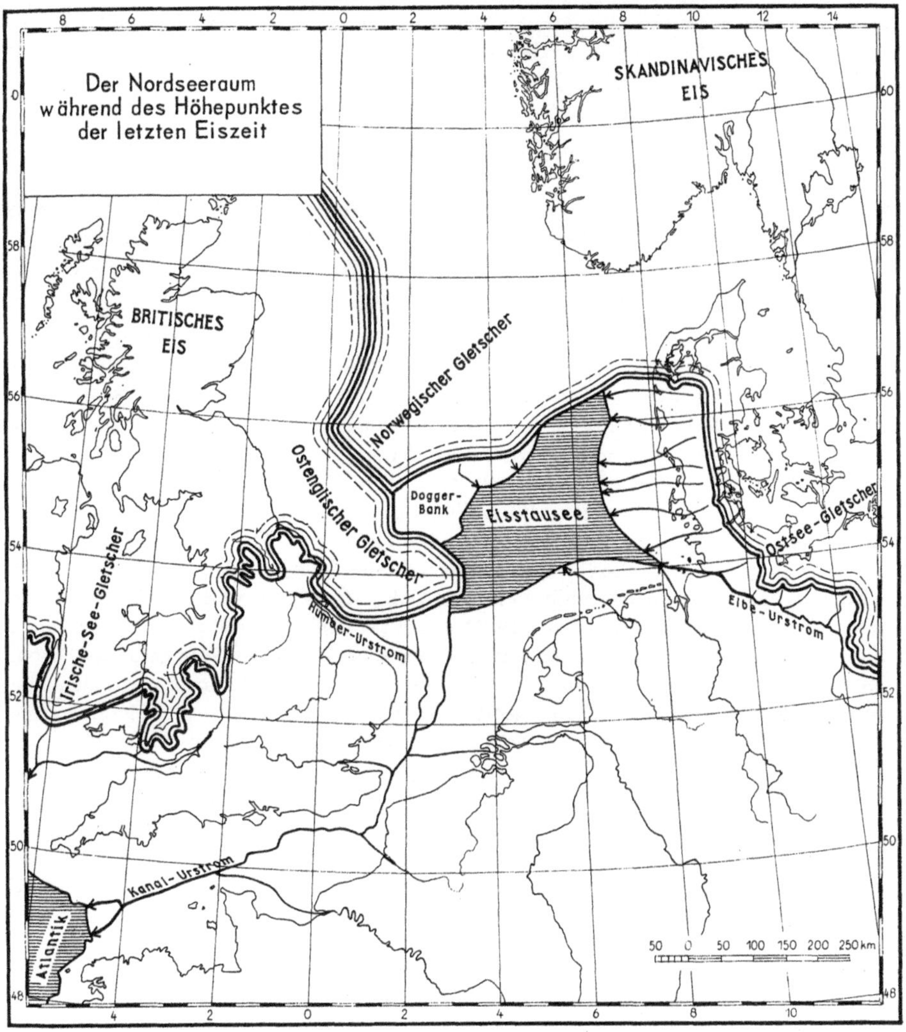

Abb. 48

Nach H. VALENTIN 1955. Neue Untersuchungen von K. GRIPP ergaben, daß Kattegat- und Skagerrak-Eis sich südlich von Aalborg an einer nach Süden offenen Stielmoräne trennten und daß vom südlichen Djursland Kattegat-Eis mit einer Zunge bis Viborg vordrang.

Jünger noch als der Delvenau=Sander ist, wie erwähnt, die für das Bächlein der Delvenau viel zu breite und tiefe Rinne des Delvenau=Tales.

Beide, Delvenau=Sander und die ihm eingelagerte Delvenau=Rinne, gehören zur Gruppe jener, die rückwärtigen Eisrandlagen entwässernden Gebilde, die als innere Sander den äußeren mit erheblich abweichender Ausbildung gegenüberstehen.

Die inneren Sander = Beckenabsätze

Bei der großen Zahl von würmzeitlichen Moränen=Zügen, die wir auf einem Querschnitt durch unser Land hintereinander antreffen, sollte man erwarten, von den jüngeren Moränen=Zügen ähnliche Sandaufschüttungen der Schmelzwässer zu finden wie vor der äußeren Eis=randlage. Dies ist nicht der Fall.

In ihren Übersichtskarten bringen:

W. Wolff 1933 nur den sogenannten Schnaaper=Sander zwischen Windeby und der Großen Breite.

W. Eggers 1934 auch den Schnaaper=Sander, ferner eine winzige Ebene bei Ravenhorst zwischen Wittensee und Eckernförde sowie eine Ebene bei Schinkel südlich Gettorf.

E. Wasmund 1934 zwischen Kiel und Scharbeutz nur um den Post=See und südlich des Bosauer Zungenbeckens „Sander und Staubecken".

Mit anderen Worten: vor den großen Endmoränen von Selent, Hessenstein, Heiligen=hafen, aber ebenso zu den Moränen=Zügen um Plön, Eutin und weiter östlich fehlen Sander so gut wie ganz. Mit dem Zeitpunkt, da die jahrelange Streitfrage dahin entschieden war, daß innerhalb der äußeren Eisrandlage nicht eine Grund= sondern eine Endmoränen=Land=schaft liegt, mußte eine Erklärung für das Fehlen der zugehörigen Sander gefunden werden. Es wurde daher schon früh und wiederholt der Gedanke einer rückläufigen Entwässerung vertreten. Unter schmalen Zungen sollten die Wässer zu den schon eisfreien Belten ab=gelaufen sein. Es steht heute aber fest, daß spätes Eis, das die Flensburger Förde erfüllte, auch Nord=Alsen aufhäufte. Somit waren damals nicht nur die Apenrader Förde, sondern auch die Belte von Gletscherzungen erfüllt. Dies aber heißt, Schmelzwässer der Schlei=Zunge, die erst bei Missunde (Randlage U in Gripp 1954), später bei Lindaunis (Randlage U a) austraten, können nicht unter das Eis abgelaufen sein. Sie müssen nach W einen Weg gefunden haben. Dieser Annahme widerspricht jedoch, daß die Gletschertore von Missunde und Lindaunis=Stubbe, nach den heutigen Oberflächenformen geurteilt, zwischen + 5 bis höchstens + 15 m NN gelegen haben. Für einen so niedrig gelegenen Wasser=Austritt aber gibt es im westlich anschließenden Schlei=Gebiet keinen entsprechenden Überlauf. Der Bustorfer Überlauf südlich von Schleswig liegt auf + 25 m NN. Die gleichen Schwierigkeiten ergeben sich für die inneren Eisrandlagen im Bereich der Flensburger Förde. Die höchsten Kuppen der Moränen=züge von Bockholm und Friedeholz (nordnordöstlich von Glücksburg) erreichen gerade die Höhe des Überlaufes bei Flensburg. Da die Gletscherwässer, nach den heutigen Formen zu urteilen, erheblich tiefer ausgetreten sein müßten, war auch hier anscheinend der Ablauf nach Westen wie nach Osten versperrt.

Nicht anders ist es für den von W. Wolff angenommenen und von W. Eggers 1934 übernommenen „Schnaaper=Sander". Am West= und Nord=Rand der Eiszunge, die im Windebyer Noor bei Eckernförde lag, finden sich heute ehemalige Abläufe der Schmelzwässer zum Osterbek hin in knapp + 15 m NN und zum Bült=See hin in + 25 m NN am Großen Schnaaper=See. Im nordwestlich anschließenden Gebiet fehlen Moränenzüge, und sandige Absätze treten von Möhlhorst bis nördlich Missunde auf. Ferner sinkt das Gelände, im großen gesehen, gleichmäßig bis zur Großen Breite hin auf + 10 m NN ab. Daher glaubte

W. WOLFF, dies Gebiet als Sander deuten zu können. Aber dieser Sander in Höhenlage + 10 m NN könnte nur bei Bustorf in + 25 m NN entwässert haben.

Für dies in Schleswig zunächst unlösbare Problem ist der Weg zur Lösung in Holstein aufgezeigt.

Hier fielen schon C. GAGEL, als er bald nach 1900 mit der geologischen Kartierung der Gegend zwischen Lübeck und Mölln begann, eigenartige trockene Täler auf. Diese weisen ein gleichmäßiges, gegen S gerichtetes Gefälle auf. Das eine von ihnen, der Wensöhlen Grund, entspringt am Südende des Ratzeburger Küchensees. Es vereinigt sich mit dem Einhaus-Fredeburger Trockental, das am Westufer des Ratzeburger Sees einsetzt. Schon GAGEL ließ es 1 km südlich von Buchholz am Ratzeburger See beginnen. GAGEL nahm an, Wässer des Ratzeburger Sees seien in diesen Tälern abgelaufen. Wir wissen heute (K. GRIPP 1947, S. 195), daß der Ratzeburger See kein Tunneltal ist, für das GAGEL und ihm folgend WOLDSTEDT (1926) ihn ansahen, sondern das Becken eines Zweig-Gletschers, der aus dem mit Eis erfüllten Lübecker Zungenbecken über die M-Moräne überlief und sich tief in diese und ihr Vorland einschnitt. Wir wissen ferner, daß die Ratzeburger Eiszunge zunächst südlich des Küchensees endete und hier einen Sander aufschüttete. Danach erst wurde die Rinne des Wensöhlengrundes in diesen Sander eingeschnitten. Später endete die Eiszunge nördlich an der Ratzeburger Dom-Insel. Wir können heute zwar nicht beweisen, aber berechtigt vermuten, daß damals im Bereich des Ratzeburger Küchensees über Toteis ein flaches Becken bestand, aus dem geklärtes Wasser durch den Wensöhlengrund ablief. Als später das Eis bei Buchholz endete, wurde der zwischen Ratzeburg und Buchholz gelegene Teil des Sees Klärbecken, und das Einhäuser Tal entstand als dessen Überlauf.

Eine ähnliche, von Sand erfüllte, gewundene Rinne läßt sich von Rickling über Daldorf, Alt-Erfrade, Tensfeld und Hornsmühlen bis an den Südrand der Senke des Plöner Sees verfolgen. Sie setzt hier in rund 37 m Höhe unvermittelt ein. Ufer-Terrassen in gleicher Höhe sind um den Plöner Wasserturm und bei Waldshagen, aber auch um den Seedorfer See und als Ufer eines Groß-Warder Sees bei Rohlstorf, Wensin, Westerrade, Strenglin usw. ausgebildet. Durch eine noch deutlich erhaltene und eindrucksvolle Rinne bei Kembs stand dieser ehemalige Groß-Warder See über den 37 m Seedorfer See mit der Ablauf-Rinne des 37 m Plöner Sees in Verbindung (K. GRIPP 1953) (Taf. 46 Fig. 1; Abb. 56 auf S. 281).

Im Groß-Warder See haben sich weithin warwige feinsandige Tone abgesetzt. Ob sich am Boden des Plöner Sees auch solche sedimentierte Gletschertrübe vorfindet, ist noch unbekannt. Aber die rund 10 km vom Plöner See entfernten Ziegeleien Malkwitz und Trennt bauen warwige Tone ab. Für ein weites Gebiet ist somit das ehemalige Auftreten von Seen, in denen Schmelzwässer Gletschertrübe absetzten, belegt. Aber jene Seen, insbesondere der 37 m Plöner See, werden ihren Grund nicht dort gehabt haben, wo wir diesen heute finden. Er wird erheblich höher gelegen haben. Denn das Eis in den vielen Resten von Zungenbecken war noch nicht geschmolzen. Es konnte nicht schwinden, da die Sonnenwärme sommertags nur wenige Meter in den Erdboden eindringen konnte. Wo also etwa 2 m Schutt lagen, blieb darunter gelegenes Eis vorerst erhalten. Ein das Eis schützender Schutt konnte demnach nicht tiefer als die örtliche Erosionsbasis abgesetzt werden (siehe S. 197). Die damalige örtliche Erosionsbasis aber kennen wir für jenes Gebiet. Es ist das 37-m-Tal, das am Südende des Plöner Sees bei Bredenbek beginnt. Von hier stieg die damalige Erdoberfläche langsam gegen N an. Ihre Höhenlage entsprach dem Gefälle der gegen S, anderenorts gegen W abfließenden Wässer. Diese entstammten teils dem Eisrand, zu kleinerem Teil schmelzendem Toteis. Hinzu kam der Niederschlag. Es wird nur örtlich und nur zeitweise größere Ströme gegeben haben. Denn dort, wo von Toteis erfüllte Zungenbecken bis unter die örtliche Erosionsbasis niedergetaut waren, bildeten sich häufig flache Seen. In ihnen kam Gletschertrübe mit Feinsand zum

Absatz. Somit hatte sich, hoch über der heutigen, eine besondere Landschaft ausgebildet. Weite Schlammflächen und flache Seen, die durch innerlich gefrorene und langsam zerfallende Stirn=Moränen abgekammert waren, setzten diese Landschaft zusammen.

Da die zahlreichen flachen Becken den Lauf der Wässer bremsten, wurde der gröbere Schutt (Sand, Kies, Steine) kaum verfrachtet. Er blieb gleich außerhalb der Moräne in Rinnen oder niedertauenden Zungen=Becken liegen. Diese grobkörnigen Sedimente wurden häufig bei den nächsten Eisrandschwankungen gestaucht (siehe Tafel 1) und ebenso häufig vom äußersten Eisrand nochmals überschritten. Daher finden sie sich vielenorts unter einer 1–2 m mächtigen Decke aus Geschiebelehm. Die Moränen=Züge waren hier und dort durch Erosions=Rinnen durchbrochen, in denen Wasser von Becken zu Becken und so allmählich zum äußeren Sander=Gürtel hinfloß. Die Zeit der Entstehung dieser eigenartigen Landschaft, bedingt durch das Abtauen toten Eises bis hinab zur damaligen Erosions=Basis, benannte K. Gripp 1943 Zeit des freien Niedertauens.

Er stellte die Zeit des flächenhaften Schwundes unzureichend überdeckten Eises einmal dem weitgehend linearen Schmelzen bewegten Eises, zum anderen dem späteren Tauen tief verschütteten Eises, Tieftauen bei K. Gripp 1937, gegenüber. Entstehung und Bestand der Niedertau=Landschaft fallen in die Zeit der Vereisung, die des Tieftauens in die nacheiszeitliche Alleröd=Zeit und später.

Die Entwässerung der jüngeren würmzeitlichen Eisrand=Lagen kann nicht anders als in Höhe der Niedertau=Landschaft geschehen sein. Dies heißt, der Eisrand ist von außen gegen innen ständig höher zu liegen gekommen (Anm. 88).

In den zahlreichen Becken der Niedertau=Landschaft verloren die Schmelzwässer nicht nur den gröberen Schutt, sondern auch den feineren Schweb. Es waren also geklärte Wässer, die die äußere Sanderzone erreichten. Sie brachten den Außensandern kein neues Material – außer mit treibendem Eis. Sie lagerten um und schnitten ein. So entstanden Rinnen, teils auf dem Sander, wie die des Delvenau und des Tensfeld=Ricklinger Tals. Zumeist aber liefen die Schmelzwasser=Rinnen der inneren Sander über Toteis dahin.

Ursprünglich eine in Toteis eingeschnittene *Rinne* war vermutlich der heutige Sand*rücken* zwischen Einfelder See und Dosenmoor (siehe auch bei Hölting 1958). Quer über das Toteis im Möllner See verlief die Einhaus=Fredeburger Rinne. Sie bricht heute nördlich des Möllner Sees ab. Ferner ist die Rinne Bredenbek–Tensfeld–Rickling in ihrem oberen Teil an zwei Stellen durch Toteis=Schwund eingebrochen; einmal in westlicher Fortsetzung des Seedorfer Sees (anscheinend über einem alten Tunneltal), zum anderen dürfte zwischen den Gehöften Böz (Abbau zu Hornsmühlen) und Holm (Abbau zu Damsdorf) nicht nur die Tensfelder=Au sich eingeschnitten haben, sondern Zungenbecken=Toteis auf der Innenseite der Seiten=Moräne des Holm Einbrüche hinterlassen haben.

Was hier örtlich geschah bei Rinnen der „inneren Sander=Zone", die im übrigen in eis=freien Untergrund eingeschnitten waren, ist in anderen Gegenden in so reichem Ausmaß ein=getreten, daß die Ablauf=Rinnen schwer zu verfolgen sind. So finden sich bei Bossee am Westensee eindeutige Beckensande. Die Zulauf=Rinnen dieses Klär=Beckens sind nicht mehr zu erkennen. Vermutlich führte der Zufluß vom Schulensee her, wie der Abfluß über Emken=dorf, zwischen zwei Moränenzügen entlang. Außerdem ist ein Zufluß Landwehr=Flemhuder See anzunehmen.

Die Wittensee=Zunge dürfte durch das Schirnau=Tal und weiter durch die Senke mit dem Borgstedter, Audorfer und Ober=Eider=See auf den Eider=Sander entwässert haben.

Die Schlei ist oben (S. 224) schon erwähnt worden; ihre jüngeren Zungen im östlichen Teil der Schlei entwässerten, durch Stauseen geklärt, über den Bustorfer Ablauf. Die Stauseen sind durch Beckentone belegt. Ältere sind zum Teil gestaucht (siehe H.-L. Heck 1937, 1943) (Anm. 89), jüngere liegen am Boden der Senken, so bei der ehemaligen Ziegelei Fleckeby.

Weiter nördlich bezeugen die Bändertone der Ziegelei Ausacker ein Sammelbecken für Gletschertrübe. Beckensande erfüllen die gleiche Niederung zwischen Weseby und Husby. Im Bereich der Flensburger Förde sind Beckenabsätze bekannt von Holnis und Ekensund (S. Hansen 1940).

Also auch in Schleswig war eine Niedertau-Landschaft mit Gefälle nach W vorhanden. Nur ist die Zone mit würmzeitlichen Absätzen hier schmaler als in Holstein. Zudem erreichten gewisse Eiszungen noch spät den Rand der äußeren Sanderzone. Daher sind die Spuren der Ablauf-Rinnen aus der Zeit der Niedertau-Landschaft hier beschränkter. Auch dürfte dort in dieser Hinsicht noch zu wenig untersucht sein.

Eine derartige Erosions- und Niedertau-Landschaft, die mit ihren Gletschertoren, Stauseen und Ablauf-Rinnen zum Teil hoch über der heutigen Erdoberfläche lag, bestand lange Zeit während der Vereisung.

In Ost-Holstein haben wir scheinbar zwei Sonderfälle des vorstehend entwickelten Bildes von der Niedertau-Landschaft und ihrer Bedeutung für die Entwässerung der jüngeren Eiszungen. Dies ist einmal die Niederung um Oldesloe, zum anderen das Tal der Schwartau zwischen Barkauer See und Beginn der Autobahn nördlich von Schwartau.

In der Niederung um Oldesloe fehlen anscheinend Becken-Absätze. Vermutlich ist die Entwässerung des Lübecker Zungenbeckens weniger durch die in Richtung Oldesloe vorgedrungene restliche Eiszunge als durch die südliche Gletscherpforte bei Berkenthin geschehen. Hier bestand im Stecknitz-Tal zu dem bei Alt-Mölln gelegenen Überlauf in heute + 19 m NN eine Verbindung zwischen dem Lübecker Zungenbecken-See im Norden und der in den Möllner Sander eingeschnittenen oben erwähnten Delvenau-Tal-Rinne.

Dieser Lübecker Zungenbecken-See lag tiefer als der größte Teil der Niederung um Oldesloe. Nur bis Fresenburg wird er zeitweise vorgegriffen haben. Hier gibt P. Range in rund 19 m Höhe eine Uferlinie auf der Geologischen Karte an. Der tiefliegende Spiegel des Lübecker Stausees wird also die gleichzeitige Bildung eines größeren Stausees um Oldesloe verhindert haben. Diese so tief gelegene Erosions-Basis wird auch die Ursache für die Ausbildung eines Schwartau-Sanders vor der I-Moräne gewesen sein. Jene Eisrand-Lage hat beim Kleinen und Großen Pönitzer See nördlich Schürsdorf und westlich Luschendorf Gletschertore besessen. Das Wasser, das aus ihnen austrat, fand schon eine bis auf die Höhe des Lübecker Stausees niedergetaute Talung innerhalb der M-Moräne, das heißt vor dem Eisrand vor. So konnten die austretenden Wässer ihren Kies und Sand ablagern. Die Senke zwischen den Moränenzügen M und I wurde dadurch mit einem Sander ausgefüllt, dessen Gefälle von N nach S gerichtet ist. Ihren feinsten Schweb ließen diese und die aus der gleichen Eiszunge vom Hemmelsdorfer See und von Travemünde her zufließenden Wässer im Lübecker Staubecken absinken (Anm. 90).

Die Oberflächenformen verraten uns somit, daß die anfängliche und lange Zeit andauernde West-Entwässerung in Ost-Holstein in ihrem höheren Teil von einer rückläufigen Entwässerung abgelöst wurde (Abb. 49), als die vereinten Schmelzwässer der Lübecker Bucht-Zunge sich auf dem kürzesten Weg einen Ablauf zum Elbe-Urstromtal eingeschnitten hatten. Diese Umkehr des Gefälles und Senkung der Erosions-Basis um bis 18 m hatte zur Folge, daß im Einzugsbereich von Schwartau und Maurine jenes Toteis, das höher lag als die neue Erosions-Basis, beschleunigt schmolz. Dies zweite Entwässerungs-System mit der gebrochenen Ablauf-Richtung bestand so lange, bis die westliche Ostsee eisfrei wurde und die Wässer durch den Großen Belt einen kürzeren Weg zur damals um 80–60 m tiefer als heute gelegenen Nordsee fanden.

Als später die Umkehr zahlreicher Gefälle zum inzwischen eisfrei gewordenen Ostsee-Becken hin eintrat (siehe S. 276), verhinderte die I-Moräne, daß auch die Schwartau einen kürzeren Weg fand. Schwartau-Sander und postglaziale Schwartau behielten die gleiche Abfluß-Richtung. Daher blieb der in das Zungenbecken der M-Moräne geschüttete Schwartauer Sander weitgehend erhalten. Allerdings gewährt er durch Toteis-Senken und die örtlich tiefer eingeschnittene Schwartau einen von den Außen-Sandern abweichenden Anblick (Anm. 90).

Auch von Travemünde aus flossen Schmelzwässer in den Stausee des Lübecker Zungenbeckens. Sie hinterließen Sand gröberens Korns. Auf diesen Sanderflächen kamen in flachen Becken dünne schluffigtonige und auch schwach humose Absätze zum Niederschlag. In ihnen fanden sich neben Schalen der Muscheln *Anodonta* und *Unio* mehrere Arten von *Pisidium* sowie von den Schnecken *Valvata, Planorbis, Limnaea* usw., ferner Geweih und Knochen vom Riesenhirsch und vom Ren. Unter den Pflanzenresten sind bezeichnend *Salix polaris, Dryas octopetala,* und *Betula nana,* die neben *Potamogeton* und *Myriophyllum* gefunden wurden. Es ist das eine Lebensgemeinschaft, wie man sie heute auch in kleinen, flachen, stehenden Gewässern in der Arktis antrifft. In den Sanden unmittelbar über den Resten solcher Tümpel fanden sich schon vor 51 Jahren (Friedrich 1905) und erneut 1953 (Guenther 1955) ± zusammenhängende Skelett-Reste der genannten Säuger. Es ist noch unentschieden, ob die Tiere auf übersanderten Tümpeln einbrachen und dadurch umkamen oder ob die Skelette von an jenen Tümpeln verendeten Tieren erst lange Zeit nach dem Tode der Tiere bei erneuter Sandschüttung eingebettet wurden. Da Skelette im kühlen Klima erhalten bleiben, erscheint die zweite Deutung als die wahrscheinlichere.

Die Sander-Absätze einschließlich der Reste jener Tümpel sowie die darüber in Sand eingebetteten Skelette wurden bei erneutem Vorstoß vom Eis zu Moränen-Kuppen aufgepreßt. Auf diese Weise ist – wie so häufig – der höchste Teil eines Sanders zur Stirn-Moräne geworden. Unter den gleichen Umständen wurden nördlich von Preetz Elch-Reste gefunden (Guenther 1951).

Als später der Eisrand, unter Entwässerung durch die Belte, bis Fehmarn und weiter östlich zurückgeschmolzen war, werden die Schmelzwässer auch am Grunde der westlichen Ostsee Sande und Beckentone abgesetzt haben. Aber bisher ist uns davon nichts zugänglich.

Die Altersgliederung der Endmoränenzüge

Ein Netz von nur teilweise parallelen, häufig sich verzweigenden oder gar überschneidenden Endmoränenzügen kann solange wie die 1937 von W. G. Simon begonnenen Geschiebezählungen nicht fortgesetzt werden, nur aus morphographischen Angaben zeitlich gegliedert werden; nämlich aus:

1. dem Verlauf
   a) aus unmittelbarem Zusammenhang als gleichaltrig
   b) aus der Parallelität zu einer bestimmten Eisrandlage als älter oder jünger als die mittlere
2. der Höhenlage zueinander. Hierbei sind weniger die höchsten Kuppen, auch nicht die Höhenlage des Fußes der Endmoräne auf deren Außenseite, sondern die Höhe von deren Basis auf der Innenseite zu betrachten

In der Moränentreppe südlich des Bungsberges können die Eisrandlagen um + 80 und die um + 70 m NN nicht älter als die um 110 m nördlich und die um 100 m südlich von Bergfeld sein. Je tiefer gelegen, desto jünger! Dies trifft auch für die Moränenzüge zu, die die Landstraße zwischen Güby und Haddeby queren.

Es gilt aber auch: Je jünger, desto tiefer die Exaration des Eises. Je länger und tiefer das Eis sich einschnitt, desto weniger wurde an Riß-Absätzen und desto mehr vom anstehenden

Untergrund aufgenommen. Man wird also später einmal aus der petrographischen Zusammensetzung der zugehörigen Grundmoräne oder Sande sowie aus der Zusammensetzung der Geschiebe, besonders auch der Nah=Geschiebe, ableiten können, was von den Absätzen *einer* Vereisung zeitlich zusammengehört. Ein Erfolg versprechender Versuch in dieser Richtung ist von W. G. Simon (1937, 1938) durchgeführt worden. Leider war damals die morphologische Erkundung über den Verlauf der Eisrandlagen noch unzureichend und dadurch jenen Untersuchungen weniger Erfolg beschieden, als es heute der Fall sein würde.

Schon früh ist eine Beziehung zwischen dem Verlauf der Endmoränen=Züge und dem der Ostsee=Küste vermutet worden. Besonders die Parallelität der pommerschen Küste mit den Moränen=Zügen südlich davon in der Uckermark und Neumark forderten dies heraus. Die neueren Untersuchungen in Schleswig=Holstein lassen gleichfalls eine Parallelität zwischen dem Verlauf des Eisrandes und dem der Ostsee=Küste erkennen, sogar bis in feinere Einzelheiten. Inmitten der großen östlichen Halbinseln unseres Landes finden wir (Karte 3) hintereinandergeschaltet Moränen=Gabeln. Sie bedingten die stärksten Anhäufungen von Gletscherschutt. Dadurch entstanden die Kernstücke von Angeln, Schwansen, Dänischwohld und auch der Wagrischen Halbinsel. In Ost=Holstein verlagerte sich die Moränengabel von Barkau zunächst zum Bungsberg=Nunatak und dann bis Heiligenhafen (G. Seifert 1954). Die vier Förden und die Lübecker Bucht entsprechen gleichsinnig verlaufenen Eiszungen. Bei der Schlei hat das Eis weniger tief geschürft; daher ist diese Förde in geringerem Ausmaß von der Ostsee überflutet. Der geradlinig verlaufenden Küste von Laboe bis Großem Binnensee aber ziehen niedrige Seitenmoränen parallel. Die Eiszunge in der Hohwachter Bucht hatte einen Vorläufer in der Futterkamper. Ihr entsprechen auf der Ostseite der Wagrischen Halbinsel Eiszungen der Lübecker Bucht.

Es ergibt sich die Frage, ob wir den Küstenverlauf von Flensburg bis Travemünde der gleichen Eisrandlage zuordnen dürfen. Dies ist nicht zulässig. So finden wir am Innenende

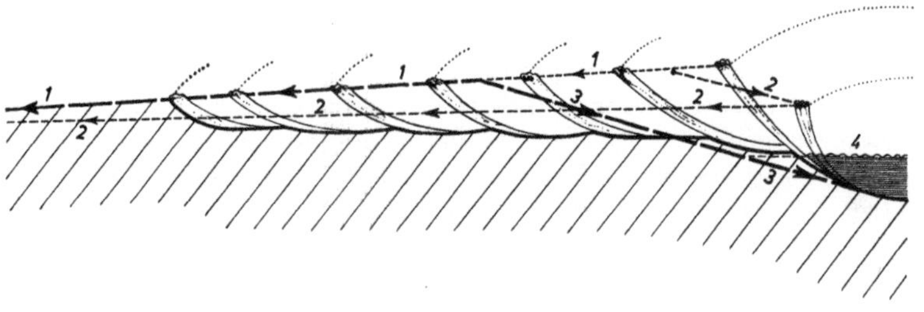

Abb. 49 Die Entwässerung Schleswig=Holsteins während und nach der letzten Vereisung

1. Die aufeinander folgenden Eisrandlagen entwässerten nach Westen zum Urstromtal der Elbe im Bereich der heutigen Nordsee. Die Eiszungen pflügen sich allmählich tiefer ein

2. Im Osten und Süden Holsteins war der Weg nach Süden zum Elbe=Urstromtal der nähere. Hier liefen die Wässer daher erst nach Süden und dann im Elbe=Urstromtal nach Westen ab

3. Als während der ersten Wärmeschwankungen Toteis verstärkt schmolz und schließlich die westliche Ostsee eisfrei wurde, lenkten neue Flüsse (Trave, Schwentine, Lippingau) die Wässer über den Boden der Ostsee zum Meere im Kattegat ab. In dem Bereich, in dem 1 und 3 sich berühren, blieb das Toteis am mächtigsten, daher entstanden hier Seenplatten.

4. Als zur Nacheiszeit das Meer in die westliche Ostsee wiederkehrte, bedeckte es die Unterläufe der unter 3. genannten Flüsse und schnürte deren im Unterlauf zu breiten Täler durch Sandhaken ab (Schleimünde, Eckernförde, Timmendorfer Strand, Priwall und förderte durch Rückstau deren Vermoorung; aus K. Gripp 1963

der Lübecker Bucht wohl ausgeprägt die auf der Linie Hamburg–Lübeck innerste, als I-Moräne bezeichnete Randlage. Es ist bisher unbekannt, ob die südlichen Teile der Randlagen der Eutiner Eiszunge im Innern der Lübecker Bucht von der I-Moräne abgetragen wurden oder ob sie in dieser mit enthalten sind. Eindeutig erkennbar ist, daß ein Teil der I-Moräne über Neustadt nach Lensahn bzw. in die Gegend um Cismar verläuft und dann, anfangs wohl direkt, später auf dem Umweg über die eisfreie Insel südlich Heiligenhafen nach W in Richtung Hohwachter Bucht abbiegt. Im Raume Oldenburg–Hansühn–Kaköhl steht eine nähere Verfolgung der Eisrandlagen noch aus. Es ist aber wahrscheinlich, daß die Futterkamper Eiszunge der I-Randlage in der Lübecker Bucht enspricht.

Der Haßberg–Hohwachter Doppelzug dürfte eine Moränengabel darstellen. Die kleine Eiszunge, die den Großen Binnensee erfüllte, und die anschließenden Seiten-Moränen, die, der Küste parallel, über Passade bis nach Kiel-Dietrichsdorf führen, dürften somit den I-Moränen zugehören. Das Gegenstück zu den I-Moränen auf der Ostseite der Kieler Förde sind auf deren Westseite die Seiten-Moränen von Düsternbrook + Sternwarte und von Ravensberg, die über Levensau nach N in Richtung Friedrichshof ziehen (K. Gripp 1951, G. Seifert 1954). Hier verliert sich ihre Fortsetzung in der Fülle von Eisrandlagen, die in der Moränen-Gabel von Schwedeneck eng gepreßt nebeneinanderliegen. Trifft der hier angenommene Verlauf der I-Moräne zu, so entsprechen die Eisabsätze zwischen Lensahn und Grömitz und die der nördlichen Probstei einander zeitlich. Da der Oldenburger Graben östlich von Oldenburg i. H. einer I-zeitlichen Eiszunge seine Entstehung verdankt. (G. Seifert 1954) und die Eiszunge im westlichen Oldenburger Graben annähernd gleichaltrig ist, so gehört Wagrien nördlich des Oldenburger Grabens auch in die Zeit der I-Moränen.

Von der Grenze gegen Mecklenburg bis Schwedeneck ist somit die I-Moräne auf rund 120 km Länge zu verfolgen. Ihre Fortsetzung nach N ist unmittelbar nicht zu erkennen. Ob die Moränen-Gabel vom Aschenberg bei Waabs, also die Schlei-Zunge, die bei Lindaunis–Stubbe endete, den I-Moränen gleichaltrig ist, bleibt ungewiß. Für die Moränen-Gabel von Schönhagen ist ein den I-Moränen entsprechendes Alter wahrscheinlicher. Dann wären die Eiszunge um den Schwansener See und der Moränen-Zug über Rabelsund bis Habernis und somit die angestauchten Grundmoränen-Züge zwischen Gelting und Falshöft auch zeitlich den I-Moränen zuzuzählen. Ein Verfolgen weiter in die Flensburger Förde hinein scheint mir reine Hypothese zu sein. Hier ist es nämlich, wie an zahlreichen Orten, bisher nicht möglich, zu entscheiden, ob eine Gabelung oder eine Überschneidung vorliegt.

Auf der Suche nach weithin verfolgbaren Eisrand-Lagen wenden wir uns nunmehr der M-Moräne zu. Auf der Linie Hamburg–Travemünde wurde der gewaltige, das Lübecker Zungenbecken umrahmende Moränenzug als die Mittlere Moränen-Gruppe, kurz als M-Moräne bezeichnet. Der bei Ahrensbök bis 6 km breite flache Rücken wurde 1934 von uns wie eine Einheit behandelt. Inzwischen ist erkannt, daß der Hauptzug der M-Moräne aus verschieden alten Teilstücken besteht. Karte 3 zeigt als Ausgangspunkt zwei Moränen-Gabeln, eine um Türk, die andere, sehr enge bei Klenzau. Der östliche Schenkel dieser Gabel ist das sogenannte „Schwienkuhlener Os" (Anm. 91). Der nächstjüngere, örtlich anschließende Moränenzug verläuft über Gießelrade in Richtung Siblin und, mit dem Schwienkuhlener Zug vereinigt, gegen Süden. Dieser aber springt westlich von Ahrensbök über Gnissau–Steenkrüz nach Berlin, also weit gegen Westen vor. Die Randlagen um Berlin, älter als die vom Plöner See vorgedrungene Schlamersdorfer Zunge, werden mit den bei Hamdorf und Blunk in nordöstlicher Richtung streichenden Zügen Verbindung gehabt haben. Den Moränenzug Siblin – westlich Ahrensbök – verlängerte die nächste Eisrand-Schwankung. Diese griff den Wardersee querend über den Kagelsberg bis Segeberg nach W aus. Wie Karte 3 zeigt, verlängerten weiter südlich jüngere, östlich Ahrensbök verlaufende Randlagen den Hauptzug der

Abb. 50 Eisrandlagen der Würm=Vereisung

Das Gebiet zwischen den Randlagen C und D weist periglaziale und Toteis=Formen nebeneinander auf. Innerhalb von D treten periglaziale Formen hinter denen des Toteises völlig zurück.

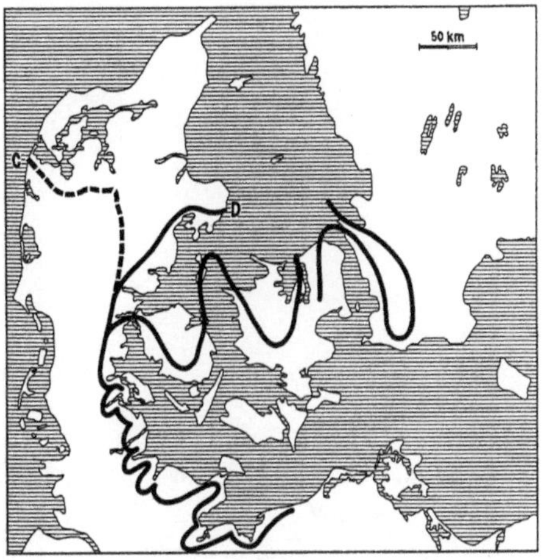

M=Moräne. Die nach W vorquellenden Eiszungen werden gleichzeitig zunehmend kleiner. Ähnlich baute sich der M=Zug zwischen Oldesloe und Berkenthin auf, worüber J. Hofmann in einer Diplomarbeit erste Angaben machte (Abb. 51).

In eigenartiger Weise ist der Hauptzug der M=Moräne allmählich von der Klenzau=Barkauer Gabel aus gegen S gewachsen. Rund 10 Randlagen, also Eisvorstöße, sind in der großen, die Lübecker Eiszunge gegen W begrenzenden Umwallung enthalten. Die ältesten an der Klenzau=Barkauer Gabel hängenden, gegen W vorgesprungenen Eiszungen ent=sprechen den von K. Gripp 1934 als A 6 und A 7 bezeichneten Moränen=Zügen.

Die bisher M 1 bezeichnete Haupt=Moräne der mittleren Moränen=Gruppe ist somit zwar in ihren Teilen recht unterschiedlichen Alters, aber morphologisch die markanteste Ein=heit. Sowohl von N, von der Eisenbahn oder Landstraße Eutin–Schwartau, wie aus der Gegend um Segeberg wirkt sie als mächtiger Wall. Straßen, die den Zug rechtwinklig queren wie Sandesneben–Lübeck, auch die Autobahn Hamburg–Lübeck sowie Kleinbahn und Land=straße Segeberg–Lübeck machen durch Steigung und Fernsicht mit der Größe dieser Schutt=Anhäufung bekannt.

Gegen W ist die M=Moräne, wie Karte 3 zeigt, zu verfolgen südlich um den Plöner See, südlich um das bei Bornhöved endende Tunneltal herum und weiter in nördlicher Richtung bis Rönne und Meimersdorf südlich von Kiel (bei Löhndorf 74 m Höhe). Vom nördlichsten Punkt biegt diese auch hier massige Moräne bis Bordesholm nach S zurück, kehrt gleich wieder nach N und erreicht um Schierensee und südlich des Westensees abermals Höhen von über 70 m. Bei Emkendorf aber endet dieser Moränenzug. Jüngere Eiszungen, un=gefähr 10 an Zahl, aber mit erheblich geringerer Stauchwirkung sind anschließend weiter vorgequollen; sie haben abgetragen, und ihre Wässer haben ältere Moränen zerspült. Von der Selmsdorfer Höhe bei Schönberg i. M. bis Emkendorf ist der als M=Moräne zusammen=gefaßte Komplex 180 km lang. Als weitere Fortsetzung nach N möchte man der Gestalt nach die breite R=Moräne Klappholz–Süder=Schmedeby und deren nördliche Fortsetzung von Oeversee bis Hürup ansehen. Im Einklang mit der Zugehörigkeit zur Frankfurter Phase ist die Westseite des Moränenzuges von Nord=Höhe bis Klappholz mit Windkantern bedeckt. Jedoch der Rücken nördlich von Oeversee ist frei von Windkantern, und Kalkgeschiebe treten auf beiden Flanken auf. Nicht ausgeschlossen ist, daß hier eine ältere würm=zeitliche Moräne einmal von Osten von junger Moräne überschüttet wurde, außerdem aber auch von

a

b

Abb. 51 Entstehung der Eisrandlagen durch Eisvorstöße in Ost=Stormarn und Lauenburg von der äußersten Grenze der Würmvereisung bis zu den Stirnmoränen des Lübecker Zungenbeckens aus der nicht veröffentlichten Diplomarbeit von J. G. Hofmann 1956

Schwarz: Eisrandlagen. Quadratisch schraffiert: Rißzeitliche Ablagerungen, mit Windschliff=Decke, heute im Verdacht, frühwürmzeitlichen Alters zu sein. Waagerecht schraffierte Stauchmoräne ohne Untergliederung.

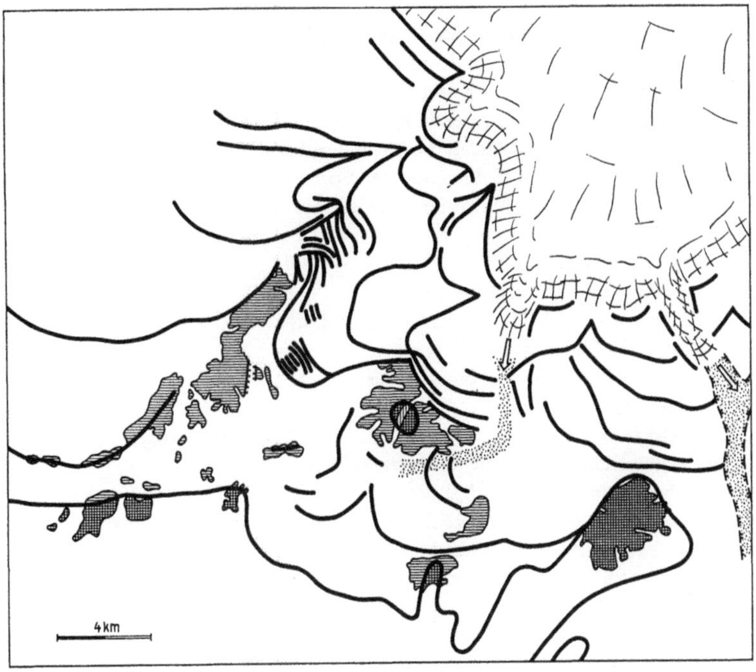

c

d

Feinpunktiert: Ablauf=Rinnen der Schmelzwässer.
Stirnstauchung und Kerbstauchung treten nebeneinander auf. Die zunächst zahlreichen Schmelzwasser=Rinnen versiegen in dem Maße wie die Eismasse kleiner wird und sich tiefer eingeschnitten hat. Das zunehmend nach Norden verlängerte Stecknitz=Tal (am Ostrand der Skizze) war der letzte von der Lübecker Eiszunge nach Süden zum Urstromtal der Elbe führende Schmelzwasserablauf

Westen her, und zwar von kleinen Eiszungen, die aus dem Gletschertor von Flensburg bis südlich des Sankelmarker Sees vorgedrungen waren. Also einstweilen bestehen keine Bedenken, die R=Moräne als Fortsetzung der M=Moräne anzusehen. Aber ohnehin ist die M=Moräne in Holstein bislang der längste Moränenzug unseres Landes.

Zwischen den als M= und I=Moräne bezeichneten Eisrandlagen liegt in dem im SW an die Lübecker Bucht anschließenden Gebiet nur der Schwartauer Sander (siehe S. 251, Anm. 90). Zwischen Bornhöved und dem Nordufer des Selenter Sees aber treffen wir hintereinander:

M=Moräne,
Preetz–Plöner Zunge,
Post=See= + Wittenberger Zunge,
Raisdorfer= + Wildenhorster Zunge mit der Stauchmoräne von Lilienthal,
Zunge um Dobersdorfer See,
Zunge beiderseits des Passader Sees,
vermutlich I=Moräne.

Dieser Vergleich zeigt, wie unsicher es ist, aus der Nachbarschaft oder der Parallelität zweier Moränenzüge auf Altersnähe schließen zu wollen.

Es muß noch erwähnt werden, daß der äußerste Rand der Würm=Vereisung aus A= und M=Moränen besteht. Die A=Moränen Stormarns biegen, wie oben erörtert, mit ihren jüngeren Stadien unter der Schlamersdorfer Zunge hindurch in die Klenzau–Barkauer Gabel der M=Moräne zurück. Mit der Bornhöveder Zunge erreicht dann die große M=Moräne den äußersten Rand der jüngsten Vereisung. Hölting hat neuerdings gezeigt, daß nördlich des hoch gelegenen Trappenkamper Sanders im flachen Schwale=Tal die Grundmoräne der M=Moräne dicht unter der Oberfläche ansteht.

Um Einfeld und westlich bei Emkendorf bilden wieder A=Moränen den äußersten Rand der Jungmoränen=Landschaft. Um Rendsburg erreichen späte M= oder wahrscheinlicher I=Moränen zumindest nahezu den äußersten Rand. Für Schleswig gilt das gleiche. Nicht ausgeschlossen ist, daß bei Flensburg I=Moränen bis an den Rand jener Vereisung gereicht haben.

Das ungleiche Alter der verschiedenen Abschnitte des äußersten Randes der jüngsten Vereisung sowie die Karte über den Verlauf der Eisrand=Lagen zeigen, wie verwickelt die Vorgänge waren, denen das schmale Band würmzeitlicher Eisabsätze im Osten unseres Landes seine Entstehung verdankt.

P. Woldstedt hat seit 1925 nach einigen Änderungen die hintereinandergelegenen Eisrand=Lagen zu den Gruppen:

Nord: Pommersches Stadium
Frankfurter Stadium
Brandenburger Stadium

zusammengefaßt. Hiermit war keine Gliederung des würmzeitlichen erdgeschichtlichen Abschnittes gegeben, sondern „von den zahlreichen Randlagen sind die" gewählt, „an denen der Gletscher offensichtlich für längere Zeit relativ feststand und die sich über weitere Erstreckung hin verfolgen lassen" (Woldstedt 1925, S. 174). Da dies in unserem Land nicht der Fall war, konnte die Gliederung auf Schleswig=Holstein nur beschränkt angewandt werden.

Nach dem, was wir heute über den Verlauf der Endmoränen in Schleswig=Holstein wissen, treffen die von Woldstedt 1925, 1930, 1935, 1942 auf Übersichtskarten gezogenen Grenzen der genannten Stadien für unser Land nicht zu.

Falsche Vorstellungen werden besonders dann erweckt, wenn mit einer solchen Einteilung Klima=Wechsel in Zusammenhang gebracht werden, und dann noch die ursprünglich behelfsmäßige Unterteilung in Weichsel I, Weichsel II umbenannt wird (Beurlen 1938, S. 9) (Anm. 92). Wenn zudem noch abgekürzt wird in W I und W II, ist für jeden, nicht gründlich mit dem

Stoff bekannten Leser eine Verwechslung mit dem Würm I–III der Löß-Gliederung, also der Gesamtzeit der Würm-Vereisung, unvermeidlich.

Da morphologische Grundlagen für die Trennung der Ablagerungen des Frankfurter und des Pommerschen Stadiums erst in jüngster Zeit bekannt geworden sind, erscheint für die Moränenzüge in unserem Land ein Vergleich mit WOLDSTEDTS Stadien weitergehend als Seite 233 angegeben, nicht angebracht.

Jüngere Eisrand-Lagen im Bereich der heutigen Ostsee

Die Wiederkehr der Ostsee in der Nacheiszeit hat uns die Spuren zahlreicher jüngerer Eisrand-Lagen entzogen. Das Jahrtausende Verweilen des Ostsee-Spiegels in annähernd der heutigen Höhenlage hat zudem Teile der uns zugänglichen Moränenzüge abgetragen. So sind vor dem Brodtener Ufer, von der Fortsetzung der Schwedeneck-Gabel gegen NO und von der Gabel von Schönhagen ersichtlich erhebliche Teile der Abrasion des Meeres zum Opfer gefallen.

An Kliffs, die den eisbedingten Formen parallel verlaufen, ist weniger nach den Formen, als an der Höhe der Kliffs zu schätzen, wieviel verlorengegangen ist. Dies gilt für das Südufer der Flensburger Förde und der Eckernförder Bucht.

Die nördliche Probstei, das Geltinger Gebiet sowie Fehmarn geben uns ein Bild davon, wie der Boden des Ostsee-Großgletschers ausgesehen haben dürfte. Neben weiten Grundmoränen-Flächen finden sich niedrige Eisrandlagen. Bei manchen von diesen wird es sich nicht um frei ausgetretene Randmoränen, sondern um Schuttanreicherungen an der Grenze von bewegtem zu totem Eis gehandelt haben.

Die Untersuchungen von R. A. HINTZ über die Entstehung der Geltinger Bucht (HINTZ 1958) haben gezeigt, daß geeignete Echographen den diluvialen Boden unter 7 m mächtiger nacheiszeitlicher Mudde-Schicht erkennen lassen. Es war dort möglich, den Verlauf niedriger Randlagen unter der Mudde-Schicht weiterzuverfolgen. Am Grunde der Ostsee haben wir an Hohlformen Zungenbecken und Ablauf-Rinnen zu erwarten. Letztere fand HINTZ in Küstennähe. Täler der Flüsse aus der Zeit vor Wiederkehr des Meeres zeigt die Karte in E. TAPFER 1940 (Fig. 56 S. 222).

Eine moderne Untersuchung über Spuren von Rand-Moränen und deren Zusammenhang am Grunde der westlichen Ostsee steht noch aus. Nach den Erfolgen von HINTZ in der Flensburger Förde wäre es heute möglich, entsprechende auf Beobachtung beruhende Untersuchungen durchzuführen. Es ist anzunehmen, daß die Eiszungen, die zu den Belten entwässerten, teilweise schmal und lang waren, demnach lange Seiten-Moränen aufwiesen.

Es ist unrichtig, wie früher geschehen, die westlichen Endpunkte von auf dem Lande gelegenen Endmoränen beiderseits der Ostsee mit einer nahezu geraden Linie zu verbinden und diese als Eisrandlage anzugeben. Nur Schwellen aus hartem älteren Gestein oder bei Schwankungen vor der Stirn des Eises zusammengeschobener Eigenschutt (Darßer Schwelle) konnten annähernd quer durch die Ostsee verlaufende Stirnmoränen erzeugen. Zumeist wird das Eis im heute überfluteten Bereich noch weit vorausgegriffen haben.

6. Die Wirkung der Würm-Vereisung im nichtvereisten Gebiet

Das würmzeitliche Eis hat unmittelbar die Zone der unruhigen Formen im Osten unseres Landes geschaffen. Die hieraus und aus älteren Ablagerungen ausgespülten Sande bauen die wenig fruchtbare, flache Sanderzone inmitten unseres Landes auf. Gegen Westen und Süden erhebt sich aus dieser, teils sanft ansteigend, teils an Steilkanten, die Geest heraus. Dies ist das Gebiet mit Ablagerungen der Riß-Vereisung. Dessen Absätze waren ursprünglich ebenso unruhig geformt und annähernd so kalkhaltig wie heute die Jung-Moränen. Der Kalkgehalt ging durch Auslaugung unter Einwirkung von humussaurem Sickerwasser während der warmen Zeit zwischen den Vereisungen weitgehend verloren. Damals schwanden auch die Seen, weil sie zu großem Teil ganz vermoorten. Aber im übrigen waren die Formen erhalten geblieben, wie das Eis sie aufgebaut und das Tieftauen sie umgestaltet hatte. Es wiesen damals auch der Westen und Süden unseres Landes die gleichen lieblichen Formen auf wie heute die Ostseerandgebiete.

Dieser Formenreichtum ging erst während der Würm-Vereisung durch jene Kräfte verloren, die auch heute in arktischen Gebieten, im Vorland von Inlandeis und Groß-Gletschern wirken. Es sind dies der Wind und der Bodenfrost in seinen mannigfachen Auswirkungen. Hier ist die Pflanzendecke so spärlich, daß nackter Boden weithin frei liegt.

Wind und rinnendes Wasser können daher dort stärker wirken als in Gebieten mit geschlossener Tundra- oder gar Walddecke. Ferner ist der Boden bis zu örtlich wechselnder Tiefe dauernd gefroren. Daher finden keine chemischen Umsetzungen (Verwitterung) statt. Im Frostboden gibt es kein Grundwasser. Der gesamte Niederschlag muß also auf der Oberfläche abfließen. Dies geschieht über ein durch Pflanzen- und Wurzelfilz zumeist nicht verfestigtes Erdreich. Daher verfrachtet auch die kleinste Menge rinnenden Wassers schon Mineralkörner. Später jedoch, als Pflanzenwuchs unser Land dicht bedeckte und bevor der Mensch bei uns wieder künstlich nackten Boden schaffte, flossen hier im Lande nur Bäche und Flüsse, die fast frei von mineralischer Trübung, also klaren Wassers waren.

Gefrorener nackter Boden zieht sich durch Raumminderung seiner einzelnen Bestandteile zusammen. Unter Knall reißen Spalten auf, zumeist in 10 und mehr Meter Abstand und häufig in bestimmter Anordnung (Anm. 93).

Die Ränder neben der über der eiserfüllten Frostspalte gelegenen Einsenkung sind erhöht. Sowohl im nackten Erdreich wie dort, wo ein flaches Moor Dauerfrostboden überdeckt, sind in der Arktis daher die Systeme der Frostspalten an einfachen Furchen oder solchen mit ± deutlichen Doppelwällen leicht zu erkennen (Taf. 42 Fig. 1; Taf. 43 Fig. 2 und 3).

Im Sommer taut der Boden selbst in der Arktis oberflächlich auf. Je nach Wetter und Lage zu den dort nur flach einfallenden Sonnenstrahlen erreicht der Auftauboden 0,5–1 m und mehr.

Gefriert solcher Boden im nächsten Herbst wieder, so können zwei verschiedene Vorgänge eintreten, je nach Korngröße des getauten Bodens.

Besteht der Boden aus Körnern unter 0,02 mm, so wird Wasser aus der Tiefe an die jeweilige Untergrenze des gefrierenden Bodens kapillar emporgesogen und hier als Eislage ausgeschieden. Schluffige, sedimentierte Gletschertrübe und noch stärker feinstkörnige, bindige Böden werden hierdurch zu einem eisgebänderten Gestein. Dieses enthält dadurch zum Teil erheblich mehr Wasser als seinem Poren-Volumen entspricht. Eine solche Übersättigung an Wasser muß bei der nächsten Tauperiode zu einer eigenartigen Umlagerung führen. Wenn solcher Boden taut, kann das überschüssige Wasser nur nach oben entweichen. Es lockert dabei das Korngefüge, bis eine Suspension daraus wird. Da diese an der Oberfläche ihr Wasser abfließen läßt, entsteht hier wieder Sediment. Dies ist aber schwerer als die Suspension. Solange wie diese umgekehrte Lagerung der Dichte vorhanden ist, lagert sich der Boden um (Anm. 94).

Der zweite Vorgang, der beim Wiedergefrieren stark wasserhaltigen Bodens eintreten kann, ist Pressung zwischen der sommerlichen Oberfläche des Dauerfrostbodens unten und einer neu entstandenen Frostschicht oben.

Daß hier Druckkräfte auftreten, ist zum Beispiel aus Sibirien einwandfrei bekannt (W. B. Schostakowitsch 1927). Wo Grundwasser die Untergrenze der Neugefrornis erreicht, bilden sich Eislinsen, die den gefrorenen Boden anheben. Bäume nehmen dabei eine charakteristische hügelauswärts geneigte Stellung ein. Die Oberfläche solcher Eishügel weist Spalten bis 1 m Breite auf. Manche dieser Hügel verschwinden in der nächsten Tauperiode. Größere halten sich jahrzehntelang.

Andere Hügel aber platzen, wodurch Schlamm mit ± großen Gesteinsstücken frei wird. Schostakowitsch (S. 416) vermutet, daß durch Gefrornis rings geschlossene Räume mit noch ungefrorenem Inhalt durch weitere Einengung beim Gefrieren zum Aufreißen und damit teil=weisen Ausschleudern ihres Inhalts gebracht wurden.

Ähnlich deuten neuerdings niederländische Forscher Formen, die von ± deutlichen Wällen umgeben sind. Sie benennen sie mit dem eskimoischen Wort Pingo. Sorgfältige Untersuchun=gen ließen das herausgeschleuderte Material rings um die verbleibende Vertiefung erkennen (Maarleveld und van den Toorn 1955). K. Picard 1961 berichtete über Pingos aus der Gegend östlich von Husum.

Pressung zwischen zwei gefrorenen Lagen von Erdreich möchte neuerdings auch A. Dücker (1954, S. 34) für die Entstehung der auffallenden Gekröse=Böden, auch Würge=, Taschen=, Brodel=, Froststauchungs= oder kryoturbater (eisgestörter) Boden genannt, in Anspruch nehmen.

In der Anmerkung 95 wird erläutert, warum die Bezeichnung als turbate Böden angebracht erscheint.

Dücker selber schreibt, daß für gewöhnlich bei dem Eindringen des Frostes keine größeren Druckkräfte im Boden auftreten. Gefröre aber Boden mit hohem Wassergehalt, so werde der Boden angehoben. „Hydrostatischer Druck fließenden Grundwassers", das im noch nicht gefrorenen Anteil des Bodens gefriert, bringe die oben erwähnten Eishügel und explosions=artigen Ausbrüche hervor. Aber dort, wo zum Beispiel Schnee, ungleich verteilt, Neugefrornis ungleich tief eindringen läßt, werde wassergesättigtes Erdreich vollständig von gefrorenem Erdreich eingeschlossen. Beim Platzen steige Wasser + Boden eruptionsartig empor. Druck=entlastung ließe das unterkühlte Erdreich sofort gefrieren. Dadurch werde die Öffnung sofort geschlossen.

Diese Erklärung Dückers faßt die turbaten Böden als eine Folge einzelner Pingo=Embryonen auf. Schon vor dem Auswurf sei das ausbrechende Erdreich wieder erstarrt.

Die endgültige Lösung der Frage nach der Entstehung der Lagerungsstörungen nach Art der in Taf. 43 Fig. 1 wiedergegebenen dürfte Dückers Deutung noch nicht gebracht haben. In Anmerkung 96 werden Bedenken vorgebracht.

Vergegenwärtigt man sich, was in den periglazial=turbaten Schichten geschehen ist, so er=gibt sich ein mit Verzahnung verbundener Platzwechsel zweier Schichten. Abstieg entspricht nebenan Aufstieg (Metakinese K. Gripp 1960). Dabei entstanden Grenzflächen, die Kugel=flaschen oder Wannen mit ± gestreckten und dabei verengten Hälsen entsprechen. Von ungefähr gleich großen, ab= und aufgestiegenen Körpern bis zu breit aufgestiegenen Pfeilern mit zu fadenförmigen Querschnitt eingeengten Wänden und tropfenartig ausgequetschten Einmuldungen sind mannigfache Übergänge vorhanden. Ein Extrem der Turbation stellt der sogenannte *Tropfenboden* (Kerkoboloide) von Kleinnordende bei Elmshorn dar. Herr Dr. Dücker entdeckte und untersuchte das Vorkommen. Von einer rißzeitlichen Grundmoräne waren verlehmte Reste von bis 1 m Mächtigkeit auf ganz flachen Kuppen über entkalkten rißzeitlichen Sanden erhalten. Von der Lehmdecke waren größere und kleinere Batzen bis zu einer bestimmten, horizontal durchgehenden Grenze abgesunken. Offenbar war der Lehm der heutigen Dichte 2–2,2 in den damals flüssigen Sand (heutige Dichte 1,5) von oben ein=gedrungen unter gleichzeitigem entsprechenden Aufsteigen von Teilen des Sandes (Anm. 97).

Die Verflüssigung des Sandes dürfte eingetreten sein, sobald Eislinsen unten im Geschiebe=mergel noch tauten, wenn oben die Erdoberfläche erneut gefroren war. Dann wurde der Sand örtlich und vorübergehend zu Triebsand, und Schollen des Lehmes war es möglich, in diesen abzusinken ... bis an die Untergrenze des getauten Bodens. Ersichtlich war der Vorgang mehrfach eingetreten.

Florschütz und van der Vlerk (1938 Fig. 2) beobachteten je eine eingebogene Mooslage am Boden und in der Mitte einer kugelschalig in Torf eingesunkenen Sandmasse. Da die Moos=lage auch seitlich den Torf bedeckt, ist eine zweimalige Abwärtsbewegung eindeutig belegt. Diese dürfte langsam vor sich gegangen sein.

Bis heute ist somit noch umstritten, wieweit die Erscheinungen in turbaten Böden auf Wirkungen des Eises oder auf Bewegungen im wasserreichen, getauten Boden zurückzuführen sind.

Frostspalten

Unbestritten ist die Wirkung des Frostes bei der Entstehung der sogenannten Frostspalten, die auch als Frostkeile bezeichnet werden. Ihre heutige Erscheinung in der Arktis ist S. 260 erwähnt worden. Während langer Zeit wurde ihre Entstehung erklärt als wiederholte Frost=kontraktion, wobei von den jeweils entstandenen Spalten durch sich beim Gefrieren von Wasser dehnendes Eis, hineingespültes Erdreich usw. ein Druck auf die Seitenwände aus=geübt sein soll. Nach Schwinden des Bodenfrostes sei die Spalte endgültig mit herein=gestürztem Erdreich verfüllt worden und so erhalten geblieben (Taf. 43 Fig. 2 und 3).

A. Dücker 1951 wies darauf hin, daß seitlicher Druck bei der Bildung der Spalten nicht hat entstehen können. Kontraktions=Risse allein seien für die Entstehung verantwortlich. Immerhin sind in nassen Gebieten Spitzbergens beiderseits einer Frostspalte niedrige Dämme aus Mineralboden vorhanden. Hinzu käme nach den Erfahrungen im arktischen Nordamerika eine zweite Gruppe von Eiskeilen. In feinkörnigem Gestein treten senkrechte Wände aus reinem Eis auf. Es seien Teile eines den Boden, soweit er feinkörnig genug ist, auch in der Horizontalen durchziehenden Systems von Eislagen. Dieses Kammersystem entstand, wo die bei Gefrieren auftretenden kapillaren Kräfte hinreichend Wasser an die Frostgrenze ge=langen ließen.

Bei uns ist es bislang nicht gelungen, diese Frostspalten ungleicher Entstehung in fossilem Zustand zu unterscheiden.

Die periglaziale Undurchlässigkeit des Bodens

Dauer=Frostboden tritt in der heutigen Arktis, je nach den örtlichen Bedingungen, von einigen Metern bis 300 m Mächtigkeit auf. Die sommerliche Auftautiefe schwankt örtlich je nach Bodenbeschaffenheit, erreicht aber weithin nur 1–2 m. Somit ist der Boden tatsächlich weithin als undurchlässig anzusehen. Dies aber heißt, der gesamte Niederschlag, abzüglich des verdunsteten Anteils, mußte auf der Erdoberfläche abfließen. Denn bei weithin fehlendem oder nur schwachem Pflanzenwuchs war der von den Pflanzen verbrauchte Anteil des Nieder=schlags sehr gering. Das fließende Wasser besaß über dem Frostboden einen ungleich stär=keren Wirkungsgrad als später auf waldbedecktem, durchlässigem Boden.

Die Auswirkung der periglazialen Kräfte

Die Wirkung der periglazialen Kräfte war eine zweifache: *Abtragung* dessen, was auf=ragte oder locker war, und *Anhäufung* in Niederungen oder dort, wo die verfrachtenden Kräfte erlahmten.

Belege für die periglaziale Abtragung

Die zerstörende und verfrachtende Wirkung des Windes zeigt sich besonders in Wind=kantern und Steinsohlen, die des Erdfließens in Schuttdecken; besondere Talsysteme aber zeugen vom Ausmaß der Erosion.

Windkanter

Am Rande und außerhalb des Gebietes der letzten Vereisung und seiner Sander finden wir in sandigen Gebieten harte Gesteine, besonders quarzitische, aber auch manche kristal= linen Gesteine vom Winde überarbeitet. Nicht immer sind wohl ausgebildete Drei= und Vier= kanter entstanden. Nicht selten sind weniger harte Gesteinsgemengteile zu Grübchen, die in der Windrichtung gestreckt sind, herausgearbeitet. Taf. 37 Fig. 3 und 4; Taf. 42 Fig. 2. Andere Stücke sind pockennarbig, wieder andere nur gering poliert und mit ganz schwachen Wind= kanten versehen. Flint nimmt seiner Härte und seinem homogenen Aufbau entsprechend Hoch= glanz an. Windgeschliffene Geschiebe von mehr als 0,5 m Durchmesser wurden beobachtet. Die größten bekannten Drei= und Vierkanter erreichen gleichfalls rund einen halben Meter an Durchmesser. Manche Geschiebe sind während der Zeit der Winddrift gewendet und daher an zwei Seiten vom Winde abgeschliffen worden. Der Windschliff hat Sanddrift zur Voraus= setzung. Große Windkanter bezeugen längere vegetationsfreie Zeiten, in denen loser Sand ausgeblasen wurde. Näheres siehe A. Dücker 1933, 1954.

Auch rißzeitliche Geschiebe=Blöcke auf dem Oberland von Helgoland weisen Windschliffe auf. Sie bezeugen, daß dort, wo heute nur aus Buntsandstein entstandener roter Lehm an= getroffen wird, während der letzten Vereisung ein größeres Land mit Sand und Wind, aber ohne Pflanzendecke vorhanden war.

Steinsohlen

Die Abtragung durch Wind (Deflation) erreichte örtlich ihr Ende, sobald das feinere und mittlere Korn trockenen, nicht bindigen Bodens so weit entfernt war, daß sich die ver= bleibenden größeren Gesteinsstücke an der Oberfläche anreicherten. Solche Steindecken bergen windgeschliffene Stücke in großer Zahl. Die Dichte der Steinsohle schwankt zwischen einzelnen, mit Abstand in einer bestimmten Lage auftretenden Gesteinsstücken bis zu einer Schicht dicht nebeneinander und von kleineren Stücken überlagerter Geschiebe (Abbildungen bei Dücker 1954). Steinsohlen fehlen bei uns auf den würmzeitlichen Sandern, sind aber auf älteren häufig ausgebildet. Sie waren in dem vom Würm=Eis bedeckten Bereich ursprünglich vorhanden, denn Dücker 1933 fand sie als Geschiebe in der Randzone der Jung=Vereisung. Sie sind bis in den Bereich der zweiten Frankfurter Phase nachzuweisen.

Das Fehlen von Anzeichen der Windwirkung in jüngeren Teilen der Würm=Vereisung darf nicht als Fehlen des Windes ausgelegt werden. Das verbreitete Vorkommen frischer bindiger Grundmoräne, die weitgehenden Umlagerungen, die mit dem Entstehen der Nieder= tau=Landschaft und später dem Tieftauen verbunden waren, ließen Deflations=Ebenen nicht entstehen oder zerstörten sie dort, wo sich Anfänge dazu gebildet hatten.

Windmulden

Örtlich beschränkt hat der Wind flache Vertiefungen ausgekolkt. Dies geschah seltener in rißzeitlichen Sanden, häufiger in während des Periglazials erst abgelagerten Sanden (A. Dücker 1954, S. 17). Diese flachen Senken sind ohne Belang für das Ausmaß der Ab= tragung. Aber ihnen kommt eine morphologische Bedeutung zu, da sie, ringsgeschlossen, Hohlformen ähneln, die in größerem Ausmaß und anderer Entstehung ein bezeichnendes Merkmal des Formenschatzes der letzten Vereisung sind.

Abtrag durch periglaziale Turbation

Als zum ersten Male aus der fossilen Radial=Zertalung der norddeutschen sandigen Riß=Absätze auf vormaligen Dauerfrostboden geschlossen werden konnte, war die Vermutung gegeben, Solifluktion habe einen erheblichen Anteil gehabt an der Wandlung von jugendlichen Formen zu den ausgeglichenen des Mittel=Diluviums (K. Gripp 1924). Die Annahme, Konvektion im sogenannten Brodelboden habe hierbei eine wesentliche Rolle gespielt, erwies sich später als unrichtig. Den rißzeitlichen *Sanden* fehlt zumeist der nötige Feinkorn=Anteil, um Eislagen und damit beim Tauen die Möglichkeit zu einer Verflüssigung getauten Bodens entstehen zu lassen (A. Dücker 1954, S. 31).

Wo aber ein genügend feinkörniger Anteil vorhanden war oder wo aus anderen Gründen der Wassergehalt des Bodens so hoch wurde, daß die Körner kurzfristig kein Gerüst mehr bildeten, sondern, wie im Triebsand, schwammen, da trat nicht selten Platzwechsel ein.

Bisweilen waren die bei diesem Platzwechsel (Metakinese) entstandenen Gebilde ebenso wie die nachstehend erwähnten Brodeltöpfe bei der Thielenbrücke am Rande hangabwärts geneigt. Eindeutig handelt es sich um

1. Bewegungen in getautem Boden,
2. vertikalen Auf= und Abstieg infolge instabiler Lagerung,
3. gleichzeitige Bewegung hangabwärts, von der die höheren Teile des Auftau=bodens stärker, die tieferen in schwächerem Ausmaße betroffen wurden.

A. Dücker berichtete 1954, S. 30, von turbatem Boden, bei dem windgeschliffene Geschiebe an der Oberkante einer aufgestiegenen kiesreichen Mauer angetroffen wurden. Die turbate Bewegung hat hier und in ähnlichen Fällen der Deflations=Fläche frisches Material zugeführt.

Die gehäuften Kiesgruben nördlich der Thielenbrücke bei Tellingstedt zeigten eindeutig, daß die hohen schmalen Brodeltöpfe auf allen Seiten eines Hügels hangabwärts geneigt waren und daß aus ihnen hangabwärts eine Decke unsortierten Schuttes hervorging.

Abtrag durch Solifluktion

Der Ausdruck Solifluktion (= Erdfließen) umfaßt alle Arten von Schutt=Transport hang=abwärts. Einfache Hangrutschungen, Abgleiten nach Anheben durch Fasereis, Schub durch beschleunigt wandernde Gesteinsblöcke sowie der Sonderfall der Turbation, die Bewegung in Streifenböden, fallen unter diesen Begriff (siehe auch C. Troll 1944). Manchenorts treffen wir bei uns bis mehrere Meter mächtige Lagen eines unsortierten kiesigen Schuttes. In dessen unterem Teil sind Spuren von Turbation häufig. Im Westen unseres Landes, zum Beispiel in der Umgegend von Tellingstedt, überzieht solcher Schutt in Decken bis 2,5 m Mächtigkeit feinkörnige Schmelzwassersande. Er wird dort als Wegebaustoff abgebaut. Es ist häufig nicht mehr zu erkennen, woher das grobe Material dieses Wanderschuttes stammen mag. Er be=zeugt aber hangabwärts gerichtete Bewegung und somit örtliche Abtragung in einer vorher lebhafter gestalteten Landschaft.

Abtrag durch Erosion

Wie angegeben, zwang der Bodenfrost den Niederschlag zum Abfließen ausschließlich auf der Oberfläche. Dabei erodierten nicht nur die größeren Wasserläufe, sondern bei dem Man=gel an Vegetation verfrachtete auch das kleinste Rinnsel alles feinere Korn. Deren Gesamtheit bewirkte eine gleichsam flächenhafte Abtragung. Wasserhaltiger, getauter Boden war zudem leicht anzugreifen. Selbst bindiger Boden bot nach dem Tauen der Erosion nur geringen Widerstand.

Das Ergebnis waren im *bindigen* Boden breite flache Täler mit ausgeglichenen Flanken. Heute laufen dort Rinnsale in viel zu breiten Tälern. Bei *sandigem* Untergrund haben sich die Wässer je nach Gefälle ± tief eingeschnitten. Bei der im Gange befindlichen Veränderung der Oberflächenformen hatten die fließenden Wässer die Möglichkeit, sich den steilsten = kürzesten Weg zu erkämpfen und zu sichern. Daher zeigt das Gewässernetz im periglazial umgeformten Gebiet eine überraschend einfache Anordnung mit ausgeglichenem Gefälle. Von einem *rundlichen* Hochgebiet geradlinig radial, von einem längeren *Rücken* geradlinig parallel verlaufen die Täler. Beispiele Kisdorfer Wohld, Reselith=Berg bei Wacken.

Da aus Sand aufgebaute Gebiete damals durch den Frostboden undurchlässig waren, ent=standen periglazial auch dort Täler, wo heute Bäche fehlen, also der gesamte Niederschlag im Boden versickert. Von der Grenze der Würm=Vereisung bis zu den Hochgebieten der Niederlande finden sich die gleichen Trockentäler als Zeugen periglazialer Einwirkung auf den rißzeitlichen Höhen.

Kieslagen haben der Abtragung Widerstand geleistet. Unter ihrem Schutz konnten Rest=hügel erhalten bleiben, wie F. Dewers 1941, S. 145, ausführte (Anm. 98). Aber neben dieser Ausnahme herrschte mehr flächenhafte als lineare Abtragung, besonders, da überall der Erosion getauter, nackter Boden zur Verfügung stand.

Die periglaziale Auffüllung

Wo die Abtragung so stark war wie im periglazialen Bereich, wurde naturgemäß auch abgelagert. Zwar wird ein Teil des feineren Korns mit dem Wasser entführt sein, aber die Senken boten die Möglichkeit, grobes und dazwischen feines Korn zurückzuhalten.

Die Seen waren während der vorhergehenden Interglazial=Zeit zu Mooren geworden. Diese lagen in den tiefsten Stellen des Geländes. In sie wanderte periglazialer Schutt hinein und überdeckte den Torf mit steinigem Solifluktions=Schutt. In ihm trat nicht selten peri=glaziale Turbation auf. Über dem interglazialen Torf vom Stadtpark in Hamburg lag (E. Horn 1910) 1–2 m periglazialer Schutt (siehe S. 218), über dem von Harksheide 0,60 m Sand und Feinkies (R. Hallik 1955). Auch über dem Interglazial von Loopstedt folgen zu=nächst kiesige Grobsande, örtlich in turbater Lagerung. Darüber lagert (E. Kolumbe 1955) zusammengeschwemmter Feinsand. Solche Sande sind weithin in breiten Senken zum Absatz gekommen. Ihnen sind dünne Torflager mit kühler, sogenannter interstadialer Flora ein=geschaltet (E. Dittmer 1954). Manche dieser Sande dürften echte Schmelzwassersande, andere (Schluffe) (= niveofluviatile) Hochflut=Absätze und weitere Wind=Absätze in zeit=weise überfluteten oder überstauten Talungen sein.

Der Wind, dessen Wirken uns schon durch Steinsohlen und Windschliff an Geschieben bekannt geworden ist, hat das von ihm verfrachtete Material an geschützteren Orten wieder fallen gelassen.

In Schleswig=Holstein sind bislang nur relativ grobkörnige windentstandene Absätze, nämlich Fein= bis Mittelsande (1–0,1 mm Korngröße) bekannt. Flottsand der Korngröße 0,1 bis unter 0,01 mm oder gar Löß (0,05 bis unter 0,01 mm) fehlen. Anscheinend fanden jene erst in größerem Abstand vom Vereisungsgebiet hinreichend ruhigen Raum. Dieser braucht nicht allein durch Minderung der Windgeschwindigkeit, sondern kann durch stärkeren Pflanzenwuchs bedingt gewesen sein.

Jedenfalls treten verbreitet Flugsand=Decken auf. Örtlich sind Sande auch zu Binnendünen zusammengetragen. Über Flugsande und Dünen haben F. Dewers 1941 und A. Dücker 1954 Näheres berichtet. Dücker zeigte auf, daß der Korn=Durchmesser der Flugsande gegen SW abnimmt. Er schloß daraus, daß Ostwinde von Windstärke 5–6 und mehr nach Beaufort die Flugsande unseres Landes zusammengetragen haben.

Nicht selten liegt eine „Flugsandhaut" als Deckschicht auf einer Steinsohle. Dies heißt, zunächst herrschten so lebhafte Winde, daß alles Mittelkorn und sogar gröberes, bis zum Feinkies hin, fortgeschafft wurde. Später aber war die Tragkraft der Luft so weit erlahmt, daß am gleichen Ort Mittel= und Feinsand angehäuft wurden. Hierin dürfen wir mit Dücker Anzeichen der Rückverlagerung des Eisrandes erblicken. Je weiter sich dieser entfernte, desto stärker wurden die Fallwinde des Eises mit der über dem eisfreien Lande erwärmten Luft durchmengt und dadurch gebremst.

Örtlich sind die Flugsande zu Dünen zusammengetragen. Am Rand des Elbtals treffen wir Dünen bei Boberg, Rissen, Holm, südlich Elmshorn, auf der Westseite der Welna südlich von Itzehoe sowie zwischen Kuden und Meldorf. Im Binnenlande treffen wir sie um Wittenborn Kreis Segeberg, Katzheide südlich Rendsburg, auch westlich dieser Stadt, im Sorge=Tal und bei Frörup. Alle Vorkommen stehen in Beziehung zu Sandern. Sie liegen zumeist an deren Ostseite. Sie dürften nicht mehr durch Ost=, sondern durch die inzwischen vorherrschend gewordenen Westwinde zusammengetragen worden sein. Schon früh haben die Dünen und Flugsande ihren heutigen Platz eingenommen.

Flint=Werkzeuge der Ahrensburger Stufe (Jüngere Dryas=Zeit) wies K. W. Struve 1938 (in A. Dücker 1954) bei Elmshorn nach. Solche der Rissener Federmesser=Gruppe (Alleröd=Zeit) fand H. Schwabedissen (1956) tief in den Dünen von Rissen. Hallik und Grube (1954) konnten bei Elmshorn Süßwasser=Ablagerungen der ältesten Dryas=Zeit über Flugsand beobachten.

Flugsand und Dünen sind also zu Beginn des Spätglazials schon weitgehend dort vorhanden gewesen, wo wir sie heute antreffen. Vom Schluß der Jüngeren Dryas= = 3. Spät=Tundra=Zeit an wurden sie durch eine dichte Pflanzendecke unverändert erhalten, bis der Mensch die Dünen rodete und durch Wagenspuren die restliche Pflanzendecke aufriß. Damit wurde der Dünensand erneut dem Spiel des Windes ausgesetzt (Boberg, Sorge=Tal).

Die Gesamtwirkung der periglazialen Kräfte

Nach Ergebnissen der Altersbestimmung mittels C 14 hat die Würm=Vereisung von rund 50 000 bis 15 000 vor heute Nord=Europa überzogen. Also länger als 30 000 Jahre haben die Kräfte arktischen Klimas eingewirkt auf die zuvor lebhaft gestaltete Landschaft, die die Riß=Vereisung hinterlassen hatte. Zerstört wurden im allgemeinen alle Kleinformen, Kuppen wie Senken. Nur in sandigen Gebieten mit sehr schwachem Gefälle (Illies 1955) und auf den Wasserscheiden zwischen zwei Tälern (K. Gripp 1924, S. 185) sind noch Klein=Formen zu finden.

Aber im großen gesehen ist ein nahezu völliger Formen=Verlust eingetreten. Als ausgeglichen, greisenhaft, verwaschen hat man die periglazial „eingeebneten" Riß=Gebiete bezeichnet. In den Niederlanden rechnet Florschütz mit einem Abtrag bis 15 m, dänische Geologen wiesen 6 und 10 m Erniedrigung nach und rechnen im Durchschnitt mit 3 m Höhen=Verlust.

Taf. 31 Fig. 2 zeigt einen Ausschnitt der Stauchmoräne von Morsum. Die Stauchfalten, die in den Hüttener und Duvenstedter Bergen noch deutlich erhalten sind, sind auf Morsum von einem schwach geneigten, in sich ebenen Hang abgeschnitten. Ergänzt man die Falte von Morsum, so ergibt sich ein Abtrag von rund 10 m (Abb. 49).

Die periglaziale Einwirkung läßt sich in gleichem Umfang wie bei uns auf den südlichsten rißzeitlichen Absätzen in den Niederlanden nachweisen. Somit spielten sich zu gleicher Zeit und nebeneinander zwei entgegengesetzte erdgeschichtlich bedeutsame Ereignisse ab: Im Gebiet der Würm-Vereisung entstand durch die glazigene Aufschüttung eine Fülle neuer Formen; außerhalb derselben aber wurden fast die gleichen Formen zu gleicher Zeit so weitgehend zerstört, daß nur Rumpf-Formen blieben.

Ab 1958 wurden jedoch auf der Dithmarscher Geest Beobachtungen gemacht, die der Vorstellung lebhaften und kräftigen würmperiglazialen Abtrages zu widersprechen scheinen. Auf einzelnen rißzeitlichen Erhebungen war offensichtlich kein Abtrag eingetreten. So fand K. PICARD auf den Musbergen bei Husum eine eemzeitliche, mit einer Humusschicht und darunter Bleichsand erfüllte, rings geschlossene ehemalige Toteissenke und in den Sanden darüber schwächer humose Absätze interstadialen Alters inmitten periglazialer Flugsande.

Südlich Albersdorf fand PICARD nahe Ohlmöhlenbrüch das gleiche, noch 5–6 m tief und rund 50 m breit. Darin war unter einer dünnen Lage von Humusresten ein kräftiger Bleichsand = A_2, 0,5–1 m mächtig, ausgebildet. Darunter lag örtlich teils ein kompakter, teils fleckiger dunkelbrauner B-Horizont, zum Teil aber auch ein tiefreichender Einwaschungshorizont mit zweifarbigen Bändern (schwarz oben). Der in die Senke eingespülte oder auch eingewehte Feinsand weist drei turbate Lagen auf, darin eine weitere schwächere humose Lage mit geringem Bleichhorizont. Beide Aufschlüsse liegen oberhalb gestauchter Störmeerabsätze. Die in ihnen erkennbaren Vorgänge sind somit rißzeitlichen oder jüngeren Alters. Ähnliche Profile fand A. DÜCKER 1958 bei Ostrohe. Hier zieht sich eine Windkanter-Steinsohle über die ausgefüllte Senke hin, bei Albersdorf bildet periglazialer Wanderschutt den Abschluß der Auffüllung.

Ersichtlich ist in den drei genannten Vorkommen zwar periglaziale Umlagerung eingetreten, aber der Abtrag im Gegensatz zu zahlreichen anderen Beobachtungen nur gering. Deshalb fand Herr PICARD auch bei den ersten Besichtigungen keinen Anklang, als er in dem stärksten Bleichsandprofil eine eemzeitliche Bodenbildung zu erkennen glaubte.

Aber während des Periglazials gab es nicht nur Abtrag auf den Höhen und Anhäufung in den Senken, sondern eine Übergangszone, in der Abtrag und Auffüllung dicht nebeneinander auftraten.

Die aufgefüllten rißzeitlichen kleinen Hohlformen von Ostrohe und Albersdorf, ebenso der Aufschluß von Odderade mit vier Bleichhorizonten und Hang-Sackungen sowie der Rest einer weiteren von Großenrade bei Brickeln liegen am Übergang von flachen Hochgebieten zu heutigen Talungen, also in der Übergangszone, das heißt neben den stärker abgetragenen Höhen. Nachstehend seien diese Vorgänge in einer Übersicht zusammengefaßt.

Abb 52 Schicksal der Stauchmoränen

I. Frisch aufgeschüttet stimmen innerer Bau und äußere Form überein; Beisp. Spitzbergen (Taf. 35)
II. In der Zeit zwischen der Entstehung und dem Schutz durch die mit der Erwärmung wiederkehrende Pflanzendecke haben Witterungseinflüsse die Höhen erniedrigt und die Täler teilweise aufgefüllt; Beispiel Duvenstedter Berge (Taf. 31 Fig. 1)
III. Periglazialer Abtrag während der Würm-Vereisung hat eine rißzeitliche Stauchmoräne abgetragen; Beispiel Seitenentnahme Morsum Sylt (Taf. 31 Fig. 2).

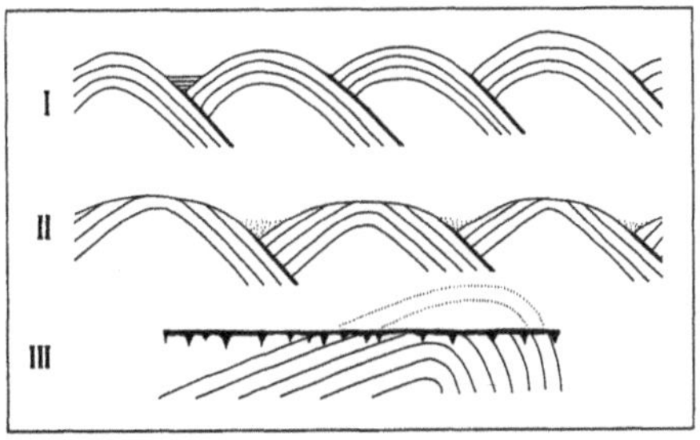

Periglaziale Wirkung auf rißzeitlichen Großformen, denen Kleinformen aufgesetzt sind

Gesteinsart und Vorgang	auf Höhen	Übergangs-Zone	Größere Senken
Sand und Wind	schwache Flugsand-decken, Steinsohlen mit Wind-Kantern	auf Hängen stärkere Flugsand-Ablagerungen; in Senken von größerer Mächtigkeit und geschichtet	Talsand = vom Wasser umgelagerter windverfrachteter Sand, örtlich mit humosen Lagen (E. DITTMER 1954)
Solifluktion in sandig-lehmigen Gebieten	Turbation	Turbation hangabwärts geneigt, gegen unten zu-nehmend mächtigerer Solifluktions-Schutt, darin bisweilen eemzeit-liche Bleicherden und Humusböden in Resten erhalten	Solifluktions-Schutt selten erhalten, da auf Hangfuß beschränkt und weitgehend zerspült
rinnendes Wasser über gefrorenem Boden	In ebenem Gelände Abtragung ohne Erosion; bei geringer Neigung Zertalung	Talhänge in Sand verhältnismäßig steil-wandig, gelegentlich asymmetrische Talhänge, in Geschiebelehm flach	teils benachbarte Hohl-formen zu Tälern mit durchgehendem Gefälle umgeformt, teils vor-handene Täler verbreitert

Nachdem eine kräftige eemzeitliche Bodenbildung vorangegangen war, sind die rißzeit-lichen Hohlformen, die Großformen aufgesetzt waren, von den würmzeitlichen periglazialen Vorgängen

1. auf den *Höhen* erst angefüllt, dann aber zumeist restlos abgetragen worden;
2. auf den *Hängen* aufgefüllt und je nach Lage am Hang oben stärker, unten aber, nahe dem Raume, wo die Solifluktion aus Mangel an Gefälle zur Ruhe kam, kaum noch abgetragen worden.

Es liegt daher im allgemeinen keine Reliefumkehr vor, aber eine Reliefangleichung. Da-durch sind überraschenderweise in schmalen randlichen Zonen um abgetragene Hochgebiete (Reste von Großformen) noch Spuren des ursprünglichen rißzeitlichen Kleinformenschatzes erhalten geblieben.

Ein Zwischenglied sind Riß-Höhen, bei denen nur noch in den turbaten Böden ± große Batzen des eemzeitlich weiß verwitterten Bodens erhalten geblieben sind (mündliche Mit-teilung von Dr. A. DÜCKER).

Erst die heutige Zeit schuf Aufschlüsse groß genug, um die überraschenden Funde der Herren PICARD und DÜCKER klärend zu übersehen.

1891 bereiste der schwedische Paläontologe A. G. NATHORST Norddeutschland, um zu versuchen, den Nachweis der quartären Kälteperiode durch fossile arktische Pflanzen zu erbringen. Es gelang ihm, von Estland über Westpreußen, Pommern, Mecklenburg bis Projensdorf bei Holtenau hin eine solche Flora in Beckentonen aufzufinden.

P. RANGE (1903) vermochte in der Ziegelei Nusse und am Grunde des Gölm genannten Moores bei Sprenge (Stormarn) die gleichen Tone mit den arktisch bis subarktischen

Betula nana	Zwergbirke
Dryas octopetala	Silberwurz

und den arktischen Arten:

Salix polaris	Polar-Weide
Salix reticulata	Netz-Weide

aufzuzeigen. Beide Fundschichten lagen auf Geschiebemergel am Grunde vertorfter Senken. Es blieb unentschieden, ob sie glazialen oder spätglazialen Alters sind. P. FRIEDRICH (1905) aber fand erstmalig in Schmelzwasser-Absätzen, und zwar im Nord-Ost-Teil des Lübecker Zungenbeckens die gleiche Flora und das hochalpine und arktische Moos *Hypnum turgescens*. Unter den Mollusken wurde das hochalpine *Sphaerium duplicatum* (det. CLESSIN) gefunden. Näheres über diesen und weitere Fundpunkte der Lübecker Gegend siehe P. FRIEDRICH 1905, 1909. Bei der Erweiterung des Nordostseekanals wurden Dryas-Tone zwischen Sehestedt und Knoop angeschnitten (C. GAGEL 1915). Später brachten die vorgeschichtlichen Grabungen von A. RUST bei Meiendorf lagenweise zusammengeschwemmt und gut erhalten die Blätter jener arktischen Zwerg-Vegetation. Ihr Bearbeiter, R. SCHÜTRUMPF (1937, 1943), fand von *Dryas* sowohl die großen Blätter der alpinen wie die kleinen der arktischen Varietät.

Von hochnordischen bis arktischen Pflanzen werden sich auch Tiere des gleichen Klimas ernährt haben. Von diesen sind in Schleswig-Holstein gefunden:

Ovibos moschatus subsp.?	Moschusochse
Rangifer tarandus arcticus RICH. (+ *tarandus tarandus* L. selten)	Ren Taf. 45

Vermutlich ein gleiches Klima bezeugen:

Mammontheus primigenius BLUMENB.	Mammut Taf. 39 Fig. 1
Coelodonta tichorhinus FISCH.	wollhaariges Nashorn Taf. 39 Fig. 2

Vom *Moschusochsen* wurden, schon um 1894, zu Langenfelde bei Altona zwei Unterkiefer-Hälften mit voller Bezahnung geborgen, aber nicht erkannt. Erst nach Jahrzehnten bei einer Überprüfung der Unterkiefer vom Rind in der Sammlung des Geologischen Staatsinstitutes zu Hamburg fielen uns die Stücke auf und wurden schließlich durch Vergleich mit rezentem Material als *Ovibos* erkannt (Anm. 100). Das Fundstück dürfte durch Kriegseinwirkung verlorengegangen sein (Taf. 39 Fig. 3).

Ungefähr um die gleiche Zeit wurde beim Bau des Nordostseekanals bei km 37 (heute 38,070) „im Geschiebemergel oder unmittelbar darüber" ein Schädelrest eines ausgewachsenen älteren männlichen Ovibos gefunden. J. ANDREE 1933 hat das Stück abgebildet und beschrieben.

Einen dritten Fund machte W. Wetzel (1935) bekannt. Ein begeisterter Sammler fand den stark abgerollten Rest von Schädel mit Basis der Hornzapfen in Schmelzwassersanden zu Russee bei Kiel.

Durch einzelne verschwemmte Zähne und Knochen ist von kältegewohnten Tieren belegt das *Mammut*. An Backenzähnen und Stoßzahn=Resten sind insgesamt rund 24 Funde von E. W. Guenther (1953, 1954, 1955) überwiegend aus würmzeitlichen Ablagerungen unseres Landes verzeichnet. Da niemals zusammenhängende Teile eines Skelettes gefunden sind, sagen jene Funde nichts darüber aus, wann und wie lange das Mammut hier gelebt hat. In den späteiszeitlichen Absätzen der Tundra ist noch kein Mammut=Rest gefunden.

Vom *wollhaarigen Nashorn*, dem Begleiter des Mammut, sind zwei Funde bekannt, ein Nasenbein aus unbekannten Schichten des Kieler Kanals (Taf. 39 Fig. 2) und ein verschwemm= ter erster Halswirbel. Dieser wurde etwa1895 beim Bau des Elb=Trave=Kanals nahe Mölln ge= funden und gelangte erst 1935 in das Naturhistorische Museum zu Lübeck (P. Range 1937).

Das *Ren* ist verbreitet im Lande gefunden, eiszeitlich in einzelnen verschwemmten Resten, jedoch in großer Zahl als Abfall menschlicher Nahrung in *spät*eiszeitlichen Absätzen. Es lebt heute und lebte ebenso damals bis an den Eisrand heran. Auf den Nunatakkern sucht es heute in Grönland Weide und Schutz vor der Mückenplage.

Zur Hauptsache handelte es sich während der Vereisung, nach der kreisförmigen Gestalt des Geweihschaftes zu urteilen, um *Rangifer tarandus arcticus* Rich. Die gleiche Unterart herrschte zu Beginn des Spätglazials vor. Erst in der zweiten Hälfte des Spätglazials nahm die Zahl der winklig geknickten Geweihschäfte des *Rangifer tarandus tarandus* L. zu. M. Deger= böl 1959 sieht hier eine im Laufe der letzten 12 000 Jahre eingetretene Entwicklung.

Außer diesen an sehr niedrige Temperaturen angepaßten Säugern sind aus dem Raume um Lübeck und bei Preetz in zum Teil gestauchten Schmelzwasser=Absätzen Reste von Elch und Riesenhirsch wiederholt gefunden. Es sind also diese beiden großen Hirscharten schon wieder eingewandert zu einer Zeit, die im Osten unseres Landes noch als Glazial, weiter im Westen als Spätglazial angesehen wird. Näheres über die Funde bei P. Friedrich 1905, E. Guenther 1955. R. Struck 1909, S. 99, wies schon auf den Unterschied zwischen den spät= glazialen und den glazialen „Dryas=Tonen" hin. Eine Übersicht über die Verbreitung der Landsäuger im Quartär Schleswig=Holsteins gibt Anm. 101.

8. Das Spätglazial

Der Zeitabschnitt zwischen der letzten Fließ=Bewegung des nordischen Eises und dem endgültigen Übergang der Tundra zu Birkenwald am gleichen Ort wird als Spätglazial be= zeichnet. Dessen Grenze zur darauffolgenden Nacheiszeit (Postglazial) ist pollenanalytisch durch eine starke Abnahme der Pollen der Kräuter und Zunahme der Waldbaum=Pollen gut gekennzeichnet. Anders ist es mit dem Beginn der Spätzeit der Würm=Vereisung. Das fließende Eis hat das Gebiet um Ahrensburg früher freigegeben als das der Lübecker Bucht. Auf dem Nunatak des Bungsberges und demjenigen südlich von Heiligenhafen hatte die Zeit des Spätglazials schon begonnen, als in der Umgebung noch Gletscher flossen. Dicht beiein= ander gelegene Gebiete befanden sich also teils in der Zeit der Hochvereisung (Hoch=Glazial), teils schon im Spätglazial.

Verwickelter werden die Begriffe, wenn wir auch noch die sogenannten Interstadiale mit einordnen wollen.

Es galt bisher die Anschauung, daß das Zeitalter der quartären Vereisung durch die warmen Zwischeneiszeiten, die einzelnen Vereisungen aber, zum mindesten örtlich, durch Interstadiale untergeteilt würden. Das Interstadial, so war die Meinung, entspräche einem

Wärme=Vorstoß, der einen stärkeren Rückzug des Eisrandes und einen lebhafteren Nieder=schlag organogener Sedimente ermöglichte.

Seitdem aber durch die Pollenanalyse die von Iversen 1942 erstmalig bei Bölling erkannte schwache Klima=Schwankung des frühen Spätglazials in Holstein weithin nachgewiesen ist (siehe S. 272 (Schütrumpf 1955), ist ersichtlich, daß die hiesigen sogenannten Interstadiale keiner Wärme=Phase entsprechen. Es handelt sich bei ihnen um Absätze feuchter Orte in der Tundra, also um Reste des weithin vor dem Inlandeise aufgetretenen Pflanzenlebens.

Dort, wo Schmelzwässer in stehendem Wasser zur Ruhe kamen, bildeten sich warwige Beckenabsätze. Wo Niederschlagswasser über noch nacktem Boden ablief, wurden zur selben Zeit Feinsande und Tone aufgenommen und später abgesetzt. Je dichter aber ein flaches Gewässer rings von einer Pflanzendecke umgeben wurde, um so mehr wurden die mine=rogenen Sedimente Feinsand, Schluff und Ton durch organogene verdrängt wie Ton=Gyttja, Kalk=Gyttja und ± humose Lagen. Mollusken wie *Anodonta* traten in Feinsanden, *Sphaerium, Limnaea* in Tonen und Kalk=Gyttjen auf.

Diese Absätze entsprechen unseres Erachtens nicht Zeiten einer Wärme=Zunahme, sondern sind die normalen organogenen Absätze einer auf das erste heftige Niedertauen des Eises folgenden in ruhigerer Entwicklung befindlichen eisrandnahen Landschaft.

Wo immer die topographischen Vorbedingungen erfüllt waren, bildeten sich die gleichen organogenen Absätze im Bereich der periglazial umgeformten Gebiete. Dies bezeugen die S. 265/6 erwähnten Funde von Dittmer und Hallik sowie von Hallik und Grube 1954.

Wenn aber der Eisrand vorrückte – dies kann ohne örtliche Klima=Änderung als Folge verstärkter Eiszufuhr aus weiter Ferne eingetreten sein –, dann wurden jene organogenen Absätze teils vom Eise in Schollen verschleppt, teils aber in Moränen gestaucht und angehoben (Schlutup, Preetz). Es ergibt sich also, die bisher als Interstadiale bezeichneten Absätze ent=sprechen biologisch und klimatisch, aber nicht stratigraphisch dem älteren Teil der spät=glazialen Absätze (Anm. 102).

Einander gleichende Absätze können somit zeitlich umfassen

1. im nicht=vereisten Gebiet: den gesamten Zeitraum der Würm=Vereisung,
2. im äußeren Teil des vereisten Bereiches: den Rest des Hochglazials vom Beginn des Eis=Rückzuges an und das Spätglazial,
3. in erneut vom Eise überzogenen Bereich: nur den Ausschnitt organogener Absätze, der zwischen Rückzug und erneutem Vorstoß des Eises zum Absatz gelangt war.

Im innersten, also jüngsten uns zugänglichen Anteil vormals vereisten Gebietes aber um=faßt das Spätglazial, zum mindesten theoretisch, erheblich weniger als im Randgebiet der Vereisung.

Für die Erdgeschichte ist festzuhalten, daß die sogenannten Interstadiale der Lübecker Gegend (Friedrich, Struck 1909, S. 98), von Eutin (Struck) und Preetz (Guenther 1951), Bistensee (Struck) einem kleinen Ausschnitt der spätglazialen Profile von Meiendorf (R. Schütrumpf 1955) entsprechen können.

Die Klima=Schwankungen während der Spät=Glazial=Zeit

Schon bald nachdem die Tundra=Absätze in Norddeutschland nachgewiesen waren, im Jahre 1902, erkannte der dänische Geologe N. Hartz, daß den tonigen Dryas=Ablagerungen eine humose Gyttje=Schicht mit Pflanzen= und Tierresten eines wärmeren Klimas zwischen=geschaltet ist. Baum=Birken und Kiefern sowie Biber und Elch bezeugen ein vorübergehendes Schwinden der Tundra. Nach dem ersten Fund bei Alleröd in Nord=Seeland nennt man jenen Zeitabschnitt die Alleröd=Zeit. Ihre Ablagerungen sind inzwischen von Norwegen und Schweden bis Frankreich und in Nordamerika nachgewiesen. Die Gleichaltrigkeit der hierher gezählten mitteldeutschen Absätze wird durch eine von Provinz Sachsen über Hannover bis in die Eifel zu verfolgende und mineralisch eindeutig gekennzeichnete Lage vulkanischer Asche (Ausbruchstelle Laacher See) bewiesen (H. Straka 1957).

Die Altersbestimmung durch radioaktives C 14 (S. 174), die mit derjenigen durch die schwedische Warwenzählung annähernd übereinstimmt, gewährleistet die Gleichaltrigkeit der übrigen der Alleröd=Phase zugerechneten Absätze.

Im Jahre 1942 sonderte der verdiente dänische Pollenanalytiker J. Iversen eine noch ältere Warm=Phase aus. Sie wird nach dem Bölling See, südlich von Viborg in Jütland gelegen, benannt. Dieser See liegt gleich innerhalb der äußersten Grenze der Würm=Vereisung. Die vorübergehende Erwärmung ist dort kenntlich an einem Anstieg der Birken=Prozente und Abnahme der Kräuter=Pollen. Iversen 1954, Hallik 1954 und Schütrumpf 1955 wiesen den gleichen, auf ein *Hippophaë*= = Sanddorn=Maximum folgenden Birken=Gipfel bei Elmshorn und bei Meiendorf=Poggenwisch nach. H. Schmitz (1955, Abb. S. 53) fand ihn bei Heiligen=hafen und bei Travemünde. Somit ist auch diese Schwankung für unser Gebiet eindeutig belegt.

Aus der stoßweise zunehmenden Erwärmung des Klimas ergibt sich für die Spät=Glazial=Zeit eine ausgezeichnete Möglichkeit der Gliederung.

Zuvor müssen wir aber die für die untere Grenze des Spät=Glazials zu wählende Bezeich=nung erörtern.

Iversen 1955 wies darauf hin, daß von den fossil gefundenen Pflanzen ausgesprochen arktisch nur seien:

Salix herbacea	*Saxifraga oppositifolia*
Salix cf. polaris	*Silene acaulis.*
Salix reticulata	

Dryas octopetala hingegen käme auch im Coniferen=Wald vor. Sie kommt daher, ebenso wie *Betula nana,* nicht als Zeuge für arktisches Klima in Betracht.

Da zu Meiendorf in den ältesten zusammengespülten Blätterschichten von Schütrumpf *Salix polaris* und *Silene* sp. neben *Dryas octopetala* und *Betula nana* nachgewiesen wurden, können wir diese Absätze zum mindesten in den Übergang von vollarktisch zu subarktisch ansetzen. Hierbei wird als subarktisch mit Iversen 1955 das Gebiet zwischen der Nordgrenze des geschlossenen Waldes und der polaren Baumgrenze (also anders als bei Schütrumpf 1943, S. 35) verstanden. Die von Iversen 1947 angewandte Bezeichnung als Park=Tundra dürfte das gleiche besagen. Wir sind somit berechtigt, eine *arktische* von einer *subarktischen* Zeit zu trennen. Während des arktischen = glazialen Abschnittes kamen überwiegend minerogene Absätze zum Niederschlag, da es die Zeit heftigen Niedertauens war. In den so entstandenen Sedimenten überwiegen beschädigte Pollenkörner aus tertiären und zwischeneiszeitlichen Ab=sätzen weitgehend solche der wenigen Pflanzen, die damals schon festen Fuß fassen konnten. Hinzu kommt die „Verdünnung" dieses Pollens durch die Menge des minerogenen Sediments.

Die subarktische = spätglaziale Pflanzenwelt hingegen gedieh auf dem nunmehr nieder=getauten, beständigen Gelände. In dieser Landschaft war eine dünne Sediment=Decke weithin über Toteis ausgebreitet. Da dies Toteis im allgemeinen nur wenig abtauen konnte, ent=standen in Senken ± vorübergehend Anreicherungen organogener Reste. Sanddorn *(Hippo=phaë), Artemisia* (Beifuß) und weitere sonnebedürftige Pflanzen, vor allem *Helianthemum* und *Centaurea,* also Steppenpflanzen, gesellten sich den auf Sonne angewiesenen arktisch=subarktischen Pflanzen bei.

Unter Berücksichtigung der erdgeschichtlich erforderlichen Trennung der arktischen und subarktischen Periode zu Beginn des Spätglazials ergibt sich Gliederung: Tabelle 11.

Für die während des Spätglazials entstandenen Absätze ändern sich die erdgeschichtlichen Untersuchungsmethoden weiterhin im Sinne der schon bei den interglazialen Ablagerungen aufgezeigten.

Die Pollenanalyse liefert die wichtigsten Ergebnisse. Seitdem einerseits der Nichtbaum=pollen NBP nicht nur als Menge, sondern dessen Gattungen und sogar Arten zu floristi=schen und zeitlichen Aussagen benützt werden und seitdem andererseits, wo erforderlich, in engem Abstand, bis 1 cm, die Pollen=Zusammensetzung erfaßt wird, lassen sich Zustand und Veränderung bis in Einzelheiten ablesen.

Eine weitere Hilfe zur Zeitgliederung ist die *absolute* Zeitrechnung. Die von schwedischer Seite erfundene *Warwen=Zählung* wird seit Jahrzehnten mit Erfolg für das Spät= und Post=Glazial angewandt. Die in den USA erfundene Methode der Altersbestimmung mittels radioaktivem *C 14* wird zunehmend in Europa herangezogen (Näheres S. 174).

Als vierte Methode der Zeitgliederung werden menschliche Artefakte die Rolle von Leit=fossilien für die zweite Hälfte des Quartärs übernehmen. STEFFEN, BRÜCKNER und besonders A. RUST haben Stein=Artefakte von der Heidelberger Kultur bis zu der von La Madeleine in den hiesigen Eis= und Schmelzwasser=Absätzen zum Teil in Fülle gefunden. Für das Post=glazial sind die meso= und neolithischen Kulturreste schon seit langem als erdgeschichtliche Hilfsmittel geschätzt.

Erstaunlich anschaulich ist dank so zahlreicher Aussagen das Bild von den erdgeschicht=lichen Veränderungen im Spät= und Post=Glazial.

Nachdem das Eis in unserem Lande endgültig aufgehört hatte zu fließen, folgte zunächst die Zeit des Niedertauens, sie ist zugleich die *Haupt=Tundra=Zeit.* Nur minerogene Absätze entstanden, da die arktische Flora zu wenig stabiles Gelände vorfand, um üppiger gedeihen zu können. Ähnlich war es im periglazial beeinflußten Bereich durch Windwirkung und Erdfließen. Der Beckenton von Malkwitz (n. von Eutin) lieferte aus einer sandigeren Lage ein Blatt von *Salix polaris.* Es ist Beweis, daß schon arktische Pflanzen gediehen, als noch rein minerogenes Material von ansehnlicher Mächtigkeit in einer sich langsam eintiefenden Toteis=Senke zusammengespült wurde. Die Haupt=Tundra=Zeit wird durch ein echtes Interstadial, das der Paudorfer Wärmeschwankung der Löß=Gliederung entsprechen kann, in zwei Ab=schnitte getrennt.

Erst als auf die Zeit der unbeständigen Formen die ruhigere Periode der bis zur Erosions=Möglichkeit niedergetauten Eisboden=Landschaft gefolgt war, konnten örtlich Tundra=Pflanzen verbreitet auftreten = *Spät=Tundra=Zeit* (Anm. 103). Wo eine geschlossene Pflanzen=decke um Tümpel gedieh, häuften sich dünnschichtige, überwiegend organogene Absätze an. Der Pollen daraus zeigt, daß es sich nicht um hocharktische, sondern mehr um subarktische Pflanzen handelte. Neben polarer Zwerg=Vegetation traten an geschützten Plätzen nach=weisbar baumförmige Birken auf. Außerdem aber gediehen „Steppen=Pflanzen". Licht=bedürftige Bewohner hochalpiner und östlicher Gebiete wie die schon erwähnten Sonnen=röschen *(Helianthemum)* und Flockenblumen=*(Centaurea=)*Arten sowie Kalkbedürftige wie der Sanddorn *(Hippophaë)* waren damals bei uns weit verbreitet. Näheres siehe IVERSEN 1954. In der frühen subarktischen = 1. Spät=Tundra=Zeit jagten zur Sommerzeit nach A. RUST (1943) aus dem SO gekommene Menschen das Ren in Holstein. Die reichen Funde zu Meiendorf an Resten ihrer Jagdbeute und daraus hergestellter Geräte sowie die Erzeugnisse ihrer Kunst belegen wiederholten Aufenthalt in gleicher Gegend. A. RUST 1951 gelang es sogar, Zelt=ring, Herdstelle und Flintwerkstatt neben dem Wasserloch nachzuweisen, an dem jene Men=schen ihr sommerliches Jagd=Lager aufgeschlagen hatten.

Nach der Art der Artefakte unterschied A. RUST (siehe SCHÜTRUMPF 1955) eine Hamburger Kultur I = Meiendorf von einer jüngeren Kultur II = Poggenwisch. Deren Flintgeräte fand

G. H. Brückner 1954 4 m tief in der Grundmoräne bei Grömitz. R. Schütrumpf 1955 ermittelte das Alter der Fundschicht von Poggenwisch pollenanalytisch und Professor Suess in Chikago bestimmte mittels C 14 das absolute Alter zu 15 150 ± 350 Jahren. Durch diese vielseitige Zusammenarbeit wurde der unerwartet späte Eisvorstoß von Grömitz zeitlich gesichert. Dies ist das beste Beispiel dafür, welche Ergebnisse durch Zusammenarbeit der verschiedenen Zweige der Naturwissenschaft mit der Vorgeschichte erreicht werden können.

Nur in den spätglazialen Fundschichten von Meiendorf sind nachgewiesen:

Gulo gulo L.	Vielfraß
Lemmus lemmus L. oder *obensis* Brants	Berg= oder sibirischer Lemming

Beide sind Arten, deren Vorkommen in einem vom Ren bevölkerten subarktischen Gebiet nicht überrascht.

Erstaunlich jedoch ist, daß hiermit vergesellschaftet

Desmana moschata aff. hungarica Kormos	die Bisam=Spitzmaus
Citellus rufescens Keys. et. Blas.	das rötliche Ziesel und
Equus sp.	das Wildpferd

mehrfach nachgewiesen wurden.

Diese Arten sind heute Bewohner Südost=Rußlands und der baumarmen Gebiete Asiens. Wir ersehen aus ihrem Auftreten, daß, in Übereinstimmung mit der Pflanzenwelt, damals hier nicht eine rein=arktische Fauna vorhanden war, sondern ein Gemisch von subarktischen und heute östlichen Steppen=Arten.

Die Funde von A. Rust zu Meiendorf und Stellmoor haben das reichhaltigste und in mehrfacher Beziehung am besten erhaltene fossile Ren=Material geliefert. Es handelt sich um Jagdbeute des Menschen, deren Knochen=Reste in Tümpel vor dem Zeltplatz geworfen worden waren.

Der Fund von Meiendorf (1. Spät=Tundra=Zeit) brachte vom Ren 105 Geweihstangen und 71 erste Kreuzbein=Wirbel.

Der Fund von Stellmoor (3. Spät=Tundra=Zeit) brachte 1300 Geweihstangen und 12 000 Knochen, darunter 108 Kreuzbeine.

Ein solcher Reichtum gestattete statistische Untersuchungen. Diese ergaben unter anderem, daß bei den Kälbern die Wachstums=Größen der Winterzeit fehlen (A. Krause in Rust 1937, W. Kollau in Rust 1943) (Taf. 45). Hieraus schlossen jene Verfasser, daß Ren und Jäger sich nur zur Sommerzeit in den damals dem Eisrande nahen Gebieten aufhielten. M. Degerböl 1959 hingegen bezweifelt eine Wanderung der Rentiere. Bei den in so niedrigen Breiten geringen winterlichen Kältegraden und da nach gewissen Pflanzenfunden die Schneedecke nur gering war (J. Iversen 1954), läge kein Grund zu Wanderungen vor. Es wären nur die Jäger vor dem Winter ausgewichen. Die nicht selten im Lande gefundenen Abwurfstangen bezeugten das Vorhandensein der Rener auch während des Winters, da die Renhirsche während des Novembers und Dezembers ihren Kopfschmuck verlören. Da auch das weibliche Ren ein Geweih trägt und Kälber sowie weibliche und männliche Tiere jeden Alters erlegt worden waren, ließ sich an den Fossilien die Entwicklung des Geweihes weitgehend aufzeigen (K. Gripp in A. Rust 1943).

Auf die 1. Spät=Tundra=Zeit folgte eine leichte Klima=Besserung, die *Bölling=Zeit.* Sie brachte unserem Land einen Birkenwald. Dieser bestand aber nicht aus *Betula tortuosa,* wie die heutigen nördlichsten Wälder Skandinaviens, sondern aus der Moorbirke *Betula pubescens.* Schütrumpf 1955 wies bei Poggenwisch auch schon einen kurzdauernden Anstieg der Kiefer=Pollen nach. Firbas 1955 setzt auf Grund von C14=Untersuchungen das Alter der Bölling=Phase um 11 000 vor Chr. an.

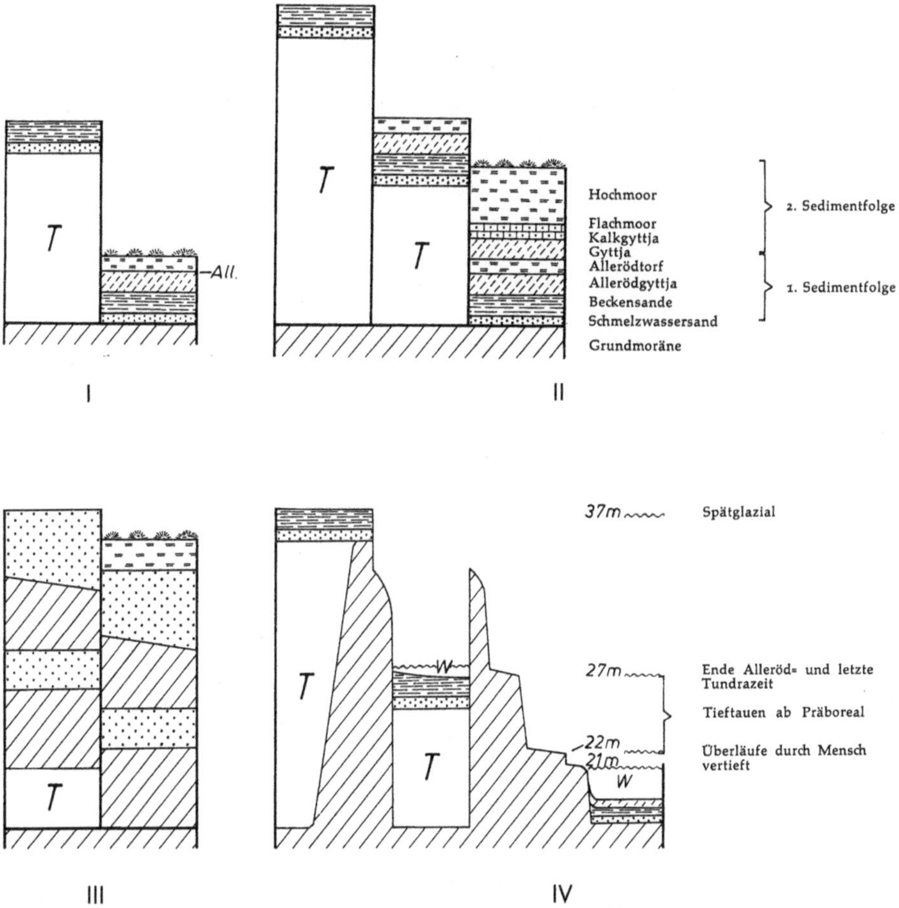

Abb. 53 Die Ausfüllung der Toteis=Senken
I–III biogen IV durch Grundwasser

I. Die Unterfläche des geringmächtigen Toteises (T) lag höher als die Basis des Tieftauens bis Ende der Alleröd=Zeit. All = Grenze von Alleröd=Gyttja und Alleröd=Torf

II. Die Mächtigkeit des Toteises war größer als die des Auftaubodens bis Ende der Alleröd=Zeit. Daher blieben im mittleren Profil die gleichen Ablagerungen wie in I am Ende der Alleröd=Zeit über Toteis liegen. Erst das mit dem Präboreal einsetzende zweite Tieftauen (drittes Profil) ließ das Toteis ganz schwinden. Der dadurch erneut entstehende See verlandete wiederum durch Klarwasser=Absätze (Gyttjen) und an=schließende Torfbildung

III. Das Toteis saß tiefer als die Basis des Tieftauens bis Ende der Alleröd=Zeit. In der erst spät ent=standenen Senke fehlen allerödzeitliche Ablagerungen. Die Torfbildung setzte mit borealem oder früh=atlantischem Bruchwaldtorf ein

IV. Unterbrechung des Tieftauens durch die letzte Kaltzeit wie in II. Aber die Toteis=Senke war so tief, daß sie nicht voll biogen ausgefüllt wurde, sondern ein See darin entstand (W im mittleren Profil). Dessen Ufer wurden während der Kaltzeit zu Terrassen abradiert (rechtes Profil 27 m). Durch das zweite Tieftauen seit dem Präboreal wurden solche Seen erneut vertieft, wobei sogar Torfe zu Seeboden wurden. Die Höhen=angaben gelten für den Bereich des eiszeitlichen Groß=Plöner Sees (aus K. GRIPP 1963)

Während der Bölling=Zeit wird der Trog der westlichen Ostsee vom Gletscher freigegeben worden sein. Damals begann in unserem Lande der Abbau der bislang gegen W entwässernden niedergetauten Toteis=Landschaft von Osten her. Ein neues, zu den Belten führendes Fluß=System, darunter Schwentine und Trave, *begann* sich einzuschneiden. Der Vorgang dürfte stark gebremst worden sein, als Bodenfrost und Tundra wiedergekehrt waren. Aus dieser nach dänischen Befunden sehr kühlen 2. *Spät=Tundra=Zeit* und ebenso aus der vorhergehenden Bölling=Birkenwald=Zeit sind uns menschliche Spuren noch nicht bekannt.

Es folgte die Erwärmung der *Alleröd=Zeit*. Wiederum verbreitete sich ein Wald aus *Betula pubescens*, dem diesmal sicherlich *B. verrucosa*, die Hängebirke, beigesellt war. Auch die Kiefer *Pinus silvestris* hatte in der zweiten Hälfte hohen Anteil an diesem Wald. Es war schon die Pflanzenwelt der gemäßigten Klima=Zone. So auch bei den Wasserpflanzen, unter denen der breitblättrige Rohrkolben *Typha latifolia* erschien. Von Säugern seien Ren, Elch, Riesenhirsch und der Braunbär aus Dänemark genannt.

In stark durchwässerten Ablagerungen, besonders in Dünen=Sanden, sind die pflanzlichen Reste alleröd=zeitlicher Ablagerungen außer Holzkohle weitgehend zersetzt. Jedoch ist der Bleichhorizont, der unter der Humus=Lage entstand, häufig noch zu erkennen. In den Niederlanden zunächst beobachtete, von dem ehemaligen Humus=Horizont ausgehende Wühlfährten von Fingerdicke, sind bei Kleinnordende und Meyn ebenfalls angetroffen worden. Wühlmäuse oder Lemminge mögen die Erzeuger gewesen sein.

Von menschlichen Spuren aus dieser Zeit ist die Rissener Kultur=Gruppe Schwabedissens zu nennen. Sie ist durch die „Federmesserchen" gekennzeichnet und weist nahe Beziehungen zu den Magdalénien=Kulturen Frankreichs auf. Rust fand zu Ahrensburg=Borneck einen Zeltplatz dieser späten Magdalénien=Menschen. Die Juli=Temperatur dürfte 13 Grad Celsius und etwas mehr betragen haben. Daher setzte kräftiges Tieftauen ein.

Dies war von besonderer Bedeutung für die Formgestaltung unseres Landes. Im Groß=Plöner und Groß=Warder=See sank der Spiegel auf + 25 m NN. Er lag also am Ende der Alleröd=Zeit um 12 m tiefer als während des Hochstandes der Vereisung. Damals entstanden die Seen unseres Landes. Seen=Platten bildeten sich dort, wo in Abb. 49 im Scheitel der Entwässerungs=Systeme 1 und 3 das Toteis der ehemaligen Zungenbecken die größte Mächtigkeit bewahrt hatte. Gewaltig waren die Veränderungen im Landschaftsbild. Der Mensch, der Renjäger, hat sie erlebt. Schwentine und Trave erreichten damals die volle Länge ihres gewundenen und unausgeglichenen Laufes. Vermutlich damals wanderten die Maränen und andere kühles Wasser liebende sogenannte Eiszeit=Relikte in die neu entstandenen Seen ein.

Aber nicht alle neuen Senken wurden zu Seen. Reichte das Tieftauen bis unter die Basis des Toteises hinab, so entstanden flache, leicht anzuzapfende Senken (Abb. 53 I). Übertraf die Mächtigkeit des Toteises die allerödzeitliche Tautiefe, so konnte zusammen mit dem späteren, borealen Tieftauen eine doppelte Folge oben vertorfter Süßwasser=Absätze entstehen (Abb. 53 II). Saß das Toteis aber tiefer als die Untergrenze des allerödzeitlichen Tauens, so konnte erst vom borealen Tieftauen an eine biogene Auffüllung der Senke erfolgen.

Zu gleicher Zeit, da das Toteis im Boden unseres Landes durch die Alleröd=Warm=Zeit verstärkt taute, zog sich der Eisrand in Schweden beschleunigt zurück. Während er zwischen 15 000 und 10 000 vor Chr. nur vom äußersten Rand der Vereisung, etwa vom Südufer des Müritz Sees, bis nördlich von Karlskrona = 380 km zurückverlagert worden war, zog er sich während der Alleröd=Zeit (nach E. Nilsson 1960)

an der Westküste Schwedens um fast 300 km
in der höher gelegenen Mitte zwischen den Meeren um 220 km
an der Ostküste um 380 km

Abb. 54 a
Schnitt durch die Ufer=Terrasse aus der 3. Spät=Tundra=Zeit am Wittmoldter Weg
Nivellement J. Rabbel 1951

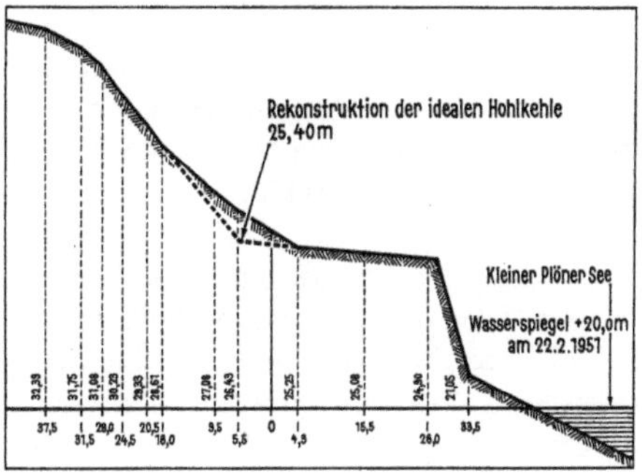

gegen Norden zurück. In der nachfolgenden kühlen „Jüngeren Dryas=Zeit" = unserer 3. Spät=Tundra=Zeit aber wich der Eisrand in 800 Jahren nur um 50 km zurück. Damals entstanden die drei großen skandinavisch=finnischen Moränen=Züge.

Dieser klimatische Rückschlag hatte in unserem Lande folgende Wirkungen:

Weide und NBP verdrängten erneut den Baumpollen. Die Krähenbeere *Empetrum nigrum* erscheint wieder in den Pollendiagrammen, zwar schwächer als in den Haupt=Tundra=Zeiten, aber stärker als in den vorhergehenden Spät=Tundra=Zeiten.

Iversen 1954 schätzt die damalige Juli=Temperatur auf rund 10 Grad Celsius (Lübeck heute 16,6 Grad Celsius). Die Eintiefung des neuen Fluß=Systems war zum Stillstand gekommen. Dies bezeugen die Terrassen in + 27–25 m NN, die wir um den Plöner=See und den damals damit zusammenhängenden Seen wie Behler=, Diek= und Keller=See antreffen (Abb. 54). Am Ostufer des Plöner Sees wurde die sandige Seiten=Moräne von Bosau bis nördlich Ruheleben abgetragen (Taf. 46). Das Schilf *(Phragmites)* kehrte erst später, mit der Kiefern=Zeit = VI Ovb. zurück. Sandige Ufer waren daher damals dem Wellenschlag stärker ausgesetzt als heute (K. Gripp 1953).

Während dieser Kälte=Periode errichteten wiederum Renjäger ihre Lager am Tunneltal unweit von Ahrensburg. Der überreiche Fundplatz Stellmoor, der bis heute über 100 000 Flint=Artefakte und über 1000 Ren=Geweihe lieferte (A. Rust 1943), gehört in diesen Zeit=

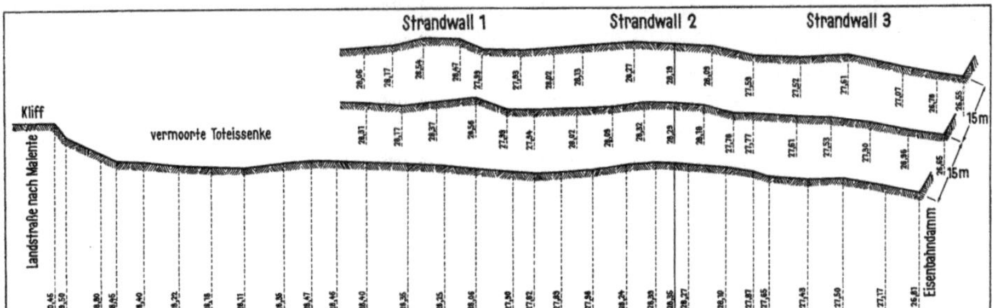

Abb. 54 b N=S=Schnitt durch Kliff und 3 Strandwälle einer gleichaltrigen Ufer=Terrasse nordöstlich vom Bahnhof Timmdorf. Nivellement J. Rabbel 1951

Der Fundpunkt liegt im östlichen Blattrand von Karte 1 nördlich der Eisenbahn. Die drei Strandwall=Haken hängen an einem weiter westlich gelegenen Teil des Kliffs. Über den Inhalt der Toteis=Senke siehe Gripp & Schütrumpf 1952.

Abschnitt. Aber es war doch eine andere Tundra, eine an Baum=Gruppen reichere Park=Tundra oder nach SCHÜTRUMPF: gelichtete Birken=Kiefernwälder. Auch die Tiere waren andere, teils aus der Alleröd=Fauna geblieben, teils zugewandert. Wolf, Luchs, Biber, Wild=schwein, Elch, Wisent wurden in der Stellmoorer Fundschicht, aber nicht in der älteren Meien=dorfer nachgewiesen. Auch das Ren unterschied sich. Das winklig=geknickte tarandus=Geweih hatte an Zahl zu und das sichelförmige arcticus=Geweih entsprechend abgenommen. Wiederum wurde in reicherem Maße Sand den Sedimenten beigemengt, vermutlich legten in freierem Gelände periglaziale Vorgänge nochmals Boden frei. Es war dies das letzte Mal. Der nachfolgende Wärme=Einbruch brachte die endgültige Bedeckung unseres Landes durch ge=schlossenen Wald. Entsprechend sank der Anteil der NBP=Pollen. Auch die minerogene Sedimentation in stehenden Gewässern hörte auf. Die Spätglazial=Zeit war beendet. Mit dem Dauerwald begann die Nacheiszeit.

III. DIE NACHEISZEIT

Klima und Pflanzenwelt

Von der ersten dauernden, geschlossenen Waldbedeckung bis heute sind rund 10 000 Jahre vergangen. Während dieser Zeit änderte sich die Zusammensetzung der Pflanzendecke im Verhältnis, wie die Wärme zunahm und wie die vorher von der Kälte verdrängten Pflanzen zurückwandern konnten. Ungefähr zur gleichen Zeit begannen mit dem Anstieg des Meeres=spiegels und dessen Rückstau im Grundwasser Moore sich zunehmend auszubreiten. Da Ab=sätze aus pflanzlichen Resten wie Gyttja, Seekreiden und Torfe verschiedener Art reichlich niedergeschlagen wurden, ermöglichte die Pollenanalyse eingehende und zuverlässige An=gaben über den jeweiligen Pflanzen=Bestand. Daher konnte sogar durch Karten aufgezeigt werden, wie die Pflanzen allmählich von Süden oder Osten vordrangen (F. FIRBAS 1949, 1952; F. OVERBECK 1950).

Die Gliederung, die sich daraus für unser Gebiet der Würm=Vereisung ergibt, hat H. SCHMITZ 1955 zusammengestellt, siehe Abb. 55.

Vergleichen wir das Ergebnis mit dem der letzten Zwischen=Eiszeit (siehe S. 219), so zeigt sich in den großen Zügen Übereinstimmung. Auf Birken= und Kiefern=Wald folgte in beiden Serien Eichen=Mischwald mit Hasel=Zeiten. Jedoch fehlte dem Eem=Interglazial die Rotbuche *(Fagus)*, sie wurde durch die Hainbuche *(Carpinus)* vertreten. Der Nacheiszeit fehlt bei uns im Lande natürlicherweise die Fichte, aber wir müssen wohl sagen bislang. Denn die Nach=eiszeit ist erst in ein dem eem=zeitlichen Abschnitt VIIa = Hainbuchen=Zeit entsprechendes Stadium gelangt. Mit anderen Worten, wir befinden uns erdgeschichtlich dort, wo sich ent=scheiden wird, ob die Zeit der Vereisungen endgültig vorbei ist oder ob wir nur in einer Zwischeneiszeit leben. Eine etwaige Abkühlung des europäischen Klimas in den nächsten 1000 Jahren darf als Anzeichen einer kommenden Kälte=Schwankung, die zu einer neuen Ver=eisung führen kann, gewertet werden.

Nur das Thermometer, nicht mehr die Pollenzusammensetzung wird jene Klima=Änderung aufzeigen. Seit 5000 Jahren, seit Beginn des Ackerbaus, hat der Mensch die Zusammen=setzung der Pflanzendecke zunehmend verändert. Die Rodung des Waldes spiegelt sich ein=mal in der Zunahme der NBP=Kräuter=Pollen wider. Zum anderen ermöglichten die von Menschen geschaffenen Äcker und Wege Pflanzen wie Spitz=Wegerich *(Plantago lanceolata)*,

Sauerampfer *(Rumex acetosella)* eine solche Vermehrung, daß ihre Pollen 5–10 % der Wald=baumpollen erreichen. Die Pollen=Spektra des letzten Jahrhunderts werden zudem verfälscht durch die zunehmende Kultur fremder Forstbäume. Selbst die Fichte und die Kiefer sind in unserem Lande nicht heimisch. Sie wurden 1595 durch Heinrich von Rantzau eingeführt. Erst ab 1740 wird die Fichte auf dem Sandboden in größerem Umfang angepflanzt.

Wertvoll für die Deutung junger Pollen=Spektren ist, daß es gelang, Getreide=Pollen (Cerealia) von denen ähnlicher Gräser zu trennen (J. Iversen 1949).

Hingewiesen sei ferner auf die Entwicklung des Efeus *(Hedera)*, die ersichtlich mit dem schnellen Anstieg des Meeresspiegels während des Klima=Optimums zusammenhängt. Auch die verschiedenen Haselnuß=Gipfel sind nach H. Schmitz nicht örtlich, sondern klimatisch bedingt.

Die Grenze von Spät= und Postglazial (IV–V) ist zugleich die Trennungslinie zwischen älterer und mittlerer Steinzeit. Die jüngere Steinzeit setzte mit Stufe IX ein, mit dem Beginn des Auftretens von Getreide und Wegerich. Der Rotbuche, die im Eichenmischwald nur

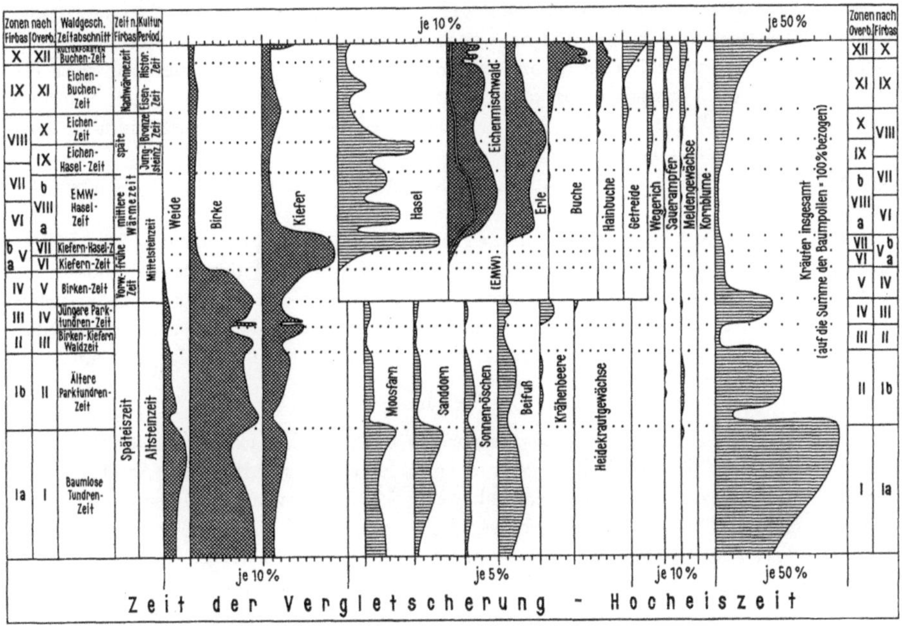

Abb. 55 Schema der Vegetationsentwicklung im östlichen Schleswig=Holstein nach H. Schmitz 1955

In Ostholstein ist bisher nur das Ende der Zone I Overb. erfaßt. Die tieferen Abschnitte sind aus west=licheren Gebieten übernommen. Am Anfang der Zone II das Bölling=Interstadial, Zone III das Alleröd=Interstadial. Die helle Linie innerhalb der Eichenmischwaldkurve umschließt den Anteil der Ulme und Linde, der rechts anschließende Teil stellt die Beteiligung der Eiche dar.
In den Abschnitten I–IV Overb. war ein Baumbestand aus Weide, Birke und Kiefer von Tundra=Flächen unterbrochen, wie die Kurve der Kräuter=Pollen rechts kundtut. Auf kühles beziehungsweise Steppenklima weisen Kräuter wie Beifuß, Sonnenröschen u. a. hin. Von Zone VI Overb. an nehmen Pollen von Hasel und Eichenmischwald an Zahl stark zu und Birke nebst Kiefer entsprechend ab. Hasel und Eichenmischwald kennzeichnen die warme zweite Hälfte der Nacheiszeit. Buche und Hainbuche treten erst an deren Ende hinzu. Von Zone X Overb. an wird die Wald=Rodung durch Anstieg der Kräuter=Pollen (Kultur=Steppe) erkenntlich. Außer Getreide=Pollen zeigt auch der des Wegerich, Sauerampfer usw. die Ausbreitung von Acker und Wegen auf.

schwach vertreten war, gelang erst von 500 vor Chr. an stärkere Ausbreitung. Sie erreichte, H. Schmitz zufolge, um 1300 nach Chr. ihr Pollen=Maximum.

Es soll hier nicht weiter auf die Einzelheiten der Moorkunde eingegangen werden. Eine gute Zusammenfassung über die schleswig=holsteinischen Moore lieferte R. Schütrumpf 1955. Danach haben wir ursprünglich folgende Moortypen in unserem Lande gehabt:

topogene oder Flachmoore, die im nährstoffreichen Grundwasser stehender Gewässer heranwuchsen

ombrogene oder Hochmoore, die in Gebieten mit mehr als 700 mm Niederschlag, also in nährstoffarmem Wasser unabhängig von der Geländeform aufwuchsen; sie sind zentral aufgewölbt

soligene oder Zwischenmoore, deren Wachstum zentral vom Regen, randlich von nähr=stoffreicherem Grundwasser bedingt ist. Ihre Oberfläche liegt am Rande höher als in der Mitte.

Der früher für stratigraphisch wertvoll gehaltene Grenzhorizont, die Trennungsfläche zwischen zersetztem Schwarztorf und dem unzersetzten überlagernden Weißtorf der Hoch=moore, hat sich bei benachbarten Mooren als nicht synchron erwiesen. Auch tritt diese Er=scheinung des jähen Wechsels in der Zersetzung, heute Rekurrenz=Flächen genannt, in den Torffolgen wiederholt auf. Mit den Rekurrenz=Flächen beschäftigen sich mehrere neue Auf=sätze, siehe in L. Aletsee 1959.

Über Moorleichen, siehe Diezel, Hage, Jankuhn, Klenk, Schaefer, Schlabow, Schütrumpf und Spatz 1958.

In erdgeschichtlicher Hinsicht ist zunächst hervorzuheben, daß das dichte Pflanzenkleid eine weitgehende morphologische Ruhe bedingte. Die Erosion des rinnenden Wassers war durch Pflanzen bis in die Bäche hinein stark behindert. Die dadurch unzureichende Vorflut hob den Wasserstand der Flüsse. Nach Wiederkehr der Meere erhöhte zudem der Rückstau den Wasserstand im flachen, der Küste nahen Gelände, aber nur in diesem (Anm. 104).

Das Tieftauen

Von erdgeschichtlicher Bedeutung war ferner das *Tieftauen*. Langsam drang die Wärme in den noch seit der 3. Spät=Tundra=Zeit gefrorenen Boden ein. In durchlässigem Sandboden, in dem sich Wasser senkrecht oder waagerecht bewegen konnte, schwand der Frost bald. Grund=wasser, stehend und fließend, trat zunehmend auf. Wo aber noch Eis in größerer Mächtigkeit saß, durch Torf oder tonige Grundmoräne gegen Wärme und Wasser geschützt, da konnte dies nur langsam tauen. Dies war besonders in früheren Zungenbecken oder deren Resten der Fall. In jedem wärmeren Sommer schwand ein wenig vom Eis. Das frei gewordene Wasser wurde vom schützend überdeckenden Boden, diesen durchfeuchtend, aufgenommen. Langsam nur sank i. A. die Erdoberfläche über dem Toteis=Rest ein. So entstanden im Präboreal und Boreal (V–VII) flache Hohlformen. Kleinere vertorften, größere wurden zu Seen. Auch schon vertorfte sanken in die Tiefe, so daß wieder Absätze offenen Wassers (Gyttjen, Seekreide) dort entstanden, wo vorher schon eine Landoberfläche aus Torf vorhanden gewesen war. Zahlreiche Senken bildeten sich damals neu. Daher fehlen in ihnen spätglaziale Absätze.

Andere vertorften in dem Umfange wie sie entstanden, so das kleine Moor zwischen Behler und Suhrer See. Hier fand sich 9 m Bruchwald=Torf. Dieser kann normalerweise nur 30 cm mächtig werden, da er sich an der Oberfläche stehenden Wassers bildet. Wie bei den rheinischen Braunkohlenlagern war auch hier der Torf im gleichen Umfang gewachsen, wie der Untergrund niedersank (K. Gripp und R. Schütrumpf 1953). Die Pollenanalyse ergab, daß hier das Tieftauen erst mit Ende der Zone VI = Boreal begann. Tieftauen trat auch noch

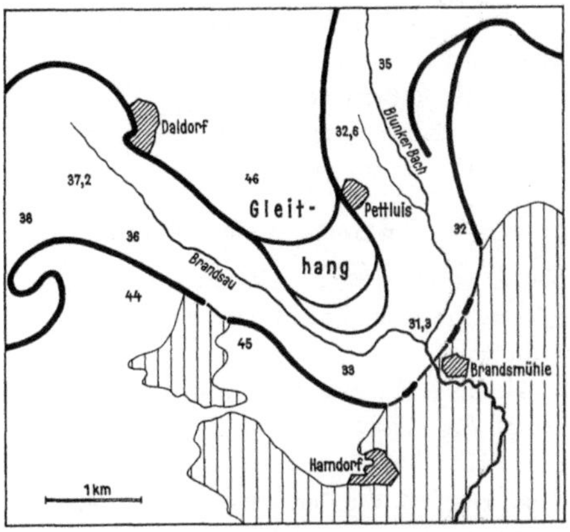

Abb. 56 Gefälls=Umkehr nach Toteisschmelze Mäander des Schmelzwasserflusses vom 37 m Plöner See. Der Prallhang bei Brandsmühle bestand weit=gehend aus Toteis (senkrecht schraffiert). Als dies geschmolzen war, wurde die Entwässerung nach Süden umgelenkt und dabei die Brandsau rückläufig.

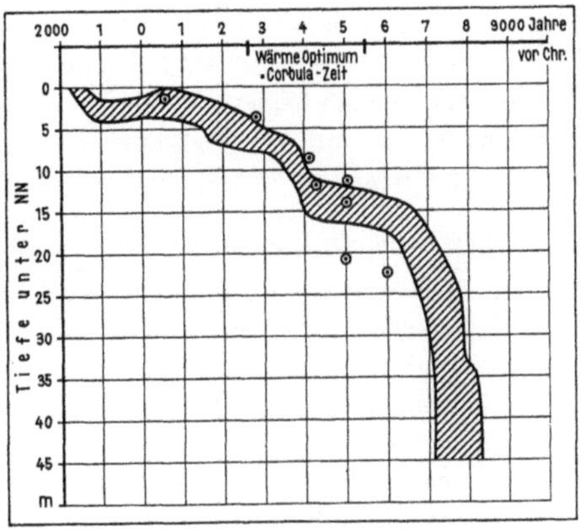

Abb. 57
Pollenanalytisch datierte Kontakte von Meeres= und Süßwasser=Absätzen in der westlichen Ostsee nach H. Schmitz 1953 und das Band, in dem nach H. Graul 1959 81 % der 80 Proben von Kontakten aus allen Gegenden der Erde lagen, deren Alter mittels C 14 datiert werden konnte.

auf den während der 4. Tundra=Zeit entstandenen Ufer=Terrassen der Seen auf (K. Gripp 1953). Es wird am heftigsten während des Boreals gewesen sein. Über das späteste Tieftauen liegen noch keine Angaben vor. Es dürfte erst mit dem Mesolithicum ausgeklungen sein (Anm. 105). Wie sehr das Tieftauen die eiszeitlichen Formen veränderte, zeigen Abb. 53 u. 56. Durch Toteisschwund wurde das Schmelzwassertal seitlich geöffnet und das Gefälle rückläufig.

Die Wiederkehr der Meere

Die vielfach behandelte, abwechslungsreiche Geschichte der Ostsee mit der Einteilung in Eis=Meer, Yoldia=Meer, Ancylus=See, Littorina=, Limnaea= und Mya=Meer betrifft nicht die westliche Ostsee. Bis einschließlich der Zeit des Ancylus=Sees gilt jene Gliederung nur für die östlich der Darsser=Schwelle gelegene Ostsee. Die Senke der westlichen Ostsee hin=gegen teilte das Schicksal des Nordsee=Beckens. Beide wurden vom Meere überflutet, sobald der Meeresspiegel entsprechende Höhe erreicht hatte. Während der Vereisung hatte der Meeresspiegel 60–80 m tiefer gelegen als heute. In dem Maße, wie das Klima wärmer wurde, schmolz das landfeste Eis an den Polen und vergrößerte sich das Volumen des Meerwassers, da=her stieg der Meeresspiegel eustatisch mit wechselnder Geschwindigkeit an. Aus der ersten Zeit dieses Anstiegs wissen wir nichts, da die damals überfluteten Gegenden für uns unzugänglich sind. Eindeutig belegt ist jedoch, daß der Boden der Nord= und westlichen Ostsee Land war, vom Walde bedeckt und von jagenden Menschen bewohnt. Der auf dem Tertius=Sand bei Büsum in 27,9–28,3 m Tiefe erbohrte Torf gehört dem Pollen=Inhalt nach in die Boreal=Zeit (Dittmer 1938), bei St. Michaelisdonn überdecken Meeresabsätze Bruchwald=Torf aus dem Beginn des Atlanticums, also aus der Zeit um 5500 vor Chr. Damals drang das Meer durch den Großen Belt auch in das Becken der heutigen westlichen Ostsee ein. Hier haben Tapfer (1940) und H. Schmitz (1953, 1955) den Zeitpunkt pollenanalytisch festlegen können, zu dem Meeres=Absätze pollenführende Schichten überlagerten. Das neueste Ergebnis gibt Abb. 57 wieder. Danach ist der Meeresspiegel zwischen 5500 und 5000 vor Chr. um über

10 m angestiegen. Ein Anstieg um 2 m im Jahrhundert erscheint kaum glaublich. Soviel Eis kann um jene Zeit kaum an den Polen geschmolzen sein.

Wir haben jedoch keinen Grund, das Ergebnis von H. Schmitz anzuzweifeln.

Es ist vielmehr mit der Möglichkeit zu rechnen, daß außer der eustatischen Meeresspiegel=Hebung eine isostatische Senkung dieses Teiles der Erdkruste vorliegt.

Die nacheiszeitlichen isostatischen Bewegungen der Erdkruste in Nord=Europa

Von Norwegen bis Ost=Finnland sind gehobene Strand=Linien bekannt. Die höchsten unter ihnen erreichen 250 m über dem heutigen Meere. Im Bottnischen Busen hebt sich örtlich die Küste noch heute um rund 100 cm im Jahrhundert.

Seit langem ist man überzeugt, daß hier Nachwirkungen der Belastung durch das diluviale Eis vorliegen. Die durch das 2000–3000 m mächtige Eis niedergedrückte Erdkruste ist mit Verzögerung wieder aufgestiegen und steigt heute noch. Die plastischen Massen unter der starren Erdkruste, die durch die Eis=Last verdrängt wurden, dürften rund um das vereiste Gebiet zu einer Aufwölbung der Kruste geführt haben. Dieses Aufsteigen – so darf man annehmen – ging in eine Senkung über, als die plastischen Massen in die Gebiete zurück=flossen, aus denen sie vorher durch das Eis verdrängt worden waren.

Dies Auf und Nieder ist an der Erdoberfläche ohne erkennbare Störungen vor sich gegangen. In Nord=Amerika erkannte man aber doch, daß um den Canadischen Schild, der durch die diluviale Eislast ein ähnliches Schicksal wie Nord=Europa gehabt hatte, gewisse Scharnier=Zonen (hinge=lines) verlaufen.

M. Sauramo 1954, 1955 glaubte diese auch in Nord=Europa nachweisen zu können. Aus der verschiedenen Höhenlage zeitlich definierter Strandlinien wurden Hebungslinien ermittelt. Diese sollten in bestimmten Zonen gebrochen sein. Eine äußere derartige Scharnier=Linie sollte durch das nördliche Schonen und vom Vorgebirge Kullen zu dem Ostende des Lim=fjordes verlaufen. Neuerdings aber werden die Scharnier=Zonen von finnischen Forschern abgelehnt (siehe E. Hyppä 1963).

Somit lägen Schleswig=Holstein und Mecklenburg in jenem Bereich, der während der letzten Vereisung angehoben war. Nach der Vereisung aber wäre unser Land zufolge jener Theorie wieder abgesunken. Jedoch scheint noch eine zweite Abwärts=Bewegung hinzu=zukommen. Am Ostufer des Oeresundes werden gehobene Strandlinien angetroffen, an dessen Westküste fehlen sie. Aus dem Verlauf der Strandlinien, die in Nord=Jütland stärker einfallen als im baltischen Gebiet, sowie aus anderen Anzeichen zieht Sauramo 1954, S. 230, folgenden wichtigen Schluß: „Gegen Ende des Boreals senkte sich eine Groß=Scholle, um=fassend Teile West=Schwedens, Dänemark, Schleswig=Holstein und wahrscheinlich das ganze Nordsee=Gebiet."

Mit dieser Auffassung könnte der oben erwähnte, auffallend starke Anstieg des Meeres=spiegels in Einklang stehen, den H. Schmitz 1953 für die Zeit 5500–5000 vor Chr. nachwies, wenn nicht H. Graul 1959 aus unweit gewonnenen Proben einen ähnlich steilen Anstieg für 1000 Jahre früher aufgezeigt hätte.

Die heutige Höhenlage Schleswig=Holsteins erscheint somit hauptsächlich bedingt durch die mit der Eislast zusammenhängenden isostatischen Erdkrusten=Bewegungen. Die Lage unserer Meeres=Küsten ist außerdem abhängig von dem Ausmaß des eustatischen Anstiegs des Meeres=Spiegels. Über örtliche nacheiszeitliche Bewegungen aus tektonischen oder salz=tektonischen Ursachen können wir noch nichts aussagen, abgesehen vom Aufstieg des Segeberger Anhydrits (F. Hagel 1958). Hier und auf anderen Salzstrukturen wirken im metakinetischen Salz=Aufstieg, dem Quellen von Anhydrit bei der Umwandlung in Gips, der Lösung von Salz und Gips sowie Änderungen der Fließgeschwindigkeit und der Spiegel=

höhe des Grundwassers so viele Faktoren durcheinander, daß die wahre Ursache von örtlicher Hebung und Senkung nicht zu erkennen ist. Auf eines sei noch hingewiesen. Bei den erörterten Auf= und Abbewegungen von Landoberfläche und Meeresspiegel ist erstaunlich, wie nahe die heutige Küste mit der eemzeitlichen zusammenfällt, zum Beispiel in Nordfriesland, siehe Abb. 60. Ob dies auch in dem Ostsee=Becken der Fall ist, übersehen wir leider noch nicht, da das Eis die jüngsten Eem=Absätze weithin zerstört hat. Wäre uns der Unterschied bekannt, so hätten wir einen Anhalt über das Ausmaß der parageosynklinalen Senkung.

Diese für die Menschen wichtigen erdgeschichtlichen Vorgänge setzten in der Mitte der bisher verflossenen Nacheiszeit ein. Sie dauerten durch die historische Zeit bis jetzt an. Das heutige Geschehen können wir am einwandfreiesten beobachten und deuten. Daher beruhen unsere Kenntnisse der jüngsten erdgeschichtlichen Abschnitte weiter als bei früheren auf dem, was wir selber noch erleben. Wir wollen daher zunächst die heutigen Vorgänge in Nord= und Ostsee und anschließend die vorhergegangenen Ereignisse über das schon angedeutete hinaus betrachten.

1. Das heutige erdgeschichtliche Geschehen vor den Küsten Schleswig=Holsteins

Die jüngste Geschichte von Nord= und westlicher Ostsee dauert, wie erwähnt, gleich lang. Aber der Erfolg der Geschehnisse und dadurch das Aussehen der beiden Küsten sind ungleich. Die Ursache hierfür sind die Unterschiede:

1. in den Ausgangsformen der Meeresbecken
2. in den Gezeiten
3. in der Lage zu den vorherrschenden Winden
4. in der Wasserschichtung.

Die Ausgangsformen der Meeresbecken

Zur Eem=Zeit waren Nord= und Ostsee in eine gleichaltrige frische Toteis=Landschaft eingebettet. Allerdings griff die damalige Nordsee die Moränen=Züge von außen, die Ostsee aber, wie heute, von innen an. Beide schufen möglichst ausgeglichene Küsten. Während der nachfolgenden Würm=Vereisung aber hatten die Becken ein sehr ungleiches Schicksal. Das eemzeitliche Nordseebecken lag trocken, Schmelzwässer dürften Beckentone und Winde Flugsande darin in verhältnismäßig dünnen Decken abgelagert haben. Die Küsten=Kliffs aus der Eem=Zeit wurden periglazial umgeformt und örtlich von Dünen überdeckt. Im großen gesehen traten keine wesentlichen Veränderungen auf.

Im Ostsee=Trog aber floß damals das Würm=Eis. Es schürfte die Absätze der Eem=Ostsee fast ganz fort, schuf in und um den baltischen Trog neue lebhafte Formen. Die eemzeitliche Küste ging vermutlich restlos verloren. Frische Becken später Gletscherzungen begrenzten mit steilen Talschlüssen nunmehr den baltischen Trog gegen W und S.

Die Gezeiten

Der mittlere Springtidenhub beträgt bei Westerland 1,80 und bei Husum 3,20 m. In der westlichen Ostsee jedoch macht der Tidenhub nur 6–10 cm aus.

Die Bedeutung der Lage der Küsten zu den vorherrschenden Winden

Winde aus westlichen Richtungen herrschen an unseren Küsten vor. Sie bringen der Westküste, wenn sie mit hohen Fluten zusammenfallen, die Höchstwasserstände (Schelling 1952), der Ostsee=Küste aber die Niedrig=Wasser. Umgekehrt bedingen kräftige Ostwinde in der westlichen Ostsee stürmisches, durch Windstau entstandenes Hochwasser (M. Petersen 1952) und an der Nordsee=Küste ruhiges Niedrigwasser.

Die Wasserstände schwanken

	höchstes Tide=Hochw.	niedrigstes Tide=Niedrigw.	Unterschied
Westerland	+ 3,75 m NN	– 3,25 m NN	7,00 m
Husum	+ 5,21 m NN	– 2,80 m NN	8,01 m

	höchstes Hochw.	niedrigstes Niedrigwasser	Unterschied
Kiel	+ 2,97 m NN	– 2,29 m NN	5,26 m
Travemünde	+ 3,30 m NN	– 2,07 m NN	5,37 m

Die Schichtung des Wassers

In der Nordsee wühlen heftigere Winde das Wasser bis zum Grunde auf. Strömungen können die dadurch vorübergehend zu Schweb gewordenen Körner verfrachten. Eine Abgrenzung tieferer Wassermassen durch eine Sprungschicht, das heißt auf engem senkrechten Abstand vorhandene größere Änderung von Temperatur und Salzgehalt, tritt daher nur vorübergehend auf.

In der westlichen Ostsee jedoch bleiben langfristig salzhaltiges kühles Tiefenwasser und salzärmeres und während des Sommers wärmeres Ober=Wasser getrennt. Ein vertikaler Ausgleich bleibt aus. Das Tiefenwasser wird durch einen Unterstrom vom Kattegat her ergänzt.

Von den Wellen werden Bodenteilchen bei einer Bewegungsgeschwindigkeit des Wassers von 25 cm/sec an angehoben. Bei gleichzeitig vorhandener Strömung tritt deren sprungweise Verfrachtung ein. In der westlichen Ostsee wird jene Geschwindigkeit auf offener Strecke:

bei Windstärke 5–6 bis 5 m Tiefe
bei Windstärke 7–8 bis 10 m Tiefe auftreten.

Da aber der Grund der westlichen Ostsee weithin tiefer liegt, kommt unterhalb einer etwa vorhandenen Sprungschicht je nach den örtlichen Bedingungen von 8, 10 oder 12 m Tiefe ab ein „Ruhig=Wasser"=Sediment, der Mudd, zum Absatz.

Mudde und Watten=Schlick als Absatz ruhigen Wassers

Die Mudde der Ostsee ist ein an organischen Stoffen reicher, toniger Mehlsand (Jarke 1951). Der jüngste Teil dieses an sich hoch wasserhaltigen Mudds schwebt noch, zumeist scharf gegen oben begrenzt (E. Wasmund 1937). Der Mudd entspricht der Gyttja bzw., wenn unter Sauerstoff=Abschluß weiterem Abbau entzogen, dem Sapropel, der in den Seen unseres Landes zum Absatz kommt.

Die Grenze von Oxydations= und Reduktions=Zone liegt, je nach dem Sauerstoffgehalt des Wassers, einige mm bis cm unter der Oberfläche des schon schwach gebundenen Mudds. Nur in den Innen=Enden der Förden liegt die Redox=Grenze infolge des Sauerstoff=Verbrauches der Schmutzwässer oberhalb des Sediments im Wasser. Dort ist der jüngste Absatz also frei von Sauerstoff.

Die südliche Nordsee wird von Winter=Stürmen bis auf den Grund aufgewühlt. Somit fehlt dauerndes Ruhigwasser. Etwa niedergesunkene Mudde wird wieder von Welle und Strom aufgenommen, soweit sie nicht durch Organismen (Ballung durch organischen Schleim oder als Kotperlen) zu gröberem Korn umgearbeitet ist. Im Wattenbereich geschieht dies in großem Umfang, so daß an der inneren oder Watt=Küste, besonders im Schutze der Muschelbänke, der Seegras=Rasen, der Landpflanzen und der künstlichen Lahnungen, Schlick angereichert wird.

Dieser liegt zu Zeiten des Niedrigwassers trocken; dadurch wird er oberflächlich entwässert. Auch Diatomeen=Rasen, die auf den bei Niedrigwasser stark erwärmten feuchten

Watt=Boden üppig gedeihen, tragen zur Verdichtung des Schlickes bei. Mudde und Schlick sind beide Stillwasser=Absätze, ungefähr gleicher Herkunft und ähnlicher Zusammensetzung. Aber entsprechend ihrer verschiedenen Lage zum Meeresspiegel ist ihr weiteres Schicksal ungleich.

Das Geschehen im bewegten Wasser der Ostsee

An unserer Ostsee=Küste spielen die Gezeiten keine Rolle, aber Windstau und Welle be=dingen schnellen Anstieg des Spiegels und Anheben der Körner und deren Verfrachtung durch küstennahe Ströme. Vorspringendes Land wird abgetragen. Als Beispiel sei auf das reiche Schrifttum über das Brodtener Ufer hingewiesen (Die Küste 1. 2. 1952). Hier bedingt die Nähe Lübecks eine besonders lebhafte Aufmerksamkeit einem unaufhaltbaren Vorgang gegenüber, der sich an den Kliffs Fehmarns, bei Heiligenhafen, Stohl, Boknis=Eck, Schönhagen und Habernis in gleicher Weise abspielt.

Das verfrachtete Material gelangt, soweit es feinkörnig ist, in tieferem Wasser zum Ab=satz. Sand, Kies und Geröll aber werden von der *Brandung* im Wasser zu vorübergehenden Riffs (G. Brand 1956) und am Ufer zu länger dauernden *Haken* und *Strandwällen* angehäuft. Die Strömung aber setzt das gröbere Korn in ruhigem strandnahen Wasser in *Haken* (Holnis, Laboe) oder breiten „Höftländern" (P. Martens 1927) ab (Anm. 106). Hiervon seien ge=nannt: Priwall, Pelzerhaken, Kolberger Heide, Noer, Kronsort, Eckernförde, die Birk bei Gelting. Diese Vorgänge sind das Ergebnis von Sturm und hohem Wasserstand. Der Wind kann zudem Dünen entstehen lassen (Fehmarn, Kolberger Heide).

Die oberen Strandwälle geben, obschon sie nur bei den seltenen, sehr hohen Wasser=ständen aufgeworfen oder abgetragen werden, über die jüngste Erdgeschichte der betreffen=den Küste Auskunft. So konnte R. Köster (1955) aus Resten von Strandwällen bei Heiligen=hafen den Rückgang der Küste seit rund 1450 aufzeigen (ebenda Abb. 5). Bei Westermarkels=dorf auf Fehmarn ließen sich ältere, verheidete Strandwälle von jüngeren grasbewachsenen unterscheiden. Die älteren Strandwälle weisen auf eine, sonst nicht belegbare Insel hin (ebenda S. 62 und Abb. 9).

Da in einer Zeit verstärkten Wegebaus Sand und Strandkies sehr begehrt sind, erschien es notwendig, weitere Strandbildungen unserer Ost=Küste baldigst erdgeschichtlich auszuwerten. Mit Mitteln der Deutschen Forschungsgemeinschaft konnten erfreulicherweise näher unter=sucht werden:

die Kolberger Heide von G. Brand 1955
die Küste von Strande. R. A. Hintz 1957
die Schleimündung R. A. Hintz 1955
das Gebiet der Gelting=Birk R. A. Hintz 1957

Sandwanderbahnen, wie sie die vorgenannten Untersuchungen näher aufzeigten, sind eine Folge von im Gleichgewicht befindlichen natürlichen Vorgängen. Eingriffe machen sich daher anderenorts bemerkbar. So berichtet M. Petersen 1952, S. 141, daß die Hafenbuhne zu Nien=dorf=Ostsee das anwandernde Material abfing und dadurch der anschließende Teil des Timmendorfer Strandes aus Mangel an Nachschub bei fortdauerndem Abtrag durch Welle und Windstau=Strömung stark abgetragen wurde. Ähnlich ist die Lage in Eckernförde. Während früher, wie das Wachstum des Ortes in See hinaus veranschaulicht, das junge Höftland, auf dem die Stadt liegt, ständig an Breite wuchs, liegt der Strand dort seit Jahren im Abbruch. Die Sandwanderbahn, die vom Kliff im Forst Schnellmark bei Altenhof an der Nehrung zwischen Goossee und Ostsee entlang bis Eckernförde führte, ist durch die weit in See vorspringende Anlage der Torpedo=Versuchs=Anstalt für immer unterbrochen. Daher wird der nördlich anschließende Strand bis vor die Stadt hin künftig nicht mehr wachsen, sondern durch Ostwindbrandung ständig rückverlagert werden!

Abweichend sind die Verhältnisse bei West=Sturm.

Dieser bedingt in der westlichen Ostsee niedrige Wasserstände. Die oberen 2 m der Zone der küstennahen Sandwanderung fallen dann bis zu einigen Tagen trocken. Die Riffe werden sichtbar: M. PETERSEN 1952, Abb. 20 und 21. Dorsch und Aale werden dann unter Tang=büscheln mit der Hand oder der Harke gefangen. Der Tobiasfisch läßt sich mit dem Spaten aus dem Sand ausgraben. Starken windbedingten Schwankungen können *Eigenschwingungen* (Seiches) der Ostsee folgen. Bei ruhigem Wetter ändert sich der Wasserstand daher bisweilen schnell. M. PETERSEN 1952, S. 113, erwähnt 28 cm Anstieg in 12 Minuten. Dies bedeutet be=sonders bei niedrigem Wasserstand eine Gefahr für auf den Sandriffen weilende Nicht=schwimmer.

Da die Heftigkeit der genannten Vorgänge mit der Tiefe abnimmt, sind die entstehenden Ablagerungen entsprechend ungleich. Mit der Tiefe ändert sich auch die dem Geologen be=deutsame Lebewelt, soweit sie im oder auf dem Meeresboden lebt.

Es sei aber hervorgehoben: nicht die Tiefe an sich ist hierbei der für das Geschehen wichtige Faktor, sondern die Bewegung des Wassers, also die Tiefe bis zu der der Wind sich durch Wellen Bodenteilchen anhebend und durch Windstau=Ströme verfrachtend bemerkbar macht. In engen, geschützten Buchten reicht die Windwirkung weniger weit hinab als in breiten offenen. Daher treten Gesteine gleicher Körnigkeit und weitgehend mit gleichem Mollusken=Inhalt entsprechend in ungleichen Tiefen auf.

Die Sedimente der westlichen Ostsee (nach PRATJE und JARKE)

1. *Aufbereitungszone*
   Durch häufig nischenförmigen Abbruch oder als Frostschutt abgerutschtes Material (Ge=schiebemergel, Sande und Kiese) sowie durch Wasseraustritt verflüssigtes Material wird am Strande durch die Wellen aufgearbeitet und von den Strömungen entführt. Wechselnd Block=, Kies= oder Sand=Strand. Strandwälle aus Blöcken oder Kies mit Sand untermischt, selten allein aus Sand aufgebaut.
2. *Zone der küstennahen Sandwanderung.* 0–8 m Tiefe
   Durch Wellen und Windstau=Ströme Verfrachtung parallel zur Küste je nach wirksamster Wind=Richtung. Mittel= und Feinsand, gut sortiert, oben auch etwas Kies, wenig organische Substanz, außer Schill. Bei starkem Wellengang ist das vorhandene Sediment in Sus=pension, und es tritt Abrasion ein, so daß der obere Teil der Zone vorübergehend zur Aufbereitungszone gehört. Küstenparallele *Sandriffe*, im allgemeinen 2 m hoch, treten nach jedem kräftigen Wellengang bis 4 m Tiefe erneut auf; an Zahl außen zumeist nur eines, in Buchten bis drei. Materialtransport längs und häufig quer zur Brandungszone. Im übrigen dünner Sandschleier, Groß=Rippeln quer zum Strom.
3. *Zone der küstennahen Rest=Sedimente.* 8–12 m Tiefe
   Gebiet der Auswaschung des feineren Korns, nur dünne mit Mittelsand durchmengte konglomeratische Lagen bleiben. Keine organische Substanz. Unterhalb der Zone 2 und auf Aufragungen dürfte diese Zone häufig fehlen, so daß Zone 2 in Zone 4 übergeht.
4. *Zone der küstenfernen Anhäufung von Sand.* 12–17 m Tiefe
   Feinsand mit zunehmender Tiefe über Mehlsand in Schluff und Ton übergehend, gut sortiert. Organischer Anteil um so höher je feiner das Korn. Mächtigkeit gering.
5. *Zone der Mudd=Bildung*
   In den Buchten im allgemeinen bei etwa 17 m Tiefe, in den Förden bei 9, örtlich sogar schon bei 4 m beginnend.

In ruhigem Wasser abgesetzter toniger Mehlsand mit nur wenige Millimeter dicker brauner Oxydationszone. Reich an organischer Substanz (vor allem viel *Zostera*=Reste). Glühverlust 10 bis 15 %, in Ausnahmefällen bis 25 %. Wassergehalt im jüngsten Teil 70 %, zur Tiefe hin schnell abnehmend. Kalkgehalt schwankend, doch stets niedrig. Molluskenschalen örtlich ± aufgelöst, so daß von *Cyprina* und *Astarte* fast nur das Periostraktum erhalten blieb. Mächtigkeit (ohne Berücksichtigung der Sackung) in den Förden bis zu 10 m, in den Buchten der westlichen Ostsee etwas geringer. Sedimentationsgeschwindigkeit in den Förden im Mittel seit Beginn der Litorina=Transgression 1,25 mm im Jahr.

Die Möglichkeiten zur Bildung von Absatz=Gesteinen in der östlichen Nordsee

Völlig anders als in der Ostsee ist das Geschehen in der südlichen Nordsee einschließlich der unserer Küste vorgelagerten Deutschen Bucht (Anm. 107). Mit geringen Ausnahmen wird deren Boden bei Stürmen von den Wellen aufgewühlt und die dann schwebenden Körner von dem jeweiligen Strom über ein kurzes oder längeres Stück verfrachtet. Mit anderen Worten: Das Geschehen am Boden der Nordsee in Tiefen bis 35 m entspricht weitgehend dem in der „Zone der küstennahen Rest=Sedimente" der Ostsee = 8–12 m Tiefe. Hierdurch wird deutlich, daß nicht die Tiefe an sich, sondern die Bewegung im Wasser, also besonders die Kraft der Wellenbewegung, die Art des Absatzes bedingt. Mit Ausnahme des 54 m tiefen Pümpgrundes südlich von Helgoland und vielleicht einiger anderer tieferer Stellen ist der Boden der Deutschen Bucht von wanderndem Sediment bedeckt. Teils als Sandrücken (so in der südlichen Nordsee), zumeist als dünner Sandschleier werden die von den Wellen angehobenen Körner vom Gezeitenstrom weitergetragen und schließlich uferwärts verfrachtet. Die Untersuchungen der Niederländer (J. van Veen 1936, D. Crommelin 1940) zeigten auf, daß von der Straße von Calais an der belgischen, niederländischen und ostfriesischen Küste entlang eine Sandverfrachtung in die Deutsche Bucht hinein bis Dithmarschen hin stattfindet. Andererseits gabelt sich vor Westerland/Sylt die küstennahe Strömung in einen nördlichen Ast, der Sand bis Horns Riff verfrachtet (Anm. 108), und eine südliche Abzweigung, die von Norden her Sand in den innersten Winkel der Deutschen Bucht befördert. Dieser seit rund 5 Jahrtausenden von zwei Seiten erfolgenden Sandwanderung verdanken wir die gut 50 km breite Anlandung (Marsch + Watt) vor Dithmarschens Küste. Dieser Wandersand zieht an ununterbrochenen Küsten auf einem schwachgeneigten bis rund 20 m tiefen Hang parallel zum Ufer dahin. Vor Flußmündungen und Gatts (Durchlaß zwischen zwei Inseln) wird der Sand quer zur bisherigen Richtung eine Zeitlang hin und her gefrachtet. Er gelangt aber schließlich über Weser und Elbe oder von Norden her über Hörnum Tief und Heverströme usw. hinweg bis an den Ort dauernder Ruhe im Innern der Deutschen Bucht.

Das Küstenbild sowohl der west= und ostfriesischen wie der nordfriesischen Küste weicht von dem zwischen Amrum und Wangerooge ausgebildeten ab. Dort liegen Inselreihen dem Watt und der Marsch vorgelagert. Dort ist die Entwicklung weiter gediehen. Der innerste Winkel der Deutschen Bucht aber greift zu tief aus, als daß der vom Meere angefrachtete Sand sie schon bis zu einer ausgeglichenen Bogenküste hätte anfüllen können. Durch eine solche sehen wir zum Beispiel die Bucht zwischen Westerland und Blaavandshuk und die Schelde + Rhein=Mündung zwischen Cap Blanc Nez und dem diluvialen Vorsprung von Texel geschlossen. Wo eine solche Bucht so weit vom Meere her angefüllt ist, daß die Meeresströmung ausgeglichen zwischen den die Bucht bedingenden Widerlagern hin und her schwingen kann, dort ist ein ausgereifter, sich nur noch langsam ändernder Zustand erreicht. Die Inselreihen sind der sichtbare Hinweis. Sie entsprechen den Nehrungen vor den Haffen der

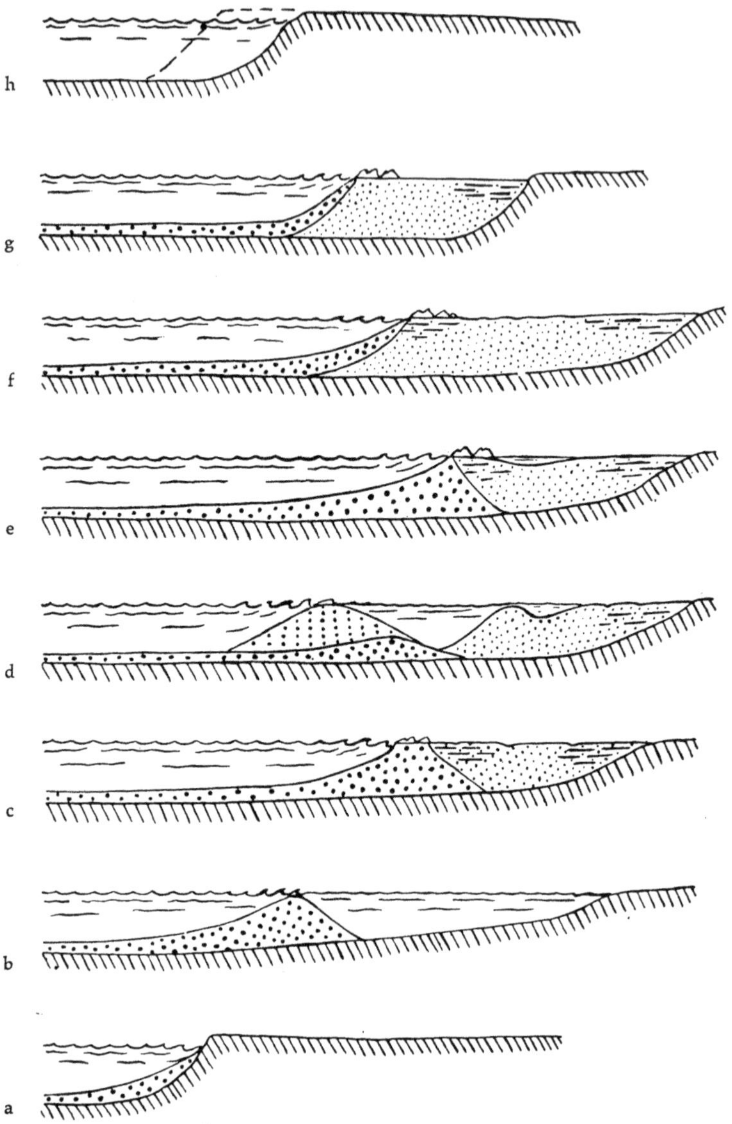

Abb. 58 Entstehung und Aufbau eines Watts

a) Aufhängepunkt und Wandersand=Lage; b) Vom Aufhängepunkt wird ein Haken vor eine Bucht ge=schüttet; c) Der Haken setzt sich in Nehrungsinseln fort; innerhalb derselben wird die Bucht mit vom Meere angefrachtetem Sand zum Watt aufgefüllt; d) Rechts Watt; in der Mitte Teile eines Gatts; links die Barre vor dem Gatt; e) Als Folge der Rückverlagerung des Aufhängepunktes (vgl. h) ist der primäre Sockel des Hakens oder der Nehrungs=Insel fast abradiert. Die Dünen sind schon auf den schlickigen Watt=sand gewandert, der im Schutz von Haken oder Nehrungs=Inseln abgelagert wurde (vgl. c); f u. g) Watt=sand=Sockel wird abradiert; Strandwall und Dünen liegen auf dem Watt=Sockel; h) Rückverlagerung des Aufhängepunktes der Haken und Nehrungs=Inseln als Folge der Abrasion

nach K. Gripp 1956

Ostsee. Die Haffe wurden nicht mit Sand vom Meere oder dem Küstenstrom her angefüllt, weil hier die Querverfrachtung des Wandersandes ausbleibt. Es fehlen eben die täglichen Gezeitenströme. Diese halten die Gatts zwischen den Nehrungsinseln der Nordsee offen. Die Strömung in ihnen ist so stark, daß sie 30 und 40 m tief, also tiefer als die vorgelagerte Hohe See hinabreichen. Da der den Sand einwärts verfrachtende Flutstrom durch Watt und Küste gestaut wird, der auslaufende Ebbstrom aber bei sinkendem Meeresspiegel ungehindert durch das Gatt ablaufen kann, ist die verfrachtende Wirkung des fallenden Wassers die größere. Der außen quer vor dem Gatt entlangführende Sandwanderweg wird daher nach außen verlagert. Vor jedem Gatt greift daher eine Reihe von Sandbänken bogenförmig in See hinaus: die Barre. Auf ihr wandert der Sand schließlich unter vielmaligen Querverfrach=tungen zur nächsten Nehrungsinsel weiter. Dies geschieht vor dem Lister Tief mit Salzsand, Rustsand usw. nach N, vor dem Hörnum=Gatt mit den verschiedenen Knobs und dem Jung=namensand aber nach S. Der Kniepsand vor Amrum ist ein dem Diluvial=Kern dieser Insel angelagerter Teil der Barre des Vortrapp Tiefs.

Innerhalb der Nehrungsinseln = äußere Küste liegt das Watt. Dort, wo diese Inseln fehlen, bilden Sand=Platen den Außenrand des Wattbereiches. In Nordfriesland übernehmen Geestgebiete örtlich die Rolle der Nehrungsinseln. Das Watt entspricht Senken, die von See her angefüllt wurden. Seine Oberfläche verbleibt ungefähr 1–2 m tiefer als der mittlere Stand des Tidehochwassers. Dies ist zwischen + 0–1 m NN. Das Watt wird i. A. täglich über=spült und dabei die obere Sandlage durch Wellen und das zu den Prielen abfließende Wasser umgelagert. Hierbei wird Feinkorn = Schweb entfernt. Daher besteht das Watt aus reinem, zumeist weithin gleichkörnigem Sand. Die Größe der Körner nimmt von außen nach innen ab. 0,22 mm ist eine weitverbreitete Korngröße. Das bei der Umlagerung zu Schweb gewor=dene Feinkorn gelangt zum Teil während der Zeit ruhigen Wassers im Gezeitenwechsel zum Niederschlag. Es wird aber von der Strömung wieder aufgenommen, falls es nicht

a) durch Lebewesen, zum Beispiel Diatomeen, gebunden oder zu Kotperlen von Würmern, Weichtieren oder Seeigeln vergröbert wurde,
b) durch weiteren Absatz bzw. abgerutschtes Material eingedeckt wurde.

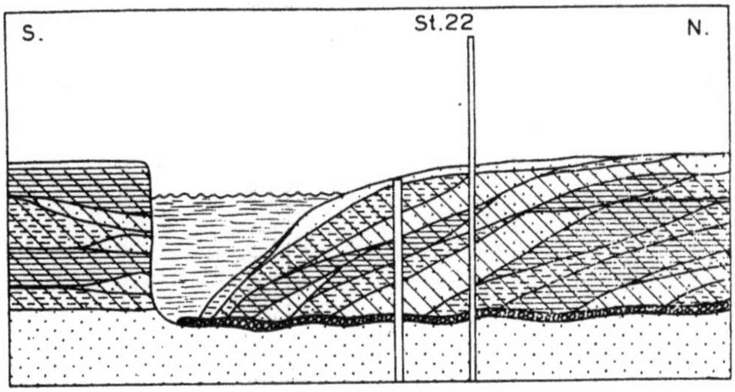

Abb. 59 Umschichtung bei Verlagerung eines Prieles

Links Prallhang; rechts Gleithang und umgelagerte Schichten im Schnitt. Der Inhalt an Grobkorn (Weichtier=schalen, Geröll) der zerstörten Ablagerungen wird am Grunde des wandernden Prieles zu einer randlich wachsenden Schicht angereichert

nach VAN STRAATEN 1954

Die wichtigsten Unterschiede im erdgeschichtlichen Geschehen an den Küsten Schleswig-Holsteins

mit Ergänzungen von Dr. J. Jarke

	Nordsee (Deutsche Bucht)	Westliche Ostsee
1.	Boden flach gegen W abfallend. Von der Küste bei Meldorf bis 10 m Wassertiefe 50 km, 20 m Wassertiefe 60 km Entfernung	Boden aus frischen eisbedingten Formen. Von Küste bis 10 m Tiefe 0,5–5 km Von Küste bis 20 m Tiefe 0,5–8 km
2.	Größte Tiefe nahe der Küste in den Gatts 30–40 m, westlich davon in offener See nur 20–25 m	Größte Tiefen zumeist in größerer Entfernung von der Küste
3.	Hohe Wasserstände durch Gezeiten + Windstau	Hohe Wasserstände überwiegend durch Windstau
4.	Etwaige Eigenschwingungen ohne Bedeutung	Eigenschwingungen des Wassers in der Ostsee und in den einzelnen Buchten
5.	Nur bei westlichen Winden stärkere Wirkung der Wellen	Wellen zwischen Flensburg und Kiel nur bei östlichen Winden wirksam
6.	Bei Sturm bis auf den Grund aufgewühlt	Wirkung der Stürme auf das Sediment 12 m Tiefe nicht überschreitend
7.	Sandverfrachtung vom Meeresboden zur Küste und an dieser entlang	Sandwanderung nur nahe und parallel zur Küste. Sand stammt aus abbrechenden Steilufern
8.	Wandersand baute im Innern der Deutschen Bucht in 6000–7000 Jahren Watt von über 50 km Breite und 10 und mehr m Mächtigkeit auf	Wandersand schuf nur Strandwälle bzw. kleine Nehrungen und Höftländer wie Priwall und Eckernförde
9.	Watt seewärts begrenzt von Nehrungsinselreihen mit Durchlässen (Gatts) zum Ausgleich der Tide-Wasserstände	Nehrungen sperren Buchten bis auf einen einzigen Durchlaß
10.	Da tieferes Stillwasser fehlt, Niederschlag von Feinstkorn (= Schlickbildung) nur im Innern der Watt-Buchten	Niederschlag von Feinstkorn nur im stillen Tiefenwasser
11.	Kein Geröllstrand außer Rote Kliff, Sylt	Geröllstrand vor zahlreichen Kliffs
12.	Wandersand in Buchten als Watt bis annähernd Meeresspiegel aufgehäuft; weitgehend zu Marsch eingedeicht	Kein Watt, keine Marsch. Buchten durch Nehrungen abgeschnitten. Die Niederungen dahinter vermooren
13.	Das Festland weist allein bei Schobüll eine natürliche Küste auf	Weithin natürliche Küsten
14.	Verkürzung der Küste überwiegend durch Auffüllung. Nur auf Sylt und Nord-Amrum Rückverlagerung durch Abtrag. Strandwälle selten	Verkürzung der Küsten durch Rückverlagerung der Kliffs und Abschnüren von Buchten durch Strandwälle und Nehrungen
15.	Watt zu Marsch eingedeicht und künstlich dem Süßwasserbereich angeschlossen	Keine Marschen, nur Moore (abgeschnittene Buchten) und Küsten-Moore

16.	Stärkste Anhäufung (außer 8) von Sand, wo Richtung von Haken mit der der vorherrschenden Winde zusammenfällt, wie Listland, Ellenbogen und Wittdün	Stärkste Anhäufung von Sand, wo Wellen von zwei Seiten (SW und O) anfrachten, wie Holnis und Birknack
17.	In See gelegene Barren vor den Gatts	Vor den Flußmündungen statt Barren Strandwälle mit häufig verlegtem Überlauf
18.	Wind vorherrschend auflandig, daher vom Sandstrand aus starke Dünenbildung	Wind überwiegend ablandig, daher nur selten Dünen
19.	Küstenland flach und weithin vermoort	Küstenland häufig steil, Küstenmoore nur hinter Strandwällen

Aber bei dem stetigen Umwälzen des Absatzes durch die Verlagerungen des Stromstrichs der kleinen und großen Priele einschließlich der Gatts werden so gut wie alle Feinstkorn-Lagen wieder zu Schweb, ausgenommen diejenigen, die sich an der Innenküste des Watts fangen und ± schnell zu Marsch werden. Schweb kommt hier zur Zeit des Stillwassers vor dem Kentern der Strömung zum Absatz durch direkten Niederschlag und wird biogen gebunden durch Pflanzen wie Queller und vor allem im dichteren, überfluteten Rasen gefangen und in Tümpeln, die begrüntem Boden eingeschaltet sind, verstärkt niedergeschlagen. Der Schlickfall wird durch vom Menschen angelegte Becken aus Buschzäunen (Lahnungen) erheblich gesteigert.

Entsteht der neue Absatz außerhalb des Rasens, so ist er ± tonhaltig und kaum geschichtet. Wird er von Rasen bei Hochfluten eingefangen, so ist er feingeschichtet. Aufgewühlter Feinsand fällt schneller aus als toniger Schweb. Es ist aber die auf diese Weise entstandene Halligrasen-Schichtung menschlich bedingt. Der Rasen entsteht durch die starke Viehweide und das Mähen. Ohne diese Nutzung wäre eine krautige Vegetation vorhanden. Diese fängt den Feinsand weitgehend früher ab und reichert einen tonähnlichen Absatz an. Aus diesem Grund weist die ohne Zutun des Menschen entstandene alte Marsch auch in den nicht durch Ackerbau gestörten Lagen keine Halligrasen-Schichtung auf.

Die heutigen so unterschiedlichen Vorgänge im Binnenmeer der Ostsee und der seichten Randbucht des Atlantik sind oben zusammenfassend einander gegenübergestellt, bevor der Werdegang von Watt und Marsch näher betrachtet wird.

2. *Erdgeschichte von Watt und Marsch*

Untergrenze des Alluviums

Da der viele Kilometer breite Gürtel von Marsch und Watt es uns Menschen ermöglicht, bis weit in das Gebiet vormals offenen Meeres hinein den Aufbau des Untergrundes zu erkunden, sollte man erwarten, daß dies jüngste Kapitel der Erdgeschichte seit langem geklärt sei. Dies Ziel ist bis heute nicht erreicht. Zwar konnte E. Dittmer schon 1941, S. 176, und 1952, S. 139, die Untergrenze und damit die Mächtigkeit des Alluviums in Tiefenkarten darlegen Abb. 60. Die Karte zeigt den Boden des neuen Meeres im Elbmündungsgebiet zwischen 20 und 34 m unter NN. Gegen N steigt die Unterfläche der alluvialen Meeresabsätze allmählich an. Sie ist im Raume zwischen dem Hindenburg-Damm im N und der Linie Hörnum–Husum im S oberhalb –10 m NN gelegen. Örtlich ist der Meeresabsatz hier sogar keine 5 m mächtig. Diese ursprünglichen Höhenunterschiede des Untergrundes bedingen, daß der erdgeschichtliche Umfang der alluvialen Schichtenfolgen örtlich sehr ungleich ist. Nur in tief gelegenen, also früh überfluteten Gebieten wie den Schmelzwasser=Rinnen von Elbe, Eider und Wiedau dürfen wir ältere alluviale Absätze erwarten. Je höher der diluviale Untergrund lag, desto jünger die darüber hinterlassenen alluvialen Meeresabsätze.

Dies wurde erst spät bedacht. Hinzu kam, daß die Geologen allzu lange eine einheitliche Schicht für altersgleich hielten. Diese Anschauung trifft für die langfristige Zeitmessung bei Absätzen aus älteren Formationen zu, sie gilt, wegen der ungleich feineren Gliederung der Zeit, nicht ohne weiteres für alluviale Absätze.

Altersunterschiede in einer Schicht durch seitliches Anwachsen

Am besten erkennen wir an dem Basistorf, wie wenig für den Erdgeschichtler des Alluviums eine gleichartig ausgebildete Schicht altersgleich zu sein braucht.

In dem bis 34 m –NN hinabreichenden Tal der Urstrom=Elbe konnte E. Dittmer (1938) sogar alluviale Süßwasser=Absätze aus der vor=marinen Zeit auffinden. Mit 3 m Mächtigkeit sind hier fein= bis gemischt=körnige Sande, bräunlicher Klei und in ihnen zahlreiche Reste von Moostorf und Seerosen gefunden. Da Kieselalgen des Meeres fehlen, handelt es sich um Absätze süßen Wassers. Ein Hinweis darauf, daß der Boden der heutigen Nordsee damals noch Land war.

In flachen Gebieten, wie hier dem breiten Grunde des Urstromtals, ist das erste Anzeichen eines steigenden Meeresspiegels der Anstau des Grundwassers. In diesem Fall wurde von fließendem Wasser Sand und zu ruhigen Zeiten humoser Schlamm abgesetzt. Wo Flüsse oder Bäche fehlten, vermoorte – wie noch heute – das der See benachbarte flache Land. Der Küste eines ansteigenden Meeres wanderte daher in flachem Gelände eine Moorzone vorweg – bis heute hin –, zum Beispiel Kremper Marsch, Kuden See, die Moore zwischen Windbergen und Meldorf, östlich der Straße Meldorf–Heide–Lunden und weiter nördlich in den Talungen der Arlau und Soholmer Au. Da diese Versumpfung dem Meere voranschritt, befand sich fast im ganzen Gebiet Torf als Liegendes des ersten Meeresabsatzes. Auch nach der späteren, durch jüngere Schichten hervorgerufenen Pressung, war es zumeist eine noch bis 0,5 m mächtige Ablagerung. Wo Flüsse oder das Meer selber diese durchnagt haben, fehlt zwar der Torf. Seine Reste sind dann aber zumeist als Geröll in der Transgressions=Schicht zu finden. Es ist also eine Torfschicht aus 30 m Tiefe örtlich bis über NN hinauf nahezu zusammenhängend vorhanden gewesen. Obgleich es sich anscheinend um eine einheitliche Schicht handelt, ist sie je nach der Tiefenlage verschieden alt. Vom Boreal = 6000 v. Chr. am Boden von Elbe= und Wiedau=Tal an bis zum heute wachsenden Moore ergeben sich 8000 Jahre. Bevor die Pollenanalyse es ermöglichte, die erheblichen Altersunterschiede in dieser durchgehenden Torfschicht zu erkennen, mußte deren erdgeschichtliche Auswertung irrig bleiben.

Was für die Torf=Schicht gilt, ist beim Transgressions=Konglomerat nicht anders, je tiefer gelegen, je älter. Auch dieses erstreckt sich hoch bis fast an die Erdoberfläche hinauf. Westlich der Stellerburg traf eine Bohrung: Geländehöhe – 14 cm in bezug auf den Bolzen an der Brücke östlich der Stellerburg:

0–0,85 m Klei
–1,70 m Wattsand
–1,80 m Sand reich an Cardium = Transgressions=Konglomerat
Geschiebemergel.

Überall dort, wo noch Torf den ältesten Meeresabsatz unterlagert, zum Beispiel in Bohrung Tertius I (Ansatzhöhe + 1,50 m NN) bei 27,9–28,3 m Tiefe, (Dittmer 1938, S. 120) oder wo die Transgressions=Schicht reich an Torfgeröll ist, dort hat das wiederkehrende Meer kaum abradiert.

Schon der Höhenunterschied der alluvialen Transgressions=Schicht zwischen den Bohrungen Tertius und Stellerburg von über 25 m zeigt die alluvial=geschichtlich wichtigen Alters=unterschiede einer durchgehenden Schicht auf. In beiden Fällen waren die Belege über den Beginn der jungen Meeresüberflutung voll erhalten geblieben. Dies war nicht immer der Fall.

Das Meer als Zerstörer von Absätzen

Das Meer hat nicht selten auch abgetragen, örtlich beschränkt und zu verschiedenen Zeiten. Dies geschah während es unweit davon neue Absätze anhäufte. Hieraus erhellt, daß eine weiträumige Ausdeutung einer angetroffenen Schichtenfolge nicht zulässig ist. Nur die

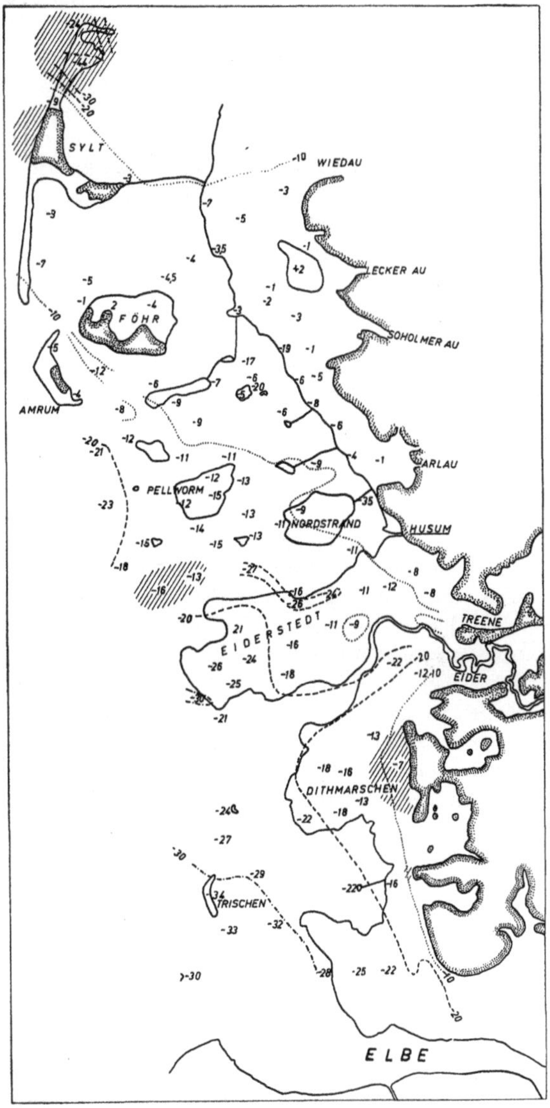

Abb. 60 Lage der Untergrenze des Alluviums vor der Westküste

O m = NN. Schraffiert: von der nach=eiszeitlichen Nordsee abgetragene Gebiete. Mit Punktbändern umrahmt: über NN aufragende Geest=Gebiete.

Die 20=m=Tiefenlinie zeigt auf ein nordfriesisches Hochgebiet, eine über 30 m tiefe Senke im Elbmündungs=gebiet, schmale Rinnen im Hever= und Eider=Bereich.
Übertiefte junge Gatts sind nicht ver=merkt. Nach E. Dittmer 1952

sorgfältige Auswertung zahlreicher Schichten=Profile gestattet, ein zutreffendes Gesamtbild zu entwerfen.

Schwierig ist es, die Dauer solcher Schichtlücken festzulegen. In Pflanzen=Reste führenden Ablagerungen hilft die Pollenanalyse. Sehr gute Dienste leistet neuerdings die Bestimmung des absoluten Alters mittels C 14= enthaltenden Hölzern, Muscheln usw. Der Gründe zu solchen Meereseinbrüchen, die vorhandene Absätze, jüngere wie ältere, wieder abtragen, sind mehrere:

Natürliche Ursachen: Verlagerung der Strömung und damit der Ufer (Pendeln der Wasser=Rinnen); Anstieg des Meeres, dadurch tiefere Rinnen, höherer Wellen=schlag und verstärkter Uferabbruch.

Menschliche Ursachen: Anstau der Flutwelle durch Eindeichung; Abtorfen; unzureichende Deiche.

Ein solches Aufarbeiten von Absätzen durch das Meer ist unschwer zu erkennen, wenn diluviale Gesteine abgetragen wurden. An der Westküste Sylts, schwächer am Morsum Kliff und am Goting Kliff auf Föhr, werden heute diluviale Absätze vom Meere zerstört. Dabei wird das Kliff zunächst so steil, daß, besonders nach Frostperioden, dessen äußere Lagen niederbrechen. Den Hangschutt zerspült das Meer, so daß das Kliff bald wiederum ohne schützenden Hangfuß übersteil frei dasteht. Durch Wiederholung dieser Vorgänge breitet sich allmählich ein Transgressions=Konglomerat über einer Abrasions=Ebene dort aus, wo sich vorher ein Kliff befand. Das diluviale Gestein unten und die alluviale Weichtierschalen ent=haltende Transgressions=Schicht darüber lassen eindeutig erkennen, was vor sich ging.

Bevor sich ein Teil der Barre des Vortrapp=Tiefs als Kniepsand vor die Westküste Am=rums legte, wird das Meer auch hier abradiert haben. Dies geschah vermutlich später, als es die von W. Jessen 1932 benutzte Bezeichnung als Litorina=zeitliches Kliff andeutet, da damals der Meeresspiegel 15–5 m tiefer als heute stand. Der Rand der Heider Geest ist gleichfalls vom Meere geschaffen. E. Dittmer 1938, S. 117, lehrte uns ein der Grundmoräne aufliegendes steinreiches Konglomerat kennen, dem große Balaniden, *Buccinum*, und die dickschaligen Muscheln *Saxicava (Hiatella) rugosa* und *Tapes pullastra* beigemengt sind (abgebildet ebenda S. 118 Abb. 2). Aus der Verbreitung dieses Konglomerates ergibt sich (Dittmer 1952, S. 148), daß hier ein Geestvorsprung von rund 8 km Breite fortgeschafft und die Küste dadurch be=gradigt wurde. Diese Abrasions=Ebene setzt ungefähr bei – 15 m NN ein und reicht, wie erwähnt, bis an den Fuß der Stellerburg. Sie wird, wie erwähnt, mehreren Jahrtausenden entsprechen (siehe Abb. 60).

Ferner fand E. Dittmer (1952, S. 141) unter den Sanden zwischen Süderoog und Wester=hever den Stumpf einer früheren Geest=Insel. Die Abrasions=Fläche liegt bei –15 bis –13,8 m. Dittmer verzeichnet hier ein Abrasions=Gebiet von fast 10 km Länge. Auch im Untergrunde von Nord=Sylt ließ sich aus der heutigen Verbreitung des nacheiszeitlichen Torfes (in 15 m Tiefe!) ein Meereseinbruch belegen. Das Aussetzen der Eem=Absätze in 20–25 m Tiefe unter Blidsel und dem mittleren Teil des Ellenbogens weist auf das tiefe Einschneiden von jetzt ver=schwundenen Seegatts hin (Gripp und Simon 1940).

Schwieriger ist es, den Umfang der Zerstörung durch Meereseinbrüche inmitten der allu=vialen Meeresabsätze zu erkennen. Einmal hinterlassen feinkörnige Absätze keine leicht erkennbare Transgressions=Schicht. Häufig waren zudem Stillwasser=Absätze wie Darg, Schlick, Klei oder Feinsand die nachfolgenden Sedimente. Schichtlücken sind in solchem Falle im allgemeinen nicht mittels der klassischen Methoden, Gesteinsart oder Fossilinhalt, sondern nur mit den modernen Methoden wie Pollen oder mittels C 14 zu erkennen.

In Watt=Sedimenten der letzten 1000 Jahre haben neben den naturbedingten Meeres=einbrüchen die Maßnahmen der Menschen weitere Einbrüche ermöglicht.

Abb. 61 a Der Geestrand = Steilufer des Elbe=Urstromtales bei St. Michaelisdonn nach E. Dittmer 1938

Die Brandung der nacheiszeitlichen Nordsee zer=störte das Steilufer. Eine N–S gerichtete Strömung baute aus dem frei gewordenen Sand und Kies gegen S gerichtete Haken auf. Je weiter gegen O das Kliff verlagert wurde, desto westlicher kamen die davon ausgehenden Haken zu liegen. Als höchstes entstanden auf den Haken Dünen.

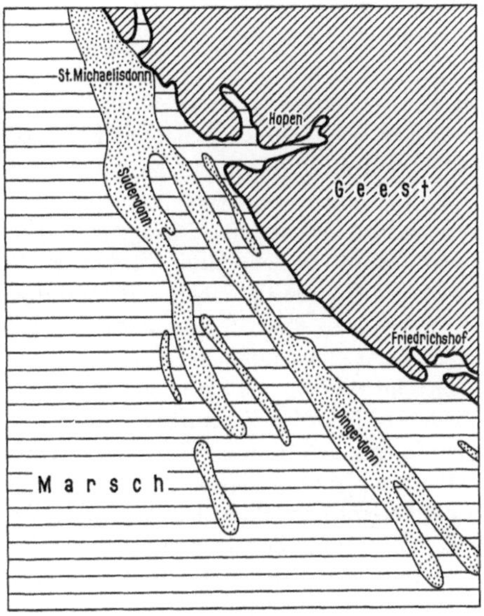

Der Verbleib des beim Küstenabbruch in Wanderung geratenen Materials

Das bei dem vorerwähnten Küstenausgleich vom Meere aufgearbeitete Material hat an unserer Nordseeküste zum Teil zum ersten Auffüllen des späteren Wattes gedient. Der andere Teil bildete Haken, ähnlich denen, die wir heute auf Sylt antreffen. Vor Wester=land gabeln sich Strömung und Sandwanderung. Ein Teil des Sandes bildete den Listland=Haken. Der nach Süden verfrachtete Sand baute den Hörnum=Haken und die Barre vor dem Vortrapp=Tief auf. Ähnliche Vorgänge haben sich vor Absatz von Dithmarschens Marsch und Watt am Fuße der Heider Geest abgespielt.

Südlich von Rickelshof über Lieth, Hemmingstedt=West und noch 1 km darüber hinaus nach Süden reichen die Reste ehemaliger Haken. Zugänglich sind i. A. die auf Haken bzw. Strandwällen aufgehäuften Dünen.

Südlich von Meldorf und vor dem Barlter Kleve finden sich gleichfalls bedünte Strand=wälle. Vom Nordende von St. Michaelisdonn an bis Süderdonn, bei Averlak unweit des Nord=ostseekanals gelegen, sind Spuren von sechs solcher Dünen=bedeckter Haken in Fächerstellung nachgewiesen (Abb. 61).

Der Umstand, daß bei Heide die Haken südlich an Geesthöhen hängen, bezeugt, daß von Heide an ein südlich gerichteter Strom wirksam war.

Dittmer 1952, S. 148, vertrat jedoch die Anschauung, daß nördlich von Heide die Strö=mung gegen N gerichtet gewesen sei. Dies wird bezweifelt. An den Geest=Vorsprüngen von Stelle und Wesseln=Wildpfal hängen gegen S gerichtete Haken. Danach erscheint es nicht sicher, das der Wittenwurth=Lundener Strandwall mit Dünen=Kappe von S her angespült wurde. Es kommt hinzu, daß von der vorstehend erwähnten verschwundenen Insel in der Hever=Mündung Haken in östlicher Richtung verliefen. Im westlichen Eiderstedt sind sie bei Tholendorf und von Brösum bis Katharinenheerd noch heute vorhanden und steigen bis + 5 m NN auf. Die auf der Nordseite jener eingeebneten Insel verfrachteten Sande und Kiese glaubt Dittmer in Bohrungen wiedergefunden zu haben.

Für die Wassermassen des Elbmündungs-Trichters war der Weg nach N somit zwar nicht versperrt, aber doch eingeengt. Es erscheint uns daher im Einklang mit der Lage des Hakens von Stelle-Wildpfal wahrscheinlicher, daß eine zwischen jener Hever-Insel und dem Geest-Vorsprung von Duhnen einlaufende Wassermasse als Nord-Süd-Strömung den Lundener Wall aufgeworfen hat.

Auch an der Ostsee wurden und werden Landvorsprünge abradiert, so die Stielmoränen von Brodten, Scharbeutz, Schwedeneck, Eckernförde, Waabs, Schönhagen. Sie, aber auch andere, in Abtrag befindliche Kliffküsten (Wagrische Halbinsel, Probstei), liefern Material, das die Uferströme in Haken und Nehrungen anhäufen. Diese Neubildungen schnüren die tief in das Land eingreifenden Buchten zunehmend ab. So ist die Untertrave durch den Priwall, der Hemmelsdorfer See (Anm. 109) durch die Niendorfer Nehrung, der Oldenburger Graben im Westen, das Futterkamper Zungenbecken und das Kossau-Tal, der Goos-See, das Windebyer Noor bei Eckernförde und die Schlei bei Schleimünde bis auf eine enge Ablaufrinne durch junge Meeresabsätze versperrt worden.

Weitere Nehrungen sind im Anfang ihres Aufbaues. So die Durchfahrt bei Friedrichsort, in der Eckernförder Bucht bei Aschau, in der Flensburger Förde bei Holnis. Das Meer füllt nicht restlos auf, sondern schneidet mittels Haken das Innere der Buchten ab. Das derart abgetrennte Gewässer wird unter Umständen biogen weiter aufgefüllt (Goos-See, Fuhlensee).

Wird durch Änderungen der Höhenlage von Meer oder Erdkruste das Meer tiefer, so verlangsamt sich der Vorgang. Würde die Ostsee jedoch flacher, so würde die Flensburger Förde vermutlich zunächst bei Holnis später auf der Linie Birknak–Kalkgrund–Mittelgrund – westliche Kegenäs (Kekenis) – abgeschnürt werden.

Flandrische und Dünkirchener Transgression

Gesichert ist, wie S. 281 erwähnt, der Nachweis des Meeresspiegel-Anstiegs in Ost- und Nordsee von 5500 bis 3000 vor Chr. In diesen zweieinhalb Jahrtausenden hob sich der Meeresspiegel von – 25 m NN bis auf rund – 2 m NN, wodurch Schleswig-Holstein III entstand.

Das Meer, das um 5500 v. Chr. in die östliche Ostsee eindrang, wurde von H. Munthe nach der dort erstmalig auftretenden Uferschnecke Litorina-Meer genannt. Da diese Schnecke aber in der Nordsee während der ganzen Nacheiszeit auftrat, schlug E. Dittmer vor, an ihrer Stelle für die Nordsee die während des nacheiszeitlichen Klima-Optimums reich vertretene Korbmuschel *Corbula* als Namengeber zu verwenden. Die Corbula-Zeit entspricht der zweiten Hälfte des nacheiszeitlichen Meeresspiegel-Anstiegs. Diese Überflutung wird heute zumeist Flandrische Transgression genannt.

Ihr steht gegenüber der während der letzten 3000–4000 Jahre eingetretene weitere Anstieg um rund 2 m. Er wird als Dünkirchener Transgression bezeichnet. Es ist aber für manche Gebiete noch ungewiß, ob sich während jener Zeit nur die Flandrische Transgression fortsetzte oder nach längerer Unterbrechung oder gar Senkung eine weitere Transgression neu einsetzte.

Um 1927 glaubte H. Schütte ein vierfach unterbrochenes Vordringen der See während der letzten Jahrtausende erkennen zu können. Seine Anschauungen bildeten lange Zeit die Grundlagen weiterer Forschung. Es wurde jedoch besonders von E. Dittmer zunehmend herausgestellt, daß die Zerstörung ehemals vorhandener Ablagerungen durch weitreichende Meereseinbrüche Unterbrechungen der Sedimentation und Transgressionen vorgetäuscht habe. Dittmer lehnte die Deutung Schüttes für die schleswig-holsteinische Nordseeküste ab. Er verwies auf eine ebenerdige Besiedlung der Alten Marsch (dies ist der bis spätestens 1000 nach Chr. niedergeschlagene Marsch-Klei) als Anzeichen dafür, daß schon früh und seit Jahr-

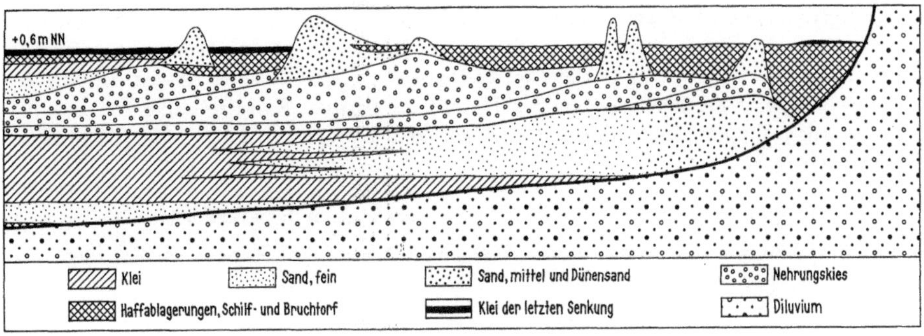

Abb. 61 b Aufbau des Alluviums unter der Marsch von St. Michaelisdonn nach E. Dittmer 1938

In dem hier gut 20 m tiefen Tal des Elbe=Urstromtals wurden in dem wiedergekehrten Meere vor rund 7000 Jahren über Torf (ganz links) Sand und später tonige Schichten (Klei) der offenen See abgesetzt. In Küstennähe gehen diese in Sand über. Infolge der Auffüllung und weil der Meeresspiegel damals noch niedriger lag, bauten sich vom Abbruchufer nacheinander vier Nehrungen oder Haken mit Dünenzügen darauf von rechts nach links auf. Die Düne des jüngsten Hakens ist landwärts über Haff=Ablagerungen abgewandert.

tausenden gewisse Marsch=Gebiete wie Norder=Dithmarschen und Eiderstedt hoch gelegen hätten. Dort sei ein Anstieg in den letzten Jahrtausenden also nicht eingetreten. Andererseits hätte das Sacken von Torf und Darg manche Kulturspuren in eine irreführend tiefe Lage ab=sinken lassen.

Auch A. Bantelmann 1955 vertrat ähnliche Anschauungen. Der Befund von Tofting (Eiderstedt), wo alte Marsch in + 1,45 NN, also 15 cm höher als das MTHW von Tönning, angetroffen wurde, spräche gegen ein dortiges Auftreten der Dünkirchener Transgression. Ähnliches bezeugten die zu Wennemannswisch unweit von Heide auf sandiger Marsch in + 1,85 m NN aufgefundenen Kulturreste aus der Zeit um Christi Geburt.

Spuren menschlicher Tätigkeit im Watt

Die vorgenannten, vor allem aber jüngere Spuren, die von der Anwesenheit der Menschen im Watt zeugen, werden an der gesamten deutschen Nordseeküste zeitweise bloßgespült. Sie sind schon von den ersten schleswig=holsteinischen Geologen beachtet worden (Forchhammer 1841, Meyn 1876). Auch der seit dem Mittelalter bis 1782 betriebene Abbau des von Salz=wasser erfüllten Torfes, um aus der Asche dieses Watt=Torfes Salz zu gewinnen, war be=kannt. Dieser Torf lag weithin unter dem Jüngeren Marschklei, das heißt den seit rund 1000 nach Chr. vom Meere ausgebreiteten tonigen schluffigen Wattablagerungen. Bei L. Meyn 1876, L. Andresen 1937, A. Bantelmann 1939 finden sich weitere Angaben über diesen ver=breiteten und erdgeschichtlich wichtigen, weil das Watt erniedrigenden Abbau. Aber trotz erheblicher Wandlungen der Anschauungen eines H. Schütte und zahlreicher Untersuchungen von E. Dittmer, W. Haarnagel, A. Bantelmann war 1959 noch keine einheitliche Deutung der Vorgänge erzielt. So vertritt C. Schott in einer Übersicht über die Naturlandschaften unseres Landes die Anschauung, die Dünkirchener Transgression sei von Sylt bis Calais nach=weisbar. Diese Auffassung wird, wie erwähnt, von E. Dittmer und A. Bantelmann nicht ge=teilt, denn diese beiden Forscher halten einen Anstieg des Meeresspiegels während der letzten 2000 Jahre in ihrem Arbeitsgebiet für nicht nachweisbar und sogar für unwahrscheinlich. Da deren Anschauungen mit den Ergebnissen in Hannover und den Niederlanden und den neuesten gut gesicherten Befunden an der Ostsee-Küste (R. Köster 1960) nicht übereinstimmen, fragt es sich, war der Ablauf der Ereignisse in West-Schleswig ein anderer oder ist es bisher nur nicht gelungen, eindeutigen Einblick zu erhalten. Es seien daher zunächst die bestimmenden Vorgänge und damit die Möglichkeit der Lösung dieser erdgeschichtlichen Fragen betrachtet.

Die Vielheit der erdgeschichtlichen Vorgänge an der Westküste

Für das alluviale Geschehen an der Westküste kommt das Zusammenspiel folgender Faktoren in Frage:

A. Regional:

1. Isostatische Veränderung der Höhenlage der Erdkruste siehe S. 282 (Einsinken als Folge von Belastung, abklingende Ausgleichsbewegung der diluvialen Belastung durch das Eis).
2. Eustatische Änderung des Meeresspiegels siehe S. 281.

B. Örtlich begrenzt:

I. Naturbedingte Veränderungen der Höhenlage:
1. Auf-und-Ab der Erdoberfläche in Gebieten mit Salztektonik.
2. Ungleich hohe natürliche Auflandung: Wattsände und Fluß- oder Priel-Ufer liegen höher als Moorgebiete hinter Donns oder das Sietland der Marsch.
3. Abrasion vorspringender Landzungen und von Inseln, teils durch Brandung, teils durch Fluß- oder Priel-Verlagerung.
4. Bildung von Haken, Nehrungen und Nehrungsinseln.
5. Zum Teil hohe Setzung alluvialer Ablagerungen.
6. Ansteigen der Flutwelle als Folge zunehmender Breite von Marsch und Watt.

II. Menschlich bedingte Veränderungen der Höhenlage:
1. Anstau der Flutwelle durch seewärts gerichtetes Vorschieben der Deiche. Dadurch Sedimentation in höherer Lage, Eintiefung der Rinnen, gleichzeitig mit B I 6.
2. Erniedrigung weiter Wattgebiete durch Torfabbau zur Salzgewinnung und als Brenntorf.
3. Behinderung der Aufschlickung durch Eindeichung. Dadurch Schichtenlücke, wenn nach Deichbruch das Meer erneut sedimentiert.

Zur Klärung von Fragen der jüngeren alluvialen regionalen Meeresspiegel-Schwankungen erscheinen nur Schicht-Profile geeignet, bei denen die Faktoren B I 1, 2, 3, 5, 6 und II 1 keine bedeutende Rolle gespielt haben. Von diesen fallen im Ostsee-Bereich fort die Faktoren B I 1, 2, 6 und II 1, 2, 3.

Die Dünkirchener Transgression an der Ostsee-Küste

Im Gegensatz zu den Deutungen des Geschehens an der Nordsee-Küste durch E. Dittmer und A. Bantelmann stehen die neueren Ergebnisse aus dem Bereich der westlichen Ostsee. Sie sollen zum Vergleich zunächst betrachtet werden. Hier werden häufiger als an der Nordsee sogenannte Kontakte angetroffen, das heißt Überlagerung von Süßwasser-Absätzen durch solche des Meeres. Diese geben, sofern nicht das transgredierende Meer die oberen Süßwasser-Ablagerungen fortgespült hat, mittels der Pollenanalyse die Zeit an, zu der der Meeresspiegel die betreffende Höhe erreichte. Auf diesem Wege erzielte H. Schmitz 1953 seine Kurve des Meeres-Anstiegs, siehe Abb. 57.

Zu der Möglichkeit, frühere Meereshöhen aus Kontakten zu erkennen, kommt seit 1955 durch R. Köster die erdgeschichtliche Auswertung von Strandwällen. Köster konnte aus Resten älterer Haken bzw. Strandwällen und aus ihrer Lage zu den jüngeren und jüngsten derartigen Gebilden des Meeres deren Altersfolge und die Rückverlagerung der Küste erkennen. So ist nach ihm das Heiligenhafener Kliff seit der Entstehung des ältesten Teiles des Graswarders um 300 m zurückverlagert. Weiter gelang es diesem Forscher, aufzuzeigen, daß die Haken von Heiligenhafen aus der Zeit um 1000 nach Chr. 0,5–1 m, um 1500 rund 0,7 m und die jüngsten, teilweise in diesem Jahrhundert gebildeten, 1–2 m über dem mittleren Wasserstand der Ostsee liegen.

In diese Vorgänge hat uns R. Köster neuerdings weiteren Einblick verschafft. R. Köster 1960 a und b nimmt als Grundlage für seine Betrachtungen den Unterschied zwischen dem Ausmaß von Bewegungen der Erdoberfläche und dem Anstieg des Meeresspiegels.

Örtliche tektonische Bewegungen verhindern oder erschweren Aussagen. Aber der Betrag, der nach Schwinden des Eises in Skandinavien und dessen Randgebieten eingetretenen isostatischen Hebung ist weithin zu verfolgen. Er steigt aus dem Bereich der westlichen Ostsee gegen das Innere Skandinaviens bis über 200 m an.

Gleichzeitig hob sich der Meeresspiegel als Folge des mit der Klima-Erwärmung in zunehmenden Umfang schmelzenden polaren Landeises. Zur Corbula-Zeit um 5000 v. Chr. drang das Meer in die mittlere Ostsee ein und stieg seitdem noch um 16 m an. Dieser eustatische Meeresspiegel-Anstieg hatte ein anderes Ausmaß als die isostatische Landhebung. R. Köster untersucht weithin die von beiden erreichten Beträge und kann aus deren Unterschied ableiten:

1. Die Linie, in der *heute* Landhebung und Meeresspiegelhebung gleich groß sind.
2. Die Linie, in der das Ausmaß der *seit der Corbula- oder Litorina-Zeit* eingetretenen Landhebung und des Wasseranstiegs gleich groß sind = Forchhammersche Linie.
3. Aus den Ergebnissen der der Forchhammerschen Linie benachbarten Pegel ergibt sich, wie weit der heutige eustatische Anstieg von dem seit der Litorina-Zeit durchschnittlichen Anstieg abweicht. R. Köster fand einen Unterschied von 10 cm im Jahrhundert.
4. Die Forchhammersche Linie liegt annähernd dort, wo seit der Litorina-Zeit 10 m relativer Senkung eingetreten sind. Danach betrug hier die Landhebung im Mittel 20 cm im Jahrhundert. Der heutige Anstieg des Meeresspiegels, die 10 cm aus Absatz 3, ist also um die Hälfte geringer als die Landhebung. Dies geht auf das Abklingen des isostatischen Anstiegs von Fennoskandia zurück.
5. Aus Pegelmessungen und der zunehmenden Höhe der Strandwälle (R. Köster 1960 b, Abb. 16) sowie der heutigen Höhe der Holzunterlage des Walles von Alt-Lübeck (R. Köster 1960 b, Abb. 20) – sie liegt bei 1,20–1,30 m –NN (Anm. 110) – ergibt sich für das Innere der Lübecker Bucht der Absenkungsbetrag von über 15–20 cm im Jahrhundert. Dieser Wert übertrifft den Durchschnittswert des Meeresspiegelanstiegs. Dies aber heißt, die Landoberfläche hat sich entgegengesetzt bewegt wie der Meeresspiegel. Das Land ist gesunken.
6. Die Grenze von wahrer, nicht relativer Landhebung und -senkung = tektonische Null-Linie – liegt zwischen Forchhammerscher Linie und der Travemündung.
   R. Köster vermutet sie im Fehmarn Belt und weiter in NW-Richtung zwischen Alsen und Fünen entlangziehend.
7. Dies aber heißt, ganz Schleswig-Holstein liegt im Senkungsbereich. Von südlich Flensburg nach Lübeck vermutet R. Köster die Linie gleicher Senkung von 10 cm im Jahrhundert.

Während die obigen Ergebnisse R. Kösters sogar mit denen Bakkers 1954 für die niederländische Küste übereinstimmen, scheinen sie auf Nordfriesland nicht zuzutreffen.

Anzeichen der Dünkirchener Transgression an der Nordseeküste

An einer postneolithischen Überflutung weiter Teile im W unseres Landes kann nicht gezweifelt werden. Schon 1846 erregte zu Husum bei Anlage einer neuen Hafenausfahrt Aufsehen das Profil

Marsch
Torf
Birkenwald mit Wurzeln
Sand

und der Fund eines Hügels aus jenem Sand. Da ein Flintmesser und gebrannter Flint aus jenem Hügel geborgen wurden, hielt man ihn für einen Grabhügel. Einen weiteren heute gleichfalls unter dem Meeresspiegel gelegenen gleichartigen Fund beschrieb A. Bantelmann 1939 von Gröde=Appelland. Schaber und Abschläge aus Flint fanden sich hier an der Grenze von Sand unter Torf bei 1,60 m –NN. Auch die Reste von Grabkammern im Watt von Archsum auf Sylt bezeugen, daß während des Neolithikums bewohntes Land seit damals überflutet wurde. Ein gleiches besagt die alte unter den Dünen Süd=Sylts erhaltene Land=oberfläche. Sie sinkt allmählich nach S unter den Meeresspiegel ein. Daß jene Überflutung jünger als das Neolithikum ist, wird durch den Fund von Flint=Sicheln belegt.

Offen bleibt, wann dieser Anstieg eintrat, vor der Bronze=Zeit oder im Mittelalter? Die weitgehende Vermoorung Nordfrieslands während der Bronze=Zeit, die kaiserzeitlichen Sied=lungen unmittelbar auf der Oberfläche der alten Marsch in Eiderstedt und Dithmarschen (Bantelmann 1949), zu Hodorf an der Stör (Haarnagel 1937) bezeugen für den Zeitraum von der Bronze=Zeit bis nahe an das Mittelalter Stillstand oder gar Absinken des Meeres=spiegels.

Diese Unterbrechung im Ansteigen des Meeres trennt Flandrische und Dünkirchener Transgression. Eindeutige Hinweise auf die Dünkirchener Transgression selber fehlten bis=lang von der Nordseeküste unseres Landes. Dort waren Kontakte von Süß= und Salzwasser=Absätzen aus der Zeit nach 1000 p. C. nicht aufzufinden gewesen. Die zunehmende Erhöhung der Deiche ist zu vieldeutig. Die Erhöhung der Warften sieht A. Bantelmann (1955) nicht mehr als eine Flucht vor dem Meere nach oben, sondern als ein durch wirtschaftliche Bequem=lichkeit bedingtes Hochsiedeln an (Anhäufung von Brand= und Wohn=Schutt sowie Mist). Bei dieser Lage erscheint ein Höhenvergleich der wikingerzeitlichen Kai=Anlagen von Hai=thaby und Hollingstedt an der Treene dringlich.

E. Dittmer hat sich 1960 erneut zur Frage der Küstensenkung geäußert. Er stellte die stabile marine, überwiegend sandige Sediment=Folge in den großen Schmelzwassertälern den setzungsfähigen Brackwasser= (Schlick, Darg) und torfigen Absätzen gegenüber. Jene allein könnten etwas über Bewegungen der Erdkruste aussagen. Sie aber seien nicht gesunken und wären bei den großen Sturmfluten von 1362 und 1634 nicht dem Meere wieder anheim=gefallen.

In den der nachträglichen Setzung unterworfenen Gebieten aber sei die See damals bis an den Geestrand heran eingebrochen. Auch in den vom Menschen beeinflußten Bereichen wären keine zuverlässigen Berechnungen über Niveauveränderungen zu erzielen. Ebenso erwiesen sich Angaben der Chronisten zumal über das Alter der Eindeichungen durch den geologischen Befund häufig als irrig. So wären angeblich um 1000 nach Chr. in Nord=Eiderstedt angelegte Deiche nicht aus alter Marsch aufgebaut, sondern sie ruhten auf junger Marsch. Demnach sei auch hier die Folge der Ereignisse die gleiche wie zum Beispiel auf Alt=Nordstrand: alte steinbronzezeitliche Marsch, darüber Torf, der abgegraben wurde, dann Überflutungs=Kata=

strophe, danach Ablagerung der jungen Marsch und darauf erst die Deiche. Diese seien hier also mindestens 300 Jahre jünger, als im Schrifttum überliefert.

Eine Verfeinerung unserer Kenntnisse und Hinweise für die Möglichkeit des Auftretens der Dünkirchener Transgression im Geestrand=nahen Teil Nordfrieslands brachte R. Wiermann 1962. Die Pollenanalyse der den Meeresabsätzen zwischengeschalteten humosen Ablagerungen ermöglichten Unterteilungen und Datierungen. Die botanischen Ergebnisse wurden in unveröffentlichte geologische Erkenntnisse W. Pranges eingebaut. Nach der im Anschluß an die Flandrische Transgression eingetretenen weitreichenden Vertorfung des Gebiets sei für niedrig gelegene Bereiche eine Überflutung um 500–100 vor Chr. nachweisbar. Von ihr stamme ein bislang nicht bekannter unterer Teil des Jüngeren Kleis. Zwischen 500–800 nach Chr. müßte das Meer abermals über tief gelegene Gebietsteile vorgedrungen sein, da damals die Moore abstarben und deren Torf mit Salzwasser durchtränkt wurde. Vom 11. Jahrhundert an hätte eine weithin nachweisbare Neubesiedlung der Marsch eingesetzt. Nach freundlicher mündlicher Angabe von Herrn Dr. W. Prange wurde seit Beginn des gleichen Jahrhunderts Salztorf in offenen Torfstichen der geestnahen Randmoore gewonnen. Der Abbau des unter Marschklei gelegenen Salztorfes im Bereich der Halligen begann um die gleiche Zeit und endete mit der Überflutung des größten Teiles der nordfriesischen Marsch ab 1300. Die späteren Torfabbaue, bis 1782 bei Alt=Galmsbüll und Dagebüll, dürften in schwach überschlickten Randmooren umgegangen sein. Seit 1300 ist nach Wiermann die obere Decke des Jüngeren Kleis abgelagert worden.

Dieser Autor hebt hervor, daß die Ereignisse in Nordfriesland teilweise von denen an der übrigen Ostküste der Nordsee abweichen. Er läßt offen, wie weit diese örtlichen Ergebnisse auf weltweite Schwankungen des Meeresspiegels zurückgehen. Schon C. Schott 1955 hatte hervorgehoben, daß Sackungen der schlickigen und humosen Absätze örtliche Meereseinbrüche hervorrufen konnten.

Die Befunde im südlichen Eiderstedt und Dithmarschen

Die alte Marsch liegt dort heute in Höhen bis 2 m +NN. Wäre sie gesunken, so müßte sie, die 2000 Jahre alt ist, in noch höherer Lage entstanden sein. Bei einer um 1,5 m höheren Lage Nordfrieslands aber wären die Flutkatastrophen, wie die Marcellus=Flut vom 13. Januar 1362 und die mit Sturm gepaarte Springflut vom 11. Oktober 1634 nicht möglich gewesen. Eine Senkung könne daher nicht eingetreten sein (E. Dittmer 1960).

Da nach R. Köster, soweit wie bis heute ersichtlich, weiter südlich die Verhältnisse denen an der Ostsee gleichen, bleibt nur, wie Köster es auch tut, für Nordfriesland örtlich ein Ausbleiben der allgemeinen Senkung, also wohl eine Hebung anzunehmen. Wie weit Bewegungen der westschleswigschen Scholle oder nur solche an Salzkissen hierfür in Frage kommen, ist noch nicht geklärt.

Die Formen im Watt

Eine genetische Formenkunde des Wattbereiches fehlt noch wegen der Unzugänglichkeit des Gebietes und dem Mangel einer dafür eingerichteten Forschungsstelle. Einen begrüßenswerten Versuch, das Fehlende durch das Luftbild zu erreichen, machte H. G. Gierloff=Emden 1961. Trischen 1938 und 1957 werden darin miteinander verglichen, ferner Friedrichskoog, Dagebüll sowie Ausschnitte von Helgoland und der Elbmündung in Wort und Bild behandelt. Die Formen des Watts zwischen Friedrichskoog und Trischen beschrieb W. Wrage 1930.

3. *Die Küsten=Dünen*

Im Gegensatz zu den fossilen Binnendünen stehen die sich noch heute neu bildenden Dünen. Ihr Sand wird bei entsprechender kräftiger Luftströmung vom Strande aufgenommen und verfrachtet. An unserer Ostsee=Küste ist Weststurm zumeist unwirksam. Wo er Sand erfaßt, wirft er ihn in das Meer. Ostwind aber bedingt dort Hochwasser. Dies überflutet den Strand und verhindert, zumal ein Tide=Niedrigwasser fehlt, das Sandwehen. Daher fehlen Dünen an unserer Ostsee=Küste, außer Bottsand und Weißenhauser Brök, wo der Westwind über Sandstrand streichen kann.

An der Nordsee aber nimmt Wind von Stärke 5 an sogar vom feuchten oder gefrorenen Strand Sand fort. Wind von Stärke 4 an entführt trockenen Sand.

Die Vorgänge der Dünenbildung an der Nordsee=Küste unseres Landes werden zur Zeit vom Verfasser näher untersucht. Aus der Art der Entstehung der Dünen ergab sich folgende neue Einteilung, die hier vorläufig mitgeteilt sei:

I. Reine Flugsand=Dünen = anemogen = Wüsten=Dünen
II. Durch Pflanzenwuchs entstandene = anemophytogene Dünen humiden Klimas
III. Pflanzlich bedingte = phytogene Rest=Dünen.

Dünen der Gruppe I wurden nur auf den pflanzenreichen Sandebenen vor Amrum und St. Peter angetroffen als:

Sandflecken, einzeln, in Zickzack=Bändern oder in Wellen; am Kliff=Fuß angereichert
Barchan=Embryonen (K. Gripp 1961) Taf. 53 Fig. 1
Barchane = Sicheldünen (K. Gripp 1960, 1961) Taf. 53 Fig. 2
Querwälle = Groß=Rippeln
Abblas=Reste der vorhergehenden.

Gruppe II umfaßt:

A. Ur=Dünen = Primär=Dünen = Aufbau=Dünen = Dünen aus Strandsand
B. Zweit= = Sekundär=Dünen = Umlagerungs=Dünen = Dünen aus Dünensand
Unter A haben wir zu unterscheiden:

1. Kleinst=Dünen, eingefangen von *Triticum (Agriopyrum) junceum* = Strandquecke. Diese Klein=Dünen schließen sich, wenn sie erhalten bleiben, unter Aufhöhung zu Flächen zu=sammen.
2. Strandwallkliff=Walldünen = deichförmige Dünen; deren Verlauf hängt von der Hoch=flutgrenze ab; deren Sandfang geschieht durch *Ammophila arenaria* (Strandhafer). Diese Dünen wachsen deichartig empor (A Hörn Amrum, Hörnum), verlaufen bogenförmig. Bei Strandverbreiterung entstehen parallele Wälle (Ellenbogen). Ältere hochbedünte Haken (Wittdün und Aade von Amrum) werden auf gleiche Weise entstanden sein.

B umfaßt die Zweit=Dünen = Umlagerungs=Dünen. Sie werden nicht aus Strandsand, son=dern aus Dünen=Sand aufgebaut. Es gehören hierher:

1. Flugsand=Decken, durch Pflanzen aufgefangen
2. Aus Windrissen = Antidünen (von ungarischen Forschern eingeführte Bezeichnung) ent=standene Hochdünen. In Antidünen an den Flanken gelöster und angereicherter Sand wird bei stärkerem Wind vom in der Antidüne gebündelten Luftstrom hoch hinaufgetragen. Nur in Lee von Antidünen entstehen hohe Dünen, einzeln oder in Reihen, so die Dünen=Guirlande von Norddorf.
   Ein Sonderfall ist die große Wanderdüne von Listland. Hier ist die Antidüne so breit ge=worden, daß eine Bündelung des Luftstromes und Sandzufuhr aus den Flanken der Anti=düne entfällt. Es kann nur Sand vom breiten Luvhang der Düne selber auf den Leehang

verfrachtet werden. Die dabei eintretende Korngrößen=Sonderung erklärt die Grobsand=decke des Luvhanges.

Pflanzlich bedingte Restdünen der Gruppe III entstehen, wenn der Druck des Luftstromes auf die Flanken der Antidüne so gering wird, daß sich die Pflanzendecke zunehmend aus=breiten kann. Dadurch bleibt ein in Windrichtung verlaufender, niedriger Rücken erhalten. Es sind die Flügel der sogenannten Parabel=Dünen. Sie werden durch eine Pflanzendecke ge=schützt. Einzelne Pflanzen aber sind es (Kriechweiden), die halbkugelig, als sogenannte Kup=sten, Sand als Kleindüne zusammenhalten. Die Dünen auf dem Roten Kliff liegen zu hoch über dem Strand, um noch Sandzufuhr zu erhalten. Entweder sind es die Reste von auf eine noch flache Geest oder durch Antidünen auf ein Kliff hinaufgewehten und dann landwärts verfrachteten Sandmassen. Ihnen folgt das Kliff allzu geschwind nach. Auf Sylt haben die Dünen jungstein= und bronze=zeitliche Kultur=Reste zugedeckt, auf Amrum auch wikinger=zeitliche (Skalnas=Tal).

Nördlich von Kampen und Norddorf sind Dünen auf Marschboden hinaufgewandert, der im Schutze von bedünten Haken entstanden war. Nachdem der schützende Strandwall durch das vordringende Meer abgetragen ist, wird dort am Westrand bisweilen Marschklei mit Trittspuren von Rindern angetroffen. Diese Vorkommen verleiteten zu der Annahme, ein Marschen=Gürtel wäre früher auch auf der Westseite der nordfriesischen Geest=Inseln vor=handen gewesen. Marsch kann sich aber nur in Lee von Haken oder Inseln bilden. Ent=sprechend tritt unter den Dünen vor dem alten Geestkliff, das auf der Westseite Amrums kilometer=weit aus der Zeit vor Aufschüttung des Kniepsandes erhalten ist, niemals Marschen=klei, wohl aber an plattigen Gesteinen reiches Strandgeröll auf.

4. Das Geschehen auf dem Lande

Zu der gleichen Zeit, da im Meere und an den Küsten mannigfache und lebhafte Vor=gänge, sich ständig wiederholend, abliefen mit dem Endziel, Tiefe und Küstengestalt mit dem klimatischen Kräftespiel in ein Gleichgewicht zu bringen, herrschte auf dem *Lande* in morpho=logischer Hinsicht fast Ruhe. Diese wäre noch heute vorhanden, wenn das natürliche Pflanzen=kleid noch erhalten wäre. Solange wie dieses sich selbst überlassen war, also eine Art Urwald das ganze Land bedeckte, die Bäche dicht bewachsen und die Flüsse nicht gelenkt, reguliert oder eingedeicht waren, so lange gab es auf dem Lande kein Abspülen und kein Verwehen, aber Wasserstau in den Niederungen und zunehmendes Vermooren aller flachen Gewässer und der Talauen, der verlassenen Täler in Sandergebieten sowie der flachen Seeufer. Bäche und kleine Flüsse außerhalb des Tide=Bereichs waren weitgehend verkrautet, aber führten klares Wasser. Selbst die Frühjahrs=Hochwässer haben die Talflanken nur wenig erodiert. Die Täler sind zumeist zu weit, waren sie doch während der letzten Vereisung von erheblich größeren Wassermassen benutzt worden.

Erst der Mensch hat jene Ruhe durch Vernichtung des Waldes unterbrochen:

gepflügte Äcker wurden der Abtragung durch Wind und rinnendes Wasser ausgesetzt

Wege, von Fuhrwerken oder Vieh erzeugt, verloren die schützende Pflanzendecke, so daß auf Hängen rinnendes Wasser und in den Dünen der Wind in Bewegung geraten ließen, was Jahrtausende lang festgelegen hatte

künstlich vertiefte und durch Stacks oder Dämme gelenkte Flüsse änderten Strömung und Tidewelle

kanalisierte Bäche leiteten das Wasser beschleunigt ab, und ihnen angeschlossene Dränagen erniedrigten den Grundwasserstand, so daß kleine Quellen versiegten und die Erdoberfläche trockner wurde

Moore wurden zum Teil restlos abgetragen, zum Teil in Wiesenland umgewandelt.

Was uns blieb, ist ein Gemisch von Natur- und menschlich-bedingten Formen.

Da die Erdgeschichte unseres Landes in erheblichem Anteil aus den Gelände-Formen herausgelesen werden muß, wird ein Formen-Katalog bei Landschafts-Analysen gute Dienste leisten. Besonders die Grundkarte 1:5000 eignet sich zur morphologischen Kartierung.

Bis vor wenigen Jahren konnte eine derartige Kartierung zumeist unschwer eindeutig durchgeführt werden. Seit Anwendung der Planier-Raupe aber werden Höhen und Senken ausgeglichen und Formen geschaffen, die Naturformen nachahmen. In Zweifelsfällen muß die Tiefenlage oder das Fehlen eines Mutterbodens oder der Nachweis eines Verwitterungs-Horizontes entscheiden, wie weit noch natürliche Gebilde vorliegen.

IV. DIE LANDFORMEN SCHLESWIG-HOLSTEINS

I. *Natürliche Formen vorquartärer Gesteine*

1. Helgoland:
   - a Einebnungsflächen (Oberland; rezente Abrasions-Ebene)
   - b Abbruchkanten
   - c Schuttkegel
2. Segeberg:
   - a Dolinen
   - b Karren

II. *Natürliche Formen quartärer Absätze*

A *Eisentstandene Ur-Formen = primäre glazigene Formen:*

Aa durch die ausräumende Tätigkeit des Inlandeises oder seiner Zweig-Gletscher entstanden:

1 Zungenbecken
- 1a Stamm-Zungenbecken; Eckernförder Bucht, Selenter See, Lübecker Becken
- 1b Zweig-Zungenbecken; Windebyer Noor + Goossee-Becken, Futterkamper Becken

2 Ausräumungs-Grundmoränen-Ebenen, kann Teil von 1 sein; Probstei, Fehmarn, Großenbroder-Halbinsel

3 Drumlins, vom Eis in Fließrichtung abgeschliffene Rücken, von Grundmoräne überzogen; Fehmarn

4 eisentstandene Anschliff-Hänge; Bosau, Utecht am Ratzeburger See

Ab durch Aufhäufung vor dem Inlandeis entstanden

Aba Satz-Endmoränen

Aba 1 vor dem Eise abgesetzt:

5 Stirn-Moränen	Endmoränen	Lürschau
6 Seiten-Moränen	im weiteren Sinne	Gettorf-Sehestedt; Nehmten

Aba 2 Satz-Endmoränen an der Grenze von fließendem und totem Eis abgesetzt = innere Randmoränen

7 Innere Moränen; Neversdorfer See-Ostende

8 Innere Seiten-Moränen; Hohwacht-Neudorf

Abb Stauch-Endmoränen, hierbei zu trennen:

St = Stirn-Stauchmoränen

K = Kerb-Stauchmoränen im Innern von Sonderfall g1 (s. unten)

9 einfache Stauch=Endmoräne aus Wällen und Wannen; Duvenstedter Berge

10 gestauchte Stauch=Endmoräne; Immenberge südlich Brekendorf

11 Toteis=Stauch=Endmoräne an Grenze von lebendem und totem Eis; Kühlbusch=Moräne südöstlich Eutin

11a Toteis=Stauch=Ansätze = Wälle aus Grundmoräne; Gelting, südlich Heiligenhafen

Sonderfälle in der Anordnung der Moränenzüge gültig für Aba und Abb, also Zusätze zu Formen 6 und 9:

r Ringmoränen; Nunatak des Bungsberges, Glücksburg

g echte Moränen=Gabeln (Gabeläste gleichalt)

1 Moränen=Schlinge; Mohrkirch, Schwansen

2 Moränen=Gabel; Angeln

3 geschlossene Gabel = Stiel=Moräne; Scheersberg Angeln

– Moränen=Gabel=Rücken = Seiten=Moräne

u unechte Moränen=Gabeln = Moränen=Überschneidungen (Gabeläste ungleichaltrig) = T=Moränen

1 jüngere Moräne außen — NW vom Wittensee

2 ältere Moräne außen — Deutsch=Nienhof, Hüttener Berge Nord

s Endmoränen=Scharung; Eichede

Abc Hohlformen

12 Aussparhohlformen = weniger Schutt abgelagert als in der Umgebung } Ihlmoor bei Lütjenburg, Schwentine=Tal nördlich Preetz; Gödfeld; innerhalb g1

Ac primär durch Tauen geringmächtigen Eises entstanden:

13 Kuppige Grundmoränen=Landschaft; selten; westlich Scharbeutz; Ringsberg (Angeln); nördlich Neustadt; südlich Sterley

14 zusammengesetzte Niedertau=Landschaft = Endmoränen + Kuppige=Grundmoränen=Landschaft } Kassee=Teich, Hoffeld und Schöndorf westlich von Bordesholm

B *Formen der Schmelzwässer = Primäre glaziofluviatile Formen*

Ba Ausräumungsformen der Schmelzwässer

15 Einebnungsflächen der Niedertau=Landschaft; westlich Ihlsee bei Segeberg, Glücksburg; 37 m Terrasse Plön

16 Tunneltal unter Eis entstanden

17 Schmelzwasser=Erosions=Tal

a in Ablagerungen einer älteren Vereisung, untere Abschnitte von Alster= und Bille=Tal (Anm. 111)

b in Ablagerungen der gleichen Vereisung; Tensfeld=Rickling=Tal

18 Urstrom=Tal = Sammeltal der Sander=Abflüsse parallel z. Eisrand

19 Erosions=Terrasse; im Delvenau=Sander, Krabbenkamp (Bille=Tal)

20 glaziofluviatiler Anschnitts=Hang; Geestrand Kellinghusen; Michaelisdonn; Elbtal=Hang Geesthacht–Bergedorf

Bb Aufschüttungsformen der Schmelzwässer

Bba subaerische = Äußere Sander, mittel bis grobkörnig

21 Sander=Ebene oder Sander=Kegel, überwiegend rechtwinklig zum Eisrand

a Einzel=Sander	Einfelder, Trappenkamper Sander
b Sammel=Sander	Neumünsteraner Sander=Ebene
22 Wallberg oder Os	Engelau bei Lütjenburg, Meiendorf

Bbb glaziolacustre oder Innere Sander

23 Staubecken=Ebenen	Kayhude, Lübecker Becken, Ausacker

Bbc	24 Aufschüttungs=Terrasse	Bramau=Tal obere Terrasse, Außen=Tal der Soholmer Au

C *Eisentstandene Zweit=Formen = sekundäre glazigene Formen*

Ca Tieftau=Formen von verschüttetem Eis stammend

Caa überwiegend von Gletschereis herrührend

25 Toteis=Hohlformen, groß: meistens Zungenbecken, klein: Soll, rinnenförmig: Tunneltal

26 Tieftau=Steilkanten; Steile Kliffs an Seen, soweit keine Abrasion vorhanden war; Möllner Seen

a Sonderfall mit durch Abrutsch entstandenen Pseudoterrassen; Uglei=See, Ratzeburger See

27 Gletschertor=Landschaft; Schnittpunkt von Innerer Randmoräne mit Tunneltal; Ostende Neversdorfer See

28 Kessel=Landschaft im obersten Teil eines Sanders (= Kames); südlich Bossee, nördlich Roseburg

Cab Tieftau=Formen überwiegend von Wintereis stammend

29 flachkuppige Sanderlandschaft; Schleswig=Klosterkrug

30 breite flache Rinnen oder Reihen von Wannen = verschüttetes Schmelzwasser=Erosions=Tal; Langenlehsten

31 schmale Reihe tiefer Wannen; Mölln=Gudower Seen=Rinne zum Teil nach Caa gehörend

Cb Eis=Klima=bedingte = periglazigene Formen

32 Sand=Frostboden=Erosions=Landschaft, zumeist radiale Trockentäler, verbreitet auf Riß=Höhen

33 Zeugenberg; M. Bl. Hittfeld Holm; Karte 2

34 Lehm=Frostboden=Erosions=Landschaft; Kisdorfer Wohld

35 Binnen=Dünen; Holm Kreis Pinneberg, Boberg, Sorgwohld

36 Flugsand=Decken, Flottsand=Decken; Westen des Landes; südlich der Elbe bei Harburg

37 Pingos, kraterartige Durchbrüche durch Frostboden=Decken

38 Kies=Kuppen=Härtlinge

39 Fluß=Terrassen außerhalb des Bereiches der Eis=Schmelzwässer Talsande im engeren Sinne, Linau=Tal (Lbg)

D *natürliche Zusatz-Formen diluvialen und alluvialen Alters*

Da Ausräumungs-Formen

40 Erosions-Tal; Trave bei Segeberg, Schwentine bei Rastorf
41 rezente Kliffs; Elbe zw. Lauenburg und Geesthacht, Ostsee, Sylt
42 Quellnische; Meimersdorf, Flintbek im Hang des vom Eise überformten Tunneltales; Bl. Holtdorf.
43 Windwannen = Antidünen; Sylt, Amrum
44 Strand-Terrassen; Plöner See, Gr. Wardersee, Wittensee

Db Verbauungs-Formen

45 rezente Dünen (Sylt), umgelagerte Binnen-Dünen (Sorgwohld)
46 Schuttkegel; Michaelisdonn
47 Überschwemmungs-Ebene; Elbmarsch; Störmarsch bei Itzehoe
47a mit Relief-Umkehr: Rücken entstanden aus versandeter Rinne inmitten gesackter Ablagerungen (nach W. PRANGE)
48 Flachmoor, pflanzlich verlandeter See
49 Hochmoor, über das Grundwasser hinausgewachsen
50 Quellmoor an Hängen; Sühlen, Farchau, Farbeberg bei Nindorf, Quellkalk von Sechendorf

III. *Künstliche Formen (= Künstliche Zusatz-Formen)*

A *Ausräumungs-Formen*

51 von Mensch oder Tier erzeugte
unbefestigte Wege } zum Teil vorgeschichtlich;
Hohlwege } Wittenborn
Viehpads
52 trockene Gräben, Grenz-Gräben, aufgegebene Schiffahrts-Kanäle wie Alster-Beste-Kanal, Eider-Kanal, Eisenbahn-Einschnitte
53 Sand- und Kies-Gruben, trocken oder mit etwas Grundwasser
54 Eisenbahn-Sandgruben, weit und flach
55 Stein- und Kreide-Gruben, weit und tief; Lieth, Lägerdorf
56 Lehm- und Mergel-Gruben, ± Wasser enthaltend, klein
57 Ton- und Ziegelei-Gruben, zum Teil groß, auch tief;
zum Teil weithin Lehm flach abgegraben; Ziegelei Ascheberg, Ziegelei Buntekuh; Töpferfelder
58 Torfstich
59 verlassene ausgehobene Teiche, heute trocken (Klosterteiche, Tränkgruben)
60 Bomben-Trichter

B *Aufschüttungs-Formen*

61 Knicks und Grenzwälle
62 Steilkanten durch Pflügen an Hängen geschaffen
63 frühere und benutzte Eisenbahn-Dämme, Staudämme, Deiche
64 Warften, Burg-Hügel, Ringwälle, Schanzen
65 Hügelgräber
66 Halden und Kippen
67 Straßendämme

Die Bodenschätze

Bodenschätze wie Erze, Steinkohle fehlen im Norddeutschen Flachland. Braunkohle wird zwar in Mecklenburg und Jütland abgebaut. Die unter Schleswig=Holstein tief im Grund=wasser gelegenen Braunkohlen=Flöze lassen sich selbst in Notzeiten nicht mit Nutzen ab=bauen. Außerdem half in solchen Fällen eine schnell aufblühende Brenntorf=Gewinnung.

Es sei hier davon abgesehen, die fruchtbaren Ackerböden von Geest und Marsch als Bodenschatz zu werten. Die Wissenschaft der Bodenkunde (Pedologie) gibt hier nähere Aus=kunft (E. Schlichting 1960). Auch die vom Menschen verwerteten Steine und Sande seien nur aufgezählt und nicht näher erörtert. Diese Gruppe von Bodenschätzen fehlt in der Marsch; Sand ist in Grundmoräne=Gebieten örtlich Mangelware. Die Verwendung umfaßt:

> Felsen und Steine (Anm. 112), verwandt für Bauten, Uferschutz, Pflaster, Pack=lager unter modernen Straßen und in Form von Splitt als Betonzuschlag;
> Schotter und Kies früher für Eisenbahn=Unterbau, ferner für Wegebau und als Betonzuschlag verwandt;
> Sand für Mörtel, Wegebau, Kalksandstein=Fabrikation, Betonzuschlag und als Formsand (Anm. 113) in der Gießerei benutzt.

Noch feinere Korngemische aus verschiedenen Mineralien werden als Tone zusammen=gefaßt. Sie sollen nachstehend eingehender erörtert werden ebenso wie

Erdöl
Eisenerz
Kalkstein

und das in der Zukunft immer wertvoller werdende Grundwasser. Mit letzterem sei be=gonnen. Erdöl, Eisenerz und Kalkstein sind heute, Gips, Flint und Bernstein waren in ver=gangenen Jahrtausenden wichtige Bodenschätze.

1. Das Grundwasser unter Schleswig=Holstein

Das Grundwasser ist ein wichtiger Bodenschatz unseres Landes. Seine Herkunft und sein Verhalten sind auch denkenden Menschen in erstaunlichem Umfang unklar. Daher seien einige das Grundwasser betreffende Fragen erörtert.

Das Süßwasser auf einer Insel im Meere

Eine Insel wie Trischen oder die Halbinsel Ellenbogen auf Sylt führen gutes Trinkwasser, trotzdem sie beide aus durchlässigem losem Sand aufgebaut und rings von salzigem Meer=wasser umgeben sind. Jenes Süßwasser entstammt dem Niederschlag. Es ist in den Boden versickert, hinab bis auf den Grundwasserspiegel. Hier schwimmt das leichte Süßwasser auf dem schwereren Salzwasser. Je stärker der Niederschlag, desto mächtiger ist der Süß=wasser=Bereich, schüsselförmig, mit Rändern, die jeweils am Strande liegen, tief in den von Salzwasser erfüllten Untergrund eingesenkt – so weit wie dieser durchlässig ist. Zum Inneren des Landes wölbt sich der Spiegel des süßen Grundwassers um so stärker empor, je höher der Niederschlag, und je enger die Poren zwischen den Sandkörnern sind, um die herum das Wasser bei sehr geringem Gefälle nur langsam zum Strand abfließen kann. Da nur Sand vorhanden ist, gibt es keine Wasser=Adern, sondern die gesamte Sandmasse ist ein Wasser=Speicher.

Es beträgt die Geschwindigkeit von Grundwasserströmen in 24 Stunden bei Feinsand 0,02 m, bei Mittelsand 0,35 m, bei sandigem Kies 2 m und bei Mittelkies etwa 9 m. Richtung und Gefälle des Grundwassers werden erkannt, indem man bei drei Brunnen die Spiegelhöhe einmißt, auf den Verbindungslinien den Höhenunterschied unterteilt und danach die Tiefenlinien des Grundwasserstandes einzeichnet.

Bei einem spez. Gew. des Nordseewassers von 1,027 ergibt sich

Mächtigkeit der Süßwasserschicht oberhalb der 0=m=Linie = s1	Mächtigkeit der Süßwasser=Kalotte = S
1 m	37 m
2 m	74 m

oder allgemein S = s1 + 37 s1.

Als Beleg für die Verdrängung von Salzwasser durch versickertes Süßwasser sei auf die neue Wasserversorgung von Helgoland hingewiesen. A. Seifert 1954 hat in dem aufgespülten Flugplatz=Gelände nördlich der Düne bei einer Gelände=Höhe von 3,5 m eine Aufwölbung der Oberfläche des Süßwassers bis 0,70 m über NN aufgezeigt. Selbst auf dem gleichfalls künstlichen Nord=Gelände der Hauptinsel mit einem bis 0,60 m über NN ansteigenden Grundwasserspiegel läßt sich, trotz der Versalzung aus der Luft durch Spritzwasser, Gebrauchswasser mit einen Cl=Gehalt von 30–60 mg/l, also gerade noch verwendbares Wasser gewinnen.

Das Süßwasser auf dem Festland

H. L. Heck, der sich um die Kenntnis des Grundwassers Schleswig=Holsteins bemüht hat, wies mit Recht darauf hin, daß das Süßwasser im Untergrund unseres meerumschlungenen Landes nur eine riesige, auf Salzwasser ruhende Kalotte sei. Dies aber heißt, es kann, im Großen gesehen, auf die Dauer nicht mehr Wasser entnommen werden als der Anteil des Niederschlages, der im Boden versickert.

Nach R. Keller 1952 entstammt in unserem Gebiet ein Niederschlag von 800 mm ungefähr zur Hälfte aus dem Meere und zur anderen Hälfte aus der Verdunstung auf dem Lande. Von den 800 mm fließen 330 mm unmittelbar durch Bäche und Flüsse zum Meere ab. 290 mm werden von den Pflanzen und 100 mm von dem Boden aufgenommen und wieder verdunstet, so daß i. D. nur 80 mm = $^{1}/_{10}$ des Niederschlags übrigbleibt, um den Vorrat an Grundwasser aufzufüllen.

Auf dem Festland ist der Grundwasser=Speicher nicht so einfach und regelmäßig ausgebildet wie auf einer Sandinsel im Meer. Einmal ist der Untergrund abwechselnd aus durchlässigen und undurchlässigen Schichten aufgebaut, die Wasser=Speicher und Wasser=Scheider darstellen; zum zweiten liegen diese Schichten nicht selten erheblich gestört. Andererseits liefert nicht allein das Meer an den beiden Küsten Salzwasser in den tieferen Untergrund, sondern an den zahlreichen Salz=Strukturen wird Süßwasser zur Sole und sinkt entsprechend ihrem höheren Gewicht in den Untergrund. So kommt es, daß bei normaler Lagerung alle Schichten älter als Ober=Oligozän Salzwasser führen. Es bleiben also nur die Sande des Jung=Tertiärs, Diluviums und Alluviums zur Wasserentnahme.

Die Grundwasser=Speicher unseres Landes

Umgebung von Hamburg nach E. Koch 1948	Schleswig=Holstein nach H.=L. Heck 1949, A. Johannsen 1955, E. Dittmer 1956		
1. Alluviale und würm=zeitliche Sande und Kiese im Elb=Tal	a) Alluviale Sande	Nordsee=Inseln	3–20 m
	b) Würmzeitliche Sande und Kiese	Osten des Landes und Sander=Zone	
	c) Eem=zeitliche Sande	Westküste	
2. Riß=zeitliche Sande und Kiese	d) Riß=zeitl. Sande und Kiese	Westen des Landes	
3. Spät=mindelzeitl. Fein=sande unter dem Lauenburger Ton	e) Husumer Sand	im W, von Sylt bis Grünenthal	20–100 m
4. Sande und Kiese der Mindel=Vereisung	f) Sande und Kiese der Mindel=Vereisung	Sylt, Nord=Friesland	
5. Kaolinsand	g) Kaolinsand	im Westen verbreitet	20–100 m
6. Obere Braunkohlen=sande	h) Obere Braunkohlen=sande	West=Schleswig, Mittel= und Ost=Holstein	50–200 m
7. Untere Braunkohlen=sande	i) Untere Braunkohlen=sande	Ost=Schleswig, S= und SO=Holstein	50–400 m.

Die miozänen Sande, der Kaolin= und Husumer Sand, ebenso die würmzeitlichen Schmelz=wasser=Absätze und die Dünensande pflegen in ihrem Verbreitungsgebiet gleichmäßig aus=gebildet zu sein. Sie stellen daher übersehbare Wasser=Speicher dar. Hingegen sind die eisent=standenen Ablagerungen durch Schichtenstörungen und bisweilen die alluvialen Küstensande durch eingeschalteten Meereston in ihrer seitlichen oder senkrechten Begrenzung schwer zu erfassen und daher Speicher ungewissen Inhalts. Dauerpumpversuche müssen zeigen, welcher Wert einem bislang unbekannten Grundwasser=Vorkommen beizumessen ist. Süßes Grundwasser reicht unter Umständen bis über – 300 m NN. Auch dieses fließt, soweit wie es hydrostatischem Überdruck ausgesetzt ist, letztlich, wenn auch sehr langsam, in das Meer. Aus hoch gelegenen Stockwerken strömt das Grundwasser in breiter Front zu den Flüssen oder dem Meere ab, Beispiele: Die Schmelzwassersand=Ebene zwischen Ratzeburg und Lauen=burg. Bei Schobüll, dem einzigen Ort des schleswig=holsteinischen Festlandes, an dem (heute noch) diluviale Sande mit der Nordsee in Berührung kommen, sieht man bei Niedrigwasser Grundwasser am Strande austreten, ebenso auf der Wattseite der Amrumer Geest, wo es den Wattvögeln zur Tränke dient (Taf. 48 Fig. 1 und 2).

Sanderfüllte diluviale Rinnen und die Jura=Tröge als Wasser=Speicher

Zur Entnahme der Wassermengen für die in den letzten Jahrzehnten in großer Zahl ent=standenen zentralen Wasserversorgungs=Anlagen haben sich geologische Rinnen zunehmend als besonders wertvoll erwiesen. Tiefe, zur Zeit der Mindel=Vereisung in miozäne Absätze eingesenkte und ähnliche, wenn auch weniger tiefe Gebilde der Riß=Vereisung wies zuerst E. Koch 1928 nach. E. Dittmer fand solche als reiche Wasser=Spender inmitten von Braun=kohlensanden zu Rantrum östlich Husum, bei Wanderup und zu Odderade in Dithmarschen. Auch A. Johannsen (1960) betonte die Bedeutung solcher Rinnen für die Wasser=Versorgung, so zwischen Schwartau und Lübeck, bei Neumünster, von Pinneberg in Richtung Etz und südlich von Flensburg bei Sieverstedt.

DITTMER wie auch JOHANNSEN betonten ferner, daß die Senken zwischen den Salzstrukturen auch während des Jung=Tertiärs Sediment=Sammler gewesen wären. Braunkohlensande, ober=miozäner Glimmerton und der Kaolinsand wären dort nicht nur erhalten geblieben, sondern von vornherein in größerer Mächtigkeit ausgebildet worden als außerhalb der Tröge. Die entgegengesetzte Bewegung, aufwärts an den Salzstrukturen und abwärts in dem Gebiet zwischen ihnen, hätte sogar bis in die Zeit des Diluviums hinein zu stärkerer Anreicherung von Sand geführt. Zudem seien in den Trögen anscheinend bevorzugt diluviale Rinnen vom Eise eingeschnitten (exariert) worden, so von Brügge bis Neumünster und bei Sieverstedt.

Die Wasser=Speicher auf der ostholsteinischen und westschleswigschen Trias=Platte

Ungleich ruhiger sind die Verhältnisse außerhalb des Bereiches der salinaren Lang=Strukturen. Wo Grundmoräne unmittelbar auf eozänem Ton liegt, besteht Mangel an süßem Grundwasser, so auf Fehmarn. Die Insel muß vom Wasserwerk Klötzin (8 km südlich von Heiligenhafen) versorgt werden. Dort werden miozäne Sande, die in eozäne Tone eingemuldet liegen, ausgebeutet. Im übrigen ist man in Ost=Holstein auf Wasser aus diluvialen Sanden angewiesen. Sie sind auf begrenztem Raum ergiebig. Auf der westschleswigschen Scholle liefern diluviale und Kaolinsand und örtlich Braunkohlensande reichlich gutes Wasser.

Gespanntes Grundwasser

Wenn ein gegen oben abgedichtetes Speichergestein mit hoch gelegenem Zufluß derart angebohrt wird, daß das Mundloch der Bohrung bzw. der Filter niedriger liegt als der Ort des Zuflusses, so steigt das Wasser im Bohrloch höher als die Decke des Speichers. Man spricht dann von gespanntem Wasser. Steigt das Wasser sogar über die Gelände=Oberfläche hinaus, so nennt man es artesisches Wasser. Artesisches Wasser stieg zu Billbrook bei Hamburg bis 19 m über Gelände, am Ratzeburger See, in der Probstei, bei Schierensee und Flensburg bis einige Meter über Gelände, in der Treene=Niederung bei Süderstapel und Friedrichstadt wenige Zentimeter über Grabenwasser=Höhe hinaus.

Das Anbohren stark gespannten Wassers erfordert besondere Vorsichtsmaßnahmen. Als man in Krokau (Probstei) neben dem Bohrloch artesisch aufdringendes Wasser nicht bändigen konnte, legte man einen Dorfteich um das Bohrloch herum an. In dessen Mitte quillt das Wasser aus dem Bohrkopf (Taf. 48 Fig. 3).

Gefährlicher war ein Bohrloch neben dem Pastorat zu Ascheffel. Hier schoß Wasser so reichlich neben dem Bohrloch hervor, daß in Kürze ein Trichter entstand, in den eine Ecke des Hauses zu stürzen drohte. Der durch die Höhe der Hüttener Berge bedingte Wasserandrang mußte durch schnellstens niedergebrachte weitere Bohrungen entspannt werden. Es gibt im Lande über 2200 artesische Brunnen (F. VINCK 1955). Bei dem ständig zunehmenden Mangel an Grundwasser ist es unverantwortliche Vergeudung, sie ungenutzt laufen zu lassen. Durch Anbringen einer den Überdruck auffangenden Verlängerung des Brunnenrohres und eines Zapfhahnes kann billig die Möglichkeit, sie ohne Mißbrauch zu benutzen, erreicht werden.

Eigenschaften des Grundwassers

Das Regenwasser absorbiert in der Luft und im Boden Gase, darunter die chemisch aktive Kohlensäure. Das Grundwasser nimmt daher auf seinem zum Teil langen Weg mineralische und organische Stoffe auf, insbesondere Kalk, Eisen, Humin=Säuren und Steinsalz. Grund=wässer sind daher chemisch verschieden. Die Zusammensetzung der darin gelösten Stoffe entspricht dem vom Wasser zurückgelegten Weg (A. MENG 1954, WANDT 1960).

Die Härte der Wässer in den Braunkohlensanden nimmt, im großen gesehen, nach oben zu. Dies ist vermutlich ein Anzeichen der Beimengung von Wasser aus diluvialen Schichten.

Härte

Die Gesamtmenge der im Wasser gelösten Calcium= und Magnesium=Oxyde wird als Gesamthärte bezeichnet. Wasser der deutschen Gesamthärte

0 – 4	ist sehr weich
4 – 8	ist weich
8 – 12	ist mittelhart
12 – 18	ist ziemlich hart
18 – 30	ist hart
30 –	ist sehr hart

Eisengehalt

Das gelöste Eisenbikarbonat zerfällt bei Zutritt von Luft in Kohlensäure und Rost:

$$2\ Fe(HCO_3)_2 + O + H_2O = 2\ Fe(OH)_3 + 2CO_2.$$

Bei einem Gehalt von über 0,3 mg/l Fe schmeckt Wasser tintig. Die Flocken von 2 $Fe(OH)_3$ (Rost) machen das Wasser für Meiereien, Wäschereien, Papier=Fabriken usw. unbrauchbar. Bei mehr als 0,2 mg/l Fe treten zudem Eisen=Ausscheidungen in den Rohrleitungen auf. Bei mehr als 0,5 mg/l an Fe des gewonnenen Wassers muß dieses daher künstlich enteisent werden. Durch den Sauerstoff verstärkt zugeführter Luft tritt Oxydation zu Eisen=Hydroxyd ein. Dies ist zunächst noch kolloidal gelöst, fällt aber im Laufe einer Stunde nach der Durchlüftung in der Hydrogel=Form (Flocken) aus. Dieser Prozeß wird bei Anwesenheit von Huminsäuren, zum Beispiel aus Braunkohlensanden, sehr erschwert.

Aggressive Kohlensäure

CO_2 ist in $CaCO_3$ und $MgCO_3$ fest gebunden sowie in Bikarbonaten teilgebunden. Ihr gegenüber steht CO_2, die im Wasser als Gas oder Hydrat (H_2CO_3) enthalten ist. Von dieser freien CO_2 hält ein Teil die Bikarbonate im Wasser in Lösung (= zugehörige freie Kohlen=säure). Darüber hinaus auftretende freie CO_2 stellt die aggressive Kohlensäure dar. Sie löst Eisen und Kalk, gefährdet also Beton, kann aber auf verschiedenen Wegen aus dem Wasser entfernt werden.

Der Chlorgehalt

Gutes Trinkwasser enthält je Liter nicht mehr als 30 mg Cl oder 50 mg NaCl. Als noch erträglich gilt der dreifache Gehalt und als Grenze für die Bezeichnung Trinkwasser das Acht=fache obiger Zahlen. Da an unseren Küsten Salzwasser in den Untergrund eindringen kann und da die Tops der Salzstrukturen örtlich bis in die oberen Grundwasser=Stockwerke hinauf=reichen, ist ein zu hoher Salzgehalt eine leider häufige, unwillkommene Eigenschaft mancher Grundwässer.

Nicht selten werden auch unmittelbar auf Salzwasser ruhende Süßwasser=Kissen über=beansprucht. Geschieht dies, so nimmt zuerst in den tiefsten Brunnen der Cl=Gehalt stetig zu. Nicht nur von den Seiten, auch von unten strömt Wasser einem stark beanspruchten Bohrbrunnen zu, entsprechend dem Prinzip kommunizierender Röhren. So stieg während des letzten Krieges der Cl=Gehalt im Wasser der Tiefbrunnen auf dem Ostufer der Kieler Förde (Marine=Arsenal, Germania Werft) ständig und bis zu einem den technischen Gebrauch behindernden Anteil. Unkenntnis der Gesetzmäßigkeiten des Grundwassers hat auch in anderen Fällen den Menschen verschwenderisch oder sogar für immer schädigend verfahren lassen. So zum Beispiel an der Westküste.

In Abschnitt 2 war auseinandergesetzt, daß Salzwasser den durchlässigen Teil des Unter=grundes bis zur Höhe des Meeresspiegels erfüllen würde, wenn nicht das auf ihm schwim=mende Süßwasser jenes tief nach unten drücken würde. Dies geschieht örtlich bis über 300 m hinab. Voraussetzung hierfür ist, daß die betreffenden Ablagerungen für Wasser durchlässig sind. Wo aber ein, wenn auch nur geringmächtiger Wasserstauer, zum Beispiel eine Klei=Lage, auftritt, da kann sich eine Süßwasser=„Blase" nicht bilden.

An der Westküste reichen aus den Flußtälern von Torf und Marschen=Klei überdeckte Schmelzwassersande bis unter das Marsch=Gebiet nach Westen hinaus. Das Süßwasser in diesen Sanden wies als Folge des im Osten höher gelegenen Einfluß=Gebietes einen gewissen Überdruck auf. Andererseits hat das Meerwasser in den tiefen Rinnen des Watten=Gebietes freien Zutritt zu jenen Schmelzwassersanden. Es drang in diese ein, soweit wie der Überdruck des Süßwassers es zuließ. Die Lage dieser Gleichgewichtsgrenze ist vom Menschen in zweifacher Hinsicht ungünstig beeinflußt worden. Einmal erhöhte dieser den Meeresspiegel, indem er die Küste durch Anlage von Deichen seewärts verlagerte. Der dadurch erhöhte Gegendruck des Salzwassers verschob die Grenze Salz= gegen Süßwasser unterhalb der Marsch landwärts. Gleichzeitig schwächte der Mensch den Druck des Süßwassers, indem er in den Niederungen mit Brackwasser=führenden Tide=Flüssen mittels zahlreicher artesischer Röhrenbrunnen dem unterirdischen Süßwasser=Speicher unverantwortlich viel Wasser und zu großem Teil ungenutzt entnahm. Dies gilt für den dem Geestrand benachbarten Teil der Marsch und die anschließenden Talungen von Husum bis Glückstadt. An der Ostsee besteht höchstens um die Geltinger Bucht eine ähnliche Gefahr. Näheres bei P. Vinck 1955, A. Johannsen 1955.

Die von G. Keller 1956 entsprechend R. Schemel 1950 als Marschtyp bezeichnete Versalzung des Grundwassers möchten wir anders deuten als von den genannten Autoren geschehen. Die alluvialen Transgressionen haben in unserem Lande nicht Meerwasser zurückgelassen, sondern sie haben, zum Teil erst in jüngster Zeit, die während der Würm=Vereisung als Folge der Senkung des Meeresspiegels eingetretene Aussüßung wieder rückgängig gemacht.

Wo, wie an der nordfriesischen Festlandsküste, Wasser=Stauer und Speicher in mehrfacher Folge übereinanderliegen, kann Süßwasser unter Salzwasser angetroffen werden. Nach E. Dittmer (mdl.) sind die würmzeitlichen Sande von Salzwasser erfüllt, aber die tiefer gelegenen, nach oben durch den Eem=Ton abgedichteten mittelglazialen Sande führen Süßwasser. So läßt der Überdruck des auf den Bredstedter Höhen versickernden Niederschlags Süßwasser bis unter die Hamburger Hallig vordringen. Das auf der Schobüller Geest niederfallende Wasser liefert sogar auf der Westseite von Nordstrand gutes Trinkwasser unterhalb eines versalzenen oberen Grundwasserstockwerks.

Auch im Binnenland treffen wir auf salziges Grundwasser. In einem Ort wie Segeberg, wo Steinsalz bis fast 100 m unter Gelände ansteigt, nimmt es nicht wunder, daß tiefere Brunnen Wasser mit hohem Chlorgehalt fördern. Ein gleiches gilt für Bramstedt, Hütten (Struktur Osterby), die Kreide von Lägerdorf (F. Grube 1955, S. 8). Überraschender ist das Auftreten von Solen fern von Salzstrukturen und in geringer Tiefe, zum Beispiel bei Oldesloe, wo 700 Jahre lang Salz gewonnen wurde (P. Friedrich 1917). Hier befinden wir uns mitten über einem tiefen, mit tertiären Absätzen erfüllten Trog. Ähnlich ist es mit der Sole von Wotersen (10 km von der Struktur Hohenhorn entfernt). Bei solchen Vorkommen wird staunend gefragt, welche Kräfte dem Salzwasser den Aufstieg ermöglicht haben. Die Tatsache ist nicht so überraschend. Salziges Grundwasser würde ohne den Gegendruck des in den Boden eingedrungenen Niederschlag=Wassers den Untergrund unseres Landes bis ± NN erfüllen. Das Süßwasser bildet nicht eine einzige, das ganze Land überspannende, auf dem Salzwasser ruhende Süßwasser=Linse, sondern deren mehrere ± dicht nebeneinander. Diese sind durch wasserundurchlässige Ablagerungen voneinander getrennt. In einem Gebiet ohne die Möglichkeit zur Bildung einer Süßwasser=Kalotte können durchlässige Absätze einen Weg bis in das brackige Grundwasser herstellen. Salzhaltiges Wasser kann darin seit langem auf=

gestiegen sein. Sollte darüber gegen oben abgeschlossenes Süßwasser gleichfalls vorhanden sein und von einem Bohrbrunnen angezapft werden, so wird dieser allmählich versalzen. In Gebieten gestauchten Diluviums mit tiefreichenden Wasserscheidern kann daher mit Salz=wasser, das auf schmalen und verwickelten Bahnen hoch hinauf reicht, gerechnet werden (Anm. **114**).

Trifft diese Vorstellung zu, so muß das tiefere Wasser der Braunkohlen=Sande vor dem Absatz der kalkhaltigen Riß=Ablagerungen in jene eingedrungen sein. Es erscheint nicht aus=geschlossen, daß neben früh=diluvialen pliozänes, wenn nicht gar miozänes Wasser in der Tiefe der Braunkohlensande erhalten geblieben ist.

Humin=Säuren

In den Braunkohle=Sanden geben nicht die seltenen echten Flöze, sondern die an Humus=stoffen reichen tonig=schluffigen Absätze Humin=Säuren an das Grundwasser ab. Da sich dies in großen Tiefen kaum oder nicht bewegt, ist es örtlich so reich an gelösten Humin=Verbindungen, daß es als Trink= oder Gebrauchswasser nicht verwandt werden kann. P. FRIED=RICH 1917 schrieb von Portwein=farbigem Wasser aus 153 m Tiefe einer Bohrung in Schwartau. Er gab 75 mg/l Humussäure daraus an. Kaffeebraunes Wasser ist auch beobachtet. E. DITTMER 1959 traf in Unteren Braunkohle=Sanden der Bohrung Wanderup sogar schwarz gefärbtes Wasser an.

Der H_2S=Gehalt mancher Wässer aus Braunkohle=Sanden wird auf die Oxydation von organischer Substanz zurückgeführt (A. MENG 1954).

Analysen von Grundwasser

Zwei Grundwässer, die den würmzeitlichen Schmelzwassersanden unterhalb der Wilster=Marsch entnommen sind, mögen belegen, wie unterschiedlich benachbarte Grundwässer dem Anschein nach gleicher geologischer und hydrologischer Situation sein können.

Auszug aus Grundwasser=Analysen
angefertigt für Fragen des Betonbaus des staatlichen Materialprüfungsamtes in Berlin=Dahlem

E = Ecklack L = Landscheide bei Brunsbüttelkoog 1940

	E	L
Wasserstoffionen Konzentration pH	7,3	7,0
Kalk CaO	120 mg/l	361 mg/l
Magnesium MgO	63	227
gebundene Schwefelsäure SO_3	153	425
gebundenes Chlor Cl	266	535
Karbonat=Kohlensäure CO_2	82	358
freie Kohlensäure[1] CO_2	128	455
aggressive Kohlensäure[2] CO_2	26	fehlt
Gesamthärte in deutschen Härtegraden[3]	20,8	67,9
vorübergehende Härte (Karbonat=Härte)	10,5	45,6
bleibende Härte	10,3	22,3

[1] einschließlich sauer wirkender Stoffe, ausgedrückt als CO_2
[2] = der Teil der freien Kohlensäure, der auf kohlensauren Kalk lösend einzuwirken vermag
[3] einschließlich der als Alkalikarbonat gebundenen Kohlensäure

Den Erfolg der Aufbereitung eines jungdiluvialen und miozänen Sanden entnommenen Mischwassers zeigt nachstehende Tabelle.

Vergleich des Rohwassers und des aufbereiteten Reinwassers
Schwentinetal-Wasserwerk
Analyse des Städtischen Laboratoriums Kiel-Wik (Fachinstitut für Gas, Wasser und Abwässer)
3. Mai 1949 = Tag der Wasserentnahme

	Rohwasser	Reinwasser	
Klarheit	trübe	klar	Eisenflocken und Braunkohle-Flitter abgefiltert
Färbung	gelbstichig	farblos	
Geruch	ohne	ohne	
Geschmack	ohne	ohne	
pH-Wert	7,0	7,5	
Gesamthärte	16,8	16,8	
Karbonathärte	16,0	16,0	
Nichtkarbonathärte	0,8	0,8	
Eisen FeO	2,85 mg/l	0,064 mg/l	Erfolg der Filtration und Enteisenung
Mangan Mn	0,2 mg/l	0 mg/l	
Chloride Cl	56 mg/l	56 mg/l	
Sulfate SO_3	27 mg/l	26 mg/l	
Phosphate P_2O_5	1,0 mg/l	Spuren	bei Enteisenung ausgefallen
Kieselsäure SiO_2	23 mg/l	22 mg/l	
Nitrate N_2O_3	frei	frei	
Ammonium NH_4	Spuren	frei	
Organische Substanz = $KMnO_4$-Verbrauch	22 mg/l	10 mg/l	12 mg/l ist die Höchstgrenze für reines Trinkwasser
Gesamtrückstand	462 mg/l	482 mg/l	Kesselspeisewasser soll nicht mehr als 300 mg/l enthalten
Glühverlust	41 mg/l	35 mg/l	
freie Kohlensäure CO_2	42,9 mg/l	20,9 mg/l	Folge der Durchlüftung bei der Enteisenung
gelöster Sauerstoff O_2	1,9 mg/l	10,9 mg/l	

Der Wasserbedarf

Die Zahl der Einwohner nimmt ständig zu. Außerdem steigt der Tagesbedarf des einzelnen an Wasser durch höhere Anforderungen auf hygienischem und technischem Gebiet. So stieg der Bedarf in Hamburg an Wasserwerkswasser von 100 auf 200 l täglich je Einwohner. Hinzu kommt ein ebenso hoher Verbrauch aus den der Industrie eigenen Rohrbrunnen. Für 1948 ergab sich für Hamburg ein täglicher Kopfverbrauch von 430 l. Rund 500 000 m^3 die damals täglich aus dem Untergrund gefördert wurden, standen 100 000 m^3 gegenüber, die aus der Elbe und dem Großensee entnommen wurden. 1961 jedoch erhielt die Stadt 98 % an Grundwasser. Ab 1962 soll ausschließlich Grundwasser von den Stadtwasserwerken geliefert werden. Im trocknen Sommer 1959 mußten noch bis 25 % filtrierten Elbwassers hinzugenommen werden. Dies bedingt einen hohen Zusatz von Chlor, der von der chemischen Industrie an der mittleren Elbe in den Fluß abgelassen wird.

In Kiel verkauften die Stadtwerke

1950 10 Millionen m^3
1961 15 Millionen m^3 unvermischten Grundwassers.

In Lübeck wurden bei einem Bedarf von 90 000 m^3 je Tag 70 % aus dem offenen Gewässer der Wakenitz und nur 30 % aus dem Untergrund gewonnen (A. JOHANNSEN 1960). Das Wasser aus der Wakenitz wird durch Zusatz von Chlorgas entkeimt. An heißen Tagen mit Spitzenbedarf an Wakenitz=Wasser steigt der Bedarf an aus ungechlortem Grundwasser hergestelltem sogenannten Selterswasser.

Der Bedarf an Wasser für den menschlichen und industriellen Verbrauch steigt, wie die Zahlen für Kiel zeigen, sehr schnell an. Die Menge des Niederschlags aber bleibt die gleiche. Die Folge ist zunehmende Wassernot für eng besiedelte Gebiete und für solche ohne ausreichende Grundwasser=Speicher. Diese Schwierigkeiten der Wasser=Versorgung werden durch Eingriffe des Menschen in die natürlichen Gegebenheiten erhöht. Er mindert Wasserspeicher und erniedrigt den Grundwasserstand, indem er

1. erbohrtes artesisches Wasser ungenutzt ablaufen läßt
2. Hochmoore und feuchte Niederungen entwässert
3. Wasserläufe begradigt und kanalisiert, um Grünland zu verbessern
4. tiefe Kanal=Einschnitte schafft wie Nordostsee= und Elbe=Lübeck=Kanal
5. die Seespiegel senkt, um Acker= und Grünland zu gewinnen
6. im Randgebiet Geest–Marsch durch mehrere Maßnahmen dem salzenen Grundwasser ermöglicht, landwärts vorzudringen.

Das Auffinden von Grundwasser

Je dichter die Besiedlung und je blühender die Industrie, desto wertvoller ist der Bodenschatz Trink= bzw. Gebrauchswasser. Es sollte bei jeder Planung, selbst der eines einzelnen Hauses auf dem Lande, die Frage der Wasserversorgung (und Abwässer=Beseitigung!) *vorweg* gelöst werden. Aber wie?

Die Wünschelrute

Im eisentstandenen Norddeutschen Flachland mit seiner häufig gestörten Lagerung der jüngeren Schichten ist es örtlich schwierig, Trinkwasser in ausreichender Menge zu finden. Einige Menschen glauben, eine besondere Gabe zu besitzen, mittels der sie helfen könnten. Sie behaupten, sie besäßen die Fähigkeit, mit der Wünschelrute vom Wasser im Untergrund die Tiefe des Vorkommens und zuweilen sogar die Beschaffenheit angeben zu können. Solange wie dieser „von alters her bekannte und in Deutschland besonders im späten Mittelalter und bis in die neuere Zeit fortdauernde Aberglaube" (Brockhaus Konversations=Lexikon 1898, Bd. 16, S. 854) benutzt wird, um *private* Geldbeutel zu schröpfen, liegt kein Grund vor, darüber ein Wort zu verlieren.

Aber nachdem die Wünschelruten=Gänger in den letzten Jahrzehnten einkömmliche Tätigkeitsgebiete verloren haben, versuchen sie mit Zähigkeit, sich bei größeren Wasserversorgungsaufgaben einzuschalten. Es ist aber unverantwortlich, öffentliche Gelder für Angaben der Wünschelrute auszugeben. Deshalb sind folgende Erlasse der Landesregierung durchaus richtig: Min. f. Ernährung, Landwirtschaft und Forsten Wa Wi 1194 von 3. 6. 47 und Min. des Innern 1 34–120 W 5/52 Allg. vom 23. 5. 52. Hiernach dürfen aus Förderungsmitteln (Kredite und Beihilfen) Aufwendungen für Wünschelrutengänger nicht gezahlt werden. Auch Gutachten, die auf Wünschelruten=Angaben aufgebaut sind, werden nicht als ausreichende Begründung für die Bewilligung öffentlicher Mittel angesehen.

Um zu zeigen, wie berechtigt jene Anordnungen sind, sei folgendes aus der jüngsten Geschichte der Wünschelrute erwähnt. Solange wie Steinsalz, NaCl, gesucht war, wies die Rute angeblich dieses oder Sole nach. Als aber die mitten im Steinsalz eingeschlossenen Kalisalze wertvoll geworden waren, spürte die Wünschelrute plötzlich kein Steinsalz mehr, sondern nur noch Kalisalz, KCl. Als dann diese Düngesalze nicht mehr gesucht wurden, weil inzwischen genügend Kali-Bergwerke eingerichtet waren und Erdöl begehrt wurde, da konnte die Rute plötzlich auch dieses feststellen. Besonders nachdem 1910 zu Neuengamme östlich von Hamburg zufällig Erdgas erbohrt war, von dem die Stadt Hamburg zwischen 1913 und 1930 über 200 Millionen m³ benutzen konnte, wurde mit allen Mitteln nach dem zum Erdgas gehörenden Erdöl gesucht. Im Umkreis von 20 km um die Erdgas-Bohrung wurden etwa 20 tiefere Bohrungen, teilweise bis über 1000 m Tiefe, niedergebracht. Auch hier betätigte sich die Wünschelrute eifrig. In der Bohrung Escheburg gab sie die genaue Tiefe des „Erdölsees" an (schon eine völlig irrige Vorstellung siehe S. 309). Auch hier traf keine Angabe der Rute zu. Die so lange gesuchte Erdöl-Lagerstätte wurde 1934 bei Reitbrook gefunden, aber auf Grund geophysikalischer Untersuchungen.

Erdgas, Erdöl, Stein- und Kali-Salzlager und Sole kommen im Untergrund Norddeutschlands eng benachbart oder gar durcheinander vor. Die Wünschelrute wollte davon jeweils gerade den Stoff nachweisen, der in der betreffenden Zeit den größten Geldgewinn versprach. Das ging so weit, daß der gleiche Rutengänger heute hier Erdöl zu erkennen angab, ohne von dem dieses begleitenden Salzwasser beeindruckt zu sein, wenige Tage später aber den Kurverwaltungen von Badeorten, als diese Sole ersehnten, genau die Grenze von Salz- und Süßwasser nachweisen zu können vorgab.

Da heute Erdöl-Lager weitgehend mittels geophysikalischer Methoden gesucht werden, bietet die Wassersuche im Flachland der Wünschelrute die letzte Möglichkeit, Geld zu verdienen. Aber Steuergelder dürfen es niemals sein, die diesem uralten Glauben geopfert werden.

Jedoch wie kann bei kleinem und großem Bedarf zuverlässig geholfen werden? Geoelektrisch? Ja, wenn es sich darum handelt, Salzwasser in nicht zu großen Tiefen aufzufinden. Die Suche nach Süßwasser allein gelingt auf diesem Wege noch nicht in zuverlässiger Weise.

Die staatlichen Bohrarchive

Seit rund 100 Jahren wird der Untergrund unseres Landes durch Bohrungen erschlossen. Um das Ergebnis einer Bohrung nicht nur vorübergehend, sondern für alle Zeiten wertvoll werden zu lassen, sammelt die mit der Bestandsaufnahme des Untergrundes betraute Behörde, das Geologische Landesamt in Kiel, die Ergebnisse möglichst aller Bohrungen. Für die Westküste erfüllt die gleichen Aufgaben der Geologe des Marschenbauamtes Husum. Beide Dienststellen legen den geologischen Befund, die Lage des Bohrpunktes und das Ergebnis der Bohrung fest.

Je dichter das Bohrnetz, desto zuverlässiger die Kenntnis über die Wasserführung. Von einigen Gebieten weiß man aus Erfahrung, daß dort Bohrbrunnen keine größeren Wassermengen liefern können, weil Ton auf Ton liegt und somit ein Wasserspeicher fehlt, zum Beispiel weitgehend auf Fehmarn. Anderenorts, zum Beispiel Westküste und Elbmarsch, sind alle Speichergesteine von Salzwasser erfüllt. In diesen ungeeigneten Gebieten Unkundige erneut bohren und somit Geld sinnlos verschwenden zu lassen, soll und kann weitgehend verhindert werden. Auch können aus den gemachten Erfahrungen heraus häufig schon vor dem Niederbringen der Bohrung Angaben über die zu erwartende Menge und über die Beschaffenheit des Wassers gemacht werden.

Seitdem aber E. Dittmer an der Westküste und für die östlichen Teile unseres Landes A. Johannsen die Grundwasser-Verhältnisse im einzelnen verfolgt haben – vorher waren nur Übersichtskarten veröffentlicht, die allzu schnell überholt waren – , ist die Zeit nicht fern, wo die Grundwasser-Verhältnisse genauso gut bekannt sein werden, wie seit langem in Hamburg und Umgebung durch die Arbeiten von C. GOTTSCHE und E. KOCH. Für Lübeck ist es seit kurzem der Fall (A. JOHANNSEN).

Gewinnung des Grundwassers

Die bodenständige Wasserversorgung in Marsch und Geest ist heute sehr verschieden. Sie war es ursprünglich nicht. Quellen werden nur selten gefaßt und genützt. Kammern, in denen Quellwasser aufgefangen wird, werden daher selten angetroffen; ebenso Quellteiche. Solche finden sich am Dieksee unterhalb des Holm, bei Klein-Flintbek oberhalb der Eisenbahn. Wo Quellen fehlen, wurde das Trinkwasser früher Bächen und Seen entnommen. Deswegen werden vorgeschichtliche Siedlungen besonders an den Ufern solcher Gewässer angetroffen. Als sich der Mensch als Ackerbauer abseits der offenen Gewässer bevorzugt in sandigen Gebieten niederließ, mußte er zur Wassergewinnung aus Schacht- oder Kessel-Brunnen übergehen. Zu Tausenden wurden sie im Laufe der Zeit in Geest und Marsch angelegt, bis zu unseren Tagen hin. Sie sammeln das in die oberen Bodenschichten eingedrungene Sickerwasser. Da dies auf natürliche Weise filtriert wird, genügt es bei Sauberhaltung des Brunnens und seiner Umgebung noch heute den hygienischen Anforderungen. Auch in lehmigen Schichten sickert so viel Wasser zusammen, daß zumeist der Bedarf einer Hofstelle daraus befriedigt werden kann. Anfangs wurden die Kesselbrunnen mit Holzrahmen und Feldsteinen, später mit Ziegeln und heute mit Zement-Ringen ausgekleidet. Aber in der Marsch war das Holz zu kostspielig. Hier wurden daher die Kesselbrunnen mit Gras- oder zumeist Torf-Soden meisterlich aufgesetzt. Die zahlreichen Brunnenringe, die das Meer im Watt in unseren Tagen wieder freispült, zeigen aber nicht nur dies, sondern sie bezeugen, daß die Schmelzwassersande unter den Marsch- und Watt-Ablagerungen damals von Süßwasser erfüllt waren.

Erst in den letzten Jahrhunderten ist das Süßwasser dort vom Salzwasser verdrängt worden.

Die Bevölkerung war nunmehr auf den Halligen auf Regenwasser der Zisternen, in den Marschen auf Teiche und Gräben angewiesen. Dieser Zustand dauerte in der Marsch fast bis heute an. In unseren Tagen aber sucht man dem abzuhelfen durch staatlich geförderte Wasserversorgungs-Verbände, die aus Bohrbrunnen der Geest einwandfreies Wasser in die Marschen liefern.

Auf der Geest gab es vom Mittelalter bis in die Neuzeit auch in den Städten überwiegend Schachtbrunnen. Neben ihnen lagen Abort-Gruben und Abfall-Plätze. Bei grobsandig oder gar kiesigen Wasserspeichern bestand somit die Möglichkeit, daß sich Seuchenkeime schnell verbreiteten. Weil das oberste, das Sickerwasser-Stockwerk, so leicht verunreinigt wird, werden seit rund 100 Jahren die tieferen Grundwasser-Vorkommen durch Bohrbrunnen erschlossen. Sie liefern natürlich-gefiltertes Wasser von gleichbleibend 8 Grad Celsius. Diese Temperatur entspricht dem Jahresmittel der Lufttemperatur unserer Gegend. Die Temperatur des Grundwassers ist im Winter also höher als die des Wassers aus Teichen und Bächen und im Sommer erfreulich niedrig. Die Bohrverfahren sind heute sehr vervollkommnet. Geeignete Filter von großen Längen gestatten auch aus feinkörnigen Sanden erhebliche Wassermengen zu entnehmen.

Als Beispiel eines modernen Brunnens sei über einen der Bohrbrunnen des Wasserwerks Flensburg berichtet. Er liegt nördlich des Ostseebads und wenig höher als der Meeresspiegel.

Bohrprofil	– 25 m Diluvium	
	– 72 m Obermiozäner Glimmerton	
	– 97 m Grob= und Feinsand	Miozän
	– 101 m Braunkohle fest	Miozän
	– 180 m Fein= und Mittelsand	Miozän

Durch die Braunkohle=Lage waren die oberen miozänen Sande nicht hinreichend ergiebig. Es wurde daher ein Filter aus geschlitztem Kupferrohr von 110–172 m Tiefe eingebaut. Um den Filter wurde Quarzkies in Form eines Zylinders von 37 cm Breite geschüttet. In ihm wird das Korn von innen nach außen feiner, um den Feinsand vom Filter fernzuhalten. Eine Ver=mengung des Wassers aus tertiären und diluvialen Schichten wird unterbunden durch eine 10 m lange Dichtung, die in Höhe der Basis des miozänen Glimmertons angebracht ist. Das Wasser ist artesisch gespannt. Es steigt bis 15 m über Flur. Der Brunnen soll bis 150 m^3 in der Minute liefern. Das Wasser entstammt also nicht einer „Ader", sondern aus den winzigen Poren wassererfüllter Sande, hauptsächlich von Feinsand. Um die benötigte Wassermenge, bis 150 000 l in der Minute, zu erhalten, ist ein 62 m langes Filter erforderlich.

Absenkungs=Trichter

Entnimmt ein Bohrbrunnen dem Untergrunde Wasser, so kann dies infolge der geringen Fließgeschwindigkeit des Grundwassers nicht sofort ergänzt werden. Der Wasserstand im Brunnen sinkt daher. Das von der Seite her in den Poren nachfließende Wasser wird nach unten zum neuen Grundwasserspiegel abgelenkt. Je näher dem Brunnen, um so steiler wird die Bahn der Wasserteilchen. An Stelle des vorher nahezu ebenen Grundwasserspiegels ent=steht um den Brunnen der Absenkungs=Trichter. Dessen Querschnitt ergibt die Absenkungs=Kurve. Nach längerem Pumpversuch ermöglicht deren Verlauf die höchste Leistungsfähigkeit des Brunnens oder zutreffender des eingebauten Filters zu erkennen.

Diese Filter reinigen das Grundwasser nicht etwa von Verschmutzung, sondern verhindern, daß Sand feineren Korns in den Brunnen hineingespült oder gesogen wird. Solche Filter be=stehen aus konzentrischen Kieslagen, deren Korngröße von außen nach innen zunimmt, aus Kupfer=Sieben, oder solchen aus Porzellan, Holz oder neuerdings Kunststoff.

Bei Grundwasser=Absenkungen für Bauten entstehen entsprechend breite Absenkungs=Trichter. So betrug beim Bau der Eider=Abdämmung zu Nordfeld der Durchmesser des Trichters 3,5–4 km. In 1316 m Entfernung war der Grundwasserspiegel um 1,0 m gesenkt (C. Magens 1939).

Natürliche Schwankungen des Grundwasserstandes

Außer der langfristigen, vom Menschen beeinflußten Senkung des Grundwasserstandes schwankt dieser jährlich und mehrjährig entsprechend den Unterschieden in der Höhe der Niederschläge. Für die beiden oberflächlich zu= und abflußlosen Grundwasserseen Garrensee und Pinnsee in Lauenburg hat H. Thienemann 1932 über derartige Schwankungen und deren Folgen berichtet.

Auf Fehmarn betrug die Menge des Niederschlags

1958	579,8 cm.
1959	344,8 cm.

Da auf der Insel nur im obersten, dem Sickerwasser=Stockwerk, Grundwasser vorkommt und dieses 1959 bald erschöpft war, waren die Brunnen der Gehöfte und Dörfer bis auf wenige versiegt.

Verunreinigung des Grundwassers

Organogen verunreinigtes Wasser (Jauche, häusliche Abwässer) kann der Boden bis zu einem bestimmten Umfang durch Filtern und biologischen Abbau verarbeiten. Jene Abwässer verunreinigen das Grundwasser im allgemeinen also nicht. Industrie=Abwässer und dauernde Verschmutzung durchlässiger Schichten durch Industrie=Abfälle oder Groß=Abfallhaufen der Städte aber können das Grundwasser schwerwiegend verunreinigen. Bei derartiger Belastung des Grundwassers wird künftig mehr als bisher die Einwirkung verfolgt werden müssen.

Besondere Aufmerksamkeit verdient oberflächennahes Grundwasser zu Zeiten der Dürre. Trockne Sommer wie 1911, 1928, 1936, 1959 lassen die Oberfläche des Grundwassers absinken. Auch bei uns tritt dann ein, was vom Rande der Wüsten bekannt ist: Abgabe von Wasser aus den Bachläufen in den Untergrund. Wenn das Wasser unserer fließenden Gewässer noch sauber wäre, so käme diesem Vorgang nur theoretisches Interesse zu. Bei der hohen Verunreinigung mancher großer und kleiner Wasserläufe kann diese zumeist nicht beachtete Umkehr des gewohnten Ablaufes in hygienischer wie wirtschaftlicher Hinsicht unangenehme Folgen haben. So erhielt im Spätsommer 1936 eine im Störtal gelegene Fleischkonserven=Fabrik ihre Ware in großem Umfang wegen mangelnder Keimfreiheit zurück. Nachdem der Zustand trotz Bemühens der Fachleute nicht zu beseitigen war, wurde ein Geologe wegen des Wassers befragt. Befund: Bohrbrunnen in Schmelzwassersanden von 16 m Tiefe. Aber der Geologe hatte beobachtet, daß der den Ortsteil durchziehende Bach in jenem Jahre trockenlag und nur bei Tidehochwasser von der stark verunreinigten Stör her Wasser in ihm zeitweise bergwärts lief. In dem leeren Bachbett versickerten zugeführte Abwässer, stundenweise aber das verschmutzte Störwasser. Der Brunnen jener Fabrik stand wenige Meter von jenem Bach entfernt. Der Gedanke lag nahe, daß der stark beanspruchte Brunnen mit seinem Absenkungstrichter bis unter den Bach reichte und erhebliche Mengen Abwassers ansog. Damit war statt Reinigung Infektion von Fleisch, Maschinen und Konservendosen eingetreten. Der Geologe fragte den Besitzer, ob nicht das gleiche wirtschaftliche Unglück in den trocknen Sommern der Jahre 1911 und 1928 eingetreten sei. Jener bejahte erstaunt. Bezug einwandfreien Wassers behob sofort den Schaden.

Wichtige Grundwasserwerke

Die Lagerung der Trinkwasser führenden Schichten ist ± stark gestört, die der jungtertiären durch Salzaufbrüche, diejenige der eiszeitlichen durch den Schub vorrückender Eisfronten. Es war daher früher vielenorts unmöglich, über die Wasserführung des Untergrundes im voraus Angaben zu machen. Zunächst das langjährige Sammeln und Auswerten der Bohrergebnisse durch E. Koch für Hamburg und Umgegend, E. Dittmer an der Westküste und A. Johannsen im Osten unseres Landes und dazu die durch die geophysikalischen Untersuchungen für große Räume aufgezeigte Lagerung der präquartären Schichten hat es möglich gemacht, Eigenschaften und Verbreitung der Grundwasser=Speicher schon vor Niederbringen einer Bohrung weitgehend zutreffend zu beurteilen. Förderung durch die Wasserwirtschaftstelle der Landesregierung hat hierbei geholfen. Hieraus erklärt sich die im letzten Jahrzehnt so verbreitet durchgeführte Trinkwasser=Versorgung ländlicher Gebiete aus zum Teil überraschend gelegenen Grundwasserwerken. Einige wichtige jüngere und ältere Wasserwerke seien nachstehend angeführt.

Kieler Wasserwerke

1. Neumühlen=Dietrichsdorf 6 Brunnen, Cl=Gehalt 40–64 mg/l.

2. Gaarden 17 Kesselbrunnen, 6–8 m tief, veraltet.

3. Schwentine=Tal seit 1905 (? 1910)
   20 Brunnen mit Filtern bei 12–20 m Tiefe
   Geologisches Profil: Oberer Geschiebemergel – 18,76 m
   kiesiger Sand = Wasserspeicher 11–30 m
   Unterer Geschiebemergel
   3 Tiefbrunnen bis 110 m tief entnehmen Wasser aus den miozänen Braunkohlensanden; Gehalt an NaCl bis 700 mg/l
   Härte des Wassers i. M. 13,5
   Cl=Gehalt des gelieferten Wassers 18–128 mg/l. 1949 i. M. 60 mg/l

   Die Verarbeitung des Rohwassers zum Reinwasser (siehe Tab. S. 315) umfaßt: Zunächst Verspritzen des Wassers, um Sauerstoff aus der Luft aufzunehmen, wodurch das gelöste Eisen ausgeflockt wird. Zum gleichen Zweck passiert das Wasser eine 2 m mächtige Lage von Koks. Darunter weilt es eine Stunde im Absitz=Becken. Alsdann läuft es, um von den restlichen Eisen= und Mangan=Hydroxyd=Flocken befreit zu werden, durch Schnellfilter aus 1,8 m Sand von Korngröße 1,2–3 mm. Das derart zubereitete Wasser enthält 1–2 Keime je ccm, d. h. es ist keimfrei.
   Das Wasser wird in einen Erdbehälter in dem 58 m + NN erreichenden Heidberg zu Elmschenhagen gepumpt. Von dort läuft es durch die Stadt in den Erdbehälter auf dem Ravensberg. Ein Teil dieses Wassers wird nachts in den Hochbehälter auf dem Ravensberg gepumpt, von dem die hoch gelegenen Teile Kiels versorgt werden.
   Bei der geringen Temperatur von etwa 14 Grad C im Zapfhahn ist das ausschließlich aus Grundwasser entnommene Kieler Leitungswasser ein Genuß für denjenigen, der aus Städten mit gechlortem Leitungswasser kommt.

4. Schulensee seit 1889
   Im Schulensee und dem Nachbargelände zwei Galerien von 20 und 69 Bohrbrunnen, davon einige bis 70 m tief. Cl=Gehalt i. M. 17 mg/l.
   Geologisches Profil der Bohrung 60: – 3,6 m Oberer Geschiebemergel
   – 64,0 m kiesiger Sand = Wasserspeicher
   – 70,0 m Unterer Geschiebemergel

5. Wik 2 Flach= und ein Tief=Brunnen, der aus miocänen Braunkohlensanden in 142–189 m Tiefe das Wasser entnimmt.

6. Pries 3–4 Flachbrunnen, deren Filter bei 11,50–18,00 m Tiefe stehen, liefern reichlich gutes Wasser. Über weitere moderne Wasserwerke unseres Landes berichtet die Übersicht auf S. 323.

Mineralwässer

Salzwasser tritt in Quellen um Oldesloe und bei Tralau aus. Im Brenner Moor bei Oldesloe gedeiht eine reiche Salzflora (A. Thienemann 1925/26). In beiden Ortschaften bestanden früher Salinen (P. Friedrich 1917). Auch zu Wotersen, Kreis Lauenburg, wurde früher aus einer Solquelle Kochsalz gewonnen. Zahlreiche andere Vorkommen ± salzhaltigen Wassers und ebenso auf Salz hinweisende Ortsnamen haben seit langem die Aufmerksamkeit der Geologen auf sich gezogen (M. W. Fack 1886, R. Struck 1909, S. 23, P. Friedrich

1917). Seitdem die weite Verbreitung von Salzstrukturen und Salzkissen und das örtliche Aufdringen von Steinsalz=führenden Gesteinen bis dicht unter die Erdoberfläche bekannt ist und seitdem erkannt ist, daß salzhaltiges Grundwasser nur durch die Süßwasserkalotten unter NN herabgedrückt wird, ist das Auftreten von Solen in den tieferen Bohrungen nicht mehr so überraschend wie vor 90 bis 50 Jahren.

Als zu Schwartau 1895 eine 3½prozentige Salzsohle erbohrt wurde, ward der Ort zum Bad. 1901 und 1906 wurden zwei weitere Bohrungen niedergebracht, gleichfalls um heil=kräftiges Wasser zu gewinnen (P. Friedrich 1917, S. 120). Ein Gehalt von 0,004 g/l an Jod=natrium soll das Wasser besonders wertvoll machen. Es entstammt Glaukonitsanden des Ober=Eozäns in rund 300 m Tiefe, also dem obersten Teil des von dem mitteloligozänen Tonlager gegen oben abgedichteten salzhaltigen Grundwassers. Der Jodgehalt dürfte auf die marine Herkunft des Speichergesteins und die geringe Grundwasserbewegung zurück=zuführen sein.

Zu Segeberg wurde 1869 Steinsalz erbohrt. Anschließende Versuche, es bergmännisch zu gewinnen, scheiterten. Man vermochte des Wassers nicht Herr zu werden, das 1871 in den ersten Schacht bei 88 m, 1875 im zweiten bei 126 m Tiefe einbrach. Der Salzspiegel oben auf der Salzstruktur war durchstoßen. Entsprechend ist die sich in den Schächten sammelnde Sole nahezu gesättigt. Sie wird seit 1883 verdünnt zu Heilzwecken (27 % NaCl; 0,17 g/l Bromkali) verwandt. Für uns heute ungleich besser Unterrichteten ist die Reihe der damals beim Ab=teufen und Auspumpen der Schächte getroffenen Maßnahmen amüsant zu lesen (P. Fried=rich 1909). Die beiden Schächte befanden sich dort, wo heute die Sitzreihen des Freiluft=Theaters emporsteigen. Sie wurden bei dessen Bau zugeschüttet (Taf. 50).

Mineralbrunnen zu besitzen rühmt sich ferner St. Peter=Ording. Hier wurde 1959 in 60 bis 70 m Tiefe in schluffig=sandigen Ablagerungen zwischen zwei Geschiebemergeln eine 2,2prozentige Sole mit dem ausnehmend hohen Gehalt von 60 mg/l Schwefel erbohrt. Der H_2S=Gehalt ist auf den Abbau organischer Substanz zurückzuführen. Nach Auffassung der Herren Dres. Johannsen und Bach vom Geologischen Landesamt weist die chemische Zu=sammensetzung der Sole auf ein Gemisch von Meeres= und Süßwasser zu gleichen Anteilen hin. Der H_2S=Gehalt kann von noch unbekannten organischen Ablagerungen, in denen SO_4=haltiges Wasser Sauerstoff abgeben mußte, hergeleitet werden. Ob dies Sulfat=haltige Wasser von der Salzstruktur Westerhever stammt und ob nicht alluviale, sondern ältere, am Rande der Salzstruktur aufgeschleppte, organische Absätze das Sulfat zu H_2S reduziert haben, ist noch nicht zu übersehen.

Auf ein Verdunsten Sulfat=haltigen Wassers weisen die in „Torfen" (W. Wetzel 1958, S. 53) und in Kiesen (J. Gerlof 1941) angetroffenen Gipskristalle hin.

Grundwasser in der Segeberger Höhle

Früher nahm man an, das Würmeis hätte zu Segeberg einen damals schon vorhandenen Gipsberg sicherlich abgetragen. Seitdem aber H. Illies 1955, S. 13, den nahen Klingenberg als Nunatak, das heißt als vom Eise umflossen erkannt hat, ist derartiges für den Gipsberg auch anzunehmen. Demnach ragt der Gipsberg möglicherweise schon seit Ende der Rißzeit auf. Aber da der Berg durch Einstürze und menschliche Tätigkeit entstellt ist, sind Spuren der Vereisung nicht mehr zu erkennen. Die Höhle selber ist abhängig vom Kleinen Sege=berger See. Da dieser jung sein dürfte, ist auch die Höhle als jung anzusehen. Ihre Formen gewähren einen guten Einblick in das labile Verhalten des Grundwassers.

Die Höhle ist eine Laughöhle, da Gips=lösendes Wasser in die Klüfte eindrang und deren Wände anlaugte (Taf. 49). Lösendes Wasser war teils auf den Klüften eingesickertes

Vasserwerk	Versorgungs-bereich	Zahl der Bohrbrunnen	Wasser-speicher: Miozän	Pliozän	Diluvium	Alluvium	Lage der Filter unter Gelände in m	ob gespanntes Wasser	tägliche Förderung in m³	Bemerkungen
ningstedt	Kr. Südtondern West	10			+		30–45	+	6 000	
dstedt	Bredstedt	5			+		28–40	+	1 200	
nderup-Frörupfeld -Jägerkrug	Kr. Husum-Nord westl. Kr. Flens-burg, östl. Kr. Süd-Tondern	5			+		120–140	+	12 000	aus mit diluvialen Sanden erfüllter, in tieferes Miozän eingeschnittener Rinne
ısum	Ort u. Umgegend u. Nordstrand	14			+		30–60	—	bis 6 800	
enhörn	Tönning	5			+		30–45	+	800	
trum	Kr. Eiderstedt	16	+				70–120		6 000	neben diluvialer Rinne; Erweiterung vor-gesehen
le	Ort u. Eider-Niederung	5		+			50–90	+		in Ausbau
den	Kr. Norder-Dithmarschen West	20		+			50–90	+	6 000	
de	Heide			+			50–80	+	4 500	
dhastedt	DEA	7		+			50–90	+	6 000	
derade	Kr. Süder-Dithmarschen West	13			+		70–120	+	12 000	diluviale Rinne im Kaolinsand
len	Brunsbüttelkoog	13			+		30–50	+	4 000	Erweiterung vorgesehen
ve	Wilstermarsch				+			+	4 000	in Ausbau
stmühle	Kremper Marsch	8			+		28–45	+	4 500	
eldorf	Hamburg	160			+	+			36 000	Hamburgs Bedarf: 340 000 m³ täglich
ßensee	Hamburg		+						16 000	z. T. aus dem Großensee entnommen
esloe	Oldesloe	2		+			58–100	—	7 500	benachbarte Brunnen wegen Zunahme von NaCl oder Humin-Gehalt aufgegeben
esloe	Oldesloe	2			+		17–30	+	10 000	zwischen zwei Lagen von Geschiebemergel
ımünster	Neumünster	13			+		22–80		11 000	
hoe Tonkuhle	Itzehoe	3			+		18–32		4 000 bis 6 000	
hoe-Twidtbergen	Itzehoe	2			+		60–77			
ernförde	Eckernförde	6			+		20–60		2 700	
leswig altes Werk	Schleswig	5			+		8–75 70–90		1 800	
leswig neues Werk	Schleswig	2			+		–65		1 100	
ısburg-Wassersleben	Flensburg	15	+				130–180 200–234	+	je Brunnen 3 600 bis 5 000	artesisch bis 11 m über Gelände

Regenwasser, das auf dem gipshaltigen, also schwereren Grundwasser schwamm, teils aber Grundwasser, das von der Seite her zuströmte, wo immer das schwerere gipshaltige Wasser am Rande des Berges in die Tiefe des umgebenden Grundwassers, zum Beispiel des über 10 m tiefen Kleinen Segeberger Sees, absank.

Bei dem dreieckigen Querschnitt der Gänge entspricht die waagerechte Decke dem Spiegel des gipslösenden Wassers. Die Schnittlinie der geneigten Seitenwände mit der nach unten sich fortsetzenden primären Kluft aber zeigt auf, in welcher geringen Tiefe das Grundwasser an $CaSO_4$ gesättigt, also nicht mehr lösungsfähig war (Taf. 49 Fig. 1). In der Höhle beobachten wir kleine und große dreieckige Querschnitte der Gänge. Jeder zeugt von einem besonderen Teilkreislauf im Grundwasser. Ein jeder Querschnitt zeigt durch seine tiefste Stelle die Tiefenlage des Ablaufes gesättigten Wassers an. In dem Maße wie dieses überlief und infolge seiner höheren Dichte in das den Berg umgebende Grundwasser absank, wurde an dessen Spiegel frisches lösungsfähiges Wasser nachgezogen, bei kleinem Querschnitt aus benachbarten, insbesondere größeren Klüften. Diese aber erhielten einen Teil ihres seitlichen oberflächlichen Zuflusses vom Kleinen Segeberger See. Dessen Spiegel, höher gelegen als der Boden mancher Teile der Höhle, und vor allem Schalen von Süßwassermollusken, weisen auf diese Verbindung hin. Man nimmt an, daß der Schlamm jenes Sees die Verbindungsgänge verstopft habe, nicht etwa ungleiche Bewegungen im Gipsfels. Solche sind nachgewiesen (J. Hagel 1958), würden aber kaum mehrere Verbindungswege gleichzeitig geschlossen haben. Jedenfalls bestand, als die Höhle ausgelaugt wurde, eine Unzahl kleiner und großer Teilkreisläufe im Grundwasser, von denen fast jeder seine Kluft, auch vom Wasser her gesehen, unter anderen Bedingungen lösend erweiterte.

Eine 1963 mit Unterstützung des Magistrats von der Eisdecke des Kleinen Segeberger Sees niedergebrachte Bohrung ergab:

ursprüngliche Tiefe der Senke mit dem See 27 m,
älteste Ablagerung darin Bruchwaldtorf, der nach der Pollenanalyse um 3500 vor Chr. entstand.

Der Kleine Segeberger See dürfte danach eine durch Lösen von Steinsalz langsam eingesunkene Doline sein. Die Höhle aber entstand von dem Zeitpunkt an, da sich offenes Wasser in dieser Doline sammelte, also seit rund 5000 Jahren (K. Gripp 1963).

Zur Geschichte des Grundwassers

Bei der Deutung des tieferen süßen Grundwassers ist dessen Geschichte zu beachten.

Während der Würm-Vereisung lagen die Küsten nördlich der Dogger-Bank und der Belte. Damals herrschte auf dem entsprechend größeren Festland Dauerfrostboden. Auch wenn dessen größte Mächtigkeit noch unbekannt ist, erscheint es durch sein Vorhandensein zunächst ungewiß, ob das salzene Grundwasser der Küsten-Region des Eem-Meeres mit dem Sinken des Meeresspiegels ablaufen und durch Süßwasser ersetzt werden konnte. Salziges Grundwasser würde die Bildung des Frostbodens verhindert haben. Da der Meeresspiegel schon sank, als die Anhäufung von Eis auf den polnahen Festländern noch im Anfang war, wird der Meeresspiegel schneller als die Unterfläche des Frostbodens tiefer zu liegen gekommen sein. Es kann also Süßwasser durchaus das salzige Grundwasser ersetzt haben.

Selbst während des Hochstadiums der Bildung von Frostboden wird süßes Grundwasser in den Untergrund der Cimbrischen Halbinsel eingedrungen sein. Denn unterhalb des vereisten Gebietes fehlte gefrorener Boden, und Schmelzwasser war am Grunde des Eises reichlich vorhanden. Auch aus diesem Grunde dürfen wir mit weitgehendem Schwund des eemzeitlichen salzenen Grundwassers rechnen.

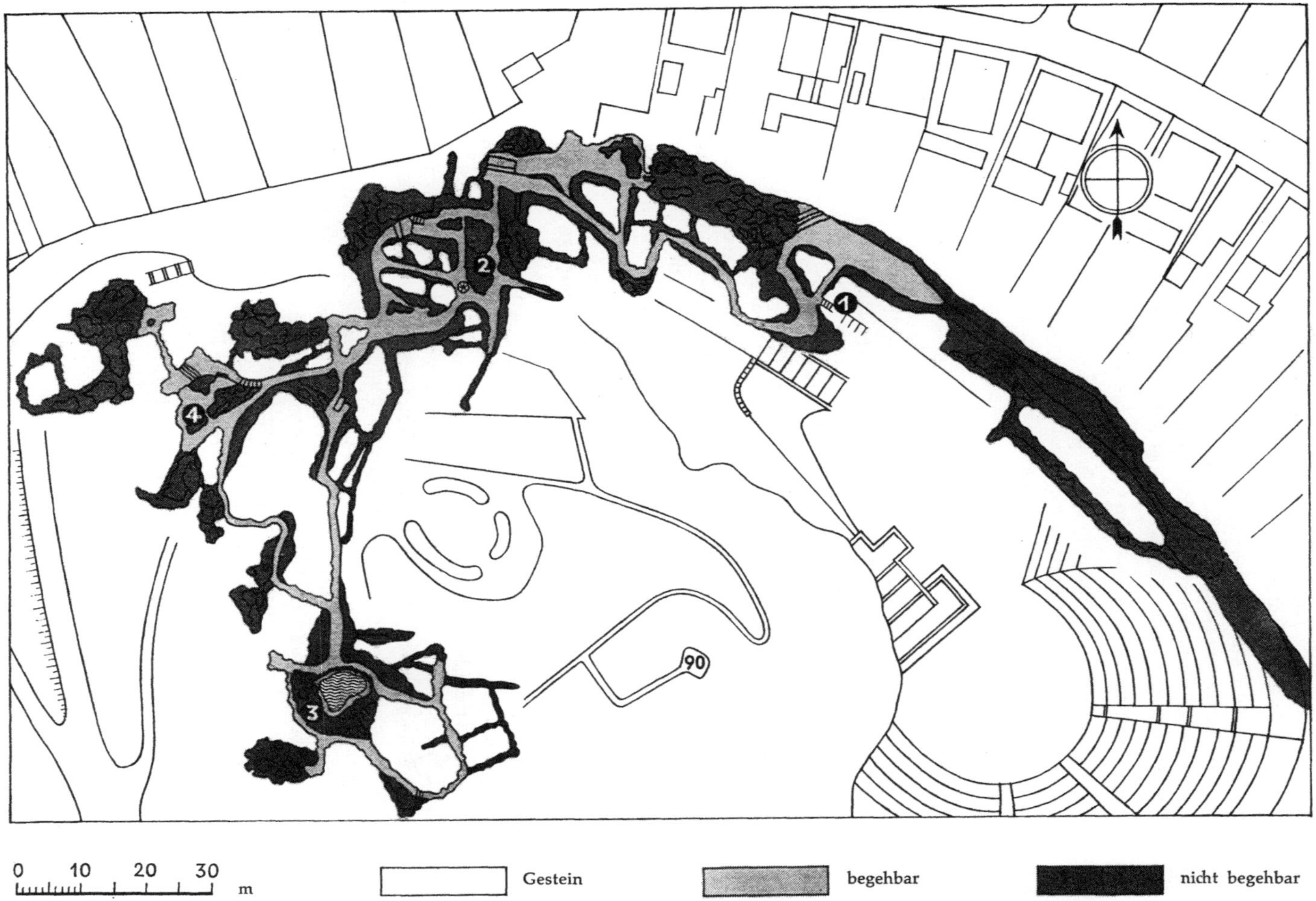

Abb. 62 Plan der Höhle im Gipsberg zu Segeberg nach einer Vorlage des Katasteramtes Bad Segeberg 1951
1 Eingang 2 Säulenhalle 3 künstlicher See 4 Barbarossa=Halle, über der das Bergschlößchen liegt 90 Gipfel des Kalkberges

Als das postglaziale Jade-Meer wiederkehrte, hat es im Überflutungsbereich und dem angrenzenden Lande in dem Maße, wie es anstieg,

a) in durchlässigen Ablagerungen, die irgendwie mit der Erdoberfläche in Verbindung standen, das Süßwasser verdrängt. Bei enger Verbindung mit der Erdoberfläche konnten, besonders nach schnellem Anstieg des Meeresspiegels, am Grunde des küstenahen Meeres Süßwasserquellen von beschränkter Dauer auftreten (Riß-Sand unter Eem-Ton);

b) gegen oben und zur Seite des Meeres hin geschlossene Süßwasserkörper umflossen;

c) seit der Eem-Zeit durch Beckentone oder Grundmoräne abgedichtete Wasserspeicher nicht wieder mit Salzwasser erfüllen können, also fossiles Wasser bewahrt.

Es entsprechen somit nicht alle Süßwasser-Vorkommen unbedingt rezenten Süßwasser-Kalotten.

2. *Erdöl*

In Hemmingstedt bei Heide wurde im Jahre 1856 beim Ausschachten eines Brunnens erstmalig durch Asphalt verkitteter Diluvialsand in 7 m Tiefe angetroffen. Dieser wurde daraufhin im Tagebau abgebaut und Öl daraus destilliert. 1869 erfaßte die erste Bohrung in fast 30 m Tiefe Schreibkreide, deren Poren mit Erdöl erfüllt waren. Dadurch wies das Gestein eine dunkelbraune Farbe auf. Der hohe Gehalt an Erdöl (bis 40 % des Raumes = 21 Gewichtsprozente) erweckte Hoffnung. Nach vergeblichen Versuchen aus Bohrlöchern Erdöl zu gewinnen, ging man zur bergmännischen Förderung der Erdölkreide über. Der bis 80 m Tiefe erreichende unterirdische Abbau wurde 1921 bis 1944 betrieben. Der Abbau der Kreide erwies sich jedoch, trotz des großen darin enthaltenen Vorrates an Erdöl, als unrentabel. Einmal ist es zu kostspielig, das in den engen Poren von der Kreide zurückgehaltene Erdöl von dieser zu trennen, zum anderen ist der Bergbau in ölhaltiger Kreide gefährlich. Der Ölgehalt des Gesteins erleichtert plötzliche unberechenbare Einbrüche des Gesteins. Aus diesen Gründen wurde die während des letzten Krieges zerbombte Schachtanlage nicht wieder in Betrieb genommen.

Inzwischen waren auch günstigere Erdölvorkommen im Lande erschlossen. Hierzu verhalfen wissenschaftliche wie organisatorische Neuerungen. Schleswig-Holsteins Untergrund wurde seit 1934 durch die geophysikalische Reichsaufnahme erkundet. In den vorhergehenden 15 Jahren waren die geophysikalischen Verfahren erfunden und so weit ausgebaut, daß es nunmehr möglich war, die Lagerung der Schichten bis in mehrere 1000 m Tiefe zu erkennen, bevor kostspielige Bohrungen angesetzt wurden.

In organisatorischer Hinsicht wurde 1934 der Besitz gewisser Bodenschätze auch in Preußen durch ein modernes Gesetz vom Grundeigentümer auf den Staat übertragen. Dieser seinerseits überließ bestimmte Gebiete als Konzessionen an geeignete Erwerbsgesellschaften zur Ausbeutung. Erst hiernach waren großzügige Unternehmen zur Erdölsuche möglich.

An dieser Stelle wäre ein Kärtchen erforderlich, das angibt, wie die Erdölkonzessionen in unserem Lande begrenzt sind, welche Einzelfirmen oder Konsortien sie erhalten haben. Aber das Oberbergamt und ihm folgend das Wirtschaftsministerium haben sich „aus juristischen Gründen" geweigert, ein solches Kärtchen zum Abdruck zur Verfügung zu stellen. In dieser Hinsicht steht das Land Schleswig-Holstein also hinter Ländern wie Tunis, Libyen und anderen, von denen mir entsprechende Kärtchen vorliegen, zurück.

Erdöl=Tabelle

Name des Feldes	Beginn der Förderung	Erdölführende Schicht	Art der Lagerstätte	Teufe	Förderung in t					
					1955	1958	1959	1960	1961	1962
Heide, Rickelshof bis Meldorf und Elpersbüttel	1935	Karrenbildung des Zech=steinkalk. Schutt der Unter=kreide aus Rotliegend, Zechstein, Keuper, Lias auf dem Salzstock	Caprock	70– 1 450 m	78 843	72 470	65 448	48 259	39 211	36 218
Heide= Tief West=flanke des Salz=stockes, Hohen=wöhrden	1952	Dogger Beta, Gamma und Wealden unter Hauterive	Flanke	1 650– 2 200						
Boostedt und Plön	1952 1953	Dogger Beta unter Alb	Struktur=Flanke	1 700– 2 000	109 635 61 101	130 368 45 362	126 627 41 425	125 709 32 996	122 097 26 905	108 702 23 214
Bramstedt	1954	Dogger Gamma und Delta	Struktur=Flanke Transgres=sions=L.	1 900– 2 000	38 610	112 492	90 624	66 364	54 983	46 221
Kiel	1955	Dogger Beta unter Hauterive=Alb Horizont	äußere Flanke Transgres=sions=L.	1 600– 1 750	2 665	15 015	13 551	11 002	8 890	7 689
Schwedeneck	1956	Dogger Beta	Struktur=Flanke	1 500	–	20 715	36 841	54 588	53 144	51 004
Warnau	1957	Dogger Beta	Struktur=Flanke	2 400	–	2 069	1 419	1 422	2 006	1 732
Plön=Ost	1958	Dogger Beta	äußere Flanke Transgres=sions=L.	2 650– 2 800	–	766	28 144	87 959	163 755	239 732
Reitbrook	1937	Obere Kreide	Kluft=Lagerstätte	700– 800	60 155	48 060	45 720	45 056	44 924	42 526
Reitbrook=West	1960	Dogger Beta unter Apt	Struktur=Flanke	1 850	–	–	–	16 922	76 622	171 700
Preetz	1962	Dogger Beta	äußere Flanke Transgres=sions=L.	2 540	–	–	–	–	–	15 171
Gesamtförderung nach Malzahn und Pfefferkorn					351 159	447 317	479 781	490 297	592 537	743 309

Diese wissenschaftlichen und organisatorischen Fortschritte, aber auch der Mut zu tieferen Bohrungen, verhalfen zum Erfolg:

1935	Reichsbohrung Holstein 2	510 m tief	erste erdölfündige Bohrung
1952	Hohenwöhrden 2	2200 m tief	erstmalig Erdöl in Doggersand=stein an der tiefen Flanke eines Salzstocks
1958	Plön=Ost	2650 m tief	reiches Erdöl=Vorkommen in Doggersandstein auf der dem Salzstock fernen Flanke des Jura=Troges

Weitere Auskunft über die Erdölfelder in Schleswig=Holstein gibt die Tabelle auf S. 327.

Da der tiefere Untergrund unseres Landes durch die geophysikalischen Untersuchungen und dadurch gelenkte Bohrungen gut bekannt geworden ist, läßt sich hier die Entstehung von Erdöllagern ableiten. Zunächst stellen wir fest, es finden sich in Schleswig=Holstein, dort wo Jura=Schichten fehlen, keine produktiven Erdöllager. Somit fallen die ostholsteinische und die westschleswigsche Scholle aus. Mit aus diesem Grunde und weil die Basis des Zech=steins hier höher liegt als auf der Mittelscholle mit den langen Salzstrukturen, wird hier in den letzten Jahren der tiefere Rohbitumenbereich des Zechsteins auf seinen technischen Wert untersucht. Da dieses ältere Mutterlager bisher noch unproduktiv geblieben ist, haben wir uns nachstehend nur mit dem jüngeren, dem jurassischen Lager von Urbitumen und den daraus hervorgegangenen Erdöllagerstätten zu befassen.

In den Trögen, die durch das Abwandern von Salz beiderseits der Salzschwellen ein=sanken, stand das Lias=Meer. Besonders zur Zeit des Lias Epsilon waren die verhältnismäßig schmalen Meeresarme so wenig durchlüftet, daß die an deren Grunde reichlich anfallende organische Substanz von kleinen Lebewesen aus Mangel an Sauerstoff nicht abgebaut werden konnte. Eiweißsubstanz blieb in den zahlreichen dünnen Lagen eingeschlossen. Es entstand die in Norddeutschland überraschend mächtige Folge der Posidonienschiefer (siehe S. 48). Sie ist das Rohbitumen= oder Mutterlager aller in unserem Lande, bis hinauf zum Asphaltsand von Hemmingstedt angetroffenen Erdöllagerstätten. Anaerobe Bakterien, die bis mehrere Kilometer Tiefe hinab leben, sind es, die aus Proteinen Bitumen entstehen lassen. In höheren Regionen, also bei geringerer Temperatur und geringerem Druck, ist der Vorgang der Erd=ölbildung gehemmt. Erst bei Tiefen von 2000 m an entsteht flüssiges Erdöl. Infolge des dort herrschenden hohen Druckes sucht es in Gesteine mit geringerem Druck auszuweichen. Über=all, wo Trennflächen nach oben führen, drang es empor. Dies geschah einmal auf den salz=tektonischen Gleitflächen, zum anderen auf Schichtgrenzen. Diese sind neben den Salzflanken steilgestellt und häufig Schichtfuge und Gleitbahn zugleich. Am salzabgewandten Rande der Juratröge liefert auch die Synklinal=Stellung der Schichten dem Erdöl Aufstiegsbahnen (Kiel, Plön=Ost, Pötrau). Erdöl, dem es gelang, bis zur jeweiligen Erdoberfläche aufzudringen, ging verloren oder oxydierte zu Asphalt. Erdöl aber, das eine poröse Schicht antraf, die von undurchlässigen Tonen, zumeist diskordant und transgressiv, überlagert wurde, reicherte sich in jenen Poren unter Verdrängen des Porenwassers an. Das bei dem bakteriellen Abbau des Bitumens entstehende Gas nahm den höchsten Platz ein. Der Porenraum eines Erdöl=lagers wird also von oben nach unten erfüllt von

zusammengepreßtem Erdgas

Erdöl

salzigem Grundwasser, auch Randwasser genannt.

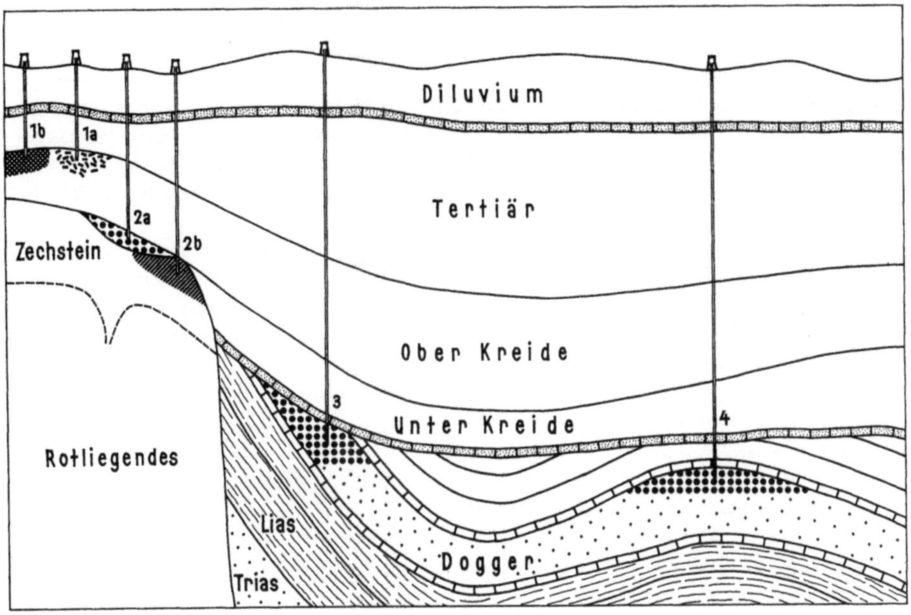

Abb. 63 Schema der Erdöl=Lagerstätten in Schleswig=Holstein

1. Scheitel=Lagerstätten
   a) in den Poren des Deckgebirges
      Heide seit 1856 in 30–150 m Tiefe
      Reitbrook Alttertiär 1934 um 600 m Tiefe
   b) in Klüften der Kreide
      Reitbrook 1937 um 800 m Tiefe
2. Caprock=Lagerstätten
   in Hohlräumen angelösten Zechsteinkalkes Heide
   in Hangschutt aus Rotliegend, Zechstein, Keuper, Lias Heide 1935
   in 70–1450 m Tiefe
3. Flanken= und zugleich Transgressions=Lagerstätten
   Hohenwöhrden Wealden + Dogger 1952
   Boostedt 1952, Plön 1953, Bramstedt 1954, Warnau 1957 } Dogger 1650–1750 m
4. Transgressions=Lagerstätte auf der der Struktur abgewandten Jura=Trogflanke
   Kiel 1955, Plön=Ost 1958, Reitbrook=West 1960, Meckelfeld, Groß=Hamburg } Dogger um 2500 m

Nicht aufgefunden sind in Schleswig=Holstein bislang die ab 1947 in Nord=Hannover als z. T. sehr ergiebig befundenen tiefliegenden Zwischenstrukturen (Beulen, Antiklinalen). Jedoch erhofft man in Schleswig=Holstein Erdgas aus tief gelegenen Zechstein=Beulen (Bohr. Cismar, Schönberg=Hohenfelde, Flensburg Z 1). Allerdings bereitet das in der Tiefe plastische oder als Restlauge vorhandene, beim Aufstieg im Bohrrohr wieder kristallisierende Salzgestein zunächst noch technische Schwierigkeiten. Über Bohr. Hohenfelde siehe S. 331. Die Hoffnung, Erdgas anzutreffen, besteht weiter. Einstweilen wird das aus dem Erdöl im Verhältnis 1:30–40 frei werdende Erdölfeld=Gas gesammelt und in einer Spaltanlage zu Boostedt zu Stadtgas für Hamburg umgearbeitet.

Der Druck des Gases wie des Randwassers treibt das Erdöl zum Bohrloch. Dies erklärt, warum angetroffenes Wasser eine sonst erdölführende Schicht wertlos macht. Porengehalt und Porenart bedingen den Wert der erdölführenden Schicht. Die sehr feinen Poren der Schreibkreide halten das Erdöl, wie erwähnt, allzu fest. Die gröberen Poren gewisser Sandsteine, zumeist im Dogger Beta und seltener im Dogger Gamma, der grobporige Gehängeschutt aus der Zeit der Unterkreide im Erdölfeld Heide und das Kluftsystem in der Oberkreide der Struktur Reitbrook bei Hamburg sind die günstigsten Porenarten der verschiedenen Lagerstätten.

Aus der Lagerung der Schichten in den Jura-Trögen ergab sich, wie erwähnt, deren an den Flanken der Salzstrukturen aufgerichtete Stellung. Wo sie von undurchlässigen Ton-Lagen abgeschnitten werden, entstanden, wie angedeutet, Erdölfallen. Diese sind teils tektonisch, teils stratigraphisch bedingt. Hierher gehören die meisten der schon länger bekannten Erdölfelder unseres Landes.

Die Lagerstätten Kiel, Preetz, Plön-Ost und deren Fortsetzung Boostedt-Ost sowie Pötrau aber erfassen den Dogger-Sandstein dort, wo er unter der undurchlässigen Decke von Tonen der Hauterive- oder Alb-Transgression an der den Salzstrukturen abgewandten Außenflanke der Jura-Tröge ansteigt.

Die erdölführenden Schichten sind nur wenige Meter mächtig. Zum Beispiel der Dogger-Beta-Sandstein zu Boostedt 10 m überdeckt von Alb, Boostedt-Ost 1 5 m überdeckt von Hauterive in 2324 m Tiefe, Pötrau 17 m unter Mittelalb in 1572 m Tiefe. Plön-Ost fördert Erdöl aus Dogger-Beta-Sandstein in 2577–2800 m Tiefe.

Bei derartigen Tiefen das bei steilem Einfallen nur schmale Band erdölhaltigen Sandes mit dem Bohrer zu erfassen, ist eine erstaunliche Leistung. Sie ist erst möglich, nachdem geophysikalische Untersuchungen, besonders seismische, die Schichtenlagerung kennengelehrt haben. Eine erste Bohrung zeigt auf, welcher Art die Schichten sind, deren Lagerungsverhältnisse die Seismik klarlegte. Sind hinreichend poröse, von Tonen gegen oben abgeschirmte Lagen in einer Situation dabei, die eine Erdölführung als möglich erscheinen läßt, so wird durch eine weitere Bohrung geklärt, womit die Poren gefüllt sind. Ist es Wasser, so muß, wenn erfolgversprechend, vom gleichen Bohrloch durch eine abgelenkte Bohrung ein höher gelegener Teil des gleichen Öllagers erfaßt werden. Ist auch der höchste Teil dieser Schicht verwässert, so ist kein Erdöl mehr zu erwarten. Aufgefundenes Gas aber wird durchbohrt und belassen, damit es darunter etwa vorhandenes Erdöl zum Bohrloch drücken kann.

3. *Erdgas*

Erdgas ist das aus der Erde entströmende Gas. Erdölgas fällt bei der Verarbeitung des Erdöls an. Erdgas wird zur Zeit in unserem Lande noch nicht als Heizgas verwertet, sondern ebenso wie Wasser in das Erdöllager gepreßt, um durch erhöhten Druck das Erdöl langsam zu den Bohrlöchern fließen zu lassen. Es wird allerdings erhofft, später in größeren Mengen Erdgas zu fördern. Brennbares Erdgas ist heute wertvoller als Erdöl. Der Erdöl- und Erdgassuche dienen die sehr tiefen Bohrungen, die den Wert der bituminösen plattigen Dolomite des Zechsteins erkunden sollen. Bei Cismar wurden drei Bohrungen bis in den Zechstein hinuntergetrieben. Die dabei auftretenden hohen Drucke von rund 500 atü bereiteten technische Schwierigkeiten. Es konnte daher trotz der Unkosten von 12 Millionen DM bisher kein wirtschaftliches Ergebnis erzielt werden. Die mit gleichem Ziel angesetzten Bohrungen Böxlund mit 3562 m (Anm. 2) und Steinfeld 1 mit 4345 m Gesamttiefe erreichten zwar den Zechstein, wurden jedoch gleichfalls aus bohrtechnischen Gründen erfolglos eingestellt. Die Bohrung Schönberg Z 1 bei Hohenfelde unmittelbar an der Ostseeküste gelegen, erreichte 4227 m

Tiefe. Sie traf erstmalig in Norddeutschland den tieferen Zechstein in situ. Als Erkundungs=bohrung hat sie ihr Ziel erreicht, denn sie traf Erdgas mit einem Druck von 540 atü am Bohr=kopf an. Danach rechnet man mit 1000 atü in der angegebenen Tiefe. Das Bohrloch förderte bislang bei einem Gasausbruch, der durch schwerste Dickspülung schnellstens unterbrochen wurde,

42 m^3 Salzwasser
16 m^3 Naturbenzin
77 000 m^3 Gas, mit 80 % N_2 und im übrigen Methan und höheren Kohlenwasserstoffen.

Auch hier ließ der ungewöhnlich hohe Druck und das Erstarren des in plastischem Zu=stand in dem Bohrloch aufdringenden Salzgesteins eine Ausnutzung bisher nicht zu. Der prak=tische Wert dieser kostspieligen Bohrungen, die einen Bodenschatz erschließen sollten, ist also bislang noch unbekannt.

Erdgas viel jüngeren Alters tritt bisweilen in Flachbohrungen auf, die interglaziale oder durch Marschklei bedeckte Torfe postglazialen Alters angeschnitten haben. Hierbei handelt es sich um Methan=Gas, das bei der Inkohlung der an Pflanzenresten reichen Absätze entsteht. Solches Gas kann, wo es langdauernd austritt, in Klein=Betrieben verwandt werden.

4. *Eisenerz*

Eingeführte Bronze war von 1500 bis 700 v. Chr. hier im Lande das zur Herstellung von Waffen, Zierat und Rasiermessern begehrte Metall. Es mußte von fern her gegen Bernstein eingehandelt werden. In der Eisenzeit, die anschließend bis etwa 400 n. Chr. reicht, aber wurde das Eisen der am umfangreichsten verwandte harte Werkstoff. Es konnte im Lande selber gewonnen werden. In flachen Niederungen der sandigen Gebiete hat sich in post=glazialer Zeit *Raseneisenerz* in stehendem Wasser unter einer Pflanzendecke niedergeschlagen. Dies Eisenhydroxyd ist vom Bodenwasser aus verwitterndem Boden als Gel aufgenommen und alsdann ausgeschieden und zu Körnern und Klumpen verdichtet worden. G. Petersen 1923, K. Fiege 1951, H. Werner 1951, H. Schmitz 1951. Der Vorgang geht noch heute vor sich, soweit nicht der Mensch durch Senkung des Grundwasserspiegels eingegriffen hat. Die schleswigschen Vorkommen von Raseneisenerz waren der Anlaß zur Gründung der Holler=Hütte, heute AHLMANN=Hütte in Büdelsdorf bei Rendsburg. Auch heute noch wird dies Erz, wenn es in größeren Mengen anfällt, zusammen mit hochwertigen Erzen verhüttet. Jedoch nicht mehr in Büdelsdorf, wo kein Erz, sondern nur noch Roheisen geschmolzen wird. Über die Verwendung festen Raseneisenerzes zur Verstärkung von Deichkappen berichteten Wolff und Heck 1949, S. 102.

Eisenhydroxyd wird ferner in Hang= und Quellmooren als *Eisenocker* auf chemischem Wege ausgeschieden. Beim Verbrennen des damit gemeinsam vorkommenden Torfes wird aus jenem braunen Erz roter wasserfreier Hämatit. Solch pulvrige Roheisenerde wurde früher seiner Feinkörnigkeit wegen zur Herstellung von Farbe verwandt. So auch beim Farbeberg zu Nindorf bei Hohenwestedt (W. Wetzel 1923).

Auch Eisenkarbonat (Siderit) tritt gelegentlich, und zwar in Hochmooren, in Gel=Form auf. Dies *Weißeisenerz*, eine weiche käseartige weiße Masse, nimmt an der Luft schnell dunkle Farben an. Vor allem in Gyttjen unter Flachmoor=Torfen findet sich ferner in geringen Mengen Eisenphosphat $Fe_3(PO_4)_2 \cdot 8\, H_2O$, auch Vivianit genannt. Die an sich farblose bis weißliche erdige Masse oxydiert an der Luft schnell mit kräftigen blauen Farben.

Trümmererze, entsprechend denen von Salzgitter, finden sich örtlich im tieferen Unter=grund unseres Landes. Es wurden auch hier während der Unterkreide=Transgression nach der

Zerstörung toniger Absätze, besonders der Jura=Zeit, darin enthaltene Eisenkonkretionen an=gereichert. Im Raume östlich von Kiel wurden sogar bis 50 m mächtige Rollerze dieser Art er=bohrt. Alle bisher aufgefundenen Erze liegen jedoch so tief, daß vorerst an ihre Ausbeute nicht gedacht werden kann.

Am Strande der Nord= und Ostsee häufig anzutreffende schwärzliche Sande sind eine sogenannte Erzseife aus Titaneisen (Ilmenit = $FeTiO_3$) und Granat. Durch die Wellen, bis=weilen auch durch Wind, wird der Quarzsand (spez. Gew. 2,7) entführt, und Ilmenit (spez. Gew. 4,72) und Granat (spez. Gew. 3,5) bleiben zurück. Da der Ilmenit Thorium enthält, dürfte auch in unserem Land mit dessen Gewinnung in Kürze begonnen werden.

5. *Kalkgesteine*

Kohlensaurer Kalk tritt bei uns, abgesehen vom Geschiebemergel, als Quellkalk, Wiesen=kalk, Kreide auf.

Quellkalke treffen wir auf dem Lande, aber auch unter Wasser an. Die damals aus unserem Lande bekannten Quellkalkvorkommen sind von O. Schuster 1925 aufgezählt wor=den. Die Quellkalke am Kellersee und am Windebyer Noor wurden eingehend von ihm untersucht. Das Kalkvorkommen am Windebyer Noor reicht danach bis etwa 2 m unterhalb des mittleren Spiegelstandes jenes Noors = Spiegel der Ostsee. Über und neben diesem Quellkalklager liegt ein Küchenabfallhaufen aus Meeresmuscheln. Unter diesen befinden sich heute in der benachbarten Ostsee nicht mehr vorhandene, wie die Auster und *Tapes aureus* (Anm. 115). Als Alter des Quellkalkes leitet Schuster das Subboreal = jüngeres Neolithikum bis Bronzezeit ab. In den gleichen Abschnitt ordnet er die Quellkalke von Poppenbrügge und vom Kellersee ein. Die von Schuster als nur fossil vorkommend angesehene Landschnecke *Azeca menkeana* konnte S. Jaeckel als in Schlammquellen am Dieksee lebend nachweisen. Es ist das nördlichste Vorkommen dieser erst weit im Südwesten häufigeren Art.

Weitere Quellkalkvorkommen liegen bei Sechendorf nahe an der Ostsee und bei Wentorf unweit von Lütjenburg. Alle hiesigen Vorkommen sind nicht umfangreich genug, um festes Gestein, das zum Bauen geeignet wäre, zu liefern. In Nordschleswig wurde die Kirche zu Starup aus Quellkalk erbaut.

Kalkausscheidungen am Grunde des Plöner Sees wurden bekanntgemacht durch F. Lenz (1924).

Wenn das an Calcium=Bikarbonat reiche Wasser mit der im Untergrund vorhandenen mittleren Jahrestemperatur in das wärmere Wasser der Seen austritt, fällt der bei Herab=setzung der Lösungsfähigkeit überschüssige Anteil an gelöstem Kalk als feiner Kalkschlamm aus.

Unter *Wiesenkalk* verstehen wir Lager von feinkörnigem Kalk weitgehend aus Characeen=Trümmern aufgebaut und reich an Molluskenschalen. Er bildete sich in flachen Buchten der Seen, bevor diese in den Zustand der Vermoorung übergingen. Über rezente Vorkommen geben die Seenkarten von Bärtling nähere Auskunft.

Wiesenkalk wurde ferner vom Gölm bei Todendorf, Kreis Stormarn (P. Range 1903), und aus einem kleinen ehemaligen Moor zu Braak, Kreis Eutin, zu Düngezwecken abgebaut. Gleich nach dem zweiten Weltkrieg wurde Wiesenkalk auch aus einer Bucht des Kellersees unweit von Rothensand durch Baggern gewonnen, um als Mörtel verwandt zu werden.

Die Rolle als Düngemittel und als Baukalk aber kommt in normalen Zeiten der *Schreib=kreide* zu. Der über 100jährige Abbau der Kreide zu Lägerdorf und zeitweise zu Kronsmoor lieferte Schlemmkreide, für technische und pharmazeutische Zwecke, Düngekalk und zu=sammen mit Ton den Grundstoff für die Herstellung von Portland=Cement. Als solcher Ton wurde bis zur Erschöpfung der Lager verwandt: Mitteloligozän vom Ochsenkamp bei Itzehoe, interglazialer Störmeer=Ton von Edendorf, Rensing bei Kellinghusen. Heute liefern Gruben zu Wacken und Muldsberg den Zementfabriken den erforderlichen Ton. Ein Zweigwerk zu Uetersen der Firma Alsen in Itzehoe verwandte Störmeer=Ton von Glinde bei Uetersen und erhielt zu Schiff von Itzehoe die benötigte Lägerdorfer Kreide. Die ehemalige Zementfabrik Saturn in Brunsbüttelkoog, die bis in den ersten Weltkrieg bestand, erhielt auf dem Wasser=weg Kreide von Kronsmoor und London=Ton von Basbek in Nordhannover.

Zur Zeit bestehen Pläne, die Schreibkreide von Peissen bei Hohenlockstedt trotz 30 m Ab=raums für die Nutzung in Hochöfen abzubauen. Die Kreide von Osterby bei Eckernförde, die eine ebenso mächtige diluviale Decke aufweist, wurde um 1930 durch einen Schacht erschlossen. (W. Wetzel 1929, S. 100; A. Jess 1932.) Zu einem Abbau ist es aber nicht ge=kommen.

Die Karbonat=Gesteine des Zechsteins von Lieth (Kalke, Dolomitische Plattenkalke und Aschen) werden gleichfalls zu Düngezwecken abgebaut. Eine große Rolle als Kalkdünger spielte jahrzehntelang der Geschiebemergel. Aus kleinen und großen Gruben wurde das 10–40 % $CaCO_3$ enthaltende Material gewonnen und nach Durchfrieren ausgestreut. Der Ge=halt an Ton und an frischen Mineralen, vor allem auch phosphathaltigen, galt als wertvolle Zugabe, besonders für den rißzeitlichen Sandboden. Seit 1945 etwa wird solches Mergeln abgelehnt, da das Pufferungsvermögen des Bodens zu sehr beeinträchtigt wird.

In weiten Gebieten der Marsch wird der Gehalt des Bodens an mineralischen Nährstoffen verbessert durch Bestreuen mit „Blausand". Früher mit dem Spaten, heute mit „Blausand=Maschinen" wird der unter dem Marschenklei lagernde, an Kalk aus Molluskenschalen ± reiche Feinsand gehoben und über dem Klei ausgebreitet. Untergepflügt düngt er und ver=bessert zugleich den physikalischen Zustand übermäßig bindiger Böden (H. G. F. Winkler 1935, S. 228, Wolff und Heck 1949, S. 157).

6. Gips

Ein Bodenschatz, der während des Mittelalters als Mörtel begehrt war, ist der Gips bzw. Anhydrit. In Skandinavien und Dänemark kommt Gips nicht vor. Nach Einführung der Steinbauweise brachen daher die Landesherren den Gips zu Segeberg und Stipsdorf und Hamburger Kaufleute den Gips im Wittekliff bei Helgoland, um ihn gewinnbringend zu ver=kaufen. Erst der Naturschutzgedanke hat der fiskalischen Zerstörung des Segeberger Wahr=zeichens 1930 ein Ende gesetzt.

7. Flint

Der außer in der Marsch überall im Lande zu findende Feuerstein oder Flint war, wie oben erwähnt, während Jahrtausende für den Menschen der härteste Werkstoff, unentbehrlich zur Herstellung von schneidendem und schabendem Handwerksgerät und als Waffe. Noch während der Bronzezeit war das tägliche Werkzeug weitgehend aus Flint hergestellt. Bis in den Anfang des 19. Jahrhunderts wurde er zum Feuerschlagen verwandt, auch in Handfeuer=waffen. Heute dient er zur Herstellung von Glaspapier und als Kugelflint in Mühlen.

8. Tone

Im Mesolithikum, also vor rund 6000 Jahren, begannen die Bewohner unseres Landes die ersten Gefäße aus Tonstreifen zu formen und zu brennen. In unserem Lande hat die primitive Methode des Knetens der Form aus Tonklumpen bis in das Mittelalter angedauert, während weiter südlich die Töpferscheibe schon Jahrhunderte früher bekannt geworden war. Töpferei war also während Jahrtausenden eine wichtige Verwendung von Ton seitens des Menschen. Mit der Tuchmacherei kam die Verwendung als Walkerde zum Entfetten der Wolle hinzu. Seit der Bronzezeit dürfte Ton auch als Gußform benutzt sein. In Haithabu und Alt-Lübeck (9.–11. Jahrhundert) stand noch kein Ziegelbau und wurde keine Dachpfanne benutzt. Erst ab 1150 wurde vom Süden her für den Kirchenbau die Benutzung der Ziegel und Dachpfannen eingeführt. Der erste profane Ziegelbau unseres Landes war die um die gleiche Zeit errichtete Waldemars Mauer des Danewerks. Mitte des 16. Jahrhunderts erreichte die Ziegelherstellung um Lübeck den Höhepunkt ihrer Entwicklung. Kunstvoll geformte, dauerhaft glasierte Ziegel verschönten nicht nur die Bauten jener Hansestadt, sondern wurden auch exportiert, zum Beispiel bis Küstrin. P. Friedrich 1909, S. 76–78, wies darauf hin, daß im Gegensatz zu heute damals nur vollentkalkte Lehme und statt der FeS_2 enthaltenden Steinkohle Holz und Holzkohle zum Brennen verwandt wurden. Nachdem auch Profan-Bauten aus Ziegeln errichtet wurden, war die Ziegelherstellung die umfangreichste Verwendung der unter der Bezeichnung Ton zusammengefaßten Gesteinsmehle. Da die Pfeifentone im Kaolinsand von Sylt zu geringmächtig sind, um abgebaut zu werden, besitzt unser Land keine technisch verwertbaren Kaolinite. Es stehen uns außer dem roten Ton von Lieth bei Elmshorn nur zwei Gruppen von Tongestein zur Verfügung: Meeresabsätze sowie glazigene und glaziofluviatile Ablagerungen. Der rote Rotliegend-Ton von Lieth ist ein $\pm$ gipsführender Mergel, entstanden aus zusammengespültem Wüstenstaub. Er wird zur Zeit nur verziegelt. Es ist vorgesehen, ihn für die Zement-Herstellung zu verwerten.

Bei den *Meeres*-Tonen stellen wir fest, daß die Verwendung präquartärer Meeresabsätze zur Ziegelherstellung in unserem Lande fast ganz eingestellt ist. Von der nachstehenden Liste verarbeiten nur die Ziegeleien mit Stern noch tertiären Meereston, während ein Kreuz andeutet, daß die Ziegelei eingegangen ist.

Ziegelei Schobüll (†)	Der Ton galt lange Zeit als Devon, wird heute aber als Rotliegend angesehen.
Eozän verarbeiten die Ziegeleien	
Rensing (†)	westlich der Landstraße
*Havighorst bei Bergedorf	verwendet auch Diluvium
*Schwarzenbek	verwendet auch Diluvium
*Lütjensee	verwendet auch Diluvium
*Trittau	überwiegend Diluvium
Mitteloligozän verarbeiteten	
Itzehoe-Ochsenkamp (†)	große Scholle
Innien (†)	kleine Schollen

Obermiozänen Glimmerton verarbeiteten

Langenfelde bei Altona Ziegelei Nitsch (†)
Langenfelde bei Altona Ziegelei Kallmorgen (†) aufgelassen 1915
Ziegelei Wohltorf bei Reinbek (†) aufgelassen 1915
Ziegelei Breklum (†).

Über den früher weitgehenden Verbrauch des interglazialen Störmeer-Tones geben C. Gottsche 1896 und O. Grahle 1938 Auskunft. Bei allen Vorkommen handelt es sich um vom Eise gestauchte Ablagerungen. Aufgelassen sind die Gruben

Glinde bei Uetersen,
Hinschenfelde bei Wandsbek

Störmeer=Ton bauen ab:

Ziegelei Hummelsbüttel
Ziegelei Rensing
Ziegelei Warringholz
Ziegelei Albersdorf
Ziegelei Wolmersdorf
Die Tongrube der Alsenschen Zement=Fabrik in Wacken
Die Tongrube der Breitenburger Portland Cementfabrik
am Muldsberg bei Mehlbek
zum Teil die Tongrube der Leka=Werka zu Öschebüttel.

Der Cyprinenton des Eem=Interglazials wurde gelegentlich in der Ziegelei Westerholz (†) an der Flensburger Förde mitverwandt.

Glazigene „Tone" umfassen Geschiebelehm, Geschiebemergel sowie Beckentone. Lehm wurde früher in kleinen Dorf= und Gutsziegeleien, für die Brennöfen auf der Feldmark leicht zu erstellen und daher vorübergehende Einrichtungen waren, sowie später in kleinen Ringöfen verarbeitet. Für den modernen Großbetrieb steht nur ausnahmsweise Lehm in hinreichender Menge zur Verfügung. So in der Ziegelei Elmschenhagen Dr. Hampel um 1960 und in der Ziegelei Kappeln. Häufig wird Geschiebemergel mitverwandt. Fein verteilter Kalk gefährdet den Stein nicht, bedingt aber eine mehr oder weniger starke Gelbfärbung. Kalkgeschiebe jedoch zerstören, weil sie zu ungelöschtem Kalk werden, den Ziegelstein. Kalkgeschiebe sind daher herauszulesen oder durch Kollern zu zerkleinern, bevor der Ton geformt wird. An Geschieben auffallend arme Grundmoräne verarbeiten die Ziegeleien

Lauenburg, Grube bei Krüzen
Groß=Weeden in Lbg.
Hammer in Lbg.
Gottesgabe unweit Lütjenburg
Burg auf Fehmarn
Anettenhöh bei Schleswig
Sörup.

Beckenabsätze der eiszeitlichen Schmelzwässer liefern in verwittertem Zustand mit das beste Ziegelgut in unserem Lande. Ein Beckenton der Mindel=Vereisung ist der Lauenburger Ton. Er wird in der Ziegelei Stocks bei Bergedorf und früher in der Ziegelei Buchholz bei Lauenburg verarbeitet. Kalkhaltige Beckentone der Riß=Vereisung lieferten zu Overndorf bei Kellinghusen (Ziegelei Fernsicht) den Rohstoff zu gelben Ziegeln. Beckenabsätze und Geschiebelehm der Riß=Zeit verarbeiten die Ziegeleien um Hohenwestedt. Der Hauptanteil verziegelter Beckentone aber ist vom Alter des Spät=Würm. Das mittelalterliche Lübeck wurde, wie erwähnt, aus Steinen dieses Ziegelgutes aufgebaut. Von den früher zahlreich im Lübecker Gletscher=Zungenbecken vorhandenen Ziegeleien sind heute nur noch wenige übrig geblieben.

Ziegelei Bunte Kuh stellt Dachpfannen her
Ziegelei Stockelsdorf
Ziegelei Rotebek
Ziegelei Niederbüssau
Ziegelei Behlendorf.

Die Absätze aus kleineren Toteis=Becken verarbeiten die Ziegeleien

zu Langenhagen bei Schönwalde
Trent zwischen Plön und Preetz
Malkwitz nördlich Malente.

Gestauchte Absätze dieser Art baut die Ziegelei Kiel=Hassee am Drachensee und verarbeiteten die früheren Ziegeleien zwischen Missunde und Schleswig (Götheby, Borgwedel und bei der Stadt Schleswig). Im Norden unseres Landes verwenden die Ziegeleien zu Ausacker und Holnis die gleichen Beckentone. Früher wurden auffallend gleichmäßig rote Verblend=Steine von Ekensund, das heißt von Beckenton=Ziegeleien am Nordufer der Flensburger Förde bezogen. Hierfür muß sorgfältig die Lehmdecke abgegraben worden sein. Denn sobald dies Ziegelgut arm an Eisenhydroxyd wird, aber fein verteilten Kalk enthält, entstehen die gleichmäßig gelben Steine, aus denen von Kellinghusen bis nach Nordschleswig so viele Häuser in unserem Lande erbaut wurden. Mergeliger Beckenton wird zumeist auch das Rohmaterial der zu Beginn des 19. Jahrhunderts in unserem Lande tätigen Fayence=Manufakturen gewesen sein (Anm. 116).

Das erdgeschichtlich jüngste Ziegelgut ist der Marschenklei. Aus ihm werden unschön gefärbte und poröse Steine gebrannt. Sie waren als billige Hintermauer=Steine sehr begehrt, bevor der überall auf der Geest herzustellende Kalksandstein ihn weitgehend ersetzte. C. Gottsche berichtete 1901, daß zwischen Harburg und Altenbruch bei Cuxhaven 153 Ziegeleien Marschenklei verarbeiteten.

Walk= und Bleichtone

Die sandfreien Tone des Alt=Tertiärs (Tarras, Septarienton) sowie sandfreie Lehme wurden früher zum Entfetten von Wollgeweben während deren Verdichtung (Walken) benutzt. Heute dienen diese als Bleichtone, zum Teil chemisch aktiviert, beim Raffinieren von Ölen. Der Tarras ist hierfür besonders geeignet.

Alaun=Ton

Miozäner, ursprünglicher FeS_2 haltiger Glimmerton ist durch Verwitterung zu alaunhaltigem Ton geworden. Das Wasser des Teiches in der Grube der ehemaligen von Bismarckschen Ziegelei zu Wohltorf ist reich an gelöstem Alaun. Hierüber hat W. Ohle 1936 näher berichtet.

9. Bernstein

ist gleichfalls ein Bodenschatz, wo er in hinreichender Menge auftritt. Bernstein wird an der Nordseeküste der Cimbrischen Halbinsel örtlich in beträchtlicher Menge angetroffen. In den Wintern 1959/61 sammelte ein Fischer zu Ording 15–20 kg, darunter Stücke von 95 bis 250 Gramm Gewicht.

Auch auf Sylt sind mehrere Bernstein=Sammler. Dies fossile Harz wird von Hörnum bis List angetroffen. Beim Verarbeiten des gefundenen Bernsteins werden auch darin eingeschlossene Tiere wie Fliegen, Mücken, Ameisen, Spinnen und Raupen sowie Fichtennadeln aufgefunden. Nach Angabe eines Sammlers enthält etwa jedes 1000ste Stück eine solche „Inkluse".

Größere Funde setzen bestimmte Wetterlagen voraus. Es handelt sich um vom Eise verschleppte und vorübergehend in Schmelzwässerabsätze eingebettete Stücke. Bei einem spez. Gewicht von 1,0–1,1 schwebt der Bernstein schon bei geringer Bewegung im Wasser. Heute am Meeresboden freigespülter Bernstein wird daher in bestimmten ruhigen Buchten zusammen mit leichtem, zumeist subfossilen Holz angereichert. Dies war auch in den diluvialen Schmelzwässern der Fall. Zu Itzehoe, Langenfelde waren Sandlagen reich an Braunkohle und Bernstein angetroffen. In Dänemark heißen solche Sandlagen Rav=Pinde=Lag = Bernstein=Kleinholz=Schichten. Auch beim Bau des Rendsburger Tunnels waren solche Lagen angeschnitten.

Dieser heimische Bernstein ist also verschwemmt und sicherlich mehrfach umgelagert worden. Solcher Bernstein tritt in eiszeitlichen Absätzen von Skagen bis in die Niederlande auf. Vermutlich war es hauptsächlich das Eis der Rißvereisung, das die nördliche Fortsetzung des samländischen Bernsteinvorkommens fortgerissen und gegen Westen verfrachtet hat (Anm. 117). Danach ist der Hauptanteil unseres Bernsteins eozänen Alters. In hiesigen eozänen Ablagerungen ist aber bislang kein Bernstein angetroffen, wohl aber im eozänen Ton bei London und in Nord=Jütland.

Bernstein ist fossiles Coniferenharz. In kleinen und großen Stücken kommt solches ver=einzelt in der Braunkohle und den Meeresabsätzen des hiesigen Miozäns vor. Deswegen den diluvial verschwemmten Bernstein als miozänen Bernstein anzusehen, wie es W. Wetzel ver=suchte, erscheint nicht erforderlich.

Zu Schmuck verarbeiteter cimbrischer Bernstein wurde schon in der jüngeren Steinzeit (um 2500 v. Chr.) den Toten mitgegeben. So fand sich zu Kampen auf Sylt eine Bernsteinkette mit Nachbildungen von Keulen= und Amazonenäxten. In Mooren Jütlands sind zudem Opfer=gaben aus Tausenden von Bernsteinperlen niedergelegt worden. Von der älteren Bronzezeit an sind Grab=Funde von Bernstein selten, da dieser gegen Bronze und Gold aus südlichen Ländern vertauscht wurde. L. Meyn 1876 schilderte, wie der Bernstein nach NW=Stürmen von Reitern am Strande gesammelt wurde. Heute wird das Fahrrad oder Moped beim Bernstein=sammeln benutzt. Nach Meyn wurde gleich nach 1840 allein im April an unserer Küste von einem Manne für 4800 Mark Bernstein aufgekauft. Während der jütländische Bernstein heute noch von der dänischen Schmuckindustrie verarbeitet wird, enden die schleswig=holsteinischen Funde in rohem oder verarbeitetem Zustand in den Händen der Badegäste. Jedenfalls muß festgehalten werden, daß die Cimbrische Halbinsel während 4 Jahrtausenden das Herkunfts=land des Bernsteins war und auch heute noch erhebliche Mengen davon liefert.

Für vergangene Kulturstufen war Schleswig=Holstein zeitweise reich an Bodenschätzen (Flint, Bernstein, Eisen). Für heutige und künftige Bedürfnisse ist es arm daran. Seine Erdöl=felder werden eines Tages ausgebeutet sein. Die Ackerwirtschaft erfordert zum Teil direkte und indirekte Zuschüsse. Unser Boden kann zur Zeit also nicht gerade als Schatz angesehen werden. Im Vergleich mit anderen Gebieten reich sind wir an Grundwasser. Seit 1900 hat sich der Bedarf daran je Kopf in Deutschland um das Zwölffache vermehrt. Der Bedarf wird zwiefach weiter steigen, durch Zunahme der Einwohnerzahl und durch Anwachsen der je Kopf täglich erforderlichen Menge. Der Niederschlag aber und damit der Grundwasserstand werden sich nicht vergrößern. Aus dem zunehmenden Unterschied von Nachfrage und An=gebot wird das Grundwasser in Norddeutschland zum wahren Bodenschatz werden. Da bis=lang ein gleichwertiges Trinkwasser durch Entsalzen des Meerwassers nicht hinreichend wohl=feil gewonnen werden kann, dürfte das Grundwasser sogar Schleswig=Holsteins größter Bodenschatz werden. Für uns selber sollten wir daher einer Vergeudung (ungenutzt ab=laufendes artesisches Wasser) vorbeugen. Für unsere Nachkommen aber müssen wir das Grundwasser vor Verjauchung durch städtischen Unrat und vor langfristigen ungewünschten Beimengungen (Ablagerung von industriellen Abfällen unterirdisch und in aufgegebenen Sandgruben) sorgfältiger schützen als bisher. Ferner wird man künftig das Wasser der Bäche und Flüsse zur Gewinnung weiteren Grundwassers zunehmend künstlich versickern lassen. Man sollte daher beizeiten hierfür geeignete Wasserläufe vor jeder Verunreinigung schützen, einschließlich der dörflichen, da neuerdings Stalljauche ungenutzt in Bäche abgelassen wird.

Schichtenfolge in Tabellen

Zeittafel

Alter des Beginns erdgeschichtlicher Abschnitte in Millionen Jahren

(ermittelt aus dem Zerfall radioaktiver Atome der Reihen K–A, Rb–Sr, U(Th)–Pb)
(nach J. L. Kulp Int. Geol. Congress Norden 1960 III Sect. 3 S. 18–27)

Quartär*		1
	Pliozän*	12
	Miozän*	23
Tertiär	Oligozän*	35
	Eozän*	55
	Paleozän*	70
Ober-Kreide*		90
Unter-Kreide*		135
	Oberer	150
Jura	Mittlerer*	170
	Unterer*	180
	Obere	200
Trias	Mittlere*	
	Untere	220
Perm(*)		270
Karbon		350
Devon*		400
Ober-Silur (Gotlandium)*		430
Unter-Silur (Ordovicium)*		490
Cambrium*		(600)
Algonkische metamorphe Gesteine*		900–1200
Rapakiwi-Granite Finnlands*		1600
Svecofenniden*		1800
Karelische Gesteine		2500–2800
Älteste bekannte Gesteine (Halbinsel Kola)		3400
Wahrscheinliches Alter der Erde		4600

* In Schleswig-Holstein als Eiszeit-Geschiebe auftretend

Schichten=Tabelle 1 Die in Schleswig=Holstein nachweisbaren Abschnitte der Erdgeschichte

						Vorkommen als Fern-Geschiebe = f, als heimisches Nah-Geschiebe = h
III Eis=bedingte Schutt=Decke	noch Locker=gesteine	Quartär	Alluvium = Holozän; Diluvium = Pleistozän	Eis= und Schmelzwasser=Absätze von Nord=osten her als Decke ausgebreitet, örtlich Flachmeer=Absätze zwischengeschaltet	50–200 m	
II Permisch=mesozoisch=tertiäre Füllung der Nordsee=Para=Geosyn=klinale	noch Locker=gesteine	Jung=Tertiär	Pliozän	anfangs marin, danach Land	50 m	
			Miozän	marin mit kurzer Landzeit dazwischen	200–600 m	h
	einzelne Schichten verfestigt	Alt=Tertiär	Oligozän	marin	200–300 m	h
			Eozän	marin	500–900 m	h
			Paleozän	marin	– 80 m	hf
			Landzeit		[Jung- und Alt-Tertiär: –2000 m]	
	weitgehend verfestigt	Ober=Kreide	Dän	marin	– 40 m	f
			Maastricht	marin	–500 m	hf
			Senon: Campan	marin	–600 m	hf
			Senon: Santon, Coniac	marin	–140 m	
			Turon	marin	–275 m	f
			Cenoman	marin	–100 m	f
		Unter=Kreide	Alb	marin, örtlich transgredierend	–200 m	–
			Apt	marin, örtlich transgredierend	– 45 m	f
			Barrême	marin, örtlich transgredierend	– 80 m	f
			Hauterive	marin, örtlich transgredierend	–100 m	f
			Valendis	Weald = Landzeit	50–100 m	–
	Sand, Kalk und Mergel zu Stein, Ton zu Tonstein verfestigt. Tonstein an der Erdoberfläche wieder zu Ton geworden	Jura	Malm	Weald = Landzeit		hf
			Dogger	häufig Land, zeitweise marin	–650 m	f
			Lias	marin	–1250 m	f
		Trias	Keuper	oben marin, Land= und Flußmündungsabsätze, örtlich Anhydrit und Salz	200–400 m örtlich –1000 m und –300 m Salz	h?
			Muschelkalk	marin, im mittleren Teile Anhydrit und Salz	–200 m	h
			Buntsandstein	im oberen Teil Salz, zusammengeschwemmte Sande und Tone. Sehr kurze Meerüberflutung	– 700 m	h?
		Perm	Zechstein	marin, Reste von 4 Meereseinbrüchen, zumeist Verdampfungsgesteine	–1000 m	h
			Rotliegend	zusammengewehte und verschwemmte Tone einer Wüste, Salzausscheidung	über 400 m	h

Salz=Aufstieg bis zur derzeitigen Ablaugungsfläche solange, wie der Salz=zufluß von unten aus dem Mutterlager oder durch Flankendruck anhielt

I Kristalliner Sockel		NW-Deutschland	Husum	im Osten	
	obere Grenze der Granit-Schale	6-7 km	–	4–4,5 km	f
	Grenze gegen Basalt=Gabbro=Zone	10 km	5 km	5 km	f

Schichten=Tabelle 2 Perm in Schleswig=Holstein nach W. Schott, H. Deecke und W. Ernst

		in Bohrungen		in Schleswig=Holstein aufgeschlossen	
Oberer Zechstein	4. Folge Aller=Serie	rote Tone mit Steinsalz, Anhydrit weiß oder rötlich	– 70 m	? rote Tonmergel, fossilreich	5 m
	3. Folge Niedersachsen=Serie unterer Teil	jüngere Salzfolge	–200 m	Segeberg: Anhydrit, Plattendolomit } Lieth: graue Mergel	4 m
		Hauptanhydrit, randlich ersetzt durch Plattendolomit	– 30 m		
		grauer Salzton, marin	1,5– 6 m		
	2. Folge Staßfurter Serie	ältere Salzfolge	–700 m		
		Basal=Anhydrit	– 5 m		
		Stinkschiefer; Anhydrit= und Karbonat=Einlagerungen	5– 30 m	Lieth: Stinkschiefer	10–30 m
Mittlerer Zechstein	1. Folge Werra=Serie	Anhydrit kalkarm oder kalkfrei } Linienanhydrit	– 9 m } –70 m	Lieth: Asche	9–20 m
		Anhydrit mit Kalklinsen } Linienanhydrit	2 m		
		Anhydrit=Knotenschiefer	2,5– 3 m	Lieth: Blasenschiefer	2– 3 m
		Blasenkalk mit Anhydrit=Knoten	0,3 m	Lieth: Blasenwacke	0,5 m
Unterer Zechstein		Zechstein=Kalk, unten teilweise rötlich, oben grau	5 m	Lieth: Zechsteinkalk	4 –5 m
				Lieth: graugrüne Mergel	0,5–0,1 m
		Kupferschiefer	0,0–0,5 m	Lieth: Kupferschiefer	0,5 m
		toniger Kalksandstein (ersetzt Zechsteinkonglomerat)	0,0–1,1 m	Lieth: graue, tonige Kalksandsteine	0,5–1,0 m
Rotliegendes		Tonmergelsteine	3 m	Lieth: rot=weiße Sande	2,0 m
		geschichteter Mergelkalk = Bänderschiefer mit Fisch=resten und Steinsalz=Metamorphosen	0,15–0,35	Lieth: roter toniger Kalkstein	0,5–0,75 m
		glimmerhaltige, feinstsandige, mergelige Tonsteine	–130 m	Lieth: Bänderschiefer mit Fischen	0,3–0,4 m
		Steinsalz mit rotem Ton vermengt = Haselgebirge	über 400 m	Lieth: rote Tonmergel	400 m

Schichten-Tabelle 3 Lias in Schleswig-Holstein nach H. Weber 1953, K. Hoffmann 1953

				Heide	Osten des Landes
Oberer Lias	Lias ζ	Jurensis-Schichten		–	40 m
	Lias ε	Posidonomyen-Schichten stark bituminöser Mergelschiefer		400 m	170 m
Mittlerer Lias	Lias δ	Amaltheen-Schichten		–	130 m
	Lias γ	Deroceras armatum, Coeloceras- und obere Aegoceras-Schichten		110 m	80 m Hohenhorn 157 m
Unterer Lias	Lias β	Untere Aegoceras- und Deroceras-Schichten Ziphus-Schichten	mit Lagen bituminöser Tonsteine und Ölschiefern, einzelne Kalkbänke	–230 m	90 m
	Lias α_3	Arietites-Schichten		–290 m	etwa 60 m
	Lias α_2	Schlotheimia-Schichten		–100 m	etwa 50 m
	Lias α_1	Psiloceras-Schichten		–140 m	etwa 20 m
	Präplanorbis-Schichten, bituminöse Tone mit Schillagen			20 m	–
				1250–1300 m	600–700 m

Schichten=Tabelle 4 Ahrensburger Geschiebe=Sippe nach W. Ernst 1938

Ober=Kreide	Brauneisenstein=Flint=Konglomerat und Kalksandsteine mit bis 5 cm messenden Geröllen aus häufig oolithischem Brauneisen der Radiosa=Zone des Lias, mit gerollten Phosphoriten und Flint sowie gerollten Lamna=artigen Haizähnen. Alter vielleicht Ober=Kreide, da ähnliche Geröll=Lagen in der Ober=Kreide Litauens auftreten.
Alb	rote an Foraminiferen reiche Mergel mit Neohibolites minimus
Ober=Apt	Dunkler Grün=Sandstein mit phosphoritischem Bindemittel, darin Holz und Gerölle aus Quarz und sandigen Phosphoriten. In diesen unter anderem Douvilléiceras martini Aconeceras nisoides beides Leitarten der Apt=Stufe. Daher könnte der Grün=Sandstein vom Alter Ober=Apt oder Unter=Alb sein
Barrême	Quarzitische Sandsteine teilweise Wurzelböden mit Abdrücken vom Sandfarn: Hausmannia kohlmanni Richt. Matonidium althausi Dunker vermutlich fossile Düne; östlicher Herkunft
Hauterive	Jüngerer Kalksandstein hellgrau ± Glaukonit führend, in großen Blöcken Thetironia minor Sow. Simbirskiten noch unbestimmt. Älterer Kalksandstein mit Aegocrioceras capricornu, Simbirskiten, Thetironia minor Sow. – übergehend in Brauneisen=Konglomerate
Wealden	dunkle, meist bräunliche Sandsteine mit schlecht erhaltenen Cyrena. fraglich, ob zur Ahrensburger Geschiebe=Sippe gehörend
Malm und Dogger fehlen in der Ahrensburger Geschiebe=Sippe	
Lias ζ	Eisenoolith. Verwittert ein braunes, frisch ein schmutzig=grünes, eigentümlich schaumig=poröses Gestein. In dem an sich häufigen Gestein sind Fossilien selten. Zwei Arten von Ammoniten: Harpoceras affine v. Seeb. und Dumortieria pseudoradiosa Branco. Eine Belemnitenart kommt als Hohldruck vor. Häufiger ist die pfennigstückgroße Muschel Pecten pumilus Lam.
	Jüngeres Fischgrätengestein. Kalksandstein von lichter Farbe, häufig reich an lose verstreuten Fischresten. Leitfossil der Ammonit Grammoceras striatulum Sow. Ferner Belemniten, Muscheln, davon besonders reichlich die feingestreifte, dünnschalige Pseudomonotis substriata Münst. Auch Holzreste.
Lias ε	Älteres Fischgrätengestein (Bifronsschichten). Graue, verwittert gelbliche, sandige Kalke und plattige Kalksandsteine mit den Ammoniten Dactylioceras commune Sow. und Dact.? holandrei. Zwei Arten dünnschaliger Muscheln: Posidonomya bronni Voltz und Pseudomonotis substriata Münst. Lose verteilte Fischreste in einzelnen Schichten.
	Elegansschichten. Frisch graue, angewittert graugelbe und außen fast braune Mergelkalke, die stets in rundlichen Knollen vorkommen. Reich an Prachtstücken der Ammoniten Harpoceras elegans Y. u. B. und Harp. (Elegantuliceras) laagei Ernst. Kleine kugelige Schnecken: Coelodiscus minutus Schübl. Große Flossenstachel von Haiarten, Schmelzschuppenfisch Lepidotus elvensis. Insektenreste (Flügel und Flügeldecken), Holz.
	Acutusschichten. Gestein ähnlich dem der Eleganszone, bisweilen etwas sandiger. Leitammoniten: Harpoceras acutum Tate, H. costatum Buckm. und Lytoceras siemense Denkm. Die kleine Schnecke Coelodiscus minutus Schübl. erfüllt ganze Lagen. Knochen von Saurien, darunter auch Ichthyosaurus. Koniferenzapfen und Reste von Schachtelhalmen. Außer diesen Konkretionen mit den schön erhaltenen Fossilien kommen grau bis gelb und rostbraun gefärbte, plattige Mergelkalke und Kalksandsteine mit schlecht erhaltenen, flach gedrückten Fossilien des gleichen Horizonts vor.
Lias δ	Spinatuszone. Rostbraun verwitternde Mergelkalkknollen reich an prachtvoll, häufig perlmutterglänzend erhaltenen Fossilien. Ammoniten: Amaltheus spinatus Brug. u. a. Zahlreich gut erhaltene Muscheln und Schnecken sowie Holzreste. Die in gleichaltrigen plattigen glimmerhaltigen Kalksandsteinen vorhandenen Fossilien sind schlecht erhalten.
	Margaritatuszone. Feste graugrüne Siderit=Sandsteine mit brauner Rinde, Fossilien selten, Amaltheus margaritatus, Montf.

Schichten=Tabelle 5 Dogger in Schleswig=Holstein nach K. Hoffmann, H. Weber u. G. Rüddiger

Valendis Malm		Wealden=Facies, Hohenwörden 60 m. An Strukturen Schutt aus Perm=, Trias= und Jura=Gesteinen
Callovien – 50 m	ζ	bei Heide 2–5 m Brauneisen=Oolith mit Quarzen bis 10 mm — *Spinicosmoceras* sp. 10 m sandiger Mergelstein mit dick=schaligen Austern — *Hecticoceras* sp. –2 m fossilreicher Kalkstein, Ostrea, Rhynchonella bei Bramstedt etwa 30 m Kalk mit Fein= und Schluffsand
	ε_7	bei Heide limonitsandsteinführendes Konglomerat, ? marin
Bathonien –150 m brackisch=limnisch, in Geröllagen Feldspäte bis 10 mm, z. T. frisch, z. T. kaolinisiert	ε_6 ε_5 $\varepsilon_{4\text{-}1}$	Aspidoides=Schichten, bei Heide ästuarine Tonsteine mit Unioniden Cornbrash=Sandstein Heide: ästuarine grob klastische Gesteine mit Kalkgeröllen, die Lias=Ammoniten führen Parkinsoni=Schichten und Cornbrash=Sandstein Heide: ästuarine sandige Tonsteine, Rollerz aus $FeCO_3$ Kiel=Bramstedt Trog: in ε_1 16–18 m Grob= bis Feinsandstein, konglomera=tische Lagen, darin Keuper als Geröll
Bajocien 250–400 m brackisch= limnische Sandsteine von N geschüttet in Wechsellagerung mit marinen Tonen und Mergeln, die gegen S zunehmen. Stärkste Erzführung	δ_2	Subfurcaten= und Garantianen=Schichten, zum erstenmal limnische Sand = Cornbrash=Facies, Tonbänke, Konglomerate mit Geröllen aus Lias u. Keuper Heide: 60 m Sand, ästuarin, Ölspeicher; auf der Struktur Eisenoolith. Kiel: –150 m Sand, kalkig, mit 20–30 %, maximal 45 % FeO_3, etwa 100 m erzführend Hohenhorn > 3 m Sandstein
	δ_1	Coronaten=Schichten glimmerhaltige Tonsteine, darin Schwedeneck: 200 m Sand mit Eisenoolithen wechsellagernd Heide: ästuarine Sande Boostedt: oben sandig, limnisch, schwach marin, Sand greift nach S vor Hohenhorn: 43 m Sande marin
	γ	Sonninien=Schichten Tonsteine und Sandsteine, kohlige Pflanzenreste um Kiel: an Grenze γ/δ Eisenerz, oolithisch u. Trümmererz, bis 25% Fe_2O_3 Heide 60 m, Hohenhorn 34 m Sand, Schüttung von N
Aalenien –150 m glimmerhaltige Tonschiefer mit Sanden wechselnd	β	Ludwigia=Schichten Heide: 20 m tonflaseriger Grenz=Sandstein = Concava=Sand, ölführend 100 m glimmerhaltiger, feinsandiger Tonstein, Eisenoolith 6 m feinsandige Tonsteine mit Eisenoolith Kiel=Bramstedt: Murchisoni= = oberer β Sand, etwa 5 m in Ton und Feinstsand oberer Sinon = mittlerer β Sand ölführend: Boostedt, Plön, Schwedeneck Schwedeneck 35 m, Warnau 18 m, Plön=Feld 12–7 m, Bramstedt 8–6 m Sandflasern unterer Sinon = unterer β Sand ölführend Kiel, 12–18 m Ton, darin 3–4 m Sand, fehlt bei Bramstedt
	α	Opalinus=Tone Heide –50 m, Boostedt über 30 m, Hohenhorn 34 m

Schichten-Tabelle 6 Kreide von Helgoland nach W. Ernst

Senon		weiße Schreibkreide
Turon: Ober-		
Turon: Unter-	Labiatus Schichten	rötliche Mergelkalke mit *Inoceramus labiatus* weiße Kalke mit *Discoidea cylindrica*
Cenoman		fehlt
Ober-Alb (Ober-Gault)	Flammenmergel	hellziegelroter weißgefleckter Kalk mit *Aucellina gryphaeoides* und *Neohibolites ultimus*
	Oberer Minimus-Ton	graue Kreide mit *Neohibolites minimus* an der Basis Konglomerat mit *Neohibolites minimus* und Phosphorit-Geröllen des Apt mit *Neohibolites ewaldi*
	Unterer Minimus-Ton	fehlt
Unter-Alb (Mittel-Gault)	Leymeriellen-Sch.	fehlt
Apt (Unter-Gault)	Zone des *Hoplitides deshayesi*	Kreide mit *Neohibolites ewaldi*: roter toniger Kalk, reich an Globigerinen; roter toniger Kalk; gelber toniger Kalk
	Zone des *Hoplitides weissi*	Töck: bituminöser mergeliger Tonschiefer mit flachgedrückten pyritischen Hoplitiden, *Oppelia nisoides*, *Ancyloceras*, Schulpen von Tintenfischen mit erhaltenem Sepia-Beutel
Barrême (Ober-Neokom)		Mergeltone mit *Hibolites jaculum*, *Oxyteuthis*, u. a. Belemniten. Ammoniten in Pyrit und Phosphorit erhalten, „Katzenpfoten" von *Crioceras*.
Hauterive (Mittel-Neokom)	Simbirskiten Sch.	(wie oben)
	Lyticoceras Sch.	fehlen
Valendis (Unter-Neokom)	höhere Schichten	fehlen
	Platylenticeras-Sch.	Brauneisenstein-Konglomerat mit dem Leit-Ammoniten

Schichten=Tabelle 7 Gliederung der Oberkreide von NW=Deutschland
nach E. Stolley, E. Voigt, J. A. Jeletzky, T. Birkelund, Fr. Schmid und G. Ernst

Gliederung ältere		Gliederung gültige			Kronsmoor	Lägerdorf Alsen alte Grube	Lägerdorf Alsen neue Grube	Lägerdorf Breitenburger	Lüneburg	Hemmoor	Rügen Pommern	Dänemark ohne Bornholm
Mucronaten=Senon	Ober	Maastricht	Ober	Belemnella casimirovensis als Geschiebe zu erwarten								x
Mucronaten=Senon	Ober	Maastricht	Ober	Belemnitella junior Nowak Reitbrooker Schichten						x		x
Mucronaten=Senon	Ober	Maastricht	Unter	Belemnella occidentalis Birkelund						x	x	x
Mucronaten=Senon	Ober	Maastricht	Unter	Belemnella lanceolata (Schloth. 1813)	x				x	x	x	x
Mucronaten=Senon	Mittel	Ober=Campan	Ober	Belemnitella langei Jeletzky (= mucronata minor Jel.)					x		x	x
Mucronaten=Senon	Unter	Ober=Campan	Unter	Galerites vulgaris, Galeola brightoni Belemnitella mucronata mucronata		x	x		x		x	
Mucronaten=Senon	Unter	Ober=Campan	Unter	Echinocorys conicus Belemnitella senior Now.		x	x		x		x	
Quadraten=Senon		Unter=Campan	Ober	Echinocorys conicus, Belemnitella senior Gonioteuthis quadrata gracilis, Actinocamax mammillatus		x	x		x		x	
Quadraten=Senon		Unter=Campan	Ober	Echinocorys conicus, Galeola papillosa Gonioteuthis quadrata gracilis		x	x		x		x	
Quadraten=Senon		Unter=Campan	Ober	Galeola papillosa, Gonioteuthis quadrata gracilis, Gonioteuthis quadrata quadrata		x	x		x		x	
Quadraten=Senon		Unter=Campan	Unter	Galeola senoniensis, Gonioteuthis quadrata quadrata		x	x		x		x	
Quadraten=Senon		Unter=Campan	Unter	Offaster pilula, Off. pomeli, Gonioteuthis quadrata quadrata		x		x	x		x	
Quadraten=Senon		Unter=Campan	Unter	Echinocorys vulgaris ssp. Gonioteuthis quadrata quadrata		x		x	x		x	
Granulaten=Senon	Ober	Unter=Campan	Unter	Echinocorys vulgaris striata Gonioteuthis granulata quadrata		x		x	x		x	
Granulaten=Senon	Mittel	Santon	Ober	Marsupites testudinarius Gonioteuthis granulata				x	x			
Granulaten=Senon	Mittel	Santon	Ober	Uintacrinus sp. Gonioteuthis granulata				x	x			
Granulaten=Senon	Unter (Ober=Emscher)	Santon	Mittel	Actinocamax westfalico=granulatus (Inoceramus pinniformis)				x	x			

Schichten-Tabelle 8 Alt-Tertiär in Schleswig-Holstein

Oligozän	Ober	Chatt C Feinsande Chatt B Chatt A		70 m		Bohrung Wöhrden nach E. Martini 1959	
Oligozän	Mittel	Septarienton		75 m			
Oligozän	Unter	Basis-Sande = Neuengammer Gassand		19 m			
Eozän	Ober	Tonmergel graugrün, kalkhaltig ähnlich dem Septarienton		60 m		400–540	Ludien
Eozän	Ober	glaukonitischer Quarzsand, locker		5 m		550–670	Bartonien
Eozän	Ober	Kalksandstein, hart bis kreidig, Grünsand-Lagen		60 m	Nummuliten	700	Lutetien
Eozän	Mittel	Mergelsand, Glaukonit-reich, oben Kalksandstein-Bänke, unten noch Lagen verkieselten Glaukonit-Sandes		65 m	Nummuliten, Kieselgestein		Lutetien
Eozän	Mittel / Unter	Unter-Eozän 4	Ton* graugrün bis oliv, kalkfrei sandarm bis feinsandig, oben verkieselte glaukonitische Sandsteinbänke Radiolarien	130–240 m**	Nummuliten, Kieselgestein	(888)	Lutetien
Eozän	Unter	Unter-Eozän 3	Ton* graugrün bis oliv, kalkfrei Feinsand bis mehrere m Untere Hälfte braun bis rotbraun Kalkschalige Mikrofauna, Globigerinen	105–200 m**	Londonton, Toneisenstein-Knollen		Yprésien
Eozän	Unter	Unter-Eozän 2	Ton* graugrün feinsandig kalkfrei Sandschalige Mikrofauna Oben und in der Mitte z. T. braun Unten Tuffite in Ton	55–130 m**	Tarras, Tuffite, Londonton, Toneisenstein-Knollen		Yprésien
Eozän	Unter	Unter-Eozän 1	Ton* grünlichgrau bis dunkelgrau feinsandig, zahlreiche Tuffit-Lagen	150 m	Tuffite, Toneisenstein-Knollen		Yprésien
Paleozän		Ton grau kalkarm bis kalkfrei ± feinsandig, Glaukonit-Gehalt wechselnd		92–200 m**	Tuffite, Toneisenstein-Knollen		Sparnacien und Thanetien

* Dem ± plastischen Ton an der Erdoberfläche entspricht in Bohrungen fester, wasserarmer salzhaltiger Tonstein

** Bei zweifacher Angabe der Mächtigkeit stammt die erste von BEHRMANN, die zweite von SCHAD. In Trögen treten noch größere Mächtigkeiten auf

Schichten=Tabelle 9 Jung=Tertiär in Schleswig=Holstein

Pliozän	Ober	Asti	–	fluviatiler Kaolinsand		ohne gleichaltrige Fossilien	Sylt und in zahlreichen Bohrungen
	Unter	Piacent	Morsum=Stufe	mariner Feinsand, unten zu Limonitsandstein verkittet		Nassa aff. reticosa Mactra arcuata	Morsum=Kliff, in Bohrungen, ? Steenodde=Kliff Amrum
Miozän	Ober	Messin	Sylt=Stufe	mariner		Astarte rollei Astarte syltensis	Morsum=Kliff, in Bohrungen
			Gram=Stufe			Astarte reimersi Aquilofusus semiglaber	in Bohrungen
		Torton	Langenfelde=Stufe	Glimmerton		Astarte vetula Aquilofusus lüneburgensis	früher Langenfelde, Elbtunnel
			Lüneburg=Stufe			Astarte omalii var. anus Aquilofusus lategradatus	früher Zgl. Wohltorf
	Mittel	Helvet	Reinbek=Stufe	küstennahe Sande	Obere Braun=kohle=Sande	Aquilofusus festivus Streptochetus abruptus	Reinbek, in Bohrungen, Geschiebe Süd=Stormarn und Lauenburg
	Unter	Burdigal (Ober=Girund)	Hemmoor=Stufe: Winnert=Unterstufe	marine glauko=nitische Sande		neu: Turris helenae Turris badensis	in Bohrungen
			Hemmoor=Stufe: Oxlund=Unterstufe	± humose Tone (Hamburger Ton)		Cardium hanseatum, Tur=ritella eryna, Dorsanum boreobaccatum	früher Langenfelde, in Boh=rungen, Geschiebe: Burg i.D. Kellinghusen, Hamburg
			Hemmoor=Stufe: Behrendorf=Unterstufe		Untere Braun=kohle=Sande	noch Aporrhais speciosa und Turritella geinitzi, Aquilofusus beyrichi	in Bohrungen, Geschiebe Kronsmoor
		Aquitan (Unter=Girund)	Vierlande=Stufe	marine Sande		Ecphora wichmanni Aquilofusus pereger	Bohrungen Vierlande, Scholle Itzehoe=Ochsenkamp; Holstei=ner Gestein als Geschiebe .
Oligozän	Ober	Chatt	Chatt C	tonig=glaukonitische Sande		Pecten semicostatus, Pecten hofmanni; Northia bolli, Ecphora koeneni	Scholle Itzehoe=Ochsenkamp, Glaukonit=Sand
			Chatt B	glaukonitische Siderite		Chlamys hausmanni; Northia bolli, Ecphora koeneni	nur als Geschiebe

Schichten=Tabelle 10 Würm=Zeit in Schleswig=Holstein

Groß=Gliederung	Unter=Gliederung	Ausbildung	Vorkommen	absolute Alter vor Chr.
Spät=Würm=Glazial Zeit des Flugsandes und der Bildung der Binnendünen Zeit des Tieftauens im vorher vereisten Gebiet	Spät=Tundra=Zeit 3	Flugsande	verbreitet im Westen	8100–8900
	Alleröd=Warm=Zeit	Podsol=Bildung auf Flugsanden Kräftiges Tieftauen	verbreitet im Westen, Humus=Lage Geesthacht 1 Lieth bei Elmshorn	–10 200
	Spät=Tundra=Zeit 2	Flugsande	verbreitet im Westen	
	Bölling=Warm=Zeit	schwache Podsol=Bildung	Lieth bei Elmshorn	11 000
	Spät=Tundra=Zeit 1	Grömitzer Eis=Vorstoß Meiendorfer Ren=Jäger=Lager Flugsand auf rißzeitlichen Ablagerungen	Ostsee=Küste Meiendorf Westen des Landes	13 000–13 800
Hoch=Würm=Glazial Im Riß=Gebiet: Abtrag auf Höhen, Solifluktions=Schutt auf Hängen, Niveofluviatile Ablage=rungen in Senken Vereisung greift nach Norddeutschland über Eis taut bis zur Erosions=Basis = Niedertauen	Haupt=Tundra=Zeit 2	Korrasion, Windschliff=Decken, Solifluktion, niveofluviatile Ablagerungen	verbreitet auf rißzeitlichen Ablagerungen im Westen	
	Warm=Zeit ? = Paudorfer Interstadial	humose Absätze Podsol=Bildung	Humus=Lage Geesthacht 2, Ostrohe	25 000 31 500
	Haupt=Tundra=Zeit 1	Solifluktion, niveofluviatile Absätze		
Früh=Würm=Glazial Zunehmende Vereisung im baltischen riß=zeitlichen Zungenbecken	Brörup=Warm=Zeit	geringe Torf=Lager, Podsol	Loopstedt oberes Lager, Geesthacht 3, Albersdorf 1 u. 2, Harksheide	Albersdorf 45 000–43 000 Brörup 57 000–48 000
	Früh=Tundra=Zeit 2	Solifluktion, niveofluviatile Umlagerung		
	Rodebaek=Warm=Zeit	geringes Torflager	Loopstedt mittleres Lager	62 000
	Früh=Tundra=Zeit 1	niveofluviatile Ablagerungen		
Eem=Interglazial		Torfe, Gyttjen, Meeresabsätze Starke Bleichung von rißzeit=lichen Sanden	Loopstedt=Haupt=Lager, Schulau, Geesthacht 4, Kuhgrund	vor 70 000

Schichten=Tabelle 11 Gliederung des Spät=Glazials in Schleswig=Holstein

		Pollenanalytische Gliederung: Firbas	Pollenanalytische Gliederung: Overbeck Schütrumpf	Pollenanalytische Gliederung: Iversen	Erdgeschichtliches Geschehen: im Vereisungs=Gebiet	Erdgeschichtliches Geschehen: im Flugsand=Bereich	Tier=Welt		menschliche Kulturen	Alter, durch C[14] ermittelt
Post=Glazial=Zeit	Birken=Zeit	IV	V	IV	Birke=Kiefern=Wälder erneutes Tieftauen	Dünen durch Bewuchs festgelegt	Ren von Rothirsch verdrängt Elch	Mittlere Steinzeit	Pinnberg I	
Spät=Glazial=Zeit	3. Spät=Tundra=Zeit (Jüngere Tundra=Zeit)	III	IV	III	Birke vordringend, Kiefer abfallend, Bodenfrost stärker. Letzte rein minerogene Sedi=mente. Tiefere Terrassen um Seen entstanden	noch Flugsand abgelagert	Desmana, Biber, Luchs, vom Ren, zu=nehmend tarandus tarandus, Elch, Wisent, Wild=schwein, Wildpferd		Ahrensburger Kultur von Stellmoor, Zelt von Borneck	8100 vor Eisrand am Sallpauselkä und in Mittelschweden
	Alleröd=Zeit	II	III	b II a	Wald aus Baumbirken und Kie=fern; starkes Tieftauen. Seen ge=bildet. Flußnetz eingeschnitten. Fische wandern ein. Organogene Absätze reichlicher	humose Feinsand=Lage mit Holzkohle darunter Podsol	Elch	ausgehende ältere Steinzeit		8 900 vor 10 200 vor
	2. Spät=Tundra=Zeit (Ältere Tundra=Zeit)	I	II	Ic	Bodenfrost wieder stärker, subarktische Park=Tundra	Flugsand abgelagert				
	Bölling=Zeit			Ib	Baumbirken=Wald, auch schon Kiefern; Rückgang der NBP Erstes Tieftauen wahrscheinlich	humose Feinsand=Lage, darunter schwache Bleichzone				11 000 vor
	1. Spät=Tundra=Zeit (Älteste Tundra=Zeit)		I	Ia	subarktische Park=Tundra mit Hippophae, Artemisia; Kalk=Gyttjen beginnen	letzter = Grömitzer Eis=Vorstoß Flugsand	Rangifer tarandus arcticus, Desmana moschata, Citellus, Lemming, Riesen=hirsch, Wildpferd		Hamburg II =Poggenwisch Hamburg I =Meiendorf	12 000 vor
Hoch=Glazial-Zeit	2. Haupt-Tundra-Zeit (Älteste Tundra-Zeit)				Zeit des Niedertauens; arktische Tundra, minerogene Sedimente, überwiegend korradierte Pollen älterer Schichten führend	Abtrag durch Wind, Steinsohlen Windschliff	Moschusochse Ren			

Anmerkungen

1 Das angebliche **Devon von Schobüll** braucht nach RÜDDIGER (1955, S. 49) nicht dieses Alters zu sein. Osteolepis=ähnliche Fischschuppen, deren Fund nach HAAK (1926, 1933) für devonisches Alter sprechen sollte, kämen auch im Perm und jünger vor. Der Granat=Gehalt der roten Sande von Schobüll entspräche dem des Rotliegenden und des Keupers (Bohrg. Plön 1). Das Vorkommen von Schobüll und ähnliche rote Gesteine von Olderupfeld, Schwesing (beide erbohrt) sowie Rott (HECK 1935) möchte RÜDDIGER als vom Eis verfrachtetes Rotliegend ansehen. Dies um so mehr als niemals Devon, wohl aber Rotliegend und Keuper durch den Salzaufstieg so hoch geschleppt wurden, daß sie vom diluvialen Eis erfaßt und somit als Schollen über einige Kilometer verfrachtet werden konnten.
Andererseits ist in Dobrilugk (Lausitz) nicht nur schwach metamorphes Mittelkambrium von Unter=Karbon überlagert erbohrt; sondern im jüngsten Karbon wurde dort in Menge kaum umgelagertes, nicht durch Faltung beanspruchtes Unter=Gotland als Alaunschiefer und Lydit=Geröll angetroffen. Es entsteht durchaus der Eindruck, hier die Auflagerung paläozoischer Schichten auf den Rand des nordischen kristallinen Schildes vor sich zu haben. Über den kristallinen Untergrund gab einen ersten Aufschluß ein Geröll aus Leptitgneis, das im gleichen Lager gefunden wurde. Dies ist ein Gestein des fennoskandischen Archaikums. Der fennosarmatische kristalline Schild hat sich somit erstaunlich weit nach S erstreckt. (TEICHMÜLLER 1953, daselbst weiteres Schrifttum.)
Der gleiche Verfasser leitet Graptolithen=führende Lydite aus dem Karbon von Osnabrück aus dem heutigen Nord=Hannover her. Dadurch ergibt sich für Schleswig=Holstein hohe Lage bis in das Karbon. Vermutlich lag hier teils der kristalline Sockel, teils Cambro=Silur an der Erdoberfläche.

2 **Bohrung Böxlund 1.** (HECHT, v. HELMS, KEHRER 1955, S. 721)

– 74 m Quartär
– 408 m Tertiär
– 907 m Ober=Kreide
– 960 m Unter=Kreide
〰〰〰〰〰〰〰〰
– 993 m Unter Rhät
– 1346 m Keuper
– 1530 m Muschelkalk
– 2273 m Buntsandstein
– 3356 m Zechstein
– (3526) m Rotliegend

3 **Bohrung Rödby 1.** (A. NÖRWANG 1957, S. 42)

– 32 m Glazial=Diluvium
– 429 m Kreide, Senon
– 442 m grauer Ton, Turon
– 462 m Kreide, Cenoman
– 472 m rotbrauner Mergelstein, Alb
〰〰〰〰〰〰〰〰〰〰〰〰〰〰〰〰
– 534 m Ton und Feinsand, Lias } nachgewiesen Lias γ, Lias α
– 560 m dunkler Ton=Schiefer, Lias } und Präplanorbis=Schichten
– 716 m Sand= und Tonstein in Wechsellagerung, Rhät
– 866 m kalkhaltiger Tonstein mit Anhydrit, Keuper
– 972 m grauer Kalkstein, Muschelkalk
– 1535 m rotbrauner Tonstein, örtlich graugefärbt mit Sandstein wechsellagernd, Buntsandstein

4 Von den **jütländischen Salzhorsten** erreicht Suldrup 25 km SW von Aalborg einen Durchmesser von 7 km. Es gelang H. FREBOLD den grauen Salzton und Kalisalz der 3. Ausscheidungs=Folge nachzuweisen. Der Salzhorst Batum (8 km nö Viborg) hat einen Durchmesser von rund 9 km. Im Westen ist bei Veyrum, zwischen Struer und Holstebro gelegen, ein Zechstein=Salz=Horst erbohrt worden. (TH. SORGENFREI 1951, S. 144 und 147.) In den **Niederlanden** sind in den Provinzen Groningen, Leeuwarden und Drenthe 14 Salzhorste geophysikalisch und zum Teil durch Bohrungen nachgewiesen.

5 **Helgoland I** auf dem Oberland 40 m + NN

Ältere Deutung

Tiefe	Schicht	Zyklus
– 718 m	Buntsandstein	
	Roter Salzton	4. u. 3. Zyklus
– 1120 m	Jüngeres Steinsalz	4. u. 3. Zyklus
– 1134 m	Hauptanhydrit	4. u. 3. Zyklus
– 1157 m	Deck=Steinsalz	2. Zyklus
– 1200 m	Kalisalz=Flöz Stassfurt	2. Zyklus
– 1848 m	Älteres Steinsalz	2. Zyklus
– 1862 m	Basal=Anhydrit	2. Zyklus
– 1885 m	? Mittlerer Zechstein	1. Zyklus
~~		
– 3010 m	Älteres Steinsalz	2. Zyklus

Neue Deutung

Tiefe	Schicht	Folge
– 718 m	Buntsandstein	
– 763 m	Zechsteinletten mit Salz	4. = Aller=Folge
– 907 m	Aller=Steinsalz mit Pegmatit=Anhydrit, etwas Roter Salzton	4. = Aller=Folge
– 1120 m	Steinsalz mit Anhydrit=Partien, Schwadensalz, Liniensalz	3. = Leine=(Niedersachsen)=Folge
– 1134 m	Hauptanhydrit, etwas Grauer Salzton	3. = Leine=(Niedersachsen)=Folge
– 1157 m	Decksteinsalz	2. = Stassfurt=Folge
– 1206 m	Flöz Stassfurt	2. = Stassfurt=Folge
– 1805 bzw. 1848 m	Stassfurt=Steinsalz H_2S enthaltend	2. = Stassfurt=Folge
~~		
– 1862 m	Hauptanhydrit	3. Folge
– 1874 m	Grauer Salzton	3. Folge
– 1885 m	Anhydrit=reiches Steinsalz bzw. gebänderter Anhydrit	2. Folge
– 3010 m	Stassfurt=Steinsalz	2. Folge

Das Ergebnis der Reichsbohrung 1938 und die Annahme, daß in der Görtel genannten Rinne südlich der Insel eine möglicherweise auf Lösung von Steinsalz zurückzuführende Senkungszone vorliege, wurden vereint zu der Auffassung, südlich der Insel käme der Top einer Salzstruktur bis nahe an den Meeresgrund. P. Schmidt=Thomé (1937, 1951) vertrat ferner die Anschauung, die nördliche Hälfte der Salinar=Kuppel rage höher empor als diejenige südlich des Görtels. Beiderseits dieser schmalen Zone lägen sich Buntsandstein und Oberkreide gegenüber. Ferner deutete F. Heidorn 1961 das Ergebnis der Reichsbohrung neu. Er nimmt in Analogie zum Bau ähnlicher Salzstrukturen zwischen 1805 und 1848 m Tiefe eine Überschiebung von mehr als 700 m Sprunghöhe an. Über ihr lägen ebenso Schichten der 3. Salzfolge wie darunter.
Die kurzen Angaben Heidorns gestatten nicht, die alte und neue Deutung der Bohrung zu vergleichen. Herr Dr. Hofrichter vom Niedersächsischen Geologischen Landesamt stellte dankenswerter Weise das neue Profil der Bohrung auf. F. Heidorn vertritt weiter die Anschauung, daß die Bohrlochs=Überschiebung selber oder eine parallele Gleitfläche am Görtel den Buntsandstein und Oberen Zechstein des Nordflügels die tief eingesunkene Oberkreide des Südflügels berühren ließe. In der Tiefe würde nach dieser Deutung die Unterkante des Buntsandsteins des Südteiles dem tiefen Zechstein des Nordflügels nahe kommen. Diese „Helgoländer Überschiebung" könnte die Schichten in der Senkrechten bis 2000 m gegeneinander verlagert haben.

6 Auch unter der Stadt **Lüneburg,** so unter dem Gralwall, Post, Nicolai=Kirche und als Rohstoff=Lager der Saline vermutete man Salz des Mittleren Muschelkalks. J. Niedermayer 1957 betonte, daß dies nicht nachgewiesen sei. Die Sole der Saline entstamme dem Zechsteinsalz. Dessen Ablaugung, die für die Stadt durch Senkungen des Baugrundes örtlich so schwere Folgen habe, sei durch Wasser=Zufluß aus miozänen Braunkohlensanden bedingt.

7 Im Erdölfeld Plön=Ost läßt sich der **Dogger=Beta** unterteilen in:

Dogger=Beta:
- Beta 4
- Oberer Schluffsand, geringe Porosität und Durchlässigkeit
- Beta 3
- Hauptsand 12 m mächtig, Erdöl liefernd
- Beta 2
- Unterer Schluffsand, reich an Erdöl, aber geringe Durchlässigkeit, die künstlich gesteigert werden muß
- Beta 1

8 *Exogyra couloni* ist gekielt dadurch, daß etwa die Hälfte der Unter=Klappe einer festen Unterlage, zu=meist Ammoniten=Gehäusen, aufwächst; die Schale sich dann aber unter einem Winkel von etwa 45 Grad zurückbiegt. Hierdurch wird erreicht, daß der Schalenrand senkrecht steht und die Zufuhr möglichst schlickfreien Wassers gesichert ist (vergl. Taf. 9).

9 Nach dem, was auf der **Helgoländer** Düne angeschwemmt wird, setzen sich die Schichten der dortigen **Unterkreide** zusammen aus:

a) Reinem Ton, der von der Strömung und den Wellen zerspült wird, so daß nur die eingeschlossenen Hartteile den Dünenstrand erreichen. Es sind dies: Phosphorite, die häufig Teile von Ammoniten als Ausguß oder Abdruck enthalten, ferner Belemniten, *Pecten*, *Exogyra couloni* und *Serpula phillipsi*. Vermutlich entstammen die pyritisierten Jugendformen von Ammoniten, kleine Muscheln und die seltenen Schnecken (Taf. 8 Fig. 4) auch diesen Tonen des Hauterive und Barrême.

b) Dunkle feinstgeschichtete Ton=Gyttjen mit Zentimeter breiten Wühlgängen, die häufig etwas helleres Gestein enthalten.

c) Feingeschichtete Kalkmergel mit Chondriten (verzweigten Wühlgängen), siehe Taf. 8 Fig. 1.

d) Feste Kalkgyttjen, erfüllt von weißlichem Grus, zäh, muschelig brechend.

Die Gesteine b) bis d) sind vom Alter des Apt.

10 **Gliederung des Dan**

<table>
<tr><th colspan="2">Dänemark</th><th colspan="2">Schonen</th></tr>
<tr><td>Zone des Tylocidaris vexillifera</td><td rowspan="2">Ober=Dan</td><td>Ober=Dan</td><td>Zone des Tylocidaris herupensis</td></tr>
<tr><td>Zone des Tylocidaris brünnichi</td><td rowspan="2">Mittel=Dan</td><td>Zone des Tylocidaris brünnichi</td></tr>
<tr><td>Zone des Tylocidaris abildgaardi</td><td rowspan="3">Unter=Dan</td><td>Zone des Tylocidaris rosenkrantzi</td></tr>
<tr><td>Zone des Tylocidaris ödumi</td><td rowspan="2">Unter=Dan</td><td rowspan="2">Zone des Tylocidaris ödumi</td></tr>
<tr><td>Cerithium=Kalk und Fischton</td></tr>
<tr><td>Schreibkreide mit Belemnella casimirovensis</td><td>Ober=Maastricht</td><td>Ober=Maastricht</td><td>Schreibkreide mit Hoploscaphites constrictus</td></tr>
</table>

11 Die Muschelgattung *Inoceramus* ist in der Lägerdorfer Kreide mit flachen gleichseitigen Formen von 30 und mehr cm Länge vertreten. Die Schalen, aus Kalkprismen aufgebaut, sind mit Ausnahme des Schloßrandes auffallend dünn. Sie sind daher trotz der Verstärkung nach dem Wellblech=Prinzip zer=brechlich. Über die Jugend=Zustände und Lebensweise dieser Riesenformen ist nicht berichtet. Im Gegen=satz zur verwandten und an Größe ähnlichen heutigen *Pinna* ist das Ligament kräftig. Es liegt zudem in einer hochgradig versteiften Schloß=Leiste. Dies läßt auf eine von der fest sitzenden der Pinnen ab=weichende Lebensweise schließen. Das starke Schloß bezeugt kräftige Bewegung der Schalen, die leichte Schale ermöglicht Ortsbewegung. Die gleiche Ausbildung beider Klappen zusammen mit den vor=genannten Eigenschaften legt den Gedanken an stoßweises Schwimmen wie bei *Pecten* nahe. Daß Inoceramen=Schill Flachwasser andeutet, erscheint fraglich. Eine Entstehung durch Muscheln knackende Fleischfresser erscheint nicht ausgeschlossen. Auch dürften diese großen Schalen häufig nur durch den Belastungsdruck zerbrochen und in der Lage verstellt sein.

12 Die langen, mit gegeneinander gerichteten zahnähnlichen Fortsätzen versehenen zarten Scheren machen – zumal sie stets flachgedrückt gefunden werden – zunächst den Eindruck von Fischkiefern. Aber es handelt sich um einen langschwänzigen Krebs *Ischnodactylus* PELSENEER 1886 = *Stenocheles* FRITSCH 1887.

13 H. SIEVERTS-DORECK 1953 untersuchte die Stielglieder von Pentacrinus-artigen Seelilien aus der Kreide von Lägerdorf. Danach handelt es sich um eine einzige Art: *Austinocrinus rothpletzi* STOLLEY. Ein zu Lägerdorf gefundener, mit der Hamburger Sammlung untergegangener Kelch, von O. JAECKEL 1904 (Sitzungsber. Ges. naturforsch. Freunde Berlin, S. 191–196) als *Isocrinus holsaticus* beschrieben hatte, wird von obiger Autorin gleichfalls zu *A. rothpletzi* gestellt, siehe H. WIENBERG RASMUSSEN 1961, Taf. 2. *Austinocrinus*, Familie *Isocrinidae*, ist eine Gattung wärmerer Meere und leitend für die Oberkreide.

14 Über die Mitteilung, die C. GOTTSCHE in der Deutschen Geologischen Gesellschaft Sitzung vom 2. März 1898 machte, berichtete nur die Zeitschrift für Praktische Geologie 1898 p. 185:
DR. GOTTSCHE Hamburg: „Die Krebsfauna des früher zum Mitteloligozän gerechneten ‚Septarientons' von Hemmoor bei Stade erwies sich ihm als identisch mit derjenigen des Londonclay, zum Beispiel von Sheppey und es ist demnach diese Ablagerung in das Paläozän zu stellen; das gleiche dürfte von den Tarrastonen auf Fehmarn gelten, deren Septarien den *Pentacrinus subbasaltiformis* geliefert haben, und möglicherweise auch von gewissen Tonen am kleinen Belt.
In der Zurechnung des Londontons zum Paleozän verfuhr GOTTSCHE wie später E. HAUG in seinem Lehrbuch.

15 Zur Alterbestimmung des **Paleozän.** Während des frühen Paleozän bestand ein schmaler Meeresarm am Nordfuß der Ardennen und im Osten im Bereich von Seeland und Teilen der westlichen Ostsee. Es folgten die Transgressionen der Thanet-Zeit in England und des Landénien in Belgien. Da auch irgendwann vor Londonton + Tuffit-Serie das Meer nach Norddeutschland wiederkehrte, setzte D. WIRTZ 1939, S. 231, die Schichten unter den Tuffiten in das Ober-Paleozän = Ober-Landénien. Eine zwingende Begründung hierfür liegt aber nicht vor. STAESCHE und HILTERMANN 1940 und nach ihnen BETTENSTAEDT 1949 wiesen darauf hin, daß die Foraminiferen der norddeutschen paleozänen Schichten teils Beziehungen zum dänischen Paleozän, teils zum Londonton Englands aufzeigen. Ob die vorläufige mikropaläontologische Zweiteilung des Paleozän (BETTENSTAEDT 1949, S. 142) in oben kalkarme Tone mit sandschaligen Foraminiferen und unten kalkige Tone mit Sand- und Kalk-Schalern einen stratigraphischen Wert besitzt, ist fraglich, da den ersten Absätzen des wiederkehrenden Meeres Ton und Kreide zur Aufarbeitung zur Verfügung stand.

16 **Grün-braun-gerindeter Flint.** E. VOIGT betonte 1943, die Mehrzahl der zahllosen, in eisentstandenen Absätzen vorhandenen Flinte entstamme nicht unmittelbar der Kreide, sondern hätte während der Landzeit an der Wende Kreide-Tertiär in einem dem argile à silex des Pariser Beckens entsprechenden tonigen Verwitterungs-Rückstand der Kreide gelegen. „Nur durch die Abrasion des Eises ist zu erklären, daß wir noch keine Spuren seines Anstehenden kennen."
In den zahlreichen Bohrungen, die die Grenze Paleozän–Kreide durchstoßen haben, ist aber gleichfalls kein feuersteinführender Restlehm angetroffen. Wenn man die Tone des Paleozän aus umgelagerten terrestrischen Verwitterungs-Tonen herzuleiten versucht, so überrascht die geringe Mächtigkeit des Basal-Konglomerats. Nur 0,10–0,30 m einer tonig-sandigen Schicht, bisweilen mit Geröllen, liegen zwischen Kreide und Foraminiferen-führendem Ton des Paleozän. Da ferner in den ältesten Tonen des hiesigen Paleozän rötliche Farbtöne fehlen, außerdem die Braunrinde der umgelagerten Feuersteine 1 cm an Dicke wohl nicht übersteigt, dürfte die paleozäne Verwitterung in Norddeutschland geringer gewesen sein als im Pariser Becken.
Weniger ein früher vorhanden gewesener argile à silex als der Reichtum gerade der obersten, inzwischen vom Eise abgetragenem Kreidelagen selber, dürfte die Quelle des Flint-Überflusses der hiesigen diluvialen Absätze sein.
Nachdem das Basiskonglomerat mit grüngerindetem Flint an mehreren Orten angetroffen war, nahm insbesondere C. GAGEL an, daß es unter Schleswig-Holstein und weit bis in den Osten ausgebildet sei. Diese Auffassung schien durch das häufige Vorkommen von grüngerindeten Flinten als Geschiebe berechtigt. Jedoch bei 14 mir von der DEA freundlicherweise mitgeteilten Bohrbefunden wird an der Grenze Dan-Paleozän nur bei einer das Vorkommen grüngerindeten Flintes erwähnt. Ob die dünne Lage dieses Gesteins besonders in Spülproben nicht zu erkennen ist oder auf die Tops der Salzstrukturen beschränkt ist, läßt sich noch nicht übersehen. Auch aus der von C. GAGEL erwähnten Bohrung Breiholz sah ich nur glaukonitischen Sand, aber keine Flintgerölle als Transgressionsschicht.

Ein Vergleich von Bohrergebnissen und Häufigkeit grüngerindeter Flinte als Geschiebe läßt vermuten, daß weiter östlich gelegene Gebiete als Heimat sowohl der kaum gerundeten grüngerindeten wie der stark gerollten, auch Wallsteine genannten Flinte in Betracht kommen.

17 Mehrfach wurde betont, daß **Untereozän 2 und 3** zur gleichen stratigraphischen Einheit gehören und nur durch den Inhalt an Foraminiferen sich unterschieden (H.=J. Anderson in Anderson, Dittmer, Gripp 1959, S. 108).

18 *Isselicrinus subbasaltiformis* Mill. sp.
zur Deutung der Stiel=Teile siehe:
Frank Springer: A tertiary Crinoid from the West Indies Proceed. US National Mus. 65 Art. 3. S. 1–8. 1924.
ferner:
H. Sieverts=Doreck: Zur Morphologie und systematischen Stellung von *Balanocrinus.*
N. Jahrb. f. Min. Geol. Pal. Abh. B. *88* 1944, S. 136–155.
H. Wienberg Rasmussen: Medd. Dansk. Geolog. For. *12* S. 415–419 1953 benannte die Gattung *Lipo=crinus,* stellte aber 1954 fest, daß seit 1914 die Bezeichnung *Isselicrinus* Rovereto gültig war.
Kelche werden nicht gefunden, da diese nach Springer sehr leicht zerfielen. *Isselicrinus* ist eine europäische Gattung (Kreide bis Miozän Piemonts), die aber gelegentlich an der Westküste des Atlantiks auftrat, so im Unter=Miozän Haitis.

19 M. E. J. Chandler (1958) bestimmte von den eingesandten **pyritisierten Früchten** freundlicherweise
Mastixia parva Reid & Chandler, zur Familie der *Cornaceae* gehörig
Wetherellia sp. mit Vorbehalt zu den *Euphorbiaceae* gerechnet.
Die Verfasserin hebt hervor, daß dies das nördlichste bekannte Vorkommen der tropischen Londonton=Flora wäre.
Der pyritisierte Phragmokon (Abb. 16) dürfte zur gleichen Gattung gehören wie *Belemnoteuthis rosen=crantzi* Birkelund: siehe T. Birkelund Upper Cretaceous Belemnites from West=Greenland
Meddelelser om Grönland 137 Nr. 9 S. 1–28 1956
(abgedruckt in Grönlands Geologiske Undersögelse Bull. Nr. 13).
Die Art von Johannistal hat mit der grönländischen die Rückbiegung der Septen auf der Ventralseite gemein. Sie unterscheidet sich durch die flacheren Kammern, stärkere Biegung zur Ventralseite und die zahlreichen Anwachsringe.
An dem grönländischen Stück sitzt ein winziges Rostrum; so lang wie die ersten drei Kammern ragt es über die Embryonalblase hinaus und ist schon in der Höhe der 6ten Kammer völlig ausgedünnt.

20 **Nummuliten.** Über die **Nummuliten** Norddeutschlands siehe F. Schuh Z. deutsch. Geol. Ges. 84 S. 682 u. f. Zu beachten ist, daß Schuh alle Nummuliten führenden Absätze in das Unter=Oligozän stellt, während Staesche & Hiltermann 1940, Taf. 17 und 21, sowie Bettenstaedt 1949, S. 164, die Nummu=liten reichen Schichten zutreffender in das Ober=Eozän einordnen.

21 Die **Bohrung Wöhrden** hatte eine kleine Molluskenfauna ergeben (S. Strauss 1927), die erst 20 Jahre nach Abteufen der Bohrung, also zu einer Zeit, zu der von den Fossilien schon manche zerfallen ge=wesen sein dürften, bearbeitet wurde.

13 Arten sind bestimmt, davon schon im Londonton	*Amussium corneum* J. Sow. *Pteria papyracea* Sow. *Hemipleurotoma selysi* Edw. (non de Kon.)
für Barton=Stufe bezeichnend	*Voluta ambigua* Sol.
für Mittel= + Ober=Eozän	*Turritella granulosa* Desh. *Cardita crebrisulcata* Edw.
und der angeblich auf Mittel=Eozän hinweisende	*Pecten squamula* Sk.

Die Fauna, vorausgesetzt, daß die Arten zutreffend bestimmt sind, weist einige wenige Formen des Bartonien, andere die von Mittel= bis Ober=Eozän vorkommen, auf.
Strauss hält den *Pecten squamula* Lk. für eine Form des Mittel=Eozän, Wrigley 1928 fand diese Art in einem Kalksandstein=Geschiebe von Köthen (Anhalt), hält sie aber nicht für ein eindeutiges Leitfossil und beurteilt die Gesamtfauna des Geschiebes als Barton. Somit bleibt auf Mittel=Eozän hinweisend von den von Strauss angeführten Formen nur die Berippung der *Avicula (Pteria) papyracea* Sow., einer seit dem Londonton bekannten Art.

Aus der Lage der Schichten im Verband möchte man das Auftreten von Mittel=Eozän vermuten. Aus den Makrofossilien kann eine zuverlässige Alters=Angabe nur für das Ober=Eozän gegeben werden.

22 E. Martini (1959) gab für Norddeutschland an, aus den als Unter=Eozän 1 und 2 bezeichneten Tonen und ebenso aus den sandreichen Tonen des Unter=Eozän 4 keine bezeichnenden Coccolithen gefunden zu haben, siehe Abb. 17. Daher setzte er S. 148 den Ton von Katharinenhof (Fehmarn) und den bei Heiligenhafen die Kieselgestein=Serie begleitenden Ton, den Anschauungen von D. Wirtz folgend, in das Unter=Eozän 4. Der Ton von **Katharinenhof** ist durch seine Makrofossilien als tieferer Londonton, also Unter=Eozän 2, eindeutig ausgewiesen. Beim Ton von **Heiligenhafen** aber handelt es sich nicht um Tarras, wenn die an sich nach der Lagerung mögliche Deutung als Unter=Eozän 4 zutrifft.

22a Zu **Lütjensee,** Kreis Stormarn, fand W. Wetzel (1929 Geol. Führer) in Glaukonitsand Schuppen und Zähnchen von Fischen in größerer Zahl. Alle sind stark abgerollt, so daß die Bearbeitung durch R. Weyl 1935 keine nähere Bestimmung zuließ. In Bohrung Cuxhaven 10 waren die Tone und Glaukonitsande mit Kieselgestein reich an Fischresten. Zähne von *Lepidosteus* (Löffelhecht) in 3 Schichten beobachtet.

23 Das **Gas von Neuengamme** entzündete sich am Tage nach dem Ausbruch. Drei Wochen lang brannte es dreiarmig mit bis 15 m langen Flammen. Dann gelang es, diese zu löschen und das Bohrloch abzu=sperren. Von 1913–1930 lieferten diese und eine daneben niedergebrachte Bohrung 250 Millionen m^3 Erdgas an die Hamburger Gaswerke.

24 Grünlichgrauer **Septarienton** von Mallis (Mecklbg) blättert in trocknem Zustand annähernd schicht=parallel und etwas muschelig auf. Über die Schichtflächen sind nahezu gleichmäßig verstreut dunkle Schwefeleisen=Flecken in Form von Tupfen, Stengeln und Flächen. In den größeren von ihnen erkennt man mit der Lupe helle rundliche Ton=Flecken von $^1/_2$ mm Länge. Es sind Kotballen, hauptsächlich von schlammbewohnenden Würmern stammend. Auch Tiere von 2, 4, 6 und mehr als 10 mm Durchmesser haben den Schlamm kreuz und quer durchwühlt, wie dunkel gefärbte Flecken von runder, ovaler oder gangförmiger Gestalt bezeugen. Sie treten gleichmäßig über die Schichtflächen verteilt auf. Im Quer=schnitt, besonders wenn dieser durch Reiben mit einem Tuch poliert wurde, erscheinen jene Flecken als parallel geordnete beidseitig zugespitze Linsen von wenige mm bis 2 cm Länge. Der Ton ist somit ein Langschweb=Sediment, dessen ursprüngliche Feinschichtung durch wühlende Bodenbewohner zerstört wurde. Die heute vorhandene schiefrige Spaltbarkeit entstand durch Druck, erzeugt durch die Last der hangenden Absätze.

Als diagenetischer Vorgang entstanden darin Konkretionen einmal durch fortdauerndes Ausscheiden winziger Kristalle an Orten geringerer Löslichkeit, zum Beispiel um vorhandene Anreicherungen des betreffenden Minerals wie Pyrit oder Phosphorit. Die Bildung einer anderen Gruppe von Konkretionen beginnt mit örtlichem Austrocknen, zum Beispiel in mergeligen Tonen. So auch bei den Septarien. Der Vorgang war:

a) 0,3–1 m durchmessende flach ovale Blasen entstanden durch Austrocknen
b) Deren Haut = eingetrockneter Ton von einigen cm Mächtigkeit wurde durch winzige Kalkkristalle weiter verdichtet
c) Der im Innern dieser Kapsel eingeschlossene Rest von Ton=Mergel schrumpfte. Dabei entstanden radiale und konzentrische Risse
d) Auf den Wänden dieser Klüfte kristallisierten später aus wäßriger Lösung Tapeten von weingelbem $CaCO_3$ aus.

Der Vorgang der Anreicherung von in der Sedimentfeuchtigkeit gelösten Stoffen zu Konkretionen hat sich über verschieden lange Zeiträume erstreckt.

Früh=Konkretionen dürften sein

Phosphorite des London= und Septarien=Tons, die Krebse mit Beinen oder Fische unverdrückt erfüllen und umschließen,

phosphoritische Mergelknollen mit Krabben, deren Scheren und Beine zum Teil hohl unverdrückt er=halten sind (Glimmerton Sylt).

Spät=Konkretionen entstanden nach Auflösung der aragonitischen Mollusken=Schalen und nach erheblicher Belastungs=Pressung durch jüngere Absätze: Flint und Pyrit der Kreide.

Eine Mittelstellung nehmen jene Siderit=Konkretionen ein, die innen voll erhaltene, außen nur ver=drückte Bivalven enthalten (H. Illies 1949). Pyrit kommt als Früh=Ausscheidung (unverdrückte Mol=lusken=Schalen in London= und Septarien=Ton), als Mittel=Ausscheidung (Stengel quer zur Schichtung entstanden und außen mit glänzenden Harnischen des sackenden Gesteins versehen) (Töck von Helgo=land) sowie als Spät=Ausscheidung vor, zum Beispiel in und auf Flint und um flachgedrückte Seeigel (J. Thiede 1960).

25 **Die Languste von Itzehoe,** die H. HAAS 1888 abbildete, benannte er *Podocrates stolleyi* HAAS. Diese Gattung war aus der Kreide von Westfalen und Böhmen sowie aus dem Londonton bekannt. Der Fund von Itzehoe war also das jüngste Vorkommen dieser Gattung. Später fand sich im Meere um Japan noch ein letzter lebender Vertreter dieser Gattung, genannt *Linuparus trigonus* DE HAAN, Taf. 13 Fig. 3.

26 *Aturia* von Itzehoe. Weil sowohl Vergleichsmaterial wie das betreffende Schrifttum über die stets nur vereinzelt gefundenen tertiären Nautiliden schwer zu beschaffen ist, ist das reiche Itzehoer Vorkommen des Perlbootes leider niemals paläontologisch näher untersucht worden. Der 1878 verstorbene L. MEYN hatte C. GOTTSCHE 1889 zufolge, schon Nautiliden von dort. H. HAAS nannte diesen Cephalopoden 1889 *Könenia alseni* HAAS und kündigte eine eingehendere Bearbeitung an. Diese wurde hinausgeschoben, weswegen REINHARD 1896 von einer Bearbeitung der *Könenia alseni* absah. 1899 wies P. OPPENHEIM in seiner Besprechung des Aufsatzes von REINHARD darauf hin, daß der Name *Könenia* schon 1885 vergeben war und somit das Fossil den Namen *Alsenia alseni* HAAS sp. tragen müsse. Er bedauerte, daß es weder beschrieben noch abgebildet worden sei.

1926 geht C. GAGEL auf die Nautilidenfunde von Itzehoe ein, anläßlich des Fundes einer großen *Aturia* zu Jatznick in Pommern. GAGEL schreibt, bei Itzehoe schienen ebenfalls nur 5–6 Exemplare gefunden zu sein, von denen sich 2 in der Sammlung der Preußischen Geologischen Landesanstalt zu Berlin befänden. Das Material jedoch, das in Kiel und Hamburg vorlag, füllte 3–4 große Museums-Schubladen. Itzehoe war zweifellos der reichste Fundpunkt für mitteloligozäne Aturien.

Über die Größe der Stücke schrieb:

GOTTSCHE: „Einzelne Kammern von 42 mm Septalabstand und 73 mm Breite lassen auf 160 mm Durchmesser schließen. Die Schale ist 2 mm dick."

GAGEL: „Bei der *Aturia* von Itzehoe beträgt das Verhältnis von Dicke zu Höhe des letzten Schalenumgangs 82:80 mm."

Das größte in der Kieler Sammlung vorhandene Stück mißt:
Breite der letzten Windung 9 cm, deren Gesamthöhe 16 cm.

27 Schrifttum zum **Mitteloligozän von Itzehoe**

GOTTSCHE, C.: Über das Mitteloligozän von Itzehoe. Preuß. Akad. Berlin XXX, S. 573/6, 1887.

HAAS, H.: Über Stauchungserscheinungen im Tertiär und Diluvium in der Umgebung von Itzehoe. Mitt. Min. Inst. Kiel 1. S. 1–12, 1888.

HAAS, H.: Über *Podocrates* und *Homarus* aus dem Mitteloligozän von Itzehoe ebenda, S. 88–97.

HAAS, H.: Verzeichnis der in den Kieler Sammlungen befindlichen Mollusken aus dem Rupeltone von Itzehoe nebst Beschreibung einiger neuer und seltener Arten. Schr. Nat. V. Schleswig-Holstein 7. S. 1–34, Kiel 1889.

STOLLEY, E.: Über zwei Brachyuren aus dem mitteloligozänen Septarienton Norddeutschlands. Mitt. Mineral. Inst. Univ. Kiel 1890.

DAMES, W.: Die Chelonier der norddeutschen Tertiär-Formation. Paläont. Abh. VI. 1894.

REINHARD, C.: Untersuchungen über die Molluskenfauna des Rupeltons zu Itzehoe. Arch. Anthrop. u. Geol. Schleswig-Holsteins 2. S. 21–125, 1896.

VON KOENEN, A.: Referat über vorgenannte Arbeit. N. Jahrb. Min. 1889 II, S. 381.

OPPENHEIM, P.: Zur Fauna des Septarientons. Z. deutsch. Geol. Ges. 51. 1899, S. 315–321.

STAINIER, X. & BERNAYS, E.: Identification du *Coeloma Rupeliense* STAIN. et du *Coeloma holzaticum* STOLLEY. Bull. Soc. Belge de Geol. de Pal. . . . 13. 1899.

28 Nach E. KOCH 1922 wurde die **erste Bohrung in Schleswig-Holstein** 1785 in Oldesloe niedergebracht. Hierzu wurde, um Soole zu erbohren, noch ein hölzernes Rohr benutzt. 1832 verwandte man ebendort eiserne Bohrrohre. Im gleichen Jahre wurde in Altona mit einem unentgeltlich von der Schleswig-Holsteinischen Patriotischen Gesellschaft zur Verfügung gestellten Bohrgerät nach Trinkwasser gebohrt. Mit Erfolg; denn als man 110 Fuß erreichte, stieg brauchbares Wasser bis 27 Fuß unter Gelände. 1837 wurde in Glückstadt gebohrt. Auch hier wurde Wasser angetroffen. Von 114 Fuß an bohrte man jedoch bis 478 Fuß im Miozän-Ton weiter. Diese, dem Forschungsdrang unserer Landsleute zu verdankende Bohrung wurde so berühmt, daß noch 1906 im Lehrbuch von H. CREDNER Glückstadt neben Sylt und Reinbek als „ergiebige Fundstelle der miozänen Molluskenfauna" angeführt wurde.

29 Als E. BEYRICH 1856 das norddeutsche **Tertiär erstmalig gliederte,** schrieb er S. 19:
Von miozänen Lagern sind 2 Stufen unterschieden worden, von denen die ältere . . . nur durch das diluviale Vorkommen von Gesteinsblöcken angezeigt wird, welche sich durch die ganze östliche Hälfte

von Schleswig und Holstein, dann weiter im Lübecker Gebiet verbreiten . . . MEYN hat das Verdienst diese Blöcke . . . zuerst beachtet zu haben . . . Der Verbreitungsbezirk dieses holsteiner Tertiärgesteins schiebt sich ein zwischen den des Sternberger Gesteins und zwischen die anstehenden Miozän=Lager im unteren Elbgebiet und im westlichen Holstein und Schleswig; . . .
Da damals als Geschiebe nur Gesteine der später als Vierländer Stufe bezeichneten Unterabteilung des Unter=Miozän bekannt waren, ist die Bezeichnung Holsteiner Gestein als eindeutiger stratigraphischer Begriff anzusehen, zumal dessen Verbreitung auf der beigefügten Karte zutreffend angegeben wurde.

30 Briefliche Mitteilung von Dr. E. DITTMER, Husum. Ein **Wattstrom, Tief** oder **Gatt** ist meistens eine Folge von Barren und tiefen Löchern. Je stärker die Krümmungen, um so ausgeprägter wechseln die Tiefen, um so deutlicher sind die Ebbe= und Flutformen.

Die Korngrößenverteilung ist von vielen Faktoren abhängig. Stets finden sich am Grunde der „Löcher" die gröbsten Sedimente, und nicht nur nach Sturmfluten. Wird in der Nähe grobes pleistozänes Material aufgearbeitet, wie zum Beispiel im Kolumbus=Loch (Außenhever) oder im Vortrapp=Tief, so finden sich teilweise sehr grobe Sedimente. In Gebieten jedoch, die nur Mehl= bis höchstens Mittelsand zur Verfügung haben, ist der Unterschied in der Kornverteilung viel weniger deutlich. Doch führen auch dann die Barren die feinsten Sedimente, die Löcher die gröberen Anteile. Schneidet ein Tief in ältere Ablagerungen, z. B. Altholozän oder Eem ein, so ist oft die Sohle kahl, da die aufgearbeiteten Sedimente fortgeführt sind. Es bilden sich aber oft Schalenansammlungen. Schillanreicherungen sind immer an die Löcher gebunden und dort zu finden, wo auch die grobe minerogene Komponente angereichert wird. Der Reichtum an Schalen ist aber von der Umgebung abhängig. Ein tiefes Loch zwischen Außensänden oder Platen, die starker Umlagerung ausgesetzt sind, ist meist arm an Schalen, weil die Umgebung schwach besiedelt ist, während innerhalb dicht besiedelter, ruhiger Wattgebiete mächtige Schillagen entstehen können. Dabei geraten die Schalen offenbar bei Sturmfluten von den Watten in die Wattströme und werden danach örtlich angereichert. Es gibt Schill=Absätze, die fast nur aus Schalenbruch bestehen und solche aus völlig frischen Schalen sowie alle möglichen Übergänge. Das hängt vom Alter ab, und von der Beteiligung subrezenter und fossiler Schalen, die bei seitlicher Verlagerung ausgewaschen werden und auch auf den Grund der Tiefs geraten.

Bei Wattströmen, die sehr starken Veränderungen unterworfen sind, zum Beispiel Außeneider, werden manchmal die tiefen Löcher innerhalb kurzer Zeit durch feine Sedimente, auch Schlick, aufgefüllt.

31 Der Hinweis auf die Absatz=Bedingungen in der miozänen Flachsee ist gebracht, um verständlich zu machen, warum dem Versuch von S. THIELE 1941 das **Miozän Schleswig=Holsteins** zu gliedern und paläogeographisch auszuwerten, erhebliche Bedenken entgegengebracht werden.
Nachdem es sich für S. THIELE „unerfreulicherweise ergab, daß die bisher aus dem Miozän vorliegenden faunistischen Untersuchungen für die Klärung der Stratigraphie von drei Bohrungen nicht eindeutig zu verwenden waren" – ging jener Verfasser dazu über: ein „auf rein faciell=lithogenetisch vergleichenden Methoden fußendes stratigraphisches Schema des Schleswig=holsteinischen Jungtertiärs zu entwickeln". „Auf diesem Wege sei der eigentliche Erfolg in bezug auf die stratigraphischen Fragen gewonnen. Die faunistischen Untersuchungen – bekamen so ihren eigentlichen Wert erst, als sie mit dem fertigen faciell=stratigraphischen Schema verglichen und in dieses eingebaut wurden." Es versuchte also ein auf diesem Teilgebiet als Neuling anzusehender Geologe eine beschränkt verwendbare Hilfsmethode zur grundlegenden und die allein sichere Gliederung, die auf der gerichtet verlaufenen Entwicklung der Lebewelt beruht, zur ergänzenden Hilfs=Methode herabzusetzen.

32 **Gliederung miozäner Absätze.** Schon vor über 100 Jahren erkannten MEYN und BEYRICH einen Unterschied in der Fossilführung zwischen dem tonigen Miozän der Ziegelei=Gruben unseres Landes und Morsums einerseits und den sandigen Kalk= oder Siderit=Sandsteinen der Geschiebe andererseits.
Ferner wurde im Jahre 1846 beim Bau der Hamburg=Berliner Eisenbahn östlich von **Reinbek** dort, wo die Eisenbahnstrecke eingeschnitten verläuft, um das Bille=Tal zu queren, der schwärzliche Glimmerton, bzw. sein Verwitterungsprodukt als Alaun=Ton angeschnitten. In Bohrungen und vor allem in einem Graben am Hang zum Bille=Tal aber traf man damals unter rostbraunem Sandstein mit Abdrücken von Weichtier=Schalen festen, gelbgrauen Kalksandstein mit gut erhaltenen Fossilien an. Der Fund erregte Aufsehen, war es doch das erste Mal, daß ein Kalksandstein ähnlich den so vielfach gefundenen Geschieben anstehend, das heißt im Schichtenverband gefunden wurde. C. GOTTSCHE kam zu keinem Ergebnis über das Alters=Verhältnis des Reinbeker Gesteins zu dem „Holsteiner Gestein" BEYRICHS. 1861 hatte I. O. SEMPER dem nordalbingischen Glimmerton ein Alter nahe dem englischen Crag (Pliozän) zuerkannt.

Erst 1886 trennte A. von Koenen weiter in

Ober=Miozän	Glimmerton.
Mittel=Miozän	Sandsteine von Reinbek und Bokup in Mecklenburg, feinsandige Tone von Dingden.
Unter=Miozän	Brodtener Geschiebe = Holsteiner Gestein.

Aber diese Gliederung stand, auch nachdem von Koenen 1888 die Flensburger Geschiebe und Koert 1901 jene von Stolpe und Segeberg in das Unter=Miozän stellten, noch nicht im Einklang mit den Unterschieden in der Zusammensetzung des Fossilinhalts und mit dem in Bohrungen angetroffenen stratigraphischen Befund.

In zahlreichen Bohrungen in und um Hamburg und in Schleswig=Holstein hatte sich gezeigt, daß das Reinbeker Gestein von fossilfreien grauen, sogenannten Braunkohlensanden unterlagert wird, und Bohrungen in den Vierlanden ergaben, daß sich zwischen Braunkohlensanden und einwandfreiem Ober=Oligozän marine sandige Tone und Sande mit marine Mollusken führenden Kalksandsteinen einschalten. 1915 wies K. Gripp nach, daß dies tiefste marine Miozän=Lager die gleiche Fauna enthielt wie das Holsteiner Gestein, daß dies demnach faunistisch wie der Lagerung nach zum Unter=Miozän gehöre und somit von dem Reinbeker Gestein in doppelter Hinsicht verschieden wäre.

1919 wurde in den Braunkohlensanden, die unter Hamburg zwischen Reinbeker Gestein und Unter=Miozän, und zwar unter und über Braunkohlenflözen liegen, durch Pyrit verkittete Sande mit Haizahn und 5 Exemplaren eines Stachel=besetzten *Cardium* gefunden. Diese Herzmuschel, die später von Kautsky *Cardium hanseatum* genannt wurde, fehlt dem Reinbeker Gestein und dem Alt=Miozän, war aber nicht selten zusammen mit anderen bezeichnenden Fossilien zu Hemmoor, Burg i. D. usw. gefunden. Damit war die stratigraphische Stellung einer weiteren sehr bezeichnenden Miozän=Fauna klargestellt, einer Fauna die F. Kautsky 1918–1920 eingehend untersucht hatte. Allerdings konnte diese Arbeit infolge der Nachkriegsverhältnisse erst 1925 veröffentlich werden.

1922 war somit die Alters=Folge der marinen Miozän=Schichten älter als Glimmerton weitgehend geklärt und zur eindeutigen Benennung wurden von K. Gripp folgende Namen vorgeschlagen:

Mittel=Miozän	Reinbeker Stufe Hemmoorer Stufe
Unter=Miozän	Vierländer Stufe

1927 gliederte E. Koch die nicht=marinen Schichtenfolgen des Miozäns um Hamburg neu und schied einen besonderen Ton=Horizont, den Hamburger Ton, aus, so daß sich für jene Gegend nachstehende Schichtenfolge ergab:

Ober=Miozän	Glimmerton
Mittel=Miozän	Reinbeker Stufe Obere Braunkohlensande Hemmoorer Stufe Hamburger Ton
Unter=Miozän	Untere Braunkohlensande Vierländer Stufe.

33 Als Beispiel wie stratigraphische Untersuchungen nicht gemacht werden sollen, sei auf die **Auswertung der Bohrung Schobüll** bei Husum (S. Thiele 1941, S. 51) hingewiesen.

Thiele erwähnt, daß die Schichten 155–190 m, die er als „grober Quarzkies mit Muschelbruch" bezeichnet, die von Haack nach E. Koch jedoch als „hellgrauer grober Sand" angeführt werden, eine „eindeutig mittelmiozäne Fauna, die älter als die Reinbeker Stufe sein m u ß " enthielten. Er fährt fort: „Bei der weiteren Deutung des Profils ist von dem Gesichtspunkt auszugehen, daß es – unter Voraussetzung normaler Sedimentationsverhältnisse – im Westen Schleswig=Holsteins nur einen Horizont geben k a n n , der grobsandige oder gar kiesige Sedimente zeigt, das ist die Stufe der Oberen Braunkohlensande. – Ich parallelisiere daher die Quarzkiese mit den Oberen Braunkohlesanden."

Also aus Grobsand wird grober Quarzkies; das Alter belegende Fossilien werden nicht angeführt; es wird nicht erörtert, wie weit der Muschelbruch als Nachfall beim Bohren anzusehen ist und es wird ohne Vorbehalt das Alter fixiert, nur weil in dem damals schwach mit hinreichend tiefen Bohrungen besetzten Westen Schleswigs dem Autor in der dortigen Schichtenfolge kein anderer Platz für diesen Grobsand geeignet erscheint. Irgend ein Anlaß zu einem Analogie=Schluß liegt nicht vor. S. 52 heißt es zur gleichen Frage weiter:

„Wenn wir normale und ungestörte Lager=Verhältnisse voraussetzen, wird allerdings das Profil der Bohrung Schobüll bei der Anschauung jener Grobsand sei ein Äquivalent der Oberen Braunkohlen=

sande in der von E. Koch gegebenen Deutung unverständlich, da zwischen den Oberen Braunkohlen=sanden und der Glimmertonbasis 75 m sandig tonige Ablagerungen liegen, die der Reinbeker Stufe entsprechen müßten." – Da dies den sonstigen Erfahrungen widerspricht, heißt es bei Thiele weiter: „Ich ziehe daher die Schichten bis 125 m zum Ober=Miozän und sehe die zwischen 80 und 98 m liegende Feinsande als Einschaltung im Ober=Miozän an" – „Gliedern wir das Profil in dieser Weise, dann würde es einigermaßen normalen Charakter mit 30 m feinsandiger Stufe und 35 m Oberen Braunkohlensanden zeigen".

Hier zeigt sich, weswegen die Fossilien unbeachtet bleiben: ohne sie kann Mittel=Miozän für Ober=Miozän erklärt werden und dann kann das „Normal"=Profil gefunden werden, das heißt, die von S. Thiele erwünschte bzw. für richtig gehaltene Schichten=Datierung.

Ein solches Verfahren, das keine gesicherten Grenzlinien mehr sucht und von diesen aus extrapoliert, sondern die natürlichen Gegebenheiten mit Gewalt in ein Schema preßt, führt zu ständigen Um=deutungen und ist daher von geringem Wert.

Als weiteres Beispiel willkürlicher Umdeutung sei verwiesen auf die Behandlung der Bohrergebnisse von Jeising=Hostrup (S. Thiele, S. 55/56). Von dort hatte K. Gripp 1915, S. 52, Anm. 2; 1919, S. 7, zwei Leitformen der Hemmoorer Stufe *Dorsanum baccatum*, später *boreobaccatum* Kautsky und *Cardium turonicum*, später *hanseatum* Kautsky benannt, bekannt gemacht. S. Thiele glaubte, junge Turritellen aus der gleichen Fundschicht als *T. geinitzi* Sp. ansprechen zu müssen und schloß daraus auf das Vor=kommen von Unter=Miozän. Auf diese Bestimmung hin wurde als Mutterlager der mittelmiozänen Formen der Glimmerton angenommen, während die „untermiozänen" Turritellen dem Glimmersand entstammen sollen.

Auf diese Weise sind *Cardium hanseatum* und *Dorsanum boreobaccatum*, die stets nur in Sanden gefunden sind, fälschlich zu Ton=Grund=Bewohnern gemacht. Das vorliegende Bruchstück von *C. hansea=tum* ist zu dem deutlich gerollt! Es heißt weiter: „Aus diesem Material ergibt sich, daß in Jütland . . . marines Unter=Miozän vorwiegend als schwärzliche Glimmertone dem Ober=Oligozän aufliegt – in Nordschleswig gehen die Tone im Hangenden in Feinsande über, die wenigstens zum Teil noch zum Unter=Miozän gehören (– Jeising=Hostrup)!"

Es ist aus mehreren Gründen abwegig, den Glimmersand der Bohrung Jeising=Hostrup zu Unter=Miozän zu machen. Es handelt sich einwandfrei um Absätze der Hemmoorer Stufe des Mittel=Miozäns. Willkürlich und wunschbestimmt wird auch in anderen Fällen verfahren. Die auf solche Weise erzielten Deutungen Thieles kritisch zu werten, ist nicht Aufgabe dieses Buches. Es müssen alle Fossil=Bestimmungen Thieles revidiert werden, wurden doch jüngere *Aporrhais* teils für *Pleurotoma*, teils für *Fusus* gehalten. Bruchstücke von *Aquilofusus* wurden als *Cancellaria* angesehen.

34 **Unter=Miozän von Johannisthal** Kreis Oldenburg. In der Schill=Lage fanden sich vereinzelt glänzende Quarz=Körner bis 2 mm Durchmesser. Bruchstücke von Mollusken=Schalen waren stark abgerollt und zum Teil grün gefärbt. Ferner fanden sich:

30 St. *Caryophyllia* 6 x *Flabellum* und

in Bruchstücken: *Pectunculus, Astarte, Isocardia, Cyprina, Sinodia, Cardium, Natica, Turritella, Aporrhais speciosa, Cassis, Murex inornatus, Hexaplex deshayesi, Tiphys, Scapha, Triton, Ficula, Aquilofusus gürichi, Cancellaria, Terebra, Pleurotomidae.* Ferner Haizähne, Fischgräten und Bruch=stücke von Knochen, anscheinend Rippen. Die Haifischzähne bestimmte Th. Kruckow 1961.

Die Größe der Mollusken=Schalen, deren Anreicherung und die beigemengten Einzelkorallen bezeugen zeitweise stärker bewegtes Wasser bei sonst schwach strömendem feinsandig=tonige Absätze liefern=dem Wasser.

35 Zu **Kronsmoor** unweit der Breitenburg wurden 1905–1914 in der Grundmoräne oberhalb der Lanceo=laten=Kreide in grauen Kalksandstein=Geschieben an Weichtierarten gefunden:

Amussium woodi Nyst.
Modiola sp.
Arcoperna sericea Bronn
Cryptodon hanseatus Kautsky
Phacoides borealis L.
Angulus fallax Beyr. sp.
Angulus posterus Beyr. sp.
Solecurtus basteroti Desmoul.
Acmaea compressiuscula Karsten
Calliostoma (Ampullotrochus) laureatum Mayer
Aporrhais speciosa Schl.
Trivia densecostata Schilder (1929, S. 15)
Cassidea miolaevigata Sacc.
Anachis corrugata pulchella Nyst.
Streptochetus sexcostatus Beyr.
Aquilofusus siebsi Ktsky.
Olivella cimbrica Ktsky.
Sipho grippi Ktsky.
Conus cf. catenatus (Sow.)

36 Die von S. Thiele 1941, S. 20, aus einer Bohrung im Norden Kiels als Mischfauna von Unter= und Mittel=Miozän gedeutete Fauna ist eine eindeutig untermiozäne, sobald die Bestimmung der *Daphnella hispidula laevigatior* Kautsky, einer großen Seltenheit in der reichen Fauna von Hemmoor, als die im Unter=Miozän häufige sehr ähnliche *Daphnella roemeri* Phil. bzw. *mioroemeri* Kautsky erkannt sein dürfte. Auch bei dem angeblichen Geschiebefunde vom Alter der Hemmoorer Stufe der Umgebung Kiels handelt es sich wahrscheinlich um Fehlbestimmungen. *Pleurotoma hanseata* Kautsky gleichfalls eine große Seltenheit in Hemmoor, und *Tritonium (Sassia) tarbellianum* Grat. ist trotz reicher Aufsamm= lung bei Kiel nie wieder gefunden worden.

37 Eine Bohrung des Kieler **Wasserwerks** auf der **Schulensee**=Insel 1939 traf:

– 134 m	Diluvium mit einer Scholle obermiozänen Glimmertons bei 101–119 m.	
– 152 m	Mittel= bis Feinsand und Lagen braunen glimmerreichen Tones, kalkhaltig,	Obere Braun= kohlensande
– 154 m	graubrauner sandiger Quarzkies, kalkfrei mit hellen Flint=Geröllen aus Dan=Ablagerungen bis 5 cm Durchmesser	
– 175,5 m	brauner Mittel= bis Grobsand, kalkfrei	
– 176,0 m	schwarzer sandiger Braunkohlenton und Braunkohle	
– 192,0 m	bräunlichgrauer Sand fein bis grob,	
– 195,0 m	bräunlichgrauer Fein= bis Mittelsand,	
– 205,0 m	dunkelgrauer Feinsand, nach unten zunehmende Grünfärbung	

S. Thiele (Brief an Stadtwerke Kiel) rechnete die Schichten von 176 m ab zur Hemmoorer Stufe. Für uns ist wichtig, daß reiches Material, das aus 152–154 m Tiefe vorliegt, einen Quarzkies zeigt, dessen bis 15 mm messende Körner zumeist rund, zu geringem Prozentsatz auch zu Pfenniggeröllen ab= geschliffen sind.

38 In den oberen Braunkohlesanden einer Bohrung östlich von Kiel fand W. Wetzel 1939 (Z. d. Geol. Ges. 91; Neues Jahrb. 1953) zwei nußgroße Stücke von **Bernstein.** Wetzel möchte hieraus nicht nur das Vorhandensein eines Bernstein=Waldes im westlichen Balticum ableiten, sondern auch den in der Deut= schen Bucht angeschwemmten und gefischten sowie den in eiszeitlichen Ablagerungen gefundenen Bernstein als miozänen Alters hinstellen. Auffallend hellen Bernstein gelblicher Farbe fand Köwing (1956) in Meeresabsätzen der Reinbeker Stufe (Dingdener Facies) zu Twistringen. Dieser Fund bezeugt gleichfalls, daß Harz miozäner Coniferen in das damalige Meer gelangte. Trotzdem dürfte die große Menge hiesigen Bernsteins eozänen Alters sein. Siehe ferner S. 336.

39 **Reinbeker Stufe unter Flensburg.** Siehe Philippsen Die Heimat 33. 1923, S. 29/30.
Danach ergab eine Bohrung für die Holzfirma P. P. Schmidt Flensburg=Neustadt bei einer Geländehöhe 2–3 m über Ostsee

– 50 m Diluvium
– 100 m Obermiozäner Glimmerton

Bei 100–103 m brach Wasser aus, das kiesigen Quarz, Braunkohle und zahlreiche Fossilien auswarf. Später wurde bis 130 m tief in Sanden weiter gebohrt.
Unter den Fossilien befanden sich:

Aus Obermiozänem Glimmerton

Nucula georgiana Semp.
Turritella tricarinata Brocc.
Phalium miolaevigatum Sacc. = *Cassis saburon aut.*
Aquilofusus meyni Beyr. sp.
Turris boreoturricula Ktsky. (= *Pleurotoma turricula aut.*)
Turris badensis R. Hoern. (= *Pleurotoma rotata aut.*)
Turris semimarginata Lam.
Conus antediluvianus Brug.

aus der Reinbeker Stufe

Caryophyllia sp.
Pecten sp.
Nucula sp.
Yoldia glaberrima M
Jupiteria pygmaea M
Nuculana westendorpi Nyst.
Bathyarca pectunculoides Sacchi
Limopsis aurita Brocc.
Limopsis anomala Eichw.
Cardita (Cyclocardia) chamaeformis Sow.
Astarte radiata Nyst et West.
Astarte (Goodallia) angulata Lehm.
Isocardia harpa Goldf.
Cardium cyprium Brocc. = *subturgidum aut.*
Cardium papillosum Poli
Venus multilamella Lam.
Corbula (Aloidis) gibba Ol.
Dentalium mutabile Dod.

Dentalium dollfusi v. K.
Xenophora deshayesii MICH.
Turbonilla pseudoterebralis SACCO
Turbonilla subumbilicata GRAT.
Turbonilla cf. undulata v. K.
Eulima flexuosa v. K.
Cerithium genei MICH.
Chenopus alatus EICHW.
Pyrene nassoides GRAT.
Nassa (Telasco) bocholtensis BEYR.
Nassa (Hinia) cimbrica RAVN
Nassa (Amyclina) facki v. K.
Typhis fistulosus BROCC.
Exilia contigua BEYR.
Aquilofusus festivus BEYR.
Streptochetus abruptus BEYR.
Admete fusiformis subangulosa S. WOOD
Bathytoma sp.
Turris boreoturricula KTSKY.
Turris (Fusiturris) duchasteli NYST
Genotia ramosa BAST.
Ancistrosyrinx corneti v. K.
Drillia obeliscus DESM.
Drillia obtusangula BROCC.
Cymatosyrinx selenkae v. K.
Bela maitreja SEMP.
Borsonia uniplicata NYST
Mangelia luisae SEMP.
Ringicula auriculata MEN.
Hiervon sind:
Leitfossilien der Reinbeker Stufe
Aquilofusus festivus
Streptochetus abruptus.

40 *Isocardia (Meiocardia) harpa*, ein schönes, auch in Bruchstücken erkennbares Fossil, ist zu Hemmoor niemals und in dem reichen Schleswiger Material DITTMERS in der Oxlunder Stufe als Seltenheit angetroffen worden. Auch im Rheinland (H.-J. ANDERSON 1958) und in den Niederlanden (A. PANNEKOEK 1936), sowie in einem Geschiebe von Rensing tritt diese Muschel neben *Cardium hanseatum*, also in Ablagerungen der Hemmoorer Stufe auf. Diese im tonigen Feinsand von Dingden seltene Art ist im gleichaltrigen Reinbeker Gestein häufig. Sie galt lange Zeit als Leitfossil der Reinbeker Stufe, ist aber nach den neueren Befunden als für die Oxlunder Stufe des Hemmoors und die Reinbeker Stufe bezeichnend anzusehen.

41 *Streptochetus abruptus* dürfte vom oligozänen *Streptochetus elongatus* NYST abstammen und ist in der Vierländer Stufe durch *abruptus* var. *Gottschei* GRIPP vertreten, der außer von Itzehoe-Ochsenkamp aus Geschiebe von Stolpe, Brodten und Segeberg nachgewiesen wurde.

42 Weichtier-Arten, die in der **Hemmoorer** Stufe erstmalig auftraten und während der Zeit der Reinbeker Stufe fortlebten:

Nucula haesendoncki NYST et WEST.
Venus (Dosina) multilamella LAM.
Murex (Favartia) aquitanicus GRAT.
Turritella (Zaria) subangulata BROCCH.
Phalium miolaevigatum SACC. (= *saburon aut.*)
Tritonium (Sassia) tarbellianum GRAT.
Pyrene nassoides GRAT.
Nassa (Hinia) cimbrica RAVN sp.
Babylonia (Peridipsacus) brugadinus GRAT. sp.
Fusus (Pagodula) vaginatus var. semperi v. K.
Exilia contigua (BEYR.)
Uromitra cimbrica OPPH.
Sveltia (Calcarata) lyrata BROCC.
Conus (Conospira) dujardini DESH.
Clavatula boreointerrupta KTSKY.
Surcula intermedia BRONN.
Surcula (Ancistrosyrinx) corneti v. K.
Pleurotoma (Gemmula) zimmermanni PHIL.

43 Weichtier-Arten, die in der Reinbeker Stufe zum letzten Mal auftreten:
Meiocardia harpa GOLDF.
Uromitra acicula NYST
Lyria taurinia BON.
Oliva dufresnei BAST.
Cancellaria (Merica) contorta BAST.
Cancellaria (Brocchinia) parvula BEYR.
Cancellaria (Trigonostoma) acutangula FAUJ.
Pleurotoma trifasciata HOERN.
Borsonia uniplicata NYST

alle Terebra-Arten, nur eine neue Art ist im Obermiozänen Glimmerton gefunden.

44 Von den Inseln, die das Meer der Reinbeker Zeit überragten, sind folgende Formen zu erwähnen:
Langenfelde: Die Brachiopoden *Terebratula*, *Terebratulina*, die Muscheln *Hinnites*, *Cardita cf. calyculata* L.
Lüneburg: Schnecken aus der Gattung *Turbo*
Tiburnus margaritula tournoueri v. K. = *Solariella caeciliae* KTSKY. (sonst nur aus tieferem Wasser von Hemmoor bekannt), die Muschel *Cardita calyculata* L.

45 **Krebse der Reinbeker Stufe**
Calappa sp. Die eigentümliche zu den Oxystomen zählende Kokusnuß-Krabbe, die heute im Mittelmeer und Indik lebt, fand sich mit Bruchstücken des Panzers im Sandstein von Segrahn, Slg. Kiel.

Ebalia sp. Zu Zarrentin und später zu Segrahn fanden sich Reste der Panzer dieser zu den *Leucosiidae* gehörenden Gattung. Taf. 21 Fig. 6 u. 7. Die Gattung ist seit dem Miozän in Europa nachweisbar. Sie ist heute von Norwegen bis zu den Canaren verbreitet und findet sich auch in den Schillagen um Helgoland.
Corystes bernhardi n. sp. Abb. 24; Taf. 21 Fig. 8.
Zu Zarrentin, Segrahn und in Strandsanden am Lüneburger Salzhorst fanden sich nicht selten Panzer einer kleinen Krabbe, bei denen es sich ohne Zweifel um einen Vorfahren der Gattung *Corystes* handelt. Deren Gestalt weicht von der des *Micromithrax* aus dem Unter=Miozän so sehr ab, daß es als ausgeschlossen erscheint, darin den *Micromithrax ovalis den* P. G. Krause in C. Gagel 1903, S. 530, für eine Krabbe von Segrahn verwandte, zu vermuten. Es handelt sich nicht um eine zu den *Maiidae* zu zählende dreieckige Form mit vorgezogenem Rostrum, sondern um eine längsoval umrissene Art, deren größte Breite nicht im hinteren, sondern im vorderen Drittel liegt. Die Art muß vielmehr zur Gattung *Corystes* gerechnet werden. Vermutlich handelt es sich um die Ahnform der einzigen heute in euro= päischen Meeren lebenden Art dieser Gattung. Es ist der erste Nachweis eines tertiären Vertreters dieser an altertümlichen Merkmalen reichen und heute zu dem Tribus *Corystoidea* eingereihten Krabbe.
Beschreibung: Gestalt länger als breit, längs und quer gewölbt. Vorderer Seitenrand schwach konvex, Hinterer Seitenrand geradling. Beide zusammen weisen einschließlich des Orbital=Dornes deren 5 auf. Der Frontalrand verläuft rechtwinklig zur Mittelachse. Die Orbiten liegen in der Mitte zwischen größter Breite und Rostrum, somit erheblich anders als beim rezenten *C. cassivelaunus*. Metagastral= und Cardiacal=Region weisen zwei Höcker auf; Epigastral=, Mesogastral=, Anterobranchial=, Urogastral= und Intestinal=Region besitzen deren je einen. Die Branchial=Furche ist an der Grenze von Gastral= und Cardiacal=Region zweigeteilt. Die Grobskulptur ist auf Steinkernen deutlicher als wenn Teile der Schale erhalten sind. Das von Segrahn abgebildete Stück weist unter der Lupe die gleiche Feinskulptur wie Abb. 24 auf.
Fossile Verwandte der neuen Art sind nicht bekannt. Es kommt daher nur ein Vergleich mit dem rezenten *Corystes cassivelaunus* in Frage. Die gedrängte Gestalt, die stärkere Skulptur, die abweichende Lage der Orbita der fossilen Art unterscheiden diese erheblich von der rezenten.
Derivatio nominis: Tiere der Gattung *Corystes* sind nahezu wehrlos, da sie nur winzige schwache Scheren besitzen. Zu ihrem Schutz wühlen sie sich zu $^3/_4$ in Sand ein. Unbewaffnet, mit der Anweisung: Sucht euch vorn in der Stellung Waffen, wurde mit Hunderten anderer kampfunkundiger Jünglinge einer Unteroffizierschule im Januar 1945 mein Sohn Bernhard gegen russische Panzer vorgeschickt. Nur wenige überlebten diesen Einsatz. Der Name des Geopferten möge weiter bestehen.

46 Bachmeyer 1957 erkannte ein auffallendes Fossil aus diesem Gestein als 5. Abdominel=Segment eines **anomuren Krebses** *(Galathea)*.
Die Angabe von W. Hinsch ebenda, das Gestein könnte statt obermiozänen Alters auch ebenso mittel= eozänen – oligozänen Alters sein, ist irrig. Derartige Konkretionen treten nur im hiesigen Ober=Miozän auf. Zudem enthält das Fundstück mit Kalkschale bestens erhalten *Jupiteria pygmaea* (doppelklappig), 1 Abdruck von *Montacuta* mit Prodissoconch, ein Bruchstück von *Spirialis* sowie ein Bruchstück mit 3 Rippen eines Umgangs von *Aquilofusus*, das von *A. puggardi* stammen könnte.

47 **Glimmerton.** Die Grube auf Nösse Sylt war angelegt, um den aus Watt=Sanden aufgespülten Hinden= burgdamm durch eine Hülle aus Ton festigen zu können. Der Ton erwies sich jedoch als wenig geeignet. Das im Ton enthaltene FeS_2 verwitterte zu Schwefelsäure. Diese tötete lange Zeit jeden Pflanzenwuchs, so daß der neue Deich bei Hochwasser in gefährlicher Weise des schützenden Wurzelgeflechts und Gras= decke entbehrte.

47a Die mir vorliegenden **Krabben** in Konkretionen aus dem **Glimmerton** von Morsum Sylt, Ravning und Gram haben im Umriß und durch die Dornen des vorderen Seitenrandes eine gewisse Ähnlichkeit mit der Schwimmkrabbe *Portunus*. Deren Rostrum ist dreizähnig, das der Fossilien aber vierzähnig. Auch die Gliedmaßen sind nicht gedrungen und deren hinteres Paar ist nicht als Schwimmbein ausgebildet, sondern auffallend schmal und lang. Beides sind Merkmale der Gattung *Geryon*. Auch Sternum und Abdomen der großen Stücke von Gram stimmen mit denen des rezenten *Geryon tridens* Kröyer über= ein. Die Größe mancher Stücke von Gram (Breite bis 62 mm Länge bis 68 mm) entspricht der rezenter Exemplare (Breite 65 mm Länge 73 mm, nach Bouvier). Bei der fossilen Art dürfte es sich um den Vorfahren der einzigen heute im europäischen Atlantik vorkommenden Art dieser Gattung handeln. Deren Form ist sehr variabel. Die Tiere leben im stillen Wasser der Norwegischen Rinne ab 50 m Tiefe, im lusitanischen Bereich ab 400 m Tiefe.

48 **Lederschildkröte Psephophorus.** Die noch lebende Gattung *Dermochelys* ist die am weitesten in der Entwicklung fortgeschrittene Schildkröte. Der Gattung ging als Hochsee=Bewohner der Panzer fast ganz

verloren. Als bei weiterer Entwicklung ein erneuter Schutz erforderlich wurde, konnte gemäß DOLLOS Gesetz von der Nichtumkehrbarkeit des Entwicklungsganges der verlorene Panzer (Dornfortsätze der Wirbel und Rippen und Verknöcherungen der Haut) nicht erneut entwickelt werden.

Statt dessen bildete sich bei *Psephophorus* in der Haut ein Rücken= und Bauchpanzer aus 2–3 cm großen, eckigen, ca. 1 cm mächtigen enganeinander stoßenden Knochenplatten. Bei der lebenden *Der=mochelys* ist auch dieser schon teilweise wieder rückgebildet, da für diesen bis 2 m langen Hochsee=Schwimmer auch der zweite Panzer entbehrlich wurde.

49 **Hipparion.** Am Morsum=Kliff auf Sylt ist Glimmerton und jüngerer Limonitsandstein aufgeschlossen. Der Zahn von *Hipparion* wurde lose am Strande gesammelt. Da außen am Zahn einige Sandkörner durch Rost verkittet saßen, schien im ersten Augenblick der braune Limonitsandstein dessen Mutter=lager zu sein. Dies trifft auf keinen Fall zu. In der Wurzel des Zahnes saß Glimmerton, der Kalk=gehäuse von zwei jungen *Natica* umschloß, ferner zeigte sich im Querschnitt des Zahnes, daß alle feinen Hohlräume mit FeS_2 erfüllt waren (GRIPP 1922). In $CaCO_3$ erhaltene Fossilien und Schwefeleisen sind noch niemals im Limonitsandstein beobachtet worden und infolge seines hohen Verwitterungsgrades auch nicht darin zu erwarten. Somit sind die Versuche, stratigraphischen Wünschen zuliebe den Hipparion=Zahn dem Limonitsandstein zuzuweisen, abwegig. Sie sind nicht mit den Tatsachen in Ein=klang zu bringen.

50 *Cardita laevicosta* LAM. ist im Miozän der Gegend um Tours häufig, bei Hamburg nur vereinzelt, zahl=reicher zu Nordlohne in Süd=Oldenburg aufgefunden (K. GRIPP 1940). Da die Art auch in den Nieder=landen auftritt, ergibt sich, daß eine südliche Form nur für kurze Zeit bis in den Süden unseres Landes vordrang. Sie ist hier ein gutes Leitfossil.

51 Auch W. HINSCH 1957 vertritt nochmals die Ansicht von S. THIELE 1941, S. 111, bei **Gühlitz** wären Fossilien der Reinbeker=Stufe mit solchen des Glimmertons beim Aufsammeln vermengt worden. Diese Anschauung hatte L. B. RASMUSSEN 1956 übernommen. Sie trifft aber nicht zu. Einmal würde eine Re=vision der von METZMACHER für die mecklenburgischen Vorkommen von Glimmerton angegebenen Fossilien vermutlich einzelne Fehlbestimmungen berichtigen und dadurch jene Fauna eindeutiger als die des Glimmertons erscheinen. Zum zweiten besteht durch das Auftreten der Leitfossilien *Astarte vetula* von Hamburg über Wohltorf, Mecklenburg bis Gühlitz sowie von *Aquilofusus lategradatus* und *Sipho gregarius* von Maade bei Esbjerg (L. B. RASMUSSEN 1957, 1959) Lüneburg über Kummer bis Gühlitz ein gemeinsamer Charakter. Drittens ist unwahrscheinlich, was HINSCH 1957, S. 464, als Hypothese vor=bringt, nämlich daß in der Prignitz die sandige Reinbeker durch die ton= und schluffreichere Dingdener Facies des Westens ersetzt würde.

Das Reinbek ist eine reinsandige sublitorale Facies und durch *Aquilofusus festivus, Streptochetus abruptus, Meiocardia harpa, Modiola sericea* gekennzeichnet. Von Lüneburg, Hamburg, Reinbek, Tesperhude, Segrahn, Bokup, Zarrentin und Wittenburg ist es bekannt. Im gleichen Gebiet, von Ham=burg bis nach Mecklenburg hinein ist fossilreich der tiefste Glimmerton, die Lüneburger=Stufe, an=getroffen. Dort, wo wir deren litoralen sandreicheren Absätze vermuten dürfen, liegt das Vorkommen von Gühlitz. Es sind somit eindeutig und weithin zwei getrennte, faunistisch unterscheidbare Ablage=rungen vorhanden. Das ein wenig abweichende Vorkommen von Gühlitz verhält sich zur Lüneburger=Stufe wie die Reinbeker Facies zu der Dingdener.

Schließlich ist der Umstand, daß in der litoralen Facies von Gühlitz noch einige Arten des Reinbek kurzfristig fortgelebt haben nichts anderes als das, was HINSCH 1952 für den westlicheren Glimmerton erneut hervorgehoben hat. Dort haben *Venus multilamella, Bittium spina, Surcula steinvorthi* und andere Arten des Reinbek bis in den tieferen Glimmerton ausgehalten.

Aus mehrfachen Gründen sollte man daher endlich die grundlose Abwertung des Vorkommens von Gühlitz durch S. THIELE aufgeben und sich freuen, daß uns in jenem „östlichsten Ausläufer des nordwest=deutschen Miozän=Meeres" (BEYRICH 1856) wenigstens in e i n e m Vorkommen die küstennahe Facies des tiefsten Glimmerton=Meeres zugänglich gewesen ist.

52 Es ist unverständlich, daß W. HINSCH 1961 in der Tabelle bei S. 38 als **Lüneburger Stufe** bezeichnet, was er 1952, S. 180, Langenfelder Stufe benannt hatte.

Leider geht W. HINSCH, vermutlich aus Mangel an Fossilien, auf die Fauna seiner Lüneburger Unter=Abteilung von 1952 kaum ein. *Sipho gregarius* PHIL. sp., *S. solitarius* PHIL. sp., *Aquilofusus glabriculus* PHIL. sp. sind Leitformen. *Astarte (Ashtarotha) omalii anus* PHIL. sp. tritt hier neben *Astarte (Carina=starte) vetula* PHIL. auf. *A. anus* fehlt in dem reichen Material des Elbtunnels, wurde aber zu Langen=felde gefunden (siehe Taf. 6 Fig. 2 in GRIPP 1933). Möglicherweise standen hier der Lüneburger Unter=Abteilung entsprechende Schichten an.

Tone mit *Astarte vetula* = Langenfelder Stufe sind durch den seltenen *Aquilofusus lategradatus* Ktsky gekennzeichnet. Diesen Nachkommen des *Aquilofusus festivus* habe ich selber in den Vetula=Tonen von Wohltorf gesammelt. Die Mecklenburger Vorkommen (Kummer, Hohenwoos) enthalten neben *Aquilofusus lategradatus* Ktsky (= *festivus* aut.) *Astarte vetula* mit der Hamburger Gegend und *Murex octonarius* mit Gühlitz (Priegnitz) gemeinsam. Da für *Aquilofusus lategradatus* Ktsky Gühlitz der Fundpunkt des Typus ist, ist somit über jeden Zweifel erhaben, daß die Fauna von Gühlitz den Vetula=Tonen = Langenfelder Stufe einzureihen ist. Die leider von W. Hinsch 1952, S. 179, übernommene Behauptung von S. Thiele (1941), bei Gühlitz lägen Fossilien aus Reinbeker Stufe und Glimmerton gemengt vor, ist, wie erwähnt, abwegig. Nur die sandigere Facies in Küstennähe ermöglichte es, daß *Cancellaria (Trigonostoma) aperta* Beyr. und andere hier bis in die tiefsten Lagen des Glimmertons fortlebten.

53 Herr Cambridge in London, der hervorragende Kenner der englischen pliozänen Molluskenfauna, hat Herrn Dr. Dittmer angegeben, die *Nassa reticosa* von Sylt würde richtiger als *praereticosa* bezeichnet.

54 Die Stücke, die Wirtz *Menestho jeffreysi* nennt, machen den Eindruck von grobgerippten *Nassa* und *Cancellaria*, die bei der FeS_2=Zersetzung aufgebläht wurden.

55 Eine Form, die mit dem *Aquilofusus eximius stolleyanus* von Sylt in erstaunlichem Außmaß übereinzustimmen scheint, bildet M. Yokoyama 1926 (Journ. Fac. Sci. Univ. Tokyo Sect. II vol. 1 Part. 8 Taf. 32 Fig. 11) aus dem Pliozän (Sawané=Formation) der Insel Sado ab. Er nennt das Fossil *Bela yanamii* n. sp. Die Beschreibung lautet: Sinus hardly indicated. Whorls about $6^{1}/_{2}$ of which two and a half are nuclear, smooth and angulate. Ich halte es für möglich, daß es sich um verwandte Arten handelt. An einer circumpolaren Verbreitung des mit dem Pliozän in Europa eingedrungenen Mollusken=Kreises kann nicht gezweifelt werden. Möglicherweise bezeugen die hier verglichenen Funde, daß nicht nur vom Nord=Pacifik in den Nord=Atlantik Formen eingedrungen sind, sondern auch in entgegengesetzter Richtung wanderten.
Der *Aquilofusus eximius stolleyanus* kommt im Glimmerton von Morsum (Sylter Stufe) nicht so selten vor wie Wirtz 1949 irrtümlich angab. 1922, S. 188, wurden schon 5 Gehäuse von mir angeführt.

56 In tonigen Linsen im obersten marinen Feinsand waren die quer zur Schicht verlaufenden Trennflächen nach der Februar=Flut 1962 zu beobachten.

57 Im Kaolinsand sind auch **Amethyste, Rosenquarze** und zum Teil größere Bruchstücke von Drusen mit Bergkristallen zu finden. Das Taf. 25 Fig. 2 wiedergegebene, auffallend scharfkantige Stück kambrischen Quarzits entnahm ich selber einer Lage antsehenden Kieses im Kaolinsand. Es hat Rhombus=Gestalt (3,7×4×5 cm). Dessen eine Schichtfläche weist Rippeln auf, die andere sogenannte Fucoiden. Die Kanten sind erstaunlich frisch erhalten. Nur drei geringe Absplitterungen sind vorhanden. Hieraus ergibt sich: Unweit des Ortes der endgültigen Einbettung fand nacheinander statt

a) Zerplatzen des Quarzit=Gerölles
b) Geringe Umlagerung
c) Endgültige Einbettung am Grunde eines flachen Rinnsals auf einer Sand=Kies=Ebene.

58 In Walton Crag Englands treten von dem **neu einwandernden nordischen Weichtierkreis** schon auf:

Mya truncata ovata;
Neptunea contraria;
Purpura lapillus;
Hydrobia ulvae.

Buccinum undatum sowie *Mya truncata* waren schon vorher im Gedgravian und Boytonian erschienen. Diese Neueinwanderer fehlen im Limonitsandstein. Somit erscheint der Altersvergleich von Wirtz nicht begründet.

59 Das durch die Pollenanalyse gewonnene Ergebnis, der **Kaolinsand** sei vom Alter der **oberpliozänen** Reuver Stufe und nicht vom Alter der Günz=Vereisung, hat Gültigkeit, wenn der Kaolinsand eine einzige Schicht darstellt, bzw. Flöze oberpliozänen Alters in seinen oberen Lagen vorkommen. Beide untersuchten Flöze liegen in der grobsandigen Kaolinsand=Gruppe. Damit entfällt die Möglichkeit, den oberen Kaolinsand als vom Alter der Günz=Vereisung anzusehen.

60 Von belgischen Geologen erfuhren wir jüngst, daß mehrfache pliozäne und altquartäre Verwitterungszeiten die **Kreide=Flint=Gerölle** erst teilweise ausgehöhlt haben (im Vergleich mit der Zahnfäule als cariés bezeichnet) und dann **zu Pulver** aufgelöst haben (cacholonisé). Flint kann also ganz schwinden,

während Quarz erhalten bleibt. Die gute Erhaltung der silurischen Hornsteine im Pliozän Sylts läßt auf eine mäßige, wohl die Feldspäte, aber nicht die Silifikate zerstörende Verwitterung schließen.

61 Vom **Segeberger Gipsberg** hat der Verfasser 1913 die Ansicht vertreten, das Inlandeis hätte den Berg abtragen müssen und der heutige Berg wäre somit nach der letzten Vereisung entstanden. Seither ist aber neu erkannt worden:

a) das Auftreten gefrorenen Bodens außerhalb der Eisbedeckung. Im gefrorenen Boden aber fehlt Grundwasser, der Salzspiegel steigt daher bis an die Erdoberfläche an. Eine dadurch bedingte Hebung der Segeberger Salzstruktur hat R. Teichmüller 1948 zutreffend in Betracht gezogen.

b) daß das Eis in seiner Randzone erheblich ausgedünnt war und den unweit von Segeberg gelegenen Klingberg nicht abgetragen hat (H. Illies 1955).

Für den Gipsberg ergibt sich dadurch, ein zu Beginn der Würm=Vereisung etwa aufragender oder im Frostboden schon aufgestiegener Gipsberg wird kaum vom Eise abgetragen worden sein. Während der zweiten Hälfte jener Vereisung wird in dem nicht mehr vom Eise überflossenen Gebiet abermals Frost=boden aufgetreten und mit dem dadurch bedingten Anstieg des Salzspiegels der Berg abermals heraus=gehoben sein.

Übrigens muß der heute oberirdische Teil des Berges zur Tertiär=Zeit oberflächennahe gewesen sein; denn es fand sich im Anhydrit eine Kluft erfüllt von Gipskristallen, die ihrerseits „Bunte Quarze", wie jene des tieferen Oligozän, lose verteilt umschlossen.

62 Trusheim und Sannemann 1960, S. 1524, vertreten gleichfalls die Anschauung, der Abstand der Salz=aufbrüche voneinander sei durch den Vorrat an Steinsalz gelenkt. Nur betrachten sie die Erscheinung im unbegrenzten Feld.

Die hier vorgebrachte Anschauung wurde 1960 in Erdöl und Kohle 13. S. 381, vorweg abgedruckt.

63 **Ende des Salzaufstiegs.** Bei in der Tiefe stecken gebliebenen Salzvorkommen sind zu unterscheiden 1. Salzkissen, 2. Diapire, die noch Verbindung mit dem Salzkissen aufweisen, 3. Diapire, die, vom Rest des Salzkissens abgetrennt, mit tropfenförmigem Querschnitt inmitten jüngerer Sedimente hängen geblieben sind; siehe Abb. 25.

Zur Gruppe 1 gehören im Untergrund Schleswig=Holsteins die bis 350 m mächtigen Salzvorkommen des Keupers, die Salzbeulen auf der Westschleswigschen Scholle (Westerhever und vermutlich Joldelund, Rodau, Böxlund). Von der ostholsteinischen Scholle werden hierher gezählt: die Aufwölbungen Cismar, Ekhorst, Nusse und Gudow. Die Beulen von Vaale, Wulfsmoor (Weber 1957) und ? Sievershütten, Steinfeld lassen sich wohl besser als nicht in Randsenken einbezogene Salzreste auffassen.

Zu Gruppe 2. Es ist zwar unbekannt, ob eine tief sitzende Salzmasse noch Verbindung zum Salzkissen hat oder schon abgequetscht ist. Es könnten die Salzstöcke von Maasbüll, Sterup (die Trusheim=Sannemann als Kissen auffassen), aber auch Teile der Langstrukturen, deren Oberkante in 1000–600 m Tiefe sitzt, hierher gehören. Die Ursache zum Ausbleiben des Salzaufstiegs kann nur vermutet werden. Es kommen in Frage: Masse des Salzgesteins zu klein = Auftrieb zu gering, um das Deckgebirge zu öffnen oder die Salzmasse hat durch Zufluß dichteren Gesteins (Anhydrit) den Auftrieb eingebüßt.

Gruppe 3. Bei vom Kissen abgetrennten Diapiren mit tropfen=förmigem Querschnitt, also mit einem ursprünglich zum Aufstieg ausreichenden Flankendruck, kommen als Grund für das Ende der Auf=wärtsbewegung in Betracht: Aussetzen des Salzlösens im Salzspiegel = Aufhören der Entlastung aus klimatischen Ursachen oder am Grunde des Meeres. In dem letztgenannten Fall kann durch austretendes Salz Belastung statt der vorhergehenden Entlastung eintreten.

Ferner ist bekannt, daß bei Sinken einer Scholle mit Salzaufstieg im oberen Stockwerk, das Salz der Oberfläche durch frische Sedimente hindurch nachsteigt. Mit zunehmender Mächtigkeit der Sediment=decke verstärkt sich der Vertikal= bzw. Flankendruck. Beim Gegenstück, Aufstieg der Scholle mit Salz=bewegung, werden vermutlich zwar junge wasserreiche Absätze durch Wasserabgabe verstärkt ver=dichtet, aber diese Vermehrung der Auflast wird durch beschleunigten Abtrag zumeist überholt worden sein, so daß im Endergebnis der Druck auf den Salzkörper geringer wurde.

64 **Geologische Querschnitte durch Salzstrukturen** im Untergrunde Schleswig=Holsteins finden sich:
Zwei farbige Schnitte: Joldelund bis Waabs=Schwedeneck, Heider Jura=Trog bis östlich Segeberg in Hecht, von Helms, Kehrer 1955

Heide:
H. Deecke 1949
H. Closs 1951, S. 572
H. Weber 1953, S. 767, 768

Hecht, v. Helms, Kehrer 1955 Hohenwöhrden, Meldorf, Helmsand
H. Weber 1957, S. 21
Richter & Schott 1959, S. 299

Oldenswort:
J. Andres 1954, S. 8

Helgoland:
P. Schmidt=Thomé 1951, S. 144
Exkursions=Führer A 3/1 D. Geol. Ges. Tagung Hamburg 1961

Schwedeneck:
J. Andres 1954, S. 8
Richter & Schott 1959, S. 299
Fabian & Roese 1962 Abb. 4, 5 und 7
Brand & Hoffmann 1963, Fig. 14

Schwedeneck bis Gettorf:
J. Andres 1954, S. 9; siehe Abb. 11a

Boostedt:
Richter & Schott 1959, S. 299

Plön:
Hecht, v. Helms, Kehrer 1955, S. 723

Plön=Ost und Warnau:
Brand & Hoffmann 1963, Fig. 14; siehe Abb. 11b

Kiel:
H. Weber 1957, S. 22
Brand & Hoffmann 1963, Fig. 14

Nusse:
F. Trusheim 1957, S. 123; siehe Abb. 26
F. Trusheim 1960, S. 1526, Text dazu S. 1535

Hohenhorn:
A. Roll 1956, S. 242; siehe Abb. 26

Reitbrook:
R. B. Behrmann 1949, S. 190
Richter & Schott 1959, S. 219
Preussag 1961 Exkursions=Führer C 1/1 D. Geol. Ges. Tagung Hamburg 1961

Krempe=Lägerdorf:
F. Grube Exkursions=Führer A 1/1 D. Geol. Ges. Tagung Hamburg; siehe Abb. 9.

65 **Epirogene und orogene Bewegung.** Auf eine Bezeichnung der Schleswig=Holstein einschließenden größeren tektonischen Einheit sei hier verzichtet. Erst wenn der Untergrund der südlichen Nordsee geophysikalisch erkundet sein wird, kann die tektonische Stellung NW=Deutschlands erkannt werden.

66 **Absätze** mit Mollusken so **kalten Wassers** wie *Yoldia arctica* (Esbjerg, Maade, in Dänemark; Rensing bei Kellinghusen nach C. Gottsche) dürfte das Eis aus rund 100 m tiefen glazigenen Furchen, die mit dem damaligen Meere in Zusammenhang standen, verschleppt haben.

67 Die Entwässerung einer Eiszunge und der Randzone des Inlandeises ist bisweilen mit der eines Karst=Gebietes verglichen worden, so auch Woldstedt 1952, S. 148.
Bei diesem Vergleich sollte man aber auf den nachstehend angeführten wichtigen Unterschied hinweisen.
Karst: Kalk=Gestein ruhend, jede Erweiterung des Kanalsystems durch Laugung oder Erosion ist beständig. Geringe Schuttverfrachtung.
Eisrand=Gebiet: Eis an sich latent plastisch, dazu in fließender Bewegung. Daher Kanalsystem in ständigem Wechsel zwischen Erweiterung und Einengung. Außerdem in den tiefsten Eislagen und unter dem Eise starke Schuttverfrachtung. Somit ist aus zwei Ursachen eine Verengung der Quer=schnitte und daher Düsen=Wirkung für das hindurchfließende Wasser eingetreten.

68 **Sedimentpetrographische Untersuchung.**
Von den Niederländern, insbesondere C. H. Edelman wurde erstmalig in Europa die Methode an=gewandt, einen Feinsand (zum Beispiel 0,1–0,2 mm) in Lösungen von der Dichte 2,9 (Quecksilberjodid oder Bromoform) in einen leichteren und einen schwereren Teil zu trennen. Nur die Minerale des letzt=genannten werden unter dem Mikroskop bestimmt und nach Auszählen von i. A. 300 Körnern wird die prozentuale Zusammensetzung der Schwermineral=Körner als Ganzes oder in bestimmten Gruppie=

rungen angegeben. Der Schwermineral=Anteil besteht außer aus undurchsichtigen (opaken) Körnern aus Augiten, Hornblenden, Epidot, Granat, Olivin, Zirkon, Turmalin usw. sowie den metamorphen Mineralen Sillimanit, Staurolith und Disthen.

Aus Art und Menge dieser Schwerminerale (kurz SM) oder schon aus dem Mengenverhältnis einiger ausgewählter unter ihnen, lassen sich Sande kennzeichnen. Diese Methode versprach die Möglichkeit, sonst nicht unterscheidbare Eisabsätze voneinander zu trennen. 1933 wurde sie von V. Leintz zum ersten Male in Norddeutschland bei Geschiebemergeln angewandt. 1952 wies H. Steinert in seiner Dissertation nach, daß der SM=Gehalt es in Schleswig=Holstein ermöglicht, die Grundmoränen der 3 Vereisungen zu unterscheiden. Um deren Kennzeichen kurz auszudrücken, führte er die Begriffe

$$\text{Hornblende=Zahl} = \frac{\text{Hornblende}}{\text{Hornblende} + \text{Epidot}}$$

$$\text{Augit=Zahl} = \frac{\text{Augite}}{\text{Augite} + \text{Metamorphe}}$$

ein, beide ausgedrückt in Prozenten der durchsichtigen SM=Körner.

Es erwies sich

	Ho=Zahl	Au=Zahl	opak
Würm=Vereisung	über 70	über 60	20–35 %
Riß=Vereisung	55–70	30–55	20–35 %
Mindel=Vereisung	anscheinend niedriger		über 40 %.

Diese Unterschiede gehen auf folgendes zurück:

Das Mindel=Eis nahm in Schleswig=Holstein hohe Anteile aus Jungtertiären Schichten auf. In diesen überwiegen infolge Verwitterung der anderen SM metamorphe Minerale (Epidot, Disthen) und opake Körner. Hinzu kam vom Eise herbeigeschaffter, unverwitterter, an Hornblende reicher Sand.

Während der Riß=Vereisung wurde weniger verwitterter Tertiär=Sand, sondern mindelzeitliche Absätze aufgenommen und erneut frisches Material vom Eise hinzugefügt.

In Absätzen der Würm=Vereisung konnte nur bei örtlichem Tiefschurf tertiärer Sand aufgenommen werden. Es stieg daher in der Ho= und der Au=Zahl der Anteil unverwitterter, vom Eise frisch herangefrachteter Minerale an.

Die Methode mittels der Ho=Zahl riß= und würm=zeitliche Ablagerungen zu trennen, hat sich für die Begrenzung von Sander=Absätzen jener beiden Vereisungen bewährt (B. Hölting 1957).

Diese Untersuchungsmethode ist inzwischen noch verfeinert worden. Besonders R. Weyl 1951 hatte darauf hingewiesen, daß durch die Vorgänge bei der Verwitterung nicht nur Minerale ausgemerzt werden und sich damit die Zusammensetzung des SM=Gehalts verändert, sondern daß auch der Verwitterungszustand vergänglicher SM Aussagen gestattet.

Als Stabilitäts=Reihe gab R. Weyl an Augite, Hornblenden, Epidot, Granat.

Also je weiter die erstgenannten verschwanden, desto höher der Prozentsatz der letzteren.

Durch Transport und Verwitterung ändert sich aber auch das Aussehen des einzelnen Korns. Auch dieser Vorgang kann erdgeschichtlich ausgewertet werden. So unterschied E. N. Weiss 1957, 1958, S. 21, bei den Körnern der Hornblende

a) Frische Körner mit Umrissen, wie sie die Eigenschaften des Kristalls bedingen
b) Stark gerundete, also mechanisch beanspruchte Körner
c) Verwitterte, oft gebleichte Körner mit zerfranster Umgrenzung.

Frische Hornblenden fand E. N. Weiss nahe den Gletschertoren. Je weiter vom Eisrand fort sie verfrachtet waren, desto stärker war ihre Rundung. Verwitterte Hornblenden hingegen ermöglichen es, frühere Bodenbildung nachzuweisen.

69 Eine weitere Methode des **Geschiebezählens** hat G. Lüttig 1958 vorgeschlagen. Er zählt die geographische Länge und Breite des Mittelpunktes des Heimatgebietes der verschiedenen Geschiebe zusammen, bildet daraus den Durchschnittswert. Den so gefundenen Ort nennt er das theoretische Zentrum der Heimat der Geschiebezusammensetzung (TGZ). Diesen Wert, von möglichst zahlreichen Orten gewonnen, trägt er in die Karte der Fundpunkte ein. Es zeigt sich dann, daß

a) die Werte in Absätzen der gleichen Eiszunge dicht beieinander liegen,
b) das TGZ verschieden alter Eisabsätze voneinander mehr oder weniger erheblich abweicht.

Für Schleswig=Holstein liegen Geschiebezählungen nach dieser Methode leider noch nicht vor. Mit ihr dürfte es unter Beachtung der Gesetze des Eisflusses noch besser als früher (W. G. Simon, G. Wennberg) möglich sein, die einzelnen Eisströme zu erkennen.

70 Wer das Glück hat, das Kliff südlich von Wenningstedt nach einem Sturm frei von Hangschutt beobachten zu können, sei darauf hingewiesen, daß sich südlich von Wenningstedt die **Riß=Moräne** des **Roten Kliffs** in zwei, durch Sande getrennte Lagen von Geschiebelehm aufspaltet. Ein gleiches war (K. Gripp 1932) zu Tinnum zu beobachten. Der hohe Kaolinsand=Rücken, der von Braderup zum Kampener Kliff verläuft, ist die Ursache, daß dort im Kliff rißzeitliche Absätze pliozänem Kaolinsand unmittelbar auflagern. Die nach SW anschließende Senke aber schützte einmal die mindelzeitlichen Absätze vor Abtrag und sammelte zudem rißzeitliche Schmelzwasser=Absätze, so daß hier die Folge rißzeitlicher Ablagerungen wechselreicher wurde als oben auf dem pliozänen Rücken. Die am nördlichen Kliffende vorhandenen Stauchungen der rißzeitlichen Absätze dürften auf den Eisdruck zurückzuführen sein, dem der Nordhang des Kaolinsand=Zuges ausgesetzt war.

71 Hesemann 1937, S. 418, hielt Schröders und Stollers (1909) **Altersangabe** des Geschiebemergels von Schulau als Äquivalent des ältesten zu Unrecht für zutreffend. Er hat übersehen, daß schon W. Wolff 1915, S. 275, nachwies, daß Stollers Vorstellung, die **Schulauer Grundmoräne** unterlagere das Störmeer=Interglazial von Glinde bei Uetersen, unrichtig sei. Damit entfällt die Möglichkeit, auf Grund des Geschiebe=Verhältnisses von Schulau (8200) und Wedel (7210) ähnliche Geschiebegesellschaften von Almdorf (3160) und Bohmstedt (4150) als mindelzeitlich anzusehen.
Im übrigen sei darauf verwiesen, daß W. G. Simon 1938 bei einer engen Geschiebezählung nach Hesemanns Methode für die Ablagerungen der Weichsel=Vereisung im Kreis Lauenburg Schwankungen zwischen Mittelschweden–Ostsee (von 2440) und überwiegend finnischem (bis 7300) nachwies.
Warum die Methode für Altersvergleich auf große Entfernung Bedenken erregt, hat auch Münnich 1936, S. 7, dargelegt.

72 Unweit von Bergedorf liegt die **Ziegelei Havighorst.** Aus deren Grube stammen die untereozänen Toneisensteingeoden mit Insektenresten (Taf. 13 Fig. 7). 1954 untersuchte E. Kolumbe von dort ein Torflager der Störmeer=Zeit. Es war vom Eise gestaucht, ebenso wie die eozänen Tone und ein Geschiebemergel. Diesem schrieb Kolumbe mit Vorbehalt mindelzeitliches Alter zu. Die Geschiebeführung: zahlreiche paleozäne kieselige Kalke ist eigenartig. Eine nähere Untersuchung der Grundmoräne und der Geschiebe ist erwünscht.

73 Es ist heute noch ungewiß, ob die **Austernbank von Tarbek** wie die von Blankenese vom Riß=Eis aufgestaucht wurde oder ob das Vorkommen von Tarbek, wie das von Stöfs, würmzeitlich gestauchte Absätze des Eem=Meeres sind. Vergl. Anm. 99.

74 Herr Dr. Dittmer teilte hierzu freundlicherweise mit: **Störmeer**=Absätze sind im **Westen** angetroffen bei Borgholz, südlich von der Stellerburg (r 03,86; h 11,735 und r 03,87; h 11,385), wo unter Riß=Absätzen tonige bzw. tonstreifige dunkle Sande mit Foraminiferen auftreten. Ein anderes Vorkommen liegt in Heide, östlich vom Kreiskrankenhaus (r 05,33; h 07,83). Hier ist zwischen 40 und 50 m Tiefe graubrauner Ton mit Mollusken erbohrt worden. Von Friedrichsholm/Eider besitzt das Geologische Landesamt ein Verzeichnis (Meiereibrunnen) mit Störmeer=Absätzen in 40 m Tiefe. Anscheinend liegen jene Vorkommen auf primärer Lagerstätte, obwohl sich das nicht eindeutig nachweisen läßt. Unter den Heider Vorkommen lagern Sande und schwarze Ton= und Geschiebemergel, die sich von den hangenden Riß=Absätzen deutlich unterscheiden.

75 Die **Verwitterung unter** den interstadialen **Torflagern** über Sanden der Riß=Vereisung hat zur Verlagerung von Humus= und Eisenverbindungen geführt. Es entstanden unter einer, später nicht selten periglazial zerstörten Torf=Ablagerung (Ah) neue, schwärzliche Humus=Anreicherungen. E. Schlichting (1960) bezeichnete sie mit Bh. Darunter folgt ein ± kräftiger Bleichhorizont. Er überlagert einen seiner Mächtigkeit entsprechenden braunen Horizont, in dem oberhalb gelöste Eisengele wieder ausgeschieden wurden. Da zugleich mit dem Fe_2O_3 auch Mn_2O_3 und Al_2O_3 ausgefällt wurden, werden die braunen Lagen neuerdings auch als Sesquioxyd=Böden bezeichnet. Sesqui = anderthalb, weil auf 1 Anteil $1^1/_2$ Anteile Sauerstoff kommen.

76 K. Picard 1960 führt die Ablösung **großer Eisloben** durch mehrere kleine Gletscherzungen auf anfangs nicht vorhandene, im Laufe der Eisbedeckung eingetretene Behinderung durch aufgestiegene Salz=Strukturen zurück. Dem ist entgegen zu halten: Die gleiche Erscheinung tritt in Gebieten ohne Salz=Strukturen auf wie Jütland, Dänische Inseln, die südlichen Ufer der mittleren Ostsee sowie an den Vorland=Gletschern der Nord=Alpen. Die Ursache zu dieser Erscheinung dürfte vielmehr im Verhältnis von Eiszufluß und Form des Gletschertroges zu suchen sein.
K. Picard vertritt ferner die Anschauung, der Ostsee=Trog wäre erstmalig während seiner Treene=Warmzeit und zwar tektonisch entstanden. Begründung: „Andersartige Bewegungstendenz des Eises"

und damit verschiedenartige Zusammensetzung der Geschiebe in den Moränen seiner Lippe= und Warthe=Vereisung. Gegen eine tektonische Begrenzung der Ostsee=Senke spricht der tektonische Bau Schonens und des Baltikums. Der Ostsee=Trog gleicht vielmehr vollkommen dem Exarations=Becken eines breiten und im Verhältnis zu Fjorden geringmächtigen Eisstromes. In ihm hat das Eis nicht nur längere Zeit als weiter südlich gelegen, sondern zu Beginn und Ende jeder Eisbedeckung mußte das Eis in der periskandischen Lockergestein=Zone während einiger Zeit dem zum Kattegat gerichteten Gefälle folgen. Daher dürfte der Ostsee=Trog nicht während der Treene=Warmzeit, sondern spätestens seit der Mindel=Vereisung immer erneut geschaffen und zunehmend eingetieft worden sein.

77 Herr Dipl. Geol. RUCK fand, nach freundlicher mündlicher Mitteilung, in den Bohrungen zur Untergrund=Erkundung für den Bau des **Kanal=Tunnels** bei **Rendsburg** Sande mit umgelagerten Eem=Fossilien und erheblich tiefer fossilführende Störmeer=Tone.

78 In den **Muusbergen** (fälschlich Mausberge) **bei Husum** hat K. PICARD 1959 über rißzeitlichen Absätzen eine mit bis 6 cm Torf ausgekleidete Senke beobachtet. Über dem Torf liegt eine Folge aus 3–6 m Flugsand, Solifluktionsschutt, Flugsand. Im Torf sind mit höheren Prozenten Hainbuche, Fichte, Birke und Erle pollenanalytisch nachgewiesen. Auch zeigte sich eine starke Abnahme der Hainbuche gegen oben. Daher urteilte AVERDIECK: Ausgehendes eines Interglazials. Der Annahme, daß es sich hierbei um das Eem=Interglazial handle, widerspricht PICARD, da er darüber gelegenen Solifluktionsschutt teils dem Warthe=Stadium, teils der Weichsel=Vereisung zuteilt. Das Eem soll nur durch einen podsolierten rostfarbenen Waldboden vertreten sein.

Dies auf engstem Raum erzielte Ergebnis ist aber nicht in Einklang zu bringen mit den durch die Aufschlüsse beim Bau und den Erweiterungen des Nordostsee=Kanals gewonnenen Ergebnissen. Trotz zahlreicher sorgfältiger Bohrungen ist dort kein Anzeichen gefunden, daß eine bis zum Toteisschwund führende, mit starker Bleichung verbundene Warmzeit zwischen dem marinen Husumer Sand der Störmeer=Zeit und den Eem=Absätzen einzuschalten wäre. Sobald die in der Fließerde erhaltenen, bodenkundlich als Reste eines rostfarbenen Waldbodens mit Podsolierung angesprochenen Gesteine als eemzeitlich verwittert und weichselzeitlich periglazial beeinflußt aufgefaßt werden können, ist die schwer auffaßbare Annahme, daß Warthe=Phase und Weichsel=Periglazial keine 4 m abgetragen hätten, hinfällig.

78a Nach HECK ergab **Bohrung Blankensee I,** Lage: h 6337, r 1438, etwa + 15 m NN

0 – 5,3 m feinsandige bis tonige Beckenabsätze,
– 26,8 m Grundmoräne der Würm=Vereisung,
– 30,2 m humoser toniger Feinsand, Süßwasser=Bildung,
– 33,0 m grünlich=grauer feinsandiger Tonmergel,
u. a. *Tapes senescens* DOED.
Gastrana fragilis L.,

also Leitformen des Eem=Meeres enthaltend. Bohrungen in je 120 m Abstand fanden fast die gleiche Schichtenfolge. HECK deutet S. 86 an, daß auch bei Krummesse=Brandenbaum Eem=Sedimente ermittelt seien.

Danach dürfte es sich um ein anstehendes Vorkommen von Eem=Schichten handeln.

79 **Bohrung Hörnum.** Siedlung. Brunnen 3
gebohrt Nov. 1936 von Fr. Burmeister u. Söhne Elmshorn

Gelände + 2,54 m NN.

0 – 5,8 m	Strandsand,	Alluvium
– 8,2 m	gelbweißer Mittelsand mit Schalen=Resten	Alluvium
– 19,0 m	grüngrauer Feinsand mit Schalenbruch	Eem
– 21,7 m	grüngrauer Ton, schluffig, etwas verwittert mit *Ostrea, Pecten (Chlamys) varius, Tapes, Corbula, Nassa reticulata*	Eem
–(22,5 m)	schwach toniger Sand, reich an Mollusken, darunter *Gastrana fragilis*	Eem

80 Die **Bohrpunkte** wurden hierbei nicht schematisch festgelegt, sondern den Geologen blieb überlassen, gemäß den erzielten Ergebnissen den nächsten Bohrpunkt anzusetzen. Mit verhältnismäßig geringen Mitteln wurde dadurch weitgehender Einblick in den Aufbau und die Erdgeschichte Sylts und des nordfriesischen Wattes gewonnen.

81 1956 wurden vor dem rund 2 km langen Kliff von Friederikenhof (Hohwachter Bucht) 11 **Rhombenporphyre** gezählt. Über dies Leit=Geschiebe permischen Alters, dessen Heimat das Gebiet um Oslo und Schwedens Kattegat=Küste ist, sei folgendes berichtet.

Das Oslo-Gebiet ist ein Senkungsfeld, entstanden als Lavamassen in größerem Umfang aufdrangen. Es waren basische bis granitische Magmen, aus denen Tiefen- und Erguß-Gesteine hervorgingen. An Basalten drangen u. a. auf Olivin-Basalte, Pyroxen-Basalte, normale Basalte und Abänderungen bis zu Andesiten hin. Auch die Rhombenporphyre reichen ihrer Zusammensetzung nach von Andesiten bis zu basischen Trachyten. Zur Hauptsache sind es Trachyandesite.
Die Eruptionsfolge begann mit Basalten. Es folgten bis 9 Rhombenporphyr-Ergüsse, die sich nach der Ausbildung der Feldspat-Einsprenglinge gut unterscheiden lassen. Wieder floß ein Basalt aus, zugleich mit Rhombenporphyr 10. Es folgten schließlich gewaltige vulkanische Eruptionen. 4 Calderas von zum Teil ansehnlichem Durchmesser sind noch zu erkennen. Anschließend folgten 1–2, örtlich auch 5 weitere Austritte von Rhombenporphyr. Im ganzen bedecken die aus einem monzonitischen Magma entstandenen Rhombenporphyre im Oslo-Gebiet 1160 km². Hinzu kommt deren Verbreitung in Form eines Ganges in West-Schweden bis Bohuslän nach Süden. Das wichtigste Tiefengestein, das aus dem gleichen monzonitischen Magma hervorging, ist der Larvikit, der gleichfalls bei uns im Lande als bezeichnendes Oslo-Geschiebe gefunden wird. Die Unterschiede der norwegischen Rhombenporphyre werden näher behandelt in Chr. Oftedahl: Studies on the Igneous rock Complex of Oslo Region. Skrifter Norske Vidensk. Akad. Oslo I M–N. Kl. VI 1946–48.

82 Münnich 1936 schied im Kliff des **Brodtener Ufers** vier Geschiebemergel-Bänke aus und glaubte, die unterste Moränen-Bank als mindelzeitlich, die nächstjüngere als rißzeitlich ansehen zu müssen. Dies, obschon Münnich angibt, daß bei Travemünde das Diluvium 40–50 m tief hinabreicht. Wennberg 1949 hat das Profil in der auf S. 235 wiedergegebenen Weise neu gedeutet.

83 In Nord-Jütland gabelte sich das Eis in einen Nordsee- und einen Kattegat-Lobus. Die Südgrenze des letztgenannten lag anfangs, wie sich aus dem Vorkommen der Rhombenporphyre ergab, vermutlich in der westlichen Ostsee, später, vom Ost-Eise zurückgedrängt, an der Nordküste Seelands. Axel Skov 1950 sah in der Halbinsel Sjaellands Odde an der Nordküste Seelands die Stirnmoräne eines Kattegat-Gletschers.
Eine eingehende glaziologische Untersuchung des Nordens der dänischen Inseln wird vermutlich eine Verzahnung von Kattegat- und Ostsee-Gletscher aufzeigen. Wichtig wäre, zu erfahren, ob Riß-Absätze unter den dänischen Inseln erhalten sind oder ob dort nur würmzeitliche Absätze hoch gelegenem Präquartär auflagern.
Als das Eis der beiden Zungen anschwoll, war bald ein Anwachsen wegen des überall von Skandinavien nachdrängenden Eises nur nach S und W möglich. So entstanden das Meridian- und Småland-Eis Wennbergs.

84 Die vielfach abgedruckte Karte von Woldstedt „**Tunneltäler** im Bereich der jüngsten Vereisung" enthält folgende Irrtümer: Wittensee, Selenter See, Gr. Binnensee bei Panker haben mit Tunneltälern nichts zu tun. Sie sind ebenso wie die Kieler, Eckernförder und Flensburger Förde Zungenbecken, ebenso Große Breite und andere Teile der Schlei. Oldenburger Graben, Kossau-Tal, Neustädter Binnensee, Lübecker Becken und damit zusammenhängend Ratzeburger See sowie der nördliche Teil des Stecknitz-Tales sind gleichfalls Zungenbecken.
Subaerische Täler wie der Einhäuser Ablauf des Ratzeburger Sees und das vom Plöner See über Tensfeld nach Rickling verlaufende Tal können nicht als Tunneltal gelten.
Die Talungen Kiel–Westensee, Neustädter Bucht–Süsel–oberes Schwartau-Tal können gleichfalls nicht als Tunneltal angesehen werden. Ebenso wenig darf ein Tunneltal von Lübeck zum Warder-See angenommen werden.
An nicht oder gering von Eiszungen umgeformten Tunneltälern seien genannt:

Tal von Niehuus und Hörn bei Flensburg
Treß-See
Südensee
Langsee + Idstedter See
Eider-Seen zwischen Schirnau und Rendsburg
Flemhuder See
Brahm-, Pohl-, Borgdorfer See + Warder-See Kr. Rendsburg
Bordesholmer + Einfelder See
Postsee
Bornhöveder Seen
Tresdorfer See
Seedorfer + Seekamper See

Warder-See Kr. Segeberg
Trave-Tal nahe Reinfeld über Neversdorfer und Mözener See + Fredesdorfer Trockentäler
Beste-Tal von Blumendorf bis Borstel
Ahrensburg-Meiendorfer Tal
Lütjensee–Großensee–Rausdorf
Bille-Tal von Vorburg bis Grande
Mölln-Gudower Seen-Rinne
Stecknitz-Tal von Berkenthin bis Alt-Mölln
Durchbruchstäler durch die J-Moräne: Scharbeutz–Klingberg, Hüttenteich–Kl. Pönitzer See

85 Den Befunden in der Natur entsprechend wird heute von den Skandinaviern und in den Lehrbüchern (Drygalski und Machatschek 1942, von Klebelsberg 1948) mit Recht die Anschauung vertreten, die **Oser** seien in und unter dem Eis von Schmelzwässern hinterlassen. Nur G. Keller (Eiszeitalter und Gegenwart 2 1952, S. 127) glaubt, Aufpressungs-Oser müßten in offenen Rinnen entstanden sein. Er nimmt Toteis von 300 m Mächtigkeit, sogar ohne schützende Schuttdecke, an, in das breite und schmale Kanäle bis 300 m tief eingeschnitten wären. Niemand hat je solche Kanäle in Toteis gesehen. Infolge der Plastizität des Eises würden sich so tiefe, schmale Kanäle bald wieder zu Röhren schließen. Ferner dürfte es in Deutschland nie Toteis von so großer Mächtigkeit oberhalb der Erosions-Basis gegeben haben.

86 Die **Gletschertor-Gebiete** von Tüschenbek am Nord-Ende des Ratzeburger Sees und von Stocksee und Hornsmühlen am Süd-Ende des Plöner Sees (K. Gripp 1935) können nicht mehr als solche gelten, seitdem die morphologische Aufnahme gezeigt hat, daß es sich an beiden Stellen um Moränen-Gabeln neben nach S vorgedrungenen Eiszungen handelt.

87 1952 hat sich Woldstedt (Eiszeitalter und Gegenwart 2, S. 150) nochmals mit dem **Möllner Sander** befaßt. Leider nimmt er von dem einschlägigen Schrifttum Bärtling 1922, Simon 1938, Gripp 1947 keine Kenntnis. Er vertritt nunmehr – ohne Simon zu erwähnen – die Anschauung, der Möllner Sander entstamme nicht einer Kerbe der äußersten, sondern einer erheblich jüngeren Randlage. Die den Sander aufschüttenden Wässer sollen nunmehr im Eis nur höher als das Gletschertor geflossen sein. Hierzu sei bemerkt: 1926 hatte Woldstedt angenommen, daß Schmelzwässer Rinnen unter dem Eise einschnitten und daß Eis in diese Rinnen folgte (S. 116). „In manchen Fällen (Förden usw.) sind subglaziale Rinnen durch den Gletscher weiter ausgestaltet worden (Zungenbecken)" (S. 124). 1929, S. 86, wollte Woldstedt die Rinnen durch Gletscher-Erosion entstehen und von Schmelzwässer überformt sein lassen. 1952, S. 147, schreibt Woldstedt „Seen, Rinnen, Förden usw. sind in ihrer heutigen Form im wesentlichen ein Ergebnis der Gletscher-Erosion, und Schmelzwässer haben nur in beschränktem Umfang mitgewirkt.
Zu Woldstedts neuem Längsprofil durch den Möllner Sand ist zu bemerken:

a) woher sollen inglaziale Wässer, die nur höher als das Gletschertor in Tunneln aus reinem Eis fließen, die riesigen im Möllner Sander abgelagerten Sandmassen entnommen haben? Wo sollen sie die zahlreichen verschwemmten Miozän-Mollusken aufgenommen haben?
b) Die als rund 20 m tief in den jüngeren Sander eingezeichnete Rinne, ist nach Bärtling 1922 aber 48,5 m tief eingeschnitten. Sie reicht also tiefer als die in jener Abbildung angegebene Basis des Eises.
c) Der gestreckt, fünfförmig gekrümmte Verlauf der Möllner Seen-Rinne und ihre Schmalheit schließen die Entstehung durch eine Eiszunge aus; nur fließendes Wasser kann sie geschaffen haben.
d) Die Toteis-Plombe in jener Rinne kann nicht höher aufgeragt haben als die Landoberfläche zu Beginn der Sander-Aufschüttung. Jene Landoberfläche ist aufgezeigt durch Geschiebemergel, der nach Bärtling 1922 unter dem Torf des Oldenburger Sees, nur 2 km östlich des Lüttauer Sees, in Höhe 28 m + NN angetroffen ist. Somit ergibt sich:

Sanderoberfläche um Lüttauer und Schmalsee	+ 45	m NN
Geschiebemergel = Gletscherboden	+ 28	m NN
Spiegel des Lüttauer Sees	+ 14	m NN
größte Tiefe	17,5	m
also liegt der schlammerfüllte Boden des Lüttauer Sees bei	– 3,5	m NN

Danach dürften die Wässer, die die Möllner Seen-Rinne erstmalig schufen, sich 20–30 m tiefer als die Basis des Eises in den Untergrund eingeschnitten haben.
Es dürfte somit die Möllner Seen-Rinne eindeutig belegen, daß Wässer unter dem Eis in Lockerboden tiefe Rinnen einschnitten. Erst später und weiter rückwärts trat die Überformung durch schmale Eiszungen ein.

88 Zur gleichen Zeit, da der rückweichende Rand des lebenden Eises höher zu liegen kam, haben sich die **Eiszungen tiefer eingeschürft.** Die Eismasse hat somit während der Würm-Vereisung nicht nur in ihrer Ausdehnung, sondern unabhängig von dieser auch in der Mächtigkeit gewechselt.

89 Aus der geologischen Karte Bl. Schleswig, Brodersby und Sieseby ergibt sich die Verbreitung von eisgestörten und ungestörten **Becken-Absätzen.** Die in der zugehörigen Erläuterung 1943, S. 9, vertretene Anschauung von der Entstehung der Becken-Absätze unter dem Eis der Gletscherzunge halte ich für physikalisch unmöglich. Auch könnten auf diesem Wege keine nach der Korngröße gesonderten Absätze entstehen. Grobkörniges Material der tiefsten Eislagen müßte derart entstandenen Beckentonen beigemengt sein.

90 Zur Geschichte des **Schwartau-Tales** während der Glazial- und Spät-Glazial-Zeit

g) Nach Wiederanstieg des Meeresspiegels Rückstau von der Ostsee her. Schwartau-Tal von Auelehm und Torf aufgefüllt

f) Ab Präboreal weiteres Tieftauen und Einschneiden der Täler der Trave und Schwartau, eingestellt auf das Niveau – 25 m NN des trockenliegenden Ostseegrundes
Aus der letzten Tundra-Zeit des Spätglazials fehlen noch Belege.

e) Alleröd-Zeit. Kräftige Toteis-Schmelze (Tieftauen) läßt zahlreiche Hohlformen entstehen (Pönitzer See) und verwandelt die Sander-Ebene in eine Sandkuppen-Landschaft mit Gipfelflur in Höhe der ehemaligen I-Moränen-Schmelzwassersandebene. Schwartau-Tal tiefer eingeschnitten von Wässern, die nunmehr zum tiefgetauten Ostsee-Trog hin abliefen; Entstehung des Trave-Laufes

d) Von den späteren I-Moränen-Stadien bis zum Beginn der Alleröd-Zeit bestand der Lübecker-Zungenbecken-See, der im 19 m Niveau zum Elbtal ablief und in den die Schwartau als Fluß mündete

c) I-Moränen aufgehäuft. Das restliche Toteis in dem noch teilweise davon erfüllten Schwartau-Zungenbecken wird vom Sander der I-Moränen überlagert; dessen Oberfläche erreicht 25–30 m + NN. Ablauf der Wässer über das Toteis im Lübecker Zungenbecken zum Elbe-Urstrom-Tal

b) Niedertauen des Toteises bis zur damaligen Erosions-Basis im Schwartau- und Lübecker Zungenbecken. Ablauf der Schmelzwässer über das Toteis im Lübecker Zungenbecken zum Elbe-Urstrom-Tal

a) M-Moränen durch mehrfache Eisvorstöße zusammengeschoben; deren Zungenbecken liefert die erste Anlage der Schwartau-Niederung. Diese wurde von vornherein durch die Pariner Moränen-Gabel zweigeteilt.

91 Der auffallende **Rücken von Schwienkuhlen** wird wohl besser als Seiten-Moräne einer von Liensfeld gegen SW, etwa bis Höhe 59 südlich Bökenberg vorgestoßenen Eiszunge aufgefaßt. Bei dieser Deutung würde die Niederung zwischen Schwienkuhlen und Giesselrade, die der tiefste Einschnitt der dortigen Gegend ist, dem Innern der Moränen-Gabel entsprechen. Die Höhe 58 zwischen Bökenberg und Glasau entspräche der mindestens teilweise unter Sander-Absätzen verborgenen Stirn-Moräne.

92 Die diluvialmorphologische Skizze von Schleswig-Holstein von Beurlen 1938 ist weitgehend unrichtig und eine Aufteilung in **Weichsel I und II** ist unzulässig. Wir wissen nicht, ob nicht das Äquivalent von Würm I der Gesamtgliederung jener Vereisung einer Zeit entspricht, die älter als das Brandenburger Stadium oder diesem gleichaltrig ist.
Ferner ist Beurlen ein Irrtum unterlaufen. Woldstedt hat auf seinen Übersichtskarten für Schleswig-Holstein nur die Frankfurter und die Pommersche Phase angegeben. Beurlen 1938, S. 9, aber setzt „die äußere Brandenburgische Randlage mit dem ersten Vorstoß der Weichseleiszeit gleich und bezeichnet sie daher als Weichsel I (W I)". Die innere Randlage (NB. Schleswig-Holsteins) nennt er W II. Beurlen ist also entgangen, daß nicht die Brandenburgische, sondern die Frankfurter und Pommersche Phase vorliegen sollten. Danach wäre allein die Bezeichnung W II und W III zulässig gewesen.

93 In Spalten bis hinab zu Haarspalten eingeschlossenes Wasser dehnt sich beim Gefrieren und zersprengt selbst kristalline Gesteine. Dieser Vorgang spielt sich ab bis herab zu Körnern von 0,02 mm Durchmesser (A. Dücker 1937, 1954).

94 Die in der Arktis häufig in zeitweilig stark durchnäßtem, feinkörnigem Boden angetroffene Erscheinung kräftiger Eigenbewegung ist seit 1910 viel erörtert und umstritten worden. Das Bemühen, dafür allein „Frostschub", eine angeblich seitliche Verlagerung größter Gesteinsstücke beim Gefrieren, verantwortlich zu machen, darf als überholt angesehen werden.

95 Solange wie die Entstehung der in kiesigen bis feinkörnigen, periglazial bewegten Absätzen verbreiteten Erscheinung der **Taschen-** oder **Brodelböden** nicht endgültig geklärt ist, sollte man, F. Dewers

1941, S. 126, folgend, eine neutrale Bezeichnung verwenden. Kryos heißt Eiskälte, Frost, Frostzeit. Die Bezeichnung als kryoturbater oder Froststauchungsboden erscheint daher irreführend, wenn sich endgültig herausstellen sollte, daß es sich um Bildungen des getauten Erdreichs handelt. Taschenboden wäre eine neutrale Bezeichnung, ebenso erscheint angebracht, statt von kryoturbatem einstweilen von turbatem = in Unordnung gebrachtem Boden oder von Platzwechsel- = metakinetischem Boden zu sprechen.

96 DÜCKERS Deutung turbater Vorgänge als Folge plötzlichen Gefrierens eingeschlossenen Wassers hat den Vorteil, auf den Feinkorn-Bereich des Eislinsen-Bodens verzichten zu können, auf den Konvektionsströme angewiesen sind. Aber DÜCKERS Auffassung steht im Widerspruch zu:

a) der gleichmäßigen, feldartigen Verteilung der einzelnen aufgestiegenen Gebilde,

b) zu deren Bindung an zumeist e i n e n Horizont, der der Oberfläche parallel verläuft,

c) zu seiner eigenen Angabe, daß entstandener Überdruck i. a. durch Anheben der gefrorenen Decke beseitigt würde.

97 Die von STEUSLOFF (1952) von Lehmbracken bei Haltern beschriebenen auffallenden, im Querschnitt **tropfenartigen** periglazialen **Störungen** geben gewissen Einblick in die Vorgänge. Hier liegt Sand-Löß über weißem Kreide-Sand. Außer einer gröberen Auf- und Ab-Bewegung, die zu bis 2 m breiten „Taschen" von Lößsand neben schmaleren Aufbrüchen von weißem Kreide-Sand führte, finden sich bis zu einer Grenze in 2 m Tiefe schmale Lößsand-Spuren mit tropfenartiger Erweiterung und sogar Abplattung in gleichbleibender Tiefe. Verbiegungen dieser dünnen Lößsand-Wände bezeugen ein Aufsteigen des weißen Sandes in Pfeilern oder richtiger Mauern. Aufsteigender Sand hat die großen Lößsand-Taschen von unten gleichsam angenagt. Die Abbildungen bezeugen plastische Bewegungen, die zu einem Platzwechsel führten. Die ausgeprägte Untergrenze der Bewegungsspuren läßt die Untergrenze des getauten Bereichs vermuten. F. DEWERS 1958 hat die gleichen Gebilde in Nord-Hannover und A. DÜCKER in Klein-Nordende bei Elmshorn aufgefunden. Eine Abbildung von dort siehe K. GRIPP 1960, S. 381. K GRIPP 1963 deutete den Vorgang durch Tauen der eisgebänderten Lehmlage von unten her zu Zeiten, da der Sand Triebsand war.

98 Durch Kies geschützte Hügel dürften sein der „Langberg" nordwestlich von Klein-Wiehe (M. Bl. Walsbüll), der Rabensberg bei Lexrade (M. Bl. Süderlügum), der Stolzberg bei Böxlund, der der kiesgepanzerten höchsten Erhebung in einem Moränenzug entspricht.

99 Periglazial bearbeitete, bislang als riß- oder warthe-zeitlich angesehene Moränen, die keine Spuren der eemzeitlichen Weiß-Bodenbildung aufzeigen, sondern aus Buntsanden aufgebaut sind, stehen in dem Verdacht, dem älteren Würm-Glazial anzugehören. Bei Tarbeck überdeckt ein Windschliff-Horizont die vom Eis gestauchte und von geringmächtigen Sanden überdeckte Austernbank (A. DÜCKER 1933, S. 518). Wäre das rißzeitliche Alter der Stauchung gesichert, so wäre die Austernbank vom Alter des Stör-Meeres. Infolge der geringen Verwitterung könnten die gestauchten Absätze auch vom Alter des Früh-Würm sein. Damit käme der Austernbank eemzeitliches Alter zu. Hiermit steht die weitgehende Übereinstimmung mit der 1958 vorübergehend wieder zugänglichen Austernbank von Stöfs in Einklang. Vgl. Anm. 73.

100 Einige Maße des 42 cm langen **Ovibos-Unterkiefers von Langenfelde** verglichen mit denen rezenter Tiere

	1	2	3	4	5
Höhe des Unterkiefers am hinteren Ende der Backenzahn-Reihe	76	–	74,5	73	69
Höhe des Unterkiefers am vorderen Ende der Backenzahn-Reihe	44	41	38,5	38	34
Größte Länge des M_3	–	44	42	42	
M_2	–	31	29,5	29	
M_1	–	26	23	23,5	
P_3	–	21	20	20	
P_2	–	16	14,5	15	

Maße in mm

1 = linke, 2 = rechte Unterkiefer-Hälfte des etwas gepreßten Unterkiefers von Langenfelde

3 = linke, 4 = rechte Unterkiefer-Hälfte eines *Ovibos wardi* ♂ im Zoolog. Museum Hamburg

5 Unterkiefer eines *Ovibos wardi* ♀ im Zoolog. Museum Berlin Nr. 23766.

Die Maße des Fossils von Langenfelde übertrafen diejenigen von zum Vergleich herangezogenen Unterkiefern von 6 rezenten Ovibos aus den Museen zu Berlin (5) und Hamburg (1).

101 Verbreitung der Landsäuger im Quartär Schleswig=Holsteins

Post=Glazial Reh Braunbär **Spät=Glazial** Lemming Desman	Biber Wildschwein Fuchs Luchs Wolf Wildpferd Wisent Ur			Elch
Würm=Hochglazial Wollhaariges Nashorn *(Coelodonta tichorhinus)* Moschusochse Mammut		Riesenhirsch (zuletzt während Alleröd=Zeit) Vielfraß	Ren	

Eem
Nashorn *Dicerorhinus hemitoechus*
Alt=Wald=Elefant *Hesperoloxodon antiquus*
Mammut — Damhirsch in Dänemark und Brandenburg
Rothirsch — nachgewiesen

Störmeer=Zeit
Equus abeli
Rothirsch — (ergänzt nach E. W. GUENTHER 1955).

102 Die in den dicht vor dem Eisrand abgesetzten Tümpeln des östlichen Holsteins bei Lübeck und Preetz gefundenen Reste von **Riesenhirsch** und **Elch,** die in vom Eise gestörten Schichten angetroffen wurden, bezeugen, wie sehr die hiesige Säuger=Fauna an der Grenze Haupt= zu Spät=Tundra=Zeit von der heutiger arktischer Gebiete abwich. Auch floristisch ist ein Unterschied zu verzeichnen. Zu jener Zeit erreichten der Sanddorn *(Hippophaë)* und Beifuß=Arten *(Artemisia)* die höchsten Pollenprozente der Spät= und Nach=Eiszeit. Somit bot der 400–500 km breite baumfreie Gürtel vor dem Eisrand ein etwas anderes Bild als die heutige arktische Tundra.

103 IVERSEN hat die von ihm 1942 gewählte Bezeichnung der **3 Tundra=Zeiten,** älteste, ältere, jüngere 1954 in Daniglaziale, ältere und jüngere Tundra=Zeit verbessert. Das Daniglazial trennt vom jüngeren Gothiglazial. Daniglazial umfaßt das gesamte norddeutsche Weichsel=Würm=Glazial. Wir bedürfen aber keiner Abgrenzung gegen das Gothiglazial. Wollte man auf den Zusatz Gothi verzichten, ergäbe sich eine besondere Glazialzeit im Spätglazial. Da wir ferner dies frühe Spätglazial in einen arktischen und einen subarktischen Abschnitt teilen müssen, haben wir 4 Tundra=Perioden zu bezeichnen. Das ist mit alt und jung nicht einprägsam durchzuführen. Daher wird vorgeschlagen, der Haupt=Tundra=Zeit die Spät=Tundra=Zeiten 1–3 gegenüberzustellen.

104 Der verbreiteten Anschauung (so auch noch F. TIDELSKI 1955, S. 296) der **Anstieg des Meeres=spiegels** hätte im ganzen Land, also auch auf den Höhen, ein **Steigen des Grundwassers** bedingt, vermag ich mich nicht anzuschließen. Der Rückstau vom Meere her dürfte bei Nord= und Ostsee die Höhe der Meeresspiegelschwankung nicht überschritten haben; denn Verkürzung des Laufes bedingt verstärktes Einschneiden, das Senkung des Grundwasserstandes nach sich zieht.

105 **Schwingrasen, schwimmende Inseln und Torf=Inseln.**
Wo Seen zahlreich sind, findet man nicht selten, daß die Pflanzendecke vom Ufer oder Untiefen aus über tieferes Wasser hinausgewachsen ist. Auf diese Weise entstehen Schwing=Rasen. Solche wurden während der letzten Jahre zu Flörkendorf, am Rande des Dannauer Sees bei Wessek und im Kasseedorfer Teich beobachtet. Wenn sich Teile davon lösen, schwimmen diese, gelegentlich als mit Erlen besetzte und somit bewaldete Inseln davon.
Was anderes sind die, zum Beispiel im Behler See mehrfach beobachteten Torf=Inseln. Unter Wasser gelegene Torfe tauchen empor, sobald bei ihrer Zersetzung frei gewordenes Gas hinreichend Auftrieb besitzt, um Teile des Torfes aus seinem Verband zu lösen. Dies geschah Oktober 1852 nahe der Südspitze der kleinen Halbinsel südlich des Ortes Behl. Die aufgetauchte Torfmasse hatte bei 1–1,5 m Höhe einen Durchmesser von rund 30 m. Die gleiche Erscheinung war auch 1803 beobachtet worden.

Vermutlich handelt es sich um älteren Bruchwald=Torf, der mit Schwinden des Toteises unter den Grundwasser= bzw. See=Spiegel gesunken war.

106 Die Entstehung von **Höftländern** geht auf mehrere Ursachen zurück. Einmal hat Sand, der aus Fluß=mündungen vorgeschüttet wird, die dem Ufer parallele Strömung abgelenkt und verstärkten Sandfall erzeugt. So vor der Schwentine=Mündung mit dem Ellerbeker Haken, der heute untermeerisch ist, ferner der Priwall, der Kronsort bei Aschau und Langballigau.
An anderen Orten ist ein Küstenvorsprung wie bei Laboe, Noer, Eckernförde, oder ein Küstengebiet, in dem zwei Uferströme aufeinander zugerichtet sind und seewärts abbiegen, die Ursache für reichliche Ablage wandernden Sandes. Beispiele für diese zweite Art der Entstehung dürfte der Pelzer Haken und der Haken Holnis=West sein.

107 STOCKS 1956 brachte nicht nur eine **neue Karte der südlichen Nordsee** mit 10=m=Linien, sondern zeigte S. 276 die unterschiedliche Auffassung neuerer Tiefenkarten und auf S. 277 das gleiche für die Zeit vor der postglazialen Corbula=Überflutung auf.

108 Erdgeschichtlich lehrreich ist ein Vergleich des **Strandes von Fanö** mit dem von **Sylt.** Dort, nahe Horns=riff und Blaavandshuk, dem Gebiet in dem Sand von Norden und Süden her zusammengefrachtet wird, finden wir einen breiten, buhnenfreien, von Autobussen befahrenen Strand. Im Abtragungsgebiet von Sylt aber geht der schmale Strand ständig zurück, trotz mehrfach erneuter Buhnen. Die jeweils jüngeren Uferschutzwerke liegen weiter landeinwärts. Die älteren von ihnen sind ohne ständig erneute Fuß=sicherungen in Gefahr hinterspült zu werden. Sylt ist ein vorspringender Küstenpunkt, von dem die Strömung Sand nach Norden und Süden entführt.

109 Der **Hemmelsdorfer See,** mit einer Spiegelhöhe fast gleich der der nahen Ostsee, erreicht 44,5 m Tiefe. Er enthält Süßwasser, wenn er nicht gerade durch einen Meeres=Einbruch versalzen ist. R. GRIESEL 1935 hat nachgewiesen, daß das 1872 bei einem Wasserstand der Ostsee von 3,41 m über Mittelwasser in den See eingedrungene Salzwasser diesen zunächst ganz erfüllte, später aber nur in der Tiefe des Sees mit scharfer Grenze gegen das Süßwasser anzutreffen war, da es jährlich i. D. um 60 cm an Höhe verlor. GRIESEL konnte aufzeigen, daß jener Teil des Salzwassers nicht in die Tiefe versickerte, sondern während des Winters von niedersinkenden Massen kalten Wassers aufgewirbelt und mitgenommen wurde. Die Aussüßung nahm die Zeit 1872–1935 in Anspruch.
Der See ist in seiner nördlichen Hälfte keine 5 m tief. Zum Meere ist er durch vermoorte Strand=bildungen abgeschlossen. In diesen steht Süßwasser, das den unterirdischen Zufluß von Meerwasser in die tiefste Kryptodepression unseres Landes, die über 44 m tiefe Südhälfte jenes Sees unterbindet. Eine Bohrung zu Hemmelsdorf (P. FRIEDRICH 1917) ergab
0 – 37 m Geschiebemergel
– (40) m Sand und Kies mit gespanntem Wasser, das auf 8,6 m unter Flur anstieg.
In Niendorf an der Ostsee wird in Tiefen zwischen 20 und 35 m gespanntes Wasser unter Grund=moräne angetroffen. In Fortführung der Untersuchung von R. GRIESEL ergibt sich danach für den Hemmelsdorfer See
a) Gespanntes Wasser dringt so gut wie nicht in den See ein
b) Der Zufluß schwereren Meerwassers in die Kryptodepression wird verhindert durch die Süßwasser=Kalotte, welche in den Strand= und Moor=Absätzen zwischen See und Meer enthalten ist
c) Das Meerwasser, das in den See eindrang als die Ostsee bei ihrem Anstieg erstmalig die Schwelle zwischen Kryptodepression und Meer überflutete, ist auf die von GRIESEL dargelegte Weise ver=schwunden.

110 Die bei den archäologischen Untersuchungen von **Alt=Lübeck** bei 1,5m –NN gefundenen Hausfundamente wurden zunächst als durch Sackung in jene Höhenlage geraten angesehen. Darunter angetroffene Lagen von Gyttje ließen dies als möglich erscheinen. Aber ein Rost aus liegenden Pfählen unterhalb des Walles auf anstehendem Sand bei 1,30 m –NN belegt einen Anstieg des Wasserspiegels um $1^1/_2$ m eindeutig. Diese Hebung des Meeresspiegels seit ungefähr 1000 nach Chr. erklärt nach R. KÖSTER, warum Alt=Lübeck nach Lübeck und der Hafenplatz Heithaby nach Schleswig verlegt werden mußten. Nach dem gleichen Forscher wechselten während der letzten Jahrtausende Zeiten des Stillstandes oder gar geringen Rückganges mit solchen erheblichen Anstiegs des Meeresspiegels.

111 Das tiefe **Tal südlich von Quistorf** Bl. Eutin ist ein Schmelzwasser=Tal, das Wässer von N gegen S ab=geleitet hat. Als später im Schwartau=Tal das Toteis geschmolzen war, wurde ein in umgekehrter Rich=tung, also nach N führendes Tälchen in das ältere eingeschnitten. Als Form hat der Quistorfer Tiefe Grund also die Bezeichnung 17 b + 40 zu erhalten.

112 **Steine.** Ursprünglich war die Oberfläche der an Grundmoräne reichen Gebiete unseres Landes mit kleineren und größeren Geschieben übersät. Der neolithische Ackerbau bevorzugte die an großen Steinen ärmeren Sandböden. Als später auch Lehmboden beackert wurde, sammelte man die großen Geschiebe in Wallhecken, zum Beispiel auf Fehmarn oder beseitigte sie in aufzufüllenden Senken oder durch Ablage in Waldrändern. (C. Gottsche 1896 Taf. 1).

Die bei Beginn der Christianisierung errichteten hölzernen Kapellen wurden in Holstein von der zweiten Hälfte des 12. Jahrhunderts an durch Feldsteinkirchen ersetzt. Diese Bauweise dauerte an, bis sich der gotische Ziegelbau ab 1250 mehr und mehr durchsetzte.

In Angeln geht dem Ziegelbau die Periode der Granitquader=Kirchen voraus. Kirchen wie zu Sörup (1175), Munkbrarup (um 1200) beeindrucken uns, wenn wir uns die Mühe vorstellen, die die Be=arbeitung der „Granit"=Findlinge damals verursachte. Wir bewundern jedoch die Leistung aus kristal=linen Gestein Bildwerke zu schaffen, so an dem Portal und der Apsis zu Sörup, an den Portalen zu Munkbrarup und Norderbrarup sowie die Granit=Skulpturen zu Ulsnis (3. Viertel 12. Jahrhundert) und die Löwen des Schleswiger Domes.

Während der folgenden Jahrhunderte dienten die Findlinge bzw. die Steine vorzeitlicher Grabkammern zur Herstellung von Fundamenten.

Als das Pflastern der Land= und Stadtstraßen einsetzte, trug dieser Bedarf zur Entsteinung der um=gebenden Landschaft bei. Auch heute liefern frisch gepflügte Äcker zum Teil noch erstaunliche Mengen von großen Steinen (Taf. 34 Fig. 1). Der Bedarf an Steinen ist auch heute noch nicht erloschen. Er wird zum Teil durch die Steinfischerei in flacheren Teilen der Ostsee gedeckt. Es kann keinem Zweifel unter=liegen, daß das Entfernen der Steine, selbst wenn allzu große liegengelassen werden, die Wirkung von Wellen und Strömung verstärkt und somit der Erhaltung unserer Küsten abträglich ist.

An besonders großen Geschieben, sogenannten Riesen=Findlingen seien aufgezählt (siehe auch G. Grahle 1926).

a) Im Windebyer Noor vor dem Kochendorfer Ufer; rötlicher Granit mit einzelnen kleinen Schlieren; 3,60×3,60 m, Höhe über dem Noorgrund 2,60 m
b) Königsförde an der Straße nach Rebenstorf. Eigentum des Kreises. Granit. 4,5 m hoch, 18 m Um=fang, 60 m³ enthaltend (Taf. 40 Fig. 1)
c) Harkenstein neben Bachbett im Harkengrund bei Röst (Süderdithmarschen) gelegen. Gneis 3×3,5×1,2 m
d) Findling auf der Höhe östlich von St. Michaelisdonn. Stammt aus der Gegend von Rendsburg, ver=mutlich Höbek. Gewicht 21 t. Der Findling wurde 1916 bei Hochdonn mit einem Krahn des Brücken=baus, vermutlich aus einem Schiff auf eine Schmalspurbahn umgeladen und in den Bahneinschnitt bei St. Michaelisdonn gebracht. Mit Ketten an Drahtseil befestigt wurde der Stein dort auf einer mit grüner Seife und Öl geglätteten Bahn auf die Oberfläche der Geest gezogen und zur Erinnerung an die Verlegung der Westküstenbahn von Brunsbüttelkoog nach Burg aufgestellt.
e) Hattlunder Stein auf dem Scheersberg (Angeln)
f) Fyenstein am Strand bei Dollerupholz

113 **Formsand.** Zur Herstellung von Metallguß=Formen benutzter Formsand muß gasdurchlässig, also porös, feuerfest, das heißt frei von leichtschmelzenden Mineralen wie Kalk, durch hitzebeständige Minerale (Ton, Eisenhydroxyd) an den Berührungsstellen der Körner bindefähig sein.

Verwitterter Feinsand mariner Herkunft, Beckensande und Flottlehme, gleichkörniger Geschiebelehm, alle der Rißzeit angehörend oder älter, werden in Norddeutschland als Formsand gewonnen.

114 R. Keller 1956 hat für Nordwest=Deutschland Typen der **Grundwasserversalzungen** aufgestellt. In seiner Abbildung des „Horsttypusses", der Beziehungen zwischen Salzspiegel und süßem Grundwasser klarlegen soll, fehlt das zur Gleichgewichtsfläche (Salzspiegel) hinzufließende lösungsfähige Grund=wasser. Im Text werden thermische Dichte=Unterschiede als Motor der Bewegung angesehen. Wärmeres versalzenes Wasser soll aufsteigen und kühleres Süßwasser absinken. Da in Schleswig=Holstein die Salzspiegel aber weitgehend höher liegen als die Basis des süßen Grundwassers, ergibt sich für diese Salzstrukturen ein Absinken des salzhaltigen Wassers in die Tiefe und ein entsprechendes Nachströmen süßen Wassers von den Seiten her. Es bildet sich ein Konvektionsstrom, der unter Umständen sehr großes Ausmaß erreicht, entsprechend der Ausdehnung des Süßwasser=Speichers. Belegt wird diese Salzspiegel=Grundwasser=Konvektion durch die früheren Lösungsvorgänge in der Höhle im Gipsberg zu Segeberg. Diese weisen geneigte ebene, nicht gewölbte Seitenwände auf. Solche können nur in einer Schicht lösenden Wassers von stets gleichbleibender Mächtigkeit entstehen. Diese kann nur dann auf=treten, wenn die Menge des, in diesem Falle nicht an $NaCl$, sondern an $CaSO_4$ angereicherten, durch

einen Überlauf seitlich in die Tiefe abgesunkenen Wassers durch eine gleiche Menge, die oben seitlich zufließt, ersetzt wird. (K. GRIPP 1934, daselbst ältere Literatur.)

115 Zu S. 160a. Die berühmten **Muschelabfallhaufen** in Dänemark sind nach G. SCHWANTES älter als die nicht näher datierbaren, aber bis in die Eisenzeit angereicherten Muschelhaufen von den Ufern der Eckernförder Bucht. Bei den mesolithischen Fundplätzen von Marienbad bei Neustadt, Ellerbek bei Kiel, Alt=Pugum und Kielseng an der Flensburger Förde handelt es sich um Wohnplätze, die auf Höftländern und an verbrackten Tümpeln gelegen haben. Im Winter 1942/43 sah ich beim Bau des U=Boot=Bunkers auf der Howaldts=Werft in Kiel=Dietrichsdorf im Senkkasten bei 9–13 m unter dem Meeresspiegel

oben 3. rezenter Meeresabsatz, weitgehend durch menschlichen Eingriff umgelagert

2. braune kalkhaltige Gyttje mit Blattresten, Holz, *Cardium*, *Mytilus*, *Littorina*, Deckeln von *Bithynia*, vereinzelt Steine, bearbeitete Rothirsch=Geweihe, offenbar Absatz eines Binnensees hinter einem Strandwall

1. Schluffiger Fein= und Mittelsand, zum Teil schwachtonig, zum Teil in steinigen Strandsand übergehend.

Bei dem geschwinden Ausschachten war der Boden der Druck=Kammer arg zertrampelt. Das mit der Hand geförderte Erdreich wurde durch einen weiten Schlauch hochgezogen und in das benachbarte Meer fallen gelassen.

Weiteres über die Meeres=Mollusken des Abfallhaufens am Windebyer Noor in S. JAECKEL: Ergänzende Untersuchungen über die Vorkommen postglazialer Mollusken i. d. Nordmark. Schrift. Nat. V. Schl. H. 22 S. 332–339 1938.

116 In der zweiten Hälfte des 18. Jahrhunderts förderte die herzogliche Regierung die Industrialisierung. Zu Schleswig 1755, Kiel 1758, Flenburg 1760, Kriseby 1761, Eckernförde 1764, Rendsburg 1764, Kellinghusen 1765, Altona 1786 entstanden **Fayence=Fabriken**, die kunstvolles Geschirr dem der Porzellan=Manufakturen ähnlich, herstellten. Bald nach der Kontinentalsperre erlagen sie, nur in Kellinghusen, dessen Fabriken sich auf einfache Ware umgestellt hatten, dauerte die Fayencen=Herstellung, zuletzt mit einem Werk, bis 1860 an. Es folgte hier eine Tonwaren=Fabrik, die Ziegelsteine und besonders Ofenkacheln herstellte. Hier interessiert das Rohmaterial, das diese Kleinbetriebe benutzten.

C. H. R. KUSS 1830 berichtete über Kellinghusen: „Das Hauptmaterial, dessen die Fabriken sich bedienen, ist ein blauer Ton, der mit Scheidewasser braust und sich weiß brennt. Der Ton findet sich am Abhange des hohen Landes bei Overndorf und bildet eine 6–24 Fuß mächtige Schicht, die vom Sandgrunde, worauf sie ruht, durch ein steinhartes, 1–5 Zoll dickes Stratum, das wie Sandstein bricht und klingt, wenn man daran stößt, getrennt wird." Hier liegt also die typische Ausbildung einer Grenze von Beckentonmergel gegen Sand mit Verfestigung der sandigen Grenzlage durch $CaCO_3$ vor. KUSS fährt fort: „Auf diese Tonschichte folgen zwei Schichten von anderen Tonarten, die zur Fayence=Fabrikatur nicht gebraucht werden können. Die Oberfläche bilden aber einige Sandschichten. Zu Zeiten findet man größere und kleinere Bernsteinstücke, Echiten und versteinerte Holzstücke – diese sogar in einer Tiefe von 30 Fuß – in dem Fayence=Ton."

Bei Kellinghusen und Stockelsdorf handelte es sich sicherlich um Beckentone. Bei Schleswig vermutlich um das gleiche. Der gelbe Bruch spricht auch dafür. Nach Bedarf mag fetterer Ton beigemengt oder mit Feinsand gemagert worden sein.

Der hohe Gehalt an schon bei niedriger Temperatur schmelzenden Mineralen in den hiesigen Meerestonen wie auch den tonigen Eiswasserabsätzen lassen eine Verwendung zu keramischen Erzeugnissen hochwertiger als Fayencen nicht zu. Die erwähnte Fayencen=Industrie kam neben anderen Gründen auch dadurch zum Erliegen, daß das Tongut eines Lagers ungleich beschaffen war, zu dem nur von beschränktem, größere Betriebe nicht zulassendem, Umfange war, und häufig einen so niedrigen Schmelzpunkt besaß, daß beim Brennen große Verluste eintraten.

Die heute in unserem Lande arbeitenden Töpfereien verwenden hiesige Tone nur nebenbei.

117 Auch die Vorkommen von **Bernstein** zu Rügen und Usedom verweisen auf den Osten als Herkunftsgebiet unseres Bernsteins. Auf Usedom lieferte kürzlich der Abbau einer Bernstein=Holz=Lage in jungeiszeitlichen Beckenabsätzen 350 g je m^3 Erdreich, im Ganzen 80 kg (H.=L. HECK 1960). Bei uns im Lande sind anscheinend die rißzeitlichen Absätze, Grundmoräne wie Schmelzwassersande, reicher an Bernstein als die würmzeitlichen Ablagerungen. Zwar berichtet L. MEYN 1876 von einem zu Wellsee bei Kiel gefundenen Bernsteinblock, von dem er ein Pferdekopf=großes Reststück gesehen habe. Aber die zahlreichsten Funde sind im Westen unseres Landes gemacht, beim Bau des Nord=Ostsee=Kanals und in Mergelgruben. Solange wie Erdreich mit der Hand bewegt wurde, waren solche Funde häufiger. Im Zeitalter des Baggerns sind auch diese Funde kaum noch zu erwarten.

Schriftenverzeichnis

1. Das ältere Schrifttum

Forchhammer, J. G.: Bodenbildung der Herzogtümer Schleswig-Holstein und Lauenburg – Festgabe XI. Vers. Deutscher Land- u. Forstwirte, Altona 1847.

Haas, H.: Die geologische Bodenbeschaffenheit Schleswig-Holsteins, Kiel und Leipzig 1889.

Hein, Chr.: Die Literatur zur Geologie Schleswig-Holsteins, Schr. Nat. Ver. Schleswig-Holstein 15, S. 1–19, 1910.

2. Übersichten über die Geologie Schleswig-Holsteins

Struck, R.: Übersicht der geologischen Verhältnisse Schleswig-Holsteins – Festschr. XVII. Deutsche Geographentag Lübeck, 169 S., 1909.

Wolff, W.: Erdgeschichte und Bodenaufbau Schleswig-Holsteins, Hamburg Friedrichsen & Co., 1. Aufl. 1919, 2. Aufl. 1922, 163 S.
Der erdgeschichtliche Teil diente unter dem Titel: „Die Erdgeschichte Schleswig-Holsteins" als Führer durch die geologische Abteilung des Altonaer Museums.

Wolff, W. & Heck, H-L.: 3. Auflage des vorgenannten Buches, Hamburg bei Cram, de Gruyter & Co., 1949, 194 S.

Wetzel, W.: Geologische Wanderungen in Schleswig-Holstein I–VIII, Die Heimat 32–37, 1922–27.

— Geologischer Führer durch Schleswig-Holstein, Bornträger Berlin, 179 S., 1929.

Gripp, K.: Geologie von Hamburg und seiner näheren und weiteren Umgebung – Hamburg (C. Boysen), 154 S., 1933.

Schott, C.: Die Naturlandschaften Schleswig-Holsteins in Geschichte Schleswig-Holsteins I Neumünster (K. Wachholtz), 110 S. in 4°, 1955.

3. Die Mineralien unseres Landes

Wetzel, W.: Die Mineralien Schleswig-Holsteins – Nordelbingen 4, S. 294–320, 1925.

— Mineralien in Schleswig-Holstein – Kiel (F. Hirt), 72 S., 1958.

4. Eiszeit-Geschiebe

Gottsche, C.: Die Sedimentär-Geschiebe der Provinz Schleswig-Holstein – 66 S., Yokohama 1883.

Hucke, K.: Die Sedimentär-Geschiebe des norddeutschen Flachlandes – 195 S., Leipzig (Quelle & Meyer), 1917.

Zeitschrift für Geschiebeforschung (und Flachlandsgeologie) 1–19, 1925–44.

5. Veröffentlichungsreihen der Universität Kiel

J. Lehmanns Mitteilungen aus dem Mineralogischen Institut der Universität Kiel, 1888–92 (enthält Aufsätze von H. Haas, O. Zeise, J. Petersen, E. Stolley).

Archiv für Anthropologie und Geologie Schleswig-Holsteins und der benachbarten Gebiete, Bd 1–5, Kiel und Leipzig 1895–1913.

Schriften aus dem Geologisch-Paläontologischen Institut der Universität Kiel, 1–6, 1933–37, Herausgeber E. Wüst, später K. Beurlen.

Meyniana Veröffentlichungen aus dem Geologischen Institut der Universität Kiel, Bd 1–12, Kiel (H. Eschenburg), 1952–63.

6. *Aufsätze und Ergebnisse von Kartierungen*

Jahrburch der Preußischen Geologischen Landesanstalt, 1–59, 1880–1938
fortgesetzt als
Jahrbuch der Reichsstelle für Bodenforschung, 60–61, 1939–1940
Jahrbuch des Reichsamtes für Bodenforschung, 62–63, 1941–1942
Geologisches Jahrbuch (der bundesdeutschen Geologischen Landesanstalten)
64 für 1943–1948, 65 u. f. seit 1949.

7. *Veröffentlichungen des (Mineralogisch-)Geologischen Staatsinstituts Hamburg*

1911–19 als Beiheft zum Jahrbuch der Hamburgischen Wissenschaftlichen Anstalten.
1920–63 Mitteilungen aus dem Geologischen Staatsinstitut in Hamburg.

8. *Weitere Beiträge zur Erdgeschichte unseres Landes*

Die Heimat, Kiel, besonders in den früheren Jahrgängen.
Schriften des Naturwissenschaftlichen Vereins für Schleswig-Holstein, Kiel.
Die Westküste 1938–43.
Die Küste seit 1952. Inhaltsübersicht 1938–1957 in Die Küste 7: 145–152.

9. *Geologische Karten*

a) Preußische Geologische Landesanstalt

1. Meyn, L.: Geologische Übersichtskarte der Provinz Schleswig-Holstein – Abhandlungen zur geol. Spezialkarte von Preußen, Bd 3, Heft 3, Bln. 1882.
2. Spezialkarten 1:25 000:
Streifen Lübeck–Lauenburg, 1900–1913.
Anläßlich der Kartierung des hamburgischen Staatsgebiets wurden die angrenzenden holsteinischen Blätter mitaufgenommen, 1910–14.
Umgegend Lübecks: 1935 (Curau, Eichede, Oldesloe, Trittau und Neuausgabe der Lübecker Blätter).
Blattausschnitte in der Umgegend Landwirtschaftlicher Schulen:
Heide 1911, Flensburg 1912, Kiel 1912, Bredstedt 1913, Elmshorn 1914, Oldesloe 1914, Kappeln 1919, Itzehoe 1919.

b) Reichsamt für Bodenforschung, 1935–1945.
1:25 000 Schleswig, Brodersby, Sieseby, Dorotheental 1943.
Die Blätter Sylts und Ockholm, Bredstedt, Wobbenbüll, Hattstedt und Viöl wurden während des Druckes durch Kriegseinwirkung vernichtet.
Diese Blätter erschienen abermals 1952, herausgegeben vom

c) Geologischen Landesamt Schleswig-Holstein.
Dies veröffentlichte ferner
1:50 000 Hydrogeologie Fehmarns 1958
1:25 000 Holtorf, Henstedt, Hohenwestedt 1963
Übersichtskarte 1:500 000 für den Planungsatlas angefertigt und mit Erläuterung als Einzelheft vom Geologischen Landesamt herausgebracht
Grundwasserhöffigkeit 1955
Lagerstätten in Schleswig-Holstein 1956
Die Moore Schleswig-Holsteins 1956
Geologischer Bau des Untergrundes 1957
Geologie (ohne Erläuterung) 1959

d) Amt für Bodenforschung Hannover
Geotektonische Karte von Nordwestdeutschland 1947

Aletsee, L.: Zur Geschichte der Moore und Wälder des nördlichen Holsteins – Nova Acta Leopoldina N. F. 21, Nr. 139, S. 1–51, 1959.

Andersen, Svend Th.: New investigations of Interglacial Freshwater Deposits in Jutland – Eiszeitalter und Gegenwart 8, S. 181–186, 1957.

— Vegetation and its environment in Denmark in the early Weichselian Glacial – Danmarks Geologiske Undersøgelse II. Raekke Nr. 75, S. 1–75, 1961.

Anderson, H. J.: Die Muschelfauna des nordwestdeutschen Untermiozän – Palaeontographica (A) 113, S. 61–179, 1959.

— Die Gastropoden des jüngeren Tertiärs in Nordwestdeutschland, Teil 1: Prosobranchia, Archäogastro=poda – Meyniana 8, S. 37–81, 1959; Teil 2: Prosobranchia Mesogastropoda – Meyniana 9, S. 13–97, 1960.

— Entwicklung und Altersstellung des jüngeren Tertiärs im Nordseebecken – Mitt. Geol. Ges. Wien 52, S. 19–26, 1960.

— Oberoligozän in Schleswig=Holstein – Schr. Nat.=Ver. Schleswig=Holstein 30, S. 68–74, 1960.

— Gliederung und paläogeographische Entwicklung der Chattischen Stufe (Oberoligozän) im Nordsee=becken – Meyniana 10, S. 118–146, 1961.

— Über das Alter der Hemmoorer Stufe – Meyniana 10, S. 147–159, 1961.

— Über die Korrelation der miozänen Ablagerungen im Nordseebecken und die Benennung der Stufen – Meyniana 10, S. 167–170, 1961.

— Jüngstes Oberoligozän und die Oligozän=Miozän= Grenze im Nordseebecken – Mém. Soc. Belge Geol. Pal. Hydr. Série in 8, S. 111–118, 1963.

Anderson, H. J., Dittmer, E., Gripp, K.: Ergänzungen und Berichtigungen zum Lexique stratigraphique inter=national Vol. I fasc. 5 h 1: W. Hinsch: Tertiaire Allemagne du Nord – Neues Jahrb. Geol. Palaeont. Monatsh. 1959, S. 97–112, 1959.

Andree, J.: Über diluviale Moschusochsen – Abh. Westfäl. Provinz.=Mus. Naturkunde 4, 1933.

Andres, J.: Der Beitrag der Geophysik zur Erforschung des tieferen Untergrundes in Schleswig=Holstein – Meyniana 2, S. 1–14, 1954.

Averdiek, F. R.: Zur Geschichte der Moore und Wälder Holsteins – Nova Acta Leopoldina N. F. 19, Nr. 130, S. 1–152, 1957.

— Das Interglazial von Fahrenkrug in Holstein – Eiszeitalter und Gegenwart 13, S. 5–14, 1962.

Bachmeyer, F.: Ein Galatheiden=Rest (Crust. Decap.) aus einem Tertiär=Geschiebe von Hamburg – Mitt. Geol. Staatsinst. Hamburg 26, S. 43–44, 1957.

Backhaus, E.: Die Lamellibranchiaten aus den roten permischen Schichten von Lieth bei Elmshorn (Hol=stein) – Paläont. Zeitschr. 37, S. 7, 1963.

Bärtling, R.: Die Seen des Kreises Herzogtum Lauenburg mit besonderer Berücksichtigung ihrer organogenen Schlammabsätze – Abh. Preuß. Geol. Landesanstalt Neue Folge, Heft 88, S. 1–60, 1922.

Bantelmann, A.: Das nordfriesische Wattenmeer, eine Kulturlandschaft der Vergangenheit – Westküste 2, S. 39–115, 1939.

— Ergebnisse der Marschenarchäologie in Schleswig=Holstein – Offa 8, S. 75–88, Neumünster i. H., 1949.

— Entwicklung der Kulturlandschaft in den Marschengebieten Schleswig=Holsteins – Festschrift für Gustav Schwantes, Neumünster i. H., S. 85–98, 1951.

— Tofting, eine vorgeschichtliche Warft an der Eidermündung mit Beiträgen von U. Grohne, D. König, G. Nobis, H. von Petrikovits, K. Scheer und K. Schlabow – Offa=Buch, S. 1–134, 1955.

Bartels, J.: Wissensch. Ergebnisse der Geophysikalischen Beobachtungen der Sprengung auf Helgoland – Geol. Jb. 64, S. 201–203, 1950.

Baxmann, B.: Scheitelgräben über Salzdomen – ungedr. Dissertation Kiel, 1954.

Becksmann, E.: Fossile Brodelböden des Roten Kliffs (Sylt) und damit zusammenhängende diluvialgeologische Fragen – Neues Jahrb. für Min. etc. Beil. Bd 66, Abt. B, S. 439–464, 1931.

— Der Bau des tieferen Untergrundes im mittleren Norddeutschland. Eine Fragestellung zur saxonischen Tektonik des norddeutschen Senkungsfeldes – Schrift. Geolog.=Paläont. Inst. Kiel 2, 1934.

— Dithmarschens Geestrand – eine 2½ tausend Jahre alte Nehrungsküste – Handb. Landschaft Dithmar=schen, S. 53–56, 1936.

— Landschaft und Boden im Kreise Steinburg in K. Kersten: Vorgeschichte des Kreises Steinburg, S. 1–9 – Offa=Bücher, Neumünster, 1939.

— Erdgeschichtliche Gestalten. Grundsätzliches zur erdgeschichtlichen Fragestellung – Zeitschr. Deutsch. Geol. Ges. 91, S. 734–756, 1939.

Behrmann, R. B.: Geologie und Lagerstätte des Ölfeldes Reitbrook bei Hamburg – Erdöl und Tektonik in Nordwestdeutschland, S. 190–221, 1949.

— Reitbrook und Meckelfeld. Zwei Erdölfelder über Salzstöcken in der Umgebung von Hamburg – 20. Internat. Geol. Congreß Mexico Symposium sobre yacimientos de petrolo y gas V. Europa, S. 39–42, 1956.

Bernard, F.: Fertilité élémentaire en Mediterranée de O a 1000 m comparé avec l'Ocean Indien et l'Atlantique tropical africain – Internat. Oceanographic Congress 1959 Preprints, S. 832, 1959.

Berthelsen, O.: Cheilostome Bryozoa in the Danian deposits of East Denmark – Dansk. Geol. Undersögelse II. Raekke Nr. 83, S. 1–102, 1962.

Bettenstaedt, F.: Paläogeographie des nordwestdeutschen Tertiär mit besonderer Berücksichtigung der Mikro-paläontologie – Erdöl und Tektonik in Nordwestdeutschland, S. 143–172, Hannover, 1949.

Beyle, M.: Über einige Ablagerungen fossiler Pflanzen der Hamburger Gegend. 2. Teil – Jahrb. Hamburgisch. Wiss. Anstalten 36 Beih. Mitt. Min. Geol. Institut, S. 31–47, 1919.

— Über ein altes Torflager in Stubbenberg bei Burg in Dithmarschen. – Abh. Naturw. Ver. Bremen, Sonderheft zu 28, Festschrift für C. A. Weber, S. 43–50, 1931/32.

— Über ein altes Torflager in Bramfeld im südlichen Holstein – Mitt. Min. Geol. Staatsinst. 14, S. 17–22, 1933.

Beyrich, E.: ohne Titel, über die Austernbänke von Tarbeck, Blankenese und Fahrenkrug – Zeitschr. Deutsche Geol. Ges. 4, S. 498–499, 1852.

— Über den Zusammenhang der norddeutschen Tertiärbildungen – Abh. Akademie der Wiss. Berlin 1855 Phys. Kl., S. 1–20, 1856.

Birkelund, T.: Upper cretaceous belemnites from Denmark – Biol. Skr. Dan. Vid. Selsk. 9 No. 1, S. 1–69, 1956.

Birkelund, T., und Rasmussen, H., Wienberg: Die Nomenklaturfrage der Belemniten im Senon und die strati-graphischen Zonennamen – Paläont. Zeitschr. 30. Sonderheft: Biostratigraphie der Oberkreide, S. 80–86, 1956.

Boigk, H.: Ergebnisse und Probleme stratigraphisch-paläogeographischer Untersuchungen im Buntsandstein Nordwestdeutschlands – Geol. Jb. 78, S. 123–134, 1961.

Bölau, E.: Der Südwest- und Südostrand des Baltischen Schildes (Schonen und Ost-Baltikum) – Geol. För-eningen Stockholm Förhandlingar 81, S. 167–230, 1959.

Bourcart, J.: Recherches sur le plateau continental de Banyuls-sur-Mer – Vie et Milieu 6, S, 435–524, 1955.

Brand, E., & Hoffmann, K.: Stratigraphy and Facies of the Nordwest German Jurassic and genesis of its oil-deposits – 6. World Petrol. Congress Sect. 1 Paper 17, S. 1–22, Frankfurt, 1963.

Brand, G.: Sedimentpetrographische Untersuchungen zum Erkennen der Sandwanderungsvorgänge am Strand, im Flachwasser und dem daran anschließenden Seegebiet – Meyniana 4, S. 84–111, 1955.

von der Brelie, G.: Die junginterglazialen Ablagerungen im Gebiet des Nordostsee-Kanals – Schr. Nat. Ver. Schleswig-Holstein 25, S. 100–107, 1951.

— Transgression und Moorbildung im letzten Interglazial – Mitt. Geol. Staatsinst. Hamburg 23, S. 111–118, 1954.

Brinkmeier, G.: Eine Scholleneinteilung des nordwestdeutschen Raumes – Erdöl und Kohle 10, S. 133–141, 1957.

Brockamp, B.: Zum Bau des tieferen Untergrundes in Nordost-Deutschland – Jahrb. Reichsamt Boden-forsch. 61, S. 157–185, 1941.

Brockmann, Chr.: Die Diatomeen aus dem Interglazial von Oldenbüttel, S. 45–59 in Heck, H.-L., 1932.

— Die Diatomeen im marinen Altinterglazial von Westholstein und Hamburg – in H.-O. Grahle, 1936, S. 97–99.

— Diatomeen als Leitfossilien in Küstenablagerungen – Westküste 2, S. 150–181, 1940.

— Diatomeeninhalt, S. 82–85 in Heck, H.-L., 1950.

Brotzen, F.: On Tylocidaris species and the stratigraphie of the Danian of Sweden – Sver. Geol. Under-sökning Ser. C Nr. 517, Arsbok 54 Nr. 2, 1959.

Brückner, G. H.: Artefakte der jüngeren Hamburger Stufe in einer Grundmoräne bei Ostseebad Grömitz – Meyniana 2, S. 191–192, 1954.

Bungenstock, H., Cloß, H., Hinz, K.: A geophysical survey of the southern part of the North Sea – 6. World Petrol. Congress Sect. 1 Paper 18 Pd 4, S. 1–9, Frankfurt, 1963.

Cailleux, A.: Morphoskopische Analyse der Geschiebe und Sandkörner und ihre Bedeutung für die Paläo-klimatologie – Geol. Rundschau 40, S. 11–19, 1952.

Chandler, Marjorie E. J.: Angiosperm fruits from the Lower Cretaceous of France and Lower Eocene (Lon-don Clay) of Germany – Annals and Magazine of Natural History Ser. 13 vol. I, S. 354, 1958.

Closs, H.: Applied geophysics in West=Germany during the last five years – Proc. 3 World Petroleum Congress I. Leiden, S. 564–582, 1951.
Currie, J. B.: Role of concurrent deposition and deformation of sediments in developement of Saltdome=grabenstructures – Bull. Amer. Assoc. Petrol. Geol. 40 Nr. 11, 1956.

Dahm, H. D.: Diatomeen=Untersuchungen zur Geschichte der westlichen Ostsee – Meyniana 5, S. 7–50, 1956.
Dames, W.: Die Chelonier der Norddeutschen Tertiärformation – Paläontologische Abhandlungen VI – N. F. II, S. 1–25, Jena, 1894.
Dechend, W.: Sedimentpetrologische Untersuchungen zur Frage der Sandumlagerungen im Watt Nordfrieslands – Deutsch. Hydrograph. Zeitschr. 3, 1950.
Deecke, H.: Schichtfolge und Tektonik des Rotliegend=Zechstein=Salzaufbruches von Heide – Erdöl und Tektonik in Nordwestdeutschland, S. 173–190, 1949.
Degerböl, M. und Krog, H.: The Reindeer (Rangifer tarandus L.) in Denmark – Zoological and geological investigations of the discoveries in Danish pleistocene deposits – Biol. Skr. Dan. Vidensk. Selsk. 10, No. 4 165 S., 1959.
Dewers, F.: Diluvium in: Geologie u. Lagerstätten Niedersachsens 3. Teil, S. 53–267. Oldenburg i. O., 1941.
— Periglaziale Froststrukturen bei Bassum (Kr. Grafsch. Hoya) – Abh. Nat. V. Bremen 35, S. 228–241, 1958.
Dieck, A.: Zur Biostratonomie der Hominiden= und Vertebraten=Moorfunde (Moorleichen) – Mitt. Geol. Staatsinstitut Hamburg 31, S. 358–361, 1962.
Diezel, Hage, Jankuhn, Klenck, Schaefer, Schlabow, Schütrumpf und Spatz: Zwei Moorleichenfunde aus dem Domlandsmoor Gemarkung Windeby Kr. Eckernförde – Prähist. Zeitschrift. 36, S. 118–217, 1958.
Dittmer, E.: Schichtenaufbau und Entwicklungsgeschichte des dithmarscher Alluviums – Westküste 1, S. 105 bis 150, 1938.
— Zur Verbreitung altinterglazialer Meeresablagerungen in Nordfriesland – Westküste 2, S. 123–132, 1939.
— Neue Ergebnisse zur Erforschung des nordfriesischen Eems – Forsch. u. Fortschr. 17, S. 25–27, 1941.
— Das nordfriesische Eem – Kieler Meeresforschungen 5, S. 169–199, 1941.
— Das Eem des Treenetals – Schr. Naturw. Ver. Schleswig=Holstein 25, S. 91–99, 1951.
— Die nacheiszeitliche Entwicklung der schleswig=holsteinischen Westküste – Meyniana 1, S. 138–168, 1952.
— Die eemzeitliche Austernbank bei Leck und die Entwicklung des Ober=Eems – Meyniana 2, S. 70–80, 1954.
— Interstadiale Torfe in würmeiszeitlichen Schmelzwassersanden Nordfrieslands – Eiszeitalter und Gegenwart 4/5, S. 172–175, 1954.
— Ein neues Vorkommen von Braunkohlensanden bei Husum – Meyniana 5, S. 1–2, 1956.
— Die Versalzung des Grundwassers an der schleswig=holsteinischen Westküste – Die Küste 5, S. 87–102, 1956.
— Jungtertiäre Ablagerungen im westlichen Schleswig=Holstein, Meyniana 8, 1–21, 1959.
— Der „Horizont von Winnert“, Kreis Husum, ein Vorkommen jüngsten Hemmoors – Die Küste 7, 36–43, 1959.
— Das Vierland von Wanderup – Die Küste 7, 44–46, 1959.
— Magnella n. g andersoni n. sp. (Gastrop.) aus dem Hemmoor Schleswig=Holsteins – Neues Jahrb. Geol. Pal. Mh. 425–427 (Bohrg. Viöl), 1960.
— Neue Beobachtungen und kritische Bemerkungen zur Frage der „Küstensenkung“ – Die Küste 8, 29–44, 1960.
— Das Miozän im westlichen und nördlichen Schleswig=Holstein – Meyniana 10, 63–69, 1961.
Doeglas, D. J.: De textuur van rivierafzettingen – Tijdschrift Nederlandsch Aardrijkskundig Genootschap 66, 1 S. 34–40, 1949.
Dücker, A.: Die Windkanter des norddeutschen Diluviums in ihren Beziehungen zu periglazialen Erscheinungen und zum Decksand – Jahrb. Preuß. Geol. Landesamt 54, S. 487–530, 1933.
— Über die Entstehung von Frostspalten – Schrift. Nat. Verein Schleswig=Holstein 25, S. 58–64, 1951.
— Untersuchungen an Frostschäden durch Entnahme ungestörter Frostkerne – Straße und Autobahn 1953, Heft 9. Hierin weiteres Schrifttum.
— Die Periglazial=Erscheinungen im holsteinischen Pleistozän – Göttinger Geogr. Abhandl. 16. Teilabschnitt von H. Poser: Periglazial=Erscheinungen in Mittel=Europa III, S. 1–52, 1954.
— Weichselzeitliche Bodenbildungen in Schleswig=Holstein und ihre Datierung durch C_{14}=Messungen, ein Beitrag zur Gliederung der Weichsel=Vereisung – Abstracts INQUA 1961, Polen S. 31, 1961.
Dücker, A. und Maarleveld G. C.: Hoch= und Spätglaziale äolische Sande in Nordwestdeutschland und in den Niederlanden – Geol. Jb. 73, S. 215–234, 1957.

Dürr, F.: Sedimentpetrographische Untersuchungen an einem Dünen-Podsolprofil – Schr. Naturw. Ver. Schleswig-Holst. 26, S. 51–57, 1952.
Dürschner, H.: Einige physikalische Überlegungen zum Problem der Halokinese – Z. deutsch. Geol. Ges. 109, S. 152–158, 1957.

Edelman, C. H., Florschütz, F., Jeswiet, J.: Über spätpleistozäne und frühholozäne kryoturbate Ablagerungen in den östlichen Niederlanden – Verh. Geol.-Mijnbouwkundig Genootschap van Nederland en Kolonien. Geol. Serie XI. 4, S. 301–336, 1936.
Eggers, W.: Über Oser im östlichen Wagrien – Die Heimat 1929, S. 248–250.
— Die Oberflächenformen der jungeiszeitlichen Landschaft im südlichen Schleswig und nördlichen Holstein – Veröff. Schleswig-Holsteinische Universitätsgesellschaft Nr. 42 (Schriften Baltischen Kommission Kiel 20), S. 1–120, 1934.
Eichhoff, H. J., Reineck, H. E.: Sekundäre Verfärbungen durch Herauslösen von Hämatit aus Gesteinen – Neues Jahrb. Mineral. Mh. 1952, S. 315–324.
Emiliani, C.: Paleotemperatur analysis of core 280 and Pleistocene correlations – Journal of Geology 66, S. 264–275, 1958.
— The temperatur decrease of surface water in high latitudes and of abyssal-hadal water in open oceanic basins during the past 75 millions years – Deep Sea Rechearch Great Brit. 8, S. 144–147, 1961.
Emiliani, C., und Geiss, J.: On glaciations and their causes – Geol. Rundschau 46, S. 576–601, 1957, darin Literatur-Angaben über das Klima der Tertiärzeit.
Ernst, Gundolf: Stratigraphische und gesteinschemische Untersuchungen im Santon und Campan von Lägerdorf (SW-Holstein) – Mitt. Geol. Staatsinst. Hamburg 32, S. 71–127, 1963.
Ernst, O.: Zur Geschichte der Marschen, Moore und Wälder Nordwestdeutschlands IV. Untersuchungen in Nordfriesland – Schr. Nat. Ver. Schleswig-Holstein 20, S. 209–329, 1934.
Ernst, W.: Über den Oberen Gault von Lüneburg – Zeitschr. Deutsch. Geol. Ges. 73, Monatsber. S. 291–322, 1921.
— Über das Perm von Lieth bei Elmshorn (Holstein) – Mitt. Min.-Geol. Staatsinst. Hamburg 12, S. 49–124, 1931.
— Über den Gault von Helgoland – N. Jahrb. Min. etc. Beil. Bd 58 Abt. B, S. 113–156, 1937.
— Über die Ahrensburger Geschiebesippe im norddeutschen Diluvium – Zeitschr. Geschiebeforschung 14, S. 73–103, 1938.

Fabian, H. J.: Carbon-Radiotheorie, geothermische Tiefenstufe und Erdgas-Lagerstätte in Nordwest-Deutschland – Erdöl und Kohle 8, S. 141, 1955.
Fabian, H. J. & Roese, K. L.: Das Erdölfeld Schwedeneck – Erdöl Z. Bohr- und Fördertechnik Östreich 78, S. 283–94, 1962.
Firbas, F.: Über die Flora und das interglaziale Alter des Helgoländer Süßwassertöcks – Senkenbergiana 10, S. 185–195, 1928.
— Spät- und nacheiszeitliche Waldgeschichte Mitteleuropas nördlich der Alpen. 1. Bd. Allgemeine Waldgeschichte. Jena 1949. 2. Bd. Waldgeschichte der einzelnen Landschaften. Jena 1952.
— Das wahrscheinliche Alter der späteiszeitlichen „Bölling"-Klimaschwankung – Die Naturwissenschaften 42, S. 509, 1955.
Fjerdingstad, E.: The subfossil Algal Flora of the lake Bölling Sö and its limnological interpretation – Kgl. Danske Vidensk. Selskab Biolog. Skrifter 7 Nr. 6, S. 5, 1956.
Flint, R. F.: Glacial and Pleistocene geology, S. 1–553, New York 1957.
Florschütz, F.: Die beiden Azolla-Arten des niederländischen Pleistocäns – Recueil des travaux botaniques neerlandais 35, S. 932–945, 1938.
— The subdivisions of the Middle and Young Pleistocene up to the Lateglacial in the Netherlands, England and Germany, mainly based on the results ob paleobotanical investigations – Geologie en Mijnbouw 19, 1957.
Florschütz, F., et van der Vlerk, J. M.: Les phénomènes périglaciaires et leur rapport avec la stratigraphie de l'époque weichselienne en Twente. Livret guide: Excursion dans la région „glaciaire" neerlandaise – Congrès Intern. de Géographie Amsterdam 1938.
Freydanck, H.: Die pleistozäne Flußgeschichte der Eider – Mitt. Geol. Staatsinst. Hamburg 22, S. 5–21, 1953.
Friedrich, P.: Der geologische Aufbau der Stadt Lübeck und ihrer Umgebung – Katharineum zu Lübeck. Beilage zu Programm 967, S. 1–79, 1909.
— Die Grundmoräne und die jungglazialen Süßwasser-Ablagerungen der Umgegend von Lübeck – Mitt. Geogr. Ges. u. Naturh. Museum Lübeck 2. Reihe, Heft 20, 1905.
— Die Grundwasserverhältnisse der Stadt Lübeck und ihrer Umgebung – Lübeck, 183 S. 12 Taf., 1917.

von Gaertner, H. R.: Petrographische Untersuchungen am nw=deutschen Posidonienschiefer – Geol. Rund=schau 43, S. 447–463, 1955.
von Gaertner, H. R., und Kroepelin, H.: Petrographische und chemische Untersuchungen am Posidonien=schiefer NW=Deutschlands – Erdöl und Kohle 9, S. 577–672, 1956.
Gagel, C.: Über einige neue Spatangiden aus dem norddeutschen Miozän – Jahrb. Preuß. Geol. Landesanst. 23, S. 525–543, 1903.
— Über die geologischen Verhältnisse der Gegend von Ratzeburg und Mölln – Jahrb. Preuß. Geol. Landes=anstalt für 1903 24, S. 61–90, 1907 erschienen.
— Über eine diluviale Süßwasser=Fauna von Tarbeck in Holstein – Jahrb. Preuß. Geol. L.=A. 1901. S. 293 bis 301, 1904.
— Über die Lagerungsverhältnisse des Miozän am Morsum=Kliff auf Sylt – Jahrb. Preuß. Geol. L.=A. 26, S. 246–253, 270–271, 1905.
— Über das Vorkommen von Schichten mit Inoceramus labiatus und Belemnites ultimus sowie des ältesten Tertiärs in Dithmarschen – Centrbl. f. Min. Geol. u. Paläont. S. 275–284, 1906.
— Über eozäne und paleozäne Ablagerungen in Holstein – Jb. Preuß. Geol. L.=A. 27. S. 48–62, 1909.
— Über die Lagerungsverhältnisse von Diluvium und Tertiär bei Itzehoe, Rensing und Innien – Jahrb. Preuß. Geol. L.=A. 31, Teil 2. S. 66–80, 1910.
— Über das Alter des Limonitsandsteins auf Sylt – Jahrb. Preuß. Geol. Landesanstalt 31 II, S. 430, 1910.
— Gliederung Schleswig=Holsteinischen Diluviums – Jahrb. Preuß. Geol. L.=A. 31, II. S. 193–252, 1910.
— Das älteste Diluvium Sylts – Zeitsch. deutsche geol. Ges. 62, Monatsb. S. 81–84, 1910.
— Die Dryastone und die postglazialen Schichten am Kaiser Wilhelm Kanal – Jahrb. Preuß. Geol. L.=A. 36, I. S. 429–451, 1915.
de Geer, Ebba Hult: G. de Geers Chronologie a summary with conclusions – 119. Veröffentlichung des Geokronologischen Instituts Stockholm, S. 1–28, 1962.
Gellert, J.=T,: Entstehung und Gestaltung der Helgoländer Düneninsel – Forsch. und Fortschr. 27, S. 68–72, 1953.
Gerlach, E.: Mikrofossilien aus dem Oligozän und Miozän NW=Deutschlands unter besonderer Berücksich=tigung der Hystrichosphären und Dinoflagellaten – Neues Jahrb. Geol. Pal. Abh. 112, S. 143–228, 1961.
Gerloff, J.: Über eine subrezente Gipsbildung im diluvialen Schmelzwasserkies – Z. für Geschiebeforsch. u. Flachlandsgeologie 17, S. 29–34, 1941.
Gottsche, C.: Anstehende Tertiär=Schichten aus dem Miozän – Hamburg in naturhist. u. medizinischer Be=ziehung, Festschrift 49. Vers. Deutscher Naturforscher und Ärzte 1876, S. 99–129, 1876.
— Die Sedimentär=Geschiebe der Provinz Schleswig=Holstein – Yokohama 1883.
— Über Wirbeltiere aus dem Glimmerton von Langenfelde – Z. d. deutsch. Geol. Ges. 37, S. 816, 1885.
— Die tiefsten Glazialablagerungen der Gegend von Hamburg – Mitt. Geogr. Ges. Hamburg 13. 10 S., 1897.
— Die Endmoränen und das marine Diluvium Schleswig=Holsteins I. Die Endmoränen – Mitt. Geog. Ges. Hamburg 13, S. 1–57, 1897.
— Die Endmoränen und das marine Diluvium Schleswig=Holsteins II. Das marine Diluvium. Mitt. Geogr. Ges. Hamburg 14, S. 1–74, 1898.
— Der Untergrund Hamburgs – Hamburg in Naturw. u. Medic. Beziehung, Festschrift 73. Vers. Deutscher Naturf. u. Ärzte, S. 1–15, 1901.
— Über den Tapes=Sand von Steensigmoos – Zeitschr. Deutsche Geol. Ges. 56, S. 181–184, 1904.
Graf=Petersen, P.: Lillebaeltler, En lermineralogisk undersögelse – Medd. Dansk Geol. Forening 13, S. 1–14, 1955.
Grahle, G.: Findlingsblöcke in unserer Landschaft – Die Heimat 36, S. 254–261, 1926.
Grahle, H. O.: Schollen und Geschiebe des Tertiärs in Kiel=Nord – Zeitsch. f. Geschiebeforschung 7, S. 173 bis 181, 1931.
— Die Ablagerungen der Holstein=See, ihre Verbreitung, Fossilführung und Schichtenfolge in Schleswig=Holstein – Abh. Preuß. Geol. L.=A. Neue Folge 172, S. 1–110, 1936.
Graul, H.: Der Verlauf des glazialeustatischen Meeresspiegel=Anstiegs berechnet an Hand von C 14 Datie=rungen – Deutscher Geographentag 1959 Tagungsbericht.
Gripp, K.: Über den Gipsberg in Segeberg und die in ihm vorhandene Höhle – Jahrb. Hamburgische Wiss. Anstalten 30, 6. Beiheft S. 35–51. 1912.
— Über das marine Altmiozän im Nordseebecken – Neues Jahrb. f. Min. Beilageband 41, 1915–1917, S. 1–58, 1915.
— II Nachweis einer weiteren Stufe marinen Mittelmiozäns, S. 7–8
IV Gliederung des Jungtertiärs in Nordwestdeutschland, S. 22–29, in E. Koch u. K. Gripp: Zur Stratigraphie

des Jungtertiärs in Nordwestdeutschland – Jahrb. Hamburg Wiss. Anst. 36, 1918. Beiheft: Mitteilungen a. d. Min. Geol. Institut, S. 1–32, 1919.
Gripp, K.: Steigt das Salz zu Lüneburg, Langenfelde und Segeberg episodisch oder kontinuierlich? – 13. Jahresber. Niedersächs. Geol. Ver. Hannover, S. 1–41, 1920.
— Marines Pliozän und *Hipparion gracile* Kaup. vom Morsum Kliff auf Sylt – Zeitsch. Deutsch. Geol. Ges. 74, S. 169–205, 1922.
— Über die äußerste Grenze der letzten Vereisung in Nordwest=Deutschland – Mitt. Geogr. Ges. Hamburg 36, S. 159–245, 1924.
— Über das Alttertiär von Hemmoor, ein Beitrag zur Stratigraphie Nordwestdeutschlands – 17. Jahresber. Niedersächs. Geol. Verein Hannover, S. 127–138, 1925.
— Glaziologische und geologische Ergebnisse der Hamburgischen Spitzbergen=Expedition 1927 – Abh. Naturw. Verein Hamburg 22, S. 147–247, 1929.
— Neues über die Entstehung der Höhle im Gipsberg zu Segeberg – Die Heimat 1931, S. 234–237, 1931.
— Dünne Grundmoränedecken in fluvioglacialen Schottern und posthume Schichtgrenzen – Geol. Rund=schau 23, S. 24–25, 1932.
— Geologie von Hamburg und seiner näheren und weiteren Umgebung, S. 1–154, 1933.
— Diluvialmorphologische Untersuchungen in Südost=Holstein – Zeitschr. Deutsch. Geol. Ges. 86, S. 73–82, 1934.
— Die Entstehung des Travetals – Altonaische Zeitschr. 4. Festschrift Otto Lehmann, S. 17–30, 1935.
— Die Entstehung der Nordsee in: Werdendes Land am Meer; Das Meer in volkstüml. Darstellungen V. Inst. f. Meereskunde Univ. Berlin, S. 1–41, 1936.
— Die geologische Untersuchung des Rentierjäger=Fundplatzes Meiendorf in A. Rust: Das altsteinzeitliche Rentierjägerlager Meiendorf, S. 1–9, Neumünster in Holstein 1937.
— Endmoränen – Comptes rendus du Congrès International de Géographie Amsterdam 1938; T. II Sect. IIa Géographie Physique, S. 215–228, 1938.
— Der Oberflächenabtrag im Alt=Diluvium und seine Bedeutung für das Vorkommen paläolithischer Funde – Offa, Berichte und Mitteilungen des Museums vorgeschichtlicher Altertümer in Kiel 4, S. 59–82, 1940.
— Eider und Elbe, ein erdgeschichtlicher Vergleich, vorgeschichtlich ergänzt und verständlich dargestellt. Neumünster in Holstein, S. 1–38, 1941.
— Entstehung der diluvialen Grundmoränenlandschaften und die Frage nach deren rezenten Äquivalenten in der Arktis – Veröff. Deutsch. Wiss. Institut Kopenhagen Reihe I Arktis 4, S. 1–12, 1942.
— Die Entstehung der Landschaft um Haithabu – Offa, Ber. und Mitt. Mus. Vorgeschichtl. Altertümer Kiel Nr. 5, S. 37–64, 1942.
— Geologie des Fundplatzes Stellmoor in: A. Rust: Die alt= und mittelsteinzeitlichen Funde von Stellmoor Neumünster in Holstein, S. 1–5, 1943.
— Entstehung und künftige Entwicklung der Deutschen Bucht – Aus dem Archiv der Deutschen Seewarte und des Marine=Observatoriums 63, Nr. 2, S. 1–45, 1944.
— Karboden und Zungenbecken – Die Naturwissenschaften 1944, S. 207–212, 1945.
— Jasmund und Möen, eine glazialmorphologische Untersuchung – Zeitsch. Erdkunde 1, S. 175–182, 1948.
— Glazialmorphologie und geologische Kartierung, zugleich eine Deutung der Oberflächenformen Ost=Holsteins – Z. Deutsche Geol. Ges. 99 (1947), S. 190–205, 1949.
— Auswertung von Bohrungen beiderseits des Nord=Ostsee=Kanals von Hochdonn bis Breiholz, km 19,2 bis 49,5 – Meyniana 1, S. 58–106, 1952.
— Zwei Beiträge zur Frage der periglazialen Vorgänge – Meyniana 1, S. 112–117, 1952.
— Die Entstehung der Landschaft Ost=Holsteins – Meyniana 1, S. 119–129, 1952.
— Die heutige Nordsee und ihre zwei eiszeitlichen Vorgänger, ein erdgeschichtlicher Vergleich – Abh. Naturw. Verein Bremen 33, 1. S. 5–18, 1952.
— Inlandeis und Salzaufstieg – Geol. Rundschau 40, S. 74–81, 1952.
— Die Entstehung der ostholsteinischen Seen und ihrer Entwässerung in: Beiträge zur Landeskunde von Schleswig=Holstein – Schrift. Geogr. Inst. Univ. Kiel. Sonderband Schmieder=Festschrift, S. 11–26, 1953.
— Die Entstehung der Landschaft Ost=Schleswigs vom Dänischen Wohld bis Alsen – Meyniana 2, S. 81–123, 1954.
— Kritik und Beitrag zur Frage der Entstehung der Kreide=Feuersteine – Geol. Rundschau 42, S. 248–262, 1954.
— Die Entstehung der Landschaft um Segeberg – Segeberger Zeitung Nr. 219 vom 21. 9. 1954 (Tagung der Quartär=Vereinigung).

Gripp, K.: Eisbedingte Lagerungsstörungen – Geol. Rundschau 43, S. 39–45, 1955.
— Das Watt; Begriff, Begrenzung und fossile Vorkommen. Mit einem Anhang: Das Einzelwatt von Arcachon – Senkenbergiana Lethaea 37, S. 149–181, 1956.
— Mindel-Vereisung und stör-zeitlicher Meeresspiegel – Meyniana 5, S. 3–6, 1956.
— Erdgeschichtliches über den Pinnberg und Umgebung in A. Rust: Funde vom Pinnberg, Neumünster in Holstein, S. 11–16, 1958.
— Der Verlauf rißzeitlicher Endmoränen in Schleswig – Meyniana 7, S. 1–4, 1958.
— Rezente und fossile Flachmeer-Absätze petrologisch betrachtet und gedeutet – Geol. Rundschau 47, S. 83–99, 1958.
— Salzspiegel und Salzhut auf dem Lande und unter dem Meere – Abh. Naturw. Ver. Bremen 35, S. 249 bis 258 (Overbeck-Festschrift), 1958.
— Cimbrische Halbinsel, Ostseetrog und Norwegische Rinne – Zeitschr. f. Geomorphologie 2, S. 251–257, 1958.
— Die Entstehung salinarer Langstrukturen durch flankengesteuerte Metakinese – Erdöl und Kohle 13, S. 381–382, 1960.
— Über Werden und Vergehen von Barchanen an der Nordsee-Küste Schleswig-Holsteins – Zeitschr. f. Geomorphologie 5, S. 24–36, 1961.
— Das Vorkommen miozäner Meeresabsätze in Nordwest-Deutschland – Meyniana 10, S. 7–9, 1961.
— Über den Faunenwechsel im Nordseebecken zur Miozän-Zeit – Meyniana 10, S. 116–117, 1961.
— Was brachte die Sturmflut des 16./17. Febr. an der Küste Schleswig-Holsteins dem Geologen Neues? – Die Natur 70, S. 117–125, 1962.
— Wenn die Natur im Sande spielt . . . S. 1–116 – Verlag Gesellschaft der Freunde Vaterl. Schul- und Erziehungswesens, 1963.
— Neues über den Gipsberg und die Höhle zu Segeberg – Heimatkundl. Jahrb. Kr. Segeberg 1963, S. 97–103.
— Zur Entstehung von Tropfenböden – N. Jb. Geol. Pal. Mh. 1963, S. 490–492.
— Würmzeitlicher Eisabau im westlichen Baltikum – Report VI. Int. Congress on Quaternary, Warszaw 1961. S. 105–110, 1963.
— Neue Beobachtungen im Pliozän von Sylt – Mém. Soc. Belge de Géol. Pal. . . 6, S. 101–109, 1963.
— Der Verlauf der Eisrandlagen zwischen Grenaa und Viborg – Meddelelser Dansk Geologisk Forening 15, S. 346–358, 1964.
Gripp, K., und Todtmann, E.: Die Endmoräne des Green Bay Gletschers auf Spitzbergen, eine Studie zum Verständnis norddeutscher Diluvial-Gebilde – Mitt. Geogr. Ges. Hamburg 37, S. 45–75, 1926.
Gripp, K., und Beyle, M.: Das Interglazial von Billstedt (Öjendorf) – Mitt. Geol. Staatsinst. Hamburg 16, S. 19–36, 1937.
Gripp, K., und Simon, W. G.: Untersuchungen über den Aufbau und die Entstehung der Insel Sylt I. Nord-sylt – Die Westküste 2, S. 24–70, 1940.
Gripp, K., und Becker, W.: II. Mittelsylt – ebenda S. 71–84; beide als Sonderdruck erschienen Juni 1939.
Gripp, K., und Dittmer, E.: Die Entstehung Nordfrieslands – Die Naturw. 29, S. 577–581, 1941.
Gripp, K., und Schütrumpf, R.: Über den morphologischen Nachweis einer nacheiszeitlichen Klimaschwankung – Die Naturw. 39, S. 110, 1952.
— Ein nacheiszeitliches ungewöhnliches Torflager und über das Tieftauen in Holstein – Die Naturwissenschaften 40, S. 55, 1953.
Gripp, K., und Magne, A.: Neues zur Gliederung des Miozäns in Westeuropa – Neues Jahrb. Geol. Palaeont. Monatsh. 1956 S. 273–281, 1956.
Grosschopf, P.: Physikalische Bedingungen des Kliffrückganges an der Kieler und Lübecker Bucht – Kieler Meeresforsch. 1, S. 335–342, 1936.
— Die postglaziale Entwicklung des Großen Plöner Sees in Ost-Holstein auf Grund pollenanalytischer Sediment-Untersuchungen – Archiv Hydrobiologie 30, S. 1–84, 1936.
Grube, F.: Das Oberflächenbild der Salzstöcke Elmshorn, Lägerdorf (Holstein) und Stade (Niedersachsen) – Mitt. Geol. Staatsinst. Hamburg, S. 5–22, 1957.
— Tektonische Untersuchungen in der Oberkreide von Lägerdorf (Holstein) – Mitt. Geol. Staatsinstitut Hamburg 24, S. 5–32, 1955.
— Fossilführende spätglaziale Karstschlotten im Zechstein des Salzstockes Elmshorn (Holstein) – Mitt. Geol. Staatsinst. Hamburg 24, S. 33–39, 1955.
Guenther, E. W.: Ein eiszeitlicher Elch aus Preetz und die Frage eines Weichsel-Interstadials in Ost-Holstein – Schrift. Nat. Ver. Schleswig-Holstein 25, S. 115–124, 1951.

Guenther, E. W.: Frühgeschichtliche Moorfunde von Barsbek (Kr. Plön), Fundumstände und die Geologie des Moores und seiner Umgebung – Meyniana 1, S. 33–37, 1952.
— Fossile Elefantenfunde aus Schleswig-Holstein – Schr. Naturw. Verein Schleswig-Holstein 26, S. 160–169, 1953.
— Die diluvialen Elefantenzähne aus dem Nord-Ostsee-Kanal – Meyniana 2, S. 34–69, 1954.
— Neue Funde von Elefanten-Molaren aus Schleswig-Holstein – Schr. Naturw. Verein Schleswig-Holstein 27, S. 15–21, 1954.
— Diluviale Großsäuger aus Schleswig-Holstein und ihre zeitliche Einordnung – Schrift. Nat. Ver. Schleswig-Holstein 27, S. 99–112, 1955.
— Tundra-Ren und Rothirsch in nacheiszeitlichen Schichten aus der Nähe von Theresienhof bei Plön (Trentmoor und Brennacker) – Schr. Nat. Ver. Schleswig-Holstein 30, S. 79–91, 1960.
— Funde des Riesenhirsches in Schleswig-Holstein und ihre eiszeitliche Einordnung. Festschrift Lothar Zotz: Steinzeitfragen der Alten und Neuen Welt, 1961.
— Zur Bestimmung der Atlas-Wirbel einiger pleistozäner Cerviden und Boviden – Mitt. Geol. Staatsinst. Hamburg 31, S. 490–503, 1962.

Haack, W.: Oolithische Gesteine im Mittleren Buntsandstein von Helgoland – Z. Deutsch. Geol. Ges. 85, S. 445–448, 1933.
Haas, H.: Über die Stauchungserscheinungen im Tertiär und Diluvium in der Umgebung von Itzehoe und über deren Beziehungen zur Kreideablagerung von Lägerdorf-Schinkel – Lehmanns Mitt. Min. Inst. Univ. Kiel I. 1, S. 1–12, 1888.
— Studien über die Entstehung der Föhrden (Buchten) an der Ostküste Schleswig-Holsteins, sowie der Seen und des Flußnetzes dieses Landes – Lehmanns Mitt. Min. Inst. Univ. Kiel I. 1, S. 13–32, 1888.
— Holz im Feuerstein aus der senonen Kreide von Lägerdorf bei Itzehoe – Schr. Nat. Ver. Schleswig-Holstein 8, S. 49–53, 1889.
— Die geologische Bodenbeschaffenheit Schleswig-Holsteins, Kiel, 1889.
Hadding, A.: Kritische Studien über die Terebratula-Arten der schwedischen Kreideformation – Paläontographica 63, 1919.
Hagel, J.: Der Segeberger Kalkberg in der Literatur – Heimatkundl. Jahrb. Kreis Segeberg 4, S. 128–145, 1958.
Hallik, R.: Über eine Verlandungsfolge weichselinterstadialen Alters in Harksheide bei Hamburg – Eiszeitalter und Gegenwart 6, S. 116–124, 1955.
— Material zur Vegetationsentwicklung während der Eem-Warmzeit in Nordwestdeutschland – Mitt. Geol. Staatsinstitut Hamburg 26, S. 31–38, 1957.
— Die Vegetationsentwicklung der Holstein-Warmzeit in Nordwestdeutschland und die Altersstellung der Kieselgurlager der südl. Lüneburger Heide – Zeitschr. Deutsch. Geol. Ges. 112, 2. Teil, S. 326–333, 1960.
— Das Elbtal bei Hamburg seit dem Ende der Eiszeit – Abh. Nat. V. Hamburg N. F. Bd. VI, S. 233–250, 1962.
Hallik, R., und Grube, E.: Spät- und Postglaziale Gyttja im Altmoränengebiet bei Elmshorn – Neues Jahrb. Paläontol. Mh. 1954, S. 315–322.
van der Hammen, T.: The stratigraphy of the Late-Glacial – Geologie en Mijnbouw 19, 1957.
Hansen, Sigurd: Varvighed i danske og skaanske senglaciale Aflejringer – Danmarks Geolog. Undersögelse II. Raekke 63, S. 1–411, 1940.
Hanssen, E.: Die Versteinerungen der Lägerdorfer Kreide – Vereinsbl. Heidekultur Verein Schleswig-Holsteins 39, S. 169–175, 1911. Bildet ab aus Lägerdorfer Kreide, Brachiopoden, Pecten mantellianus, Actinocamax subventricosus, Belemnella lanceolata unter der Bezeichnung Belemnitella mucronata, zahlreiche Haizähne und einen Haiwirbel.
Harbort, E.: Zur Frage der Aufpressungsvorgänge und des Alters der nordwestdeutschen Salzvorkommen – Zeitsch. Kali 7, S. 112, 1913.
Harder, H.: Zum Chemismus der Bildung einiger sedimentärer Eisenerze – Z. Deutsch. Geol. Ges. 109, S. 69–72, 1957.
Hartz, N.: Bidrag til Danmarks senglaciale Flora og Fauna – Danmarks Geologiske Undersögelse II. R. Nr. 11. 1902.
— Bidrag til Danmarks tertiäre og diluviale Flora – Danmarks geologiske Undersögelse II. R. Nr. 20. 1909.
Hecht, F.: Sedimentations-Tröge und Erdöllagerstätten in Schleswig-Holstein und Hamburg – 20. Internat. Geol. Congress Mexico. Symposium sobre yacimientos de petrolo y gas V. Europa, S. 25–30, 1956.
Hecht, F., v. Helms, H., Kehrer, W.: Reflection-seismic exploration of Schleswig-Holstein, Germany and its Geological interpretation by well data – Proc. 4. World Petroleum Congress Section I F. reprint 4, S. 715–730 Rom, 1955.

Heck, H=L.: Die Eem= und ihre begleitenden Junginterglazial=Ablagerungen bei Oldenbüttel in Holstein – Abh. Preuß. Geol. L.=A. N. F. 140, 80 S., 1932.
— Das Grundwasser im Zusammenhang mit dem geologischen Bau Schleswig=Holsteins, 133 S., Preuß. Geol. Landesanstalt, 1932.
— Überblick der geologischen Geschichte Schleswig=Holsteins und seiner Bodenverhältnisse, 46 Abb., Landesbrandkasse Kiel, 1932.
— Zur Verbreitung des Pliozäns in Schleswig=Holstein – Zeitsch. Deutsch. Geol. Ges. 87, S. 307–318, 1935.
— Die geologische Entwicklungsgeschichte des Schlei=Gebietes – Die Heimat 1937, S. 170–179.
— Marines Pliozän in Schleswig=Holstein und der „Bredstedter Ton" – Jahrb. Reichsamt f. Bodenforschung 63, S. 1–38, 1942.
— Erläuterung zu den Blättern Schleswig, Brodersby, Sieseby und Dorotheenthal – Berlin 1943, 36 S.
— Der altinterglaziale Haffsee bei Bredstedt in Nordfriesland – Geol. d. Meere und Binnengewässer 7, S. 40–73, 1944.
— Versalzungen von Grundwasser in Schleswig=Holstein, deren Umfang und Ursachen – Abhandl. Reichs=amt für Bodenforschung N. F. Heft 209, S. 237–255, 1944.
— Grundwasseratlas von Schleswig=Holstein 1:500 000, Hamburg, 1948.
Heck, H=L., Schott, W., von Zwerger, R.: Der Untergrund von Schleswig=Holstein – Abh. Reichsamt für Bodenforschung Neue Folge H. 202 (nicht erschienen. Der Satz und die Druckstöcke wurden durch Kriegs=einwirkung vernichtet. Nach einer Fahnenkorrektur ließ Dr. Heck 1945 wenige Exemplare fotografisch vervielfältigen).
Heck, H=L., und Brockmann, Chr.: Eem=Ablagerungen bei Lübeck – Schr. Naturw. Ver. Schleswig=Holstein 24, S. 80–86, 1950.
Hellaakoski, A.: On the transportation of materials in the esker of Laitila – Fennia 52, No. 7. Helsinki, S. 1–42, 1930.
Hesemann, J.: Geschiebeuntersuchungen in Schleswig=Holstein – Jahrb. Preuß. Geol. L.=A. 57, S. 418–434, 1937.
Hiltermann, H.: Neue Funde von Azolla im Pleistozän Deutschlands – Geol. Jahrb. 68, S. 653–658, 1954.
— Biostratigraphie der Kreide auf Grund von Mikrofossilien – Paläont. Zeitschr. 30. Sonderheft: Biostrati=graphie der Oberkreide, S. 19–32, 1956.
Hiltermann, H., und Koch, Wilh.: Oberkreide=Biostratigraphie mittels Foraminiferen – 21. Internat. Geol. Congress Part VI Proc. Sect. 6. S. 69–76, 1960.
Hinsch, W.: Leitende Molluskengruppen im Obermiozän und Unterpliozän des östlichen Nordseebeckens – Geol. Jahrb. 67, S. 143–194, 1952.
— Miozängliederung in den Erdölfeldern Heide und Bramstedt – Neues Jb. Geol. Paläontol. Mh. S. 348–357, 1959.
— Die Bedeutung des Aufschlusses von Maade bei Esbjerg für die Gliederung des Obermiozäns – Z. d. Geol. Ges. 109, S. 463–474, 1957.
— Tertiaire Allemagne du Nord – Lexique stratigraphique international, Vol. I Fasc. 5 h 1 Paris, 1958.
— Die Entwicklung der Astartiden vom Oligozän bis heute – Meyniana 10, S. 38–41, 1961.
— Die Molluskenfauna des Mittelmiozäns von Twistringen und Woltrup – Geol. Jb. 80, S. 295–312, 1962.
Hintz, R. A.: Die Entwicklung der Schleimündung – Meyniana 4, S. 66–77, 1955.
Hölting, B.: Schwermineralanalytische Untersuchungen in Riß= und Würm=Ablagerungen im Gebiet der Kreise Segeberg, Plön und Rendsburg – Heimatkdl. Jahrbuch Kreis Segeberg 3, S. 1–22, 1957.
— Die Entwässerung des würmzeitlichen Eisrandes in Mittelholstein – Meyniana 7, S. 61–98, 1958.
Hoffmann, K.: Die Paläogeographie des nordwestdeutschen Doggers – Erdöl und Kohle 5, S. 696, 1952.
— Über Liasgerölle im nordwestdeutschen Dogger – Geol. Jahrb. 71, S. 559–568, 1956.
Hoffmann, K., und Schott, W.: Oil accumulation and the jurassic system in Northwest=Germany – 4. World Petroleum Congress Ia 3, S. 161–171, 1955.
Hofker, J.: Die Pseudotextularia=Zone der Bohrung Maasbüll I und ihre Foraminiferen=Fauna – Paläonto=logische Zeitschrift 30. Sonderheft S. 59–79, 1956.
Horn, E.: Die geologischen Verhältnisse des Elbtunnels – Jahrb. Hamburg Wiss. Anst. 29, 1911. 4 Beiheft Mitt. a. d. Min. Geol. Institut, S. 35–58, 1912.
— Die geologischen Aufschlüsse des Stadtparks in Winterhude – Zeitschr. Deutsch. Geol. Ges. 64 Mon. Ber. S. 130–155, 1912.
Hucke, K.: Geschiebeforschung und Flachlandsgeologie – Zeitschr. Geschiebeforschung 12, S. 90–97, 1936.
— Zur Geschichte der Geologie in Norddeutschland – Zeitschr. Geschiebeforschung 18, S. 100–115, 1943.
Hyyppä, E.: On the Late=Quaternary history of the Baltic Sea Fennia 89 No. 1, S. 37–48, 1963.

Illies, H.: Das Insekten führende Alttertiär von Havighorst – Zeitsch. Geschiebeforschung und Flachlands=geologie 17, S. 17–24, 1941.
— Über das Eozän von Havighorst bei Hamburg und seine stratigraphische Stellung – Zeitschr. Geschiebe=Forschung und Flachlandsgeologie 18, S. 42–48, 1942.
— Die Lithogenese des Untereozän in Nordwestdeutschland – Mitt. Geol. Staatsinstitut Hamburg 18, S. 7–44, 1949.
— Die Schrägschichtung in fluviatilen und litoralen Sedimenten, ihre Ursachen, Messung und Auswertung – Mitt. Geol. Staatsinst. Hamburg 19, S. 89–109, 1949.
— Die morphogenetische Analyse fluviatiler und fluvioglazialer Aufschüttungslandschaften – Neues Jb. Geol. Paläont. Mh. S. 385–401, 1952.
— Die eiszeitliche Fluß= und Formengeschichte des Unterelbe=Gebietes – Geol. Jahrb. 66, S. 525–558, 1952.
— Entstehung und eiszeitliche Geschichte der unteren Elbe – Mitt. Geol. Staatsinstitut Hamburg 23, S. 42–49, 1954.
— Pleistozäne Salzstockbewegungen in Norddeutschland und ihre regionale Anordnung – Geol. Rundschau 43, S. 70–78, 1955.
— Die Vereisungsgrenzen in der weiteren Umgebung Hamburgs, ihre Kartierung und stratigraphische Bewertung – Mitt. Geogr. Ges. Hamburg 51, S. 7–54, 1955.
Indans, J.: Foraminiferen=Faunen aus dem Miozän des Niederrheingebietes – Fortschr. Geol. Rheinl. u. Westf. 6, S. 19–82, 1962.
Iversen, J.: En pollenanalytisk tidsfaestelse af ferskvandslagene ved Nörre=Lyngby – Medd. Dansk Geologisk Forening 10, S. 130–151, 1942.
— The influence of prehistoric man on vegetation – Danmarks Geol. Undersögelse IV. Raekke Bd 3 No. 6. S. 1–25, 1949.
— The late=glacial Flora of Denmark and its relation to climate and soil – Danmarks Geol. Undersögelse II. Raekke 80, S. 87–119, 1954 (Festschrift für Knud Jessen).

Jacoby, G.: Helgoland bei Johannes Meyer und Adam von Bremen – Die Küste 2, S. 95–129, 1954.
Jaeckel, O.: Über einen neuen Pentacriniden der deutschen Kreide – Sitzber. Ges. Naturf. Freunde Berlin, S. 191–196, 1904.
Jaeckel, S.: Seltene Landschnecken in Schleswig=Holstein – Schrift. Nat. Ver. Schleswig=Holstein 22, S. 319–332, 1938.
— Ergänzende Untersuchungen über das Vorkommen postglazialer Mollusken in der Nordmark – Schrift. Nat. Ver. Schleswig=Holstein 22, S. 332–339, 1938.
Jankuhn, H., und Schütrumpf, R.: Siedlungsgeschichte und Pollenanalyse in Angeln – Offa 10, S. 28–45, 1952.
Jarke, J.: Die Entstehungsmöglichkeiten von Eisenbikarbonat und Eisenkarbonat in rezenten Flachsee=sedimenten – Dtsch. Hydrograph. Zeitschr. 2, S. 286–291, 1949.
— Die Sedimentation in den schleswig=holsteinischen Förden – Schrift Naturw. Verein Schleswig=Holstein 25, S. 204–210, 1951.
— Eine neue Bodenkarte der südlichen Nordsee – Deutsch. Hydrographie Z. 9, S. 1–9, 1956.
— Beobachtungen über Kalkauflösung an Schalen von Mikrofossilien in Sedimenten der westlichen Ostsee – D. Hydrogr. Z. 14, S. 6–10, 1961.
Jeletzky, J. A.: Die Stratigraphie und Belemnitenfauna des Obercampan und Maastricht Westfalens, Nord=westdeutschlands und Dänemarks sowie einige Gliederungs=Probleme der jüngeren borealen Oberkreide Eurasiens – Beih. Geol. Jahrb. 1, Hannover 1951.
Jensen, Aksel Tovborg: Lidt om den kryptokrystallinske struktur hos flint, Opal og chalcedon – Med. Dansk Geol. Forening 13, S. 143, 1956.
Jeß, A.: Die Kreide von Osterby bei Eckernförde – 24. Jahrber. Niedersächs. Geol. Ver. (Geol. Abt. Naturh. Ges. Hannover), S. 76–96, 1932.
Jessen, W.: Die postdiluviale Entwicklung Amrums und seine subfossilen und rezenten Muschelpflaster (Unter Berücksichtigung der gleichen Vorgänge auf den Inseln Sylt und Föhr) – Jb. Preuß. Geol. L.=A. 53, S. 1–69, 1932.
— Käferreste im Tuul von Westerland Sylt – Centralbl. Min. etc. Abt. B Nr. 6, S. 311–317, 1932.
Jessen, Knud, und Mithers, V.: Stratigraphical and paleontological studies of Interglacial Fresh=water depo=sits in Jutland and Northwest=Germany – Danmarks geologiske Undersögelse II. R. Nr. 48, S. 1–379, 1928.
Jockisch, H.: Die Muschelhaufen am Windebyer Noor und ihre zeitliche Einordnung – Jahrb. Kr. Eckern=förde 9, S. 76–84, 1951.

Johannsen, A.: Grundwasserhöffigkeit in Schleswig-Holstein – Veröffentl. Geol. Landesamt Schleswig-Holstein, 1955.
— Uranlagen pleistozäner Förden und Rinnen in Schleswig-Holstein – Geol. Jahrb. 77, S. 271–308, 1960.
Johannsen, A., und Prange, W.: Begleitworte zur Karte 1:500 000 der Miozän-Verbreitung in Schleswig-Holstein – Meyniana 10, S. 70–71, 1961.

Kannenberg, E-G.: Die Steilufer der schleswig-holsteinischen Ostseeküste. Probleme der marinen und klimatischen Abtragung – Schr. Geogr. Inst. Univ. Kiel 14 Heft 1, S. 1–101, 1951.
Kannenberg, Gripp, Seifert, Dücker, Schmitz, Otto u. a.: Aufsätze über das Brodtener Ufer – Die Küste 1. H. 2, S. 1–158, 1952.
Kehrer, W., und Andres, I.: Ergebnisse neuerer geophysikalischer Untersuchungen im nördlichen Schleswig-Holstein und Versuche ihrer geologischen Deutung – Neues Jahrb. Mineral Geol. Abh. 97, S. 79–89, 1953.
Keilhack, K.: Lauenburg an der Elbe – J. Preuß. Geol. L.-A. 1897, S. 29–34, 1898.
Khalifeh, Y., Louis, M., Roucache, J., und Teichmüller, M.: Die Umwandlung organischer Substanz von bituminösen Schiefern bei der Metamorphose. Ein Beispiel aus dem Posidonienschiefer Niedersachsens – Erdöl und Kohle 13, S. 725–729, 1960.
Klingler, W.: Die Obersenone Schreibkreide von Lägerdorf bei Itzehoe – Mitt. Geol. Staatsinst. Hamburg 19, S. 51–52, 1949.
Klumpp, B.: Beitrag zur Kenntnis der Mikrofossilien des Mittleren und Oberen Eozän – Paläontographica 103 Abt. A, S. 377–406, 1953.
Koch, E.: Die prädiluviale Auflagerungsfläche unter Hamburg und Umgegend – Mitt. Min. Geol. Staatsinstitut 6, S. 29–95, 1924.
— Die Grundwasserträger des Niederelbegebietes – Das Gas- und Wasserfach 1928. 37. Heft, 22 S., 1928.
— II. Pliozäne Ablagerungen zwischen Hamburg und Lübeck, S. 7–14 in Beiträge zur Geologie des Untergrundes von Hamburg und Umgebung – Mitt. Min. Geol. Staatsinstitut 9, S. 1–109, 1928.
— Die geologischen Grundlagen der Grundwasser-Versorgung Hamburgs S. 8–13 in 100 Jahre Hamburger Wasserwerke – Sonderheft Deutsch. Ver. Gas- und Wasserfachmänner, 1948.
— Vom Untergrund Hamburgs – Mitt. Geol. Staatsinstit. 23, S. 10–17, 1954.
— Muldenbildung an den Flanken der Struktur von Langenfelde vom Miozän bis in die Jetztzeit – Geol. Jahrb. 68, S. 133–140, 1953.
Koch, E., Niedermayer, J., und Weverink, Th.: Erläuterungen zu Blatt Hamburg der Hydrogeologischen Übersichtskarte 1:500 000, 1954.
Kölbel, H.: Über wechselnde Tendenzen in der tektonischen Entwicklung Westmecklenburgs – Geotektonisches Symposium zu Ehren von Hans Stille, S. 205–212, 1956.
König, D.: Diatomeen aus dem Eem des Treenetales – Schrift. Nat. Verein. Schleswig-Holstein 26, S. 124–132, 1953.
— Diatomeen in der Eem-Bohrung Klixbüller Koog S. 79 u. 80 in E. Dittmer, Meyniana 2, 1954.
von Koenigswald, G. H.: Hipparion und die Grenze zwischen Miozän und Pliozän – Zentralbl. f. Min. etc. 1939 B. S. 236–245.
Köster E.: Formveränderungen von Echinocorys sulcatus Goldfuß 1826–33 – Geol. Fören. Forhandl. 72, S. 437–453, 1950.
— Werden und Vergehen der Gattung Echinocorys nach Funden aus dem westlichen Ostseeraum – Meyniana 2, S. 15–23, 1954.
— Zur Kenntnis der Scutelliden aus der Hemmoorer Stufe NW-Deutschlands – Meyniana 4, S. 1–5, 1955.
Köster, R.: Die Morphologie der Strandwall-Landschaften und die erdgeschichtliche Entwicklung der Küsten Ostwagriens und Fehmarns – Meyniana 4, S. 52–65, 1955.
— Schuppung und Faltung im glazialtektonischen Experiment – Geol. Rundschau 46, S. 564–571, 1957.
— Die Küsten der Flensburger Förde – Schr. Nat. Ver. Schleswig-Holstein 29, S. 5–18, 1958.
— Experimenteller Beitrag zur Mechanik von Stauchungszonen – Meyniana 6, S. 60–84, 1958.
— Gegenwärtige tektonische Bewegungen in der Umgebung der westlichen Ostsee – 21. Internat. Geol. Congress Reports 18, S. 89–98, Kopenhagen 1960.
— Junge, eustatische und tektonische Vorgänge im Küstenraum der südwestlichen Ostsee – Meyniana 11, S. 23–81, 1961.
— Wulfener Berg und Ristinge Bank, ein glazialtektonischer Vergleich – Zeitschr. Deutsche Geol. Ges. 112, S. 520–521, 1960.
Köwing, K.: Das angebliche Oligozän bei Verden/Aller – Abh. Nat. Ver. Bremen 33, S. 491–495, 1954.
— Zur Gliederung des nordwestdeutschen Miozäns – Neues Jahrb. Geol. Paläont. Monatsh. 1957, S. 83–91.

Kolumbe, E.: Ein Beitrag zur Kenntnis der Entwicklungsgeschichte des Königshafens bei List auf Sylt – Wiss. Meeresunt. Kiel 21, S. 115–129, 1932.
— Neue Untersuchungen an interglazialen Torfen von Hamburg und Burg in Dithmarschen – Mitt. Geol. Staatsinstitut Hamburg 21, S. 46–58, 1952.
— Über ältere Interglaziale von Lohbrügge und Havighorst bei Hamburg – Mitt. Geol. Staatsinstitut Ham=burg 23, S. 103–110, 1954.
— Über interglaziale und interstadiale Bildungen von Loopstedt am Haddebyer Noor bei Schleswig – Eis=zeitalter und Gegenwart 6, S. 39–40, 1955.
Kolumbe, E., und Beyle, M.: Neue Interglaziale aus Schleswig=Holstein und Hamburg – Mitt. Geol. Staats=institut Hamburg 17, S. 59–74, 1940.
Kraiss, A.: Entwurf einer regionalen Tektonik von Schleswig=Holstein und Nordosthannover – Erdöl und Tektonik in Nordwestdeutschland S. 47–55, 1949.
Krejci, K.: Norddeutsche Miozän=Korallen – Jahrb. Preuß. Geol. L.=A. 46, S. 457–503, 1926.
Kruckow, Th.: Eine untermiozäne Haifischfauna in Schleswig=Holstein – Meyniana 8, S. 82–95, 1959.
— Obermiozäne Selachier von Hamburg=Langenfelde (Langenfelder Stufe) – Verh. Ver. naturw. Heimat=forsch. Hamburg 34, S. 55–56, 1960.
— Miozäne Selachier=Faunen in nordwestdeutschen Randgebieten der Nordsee – Meyniana 10, S. 42–48, 1961.
Krusch=Beyschlag=Vogt: Die Lagerstätten der nutzbaren Mineralien Bd II, S. 784–786.
Kubitzki, K.: Zur Synchronisierung der nordwesteuropäischen Pollendiagramme (mit Beiträgen zur Wald=geschichte Nordwestdeutschlands) – Flora 150, S. 43–72, 1961.
Kubitzki, K., und Münnich, K. O.: Neue C 14=Datierungen zur nacheiszeitlichen Waldgeschichte Nordwest=Deutschlands – Ber. D. Bot. Ges. 73, S. 137–146, 1960.
Kühn, R.: Über den Mineralgehalt der Salztone – Schrift. Min. Petr. Inst. Univ. Kiel 6, 1938.
Kumm, A.: Das Mesozoikum in Niedersachsen
1. Trias und Lias 1941
2. Der Dogger 1952
Geologie und Lagerstätten Niedersachsens – Niedersächsisches Amt für Landesplanung u. Statistik, Reihe A 1 Bd 2.

Laagaaij, R.: Cupuladria canariensis (Busk) – portrait of a bryozoan – Palaeontology 6, S. 172–217, London, 1963.
Lafrenz, H. R.: Foraminiferen aus dem marinen Riß=Würm=Interglazial (Eem) in Schleswig=Holstein – Meyniana 13, S. 10–45, 1964.
Lafrenz, H. R., und Woszidlo, H.: Wichtige Foraminiferen aus dem Holstein= und dem Eem=Interglazial Schleswig=Holsteins und ihre ökologische Auswertung – Schr. Nat. V. Schleswig=Holstein 34, S. 106–115, 1963.
Lang, A. W.: Helgoland auf alten Karten – Helgoland ruft. S. 47–59, 1952.
Lange, W.: Die Mikrofauna einiger Störmeer=Absätze (I. Interglazial) Schleswig=Holsteins – N. Jb. Geol. Paläont. Abh. 115, S. 222–242, 1962.
Langer, W.: Bemerkungen zur Stratigraphie nach Foraminiferen im mittleren und oberen Miozän von N= und NW=Deutschland – Neues Jahrb. Geol. Paläont. Mh. 1963, S. 543–558.
Larsen, G., und Buch, A.: Dybdeboringer pa Sjaelland: Slagelse 1 Medd. Dansk. Geol. For. 14, S. 281/2, 1960.
Leintz, V.: Ein Versuch Geschiebemergel nach dem Schwermineralgehalt stratigraphisch zu gliedern – Z. f. Geschiebeforschung 9, S. 156–168, 1933.
Lenz, Fr.: Quellkreide im Großen Plöner See – Verh. Intern. Vereinig. Limnol. 2, S. 361–376, 1924.
Lorentzen, E.: Die Oberflächenformen der Landschaft Angeln und ihre Abhängigkeit vom Klimawechsel der jüngsten Vereisung – Schr. Nat. Ver. Schleswig=Holstein 22, S. 385–448, 1938.
Lüttig, G.: Methodische Fragen der Geschiebeforschung – Geol. Jahrb. 75, S. 361–418, 1958.

Maarleveld, G. C.: Over de erosionsdalen van de Veluwe – Tijdschrift Nederlandsch Aardrijskundig Genoot=schap 66, S. 133–142, 1949.
— De pseudo=osar van de Veluwe – Geologie en Mijnbouw, S. 301–304, 1951.
Maarleveld, G. C., und van den Toorn, J. C.: Pseudosölle in Nord=Nederland – Tijdschrift Nederlandsch Aardrijkskundig Genootschap 72, S. 344–360, 1955.
Madsen, V., Nordmann, V., und Hartz, N.: Eem=Zonerne. Studier over Cyprinaleret og andre Eem=Aflejrin=ger i Danmark, Nord=Tyskland og Holland – Danmarks Geolog. Undersögelse 2. Reihe Nr. 17, 302 S. 1908.

Magens, C.: Die Grundwasserstandsbewegungen beim Bau der Eiderschleuse von Nordfeld – Westküste 2, S. 1–38, 1939.
Maier, D.: Zur Gliederung des Tertiärs mit Hystrichosphaerideen – Neues Jb. Geol. Paläont. Monatsh. 1958, S. 468–472.
— Planktonuntersuchungen in tertiären und quartären marinen Sedimenten – Neues Jb. Geol. Paläont. Abh. 107, S. 278–340, 1959.
Malzahn, E.: Die geologischen Ergebnisse der Erdölaufschlußbohrtätigkeit des Jahres 1956 in West-Deutschland – Erdöl und Kohle 10, S. 201–216, 1957.
— Die westdeutsche Erdöl- und Erdgasexploration 1959 – Erdöl und Kohle 13, S. 221–234, 1960.
— Strukturtypen der deutschen Erdöllagerstätten. Stand und Aussichten der heimischen Erdölgewinnung – Erdöl und Kohle 13, S. 125–129, 1960.
Martens, P.: Morphologie der schleswig-holsteinischen Ostseeküste – Veröff. Schleswig-Holsteinische Universitäts-Ges. 7 = Schr. Baltische Kommission V, S. 1–68, 1927.
Martini, Erl.: Discoasteriden und verwandte Formen im NW-deutschen Eozän (Coccolithophorida).
1. Taxionomische Untersuchungen – Senckenbergiana Lethaea 39, S. 353–388, 1958.
2. Stratigraphische Auswertung – ebenda 40, S. 137–157, 1959.
— Der stratigraphische Wert von Nanno-Fossilien im nordwestdeutschen Tertiär – Erdöl und Kohle 12, S. 137–140, 1959.
— Nannoplankton aus dem Tertiär und der obersten Kreide von SW-Frankreich – Senckenbergiana Lethaea 42, S. 1–41, 1961 (darin neue Gliederung des Ober-Eozän in Norddeutschland).
— Ein Kalkflagellat in den Meeren der Gegenwart und Vorzeit – Natur und Volk 91, S. 335–339, 1961.
Mempel, G.: Neue Funde von Uran-Vanadium-Kernen mit Entfärbungshöfen – Geol. Rundschau 49, S. 263 bis 276, 1960 (betr. Helgoland, Schwedeneck, Sterup).
Meng, A.: Geologisches aus der Wasserversorgung Hamburgs – Mitt. Geol. Staatsinst. Hamburg 23, S. 156 bis 164, 1954.
Meyn, L.: Geognostische Beschreibung der Insel Sylt – Abh. geol. Karte von Preußen 1 Heft 4, 1876.
Milthers, K.: Ledeblokke og Landskabsformer i Danmark – Danmarks Geol. Undersögelse II. Raekke Nr. 69, S. 1–137, 1942.
Müller, F.: Beobachtungen an deutschen Quellton-Vorkommen – Zeitsch. Deutsch. Geol. Ges. 103, S. 133, 1952.
Müller, W.: Der Ablauf der holozänen Meerestransgression an der südlichen Nordseeküste und Folgerungen in bezug auf eine geochronologische Holozängliederung – Eiszeitalter und Gegenwart 13, S. 197–226, 1962.
Münnich, G.: Quantitative Geschiebeprofile aus Dänemark und Norddeutschland mit besonderer Berücksichtigung Vorpommerns – Abh. Geol. Pal. Inst. Greifswald 15, S. 1–52, 1936 = Beiheft Zeitschr. f. Geschiebeforschung.
Münnich, K. O.: Die C14-Methode – Geol. Rundschau 49, S. 237–244, 1960.

Nathorst, A. G.: Den arktiska Florans forna utbredning i länderna öster och söder om Östersjön – Ymer 1891, S. 142–147.
— Über den gegenwärtigen Standpunkt unserer Kenntnis von dem Vorkommen fossiler Glazialpflanzen – Bihang K. Svenska Vet. Akad. Handlingar 17 afd. III. 1892.
Neumann, H.: Die Gliederung der Altmoränenlandschaft Schleswig-Holsteins und der südlich angrenzenden Gebiete – Schr. Geol. Pal. Inst. Kiel 1, S. 1, 1933.
Niebuhr, W.: Bemerkenswerte Veränderungen am Großen Vogelsand in der Außenelbe seit der Jahrhundertwende – Die Küste 2, S. 157–159, 1954.
Niedermayer, J.: Die Hydrologie der deutschen Küstengebiete – „Das Gas- und Wasserfach" 103, S. 234–237, 1962.
— Die geologischen Verhältnisse im Bereich des Salzstockes von Hamburg-Langenfelde – Abh. Nat. V. Hamburg N. F. Bd VI 1961, S. 167–175, 1962.
Nielsen, K. Brünnich: Brachiopoderne i Danmarks Kridaflejringer – Vid. Selsk. Skr. 7 Raekke Nat.-Mat. Afd. VI Nr. 4, 1909.
— Serpulidae from the Senonien and Danien deposits of Denmark – Meddelelser Dansk Geol. Forening 8, S. 71–113, 1931.
— The Asteroids of the Senonian and Danian Deposits of Denmark – Biol. Skr. Dan. Vid. Selsk. 2 Nr. 5, 1943.
Nilsson, Erik: The recession of the land-ice in Sweden during the Alleröd and the younger Dryas Ages – Report Internat. Geol. Congr. 1960 Part IV Sect. 4, S. 98–107, 1960.
Nilsson, T.: Versuch einer Anknüpfung der postglazialen Entwicklung des norddeutschen und niederländischen Flachlandes an die pollenfloristische Zonengliederung Südskandinaviens – Lund, 1949.

Noetling, Fr.: Über einige Brachyuren aus dem Senon von Maastricht und dem Tertiär Norddeutschlands – Z. d. Geol. Ges. 33, S. 357–371, 1881.
Nordmann, V., Jessen, A., Milthers, V.: Quartärgeologische Beobachtungen auf Sylt – Dansk Geologisk Forening 6, Nr. 15, S. 1–40, 1923.

Ødum, H.: En forekomst af marint Pliocaen ved Tønder – Meddelelser fra Dansk Geol. Forening 8, S. 359–370, 1934.
Ohle, W.: Der Schwefelsäure-Tonteich bei Reinbek – Archiv f. Hydrobiologie 30, S. 604–662, 1936.
— Die Seen Schleswig-Holsteins, ein Überblick nach regionalen, zivilisatorischen und produktionsbiologischen Gesichtspunkten – „Vom Wasser" Jahrb. für Wasserchemie und Wasserreinigungstechnik 26, S. 16–41, 1959.
Ohnesorge, W.: Der Lübecker Os und seine prähistorischen Altertümer – Mitt. Geogr. Ges. u. Naturh. Museum Lübeck. 2. Reihe 32, S. 5–123, 1928.
Ostendorf, E.: Schrumpfung und Rutschung in bindigen-quellbaren Böden – Zeitsch. Deutsch. Geol. Ges. 103, S. 385–399, 1952.
Overbeck, F.: Die Moore – Geologie und Lagerstätten Niedersachsens 3. Bd. Das Känozoikum in Niedersachsen 4. Abt. 2. Aufl., S. 1–112, 1950.
— Das Große Moor bei Gifhorn – Niedersächs. Amt für Landesplanung. Veröff. Reihe A 1 Bd 41, S. 1–62, 1952.
Overbeck, F., Münnich, K. O., Aletsee, L., Averdieck, F. R.: Das Alter des „Grenzhorizonts" norddeutscher Hochmoore nach Radiocarbon-Datierungen – Flora 145, S. 37–71, 1957.

Pannekoek, A. J.: Tertiary and quaternary subsidence in the Netherlands – Geologie en Mijnbouw 16, S. 156 bis 164, 1954.
Pfefferkorn, H.: Bohrmeterleistung und Produktion der deutschen Erdölgewinnungsindustrie im Jahre 1959 Erdöl und Kohle 13, S. 235–238, 1960; 1960 Erdöl und Kohle 14, S. 260–262, 1961; 1961 Erdöl und Kohle 15, S. 255–257, 1962.
Pfefferle, R.: Zur Morphologie der Talsandterrassentäler in der Umgebung von Hamburg – Dissert. Hamburg 1935.
Penck, A.: Die Geschiebeformation Norddeutschlands – Zeitschr. Deutsche Geol. Ges. 31, S. 117–203, 1879.
Petersen, F.-J.: Referat Vortrag Gripp über Alttertiär – Die Heimat 31, S. 65/66, 1921.
Petersen, G.: Über Raseneisenerz in der Gegend westlich von Flensburg und dessen Gewinnung – Die Heimat 33, S. 120–126, 1923.
— Die Schollen der norddeutschen Moränen in ihrer Bedeutung für die diluvialen Krustenbewegungen – Fortschr. der Geol. u. Paleont. 9, S. 179–274, Berlin 1924.
Petersen, L.: Beiträge zur Geschichte der Fayence-Manufakturen von Kellinghusen, Itzehoe und Pinneberg – Nordelbingen 13, S. 206–243, 1937.
Petersen, M.: Abbruch und Schutz der Steilufer an der Ostseeküste – Die Küste 1, S. 100–152, 1952.
Philipp, Wilfr.: Die Jura-Tröge im nordwestdeutschen Tiefland – N. Jahrb. Geol. u. Paläont. Monatshefte S. 440–447, 1954.
Picard, K.: Eiskeile bei Kellinghusen (Mittelholstein) – Neues Jahrb. Geol. Pal. 1956 S. 365–373, 1956.
— Warthestadiale Gletschervorstöße in Schleswig-Holstein – N. Jahrb. f. Geol. S. 422–425, 1958.
— Die Struktur Peissen und das glazigene Geschehen im Raume des Lockstedter Sanders – Geol. Jb. 75, S. 347–358, 1958.
— Das Werden der Landschaft Westholsteins während der Saaleeiszeit – Geol. Jb. 76, S. 209–222, 1958.
— Der geologische Unterbau Schleswig-Holsteins – Die Heimat 66, S. 120–125, 1959.
— Gliederung pleistozäner Ablagerungen mit fossilen Böden bei Husum/Nordsee – Neues Jahrb. Geol. Paläont. Monatsh. 1959, S. 259–272.
— Zur Untergliederung der Saalevereisung im Westen Schleswig-Holsteins – Zeitschr. Deutsche Geol. Ges. 112, 2. Teil, S. 316–325, 1960.
— Die Kreide von Peissen – Die Heimat 67, S. 340–343, 1960.
— Zum Pleistozän Schleswig-Holsteins – Neues Jahrb. Geol. Paläont. Monatsh. 1961, S. 189–199.
— Reste von Pingos bei Husum/Nordsee – Schr. Naturw. Ver. Schlesw.-Holst. 32, S. 72–77, 1961.
— Gletscherrandlagen im Westen von Schleswig-Holstein – N. Jahrb. Geol. Paläont. Mh., S. 273–284, 1962.
Pieles, N.: Diluvial geologische Untersuchungen im Gebiet des Möllner Sanders – Meyniana 6, S. 85–106, 1958.
Prange, W.: Das Holozän und seine Datierung in den Marschen des Arlau-Gebietes – Meyniana 13, S. 47 bis 76, 1963.

Pratje, O.: Die Stadien in der Entwicklung der Insel Helgoland - Erdkunde 2, S. 322–330, 1948.
— Die Deutung der Steingründe in der Nordsee als Endmoränen - Deutsch. Hydrogr. Z. 4, S. 106–114, 1951.
Prügel, H.: Die Sturmflutschäden an der schleswig-holsteinischen Westküste in ihrer meteorologischen u. morphologischen Abhängigkeit - Schr. Geogr. Inst. Univ. Kiel 11, S. 1–94, 1942.

Range, P.: Das Diluvialgebiet von Lübeck und seine Dryastone - Zeitschr. f. Naturwissenschaften 76, S. 159 bis 272, 1903.
— *Rhinoceros antiquitatis* Blumenbach im Diluvium von Lübeck - Mitt. Geogr. Ges. und Naturh. Museum Lübeck 39, 4 S., 1937.
Rasmussen, H., Wienberg: A Monograph on the Cretaceous Crinoidea - Biol. Skr. Dan. Vid. Selsk. 12, Nr. 1 S. 1–428, 1961.
Rasmussen, L., Banke: The Marine Upper Miocene of South Jutland and its Molluscan Fauna - Danmarks Geol. Unders. II. r. Nr. 81, 1956.
— Det marine ungtertiär ved Saed - Medd. Dansk Geol. Forening 14, S. 1–28, 1958.
— Vorläufiger Bericht über das Miozän von Maade bei Esbjerg - Medd. Dansk. Geol. Forening 14, S. 115 bis 121, 1959.
— Mittel- und Ober-Miozän von Dänemark - Meyniana 10, S. 59–62, 1961.
Regenhardt, H.: Serpulidae (Polychaeta sedentaria) aus der Kreide Mittel-Europas, ihre ökologische, taxionomische und stratigraphische Bewertung - Mitt. Geol. Staatsinstitut Hamburg 30, S. 5–115, 1961.
Reich, H.: Die geophysikalische Erforschung Nordwestdeutschlands 1932–1947, ein Überblick - Erdöl und Tektonik in Nordwestdeutschland, S. 21–28, 1949.
— Geolog. Ergebnisse der seismischen Beobachtungen der Sprengung auf Helgoland - Geol. Jb. 64, S. 243 bis 266, 1950.
Reiche, Fr.: Die ersten Fossilfunde im roten Perm von Lieth bei Elmshorn - Z. Deutsch. Geol. Ges. 106, S. 547–548, 1956.
Rein, U.: Die Warthe-Vereisung in der Lüneburger Heide - Schr. Geol. Paläont. Inst. Kiel 6, S. 1–86, 1937.
— Die pollenstratigraphische Gliederung des Pleistozäns in Nordwestdeutschland. 1. Die Pollenstratigraphie im älteren Pleistozän - Eiszeitalter und Gegenwart 6, S. 16–24, 1955.
Richter, K.: Die Eiszeit in Norddeutschland - 179 S. Bln (Bornträger), 1937.
— Geröllanalytische Gliederung des Pleistozäns im unteren Emsgebiet mit Vergleichen zum Sylter Kaolinsand - Geol. Jb. 71, S. 449–460, 1955.
Richter-Bernburg, G.: Zeitmessung geologischer Vorgänge nach Warwen-Korrelationen im Zechstein - Geol. Rundschau 49, S. 132–148, 1960 (S. 136 Zechstein 2 von Bohr. Cismar abgebildet).
Richter-Bernburg, G., & Schott, W.: Die nordwestdeutschen Salzstöcke und ihre Bedeutung für die Bildung von Erdöl-Lagerstätten - Erdöl und Kohle 12, S. 294–303, 1959.
Roll, A.: Zur Strukturgeschichte der Salzstöcke von Wesendorf und Hohenhorn - Geotektonische Symposium zu Ehren von Hans Stille 1956, S. 228–245.
Rottgardt, D.: Mikropaläontologisch wichtige Bestandteile rezenter brackischer Sedimente an den Küsten Schleswig-Holsteins - Meyniana 1, S. 169–228, 1952.
Rüddiger, G.: Sedimentologische Untersuchung des Schleswig-holsteinischen Rotliegenden und verwandter Sedimente - ungedr. Dissertation Kiel 61 S. 5 Tab., 1955.
— Petrographische und facielle Ausbildung der Doggersande Schleswig-Holsteins - Erdöl und Kohle 10, S. 349–355, 1957.
Rust, A.: Das altsteinzeitliche Rentierjägerlager Meiendorf mit Beiträgen von K. Gripp, W. Krause, R. Schütrumpf, G. Schwantes, Neumünster i. H., S. 1–146 57 Taf., 1937.
— Die alt- und mittelsteinzeitlichen Funde von Stellmoor mit Beiträgen von K. Gripp, W. Kollau, W. Krause, R. Schütrumpf, Neumünster i. H., S. 1–243 107 Taf., 1943.
— Préhistoire du nord-ouest de l' Europe à la fin des temps glaciaires - L'Anthropologie 55, S. 205–218, 1951.
— Altpleistozäne Artefakt-Funde im nordwestdeutschen Moränengebiet - Mitt. Geol. Staatsinst. Hamburg 23, S. 98–102, 1954.
— Artefakte aus der Zeit des Homo heidelbergensis in Süd- und Norddeutschland - Bonn 1956, S. 1–43 40 Taf.
— Vor 20 000 Jahren (Rentier-Jäger der Eiszeit) - 2. Aufl. Neumünster i. H. (Wachholtz), 1962.

Salisbury, R. D.: On terminal moraines in North Germany - American Journal of Science 35, S. 401–407, 1888.
Satow, G.: Das Bodeneis in der Arktis. Tatsachen und Hypothesen - Archiv der Deutschen Seewarte 49, Nr. 5 S. 7–43, 1930.
Sauramo, Matti: Das Rätsel des Ancylus-Sees - Geol. Rundschau 42, S. 197–233, 1954.

Sauramo, Matti: Land uplift with hinge=lines in Fennoskandia – Annales Academiae Scientiarum Fennicae – Series A III, No. 44, S. 1–25, 1955.

— Quartäre Strandverschiebungen im NO= und SW=Sektor des Fennoskandischen Vereisungsgebietes – Meyniana 6, S. 107–115, 1958.

Schad, A.: Neue stratigraphische Ergebnisse im nordwestdeutschen Tertiär – 94.–98. Jahresber. Naturhist. Ges. Hannover, S. 42–68, 1947.

Schäfer, W.: Zur Unterscheidung gleichförmiger Kot=Pillen meerischer Evertebraten – Senckenbergiana 34, S. 81–93, 1953.

— Wirkungen der Benthos=Organismus auf den jungen Schichtenverband – Senckenbergiana Lethaea 37, S. 183–263, 1956.

Schaub, H.: Wölbung und Senkung im Norden der Niederrheinischen Bucht und ihre zeitliche Datierung – Neues Jahrb. Geol. Pal. Monatshefte, S. 241–249, 1954.

Schelling, H.: Die Sturmfluten an der Westküste von Schleswig=Holstein unter besonderer Berücksichtigung der Verhältnisse am Pegel Husum – Die Küste 1, S. 63–146, 1952.

Schlicht, G.: Die tiefste Bohrung Deutschlands – Öl u. Kohle 47, S. 1437, 1942.

Schlichting, E.: Typische Böden Schleswig=Holsteins – Schriftenreihe Landw. Fakultät Kiel 26, S. 1–140, 1960.

Schlunck, J.: Zur Kenntnis des glacialen Stauseegebietes bei Lübeck – Jahrb. Preuß. Geol. L.=A. 35 II, S. 254 bis 270, 1914.

Schmid, F.: Jetziger Stand der Oberkreide=Biostratigraphie in NW=Dtsch. Cephalopoden – Paläont. Zeitschr. 30, Sonderheft: Biostratigraphie der Oberkreide, S. 7–10, 1956.

Schmidt=Thomé, P.: Der tektonische Bau und die morphologische Gestaltung von Helgoland – Abh. Nat. Verein Hamburg N. F. 1, S. 215–249, 1937.

— Helgoland und Hoheneggelsen=Mölme ein Vergleich zweier saxonischer Aufwölbungen – Geol. Rund= schau 29, S. 491–510, 1938.

— Geologische Betrachtungen zu einer Tiefenkarte der Umgebung von Helgoland – Geologie Meere und Binnengewässer 3, S. 61–69, 1939.

— Helgoland vor und nach der Sprengung – Natur und Volk 81, S. 143–157, 1951.

— Die Sprengungen auf der Insel Helgoland – Sprengtechnik 7, 6 Seiten in 4, 1952.

Schmitz, H.: Moortypen in Schleswig=Holstein und ihre Verbreitung – Schr. Nat. Ver. Schleswig=Holstein 26, S. 64–68, 1952.

— Die Waldgeschichte Ostholsteins und der zeitliche Verlauf der postglazialen Transgression an der holstei= nischen Ostseeküste – Ber. Deutsch. Botan. Ges. 66, S. 151–166, 1953.

— Der zeitliche Verlauf der postglazialen Transgression an der holsteinischen Ostseeküste – Mitt. Geol. Staatsinst. Hamburg 23, S. 150–155, 1954.

— Die pollenanalytische Gliederung des Postglazials im nordwestdeutschen Flachland – Eiszeitalter und Gegenwart 6, S. 52–59, 1955.

— Klimaentwicklung seit der letzten Eiszeit. Vegetationsgeschichtliche und moorkundliche Untersuchungen im nordwestdeutschen Flachland – Die Umschau in Wissenschaft und Technik, S. 685–687, 1955.

Schönfelder, E.: Die Kreideanhäufungen im Geschiebemergel des nördlichen Schleswig, ihre Fossilführung und geologische Bedeutung – 25. Jahrber. Niedersächs. Geol. Ver. (Geol. Abt. Naturh. Ges. Hannover), S. 85–128, 1933.

Schostakowitsch, W. B.: Der ewig gefrorene Boden Sibiriens – Zeitschr. Ges. Erdkunde Berlin 1927, S. 394–427.

Schott, C.: Die Westküste Schleswig=Holsteins. Probleme der Küstensenkung – Schr. Geogr. Inst. Univ. Kiel 13, Heft 4 S. 1–33, 1950.

— Die Naturlandschaften Schleswig=Holsteins – Geschichte Schleswig=Holsteins I 1, S. 1–110, Neumünster in Holst., 1955.

Schott, W.: Das Perm und seine Erdölführung in Schleswig=Holstein und Nordhannover – Jahrb. Reichsamt f. Bodenforsch. 63, S. 567–589, 1943.

— Erdöl und Erdölhöffigkeit in Schleswig=Holstein – Erdöl u. Kohle 1, S. 221–231, 1948.

Schroeder, H.: Ein Stegocephalen=Schädel von Helgoland – Jahrb. Preuß. Geol. L.=A. 33 II, S. 232–264, 1913.

Schröder, H., Stoller, J.: Diluviale marine und Süßwasser=Schichten bei Uetersen=Schulau – Jahrb. Preuß. Geol. L.=A. 27, S. 455–527, 1906.

Schütrumpf, R.: Das Interglazialprofil von Lauenburg an der Elbe (Kuhgrund II) im Lichte der Pollen= analyse – Mitt. Geol. Staatsinst. Hamburg 16, S. 17–45, 1937.

— Das Spätglazial – Eiszeitalter und Gegenwart 6, S. 41–51, 1955.

— Die Moore Schleswig=Holsteins, Karte 1:500 000 – Geol. Landesamt Schlesw.=Holst. Kiel, S. 1–39, 1956.

Schütrumpf, R., und Kagelmann, G.: Die Nacheiszeit in Wort und Bild – Verlag: Wanderndes Museum Schleswig-Holsteins, Kiel, Projensdorfer Str. 324, 1952.

Schulz, P.: Diatomeen aus norddeutschen Basalttuffen und Tuffgeschieben – Zeitschr. Geschiebeforschung 3, S. 66–113, 1927.

— Beiträge zur Kenntnis fossiler und rezenter Silicoflagellaten – Bot. Archiv 21, S. 225–292, 1928.

Schulze, G. A.: Seismische Auswertung der Sprengung Helgolands – Erdöl und Tektonik in Nordwestdeutschland, S. 282–285, 1949.

Schuster, O.: Postglaziale Quellkalke Schleswig-Holsteins und ihre Molluskenfauna in Beziehung zu den Veränderungen des Klimas und der Gewässer – „Archiv f. Hydrobiologie" 16, S. 1–73, 1925.

Schwabedissen, H.: Das Alter der Federmesser-Zivilisation auf Grund neuer naturwissenschaftl. Untersuchungen mit Beiträgen von R. Schütrumpf u. K. O. Münnich – Eiszeitalter und Gegenwart 8, S. 200–209, 1957.

Schwantes, G.: Die Vorgeschichte Schleswig-Holsteins (Stein- u. Bronzezeit) – Band I, 1939, Neumünster in Holst.

— Urgeschichte von Schleswig-Holstein in Geschichte Schl.-Holst., 1956, Neumünster in Holst.

Schwarz, A.: Der tierische Einfluß auf die Meeressedimente – Senckenbergiana 14, S. 118–172, 1932.

Schwartz, W., & Müller, A.: Untersuchungen zur Erdölbakteriologie I – Arch. Mikrobiol. 14, 1948.

Seifert, A.: Hydrogeologische Untersuchungen auf Helgoland – Mitt. Geol. Staatsinstitut Hamburg 23, S. 165–169, 1959.

Seifert, Fr.: Die Scaphopoden des jüngeren Tertiärs (Oligozän – Pliozän) in Nordwestdeutschland – Meyniana 8, S. 22–36, 1959.

Seifert, G.: Die postglaziale Geschichte der Warder und der Eichholz-Niederung bei Heiligenhafen – Meyniana 4, S. 37–51, 1955.

— Das mikroskopische Korngefüge des Geschiebemergels als Abbild der Eisbewegung, zugleich Geschichte des Eisabbaues in Fehmarn, Ost-Wagrien und dem Dänischen Wohld – Meyniana 2, S. 124–190, 1954.

— Erdgeschichte der Grube-Wesseker-Niederung – Jahrb. Heimatk. Kr. Oldenburg/Holstein, S. 33–44, 1963.

Seitz, O.: Unterkreide-Erze an Strukturen im norddeutschen Flachland – Z. deutsch. Geol. Ges. 109, S. 28–35, 1957 (darin: Die Salzstöcke von Meckelfeld, Reitbrook und Hohenhorn-Geesthacht mit Karte, S. 33).

Sieverts-Doreck, H.: Armglieder von Roveacrinus aus einem norddeutschen Senongeschiebe – Zeitschr. Geschiebeforschung 18, S. 96–100, 1943.

— Über Austinocrinus im norddeutschen Senon – Mitt. Geol. Staatsinstitut Hamburg 22, S. 102–118, 1953.

— Über eine bemerkenswerte Seesternplatte aus dem Campan von Lägerdorf-Holstein – Mitt. Geol. Staatsinstitut Hamburg 27, S. 74–76, 1958.

Simon, W. G.: Mikrostratigraphie des nordwestdeutschen Miozän auf Grund der Schwermineralverteilung – Neues Jahrb. Min. etc. Beil. Bd. 68 Abt. B, S. 353–372, 1932.

— Beobachtungen und Gedanken zur Mahlsandbildung in Flußmündungsgebieten mit Gezeitenströmung – Verh. Naturw. Ver. Hamburg 4, Folge 5, S. 61–68, 1934.

— Über die Feststellung der Wurzelgebiete der Wallberge mit Hilfe der Geschiebezählung – Zeitschr. Deutsch. Geol. Ges. 89, S. 76–78, 1937.

— Geschiebezählungen und Eisrandlagen in Südost-Holstein – Mitt. Geogr. Ges. und Naturh. Museum Lübeck 39, S. 1–21, 1937.

— Geschiebezählungen, jungeiszeitliche Eisrandlagen und Schmelzwassersandebenen im Kreis Herzogtum Lauenburg – Lauenburgische Heimat 14, S. 44–61, 1938.

— Der voralluviale Untergrund des nordfriesischen Wattenmeeres – Kieler Meeresforschungen 5, S. 146–168, 1941.

— Vorläufige Bemerkungen über den Ablauf der nacheiszeitlichen atlantischen Transgression im Elbe-Ästuar – Geol. Jb. 76, S. 53–66, 1958.

Simonsen, R.: Spätglaziale Diatomeen aus Holstein – Arch. f. Hydrobiol. 53, S. 337–349, 1957.

Sindowski, K.-H.: Das Eem im Wattgebiet zwischen Norderney und Spiekeroog, Ostfriesland – Geol. Jahrb. 76, S. 157–174, 1958.

Sorgenfrei, Th.: Oversigt over praekvartaerets topografi, stratigrafi og tektonik i omradet Fyn-Sydsjaelland-Lolland-Falster-Moen – Meddelelser Dansk Geologisk. Forening 12, S. 166–171, 1951.

— Molluscan Assemblages from the Marine Middle Miocene of South Jutland and their Environments – Danmarks Geol. Unders. II. Raekke, Nr. 79, 1958.

Spethmann, H.: Forschungen im innersten Winkel der südwestlichen Ostsee – Mitt. Geogr. Ges. und Naturh. Museums Lübeck, Heft 44, S. 1–135, 1953.

Staesche, K.: Zur Gliederung des obermiozänen Glimmertons – Jahr. Preuß. Geol. L.-A. 51, S. 55–87, 1930.

Staesche, K., und Wolff, W.: Ein neuer Stegocephalenfund auf Helgoland – Jahrb. Preuß. Geol. L.-A. 54, S. 388–395, 1933.
Steinert, H.: Stratigraphie und Schwermineralprovinzen im Diluvium Schleswig-Holsteins und Norddeutschlands – Meyniana 1, S. 107–111, 1952.
Steusloff, U.: Periglazialer „Tropfen"- und Taschenboden im südlichen Münsterlande bei Haltern – Geol. Jahrb. 66, S. 305–312, 1952.
Stille, H.: Das tektonische Bild des Benther Sattels – 7. Jahresber. Niedersächs. Geol. Ver. 270–356, Hannover, 1914.
Stocks, Th.: Schallweicher und schallharter Boden im Bereich des Stoller Grundes (Kieler Bucht) in Beziehung zur Geologie – Deutsch. Hydrograph. Z. 5, S. 149–153, 1952.
— Der Steingrund bei Helgoland – Deutsch. Hydrograph. Z. 8, S. 112–118, 1955.
— Der Boden der südl. Nordsee 2. Eine neue Tiefenkarte der südl. Nordsee – Deutsch. Hydrogr. Z. 9, S. 265–280, 1956.
Stolley, E.: Die Kreide Schleswig-Holsteins – Mitt. a. d. Mineralog. Inst. d. Univ. Kiel 1, S. 191–309, 1892.
— Einige Bemerkungen über die obere Kreide, insbesondere von Lüneburg und Lägerdorf – Arch. f. Anthropol. u. Geol. Schlesw.-Holst. 1, S. 139–176, 1896.
— Über die Gliederung des norddeutschen und baltischen Senon sowie die dasselbe charakterisierenden Belemniten – Archiv f. Anthrop. u. Geologie Schlesw.-Holst. 2, S. 216–302, 1897.
— Geologische Mitteilungen von der Insel Sylt II. Zur Geologie der Insel Sylt. II. Cambrische und silurische Gerölle im Miozän – Archiv. f. Anthrop. u. Geol. Schleswig-Holstein 4, Heft 1, 1900.
— Einige Bemerkungen über die Kreide Südskandinaviens – Geol. Fören. Förh. 52, S. 157–190, 1930.
von Straaten, L. M. J. U.: Composition and structure of recent marine sediments in the Netherlands – Leidse Geol. Medelingen 19, S. 1–10, 1954.
Straka, H.: Waldverwüstung einst und jetzt – Mitt. Arbeitsgemeinschaft f. Floristik in Schleswig- Holstein und Hamburg 5, S. 283–290, 1955. Festschrift für Dr. h. c. Willi Christiansen.
— Die pollenanalytische Datierung von jüngeren Vulkanausbrüchen – Erdkunde 10, S. 204–216, 1956.
— Pollenanalyse und Vegetationsgeschichte – Neue Behmbücherei, 88 S., Wittenberg 1957.
Stremme, H. E.: Bodentypen und Bodenarten in Schleswig-Holstein – Übersichtskarte Geol. Landesamt Schleswig-Holstein, S. 1–20, 1955.
— Bodenbildung auf Geschiebelehmen verschiedenen Alters in Schleswig-Holstein – Zeitsch. deutsch. Geol. Ges. 112, S. 299–308, 1960.
Stride, A. H.: On the origin of the Dogger Bank in the North Sea – Geol. Magazine 96, 1. S. 33–44, 1959.
Struck, R.: Der Verlauf der nördlichen und südlichen Hauptmoräne in der weiteren Umgebung Lübecks – Mitt. Geog. Ges. Lübeck 2. Reihe 16, S. 1–43, 1902.
— Neue Beobachtungspunkte tertiärer und fossilführender diluvialer Schichten in Schleswig-Holstein und Lauenburg – Mitt. Geogr. Ges. u. Naturh. Museum Lübeck 2. Reihe Nr. 23, S. 49–96, 1908.

Tapfer, E.: Meeresgeschichte der Kieler und Lübecker Bucht im Postglazial – Geol. d. Meere und Binnengewässer 4, S. 113–244, 1940.
Teichmüller, R.: Das Oberflächenbild des Salzdomes von Segeberg in Holstein – Zeitschr. d. Geol. Ges. 98, S. 7–29, 1948.
— Die Lyditgerölle des Osnabrücker Karbon und der vorvariscische Außenrahmen des Karbontroges – Neues Jahrb. Geol. Paläont., S. 174–184, 1953.
Thiede, J.: Die Pyritkonkretionen der Lägerdorfer Schreibkreide – Schr. Nat. Ver. Schleswig-Holstein 31, S. 87–90, 1960.
Thiele, S.: Das Diluvium der Insel Sylt – Schr. Nat. Ver. Schleswig-Holstein 23, S. 1–27, 1939.
— Diluvialstratigraphische Untersuchungen und Geschiebezählungen in der Umgebung von Kiel. Kieler Beiträge zur Geschiebeforschung – Beiheft zur Z. f. Geschiebe-Forschg. u. Flachlandsgeol., S. 20–47, 1938.
— Die Stratigraphie und Paleogeographie des Jungtertiärs in Schleswig-Holstein – Neues Jahrb. f. Mineralogie etc. Beil. Bd. 85 B, S. 1–143, 1941.
Thienemann, A.: Das Salzwasser von Oldesloe – Mitt. Geogr. Ges. u. Naturhist. Mus. Lübeck, 2. Reihe Heft 30, S. 51–195, 1925, Heft 31, S. 25–194, 1926.
Thomson, P. W.: ohne Überschrift – Zeitsch. deutsch. Geol. Ges. 96, S. 175, 1944.
Tidelski, F.: Untersuchungen über spät- und postglaziale Ablagerungen in Becken der kuppigen Grundmoränenlandschaft Schleswig-Holsteins – Archiv für Hydrobiol. 20, S. 345–398, 1929.
— Landschaftsaufbau und Landschaftswandel des Moorseeraumes im südlichen Hinterlande Kiels – Mitt. Arbeitsgemeinschaft für Floristik in Schleswig-Holstein und Hamburg. Heft 5 Dr. W. Christiansen-Festschrift, S. 291–322, Kiel 1955.

Tidelski, F.: Pollenanalytische Untersuchungen von voll=, spät= und postglazialen Ablagerungen aus dem Trentmoor und dem Brennacker (Krs. Plön) – Schr. Nat. Ver. Schleswig=Holst. 30, S. 92–109, 1960.
Todtmann, E.: Ergebnisse einer Eembohrung südlich von Husum – Mitt. Geol. Staatsinst. Hamburg 14, S. 89–104, 1933.
— Unterirdischer Karst in der Kreide von Lägerdorf bei Itzehoe – Schr. Naturw. Ver. Schleswig=Holst. 25, S. 125–130, 1951.
— Über Schwankungen des weichselzeitlichen Eisrandes im südlichen Holstein – Abh. Naturw. Ver. Bremen 33, S. 89–106, 1952.
— Die würmzeitlichen Eisrandschwankungen im Bereich der Hahnheide bei Trittau östlich Hamburg – Mitt. Geol. Staatsinstitut Hamburg 23, S. 142–149, 1954.
— Gletscherforschung auf Island (Vatnajökull) – Univ. Hamburg. Abh. Auslandskunde 65. Reihe C Bd. 19, S. 1–95, 1960.
Troll, C.: Strukturböden, Solifluktion und Frostklimate der Erde – Geol. Rundschau 34, S. 545–694, 1944.
Trusheim, F.: Über Halokinese und ihre Bedeutung für die strukturelle Entwicklung Norddeutschlands – Z. deutsch. Geol. Ges. 109, S. 111–151, 1957.
— Mechanism of salt migration in Northern Germany – Bull. Americ. Assoc. Petrol. Geologists 44, S. 1519 bis 1540, 1960.

Ule, W.: Die Tiefenverhältnisse der ostholsteinischen Seen – Jahrb. Preuß. Geol. L.=A. 11, II. S. 102–127, 1890.

Vahl, F.: Das präparative Anfärbeverfahren nach J. Leonhardt und F. Vahl. Ein makroskopisches Unter=suchungsverfahren für Tonminerale – Tonindustrie=Zeitung 80, S. 397–398, 1956.
Valentin, H.: Die Grenze der letzten Vereisung im Nordseeraum – Deutsch. Geographen=Tag Hamburg, Aug. 1955, S. 359–366.
Valeton, I.: Der Glaukonit und seine Begleitminerale aus dem Tertiär von Walsrode – Mitt. Geol. Staatsinst. Hamburg 27, S. 88–131, 1958.
— Zur Petrographie der miozänen Glimmerton= und Glimmersandfacies Nordwestdeutschlands – Mitt. Geol. Staatsinstitut Hamburg 28, S. 110–125, 1959.
— Eine vulkanische Tufflage aus der Oberkreide von Hemmoor Niederelbe – Neues Jahrb. Geol. Pal. Mh., S. 193–204, 1959.
— Vulkanische Tuffeinlagerungen in der norddeutschen Oberkreide – Mitt. Geol. Staatsinst. Hamburg 29, S. 26–41, 1960.
Vinck, F.: Artesische Brunnen – eine Gefahr für den Grundwasserschatz – Bohrtechnik und Brunnenbau 1955, H. 10.
Voigt, E.: Die Lithogenese der Flach= und Tiefwassersedimente des jüngeren Oberkreidemeeres – Jahrb. Hallesche Verband 8, 162 S., 1929. Hier wichtig Abschnitt IV: Die Tiefwasserablagerungen des Senons, S. 111–124.
— Faciesstudien in der baltischen Kreide auf Grund neuerer Untersuchungen an Geschieben – Zeitschr. Ge=schiebeforschung 7, S. 49–85, 1931.
— Nachweis des Uintacrinus=Horizontes in der Kreide Schleswig=Holsteins – Neues Jahrb. Paläont. Monats=hefte 1954, S. 224–228.
— Das Alter der Reitbrooker=Schichten (ob. Kreide, Maastr.=Stufe) und ihr Leitfossil *Pteria (Oxytoma) danica* Ravn – Geol. Jahrb. 68, S. 617–652, 1954.
— Das norddeutsch=baltische Flachland im Rahmen des europäischen Schollenmosaiks – Mitt. Geol. Staats=inst. Hamburg 23, S. 18–37, 1954.
— Untersuchungen an Octokorallen aus der oberen Kreide – Mitt. Geol. Staatsinst. Hamburg 27, S. 5–49, 1955.
— Zur Frage der Abgrenzung der Maastricht=Stufe – Paläont. Zeitschr. 30. Sonderheft: Biostratigraphie der Oberkreide, S. 11–17, 1956.
— Neue Bryozoen aus Schreibkreide=Geschiebe (Maastricht, Ober=Kreide) der Umgebung von Hamburg – Paläont. Zeitschr. H. Schmidt Festband, S. 244–253, 1962.
Voigt, E., und Häntzschel, W.: Die grauen Bänder in der Schreibkreide Nordwest=Deutschlands und ihre Deutung als Lebensspuren – Mitt. Geol. Staatsinstitut Hamburg 25, S. 104–122, 1956.

Wagner, W.: Einpressungen von Salz in Spalten der oberelsässischen Salz= und Kalisalzablagerungen. Ein Beitrag zur Frage vom Aufsteigen des Salzes – Mitt. Geol. Landesanstalt Elsaß=Lothringen 9, S. 135–159, 1916.
Wahnschaffe, F.: Die Oberflächengestaltung des norddeutschen Flachlandes, S. 1–403, 3. Auflage, 1909. Engelhorn Stuttgart.

Wahnschaffe-Schucht: 4. Auflage des vorgenannten Buches, 1921.
Wasmund, E.: Gewinnung von „Bleichton" (Walkerde) im alttertiären Tarras am Fehmarnsund – Schrift. Naturw. Verein Schleswig-Holstein 20, S. 1–22, 1933.
— Diluviale Formengeschichte Ostholsteins – Zeitschr. Deutsch. Geol. Ges. 86, S. 129–140, 1934.
— Chemisch-physikalische Daten der Alttertiär-Tone um Fehmarn und der „innere Küstenzerfall" – Kieler Meeresforschungen 1, S. 244–263, 1936.
— Geologisch-hydrologische Taucherbeobachtungen – Geologie der Meere und Binnengewässer 1, S. 183 bis 220, 1937.
Wasser- und Schiffahrtsamt Lübeck: Das Brodtener Steilufer. Ursachen des Abbruchs. Möglichkeiten der Sicherung, S. 1–54, Lübeck 1953.
Weber, C. A.: Über die diluviale Flora von Fahrenkrug in Holstein – Englers Botan. Jahrb. 18 B. 43, 1893.
Weber, H.: Erdölgeologische Aufschlußergebnisse in Schleswig-Holstein – Erdöl u. Kohle 5, S. 697, 1952.
— Erdölgeologische Aufschlußergebnisse in Westholstein – Erdöl u. Kohle 6, S. 765–770, 1953.
— Der geologische Bau des Untergrundes von Schleswig-Holstein und seine Erdöllagerstätten – Übersichtskarte Geol. Landesamt Schleswig-Holstein, S. 1–32, 1957.
— Das Erdölfeld Heide – 20. Internat. Geol. Congreß Mexico. Symposium sobre yacimientos de petrolo y gas V. Europa, S. 31–37, 1956.
Wegemann, G.: Die Schleswigschen Diluvialseen und ihre Kryptodepressionen – Zeitsch. Ges. Erdkunde Berlin 1913, H. 8, S. 1–12.
— Die Seen Mittelholsteins – Abh. Preuß. Geol. L.-A. Neue Folge, Heft 64, S. 108–116, 1915.
Weiler, W.: Die Otolithen des rheinischen und nordwestdeutschen Tertiärs – Abh. Reichsamt für Bodenforschung N. Folge 206, S. 1–140, 1942.
— Fisch-Otolithen aus dem Hemmoor Schleswig-Holsteins – Meyniana 8, S. 96–104, 1959.
— Bericht über die Fischfauna der mittelmiozänen Nordsee – Meyniana 10, S. 49–52, 1961.
Weiss, E. N.: Bau und Entstehung der Sander vor der Grenze der Würm-Vereisung im Norden Schleswig-Holsteins – Meyniana 7, S. 5–60, 1958.
Wennberg, G.: Differentialrörelser i Inlandisen Sista Istiden i Danmark, Skane och Österjön – Meddelanden Lundes Geol.-Min. Institution 114, S. 1–201, 1949.
— Über den Geschiebetransport im Inlandeis – Schr. Nat. Ver. Schleswig-Holstein 25, S. 108–114, 1951.
Werner, H.: Zusammensetzung, Verwitterung und chemische Präparation von Sandsteinen mit karbonatischem Bindemittel – Neues Jahrb. f. Mineralogie 1951 Monatshefte, S. 34–48.
— Zur Entstehung der schleswig-holsteinischen Raseneisenerze – Schr. Nat. Ver. Schleswig-Holstein 25, S. 138–141, 1951.
— Ein neuer Fund der Schnecke *Tudicla rusticula* in Schleswig-Holstein – Meyniana 1, S. 30–31, 1952.
Wetzel, O.: Mikropaläontologische Funde in Gesteinsproben einer holsteinischen Bohrung, besonders in Kreide- und Keuperschichten – Neues Jahrb. f. Min. etc. Abh. 89 Bd. B, S. 315–348, 1948 (betr. Bohrung Nusse).
— Deutungsversuche an ausgewählten Gruppen von Mikrofossilien und Mikrostrukturen im baltischen Geschiebe-Feuerstein und einigen anderen Gesteinen der Kreidezeit – N. Jahrb. f. Min. etc. Abh. 91 Abt. B, S. 161–192, 1950.
— Übersicht über die im Feuerstein erhaltenen Protisten der baltischen Kreide – Paläontol. Z. 27, S. 37–46, 1953.
Wetzel, O., Brandt, R., und Hustedt, F.: Die Mikropaläontologie des Heiligenhafener Kieseltones (Ober-Eozän) – 27. Jahrber. Niedersächs. Geol. Verein Hannover 1935, S. 41–75.
Wetzel, W.: Farbeberg bei Nindorf – Die Heimat 1923, S. 24–25.
— Die Fossilien der Ölkreide von Heide-Hemmingstedt – Schr. Nat. Ver. Schlesw.-Holst. 18, S. 19–22, 1927.
— Geologischer Führer durch Schleswig-Holstein, Berlin, S. 1–178, 1929.
— Die Sedimentpetrographie des Sylter Tertiärs – Schr. Nat. Ver. Schleswig-Holstein 19, S. 204–232, 1931.
— Sedimentpetrographische Betrachtungen zur Ölführung der Kreide von Heide-Hemmingstedt – 25. Jahrb. Niedersächs. Geol. Ver. (Geol. Abt. Naturh. Ges.) Hannover, S. 129–137, 1933.
— Der erste Fund vom Moschusochsen im Schleswig-holsteinischen Jung-Diluvium – Die Heimat 1935, S. 258–261.
— Neue Beobachtungen am Jungtertiär von Sylt – 28. Jahresb. Niedersächs. Geol. Ver. (Geol. Abt. Naturh. Ges. Hannover) S. 74–104, 1937.
— Die koprogenen Beimengungen mariner Sedimente und ihre diagnostische und lithogenetische Bedeutung – Neues Jahrb. f. Min. etc. Beil. Bd. 78 Abt. B, S. 109–122, 1937.

Wetzel, W.: Lumineszenzanalyse und Sedimentpetrographie – Zentralb. f. Min. etc. Jahrg. 1939 Abt. A., No. 8, S. 225–247.
— Miozäner Bernstein im Westbaltikum – Zeitsch. Deutsch. Geol. Ges. 91, S. 815–822, 1939.
— Beitrag zur Kenntnis des danzeitlichen Meeresplanktons – Geol. Jahrb. 66, S. 391–420, 1952.
— Mikropaläontologische Untersuchung des schleswig-holstein. Bernsteins – Neues Jb. Geol. Paläontol., Mh. 1953, S. 311–321, 1953.
— Die Dan-Scholle von Katharinenhof (Fehmarn) und ihr Gehalt an Planktonten – Neues Jb. Geol. Paläontol., Mh. 1955, 1, S. 30–46, 1955.
— Seltene Metallverbindungen in Sedimenten – Geol. Rundschau 43, S. 464–469, 1955.
— Bildungsstätte und Entstehung der grünberindeten Flintgerölle – Schr. Nat. Ver. Schleswig-Holstein 28, S. 65–68, 1956.
— Von der Farbe in der Mineralwelt – Photographie und Forschung (Zeiss-Ikon) 7, S. 146–151, 1957.
Weyl, R.: Eine Fischfauna aus dem Eozän von Stormarn – Neues Jahrb. Min. etc. Beil. Bd. 74 Abt. B, 1935, S. 282–308.
— Zur Ausdeutbarkeit der Schwermineral-Vergesellschaftungen – Erdöl und Kohle 2, S. 221–224, 1949.
— Schwermineralverwitterung und ihr Einfluß auf die Mineralführung klastischer Sedimente – Erdöl und Kohle 3, S. 209–211, 1950.
— Schwermineralverwitterung in schleswig-holsteinischen Böden – Schrift. Nat. Ver. Schleswig-Holstein 25, S. 157–165, 1951.
— Zur Frage der Schwermineralverwitterung in Sedimenten, I. Erscheinungsbild und Vorkommen der Schwermineralverwitterung – Erdöl und Kohle 5, S. 29–33, 1952.
— (mit Beitr. v. Hans Werner): Schwermineraluntersuchungen im schleswig-holsteinischen Jungtertiär – Zeitschr. Deutsch. Geol. Ges. 104, S. 99–153, 1952.
— Die Schwermineral-Assoziation der Liether Kaolinsande – Erdöl und Kohle 6, S. 6–7, 1953.
Weyl, R., Rein, U., und Teichmüller, M.: Das Alter des Sylter Kaolinsandes – Eiszeitalter und Gegenwart 6, S. 5–15, 1955.
Willmore, P. L.: Seismic experiments on the North German explosions 1946 to 1947 – Phil. Trans. Roy. Soc. A 213, S. 123–151, 1949.
Wind, Jörgen: Tylocidaris piggene som ledeforsteninger i vort övere Senon og Danien – Meddelelser Dansk Geol. For. 12, S. 481–486, 1954.
— Echinocorys formene og deres stratigrafiske udbredelse i det overste kridt i Danmark – Medd. Dansk Geolog. Foren. 14, S. 122–131, 1959.
Winkler, H. F. G.: Über Schichtbau, petrographische Eigenschaften und praktische Beurteilung des Marschen-untergrundes – Schrift. Nat. Ver. Schleswig-Holstein 21, S. 216–229, 1935.
Wirtz, D.: Die Korallen d. norddeutschen Untermiozäns – Jahrb. Preuß. Geol. L.-A. 55, S. 84–92, 1934.
— Das Alttertiär in Schleswig-Holstein – N. Jb. Min. Geol. Pal. 81. B, S. 215–297, 1939.
— Die Fauna des Sylter Crag und ihre Stellung im Neogen der Nordsee – Mitt. Geol. Staatsinstitut Hamburg 19, S. 57–76, 1949.
Wirtz, D., und Illies, H.: Plio-Pleistozängrenze und Günzeiszeit in Nordwestdeutschland – Eiszeitalter und Gegenwart 1, S. 73–83, 1951.
— Lower Pleistocene stratigraphie and the plio-pleistocene boundary in Nortwestern Germany – The Journal of Geology 59, S. 463–471, 1951.
Wohlenberg, E.: Entstehung und Untergrund der Insel Trischen – Mitt. Geogr. Ges. Hamburg 49, S. 158 bis 187, 1950.
— Sinkstoff, Sediment und Anwachs am Hindenburgdamm – Die Küste 2, S. 33–94, 1954.
Woldstedt, P.: Beiträge zur Morphologie von Nordschleswig – Mitt. Geog. Ges. u. Naturh. Museum Lübeck 2. Reihe 26, S. 41–110, 1913.
— Die „Äußere" und die „Innere" Baltische Endmoräne in der westlichen Umrandung der Ostsee – Centrbl. f. Min. etc. 1925 Abt. B, S. 34–39.
— Die großen Endmoränenzüge Norddeutschlands – Zeitsch. D. Geol. Ges. 77, S. 172–184, 1925.
— Geologisch-morphologische Übersichtskarte des norddeutschen Vereisungsgebietes, Berlin 1935.
— Norddeutschland und angrenzende Gebiete im Eiszeitalter, S. 1–464, Stuttg. 1950.
— Die Entstehung der Seen in den ehemals vergletscherten Gebieten – Eiszeitalter und Gegenwart 2, S. 146–153, 1952. (Der Verfasser berichtigt darin seine ältere Vorstellung vom Möllner Sander, die schon vorher von K. Gripp 1933 S. 42 und W. G. Simon 1938 in gleichem Sinne ergänzt waren.)
— Saale-Eiszeit, Warthestadium und Weichseleiszeit in Norddeutschland – Eiszeitalter und Gegenwart 4/5, S. 34–48, 1954.

Woldstedt, P.: Das Eiszeitalter 2. Aufl., S. 1–438, Stuttgart 1958.
Wolff, W.: Geol. Beobachtungen auf Sylt nach der Dezember=Flut 1909 – Zeitsch. Deutsche Geol. Ges. 62 Monatsberichte, S. 40–64, 1910.
— Erläut. Bl. Pinneberg. Lief. 192, 1913.
— Aufnahme auf Bl. Pinneberg – Jahrb. Preuß. Geol. L.=A. 33, II, S. 502, 1914.
— Das Diluvium der Gegend von Hamburg – Jahrb. Preuß Geol. L.=A. 36, II, S. 227–324, 1915.
— Der Erdboden und seine Entstehung in Heimatbuch des Kreises Steinburg I, Glückstadt 1924, S. 35–57. (Gute Abbildungen und Profile einiger älterer Bohrungen.)
— Die Entstehung der Insel Sylt – Hamburg 3. Aufl., 1928.
— Die Os=Landschaft von Barsbek und Wisch in der Probsteier Marsch – Die Heimat 1933, S. 271–272.
— Zur Quartärgeologie von Holstein – Zeitschr. Deutsche Geol. Ges. 85, S. 425–436, 1933.
Woszidlo, H.: Foraminiferen und Ostracoden aus dem marinen Elster=Saale=Interglazial in Schleswig=Holstein – Meyniana 12, S. 65–96.
Wüst, E.: Beiträge zur Kenntnis der diluvialen Nashörner Europas – Centralbl. Min. Geol. Pal. 1922, S. 641–656, 680–688.
Wurster, P.: Kreuzschichtung im Buntsandstein von Helgoland – Mitt. Geol. Staatsinst. Hamburg 29, S. 61–65, 1960.
— Geologisches Porträt Helgolands – Die Natur 70, S. 135–150 Schwäbisch Hall, 1962.

Zagwijn, W. H.: In: Geological History of the Netherlands, S. 66 Miocene, S. 75 Tiglian, 1956.
— Zur stratigr. und pollenanalyt. Gliederung der pliozänen Ablagerungen im Roertal=Graben und Venloer Graben der Niederlande – Fortschr. in der Geologie von Rheinland und Westfalen 4, S. 5–26, 1959.
— Aspects of the Pliocene and early Pleistocene vegetation in the Netherlands – Mededelingen van de Geologische Stichting Serie C –III–1– No. 5, 1960.
— Vegetation, climate and radiocarbon=datings in the Late Pleistocene of the Netherlands Part I: Eemian and Early Weichselian – Mededelingen van de Geologische Stichting Nieuwe Serie No. 14, 1961.
Zans, V.: Das letztinterglaziale Portlandia=Meer des Baltikums – Comptes rendus Soc. géol. de Finlande 9, S. 231–250, 1936.
Zeise, O.: Über die Vorkommen von Riesenkesseln bei Lägerdorf – Zeitsch. Deutsch. Geol. Ges. 39, S. 512 bis 516, 1887.
Zeuner, F. E.: The Pleistocene Period. Its climatechronology and faunal successions. London 1945.
— Dating the Past, an introduction to geochronology 4. Ausg. London 1963.

Sachverzeichnis

Bohrungen, Strukturen und Tröge sind im Ortsverzeichnis angeführt

Ortsverzeichnis

BERICHTIGUNGEN UND ERGÄNZUNGEN

S. 19 Abb. 2: Maßstab statt 50 km richtig 5,0 km.

S. 120 und Taf. 20, Fig. 3: Die Gattungsbezeichnung *Discotrochus* ist zu ersetzen durch *Kionotrochus (Cylindrophyllia)*, siehe Squires, D. F.: The scleractinian genera *Kionotrochus* and *Cylindrophyllia* – Rec. Domin. Mus. New Zealand 3, Nr. 4, S. 283–288, 1960.

Über den in unseren Kreide-Ablagerungen häufigen Schwamm *Porosphaera* siehe Hurcewicz, H.: *Porosphaera* z gornej Kredy okolic Krakowa – Acta paläont. polon. 5, Nr. 4, S. 435–450, 1960.

Die Vorlagen zu den Zeichnungen im Text verfertigten Graphiker A. Möller, Kiel; Kunstmaler R. Stelling, Neumünster; Kartograph E. Raeth, Kiel.

TAFELANHANG

Eistektonische Störungen in der Stauchmoräne von Wandelwitz

1 In der Stauchmoräne zu Wandelwitz (M. Bl. Heiligenhafen r 21 500, h 24 300) war 1952 eine 6,70 m hohe Wand aufgeschlossen.
Eine von der Grundmoräne überlagerte Sandfolge war auf schräg ansteigender Fläche unter Bildung zweier Faltenköpfe und einer Einbruchzone zwischen diesen von der Stirn des Eises aufwärts gepreßt worden. Die Grundmoränen=Decke war später auf der Höhe durch Erosion abgetragen mit Ausnahme der in die Einbruchszone eingesunkenen Teile. Der Grabeneinbruch beträgt rechts (= Südseite) rund 1 m (s. Fig. 2). Links erreichen rund sieben Verwerfungen mit kleineren Beträgen annähernd den gleichen Senkungsbetrag. Einzelheiten über die Störungen siehe Figur 2.

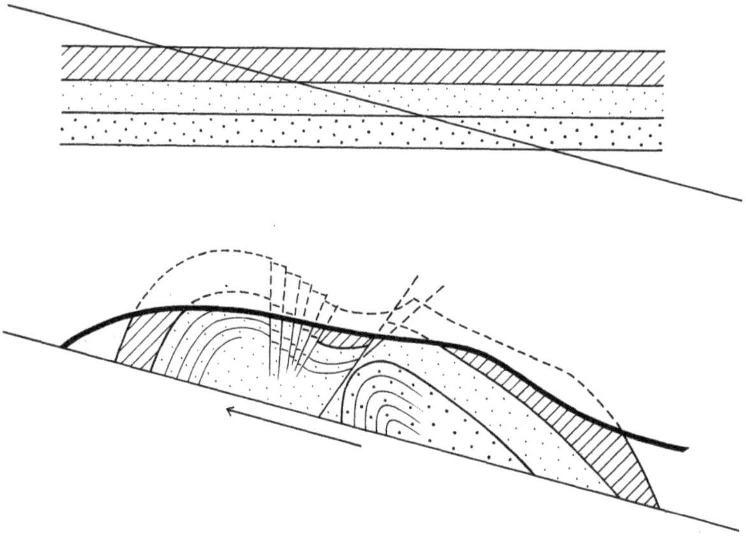

Die Lagerung der Schichten von Wandelwitz vor und nach der Pressung durch den Eisrand

2 Falten, Verwerfungen und Überschiebungen im mittleren Teil der Figur 1.
Durch Eisdruck ist der Sand von rechts auf die links unten sichtbaren, schräg ansteigenden Sande hinaufgeschoben. Dabei ist der untere Teil der oberen Sande unter Bildung einer Falte zurückgeblieben. Deren hoher Teil ist an einer Verwerfung, die von der Stirn jener Falte schräg nach oben führt, als Graben abgesunken. Durch das Absinken in den Graben ist oben Grundmoräne erhalten geblieben, während diese rechts und links abgetragen wurde. Von der Hauptverwerfung zweigen oben links zwei die Grundmoräne querende Verwerfungen ab. An ihnen sind im Querschnitt keilförmige Teile eingesunken als Folge der Dehnung der Schichten beim Einsinken in den Graben.
Die Punkte a rechts und links der Hauptverwerfung lassen deren Sprunghöhe erkennen.

1

2

Schleswig-holsteinische Geologen

1 J. G. Forchhammer aus Husum 1794–1865, Apotheker, Prof. der Mineralogie in Kopenhagen.

2 Ludewig Meyn aus Pinneberg 1820–1878, 1848–1852 Dozent für Mineralogie und Geologie an der Universität Kiel.

3 Otto Torell 1828–1900, Schwede, 1866 Prof. für Zoologie und Geologie zu Lund; 1871 Leiter von Sveriges geologiska Undersökning; erforschte die Arktis. T. vertrat seit 1866 die Anschauung, das nordische Inlandeis wäre so weit vorgedrungen, wie „erratische Gesteine" vorkämen. Die deutschen Fachleute konnte er jedoch erst 1875 überzeugen.

4 Ernst Stolley aus Kiel 1869–1944, 1894–1901 Privatdozent an der Universität Kiel. Danach Professor an der Technischen Hochschule Braunschweig.

5 Carl Gottsche aus Altona 1855–1909, 1880 Privatdozent an der Universität Kiel. Ab 1887 in Hamburg, zuletzt als Direktor des Mineralogisch-Geologischen Staatsinstituts.

6 Hippolyt Haas aus Stuttgart 1855–1913, 1881–1909 Assistent, Dozent, ord. Honorar-Professor an der Universität Kiel.

7 Wilhelm Wolff aus Hildesheim 1872–1951, aufgewachsen in Schleswig-Holstein. Ab 1905 als Landesgeologe in Schleswig-Holstein tätig.

8 Ewald Wüst aus Halle/Saale 1875–1934. Ab 1910 a. o. Professor für Historische Geologie und Paläontologie am Mineralogischen Institut, ab 1925 ord. Professor und Direktor des Geologischen Instituts an der Universität Kiel.

9 Rudolf Struck aus Lübeck 1861–1935, Arzt, Zoologe und erfolgreicher Amateur-Geologe.

1

2

3

4

5

6

7

8

9

Zechstein

1 Blick in die Tongrube der Kallmorgenschen Ziegelei zu Langenfelde bei Altona um 1900. In der Mitte: Gipsfelsen, der Top der Hutbildung über der Salzstruktur Langenfelde, der die Erdoberfläche fast erreichte, aber nicht durchstieß.
Rechts dunkler miozäner Ton, links heller, vermutlich zur Pliozän=Zeit verwitterter so=genannter Kapselton. Weiter gegen außen folgte hier gleichfalls obermiozäner Glimmer=ton und Sande der Reinbeker und Hemmoorer Stufe des Miozän.
Links von den Häusern ist die dünne diluviale und postglaziale Bedeckung aus Sand und Torf angeschnitten. Hier fanden sich Ren=Geweihe, darunter eines zu einer Axt vom Typus der Ahrensburger Stufe verarbeitet.
In Taschen inmitten des Gipsfelsens wurden die Absätze eines interglazialen Tümpels reich an Pflanzenresten, besonders Früchten angetroffen. In der Mitte die helle Wolke einer Sprengung.

2 Anhydrit aus dem Kern des Segeberger Gipsberges. Das Gestein ist so dicht, daß Steinsalz (siehe im oberen Drittel der Abbildung, z. T. würfelförmig) erhalten blieb, obgleich der Anhydrit langsam durch das Grundwasser hindurch herausgehoben wurde. 1/1 nat. Gr.

3 Bohrung Eisendorf bei Wennbek unweit Nortorf. Bohrkern Zechstein=Gips. Das Gestein ist durch den Salzaufstieg steilgestellt, wie die dunklen Lagen aus feinkörnigen $CaCO_3$ ($? + MgCO_3$) bezeugen. Länge 9 cm.

1

2

3

Buntsandstein Helgoland 1

1 Blick von der Nordmole auf die Südseite der Insel.
Die Lage weißen Sandes, die oben am geweißten Lummenfelsen heraustritt, trennt den unteren dunkelrötlichen vom oberen weinrötlichen Teil des Mittleren Buntsandsteins. Das Einfallen ist nach NO gerichtet. Ferner ist zu erkennen, daß links unterhalb des Leuchtturms die obere Schichtenfolge durch Einsinken an Querverwerfungen bis an das Meer hinabreicht. Dahinter aber hebt sich die untere Serie gegen Osten wieder zunehmend heraus.

2 Platte gerippelten Sandsteins mit Ausgüssen der Einschläge von Regentropfen. Untere Serie nahe Lummenfelsen. Breite 13 cm.

3 Platte aus der oberen Serie mit Schwingungsrippeln und Trockenrissen. Der gleichmäßige Absatz weiterer, die Rippeln nachformender Schichten läßt in flaches Wasser gefallenen Flugsand vermuten. Münze = 1 DM.

4 Sandstein-Lage mit Flugsand-Pusteln, die auf feuchtem Untergrund aufwuchsen. Links oben kreisförmiger Bleichungshof. Höhe 9,5 cm.

5 Südwestseite der Insel. X-förmige Klüfte, ein Zeichen der Dehnung über dem Salzaufbruch, beschleunigen den Zerfall der Steilwände.

Aufnahmen des Verfassers

1

2

3

4

5

Buntsandstein Helgoland 2

1 Schädel des zu den Stegocephalen gehörenden Amphibiums *Parotosaurus helgolandiae* (SCHRÖDER), a) von unten, b) von oben. Länge 51 cm.

2 Muschel *Avicula murchisoni,* H. B. GEINITZ, im Gestein der Unteren Serie nahe Lummen-Felsen. Links unten Bleichungshof. Nat. Größe.

3 Bruchstück des Schlüsselbeines eines Stegocephalen, gefunden auf einem Lehrausflug 1956 von stud. geol. HENNIGSEN; jetzt im Geologischen Institut der Universität Kiel, a) von der Seite, b) Aufsicht. Wühlfährten im Anschnitt links von dem Knochen; in der Aufsicht beiderseits davon als helle Flecke. Länge 10 cm.

4 Braunrotes Gestein der unteren Serie des Mittleren Buntsandsteins mit Kriechfährten von ? Würmern. Gefunden am Blackhorn von stud. HILTERMANN 1934. Feine Trockenrisse. Die etwa zwölf Fährten von 5 mm Breite weisen z. T. zwei Reihen scharfer Eindrücke, vielleicht von Borsten herrührend auf.

5 Platte aus der oberen Serie des Mittleren Buntsandsteins. Trockenrisse im weinroten mergeligen Sandstein sind mit hellgrauem dolomitisch kalkigem Sandstein angefüllt. Schlüssel als Größenmaßstab. Nordostseite der Insel.

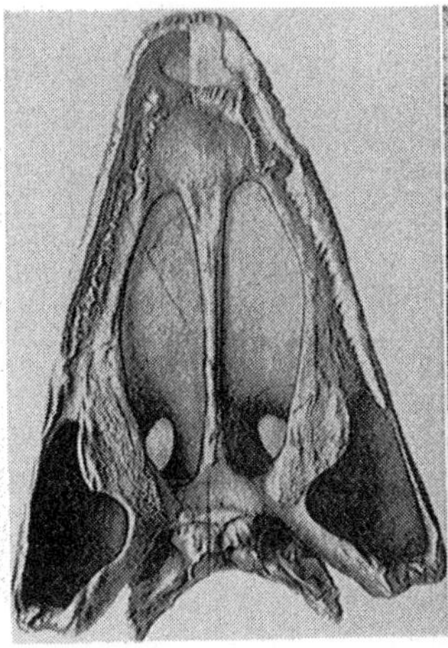

1a

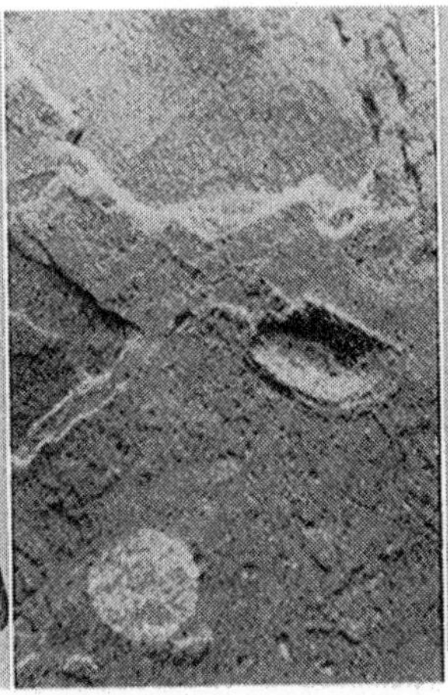

2

1b

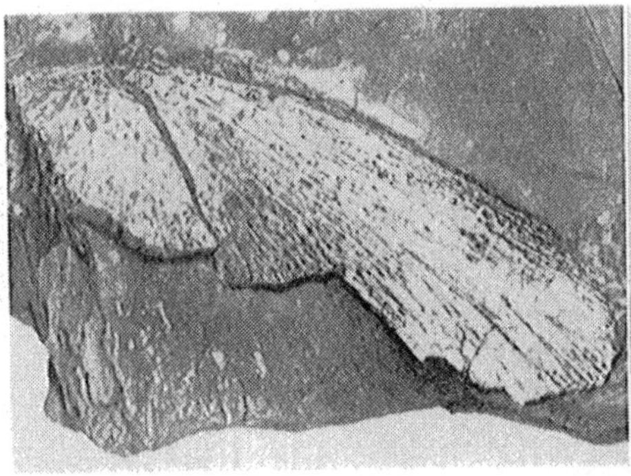

3a

3b

4

5

Muschelkalk Helgoland

1 Schenkelknochen eines Sauriers, vermutlich *Nothosaurus,* Länge 6,5 cm. Die zahlreichen Doppelporen auf der Oberfläche des Gesteins sind Eingänge zu den U=förmigen Röhren des rezenten Wurmes *Polydora.* Düne Helgoland.

2 Vom Wirbelkörper getrennter Bogen mit Dornfortsätzen des gleichen Sauriers. Breite 1,3 cm; aus der Spaltfläche des Kalksteins herauspräpariert. Düne Helgoland.

3 Rot=, grau= und weiß=gebänderter Gips des Mittleren Muschelkalks; Münze 1 DM. Gerölle der Düne nach der Sturmflut vom 16. Februar 1962. Aufnahmen des Verfassers

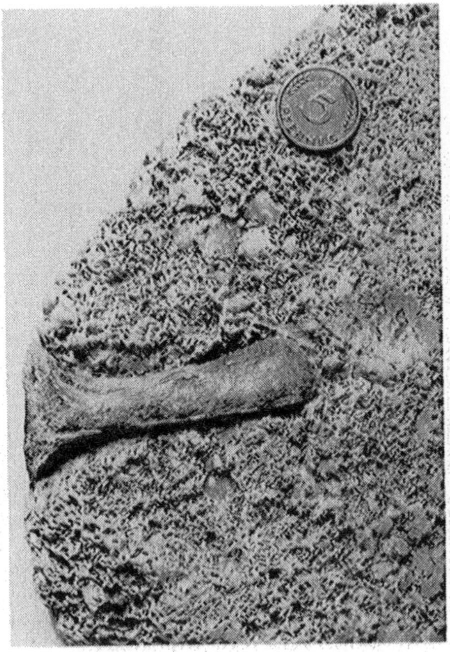

1

2

3

Jura

1 Transgression des Hauterive über Dogger γ bei einer Teufe von 2572,50 m in der Bohrung Plön=Ost/Dogger 25. M.=Bl. Stolpe. Der Bohrkern ist der Länge nach aufgeschnitten.

Oben: Bräunlichgraues tonig=feinsandiges Transgressions=Konglomerat des Hauterive mit z. T. angelösten Geröllen aus kalkigem Toneisenstein, Phosphorit und Sandstein; häufig grobe Quarzkörner (max. 1–3 mm Dm). Einige bräunliche Eisenooide und Glaukonit=Körner, vereinzelt Schalenbruchstücke von Lamellibranchiaten und Brachiopoden. Die Transgressionsfläche ist sehr unregelmäßig. Von ihr gehen Taschen und Grabgänge in das Doggergestein hinein, die von Hauterive=Material erfüllt sind.

bei 2572,50 m

Unten: Grauer, tonflaseriger Feinsandstein des Dogger, einige Holzreste führend. 7–8 cm unterhalb der Transgressionsfläche ist ein 2–3 mm mächtiger Grabgang, der mit Transgressionsgestein des Hauterive ausgefüllt ist, längsgeschnitten.
Mit Genehmigung der Deutschen Erdöl=AG dankenswerterweise zur Verfügung gestellt von der Bundesanstalt für Bodenforschung in Hannover. Foto: F. ESCHWEIDER.
Die Schichtlücke umfaßt 15–20 Millionen Jahre.

2 Bohrkern. Tonstein des Lias mit Lagen angefüllt mit der Muschel *Pseudomonotis*. Bohrung Schinkel=Westensee 1, in Suchsdorf, 1800 m Tiefe, Durchmesser 8 cm.

3 Bohrkern aus Lias ε, Bohrung Schwedeneck 3 a, 1500 m Tiefe. Durch Salztektonik ist der Tonstein bis 70° wahren Einfallens aufgerichtet und dabei zerbrochen. Auch sind Lagen von Faserkalk neu entstanden. Länge 19 cm.

4 Bohrkern aus Doggersandstein mit dunklen Tonlagen. Bohrung Kiel 1 a; 2044 m Tiefe, Durchmesser 8,5 cm.

1

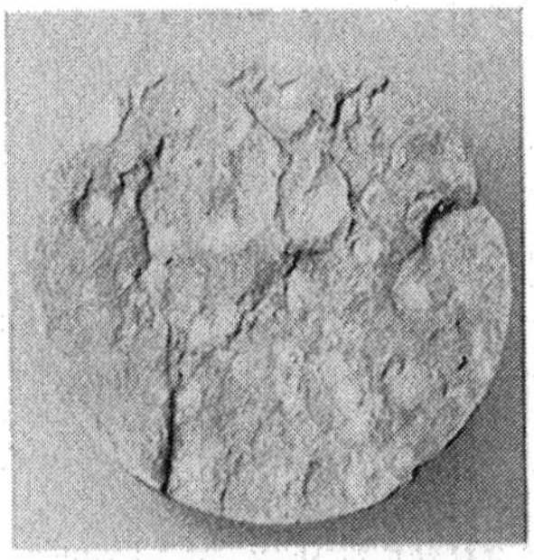

2

3

4

Unterkreide von Helgoland, gefunden als Geröll auf der Düne

1 Bituminöse plattige Kalk=Gyttje, Töck genannt, mit ästigen Röhrenfährten, den sog. Chon=driten. Alter: Apt, nat. Größe.

2 Wurmröhren *Serpula phillipsi* Sow. aus Neokom=Tonen. Dieser große Röhrenwurm lebte im Kampf dagegen, durch Schlick erstickt zu werden. Seine Larve siedelte auf möglichst hoher fester Unterlage. Seine Gehäuse wand er anders als Schnecken, nach oben auf, sowohl links (a) wie rechts herum (b). Wenn sich eine Larve auf einem jungen Wurm=gehäuse selber niederließ, wuchsen beide einander parallel nach oben (c). War die feste Unterlage beschränkt, siedelten die Würmer so dicht nebeneinander, daß sie seitlich aneinander festwuchsen (d). Wurde eine Röhre umgekippt, so siedelten andere Würmer auf dem höchsten Punkt der verunglückten Röhre (e). Ein Hochsiedeln von 6 Würmern zeigt Fig. 2 f, Höhe 5 cm.

3 „Katzenpfote", Neokom=Ton, $^{3}/_{2}$ der nat. Größe. Aufsicht auf eine Scheidewand zwischen den Gaskammern der Ammoniten=Gattung *Crioceras*. Diese Wände sind, um höhere Stützfestigkeit zu erreichen, randlich nach dem Wellblech=Prinzip hin= und hergebogen. Die Kammer selber wurde nachträglich durch Phosphorit ausgefüllt. Oben am Rand (dunkel) Reste des Siphos, jener Röhre, die die einzelnen Kammern mit dem in der letzten großen Wohnkammer befindlichen Tier verband.

4 Junge Belemniten, pyritisierte Jung=Ammoniten *(Hoplites, Puzosia)*, Schnecken, Muscheln, Brachiopoden aus dem neokomen Mergelton, die durch die Sturmflut vom 16. Februar 1962 an der Westseite der „Düne" als Spülsaum hoch auf die Dünen verfrachtet waren.

5 Töck des Apt mit einer Reihe Haken aus Chitin, die den Fangarm eines Tintenfisches bewehrten. Die natürliche Lage dieser „Onychiten" zeugt von der Ruhe, die infolge Sauerstoff=Mangels am Grunde dieses Meeres herrschte. Länge der Haken 8 mm. Eigen=tum des Geologischen Landesamtes Kiel.

6 Töck (bituminöse Tongyttje) des Apt. Ein Ammonit, dessen Windungen sich nicht berühren, vermutlich *Crioceras*. Nur die mit Gestein ausgefüllte Wohnkammer ist voll erhalten. Die nur mit Gas erfüllten inneren Kammern sind flach gedrückt. Der Kalk der Schale ist durch Pyrit ersetzt.

a b c

1

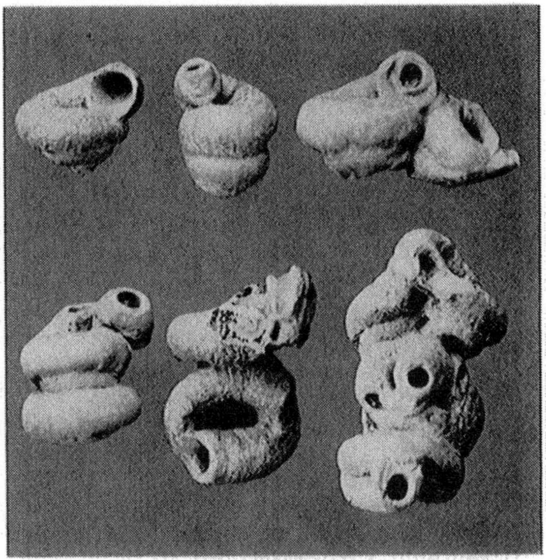

2

d e f

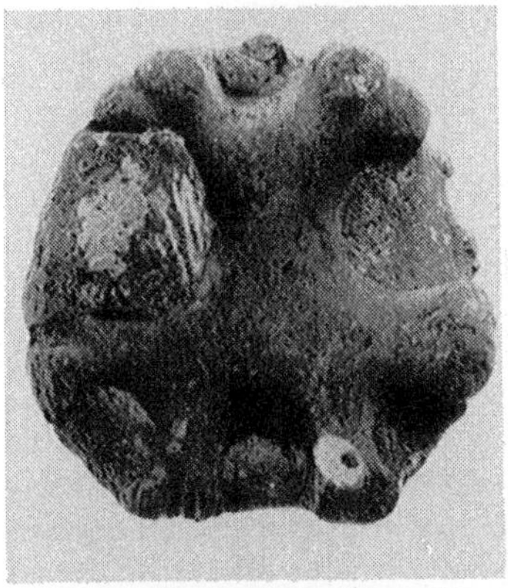

3

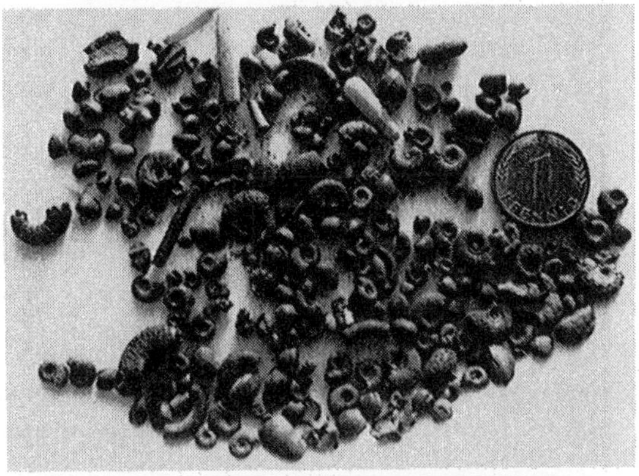

4

5

6

Unter=Kreide. Geröll der Düne vor Helgoland (außer Fig. 2)

1 Auster *Exogyra couloni* aus den Neokom=Tonen in Lebendstellung.
  a) Die Schale von innen gesehen, 17,4 cm lang.
  b) Die gleiche Schale von außen mit dem Abdruck eines Ammoniten, auf dem sich die Muschel angesiedelt hatte.
  c) Eine Gegenklappe der gleichen Art (längster Durchmesser 11 cm). Um den Leib des Tieres zu schützen, mußte sich der Rand der beweglichen Oberklappe dem der fest=gewachsenen Unterklappe stets anschmiegen. Dadurch wurde die Form der Unterlage der Unterklappe, eben das Ammoniten=Gehäuse, abgeschwächt auch von der Ober=klappe nachgeformt.
  Vor der Kriegszerstörung im Besitz des Geologischen Staatsinstituts Hamburg.

2 Steinkern der Muschel *Thetironia*. Hauterivien. Geschiebe Ahrensburg. Leitfossil, erkennt=lich an der Mantelbucht unter dem Wirbel. Die Muschel gestattet, die hellen Kalksandsteine der Simbirskiten=Schichten von ähnlichen Gesteinen des Jura zu trennen. 1/1 nat. Größe.

3 Rostrum von *Hibolites jaculum* Sow.
Neokom=Ton.

4 Bituminöse plattige Tongyttje („Töck") des Apt mit hornartigem Schulp eines Tinten=fisches (? *Geoteuthis*). Bisweilen mit der eingetrockneten Sepia des Tintenbeutels gefunden.

5 Ammonit *Neocraspedites tenuis* (v. Koenen) Neokom Düne Helgoland. Innere Win=dungen aus Phosphorit, äußere Windungen aus Pyrit. Größter Durchmesser 11,7 cm.
a) von der Seite, b) von der Schmalseite. W. Wetzel det.

6 Stilleben vom Grunde des Apt=Meeres, bewahrt im Töck, nat. Größe.
Das über dem Grunde des Meeres stehende Wasser war frei von Sauerstoff; daher fehlten den Schlamm durchwühlende Aasfresser. Zunächst versank ein toter Fisch unversehrt im Schlamm. Auf ihn legte sich ein Ammonit mit erhaltenem Weichkörper, denn rechts von den inneren Windungen des Ammoniten ist hell dessen Verschlußdeckel (Aptychus) in zu=sammengeklapptem Zustand erhalten. Die Wohnkammer des Ammoniten überdeckt den oberen Teil der Wirbelsäule des Fisches. Der Kalk der Ammonitenschale ist durch Pyrit ersetzt. Deren Rippen wurden leicht retuschiert.
Gefunden 1962 und im Besitz von Fräulein Marion Matthes, Braunschweig.

3–6 Aufnahmen des Verfassers

Tafel 9

1b

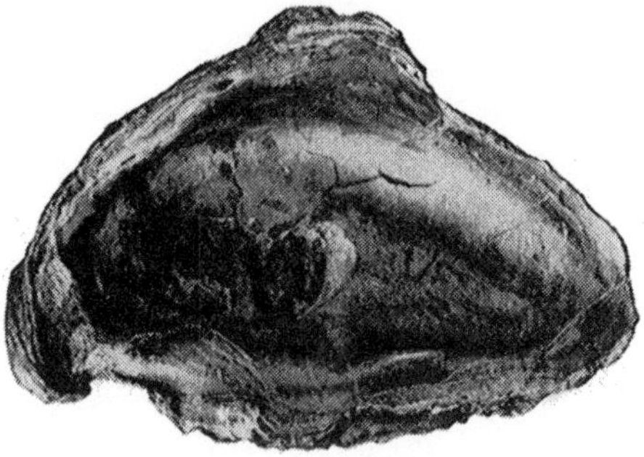

1a

1c

3

4

2

5

6

Ober=Kreide

1 Kreide=Geschiebe der Riß=Vereisung. Sandgrube bei Uetersen. Stereo=Aufnahme, bei Einstellung der Augen auf unendlich auch ohne Gerät räumlich wirkend.
Bei der Verkieselung des Kreide=Kalkes geschah dies örtlich nur in den Wühlfährten. Als später die Kreide durch Verwitterung fortgelöst war, wurde ein Teil der zahlreichen kleineren und größeren, z. T. ineinandergelegenen Fährten der einstmals im Kreideschlamm lebenden Tiere sichtbar. Reste und Abdrücke von Röhrenfährten bezeugen, daß ursprünglich noch mehr davon vorhanden waren.
Prof. Otto Lehmann, Altona, übergab den Fund dem Geologischen Staatsinstitut Hamburg, wo es durch den Krieg verlorenging. Aus K. Gripp: 1933 b.

2 Flintreicher Kalk der Dan=Stufe.
Bohrung Preetz 2 in rund 1200 m Tiefe. Länge um 30 cm. Der feste Kalk ist zu mehr als 10% in blaugrauen bis weißen Feuerstein umgewandelt. Den Kern ließ die DEA freundlicherweise auf Wunsch des Verfassers ziehen, um das Gestein als Ganzes kennenzulernen.

3 Wand im Kreidebruch der Breitenburger Portland=Cement=Fabrik zu Lägerdorf. Quadratenkreide mit dunklen Flintlagen und X=förmigen Dehnungsrissen. Die eingetretene Lageveränderung ist an der mittleren Flintschicht abzulesen. Aufnahme Gripp 1959

1

2a

2b

3

Ober=Kreide

1 Foraminifere (Einzeller) *Neoflabellina* sp. Geschiebe, Fehmarn. Kalkhaltiger Feuerstein der Dan=Stufe. Länge 11 mm.

2 Kieselschwamm *Ventriculites.* Kreide Lägerdorf, Grube der Breitenburger Portland=Cement=Fabrik.
Gestalt: Schlanker Kelch mit breitem Rand. Das 7,5 cm breite Stück zeigt den Übergang in den flachen Oberrand.

3 Stielstücke vermutlich vom Kieselschwamm *Ventriculites.* Geschiebe Flensburg.
a Abdruck, b Ausguß.

4 Keulenförmiger Seeigelstachel von *Tylocidaris,* mit Öffnung zu dem Lebensraum eines Einwohners, vermutlich ein Schneckenpaar. Länge 11,5 mm. Fundort Kiel.

5 Dasselbe in verwittertem Feuerstein erhalten. Geschiebe Kiel. Länge des Seeigelstachels 2 cm. Die ursprüngliche Kreide um den Seeigelstachel und im Hohlraum des Stachel=einwohners ist zu Feuerstein verkieselt, nicht aber der Kalk des Stachels. Dieser wurde später, als der Feuerstein geplatzt und der Verwitterung ausgesetzt war, fortgelöst. Daher ist heute im Bilde dunkler Hohlraum, was einst Stachel war, und der ehemalige Hohlraum im Stachel ist heute eine nußförmige Flintmasse.

6 Feuerstein mit Fossilien, ein Abbild des Zustandes am Grunde des Ober=Kreide=Meeres. Geschiebe Stein (Probstei). Länge 18 cm.
Oben Seeigel *Echinocorys,* leicht eingedrückt, außen aufgewachsen die Muschel *Gyropleura.* Das Innere des Seeigels ist verkieselt, soweit es mit Kreide erfüllt war. Wühlfährten auf der Oberfläche der Flintfüllung, eine rechts innen am Skelett des Seeigels entlang. Regel=los, aber in einer Ebene verstreut: Stacheln eines regulären Seeigels, links ein Teil von dessen Skelett, von innen gesehen. Links von der *Gyropleura* zwei Zähne des Kau=apparates des regulären Seeigels. Sammlung K. Gripp.

7 Muschel *Inoceramus regularis.* Quadratenkreide Lägerdorf. Schloßrand rechts oben.
8 : 8,5 cm messend.

8 Schere eines Stillwasser=Krebses *Ischnodactylus* in Feuerstein, häufig irrtümlich für Fisch=kiefer gehalten. Geschiebe Hubertsberg, Probstei. Senon; Länge 3 cm. stud. phys. Arp leg.

9 Haifischzahn in Feuerstein. Geschiebe Kiel. Länge 15 mm.

10 *Mosasaurus* spec. Lägerdorf. Alte Alsensche Grube.
a) Teil der Schwanzwirbelsäule, rund 80 cm lang. Das Fundstück ist durch Kriegs=einwirkung in Hamburg verlorengegangen.
b) Zahn des Tieres. Länge 3,5 cm, von der Innenseite und von hinten gesehen. Von der basalen Bruchfläche und von Verletzungen des Schmelzes (helle Flecken) sowie von der abgekauten Spitze haben sich bohrende Organismen, vermutlich der Bohrschwamm, im Dentin ausgebreitet. Sammlung Gripp, geschenkt 1907 von Dr. med. P. Hansen in Lägerdorf.

Die bis 12 m langen Tiere besaßen nur Fangzähne. Zum leichteren Verschlingen größerer Beutestücke konnten die Tiere ihr Maul erweitern; denn die Knochen der Unterkiefer=Äste waren in deren Mitte beweglich verbunden. Auch waren die Unterkiefer=Hälften vorn (Symphyse) nicht verknöchert, sondern wie bei den Schlangen durch ein Ligament elastisch zusammengehalten. Auch die Fortbewegung war schlangenartig, unterstützt von paddelartigen Gliedmaßen.

2 3

1

4 5; 6

7 8; 9

10b 10a

Untereozäne Tuffite

1 Geschiebe Schulensee, Dünnschliff senkrecht zur Schichtung, zehnfach vergrößert. Unten Ton mit Diatomeen, darüber, scharf einsetzend, vulkanischer Staub, dessen Korngröße infolge der Seigerung beim Niedersinken des Aschenregens nach oben abnimmt; Bindemittel Kalkspat.

2 Vergrößerung 1 : 100 des linken Viertels der Grenze Ton–Tuff der Fig. 1. Der dunkle Ton unten zeigt quer=geschnitten helle Diatomeen und unten einen dunkel umrandeten Fischrest. Oberhalb des Tones Tuffkörner aus hellem und dunklem Glas, darin größere und kleine Gasblasen. Zerplatzte Gasblasen bedingen den bogen=förmigen Außenrand mancher Tuff=Körner. Links auf der Oberfläche des Tones schwarzes Glas mit hellen Feld=spatkristallen darin.

3 Ausschnitt aus dem mittleren Teil des gleichen Aschenregens. Vergrößerung 1 : 100. Die Körner sind kleiner, z. T. reich an winzigen Gasblasen. Manche Körner dunklen Glases sind angelöst.

4 Geschiebe Elmenhorst, Kreis Stormarn. Tonlage unmittelbar unter einer Tuffschicht reich an Diatomeen. Vergrößerung 1 : 100.

Die Mikroaufnahmen verdanke ich Herrn Dr. SIMONSEN, Botanische Abteilung des Instituts für Meereskunde der Universität Kiel.

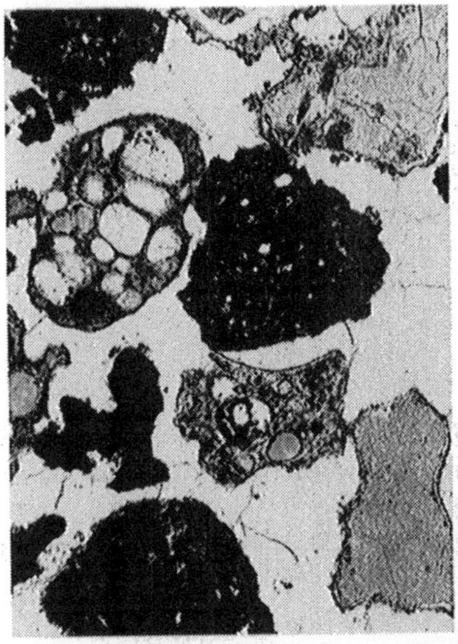

3; 4

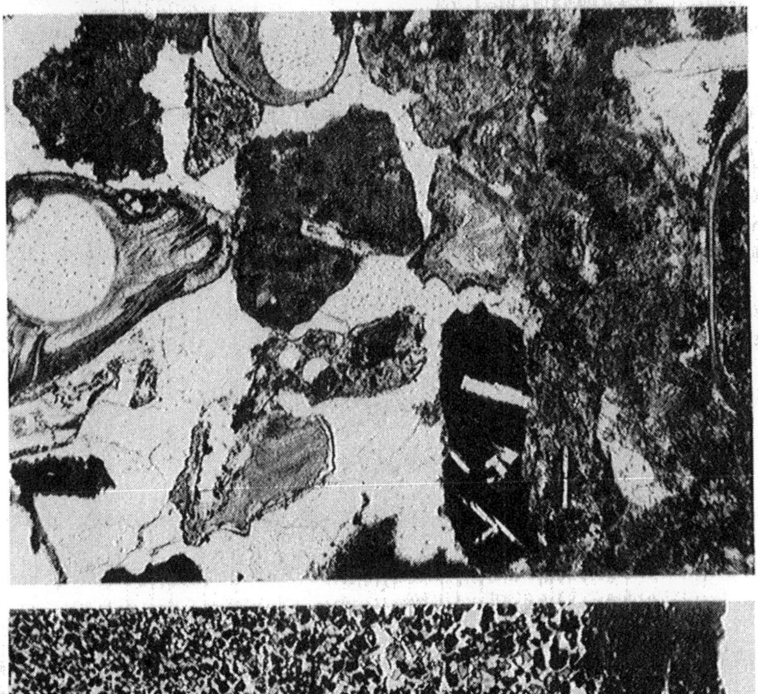

2

1

Untereozän

1 Stielglieder der Seelilie *Isselicrinus subbasaltiformis.* Kalk durch FeS_2 ersetzt. Die vor=liegenden Stücke aus dem Londonton von Hemmoor wurden 1924 von Fräulein TIMMANN im Geologischen Staatsinstitut Hamburg gezeichnet.
Die gleichen Reste von Haarsternen wurden bei Katharinenhof a. Fehmarn und Johannis=thal, Kreis Oldenburg, gefunden.
a) Seitenansicht, Durchmesser 6 mm, b) Gelenkfläche.

2 a) Der Taschenkrebs *Xanthopsis leachi* Sow. aus dem Londonton von Hemmoor, Breite 4 cm, b) derselbe von Katharinenhof a. Fehmarn, Breite 3,4 cm.

3 Die heute nur noch in einer Art in der ostasiatischen Tiefsee lebende Languste *Linu=parus trigonus,* DE HAAN, 1/2. Mit Hilfe von zu Pinseln ausgestalteten Endgliedern der Schreitbeine sind die Tiere befähigt, sich über weichen Tonboden zu bewegen. Unmittel=bare Vorfahren sind als *Thenops* aus dem Londonton Englands und von Hemmoor bekannt und als *Podocrates* aus dem Mitteloligozän von Itzehoe durch STOLLEY bekanntgemacht worden.

4 Pyrit=Steinkern eines *Nautilus,* Höhe 14 mm, größte Breite 12 mm. Tarras=Scholle, Kliff Johannisthal, Kreis Oldenburg.

5 Haifisch=Wirbel, Durchmesser 2 cm, Katharinenhof a. Fehmarn.

6 Wirbel eines Tunfisches, Länge 4,3 cm, ebendaher.

7 Flügel eines Insekts in Toneisenstein, Länge 12 mm. Ziegelei Havighorst bei Bergedorf.

8 Lagen von Fasercalcit, ausgeschieden inmitten einer Tufflage (dunkle Bänder), Geschiebe Hubertsberg (Probstei), Länge 15 cm, Höhe 5 cm.

9 Fasercalcit, Geschiebe Hubertsberg (Probstei), Höhe 7,5 cm. Das bei zunehmender Be=lastung nach oben abziehende Sedimentwasser hat es gelöstem Kalk in tonigen oder fein=körnigen Absätzen häufig ermöglicht, von einer Grenzfläche aus nach zwei Seiten Faser=kristalle dicht an dicht wachsen zu lassen. Ähnlich wie beim Fasereis verdrängt der wachsende Kristall das Sediment. Von fossilem Holz unterscheiden sich diese Fasercalcite unter anderem durch die sie querende primäre Ausscheidungslage. Als Geschiebe sind solche Calcite bis 14 cm Durchmesser beobachtet.

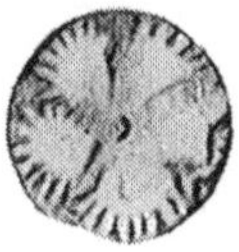

1b

2b

2a

4

5

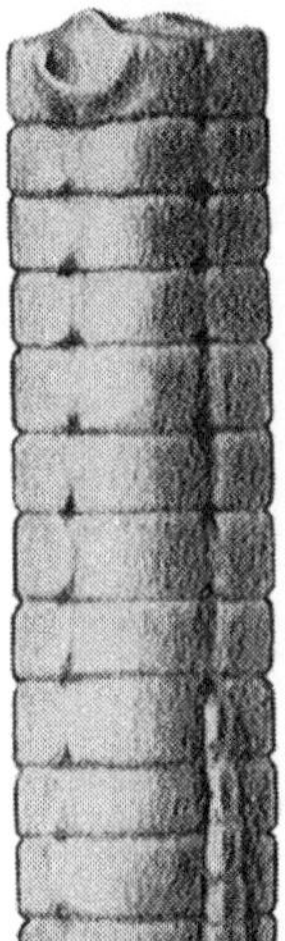

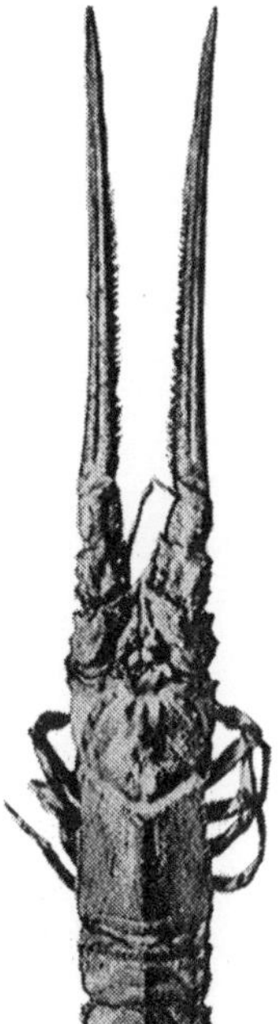

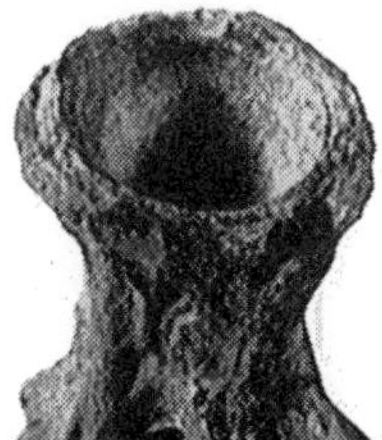

1a

3

7

6

9

8

Krebse aus dem Londonton Norddeutschlands

Die hier abgebildeten Krebse wurden, in Phosphorit erhalten, im Londonton zu Hemmoor, Nordhannover, gefunden und befanden sich bis zur Zerstörung im Geologischen Staatsinstitut Hamburg. Ihr Fund im Londonton Wagriens und der Insel Fehmarn ist teils schon erfolgt oder zu erwarten.

1 *Raninoides gottschei* BOEHM, 3/1 nat. Größe, a) von oben, b) Mundgegend von unten.

2 *Raninoides gottschei* BOEHM, 3/1 Unterseite.

3 *Plagiolophus wetherelli* BELL, 3/1 nat. Größe.

4 *Homolopsis* spec. a) von oben, unten phosphoritisierte Kotballen, vermutlich von Würmern stammend; b) von der Seite; c) von vorn.

5 *Dromilites bucklandi* EDW., 2/1 nat. Größe.

6 *Homarus gammaroides,* M'COY = *Hoploparia belli* M'COY, nat. Größe.

Zeichnungen Fräulein G. TIMMANN, 1924

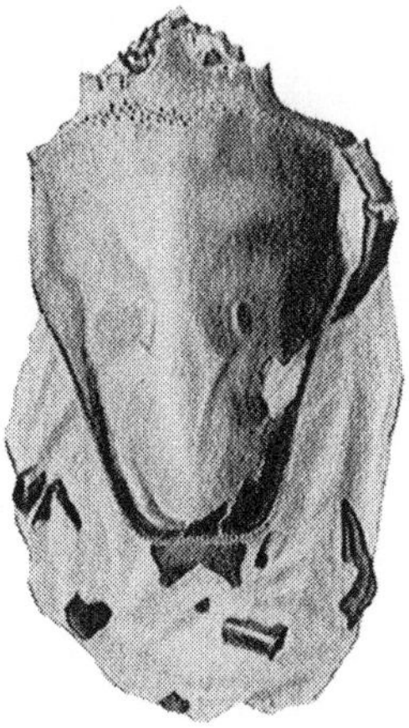

1a

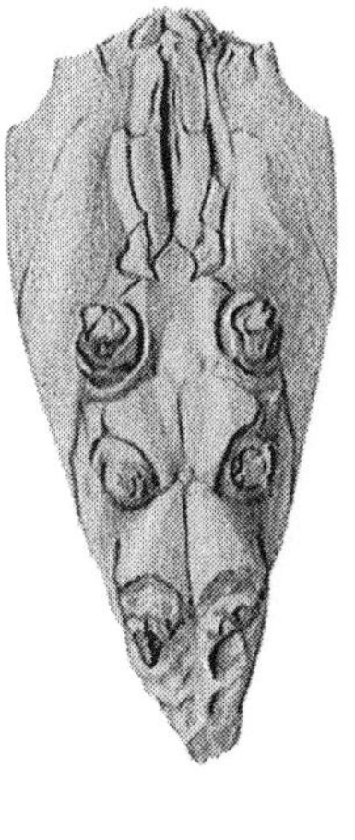

2

3

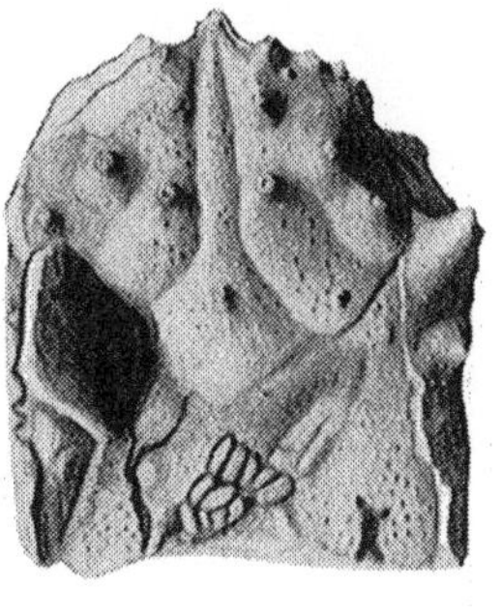

4a

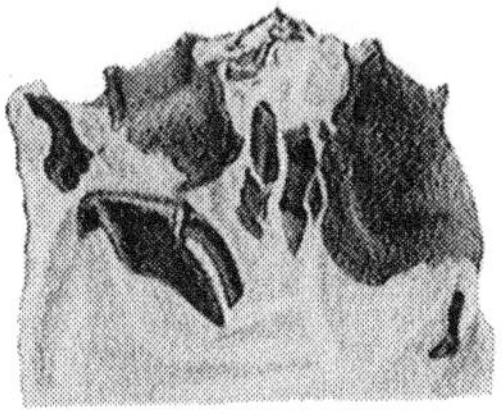

1b

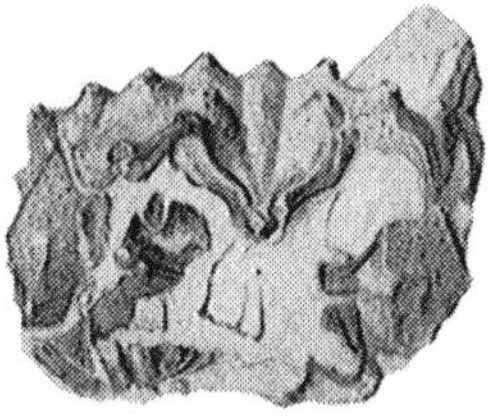

4c

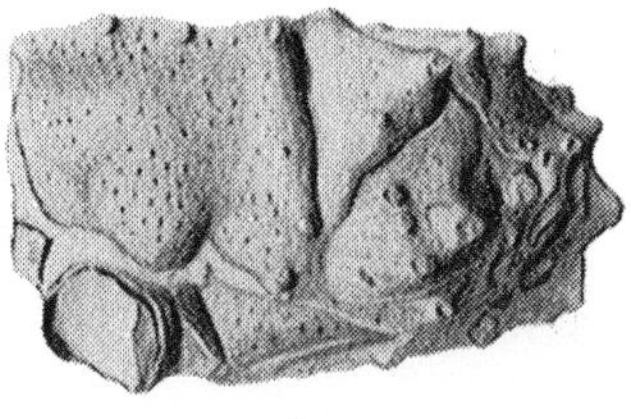

4b

5

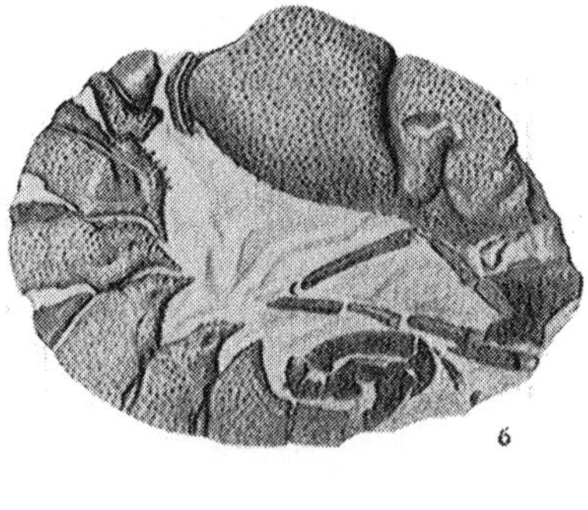

6

Obereozän

1 Steilküste 4 km westlich von Heiligenhafen. Höhe 20 m. Links und in der Mitte Obereozänes Kieselgestein vom Eise hochgepreßt und von einer dünnen Lage von Grundmoräne überdeckt. Rechts an der linken Scholle sitzt nach E. Martini Mitteleozäner Ton. Käufliche Aufnahme.

2 Palmenholz verkieselt. Geschiebe Alttertiär. Tappendorf bei Hohenwestedt. W. Wetzel leg. Dunkle geschlossene Gefäßbündel treten verbreitet im Holz auf. Sie sind nicht wie bei Dikotyledonen auf einen Ring beschränkt. Breite 12 cm.

3 „Nummuliten"=Schicht, Bohrung Escheburg 450 m, 30mal nat. Größe. Die kalkschaligen Foraminiferen sind teilweise in Pyrit umgewandelt. Runde schwarze Körner, wie oberhalb der großen dunklen Foraminifere, bestehen aus Glaukonit, die hellen Flächen zwischen den Schalen der Einzeller aus Kalkspat. Die für das Alt=Tertiär bezeichnenden Nummuliten haben in südlichen Gebieten bis Talergröße erreicht. Im Nordseebecken sind nur wenige kleine Arten nachzuweisen.

Tafel 15

1

2

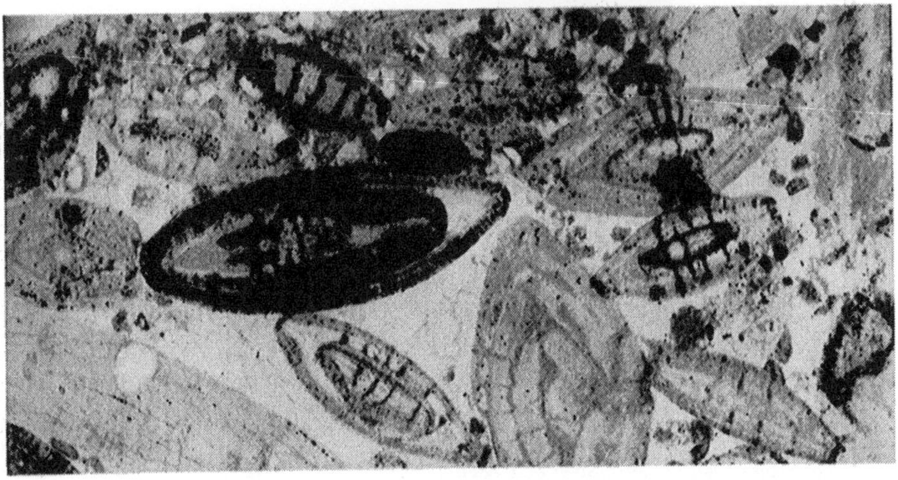

3

Mittel=Oligozän aus der Scholle von Rupelton am Ochsenkamp zu Itzehoe

1 Septarie, 1/5 nat. Größe; a) das Innere durch Wasserabgabe des Tones geschrumpft und konzentrisch und radial zerrissen. Die dadurch entstandenen Hohlräume sind mit $CaCO_3$ tapeziert; b) Außenseite desselben Stückes ohne jeden Riß.

2 Variationsbreite der Schnecke *Mayeria rotata* (Beyr). Außenring: Übergänge von einfach gekielt und glatter Außenseite zu gewölbten Windungen mit Spiralen und Rippeln. Die drei Stücke in der Mitte zeigen in Umriß und Skulptur die größten erreichten Unterschiede. Länge bis 20 mm.

3 Aus einer Phosphorit=Knolle herauspräparierter Taschenkrebs *Coeloma rupeliense* Stainier (= *C. holsatica* Stolley); a) präpariert, von unten; b) unpräpariert, von oben, Breite 7,5 cm.

4 Perlboot *Aturia* durch Phosphorit ausgefüllte Kammern mit teilweise erhaltener perlmutter=glänzender Schale und Kammerscheidewänden; a) eine Kammer von der Seite mit der für *Aturia* bezeichnenden nach hinten gerichteten Ausstülpung der Scheidewand; b) ein größeres Exemplar mit Blick auf die Scheidewand mit randlichen Tüten und Siphonal=tüte unten, Breite 10 cm.
Die Originale zu 1 und 3 früher im Geologischen Staatsinstitut Hamburg, zu 2 und 4 im Geologischen Institut der Universität Kiel.

1a

1b

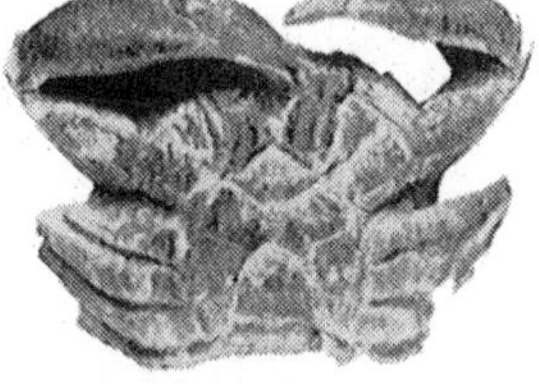

3a

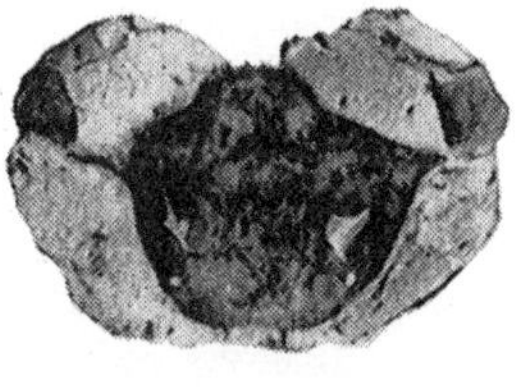

3b

4a

2

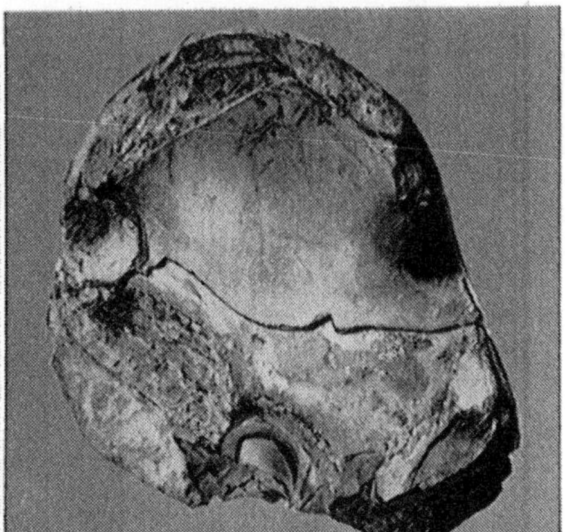

4b

Unter=Miozän Vierländer Stufe

1 *Cancellaria acutangularis* Lam., verschleppt in Schmelzwassersanden, gesammelt zu Vierth bei Malente von Landgerichtsrat i. R. Behnke †.
Obere Reihe Schwankungen in der Form des Gewindes
Mittlere Reihe Schwankungen in der Zahl der Rippen und Spiralen
Untere Reihe Schwankungen in der Weite des Nabels. Nat. Größe.

2 Kalksandstein durch Lagen von Kotpillen gebändert. Rechts Schichtung durch Wühlspur zerstört. Untermiozän. Versuchsbohrung Neumünster V. III Rendsburger Straße. 200–200,60 m Tiefe. 1949/50. Länge 5,5 cm. Erstes anstehendes Vorkommen des zu Dams=dorf und Vierth als Geschiebe häufigen Gesteins.

3 Untermiozän=Geschiebe, Stolpe, Kreis Plön. Frühere Sammlung des Amtsgerichtsrats Müller, Kiel. Links Unterseite, rechts Oberseite mit aus dem sideritischen Kalksandstein weitgehend herausgewitterten Fossilien. Länge 7,2 cm.

4 Untermiozän=Geschiebe,Bockholmwik, Kreis Flensburg. Sideritischer Kalksandstein. In=mitten fast fossilfreier schräg geschichteter Sandlagen liegt eine sandarme Schicht aus zer=brochenen Muscheln (Schill) und Eigengeröll, d. h. Gerölle aus schwachbindigem Sand des gleichen Alters = Priel=Ablagerung. Länge des Taschenmessers 9 cm.

5 Leitfossil *Nassa* (? *Dorsanum*) *meyni* (Beyrich). Geschiebe vom Brodtener Ufer bei Trave=münde. Länge 9,5 mm. Aus Geologie von Hamburg, Taf. 6, Fig. 4.

6 *Ecphora wiechmanni* (v. Koenen), verschleppt in den Schmelzwassersanden, Kieswerke Güster, Lauenburg. Höhe 3,5 und 4,6 cm. Leitform der Vierländer Stufe des Miozän. Das Auftreten einer verwandten Form in gleichaltrigen Ablagerungen Marylands wird auf die mit dem Kühlerwerden des Klimas zusammenhängende Südwanderung der ur=sprünglich im hohen Norden heimischen Gattung zurückgeführt.

7 Kleiner Taschenkrebs *Dorippe judicis* n. sp. Unter=Miozän Vierland=Stufe,
Geschiebe Stolpe, Kreis Plön. Breite 7,5 mm. Links Positiv, rechts Abdruck des Negativs.

Die Originale zu Fig. 1–3 sowie 6 und 7 befinden sich in der Paläontologischen Sammlung der Universität Kiel.

1

2

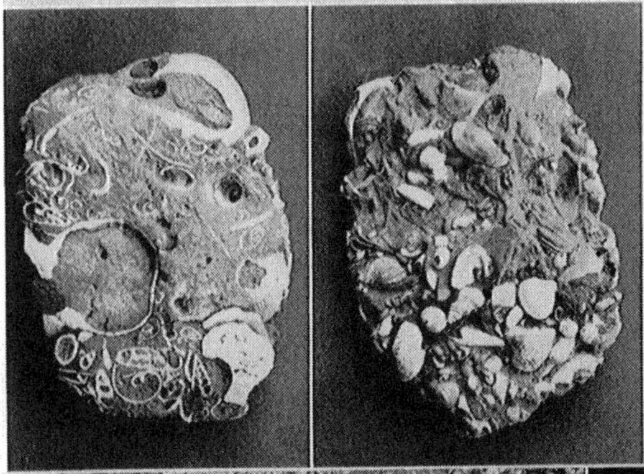

3a; 3b

5

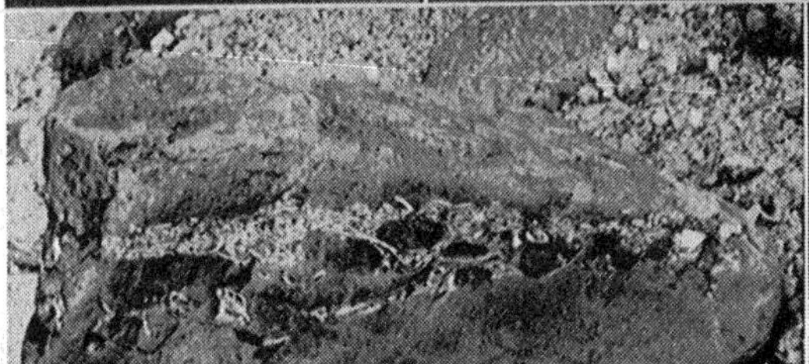

4

6

7a; 7b

Miozäner Pectunculus=Block im Museum zu Flensburg

1 Watt nördlich der Hallig Nordstrand. Am Grunde eines Prieles sind durch von rechts nach links schnellfließendes Wasser Schalen der Klaffmuschel *Mya arenaria* ineinander verhakt und in Sand eingebettet worden. Stehendes Wasser rechts und oben am Rand hat Schlick sich absetzen lassen. Dieser liegt links trocken. Einschlürftrichter und Kotkringel des Wattwurmes *Arenicola marina*. Aufnahme des Verfassers

2 Miozäner Pectunculus=Sandstein. Eiszeit=Geschiebe, gefunden zu Duberg bei Kollund von Hofbesitzer Petersen; aufgestellt im Naturwissenschaftlichen Museum der Stadt Flensburg. Länge 120 cm, Höhe bis 50 cm.

Im oberen Teil (A) der Abbildung liegen die Muschelschalen in reichlichem Sand gewölbt oben. Im unteren Teil (B) liegen zahlreiche der bei geringerem Sandgehalt weitgehend ineinander geschachtelten Schalen häufig gewölbt unten. Teil B wurde in schnellfließendem Wasser entsprechend Fig. 1, Teil A in langsamer fließendem Wasser abgesetzt. Hier wurden die Schalen gerollt, bis sie in der stabilsten Lage = gewölbt oben, eingesandet wurden. Nach Untersuchung von stud. geol. HENNIGSEN enthält Teil A 75 000 cm^3 und 100–120 Klappen in 1000 cm^3, Teil B 70 000 cm^3 und 120–150 Klappen in 1000 cm^3. Insgesamt dürfte nach ihm der Block von 0,145 m^3 Inhalt 15 000–20 000 Klappen der Muschel umschließen.

Links unten am Rande heller Kalksandstein, der dem Grunde des Prieles entsprechen dürfte.

Aufnahme THOMSEN, Flensburg

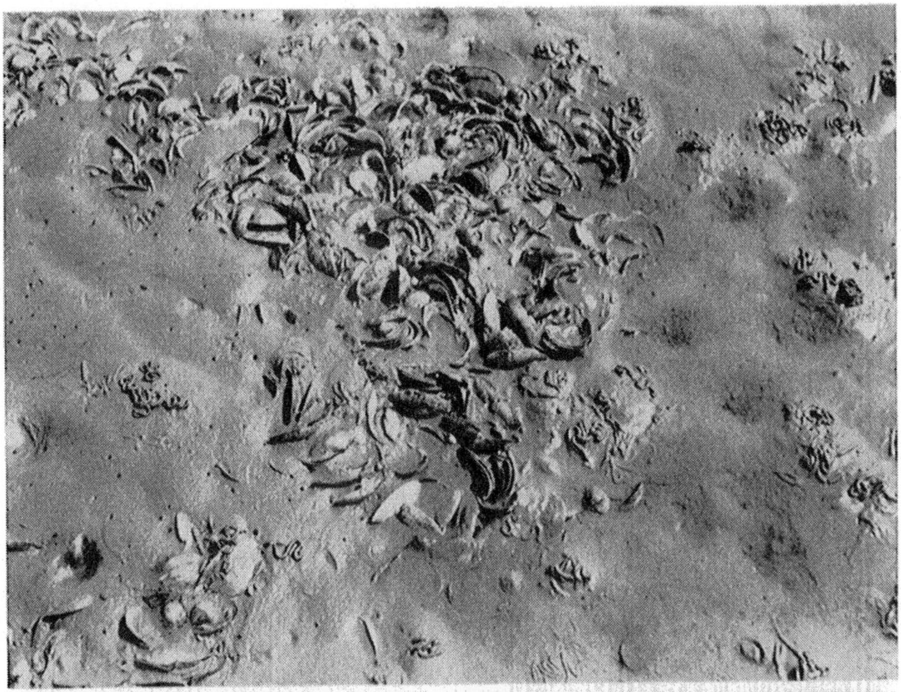

1

2

Lebensspuren in Ablagerungen miozänen Alters

1 Kotpillen, wahrscheinlich von Würmern. Untermiozäne Wattabsätze, Geschiebe Vierth bei Malente, ungefähr $^{2}/_{1}$ nat. Größe.

2 Untermiozän, Besenhorst, Kreis Lauenburg. Senkrechte Wand in einer Sandgrube. In strandnahem Sand haben Taschenkrebse Wohnröhren aus Ballen verklebten Sandes aufgebaut. Der Wind hat diese freigelegt.

3 Nah=Geschiebe vom Brodtener Ufer, etwa 60 cm lang. Siderit=Sandstein, wahrscheinlich untermiozänen Alters. Wohnröhren *(Ophiomorpha)*, vermutlich von Krebsen, anscheinend parallel zur Schichtung angelegt, durchziehen das Gestein. Gripp leg. 1924. Früher im Geologischen Staatsinstitut Hamburg.

1

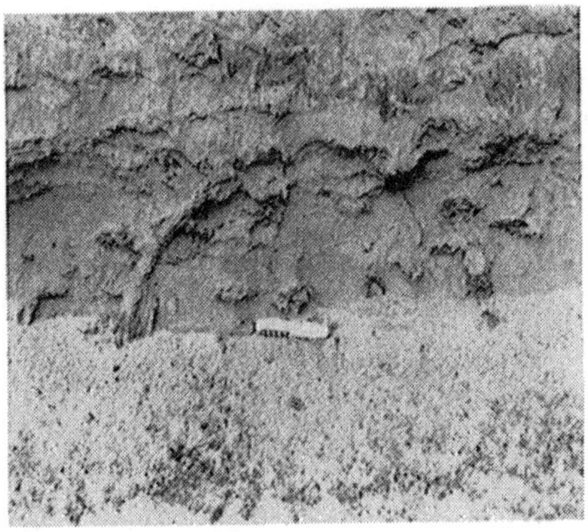

2

3

Fossilien der Hemmoorer Stufe des Unter-Miozän

1 Schildförmiger Seeigel *Scutella,* Geschiebe Burg i. Dithm. 1/2 nat. Größe. Die beim Bau des Nord-Ostsee-Kanals in einer Sandgrube gefundenen Stücke sind während des Krieges mit der Hamburger Sammlung vernichtet.

2 Einzelkoralle *Stephanophyllia* sp., Ziegelei-Grube Kallmorgen zu Langenfelde; a) Oberseite, b) Unterseite. 3/2 nat. Größe.

3 Einzelkoralle *Discotrochus duncani* Reuss, Bohrung Behrendorf 134 m, Dm bis 2,8 mm.

4 *Acanthocardium hanseatum* Kautsky, Leitform, Bohrung Rantrum 224 m, Breite 9 mm.

5 *Clavatula boreointerrupta* Kautsky, Bohrung Bondelum, Behrendorfer Stufe, Länge 15 mm.

6 *Nassa poelsense* Hoern. & Auinger, Bohrung Viöl 86,9 m, Länge 11 und 9 mm.

7 *Clavatula boreoromana* Kautsky, Bohrung Behrendorf 136 m, Länge 23 mm.

8 *Turritella eryna* d'Orb., Bohrung Großenwiehe 117 m, Länge 29 mm.

9 *Aquilofusus beyrichi* Nyst, Bohrung Behrendorf 135 m, Länge 31 mm.

10 *Aquilofusus siebsi* Kautsky, Länge 25 mm, Eiszeit-Geschiebe Kronsmoor, Kr. Steinburg, leg. Gripp 1910.

11 *Pleurotoma vermicularis* Grat, Länge 25 mm, Eiszeit-Geschiebe Kronsmoor, leg. Gripp 1910.

Die Originale zu Fig. 1 und 2 befanden sich früher im Geologischen Staatsinstitut zu Hamburg, die zu Fig. 3–9 verdanke ich Herrn Dr. E. Dittmer in Husum, die zu den Fig. 3–11 befinden sich in der Paläontologischen Sammlung der Universität Kiel.

1a

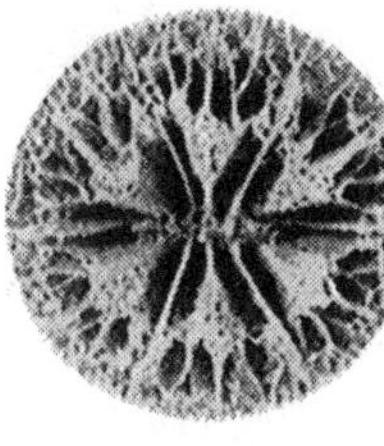

2a

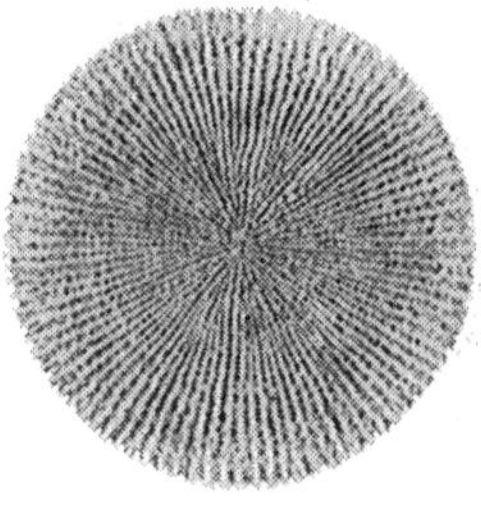

2b

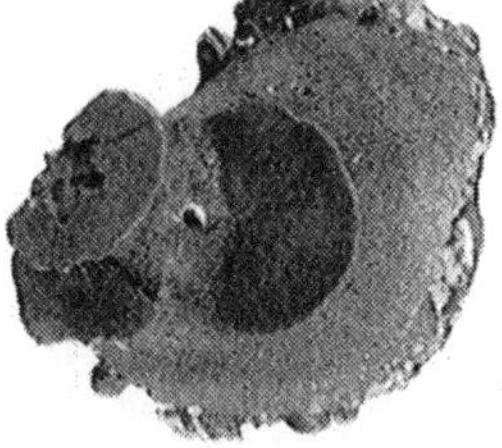

1b

8

7

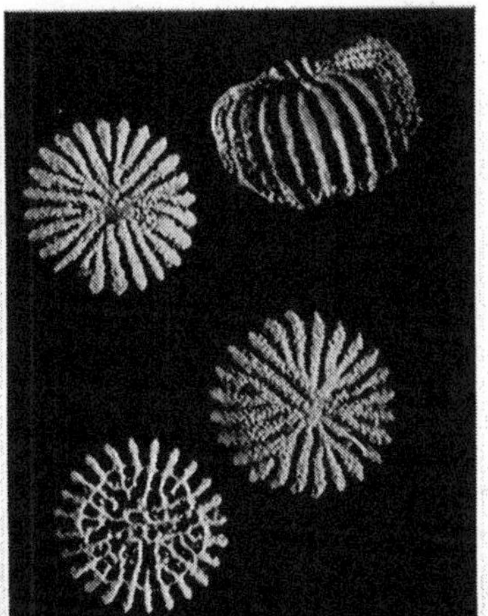

3

4

5

6

9

10

11

Reinbeker Stufe des Miozän

1 Strandnaher Kalksandstein, Geschiebe Segrahner Berge, Kreis Lauenburg. Zwei Herzigel, Holz, Muscheln sind lagenweise zusammengeschwemmt, größte Länge 17 cm.

2 Herzigel *Maretia,* aus dem gleichen Gestein. Auf den wenigen großen Warzen haben größere Stacheln inmitten eines sonst feinen Stachelkleides gesessen. Länge 3 cm.

3 *Isocardia (Meiocardia) harpa* GOLDFUSS. Nur aus Oxlunder Stufe und Reinbeker Stufe bekannte Muschel. Breite 3,4 cm. Geschiebe Bergedorf.

4 Leitfossil *Streptochetus abruptus* (BEYRICH), von *Natica* angebohrt. Länge 17 mm. Langenfelde bei Altona.

5 Leitfossil *Aquilofusus festivus* (BEYRICH), Twistringen, südlich Bremen. Länge 24 und 20 mm.

6 Taschenkrebs *Ebalia* aus der Gruppe der Leucosiidae, Panzerrest von außen. Kalksandstein von Zarrentin/Mecklenburg. Höhe 5,75 mm.

7 Dasselbe, Steinkern des Panzers, 5 mm hoch, ebendaher. Erster fossiler Fund der Gattung im Nordseebecken. Zeichnung G. TIMMANN 1924. Sammlung K. GRIPP.

8 a und b *Corystes bernhardi* n. sp., Kalksandstein von Segrahn, aufrecht und von der Seite. Länge 12 mm.

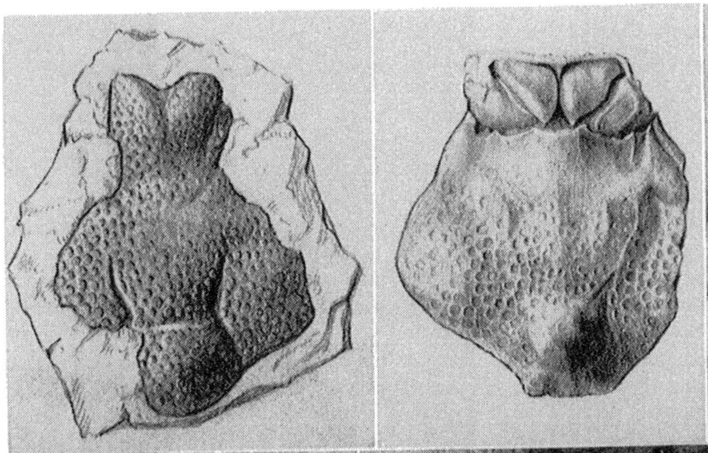

6; 7

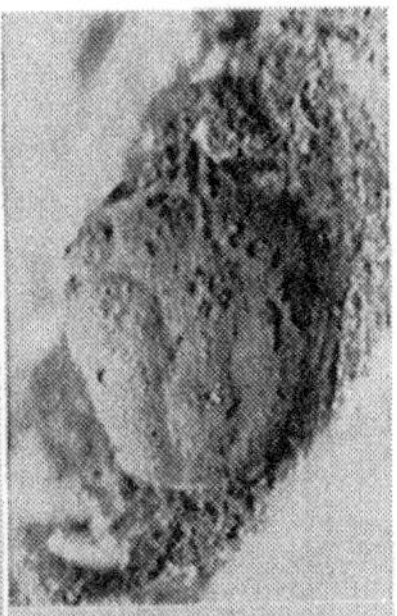

8a

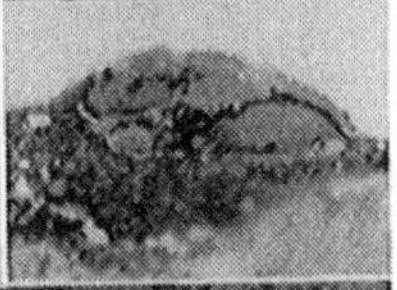

8b

5; 4

3

1

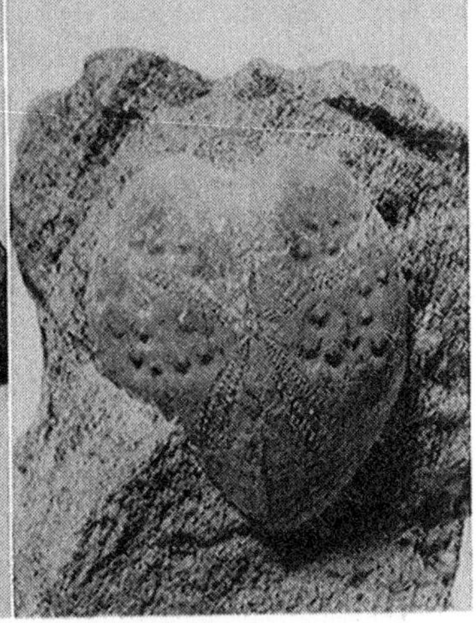

2

Glimmerton, Ober=Miozän – Unter=Pliozän

1 Glimmerton, Morsum=Kliff Sylt, von Wellen abgespült. In dem schichtungslosen Gestein treten die Versteinerungen einzeln und Muscheln zumeist zweiklappig auf. Beides sind Anzeichen eines Stillwassersediments. Unten links Kegelschnecke *Conus antediluvianus,* rechts Helmschnecke *Cassidaria echinophora,* darüber die Muschel *Astarte,* etwas höher eine runde Mergelknolle, oben rechts am Rande eine Nabelschnecke *Natica.* GRIPP phot.

2 Ebendaher, Aporrhais=Bank. Erstmalig seit langer Zeit ist der Meeresboden so stark=strömendem Wasser ausgesetzt gewesen, daß Weichtierschalen ausgespült und in e i n e r Lage angereichert wurden. Auch wurden zum ersten Male seit langer Zeit wieder einzelne grobe Quarzkörner angefrachtet und abgesetzt (zwei davon am linken Rand); viermal Schnecke *Aporrhais alata* EICHW.; fünfmal Nabelschnecke *Natica (Polynices) catena johannae* (MAYER=EYMAR); einmal Schnecke *Clavus obeliscus* (DESMOULIN). Nat. Größe.

3 Schnecke *Sipho distinctus* (BEYRICH), Langenfelde, 45,5 mm.

4 Schnecke *Aquilofusus lüneburgensis* (BEYRICH), Langenfelde, 32 mm.

5 Kegelschnecke *Conus antediluvianus* BRUG, Langenfelde, Länge 4,6 cm; älteres Exemplar mit Mündungsrand im Innern. Der verdünnte Außenrand der Mündung wurde häufig bei zunehmendem Druck des Sediments an die Schale heran und später in deren Mündung hineingepreßt.

6 *Astarte syltensis* RAVN, Sylter Stufe, Bohrung im Raum Pinneberg.

7 a und b *Dentalium badense* PARTSCH, Grabfüßer=Weichtier, Länge 4,2 cm, Querschnitt 1,2 cm, Langenfelde.

8 Der in Mergel= und Limonit=Knollen der Sylter und Grammer Stufe häufige Taschen=krebs *Geryon* sp., von Ravning, Nordschleswig, nat. Größe, zeigt das Gattungsmerkmal: 4 Dornen an der Stirn.

9 *Geryon* von Morsum, Sylt, Sammlung Apotheker STEIN, $^1/_2$ nat. Größe; läßt die für den Stillwasserbewohner bezeichnenden schlanken Gliedmaßen erkennen.

10 Cetolith (Felsenbein) eines kleinen Zahnwales, Langenfelde, Ziegelei KALLMORGEN, Länge 28 mm.

11 Zweiter rechter oberer Backenzahn des dreizehigen Pferdes *Hipparion gracile* KAUP, von der Seite (b) und Aufsicht (a). Morsum=Kliff Sylt, $^1/_1$ nat. Größe.

1 3; 7 4; 5

2 6 8; 9

10 11a 11b

Morsum=Kliff Sylt

1 Schuppe 2 und 3 des Morsum=Kliffs. Von rechts nach links folgen: Schuppe 3, dunkel, Limonitsandstein, dahinter Senke Klein=Afrika, oben auf dem hellen Hang der von Wühl=fährten erfüllte Feinsand, links schließt Kaolinsand an; er reicht bis an den dunklen Glimmerton = Basis der Schuppe 2. Dunkel sind Glimmerton und die Hauptlimonitsand=steinnase der Schuppe 2. Ein Teil des Feinsandes und Kaolinsandes der Schuppe 2 sind hinten links sichtbar.

2 Schuppe 2 des Morsum=Kliffs um 1925. Der Limonitsandstein bildete damals eine deut=liche Nase. Der Fein= und Kaolinsand ist durch Hangschutt verdeckt. Das Kliff endet links mit dem Glimmerton der Schuppe 1.

3 Rostgebänderter oberer Limonitsandstein der Schuppe 2 mit Eisenröhren in natürlicher Lagerung; Ende Februar 1962.

4 Bruchstück aus der Wand Fig. 3. Der Querbruch zeigt, wie die Limonit=Röhren durch Ver=einigung von Rostlagen entstehen. Münze = 1 DM.

5 Lose Roströhren. Münze = 1 DM.

Aufnahmen des Verfassers

1

2

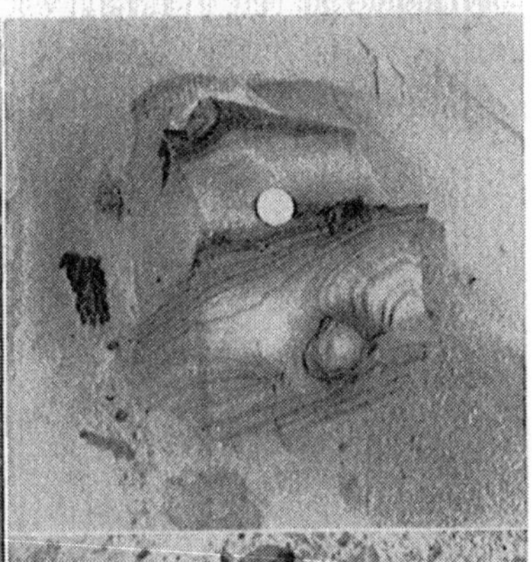
4

5

3

Limonitsandstein und Kaolinsand von Sylt

1 *Nassa reticosa* Sow., Leitfossil, in Limonit erhalten, $^{3}/_{2}$ nat. Größe, aus Gripp 1922.

2 *Cassidaria echinophora* L., Schale durch außen sandigen Limonit ersetzt und von Bändern sandigen Limonits umschlossen, nat. Größe.

3 *Aquilofusus stolleyanus* Gripp, ein für den oberen Glimmerton und den Limonitsand bezeichnendes Fossil, Höhe 25 mm.

4 *Mactra (Spisula) arcuata* Sow., Leitfossil, nat. Größe, aus Gripp 1922. Fig. 2–4 sind lose zu Klein=Afrika, also unten in Schuppe 3, gefunden.

5 Oberste Lagen von Meeressand in Schuppe 2. Unten geschichtete Sande mit einzelnen Wühlfährten wie in Fig. 6. Unterhalb der 1 DM von Tieren stark durchwühlter strand=naher Sand; links oben das gleiche; rechts oben kiesiger Sand vom Typus der Kieslagen des Kaolinsandes.

6 Feinsand, Schuppe 2 mittlerer Teil. Vorn senkrechter, oben hangparalleler Anschnitt mit einer dunklen Lage, die auf der Hang=Oberfläche parallel zur Bildkante verläuft. Zahl=reiche Wühlfährten, von Würmern oder Amphipoden stammend. Münze 1 DM. Dez. 1960.

7 Kaolinsand in der Grube Braderup, unten kreuzgeschichtet, oben anscheinend flacher gelagert (wohl eine Minderung der Fließgeschwindigkeit).

8 Blick entlang am Braunkohlenflöz am Fuße des Roten Kliffs zu Kampen. Flachgedrückte Stämme ragen hervor. März 1962. Fig. 5–8 Aufnahmen des Verfassers

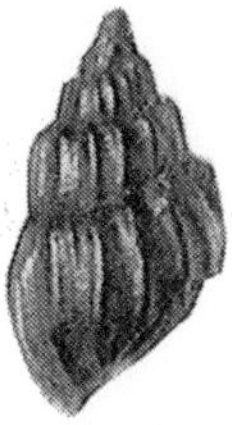

1

2

3

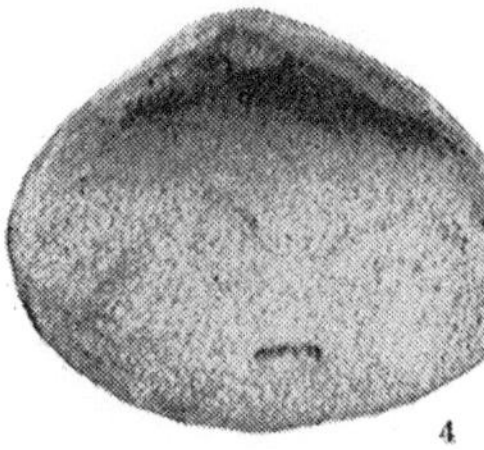

4

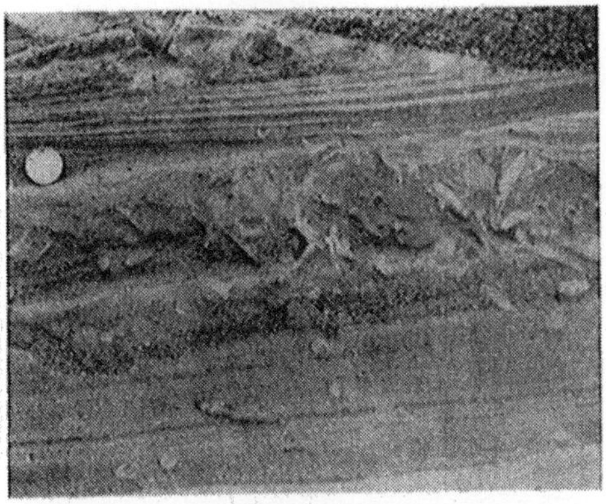

5

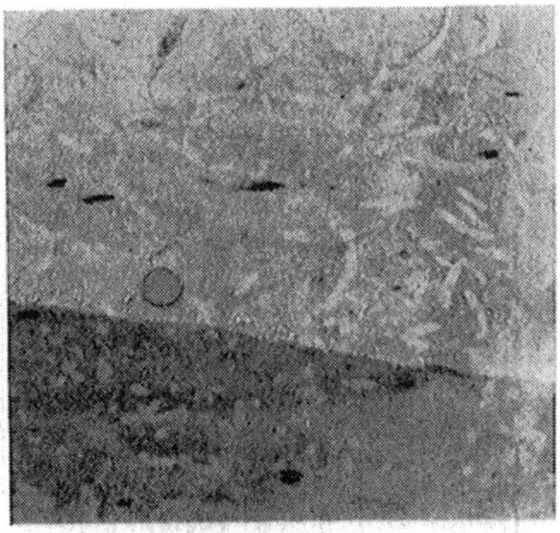

6

7

8

Kaolin=Sand Sylt

1 Verkieselte silurische Fossilien aus der Kaolin=Grube Braderup.
a) *Aulocopium* (Schwamm), $^1/_2$ nat. Größe,
b) *Astylospongia præmorsa* (Schwamm), $^2/_3$ nat. Größe,
c) *Receptaculide* (ausgestorbene Tiergruppe), $^3/_2$ nat. Größe.
Sammlung Baggendorf ebenda.

2 Cambrischer Quarzit, als Geröll einer Kieslage in der Grube Braderup unmittelbar ent=nommen. Oben Wellenfurchen. Die scharfen Kanten erregen den Verdacht auf Frost=sprengung. Nat. Größe.

3 Kaolinsand Rotes Kliff Sylt. Kaolinsand mit Lagen von Quarz=Kies. In diesen liegen die silurischen verkieselten Gesteine. Links eine erhebliche Sackung über einer Tonlage (hell mit dunklem Schatten); rechts eine zweite geringere Sackung. Münze = 1 DM.

4 Kaolinsand Rotes Kliff Sylt. Schrägschichtung mit entgegengesetztem Einfallen zeugt von zeitweise schnellfließenden Wasserläufen, die über Ebenen mit geringem Pflanzenwuchs flossen. In der Mitte Sackung über einem Tonballen. Die grauen und dunklen senkrechten Linien stammen von der überlagernden, bei Tauwetter als Brei niedergeflossenen sandigen rißzeitlichen Grundmoräne.

Aufnahmen des Verfassers

a b c 1

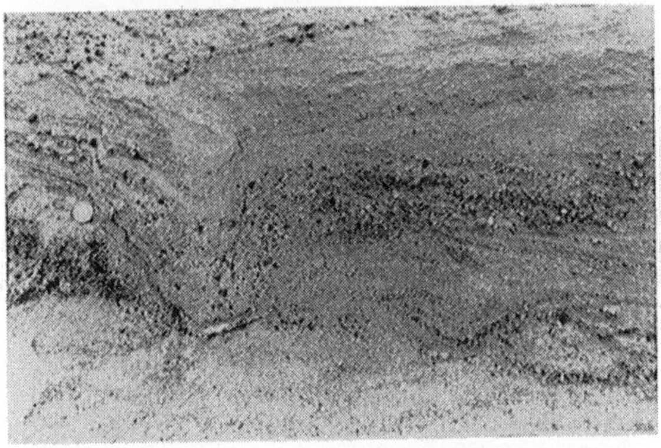

3

2

4

Eisrand in Grönland

1 Blick auf den Rand des Inlandeises in Südwest=Grönland (Frederikshaab Isblink). Links sanft abfallend das Eis, davor zwei 12–15 m hohe, an Blockschutt reiche Stirn=Moränen. Diese bestehen im Innern noch aus Gletschereis, vgl. Taf. 36, Fig. 1. Toteis erfüllt auch die Senke zwischen den zwei Moränenzügen. Sie stauen zwischen sich und zwischen jüngerer Moräne und dem sichtbaren Eisrand schmale Seen, in denen Sand und Gletschertrübe zum Absatz kommen. Vor dem Eis weithin die bis 6 km breite Sander=Ebene. Im Mittelfeld vor der älteren Stirnmoräne ein begrünter Rest eines älteren höheren Sander=Feldes. Die zwei Stirnmoränen=Züge unterscheiden sich wie folgt:

äußere	innere
verstreut ältere Pflanzen,	keine Pflanzen,
an der Oberfläche Steinpflaster, da feines Material ausgeweht und ausgeschlemmt wurde.	Steine lose, ohne Pflaster zu bilden.
Freiliegende Konkretionen aus Eismeerton angelöst.	Alle Konkretionen aus Eismeerton wiesen eine glatte Oberfläche auf.

Aufnahme Gripp 4. Juli 1930

2 Blick aus 40 m Höhe auf den hier im Gegensatz zu Fig. 1 unter 15°, also steil einfallenden Rand des Grönländischen Inlandeises im Nordteil des Frederikshaab Isblink. Das Eis weist auf der Oberfläche flache, durch aufgewehte und verschwemmte Gletschertrübe dunkelgefärbte Rinnen auf. Solche bedecken auch die Flanken des Eises. Sie werden gequert von sich teilweise kreuzenden alten und jungen Scherflächen, auf denen das Fließen des Eises stattfindet. Die tieferen dieser Scherflächen liefern an mehreren Stellen dunklen Gesteinsschutt, zumeist Eismeerton, ein Zeichen, daß diese Scherflächen aus der Tiefe schräg nach oben aufsteigen. Vorn die blockreiche Stirnmoräne, im Gletscherbach bis auf einige große Blöcke ausgewaschen. Sie überdeckt links einen von Tundra begrünten Fels=buckel zur Hälfte. Rechts hinter der Stirnmoräne zwei Quermoränen, vermutlich in Lee von umflossenen Felsbuckeln. Zwischen Stirnmoräne und Eishang ist das Eis bis zur Erosionsbasis niedergeschmolzen. Übersandete niedrige Moränenzüge und dunkle aus=tauende Grundmoräne zeigen, daß bei verstärktem Eisdruck noch einzelne Eislagen auf=dringen. An die flachen Toteisschwund=Seen schließt sich außerhalb der Stirnmoräne der Sanderfluß an.

Aufnahme Gripp 8. Juli 1930

1

2

Heutige Eisränder

1 Narssak=Eisstrom Godthaab=Fjord, Grönland, 1930. Die Randzone der Gletscherzunge ist durch einen von rechts kommenden Bach quer geschnitten. Man erkennt von rechts nach links: grau vor dunklem Berg Schutt der Seitenmoräne, weitgehend aus dem dünnen Band der Grundmoräne ausgetaut,
dunkles Eis = schuttreiche Untermoräne,
im hellen Eis alte und neue Scherflächen, die durch ihr geneigtes Einfallen die mulden=förmige Lagerung und dadurch das Abschmelzen auch der tiefsten Eislagen an der Ober=fläche aufzeigen,
drei senkrecht zu den Scherflächen bis an den Rand der Seitenmoräne verlaufende dunkle Sprungflächen; sie rühren von randlichen, durch das Strömen bedingte Gletscherspalten her.

2 Grönfjord=(früher Greenbay=)Gletscher, Isfjord Spitzbergen. Das Gletscherende lag wenige Jahrzehnte vorher am Oberende des Hanges der Stirnmoräne links. Im Vordergrund Tot=eis unter geflossenem Moränenschutt. Solcher bedeckt auch in dünner Verteilung die Ober=fläche des Eises, besonders rechts. Auf dem Eis ein Bachbett, dahinter ein überwiegend subglaziales Bachbett. Die Oberfläche des Eises läßt schwach die bogenförmig verlaufenden Grenzen der verschieden schnell gleitenden Eislagen erkennen. Die absinkende Oberfläche des Eises hat die Niedertau= = Erosions=Ebene noch nicht erreicht. Aufn. des Verfassers

1

2

Untermoräne und Grundmoräne

1 Südwest=Grönland, Rand des Frederikshaab Isblink.
Das schuttbedeckte Eis endet in dünner Decke über einer eisfreien Grundmoräne. Diese besteht aus Schluff mit wenigen kleinen Geschieben darin. Das Schmelzwasser ist durch Gletschertrübe milchig. Es reichert die Geschiebe zu Blockpackungen an.

Aufnahme Gripp 20. Juli 1930

2 Südwest=Grönland, Godthaab=Distrikt.
Gabelung zwischen dem Allangordlia=Abfluß und dem nach links weiterziehenden Haupt=gletscher Sermilik 63°. An der Felsnase links haben sich die tiefsten, schuttreichen Lagen des Inlandeises = Unter=Moräne aufgerichtet. An geradlinigen Scherflächen gleiten die oberen schuttfreien Lagen daran entlang.

Aufnahme Gripp 13. Juli 1930

1

2

Grundmoräne

1 Geschiebemergel am Brodtener Ufer, bei Hochwasser abgespült und Klüfte zu Nischen (Schwapplöchern) erweitert. Kleine und große Geschiebe liegen regellos verteilt in dem ungeschichteten Gestein. Leichte Schneebedeckung.

2 Ausgewalzte Schollen älteren Gesteins im Geschiebemergel am Brodtener Ufer. Bei Sturmflut abgewaschen; leicht überschneit. Unten steinarmer Geschiebemergel. Dessen waagerechten Scherflächen und senkrechten Klüfte sind durch Auswaschen erkennbar geworden. Darüber hell: Eine Lage ausgewalzter Kreide, örtlich Kreidebrocken führend (= Lokalmoräne). Die Kreide überdeckend und teilweise damit verzahnt eine dünne Lage rötlichen Geschiebemergels, vermutlich durch eozänen Ton gefärbt. Nach oben folgt eine breite Lage steinfreien Schluffes (= sedimentierte Gletschertrübe). Am oberen Rand dunkler Geschiebemergel.

Aufnahmen Gripp

1

2

Mindelzeitliche Ablagerungen

Nach der Sturmflut vom 16. Februar 1962 war das Rote Kliff auf Sylt erheblich zurück=verlagert. Am Südrand von Wenningstedt war vorübergehend zu sehen:

1 a) geschichteter Dünensand über
b) durch Bodenbildung dunklem Sand, darunter
c) steiniger, periglazial bewegter (= turbater) Boden
d) mehrere Meter mächtiger Geschiebelehm der Riß=Vereisung; in frischem Anbruch rechts rotbraun, also in der Abbildung dunkel. Diese Grundmoräne schneidet mit scharfer Grenze ab gegen
e) eine Folge in Schollen aufgelösten und örtlich turbaten Sandes mit Kieslinsen. Hierin Windschliffe und die ersten umgelagerten Flintgerölle. Diese nach links auskeilende Schicht ist höchstwahrscheinlich vom Alter der Mindel=Vereisung
f) als tiefstes nach links ansteigender heller Kaolinsand.

2 Unter der rißzeitlichen Grundmoräne sind leicht gestörte geschichtete Sande mit infolge hohem Gehalt von jungtertiärem Glimmerton dunklen Grundmoränen=Lagen angeschnitten. Diese rostfarben anwitternden Lagen fallen gegen Süden ein. Aufnahmen des Verfassers

1

2

Stauchungen in würm= und rißzeitlichen Absätzen

1 Nordostteil der Duvenstedter Berge.
Am rechten Rand Ufer des Wittensees. Die nördlich davon einsetzenden Stauchwälle ziehen bogenförmig unter der Ortschaft Holzbunge entlang und biegen unten im Bild westlich der Rendsburg–Eckernförder Landstraße in die Südsüdostrichtung um. Deren Fortsetzung außerhalb des Bildes biegt in die Ostnordostrichtung zurück.
Der Spiegel des Wittensees liegt auf 4,6 m + NN und erreicht bis 17 m Tiefe. Am linken Bildrand erreichen die Stauchwälle 60–70 m Höhe.
Aufnahme 1939. Senkrechte Bildkante 2,25 km Länge, aus Offa 3.

2 Morsum=Sylt. Sandentnahme südöstlich des Ortes, südlich der Eisenbahn, 1936. Vermutlich mindelzeitliche Sande sind vom Riß=Eis gestaucht worden. Die während der Eem=Zeit (letztes Interglazial) den Duvenstedter gleichenden Stauchfalten sind während der Würmvereisung durch periglaziale Vorgänge eingeebnet worden. Aufnahme Gripp 1936

2

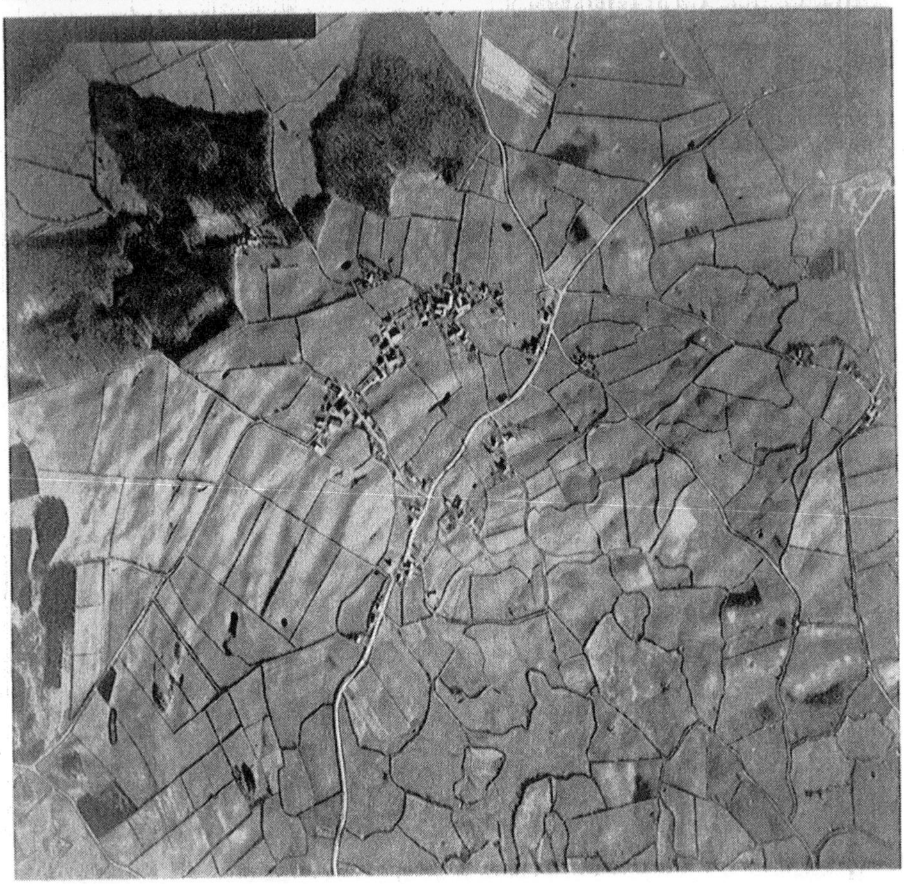

1

Glaziale Stauchungen Wulfener Berg, Fehmarn

Das jüngste Würm=Eis hat eine etwas ältere würmzeitliche Stirnmoräne zu einem läng=lichen Hügel (Drumlin) abgeschliffen, weithin mit Grundmoräne überdeckt und dessen Inneres gefaltet und überfaltet.

1 Blick nach Norden auf den Ort Wulfen.
Zu Falten gestauchte Schmelzwassersande mit eisenschüssigen Schicht= und Verwerfungs=Lagen sind vom Winde ausgeblasen.
Vorn zwei vom Bagger stehengelassene Rücken.
Höhe der Wand 8 m.
Die Grundmoränen=Decke ist hier nur örtlich, z. B. rechts in Resten vorhanden. Von der Erdoberfläche greifen braune Zapfen infolge bodenbildender Vorgänge in die Sande hinein.

2 13. Mulde der Falten=Reihe.
Aufgefaltete Wechsellagerung von Beckentonen und Beckensanden. Darüber die Grund=moränendecke, erkenntlich an den Löchern, aus denen der Bagger Geschiebeblöcke heraus=gerissen hat.

Aufnahmen Dr. K. Burk 1942

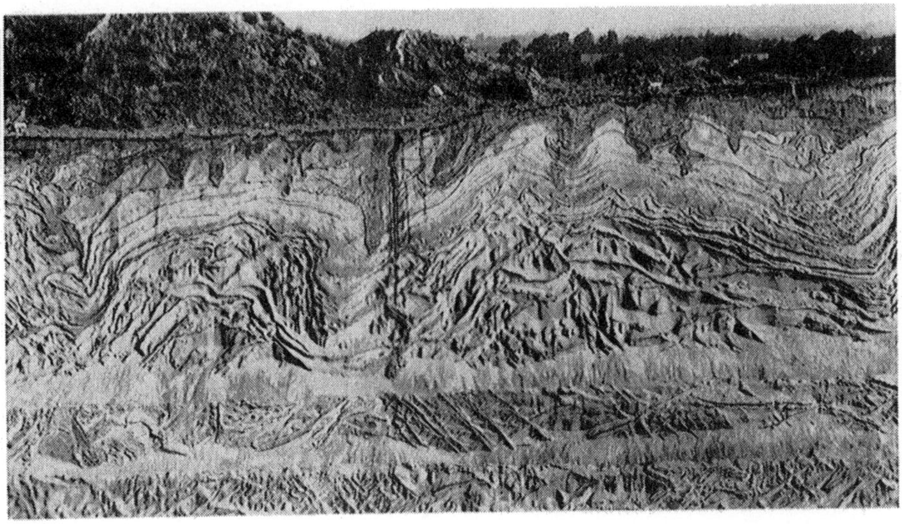

1

2

Entstehung der Moränen=Kuppen

1 Stirn des Penck=Gletschers Spitzbergen im Hochstadium.
Am Fuße des hoch aufgedrungenen Eises (rechts, hell) taut die Grundmoräne als dunkles Band aus. Der Druck der steil ansteigenden Unterfläche des Eises hat gefrorene Schmelz=wasserablagerungen unter Aufreißen von Spalten hoch aufgepreßt.

2 Einzelkuppe bei Dannau, Kreis Plön.
Vor der Stirn des Eises hochaufgepreßte Hügel sind im Laufe der Zeit von den Atmo=sphärilien zu Kuppen gerundet. Dänische Forscher bezeichnen solche einzeln gelegenen Kuppen als Hut=Hügel.

Aufnahmen des Verfassers

1

2

Steinbestreuung, Schmelzwassersande

1 De Steen de waßt! Blockreichtum auf einem frischgepflügten Acker. Neu=Harmshorst, Kreis Plön, 1957.

2 Blockbestreuung am Waldrand bei Alt=Harmshorst, Kreis Plön. Bis oben hinauf ist der Hang mit Blöcken bedeckt, 1924. Beide Vorkommen liegen auf der Innenseite der Bungsberg=Ring=Moräne.

3 Gespickte Mergelgerölle, Missunde Angeln. In Wasser, das in verlassenen Bachbetten auf dem Sander stehen= blieb, setzten sich durch Gletschertrübe (Schluff + Ton) gebundene Ablagerungen nieder. Wurden diese später von fließendem Wasser unterhöhlt, so zerbrachen sie. Aus „Ton"=Klumpen wurden im fließenden Wasser Gerölle, die, außen mit Kies bespickt, widerstandsfähig wurden und daher weit verfrachtet werden konnten.

4 Sander bei Idstedt, Schleswig. Durch Ausspülen und Wiederauffüllen entstanden in den Schmelzwasserbetten Bogen=Schichtung sowie Flanken= oder Delta=Schichtung. In ihnen treten nur vereinzelt Kiesgerölle auf. Auswaschen durch schnell fließendes Wasser aber reicherte die Kieslagen an.

Aufnahmen des Verfassers

3; 4

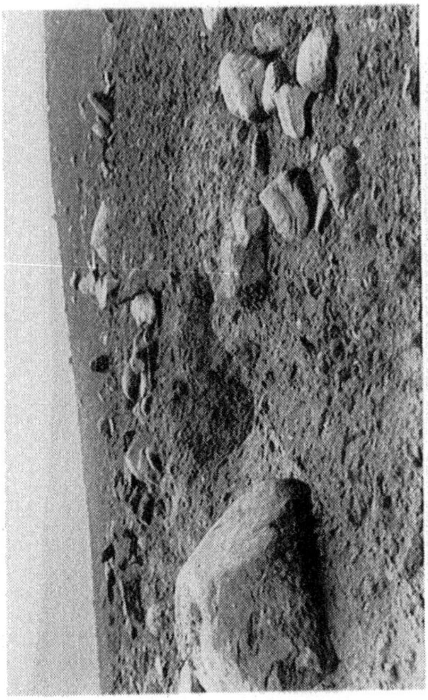

1; 2

Stauchmoräne und Niedertau=Ebene, Usher=Gletscher, Ost=Spitzbergen

Blick aus 450 m Höhe über das 4 km breite Tal, erfüllt mit Außen=Sander (ganz links, Sd), halbmondförmiger Stirn=Stauch=Moräne (S 1), die von der Ablauf=Rinne der Innensander gequert wird. Unter dem Innenhang der Stauch=Moräne und den anschließenden Seen sitzt Toteis (T) = Rest jener Gletscherzunge, welche die Stauch=Moräne erzeugte. Die Seen entsprechen der Erosions=Basis. Die dunklen Hügel gehören zu einer von der Seite gesehenen, bogenförmigen jüngeren Stirn=Moräne (S 2), s. Gripp 1929, Tafel 30, Abb. 4. Sie wird von Toteis außen und innen begrenzt und ist von der Niedertau=Ebene (N) umgeben. Dies Toteis wird teils von flachen Seebecken, rechts aber von einem dem Eise aufgelagerten Innen=Sander bedeckt.
Am Eisrand selber tritt nur wenig Grundmoräne, z. T. aus Spalten aus.
Die hier vorliegende Verteilung von Außen= und Innen=Sander, Stirn=Moräne und Toteis bestand in Schleswig=Holstein in vielfacher Wiederholung, bis die Entwässerung zum eisfrei gewordenen Ostseetrog hin die von Toteis erfüllten Zungenbeckenreste anschnitt und die rückschreitende Erosion die Moränenzüge durchschnitt.
Beckenabsätze und Innensander sanken in die Tiefe, soweit wie sie Toteis überlagerten.

Aufnahme Gripp 13. August 1927

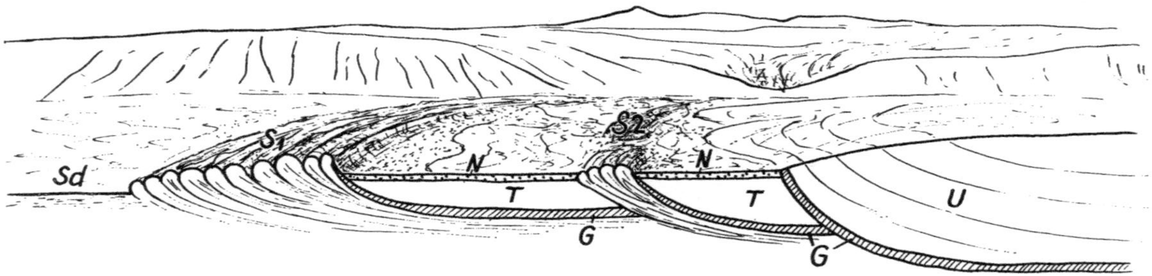

Toteis

1 Stirnmoräne des Frederikshaab Isblink, Südost=Grönland (vgl. Taf. 26, Fig. 1).
Inmitten der jüngeren Stirnmoräne entspringt aus dem Toteis ein kleiner Schmelzwasser=fluß. Er hat den Schutt fortgespült, so daß von Scherflächen durchzogenes Gletschereis freigelegt wurde.
Nicht durch Stauchung entstandene, nur aus freigetautem Schutt aufgebaute, sogenannte Satz=Endmoränen, sinken nach Schwinden des Toteises zu niedrigen Rücken zusammen.
Aufnahme GRIPP 1930

2 Wintereis verschüttet im Sander. Ivory=Gletscher, Spitzbergen 1927.
An den Ufern des Schmelzwasserflusses ist von einer Schuttdecke bislang vor dem Tauen geschütztes Flußeis (hell) mehrfach freigelegt worden. Aufnahme GRIPP 1927

3 Moräne des Nathorst=Gletschers, Spitzbergen.
In Grundspalten des dem Meeresgrunde aufliegenden Gletschereises war Grundmoräne aufgedrungen. Das Gletschereis war dadurch in von Grundmoräne rings geschlossene Kammern abgeteilt worden.
Als das Gletschereis niedertaute, wurden die Lehmwände um das Toteis von fließendem Wasser oder den Wellen stehenden Wassers im Niveau der Erosionsbasis eingeebnet. Als später Toteis auch in der Tiefe taute, blieben von dem früheren Niedertau=Niveau Reste nur dort erhalten, wo kein Toteis im Untergrunde saß. Im obigen Ausschnitt sehen wir einen Rest der Niedertau= E b e n e über die unruhigen Tieftau=Formen aufragen.
Aufnahme GRIPP 3. August 1927

In Schleswig=Holstein besitzen wir in der isolierten Höhe östlich von Glücksburg, in der 37=m=Terrasse um den Plöner See und um den ehemaligen Groß=Warder=See sowie am Ihlsee, unweit Segeberg, Reste des Niedertau=Niveaus.

1

2

3

Schmelzwasser=Ebenen und Windschliffe

1 Blick aus 385 m Höhe auf den Sermilik 63 Grad genannten Abfluß des grönländischen Inlandeises. Der Gletscher ist 5 km breit. Ein schmales dunkles Band austretender Grundmoräne trennt Eis und Schmelz=wassersand=Ebene. Schmelzwasser tritt an einer einzigen Stelle aus und verbreitet sich in zahlreichen flachen Rinnen in einem Winkel von fast 180 Grad. Aufnahme Gripp 11. September 1930

2 Blick vom Stotzberg bei Böxlund, Kreis Südtondern, nach Norden über den Sander, den die durch das Niehuser Tunneltal vom Flensburger Gletscher her emporgestiegenen Wässer aufspülten. Der Sander füllt das letzte Zungenbecken einer rißzeitlichen Eiszunge aus.

3 Vierkanter; cambrischer Quarzit, vom Flugsand auf der Höhe der Segrahner Berge, Kreis Lauenburg, geschliffen. $^2/_3$ nat. Größe.

4 Lesesteine von einem frisch gepflügten Acker beim Segrahner Hof, Kreis Lauenburg. Fast alle weisen Flächen und Kanten des Windschliffes auf. Aufnahmen des Verfassers

2; 4

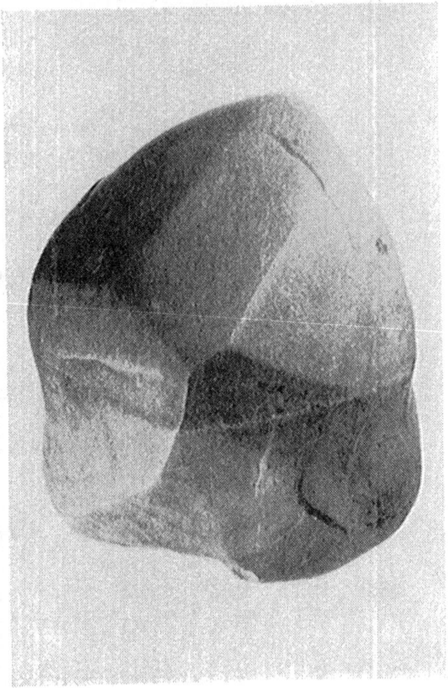

1; 3

Fossilien zwischeneiszeitlicher Meere

1 *Yoldia arctica* GRAY, rezent, Ost=Spitzbergen, $^2/_3$ nat. Größe.
Leitfossil, einmal für kühle Ablagerungen des Störmeeres, zum anderen für die spät=glazialen Eismeer=Tone in der mittleren und östlichen Ostsee.

2 *Mytilus lineatus* GMELIN, Bohrung Schöpfwerk Klixbüller Koog.
Diese Art lebt heute erst südlich der Straße von Calais. Länge 2,5 cm.

3 Cyprinenton, Küste bei Langballigholz.
Vom Eise hochgepreßte Schollen von Cyprinenton sind vom Meere freigespült.
In dem schichtungslosen graugrünlichen Ton der damaligen Ostsee liegen die zerdrückten Schalen der Islandmuschel *Cyprina islandica* L. Länge des Taschenmessers 9 cm.

4 Fossilien vom Innenende einer Nordsee=Förde der Eem=Zeit.
Lütjenhornfeld, Kreis Südtondern, 12,3–15,5 m tief, $^1/_2$ nat. Größe,
rechts 3 Austern *Ostrea edulis* L.
links unten 2 Herzmuscheln *Cardium paucicostatum* Sow.
links oben *Chlamys varia* L.
Mitte oben *Tapes (Paphia) senescens* DOD.
Mitte Herzmuschel *Cardium edule* L.

5 Größere Fossilien ebendaher.
Aporrhais pes pelicani L. Flügel rechts oben.
Turmschnecke *Turritella communis* LAM.
Netzreusenschnecke *Nassarius reticulatus* L.
Herzmuschel *Cardium edule* L.
Herzmuschel *Cardium paucicostatum* Sow.
Körbchenmuschel *Corbula gibba* OL. zahlreich.

6 Klein=Fossilien aus der nordfriesischen Eem=Bucht, Bohrung Sönke=Nissen=Koog.
Zahlreiche *Bittium reticulatum* DA COSTA, eine Klein=Algen weidende Schnecke.

Die Vorlagen zu 2, 4–6 verdanke ich Herrn DR. E. DITTMER, Husum.

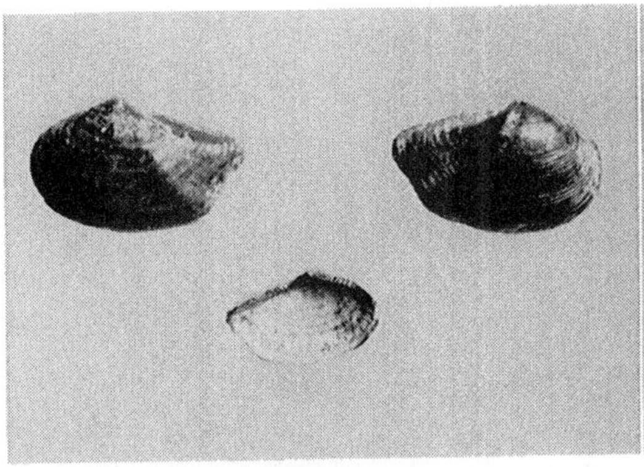
1

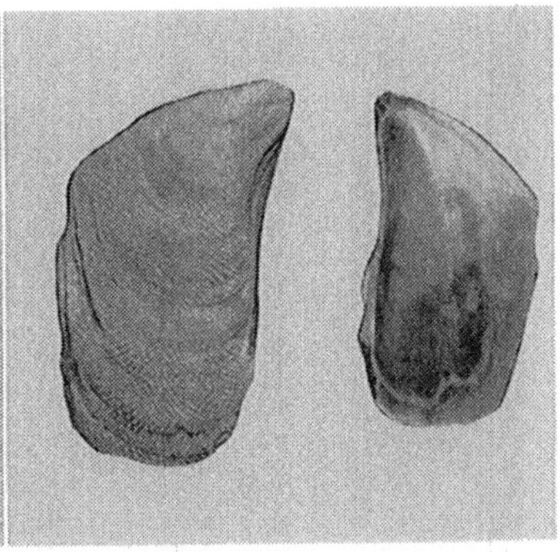
2

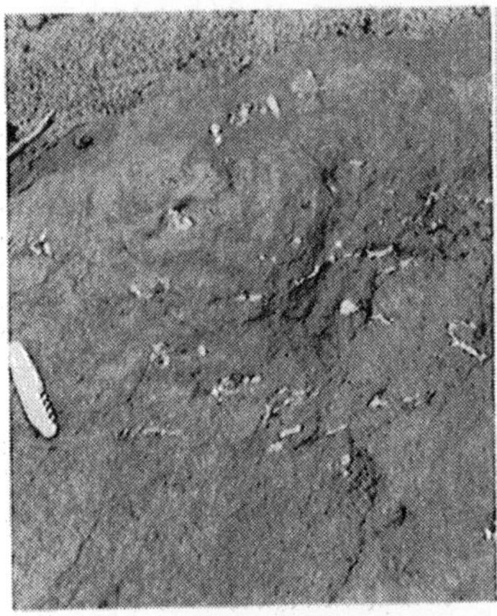
3

4

5

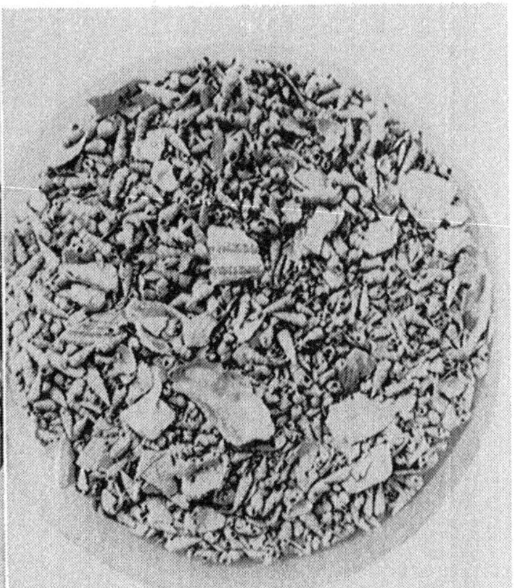
6

Eiszeitliche Groß=Säuger

1 Stoß=Zähne von Elefanten.
Oben: Vom Mammut oder Waldelefanten; gefunden im Geschiebemergel in 15 m Tiefe bei km 79,6 des Nord=Ostsee=Kanals, also unweit von Königsförde (siehe E. W. GUENTHER, 1953).
Unten: Vom Mammut; gefunden in groben Schmelzwassersanden zu Langenhagen, Kreis Oldenburg. Länge 45 cm; Geschenk von Herrn HOSTRUP.

2 a und b Nasenbein des wollhaarigen Nashorns *Rhinoceros (Coelodonta) tichorhinus* FISCH. Nord=Ostsee=Kanal km 58,2 (alte Kilometrierung), nahe Nübbel, 9 m tief gefunden.
Vom Eise verschleppt. Länge 40 cm, Breite bis 16,5 cm. Links Oberseite mit den rauhen Polstern für die Hörner. Rechts Unterseite mit knöcherner Scheidewand, welche die langen Nasenbeine stützte.

3 Moschusochse (*Ovibos* sp.) Unterkiefer. Langenfelde. 42 cm lang. Durch Krieg vernichtetes Eigentum des Geologischen Staatsinstituts zu Hamburg.

4 Backenzahn (3. Prämolar oben rechts) von *Dicerorhinus hemitoechus* FALC., von der Seite gesehen. Die Wurzeln sitzen noch im Knochenrest. In den Schmelzfalten der Zahnoberfläche saßen vertorfte Speisereste, die u. a. Dornen der Heckenrose enthielten, nahe Steenfeld in Eem=Schichten gefunden. Nord=Ostsee=Kanal km 35,4 (alte Kilometrierung), 12 m tief. Länge mit Wurzel 7 cm, Breite der Krone 3 cm.

5. Hälfte eines Gebisses (1. u. 2. Molar) vom Wald=Elefanten *Hesperoloxodon antiquus* FALCONER. Eem=zeitlich. Gefunden im Baggergut des Nord=Ostsee=Kanals, das aus der Gegend Oldenbüttel–Meckelsee stammte. Elefanten nehmen ihre Zähne nacheinander in Benutzung. Wir sehen daher im Ober= und Unterkiefer rechts vorn stark abgekaute dreieckige 1. Molare mit nur noch 9 und 8 Lamellen und dahinter große 2. Molaren (Oberkiefer 11, Unterkiefer 14 Lamellen, von denen erst 4 angekaut sind). Auch diese großen Zähne werden allmählich abgekaut und ihr Rest schließlich vom Elefanten mit dem Rüssel herausgenommen und fortgeworfen. Länge des Oberkieferzahns 28 cm, Kaufläche 10 cm lang und 7 cm breit. Alle Stücke befinden sich im Geologischen Institut der Universität Kiel.

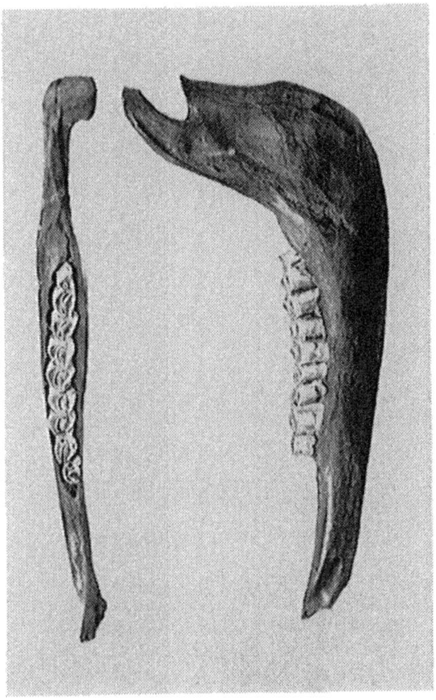
3

5

4

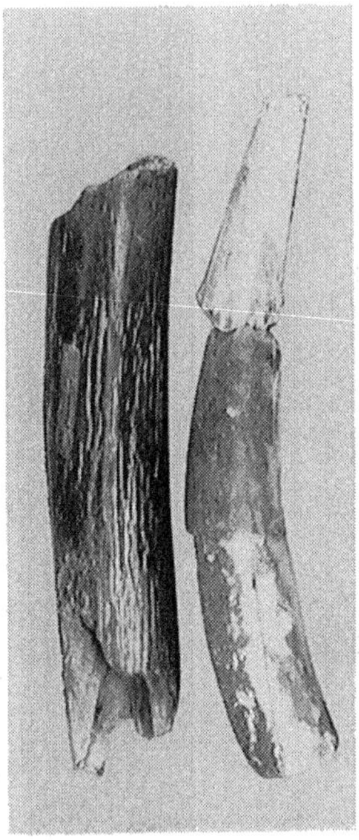
1

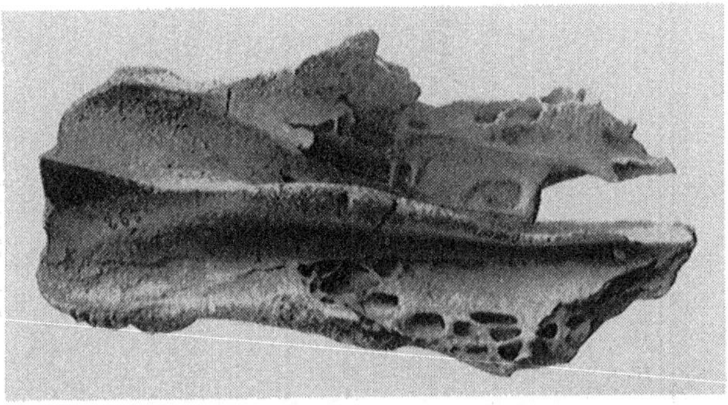
2b

2a

Vereisung

1 Großes Geschiebe aus Granit, gelegen am Wege Gr.=Königsförde–Revenstorf, Kreis Eckernförde. Höhe 4,5 m; Umfang 18 m.

2 Gletscherschliff. Sideritisches Kalksandstein=Geschiebe. Alter: Hemmoorer Stufe des Miozän. Gefunden in rißzeitlicher Grundmoräne der Tongrube der Zementfabrik zu Hemmoor, Nordhannover. Der Block war 1,80 m lang und 0,55 m mächtig. Die Gletscherschrammen bezeugen, daß der Block im Eise zerbarst und seine Hälften getrennte, wenn auch wohl benachbarte Wege gingen. Die Kanten des Querbruches sind erheblich abgesplittert. Vor dessen Zerstörung vor dem Geologischen Staatsinstitut in Hamburg aufgestellt.

3 Stauchmoräne der Hüttener Berge, Kreis Eckernförde, zum Vergleich mit dem Usher=Gletscher Tafel 35. Blick von der nächst jüngeren Stirnmoräne, vom Wege zwischen Hütten und Damendorf. In 8 km Länge und bis 2 km Breite hat vorrückendes Eis mit seiner Unterseite in mehrfachem Vordringen eigene und ältere eiszeitliche Absätze bis 60 m hoch über die vorgelagerte Schmelzwassersand=Ebene aufgepreßt. Die jüngeren Eisvorstöße sind vor dem Widerlager der Hüttener Stauchmoräne ausgewichen und südlich davon vorgedrungen (siehe die Karte 3: Eisrandlagen).

Aufnahme 2 von P. Feser, Aufnahme 1 und 3 vom Verfasser

2

1

3

Toteis-Sackungen

1 Vorgeschichtliche Grabung von Dr. A. Rust, Poggenwisch bei Meiendorf, Kreis Stormarn, 1951. Alle Schichten fallen infolge Sackung über schwindendem Toteis steil nach rechts ein.

Rechts oben dunkler Torf / Graue Gyttje mit hellen Sandlagen } senkrecht darin Brunnenrohr der Grundwasserabsenkung mit heller Filtersandschüttung beiderseits.

Breites helles Band: abgebaute und zertretene Fundschicht; deren Anschnitt mit Kelle und Rengeweih zeigt teils waagerechte Sandlagen, teils Schollenstruktur.
Darunter dunkle stark gestreckte Lage von Gyttje.
Links, zuunterst: Gebänderter Beckensand an etwa zwölf Verwerfungen zerstückelt.

Aufnahme Dr. A. Rust

2 Pinnberg bei Ahrensburg, Grabung Dr. A. Rust 1935. Toteis-Loch, 7 : 2,50 m.
Maßstab = 1 m.
Beim Einsinken über tauendem Toteis sind Schichtteile abgerutscht.
a und b erste Rutschung, c_1 und c_2 zweite Rutschung, d dritte Rutschung.

1 graugelber Sand
2 graugrüner sandiger Ton bis toniger Sand
3 heller Sand
4 graue sandige Gyttje
5 Allerödtorf
6 Obere Gyttje
7 Torf

Die weißen Scheiben in 7 geben die Fundorte von Kulturresten an.

Aus A. Rust: Die Funde vom Pinnberg, Karl Wachholtz Verlag, 1959, Taf. 36.

1

2

Heutige Periglazial-Erscheinungen

Südwest-Grönland, im Vorland vor dem 5 km breiten Abfluß des Inlandeises Sermilik 63°
(siehe Taf. 37, Fig. 1)

1 Frostspalten. Hinten am Hang ist Flugsand abgelagert. Davor ist der Sand weithin fortgeweht und eine Steinsohle angereichert. In geraden Linien = schmalen flachen Senken, sind Pflanzenpolster ein wenig häufiger. Dies Netzwerk in etwa 8–10 m Abstand ist das der Frostspalten = Eiskeile. Im Sommer spenden diese etwas Feuchtigkeit, die von den Pflanzen benutzt wird. Aufnahme Gripp 24. Juli 1930

2 Blockreiche Schmelzwassersandebene vom Winde zu einer dichten Steinsohle ausgeblasen. In Lee zahlreicher Blöcke eine Sandfahne, in Luv 1–2 niedrige Sandwälle. Die Blöcke vom Sandwind korradiert und vereinzelt zu Windkanter abgeschliffen.
Aufnahme Gripp 16. September 1930

1

2

Spuren würmzeitlicher periglazialer Vorgänge

1 Umlagerung durch Turbation, Mausberge bei Husum 1928.
  a Alluviale Flugsande mit Humusschichten und Bleichhorizonten
  b Steinsohle während der Würmvereisung ausgeweht
  c Unter einer eemzeitlichen Humusdecke gebleichte Sande, die während der Würm=vereisung durch Turbation weitgehend abgetragen wurden und nur noch in den Brodel=töpfen erhalten blieben
  d Schmelzwassersande der Riß=Vereisung.

2 Schichtenstörung durch einen Eiskeil, Ahrenshöft, Kreis Husum.
Unten waagerecht gelagerte Schmelzwasser= und niveofluvioglaziale Sande. In sie greift in der Mitte des Bildes eine schräg nach links einfallende, breite Ausfüllung einer Frost=spalte ein. Besonders rechts der Spalte ist ein Anheben der Schichten zu erkennen.

3 Frostspalten zu Ostrohe, Kreis Norderdithmarschen.
Drei würmzeitliche Frostspalten in periglazialen Sanden, die ein eemzeitliches Tälchen ausfüllen, das in die unten sichtbaren Schmelzwassersande eingeschnitten ist.

Bearbeiter Dr. Duecker, Aufnahmen Gripp

1

2

3

Beckenabsätze

1 Lübecker Zungenbecken. Abbau des Tones durch Ziegelei „Bunte Kuh", südwestlich vom Hauptbahnhof Lübeck um 1930. Eine untere sandige Partie mit zahlreichen Lagen von Wellenfurchen ist stehengelassen.
Aufnahme DR. SATOW

2 Gestauchte Beckenabsätze im Kliff nördlich der Ziegelei Holnis Hof, Kreis Flensburg. Durch Eisdruck gefältelte geschichtete Beckensande sind vom Wind „präpariert" worden. Aufnahme GRIPP 1959

3 Lübecker Zungenbecken, frühere Ziegelei Rothenhusen. Über langsam schwindendem Toteis wurden im weiten flachen See warwige Schichten (je eine helle sandige und eine dunkle tonreichere) abgesetzt. Frau EBBA HULT DE GEER in Stockholm glaubt, die tiefste der warwigen Lagen des Lübecker Beckens ungefähr dem Jahre 13750 vor Christi Geburt zuordnen zu können.
In zwei Lagen ist die Schichtenfolge aufgerollt. Solche involute Lagerung ist wahrscheinlich eine Folge von Triebsandbildung und Konvektion bei sehr geringem Wasserstand durch Tauen von Eislinsen entstanden. Auch in den Beckensanden von Holnis sind bisweilen zwei Lagen mit Involuten zu beobachten. Aus K. SCHLUNCK 1914

2a; 2b

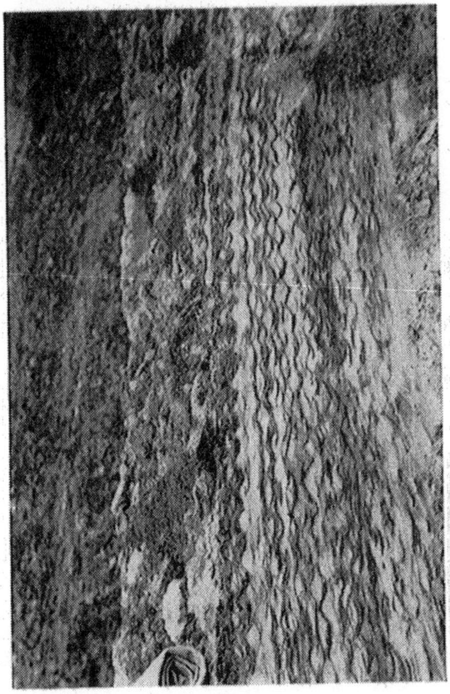

1; 3

Spätglaziale Säugetiere

1 Geweihe von Renen, links drei mit gleichmäßig rund gebogenen Schäften
= *Rangifer tarandus arcticus.*
Die Schäfte sind auf der Innenseite vom Menschen des Spät-Magdalenien zur Gewinnung von Werkstoff aufgeschnitten.
Rechts zwei Geweihe mit geknickten Schäften = *Rangifer tarandus.*
Diese Unterart hat heute in Nordeuropa das Übergewicht. 1 : 17,5 der natürlichen Größe.

2 Kreuzbeine von Renen. Nach Verspeisen der Tiere in einen Tümpel geworfen.
1.–2. Reihe: Die vier Kreuzbeinwirbel noch nicht verwachsen = Kälber.
3. Reihe: Nur der vordere Kreuzbeinwirbel ist noch lose. Die drei hinteren sind miteinander verwachsen = Jungtiere.
4.–6. Reihe: Alle vier Wirbel sind miteinander verwachsen = erwachsene Tiere.
7. Reihe: Fünf Wirbel sind zum Kreuzbein verwachsen = ältere Tiere.
1 : 8 der natürlichen Größe.
Alle Fundstücke aus der Grabung von Dr. A. Rust zu Meiendorf 1934.

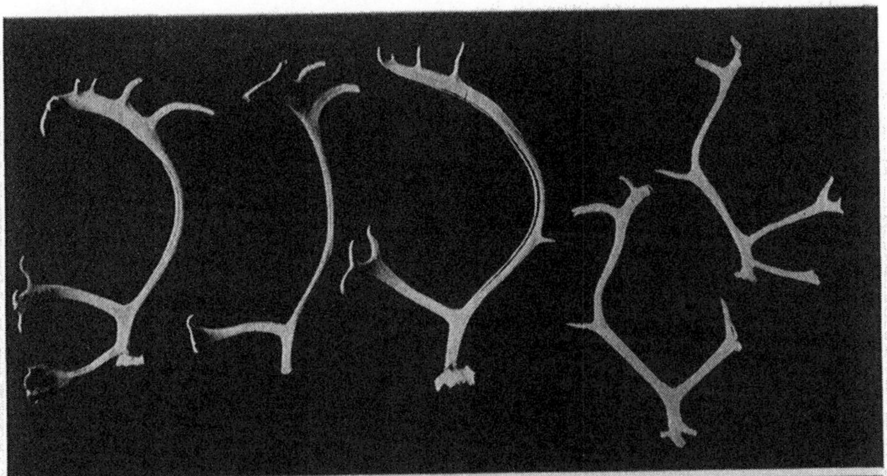

1

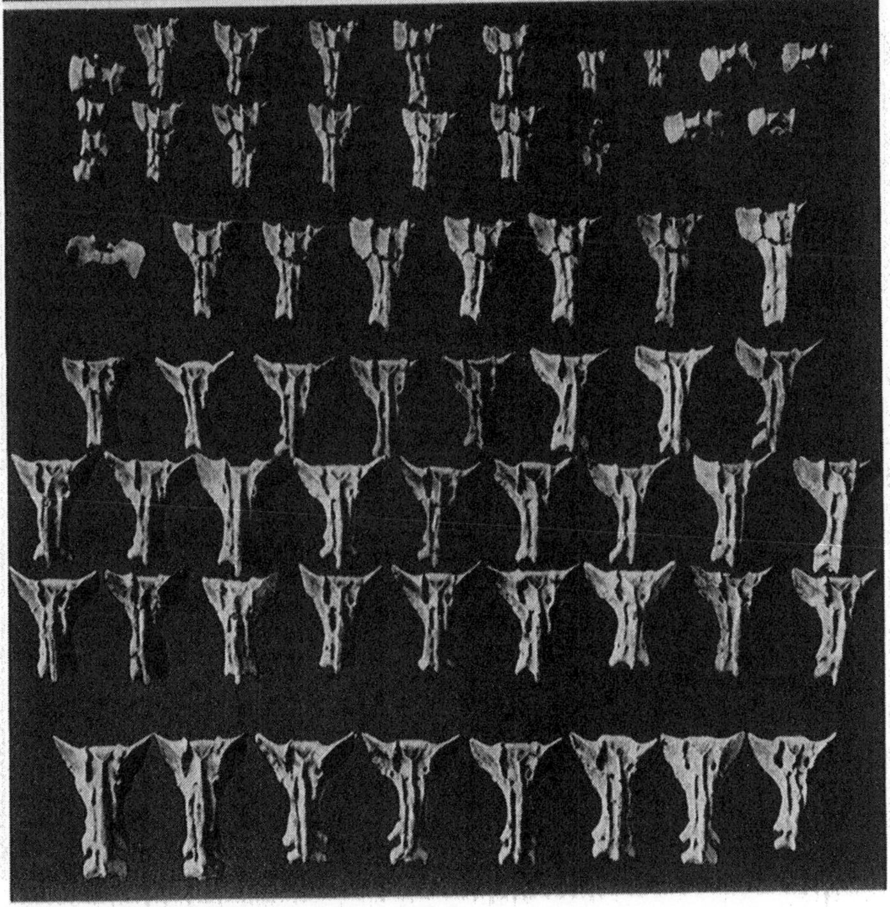

2

Spätglaziale Wasserstände

1 Das 250 m breite Durchbruchstal, das den damaligen 15 km langen Groß=Warder=See mit der Ablaufrinne des 37 m Plöner Sees verband. Im Orte Kembs südlich des Plöner Sees gelegen. Damals, gegen Ende des Vollglazials, entwässerte das Gebiet noch zur Nordsee. Später leiteten Trave und Schwentine die Wässer jenes Gebietes zur wieder eisfrei gewordenen Ostsee ab.

2 Terrasse im 27 m Niveau am Ostufer des Plöner Sees nördlich Hof Ruhleben. Die sandige Seitenmoräne rechts ist weiter südlich im gleichen Niveau vom 27 m See abgetragen worden.

3 Steinbestreute Terrasse im 27 m Niveau aus einer eingeebneten Seitenmoräne hervor=gegangen. Waade, Gemeinde Bosau, zwischen Plöner und Vierer=See.

Aufnahmen des Verfassers

1

2

3

Spät= und postglaziale Schichtenfolge, in einem einsinkenden Becken und auf dem Lande entstanden

1 Vorgeschichtliche Grabung von Dr. A. Rust zu Meiendorf, Kreis Stormarn, 1934. Schnitt durch die Ausfüllung eines langsam eingesunkenen Toteisloches. Links das Ufer. Maßstock rechts 1 m.

Schichtenfolge:

A Bruchwaldtorf des Atlanticums.

B Schilftorf = Kiefernzeit = Präboreal.
Beide zusammen bedeckten den Talboden weithin 1 m mächtig.

C 0 bis über 2 m Gyttje, unten mit einzelnen hellen Sandlagen; erneuter Absatz stehenden Wassers. Zerknitterte Sandlagen bezeugen Störungen, von denen unentschieden ist, ob sie auf Toteis oder Verdichtung des Sediments zurückgehen.

D Seggentorf der Alleröd=Warmzeit. Nach Ausfüllung des Teiches waagerecht abgelagert, durch Toteisschwund später in die Tiefe gezogen und wieder unter Wasser geraten.

E Graue kalkhaltige Gyttje, Absatz stehenden Wassers, nach rechts an Mächtigkeit zunehmend; zahlreiche Zerrungsstörungen, besonders nahe dem Ufer.

F Gyttje=streifiger Sand, durch Rutschen gestört. Die breite graue Lage links vom Maßstab entspricht annähernd der Bölling=Wärmeschwankung. Links davon Kulturschicht der Renjäger Hamburger Stufe.

G Links vom Schatten eines Pumpenrohres Sand mit schluffigen Lagen wechselnd = Schmelzwasserabsätze; Störungen bezeugen Ablagerung über Toteis.

2 Spätglaziale Schichtenfolge über dem Zechstein von Lieth bei Elmshorn.
h Torf seit präborealer Zeit ab 7500 vor Christi Geburt entstanden. Nach Untersuchungen von Dr. Dücker.
g Durch von oben eingedrungenen Humus dunkel gefärbter Flugsand der 3. Spät=Tundra=Zeit.
f Humuslage und darunter Bleicherde der Alleröd=Wärme=Schwankung. 9000 vor Christi Geburt.
e Flugsand aus der 2. Spät=Tundra=Zeit.
d Humuslage und darunter Bleicherde der Bölling=Wärme=Schwankung 11 000 vor Christi Geburt.
c Flugsanddecke der 1. Spät=Tundra=Zeit.
b Steinsohle und Brodelboden aus der Zeit der Würmvereisung bis vor 25 000 v. Chr. Geb. = Haupt=Tundra=Zeit.
a Rißzeitliche Grundmoräne vor über 130 000 Jahren vom Eise abgesetzt.

Aufnahme des Verfassers

Tafel 47

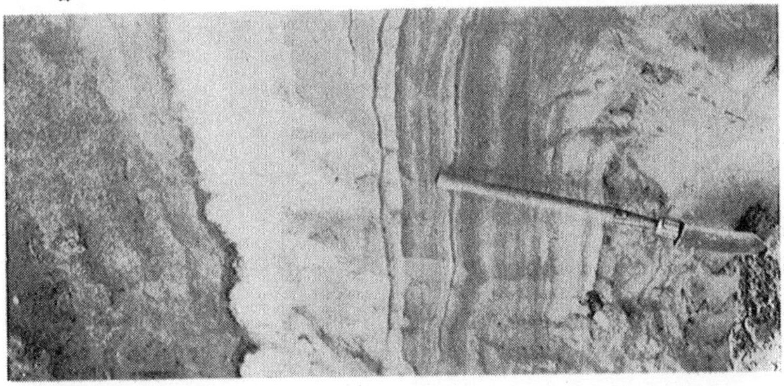

2

1

Grundwasser

1 Die Geest des Schleswig-Holsteinischen Festlandes erreicht nur bei Schobüll nördlich Husum das Meer. Sonst bilden Deiche die Küste. Bei Niedrigwasser fließt hier das während des Hochwassers zurückgestaute Grundwasser frei aus. Dadurch wird der Salzgehalt derart verringert, daß zeitweise Schilf hier gedieh. Aufnahme GRIPP 1932

2 Geestrand der Wattseite nördlich von Nebel, Amrum. Im Meerwasser freischwebend gebildete Eiskristalle wurden vom Ostwind und dessen Wellen an das Ufer gespült. Diesen Teppich von Eiskristallen zerstörte das austretende Grundwasser durch seinen Wärmevorrat von 8° Celsius (= mittlerer Jahrestemperatur). Solches geschah von unten her und in regelmäßigem Abstand. Das Süßwasser dient den Wattvögeln als Tränke.
Aufnahme GRIPP 24. März 1962

3 Bohrbrunnen mit artesischem Wasser; Krokau Probstei. Eine Bohrung für einen Neubau inmitten des Ortes mißlang, da gespanntes Wasser neben dem Bohrloch aufdrang und dieses nicht eingefangen werden konnte. Daraufhin wurde ein Zierteich um den Bohrbrunnen angelegt. Aus dessen Bohrkopf tritt dauernd artesisches Wasser aus.
Aufnahme GRIPP; nicht retuschiert

1

2

3

Gipsberg und Höhle zu Segeberg

1 Blick in einen durch Ablaugen stehenden Grundwassers entstandenen Höhlengang. Schräg=geneigte Wände bezeugen gegen unten abnehmende Lösungsfähigkeit des Wassers von gleichbleibender Spiegelhöhe. Unten ist die Spalte sichtbar, deren obere Fortsetzung die Entstehung des Hohlraumes ermöglichte. In diesem Zustand befand sich anfangs die Mehrzahl der Gänge im anhydritischen Teil der Höhle.

2 Blick senkrecht nach oben auf die Decke der (mit einem künstlichen Teich „verschönten") sogenannten Zentralhalle. Von der von oben rechts zur linken Seite des Bildes verlaufenden Spalte aus hat Wasser den Anhydrit zu Gips werden lassen, so weit, wie die senkrecht zur Spalte stehenden, durch Ablaugen erweiterten Dehnungsfugen reichen.

3 Pfeiler in der Säulenhalle. Vierfache Wiederholung von Ansätzen waagerechter Decken und anschließenden geneigten Seitenwänden. An dieser Stelle wurde das Gestein viermal nacheinander über den Spiegel des lösenden Wassers hinausgehoben als Folge ungleich=mäßigen Anhebens der einzelnen Teile des Gipshutes.

1

2

3

Alter Gipsbruch und Schachtanlagen zu Segeberg

Blick vom Gipfel des Gipsberges zu Segeberg nach Südosten vor Anlage des Thing=Platzes, heute Freilicht=Theater. Vorn der Südteil des vormaligen Gipsbruches. In der Mitte des Bildes über der Wand mit senkrecht stehenden Gipslagen die Reste der 1870–1877 zur Gewinnung von Steinsalz abgeteuften und ersoffenen Schächte. Aus dem damals überdachten, heute unter den Sitzreihen gelegenen Schacht wird die Sole für das Kurhaus gewonnen. Deren Rohrleitung über den Bremsberg hinweg ist zu erkennen. Links am Rande die Gipswand des Steinbruches, rechts davon ein Erdfall über dem Südgang der Höhle.

Aufnahme Münch & Dellgrün, Segeberg

Erdölgewinnung

1 Moderner Klappbohrturm Modell Salzgitter, Höhe 48 m. An einem Flaschenzug großer Tragfähigkeit hängt das aus einzelnen Rohren zusammengesetzte Bohrgestänge. Es wird durch den maschinell angetriebenen Drehtisch mittels eines vierkantigen Schlußstückes in Drehbewegung gesetzt = Rotary=Bohrverfahren (siehe Fig. 1 b).
Unter Aufdrehen (Torsion) des zumeist mehrere km langen Gestänges wird der Meißel (u. a. mit kreuzförmigen Schneiden oder aus Rollen mit Hartstahldornen) in drehende Bewegung gesetzt. Durch das Innere des den Meißel beschwerenden Gestänges wird eine künstliche Flüssigkeit von hohem spezifischen Gewicht nach unten gepreßt. Diese tritt aus dem Meißel aus und trägt die gelösten Gesteinssplitter zwischen der das Bohrloch gegen außen schützenden Rohrtour und dem Gestänge nach oben. Durch Ansetzen weiteren Gestänges kann das Bohrloch ständig vertieft werden. Die Entnahme ungestörter Proben durch Bohren mittels eines mit Karborund oder gar Diamanten besetzten runden Bohrers und ebenso geophysikalische Untersuchungen usw. erfordern jedesmal Aus= und Einbau, d. h. Zerlegen und Zusammenschrauben des Gestänges.

2 Erdölpumpen. Die Erdölfelder Schleswig=Holsteins setzen sich unter Ost= und Nordsee fort. Bislang liegt das äußerste Bohrloch aber noch am Strand, wie hier zu Stein in der Probstei, dem Nordende des kleinen Erdölfeldes Kiel. Nur zu Anfang steigt in einem Bohrloch Erdöl bisweilen bis über die Erdoberfläche. Später muß das Erdöl gepumpt werden. Dies geschieht in dem Ausmaß, wie das Öl zum Bohrloch durch den Gas= und Wasserdruck getrieben wird. Mehrere Pumpen nebeneinander besagen, daß Bohrlöcher in der Tiefe abgelenkt wurden, um das Öllager an mehreren Stellen anzuzapfen. Siehe Abb. 11 a.

Aufnahmen des Verfassers

1a

1b

2

Heutiges erdgeschichtliches Geschehen 1

1 Geringe, aber stetige erdgeschichtliche Veränderung. Kleinkarren auf dem Gipsfelsen von Segeberg. Nicht nur das Grundwasser löst Gips und Anhydrit, auch das ablaufende Regenwasser nimmt Gips im Verhältnis 460 : 1 mit sich fort. Im Laufe der Jahrzehnte und Jahrhunderte entstehen dadurch an Hängen Rinnen und auf waagerechten Flächen Näpfe und Gruben. Münze = 1 DM.

2 u. 3 Großwirkung selten gleichzeitig auftretender klimatischer Ereignisse.
Westufer des Elbe-Lübeck-Kanals südlich von Alt-Mölln, mit frischer Erosionsrinne. Nach einer kräftigen Frostperiode trat lebhafte Schneeschmelze ein. Wässer stauten sich auf dem ebenen Rinnen-Sander des Delvenau-Tales, weil der vorgesehene Ablauf noch durch Eis verstopft war. Die Wässer liefen am 24. März 1947 über und erodierten in einer Nacht eine bis 6 m tiefe Rinne (Fig. 2). Das auslaufende Wasser verfrachtete soviel Sand, daß der Kanal durch einen Schuttkegel völlig ausgefüllt wurde (Fig. 3).
Fig. 2 läßt an der linken Wand die Höhe des natürlichen Erdreichs und darüber eine künstliche Aufschüttung erkennen. In Fig. 3 ist der Sandkegel von links her aufgeschüttet.

Aufnahmen des Wasser- und Schiffahrtsamtes Lübeck

2

3

1

Heutiges erdgeschichtliches Geschehen 2, Dünen

1 Kniepsand, Amrum 1960.
Abiogene Jungdüne auf schlickgebundener Sandebene. Wind von rechts trägt die flache Düne an einer Steilkante ab. Der abgelenkte, aber gleichsam wieder zurückgeworfene Luftstrom läßt anfangs unregelmäßige, weiter entfernt regelmäßige Wellenfurchen entstehen. Vorn rechts Abdruck vom Schuh eines Erwachsenen.

2 Ebenda 1960.
Ein von rechts aufgewehter Barchan. Zwischen den Sicheln ein Militärspaten.

3 Sandtreiben über die Außendüne (Kliff=Düne) Amrum. Wiederholtes starkes Sandtreiben quer zum Dünen=Kliff hatte den Sand über die von Helm *(Psamma arenaria)* begrünte Außendüne (rechts) bis auf den Krähenbeeren=Rasen links unten getrieben und den sonst schluchtartigen Übergang des Erholungsheimes Satteldüne (Vordergrund) hoch hinauf versanden lassen.

Aufnahmen Gripp 12. April 1963

1

2

3

Heutiges erdgeschichtliches Geschehen 3

1 Sonnensprünge in Feuerstein.
Zumeist von einem eingeschlossenen Fossil aus platzt Flint auf, wenn die Sonnenseite bei Bodenkühle der Schattenseite stark erwärmt wird.
a) Sonnensprung mit abgeplatzter Scheibe; Geschiebe Kiel. Länge in cm.
b) Sonnensprungfläche mit den bezeichnenden konzentrischen Ringen. Das Stück ist zusätzlich in dem bewegten Wasser=Sand=Gemisch der Brandung hochglänzend poliert worden. Strandgeröll Amrum, nat. Größe.

2 Trockenrisse in dünner Schlick=Lage.
Bei der Sturmflut 16./17. Februar 1962 war Meerwasser in ein Dünental eingedrungen. Der von der Brandung aufgeworfene Strandwall riegelte das Tal ab. Das Wasser des derart entstandenen Sees versickerte allmählich. Der darin enthaltene Sturm=Schweb schlug sich als 1 mm mächtige Schlickschicht nieder. Beim Austrocknen zerriß sie. Die Ränder der Fetzen rollten sich auf, wurden vom Wind unterhöhlt, flatterten im Luftstrom, bis sie abrissen und als Tonhautfetzen anderenortes in Dünensand eingebettet wurden.
Aade, Nordamrum, Aufnahme Gripp 20. 3. 1962

3 Winddruckmarken als Nachtfrostbeleg.
Auf dem Hochstrand des Kniepsandes vor Amrum stehendes Regen= und Grundwasser war nachts von einer dünnen Eisdecke überzogen worden. Der Morgenwind drückte diese Eisdecke – in Stärke und Richtung schwankend – vor sich her. Beim Nachlassen des Winddruckes floß das Wasser und mit ihm die Eisdecke zurück. Diese Hin= und Herbewegung der Eisdecke wurde im flachsten Wasser von eingefrorenen Ästen (doppelte Zickzack=Spur) und Schneckengehäusen (links und gerade) aufgezeichnet. Aufnahme Gripp 19. 3. 1962

1a

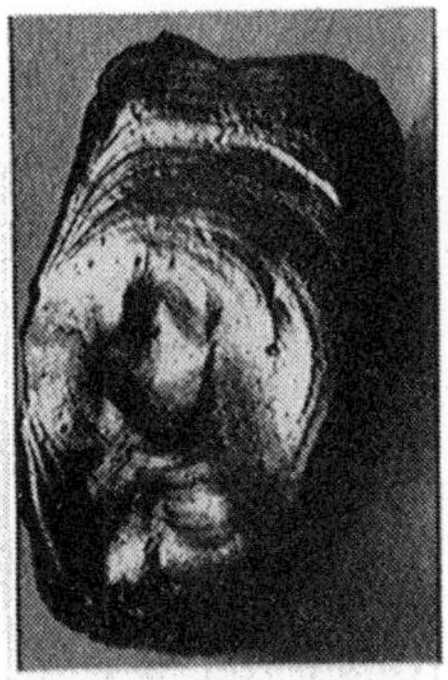

1b

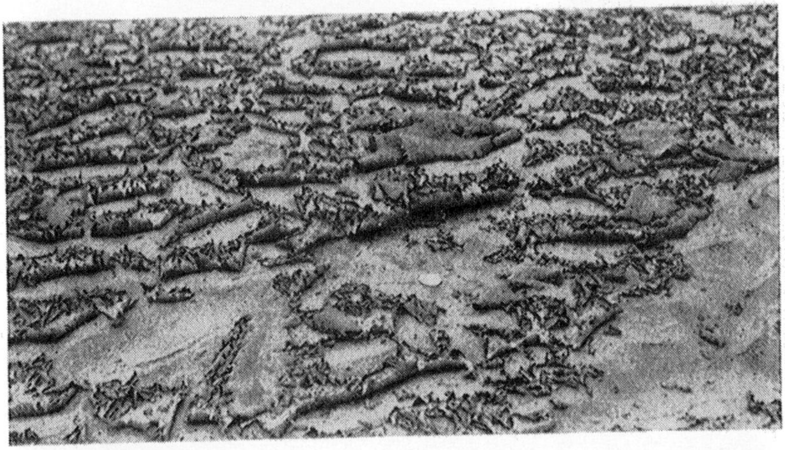

2

3

Heutiges erdgeschichtliches Geschehen 4, Sandwanderung am Ostseeufer

Nordende der Halbinsel Holnis, Flensburger Förde, aus 7000 m Höhe gesehen
(ältere Aufnahme).

Die Seitenkante des Bildes verläuft in Nordsüdrichtung. Der südliche Teil der Halbinsel war früher vom Meer bedeckt. Vermutlich liegt eine Moränengabel mit nach NO gerichtetem Stiel vor. Je nach der Klarheit des Wassers reicht die Sicht aus solcher Höhe bis mehrere Meter tief in das Wasser hinein. Daher sind außer den schmalen Überwasseranteilen der neu aufgebauten Sandhaken auch deren breite Unterwasser=Sockel gut zu erkennen.

Vor dem Westufer unten links ein von der Uferströmung aus der Gegend des Leuchtturms her aufgespülter Haken.

Nördlich davon pfeilartig die Landungsbrücke der Ziegelei Holnis=Hof. Nördlich davon bis zur dunklen landeinwärts greifenden hakenförmigen Senke das 22 m hohe Kliff aus gestauchten Beckensanden (Taf. 44, Fig. 2).

Die dunkle Nordwestecke der Halbinsel ist ein Höftland mit Teich. Es entstand aus dem von jenem Kliff gegen Norden bis weit in See in Nordsüdrichtung aufgeschütteten Strandwall und anschließendem Haken (Westwindwirkung) und einem vom Ostwind an der Nordküste von Holnis gegen Westen aufgebauten Strandwall. An der Nordostecke bedingen sowohl Westwind wie Ostwind die Anfrachtung von Sand zum Aufbau des Nordost=Hakens. An der Ostküste sind 3–5 Sandriffe der Küste vorgelagert.

Heutiges erdgeschichtliches Geschehen 5, Aufbau und Umlagerung im Wattenmeer

Eidermündung, Luftbildkarte 1938.
Im Norden die Südküste der Halbinsel Eiderstedt mit hin und her verlaufendem Deich. Dieser endet im Westen bei Süderhöft an Dünen. Hier bietet das bis 2 km breite Vorland und die Sandbank Schutz gegen die Gefahren der Sturmfluten. Hingegen zog damals bei Vollerwiek ein Arm der Eider in gefährdender Weise unmittelbar vor dem Deich entlang. Rechts unten die viereckigen Kammern der Landgewinnungsarbeiten auf dem Wesselburener Watt. Besonders vom Wesselburener Loch im Süden sind breite Flutstromtrichter gegen Osten gerichtet. Schmale Ebbestromrinnen münden in sie hinein. In der Eider mehrfach durch S=förmige Sandbarren getrennte Ebbe= und Flut=Trichter nebeneinander.
Auf der Sand=Plate östlich des Franzosen=Lochs anscheinend riesige flache durch Strömung erzeugte Rippeln.

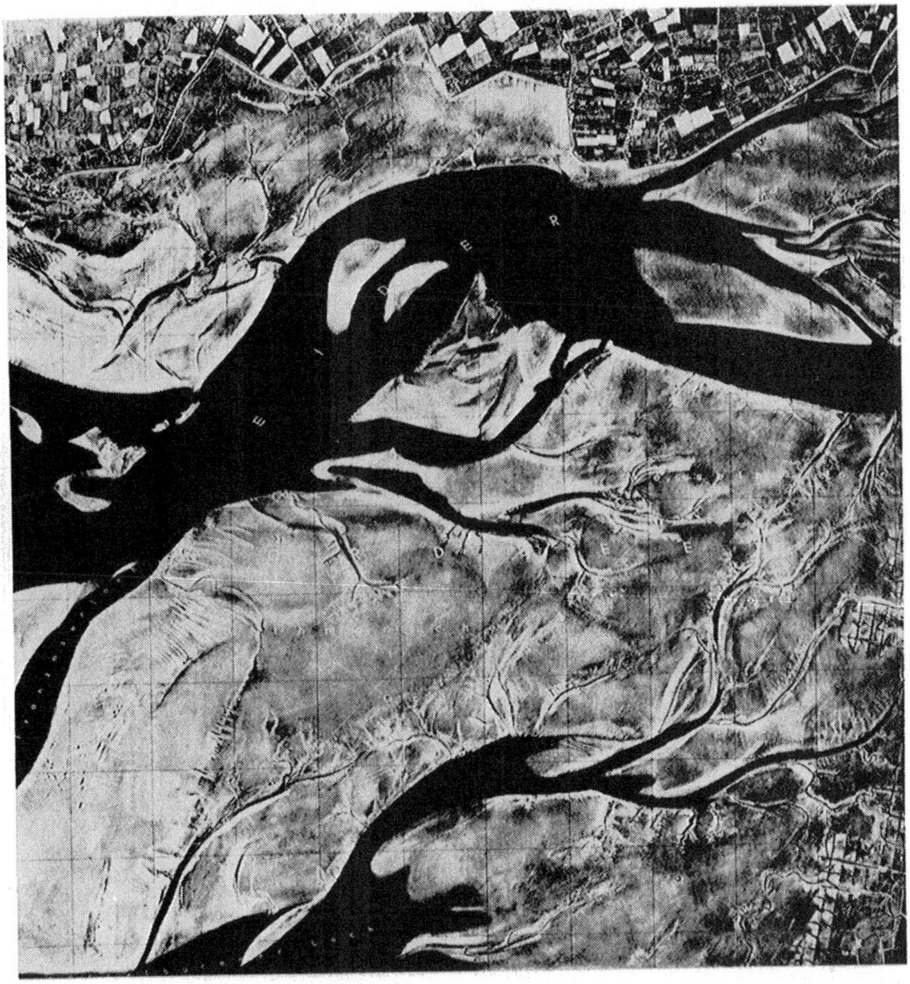

Heutiges erdgeschichtliches Geschehen 6, Veränderungen an der Westküste Eiderstedts

Der ständige Wechsel von Tide= und Windstau=Strömen, die Wanderung von Sand vom Grunde der Nordsee in das Innere der Deutschen Bucht sowie die örtliche Verfrachtung dieser Sandmassen durch die Uferströmung lagern die oberen Schichten im Wattenmeer dauernd um und verändern stetig die Formen. Einen Teil des Sandes trägt der Wind vom Strand an Land. Als Düne ist er dort anderen Gesetzen unterworfen.

1 Ausschnitt aus der Luftbildkarte 1938. Gradnetz mit 1 km Abstand. Im Nordwesten die Hever, rechts am Rande das Land Westerhever, südlich davon die Tümlauer Bucht (Seeseite), deren Ebbstrom den vorgelagerten Sand durchschneidet. Westlich von Ording hell der Hochstrand (Sandbank), der von St. Peter durch eine breite, von Prielen durchzogene Rinne getrennt ist.

2 Das gleiche Gebiet 1958. Die Hever am Nordrand des Ausschnittes drängt mit einem Arm gegen Südosten. Durch den gleichen Vorgang ist in den letzten vier Jahrhunderten der Nordwesten von Ording verlorengegangen. Die Priele vor der Tümlauer Bucht sind z. T. als Folge der erkennbar vorgeschrittenen Landgewinnungsarbeiten verkleinert. Der Umfang der den Meeresspiegel überragenden Sandbänke hat sich bedeutend vergrößert. Die Senke vor St. Peter=Bad ist versandet und der Priel verschwunden. Erhebliche neue Sandmassen sind von Westen her in Wällen im Anmarsch auf die Küste. Sie sind von der Sandbank mit der als Punkte erkennbaren Arche Noah noch durch eine Senke getrennt.

Freigegeben Luftamt Hamburg 700077. Küstenkarte des Ministeriums für Ernährung, Landwirtschaft und Forsten zu Kiel.

Aufnahme Vermessungsbüro N. Rüpke, Hamburg=Wandsbek

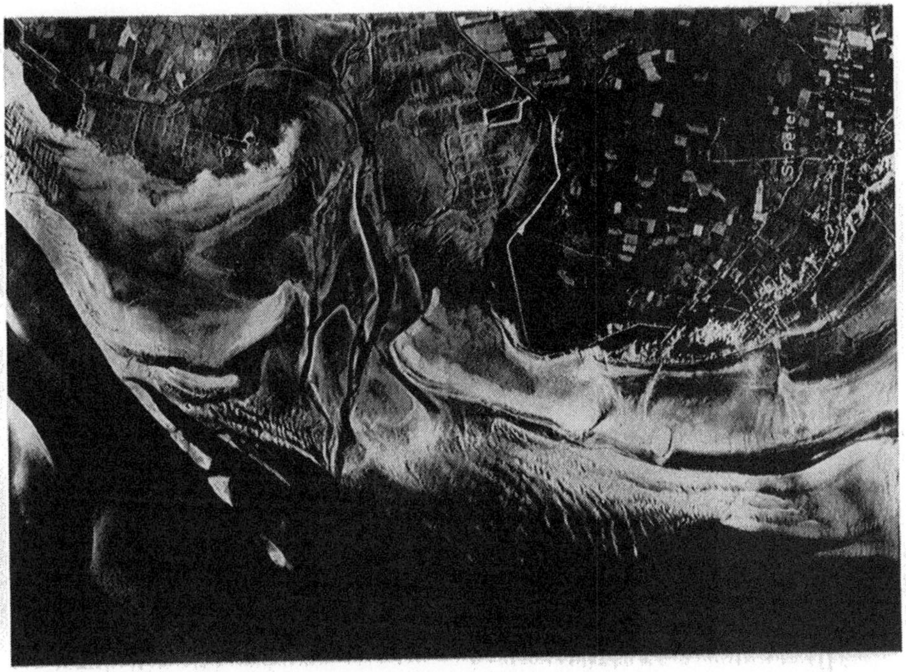

2

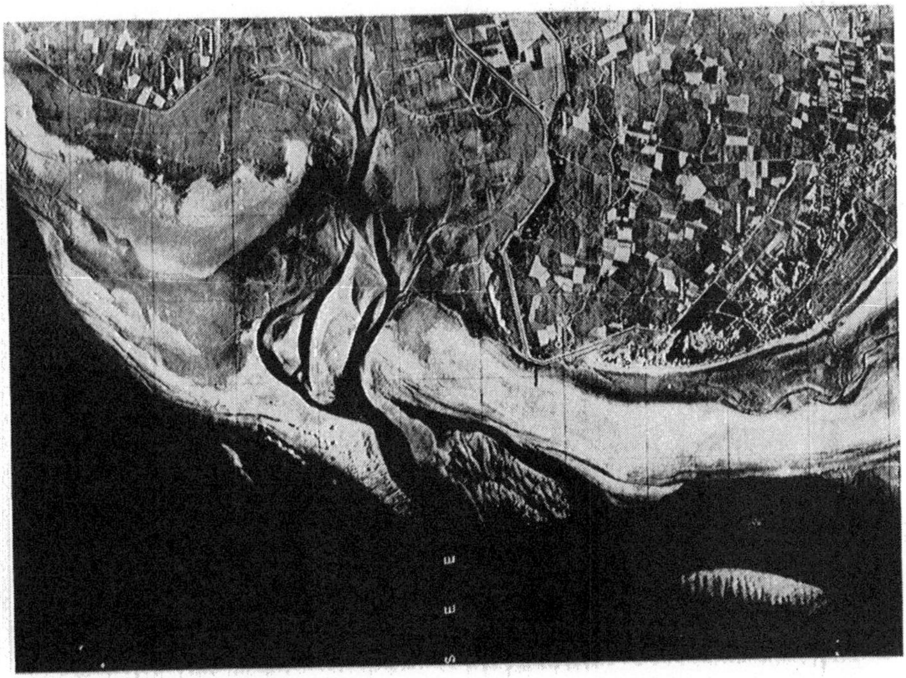

1

Im Jahre 1863 ließ LUDEWIG MEYN in seinem auszugsweise wiedergegebenen Gedicht Der Geolog die Geschiebe unseres Landes gemäß der damals geltenden Drifttheorie durch Eisberge herangefrachtet werden.

– – –

Dann denk ich an die Wunderzeit,
Da noch die Erde weit und breit
Und alles Land auch hier umher
Nichts war als ein still wogend Meer.
Auf diesem Meer zog dazumal
Von stillen Schiffen große Zahl,
Die gaben alle hellen Schein,
Als wär' das Segel weißes Lein',
Die führten einen tiefen Kiel
Und strandeten unendlich viel.
Von einem Riff kam jedes Schiff,
Und jedes ging zu einem Riff;
Denn seine Segel silberweiß,
Und auch sein Kiel war lauter Eis. –
Ein abgebroch'ner Gletscherfuß
Fällt in das Meer mit Donnergruß
Und schwimmt hieher und pflügt sich ein,
Schmilzt vor dem warmen Sonnenschein
Und läßt dies kleine Felsenstück
Mit tausend anderen zurück.

– – –

Um 1915 war seit vierzig Jahren erkannt, daß Norddeutschland vom Eise bedeckt gewesen war. Jedoch die Vorgänge während und nach einer Vereisung waren ungenügend bekannt. So konnte selbst der geistig rege W. WOLFF bei der Kartierung von Ahrensburg und Umgegend noch kein erdgeschichtlich befriedigendes Bild entwerfen. Seine Verzweiflung suchte er mit folgenden Versen zu mildern:

Diluvium, Diluvium!
Warum erschuf dich Gott, warum
So lahm und krumm, so sinnlos dumm?

Ein Gletscher wälzt sich übers Land,
Bracht mit sich Steine, Lehm und Sand.
Erstickt im eigenen Dreck und schwand.

Nichts blieb zurück als nur der Dreck,
Den zu kartieren Fleck für Fleck,
Das wurde meines Lebens Zweck.

Und wand'r ich ins Revier hinaus,
So laß ich meinen Kopf zu Haus,
Mit Stift und Beinen komm ich aus!

Wer hilft mir nun, mir armem Tropf?
Was fang ich an mit meinem Kopf?